USEFUL RESULTS

Maxwell's equations:

$$\nabla \times \bar{E} = -j\omega\mu\bar{H} - \bar{M} \qquad \nabla \cdot \bar{D} = \rho$$

$$\nabla \times \bar{H} = j\omega\epsilon\bar{E} + \bar{J} \qquad \nabla \cdot \bar{B} = 0$$

Surface resistance and skin depth:

$$R_s = \sqrt{\frac{\omega\mu}{2\sigma}} \qquad \delta_s = \sqrt{\frac{2}{\omega\mu\sigma}}$$

Input impedance of terminated lossless transmission lines:

$$Z_{\text{in}} = Z_0\frac{Z_L + jZ_0 \tan\beta\ell}{Z_0 + jZ_L \tan\beta\ell} \qquad \text{(arbitrary load)}$$

$$Z_{\text{in}} = jZ_0 \tan\beta\ell \qquad \text{(short-circuited line)}$$

$$Z_{\text{in}} = -jZ_0 \cot\beta\ell \qquad \text{(open-circuited line)}$$

Relations between load impedance and reflection coefficient:

$$\Gamma = \frac{Z_L - Z_0}{Z_L + Z_0} \qquad Z_L = Z_0\frac{1+\Gamma}{1-\Gamma}$$

Definitions of return loss, insertion loss and SWR:

$$RL = -20 \log|\Gamma|, \quad IL = -20 \log|T|, \quad \text{SWR} = \frac{1+|\Gamma|}{1-|\Gamma|}$$

Conversion between dB and nepers:

$$1 \text{ neper} = 8.686 \text{ dB}$$

Elements of the ferrite permeability tensor:

$$\mu = \mu_0\left(1 + \frac{\omega_0\omega_m}{\omega_0^2 - \omega^2}\right) \qquad \omega_0 = \mu_0\gamma H_0$$

$$\omega_m = \mu_0\gamma M_s$$

$$\kappa = \mu_0\frac{\omega\omega_m}{\omega_0^2 - \omega^2} \qquad \text{(or 2.8 MHz/Oersted)}$$

Conversion between some values of reflection coefficient, SWR, and return loss:

$\|\Gamma\|$	0.024	0.032	0.048	0.050	0.056	0.10	0.178	0.200	0.316	0.33
SWR	1.05	1.07	1.10	1.11	1.12	1.22	1.43	1.50	1.92	2.00
RL (dB)	32.3	30.0	26.4	26.0	25.0	20.0	15.0	14.0	10.0	9.6

The *ABCD* Parameters of Some Useful Two-Port Circuits.

Circuit	*ABCD* Parameters	
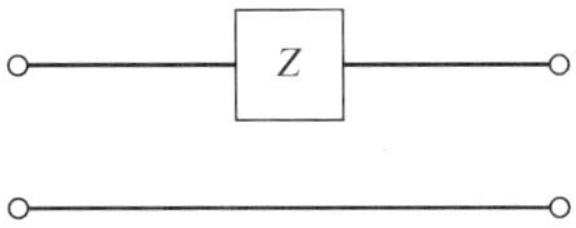	$A = 1$ $C = 0$	$B = Z$ $D = 1$
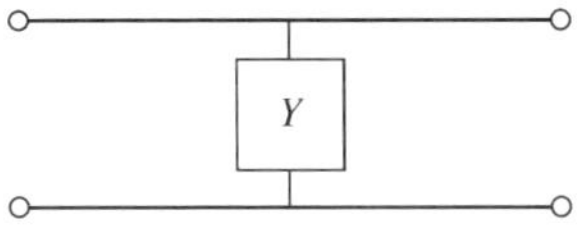	$A = 1$ $C = Y$	$B = 0$ $D = 1$
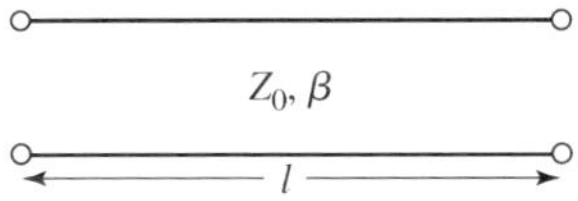	$A = \cos \beta\ell$ $C = jY_0 \sin \beta\ell$	$B = jZ_0 \sin \beta\ell$ $D = \cos \beta\ell$
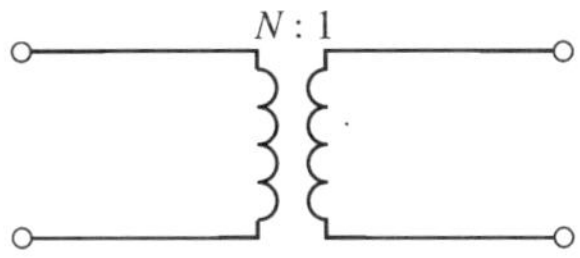	$A = N$ $C = 0$	$B = 0$ $D = \frac{1}{N}$
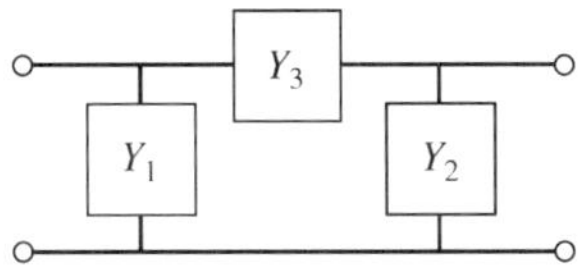	$A = 1 + \frac{Y_2}{Y_3}$ $C = Y_1 + Y_2 + \frac{Y_1 Y_2}{Y_3}$	$B = \frac{1}{Y_3}$ $D = 1 + \frac{Y_1}{Y_3}$
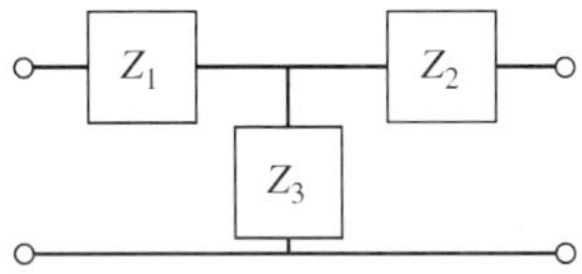	$A = 1 + \frac{Z_1}{Z_3}$ $C = \frac{1}{Z_3}$	$B = Z_1 + Z_2 + \frac{Z_1 Z_2}{Z_3}$ $D = 1 + \frac{Z_2}{Z_3}$

FOURTH EDITION

마이크로파 공학

MICROWAVE ENGINEERING

DAVID M. POZAR

고지환 · 김영식 · 박준석 · 이홍민 · 최재훈 옮김

(주)한티에듀

MICROWAVE ENGINEERING

Fourth Edition

David M. Pozer
University of Massachusetts at Amherst

WILEY

역자 서문

Hertz와 Marconi가 전자파의 전파를 발견한 이래 Maxwell은 Gauss, Ampere, Faraday등 많은 과학자들에 의해 실험적 또는 이론적으로 집대성된 현상과 기본원리를 정리하여 1873년 Maxwell 방정식을 발표하였다. 그후 수 많은 과학자들은 전자파 현상을 다양한 실험을 통하여 검증하고 보다 체계적이고 이해하기 쉽게 정리하기 위하여 부단히 노력하여 왔다. 세계 1차 대전과 2차 대전을 거치면서 이러한 전자파 이론의 실용화를 위한 마이크로파 기술은 비약적으로 발전하게 되었으며, 가장 대표적인 결실은 군용 레이더(radar) 시스템의 개발이라고 할 수 있을 것이다. 그러나 전쟁의 종식과 함께 RF 및 마이크로파 기술에 대한 관심은 점차 사람들의 마음에서 멀어져 갔으며, 군사적 이유로 세계 각국은 전자파의 민간사용을 통제함으로써 이 분야의 민간응용 기술은 전혀 발전, 확대되지 못하였다. 전자파의 사용에 대한 제한과 통제는 우리나라에서도 예외는 아니었다. 그러나 초기단계에 군용목적으로 개발되기 시작한 위성통신 시스템이 고비용의 장거리 유선통신 시스템을 대치하는 상용 위성시스템으로 응용 발전되면서 마이크로파 기술은 재도약의 계기를 맞게 되었다. 특히 중 · 단거리 마이크로파 통신, 지상파 및 위성 방송시스템의 출현과 함께 최근 들어 폭발적으로 수요가 급증하고 있는 4G, post 4G 등의 이동통신 시스템, GPS, 텔레매틱스, DMB, WLAN, 와이브로, HSPDA 서비스 등은 마이크로파 기술의 발전을 가속화시키고 있다.

이 교재는 초판이 출간된 이래 마이크로파 공학의 기본개념과 이해를 위한 학부 및 대학원의 입문서로서 가장 광범위하게 사용되어 왔으며, 지속적으로 발전하고 있는 마이크로파 기술에 대한 추가, 보완을 통해 세 번째 개정판이 나오게 되었다. 3판에서는 깊게 다루지 않았던 능동 rf 부품에 대한 전반적인 내용을 추가하였다. 특히, 능동 rf 부품의 잡음과 부품을 이루는 물질에 대한 내용을 추가하였다. 그리고 능동 소자 증폭기(amplifier), 혼합기(mixer)등 다양한 능동 소자 회로에 대한 내용을 추가하여, 이 교재를 통해 마이크로파 기술을 적용한 실제 시스템의 구성 및 구현에 대한 전반적인 내용을 이해할 수 있게 하였다.

우리나라의 마이크로파 기술은 선진국에 비하여 경쟁력이 취약할 뿐만 아니라 핵심기술의 해외 의존도가 매우 높은 것이 현실이다. 그나마도 이 분야의 산업은 대부분 중 · 소기업이 감당하고 있어 기술의존도는 마이크로파 산업의 발전을 지해하는 매우 심각한 요소 중의 하나로 작용하고 있다. 마이크로파 산업이 독자적 경쟁력을 갖추고 발전하기 위해서는 기술 선진국에 대한 기술적 종속관계로부터의 탈피가 시급히 요구되고 있다. 이를 위해서는 빠른 시일 내에 독자적인 기술력을 갖춘 인재가 양성되어야 한다. 이 책을 번역하게 된 동기는 빠른 속도로 발전하고 있는 마이크로파 기술을 미래의 잠재적 마이크로파 엔지니어인 학부 및 대학원생들뿐만 아니라 실제 산업현장에서 근무하고 있는 많은 엔지니어들에게 적기에 알려줌으로써 이를 통해 마이크로파 공학에 대한 체계적인 이론을 갖추고 있는 독자적 기술 인력이 육성되기를 바람에 있다.

소속 대학에서의 강의 및 연구로 바쁜 중에도 이 책의 번역을 위하여 심혈을 기울여 주신 고려대 정보통신대학 전파통신공학과 김영식, 경기대 공과대학 전자공학과 이홍민, 금오공대 전자공학부 고지환 그리고 국민대 전자정보통신대학 전자공학부 박준석 교수님과, 편집과 교정과정에서 온갖 정성을 다해 수고하여 주신 편집부 여러분께 진심으로 감사를 드린다.

2014년 07월

역자 대표 최 재 훈

원저자 서문

The continuing popularity of *Microwave Engineering* is gratifying. I have received many letters and emails from students and teachers from around the world with positive comments and suggestions. I think one reason for its success is the emphasis on the fundamentals of electromagnetics, wave propagation, network analysis, and design principles as applied to modern RF and microwave engineering. As I have stated in earlier editions, I have tried to avoid the handbook approach in which a large amount of information is presented with little or no explanation or context, but a considerable amount of material in this book is related to the design of specific microwave circuits and components, for both practical and motivational value. I have tried to base the analysis and logic behind these designs on first principles, so the reader can see and understand the process of applying fundamental concepts to arrive at useful results. The engineer who has a firm grasp of the basic concepts and principles of microwave engineering and knows how these can be applied toward practical problems is the engineer who is the most likely to be rewarded with a creative and productive career.

For this new edition I again solicited detailed feedback from teachers and readers for their thoughts about how the book should be revised. The most common requests were for more material on active circuits, noise, nonlinear effects, and wireless systems. This edition, therefore, now has separate chapters on noise and nonlinear distortion, and active devices. In Chapter 10, the coverage of noise has been expanded, along with more material on intermodulation distortion and related nonlinear effects. For Chapter 11, on active devices, I have added updated material on bipolar junction and field effect transistors, including data for a number of commercial devices (Schottky and PIN diodes, and Si, GaAs, GaN, and SiGe transistors), and these sections have been reorganized and rewritten. Chapters 12 and 13 treat active circuit design, and discussions of differential amplifiers, inductive degeneration for nMOS amplifiers, and differential FET and Gilbert cell mixers have been added. In Chapter 14, on RF and microwave systems, I have updated and added new material on wireless communications systems, including link budget, link margin, digital modulation methods, and bit error rates. The section on radiation hazards has been updated and rewritten. Other new material includes a section on transients on transmission lines (material that was originally in the first edition, cut from later editions, and now brought back by popular demand), the theory of power waves, a discussion of higher order modes and frequency effects for microstrip line, and a discussion of how to determine unloaded Q from resonator measurements. This edition also has numerous new or revised problems and examples, including several questions of the "open-ended" variety. Material that has been cut from this edition includes the quasi-static numerical analysis of microstrip line and some material related to microwave tubes. Finally, working from the original source files, I have made hundreds of corrections and rewrites of the original text.

Today, microwave and RF technology is more pervasive than ever. This is especially true in the commercial sector, where modern applications include cellular telephones, smartphones, 3G and WiFi wireless networking, millimeter wave collision sensors for vehicles, direct broadcast satellites for radio, television, and networking, global positioning systems, radio frequency identification tagging, ultra wideband radio and radar systems, and microwave remote sensing systems for the environment. Defense systems continue to rely heavily on microwave technology for passive and active sensing, communications, and weapons control systems. There should be no shortage of challenging problems in RF and microwave engineering in the foreseeable future, and there will be a clear need for engineers having both an understanding of the fundamentals of microwave engineering and the creativity to apply this knowledge to problems of practical interest.

Modern RF and microwave engineering predominantly involves distributed circuit analysis and design, in contrast to the waveguide and field theory orientation of earlier generations. The majority of microwave engineers today design planar components and integrated circuits without direct recourse to electromagnetic analysis. Microwave computer-aided design (CAD) software and network analyzers are the essential tools of today's microwave engineer, and microwave engineering education must respond to this shift in emphasis to network analysis, planar circuits and components, and active circuit design. Microwave engineering will always involve electromagnetics (many of the more sophisticated microwave CAD packages implement rigorous field theory solutions), and students will still benefit from an exposure to subjects such as waveguide modes and coupling through apertures, but the change in emphasis to microwave circuit analysis and design is clear.

This text is written for a two-semester course in RF and microwave engineering for seniors or first-year graduate students. It is possible to use *Microwave Engineering* with or without an electromagnetics emphasis. Many instructors today prefer to focus on circuit analysis and design, and there is more than enough material in Chapters 2, 4–8, and 10–14 for such a program with minimal or no field theory requirement. Some instructors may wish to begin their course with Chapter 14 on systems in order to provide some motivational context for the study of microwave circuit theory and components. This can be done, but some basic material on noise from Chapter 10 may be required.

Two important items that should be included in a successful course on microwave engineering are the use of CAD simulation software and a microwave laboratory experience. Providing students with access to CAD software allows them to verify results of the design-oriented problems in the text, giving immediate feedback that builds confidence and makes the effort more rewarding. Because the drudgery of repetitive calculation is eliminated, students can easily try alternative approaches and explore problems in more detail. The effect of line losses, for example, is explored in several examples and problems; this would be effectively impossible without the use of modern CAD tools. In addition, classroom exposure to CAD tools provides useful experience upon graduation. Most of the commercially available microwave CAD tools are very expensive, but several manufacturers provide academic discounts or free "student versions" of their products. Feedback from reviewers was almost unanimous, however, that the text should not emphasize a particular software product in the text or in supplementary materials.

A hands-on microwave instructional laboratory is expensive to equip but provides the best way for students to develop an intuition and physical feeling for microwave phenomena. A laboratory with the first semester of the course might cover the measurement of microwave power, frequency, standing wave ratio, impedance, and scattering parameters, as well as the characterization of basic microwave components such as tuners, couplers, resonators, loads, circulators, and filters. Important practical knowledge about connectors, waveguides, and microwave test equipment will be acquired in this way. A more advanced laboratory session can consider topics such as noise figure, intermodulation distortion, and mixing. Naturally, the type of experiments that can be offered is heavily dependent on the test equipment that is available.

Additional resources for students and instructors are available on the Wiley website. These include PowerPoint slides, a suggested laboratory manual, and an online solution manual for all problems in the text (available to qualified instructors, who may apply for access at the website http://he-cda.wiley.com/wileycda/).

ACKNOWLEDGMENTS

It is a pleasure to acknowledge the many students, readers, and teachers who have used the first three editions of *Microwave Engineering*, and have written with comments, praise, and suggestions. I would also like to thank my colleagues in the microwave engineering group at the University of Massachusetts at Amherst for their support and collegiality over many years. In addition I would like to thank Bob Jackson (University of Massachusetts) for suggestions on MOSFET amplifiers and related material; Juraj Bartolic (University of Zagreb) for the simplified derivation of the μ-parameter stability criteria; and Jussi Rahola (Nokia Research Center) for his discussions of power waves. I am also grateful to the following people for providing new photographs for this edition: Kent Whitney and Chris Koh of Millitech Inc., Tom Linnenbrink and Chris Hay of Hittite Microwave Corp., Phil Beucler and Lamberto Raffaelli of LNX Corp., Michael Adlerstein of Raytheon Company, Bill Wallace of Agilent Technologies Inc., Jim Mead of ProSensing Inc., Bob Jackson and B. Hou of the University of Massachusetts, J. Wendler of M/A-COM Inc., Mohamed Abouzahra of Lincoln Laboratory, and Dev Gupta, Abbie Mathew, and Salvador Rivera of Newlans Inc. I would also like to thank Sherrill Redd, Philip Koplin, and the staff at Aptara, Inc. for their professional efforts during production of this book. Also, thanks to Ben for help with PhotoShop.

David M. Pozar
Amherst

차 례

제 1 장 전자파 이론

제 2 장 전송선로 이론

제 3 장 전송선로와 도파관

제 4 장 마이크로파 회로망 해석

제 5 장 임피던스 정합과 튜닝

제 6 장 마이크로파용 공진기

제14장 마이크로파 시스템

부 록

제 1 장

전자파 이론

먼저 마이크로파 공학의 역사에 대하여 간단한 고찰 및 마이크로파 기술의 주요 활용분야를 살펴보고 나서 본 교재를 공부하는 데 기초가 되는 전기자기학에서 다뤘던 중요한 이론들을 알아보고자 한다. 좀더 자세한 내용은 참고문헌 [1 - 8]을 참조하기 바란다.

1.1 마이크로파 공학 개요

무선주파수(RF; radio frequency) 및 마이크로파(mW; microwave) 공학 분야에서는 통상적으로 주파수 범위가 100 MHz(1 MHz = 10^6 Hz)에서 1000GHz (1 GHz = 10^9 Hz)까지인 교류신호(AC)를 다룬다. 무선주파수(RF) 대역은 VHF(Very High Frequency) (30 - 300 MHz)에서 UHF(Ultra High Frequency) (300 - 3000 MHz)까지인 반면, **마이크로파** 대역은 일반적으로 3 GHz - 300 GHz이며 이를 파장($\lambda = c/f$)으로 환산하면 10 cm에서 1 mm가 된다. 파장이 수 mm인 경우에는 **밀리미터파**(millimeter waves)라고도 한다. 그림 1.1은 무선주파수(RF) 및 마이크로파 대역을 중심으로 한 전자파 스펙트럼을 보여주고 있다. 주파수가 높은 경우(짧은 파장)에 일반 전기회로이론으로 종종 마이크로파 회로 문제를 직접적으로 풀 수 없게 된다. 일반 전기회로이론은 Maxwell 방정식에 의하여 기술되는 광의의 전자기학 이론의 근사화 또는 특수한 경우이며 또한, 전기회로 이론에서 사용되는 집중정수회로 소자들은 일반적으로 높은 무선주파수 및 마이크로파 주파수 영역에서 다른값을 갖기 때문이다. 소자의 크기가 전기적인 파장에 비교될 정도인 경우에 전압 또는 전류의 위상은 소자의 물리적 크기에 따라 현저하게 다르므로 마이크로파용 소자는 일반적으로 **분산정수 소자**로 작용하게 된다. 매우 낮은 주파수에서는 파장이 소자의 크기에 비해 훨씬 길기 때문에 소자의 길이에 따른 위상의 변화가 거의 없다. 다른 극단적인 사례는 소자의 크기보다 파장이 훨씬 짧은 광학(optical engineering)인 경우이다. 이와 같은 경우에 Maxwell 방정식은 기하광학 이론으로 간략화되며, 광 시스템은 기하광학 이론으로 설계될 수 있다. 이와 같은 기술은 가끔 **준광학**(quasi-optical) 시스템으로 간주되는 밀리미터파에도 적용할 수 있다.

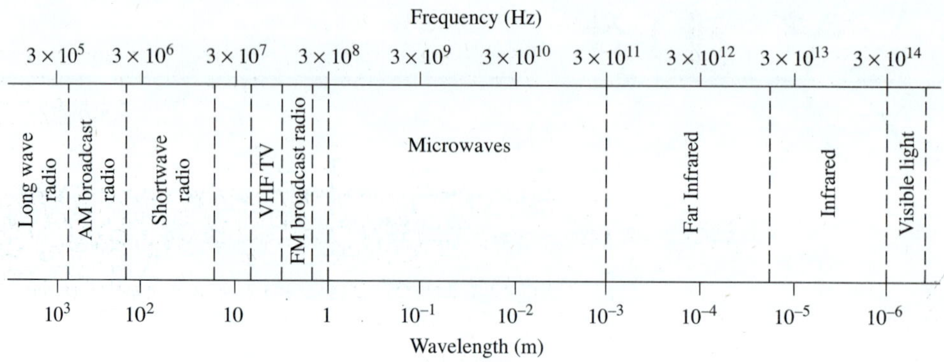

대표적인 주파수

AM broadcast band	535–1605 kHz
Short wave radio band	3–30 MHz
FM broadcast band	88–108 MHz
VHF TV (2–4)	54–72 MHz
VHF TV (5–6)	76–88 MHz
UHF TV (7–13)	174–216 MHz
UHF TV (14–83)	470–890 MHz
US cellular telephone	824–849 MHz
	869–894 MHz
European GSM cellular	880–915 MHz
	925–960 MHz
GPS	1575.42 MHz
	1227.60 MHz
Microwave ovens	2.45 GHz
US DBS	11.7–12.5 GHz
US ISM bands	902–928 MHz
	2.400–2.484 GHz
	5.725–5.850 GHz
US UWB radio	3.1–10.6 GHz

대역명칭

Medium frequency	300 kHz to 3 MHz
High frequency (HF)	3 MHz to 30 MHz
Very high frequency (VHF)	30 MHz to 300 MHz
Ultra high frequency (UHF)	300 MHz to 3 GHz
L band	1–2 GHz
S band	2–4 GHz
C band	4–8 GHz
X band	8–12 GHz
Ku band	12–18 GHz
K band	18–26 GHz
Ka band	26–40 GHz
U band	40–60 GHz
V band	50-75 GHz
E band	60-90 GHz
W band	75-110 GHz
F band	90-140 GHz

그림 1.1 전자기 스펙트럼

따라서 무선주파수 및 마이크로파 공학에서는 Maxwell 방정식과 그 해에 대하여 다루게 된다. Maxwell 방정식은 벡터계(vector fields)의 미분 또는 적분 항으로 표현되며 이들 벡터계는 공간 좌표계의 함수들이므로, Maxwell 방정식의 특성상 수학적인 복잡성이 발생하게 된다. 그러므로 이 책에서는 **계 이론**(field theory)에 의한 복잡한 해를 전기회로 이론의 결과로 표현할 수 있도록 하고자 한다. 계 이론에 의한 해는 일반적으로 공간 내의 임의의 위치에 대하여 우리가 필요로 하는 정보보다 더 많은 전자계에 대한 지식을 제공한다. 그 중에서 특히 전력, 임피던스, 전압, 전류 등과 같은 전기회로 이론에서 나타나는 항목들에 대하여 관심이 많다. 그러나 이러한 복잡성은 마이크로파 공학을 공부하고자 하는 의욕을 갖게 하거나 또는 공부에 대한 보상의 한 방편이 될 수도 있을 것이다.

마이크로파 공학의 응용

마이크로파 에너지는 높은 주파수와 짧은 파장을 갖기 때문에 마이크로파 소자 및 시스템에 대한 해석 및 설계를 어렵게 하는 것과 마찬가지로 마이크로파 시스템의 응용 분야에 대해서도 독특한 면을 갖게 된다. 그러므로 다음과 같은 사항들이 고려되어야 한다:

- ▶ 안테나 이득은 안테나의 전기적인 크기에 비례한다. 따라서 주파수가 높아지면 주어진 물리적인 안테나 크기에 비하여 더 높은 안테나 이득을 얻을 수 있다. 이러한 것은 마이크로파 시스템을 구현할 때 중요한 사항이 된다.
- ▶ 더 넓은 대역폭(데이터 전송 속도와 직접 관련)은 높은 주파수에서 구현이 용이하다. 600 MHz에서의 1% 대역폭은 6 MHz이며 이는(이진위상변조인 경우) 6 Mbps(megabit per second)의 전송속도를 갖게 된다.이에 반하여 60 GHz에서는 1%가 600 MHz이므로 600 Mbps의 데이터 전송이 가능하다.
- ▶ 마이크로파 신호는 가시거리(조준선) 형태로 전파하며 낮은 주파수의 신호처럼 전리층에서 굴절되지 않는다. 따라서 기지국 간의 거리를 최소로 하는 주파수 재사용 방식과 더불어 높은 정보 용량을 갖는 위성통신 및 지상 마이크로파 통신이 가능하다.
- ▶ 레이더 목표물의 실효반사면적(radar cross-section)은 일반적으로 목표물의 전기적인 크기에 비례한다. 이러한 점과 안테나 이득에 대한 주파수 특성 때문에 마이크로파 주파수 대역이 레이더 시스템에서 선호되고 있다.
- ▶ 다양한 분자, 원자, 원자핵의 공진 현상이 마이크로파 주파수 대역에서도 발생하며, 이러한 것을 이용하여 기초과학, 원격탐사, 의료 진단 및 치료, 조리 등의 여러 분야에 응용이 가능하다.

오늘날 무선주파수 및 마이크로파 기술의 주된 응용 분야는 통신 시스템, 레이더 시스템, 환경 감지 장치 및 의료 장비 등이다. 그림 1.1의 주파수 배분표에 보는 바와 같이 RF 및 마이크로파 통신 시스템은 확장되고 있는데 이는 오늘날 무선 접속 기능이 음성뿐만 아니라 데이터를 사람, 장소, 시간에 대한 제약이 없어지게 하고 있다.

현재의 무선전화(이동전화)는 1947년 벨 연구소(Bell Lab)에서 최초로 제안한 주파수 재사용 개념에 근간을 두고 있으나 1970년대까지 구현이 안 되었다. 이 시기에 무선통신에 대한 요구의 증대와 소형화 기술의 발전으로 유럽, 미국, 일본 지역에서 초창기 모델의 셀룰러 전화 시스템이 소개되었다. NMT(Nordic Mobile Telephone)는 1981년에 북 유럽 지역 국가들에, AMPS(Advanced Mobile Phone System)는 1983년에 AT&T에 의하여 미국에, NTT는 1988년에 최초로 일본에 이동전화 서비스를 개시하였다.이들 초기의 이동전화는 아날로그 방식이며 주파수 변조 기술을 사용하였으며 할당된 주파수 대역을 수 백 개의 음성 채널로 나누어 다중화하였다.이 이동전화 시스템을 1세대 셀룰러 시스템, 1G라고 한다.

2세대, 2G, 셀룰러 시스템은 GSM, CDMA, DAMPS, PCS, PHS 등이 있으며 이들 시스템은 다양한 디지털 변조 기술이 채택 되었으며 디지털 기술의 활용으로 성능도 많이 개선되었으며 이들 중 몇 시스템은 유럽, 미국, 일본에서 표준화가 되었다. 이들 시스템은 디지털화된 음성 신호와 일반적으로 8 ~ 14 kbps 범위의 데이터 신호를 처리할 수 있다. 최근에는 음성, 문자 메시지, 데이터 네트워크(data networking), 위치 정보, 인터넷 접속등 다양한 서비스를 소형 단말기(handheld services)에 제공할 수 있는 새롭고 개선된 다양한 표준이 존재한다. 이러한 표준은 2.5G, 3G, 3.5G, 3.75G 및 4G로 구분할 수 있으며 데이터 전송속도는최소 100 Mbps까지 제공될 수 있다.소형 단말기를 사용하는 이동전화의 가입자 수는 급격히 증가하고 있으며 2010년 기준으로 전세계적으로 50억개 이상의 소형 단말기가 운용되고 있다.

위성통신 역시 무선주파수 및 마이크로파 기술이 활용되며 전 세계적으로 음성, 비디오, 데이터 정보들을 연결할 수 있도록 발전하여 왔다. 이리디움(Iridium)과 글로벌스타(Globalstar)로 불리는 2개의 위성통신 서비스는 전세계적으로 전화망을 제공할 목적으로 1990년 대에 개발되었다.그러나 이들 시스템은 기술적인 그리고 사업적인 어려움으로 수조원(multimillion dollar)의 손실을 초래하였다. 반면에 GPS(Global Positioning Satellite)나 DMB(Direct Broadcast Satellite)와 같은 소형 위성 시스템은 매우 성공적인 서비스이다.

단거리 컴퓨터 간의 고속 데이터 전송 기능을 갖는 WLAN(Wireless Local Area Networks)은 많이 사용되고 있으며 지속적으로 활용될 것이다. 무선 통신 기술의 새로운 예는 UWB(Ultra Wide Band) 기술이다. UWB의 무선 신호는 광대역이지만 무선 신호의 전력이 매우 낮기 때문에(일반적으로 주위의 무선 잡음 이하의 크기) 다른 시스템과의 간섭을 피할 수 있다.

레이더 시스템은 군사, 상용, 과학용으로 이용이 되고 있다. 레이더는 미사일 경로 안내, 폭파 제어 등과 더불어 공중, 지상, 바다에 있는 목표물에 대한 탐지 및 위치 파악을 하는 데 사용된다. 상업용으로 레이더 기술은 비행기 교통정리, 움직임 감지(문의 열림과 경보음 울림), 자동차 충돌 방지, 거리 측정 등에 활용되고 있다. 레이더의 응용은 기상 예보, 대기/바다/대지의 상태 감지, 의료 검진 및 치료 등이다. 물체에서 방사하는 마이크로파 에너지를 수동 감지하는 마이크로파 라디오측정(radiometry)은 의료 진단, 보안 검색의 영상 자료와 같이 대기 및 대지의 원격 감시에 사용되고 있다.

마이크로파 공학 역사

마이크로파 공학은 성숙된 학문 분야로 간주되고 있는데 그 이유는 전자기학의 기본 개념이 50여년 전에 정립되었고 마이크로파 기술의 최초의 주요 응용 분야라고 할 수 있는 레이더가 제2차 세계대전 기간 동안에 활발하게 연구 개발이 이루어졌기 때문이다. 또한 최근의 고주파용 반도체 소자, 마이크로파 집적회로, 컴퓨터를 이용한 설계 기술 등에 대한 실질적이고도 지속적인 발전이 있었으며 무선을 이용한 통신, 네트워크, 감지, 보안 등

그림 1.2 Hertz가 그의 전자기 실험을 위하여 만든 원래의 장치. (1) 50MHz 방사용 스파크 갭 (2) 편파(polarization) 실험용 평행 도선 그리드 (3) 음극선 실험용 진공 장치 (4) 열선 검류계 (5) Reiss 또는 Knochenhaure 나선(spiral) (6) 원통형 종이 검류계 (7) 금속 구형 프로브 (8) Reiss의 마이크로미터 (9) 동축선로 (10~12) 유전체의 분극 현상을 설명하기 위한 장치 (13) 수은 유도 코일 단속기 (14) Meidinger 전지 (15) 진공 종형 항아리 (16) 고전압 유도 코일 (17) Bunsen 전지 (18) 전하 저장용 대형 도체판 (19) 원형 루프 수신용 안테나 (20) 8면형 수신용 검출기 (21) 회전 거울과 수은 단속기 (22) 사각 루프 수신용 안테나 (23) 굴절 및 유전율 측정용 장치 (24) 2개의 사각루프 수신용 안테나 (25) 사각 루프 수신용 안테나 (26) 송신 다이폴 (27) 고전압 유도 코일 (28) 동축선로 (29) 고전압 방전기 (30) 원형 파라볼릭 반사판/수신기 (31) 원형 파라볼릭 반사판/송신기 (32) 원형 루프 수신용 안테나 (33) 평판형 반사판 (34, 35) 축전기.
사진은 1913년 10월 1일 독일 뮨헨의 바바리안 과학원에서 Hertz의 조수인 J. Amman이 촬영함.

에 무선주파수 및 초고주파 기술에 대한 응용이 광범위하게 확산되면서 이 분야는 높은 활성화로 활기가 넘치고 있다.

전자계의 전파와 빛이 전자계 에너지의 한 종류라는 개념을 수학적으로 가설을 세운 James Clerk Maxwell에 의해서 1873년에 근대 전자기학 이론의 기초가 정립되었다. Maxwell의 공식은 1885년~1887년 사이에 Oliver Heaviside에 의해서 근대적인 형식으로 바뀌었다. 고독한 천재였던 Heaviside는 Maxwell 이론의 많은 수학적인 복잡성을 제거하였으며, 벡터의 개념을 도입하였고, 유도파(guided waves)와 전송선로의 응용을 위한 기초를 마련하였다. 독일의 물리학 교수인 Heinrich Hertz는 Maxwell에 의해 발표된 이론을 이해한 유능한 실험자였으며, 1887~1891년의 기간 동안 Hertz는 Maxwell의 전자파 이론을 완전히 확인하는 일련의 실험을 행하였다. 그림 1.2에서 Hertz가 실험에 사용한 원래의 실험 장치를 나타내고 있다. 이는 이론적 근거에 의한 예측을 한 후에 발견이 이루어진 사례라는 점에 흥미가 있다; 과학의 역사를 통하여 보면 많은 중요한 발견은 이러한 특징을 갖는다. 전자기 이론의 실제적인 응용 - 라디오, 텔레비전, 레이다, 셀룰러 전화 및 무선망 - 은 Maxwell의 전자기 이론에 기인하고 있다.

신뢰성 있는 마이크로파 신호원(source)과 다른 부품들의 부족으로 인하여, 1900년대 초기에는 단파(high frequency, HF)와 초단파(very high frequency, VHF) 사이 주파수 대역에서의 전파 기술의 급격한 성장이 있었다. 제2차 세계대전 동안의 레이더 개발의 출현과 더불어 1940년대에 이르러서야 마이크로파 이론과 기술에 많은 관심이 쏟아졌다. 미국에서는 레이더 이론과 실제 응용을 개발하기 위해서 메사추세츠 공과대학(MIT)에 Radiation Laboratory를 설립하였고, N. Marcuvitz, I. I. Rabi, J. S. Schwinger, H. A. Bethe, E. M. Purcell, C. G. Montgomery, R. H. Dicke 등을 포함한 최고 수준의 과학자들이 모여서 마이크로파 분야의 집중적인 개발시대를 열게 되었다. 그들의 연구 업적에는 도파관 부품, 마이크로파 안테나, 소형 개구면에 의한 결합 이론, 마이크로파 회로망에 대한 이론 및 실험이 포함되어 있었다. 다수의 연구자들이 물리학자였고 전쟁 이후 다시 물리 연구를 하였으나 그들의 마이크로파 연구는 지금까지도 응용이 되고 있는 28권의 Radiation Laboratory Series에 요약되어 있다.

마이크로파 기술을 이용한 통신 시스템은 레이더가 개발된 이후에 레이더 개발을 위한 연구로 인하여 발달하였다. 광대역, 가시거리 전파 등과 같이 마이크로파 시스템에 의해서 야기된 장점들은 육상 및 위성 통신 시스템의 요체가 되었고 저비용 소형 마이크로파 부품 개발의 촉진제가 되었다. 무선통신이나 마이크로파 공학 분야의 역사에 관심있는 독자는 참고 문헌 [1]과 [2]를 참조하기 바란다.

1.2 Maxwell 방정식

거시적인 전자기 현상은 1873년 James C. Maxwell에 의해서 발표된 Maxwell의 방정식으로 기술된다. 이 연구는 그 당시의 전자기학 이론들을 요약한 것이며 전기적인 **변위 전류**(displacement current)의 존재에 대한 고찰로부터 이론적으로 가설을 세웠으며, 그 후에 Hertz와 Marconi에 의해서 전자파의 전파 현상을 발견하였다. Maxwell의 연구는 Gauss, Ampere, Faraday 등에 의해서 밝혀진 경험적이고 이론적인 주요부문에 근거를 두고 있다. 전자기학의 첫 번째 과정은 보통 이러한 역사적인(혹은 연역적인) 접근방식을 따르는 것이다. 이 교재는 독자들이 이미 전자기학 이론에 대한 기초과정을 마친 것으로 가정하였으며, 대학 또는 대학원용의 전자기 이론에 관한 좋은 몇몇의 책 [3]-[7]들도 유용할 것이다.

이 장에서는 이 책의 다른 부문에서 필요한 전자기 이론의 기본적인 개념들을 약술하고 있다. Maxwell 방정식이 제시되고, 경계 조건과 유전체와 자성체의 효과에 대하여 다룰 것이다. 마이크로파 공학에 있어서 파동 현상(wave phenomenon)은 기본 명제이며, 이 장의 많은 부분을 **평면파**(plane wave)에 대해서 다루고자 한다. 평면파는 여러 형태의 전자파 중에 제일 간단한 형태이며 전자파의 전파(wave propagation)와 관련한 많은 기본적인 특성들을 묘사하는 데 수식을 쉽게 표현할 수 있다. 독자가 전에 평면파에 대해서 공부하였다고 할지라도, 이 책에서는 독자들에게 기본 원리를 많이 강조할 것이며 아마 독자가 전에 본 적이 없는 몇몇 개념들에 대하여서도 소개하고자 한다. 이 장은 또한 다음의 장들에 대해서 유용한 참고로서 쓸모가 있을 것이다.

역사적인 통찰력에 대한 인식을 갖고, 교육적인 관점에서 Maxwell 방정식으로부터 시작하여 귀납적 또는 공리적인 접근방식으로부터 전자기 이론을 이해하는 방법으로 시작하고자 한다. 시간에 따라서 변화하는 Maxwell 방정식의 일반적인 형태는 미분방정식의 형태로 다음과 같이 표현 된다.

$$\nabla \times \bar{\mathcal{E}} = \frac{-\partial \bar{\mathcal{B}}}{\partial t} - \bar{\mathcal{M}} \tag{1.1a}$$

$$\nabla \times \bar{\mathcal{H}} = \frac{\partial \bar{\mathcal{D}}}{\partial t} + \bar{\mathcal{J}} \tag{1.1b}$$

$$\nabla \cdot \bar{\mathcal{D}} = \rho \tag{1.1c}$$

$$\nabla \cdot \bar{\mathcal{B}} = 0. \tag{1.1d}$$

이 책에서는 MKS 단위계가 사용되었다. 필기체 활자들은 시간에 따라서 변화하는 벡터계들을 나타내며 공간 좌표계 x, y, z와 시간좌표 t는 실함수들이다. 이 양들은 다음과 같이 정의된다.

$\bar{\mathcal{E}}$는 전계의 세기 [V/m][1]

$\bar{\mathcal{H}}$는 자계의 세기 [A/m]

$\bar{\mathcal{D}}$는 전속밀도 [Coul/m^2]

$\bar{\mathcal{B}}$는 자속밀도 [Wb/m^2]

$\bar{\mathcal{M}}$는 (가상의)자기전류밀도 [V/m^2]

$\bar{\mathcal{J}}$는 전기전류밀도 [A/m^2]

ρ는 전하밀도 [Coul/m^3]

전자계의 원천(sources)들은 전류 $\bar{\mathcal{M}}$, $\bar{\mathcal{J}}$와 그리고 전하 ρ이다. 자기전류 $\bar{\mathcal{M}}$은 단지 수학적인 편리함을 위한 가상의 자계 전류원이다. 자기전류의 실제 근원은 항상 전류의 루우프 또는 실제 자하(자기적인 단독 자하의 존재는 알려져 있지 않음)의 흐름에 반대 방향

주[1] IEEE의 무선전파전파에 대한 표준용어정의(*IEEE Standard 211-1997*)에 의하면 전계 및 자계는 전계강도 및 자계강도를 대체하여 사용된다.

인 자기 쌍극자와 유사한 형태이다. 자기전류는 완전성을 위하여 포함되었으며 개구면을 취급하는 제4장에서 가끔 사용할 것이다. 전류는 실제로 전하의 흐름이므로 전하밀도 ρ가 전자계의 궁극적인 근원이다.

자유공간에서 전계, 자계와 선속밀도 사이에는 다음과 같은 간단한 관계가 성립한다.

$$\bar{\mathcal{B}} = \mu_0 \bar{\mathcal{H}} \tag{1.2a}$$

$$\bar{\mathcal{D}} = \epsilon_0 \bar{\mathcal{E}} \tag{1.2b}$$

여기서 $\mu_0 = 4\pi \times 10^{-7}$ henry/m는 자유공간의 투자율이며, $\epsilon_0 = 8.854 \times 10^{-12}$ farad/m는 자유공간의 유전율이다. 다음 절에서 자유공간이 아닌 매질은 이들의 구조적인 관계에 어떤 영향을 미치는가에 대해서 알아볼 것이다.

방정식 (1.1a)-(1.1d)는 선형적이지만 서로 독립적은 아니다. 예를 들어 식 (2.1a)의 발산을 생각하여 보자. 임의의 벡터의 회전에 대한 발산은 0이므로 [벡터등식 (B.12), 부록 B]

$$\nabla \cdot \nabla \times \bar{\mathcal{E}} = 0 = -\frac{\partial}{\partial t}(\nabla \cdot \bar{\mathcal{B}}) - \nabla \cdot \bar{\mathcal{M}}.$$

자유로운 자하는 존재하지 않음으로 $\nabla \cdot \bar{\mathcal{M}} = 0$이며, 따라서 $\nabla \cdot \bar{\mathcal{B}} = 0$, 혹은 식 (1.1d)가 된다. **연속방정식**은 식 (1.1b)에 발산을 취하고 식 (1.3c)를 사용하면 다음과 같이 유도할 수 있다.

$$\nabla \cdot \bar{\mathcal{J}} + \frac{\partial \rho}{\partial t} = 0. \tag{1.3}$$

이 방정식은 전하가 보전성을 갖고 있다는 것 혹은 전류가 연속적임을 나타내고 있는데, $\nabla \cdot \bar{\mathcal{J}}$는 한 점에서 전류의 외향적 흐름을 표현하며, $\partial\rho/\partial t$는 동일한 점에서 시간에 따른 전하의 증대를 표현하고 있기 때문이다. Maxwell이 식 (1.1b)에서 변위 전류 밀도 $\partial\bar{\mathcal{D}}/\partial t$가 필요하다는 결론을 가져온 것은 이 결과 때문이며, 식 (1.1b)에 발산을 취함으로써 설명되어질 수 있다.

위의 미분방정식은 벡터 적분 정리를 사용하여 적분 형태로 변환할 수 있다. 즉 발산 정리 (B.15)를 식 (1.1c)와 (1.1d)에 적용하면

$$\oint_S \bar{\mathcal{D}} \cdot d\bar{s} = \int_V \rho \, dv = Q \tag{1.4}$$

$$\oint_S \bar{\mathcal{B}} \cdot d\bar{s} = 0 \tag{1.5}$$

이 된다. 여기서 식 (1.4)의 Q는 폐곡면 S로 둘러싸인 체적 V 내에 포함된 총 전하를 나타낸다. 식 (1.1a)에 Stoke의 정리 (B.16)을 적용하면

$$\oint_C \bar{\mathcal{E}} \cdot d\bar{l} = -\frac{\partial}{\partial t} \int_S \bar{\mathcal{B}} \cdot d\bar{s} - \int_S \bar{\mathcal{M}} \cdot d\bar{s} \tag{1.6}$$

이 된다. 이때, $\bar{\mathcal{M}}$항을 제외하면 **Faraday 법칙**의 일반형이 되며, 이는 **Kirchoff 전압법칙**의

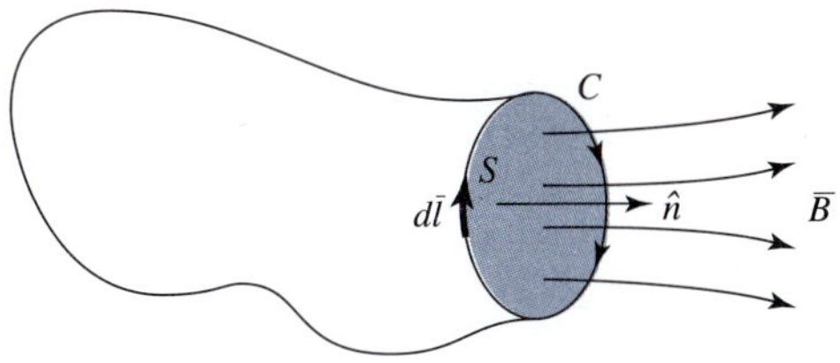

그림 1.3 Faraday 법칙에 관계되는 폐경로 C와 폐곡면 S

기본 원리가 된다. 식 (1.6)에서 C는 그림 1.3에 나타낸 바와 같이 표면 S 주변의 폐경로를 나타낸다. **Ampere 법칙**은 식 (1.1b)에 Stoke의 정리를 적용하면 다음과 같이 표현할 수 있다.

$$\oint_C \bar{\mathcal{H}} \cdot d\bar{l} = \frac{\partial}{\partial t}\int_S \bar{\mathcal{D}} \cdot d\bar{s} + \int_S \bar{\mathcal{J}} \cdot d\bar{s} = \frac{\partial}{\partial t}\int_S \bar{\mathcal{D}} \cdot d\bar{s} + \mathcal{I}. \tag{1.7}$$

여기서 $\mathcal{I} = \int_S \bar{\mathcal{J}} \cdot d\bar{s}$는 폐곡면 S를 통과하는 총전류의 흐름이다. (1.4)-(1.7)은 Maxwell 방정식의 적분형태가 된다.

위 방정식들은 임의의 시간에 대해서 유효하지만, 대부분 우리의 연구는 **정상상태**(steady-state) 조건을 가정한 시간에 따라서 **정현적**(sinusoidal) 또는 **고조파**(harmonic)적으로 변하는 계에 한정될 것이다. 이러한 경우에 있어서 **페이저**(phasor)의 표기법이 매우 편리하므로 모든 계의 양은 시간 의존성을 의미하는 $e^{j\omega t}$를 갖는 복소벡터로 가정하며 필기체 대신 로마체 활자로 표기할 것이다. 그러므로 $\hat{x}$방향의 정현적인 전계는

$$\bar{\mathcal{E}}(x, y, z, t) = \hat{x}A(x, y, z)\cos(\omega t + \phi) \tag{1.8}$$

와 같은 형태이며, 여기서 A는 진폭이고, ω는 각주파수, ϕ는 $t = 0$에서의 파의 위상 기준(phase reference)이며, 다음과 같은 페이저 형태를 갖는다.

$$\bar{E}(x, y, z) = \hat{x}A(x, y, z)e^{j\phi}. \tag{1.9}$$

이 책에서는 코싸인(cosine) 기준의 페이저를 가정하며, 페이저 양에서 실제 시간에 따라서 변화하는 양으로의 변환은 페이저에 $e^{j\omega t}$를 곱하고 실수항을 취함으로써 얻어진다.

$$\bar{\mathcal{E}}(x, y, z, t) = \text{Re}\{\bar{E}(x, y, z)e^{j\omega t}\} \tag{1.10}$$

식 (1.10)에 식 (1.9)를 대입하면 식 (1.8)을 얻을 수 있다. 페이저 표기법을 사용하는 경우, 모든 항의 공통항인 $e^{j\omega t}$은 보통 생략한다.

전력과 에너지를 취급할 경우, 가끔 시간적 평균값에 관심을 갖게 되는데 이는 시고조파계(time harmonic field)에서 매우 쉽게 찾아 볼 수 있다. 예를 들어,

$$\bar{\mathcal{E}} = \hat{x}E_1\cos(\omega t + \phi_1) + \hat{y}E_2\cos(\omega t + \phi_2) + \hat{z}E_2\cos(\omega t + \phi_3) \tag{1.11}$$

의 페이저 형태는

$$\bar{E} = \hat{x}E_1 e^{j\phi_1} + \hat{y}E_2 e^{j\phi_2} + \hat{z}E_3 e^{j\phi_3} \tag{1.12}$$

이 되며, 주어진 전계의 크기의 자승에 대한 평균치는 다음과 같이 계산할 수 있다.

$$\begin{aligned} |\bar{\mathcal{E}}|^2_{\text{avg}} &= \frac{1}{T}\int_0^T \bar{\mathcal{E}}\cdot\bar{\mathcal{E}}\,dt \\ &= \frac{1}{T}\int_0^T \left[E_1^2\cos^2(\omega t+\phi_1)+E_2^2\cos^2(\omega t+\phi_2)+E_3^2\cos^2(\omega t+\phi_3)\right]dt \\ &= \frac{1}{2}\left(E_1^2+E_2^2+E_3^2\right) = \frac{1}{2}|\bar{E}|^2 = \frac{1}{2}\bar{E}\cdot\bar{E}^*. \end{aligned} \tag{1.13}$$

그러므로 실효값은 $|\bar{E}|_{\text{rms}} = |\bar{E}|/\sqrt{2}$이다.

시간 의존성 $e^{j\omega t}$를 가정하면 식 (1.1a) - (1.1d)의 시간에 대한 미분은 $j\omega$로 대치할 수 있으므로 Maxwell 방정식의 페이저 형태는 다음과 같이 된다.

$$\nabla\times\bar{E} = -j\omega\bar{B} - \bar{M}, \tag{1.14a}$$

$$\nabla\times\bar{H} = j\omega\bar{D} + \bar{J}, \tag{1.14b}$$

$$\nabla\cdot\bar{D} = \rho, \tag{1.14c}$$

$$\nabla\cdot\bar{B} = 0. \tag{1.14d}$$

임의의 주파수 ω에 대한 Maxwell 방정식의 해를 임의의 시간에 대한 해로 변환시키려면 푸리에 변환(Fourier transform)을 사용하면 된다.

식 (1.14)의 전기 $\bar{\mathcal{J}}$ 및 자기적 전류 $\bar{\mathcal{M}}$ 원(current sources)은 각각 A/m^2 또는 V/m^2의 단위를 갖는 체적 전류 밀도들이다. 그러나 대부분의 경우 실제 전류는 평판 전류(sheet current),

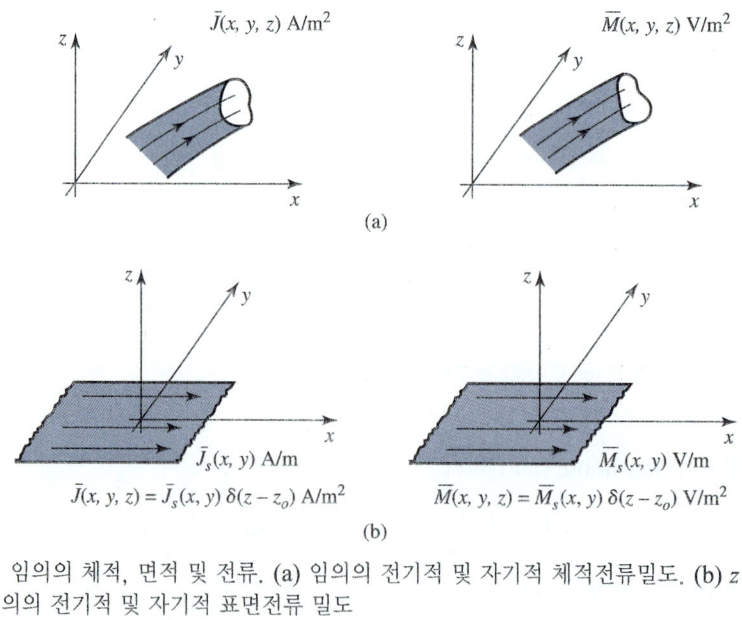

그림 1.4 임의의 체적, 면적 및 전류. (a) 임의의 전기적 및 자기적 체적전류밀도. (b) $z = z_0$ 평면 내의 임의의 전기적 및 자기적 표면전류 밀도

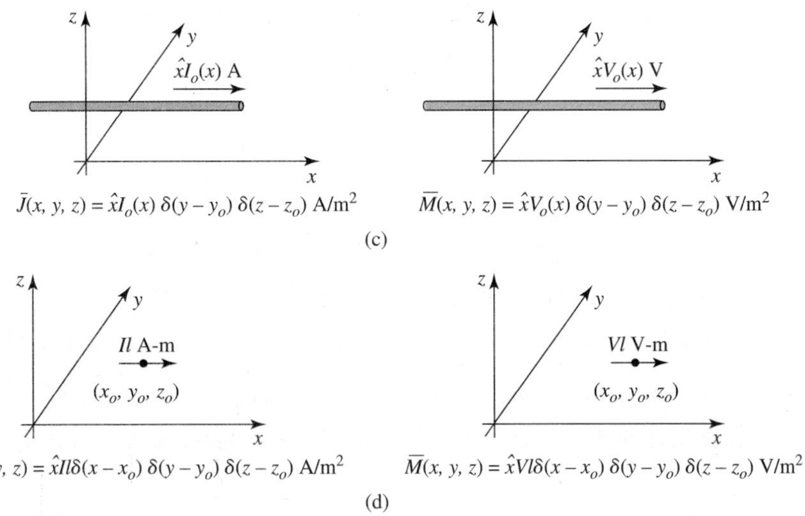

그림 1.4 (계속) (c) 임의의 전기적 및 자기적 선전류, (d) x축에 평행한 무한소 전기적 및 자기적 다이폴 전류

선전류(line current) 또는 **무한소 다이폴 전류**(infinitesimal dipole current)의 형태로 존재한다. 이와 같은 특별한 형태의 전류 분포들은 델타 함수를 사용함으로써 체적 전하 밀도로 나타낼 수 있다. 그림 1.4는 이러한 과정을 전기 자기적 전류에 대해 적용한 예를 나타내고 있다.

1.3 매질 내의 계와 경계조건

앞 절에서는 매질이 없는 자유공간 내에서 전계와 자계의 존재를 가정하였다. 실제에 있어서 매질은 흔히 존재하기 때문에 해석을 복잡하게 하지만, 매질 특성은 마이크로파 부품을 유용하게 응용할 수 있게 한다. 매질 내에 전자계가 존재할 경우, 계의 벡터는 구조적인 관계에 의해서 서로 연관된다.

유전체에 있어서 인가되어진 전계 $\bar{E}$는 총 변위전속 $\bar{D}$를 증가시키는 전기적 다이폴 모멘트를 발생시키기 위하여 매질의 원자 또는 분자의 **분극**(polarization)을 발생시킨다. 이 부가적인 분극 벡터 $\bar{P}_e$를 **전기 분극 벡터**라고 하며

$$\bar{D} = \epsilon_0 \bar{E} + \bar{P}_e \tag{1.15}$$

가 된다. 선형 매질 내에서 전기 분극 벡터는 다음과 같이 인가되어진 전계와 선형적인 관계를 갖는다.

$$\bar{P}_e = \epsilon_0 \chi_e \bar{E}. \tag{1.16}$$

여기서 χ_e는 일반적으로 복소량이며, **전기 분극률**(electric susceptibility)이라고 한다. 따라서,

$$\bar{D} = \epsilon_0 \bar{E} + \bar{P}_e = \epsilon_0(1 + \chi_e)\bar{E} = \epsilon \bar{E} \tag{1.17}$$

가 되고, 이때,

$$\epsilon = \epsilon' - j\epsilon'' = \epsilon_0(1 + \chi_e) \tag{1.18}$$

는 매질의 **복소 유전율**(complex permittivity)이 된다. ϵ의 허수부는 진동하고 있는 다이폴 모멘트의 제동(damping)에 기인한 매질 내의 손실을 설명하는 항이 된다(자유공간 내에서 ϵ은 실수이며 손실이 없다). 에너지 보존 법칙에 의해서, ϵ의 허수부는 음수가 되어야 한다(ϵ''은 양수). 유전체의 손실은 등가적인 도체 손실로 간주할 수 있다. 도전율 σ를 갖는 매질 내에서는 전도 전류밀도가 존재하며 다음과 같이 나타난다.

$$\bar{J} = \sigma \bar{E}. \tag{1.19}$$

이는 전자계의 관점에서 **Ohm의 법칙**에 해당된다. 식 (1.14b)의 $\bar{H}$에 대한 Maxwell의 회전(curl) 방정식은

$$\begin{aligned}\nabla \times \bar{H} &= j\omega\bar{D} + \bar{J} \\ &= j\omega\epsilon\bar{E} + \sigma\bar{E} \\ &= j\omega\epsilon'\bar{E} + (\omega\epsilon'' + \sigma)\bar{E} \\ &= j\omega\left(\epsilon' - j\epsilon'' - j\frac{\sigma}{\omega}\right)\bar{E}\end{aligned} \tag{1.20}$$

가 되며, 이때 유전체 제동에 의한 손실($\omega\epsilon''$)은 도체손실(σ)과 구별되어지지 않음을 알 수 있다. $\omega\epsilon'' + \sigma$ 항은 실효 도전율로 간주할 수 있으며, 관심대상의 양은 다음과 같이 정의되어지는 **손실 탄젠트**(loss tangent)

$$\tan\delta = \frac{\omega\epsilon'' + \sigma}{\omega\epsilon'} \tag{1.21}$$

로써 전체 변위 전류의 실수부와 허수부의 비로서 나타내어진다. 마이크로파 매질은 보통 실수의 비유전율(유전상수)[2](즉, $\epsilon' = \epsilon_r\epsilon_0$)과 어느 주파수에서의 손실 탄젠트로서 특징지어진다. 몇 가지 종류의 매질에 대한 이들 상수값을 부록 G에 나타내었다. 손실이 없는 유전체를 가정하여 문제를 해결한 다음에 실수 ϵ값 대신 복소 유전율 $\epsilon = \epsilon' - j\epsilon'' = \epsilon'(1 - j\tan\delta) = \epsilon_r\epsilon_0(1 - j\tan\delta)$로 대치함으로서 손실이 있는 경우의 문제를 해결할 수 있다.

앞에서 $\bar{P}_e$는 $\bar{E}$와 동일한 방향 선상에 있는 벡터로 가정하였다. 이와 같은 물질은 **등방성**

주[2] IEEE의 무선전파(Wave)전파(Propagation)에 대한 표준용어정의(*IEEE 211-1997*)에서는 유전상수(dielectric constant)라는 용어대신에 비유전율(relative permittivity)을 권하고 있다. 그러나 IEEE의 안테나에 대한 표준용어정의(*IEEE 145-1993*)에서는 유전상수에 대한 정의를 하고 있다. 이 용어가 초고주파 공학분야에서 일반적으로 사용되고 있기 때문에 본 교재에서 가끔 사용될 것이다.

(isotropic)매질이나, 모든 매질이 이러한 특성을 갖는 것은 아니다. 이러한 매질은 **비등방성**(anisotropic)매질로서 $\bar{P}_e$와 $\bar{E}$ 또는 $\bar{D}$와 $\bar{E}$ 사이에 좀더 복잡한 관계를 갖는다. 이 두 벡터 사이의 가장 일반적인 선형 관계는 랭크(rank)가 2인 텐서(tensor)의 형태가 되며 다음과 같은 행렬(matrix)의 형태로 표현할 수 있다.

$$\begin{bmatrix} D_x \\ D_y \\ D_z \end{bmatrix} = \begin{bmatrix} \epsilon_{xx} & \epsilon_{xy} & \epsilon_{xz} \\ \epsilon_{yx} & \epsilon_{yy} & \epsilon_{yz} \\ \epsilon_{zx} & \epsilon_{zy} & \epsilon_{zz} \end{bmatrix} \begin{bmatrix} E_x \\ E_y \\ E_z \end{bmatrix} = [\epsilon] \begin{bmatrix} E_x \\ E_y \\ E_z \end{bmatrix}. \tag{1.22}$$

주어진 $\bar{E}$의 한 벡터성분은 일반적으로 3개의 $\bar{D}$ 성분을 발생시킴을 알 수 있다. 결정구조와 이온화된 가스들은 비등방성 유전체의 예이다. 선형 등방성 매질의 경우에는 식 (1.22)의 행렬은 원소 ϵ을 갖는 대각 행렬(diagonal matrix)로 될 것이다.

자성체에 있어서도 유사한 상태가 나타난다. 인가된 자계는 **자기 분극벡터** $\bar{P}_m$을 발생시키기 위하여 자성체 내에서 자기 다이폴 모멘트 방향을 정렬시킨다. 따라서

$$\bar{B} = \mu_0(\bar{H} + \bar{P}_m) \tag{1.23}$$

이 된다.

선형 자성체에 있어서, $\bar{P}_m$은 다음과 같이 $\bar{H}$와 선형적인 관계를 갖는다.

$$\bar{P}_m = \chi_m \bar{H}. \tag{1.24}$$

여기서 χ_m은 복소 **자기 분극률**(magnetic susceptibility)이다. 식 (1.23)과 (1.24)으로부터 다음의 식을 얻을 수 있다.

$$\bar{B} = \mu_0(1 + \chi_m)\bar{H} = \mu\bar{H}. \tag{1.25}$$

여기서 $\mu = \mu_0(1 + \chi_m) = \mu' - j\mu''$은 매질의 투자율(permeability)이다. 마찬가지로 χ_m 또는 μ의 허수부는 제동력(damping force)에 기인한 손실로 간주되며, 실제로는 자기전류(magnetic current)가 존재하지 않기 때문에 자기 도전율도 존재하지 않는다. 유전체 경우와 같이 자성체도 비등방성일 수 있으며, 이 경우 텐서 투자율은 다음과 같이 나타낼 수 있다.

$$\begin{bmatrix} B_x \\ B_y \\ B_z \end{bmatrix} = \begin{bmatrix} \mu_{xx} & \mu_{xy} & \mu_{xz} \\ \mu_{yx} & \mu_{yy} & \mu_{yz} \\ \mu_{zx} & \mu_{zy} & \mu_{zz} \end{bmatrix} \begin{bmatrix} H_x \\ H_y \\ H_z \end{bmatrix} = [\mu] \begin{bmatrix} H_x \\ H_y \\ H_z \end{bmatrix}. \tag{1.26}$$

마이크로파 공학에서 비등방성 자성체의 중요한 예는 **페라이트**(ferrite)로 알려진 **페리 자성체**(ferrimagnetic materials)류이며, 이들 물질과 그 응용은 9장에서 알아보기로 한다.

선형매질(ϵ, μ가 $\bar{E}$ 또는 $\bar{H}$에 의존하지 않음)을 가정하면, Maxwell 방정식은 다음과 같이 페이저의 형태로 나타낼 수 있다.

$$\nabla \times \bar{E} = -j\omega\mu\bar{H} - \bar{M} \tag{1.27a}$$

$$\nabla \times \bar{H} = j\omega\epsilon\bar{E} + \bar{J} \tag{1.27b}$$

$$\nabla \cdot \bar{D} = \rho \tag{1.27c}$$

$$\nabla \cdot \bar{B} = 0. \tag{1.27d}$$

전속밀도 $\bar{D}$ 및 자속밀도 $\bar{B}$는 다음과 같다.

$$\bar{D} = \epsilon \bar{E} \tag{1.28a}$$

$$\bar{B} = \mu \bar{H}. \tag{1.28b}$$

여기서 ϵ과 μ는 일반적으로 복소량 또는 텐서이다. 식 (1.28a), (1.28b)와 같은 관계식은 선형매질의 경우에도 시간영역의 형태로 나타낼 수 없다. 그 이유는 $\bar{D}$와 $\bar{E}$ 또는 $\bar{B}$와 $\bar{H}$ 사이의 위상천이(phase shift)가 존재할 수 있기 때문이며 복소 ϵ과 μ에 의한 페이저 표현으로 이 위상천이가 포함되어지게 한다.

미분형 Maxwell 방정식 (1.27a)-(1.27d)의 완전하고 유일한 해를 구하려면 경계조건이 필요하다. 이 책에서 사용되는 일반적인 방법은 미지의 계수를 갖는 해를 구하기 위해서 어느 영역 내에서 전자계원이 없는(source free) Maxwell 방정식을 풀어내는 것이며, 그 다음 이들 계수를 구하기 위하여 경계조건을 적용하는 것이다. 다음에 고려하는 바와 같이 여러 가지의 특정한 경계조건들이 존재한다.

일반적인 매질 경계에서의 계

그림 1.5에 나타낸 것과 같이 두 매질 사이의 경계면(plane interface)을 고려하기로 한다. 이 경계면에서 법선계(normal field)와 접선계(tanqential field)가 관련된 조건을 찾기 위하여 Maxwell 방정식의 적분형을 사용한다. 그림 1.6에 나타낸 바와 같이 S를 닫혀진 원통형 모양의 표면이라 하면 식 (1.4)는 시간영역에서 다음과 같이 표현할 수 있다

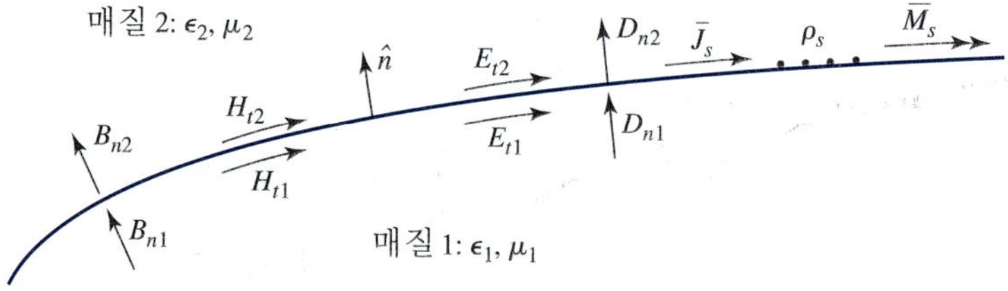

그림 1.5 일반적인 두 매질 경계에서 계, 전류 및 표면전하

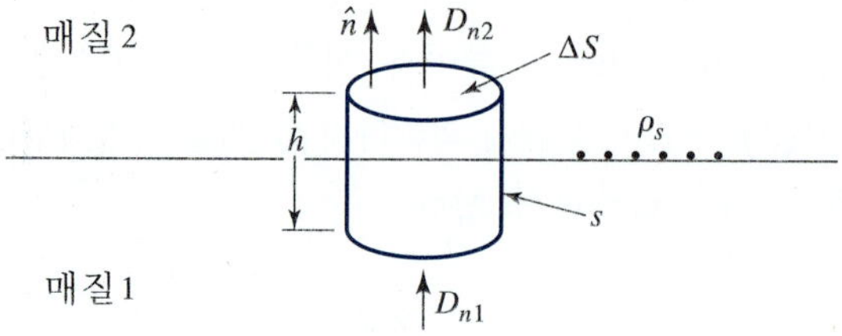

그림 1.6 식 (1.29)에 대한 폐곡면(closed surface) S

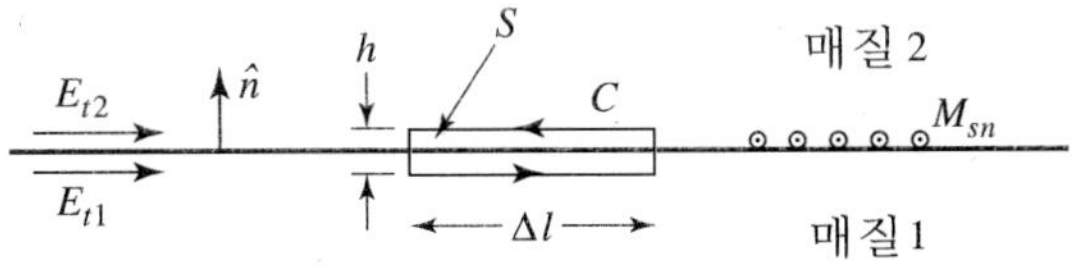

그림 1.7 식 (1.33)에 대한 폐경로 C

$$\oint_S \bar{D} \cdot d\bar{s} = \int_V \rho \, dv. \tag{1.29}$$

$h \to 0$인 경우 측벽을 통과하는 $D_{\tan}$ 성분은 0에 근접하게 되므로 식 (1.29)는

$$\Delta S D_{2n} - \Delta S D_{1n} = \Delta S \rho_s$$

또는

$$D_{2n} - D_{1n} = \rho_s \tag{1.30}$$

가 된다. 여기서, ρ_s는 경계면 상의 표면 전하밀도이다. 위 식을 벡터형태로 표현하면 다음과 같다.

$$\hat{n} \cdot (\bar{D}_2 - \bar{D}_1) = \rho_s. \tag{1.31}$$

$\bar{B}$에 대해서도 유사한 방법으로 다음과 같이 나타낼 수 있다.

$$\hat{n} \cdot \bar{B}_2 = \hat{n} \cdot \bar{B}_1. \tag{1.32}$$

이는 자유 자하(free magnetic charge)가 없기 때문이다.

그림 1.7에 나타낸 폐경로 C와 연관하여 전계의 접선성분에 대하여 식 (1.6)의 페이저 형태를 사용하면 다음과 같다.

$$\oint_C \bar{E} \cdot d\bar{l} = -j\omega \int_S \bar{B} \cdot d\bar{s} - \int_S \bar{M} \cdot d\bar{s}. \tag{1.33}$$

$h \to 0$인 경우 $\bar{B}$의 면적분은 사라진다($S = h\Delta\ell \to 0$). 그러나 $\bar{M}$의 면적분은 표면에 자기 표면전류 밀도 $\bar{M}_s$가 존재하면 0이 되지 않는다. Dirac 델타함수를 사용하여 표현하면

$$\bar{M} = \bar{M}_s \delta(h) \tag{1.34}$$

이다. 여기서, h는 경계면에서 법선방향으로 측정된 좌표이다. 따라서, 식 (1.33)은

$$\Delta\ell E_{t1} - \Delta\ell E_{t2} = -\Delta\ell M_s$$

또는

$$E_{t1} - E_{t2} = -M_s. \tag{1.35}$$

이를 벡터형식으로 일반화하면 다음과 같다.

$$(\bar{E}_2 - \bar{E}_1) \times \hat{n} = \bar{M}_s. \tag{1.36}$$

자계에 대해서도 유사한 방법으로 나타내면

$$\hat{n} \times (\bar{H}_2 - \bar{H}_1) = \bar{J}_s. \tag{1.37}$$

여기서, $\bar{J}_s$는 경계면에 존재하는 전기적 표면전류 밀도이다. 식 (1.31), (1.32), (1.36), (1.37)은 임의의 매질 경계면에서 경계조건을 가장 일반적으로 표현한 것이다.

유전체 경계에서의 계

두 개의 무손실 유전체 사이의 경계면에서 전하 또는 표면 전류밀도는 일반적으로 존재하지 않는다. 따라서 식 (1.31), (1.32), (1.36), (1.37)은 다음과 같이 표현할 수 있다.

$$\hat{n} \cdot \bar{D}_1 = \hat{n} \cdot \bar{D}_2 \tag{1.38a}$$
$$\hat{n} \cdot \bar{B}_1 = \hat{n} \cdot \bar{B}_2 \tag{1.38b}$$
$$\hat{n} \times \bar{E}_1 = \hat{n} \times \bar{E}_2 \tag{1.38c}$$
$$\hat{n} \times \bar{H}_1 = \hat{n} \times \bar{H}_2. \tag{1.38d}$$

이 방정식들을 요약하면, $\bar{D}$와 $\bar{B}$의 법선 성분들은 경계면에 걸쳐서 연속이며, $\bar{E}$와 $\bar{H}$의 접선 성분들도 경계면에 걸쳐서 연속임을 기술한다. Maxwell 방정식들은 모두가 일차독립(linearly independent)은 아니므로, 위 방정식 내에 포함된 6개의 경계조건은 모두가 1차 독립은 아니다. 예를 들어서, 4개의 접선성분에 대한 식 (1.38c)와 (1.38d)의 경계조건 만족은 자동적으로 법선 성분의 연속성에 대한 방정식을 만족하게 한다.

완전 도체(전계벽) 경계에서의 계

마이크로파 공학에 있어서 손실이 없는($\sigma \to \infty$) 것으로 간주할 수 있는 양질의 도체(예: 금속)가 있는 경계의 문제가 많이 발생한다. 이와 같은 완전 도체의 경우에 있어서, 모든 계의 성분들은 도체 내부영역에서 0이 되어야 한다. 이것은 유한한 도전율($\sigma < \infty$)을 갖는 도체를 고려하고, $\sigma \to \infty$일 때 표피두께(skin depth) (대부분의 마이크로파 전력이 관통하는 두께)가 0에 접근한다는 것을 고려하면 이해할 수 있다(1.7절에서 이에 대해서 해석할 것이다). 경계의 한 면 상에 모든 공간이 완전도체로 채워졌다고 가정하면 $\bar{M}_s = 0$이 되고, 식 (1.31), (1.32), (1.36), (1.37)은 다음 식으로 표현할 수 있다.

$$\hat{n} \cdot \bar{D} = \rho_s \tag{1.39a}$$
$$\hat{n} \cdot \bar{B} = 0 \tag{1.39b}$$
$$\hat{n} \times \bar{E} = 0 \tag{1.39c}$$
$$\hat{n} \times \bar{H} = \bar{J}_s. \tag{1.39d}$$

여기서, ρ_s와 $\bar{J}_s$는 각각 경계면 상의 전기적인 표면 전하밀도와 전류밀도이며, $\hat{n}$은 완전도체에서 밖으로 향하는 법선 단위벡터(normal unit vector)이다. 이와 같은 경계를 **전계벽**(electric wall)이라고 하는데 식 (1.39c)에서 보여졌듯이 $\bar{E}$의 접선 성분이 0이 되기 위하여서는 도체의 표면에서 사라져야 하기 때문이다.

자계벽의 경계조건

전계벽의 경계조건에 상대되는 경계조건은 **자계벽**(magnetic wall)의 경계조건이며, 이 경우 H의 접선 성분이 없어져야 한다. 이와 같은 경계조건은 실제에 있어서 존재하지 않지만 주름잡힌 표면(corrugated surface)이나 어떤 평면 전송선로 문제에서 근사화하며 나타나게 된다. 경계에서 $\hat{n} \times \bar{H} = 0$인 이상적으로 취급하는 것은 편리하며 이를 다음 장에서 보게 될 것이다. 자계벽의 경계조건은 개방회로 전송선로의 끝단에서의 전압과 전류 관계와 유사하며, 전계벽의 경계조건은 단락회로 전송선로의 끝단에서 전압과 전류 관계와 유사하다. 자계벽의 조건은 경계조건 현상의 완전성을 이루게 하며 실제로 여러 경우에 있어서 유용한 근사화 수단이 된다.

자계벽에서의 계들은 다음의 조건을 만족한다.

$$\hat{n} \cdot \bar{D} = 0 \tag{1.40a}$$

$$\hat{n} \cdot \bar{B} = 0 \tag{1.40b}$$

$$\hat{n} \times \bar{E} = -\bar{M}_s \tag{1.40c}$$

$$\hat{n} \times \bar{H} = 0. \tag{1.40d}$$

여기서, $\hat{n}$은 자계벽에서 밖으로 향하는 법선 단위벡터이다.

방사조건

무한히 연속된 매질 또는 무한히 긴 전송선로 내에서의 평면파와 같이 하나 또는 다수의 경계를 갖는 문제를 취급할 경우, 무한대 거리에서 계의 조건이 요구된다. 이와 같은 경계조건을 **방사조건**이라 하며 에너지 보존의 이론에 필수적이다. 이 조건은 전자계원(source)으로부터 무한대 거리에서 계는 영이거나 바깥쪽 방향으로 전파되어야 함을 뜻한다. 작은 손실항(실제 임의의 매질 특성과 같이)을 포함하고 있는 무한히 연속된 매질을 생각하면 이를 이해할 수 있다. 무한대 거리에서 일정한 진폭을 갖고 입사하는 파들은 무한대 거리에서 무한대의 크기의 전자계원이 요구되므로 존재하지 않는다.

1.4 파동 방정식과 기본 평면파의 해

Helmholtz 방정식

전자계 원이 없으며, 선형, 등방성(isotropic), 균일(homogeneous)한 영역에서 Maxwell의 회전(curl) 방정식의 페이저 형태는

$$\nabla \times \bar{E} = -j\omega\mu\bar{H} \tag{1.41a}$$

$$\nabla \times \bar{H} = j\omega\epsilon\bar{E} \tag{1.41b}$$

로서 2개의 미지수 $\bar{E}$와 $\bar{H}$에 대한 미분방정식이 2개이다. 따라서 이들 방정식은 $\bar{E}$ 또는 $\bar{H}$에 대해서 풀 수 있다. 식 (1.41a)에 회전을 취하고 식 (1.41b)를 사용하면

$$\nabla \times \nabla \times \bar{E} = -j\omega\mu\nabla \times \bar{H} = \omega^2\mu\epsilon\bar{E}$$

로서 $\bar{E}$에 대한 방정식으로 된다. 이 결과는 임의의 벡터 $\bar{A}$의 직각좌표 성분에 대한 벡터 등식(B.14), $\nabla \times \nabla \times \bar{A} = \nabla(\nabla \cdot \bar{A}) - \nabla^2\bar{A}$를 사용하여 간략화할 수 있다. 전계원이 없는 영역에서 $\nabla \cdot \bar{E} = 0$이므로

$$\nabla^2\bar{E} + \omega^2\mu\epsilon\bar{E} = 0 \tag{1.42}$$

이 된다. 식 (1.42)를 $\bar{E}$에 대한 **파동 방정식** 또는 **Helmholtz 방정식**이라 한다. $\bar{H}$에 대한 방정식도 마찬가지 방법으로 유도할 수 있다.

$$\nabla^2\bar{H} + \omega^2\mu\epsilon\bar{H} = 0. \tag{1.43}$$

상수 $k = \omega\sqrt{\mu\epsilon}$은 매질의 **전파상수**(propagation constant) (위상상수; phase constant 또는 **파수**; wave number라고도 함)라고 정의하며 단위는 1/m이다.

파의 특성을 이해하기 위해서 위 파동 방정식의 가장 간단한 형태의 해에 대하여 검토할 것이며, 우선 손실이 없는 매질의 경우에 대하여 살핀 후 손실이 있는(도체) 매질의 경우에 대해서도 취급할 것이다.

무손실 매질 내의 평면파

무손실 매질에 있어서 ϵ과 μ는 실수이므로 k도 실수가 된다. 위 파동 방정식의 기본적인 평면파의 해는 단지 $\hat{x}$성분만을 갖고 x와 y 방향으로는 일정한 전계를 갖는다고 가정하자. 그러면 $\partial/\partial x = \partial/\partial y = 0$이 되며, 식 (1.42)의 Helmholtz 방정식은 다음과 같이 간략화할 수 있다.

$$\frac{\partial^2 E_x}{\partial z^2} + k^2 E_x = 0. \tag{1.44}$$

이 방정식의 해는 다음의 형태로 쉽게 얻을 수 있다.

$$E_x(z) = E^+e^{-jkz} + E^-e^{jkz}. \tag{1.45}$$

여기서 E^+와 E^-는 임의의 진폭값이다.

위의 해는 주파수 ω에서 시간 고조파의 경우에 대한 해이다. 시간 영역에서의 이 결과는

$$\mathcal{E}_x(z, t) = E^+\cos(\omega t - kz) + E^-\cos(\omega t + kz) \tag{1.46}$$

와 같이 나타나며, 여기서 E^+와 E^-는 실수값으로 가정하였다. 식 (1.46)의 첫 번째 항을 고려할 때, 이 항은 $+z$ 방향으로 진행하는 파를 나타내는데, 그 이유는 파의 한 고정점을 유지하기 위하여($\omega t - kz$ = 상수) 시간이 지남에 따라서 $+z$ 방향으로 움직여야 하기 때문이다. 마찬

가지로 식 (1.46)의 두 번째 항은 $-z$ 방향으로 진행하는 파를 나타낸다. 그러므로 E^+와 E^-는 이들 파의 진폭이다. 이러한 관점에서 파의 속도를 **위상속도**(phase velocity)라고 부르며, 이는 파가 진행하는 고정된 위상점의 속도이기 때문이며, 이 속도는 다음과 같이 주어진다.

$$v_p = \frac{dz}{dt} = \frac{d}{dt}\left(\frac{\omega t - \text{constant}}{k}\right) = \frac{\omega}{k} = \frac{1}{\sqrt{\mu\epsilon}}. \tag{1.47}$$

자유공간에서는 $v_p = 1/\sqrt{\mu_0\epsilon_0} = c = 2.998 \times 10^8$ m/sec이 되며, 빛의 속도와 같다.

파장 λ는 정해진 기준 시간에 진폭의 최대점과 최대점 사이(또는 최소점과 최소점 사이이거나 임의의 다른 기준점 사이)의 거리로서 정의된다. 즉,

$$[\omega t - kz] - [\omega t - k(z + \lambda)] = 2\pi$$

이다. 따라서

$$\lambda = \frac{2\pi}{k} = \frac{2\pi v_p}{\omega} = \frac{v_p}{f}. \tag{1.48}$$

평면파 전자계를 완전하게 규정하기 위해서는 자계가 포함되어야 한다. 보통은 $\bar{E}$ 또는 $\bar{H}$를 알고 있을 경우, Maxwell의 회전방정식 중의 하나를 사용하면 다른 하나의 계 벡터는 쉽게 찾아낼 수 있다. 그러므로 전계 식 (1.45)에 식 (1.41a)를 적용하면 $H_x = H_z = 0$과

$$H_y = \frac{j}{\omega\mu}\frac{\partial E_x}{\partial z} = \frac{1}{\eta}(E^+ e^{-jkz} - E^- e^{jkz}), \tag{1.49}$$

를 얻을 수 있으며, 여기서, $\eta = \omega\mu/k = \sqrt{\mu/\epsilon}$는 $\bar{E}$와 $\bar{H}$의 비로써 정의되는 평면파의 **파동 임피던스**(wave impedance)이다. 평면파에 있어서 이 임피던스는 매질의 고유 임피던스(intrinsic impedance)와 같으며, 자유공간의 경우 $\eta_0 = \sqrt{\mu_0/\epsilon_0} = \nabla 377\,\Omega$이 된다. $\bar{E}$와 $\bar{H}$ 벡터들은 서로 직교(orthogonal)하며, 전파방향($\pm\hat{z}$)에 수직하게 되는데 이 점이 TEM 파(transverse electro-magnetic wave)의 특징이다.

예제 1.1 기본 평면파 파라미터

무손실 매질에 주파수 5.0 GHz, 파장 3.0cm인 평면파가 전파할 때 전계가 $\mathcal{E}_x = E_0\cos(\omega t - \beta z)$로 표현된다면 전파상수, 위상속도, 매질의 유전상수, 파동 임피던스를 구하시오.

☞ 풀이

식 (1.48)로부터, 위상상수 $k = 2\pi/\lambda = 2\pi/0.03 = 209.4\ \text{m}^{-1}$이고 식 (1.47)로부터 위상속도는 다음과 같다.

$$v_p = \frac{\omega}{k} = \frac{2\pi f}{k} = \lambda f = (0.03)(5 \times 10^9) = 1.5 \times 10^8 \text{ m/sec.}$$

이 속도는 빛의 속도의 절반이다. 식 (1.47)을 이용하여 매질의 유전상수를 구하면 다음과 같다.

$$\epsilon_r = \left(\frac{c}{v_p}\right)^2 = \left(\frac{3.0 \times 10^8}{1.5 \times 10^8}\right)^2 = 4.0$$

파동임피던스는

$$\eta = \eta_0/\sqrt{\epsilon_r} = \frac{377}{\sqrt{4.0}} = 188.5\ \Omega$$

이 된다. ◀

손실이 있는 일반 매질 내에서의 평면파

손실이 있는 매질의 영향을 고려하여 보자. 만일 매질이 도전율을 갖는 도체이면, 식 (1.41a)와 식 (1.20)으로부터 Maxwell의 회전방정식은 다음과 같이 쓸 수 있다.

$$\nabla \times \bar{E} = -j\omega\mu\bar{H} \tag{1.50a}$$

$$\nabla \times \bar{H} = j\omega\epsilon\bar{E} + \sigma\bar{E}. \tag{1.50b}$$

그러므로, $\bar{E}$에 대한 파동 방정식은

$$\nabla^2\bar{E} + \omega^2\mu\epsilon\left(1 - j\frac{\sigma}{\omega\epsilon}\right)\bar{E} = 0 \tag{1.51}$$

이 된다. 여기서, 위 식은 무손실의 경우 $\bar{E}$에 대한 파동 방정식 (1.42)와 유사함을 알 수 있다. 차이점은 식 (1.42)의 파수(wave number) $k^2 = \omega^2\mu\epsilon$이 식 (1.51)의 $\omega^2\mu\epsilon[1 - j(\sigma/\omega\epsilon)]$으로 대치된 점이다. 매질에 대한 **복소 전파상수**를 다음과 같이 정의한다.

$$\gamma = \alpha + j\beta = j\omega\sqrt{\mu\epsilon}\sqrt{1 - j\frac{\sigma}{\omega\epsilon}}. \tag{1.52}$$

여기서 α는 **감쇠상수**(attenuation constant)이며 β는 **위상상수**(phase constant)이다. 전계를 x와 y 방향으로는 일정하고, $\hat{x}$방향의 성분만 갖는다고 가정하면 식(1.51)의 파동 방정식은

$$\frac{\partial^2 E_x}{\partial z^2} - \gamma^2 E_x = 0 \tag{1.53}$$

으로 표현되며, 이 방정식의 해는 다음과 같이 된다.

$$E_x(z) = E^+e^{-\gamma z} + E^-e^{\gamma z}. \tag{1.54}$$

따라서, $+z$ 방향으로 전파하는 파가 갖는 전파상수의 형태는

$$e^{-\gamma z} = e^{-\alpha z}e^{-j\beta z}$$

가 되면, 이를 시간영역에서의 형태로 나타내면 다음과 같이 얻을 수 있다.

$$e^{-\alpha z}\cos(\omega t - \beta z).$$

위 식은 위상속도 $v_p = \omega/\beta$, 파장 $\lambda = 2\pi/\beta$와 지수함수적인 감쇠요소(damping factor)를 갖고 $+z$ 방향으로 진행하는 파를 나타냄을 알 수 있다. 거리에 따른 감쇠율은 감쇠상수

(attenuation constant) α로 주어진다. 식 (1.54)의 부의 방향으로 진행하는 파는 유사하게 $-z$ 방향을 따라서 감쇠한다. 만일 손실이 없다면, $\sigma = 0$이므로 $\gamma = jk$이며, 따라서 $\alpha = 0$, $\beta = k$가 된다.

1.3절에서 논의한 바와 같이 손실항은 복소 유전율을 사용하여 취급할 수 있다. 식 (1.52)와 (1.20)에서 $\sigma = 0$, $\epsilon = \epsilon' - j\epsilon''$로 놓으면

$$\gamma = j\omega\sqrt{\mu\epsilon} = jk = j\omega\sqrt{\mu\epsilon'(1 - j\tan\delta)} \tag{1.55}$$

가 된다. 여기서, $\tan\delta = \epsilon''/\epsilon'$는 매질의 손실 탄젠트(loss tangent)이다.

이와 연관된 자계는 다음과 같이 얻을 수 있다.

$$H_y = \frac{j}{\omega\mu}\frac{\partial E_x}{\partial z} = \frac{-j\gamma}{\omega\mu}(E^+e^{-\gamma z} - E^-e^{\gamma z}). \tag{1.56}$$

도체 매질의 진성임피던스는 복소수가 된다.

$$\eta = \frac{j\omega\mu}{\gamma}. \tag{1.57}$$

그러나 전계와 자계의 비로 구한 것이므로 파동임피던스와 동일하다. 식 (1.56)은 다음과 같이 다시 쓸 수 있다.

$$H_y = \frac{1}{\eta}(E^+e^{-\gamma z} - E^-e^{\gamma z}). \tag{1.58}$$

식 (1.57)의 η는 일반적으로 복소량이나 무손실인 경우 $\gamma = jk = j\omega\sqrt{\mu\epsilon}$이므로 $\eta = \sqrt{\mu/\epsilon}$이 된다.

양질의 도체 내에서의 평면파

실제로 관심을 갖게 되는 여러 가지 문제들은 양질의 도체(완전한 도체가 아님)로 인한 손실 또는 감쇠항을 가지는 경우이다. 양질의 도체는 앞에서의 해석에 특별한 경우로서, 변위전류(displacement current)보다 전도전류(conductive current)가 훨씬 큰 경우이며, 이는 $\sigma \gg \omega\epsilon$의 관계가 성립함을 의미한다. 대부분의 금속들은 양질의 도체로서 분류할 수 있다. 도전율보다 복소유전율 ϵ의 항으로 양질의 도체의 조건을 나타내면 $\epsilon'' \ll \epsilon'$가 된다. 식 (1.52)의 전파상수는 변위 전류항을 무시함으로써 적절하게 다음과 같이 근사화할 수 있다.

$$\gamma = \alpha + j\beta \simeq j\omega\sqrt{\mu\epsilon}\sqrt{\frac{\sigma}{j\omega\epsilon}} = (1 + j)\sqrt{\frac{\omega\mu\sigma}{2}}. \tag{1.59}$$

표피두께 혹은 침투깊이(depth of penetration)는 다음과 같이 정의된다.

$$\delta_s = \frac{1}{\alpha} = \sqrt{\frac{2}{\omega\mu\sigma}}. \tag{1.60}$$

$e^{-\alpha z} = e^{-\alpha \delta_s} = e^{-1}$이므로, 도체 내에서 표피두께만큼의 거리를 진행한 후에 계의 진폭은 $1/e$ 또는 36.8%만큼 감소한다. 양질의 도체의 경우, 마이크로파 대역에서 이 거리는 매우 작은 것이다. 이러한 결과가 실제로 중요한 점은 저손실 마이크로파 부품에 얇은 양질의 도체(예: 은 또는 금) 피막만 입혀도 된다는 것이다.

예제 1.2 마이크로파 대역에서의 표피두께

주파수 10 GHz에서 알루미늄, 구리, 금 그리고 은의 표피두께를 계산하여라.

☞ **풀이:** 이들 금속에 대한 도전율이 부록 F에 제시되어 있다. 식 (1.60)에 의해 표피두께는 다음과 같이 된다.

$$\delta_s = \sqrt{\frac{2}{\omega\mu\sigma}} = \sqrt{\frac{1}{\pi f \mu_0 \sigma}} = \sqrt{\frac{1}{\pi(10^{10})(4\pi \times 10^{-7})}}\sqrt{\frac{1}{\sigma}} = 5.03 \times 10^{-3}\sqrt{\frac{1}{\sigma}}.$$

$$\text{알루미늄: } \delta_s = 5.03 \times 10^{-3}\sqrt{\frac{1}{3.816 \times 10^7}} = 8.14 \times 10^{-7}\text{m}.$$

$$\text{구리: } \delta_s = 5.03 \times 10^{-3}\sqrt{\frac{1}{5.813 \times 10^7}} = 6.60 \times 10^{-7}\text{m}.$$

$$\text{금: } \delta_s = 5.03 \times 10^{-3}\sqrt{\frac{1}{4.098 \times 10^7}} = 7.86 \times 10^{-7}\text{m}.$$

$$\text{은: } \delta_s = 5.03 \times 10^{-3}\sqrt{\frac{1}{6.173 \times 10^7}} = 6.40 \times 10^{-7}\text{m}.$$

위 결과로부터, 양질의 도체 내에서 대부분의 전류는 도체의 표면 부근의 아주 얇은 영역 내에서 흐르고 있음을 알 수 있다. ◀

식 (1.57)과 (1.59)로부터 양질의 도체 내부에서의 고유임피던스를 얻을 수 있으며, 그 결과는 다음과 같다.

$$\eta = \frac{j\omega\mu}{\gamma} \simeq (1+j)\sqrt{\frac{\omega\mu}{2\sigma}} = (1+j)\frac{1}{\sigma\delta_s}. \tag{1.61}$$

이 임피던스의 위상각이 45°가 되고, 이것은 양질의 도체의 특징이 된다. 무손실 매질의 위상각은 0°이며 임의의 손실이 있는 매질의 임피던스의 위상각은 0°와 45° 사이가 된다.

표 1.1은 무손실의 경우와 손실이 있는 균일한 매질에 있어서 평면파 전파에 대한 결과를 요약한 것이다.

1.5 평면파의 일반해

1.4절에서 평면파의 여러 가지 특징을 논의하였다. 이 절에서는 좀더 일반적인 관점에서

표 1.1 여러 가지 매질 내에서 평면파 전파에 대한 결과

매질의 종류	비 고		
	무손실 ($\epsilon''=\sigma=0$)	일반적 손실 Lossy	양질의 도체 $\epsilon''\gg\epsilon'$ 혹은 $\sigma\gg\omega\epsilon'$
복소전파상수	$\gamma=j\omega\sqrt{\mu\epsilon}$	$\gamma=j\omega\sqrt{\mu\epsilon}$ $=j\omega\sqrt{\mu\epsilon'}\sqrt{1-j\dfrac{\sigma}{\omega\epsilon'}}$	$\gamma=(1+j)\sqrt{\omega\mu\sigma/2}$
위상상수(파수)	$\beta=k=\omega\sqrt{\mu\epsilon}$	$\beta=\text{Im}(\gamma)$	$\beta=\text{Im}(\gamma)=\sqrt{\omega\mu\sigma/2}$
감쇠상수	$\alpha=0$	$\alpha=\text{Re}(\gamma)$	$\alpha=\text{Re}(\gamma)=\sqrt{\omega\mu\sigma/2}$
임피던스	$\eta=\sqrt{\mu/\epsilon}=\omega\mu/k$	$\eta=j\omega\mu/\gamma$	$\eta=(1+j)\sqrt{\omega\mu/2\sigma}$
표피두께	$\delta_s=\infty$	$\delta_s=1/\alpha$	$\delta_s=\sqrt{2/\omega\mu\sigma}$
파장	$\lambda=2\pi/\beta$	$\lambda=2\pi/\beta$	$\lambda=2\pi/\beta$
위상속도	$v_p=\omega/\beta$	$v_p=\omega/\beta$	$v_p=\omega/\beta$

평면파를 다시 살펴보고, 변수분리(separation of variables) 방법을 이용하여 방정식을 풀어보기로 한다. 이 방법은 뒤에 나오는 장에서도 유용할 것이다. 또한 원편파 평면파를 검토할 것이며, 이는 9장에서 다루는 페라이트의 논의에 중요하다.

자유공간에서 $\bar{E}$에 대한 Helmholtz 방정식은 다음과 같다.

$$\nabla^2\bar{E}+k_0^2\bar{E}=\frac{\partial^2\bar{E}}{\partial x^2}+\frac{\partial^2\bar{E}}{\partial y^2}+\frac{\partial^2\bar{E}}{\partial z^2}+k_0^2\bar{E}=0. \tag{1.62}$$

이 벡터 방정식은 $\bar{E}$의 각각의 직각좌표 성분에 대해서도 다음과 같이 성립한다.

$$\frac{\partial^2 E_i}{\partial x^2}+\frac{\partial^2 E_i}{\partial y^2}+\frac{\partial^2 E_i}{\partial z^2}+k_0^2E_i=0. \tag{1.63}$$

여기서 $i=x, y$ 또는 z이다. 이제 이와 같은 **편미분 방정식**(partial differential equations)을 취급하는 표준 기법인 변수분리 방법에 의해서 이 방정식의 해를 구할 수 있다. 이 방법은 식 (1.63)에 대한 해, 즉 E_x가 다음과 같이 3개의 좌표계에 대한 3개의 함수의 곱으로 나타낼 수 있다고 가정함으로써 시작한다.

$$E_x(x, y, z)=f(x)\,g(y)\,h(z). \tag{1.64}$$

이 식을 식 (1.63)에 대입하고 fgh로 나누어 주면

$$\frac{f''}{f}+\frac{g''}{g}+\frac{h''}{h}+k_0^2=0 \tag{1.65}$$

이 된다. 여기서, 이중 프라임 부호는 이중 미분을 나타낸다. 식 (1.65)의 각 항은 서로 독립적이기 때문에 각 항은 상수값을 가져야 한다. 즉 f''/f는 x만의 함수이며, 식 (1.65)의 다른 항들은 x의 함수가 아니므로, f''/f는 상수값이어야 하며, 식 (1.65)의 다른 항에 대해

서도 이와 유사하다. 그러므로, 3개의 독립상수 k_x, k_y, k_z를

$$f''/f = -k_x^2; \qquad g''/g = -k_y^2; \qquad h''/h = -k_z^2$$

또는

$$\frac{d^2 f}{dx^2} + k_x^2 f = 0; \qquad \frac{d^2 g}{dy^2} + k_y^2 g = 0; \qquad \frac{d^2 h}{dz^2} + k_z^2 h = 0 \tag{1.66}$$

과 같이 정의할 수 있다. 식 (1.65)와 식 (1.66)으로부터 다음의 식을 얻을 수 있다.

$$k_x^2 + k_y^2 + k_z^2 = k_0^2. \tag{1.67}$$

식 (1.63)의 편미분 방정식은 이제 식 (1.66)의 분리된 3개의 상미분 방정식(ordinary differential equations)으로 되었으며, 이들 방정식에 대한 해는 각각 $e^{\pm jk_x x}$, $e^{\pm jk_y y}$, $e^{\pm jk_z z}$의 형태이다. 앞 절에서 보았듯이, +부호는 부의 x, y, z 방향으로 진행하는 파를 나타내고, 반면에 −부호는 양의 방향으로 진행하는 파를 나타낸다. 이들 2개의 해는 가능하고 유효한 해이다. 이들 여러 가지 항들이 발생되는 정도는 전자계 원(source)에 의해서 결정된다. 각 좌표계의 +방향으로 진행하는 평면파를 선택하고, E_x에 대한 완전한 해를 나타내면 다음과 같다.

$$E_x(x, y, z) = Ae^{-j(k_x x + k_y y + k_z z)}. \tag{1.68}$$

여기서, A는 임의의 진폭상수이다. 이제 파수벡터 $\bar{k}$를 다음과 같이 정의한다.

$$\bar{k} = k_x\hat{x} + k_y\hat{y} + k_z\hat{z} = k_0\hat{n}. \tag{1.69}$$

그러면 식 (1.67)에서 $|\bar{k}| = k_0$이므로 $\hat{n}$은 전파방향으로의 단위벡터이다. 또한 **위치벡터**(position vector)를 다음과 같이 정의하자.

$$\bar{r} = x\hat{x} + y\hat{y} + z\hat{z}. \tag{1.70}$$

그러면 식 (1.68)은 다음과 같이 쓸 수 있다.

$$E_x(x, y, z) = Ae^{-j\bar{k}\cdot\bar{r}}. \tag{1.71}$$

식 (1.63)의 E_y, E_z에 대한 해도 식 (1.71)의 E_x의 형태와 유사하지만, 진폭 상수값이 다르므로 다음과 같이 얻을 수 있다.

$$E_y(x, y, z) = Be^{-j\bar{k}\cdot\bar{r}} \tag{1.72}$$

$$E_z(x, y, z) = Ce^{-j\bar{k}\cdot\bar{r}}. \tag{1.73}$$

식 (1.71)-(1.73)의 $\bar{E}$의 3개의 성분들의 x, y, z에 대한 의존성은 동일하여야 한다(동일한 k_x, k_y, k_z). 그 이유는

$$\nabla \cdot \bar{E} = \frac{\partial E_x}{\partial x} + \frac{\partial E_y}{\partial y} + \frac{\partial E_z}{\partial z} = 0$$

이라는 발산조건(divergence condition)이 Maxwell 방정식을 만족시키기 위하여 적용되어야 하기 때문인데, 이는 E_x, E_y, E_z가 x, y, z 방향으로 동일한 변화를 가져야 하기 때문이다(앞 절에서는 $\bar{E}$의 성분이 E_x뿐이며, E_x는 x에 따라서 변화하지 않으므로 앞 절에서의 해들은 자동적으로 발산조건을 만족하였다). 이 조건은 또한 진폭 A, B, C의 존재 조건을 제한하는데, 그 이유는 만일

$$\bar{E}_0 = A\hat{x} + B\hat{y} + C\hat{z}$$

이면

$$\bar{E} = \bar{E}_0 e^{-j\bar{k}\cdot\bar{r}}$$

이며

$$\nabla \cdot \bar{E} = \nabla \cdot (\bar{E}_0 e^{-j\bar{k}\cdot\bar{r}}) = \bar{E}_0 \cdot \nabla e^{-j\bar{k}\cdot\bar{r}} = -j\bar{k} \cdot \bar{E}_0 e^{-j\bar{k}\cdot\bar{r}} = 0$$

을 얻는다. 여기서 벡터등식 (B.7)을 사용하였다. 그러므로,

$$\bar{k} \cdot \bar{E}_0 = 0 \tag{1.74}$$

이어야 하며, 이는 전계 진폭벡터 $\bar{E}_0$가 전파방향벡터 $\bar{k}$에 수직하여야 함을 의미한다. 이 조건은 평면파에 대한 일반적인 결과이며 3개의 진폭상수 A, B, C 중에서 2개만을 독립적으로 선택할 수 있음을 의미한다.

자계는 Maxwell 방정식으로부터 다음과 같이 얻을 수 있다.

$$\nabla \times \bar{E} = -j\omega\mu_0 \bar{H} \tag{1.75}$$

$$\begin{aligned}
\bar{H} &= \frac{j}{\omega\mu_0}\nabla \times \bar{E} = \frac{j}{\omega\mu_0}\nabla \times (\bar{E}_0 e^{-j\bar{k}\cdot\bar{r}}) \\
&= \frac{-j}{\omega\mu_0}\bar{E}_0 \times \nabla e^{-j\bar{k}\cdot\bar{r}} \\
&= \frac{-j}{\omega\mu_0}\bar{E}_0 \times (-j\bar{k}) e^{-j\bar{k}\cdot\bar{r}} \\
&= \frac{k_0}{\omega\mu_0}\hat{n} \times \bar{E}_0 e^{-j\bar{k}\cdot\bar{r}} \\
&= \frac{1}{\eta_0}\hat{n} \times \bar{E}_0 e^{-j\bar{k}\cdot\bar{r}} \\
&= \frac{1}{\eta_0}\hat{n} \times \bar{E}.
\end{aligned} \tag{1.76}$$

여기서 벡터등식 (B.9)가 두 번째 식을 얻기 위해서 사용되었다. 이 결과는 자계벡터 $\bar{H}$가 전파 방향인 $\bar{k}$에 수직인 평면에 놓여져 있으며, $\bar{H}$는 $\bar{E}$에 수직함을 나타내고 있다. 이들 벡터 사이의 관계를 그림 1.8에서 나타내고 있다. 식 (1.76)의 $\eta_0 = \sqrt{\mu_0/\epsilon_0} = 377\,\Omega$은 자유공간의 고유 임피던스(intrinsic impedance)이다.

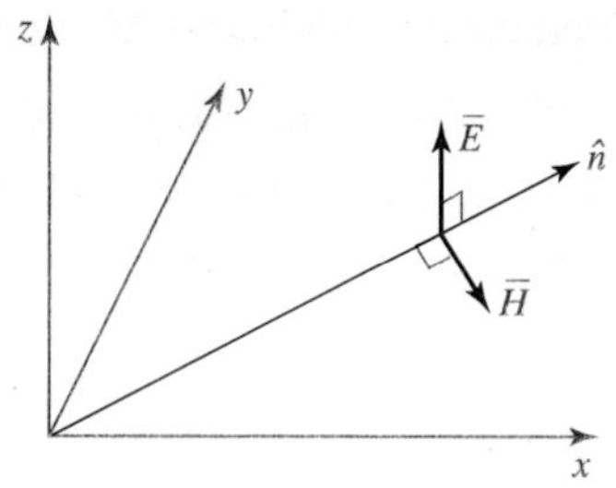

그림 1.8 평면파에 대한 $\bar{E}$, $\bar{H}$와 $\bar{k}=k_0\hat{n}$ 벡터의 방향

전계를 시간영역에서 표현하면

$$\begin{aligned}\bar{\mathcal{E}}(x, y, z, t) &= \mathrm{Re}\left\{\bar{E}(x, y, z)e^{j\omega t}\right\} = \mathrm{Re}\left\{\bar{E}_0 e^{-j\bar{k}\cdot\bar{r}}e^{j\omega t}\right\} \\ &= \bar{E}_0 \cos(\bar{k}\cdot\bar{r} - \omega t) \end{aligned} \tag{1.77}$$

과 같으며, $\bar{E}_0$에 포함된 진폭상수 A, B, C는 실수라고 가정하였다. 만일 이들 상수값이 실수가 아닌 경우에는, 이것들의 위상이 식 (1.77)의 코싸인(cosine) 항에 포함되어야 한다. 이 해로부터 구한 파장 및 위상속도는 1.4절에 있는 것과 동일하다는 것을 바로 알 수 있다.

예제 1.3 평면파의 평판 전류원

평면파에 대한 전자계원으로서 무한평판 형태의 표면전류(surface current)를 고려하자. 만일 전기적인 표면 전류밀도 $\bar{J}_s = J_o\hat{x}$가 자유공간에서 $z=0$인 평면에 존재하고 전류평판 양면에 평면파가 존재한다면, 경계조건을 이용하여 전계와 자계를 구하라.

☞ 풀이

x 또는 y에 따라서 전자계원은 변화하지 않음으로, 계는 x 또는 y방향으로 변화하지 않으나 $\pm z$ 방향으로 전자계원으로부터 전파되어 갈 것이다. $z=0$에서 만족하여야 하는 경계조건은 다음과 같다.

$$\begin{aligned}\hat{n}\times(\bar{E}_2-\bar{E}_1) &= \hat{z}\times(\bar{E}_2-\bar{E}_1)=0 \\ \hat{n}\times(\bar{H}_2-\bar{H}_1) &= \hat{z}\times(\bar{H}_2-\bar{H}_1)=J_o\hat{x}.\end{aligned}$$

여기서, $\bar{E}_1$, $\bar{H}_1$은 $z<0$에서의 계이며, $\bar{E}_2$, $\bar{H}_2$는 $z>0$에서의 계이다. 두 번째 조건을 만족시키기 위하여, $\bar{H}$는 $\hat{y}$방향 성분을 가져야 한다. 따라서 $\bar{E}$는 $\bar{H}$와 $\hat{z}$방향 성분에 대해서 수직하므로, 계는 다음과 같은 형태를 갖는다.

$$z<0\text{에서}\qquad \begin{aligned}\bar{E}_1 &= \hat{x}A\eta_0 e^{jk_0 z} \\ \bar{H}_1 &= -\hat{y}Ae^{jk_0 z}\end{aligned}$$

$$z>0\text{에서}\qquad \begin{aligned}\bar{E}_2 &= \hat{x}B\eta_0 e^{-jk_0 z} \\ \bar{H}_2 &= \hat{y}Be^{-jk_0 z}.\end{aligned}$$

여기서, A와 B는 임의의 진폭 상수값이다. 첫 번째 경계조건, E_x는 $z=0$에서 연속이어야 하므로 $A=B$가 되는 반면에, $\bar{H}$에 대한 경계조건으로부터 다음 방정식을 얻는다.

$$-B-A=J_o.$$

A, B에 대해서 풀면

$$A = B = -J_o/2$$

가 되므로 계를 모두 구할 수 있다. ◀

원형편파의 평면파

위에서 논의한 평면파들은 그들의 전계벡터가 한 고정된 방향을 향하고 있으므로 직선편파(linearly polarized waves)라고 불리워진다. 보통, 평면파의 편향은 전계벡터의 방향을 고려한 것으로서, 어느 한 고정된 방향으로 향하거나 또는 시간에 따라서 변화할 수 있다.

진폭이 E_1이고 $\hat{x}$방향인 직선편파와 진폭이 E_2이고 y방향의 직선편파를 갖으며, 이들 모두 $+\hat{z}$ 방향으로 진행하고 있는 파들의 중첩(superposition)을 고려하여 보자. 전체 전계는 다음과 같이 쓸 수 있다.

$$\bar{E} = (E_1\hat{x} + E_2\hat{y})e^{-jk_0 z}. \tag{1.78}$$

여기서 여러 가지 가능성이 발생한다. 만일 $E_1 \neq 0$이고, $E_2 = 0$이면 $\hat{x}$방향으로의 직선 편향된 평면파가 되며, 마찬가지로 $E_1 = 0$이고 $E_2 \neq 0$이면, $\hat{y}$방향으로의 직선 편향된 평면파가 된다. 만일, E_1과 E_2가 모두 실수이며 영이 아닌 경우, 각도

$$\phi = \tan^{-1}\frac{E_2}{E_1}$$

에서 직선 편향된 평면파가 된다. 예를 들면, 만일 $E_1 = E_2 = E_0$인 경우,

$$\bar{E} = E_0(\hat{x} + \hat{y})e^{-jk_0 z}$$

가 되며, 이는 x축에서 45°의 각도에서 존재하는 전계벡터를 의미한다.

이제 $E_1 = jE_2 = E_0$인 경우를 고려하면(여기서 E_0는 실수값이다)

$$\bar{E} = E_0(\hat{x} - j\hat{y})e^{-jk_0 z} \tag{1.79}$$

가 된다. 이 계를 시간영역에서 나타내면

$$\bar{\mathcal{E}}(z, t) = E_0\{\hat{x}\cos(\omega t - k_0 z) + \hat{y}\cos(\omega t - k_0 z - \pi/2)\} \tag{1.80}$$

가 된다. 위 식은 전계벡터가 시간에 따라서 변화하거나, 또는 등가적으로 x축 방향에 따라서 변화함을 나타낸다. 이 점을 이해하기 위하여, $z = 0$인 한 고정점에서 생각하여 보자. 그러면 식 (1.80)은 다음과 같이 된다.

$$\bar{\mathcal{E}}(0, t) = E_0\{\hat{x}\cos\omega t + \hat{y}\sin\omega t\}. \tag{1.81}$$

ωt가 0에서부터 증가하면 전계벡터는 x축에서 반시계방향으로 회전한다. 따라서 $z = 0$에서, 시간 t에서 전계벡터의 x축으로부터의 각도 ϕ는

$$\phi = \tan^{-1}\left(\frac{\sin\omega t}{\cos\omega t}\right) = \omega t$$

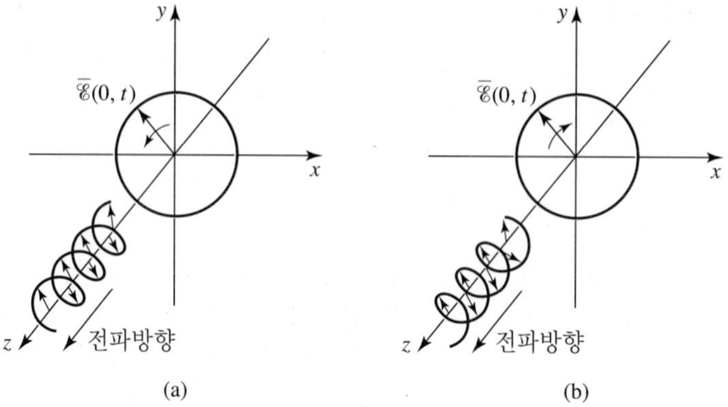

그림 1.9 (a) RHCP, (b) LHCP 평면파에 대한 전계

가 되며, 이는 편향이 일정한 각속도 ω로 회전함을 보여준다. 엄지손가락이 전파방향을 가리키고 있을 경우, 오른쪽 손가락들은 회전방향을 지시하고 있으므로 이러한 형태의 파는 **우수계 원편파**(a right hand circulary polarized wave: RHCP wave)라고 부른다. 이와 유사하게

$$\bar{E} = E_0(\hat{x} + j\hat{y})e^{-jk_0 z} \tag{1.82}$$

형태의 계는 **좌수계 원편파**(LHCP wave)를 구성하며, 여기서 전계는 반대 방향으로 회전한다. 그림 1.9는 RHCP 및 LHCP 평면파에 대한 편향벡터(polarized vectors)를 스케치한 그림이다.

Maxwell 방정식으로부터, 또는 전계의 각 성분에 적용된 파동 임피던스를 사용함으로써 원편파와 관련된 자계를 얻을 수 있다. 예를 들어, 식 (1.76)을 식 (1.79)와 같은 RHCP 파의 전계에 적용하면

$$\bar{H} = \frac{E_0}{\eta_0}\hat{z} \times (\hat{x} - j\hat{y})e^{-jk_0 z} = \frac{E_0}{\eta_0}(\hat{y} + j\hat{x})e^{-jk_0 z} = \frac{jE_0}{\eta_0}(\hat{x} - j\hat{y})e^{-jk_0 z}$$

를 얻으며, 이 식은 또한 RHCP의 편향벡터를 갖는 원편파임을 나타내고 있다.

1.6 에너지와 전력

보통 전자기 에너지원은 계를 형성시키며, 이 계는 전기적 또는 자기적인 에너지를 축적하고, 전송되거나 손실로 인하여 소모될 수 있는 전력을 운반한다. 정현적인 정상상태(sinusoidal steady-state case)의 경우, 체적 V 내에 축적되는 전기적인 에너지의 시간평균값은

$$W_e = \frac{1}{4}\text{Re}\int_V \bar{E} \cdot \bar{D}^* \, dv \tag{1.83}$$

이며, ϵ값이 실수인 스칼라 상수값을 갖는 무손실, 등방성, 균일 선형매질의 경우 위의 식은 다음과 같이 된다.

$$W_e = \frac{\epsilon}{4} \int_V \bar{E} \cdot \bar{E}^* \, dv. \tag{1.84}$$

이와 유사하게, 체적 V 내에 축적되는 자기 에너지의 시간평균값은

$$W_m = \frac{1}{4} \mathrm{Re} \int_V \bar{H} \cdot \bar{B}^* \, dv \tag{1.85}$$

이며, 실수의 스칼라정수 μ에 대해서 표현하면

$$W_m = \frac{\mu}{4} \int_V \bar{H} \cdot \bar{H}^* \, dv. \tag{1.86}$$

이제 전자계와 전원(source) 사이의 에너지 변환을 나타내는 **포인팅 정리**(poynting's theorem)를 유도하여 보자. 전기적인 전원전류를 $\bar{J}_s$, 식 (1.19)에서 정의한 것과 같은 전도전류를 $\sigma\bar{E}$라고 하면, 전체 전류밀도는 $\bar{J} = \bar{J}_s + \sigma\bar{E}$가 된다. 식 (1.27a)에 $\bar{H}^*$를 곱하고, 식 (1.27b)의 공액을 취하여 $\bar{E}$를 곱하면 다음을 얻을 수 있다.

$$\bar{H}^* \cdot (\nabla \times \bar{E}) = -j\omega\mu|\bar{H}|^2 - \bar{H}^* \cdot \bar{M}_s$$

$$\bar{E} \cdot (\nabla \times \bar{H}^*) = \bar{E} \cdot \bar{J}^* - j\omega\epsilon^*|\bar{E}|^2 = \bar{E} \cdot \bar{J}_s^* + \sigma|\bar{E}|^2 - j\omega\epsilon^*|\bar{E}|^2.$$

여기서, $\bar{M}_s$는 자기적인 전원전류이다. 이 두 결과와 벡터등식 (B.8)을 사용하면 다음의 식을 얻을 수 있다.

$$\begin{aligned}\nabla \cdot (\bar{E} \times \bar{H}^*) &= \bar{H}^* \cdot (\nabla \times \bar{E}) - \bar{E} \cdot (\nabla \times \bar{H}^*) \\ &= -\sigma|\bar{E}|^2 + j\omega(\epsilon^*|\bar{E}|^2 - \mu|\bar{H}|^2) - (\bar{E} \cdot \bar{J}_s^* + \bar{H}^* \cdot \bar{M}_s).\end{aligned}$$

이 식을 체적 V에 대해서 적분하고, 발산정리(divergence theorem)를 사용하면 다음과 같다.

$$\begin{aligned}\int_V \nabla \cdot (\bar{E} \times \bar{H}^*) dv &= \oint_S \bar{E} \times \bar{H}^* \cdot d\bar{s} \\ &= -\sigma \int_V |\bar{E}|^2 dv + j\omega \int_V (\epsilon^*|\bar{E}|^2 - \mu|\bar{H}|^2) dv - \int_V (\bar{E} \cdot \bar{J}_s^* + \bar{H}^* \cdot \bar{M}_s) dv.\end{aligned} \tag{1.87}$$

여기서, 그림 1.10에 나타낸 것처럼 S는 체적 V를 둘러싸고 있는 폐곡면이다. 손실을 고려하기 위하여 $\epsilon = \epsilon' - j\epsilon''$, $\mu = \mu' - j\mu''$으로 놓고 식 (1.87)을 다시 표현하면

$$\begin{aligned}-\frac{1}{2} \int_V (\bar{E} \cdot \bar{J}_s^* + \bar{H}^* \cdot \bar{M}_s) dv &= \frac{1}{2} \oint_S \bar{E} \times \bar{H}^* \cdot d\bar{s} + \frac{\sigma}{2} \int_V |\bar{E}|^2 dv \\ &+ \frac{\omega}{2} \int_V (\epsilon''|\bar{E}|^2 + \mu''|\bar{H}|^2) dv + j\frac{\omega}{2} \int_V (\mu'|\bar{H}|^2 - \epsilon'|\bar{E}|^2) dv\end{aligned} \tag{1.88}$$

가 된다. 이 결과식은 물리학자인 J. H. Poynting(1852-1914)의 사후에 **포인팅 정리**로서

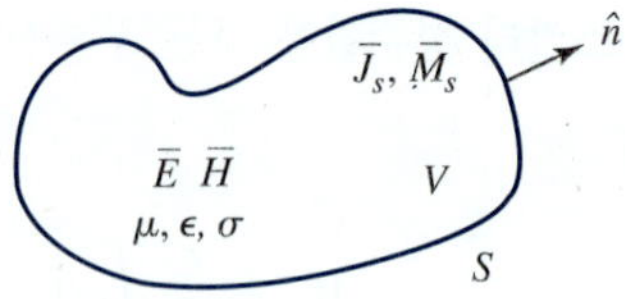

그림 1.10 계 $\bar{E}, \bar{H}$와 전류원 $\bar{J}_s, \bar{M}_s$를 포함하고 있는 폐곡면 S로 둘러싸여진 체적 V

알려졌으며, 이 정리는 근본적으로 전력평형 방정식(power balance equation)이다. 즉, 적분의 좌변은 표면 S 내에서 전원 $\bar{J}_s$와 $\bar{M}_s$에 의해서 발생되는 복소전력(complex power) P_s를 나타낸다.

$$P_s = -\frac{1}{2}\int_V (\bar{E}\cdot\bar{J}_s^* + \bar{H}^*\cdot\bar{M}_s)\,dv. \tag{1.89}$$

식 (1.88) 우변의 첫 번째 적분은 폐곡면 S로부터 흘러 나오는 복소전력을 나타낸다. 만일 **포인팅 벡터** $\bar{S}$로 불리우는 양을 다음과 같이 정의하면,

$$\bar{S} = \bar{E}\times\bar{H}^*. \tag{1.90}$$

이 전력은 다음과 같이 표현할 수 있다.

$$P_o = \frac{1}{2}\oint_S \bar{E}\times\bar{H}^*\cdot d\bar{s} = \frac{1}{2}\oint_S \bar{S}\cdot d\bar{s}. \tag{1.91}$$

식 (1.91)의 표면적 S는 이 식의 의미가 성립하기 위하여 폐곡면이어야 한다. 식 (1.89)와 식 (1.91)에서 P_s와 P_o의 실수부는 시간평균전력을 나타낸다.

식 (1.88)의 두 번째 및 세 번째 적분은 도전율, 유전체 및 자성체 손실에 기인한 체적 V 내에서 소모되는 시간평균전력을 나타내는 실수의 양이다. 이들 전력을 P_ℓ로 정의한다면

$$P_\ell = \frac{\sigma}{2}\int_V |\bar{E}|^2\,dv + \frac{\omega}{2}\int_V (\epsilon''|\bar{E}|^2 + \mu''|\bar{H}|^2)\,dv \tag{1.92}$$

이며, 이를 **줄의 법칙**(Joule's law)이라고도 한다. (1.88)의 마지막 적분은 식 (1.84) 및 식 (1.86)에서 정의한 바와 같이 축적되는 전기적 및 자기적 에너지와 관련된 것으로 볼 수 있다.

위 정의에 의하여, 포인팅 정리는 다음과 같이 표현할 수 있다.

$$P_s = P_o + P_\ell + 2j\omega(W_m - W_e). \tag{1.93}$$

다시 말하면, 이 복소전력 평형방정식은 전원에 의해서 발생되는 전력(P_s)은 표면을 통하여 전송되는 전력(P_o), 체적 내에서 열로 소모되는 전력(P_ℓ)과 체적 내에 축적되는 전체의 리액티브 에너지에 2ω를 곱한 양의 합과 같음을 기술한다.

양도체에 의하여 흡수되는 전력

실제 사용하는 전송 선로는 불완전 도체로 만들어졌으며 이것은 잡음 발생과 더불어 신

호 감쇄와 전력 손실을 초래하게 된다. 불완전한 도체로 인한 감쇠와 손실량을 계산하기 위해서는 도체 내에서 소모되는 전력을 알아야 한다. 도체 표면에서의 계만을 사용하여 이를 구하는 것이 감쇠량을 계산할 때 매우 간편하게 얻을 수 있다.

무손실 매질과 양도체 사이의 경계를 나타내고 있는 그림 1.11의 구조를 생각하여 보자. $z < 0$에서 계가 입사하여 $z > 0$인 도체영역으로 전파한다고 가정한다. 경계면에서의 단면이 S_0이고 표면 S에 의해서 정의된 도체 체적으로 들어가는 평균전력의 실수값은 식 (1.91)으로부터

$$P_{\text{avg}} = \frac{1}{2}\text{Re}\int_{S_0+S} \bar{E} \times \bar{H}^* \cdot \hat{n}\, ds, \tag{1.94}$$

와 같이 주워지며, 여기서, $\hat{n}$은 폐곡면 $S_0 + S$로 향하는 단위 법선벡터이며 $\bar{E}$, $\bar{H}$는 이 표면에서의 계이다. 표면 S에 대한 식 (1.94)의 적분값은, 이 면적을 적절하게 취함으로서 0이 될 수 있다. 예를 들어서, 계가 수직으로 입사하는 평면파인 경우, 포인팅 벡터 $\bar{S} = \bar{E} \times \bar{H}^*$는 $\hat{z}$방향이며, 따라서 윗면, 아래면, 앞면, 뒷면이 z축에 평행하도록 취한다면, 이들 면에 포인팅 벡터는 접선방향이 된다. 만일 파가 비스듬히 입사한다면, 동일한 결과를 얻기 위하여 이들 벽면들이 기울어지게 취할 수 있다. 만일 도체가 양도체인 경우 $z = 0$에서 경계면으로부터의 계의 감쇠는 매우 급격할 것이다. 따라서 표면 S의 항에 대한 적분값의 영향이 아주 적게 되도록 S의 오른쪽 끝단을 $z = 0$에서 충분히 멀리 떨어지도록 취할 수 있다. 그러면, S_0를 통하여 도체로 입사하는 전력을 다음과 같이 쓸 수 있다.

$$P_{\text{avg}} = \frac{1}{2}\text{Re}\int_{S_0} \bar{E} \times \bar{H}^* \cdot \hat{z}\, ds. \tag{1.95}$$

벡터등식 (B.3)을 이용하면 다음 식을 얻을 수 있다.

$$\hat{z} \cdot (\bar{E} \times \bar{H}^*) = (\hat{z} \times \bar{E}) \cdot \bar{H}^* = \eta \bar{H} \cdot \bar{H}^*. \tag{1.96}$$

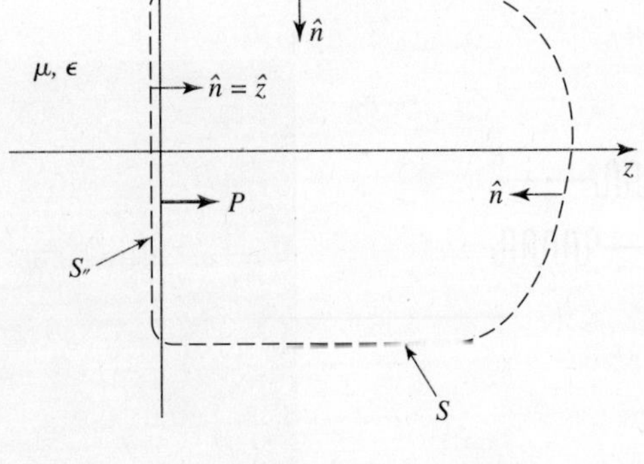

그림 1.11 도체 내에서 소모되는 전력을 계산하기 위하여 표곡면 $S_0 + S$를 갖는 무손실 매질과 양도체 사이의 경계면

위 식에서는 식 (1.76)으로부터 구한 도전성 매질(conductive media)에 대한 일반적인 형태인, $\bar{H} = \hat{n} \times \bar{E}/\eta$를 이용하였다. 여기서, η는 도체의 고유 임피던스(intrinsic impedance)이다. 이제 식 (1.95)는

$$P_{\text{avg}} = \frac{R_s}{2}\int_{S_0} |\bar{H}|^2\, ds, \tag{1.97}$$

와 같이 쓸 수 있는데, 여기서

$$R_s = \text{Re}(\eta) = \text{Re}\left[(1+j)\sqrt{\frac{\omega\mu}{2\sigma}}\right] = \sqrt{\frac{\omega\mu}{2\sigma}} = \frac{1}{\sigma\delta_s} \tag{1.98}$$

은 도체의 **표면 저항률**(surface resistivity)이다. 식 (1.97)의 자계 $\bar{H}$는 도체의 표면에 접선방향이며 도체표면에서만 그 값을 구하면 된다. 왜냐하면, H_t는 $z = 0$에서 연속적이기 때문에, 자계가 도체 외부에서 계산되든지 또는 내부에서 계산되는가 하는 것은 상관이 없기 때문이다. 다음 절에서 완전 도체를 가정할 경우 식 (1.97)이 도체의 표면에 흐르는 표면전류의 항으로 어떻게 계산될 수 있는가에 대해서 알아보기로 한다.

1.7 매질 경계로부터의 평면파 반사

다음 장에서 고려할 많은 문제들은 손실이 있거나 또는 도전성이 있는 매질의 경계에서의 전자계 현상을 포함하고 있다. 따라서 자유공간에서 도전성 반공간(half space)의 표면으로 수직하게 입사하는 평면파의 반사를 검토하고자 한다. 그림 1.12에 나타낸 것과 같이 $z > 0$인 손실이 있는 반공간은 ϵ, μ, σ와 같은 변수들에 의하여 구분되어진다.

일반적인 매질

일반적인 원칙으로부터 입사파의 전계벡터는 x축 방향이고 입사파는 $+z$축 방향으로 전파한다고 가정하자. $z < 0$의 영역에서의 입사파는 다음과 같이 쓸 수 있다.

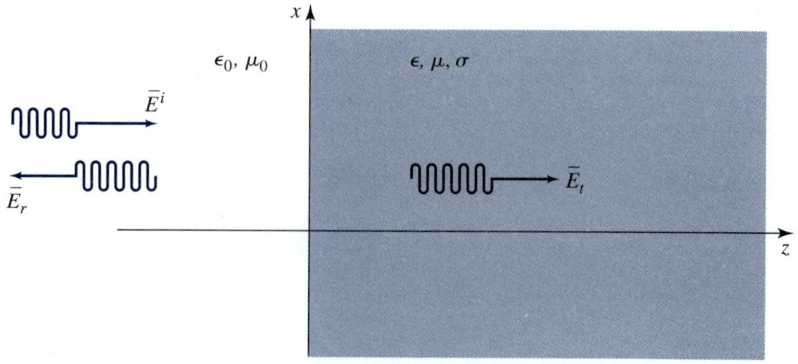

그림 1.12 수직 입사의 경우 손실 있는 매질로부터의 평면파의 반사

$$\bar{E}_i = \hat{x} E_0 e^{-jk_0 z} \tag{1.99a}$$

$$\bar{H}_i = \hat{y} \frac{1}{\eta_0} E_0 e^{-jk_0 z}. \tag{1.99b}$$

여기서 η_0는 자유공간의 파동 임피던스이고, E_0는 임의의 진폭이다. 또한 $z < 0$인 영역에 다음과 같은 형태의 반사파가 존재할 수 있다.

$$\bar{E}_r = \hat{x} \Gamma E_0 e^{+jk_0 z} \tag{1.100a}$$

$$\bar{H}_r = -\hat{y} \frac{\Gamma}{\eta_0} E_0 e^{+jk_0 z}. \tag{1.100b}$$

여기서 Γ는 전계의 **반사계수**(reflection coefficient)이다. 식 (1.46)에서 유도한 바와 같이 식 (1.100)에서 지수항 내의 부호는 $-\hat{z}$ 방향으로 진행하는 파를 나타내기 위해서 양의 값으로 선택하였다. 이것은 전력이 $-\hat{z}$ 방향으로 진행하는 것을 보여주는 포인팅 벡터 $\bar{S}_r = \bar{E}_r \times \bar{H}_r^* = -|\Gamma|^2 |E_0|^2 \hat{z}/\eta_0$와도 일치한다.

1.4절의 식 (1.54)와 (1.58)에서와 같이 $z > 0$인 영역의 손실이 있는 매질로의 투과파(transmitted fields)는 다음과 같이 쓸 수 있다

$$\bar{E}_t = \hat{x} T E_0 e^{-\gamma z} \tag{1.101a}$$

$$\bar{H}_t = \frac{\hat{y} T E_0}{\eta} e^{-\gamma z}. \tag{1.101b}$$

여기서 T는 전계의 **투과계수**(transmission coefficient)이며, η는 $z > 0$인 영역에서 손실이 있는 매질의 고유 임피던스이다. 식 (1.57)과 (1.52)로부터 고유 임피던스는

$$\eta = \frac{j\omega\mu}{\gamma} \tag{1.102}$$

이며, 전파상수는 다음과 같다.

$$\gamma = \alpha + j\beta = j\omega\sqrt{\mu\epsilon}\sqrt{1 - j\sigma/\omega\epsilon}. \tag{1.103}$$

이제 $z = 0$에 위치한 매질의 불연속적인 면에서 식 (1.99)-(1.101)로 알려진 계의 일반적인 형태에 있어서 경계조건 문제(boundary value problem)가 발생한다. 두 개의 미지 상수 Γ와 T는 $z = 0$에서 E_x와 H_y에 대한 두 개의 경계조건을 적용함으로써 구할 수 있다. $z = 0$에서 이들 계의 접선 성분들은 연속적이어야 하므로, 다음과 같은 두 개의 방정식을 얻을 수 있다.

$$(1 + \Gamma) = T \tag{1.104a}$$

$$\frac{1 - \Gamma}{\eta_0} = \frac{T}{\eta}. \tag{1.104b}$$

이 방정식을 반사계수와 투과계수에 대하여 풀면

$$\Gamma = \frac{\eta - \eta_0}{\eta + \eta_0} \tag{1.105a}$$

$$T = 1 + \Gamma = \frac{2\eta}{\eta + \eta_0} \tag{1.105b}$$

를 얻을 수 있다. 이것이 손실이 있는 매질의 경계에서 수직 입사한 파의 반사계수와 투과계수에 대한 일반해가 된다. 다음 절에서 위 결과의 특수한 경우에 대하여 알아보기로 한다.

무손실 매질

만일 $z > 0$ 영역이 무손실 유전체이면, $\sigma = 0$이고 μ와 ϵ은 실수값이다. 이 경우에 전파상수는 순허수량이고 다음과 같이 나타낼 수 있다.

$$\gamma = j\beta = j\omega\sqrt{\mu\epsilon} = jk_0\sqrt{\mu_r\epsilon_r}\,. \tag{1.106}$$

여기서 $k_0 = \omega\sqrt{\mu_0\epsilon_0}$는 자유공간에서 평면파의 전파상수(파수)이다. 유전체 내에서의 파장은

$$\lambda = \frac{2\pi}{\beta} = \frac{2\pi}{\omega\sqrt{\mu\epsilon}} = \frac{\lambda_0}{\sqrt{\mu_r\epsilon_r}} \tag{1.107}$$

로서 자유공간에서의 파장(λ_0)보다 짧아진다. 이에 대한 위상속도는

$$v_p = \frac{\omega}{\beta} = \frac{1}{\sqrt{\mu\epsilon}} = \frac{c}{\sqrt{\mu_r\epsilon_r}} \tag{1.108}$$

(자유공간에서의 빛의 속도 보다 느려짐)이 되며 유전체의 진성임피던스는

$$\eta = \frac{j\omega\mu}{\gamma} = \sqrt{\frac{\mu}{\epsilon}} = \eta_0\sqrt{\frac{\mu_r}{\epsilon_r}} \tag{1.109}$$

로서 자유공간의 임피던스(η_0)보다 더 커지거나 또는 작아진다. 무손실 매질의 경우, η는 실수이므로 식 (1.105)으로부터 Γ와 T는 실수이며, $\bar{E}$와 $\bar{H}$는 매질 내에서 서로 동위상이 된다.

두 영역에서 포인팅 벡터를 계산함으로써 입사파, 반사파 및 투과파에 대한 전력 보존을 설명할 수 있다. 즉 Γ가 실수이므로 $z < 0$에서 복소 포인팅 벡터는 다음과 같이 얻을 수 있다.

$$\begin{aligned}
\bar{S}^- &= \bar{E} \times \bar{H}^* = (\bar{E}_i + \bar{E}_r) \times (\bar{H}_i + \bar{H}_r) \\
&= \hat{z}|E_0|^2\frac{1}{\eta_0}(e^{-jk_0z} + \Gamma e^{jk_0z})(e^{-jk_0z} - \Gamma e^{jk_0z})^* \\
&= \hat{z}|E_0|^2\frac{1}{\eta_0}(1 - |\Gamma|^2 + \Gamma e^{2jk_0z} - \Gamma^* e^{-2jk_0z}) \\
&= \hat{z}|E_0|^2\frac{1}{\eta_0}(1 - |\Gamma|^2 + 2j\Gamma\sin 2k_0z).
\end{aligned} \tag{1.110a}$$

$z > 0$에서 복소 포인팅 벡터는

$$\bar{S}^+ = \bar{E}_t \times \bar{H}_t^* = \hat{z}\frac{|E_0|^2|T|^2}{\eta}$$

이고 식 (1.105)를 사용하여 다시 쓰면

$$\bar{S}^+ = \hat{z}|E_0|^2\frac{4\eta}{(\eta+\eta_0)^2} = \hat{z}|E_0|^2\frac{1}{\eta_0}(1-|\Gamma|^2) \tag{1.110b}$$

과 같이 얻을 수 있다. $z = 0$에서 $\bar{S}^- = \bar{S}^+$임을 볼 때, 복소전력의 흐름은 경계면에 걸쳐서 보존된다. 이제 두 영역에서 시간 평균전력의 흐름을 생각하여 보자. $z < 0$에서 $1\,\text{m}^2$의 면적을 통하여 흐르는 시간 평균전력은

$$P^- = \frac{1}{2}\text{Re}\left\{\bar{S}^- \cdot \hat{z}\right\} = \frac{1}{2}|E_0|^2\frac{1}{\eta_0}(1-|\Gamma|^2). \tag{1.111a}$$

이며, $z > 0$에서 $1\,\text{m}^2$의 면적을 통하여 흐르는 시간 평균전력은

$$P^+ = \frac{1}{2}\text{Re}\left\{\bar{S}^+ \cdot \hat{z}\right\} = \frac{1}{2}|E_0|^2\frac{1}{\eta_0}(1-|\Gamma|^2) = P^-, \tag{1.111b}$$

이므로 실제 전력흐름은 보존된다.

이제 미묘한 문제점을 기술하여 보자. 식 (1.110a)에서 $z < 0$ 영역에서의 복소 포인팅 벡터를 계산할 때, 우리는 전체적인 $\bar{E}$와 $\bar{H}$계를 사용하였다. 만일 입사파와 반사파에 대하여 포인팅 벡터를 각각 계산하여

$$\bar{S}_i = \bar{E}_i \times \bar{H}_i^* = \hat{z}\frac{|E_0|^2}{\eta_0} \tag{1.112a}$$

$$\bar{S}_r = \bar{E}_r \times \bar{H}_r^* = -\hat{z}\frac{|E_0|^2|\Gamma|^2}{\eta_0} \tag{1.112b}$$

이 되면 $\bar{S}_i + \bar{S}_r \neq \bar{S}^-$(1.110a)임을 알 수 있다. 나타나지 않은 벡터외적(cross product)의 항은 $z < 0$인 영역에서 정재파(standing wave) 내에 축적된 유도성 에너지(reactive energy)를 설명하는 항이다. 이와 같이 포인팅 벡터를 입사파와 반사파 성분으로 분해하는 것은 일반적으로 의미가 없다. 시간평균 포인팅 벡터를 (1/2)Re$\{\bar{E} \times \bar{H}^*\}$로 정의가 가능하며 각각의 입사파와 반사파에 이와 같은 정의를 적용하면 $P_i = (1/2)\text{Re}|\bar{E}_0|^2/\eta_0$ 및 $P_r = -(1/2)\text{Re}|\bar{E}_0|^2|\Gamma|^2/\eta_0$이므로 $P_i + P_r = P^-$가 성립된다. 그러나 이와 같은 정의조차도 $z < 0$인 영역에서 손실이 있는 매질의 경우에는 의미가 없다.

양도체

만일 $z > 0$인 영역이 양도체(완전도체가 아님)인 경우, 전파상수는 1.4절에서 논의한 바와 같이 다음 식으로 나타낼 수 있다.

$$\gamma = \alpha + j\beta = (1+j)\sqrt{\frac{\omega\mu\sigma}{2}} = (1+j)\frac{1}{\delta_s}. \tag{1.113}$$

마찬가지로, 도체의 특성 임피던스는 다음과 같이 간단히 나타낼 수 있다.

$$\eta = (1+j)\sqrt{\frac{\omega\mu}{2\sigma}} = (1+j)\frac{1}{\sigma\delta_s}. \tag{1.114}$$

이 경우 임피던스는 45°의 위상각을 갖는 복소수이므로, $\bar{E}$와 $\bar{H}$는 45°의 위상차를 갖으며, Γ와 T는 복소수가 될 것이다. 식 (1.113)과 (1.114)에서 $\delta_s = 1/\alpha$는 표피두께(skin depth)로서 식 (1.60)에서 정의한 것과 같다.

$z < 0$인 영역의 복소 포인팅 벡터를 $z = 0$에대하여 계산하면 다음과 같이 구할 수 있다.

$$\bar{S}^-(z=0) = \hat{z}|E_0|^2\frac{1}{\eta_0}(1 - |\Gamma|^2 + \Gamma - \Gamma^*). \tag{1.115a}$$

$z > 0$인 영역에서 복소 포인팅 벡터는

$$\bar{S}^+ = \bar{E}_t \times \bar{H}_t^* = \hat{z}|E_0|^2|T|^2\frac{1}{\eta^*}e^{-2\alpha z}$$

이며, T와 Γ에 대한 식 (1.105)를 사용하면

$$\bar{S}^+ = \hat{z}|E_0|^2\frac{4\eta}{|\eta+\eta_0|^2}e^{-2\alpha z} = \hat{z}|E_0|^2\frac{1}{\eta_0}(1 - |\Gamma|^2 + \Gamma - \Gamma^*)e^{-2\alpha z} \tag{1.115b}$$

가 된다. 따라서 $z = 0$인 경계면에서 $\bar{S}^- = \bar{S}^+$가 되며, 복소전력은 보존된다.

만일, $z < 0$인 영역에 대해서 입사 및 반사되는 포인팅 벡터를 개별적으로 계산한다면

$$\bar{S}_i = \bar{E}_i \times \bar{H}_i^* = \hat{z}\frac{|E_0|^2}{\eta_0} \tag{1.116a}$$

$$\bar{S}_r = \bar{E}_r \times \bar{H}_r^* = -\hat{z}\frac{|E_0|^2|\Gamma|^2}{\eta_0} \tag{1.116b}$$

이 되어 $z = 0$에서도 $\bar{S}_i + \bar{S}_r = \bar{S}^-$(1.115a)가 되지 않는다. 그러나 각각의 진행파 성분의 항을 이용하여 실제 전력흐름을 고려하는 것은 가능하다. 즉, 1 m^{2}의 면적을 통하여 흐르는 시간 평균전력들은

$$P^- = \frac{1}{2}\text{Re}(\bar{S}^- \cdot \hat{z}) = \frac{1}{2}|E_0|^2\frac{1}{\eta_0}(1 - |\Gamma|^2) \tag{1.117a}$$

$$P^+ = \frac{1}{2}\text{Re}(\bar{S}^+ \cdot \hat{z}) = \frac{1}{2}|E_0|^2\frac{1}{\eta_0}(1 - |\Gamma|^2)e^{-2\alpha z} \tag{1.117b}$$

가 되며 $z = 0$에서 전력의 평형상태를 나타낸다. 더불어, $P_i = |E_0|^2/2\eta_0$, $P_r = -|E_0|^2|\Gamma|^2$

$/2\eta_0$이 되어 $P_i + P_r = P^-$가 됨은 $z < 0$인 영역에서 실제 전력흐름을 입사파 및 반사파의 성분으로 분해할 수 있음을 나타낸다.

이제 손실이 있는 도체 내에서의 전력밀도 $\bar{S}^+$가 감쇠요소 $e^{-2\alpha z}$에 따라서 지수 함수적으로 감소하는 것을 유의하여 보자. 이는 파가 매질의 $+z$ 방향으로 전파됨에 따라서 손실이 있는 매질 내에서 전력이 소모됨을 의미한다. 마이크로파 대역에서 양도체의 표피두께는 아주 작기 때문에 전력 및 계는 매질의 표피두께 정도의 거리를 진행할 때 무시할 수 있을 정도의 작은 값으로 감쇠한다.

도체 영역(conducting region)을 흐르는 전기적인 체적 전하밀도는

$$\bar{J}_t = \sigma \bar{E}_t = \hat{x}\sigma E_0 T e^{-\gamma z} \text{A/m}^2 \tag{1.118}$$

과 같이 주어지며, 도체의 $1\,\text{m}^2$ 단면적을 갖는 체적 내에서 소모되는(혹은 진행하는) 평균전력은 식 (1.92)의 도체 손실항(Joule의 법칙)으로부터 다음과 같이 계산할 수 있다.

$$P^t = \frac{1}{2}\int_V \bar{E}_t \cdot \bar{J}_t^* \, dv = \frac{1}{2}\int_{x=0}^{1}\int_{y=0}^{1}\int_{z=0}^{\infty} (\hat{x}E_0 T e^{-\gamma z}) \cdot (\hat{x}\sigma E_0 T e^{-\gamma z})^* \, dz\, dy\, dx$$

$$= \frac{1}{2}\sigma |E_0|^2 \, |T|^2 \int_{z=0}^{\infty} e^{-2\alpha z}\, dz = \frac{\sigma |E_0|^2 |T|^2}{4\alpha}. \tag{1.119}$$

$1/\eta = \sigma\delta_s/(1+j) = (\sigma/2\alpha)(1-j)$이므로, $1\,\text{m}^2$의 면적($z = 0$에서 $1/2\text{Re}\{\bar{S}^+ \cdot \hat{z}\}$로 주어지는 양과 같다)을 통하여 도체로 유입되는 실제 전력은 식 (1.115b)를 사용하여 $P^t = |E_0|^2 |T|^2 (\sigma/4\alpha)$와 같이 얻을 수 있으며 이는 식 (1.119)와 부합한다.

완전도체

$z > 0$인 영역이 완전도체로 되어 있다고 가정하면, 위의 결과식에서 $\sigma \to \infty$로 놓아 특별한 경우로 취급할 수 있다. 따라서, 식 (1.113)에서 $\alpha \to \infty$, 식 (1.114)에서 $\eta \to 0$, 식 (1.60)에서 $\delta_s \to 0$, 식 (1.105a, b)에서 $T \to 0$, $\Gamma \to -1$로 놓는다. $z > 0$인 영역에서 계는 무한대로 급속히 감소하며, 완전도체 내에서는 이상적으로 0이 된다. 완전도체는 입사전계를 단락시킨 것처럼 생각할 수 있다. $\Gamma = -1$이므로 식 (1.99)와 (1.100)으로부터 $z < 0$인 영역에서의 $\bar{E}$와 $\bar{H}$를 구하면 다음과 같다.

$$\bar{E} = \bar{E}_i + \bar{E}_r = \hat{x}E_0(e^{-jk_0 z} - e^{jk_0 z}) = -\hat{x}2jE_0 \sin k_0 z \tag{1.120a}$$

$$\bar{H} = \bar{H}_i + \bar{H}_r = \hat{y}\frac{1}{\eta_0}E_0(e^{-jk_0 z} + e^{jk_0 z}) = \hat{y}\frac{2}{\eta_0}E_0 \cos k_0 z. \tag{1.120b}$$

$z = 0$에서 $\bar{E} = 0$이며 $\bar{H} = \hat{y}(2/\eta_0)E_0$가 된다. $z < 0$인 영역에서의 포인팅 벡터는

$$\bar{S}^- = \bar{E} \times \bar{H}^* = -\hat{z}j\frac{4}{\eta_0}|E_0|^2 \sin k_0 z \cos k_0 z, \tag{1.121}$$

가 되며, 실수부분이 없으므로 완전도체에 전달되는 실제 전력이 없음을 나타낸다.

식 (1.118)의 손실이 있는 도체에 대한 체적 전류밀도는 무한대의 도전율을 갖는 극단적인 경우에 있어서 아주 얇은 표면전류판이 된다.

$$\bar{J}_s = \hat{n} \times \bar{H} = -\hat{z} \times \left(\hat{y} \frac{2}{\eta_0} E_0 \cos k_0 z \right) \Bigg|_{z=0} = \hat{x} \frac{2}{\eta_0} E_0 \text{ A/m.} \tag{1.122}$$

표면 임피던스의 개념

많은 문제들 중 특히,감쇠 또는 도체 손실 등의 영향이 있을 경우에는 도체의 불완전한 특성을 반드시 고려하여야 한다. 표면 임피던스 개념은 이러한 경우에 근사적인 측면은 있으나 매우 편리하며 정확한 해를 제공한다. 앞 절에서 제시된 이론으로부터 이 방법을 전개하여 가기로 한다.

$z > 0$인 영역에서의 양도체를 생각하면, 이 도체로 정규입사(normally incident)한 평면파가 대부분 반사되며 도체 내부로 전송되는 전력은 표면으로부터 매우 짧은 거리 내에서 열로 소모된다. 이 소모되는 전력을 계산하는 방법에는 3가지가 있다.

첫째, 도체표면의 단위면적 1 m^2에 대하여 전력이 전송되고 열로 소비되는 양을 식 (1.119)에 있는 Joule 법칙을 이용하여 계산한다. T는 식(1.105b), η는 식 (1.114), 그리고 $\alpha = 1/\delta_S$의 관계로부터 다음의 결과를 얻는다.

$$\frac{\sigma |T|^2}{\alpha} = \frac{\sigma \delta_s 4 |\eta|^2}{|\eta + \eta_0|^2} \simeq \frac{8}{\sigma \delta_s \eta_0^2}, \tag{1.123}$$

여기서 $\eta \langle\langle \eta_0$ 라고 가정하였으며 양도체인 경우에는 타당하다. 따라서 전력에 대한 식 (1.119)는 다음과 같이 된다.

$$P^t = \frac{\sigma |E_0|^2 |T|^2}{4\alpha} = \frac{2\,|E_0|^2}{\sigma \delta_s \eta_0^2} = \frac{2|E_0|^2 R_s}{\eta_0^2}, \tag{1.124}$$

여기서

$$R_s = \text{Re}\{\eta\} = \text{Re}\left\{ \frac{1+j}{\sigma \delta_s} \right\} = \frac{1}{\sigma \delta_s} = \sqrt{\frac{\omega \mu}{2\sigma}} \tag{1.125}$$

이며, 도체의 표면저항이다.

전력손실을 구하는 다른 하나의 방법은, $z = 0$에서 도체로 유입되는 모든 전력은 소모되므로, 포인팅 벡터를 사용하여 도체로 흘러 들어가는 전력을 계산하는 방법이다. 식 (1.115b)와 같이 다음 식을 얻을 수 있다.

$$P^t = \frac{1}{2} \text{Re}\{ \bar{S}^+ \cdot \hat{z} \} \big|_{z=0} = \frac{2|E_0|^2 \text{Re}\,\{\eta\}}{|\eta + \eta_0|^2},$$

위 식은, 도전율이 큰 값을 갖으면 $\eta \ll \eta_0$이 되므로

$$P^t = \frac{2|E_0|^2 R_s}{\eta_0^2} \tag{1.126}$$

가 되어서 식 (1.124)와 일치한다.

세 번째 방법은 도체 내부의 계를 모르더라도 실효 표면 전류밀도와 표면 임피던스를 사용하여 계산하는 방법이다. 식 (1.118)에서와 같이 도체 내에서 체적 전류밀도는

$$\bar{J}_t = \hat{x}\sigma T E_0 e^{-\gamma z} \text{ A/m}^2 \tag{1.127}$$

이므로 x방향으로 단위폭당 총(표면) 전류는

$$\bar{J}_s = \int_0^\infty \bar{J}_t\, dz = \hat{x}\sigma T E_0 \int_0^\infty e^{-\gamma z}\, dz = \frac{\hat{x}\sigma T E_0}{\gamma} \text{ A/m}$$

이 된다. 그리고 σ가 크므로 $\sigma T/\gamma$를 근사화하고 식 (1.113), (1.105b), (1.114)를 사용하면

$$\frac{\sigma T}{\gamma} = \frac{\sigma\delta_s}{(1+j)}\frac{2\eta}{(\eta+\eta_0)} \simeq \frac{\sigma\delta_s}{(1+j)}\frac{2(1+j)}{\sigma\delta_s\eta_0} = \frac{2}{\eta_0}$$

가 된다. 따라서

$$\bar{J}_s = \hat{x}\frac{2E_0}{\eta_0} \text{ A/m} \tag{1.128}$$

을 얻을 수 있다. 만일 도전율이 무한대이면, 표면 전류밀도의 실제값은

$$\bar{J}_s = \hat{n}\times\bar{H}|_{z=0} = -\hat{z}\times(\bar{H}_i+\bar{H}_r)|_{z=0} = \hat{x}E_0\frac{1}{\eta_0}(1-\Gamma) = \hat{x}\frac{2E_0}{\eta_0} \text{ A/m}$$

과 같으며, 이 값은 식 (1.128)의 총 전류값과 동일하다.

식 (1.123)의 Joule의 법칙에 식 (1.127)의 지수함수적으로 감소하는 체적전류를 침투깊이 거리까지 확장한 일정한 체적 전류밀도로 대치하자. 즉,

$$\bar{J}_t = \begin{cases} \bar{J}_s/\delta_s & (0 < z < \delta_s) \\ 0 & (z > \delta_s) \end{cases} \tag{1.129}$$

로서 총 전류흐름은 동일하다. 이것을 식(1.123)에 대입하여 소모되는 전력을 구하면

$$P^t = \frac{1}{2\sigma}\int_S\int_{z=0}^{\delta_s}\frac{|\bar{J}_s|^2}{\delta_s^2}\,dz\,ds = \frac{R_s}{2}\int_S|\bar{J}_s|^2\,ds = \frac{2|E_0|^2R_s}{\eta_0^2} \tag{1.130}$$

가 된다. 여기서 $\int_s$는 도체표면에서의 면적분을 의미하며, 이 경우 1 m^2으로 잡는다. 식 (1.130)의 결과는 식 (1.126)과 (1.124)의 P^t와 일치하며, 양도체에서의 소모전력은 다음과 같이 표면저항 R_s, 표면전력 $\bar{J}_s$ 또는 자계의 접선 성분 $\bar{H}_t$의 항으로 간단하나 정확하게 계산할 수 있다.

$$P^t = \frac{R_s}{2}\int_S |\bar{J}_s|^2\,ds = \frac{R_s}{2}\int_S |\bar{H}_t|^2\,ds. \tag{1.131}$$

금속이 완전도체인 것처럼 표면전류가 $\bar{J}_s = \hat{n} \times \bar{H}$로부터 구할 수 있다는 것이 중요하다. 이 방법은 평면파가 아닌 계와 침투깊이 정도의 반경을 갖는 휨이나 코너 부분을 갖고 있는 임의 형태의 도체 등에 일반적으로 적용된다. 또한 이 방법은 아주 정확하며, 적용에 있어서 근사화는 $\eta \ll \eta_0$뿐인데, 이는 정확한 것이다. 예를 들면, 1 GHz의 주파수에서 구리의 경우 $|\eta| = 0.012\,\Omega$로서 $\eta_0 = 377\,\Omega$에 비하면 매우 작음을 알 수 있다.

예제 1.4 도체로부터의 평면파의 반사

구리로 이루어진 반평면에 정규입사된 평면파가 있다. 주파수 $f = 1\,\text{GHz}$일 때, 전파상수, 임피던스와 도체의 침투깊이를 계산하라. 또한 반사계수와 투과계수를 계산하라.

☞ 풀이: 구리의 경우, $\sigma = 5.813 \times 10^7$ S/m이므로, 식 (1.60)으로부터 침투깊이 δ_s는

$$\delta_s = \sqrt{\frac{2}{\omega\mu\sigma}} = 2.088 \times 10^{-6}\ \text{m}$$

와 같이 구할 수 있다. 또한 식 (1.113)을 이용하여 전파상수 γ를 구하면

$$\gamma = \frac{1+j}{\delta_s} = (4.789 + j4.789) \times 10^5\ \text{m}^{-1}$$

이 된다. 식 (1.114)으로부터 고유 임피던스 η를 구하면 다음과 같다.

$$\eta = \frac{1+j}{\sigma\delta_s} = (8.239 + j8.239) \times 10^{-3}\ \Omega.$$

이 값은 자유공간의 고유 임피던스($\eta_0 = 377\ \Omega$) 값보다 아주 작다. 식 (1.105a)로부터 반사계수는

$$\Gamma = \frac{\eta - \eta_0}{\eta + \eta_0} = 1.0\angle 179.99°$$

(실질적으로 이상적인 단락회로의 반사계수이다)이고 투과계수는

$$T = \frac{2\eta}{\eta + \eta_0} = 6.181 \times 10^{-5}\angle 45°$$

가 된다. ◀

1.8 유전체 경계면에 비스듬한 입사

그림 1.13에 나타낸 것과 같이 손실이 없는 두 유전체 사이의 경계면에 비스듬히 입사한 평면파의 문제를 고려하자. 이 문제에서 전계가 xz 평면에 있는 경우(평행편향; parallel polarization)와 xz평면에 수직인 경우(직각편향; perpendicular polarization)인 2가지의 기본적인 경우로 나눌 수 있다. 물론 임의의 입사 평면파는 위의 2가지 경우와 다른 임의

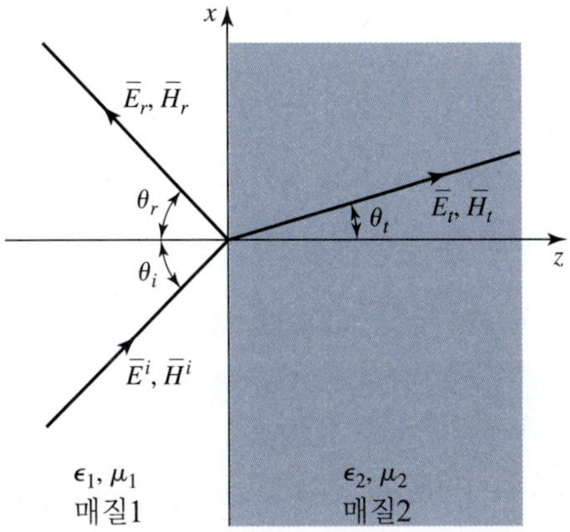

그림 1.13 두 유전체 매질 사이의 경계면으로 비스듬히 입사하는 평면파

의 편파면을 갖고 있으나, 이들 2가지 각각의 경우의 선형조합(linear combination)으로 표현할 수 있다.

이러한 문제의 일반적인 해결방법은 정규 입사파의 문제와 유사하므로, 각각의 영역 내에서 입사파, 반사파와 투과파 전계에 대한 표현식을 구하고 미지의 진폭과 위상각을 구하기 위하여 경계조건을 사용하면 될 것이다.

평행편향

이 경우, 전계벡터는 xz평면 내에 존재하며, 입사계들은 다음 식으로 쓸 수 있다.

$$\bar{E}_i = E_0(\hat{x} \cos \theta_i - \hat{z} \sin \theta_i)e^{-jk_1(x \sin \theta_i + z \cos \theta_i)} \tag{1.132a}$$

$$\bar{H}_i = \frac{E_0}{\eta_1}\hat{y}e^{-jk_1(x \sin \theta_i + z \cos \theta_i)}. \tag{1.132b}$$

여기서 $k_1 = \omega\sqrt{\mu_0\epsilon_1}$, $\eta_1 = \sqrt{\mu_0/\epsilon_1}$으로서 이들은 각각 영역 1에서의 파수(wave number)와 파동 임피던스(wave impedance)이다. 반사 및 투과된 계들은 다음 식으로 쓸 수 있다.

$$\bar{E}_r = E_0\Gamma(\hat{x} \cos \theta_r + \hat{z} \sin \theta_r)e^{-jk_1(x \sin \theta_r - z \cos \theta_r)} \tag{1.133a}$$

$$\bar{H}_r = \frac{-E_0\Gamma}{\eta_1}\hat{y}e^{-jk_1(x \sin \theta_r - z \cos \theta_r)} \tag{1.133b}$$

$$\bar{E}_t = E_0T(\hat{x} \cos \theta_t - \hat{z} \sin \theta_t)e^{-jk_2(x \sin \theta_t + z \cos \theta_t)} \tag{1.134a}$$

$$\bar{H}_t = \frac{E_0T}{\eta_2}\hat{y}e^{-jk_2(x \sin \theta_t + z \cos \theta_t)}. \tag{1.134b}$$

여기서, Γ와 T는 반사 및 투과계수이며 k_2, η_2는 영역 2에서의 전파상수 및 임피던스이며 다음과 같이 정의된다.

$$k_2 = \omega\sqrt{\mu_0\epsilon_2}, \qquad \eta_2 = \sqrt{\mu_0/\epsilon_2}.$$

여기서 Γ, T, θ_r, θ_t는 아직 미지수이다.

$z = 0$인 경계면에서 계의 접선 성분 E_x와 H_y의 연속성으로부터 이들 미지수에 대한 2개의 복소 방정식(complex equations)을 얻을 수 있다.

$$\cos\theta_i e^{-jk_1x\sin\theta_i} + \Gamma\cos\theta_r e^{-jk_1x\sin\theta_r} = T\cos\theta_t e^{-jk_2x\sin\theta_t}, \tag{1.135a}$$

$$\frac{1}{\eta_1}e^{-jk_1x\sin\theta_i} - \frac{\Gamma}{\eta_1}e^{-jk_1x\sin\theta_r} = \frac{T}{\eta_2}e^{-jk_2x\sin\theta_t}. \tag{1.135b}$$

식 (1.135a)와 식 (1.135b)의 양변은 x의 함수들이다. 만일 모든 x에 대해서 $z = 0$인 경계면에서 E_x와 H_y가 연속하다면, 이들 x의 변동은 이 방정식들의 양변에서 동일하여야 하므로 다음의 조건식을 얻는다.

$$k_1\sin\theta_i = k_1\sin\theta_r = k_2\sin\theta_t.$$

이 식은 다음과 같이 잘 알려진 **Snell의 반사와 굴절법칙**으로 귀결된다.

$$\theta_i = \theta_r \tag{1.136a}$$

$$k_1\sin\theta_i = k_2\sin\theta_t. \tag{1.136b}$$

식 (1.135)에서 위상의 항은 경계면의 양측에서 동일한 비율로 x에 따라서 변화하게 되므로, 위 식은 **위상 정합조건**(phase matching condition)이라 한다.

식 (1.135)에 식 (1.136)을 사용하여 반사 및 투과계수에 대해서 풀면 다음과 같다.

$$\Gamma = \frac{\eta_2\cos\theta_t - \eta_1\cos\theta_i}{\eta_2\cos\theta_t + \eta_1\cos\theta_i} \tag{1.137a}$$

$$T = \frac{2\eta_2\cos\theta_i}{\eta_2\cos\theta_t + \eta_1\cos\theta_i}. \tag{1.137b}$$

정규입사(normal incidence)의 경우, $\theta_i = \theta_r = \theta_t = 0$이 되므로

$$\Gamma = \frac{\eta_2 - \eta_1}{\eta_2 + \eta_1} \quad \text{이고} \quad T = \frac{2\eta_2}{\eta_2 + \eta_1}$$

가 되어 1.7절의 결과와 일치한다.

이와 같은 편향에 있어서, $\Gamma = 0$이 되는 **브루스터 각**(Brewster angle)이라 불리는 특별한 입사각 θ_b가 존재한다. 이는 다음에서 주어지는 바와 같이 식 (1.137a)의 분자가 0이 되는 경우($\theta_i = \theta_b$)가 발생한다.

$$\eta_2\cos\theta_i = \eta_1\cos\theta_b.$$

위 식은

$$\cos\theta_t = \sqrt{1-\sin^2\theta_t} = \sqrt{1-\frac{k_1^2}{k_2^2}\sin^2\theta_b}$$

의 관계식을 사용하여 다음과 같이 얻을 수 있다.

$$\sin\theta_b = \frac{1}{\sqrt{1+\epsilon_1/\epsilon_2}}. \tag{1.138}$$

직각편향

이 경우 전계벡터는 xz 평면에 수직하며 입사계는 다음 식으로 쓸 수 있다.

$$\bar{E}_i = E_0\hat{y}e^{-jk_1(x\sin\theta_i+z\cos\theta_i)} \tag{1.139a}$$

$$\bar{H}_i = \frac{E_0}{\eta_1}(-\hat{x}\cos\theta_i+\hat{z}\sin\theta_i)e^{-jk_1(x\sin\theta_i+z\cos\theta_i)}. \tag{1.139b}$$

여기서 $k_1=\omega\sqrt{\mu_0\epsilon_1}$, $\eta_1=\sqrt{\mu_0/\epsilon_1}$로서 이는 앞에서와 같이 각각 영역 1에서의 파수와 파동 임피던스이다. 반사 및 투과된 계는 다음 식으로 쓸 수 있다.

$$\bar{E}_r = E_0\Gamma\hat{y}e^{-jk_1(x\sin\theta_r-z\cos\theta_r)} \tag{1.140a}$$

$$\bar{H}_r = \frac{E_0\Gamma}{\eta_1}(\hat{x}\cos\theta_r+\hat{z}\sin\theta_r)e^{-jk_1(x\sin\theta_r-z\cos\theta_r)} \tag{1.140b}$$

$$\bar{E}_t = E_0T\hat{y}e^{-jk_2(x\sin\theta_t+z\cos\theta_t)} \tag{1.141a}$$

$$\bar{H}_t = \frac{E_0T}{\eta_2}(-\hat{x}\cos\theta_t+\hat{z}\sin\theta_t)e^{-jk_2(x\sin\theta_t+z\cos\theta_t)}. \tag{1.141b}$$

여기서 $k_2=\omega\sqrt{\mu_0\epsilon_2}$, $\eta_2=\sqrt{\mu_0/\epsilon_2}$로서 이는 각각 영역 2에서의 파수 및 파동 임피던스이다. $z=0$인 경계면에서 계의 접선 성분 E_y와 H_x의 연속성으로부터 다음의 방정식을 얻는다.

$$e^{-jk_1x\sin\theta_i}+\Gamma e^{-jk_1x\sin\theta_r} = Te^{-jk_2x\sin\theta_t} \tag{1.142a}$$

$$\frac{-1}{\eta_1}\cos\theta_i e^{-jk_1x\sin\theta_i}+\frac{\Gamma}{\eta_1}\cos\theta_r e^{-jk_2x\sin\theta_r} = \frac{-T}{\eta_2}\cos\theta_t e^{-jk_2x\sin\theta_t}. \tag{1.142b}$$

평행 편파의 경우와 동일하게 위상 정합조건을 사용하면 식 (1.136)과 동일한 Snell의 법칙을 얻는다.

$$k_1\sin\theta_i = k_1\sin\theta_r = k_2\sin\theta_t.$$

식 (1.142)에 식 (1.136)을 사용하여 반사 및 투과 계수에 대해서 풀면 다음과 같다.

$$\Gamma = \frac{\eta_2\cos\theta_i-\eta_1\cos\theta_t}{\eta_2\cos\theta_i+\eta_1\cos\theta_t} \tag{1.143a}$$

$$T = \frac{2\eta_2\cos\theta_i}{\eta_2\cos\theta_i+\eta_1\cos\theta_t}. \tag{1.143b}$$

이는 정규입사의 경우, 1.7절에서의 결과와 일치한다.

이와 같은 평행편파의 경우 $\Gamma = 0$이 되는 브루스터 각은 존재하지 않는다. 즉 식 (1.143a)의 분자를 영으로 놓으면

$$\eta_2 \cos\theta_i = \eta_1 \cos\theta_t$$

가 되고, 위의 식에 Snell의 법칙을 적용하면

$$k_2^2(\eta_2^2 - \eta_1^2) = (k_2^2\eta_2^2 - k_1^2\eta_1^2)\sin^2\theta_i$$

를 얻을 수 있다. 그러나 위 식 우변의 괄호 항은 유전체 매질에 있어서 영이 되므로 모순이 된다. 따라서 유전체 매질에 대하여 직각편향의 경우 부루스터 각은 존재하지 않는다.

예제 1.5 유전체 경계에서의 반사

자유공간에서 $\epsilon_r = 2.55$를 갖는 유전체 영역으로 평행편향 및 수직편향 되어진 평면파 입사에 대한 반사 계수값을 입사각에 대하여 도시하라.

☞ **풀이**: 두 영역에서의 임피던스는

$$\eta_1 = 377\,\Omega, \qquad \eta_2 = \frac{\eta_0}{\sqrt{\epsilon_r}} = \frac{377}{\sqrt{2.55}} = 236\Omega.$$

이다. 식 (1.137a)와 식 (1.143a)를 입사각에 대하여 계산하고 도시하면 그림 1.14와 같다. ◀

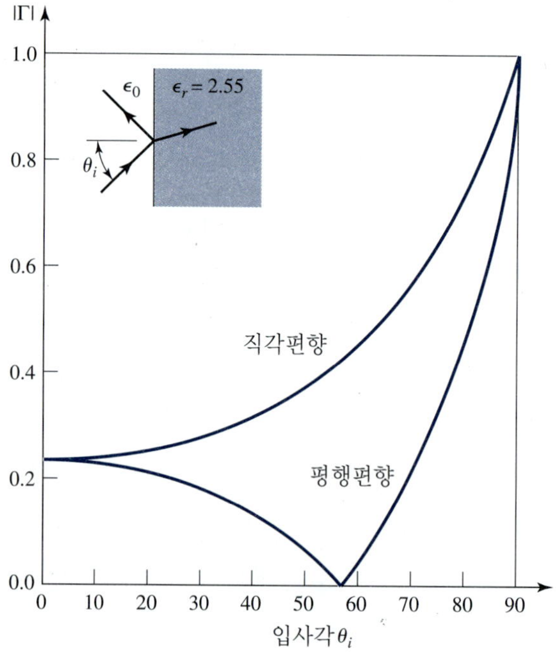

그림 1.14 유전체 반공간으로 비스듬히 입사하는 평행 및 직각 편파의 반사계수의 크기

전반사와 표면파

식 (1.136b)의 Snell의 법칙은 다음과 같이 쓸 수 있다.

$$\sin\theta_t = \sqrt{\frac{\epsilon_1}{\epsilon_2}}\sin\theta_i. \tag{1.144}$$

이제 $\epsilon_1 > \epsilon_2$인 경우에 대해서 평행편향 또는 직각편향을 고려하여 보자. θ_i가 0°에서 90°로 증가함에 따라서 굴절각 θ_t는 0°에서 90°로 증가하지만, θ_i가 증가하는 비율보다 더 빠른 비율로 증가한다. $\theta_t = 90°$에 대한 입사각 θ_i를 **임계각(critical angle)** θ_c라고 하며 다음 식과 같이 주어진다.

$$\sin\theta_c = \sqrt{\frac{\epsilon_2}{\epsilon_1}}. \tag{1.145}$$

이 각 이상의 각도의 입사파는 전부 반사될 것이며 투과파는 영역2 내부로 전파하지 않는다. 평행편향인 경우의 $\theta_i > \theta_c$에 대하여 좀더 자세히 살펴보자.

$\theta_i > \theta_c$일 때 식 (1.144)에서 $\sin\theta_t > 1$이 되므로 $\cos\theta_t = \sqrt{1-\sin^2\theta_t}$의 값은 허수가 되므로 각도 θ_t의 물리적인 의미를 상실한다. 이 상태에서는 영역2로 투과된 계에 대한 표현을 다음 식과 같이 표현하는 것이 바람직하다.

$$\bar{E}_t = E_0T\left(\frac{-j\alpha}{k_2}\hat{x} - \frac{\beta}{k_2}\hat{z}\right)e^{-j\beta x}e^{-\alpha z}, \tag{1.146a}$$

$$\bar{H}_t = \frac{E_0T}{\eta_2}\hat{y}e^{-j\beta x}e^{-\alpha z}. \tag{1.146b}$$

$\sin\theta_t > 1$인 경우 $-jk_2\sin\theta_t$는 허수가 되지만, $-jk_2\cos\theta_t$가 실수이므로 $\sin\theta_t$를 β/k_2로, $\cos\theta_t$를 $-j\alpha/k_2$로 대치하면 식 (1.134)로부터 위 식을 유도할 수 있다. 식 (1.146b)를 $\bar{H}$에 대한 Helmholtz 파동방정식(wave equation)에 대입하면 다음 식을 얻는다.

$$-\beta^2 + \alpha^2 + k_2^2 = 0. \tag{1.147}$$

$z = 0$에서 식 (1.132)와 식 (1.133)의 입사계 및 반사계의 $\hat{x}$, $\hat{y}$ 성분과 식 (1.146)의 E_x와 H_y를 정합시키면 다음 식을 얻는다.

$$\cos\theta_i e^{-jk_1x\sin\theta_i} + \Gamma\cos\theta_r e^{-jk_1x\sin\theta_r} = \frac{-j\alpha}{k_2}Te^{-j\beta x}, \tag{1.148a}$$

$$\frac{1}{\eta_1}e^{-jk_1x\sin\theta_i} - \frac{\Gamma}{\eta_1}e^{-jk_1x\sin\theta_r} = \frac{T}{\eta_2}e^{-j\beta x}. \tag{1.148b}$$

$z = 0$인 경계면에서 위상 정합조건을 구하면

$$k_1\sin\theta_i = k_1\sin\theta_r = \beta$$

로서 Snell의 반사법칙 $\theta_i = \theta_r$과 $\beta = k_1\sin\theta_i$가 다시 유도된다. 따라서 식 (1.147)로부터

α는 $\sin^2\theta_i > \epsilon_2/\epsilon_1$이 양의 실수이므로 다음과 같이 양의 실수값이 된다.

$$\alpha = \sqrt{\beta^2 - k_2^2} = \sqrt{k_1^2 \sin^2\theta_i - k_2^2}. \tag{1.149}$$

식 (1.148)로부터 반사 및 투과계수를 구하면 다음과 같다.

$$\Gamma = \frac{(-j\alpha/k_2)\eta_2 - \eta_1\cos\theta_i}{(-j\alpha/k_2)\eta_2 + \eta_1\cos\theta_i}, \tag{1.150a}$$

$$T = \frac{2\eta_2\cos\theta_i}{(-j\alpha/k_2)\eta_2 + \eta_1\cos\theta_i}. \tag{1.150b}$$

Γ는 $(ja - b)/(ja + b)$의 형태이므로, 그 크기는 1이며 이는 모든 입사파 전력이 반사됨을 나타내고 있다.

식 (1.146)의 투과계는 경계면을 따라서 x방향으로 전파함을 보여주지만, z방향으로는 지수 함수적으로 감소함을 나타낸다. 이 파가 경계면에 국한되기 때문에 이와 같은 계는 **표면파**(surface wave)[3]라고 한다. 표면파는 x방향으로의 전파상수를 갖고 있음에도 불구하고, z방향으로의 진폭변동을 나타내고 있기 때문에 비균일 평면파(nonuniform plane wave)의 한 예로 볼 수 있다.

식 (1.146)의 표면파계의 복소 포인팅 벡터를 계산하면 다음과 같다.

$$\bar{S}_t = \bar{E}_t \times \bar{H}_t^* = \frac{|E_0|^2|T|^2}{\eta_2}\left(\hat{z}\frac{-j\alpha}{k_2} + \hat{x}\frac{\beta}{k_2}\right)e^{-2\alpha z}. \tag{1.151}$$

이 식은 z방향으로의 실제 전력의 흐름이 존재하지 않는다는 것을 나타내고 있다. x방향으로의 실제 전력 흐름은 표면파 계의 전력으로서 영역2 내측으로의 거리에 따라서 지수 함수적으로 감소한다. 따라서, 영역2 내부로 전송되는 실제 전력은 없더라도, 경계면에서 경계조건을 만족하여야 함으로 영이 아닌 계(nonzero field)가 경계면에 존재한다.

1.9 유용한 정리

마지막으로, 우리는 다음 장부터 유용하게 이용할 전자장의 몇 가지 이론들을 살펴보기로 한다.

가역정리

가역성이란 물리학과 공학의 여러 분야에 있어서 나타나는 일반적인 개념으로서, 독자

주[3] 평면파가 $z < 0$ 영역에서만 존재하기 때문에 이러한 형태의 계를 표면파라고 할 수 없다는 논쟁도 있으나 여기서는 표면파와 유사한 계(surface wave-like field) 또는 강제적인 표면파(forced surface wave)라고 불리는 것이 바람직하다.

들은 회로이론의 가역정리에 이미 익숙할 것이다. 여기서는 전자계에 대한 Lorentz의 가역정리를 2가지의 다른 형태로 유도하고자 한다. 이 정리는 마이크로파 회로를 표현하는 회로망 행렬의 일반적인 특성을 구하고, 전류 프로브(probe)와 루우프(loops)로부터의 도파관 결합 및 개구면(apertures)을 통한 도파관 결합 등을 구하기 위하여 이 책에서 추후에 사용될 것이다.

그림 1.15에서 나타낸 것처럼 폐곡면 S로 둘러싸인 체적 V 안에 각각 $\bar{E}_1, \bar{H}_1$과 $\bar{E}_2, \bar{H}_2$를 발생시키는 독립된 2개의 전자계원(source) $\bar{J}_1$, $\bar{M}_1$과 $\bar{J}_2$, $\bar{M}_2$를 생각하여 보기로 한다. 이들 2개의 전자계원과 계에 대하여 Maxwell 방정식은 각각 만족하므로 다음과 같이 쓸 수 있다.

$$\nabla \times \bar{E}_1 = -j\omega\mu\bar{H}_1 - \bar{M}_1 \tag{1.152a}$$

$$\nabla \times \bar{H}_1 = j\omega\epsilon\bar{E}_1 + \bar{J}_1 \tag{1.152b}$$

$$\nabla \times \bar{E}_2 = -j\omega\mu\bar{H}_2 - \bar{M}_2 \tag{1.153a}$$

$$\nabla \times \bar{H}_2 = j\omega\epsilon\bar{E}_2 + \bar{J}_2. \tag{1.153b}$$

$\nabla \cdot (\bar{E}_1 \times \bar{H}_2 - \bar{E}_2 \times \bar{H}_1)$을 벡터등식 (B.8)을 사용하여 전개하면 다음과 같다.

$$\nabla \cdot (\bar{E}_1 \times \bar{H}_2 - \bar{E}_2 \times \bar{H}_1) = \bar{J}_1 \cdot \bar{E}_2 - \bar{J}_2 \cdot \bar{E}_1 + \bar{M}_2 \cdot \bar{H}_1 - \bar{M}_1 \cdot \bar{H}_2. \tag{1.154}$$

위의 식을 체적 V에 대해서 적분하고, 발산정리(divergence theorem) (B.15)를 적용하면

$$\begin{aligned}\int_V \nabla \cdot (\bar{E}_1 \times \bar{H}_2 - \bar{E}_2 \times \bar{H}_1)\, dv &= \oint_S (\bar{E}_1 \times \bar{H}_2 - \bar{E}_2 \times \bar{H}_1) \cdot d\bar{s} \\ &= \int_V (\bar{E}_2 \cdot \bar{J}_1 - \bar{E}_1 \cdot \bar{J}_2 + \bar{H}_1 \cdot \bar{M}_2 - \bar{H}_2 \cdot \bar{M}_1) dv\end{aligned} \tag{1.155}$$

가 된다. 식 (1.155)는 가역정리의 일반적인 형태를 나타내지만, 실제 특별한 경우에 있어서는 몇몇의 간략화된 형태로 표현된다. 이들 3가지 형태에 대하여 알아보면 다음과 같다.

▶ **폐곡면 S가 전자계원을 포함하고 있지 않는 경우**

이 경우에 $\bar{J}_1 = \bar{J}_2 = \bar{M}_1 = \bar{M}_2 = 0$이 되며, $\bar{E}_1, \bar{H}_1$과 $\bar{E}_2, \bar{H}_2$는 전자계원이 없는 계(source-

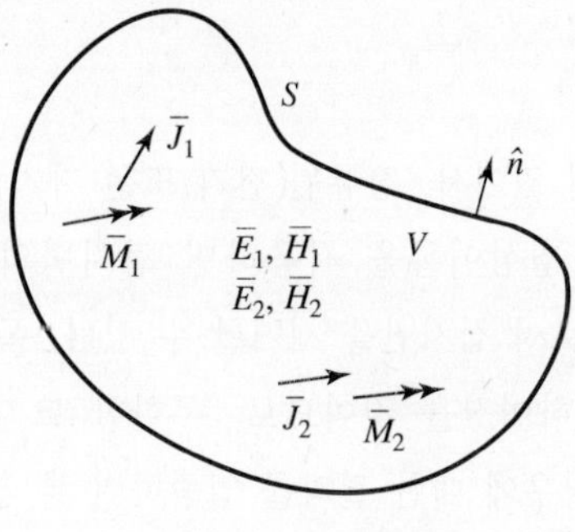

그림 1.15 Lorentz 가역정리에 대한 폐곡면

free fields)가 된다. 따라서, 식 (1.155)의 우변이 없어지게 되므로 다음 식을 얻을 수 있다.

$$\oint_S \bar{E}_1 \times \bar{H}_2 \cdot d\bar{s} = \oint_S \bar{E}_2 \times \bar{H}_1 \cdot d\bar{s}. \tag{1.156}$$

이 결과는 4장에서 가역성 마이크로파 회로망에 대한 임피던스 행렬의 대칭성을 기술하는 경우에 사용될 것이다.

▶ 폐곡면 S가 완전도체인 경우

예를 들어서, S가 닫혀진 완전도체 공동(cavity)의 내부 표면적이라고 가정하자. 이 경우, $\bar{E}_1 \times \bar{H}_2 \cdot \hat{n} = (\hat{n} \times \bar{E}_1) \cdot \bar{H}_2$(벡터등식 (B.3) 참조)가 되며, $\hat{n} \times \bar{E}_1$은 완전도체의 표면상에서 0이 되기 때문($\bar{E}_2$에 대해서도 마찬가지로 성립)에 식 (1.155)의 면적분은 없어지게 된다. 결과적으로 다음의 식을 얻을 수 있다.

$$\int_V (\bar{E}_1 \cdot \bar{J}_2 - \bar{H}_1 \cdot \bar{M}_2)\, dv = \int_V (\bar{E}_2 \cdot \bar{J}_1 - \bar{H}_2 \cdot \bar{M}_1)\, dv. \tag{1.157}$$

이 결과는 회로이론에 있어서의 가역정리(reciprocity theorem)와 유사하다. 이 결과는 전자계의 원점(source point)과 관측점(observation point)이 바뀌었을 때 시스템 응답 $\bar{E}_1$ 또는 $\bar{E}_2$가 변화되지 않음을 기술하고 있다. 즉, $\bar{J}_1$에서의 ($\bar{J}_2$에 의한) $\bar{E}_2$는 $\bar{J}_2$에서의 ($\bar{J}_1$에 의한) $\bar{E}_1$과 같음을 의미한다.

▶ 폐곡면 S가 무한대의 반경을 갖는 경우

이 경우에, S에서의 계는 전자계원에서 매우 멀리 떨어져 있으므로 평면파로 간주할 수 있다. 따라서, 임피던스 관계식 $\bar{H} = \hat{n} \times \bar{E}/\eta$를 식 (1.155)에 적용하면

$$\begin{aligned}(\bar{E}_1 \times \bar{H}_2 - \bar{E}_2 \times \bar{H}_1) \cdot \hat{n} &= (\hat{n} \times \bar{E}_1) \cdot \bar{H}_2 - (\hat{n} \times \bar{E}_2) \cdot \bar{H}_1 \\ &= \frac{1}{\eta}\bar{H}_1 \cdot \bar{H}_2 - \frac{1}{\eta}\bar{H}_2 \cdot \bar{H}_1 = 0\end{aligned}$$

이 되고, 식 (1.157)의 결과를 다시 얻게 된다. 폐곡면 S에 대하여 표면 임피던스 경계조건을 적용한 경우에도 동일한 결과를 얻을 수 있다.

영상이론

대다수의 문제에 있어서, 전류원(전기 또는 자기)은 도전성이 있는 접지면 주위에 위치한다. 이 경우에 영상이론을 사용하면 접지면의 반대 쪽에 가상의 **영상전원**(image source)을 놓음으로써 접지면을 제거할 수 있다. 독자들은 이와 같은 개념이 정전계의 경우에 대해서 익숙하여졌을 것이므로, 무한한 크기의 접지면 옆에 무한 전류면(current sheet)이 위치한 경우에 대한 결과를 입증하여 본 후에, 다른 여러 가지 경우에 대하여 검토하기로 한다.

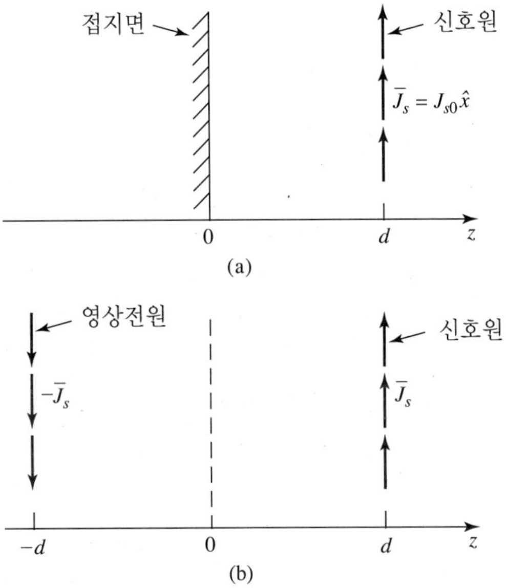

그림 1.16 지면에 가까이 있는 전기적인 전류원에 영상이론을 적용한 경우. (a) 지면에 평행하게 전기적인 표면전류 밀도가 있는 경우, (b) 위 (a)의 지면을 $z = -d$에서 영상전류로 대치한 경우

그림 1.16a에 나타낸 것처럼 접지면에 평행하게 표면전류 밀도 $\bar{J}_s = J_{s0}\hat{x}$가 있다고 가정하자. 전류원은 무한한 크기이며 x, y 방향으로 일정하므로, 이 평면에서 외측으로 진행하는 평면파를 발생시킬 것이다. 부의 진행파(negatively traveling wave)는 $z = 0$의 접지면으로부터 반사되어 정의 방향(positive direction)으로 진행한다. 따라서, 영역 $0 < z < d$ 내에는 정재파(standing wave)가 존재하며, $z > d$에서는 정의 진행파(positive traveling wave)가 나타난다. 그러므로, 이들 두 영역에서의 계의 형태는 다음과 같이 쓸 수 있다.

$$E_x^s = A(e^{jk_0z} - e^{-jk_0z}) \qquad (0 < z < d) \tag{1.158a}$$

$$H_y^s = \frac{-A}{\eta_0}(e^{jk_0z} + e^{-jk_0z}) \qquad (0 < z < d) \tag{1.158b}$$

$$E_x^+ = Be^{-jk_0z} \qquad (z > d) \tag{1.159a}$$

$$H_y^+ = \frac{B}{\eta_0}e^{-jk_0z} \qquad (z > d). \tag{1.159b}$$

여기서, η_0는 자유공간의 파동 임피던스이다. 식 (1.158)의 정재파 계는 $z = 0$에서 $E_x = 0$인 경계조건을 만족시키도록 구성하였다. 만족되어야 할 다른 하나의 경계조건은 전류면에 의하여 $z = d$에서 $\bar{E}$가 연속이어야 하며, $z = d$에서 $\bar{H}$가 불연속이어야 하는 것이다. 식 (1.36)으로부터, $\bar{M}_s = 0$이므로

$$E_x^s = E_x^+|_{z=d}, \tag{1.160a}$$

이고, 반면에 식 (1.37)로부터

$$\bar{J}_s = \hat{z} \times \hat{y}(H_y^+ - H_y^s)|_{z=d}. \tag{1.160b}$$

을 얻을 수 있다. 식 (1.158)과 식 (1.159)를 사용하면 다음의 두 식을 얻을 수 있다.

$$2jA \sin k_0 d = Be^{-jk_0 d}$$
$$J_{s0} = -\frac{B}{\eta_0}e^{-jk_0 d} - \frac{2A}{\eta_0}\cos k_0 d.$$

위 식을 A와 B에 대하여 풀면 다음과 같다.

$$A = \frac{-J_{s0}\eta_0}{2}e^{-jk_0 d}$$
$$B = -jJ_{s0}\eta_0 \sin k_0 d.$$

따라서 전체 계는 다음과 같다.

$$E_x^s = -jJ_{s0}\eta_0 e^{-jk_0 d}\sin k_0 z \qquad (0 < z < d) \tag{1.161a}$$
$$H_y^s = J_{s0}e^{-jk_0 d}\cos k_0 z \qquad (0 < z < d) \tag{1.161b}$$
$$E_x^+ = -jJ_{s0}\eta_0 \sin k_0 d e^{-jk_0 z} \qquad (z > d) \tag{1.162a}$$
$$H_y^+ = -jJ_{s0}\sin k_0 d e^{-jk_0 z} \qquad (z > d). \tag{1.162b}$$

이제 영상이론의 응용을 적용하여 보기로 한다. 그림 1.16b에 나타낸 바와 같이, 접지면을 제거하고 영상전원 $-J_s$를 $z = -d$에 놓는다. 중첩의 원리에 의하여 $z > 0$인 영역에 대한 전체의 계는 두 개의 원천에 의해 발생하는 계의 합이 된다. 이 계는 위에서 사용한 절차와 유사한 방법으로 유도할 수 있으며, 그 결과는 다음과 같다.

$z = d$에 있는 전원에 의한 계

$$E_x = \begin{cases} \dfrac{-J_{s0}\eta_0}{2}e^{-jk_0(z-d)} & (z > d) \\ \dfrac{-J_{s0}\eta_0}{2}e^{jk_0(z-d)} & (z < d) \end{cases} \tag{1.163a}$$

$$H_y = \begin{cases} \dfrac{-J_{s0}}{2}e^{-jk_0(z-d)} & (z > d) \\ \dfrac{J_{s0}}{2}e^{jk_0(z-d)} & (z < d). \end{cases} \tag{1.163b}$$

$z = -d$에 있는 전원에 의한 계

$$E_x = \begin{cases} \dfrac{J_{s0}\eta_0}{2}e^{-jk_0(z+d)} & (z > -d) \\ \dfrac{J_{s0}\eta_0}{2}e^{jk_0(z+d)} & (z < -d) \end{cases} \tag{1.164a}$$

$$H_y = \begin{cases} \dfrac{J_{s0}}{2}e^{-jk_0(z+d)} & (z > -d) \\ \dfrac{-J_{s0}}{2}e^{jk_0(z+d)} & (z < -d). \end{cases} \tag{1.164b}$$

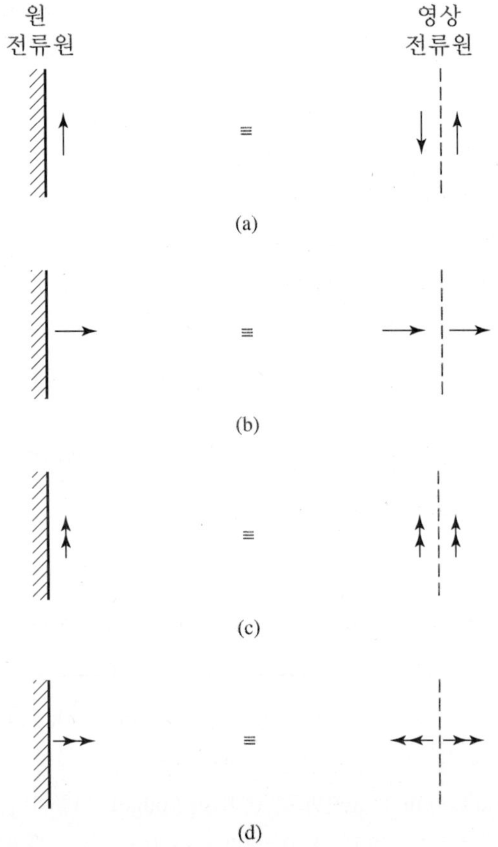

그림 1.17 전계와 자계 전류 영상. (a) 전계 전류가 지면에 평행한 경우, (b) 전계 전류가 지면에 수직한 경우, (c) 자계 전류가 지면에 평행한 경우, (d) 자계 전류가 지면에 수직한 경우

독자는 이 해가 $0 < z < d$인 영역에 대해서는 식 (1.161)과 동일하며, $z > d$인 영역에 대해서는 식 (1.162)와 동일함을 알 수 있다. 영상이론은 도체평판의 우측에 대한 실제의 계들에 대해서만 나타내 주고 있음에 유의하여야 한다. 그림 1.17은 전계 및 자계 다이폴에 대한 영상이론의 좀더 일반적인 결과를 나타내고 있다.

참고문헌

[1] T. S. Sarkar, R. J. Mailloux, A. A. Oliner, M. Salazar-Palma, and D. Sengupta, *History of Wireless*, John Wiley & Sons, Hoboken, N.J., 2006.

[2] A. A. Oliner, "Historical Perspectives on Microwave Field Theory," *IEEE Transactions on Microwave Theory and Techniques*, vol. MTT-32, pp. 1022-1045, September 1984 (이 특별호에는 초고수파공학의 역사에 대한 논문이 있다).

[3] F. Ulaby, *Fundamentals of Applied Electromagnetics*, 6th edition, Prentice-Hall, Upper Saddle River, N.J., 2010.

[4] J. D. Kraus and D. A. Fleisch, *Electromagnetics*, 5th edition, McGraw-Hill, New York, 1999

[5] S. Ramo, T. R. Whinnery, and T. van Duzer, *Fields and Waves in Communication Electronics*, 3rd edition, John Wiley & Sons, New York, 1994.

[6] R. E. Collin, *Foundations for Microwave Engineering*, 2nd edition, Wiley-IEEE Press, Hoboken, N.J., 2001.

[7] C. A. Balanis, *Advanced Engineering Electromagnetics*, John Wiley & Sons, New York, 1989.

[8] D. M. Pozar, *Microwave and RF Design of Wireless Systems*, John Wiley & Sons, Hoboken, N.J., 2001.

연습문제

1.1 누가 라디오를 발명하였는가? 마르코니(Guglielmo Marconi)가 간혹 현대의 라디오를 발명하였다고 하나 마르코니 이전에 다른 사람들도 여러 가지의 중요한 발명을 하였다. 특히, 말론 루미(Mahlon Loomis), 올리버로지(Oliver Lodge), 니콜라테슬라(Nicola Tesla), 그리고 마르코니 등의 업적을 중심으로 1860-1900년 사이에 무선과 관련한 초창기의 일들에 대하여 간단히 요약하라. 전파 전파가 일어날 수 있는 유도성 통신 구도(inductive communication schemes)와 무선화 기법(wireless methods)의 차이에 대하여 설명하라. 라디오의 발명을 한 개인의 공헌으로 할 수 있는가? 참고문헌 [1]은 도움을 받을 수 있는 좋은 시발점이 될 것이다.

1.2 $\epsilon_r = 2.54$인 폴리스티렌(Polystyrene)으로 채워진 공간의 x-축 방향으로 평면파가 진행하며 전계는 $E_y = E_0 \cos(\omega t - kz)$와 같이 표현된다. 이때 주파수는 2.4 GHz이며 $E_0 = 5.0\,\text{V/m}$ 이다. (a) 자계의 크기와 방향을 구하라. (b) 위상속도를 구하라. (c) 파장을 구하라. (c) 위치 $x_1 = 0.1$ m와 $x_2 = 0.15$ m 사이의 위상차를 구하라.

1.3 $\bar{E} = E_0(a\hat{x} + b\hat{y})e^{-jk_0 z}$와 같은 형태의 선형편파를 RHCP와 LHCP의 합으로 표현할 수 있음을 보여라. 여기서 a와 b는 실수이다.

1.4 식 (1.76)에서 주어진 일반적인 평면파에 대한 포인팅 벡터를 계산하라.

1.5 아래의 그림과 같이 유전율 ϵ_r,두께 $d(d = \lambda_0/4\sqrt{\epsilon_r})$인 유전체 평면상에 평면파가 정규입사 되고 있다. 여기서 λ_0는 입사파의 자유공간 파장이다. 평판양측은 자유공간이라고 가정할 경우, 평판의 앞면으로부터 반사되는 파의 반사계수를 구하여라.

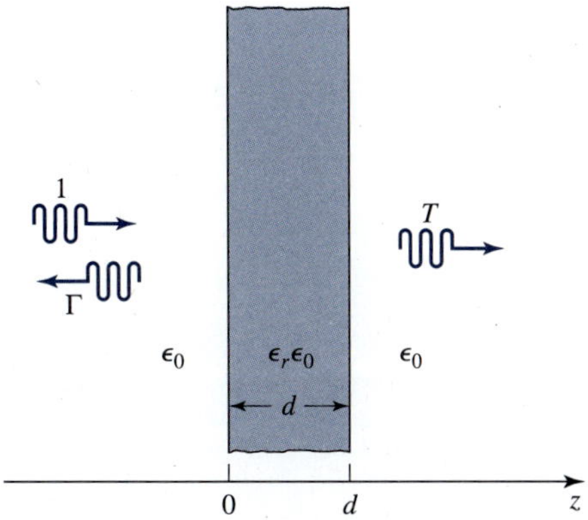

1.6 자유공간(z < 0)에서 양도체로 된 반공간(z > 0)으로 정규입사되는 RHCP 평면파를 생각하자. 입사 전계가

$$\bar{E}_i = E_0(\hat{x} - j\hat{y})e^{-jk_0 z}$$

인 경우에, $z > 0$인 영역에서의 전계와 자계를 구하라. $z < 0$ 및 $z > 0$인 영역에서의 포인팅 벡터를 계산하고 복소전력이 보존됨을 보여라. 반사파의 편파(polarization)는 무엇이 되는가?

1.7 $z = 0$에 완전도체인 평판이 있으며, $z < 0$에는 손실이 있는 유전체 매질이며 평면파가 전파하고 있다. 손실이 있는 매질은 $\epsilon = (5 - j2)\epsilon_0$, $\mu = \mu_0$이며, 평면파의 주파수는 1.0 GHz, 입사 전계의 진폭은 $z = 0$에서 4 V/m라고 하자. $z < 0$인 영역에서의 반사파의 전계를 구하고, $-0.5 \le z \le 0$인 영역에 대한 전체 전계의 진폭을 도시하라.

1.8 자유공간 내의 평면파가 두께 t인 얇은 구리 평면에 정규 입사한다. (a) 공기-구리와 구리-공기 경계인 경우에 대한 전파의 투과 손실을 dB로 나타내라. (b) 만일 구리 평면을 이용하여 파의 투과 손실을 150dB 얻고자 한다면 구리 평면의 최소 두께는 얼마인가?

1.9 아래 그림과 같이 $z = 20$ cm에 접지평판이 있으며, $z = 0$과 $z = 20$ cm 사이에는 $\epsilon_r = 3.0$, $\tan\delta = 0.1$, $\mu = \mu_0$의 값을 갖는 손실이 있는 균일매질로 채워 있다. 전계

$$\bar{E}_i = \hat{x}100e^{-\gamma z} \text{ V/m}$$

를 갖는 입사 평면파가 $z = 0$에서 $+z$ 방향으로 전파하고 있다. 주파수는 $f = 3.0$ GHz이다.

(a) $z = 0$에서 입사파의 전력밀도 S_i, 반사파의 전력밀도 S_r을 구하라.

(b) $z = 0$에서의 전체 계로부터, $z = 0$에서의 입력 전력밀도 S_{in}을 구하라. $S_{\text{in}} = S_i - S_r$을 만족시키는가?

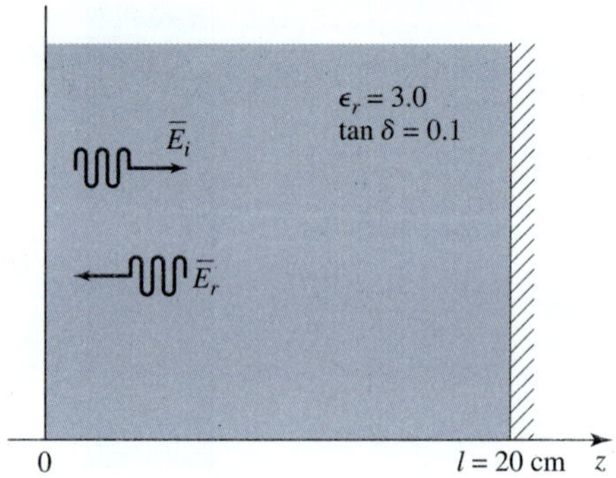

1.10 아래 그림과 같이 $z < 0$인 영역의 자유공간과 $z > 0$인 유전체 공간(유전율 $\epsilon = \epsilon_r\epsilon_0$) 사이의 $z = 0$에 무한한 크기의 평판(infinite sheet)이 놓여져 있으며 평판의 표면전류 밀도는 $\bar{J}_s = J_o\hat{x}$ A/m 라고 가정하자. 각 영역에서의 전계 $\bar{E}$와 자계 $\bar{H}$를 구하라. **힌트:** 예제 1.3과 같이 표면전류로부터 양 방향으로 전파하는 평면파로 가정하고, 경계조건을 이용하여 진폭의 크기를 구한다.

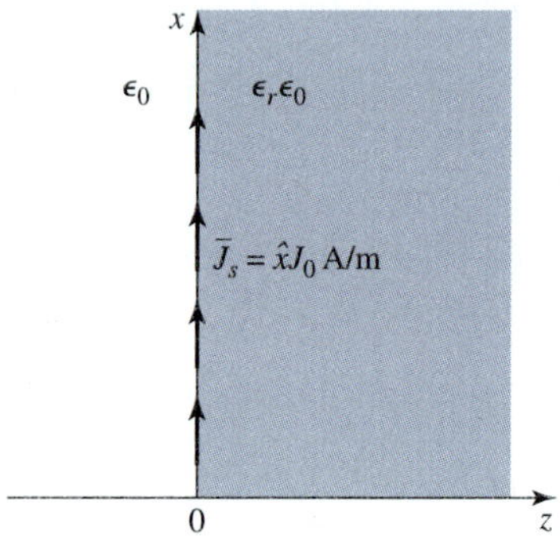

1.11 문제 1.10에서, 표면전류 밀도가 $\bar{J}_s = J_o\hat{x}e^{-j\beta x}$ A/m이고 $\beta < k_0$인 경우에 대해서 전계 $\bar{E}$와 자계 $\bar{H}$를 계산하라.

1.12 자유공간으로부터 유전율 ϵ_0, 투자율 $\mu_0\mu_r$을 갖는 자성체 매질에 수평편파의 평면파가 비스듬히 입사하고 있다. 반사계수와 투과계수를 구하라. 반사계수가 0이 되는 특정 입사각인 Brewster 각이 존재하는가?

1.13 위 문제 1.12에 대하여 수직편파인 경우에 대하여 계산하라.

1.14 아래와 같이 텐서 유전율 $[\epsilon]$을 갖고 있는 가상적인 비등방성 매질이 있다. 이 매질 내의 어느 점에서의 전계가 $\bar{E} = 3\hat{x} - 2\hat{y} + 5\hat{z}$라고 할 때, 이 점에서의 $\bar{D}$를 구하라.

$$[\epsilon] = \epsilon_0 \begin{bmatrix} 1 & 3j & 0 \\ -3j & 2 & 0 \\ 0 & 0 & 4 \end{bmatrix}$$

1.15 다음과 같은 gyrotropic 유전체 텐서를 생각하자.

$$[\epsilon] = \epsilon_0 \begin{bmatrix} \epsilon_r & j\kappa & 0 \\ -j\kappa & \epsilon_r & 0 \\ 0 & 0 & 1 \end{bmatrix}.$$

다음의 변환식

$$E_+ = E_x - jE_y, \qquad D_+ = D_x - jD_y$$

$$E_- = E_x + jE_y, \qquad D_- = D_x + jD_y$$

으로부터 $\bar{E}$와 $\bar{D}$의 관계식을 아래와 같이 쓸 수 있음을 보여라.

$$\begin{bmatrix} D_+ \\ D_- \\ D_z \end{bmatrix} = [\epsilon'] \begin{bmatrix} E_+ \\ E_- \\ E_z \end{bmatrix}$$

여기서, $[\epsilon']$은 대각행렬(diagonal matrix)이다. 또한 행렬식 $[\epsilon']$의 원소들을 구하라. 이 결과를 사용하여 E_+와 E_-에 대한 파동방정식을 유도하고, 전파상수를 구하라.

1.16 식 (1.157)에 나타낸 가역정리에 대한 식을 표면 임피던스(surface impedance) 경계조건이 적용되는 폐곡면 S로 둘러싸인 영역에서도 적용될 수 있음을 보여라.

1.17 $z = d$인 평면에 전기적인 표면 전류밀도 $\bar{J}_s = \hat{y}J_o e^{-\beta x}$ A/m가 있다고 가정하자. $z = 0$인 평면에 완전도체 접지면이 놓여 있다면 영상이론을 이용하여 $z > 0$인 영역에서의 전체 계를 구하라.

1.18 원통 좌표계에서의 전계벡터가 $\bar{E} = E_\rho\hat{\rho} + E_\phi\hat{\phi} + E_z\hat{z}$일때, 벡터 항등식 $\nabla \times \nabla \times \bar{E} = \nabla(\nabla \cdot \bar{E}) - \nabla^2\bar{E}$를 이용해 주어진 전계에 대한 $\nabla^2\bar{E}$표현이 $\hat{\rho}\nabla^2 E_\rho + \hat{\phi}\nabla^2 E_\phi + \hat{z}\nabla^2 E_z$가 될 수 없음을 증명하라.

제 2 장

전송선로 이론

전송선로 이론은 많은 방면에서 계에 대한 해석과 기본적인 회로이론 사이의 틈(gap)을 연결하여 주는 역할을 하므로 마이크로파 회로 및 소자 해석에 있어서 매우 중요하다. 전송선로에서 전파의 전달현상은, 회로이론의 확장 또는 Maxwell 방정식의 특성화로부터 다룰 수 있다. 여기서는 그 두 가지 방법을 알아보고, 이와 같은 전파의 전달이 1장에서 평면파 전파 기술에 사용한 것과 유사한 방정식으로 어떻게 표현되는가에 대해서 알아보기로 한다.

2.1 전송선로에 대한 집중 정수소자(Lumped-Element) 회로모델

회로이론과 전송선로 이론의 주된 차이점은 전기적인 크기이다. 회로해석에서의 회로망의 물리적인 크기는 파장에 비하여 훨씬 작지만, 전송선로는 그 크기가 한 파장보다 작거나 수 파장에 해당된다. 따라서 전송선로는 **분산정수** 회로망이며, 이 회로망에서 전압과 전류는 전송선로의 길이에 따라 진폭과 위상이 변한다. 그에 반하여 일반 전기회로에서는 **집중정수 소자**를 다루며 회로에서의 전압과 전류는 소자의 물리적인 크기에 따라 달라지지 않는다.

그림 2.1a에 나타낸 바와 같이, 전송선로는 흔히 2선식 선로로서 도시되는데, 그 이유는 TEM파가 전파되는 전송선로들은 항상 최소 2개의 도체를 포함하고 있어야 하기 때문이다. 그림 2.1a 선로의 한 짧은 구간인 길이 Δz는 그림 2.1b에 나타낸 바와 같이 집중 정수회로로 모델링할 수 있으며, 여기서 R, L, G, C는 선로의 단위길이당 크기로서 아래와 같다.

R = 양쪽 도체의 단위길이당 직렬저항 [Ω/m]

L = 양쪽 도체의 단위길이당 직렬 인덕턴스 [H/m]

G = 단위길이당 병렬 콘덕턴스 [S/m]

C = 단위길이당 병렬 커패시턴스 [F/m]

직렬 인덕턴스 L은 두 도체의 전체 자기 인덕턴스(self-inductance)를 나타내며, 반면에 병렬 커패시턴스 C는 두 도체 사이가 근접한 것에 기인한다. 직렬저항 R은 도체의 유한한

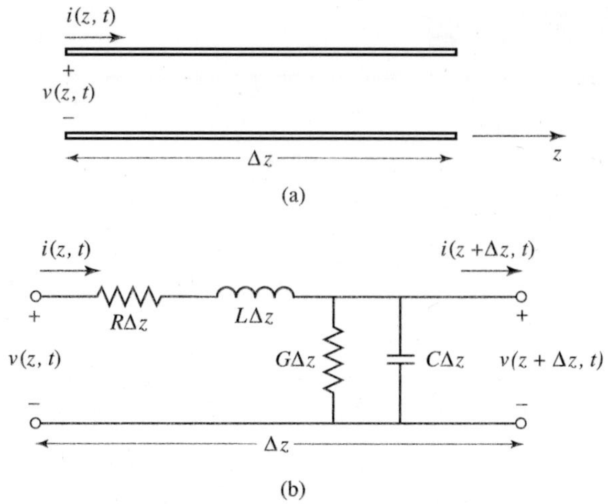

그림 2.1 미소길이의 전송선로의 등가회로와 전압 및 전류에 대한 정의. (a) 전압 및 전류 정의, (b) 정수소자 등가 회로

도전율에 의한 저항을 나타내며, 병렬 콘덕턴스 G는 두 도체 사이의 매질의 유전손실에 기인한다. 그러므로 R과 G는 손실을 나타낸다. 유한한 길이의 전송선로는 그림 2.1b와 같은 형태의 연속으로 생각할 수 있다.

그림 2.1b의 회로에 Kirchhoff의 전압법칙을 적용하면

$$v(z,t) - R\Delta z i(z,t) - L\Delta z \frac{\partial i(z,t)}{\partial t} - v(z+\Delta z, t) = 0 \tag{2.1a}$$

을 얻을 수 있고, 반면에 Kirchhoff의 전류법칙을 적용하면 다음의 식을 얻을 수 있다.

$$i(z,t) - G\Delta z v(z+\Delta z, t) - C\Delta z \frac{\partial v(z+\Delta z, t)}{\partial t} - i(z+\Delta z, t) = 0. \tag{2.1b}$$

식 (2.1a)와 식 (2.1b)를 Δz로 나누고, $\Delta z \to 0$과 같이 극한을 취하면 다음의 미분방정식을 얻는다.

$$\frac{\partial v(z,t)}{\partial z} = -Ri(z,t) - L\frac{\partial i(z,t)}{\partial t} \tag{2.2a}$$

$$\frac{\partial i(z,t)}{\partial z} = -Gv(z,t) - C\frac{\partial v(z,t)}{\partial t}. \tag{2.2b}$$

이 두 방정식은 전송선로방정식의 시간영역 형태이며 또한 전신기사방정식이라고도 한다.

코사인기준 위상(cosine-based phasors)을 갖는 정현적 정상상태(sinusoidal steady-state equation)의 경우, 식 (2.2a)와 (2.2b)를 간단히 하면 다음과 같다.

$$\frac{dV(z)}{dz} = -(R + j\omega L)I(z) \tag{2.3a}$$

$$\frac{dI(z)}{dz} = -(G + j\omega C)V(z). \tag{2.3b}$$

식 (2.3a)과 (2.3b)의 형태와 식 (1.41a) 및 식 (1.41b)의 Maxwell의 회전방정식(curl equation)이 유사하다는 것을 알 수 있다.

전송 선로상의 파동 전파

식 (2.3a)과 (2.3b)의 두 방정식을 연립하여 풀면 $V(z)$와 $I(z)$에 대한 파동방정식을 얻는다.

$$\frac{d^2V(z)}{dz^2} - \gamma^2 V(z) = 0 \tag{2.4a}$$

$$\frac{d^2I(z)}{dz^2} - \gamma^2 I(z) = 0. \tag{2.4b}$$

여기서,

$$\gamma = \alpha + j\beta = \sqrt{(R + j\omega L)(G + j\omega C)} \tag{2.5}$$

는 복소 전파상수이며, 이는 주파수의 함수이다. 식 (2.4)에서 진행파에 대한 해는 다음과 같다.

$$V(z) = V_o^+ e^{-\gamma z} + V_o^- e^{\gamma z} \tag{2.6a}$$

$$I(z) = I_o^+ e^{-\gamma z} + I_o^- e^{\gamma z}. \tag{2.6b}$$

여기서, $e^{-\gamma z}$항은 $+z$방향으로 진행하는 파를 나타내며, $e^{+\gamma z}$는 $-z$ 방향으로 전파하는 파를 나타낸다. 식 (2.6a)의 전압을 식 (2.3a)에 대입하면 선로상의 전류를 얻는다.

$$I(z) = \frac{\gamma}{R + j\omega L}\left[V_o^+ e^{-\gamma z} - V_o^- e^{\gamma z}\right].$$

식 (2.6b)와 비교하면 특성 임피던스(characteristic impedance) Z_0를 다음과 같이 정의할 수 있다.

$$Z_0 = \frac{R + j\omega L}{\gamma} = \sqrt{\frac{R + j\omega L}{G + j\omega C}}. \tag{2.7}$$

또한, 선로상의 전압과 전류의 관계는 다음과 같다.

$$\frac{V_o^+}{I_o^+} = Z_0 = \frac{-V_o^-}{I_o^-}.$$

따라서, 식 (2.6b)는 다음의 형태로 다시 쓸 수 있다.

$$I(z) = \frac{V_o^+}{Z_0} e^{-\gamma z} - \frac{V_o^-}{Z_0} e^{\gamma z}. \tag{2.8}$$

시간 영역에서 전압파형은 다음과 같이 표현된다.

$$v(z,t) = |V_o^+| \cos(\omega t - \beta z + \phi^+)e^{-\alpha z} + |V_o^-| \cos(\omega t + \beta z + \phi^-)e^{\alpha z}. \tag{2.9}$$

여기서, $\phi^{\pm}$는 복소전압 $V_0^{\pm}$의 위상각(phase angle)이다. 1.4절에서와 같은 유사한 방법을 사용하면, 선로상의 파장은

$$\lambda = \frac{2\pi}{\beta} \tag{2.10}$$

이며, 위상속도는

$$v_p = \frac{\omega}{\beta} = \lambda f \tag{2.11}$$

이다.

무손실 선로

위의 해는 손실효과(loss effect)를 포함하고 있는 일반적인 전송선로에 대한 것이며, 전파상수와 특성 임피던스가 복소수로 되어 있음을 알 수 있다. 그러나 대부분 실제 경우에 있어서, 전송로상의 손실은 매우 작아 무시할 수 있으므로 위의 결과식을 간략화할 수 있다. 식 (2.5)에서 $R = G = 0$으로 놓으면 전파상수는

$$\gamma = \alpha + j\beta = j\omega\sqrt{LC}$$

또는

$$\beta = \omega\sqrt{LC} \tag{2.12a}$$

$$\alpha = 0 \tag{2.12b}$$

이다. 무손실의 경우 예상했던 바와 같이, 감쇠상수 α는 0이 된다. 식 (2.7)의 특성 임피던스는

$$Z_0 = \sqrt{\frac{L}{C}} \tag{2.13}$$

로 되어 실수값이 된다. 무손실 전송선로의 전압과 전류에 대한 일반해는 다음과 같다.

$$V(z) = V_o^+ e^{-j\beta z} + V_o^- e^{j\beta z} \tag{2.14a}$$

$$I(z) = \frac{V_o^+}{Z_0} e^{-j\beta z} - \frac{V_o^-}{Z_0} e^{j\beta z}. \tag{2.14b}$$

파장은

$$\lambda = \frac{2\pi}{\beta} = \frac{2\pi}{\omega\sqrt{LC}} \tag{2.15}$$

이고, 위상속도는

$$v_p = \frac{\omega}{\beta} = \frac{1}{\sqrt{LC}} \tag{2.16}$$

이 된다.

2.2 전송선로에 대한 계 해석

이 절에서는 Maxwell 방정식으로부터 전송선로 방정식의 시고조파 형태(time-harmonic form)를 유도할 것이다. 우선 전송선로의 전계 및 자계의 항으로 전송선로 파라미터(R, L, G, C)를 유도한 후에, 이들 파라미터를 사용하여 특별한 경우인 동축선로에 대한 전송선로 방정식을 유도하기로 한다.

전송선로 파라미터

그림 2.2에 나타낸 것과 같이, 전계 $\bar{E}$ 및 자계 $\bar{H}$가 존재하는 길이 1m의 균일 전송선로(uniform transmission line)를 고려하여 보자. 여기서 S는 선로의 단면적이다. 도체 사이의 전압을 $V_0e^{\pm j\beta z}$, 전류를 $I_0e^{\pm j\beta z}$라고 하자. 이 1 m 길이의 선로에 저장되는 시간평균 자기에너지는 식 (1.86)으로부터 다음과 같이 얻을 수 있다.

$$W_m = \frac{\mu}{4}\int_S \bar{H}\cdot\bar{H}^*\,ds.$$

회로이론에서는 전류의 항으로 $W_m = L|I_0|^2/4$와 같이 주어진다. 그러므로 단위길이당 자기 인덕턴스(self-inductance)는 다음과 같이 주어진다.

$$L = \frac{\mu}{|I_o|^2}\int_S \bar{H}\cdot\bar{H}^*\,ds\ \text{H/m}. \tag{2.17}$$

같은 방법으로, 단위길이당 저장된 시간평균 전기에너지는 식 (1.84)으로부터 다음과 같이 구할 수 있다.

$$W_e = \frac{\epsilon}{4}\int_S \bar{E}\cdot\bar{E}^*\,ds.$$

회로이론에서는 $W_e = C|V_0|^2/4$이므로, 결과적으로 단위길이당 커패시턴스는 다음 식으로 주어진다.

$$C = \frac{\epsilon}{|V_o|^2}\int_S \bar{E}\cdot\bar{E}^*\,ds\ \text{F/m}. \tag{2.18}$$

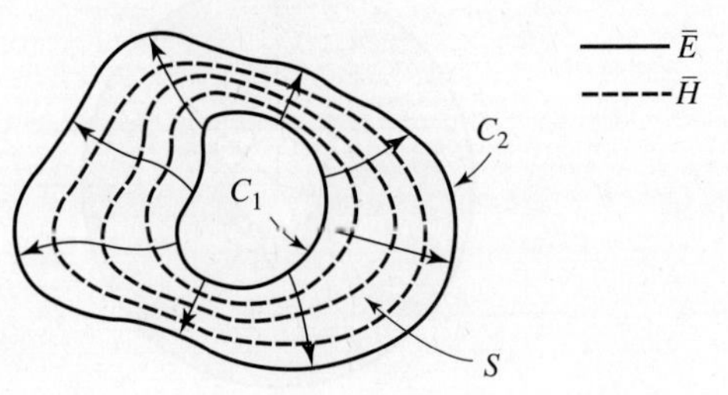

그림 2.2 임의의 TEM 전송선로의 계의 선(field line)

식 (1.131)으로부터, 도체의 유한한 도전율에 기인한 단위길이당 전력손실($\bar{H}$는 S에 대한 접선성분이라고 가정한다)은 다음과 같이 주어진다.

$$P_c = \frac{R_s}{2} \int_{C_1+C_2} \bar{H} \cdot \bar{H}^* \, d\ell.$$

회로이론에서는 $P_c = R|I_0|^2/2$로 주어지므로, 선로의 단위길이당 직렬저항 R은 다음과 같이 얻을 수 있다.

$$R = \frac{R_s}{|I_o|^2} \int_{C_1+C_2} \bar{H} \cdot \bar{H}^* \, dl \ \Omega/\text{m}. \tag{2.19}$$

식 (2.19)에서, $R_s = 1/\sigma\delta_s$는 도체의 표면저항(surface resistance)이며, $C_1 + C_2$는 도체경계에서의 적분경로를 나타낸다. 식 (1.92)로부터, 손실이 있는 유전체에서 단위길이당 시간평균 소모전력은

$$P_d = \frac{\omega\epsilon''}{2} \int_S \bar{E} \cdot \bar{E}^* \, ds$$

이며, 여기서 ϵ''는 복소유전율 $\epsilon = \epsilon' - j\epsilon'' = \epsilon'(1 - j \tan \delta)$의 허수부이다. 회로이론에서 $P_d = G|V_0|^2/2$으로 주어지므로, 단위길이당 병렬 콘덕턴스는 다음과 같이 쓸 수 있다.

$$G = \frac{\omega\epsilon''}{|V_o|^2} \int_S \bar{E} \cdot \bar{E}^* \, ds \ \text{S/m}. \tag{2.20}$$

예제 2.1 동축 선로의 전송선로 파라미터

그림 2.3과 같은 동축선로 내부를 진행하고 있는 TEM파의 계는 다음과 같이 주어진다.

$$\bar{E} = \frac{V_o \hat{\rho}}{\rho \ln b/a} e^{-\gamma z},$$

$$\bar{H} = \frac{I_o \hat{\phi}}{2\pi\rho} e^{-\gamma z}.$$

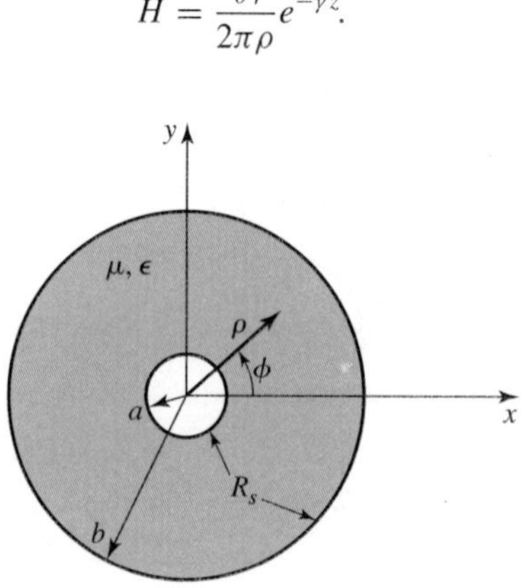

그림 2.3 내부 및 외부 도체의 표면저항률이 R_s인 동축선로

여기서, γ는 선로의 전파상수이다. 도체는 표면저항률(surface resistivity)이 R_s이며, 도체 사이의 공간에 존재하는 물질의 복소 유전율은 $\epsilon = \epsilon' - j\epsilon''$이고 투자율을 $\mu = \mu_0\mu_r$이라고 가정한다. 전송전로의 파라미터 값을 구하여라.

☞ 풀이

식 (2.17)-(2.20)과 위에서 주어진 계로부터, 동축선로의 선로정수는 다음과 같이 계산된다.

$$L = \frac{\mu}{(2\pi)^2}\int_{\phi=\phi}^{2\pi}\int_{\rho=a}^{b}\frac{1}{\rho^2}\rho\, d\rho\, d\phi = \frac{\mu}{2\pi}\ln b/a \text{ H/m}$$

$$C = \frac{\epsilon'}{(\ln b/a)^2}\int_{\phi=0}^{2\pi}\int_{\rho=a}^{b}\frac{1}{\rho^2}\rho\, d\rho\, d\phi = \frac{2\pi\epsilon'}{\ln b/a}\text{ F/m}$$

$$R = \frac{R_s}{(2\pi)^2}\left\{\int_{\phi=0}^{2\pi}\frac{1}{a^2}a\, d\phi + \int_{\phi=0}^{2\pi}\frac{1}{b^2}b\, d\phi\right\} = \frac{R_s}{2\pi}\left(\frac{1}{a}+\frac{1}{b}\right)\ \Omega\text{/m}$$

$$G = \frac{\omega\epsilon''}{(\ln b/a)^2}\int_{\phi=0}^{2\pi}\int_{\rho=a}^{b}\frac{1}{\rho^2}\rho\, d\rho\, d\phi = \frac{2\pi\omega\epsilon''}{\ln b/a}\text{ S/m.} \quad ◀$$

표 2.1에 동축선로, 2선식 선로 및 평행판 선로의 파라미터 값을 요약하였다. 다음 장에서는 대부분의 전송선로에서 전파상수, 특성 임피던스 및 감쇠상수를 계 이론에 의한 해(field theory solution)로부터 직접 유도할 것이다. 등가선로 파라미터(L, C, R, G)를 찾아내는 접근방식은 상대적으로 간단한 선로의 경우에만 유용하다. 그러나, 이러한 방법은 직관적인 개념파악에 도움을 주며, 선로에 대한 등가회로 모델과 연관을 지어준다.

표 2.1 일반 선로의 전송선로 파라미터

	동축선로	2선식 선로	평행판 선로
	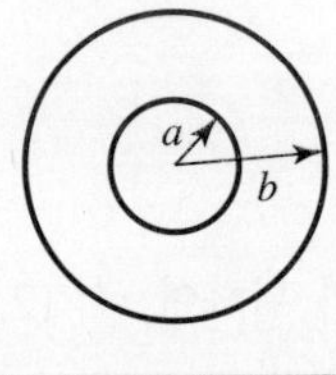	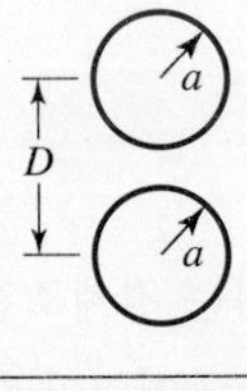	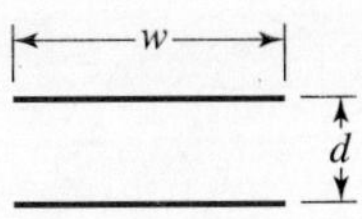
L	$\frac{\mu}{2\pi}\ln\frac{b}{a}$	$\frac{\mu}{\pi}\cosh^{-1}\left(\frac{D}{2a}\right)$	$\frac{\mu d}{w}$
C	$\frac{2\pi\epsilon'}{\ln b/a}$	$\frac{\pi\epsilon'}{\cosh^{-1}(D/2a)}$	$\frac{\epsilon' w}{d}$
R	$\frac{R_s}{2\pi}\left(\frac{1}{a}+\frac{1}{b}\right)$	$\frac{R_s}{\pi a}$	$\frac{2R_s}{w}$
G	$\frac{2\pi\omega\epsilon''}{\ln b/a}$	$\frac{\pi\omega\epsilon''}{\cosh^{-1}(D/2a)}$	$\frac{\omega\epsilon'' w}{d}$

동축선로의 계에 대한 분석으로부터 유도된 전송선로 방정식

회로이론을 사용하여 유도한 식 (2.3)의 전송선로 방정식이 Maxwell 방정식으로부터도 유도될 수 있음을 제시하고자 한다. 그림 2.3과 같은 특정한 구조의 동축선로를 고려하여 보자. 다음 장에서 좀더 일반적인 TEM파의 전달을 취급할 것이지만, 이 장에서는 회로적인 양과 계의 양 사이의 관계를 알아보도록 한다.

그림 2.3과 같은 동축선로상의 TEM파는 $E_z = H_z = 0$인 특성을 갖고 있으며, 방위각 방향의 대칭성 때문에 계는 ϕ방향으로의 변동이 나타나지 않음으로 $\partial/\partial\phi = 0$이 된다. 동축선로 내부에서 계는 다음의 Maxwell의 회전방정식을 만족할 것이다.

$$\nabla \times \bar{E} = -j\omega\mu\bar{H} \tag{2.21a}$$

$$\nabla \times \bar{H} = j\omega\epsilon\bar{E}. \tag{2.21b}$$

여기서, 손실이 있는 유전체로 채워졌다면 유전율은 $\epsilon = \epsilon' - j\epsilon''$로 복소수 값을 갖는다. 도체손실은 무시한다. 도체손실에 대한 정확한 해석을 수행할 수는 있으나, 이 점은 우리의 목적에 부합되지 않으므로 관심이 있는 독자는 참고문헌 [1]과 [2]를 참조하기 바란다.

식 (2.21a)와 식 (2.21b)에서 다음의 벡터방정식을 얻는다.

$$-\hat{\rho}\frac{\partial E_\phi}{\partial z} + \hat{\phi}\frac{\partial E_\rho}{\partial z} + \hat{z}\frac{1}{\rho}\frac{\partial}{\partial\rho}(\rho E_\phi) = -j\omega\mu(\hat{\rho}H_\rho + \hat{\phi}H_\phi) \tag{2.22a}$$

$$-\hat{\rho}\frac{\partial H_\phi}{\partial z} + \hat{\phi}\frac{\partial H_\rho}{\partial z} + \hat{z}\frac{1}{\rho}\frac{\partial}{\partial\rho}(\rho H_\phi) = j\omega\epsilon(\hat{\rho}E_\rho + \hat{\phi}E_\phi). \tag{2.22b}$$

이들 두 방정식의 $\hat{z}$성분은 존재하지 않아야 하므로 E_ϕ와 H_ϕ는 다음의 형태가 되어야 한다.

$$E_\phi = \frac{f(z)}{\rho} \tag{2.23a}$$

$$H_\phi = \frac{g(z)}{\rho}. \tag{2.23b}$$

$\rho = a,\ b$에서 $E_\phi = 0$이 되는 경계조건을 만족시키기 위하여, 식 (2.23a)에서 E_ϕ의 형식으로 보아 모든 곳에서 $E_\phi = 0$이어야 한다. 그러면 식 (2.22a)의 성분으로부터 $\hat{\rho}$임을 알 수 있다. 결국 식 (2.22)는 다음과 같이 간단히 얻을 수 있다.

$$\frac{\partial E_\rho}{\partial z} = -j\omega\mu H_\phi \tag{2.24a}$$

$$\frac{\partial H_\phi}{\partial z} = -j\omega\epsilon E_\rho. \tag{2.24b}$$

식 (2.23b)와 식 (2.24a)에서의 H_ϕ의 형태로부터, E_ρ는 다음의 형태로 되어야 한다.

$$E_\rho = \frac{h(z)}{\rho}. \tag{2.25}$$

식 (2.24)에 식 (2.23b)와 식 (2.25)를 대입하면 다음의 식을 얻을 수 있다.

$$\frac{\partial h(z)}{\partial z} = -j\omega\mu g(z) \tag{2.26a}$$

$$\frac{\partial g(z)}{\partial z} = -j\omega\epsilon h(z). \tag{2.26b}$$

이제 두 도체 사이의 전압은 다음과 같이 구할 수 있다.

$$V(z) = \int_{\rho=a}^{b} E_\rho(\rho, z)\, d\rho = h(z)\int_{\rho=a}^{b} \frac{d\rho}{\rho} = h(z)\ln\frac{b}{a}. \tag{2.27a}$$

또한, $\rho = a$에서 내부 도체상의 총 전류는 식 (2.23b)를 사용하여 다음과 같이 구할 수 있다.

$$I(z) = \int_{\phi=0}^{2\pi} H_\phi(a, z) a\, d\phi = 2\pi g(z). \tag{2.27b}$$

따라서, 식 (2.27)을 사용하여 식 (2.26)에서 $h(z)$, $g(z)$를 제거시키면

$$\frac{\partial V(z)}{\partial z} = -j\frac{\omega\mu \ln b/a}{2\pi} I(z)$$

$$\frac{\partial I(z)}{\partial z} = -j\omega(\epsilon' - j\epsilon'')\frac{2\pi V(z)}{\ln b/a}.$$

앞에서 유도한 바와 같이 동축선로에 대한 L, G및 C의 결과를 사용하면, 다음과 같은 전송선로 방정식을 얻는다.

$$\frac{\partial V(z)}{\partial z} = -j\omega L I(z) \tag{2.28a}$$

$$\frac{\partial I(z)}{\partial z} = -(G + j\omega C)V(z) \tag{2.28b}$$

(이 결과는 완전도체로 가정하였기 때문에 직렬저항 R을 제외한 것이다). 다른 전송선로에 대해서도 이와 유사한 해석을 수행할 수 있다.

무손실 동축선로에 대한 전파상수, 임피던스 및 전력의 흐름

E_ρ와 H_ϕ에 대한 방정식 (2.24a)와 (2.24b)을 연립하여 풀면 E_ρ(또는 H_ϕ)에 대한 파동 방정식을 다음과 같이 얻을 수 있다.

$$\frac{\partial^2 E_\rho}{\partial z^2} + \omega^2\mu\epsilon E_\rho = 0. \tag{2.29}$$

여기서, 전파상수는 $\gamma^2 = -\omega^2\mu\epsilon$이며, 무손실 매질에서 이 값은

$$\beta = \omega\sqrt{\mu\epsilon} = \omega\sqrt{LC} \tag{2.30}$$

가 되며, 마지막 식은 식 (2.12)를 이용하였다. 이 전파상수는 무손실 유전체 매질에서의 평면파의 전파상수 값과 동일하다. 이는 TEM 전송선로에 있어서 일반적인 결과이다.

파동 임피던스(wave impedance)는 $Z_w = E_\rho / H_\phi$로 정의되며, 식 (2.24a)에서 $e^{-j\beta z}$항을 고려하면 다음과 같이 계산할 수 있다.

$$Z_w = \frac{E_\rho}{H_\phi} = \frac{\omega\mu}{\beta} = \sqrt{\mu/\epsilon} = \eta. \tag{2.31}$$

이 파동 임피던스는 매질의 고유 임피던스 η와 동일하게 됨을 알 수 있으며, TEM 전송선로에 대한 일반적인 결과이다.

동축선로의 특성 임피던스는 다음과 같이 정의된다.

$$Z_0 = \frac{V_o}{I_o} = \frac{E_\rho \ln b/a}{2\pi H_\phi} = \frac{\eta \ln b/a}{2\pi} = \sqrt{\frac{\mu}{\epsilon}}\frac{\ln b/a}{2\pi}. \tag{2.32}$$

여기서, E_ρ와 H_ϕ는 예제 2.1에서의 형태를 사용하였다. 특성 임피던스는 선로의 구조에 관계되며, 다른 구조를 갖는 전송선로에서는 그 값이 달라지게 된다.

동축선로상에서 z방향으로의 전력흐름은 포인팅 벡터로부터 다음과 같이 계산할 수 있다.

$$P = \frac{1}{2}\int_s \bar{E} \times \bar{H}^* \cdot d\bar{s} = \frac{1}{2}\int_{\phi=0}^{2\pi}\int_{\rho=a}^{b} \frac{V_o I_o^*}{2\pi\rho^2 \ln b/a}\rho\, d\rho d\phi = \frac{1}{2}V_o I_o^*. \tag{2.33}$$

이 결과는 회로이론에서 얻은 결과와 정확히 일치한다. 이는 전송선로 내에서 전력의 흐름은 두 도체 사이의 전계와 자계를 통하여 발생한다는 것을 나타내 주며, 전력은 도체 자체를 통하여 전송되지 않음을 의미한다. 유한한 도전율을 갖는 도체에 있어서는, 전력이 도체로 침투하게 되지만, 이 전력은 열로서 소모되며 부하로 전달되지 않는다는 것을 다음 절에서 알아보기로 한다.

2.3 종단된 무손실 전송선로

그림 2.4는 임의의 부하 임피던스 Z_L로 종단된 무손실 전송선로를 나타낸 것이다. 여기서 분산 시스템의 기본적 특성인, 전송선로상에서의 파의 반사를 설명하기로 한다.

$V_0^+ e^{-j\beta z}$형태의 입사파가 $z < 0$인 영역에 있는 전자계원에 의해 존재한다고 가정하자. 이와 같은 진행파의 전압 대 전류의 비는 특성 임피던스 Z_0가 된다는 것을 알아보았다. 그러나 선로가 $Z_L \neq Z_0$인 임의의 부하로 종단되었을 경우, 부하에서의 전압 대 전류의 비는

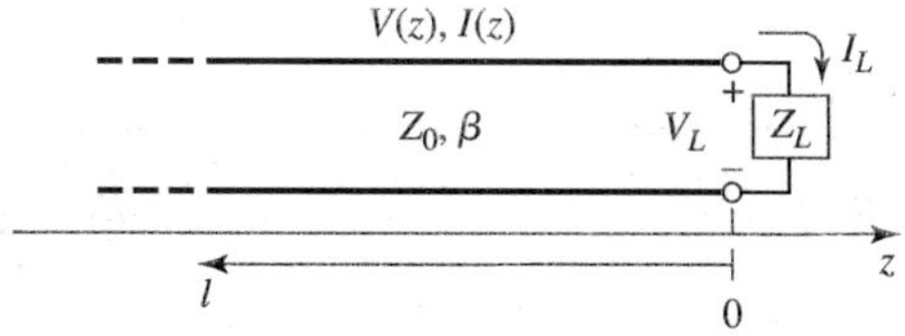

그림 2.4 부하 임피던스 Z_L로 종단된 전송선로

Z_L이 되어야 한다. 따라서, 이와 같은 조건이 만족되기 위해서는 적합한 진폭을 갖는 반사파가 발생되어야 한다. 그러므로 선로상의 전체 전압은 입사파와 반사파의 합으로서, 식 (2.14a)와 같이 쓸 수 있다.

$$V(z) = V_o^+ e^{-j\beta z} + V_o^- e^{j\beta z}. \tag{2.34a}$$

마찬가지로, 선로상의 전체 전류도 식 (2.14b)와 같이 표현된다.

$$I(z) = \frac{V_o^+}{Z_0} e^{-j\beta z} - \frac{V_o^-}{Z_0} e^{j\beta z}. \tag{2.34b}$$

부하에서 전체 전압과 전류는 부하 임피던스와 관계되므로, $z = 0$에서의 부하 임피던스 Z_L은

$$Z_L = \frac{V(0)}{I(0)} = \frac{V_o^+ + V_o^-}{V_o^+ - V_o^-} Z_0$$

이다. V_0^-에 대해서 풀면 다음을 얻을 수 있다.

$$V_o^- = \frac{Z_L - Z_0}{Z_L + Z_0} V_o^+.$$

반사파 전압의 진폭을 입사파 전압의 진폭에 대해서 정규화(normalization)한 값을 **전압 반사계수(voltage reflection coefficient)** Γ라 하고, 다음과 같이 얻을 수 있다.

$$\Gamma = \frac{V_o^-}{V_o^+} = \frac{Z_L - Z_0}{Z_L + Z_0}. \tag{2.35}$$

이제 선로상의 전체 전압파 및 전류파는 다음과 같이 쓸 수 있다.

$$V(z) = V_o^+ \left[e^{-j\beta z} + \Gamma e^{j\beta z}\right] \tag{2.36a}$$

$$I(z) = \frac{V_o^+}{Z_0} \left[e^{-j\beta z} - \Gamma e^{j\beta z}\right]. \tag{2.36b}$$

이들 방정식에서 보면, 선로상의 전압과 전류는 입사파 및 반사파의 중첩(superposition)으로 구성됨을 알 수 있으며, 이러한 파들을 **정재파(standing waves)**라고 부른다. 오직, $\Gamma = 0$일

경우에만 반사파가 존재하지 않으며, $\Gamma = 0$이 되기 위해서는 식 (2.35)에서 보듯이 부하 임피던스 Z_L이 특성 임피던스 Z_0와 같아져야 한다. 이와 같은 값을 부하 임피던스가 갖고 있으면, 입사파의 반사가 발생하지 않으므로 선로에 **정합되었다**(matched)고 한다.

이제 한 점 z에서 선로를 통하여 흐르는 시간평균 전력(time-average power)을 구하면 다음과 같다.

$$P_{avg} = \frac{1}{2}\mathrm{Re}\{V(z)I(z)^*\} = \frac{1}{2}\frac{|V_o^+|^2}{Z_0}\mathrm{Re}\{1 - \Gamma^* e^{-2j\beta z} + \Gamma e^{2j\beta z} - |\Gamma|^2\},$$

위 식에서는 식 (2.36)을 사용하였다. 괄호 안의 중앙에 있는 두 개의 항은 $A - A^* = 2j\mathrm{Im}\{A\}$의 형태이므로, 순수한 허수 항이다. 그러므로, 위 식을 다음과 같이 간단히 나타낼 수 있다.

$$P_{avg} = \frac{1}{2}\frac{|V_o^+|^2}{Z_0}(1 - |\Gamma|^2), \tag{2.37}$$

이는 선로상의 임의의 점에서 전력흐름의 평균값이 일정함을 나타내며, 부하로 전달되는 전체 전력(P_{avg})은 입사전력($|V_0^+|^2/2Z_0$)에서 반사전력($|V_0|^2|\Gamma|/2Z_0$)을 뺀 값이 된다. $\Gamma = 0$이면 최대 전력이 부하측에 전달되며, 반면에 $|\Gamma| = 1$이면 부하측에 전력이 전달되지 않는다. 위의 설명에서 전원은 정합되어 있으므로 $z < 0$인 영역으로부터 반사파의 재반사는 없다고 가정하였다.

부하가 정합되어 있지 않은 경우 전원으로부터 전체 유효전력이 모두 부하로 전달되지 않는다. 이러한 "손실"을 **return loss**(RL)라고 부르며, dB 단위로 다음 같이 정의된다.

$$\mathrm{RL} = -20\log|\Gamma|\ \mathrm{dB}. \tag{2.38}$$

따라서, 정합된 부하($\Gamma = 0$)는 ∞ dB(무반사전력)의 return loss 값을 나타내며, 반면에 전반사($|\Gamma| = 1$)의 경우는 0 dB(모든 입사전력이 반사됨)의 return loss를 나타낸다. 수동회로망에 대한 return loss는 반사 특성이므로 비음수(nonnegative)의 값을 갖는다.

만일 선로에 부하가 정합되었다면, $\Gamma = 0$이고 선로상의 전압의 진폭은 $|V(z)| = |V_0^+|$가 되어, 일정한 값을 갖는다. 이와 같은 선로를 **평탄(flat)선로**라고 부른다. 부하가 정합되지 않았을 경우, 반사파가 존재함으로 인해서 정재파가 나타나며 선로상 전압의 크기는 일정하지 않게 된다. 따라서 식 (2.36a)로부터

$$\begin{aligned}|V(z)| &= |V_o^+||1 + \Gamma e^{2j\beta z}| = |V_o^+||1 + \Gamma e^{-2j\beta \ell}| \\ &= |V_o^+||1 + |\Gamma|e^{j(\theta - 2\beta\ell)}|\end{aligned} \tag{2.39}$$

이 된다. 여기서 $\ell = -z$는 $z = 0$에 위치한 부하로부터의 양수값을 갖는 거리이며, θ는 반

사계수의 위상각이다($\Gamma = |\Gamma|e^{j\theta}$). 이는 선로를 따라서 $+z$방향으로 전압의 크기가 진동하고 있음을 나타낸다. 위상항 $e^{j(\theta - 2\beta\ell)} = 1$일 때 최대값이 나타나며 다음과 같이 주어진다.

$$V_{\max} = |V_o^+|(1 + |\Gamma|). \tag{2.40a}$$

위상항 $e^{j(\theta - 2\beta\ell)} = -1$일 때 최소값이 나타나며 다음과 같이 주어진다.

$$V_{\min} = |V_o^+|(1 - |\Gamma|). \tag{2.40b}$$

$|\Gamma|$가 증가하면, $V_{\max}$ 대 $V_{\min}$의 비가 증가하므로 **정재파비**(standing wave ratio: SWR)라고 불리우는 선로의 부정합 척도는 다음과 같이 정의된다.

$$\text{SWR} = \frac{V_{\max}}{V_{\min}} = \frac{1 + |\Gamma|}{1 - |\Gamma|}. \tag{2.41}$$

이 값은 또한 **전압 정재파비**(voltage standing wave ratio)로도 알려져 있으며, VSWR로 표현된다. 식 (2.41)로부터 SWR은 $-1 \le \text{SWR} \le \infty$ 사이의 값을 갖는 실수이며, SWR = 1은 정합된 부하를 의미한다.

식 (2.39)에서, 전압의 연속하는 최대점(또는 최소점) 사이의 거리는 $\ell = 2\pi/2\beta = \pi\lambda/2\pi = \lambda/2$가 되며, 반면에 최대점과 최소점 사이의 거리는 $\ell = \pi/2\beta = \lambda/4$이다. 이때, λ는 전송선로상의 파장이다.

식 (2.35)의 반사계수는 부하($\ell = 0$)에서 반사파 전압의 진폭 대 입사파 전압의 진폭비이지만, 이 양은 선로상의 임의의 점 ℓ에시의 값으로 일반화할 수 있다. $z = -\ell$을 식 (2.34a)에 대입하여, 입사파 전압성분에 대한 반사파 성분의 크기를 구하면 다음과 같다.

$$\Gamma(\ell) = \frac{V_o^- e^{-j\beta\ell}}{V_o^+ e^{j\beta\ell}} = \Gamma(0)e^{-2j\beta\ell}. \tag{2.42}$$

여기서, $\Gamma(0)$는 식 (2.35)에서와 같이, $z = 0$에서의 반사계수이다. 이 식의 형태는 선로를 따라 가면서 부하의 부정합에 따른 위상을 표현하는 데 유용하다.

선로상에서 실제 전력의 흐름은 일정하지만, 적어도 부정합 선로에 있어서 전압의 진폭은 선로상의 위치에 따라서 진동하고 있음을 알 수 있다. 따라서, 독자들은 선로를 들여다 보는 임피던스가 위치에 따라서 변화한다고 생각할 수 있을 것이고 이것은 사실이다. 부하 측에서 $\ell = -z$인 곳에서, 부하 쪽을 들여다 보는 입력 임피던스는

$$Z_{\text{in}} = \frac{V(-\ell)}{I(-\ell)} = \frac{V_o^+\left[e^{j\beta\ell} + \Gamma e^{-j\beta\ell}\right]}{V_o^+\left[e^{j\beta\ell} - \Gamma e^{-j\beta\ell}\right]} Z_0 = \frac{1 + \Gamma e^{-2j\beta\ell}}{1 - \Gamma e^{-2j\beta\ell}} Z_0. \tag{2.43}$$

여기서, $V(z)$와 $I(z)$는 식 (2.36a,b)를 사용하였다. 식 (2.43)의 Γ를 식 (2.35)를 사용하여 나타내면 좀더 유용한 형태의 다음 식을 얻을 수 있다.

$$Z_{\text{in}} = Z_0 \frac{(Z_L + Z_0)e^{j\beta\ell} + (Z_L - Z_0)e^{-j\beta\ell}}{(Z_L + Z_0)e^{j\beta\ell} - (Z_L - Z_0)e^{-j\beta\ell}}$$
$$= Z_0 \frac{Z_L \cos \beta\ell + jZ_0 \sin \beta\ell}{Z_0 \cos \beta\ell + jZ_L \sin \beta\ell}$$
$$= Z_0 \frac{Z_L + jZ_0 \tan \beta\ell}{Z_0 + jZ_L \tan \beta\ell}. \tag{2.44}$$

이는 임의의 부하 임피던스를 갖는 일정 길이의 전송선로의 입력 임피던스를 나타내는 중요한 결과식이다. 이를 **전송선로의 임피던스 방정식**이라 하며, 몇몇 특별한 경우를 다음에서 고려하기로 한다.

종단된 무손실 선로의 특별한 경우

종단된 무손실 전송선로의 많은 경우가 실제의 문제에 있어서 자주 등장하게 되므로, 이와 같은 경우의 특성을 살펴보자.

그림 2.5와 같이 선로가 단락회로($Z_L = 0$)로 종단된 전송선로 회로를 가정하면, 식 (2.35)에서 단락회로 부하에 대한 반사계수는 $\Gamma = -1$임을 알 수 있으므로, 식 (2.41)로부터 정재파비는 무한대가 된다는 것을 알 수 있다. 식 (2.36)으로부터 선로상의 전압과 전류는 다음과 같이 얻을 수 있다.

$$V(z) = V_o^+ \left[e^{-j\beta z} - e^{j\beta z}\right] = -2jV_o^+ \sin \beta z \tag{2.45a}$$
$$I(z) = \frac{V_o^+}{Z_0} \left[e^{-j\beta z} + e^{j\beta z}\right] = \frac{2V_o^+}{Z_0} \cos \beta z. \tag{2.45b}$$

위 식에서 부하가 있는 곳에서 $V = 0$이며(단락회로의 경우 그렇게 되어야 한다), 반면에 전류는 이 곳에서 최대값이 됨을 나타내고 있다. 식 (2.44) 또는 $V(-\ell)/I(-\ell)$로부터, 입력 임피던스는

$$Z_{\text{in}} = jZ_0 \tan \beta\ell \tag{2.45c}$$

로서 나타내어지며, 임의의 길이 ℓ에 대해서 $+j\infty$와 $-j\infty$ 사이의 모든 값을 갖는 순허수 값이 됨을 볼 수 있다. 예를 들면, $\ell = 0$인 경우 $Z_{\text{in}} = 0$이 되지만, $\ell = \lambda/4$인 경우에는 $Z_{\text{in}} = \infty$(개방회로)가 된다. 식 (2.54c)는 또한, 임피던스값이 t에 따라 주기적이며 $\lambda/2$의 정수배마다 반복됨을 나타내고 있다. 그림 2.6에 단락회로를 갖는 선로의 전압, 전류 및 입력 리

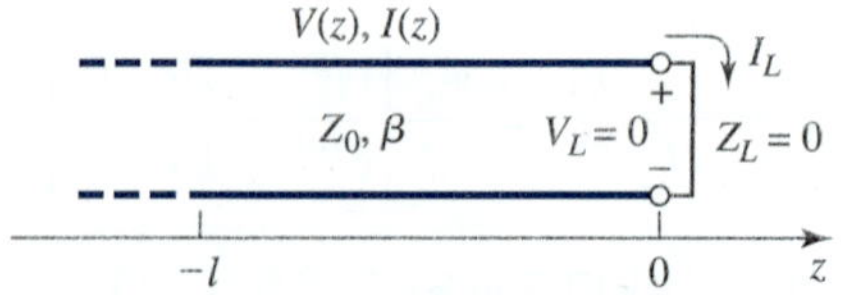

그림 2.5 단락회로로 종단되어진 전송선로

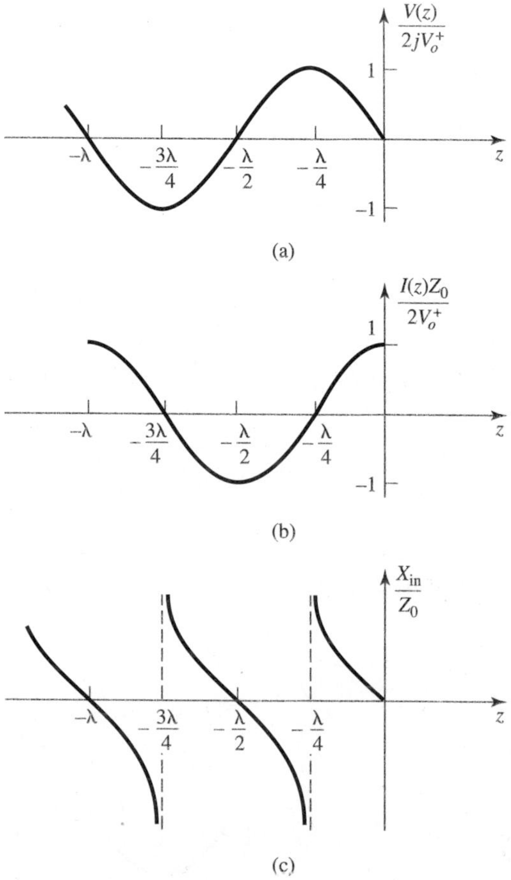

그림 2.6 단락회로를 갖는 전송선로를 따른 (a) 전압, (b) 전류, (c) 임피던스($R_{in} = 0$ 또는 ∞)의 변화

액턴스를 도시하였다.

다음으로 그림 2.7에 나타낸 것과 같이, $Z_L = \infty$인 개방회로를 갖는 선로를 고려하여 보자. 식 (2.35)의 분자와 분모를 Z_L로 나누고 $Z_L \to \infty$로 취하면, 이 경우에 반사계수 $\Gamma = 1$이 되므로, 정재파비는 다시 무한대가 된다. 식 (2.36)으로부터 선로상의 전압과 전류는 다음과 같이 얻을 수 있다.

$$V(z) = V_o^+ \left[e^{-j\beta z} + e^{j\beta z}\right] = 2V_o^+ \cos \beta z \tag{2.46a}$$

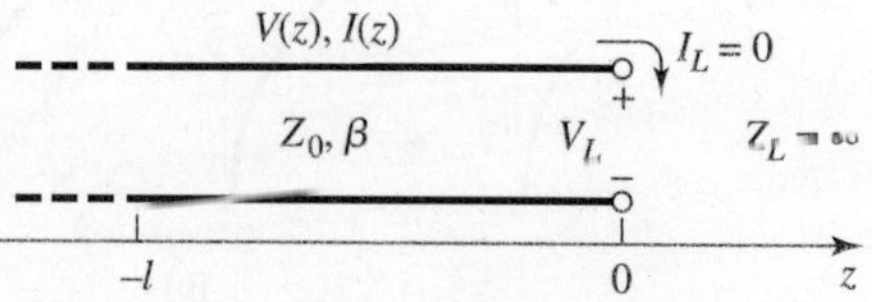

그림 2.7 개방회로로 종단된 전송선로

$$I(z) = \frac{V_o^+}{Z_0}\left[e^{-j\beta z} - e^{j\beta z}\right] = \frac{-2jV_o^+}{Z_0}\sin\beta z. \tag{2.46b}$$

이 식은 개방회로의 경우 예측한 대로 부하에서 $I = 0$이 됨을 나타내고 있으며, 반면에 전압은 최대값을 갖는다. 입력 임피던스는

$$Z_{\text{in}} = -jZ_0 \cot\beta\ell \tag{2.46c}$$

로서 임의의 길이 ℓ에 대하여 또한 순허수 값을 갖게 된다. 개방회로를 갖는 선로의 전압, 전류 및 입력 임피던스를 그림 2.8에 도시하였다.

이제 어느 특정한 길이를 갖는 종단된 전송선로를 생각하여 보자. 만일 $\ell = \lambda/2$이면, 식 (2.44)로부터

$$Z_{\text{in}} = Z_L \tag{2.47}$$

이 된다는 것을 알 수 있으며, $\lambda/2$(또는 $\lambda/2$의 정수배) 길이의 선로는 전송선로의 특성 임피던스값에 관계없이 부하 임피던스값과 입력 임피던스값이 같음을 뜻한다.

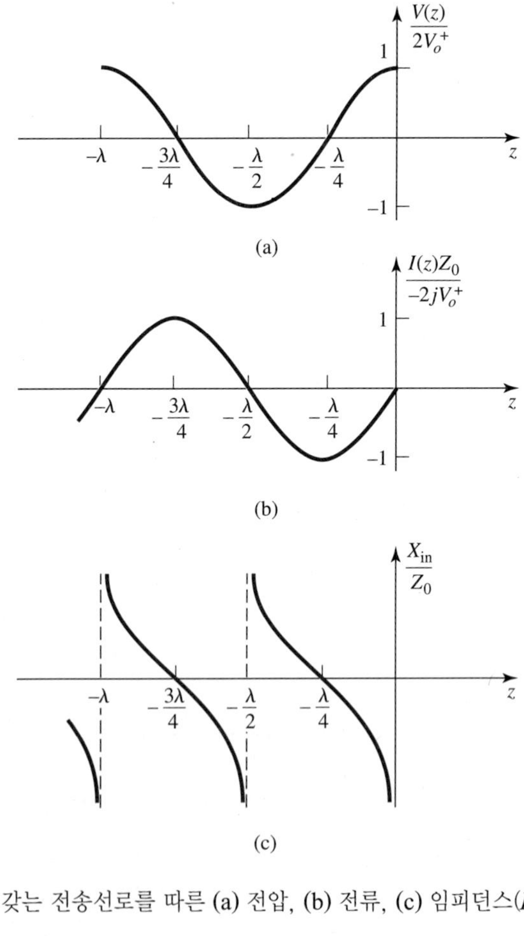

그림 2.8 개방회로를 갖는 전송선로를 따른 (a) 전압, (b) 전류, (c) 임피던스($R_{\text{in}} = 0$ 또는 ∞)의 변화

만일 선로가 λ/4 길이 또는 좀더 일반적으로, $\ell = \lambda/4 + n\lambda/2 (n = 1, 2, 3 \ldots)$인 경우, 식 (2.44)로부터 입력 임피던스는

$$Z_{\text{in}} = \frac{Z_0^2}{Z_L} \tag{2.48}$$

이 된다는 것을 알 수 있다. 이러한 선로는 선로의 특성 임피던스에 따라서 부하 임피던스를 변환시키는 효과를 갖고 있으므로 **λ/4 변환기**(quarter-wave transformer)로 알려져 있다. 2.5절에서 이러한 경우에 대하여 좀더 자세히 알아보기로 한다.

이제 그림 2.9에 나타낸 것과 같이, 특성 임피던스 Z_0의 선로가 특성 임피던스 Z_1의 선로와 결선되어 있는 경우를 살펴보자. 부하 선로(load line)가 무한히 길거나 선로의 특성 임피던스로 종단되어 있으면, 그 끝단으로부터 반사가 발생하지 않으므로, 급전선로를 들여다보는 입력 임피던스는 Z_1이 되므로 반사계수 Γ는

$$\Gamma = \frac{Z_1 - Z_0}{Z_1 + Z_0} \tag{2.49}$$

가 된다. 입사파의 전부가 반사되지 않으므로, 입사파의 일부는 투과계수(transmission coefficient) T에 의해서 나타내어지는 전압진폭을 갖는 두 번째 선로로 투과된다.

식 (2.36a)에서, $z < 0$인 영역에서의 전압은 다음과 같이 얻을 수 있다.

$$V(z) = V_o^+\left(e^{-j\beta z} + \Gamma e^{j\beta z}\right) \qquad (z < 0). \tag{2.50a}$$

여기서, V_0^+는 급전선로의 입사전압의 진폭이다. 반사가 없을 경우에 $z > 0$인 영역에서의 전압파는 $+z$방향으로 향하는 파만 존재하므로 다음과 같이 쓸 수 있다.

$$V(z) = V_o^+ T e^{-j\beta z} \qquad (z > 0). \tag{2.50b}$$

식 (2.50)에 $z = 0$을 대입하면, **투과계수** T는 다음과 같이 얻을 수 있다.

$$T = 1 + \Gamma = 1 + \frac{Z_1 - Z_0}{Z_1 + Z_0} = \frac{2Z_1}{Z_1 + Z_0}. \tag{2.51}$$

회로 내의 두 점 사이의 투과계수는 **삽입손실**(insertion loss: IL)로서 보통 dB 단위로 표

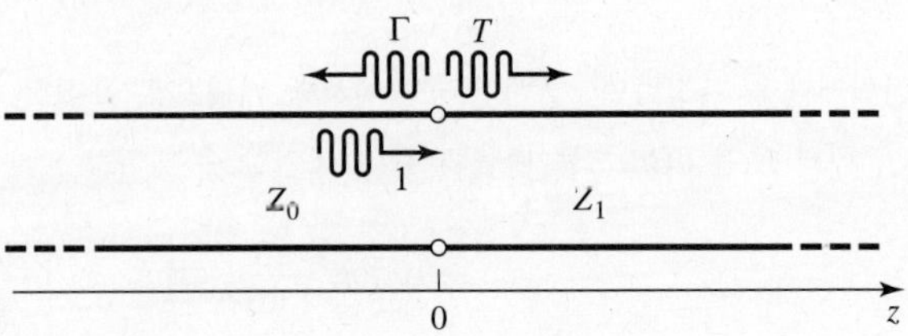

그림 2.9 서로 다른 특성임피던스를 갖는 2개의 전송선로 접합점에서의 반사와 투과

현된다.

$$IL = -20 \log |T| \text{ dB}. \tag{2.52}$$

관심사항: 데시벨(decibels)과 네이퍼(nepers)

마이크로파 시스템에 있어서 두 전력레벨, P_1과 P_2의 비는 데시벨(dB)로 다음과 같이 표현된다.

$$10 \log \frac{P_1}{P_2} \text{ dB}.$$

즉, 전력비가 2이면 3 dB에 해당되고, 전력비가 0.1이면 −10 dB에 해당된다. 전력비로서 dB을 사용하면 직렬구성요소에 대한 전력이득 또는 손실을 계산하기가 쉽다. 왜냐하면, 원래 곱해져야 하는 각 단에서의 손실이나 이득은 각 단에 대한 손실 또는 이득의 dB값으로 더함으로써 계산되어질 수 있기 때문이다. 예를 들면, 6 dB 감쇠기를 거쳐서 23 dB 증폭기로 입력되는 신호는 23 − 6 = 17 dB의 종합이득을 갖게 될 것이다.

데시벨은 오직 전력비를 나타내기 위하여 사용되지만, 만일 $P_1 = V_1^2/R_1$이고 $P_2 = V_2^2/R_2$이면, 다음과 같이 전압비의 항을 얻을 수 있다.

$$10 \log \frac{V_1^2 R_2}{V_2^2 R_1} = 20 \log \frac{V_1}{V_2}\sqrt{\frac{R_2}{R_1}} \text{ dB}.$$

여기서, R_1, R_2는 부하저항이며, V_1, V_2는 이들 부하 양단에 나타나는 전압들이다. 만일 부하저항이 동일하면, 그 결과는 간단하게 다음과 같이 된다.

$$20 \log \frac{V_1}{V_2} \text{ dB}.$$

또한, 동일한 부하저항 양단의 전압비는 네이퍼(Np)로서 다음과 같이 표현할 수 있다.

$$\ln \frac{V_1}{V_2} \text{ Np}.$$

전력의 항으로서 이를 표현하면, 전압은 전력의 제곱근에 비례하므로 다음과 같다.

$$\frac{1}{2} \ln \frac{P_1}{P_2} \text{ Np}.$$

전송선로의 감쇠는 가끔 네이퍼로 표현된다. 1 Np는 전력비로서 e^2에 해당하므로, 네이퍼와 데시벨 사이의 변환은 다음과 같다.

$$1\text{Np} = 10 \log e^2 = 8.686 \text{ dB}.$$

기준전력레벨을 가정하면, 절대전력도 데시벨 개념으로 표현할 수 있다. 만일 $P_2 = 1$ mW라고 가정하면, 전력 P_1은 dBm으로 다음과 같이 표현할 수 있다.

$$10 \log \frac{P_1}{1 \text{ mW}} \text{ dBm}.$$

즉, 1 mW의 전력은 0 dBm이며, 1 W의 전력은 30 dBm에 해당된다.

2.4 Smith 도표

그림 2.10에 나타낸 Smith 도표는 전송선로 문제를 해결함에 있어서 매우 유용한 그래프적인 보조자료가 된다. 이와 같은 문제에 사용할 수 있는 다수의 다른 임피던스 및 반사계수 도표가 있지만[3], 일반적으로 Smith 도표가 가장 잘 알려져 있고 폭 넓게 사용되어지고 있다. 이 도표는 1939년 벨 전화연구소의 P. Smith에 의하여 개발되었다. 독자들은 오늘날과 같은 고도의 컴퓨터 시대에 그래프적인 해결은 현대공학에 있어서 필요가 없다고 느낄지도 모른다. 그렇지만 Smith 도표는 그래프적인 기술 그 이상인 것이다. Smith 도표는 현재 마이크로파 설계를 위한 다수의 컴퓨터를 이용한 설계(CAD) 소프트웨어와 실험 장비들의 필수 요소가 되는 것뿐만 아니라, 전송선로 문제를 가시화하는 매우 유용한 수단이며, 또한 교육적인 이유에 있어서도 중요하다. 마이크로파 공학도는 전송선로와 임피던스 정합에 대한 문제를 Smith 도표를 이용하여 배움으로써 이러한 문제에 대한 직관을 향상시킬 수 있다.

그림 2.10의 Smith 도표는 일견 생소하게 보일지도 모르지만, 이 도표는 근본적으로 전

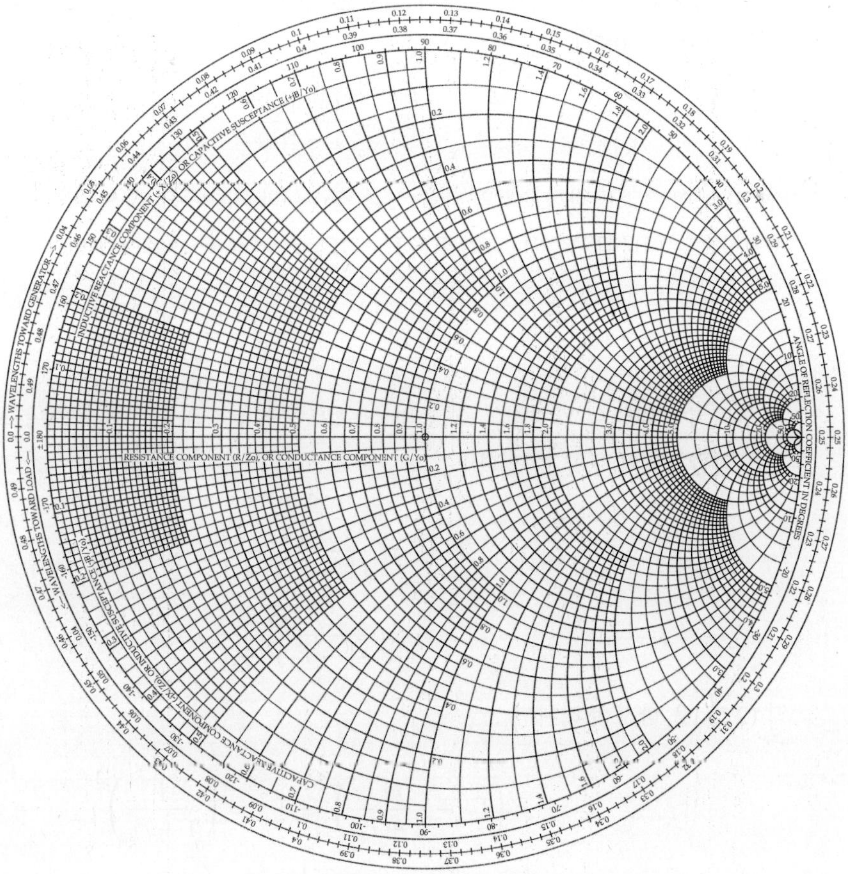

그림 2.10 Smith 도표

압 반사계수 Γ의 극좌표 도시임을 파악하는 것이 이해의 지름길이다. 반사계수는 크기와 위상으로서 $\Gamma = |\Gamma|e^{j\theta}$와 같이 표현된다고 하자. 따라서 크기 $|\Gamma|$는 도표의 중심으로부터 $|\Gamma| \le 1$인 반경을 갖고 그려지며, 위상각 $\theta(-180^\circ \le \theta \le 180^\circ)$는 수평방향 직경의 우측에서 측정되는 각이다.

그러나 Smith 도표의 실제적인 유용성은 도표상에 인쇄된 임피던스(또는 어드미턴스) 원을 사용하여 반사계수를 정규화된 임피던스(또는 어드미턴스)로 변환시키는 데 이용될 수 있다는 점이다. Smith 도표 상에서 임피던스들을 취급할 때, 정규화된 양을 일반적으로 사용하며, 이 값은 소문자로 표기하기로 한다. 정규화 상수값(normalization constant)은 보통 선로의 특성 임피던스이다. 즉, $z = Z/Z_0$는 임피던스 Z의 정규화 값을 나타낸다.

만일 특성 임피던스 Z_0의 무손실 선로가 부하 임피던스 Z_L로 종단되어져 있다면, 부하에서의 반사계수는 식 (2.35)로부터 다음과 같이 표현할 수 있다.

$$\Gamma = \frac{z_L - 1}{z_L + 1} = |\Gamma|e^{j\theta}. \tag{2.53}$$

여기서 $z_L = Z_L/Z_0$는 정규화된 부하 임피던스이다. 이 관계식을 z_L에 대해서 풀면[또는 식 (2.43)에서 $\ell = 0$으로 놓으면]

$$z_L = \frac{1 + |\Gamma|e^{j\theta}}{1 - |\Gamma|e^{j\theta}} \tag{2.54}$$

가 된다. 이 복소방정식은 Γ와 z_L을 각각 실수부와 허수부의 항으로 표시하여, 2개의 실수 방정식으로 나타낼 수 있다. 즉, $\Gamma = \Gamma_r + j\Gamma_i$, $z_L = r_L + jx_L$로 놓으면

$$r_L + jx_L = \frac{(1 + \Gamma_r) + j\Gamma_i}{(1 - \Gamma_r) - j\Gamma_i}$$

를 얻을 수 있다. 이 방정식의 실수 및 허수 부분은 분자와 분모에 각각 분모의 공액복소수 값을 곱함으로써 구할 수 있다.

$$r_L = \frac{1 - \Gamma_r^2 - \Gamma_i^2}{(1 - \Gamma_r)^2 + \Gamma_i^2} \tag{2.55a}$$

$$x_L = \frac{2\Gamma_i}{(1 - \Gamma_r)^2 + \Gamma_i^2}. \tag{2.55b}$$

식 (2.55)을 다시 정리하면

$$\left(\Gamma_r - \frac{r_L}{1 + r_L}\right)^2 + \Gamma_i^2 = \left(\frac{1}{1 + r_L}\right)^2 \tag{2.56a}$$

$$(\Gamma_r - 1)^2 + \left(\Gamma_i - \frac{1}{x_L}\right)^2 = \left(\frac{1}{x_L}\right)^2 \tag{2.56b}$$

이 된다. 위의 두 식은 Γ_r 및 Γ_i 평면에서 두 개의 원의 집합을 나타내고 있다. 저항 원은 식 (2.56a)에 의해서 정의되며, 리액턴스 원은 식 (2.56b)에 의해서 정의된다. 예를 들면, $r_L = 1$인 원은 중심이 $\Gamma_r = 0.5$, $\Gamma_i = 0$에 있고, 반경이 0.5이므로 Smith 도표의 중심을 통과한다. 식 (2.56a)와 모든 저항 원은 $\Gamma_i = 0$인 수평축 상에 중심이 위치하며, 도표의 우측 상에 존재하는 $\Gamma = 1$인 점을 통과한다. 저항 원과 리액턴스 원은 서로 직교한다.

Smith 도표는 식 (2.44)의 전송선로 임피던스 방정식을 그래프적으로 해를 구하는 데 사용할 수 있다. 왜냐하면 이 식은 일반화된 반사계수의 항으로 다음과 같이 쓰여질 수 있기 때문이다.

$$Z_{\text{in}} = Z_0 \frac{1 + \Gamma e^{-2j\beta\ell}}{1 - \Gamma e^{-2j\beta\ell}}. \tag{2.57}$$

여기서 Γ는 부하에서의 반사계수이며, ℓ은 (양의 값을 갖는) 전송선로의 길이이다. 식 (2.57)은 식 (2.54)와 동일한 형태이며, 차이점은 오직 Γ항의 위상각뿐이다. 즉, 만일 부하에서 반사계수 $|\Gamma|e^{j\theta}$를 도시하였다면, z_L로 종단되어진 길이 ℓ의 전송선로를 들여다보는 정규화 입력 임피던스는 이 점을 도표의 중심 주위로 $2\beta\ell$만큼 시계방향으로 회전시킴으로써 구할 수 있다. 이 경우에 선로를 따라서 Γ의 크기는 변화하지 않기 때문에 회전 반경은 동일하게 유지된다.

이와 같은 회전을 편리하게 하기 위해서, Smith 도표에는 그 주위에 발전기로 향하는 방향 또는 발전기로부터 부하측으로 향하는 방향으로 전기적인 파장 단위의 눈금이 표시되어 있다. 이 눈금은 0에서 0.5λ의 값을 갖고 있으며, 이는 Smith 도표가 전송선로가 주기적인 특성을 갖고 있음을 반영한다. 즉, 길이 $\lambda/2$(또는 $\lambda/2$ 정수배)의 선로는 도표의 중심 주위를 $2\beta\ell = 2\pi$의 회전을 요하게 되어 원래의 위치로 되돌아오게 되므로, 선로에서 부하의 입력 임피던스는 변화하지 않음을 나타낸다.

예제를 통하여 다양한 전송선로 문제에 대한 Smith 도표의 사용법을 설명하기로 한다.

예제 2.2 기본적인 Smith 도표 사용법

0.3λ의 길이를 갖는 $100\,\Omega$ 전송선로가 $40 + j70\,\Omega$의 임피던스를 갖는 부하로 종단되어져 있다. 부하에서의 반사계수, 전송선로 입력단에서의 반사계수, 입력 임피던스, 선로상에서의 정재파비(SWR), return loss를 구하라.

☞ 풀이

정규 부하 임피던스는

$$z_L = \frac{Z_L}{Z_0} = 0.4 + j0.7$$

이고, 그림 2.11에서 나타낸 것과 같이, Smith 도표상에 도시할 수 있다. 콤파스와 도표 아래의 전압계수 눈금(voltage coefficient scale)을 이용하면, 부하에서의 반사계수의 크기는 $|\Gamma| = 0.59$

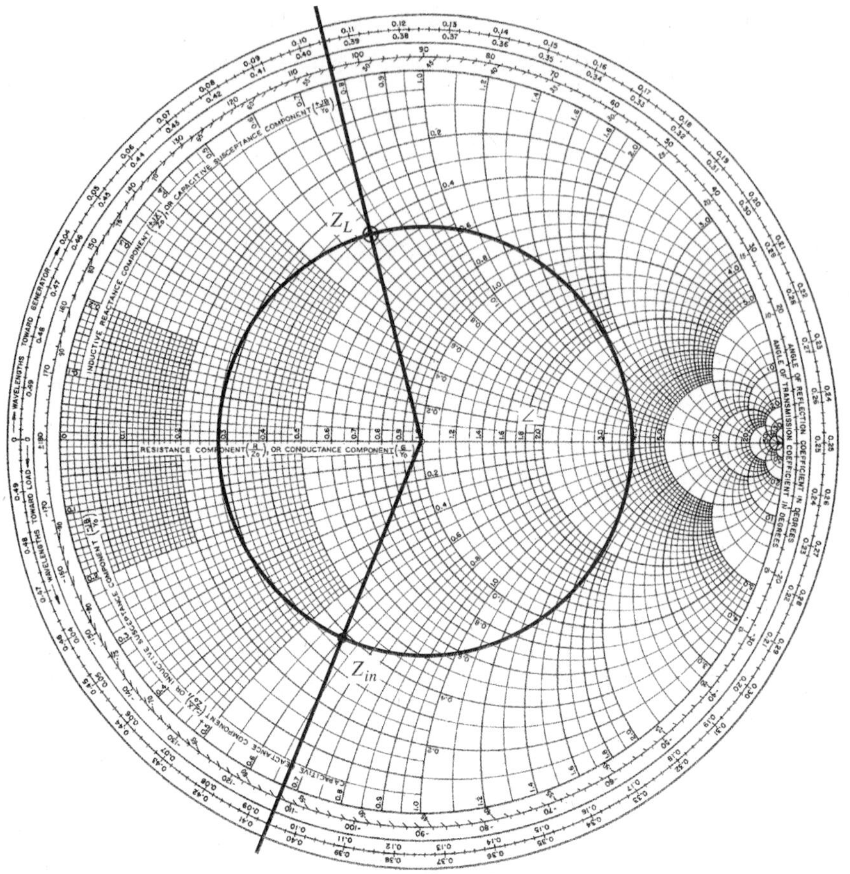

그림 2.11 예제 2.2를 위한 Smith 도표

임을 알 수 있다. 콤파스의 동일 길이를 정재파비 눈금으로부터 읽으면 SWR = 3.87임을 알 수 있고, return loss(dB 단위) 눈금을 이용하면 RL = 4.6 dB임을 알 수 있다. 부하 임피던스 점을 통과하는 반지름 선을 그리고 도표의 바깥쪽 눈금을 이용하면 부하에서의 반사계수의 위상각은 104° 라는 것을 알 수 있다.

이제, 부하 임피던스를 통과하는 정재파비 원을 그린다. Wavelength-toward-generator(WTG) 눈금을 이용하여 부하의 기준점을 읽으면 0.106λ임을 알 수 있다. 입력단이 전원방향으로 0.3λ인 위치에 있으므로 WTG 눈금에서 0.406λ에 해당하고 등가적으로 0.020λ이다. 이 점을 통과하는 반지름 선을 그리고 정재파비 원과 교차하는 점을 읽으면 정규 입력 임피던스가 $z_{\rm in} = 0.365 - j0.611$ 임을 알 수 있다. 그러므로 입력 임피던스는

$$Z_{\rm in} = Z_0 z_{\rm in} = 36.5 - j61.1\ \Omega$$

이다. 입력단에서의 반사계수의 크기는 부하에서와 같이 $|\Gamma| = 0.59$이다. 입력단에서의 반지름 선과 위상각 눈금으로부터 반사계수의 위상각은 248°임을 알 수 있다. ◀

임피던스-어드미턴스 결합 Smith 도표

Smith 도표는 정규화 임피던스에 대하여 사용되어졌던 것과 동일한 방법으로 정규화 어드미턴스에 대해서도 사용할 수 있으며, 임피던스와 어드미턴스 사이의 변환에도 이용할 수 있다. $\lambda/4$ 선로에 접속된 부하 z_L의 입력 임피던스는 식 (2.44)로부터 정규화 형태로

$$z_{\text{in}} = 1/z_L$$

이 되므로, 정규화 임피던스를 정규화 어드미턴스로 변화시키는 효과를 갖고 있다.

Smith 도표 주위를 한 바퀴 돌면 $\lambda/2$의 선로길이에 해당되므로, $\lambda/4$ 변환은 도표를 180° 회전함과 동일하다. 이는 또한 주어진 임피던스(또는 어드미턴스) 점에 대응하는 어드미턴스(또는 임피던스) 점을 얻기 위해서 도표의 중심을 가로지르는 것과 동일하다.

따라서 주어진 문제를 푸는 데 있어서 Smith 도표는 임피던스와 어드미턴스 모두 계산하는 데 사용할 수 있다. 그러므로 문제를 푸는 단계에 따라서, 도표는 **임피던스 Smith 도표**가 될 수도 있고 **어드미턴스 Smith 도표**가 될 수도 있다. 그림 2.12에 나타낸 것처럼 180°

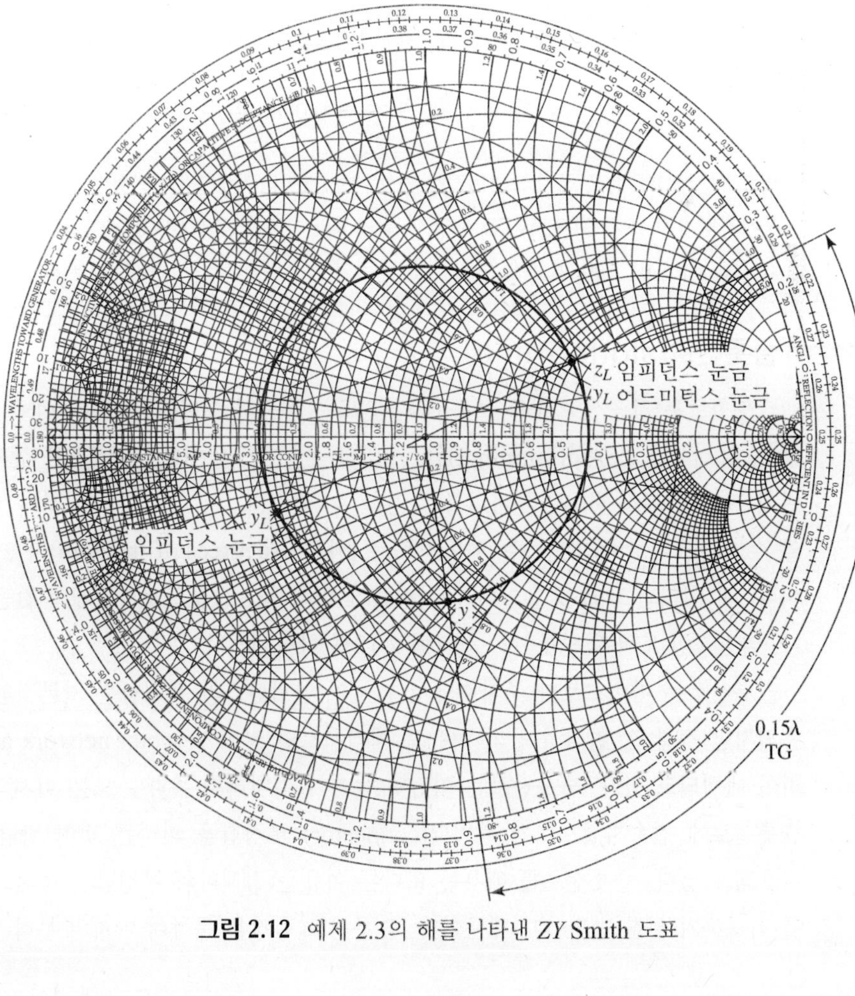

그림 2.12 예제 2.3의 해를 나타낸 *ZY* Smith 도표

회전된 Smith 도표와 일반적인 Smith 도표의 중첩한 눈금을 갖는 Smith 도표를 사용함으로써 혼돈을 줄일 수 있다. 이와 같은 도표를 **임피던스-어드미턴스 Smith 도표**라고 하며, 임피던스와 어드미턴스에 대하여 각기 다른 색상의 눈금을 가지고 있는 것이 일반적이다.

예제 2.3 어드미턴스를 이용한 Smith 도표 이용

$Z_L = 100 + j50\,\Omega$의 부하로 종단된 $50\,\Omega$ 선로가 있다. 만일 선로의 길이가 0.15λ라면 부하 어드미턴스와 입력 어드미턴스는 얼마가 되는가?

☞ 풀이

정규화 부하 임피던스는 $z_L = 2 + j1$이다. 이 문제의 해결을 위하여 표준 Smith 도표를 사용할 수 있다. 처음에 Smith 도표를 임피던스 도표로 생각하여 z_L과 SWR 원을 그린다. z_L을 $\lambda/4$만큼 회전시켜서 어드미턴스 값으로 변환시킬 수 있다(이는 z_L과 도표의 중심을 지나는 직선과 SWR 원의 교점을 구함으로써 쉽게 얻을 수 있다). 이제 도표는 어드미턴스 도표로 간주하며, 입력 임피던스는 y_L로부터 0.15λ만큼 회전시킴으로써 구할 수 있다.

다른 방법으로서 그림 2.12의 zy 결합도표를 사용할 수 있으며, 이 도표에서 임피던스와 어드미턴스 사이의 변환은 단지 적절한 눈금을 읽는 것으로 가능하다. 임피던스 눈금에 z_L을 그리고 그 점에서 어드미턴스 눈금을 읽으면 $y_L = 0.40 - j0.20$이 된다. 따라서 실제의 부하 어드미턴스 값은

$$Y_L = y_L Y_0 = \frac{y_L}{Z_0} = 0.0080 - j0.0040\,\mathrm{S}.$$

WTG 눈금상에서, 부하 어드미턴스는 기준위치 0.214λ의 값을 갖고 있다. 이 점으로부터 0.15λ 이동시키면 0.364λ가 된다. WTG 상의 이 점에서의 반지름 선과 SWR 원이 교차하는 점의 어드미턴스 값은 $y = 0.61 + j0.66$이다. 따라서 실제 입력 어드미턴스는 $Y = 0.0122 + j0.0132\,\mathrm{S}$이다. ◀

슬롯선로(slotted line)

슬롯선로는 전송선로 구조(보통 도파관 또는 동축선로)이며, 종단된 선로 상에서 정재파의 전계 진폭을 표본화(sampling)할 수 있다. 이 기기를 이용하여 SWR 값과 부하에서 첫 번째 전압의 최소점까지의 거리를 측정할 수 있으며, 이 값으로부터 부하 임피던스 값을 알 수 있다. 부하 임피던스는 일반적으로 [자유도(degrees of freedom)가 2인] 복소수 값이며, 이 임피던스 값을 유일하게 결정하기 위해서는 슬롯선로로 2개의 값을 측정해야 한다. 일반적인 도파관 슬롯선로를 그림 2.13에 나타내었다.

슬롯선로는 마이크로파 주파수에서 미지의 임피던스를 측정하는 기본적인 방법으로 사용되지만 정확도, 편의성 등의 이유로 벡터회로망 분석기(vector network analyzer)에 의하여 대체되고 있다. 슬롯선로는 여전히 높은 밀리미터파 주파수 또는 미지의 부하를 직접 슬롯선로에 접속시킴으로써 커넥터(connector) 부정합을 피하는 것이 바람직한 곳 등에 사용되고 있다. 슬롯선로를 배우는 또다른 이유는 정재파와 부정합 전송선로의 기본 개념를 터득하기 위한 방편이기 때문이다. 슬롯선로 측정을 통하여 미지의 부하 임피던스를 구

그림 2.13 *X*대역 도파관 슬롯선로

하기 위한 식을 유도할 것이며, Smith 도표를 이용하여 미지의 부하 임피던스를 구하는 방법에 대해서도 알아보기로 한다.

어떤 종단된 선로에 있어서 선로상의 SWR값과 부하로부터 첫 번째 전압 최소값까지의 거리 $\ell_{\min}$을 측정하였다고 가정하자. 그러면 부하 임피던스 Z_L은 다음과 같이 얻을 수 있다. 식 (2.41)로부터 선로상의 반사계수의 크기는 정재파비 값으로부터 다음과 같이 구할 수 있다.

$$|\Gamma| = \frac{\text{SWR} - 1}{\text{SWR} + 1}. \tag{2.58}$$

2.3절에서 전압의 최소점은 $e^{j(\theta - 2\beta\ell)} = -1$일 때 발생하며, θ는 반사계수 $\Gamma = |\Gamma|e^{j\theta}$의 위상각임을 살펴보았다. 따라서 반사계수의 위상각은

$$\theta = \pi + 2\beta\ell_{\min} \tag{2.59}$$

이며, 여기서 $\ell_{\min}$은 부하에서 첫 번째 전압 최소점까지의 거리이다. 실제로 전압의 최소점은 $\lambda/2$마다 반복되며(λ는 선로상의 파장) $\lambda/2$의 정수배 값이 $\ell_{\min}$에 더해질 수 있다. 왜냐하면 이는 단지 θ에 $2\beta n\lambda/2 = 2\pi n$을 더해주는 양이 되므로 Γ값에는 아무런 영향이 없기 때문이다. 즉 SWR과 $\ell_{\min}$의 값은 부하에서의 복소 반사계수를 구하는 데 사용할 수 있다. 식 (2.43)에서 $\ell = 0$으로 놓고 Γ로부터 부하 임피던스를 구하면 다음과 같다.

$$Z_L = Z_0 \frac{1 + \Gamma}{1 - \Gamma}. \tag{2.60}$$

Smith 도표를 사용하여 이러한 문제를 해결하는 방법을 다음의 예제에서 알아보기로 한다.

예제 2.4 슬롯선로를 이용한 임피던스 측정

미지의 부하 임피던스를 결정하기 위하여 50 Ω 슬롯선로를 사용하여 다음의 2가지 절차를 수행하였다.

1. 부하평면에 단락회로를 위치시켜 선로상의 정재파비 값이 무한대가 되도록 하고 그림 2.14a에 나타낸 것과 같이 전압의 최소점이 나타나도록 한다. 슬롯선로 상에 임의의 눈금 위치에서 전압의 최소값이 $z = 0.2$ cm, 2.2 cm, 4.2 cm에서 측정되었다.

2. 단락회로를 제거하고 미지의 부하를 그 자리에 접속시킨다. 측정된 정재파비는 SWR = 1.5이며 위 순서 1과 같이 나타나지는 않지만, 전압의 최소값이 그림 2.14b에 나타낸 것과 같이 $z =$ 0.72 cm, 2.72 cm, 4.72 cm에서 측정되었다. 부하 임피던스 값을 구하여라.

☞ 풀이

전압의 최소점은 $\lambda/2$마다 반복되므로 위 순서 1의 데이터로부터 $\lambda = 4.0$ cm임을 알 수 있다. 또한 반사계수와 입력 임피던스 또한 $\lambda/2$마다 반복되므로 위 순서 1에서 표시된 임의의 전압 최소점의 위치에 부하단자가 유효하게(effectively) 위치하고 있다고 생각할 수 있다. 즉, 만일 부하가 4.2 cm에 위치하고 있다고 가정하면, 위 순서 2로부터 얻은 데이터는 부하와 다음 번 전압의 최소점 사이의 거리가 2.72 cm임을 나타내고 있으므로 $\ell_{min} = 4.2 - 2.72 = 1.48$ cm $= 0.37\lambda$가 된다.

식 (2.58)–(2.60)을 이 데이터에 적용하면

$$|\Gamma| = \frac{1.5 - 1}{1.5 + 1} = 0.2$$

$$\theta = \pi + \frac{4\pi}{4.0}(1.48) = 86.4^\circ$$

$$\Gamma = 0.2e^{j86.4^\circ} = 0.0126 + j0.1996$$

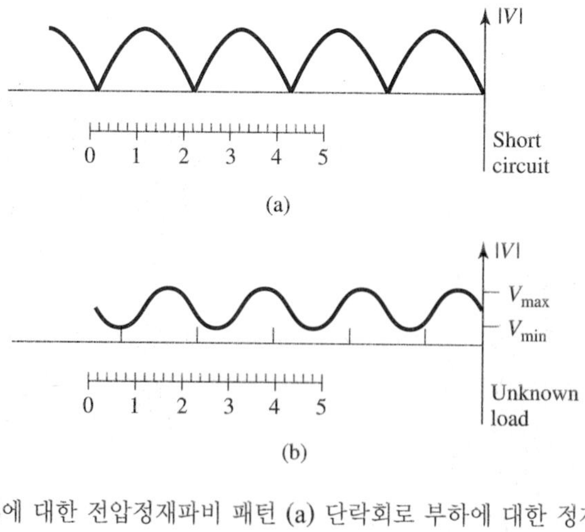

그림 2.14 예제 2.4에 대한 전압정재파비 패턴 (a) 단락회로 부하에 대한 정재파비, (b) 미지의 부하에 대한 정재파비

을 얻을 수 있고, 따라서 부하 임피던스는

$$Z_L = 50\left(\frac{1+\Gamma}{1-\Gamma}\right) = 47.3 + j19.7\ \Omega$$

이 된다.

해를 Smith 도표로 구하기 위하여, 그림 2.15에 나타낸 것과 같이 SWR = 1.5인 SWR 원을 그린다. 미지의 정규화 부하 임피던스는 이 원 위에 놓여 있어야 한다. 우리가 알고 있는 기준은 부하가 첫 번째 전압 최소점으로부터 0.37λ 떨어진 곳에 있다는 것이다. Smith 도표 상에서 전압의 최소점은 임피던스의 최소점(전압의 최소점, 전류의 최대점)과 일치하며, 이 점은 도표 중심의 좌측 수평축(리액턴스 = 0)에 위치한다. 전압의 최소점에서 출발하여 부하 쪽으로(반시계방향) 0.37λ 이동시켜, 그림 2.15에 나타낸 것과 같이 정규화 부하 임피던스 $z_L = 0.95 + j0.4$에 도달한다. 따라서 실제의 부하 임피던스는 $Z_L = 47.5 + j20\ \Omega$이 되어 앞에서 식을 사용하여 얻은 결과와 부합되고 있음을 알 수 있다.

원칙적으로 전압의 최대점도 전압의 최소점과 마찬가지로 사용될 수 있지만, 전압의 최대점보다 전압의 최소점이 더 세밀하게 측정될 수 있으므로 정확도를 높일 수 있다. ◀

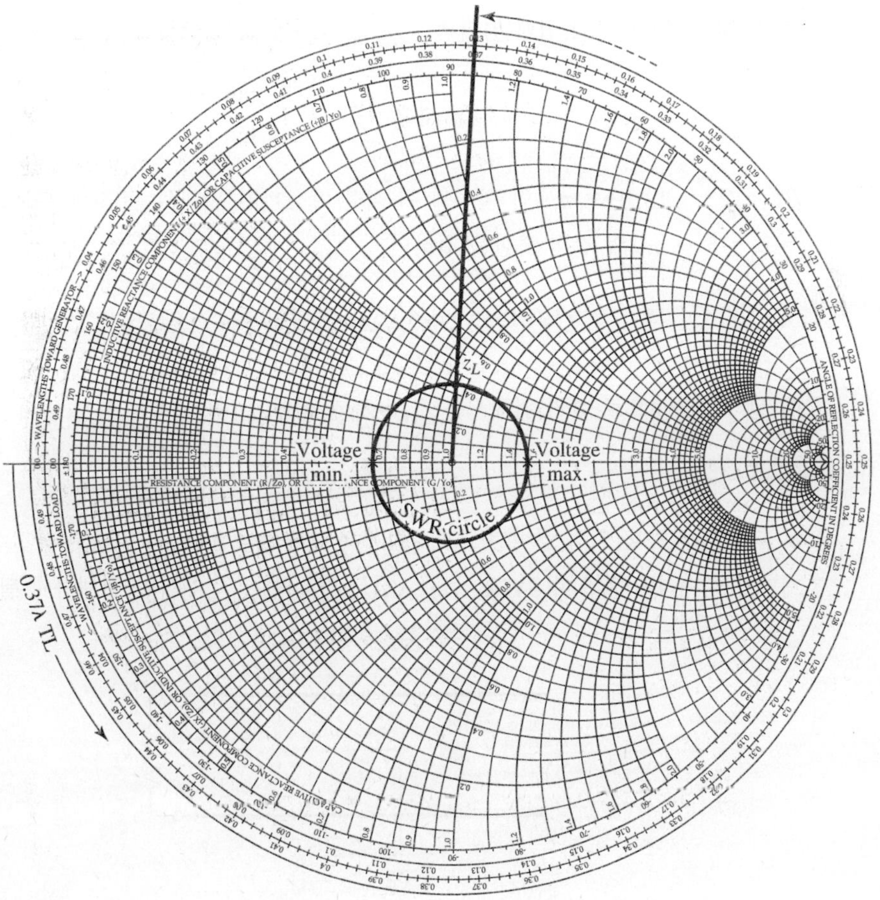

그림 2.15 예제 2.4에 대한 Smith 도표

2.5 λ/4 변환기

λ/4 변환기는 임피던스 정합을 위한 유용하고 실제적인 방법이며, 정합되지 않은 선로 상에서 정재파의 특성을 기술하여 주는 간단한 전송선로 회로를 제공한다. λ/4 변환기의 설계 및 성능에 대해서는 5장에서 더욱 자세히 다룰 예정이며, 여기서는 앞에 소개한 전송선로의 이론을 기본적인 전송선로 회로에 응용하고자 한다. 처음에는 임피던스 관점으로부터 문제에 접근할 것이며, 그런 후에 정합구간에서 무한 개의 다중반사의 항으로써 이 결과를 어떻게 해석할 수 있는가를 알아보기로 한다.

임피던스의 관점

그림 2.16은 λ/4 변환기를 포함하고 있는 회로를 나타낸 것이다. 부하저항 R_L과 급전선의 특성 임피던스 Z_0는 모두 실수로 주어졌다고 하자. 이들 두 성분이 미지의 특성 임피던스 Z_1을 갖고 길이가 λ/4인 무손실 전송선로와 접속되어 있다. λ/4 선로를 사용하여 부하를 Z_0 선로에 정합시켜, λ/4 정합구간을 들여다보는 점에서 $\Gamma = 0$이 성립되도록 하고자 한다. 식 (2.44)로부터 입력 임피던스 Z_{in}은 다음과 같이 구해진다.

$$Z_{\text{in}} = Z_1 \frac{R_L + jZ_1 \tan \beta\ell}{Z_1 + jR_L \tan \beta\ell}. \tag{2.61}$$

$\beta\ell = (2\pi/\lambda)(\lambda/4) = \pi/2$인 경우에 위 식을 계산하기 위해서, 분자와 분모를 $\tan \beta\ell$로 나누고, $\beta\ell \to \pi/2$와 같이 극한을 취하면

$$Z_{\text{in}} = \frac{Z_1^2}{R_L} \tag{2.62}$$

이 된다. $\Gamma = 0$으로 하기 위해서는 $Z_{\text{in}} = Z_0$가 되어야 하며, 이는 특성 임피던스 Z_1이

$$Z_1 = \sqrt{Z_0 R_L} \tag{2.63}$$

로 되어 부하와 전원의 임피던스의 기하학적 평균값을 갖는다. 따라서 급전선로 위에는 정재파가 존재하지 않으며(SWR = 1), λ/4 구간 상에는 정재파가 존재하게 될 것이다. 또한

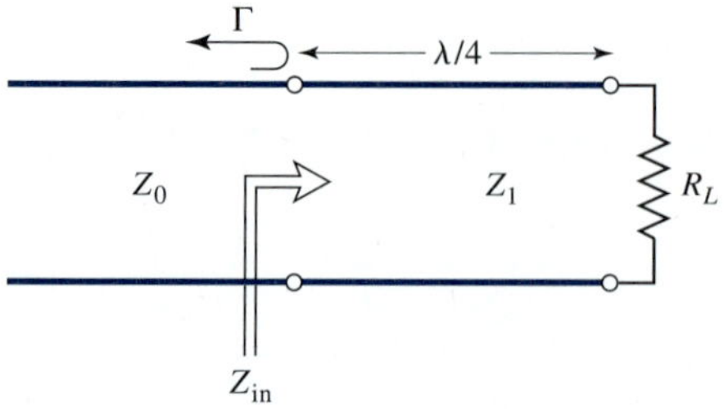

그림 2.16 λ/4 정합변환기

상기와 같은 조건은 오직 정합구간의 길이가 λ/4일 경우 또는 λ/4의 홀수배인 경우 ((2n + 1)λ/4)에만 적용되므로 어느 한 주파수에서만 완전한 정합이 되며, 그 이외의 주파수에서는 정합이 이루어지지 않는다.

예제 2.5 λ/4 변환기의 주파수 응답

부하저항 R_L = 100 Ω을 λ/4 변환기를 사용하여 50 Ω 선로에 정합시키고자 한다. 정합구간의 특성 임피던스를 구하고, 정규화주파수 f/f_o에 대한 반사계수의 크기를 도시하라. 여기서 f_o는 선로가 λ/4되게 하는 주파수이다.

☞ 풀이

식 (2.63)으로부터, 특성 임피던스 값은 다음과 같다.

$$Z_1 = \sqrt{(50)(100)} = 70.71\ \Omega.$$

반사계수의 크기는 다음과 같이 주어진다.

$$|\Gamma| = \left| \frac{Z_{\text{in}} - Z_0}{Z_{\text{in}} + Z_0} \right|,$$

여기서 입력 임피던스 Z_{in}은 식 (2.44)에 의하여 주어지는 것처럼 주파수의 함수이다. 식 (2.44)에서 $\beta\ell$의 항에 의해서 주파수의존성이 나타나며, 이는 f/f_o의 항으로 다음과 같이 표현할 수 있다.

$$\beta\ell = \left(\frac{2\pi}{\lambda}\right)\left(\frac{\lambda_0}{4}\right) = \left(\frac{2\pi f}{v_p}\right)\left(\frac{v_p}{4f_o}\right) = \frac{\pi f}{2f_o}.$$

여기서, 예측되는 바와 같이 $f = f_o$에서 $\beta\ell = \pi/2$가 됨을 알 수 있다. 주파수가 높아지면 선로는 전기적으로 길어지며, 주파수가 낮아지면 선로는 짧아진다. f/f_o에 대하여 반사계수의 크기를 도시한 것을 그림 2.17에 나타내었다.

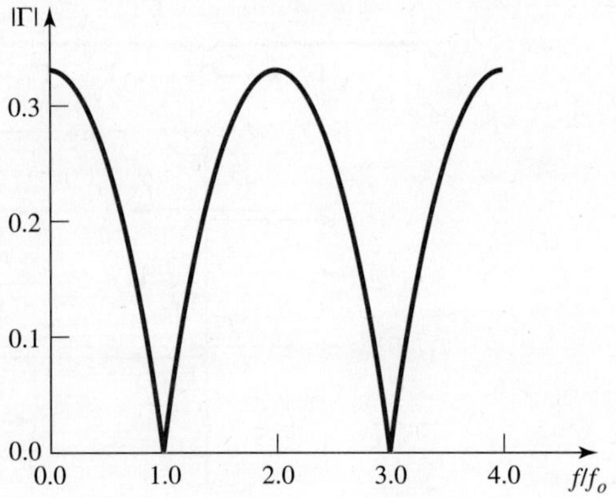

그림 2.17 예제 2.5의 λ/4 변환기에 대한 반사계수 대 정규화주파수

이와 같은 임피던스 정합방법은 실수값을 갖는 부하 임피던스에 국한되지만, 복소값을 갖는 부하 임피던스는 선로의 길이를 적절하게 변환시킴으로써, 어느 한 주파수에서 실수값을 갖도록 할 수 있다.

이러한 해석은 전송선로문제를 해결할 경우에 임피던스의 개념이 얼마나 유용한가를 보여주며, 이와 같은 방법은 실제에 있어서도 아마 적절한 방법이 될 것이다. 이를 다중반사(multiple reflection)의 관점에서 생각하여 보면 $\lambda/4$ 변환기(혹은 다른 전송선로 회로)에 대한 이해를 도울 것이다.

다중반사의 관점

그림 2.18은 다음과 같이 정의된 반사와 투과계수를 갖는 $\lambda/4$ 변환기 회로를 나타낸다.

Γ = $\lambda/4$ 변환기에 입사파에 대한 전체 반사계수(예제 2.5에서의 Γ와 동일)
Γ_1 = Z_0 선로로부터 부하 Z_1상으로의 입사파에 대한 부분 반사계수
Γ_2 = Z_1 선로로부터 부하 Z_0상으로의 입사파에 대한 부분 반사계수
Γ_3 = Z_1 선로로부터 부하 R_L상으로의 입사파에 대한 부분 반사계수
T_1 = Z_0 선로로부터 Z_1 선로로 투과하는 파에 대한 부분 투과계수
T_2 = Z_1 선로로부터 Z_0 선로로 투과하는 파에 대한 부분 투과계수

이들 계수들은 다음과 같이 표현된다.

$$\Gamma_1 = \frac{Z_1 - Z_0}{Z_1 + Z_0}, \tag{2.64a}$$

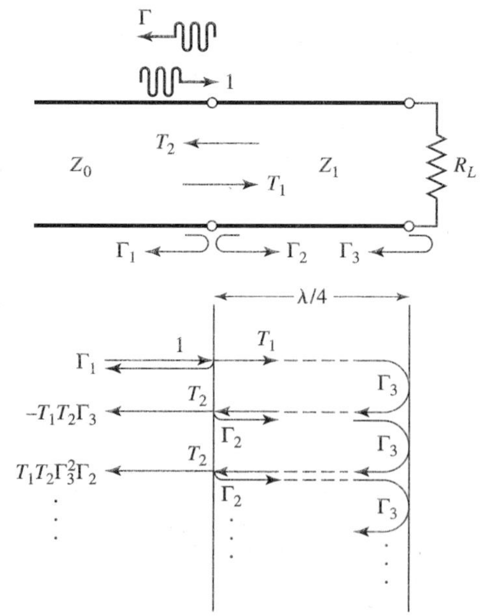

그림 2.18 $\lambda/4$ 변환기의 다중반사 해석

$$\Gamma_2 = \frac{Z_0 - Z_1}{Z_0 + Z_1} = -\Gamma_1 \tag{2.64b}$$

$$\Gamma_3 = \frac{R_L - Z_1}{R_L + Z_1} \tag{2.64c}$$

$$T_1 = \frac{2Z_1}{Z_1 + Z_0} \tag{2.64d}$$

$$T_2 = \frac{2Z_0}{Z_1 + Z_0}. \tag{2.64e}$$

이제 시간영역에서 그림 2.18의 λ/4 변환기를 생각하고 변환기를 향하여 Z_0 급전선로 상에 이동하는 파를 고려하기로 한다. 이 파가 임피던스 Z_1의 선로의 접합부에 부딪치면, 이 파는 오직 임피던스 Z_1만 들여다보게 된다. 왜냐하면 파가 아직 부하 R_L까지 진행하지 못하였기 때문에 부하에 의한 영향은 없다. 파의 일부는 반사계수 Γ_1을 갖고 반사되며, 일부는 투과계수 T_1을 갖고 Z_1 선로로 투과된 다음, 투과파는 부하측으로 λ/4만큼 진행하여 반사계수 Γ_3를 갖고 반사되며, 다시 λ/4 진행하여 Z_0 선로를 갖는 접합부로 되돌아온다. 이 파의 일부가 투과계수 T_2를 갖고 선로를 통하여 투과되며, 일부는 반사계수 Γ_2를 갖고 부하측으로 반사되어 되돌아간다. 이러한 과정은 무수히 많은 파들로 반복되며, 전체적인 반사계수 Γ는 이들 부분 반사된 모든 반사계수의 합이 될 것이다. 또한, 각각이 λ/4 변환기 구간을 왕복하는 결과로 180°위상차가 발생하므로(90° + 90°) 전체적인 반사계수 Γ는 다음과 같이 표현할 수 있다.

$$\begin{aligned}\Gamma &= \Gamma_1 - T_1T_2\Gamma_3 + T_1T_2\Gamma_2\Gamma_3^2 - T_1T_2\Gamma_2^2\Gamma_3^3 + \cdots \\ &= \Gamma_1 - T_1T_2\Gamma_3 \sum_{n=0}^{\infty}(-\Gamma_2\Gamma_3)^n.\end{aligned} \tag{2.65}$$

$|\Gamma_3| < 1$, $|\Gamma_2| < 1$이므로 식 (2.65)의 무한급수는 다음과 같은 기하 급수식

$$\sum_{n=0}^{\infty} x^n = \frac{1}{1-x} \qquad (|x| < 1)$$

을 이용하면, 다음의 결과를 얻을 수 있다.

$$\Gamma = \Gamma_1 - \frac{T_1T_2\Gamma_3}{1+\Gamma_2\Gamma_3} = \frac{\Gamma_1 + \Gamma_1\Gamma_2\Gamma_3 - T_1T_2\Gamma_3}{1+\Gamma_2\Gamma_3}. \tag{2.66}$$

이 식의 분자는 식 (2.64)를 사용하여 다음 식과 같이 간단히 표현할 수 있다.

$$\begin{aligned}\Gamma_1 - \Gamma_3\left(\Gamma_1^2 + T_1T_2\right) &= \Gamma_1 - \Gamma_3\left[\frac{(Z_1 - Z_0)^2}{(Z_1 + Z_0)^2} + \frac{4Z_1Z_0}{(Z_1 + Z_0)^2}\right] \\ &= \Gamma_1 - \Gamma_3 = \frac{(Z_1 - Z_0)(R_L + Z_1) - (R_L - Z_1)(Z_1 + Z_0)}{(Z_1 + Z_0)(R_L + Z_1)} \\ &= \frac{2\left(Z_1^2 - Z_0R_L\right)}{(Z_1 + Z_0)(R_L + Z_1)}.\end{aligned}$$

여기서, 위 식은 만일 식 (2.63)과 같이 $Z_1 = \sqrt{Z_0 R_L}$로 놓으면 0이 된다. 따라서 식 (2.66)의 Γ는 0이 되므로 선로는 정합된다. 이는 특성 임피던스와 정합구간의 길이를 적절하게 선정하여 모든 부분적인 반사계수의 합이 0이도록 함으로써 $\lambda/4$ 변환기의 정합특성이 발생한다는 것을 나타낸다. 정상상태 하에서 동일한 위상속도를 갖고 동일한 방향으로 진행하는 파의 합은 단일한 진행파로 묶을 수 있다. 즉, 정합구간에서 순방향 및 역방향 진행파들의 무한한 집단들은 서로 반대방향으로 진행하는 두 개의 파로 묶을 수 있다. 문제 2.25를 참조하라.

2.6 전원과 부하의 부정합(Mismatches)

2.3절에서 전원은 정합되어 전원에서 반사가 발생하지 않는다고 가정한 (부정합으로) 종단된 전송선로를 다루었다. 그러나 일반적으로 전원과 부하는 전송선로에 부정합된 임피던스일 수도 있다. 여기서는 이와 같은 경우를 고려할 것이며, 전원측에서 부하측으로의 최대전력 전달조건에서 어떤 경우에는 선로 상에 정재파가 나타나게 된다는 것을 이해하게 될 것이다.

그림 2.19는 복소수인 임의의 전원 및 부하 임피던스 Z_g와 Z_ℓ을 갖는 전송선로 회로를 나타낸 것이다. 이 전송선로는 길이가 ℓ이고 특성 임피던스가 Z_0인 무손실 선로라고 가정하자. 이와 같은 회로는 실제에 있어서 대부분의 수동 및 능동회로망의 일반적인 모델이 되기에 충분하다.

전원 및 부하 양측이 모두 부정합되어 있기 때문에 변환기 문제에서와 같이 다중반사가 발생할 수 있다. 이 회로는 2.5절에서와 같이 다중반사를 나타내는 무한급수를 사용하여 해석할 수 있으나 좀더 간편하고 유용한 방법인 임피던스 변환 방법을 사용하기로 한다. 전원으로부터 종단되어진 전송선로를 들여다본 입력 임피던스는 식 (2.43)과 식 (2.44)로부터 다음과 같다.

$$Z_{\text{in}} = Z_0 \frac{1 + \Gamma_\ell e^{-2j\beta\ell}}{1 - \Gamma_\ell e^{-2j\beta\ell}} = Z_0 \frac{Z_\ell + jZ_0 \tan \beta\ell}{Z_0 + jZ_\ell \tan \beta\ell}. \tag{2.67}$$

여기서 Γ_ℓ은 부하의 반사계수이며 다음과 같이 주어진다.

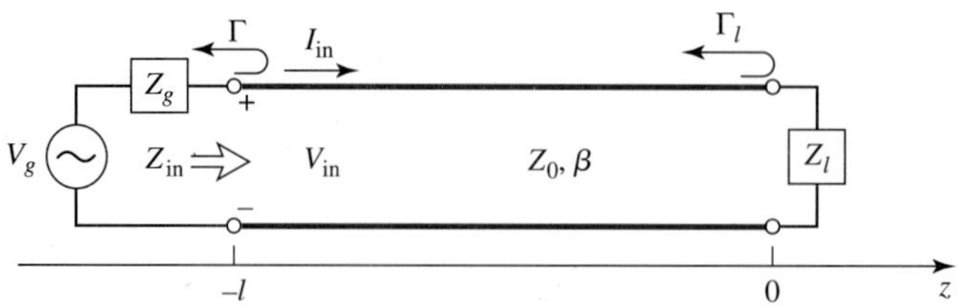

그림 2.19 부정합된 부하와 전원에 대한 전송선로 회로

$$\Gamma_\ell = \frac{Z_\ell - Z_0}{Z_\ell + Z_0}. \tag{2.68}$$

선로상의 전압은 다음과 같이 쓸 수 있다.

$$V(z) = V_o^+ \left(e^{-j\beta z} + \Gamma_\ell e^{j\beta z}\right). \tag{2.69}$$

$z = -\ell$인 선로의 전원단자에서의 전압은

$$V(-\ell) = V_g \frac{Z_{\text{in}}}{Z_{\text{in}} + Z_g} = V_o^+ \left(e^{j\beta\ell} + \Gamma_\ell e^{-j\beta\ell}\right)$$

이므로 V_0^+를 구하면 다음과 같다.

$$V_o^+ = V_g \frac{Z_{\text{in}}}{Z_{\text{in}} + Z_g} \frac{1}{\left(e^{j\beta\ell} + \Gamma_\ell e^{-j\beta\ell}\right)}. \tag{2.70}$$

이 식은 식 (2.67)을 사용하여 다음과 같이 다시 쓸 수 있다.

$$V_o^+ = V_g \frac{Z_0}{Z_0 + Z_g} \frac{e^{-j\beta\ell}}{\left(1 - \Gamma_\ell \Gamma_g e^{-2j\beta\ell}\right)}. \tag{2.71}$$

여기서 Γ_g는 전원측으로 들여다본 반사계수이고 다음과 같다.

$$\Gamma_g = \frac{Z_g - Z_0}{Z_g + Z_0}. \tag{2.72}$$

따라서 선로상의 정재파비는 다음과 같다.

$$\text{SWR} = \frac{1 + |\Gamma_\ell|}{1 - |\Gamma_\ell|}. \tag{2.73}$$

부하측으로 전달되는 전력은

$$P = \frac{1}{2}\text{Re}\{V_{\text{in}} I_{\text{in}}^*\} = \frac{1}{2}|V_{\text{in}}|^2 \text{Re}\left\{\frac{1}{Z_{\text{in}}}\right\} = \frac{1}{2}|V_g|^2 \left|\frac{Z_{\text{in}}}{Z_{\text{in}} + Z_g}\right|^2 \text{Re}\left\{\frac{1}{Z_{\text{in}}}\right\}. \tag{2.74}$$

이제 $Z_{\text{in}} = R_{\text{in}} + jX_{\text{in}}$, $Z_g = R_g + jX_g$로 놓으면 식 (2.74)는 다음과 같이 표현된다.

$$P = \frac{1}{2}|V_g|^2 \frac{R_{\text{in}}}{(R_{\text{in}} + R_g)^2 + (X_{\text{in}} + X_g)^2}. \tag{2.75}$$

전원의 임피던스 Z_g를 고정시키고 부하 임피던스가 다음 세 가지 경우와 같은 값을 가지는 경우를 고려하기로 한다.

부하가 선로에 정합되는 경우

이 경우에는 $Z_l = Z_0$이므로, 식 (2.68)과 식 (2.73)으로부터 $\Gamma_\ell = 0$, SWR = 1을 얻을 수

있다. 따라서 입력 임피던스는 $Z_{\text{in}} = Z_0$이며, 부하에 전달되는 전력은 식 (2.75)로부터 다음과 같이 쓸 수 있다.

$$P = \frac{1}{2}|V_g|^2 \frac{Z_0}{(Z_0 + R_g)^2 + X_g^2}. \tag{2.76}$$

전원이 선로에 정합되는 경우

이 경우에는 부하 임피던스 Z_ℓ과 전송선로 파라미터 $\beta\ell$, Z_0는 입력 임피던스 $Z_{\text{in}} = Z_g$가 되도록 선택되므로 종단된 전송선로에 의하여 부하에 전원이 정합된다. 그러면 전체적인 반사계수 Γ는 0이 된다.

$$\Gamma = \frac{Z_{\text{in}} - Z_g}{Z_{\text{in}} + Z_g} = 0. \tag{2.77}$$

그러나 Γ_ℓ은 0이 아니므로 선로상에는 정재파가 존재하게 된다. 부하에 전달되는 전력은 다음과 같다.

$$P = \frac{1}{2}|V_g|^2 \frac{R_g}{4\left(R_g^2 + X_g^2\right)}. \tag{2.78}$$

부하가 연결된 선로의 전원이 정합되어도 부하에 전달되는 전력은 식 (2.76)에서 부하에 전달되는 전력보다 작음을 알 수 있는데, 부하가 연결된 선로는 반드시 전원에 정합되어야 하는 것은 아니다. 즉 전원의 임피던스가 주어졌을 때 부하에 최대전력을 전달하기 위한 최적의 부하 임피던스 혹은 최적의 입력 임피던스는 얼마가 되어야 하는가 하는 의문점이 제기된다.

공액정합

전원의 직렬 임피던스 Z_g가 일정하다는 가정하에 부하에 최대전력이 전달되는 입력 임피던스 Z_{in}의 변화를 살펴보자. Z_{in} 값을 알면 선로를 따라서 임피던스 변환을 함으로써 부하 임피던스 Z_ℓ을 구하는 것이 용이하다. P값을 극대화하기 위해 Z_{in}의 실수부와 허수부에 대해서 미분을 취한다. 식 (2.75)를 사용하여

$$\frac{\partial P}{\partial R_{\text{in}}} = 0 \rightarrow \frac{1}{(R_{\text{in}} + R_g)^2 + (X_{\text{in}} + X_g)^2} + \frac{-2R_{\text{in}}(R_{\text{in}} + R_g)}{\left[(R_{\text{in}} + R_g)^2 + (X_{\text{in}} + X_g)^2\right]^2} = 0$$

또는

$$R_g^2 - R_{\text{in}}^2 + (X_{\text{in}} + X_g)^2 = 0. \tag{2.79a}$$

그리고

$$\frac{\partial P}{\partial X_{\text{in}}} = 0 \rightarrow \frac{-2R_{\text{in}}(X_{\text{in}} + X_g)}{\left[(R_{\text{in}} + R_g)^2 + (X_{\text{in}} + X_g)^2\right]^2} = 0$$

또는

$$X_{in}(X_{in} + X_g) = 0 \tag{2.79b}$$

를 얻을 수 있다. 식 (2.79a, b)를 연립하여 R_{in}과 X_{in}에 대하여 풀면

$$R_{in} = R_g, \qquad X_{in} = -X_g$$

또는

$$Z_{in} = Z_g^* \tag{2.80}$$

를 얻을 수 있다. 이러한 조건을 **공액정합**(conjugate matching)이라 하며, 이 경우에 전원의 임피던스 값이 고정되었을 때 부하측으로 최대전력이 전달된다. 전달되는 전력은 식 (2.75)와 식 (2.80)으로부터

$$P = \frac{1}{2}|V_g|^2 \frac{1}{4R_g} \tag{2.81}$$

로서 식 (2.76) 또는 식 (2.78)의 전력보다 더 크거나 동일하게 됨을 알 수 있다. 또한 반사계수 Γ_ℓ, Γ_g, Γ가 0이 아닌 결과를 나타낸다. 물리적으로 이는 몇몇의 경우에 부정합된 선로상에 다중반사 전력이 동일한 위상으로 더해져서, 선로에 반사가 없을 경우에 부하에 전달되는 전력보다 더 큰 전력이 부하에 전달됨을 의미한다. 만일 전원의 임피던스 값이 실수($X_g = 0$)이면 마지막의 두 경우는 동일한 결과를 나타내며, 부하와 결선된 선로가 전원에 정합되었을 때($R_{in} = R_g$, $X_{in} = X_g = 0$) 부하측에 최대전력이 전달된다.

반사파를 0으로 하기 위한 정합($Z_\ell = Z_0$)이나 공액정합($Z_{in} = Z_g^*$) 모두 최상의 효율을 갖는 시스템을 의미하지는 않는다. 예를 들어서, 만일 $Z_g = Z_\ell = Z_0$이면 부하와 전원 모두가 정합되지만(반사가 없음), 전원에 의하여 발생되는 전력의 1/2만이 부하측에 전달된다(나머지 1/2은 Z_g에서 소비된다). 따라서 전송효율은 50%가 된다. 이러한 효율은 Z_g를 가능한 한 작게 함으로써 개선할 수 있다.

2.7 손실이 있는 전송선로

실제에 있어서 모든 전송선로는 유한한 도전율과 유전체의 손실에 기인하여 손실을 갖게 되지만, 이 손실은 보통 아주 작다. 따라서 많은 경우에 있어서 손실은 무시될 수 있지만, 가끔 손실효과는 관심의 대상이 된다. 예를 들면, 전송선로의 감쇠 또는 공진공동기(resonant cavity)의 Q값 등이 해당된다. 이 절에서는 전송선로의 손실효과를 검토하고, 감쇠상수를 계산하는 방법에 대하여 알아보기로 한다.

저손실 선로(low-loss line)

실제로 대부분의 마이크로파 및 무선주파수 전송선로에 있어서 손실은 작다. 만일 그렇지

않으면 선로의 실제적인 가치는 거의 없다. 손실이 작은 경우에 일반적인 전송선로 파라미터인 $\gamma = \alpha - j\beta$와 Z_0의 표현을 간단하게 근사화할 수 있다.

복소 전파상수에 대한 일반적인 표현은 식 (2.5)로부터 다음과 같다.

$$\gamma = \sqrt{(R + j\omega L)(G + j\omega C)}. \tag{2.82}$$

이 식은 다음과 같이 다시 정리할 수 있다.

$$\begin{aligned}\gamma &= \sqrt{(j\omega L)(j\omega C)\left(1 + \frac{R}{j\omega L}\right)\left(1 + \frac{G}{j\omega C}\right)} \\ &= j\omega\sqrt{LC}\sqrt{1 - j\left(\frac{R}{\omega L} + \frac{G}{\omega C}\right) - \frac{RG}{\omega^2 LC}}.\end{aligned} \tag{2.83}$$

선로가 저손실 선로일 경우 $R \ll \omega L$, $G \ll \omega C$로 가정할 수 있으며, 이는 도체 손실과 유전체 손실이 작음을 뜻한다. 따라서 $RG \ll \omega^2 LC$가 되므로 식 (2.83)은 다음과 같이 간단히 얻을 수 있다.

$$\gamma = j\omega\sqrt{LC}\sqrt{1 - j\left(\frac{R}{\omega L} + \frac{G}{\omega C}\right)}. \tag{2.84}$$

만일 $(R/\omega L + G/\omega C)$ 항을 무시한다면, γ값이 순전히 허수값만을 갖고 있는 경우(무손실의 경우)의 결과와 동일하므로, γ의 첫 번째 고차 실수항을 얻어내기 위하여 $\sqrt{1+x} \simeq 1 + x/2 + \cdots$으로 표현되는 Taylor 급수의 앞의 두 항을 대신 사용하면 전파상수는 다음과 같이 얻을 수 있다.

$$\gamma \simeq j\omega\sqrt{LC}\left[1 - \frac{j}{2}\left(\frac{R}{\omega L} + \frac{G}{\omega C}\right)\right].$$

따라서

$$\alpha \simeq \frac{1}{2}\left(R\sqrt{\frac{C}{L}} + G\sqrt{\frac{L}{C}}\right) = \frac{1}{2}\left(\frac{R}{Z_0} + GZ_0\right) \tag{2.85a}$$

$$\beta \simeq \omega\sqrt{LC}. \tag{2.85b}$$

여기서 $Z_0 = \sqrt{L/C}$는 손실이 없는 경우의 선로의 특성 임피던스이다. 식 (2.85b)에서 전파상수 β값은 무손실의 경우인 식 (2.12)와 동일하다. 동일한 차수의 근사식에 의하면, 특성 임피던스 Z_0는 실수값으로서 다음과 같이 근사화할 수 있다.

$$Z_0 = \sqrt{\frac{R + j\omega L}{G + j\omega C}} \simeq \sqrt{\frac{L}{C}}. \tag{2.86}$$

식 (2.85)와 식 (2.86)은 전송선로에 대한 고주파 저손실 근사식으로 알려져 있으며, 저손실 선로에 대한 전파상수와 특성 임피던스는 선로를 무손실로 생각함으로써 근사화할 수 있으므로 이 식들은 중요하다.

예제 2.6 동축선로의 감쇠상수

예제 2.1에서 손실이 있는 동축선로에 대한 L, C, R 및 G 변수들을 구하였다. 손실이 작다고 가정하고, 식 (2.85a)와 예제 2.1의 결과를 이용하여 감쇠상수를 계산하라.

☞ 풀이

식 (2.85a)에서

$$\alpha = \frac{1}{2}\left(R\sqrt{\frac{C}{L}} + G\sqrt{\frac{L}{C}}\right)$$

이다. 예제 2.1에서 구한 결과를 사용하면 다음의 결과를 얻을 수 있다.

$$\alpha = \frac{1}{2}\left[\frac{R_s}{\eta \ln b/a}\left(\frac{1}{a} + \frac{1}{b}\right) + \omega\epsilon''\eta\right].$$

여기서 $\eta = \sqrt{\mu/\epsilon'}$은 동축선로를 채우고 있는 유전체 매질의 고유 임피던스이다. 또한 $\beta = \omega\sqrt{LC} = \omega\sqrt{\mu\epsilon'}$이며 $Z_0 = \sqrt{L/C}\,(\eta/2\pi)\ln b/a$이다. ◀

감쇠상수를 구하기 위한 위의 방법에서 선로 파라미터 L, C, R 및 G값이 주어져야 한다. 이것들은 식 (2.17)–(2.20)의 수식을 사용하여 구할 수 있으나, 좀더 직접적이며 유용한 방법은 곧 논의될 **섭동법**(perturbation method)을 사용하는 것이다.

무왜곡 선로(distortionless line)

손실이 있는 선로의 전파상수에 대한 정확한 식 (2.82)–(2.83)에서 보듯이 위상항 β는 일반적으로 손실이 존재할 때 주파수 ω의 복잡한 함수이다. 특히 선로가 무손실이 아니면 식 (2.85b)와 같이 β는 일반적으로 주파수의 선형함수가 아니다. 만일 β가 주파수의 선형함수가 아니면($\beta = a\omega$ 형태의), 위상속도 $v_p = \omega/\beta$값은 각각 다른 주파수 ω에 대해서 각각 다른 값을 가질 것이다. 그 의미는 광대역 신호의 다양한 주파수 성분들이 각각 다른 위상속도를 갖고 진행할 것이므로 전송선로의 수신단에서 상이한 시간에 도달하게 될 것이다. 이는 **분산**(dispersion) 즉, 신호의 왜곡(distortion)을 유발시키며, 이는 보통 원하지 않는 효과이다. 선형함수로부터 β값의 이탈이 매우 작더라도, 만일 선로가 매우 길다면 그로 인한 영향은 심각할 것이다. 이러한 영향으로 인하여 군속도(group velocity)의 개념이 발생하며, 이는 3.10절에서 상세히 살펴보기로 한다.

그러나 특별한 경우로서 주파수의 함수로서 선형위상요소(linear phase factor)를 가지는 손실 선로가 있다. 이러한 선로를 **무왜곡 선로**라고 하며, 다음과 같은 관계식을 만족시키는 선로 파라미터에 의해서 특징지어진다.

$$\frac{R}{L}=\frac{G}{C}. \tag{2.87}$$

식 (2.87)과 같은 조건 하에서 정확한 복소 전파상수인 식 (2.83)은 다음과 같이 얻을 수 있다.

$$\begin{aligned}\gamma &= j\omega\sqrt{LC}\sqrt{1-2j\frac{R}{\omega L}-\frac{R^2}{\omega^2L^2}}\\ &= j\omega\sqrt{LC}\left(1-j\frac{R}{\omega L}\right)\\ &= R\sqrt{\frac{C}{L}}+j\omega\sqrt{LC}=\alpha+j\beta.\end{aligned} \tag{2.88}$$

여기서 $\beta=\omega\sqrt{LC}$이고, 주파수의 선형함수임을 알 수 있다. 또한 식 (2.8)에서 감쇠상수 $\alpha=R\sqrt{C/L}$는 주파수의 함수가 아니므로 모든 주파수 성분들은 동일한 정도로 감쇠된다는 것을 알 수 있다(실제에 있어서 R은 주파수의 영향을 거의 받지 않는 함수이다). 이와 같이 무왜곡 선로는 무손실 선로가 아니지만 왜곡 없이 펄스 또는 변조 파형(envelop)을 통과시킬 수 있다. 식 (2.87)을 만족시키는 전송선로 파라미터를 얻기 위하여 선로를 따라서 주기적인 간격마다 일련의 장하코일(loading coil)을 부가함으로써 L값을 증가시켜 주는 것이 요구된다.

무왜곡 선로에 대한 위의 이론은 Oliver Heaviside(1850-1925)에 의하여 처음으로 발표되었다. 그는 전송선로 이론의 많은 문제점들을 해결하였고, Maxwell의 전자기 이론을 오늘날 우리가 사용하는 현대적이며 좀더 유용한 형태로 바꾸어 놓는 연구를 하였다[5].

종단된 손실이 있는 선로(terminated lossy line)

부하 임피던스 Z_L로 종단된 길이 ℓ의 손실이 있는 선로를 그림 2.20에 나타내었다. 즉, $\gamma=\alpha+j\beta$는 복소수이지만, 손실이 적어서 Z_0값은 식 (2.86)에서와 같이 근사적으로 실수값이라고 가정하자.

식 (2.36)에 무손실 선로 상에서의 전압 및 전류값이 주어진 경우로부터 손실이 있는 경우에 대한 유사한 표현식은 다음과 같다.

$$V(z)=V_o^+\left[e^{-\gamma z}+\Gamma e^{\gamma z}\right] \tag{2.89a}$$

$$I(z)=\frac{V_o^+}{Z_0}\left[e^{-\gamma z}-\Gamma e^{\gamma z}\right]. \tag{2.89b}$$

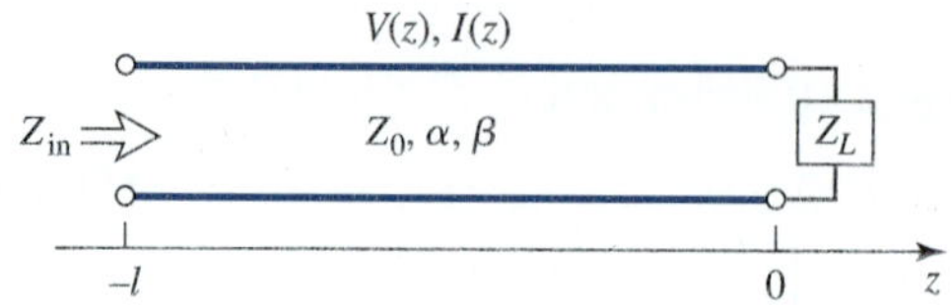

그림 2.20 임피던스 Z_L로 종단되어진 손실이 있는 전송선로

여기서 Γ는 식 (2.35)에서 주어진 바와 같이 부하의 반사계수이며, V_0^+는 $z = 0$에서의 입사파의 전압 진폭이다. 식 (2.42)로부터, 부하에서 거리 ℓ만큼 떨어진 곳에서의 반사계수는

$$\Gamma(\ell) = \Gamma e^{-2j\beta\ell} e^{-2\alpha\ell} = \Gamma e^{-2\gamma\ell} \tag{2.90}$$

이다. 따라서 부하에서 거리 ℓ만큼 떨어진 곳에서의 입력 임피던스는 다음과 같다.

$$Z_{\text{in}} = \frac{V(-\ell)}{I(-\ell)} = Z_0 \frac{Z_L + Z_0 \tanh \gamma\ell}{Z_0 + Z_L \tanh \gamma\ell}. \tag{2.91}$$

$z = -\ell$에서 종단된 선로의 입력에 전달되는 전력을 다음과 같이 계산할 수 있다.

$$\begin{aligned} P_{\text{in}} &= \frac{1}{2}\text{Re}\left\{V(-\ell)I^*(-\ell)\right\} = \frac{|V_o^+|^2}{2Z_0}\left[e^{2\alpha\ell} - |\Gamma|^2 e^{-2\alpha\ell}\right] \\ &= \frac{|V_o^+|^2}{2Z_0}\left[1 - |\Gamma(\ell)|^2\right] e^{2\alpha\ell}. \end{aligned} \tag{2.92}$$

여기서 $V(-\ell)$과 $I(-\ell)$값은 식 (2.89)를 사용하였다. 실제로 부하에 전달되는 전력은

$$P_L = \frac{1}{2}\text{Re}\left\{V(0)I^*(0)\right\} = \frac{|V_o^+|^2}{2Z_0}(1 - |\Gamma|^2). \tag{2.93}$$

이들 전력의 차는 선로에서 소모되는 전력에 해당된다.

$$P_{\text{loss}} = P_{\text{in}} - P_L = \frac{|V_o^+|^2}{2Z_0}\left[\left(e^{2\alpha\ell} - 1\right) + |\Gamma|^2\left(1 - e^{-2\alpha\ell}\right)\right]. \tag{2.94}$$

식 (2.94)의 첫 번째 항은 입사파의 전력손실에 해당되며, 반면에 두 번째 항은 반사파의 전력손실에 해당된다. 이들 두 항 모두 α가 증가함에 따라서 증가한다.

감쇠계산을 위한 섭동법(perturbation method)

여기서는 저손실 선로의 감쇠상수를 구하기 위한 유용한 표준 기법을 유도하기로 한다. 이 방법은 전송선로 파라미터 L, C, R 및 G의 사용을 피하고, 그 대신에 손실이 있는 선로의 계는 손실이 없는 선로의 계와 크게 차이가 나지 않는다는 가정하에 무손실 선로의 계를 사용한다.

반사가 없는 경우에 손실이 있는 전송선로를 따라서 흘러가는 전력은 다음 식으로 표현된다.

$$P(z) = P_o e^{-2\alpha z}. \tag{2.95}$$

여기서 P_o는 $z = 0$인 평면에서의 전력이며, α는 구하고자 하는 감쇠상수이다. 그리고 선로를 따르는 단위길이당 전력손실은 다음과 같다.

$$P_\ell = \frac{-\partial P}{\partial z} = 2\alpha P_o e^{-2\alpha z} = 2\alpha P(z).$$

여기서 도함수의 음의 부호는 P_ℓ값이 양(+)의 값이 되도록 하기 위해서 취해졌다. 이들 식으로부터 감쇠상수는 다음과 같이 구할 수 있다.

$$\alpha = \frac{P_\ell(z)}{2P(z)} = \frac{P_\ell(z=0)}{2P_o}. \tag{2.96}$$

이 식은 α값이 선로상의 전력 P_o와 선로의 단위길이당 전력 소모 P_ℓ로부터 구할 수 있음을 나타내고 있다. P_ℓ값은 무손실 선로의 계로부터 계산할 수 있으며, 도체 손실(식 1.131 사용)과 유전체 손실(식 1.92 사용) 모두 포함한다.

예제 2.7 섭동법을 이용한 감쇠상수 계산

손실이 있는 유전체와 도체를 갖는 동축선로의 감쇠상수를 섭동법을 사용하여 구하라.

☞ 풀이

예제 2.1과 식 (2.32)로부터, $a < \rho < b$에서의 무손실 동축선로의 계는

$$\bar{E} = \frac{V_o\hat{\rho}}{\rho \ln b/a} e^{-j\beta z}$$

$$\bar{H} = \frac{V_o\hat{\phi}}{2\pi\rho Z_0} e^{-j\beta z}$$

이다. 여기서 $Z_0 = (\eta/2\pi)\ln b/a$는 동축선로의 특성 임피던스이며 V_o는 $z=0$에서 양단에 걸리는 전압이다. 첫 번째 단계는 무손실 선로 상에 흐르는 전력 P_o를 구하는 것이다.

$$P_o = \frac{1}{2}\text{Re}\int_S \bar{E}\times\bar{H}^*\cdot d\bar{s} = \frac{|V_o|^2}{2Z_0}\int_{\rho=a}^{b}\int_{\phi=0}^{2\pi}\frac{\rho\,d\rho\,d\phi}{2\pi\rho^2\ln b/a} = \frac{|V_o|^2}{2Z_0}.$$

이는 기본 회로 이론으로부터 예상된 바와 같다.

단위길이당 손실 P_ℓ는 도체 손실($P_{\ell c}$)과 유전체 손실($P_{\ell d}$)로부터 기인한다. 식 (1.131)로부터, 길이 1m 선로의 도체 손실은 다음과 같이 구할 수 있다.

$$\begin{aligned} P_{\ell c} &= \frac{R_s}{2}\int_S |\bar{H}_t|^2 ds = \frac{R_s}{2}\int_{z=0}^{1}\left\{\int_{\phi=0}^{2\pi}|H_\phi(\rho=a)|^2 a\,d\phi + \int_{\phi=0}^{2\pi}|H_\phi(\rho=b)|^2 b\,d\phi\right\}dz \\ &= \frac{R_s|V_o|^2}{4\pi Z_0^2}\left(\frac{1}{a}+\frac{1}{b}\right). \end{aligned}$$

길이 1m인 선로의 유전체 손실은 식 (1.92)로부터

$$P_{\ell d} = \frac{\omega\epsilon''}{2}\int_V |\bar{E}|^2 ds = \frac{\omega\epsilon''}{2}\int_{\rho=a}^{b}\int_{\phi=0}^{2\pi}\int_{z=0}^{1}|E_\rho|^2\rho\,d\rho\,d\phi\,dz = \frac{\pi\omega\epsilon''}{\ln b/a}|V_o|^2.$$

여기서 ϵ''은 복소 유전율 $\epsilon = \epsilon' - j\epsilon''$의 허수부이다. 식 (2.96)을 이용하면 다음의 결과를 얻을 수 있다.

$$\alpha = \frac{P_{\ell c}+P_{\ell d}}{2P_o} = \frac{R_s}{4\pi Z_0}\left(\frac{1}{a}+\frac{1}{b}\right) + \frac{\pi\omega\epsilon'' Z_0}{\ln b/a} = \frac{R_s}{2\eta\ln b/a}\left(\frac{1}{a}+\frac{1}{b}\right) + \frac{\omega\epsilon''\eta}{2}.$$

여기서 $\eta = \sqrt{\mu/\epsilon'}$이다. 이 결과는 예제 2.6과 일치함을 알 수 있다. ◀

Wheeler의 증가 인덕턴스 법칙

TEM 또는 준TEM 선로의 도체 손실에 기인한 감쇠 계산의 또 하나의 유용한 기법은 Wheeler의 증가 인덕턴스 법칙(wheeler incremental inductane rule)이다[6]. 이 방법은 식 (2.17) 및 식 (2.19)로 주어지는 전송선로의 단위길이당 인덕턴스와 단위길이당 저항값에 대한 방정식의 유사함에 근거하고 있다. 바꾸어 말하면, 1.7절에서 살펴본 바와 같이 도체 내부를 흐르는 전류에 기인한 선로의 도체 손실은 도체 표면에서의 자계의 접선 성분과 연관되며, 선로의 인덕턴스도 이와 같다.

식 (1.131)로부터 양도체(완전 도체가 아님)의 단면적 S 내부에서의 전력손실은

$$P_\ell = \frac{R_s}{2}\int_S |\bar{J}_s|^2\, ds = \frac{R_s}{2}\int_S |\bar{H}_t|^2\, ds \text{ W/m}^2 \tag{2.97}$$

이다. 따라서 균일 전송선로의 단위길이당 전력손실은 다음과 같다.

$$P_\ell = \frac{R_s}{2}\int_C |\bar{H}_t|^2\, d\ell \text{ W/m}. \tag{2.98}$$

여기서 식 (2.98)의 선적분은 두 도체의 단면적에 걸쳐서 행하여진다. 식 (2.17)로부터 선로의 단위길이당 인덕턴스는

$$L = \frac{\mu}{|I|^2}\int_S |\bar{H}|^2\, ds \tag{2.99}$$

이며, 이는 도체가 무손실이라고 가정하여 계산한 것이다. 도체가 소량의 손실을 갖고 있을 경우 도체 내부의 자계 $\bar{H}$는 더 이상 0이 아니며, 이 계는 식 (2.99)에 소량의 부가적인 "증가적(incremental)" 인덕턴스 ΔL에 기여하게 된다. 1장에서 살펴본 바와 같이 도체내부에서 계들은 지수함수적으로 감소하므로 도체크기에 따른 적분은 다음과 같이 생각할 수 있다.

$$\Delta L = \frac{\mu_0 \delta_s}{2|I|^2}\int_C |\bar{H}_t|^2\, d\ell. \tag{2.100}$$

위 식에서 $\int_0^\infty e^{-2z/\delta_s} dz = \delta_s/2$을 사용하였다(표피 두께는 $\delta_s = \sqrt{2/\omega\mu\sigma}$이다). 식 (2.98)로부터 P_ℓ은 ΔL에 의한 P_ℓ처럼 다음과 같이 나타낼 수 있다.

$$P_\ell = \frac{R_s|I|^2 \Delta L}{\mu_0 \delta_s} = \frac{|I|^2 \Delta L}{\sigma \mu_0 \delta_s^2} = \frac{|I|^2 \omega \Delta L}{2} \text{ W/m}. \tag{2.101}$$

위 식에서는 $R_s = \sqrt{\omega\mu_0/2\sigma} = 1/\sigma\delta_s$를 사용하였다. 따라서 식 (2.96)으로부터 도체 손실에 기인한 감쇠를 다음과 같이 나타낼 수 있다.

$$\alpha_c = \frac{P_\ell}{2P_o} = \frac{\omega \Delta L}{2Z_0}. \tag{2.102}$$

위 식에서, 선로 쪽으로의 총 전력의 흐름은 $P_o = |I|^2 Z_0/2$이며, Z_0는 선로의 특성 임피던스이다. 식 (2.102)에서 ΔL은 모든 도체 벽이 $\delta_s/2$만큼 멀어지는 경우에 인덕턴스의 변화량을 표현한 것이다. 또한

$$Z_0 = \sqrt{\frac{L}{C}} = \frac{L}{\sqrt{LC}} = Lv_p \tag{2.103}$$

이므로 식 (2.102)는 특성 임피던스의 변화 항으로 다음과 같이 나타낼 수 있다.

$$\alpha_c = \frac{\beta \Delta Z_0}{2Z_0}. \tag{2.104}$$

여기서 ΔZ_0는 모든 도체 벽들이 $\delta_s/2$만큼 물러설 경우에 특성 임피던스의 변화이다. Z_0에 대한 Taylor 급수의 앞의 두 항을 사용하여 증가 인덕턴스 법칙의 다른 형태를 구할 수 있다. 즉

$$Z_0\left(\frac{\delta_s}{2}\right) \simeq Z_0 + \frac{\delta_s}{2}\frac{dZ_0}{d\ell} \tag{2.105}$$

이므로

$$\Delta Z_0 = Z_0\left(\frac{\delta_s}{2}\right) - Z_0 = \frac{\delta_s}{2}\frac{dZ_0}{d\ell}$$

이 된다. 여기서 $Z_0(\delta_s/2)$는 모든 도체 벽들이 $\delta_s/2$만큼 물러설 경우에 선로의 특성 임피던스이며, ℓ은 도체 내부로의 거리이다. 따라서 식 (2.104)는 다음과 같이 쓸 수 있다.

$$\alpha_c = \frac{\beta\delta_s}{4Z_0}\frac{dZ_0}{d\ell} = \frac{R_s}{2Z_0\eta}\frac{dZ_0}{d\ell}. \tag{2.106}$$

여기서 $\eta = \sqrt{\mu_0/\epsilon}$은 유전체의 고유 임피던스이며, R_s는 도체의 표면 저항률이다. 다양한 전송선로에 대한 특성 임피던스가 알려져 있기 때문에 식 (2.106)은 증가 인덕턴스 법칙의 가장 실제적인 형태 중 하나이다.

예제 2.8 Wheeler의 증가 인덕턴스 법칙을 이용한 감쇠상수 계산

증가 인덕턴스 법칙을 사용하여 동축선로의 도체 손실에 기인한 감쇠를 구하라.

☞ 풀이

동축선로의 특성 임피던스는 식 (2.32)로부터

$$Z_0 = \frac{\eta}{2\pi}\ln\frac{b}{a}$$

이다.

따라서 식 (2.106) 형태의 증가 인덕턴스 법칙을 사용하여 도체 손실에 기인한 감쇠를 구하면 다음과 같다.

$$\alpha_c = \frac{R_s}{2Z_0\eta}\frac{dZ_0}{d\ell} = \frac{R_s}{4\pi Z_0}\left\{\frac{d\ln b/a}{db} - \frac{d\ln b/a}{da}\right\} = \frac{R_s}{4\pi Z_0}\left(\frac{1}{b} + \frac{1}{a}\right).$$

이는 예제 2.7의 결과와 일치함을 알 수 있다. 위 방정식의 두 번째 미분식 상의 음의 부호는 내부 도체에 대한 도함수의 방향이 $-\rho$방향이기 때문이다. ◀

어떻게 감쇠값이 구해졌는가에 관계없이 실제 선로의 측정된 감쇠상수 값은 보통 더 크다. 이와 같은 불일치의 주된 이유는 어느 정도 거친 금속표면을 갖고 있는 실제 전송선로에서는 손실이 증가하게 되지만, 반면에 이론적인 계산에 있어서는 완벽하게 평탄한 도체로 가정하기 때문이다. 임의의 전송선로에 대하여 표면의 평탄도에 대한 수정을 가할 수 있는 준경험적 공식(quasi-empirical formula)은 다음과 같다[7].

$$\alpha_c' = \alpha_c \left[1 + \frac{2}{\pi} \tan^{-1} 1.4\left(\frac{\Delta}{\delta_s}\right)^2\right]. \tag{2.107}$$

여기서 α_c는 완벽하게 평탄한 도체에 기인한 감쇠, α_c'는 평탄도를 고려하여 수정한 감쇠, Δ는 표면의 거칠기의 rms 값이며, δ_s는 도체의 표피 두께이다.

2.8 전송선로의 과도응답

지금까지 단일 주파수에 대한 전송선로의 특성을 집중적으로 살펴봤으며 실제 응용 측면에서 대부분의 경우, 이러한 해석만으로도 충분히 유용하다. 그러나 짧은 펄스 또는 매우 넓은 광대역인 신호가 전송선로로 전송되는 경우에 과도 응답 또는 시간 영역의 관점에서 신호의 전파 전파(wave propagation) 특성에 대한 이해가 필요하다.

이 절에서는 정합된 선로, 단락된 선로 그리고 개방된 선로 등의 특이한 경우를 포함하여 종단된 전송선로에서의 펄스의 반사에 대하여 다룬다. 끝으로 전송선로에서 펄스의 다중 반사 특성을 해석할 수 있는 바운스 도표(bounce diagram)에 대하여 살펴본다.

종단된 전송선로에서의 펄스의 반사

과도응답을 해석하기 위하여 전송선로를 포함한 회로도를 그림 2.21a에 보였으며 직류 전원은 $t = 0$에 연결된다. 여기서 전송선로의 특성 임피던스는 Z_0의 이며, 신호원의 내부 임피던스도 Z_0이고, 부하 임피던스도 Z_0라고 가정하다. 초기조건으로 전송선로의 전압이 0이라고 가정하자. 즉, 음의 시간($t < 0$)에는 모든 위치(for all z)에서 $v(z, t) = 0$를 의미한다. 전송선로의 전압 응답을 시간과 위치의 함수로 나타내보자.

전송선로는 유한한 전송 시간을 갖기 때문에 선로의 입력 임피던스는 시간이 $t < 2l/v_p$ 이전까지는 전송선로의 특성 임피던스와 동일하며 여기서 v_p는 전송선로의 위상 속도이다. 즉, 펄스 신호가 부하에 도달하고 반사(가능하다면) 되어 입력에 이르는 시간까지는 전송선로는 무한한 길이로 보이게 된다. 따라서 $t = 0$에서 스위치를 닫으면 회로는 신호원의 임

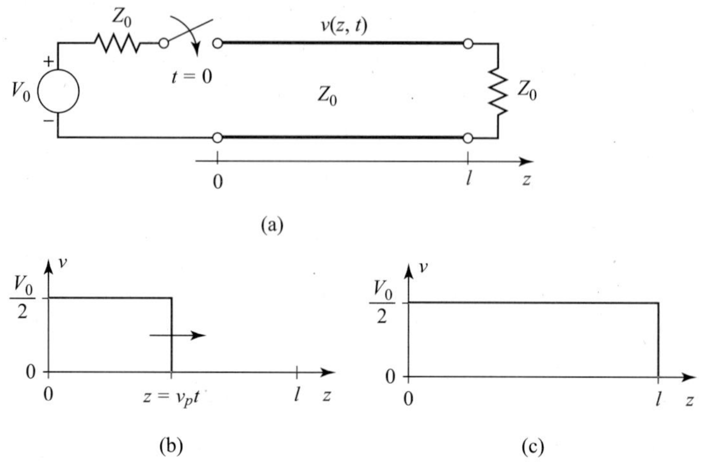

그림 2.21 정합된 부하를 갖는 전송선로의 과도응답. (a) 계단 함수의 전압원과 전송선로 회로. (b) $0 < t < l/v_p$ 에 대한 응답. (c) $l/v_p < t < 2l/v_p$에 대한 응답; 부하에서 반사가 발생하지 않는다.

피던스와 입력 임피던스로 전압 분배 되고 각각 동일한 Z_0이므로 전송선로의 초기 전압은 $V_0 / 2$가 된다. 이 전압은 속도 v_p로 부하 방향으로 전송된다. 그림 2.21b에 보는 바와 같이 펄스의 최첨단(leading edge)은 시간 $t = z/v_p$ 일 때 전송선로상의 z 점에 있게 된다.

펄스는 시간 $t = l/v_p$ 에 부하에 도달한다. 부하가 전송선로와 정합되어 있기 때문에 부하에서의 반사는 없다. 이제 회로는 정상 상태(steady-state)가 되며 전송선로의 전압은 시간 $t > l/v_p$에 대하여 $v(z, t) = V_0 / 2$ 로 일정한 값을 유지하며 이를 그림 2.21c에 보였다. 이것은 신호원과 입력단의 임피던스가 동일하기 때문에 전압 분배기 회로로 계산한 값(DC value)과 일치하는 것은 당연하다.

이어서 그림 2.22a과 같이 종단이 단락 된 전송선로 회로를 살펴 보자. 먼저 선로의 입력 임피던스가 Z_0이므로 초기 입사 펄스는 $V_0 / 2$의 진폭을 갖게 된다. 이를 그림 2.22b에 보였다. 단락 된 부하는 반사계수 $\Gamma = -1$이므로 반사되는 펄스는 역위상이 되고 신호원 쪽으로 진행하게 된다. 그림 2.22c와 같이 $l/v_p < t < 2l/v_p$ 시간에는 신호원 방향으로 진행하는 역위상의 반사 펄스와 중첩됨으로 상쇄된다. 신호원과 전송선로의 특성 임피던스가 같기 때문에, 역위상 반사 펄스가 신호원에 되돌아온 시간 $t = 2l/v_p$ 이 후에는 신호원에서의 반사가 없다. 따라서 회로는 어디서나 0 V 전압으로 안정 상태가 된다. 이러한 결과는 DC 회로 해석과 일치한다. 왜냐하면 단락 선로는 DC에서는 전기적인 길이가 0이 되어 입력단이 단락 된 것과 같으므로 전압이 0 V 이어야 한다. 전송선로상의 임의의 지점 z의 전압파형은 진폭이 $V_0/2$인 구형 펄스가 $z/v_p < t < (2l - z)/v_p$ 시간 동안 존재하게 된다. 이러한 현상을 이용하여 매우 짧은 지속 시간을 갖는 펄스를 생성하는 데 실제로 응용된다.

마지막으로 그림 2.23a와 같이 종단이 개방된 전송선로 회로에 대하여 살펴 보자. 앞의 경우와 마찬가지로 그림 2.23b전송선로의 초기 입력 임피던스는 Z_0이므로 초기 입사 펄스

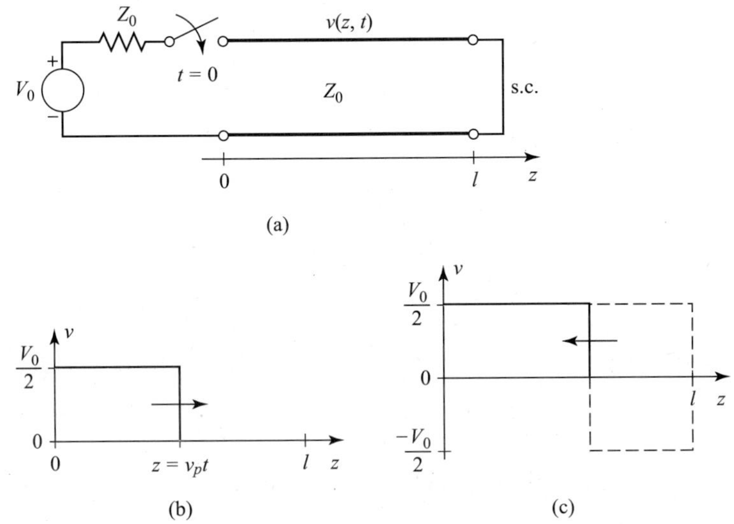

그림 2.22 종단 단락된 전송선로의 과도 응답. (a) 계단 함수 전압원과 전송선로 회로. (b) $0 < t < v_p$ 에 대한 응답. (C) $l / v_p < t < 2l / v_p$ 에 대한 응답; 입사 펄스는 $\Gamma = -1$로 반사 된다.

의 진폭은 $V_0 / 2$가 된다. 개방된 부하의 반사계수 $\Gamma = 1$이므로 입사하는 신호와 동위상으로 반사하여 신호원으로 진행하게 된다. 따라서 입사와 반사 펄스(forward and reverse pulses) 신호가 더해져서 진폭은 V_0가 되며 이를 그림 2.23c와 보였다. 시간 $t = 2l/v_p$에서 반사 펄스는 신호원에 도달하게 되나 임피던스가 정합 되어 있어 반사된 펄스는 다시 재반사 되지 않는다. 그러므로 회로는 안정 상태가 되며, 전송선로는 정전압 V_0를 유지한다.

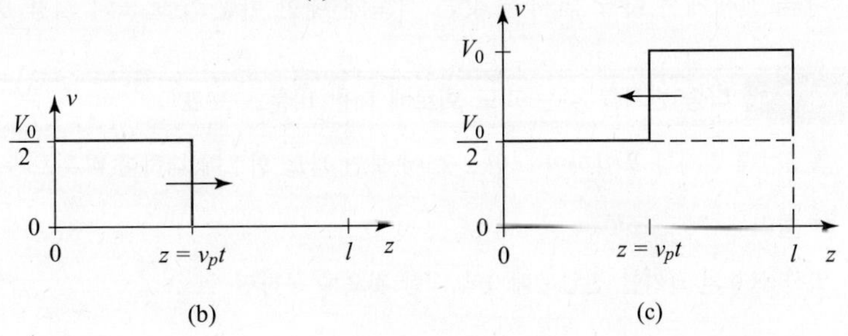

그림 2.23 종단 개방된 전송선로의 과도 응답. (a) 계단 함수 전압원과 전송선로 회로. (b) $0 < t < l / v_p$ 에 대한 응답. (C) $l / v_p < t < 2l / v_p$ 에 대한 응답; 입사 펄스는 $\Gamma = 1$로 반사 된다.

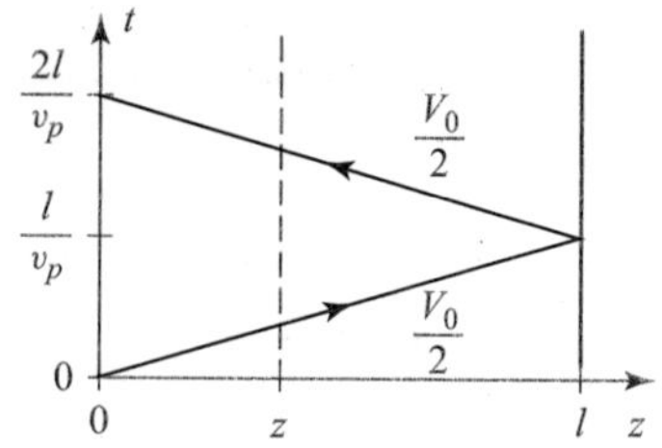

그림 2.24 그림 2.23a의 과도 회로에 대한 바운스 도표

DC 해석에 의하면 개방된 전송선로는 종단에서 회로가 개방 되었음을 의미하며 이는 종단의 전압과 신호원의 전압이 같아야 한다.

과도 신호의 전송에 대한 바운스 도표

그림 2.21-2.23은 전송선로를 따라 전송되는 펄스의 전압과 위치의 관계는 알 수 있지만, 시간 변화에 대하여 보여주지 않으며, 또한 신호의 반사 파형에 대한 특성을 명확하게 보여주지 않는다(특히, 다중 반사가 있을 경우). 전송선로 상의 전송 펄스의 시간과 위치에 대한 진행 사항을 알 수 있는 다른 방법은 **바운스 도표**를 이용하는 것이다. 예를 들면 그림 2.24은 그림 2.23a의 과도 회로에 대한 바운스 도표이다. 수평 축은 전송선로의 위치를 나타내며 그에 반하여 수직 축은 시간을 나타낸다. 입사 신호는 $t = z = 0$ 에서 시작함으로 이 점을 시점으로 하여 오른쪽(z의 증가) 및 위쪽(t의 증가)으로 실선을 그린다. 이 실선(ray)에 입사 신호의 전압이 $V_0 / 2$ 이므로 이 값을 표기한다. $t = l/v_p$일 때 입사 신호는 개방된 부하에 도달하여 반사가 일어나며 신호원 방향으로 반사파의 진행이 시작되고 반사 신호의 크기는 $V_0 / 2$이다. 이 반사 신호에 대한 실선은 좌측 및 위쪽으로 그려지며 신호원에 도달하는 $z = 0$ 및 $t = 2l/v_p$이 되는 점까지이고 그 이후에 전송선로는 정상 상태가 된다. 임의의 위치 z와 시간 t에 대한 총 전압은 수직 점선을 위치 z에서 시간 $t = 0$에서 t까지 도식하면 쉽게 알 수 있다. 총 전압은 수직 점선이 실선과 교차하는 점이 각각의 입사 신호 및 반사 신호의 전압의 크기가 되므로 이들을 합산하면 된다.

다음 예제에서 다중 반사를 갖는 회로에 대한 바운스 도표의 적용 방법을 살펴 본다.

예제 2.9 다중 반사를 갖는 과도 회로에 대한 바운스 도표

첫 3번째 반사를 포함하여 그림 2.25에 보인 과도 회로에 대하여 바운스 도표를 구하라.

☞ 풀이

입사 신호의 크기를 전압분배기에 대한 것으로 구하면

$$v^+ = 12\frac{100}{50 + 100} = 8.0\ \text{V}$$

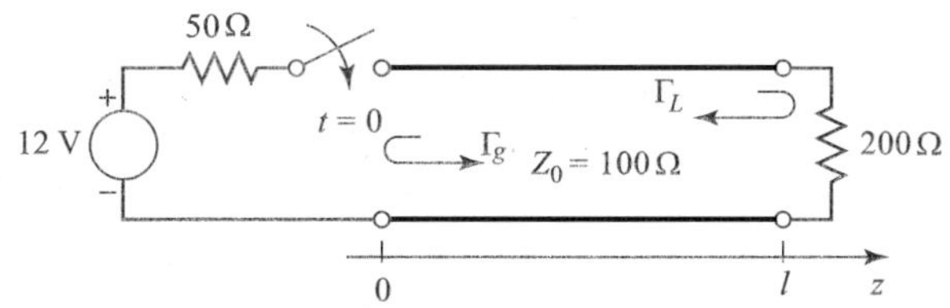

그림 2.25 예제 2.9에 대한 회로

입사신호에 대한 실선을 원점에서 $z = l$ 및 $t = l/v_p$까지 그릴 수 있다. 신호원 및 부하에 대한 반사계수는

$$\Gamma_g = \frac{50 - 100}{50 + 100} = -1/3 \quad \text{과} \quad \Gamma_L = \frac{200 - 100}{200 + 100} = 1/3$$

이다. 따라서 부하에서의 반사 전압은 8/3 V이다. 이 반사신호가 신호원에 도달하여 반사되는 전압은 −8/9 V가 된다. 부하에서의 재 반사 전압은 −8/27 V이다. 이들 4개의 신호를 그림 2.26에 바운스 도표로 보였다. ◀

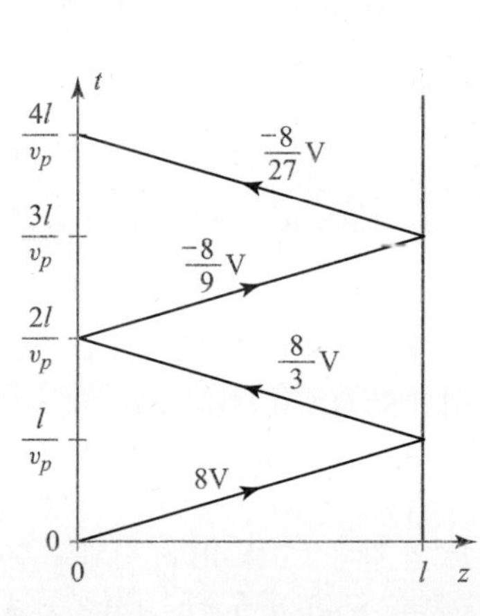

그림 2.26 예제 2.9에 대한 바운스 도표

참고문헌

[1] S. Ramo, J. R. Winnery, and T. Van Duzer, *Fields and Waves in Communication Electronics*, 3rd Edition, John Wiley & Sons, N.Y., 1994.

[2] J. A. Stratton, *Electromagnetic Theory*, McGraw-Hill, N.Y., 1941.

[3] H. A. Wheeler, "Reflection Charts Relating to Impedance Matching," *IEEE Trans on Microwave Theory and Techniques*, vol. MTT-32, pp.1008-1021, September 1984.

[4] P. H. Smith, "Transmission Line Calculator," *Electronics*, vol.12, No.1, pp.29-31,

January 1939.

[5] P.J. Nahin, *Oliver Heaviside : Sage in Solitude*, IEEE Press, N.Y., 1988.

[6] H. A. Wheeler, "Formulas for the Skin Effect," *Proc. IRE*, vol.30, pp. 412-424, September 1942.

[7] T. C. Edwards, *Foundations for Microstrip Circuit Design*, John Wiley & Sons, N.Y., 1987.

연습문제

2.1 75 Ω인 동축선로에 전류 $i(t, z) = 1.8\cos(3.77 \times 10^9 t - 18.13z)$가 흐르고 있다. 다음을 구하라. (a) 주파수, (b) 위상속도, (c) 파장, (d) 전송선로의 비유전율, (e) 전류의 페이표현식, 그리고 (f) 선로의 시간영역 전압.

2.2 전송선로가 다음과 같은 단위길이당 파라미터 값을 갖고 있다.

$$L = 0.5\,\mu\text{H/m},\ C = 200\,\text{pF/m},\ R = 4.0\,\Omega/\text{m},\ G = 0.02\,\text{S/m}.$$

800 MHz에서 이 선로의 전파상수와 특성 임피던스를 계산하여라. 이 선로의 길이가 30cm 인 경우 감쇠는 몇 dB인가? 손실이 없는 경우($R = G = 0$)에 대해서도 계산하여라.

2.3 RG-402U 동축선로는 내부도체의 지름이 0.91 mm, 유전체의 직경(외부도체의 내부 직경과 동일함)은 3.02 mm이다. 두 도체는 구리이며 유전체는 테플론(teflon)이다. 1 GHz에서 이 선로의 R, L, G, C 값을 구하고 이 결과를 이용하여 1 GHz에서의 특성 임피던스 및 감쇠 상수를 구하라. 제조회사의 규격인 50 Ω과 0.43 dB/m와 계산 결과를 비교하고 차이가 있다면 그 이유를 논하라.

2.4 문제 2.3의 동축선로의 감쇠상수를 dB/m 단위로 주파수 범위 1 MHz에서 100 GHz까지에 대하여 계산하고 도시하라. log-log 그래프 용지를 사용할 것.

2.5 아래 그림과 같은 평행판 선로에 대한 R, L, G, C 파라미터를 구하라. $w \gg d$라고 가정한다.

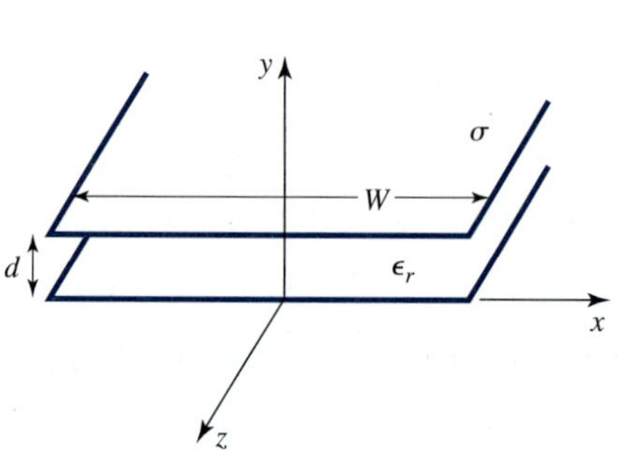

2.6 문제 2.5의 평행판 선로에 대하여 계 이론(field theory)을 이용하여 전송선로 방정식을 유도하라.

2.7 다음의 그림과 같은 전송선로의 *T*모델도 2.1절에서 유도한 전송선로 방성식을 만족함을 보여라.

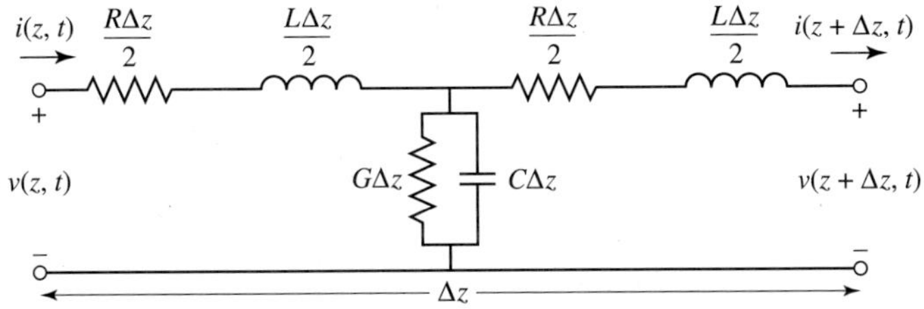

2.8 아래에 나타낸 바와 같이 복소 부하 임피던스를 갖는 부하로 종단된 전기적 길이 $\ell = 0.3\lambda$인 무손실 전송선로가 있다. 부하에서의 반사계수, 선로상의 SWR 및 입력 임피던스를 구하라.

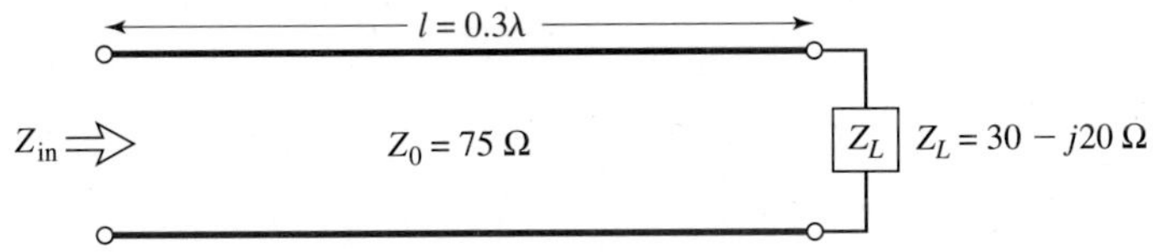

2.9 75 Ω 동축 전송선로가 길이가 2.0 cm이고 종단에 부하 임피던스 $37.5 + j75\ \Omega$ 로 결선되어 있다. 만일 선로의 비유전율이 2.56이고 주파수가 3.0 GHz일 때, 선로의 입력 임피던스, 부하에서의 반사계수, 입력단에서의 반사계수, 선로상에서의 SWR을 구하라.

2.10 $Z_0 = 60\ \Omega$인 종단된 전송선로가 부하에서의 반사계수 $\Gamma = 0.4\angle 60^{\circ}$ 일 때 다음을 구하라. (a) 부하 임피던스, (b) 부하로부터 0.3λ 떨어진 위치의 반사계수, (c) 이 위치에서의 입력 임피던스.

2.11 100 Ω의 전송선로의 유효 유전율이 1.65인 경우에 다음을 구하라. 2.5 GHz에서 입력 캐패시터가 5 pF가 되는 종단개방인 경우의 최소 전송선로 길이. 동일 조건에서 인덕턴스가 5 nH가 되는 최소 길이.

2.12 무손실 전송선로가 100 Ω 부하로 종단되어 있다. 만일 선로상의 SWR값이 1.5라고 가정할 경우에 선로의 특성 임피던스에 대한 두 개의 가능한 값들을 구하라.

2.13 임의의 길이의 동축선로의 종단을 단락하였을 때의 입력 임피던스가 Z_{SC}이고 개방하였을 때의 입력 임피던스가 Z_{OC}라고 한다면 이 선로의 특성 임피던스를 Z_{SC}와 Z_{OC}로 표현하는 식을 유도하여라.

2.14 무선 송신기가 50 Ω의 동축케이블을 사용하여 $80 + j40\ \Omega$의 임피던스를 갖는 안테나에 접속되어 있다. 송신기는 50 Ω이며 50 Ω 부하에 30 W의 전력을 공급할 수 있다면, 안테나에는 얼마나 많은 양의 전력이 전달되겠는가?

2.15 다음 표를 완성시키기 위한 SWR, 반사계수의 크기 및 return loss값을 계산하라.

SWR	$\|\Gamma\|$	RL(dB)
1.00	0.00	∞
1.01	—	—
—	0.01	—
1.05	—	—
—	—	30.0
1.10	—	—
1.20	—	—
—	0.10	—
1.50	—	—
—	—	10.0
2.00	—	—
2.50	—	—

2.16 아래 그림의 전송선로 회로에서 $V_g = 15$ V rms, $Z_g = 75\ \Omega$, $Z_0 = 75\ \Omega$, $Z_L = 60 - j40\ \Omega$, $\ell = 0.7\lambda$이다. 다음의 세 가지 방법을 이용하여 부하에 전달되는 전력을 계산하라.

(a) Γ를 구하고 다음 식을 계산한다.

$$P_L = \left(\frac{V_g}{2}\right)^2 \frac{1}{Z_0}(1 - |\Gamma|^2);$$

(b) Z_{in}을 구하고 다음 식을 계산한다.

$$P_L = \left|\frac{V_g}{Z_g + Z_{in}}\right|^2 \text{Re}\{Z_{in}\};\ \text{그런 다음}$$

(c) V_L을 구하고 다음 식을 계산한다.

$$P_L = \left|\frac{V_L}{Z_L}\right|^2 \text{Re}\{Z_L\}.$$

각각의 방법에 대하여 이론적으로 논하라. 무손실 선로가 아닌 경우 어느 방법이 유효한가?

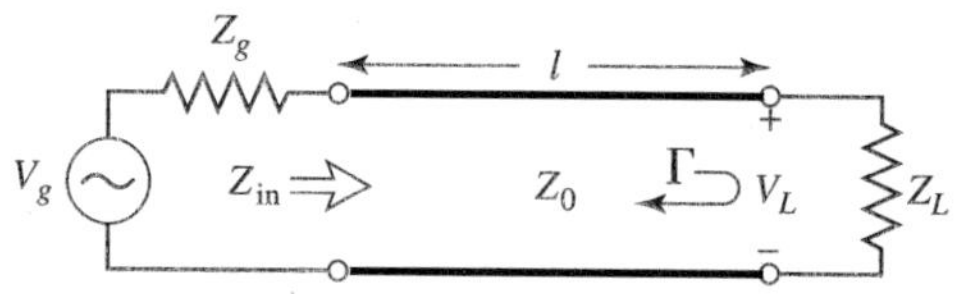

2.17 $Z_L = jX$인 순수 리액티브 부하인 경우, 반사계수 $|\Gamma|$의 크기가 항상 1이 됨을 보여라. 단, 특성 임피던스 Z_0는 실수이다.

2.18 다음과 같은 전송선로회로를 생각하자. 입력전력(P_{inc}), 반사전력(P_{ref}) 및 무한 길이의 75Ω 전송선로의 입력단에 전송되는 투과전력(P_{trans})을 구하라. 또, 전력보존 법칙이 성립함을 보여라.

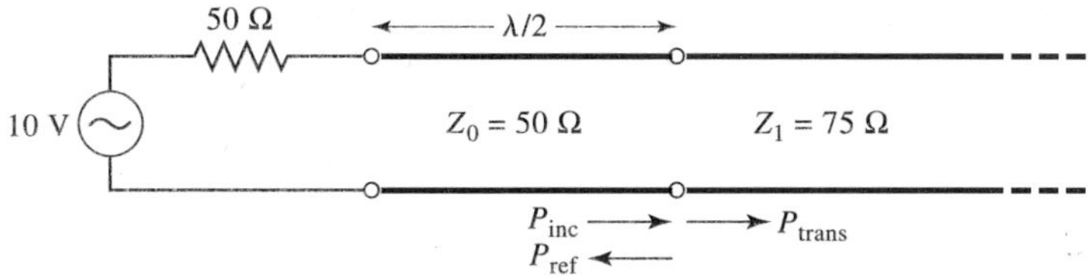

2.19 아래의 그림과 같이 전원이 전송선로에 접속되어 있다. 전송선로를 따라 z의 함수로 전압을 구하라. $-\ell \le z \le 0$인 구간에 대한 이 전압값의 크기를 도시하라.

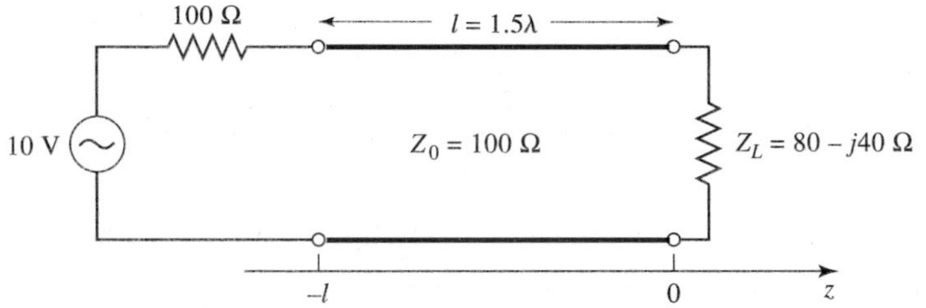

2.20 아래의 그림과 같은 전송선로 회로에 대하여 다음의 값들을 Smith 도표를 사용하여 구하라.

(a) 선로상의 SWR

(b) 부하에서 반사계수

(c) 부하 어드미턴스

(d) 선로의 입력 임피던스

(e) 부하에서 첫 번째 전압 최소점까지의 거리

(f) 부하에서 첫 번째 전압 최대점까지의 거리

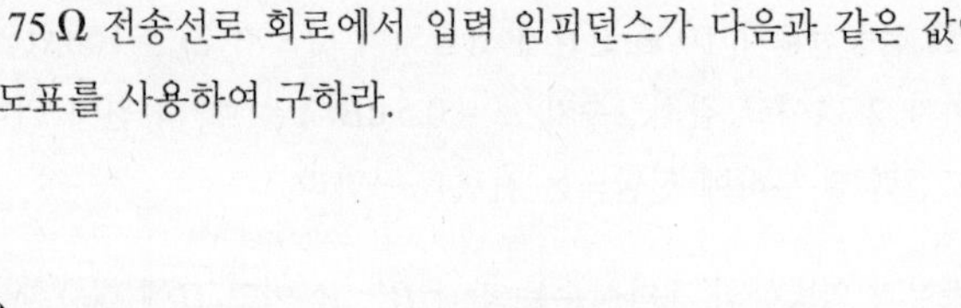

2.21 종단이 단락된 75 Ω 전송선로 회로에서 입력 임피던스가 다음과 같은 값이 되는 선로의 최소 길이를 Smith 도표를 사용하여 구하라.

(a) $Z_{in} = 0$

(b) $Z_{in} = \infty$

(c) $Z_{in} = j75\ \Omega$

(d) $Z_{in} = -j50\ \Omega$

(e) $Z_{in} = j10\ \Omega$

2.22 문제 2.21에서 종단이 단락된 경우에 대하여 구하라.

2.23 슬롯선로에 대한 실험 결과는 다음과 같다. 연속하는 최소점 사이 거리는 2.1 cm, 부하로부터 첫 번째 전압 최소점까지의 거리는 0.9 cm, 그리고 부하의 SWR은 2.5이였다. 만일 $Z_0 = 50\,\Omega$에 대한 부하 임피던스의 값을 구하라.

2.24 40 Ω 부하를 75 Ω 의 선로와 정합시키기 위한 λ/4 - 정합 변환기를 설계하라. $0.5 \leq f/f_o \leq 2.0$의 구간에 대한 SWR 값을 도시하라. 여기서 f_o는 선로의 길이가 λ/4에 대응되는 주파수이다.

2.25 아래의 그림과 같은 λ/4 - 정합 변환기를 생각하자. λ/4 - 변환기 선로에서의 진행파 V^+ 및 반사파 V^-를 입사전압의 진폭 V^i로 표현한 식을 구하라.

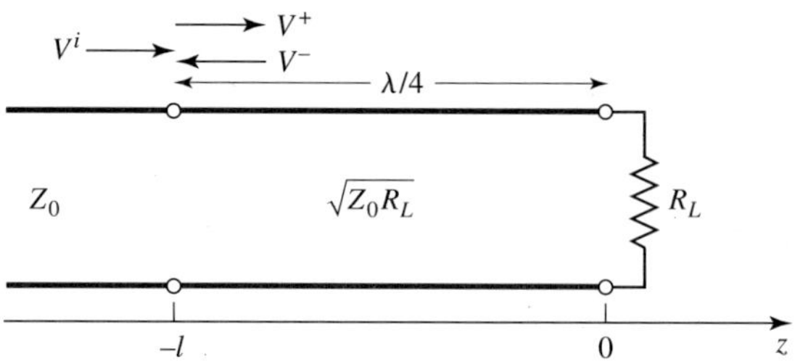

2.26 식 (2.70)으로부터 식 (2.71)을 유도하라.

2.27 예제 2.7에서 유한한 도전율에 기인한 동축선로의 감쇠상수는

$$\alpha_c = \frac{R_s}{2\eta \ln b/a}\left(\frac{1}{a} + \frac{1}{b}\right)$$

이다. 도체반경이 $x \ln x = 1 + x$ 일 때 α_c가 최소가 됨을 보여라(여기서 $x = b/a$다). 이 식을 x에 대하여 풀고, 이에 대한 특성 임피던스를 $\epsilon_r = 1$인 경우에 대하여 계산하면 77 Ω이 됨을 보여라.

2.28 표피의 불균일(surface roughness)이 커지면 감쇠상수도 증가하는데 표면 불균일의 RMS(root mean square) 값의 범위 0부터 0.01 mm까지에 대하여 표면의 불균일에 따른 감쇠상수의 값을 계산하고 도시하라. 단 주파수는 10 GHz이고 도체는 구리로 가정한다.

2.29 50 Ω 전송선로가 10 V 전원에 정합되어 있으며 $Z_L = 100\,\Omega$의 부하에 급전되고 있다. 선로의 길이가 2.3λ이고 감쇠상수가 $\alpha = 0.5$ dB/λ일 때, 전원에 의하여 전달되는 전력, 선로에서의 소모전력 및 부하에 전달되는 전력을 구하라.

2.30 순방향과 역방향의 전파상수는 각각 β^+, β^-이고 그에 대응한 특성 임피던스는 각각 Z_0^+, Z_0^-인 비가역성 전송선로를 고려하자[예를 들면, 자화된 페라이트기판(magnetized ferrite substrate)을 사용한 마이크로스트립 전송선로]. 다음의 그림과 같이 전송선로가 부하 Z_L로 종단인 경우, 입력단에서의 반사계수 및 임피던스를 구하라.

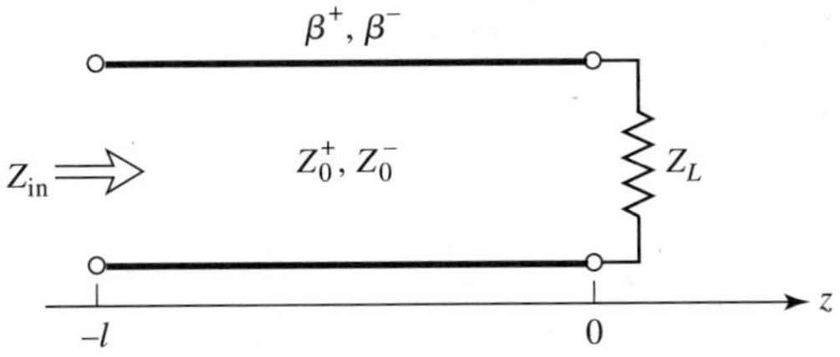

2.31 아래 그림과 같은 과도 회로에 대한 바운스 도표를 구하라. 최소 3번의 반사까지 포함한다. 시간 $t = 3l/v_p$ 일 때 선로 v_p 중앙 위치($z = l/2$)의 총 전압을 구하라.

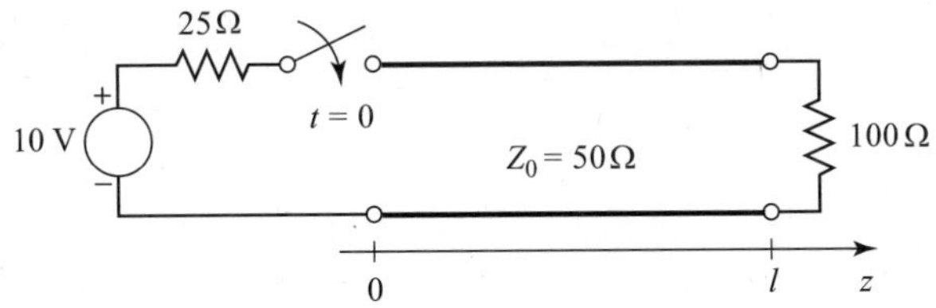

제 3 장

전송선로와 도파관

마이크로파 공학의 초창기 관심 사항은 마이크로파 전력을 저손실로 전송할 수 있는 도파관과 전송선로의 개발이였다. 1893년에 헤비사이드(Heaviside)는 둘레가 도체로 감싸인 긴 통으로 전자파의 전파 가능성을 고려한 바는 있으나 전자파의 전송을 위해서는 두 개의 도체가 있어야 한다는 믿음에 따라 앞의 생각을 부정하였다[1]. 1897년에 레일리히 경[2]은 단면이 구형이나 원형의 도파관으로 전자파의 전파가 될 수 있음을 수학적으로 증명하였다. 레일리히 경은 또한 그 당시에 실험적인 증명은 없었지만 차단주파수의 존재와 TE 및 TM파의 모드가 무한하다는 것을 기술하였다. 1936년에 두 사람 [3]이 독립적으로 재발견할 때까지는 궁극적으로 잊혀져 있었다. 1932년에 기본적인 실험이 있은 후에 뉴욕의 AT&T 사의 사우스워쓰(George C. Southworth)는 1936년에 도파관에 대한 논문을 발표하게 되었는데, 바로 그 회합에서 MIT의 바로우(W.L. Barrow)도 원형도파관을 실험에 의한 결과와 함께 논문을 발표하였다.

초창기 무선주파수 및 마이크로파 시스템은 전송선로인 도파관 동축선로 등의 특성에 의존하였다. 도파관은 부피가 크고 고비용인 단점이 있으나 고전력 및 저손실의 장점을 갖고 있다. 동축선로는 다양한 마이크로파 소자를 만들기 위한 전송선로로써는 부적절하지만 높은 대역폭과 이용의 편리한 점이 있다. 평판형 전송선로는 스트립 선로, 마이크로스트립, 슬롯 선로, 코플라나 선로 등 다양한 구조가 존재하며 다이오드, 트랜지스터 등의 능동소자와 함께 마이크로파 집적회로(MIC; microwave integrated circuits) 구현에 용이하다. 최초의 평판형 전송선로는 2차 세계대전 중에 전력 분배기 회로에 쓰였으며 스트립 선로와 비슷한 평형 스트립 동축선로 형태였다[4]. 그러나 1950년대까지는 평판형 전송선로는 주목을 받지 못했다. 마이크로스트립 선로는 ITT 연구소[5]에서 처음 개발하였으며 스트립 선로를 대치할 수 있는 선로였다. 그러나 초기의 마이크로스트립 선로는 비 TEM 모드 및 선로를 주파수 분산 특성을 초래하는 비교적 두꺼운 유전체 기판으로 구현하였기 때문에 스트립 선로에 비하여 효용성이 떨어지는 선로였다. 1960년대에 박막의 유전체 기판이 사용되기 시작하였으며 선로의 주파수 특성이 개선되었고 이제 본격적으로 마이크로파 집적회로에 사용하게 되었다.

이 장에서는 오늘날 일반적으로 사용되고 있는 전송선로와 도파관의 몇 가지 형태와 그의 특성에 대해 연구한다. 2장에서 이미 공부했듯이 전송선로는 전파상수와 특성 임피던스에 의해 특징 지어지며 손실이 있는 선로일 경우 감쇠특성 또한 중요하다. 이러한 것들은 이 장에서 다루는 여러 종류의 전송선로와 도파관에 대한 장 이론에 의한 해석으로부터 유도될 것이다.

먼저 전송선로와 도파관에 존재할 수 있는 여러 종류 파의 전파와 그 모드에 대해 일반적으로 논할 것이다. 두 개 이상의 도체로 구성된 전송선로에는 진행방향으로의 성분이 없는 TEM(transverse electromagnetic)파가 존재할 수 있다. 이러한 TEM파는 전압, 전류 그리고 특성 임피던스로 정의할 수 있다. 진행방향으로 자계 성분이 있는 TE(transverse electric)파와 전계 성분이 있는 TM(transverse magnetic)파는 하나의 도체로 구성되어 있는 도파관에 존재한다. 4장에서 살펴보겠지만, 이러한 파에 대한 특성 임피던스를 단적으로 정의할 수는 없더라도 적절한 정의를 선택하여 도파관에 적용함으로써 의미 있는 결과를 얻을 수 있다.

3.1 TEM, TE, TM파에 대한 일반해

이 절에서는 원통형 전송선로와 도파관에서의 TEM, TE, TM파의 전파에 대한 맥스웰 방정식의 일반해를 구한다. 그림 3.1은 임의의 전송선로와 도파관의 기하학적 구조를 나타낸 것으로 z 축에 평행한 도체의 경계에 의해 특징 지어진다. 이러한 구조는 z 축으로 균일하며 무한히 긴 것으로 가정하여 해석한다. 도체는 완전도체로 가정하지만, 2장에서 논한 섭동법(perturbation method)을 이용하여 감쇠를 구할 수 있다.

전자파가 z 축을 따라 전파하며 시간에 따라 $e^{j\omega t}$의 형태로 변하는 전자계라고 가정한다. 전계 및 자계는 다음과 같이 나타낼 수 있다.

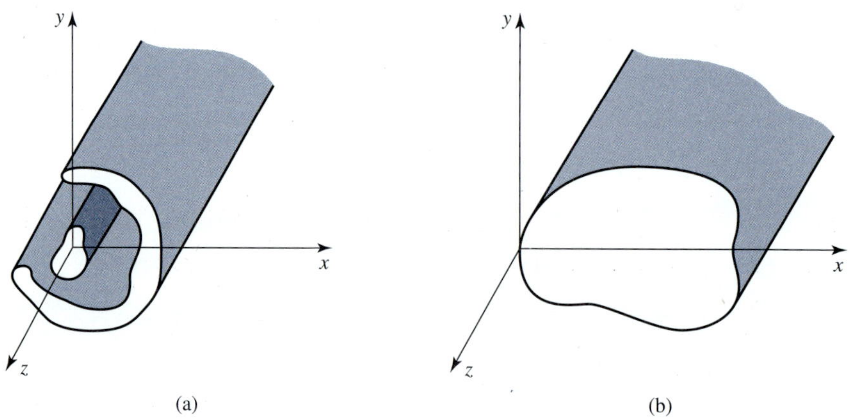

그림 3.1 (a) 일반적인 두 도체 전송선로, (b) 폐쇄 도파관

$$\bar{E}(x, y, z) = [\bar{e}(x, y) + \hat{z}e_z(x, y)]e^{-j\beta z} \tag{3.1a}$$

$$\bar{H}(x, y, z) = [\bar{h}(x, y) + \hat{z}h_z(x, y)]e^{-j\beta z}. \tag{3.1b}$$

여기서 $\bar{e}(x, y)$와 $\bar{h}(x, y)$는 $(\hat{x}, \hat{y})$의 횡방향 전기 및 자기장 성분이고, e_z와 h_z는 진행방향의 전계 및 자계 성분이다. 식 (3.1)에서 전파는 $+z$방향으로 진행하며 $-z$방향으로 진행하는 파는 β를 $-\beta$로 대치함으로써 얻을 수 있다. 만약 도체나 유전체의 손실이 있는 경우 전파상수는 복소수가 되며 $j\beta$는 $\gamma = \alpha + j\beta$로 대치되어야 한다.

전송선로 또는 도파관 내에 전자파원이 없다면 맥스웰 방정식은 다음과 같이 쓸 수 있다.

$$\nabla \times \bar{E} = -j\omega\mu\bar{H} \tag{3.2a}$$

$$\nabla \times \bar{H} = j\omega\epsilon\bar{E}. \tag{3.2b}$$

$e^{-j\beta z}$항이 z의 함수이므로 위의 벡터방정식을 3개의 성분으로 각각 나누어 표현하면 다음과 같다.

$$\frac{\partial E_z}{\partial y} + j\beta E_y = -j\omega\mu H_x \tag{3.3a}$$

$$-j\beta E_x - \frac{\partial E_z}{\partial x} = -j\omega\mu H_y \tag{3.3b}$$

$$\frac{\partial E_y}{\partial x} - \frac{\partial E_x}{\partial y} = -j\omega\mu H_z \tag{3.3c}$$

$$\frac{\partial H_z}{\partial y} + j\beta H_y = j\omega\epsilon E_x \tag{3.4a}$$

$$-j\beta H_x - \frac{\partial H_z}{\partial x} = j\omega\epsilon E_y \tag{3.4b}$$

$$\frac{\partial H_y}{\partial x} - \frac{\partial H_x}{\partial y} = j\omega\epsilon E_z. \tag{3.4c}$$

위의 6개 방정식에서 E_z와 H_z로 4개의 횡방향 성분을 표현하면 다음과 같다(즉, 식 (3.3a)와 식 (3.4b)로부터 E_y를 소거함으로써 H_x를 구할 수 있다).

$$H_x = \frac{j}{k_c^2}\left(\omega\epsilon\frac{\partial E_z}{\partial y} - \beta\frac{\partial H_z}{\partial x}\right) \tag{3.5a}$$

$$H_y = \frac{-j}{k_c^2}\left(\omega\epsilon\frac{\partial E_z}{\partial x} + \beta\frac{\partial H_z}{\partial y}\right) \tag{3.5b}$$

$$E_x = \frac{-j}{k_c^2}\left(\beta\frac{\partial E_z}{\partial x} + \omega\mu\frac{\partial H_z}{\partial y}\right) \tag{3.5c}$$

$$E_y = \frac{j}{k_c^2}\left(-\beta\frac{\partial E_z}{\partial y} + \omega\mu\frac{\partial H_z}{\partial x}\right). \tag{3.5d}$$

여기서

$$k_c^2 = k^2 - \beta^2 \tag{3.6}$$

은 **차단파수**(cutoff wavenumber)로 정의되는데, 이렇게 불려지는 이유는 뒤에 고찰하고자 한다. 앞 장에서처럼

$$k = \omega\sqrt{\mu\epsilon} = 2\pi/\lambda \tag{3.7}$$

는 전송선로나 도파관 내부를 채우는 물질에 따른 파수이다. 만일 유전체의 손실이 존재하면 유전율 ϵ은 복소수인 $\epsilon = \epsilon_o\epsilon_r(1 - j\tan\delta)$를 사용해야 하며 여기서 $\tan\delta$는 물질의 손실 탄젠트이다.

식 (3.5a) - (3.5d)는 여러 종류의 전파전송 시스템에 적용될 수 있는 아주 유용하고 일반적인 결과이다. 특정한 형태의 파에 이 결과를 상세히 적용하게 될 것이다.

TEM파

TEM파는 $E_z = H_z = 0$인 경우이다. $k_c^2 = 0(k^2 = \beta^2)$이 아니면 식 (3.5)로부터 $E_z = H_z = 0$인 경우에는 모든 횡방향 성분의 전자계 역시 0이 되는 불확정적인 결과를 얻게 된다. 따라서 식 (3.3)과 식 (3.4)로 되돌아가서 $E_z = H_z = 0$인 조건을 식 (3.3a)와 식 (3.4b)에 적용하여 H_x을 소거하면

$$\beta^2 E_y = \omega^2\mu\epsilon E_y$$

혹은

$$\beta = \omega\sqrt{\mu\epsilon} = k \tag{3.8}$$

를 얻는다(이 결과는 식 (3.3b)와 (3.4a)로부터도 얻을 수 있다). 따라서 TEM파의 차단파수 $k_c = \sqrt{k^2 - \beta^2}$은 0이다.

이제 식 (1.42)로부터 E_x에 대한 헬름홀쯔 파동방정식은

$$\left(\frac{\partial^2}{\partial x^2} + \frac{\partial^2}{\partial y^2} + \frac{\partial^2}{\partial z^2} + k^2\right) E_x = 0 \tag{3.9}$$

이 되는데, 진행방향 성분이 $e^{-j\beta z}$ 항에만 의존함으로써 $(\partial^2/\partial z^2)E_x = -\beta^2 E_x = -k^2 E_x$가 되어 식 (3.9)는 다음과 같이 간단히 쓸 수 있다.

$$\left(\frac{\partial^2}{\partial x^2} + \frac{\partial^2}{\partial y^2}\right) E_x = 0. \tag{3.10}$$

E_y에도 유사한 결과를 적용하여 식 (3.1a)에서 가정한 $\bar{E}$의 형태를 사용하면

$$\nabla_t^2 \bar{e}(x, y) = 0 \tag{3.11}$$

으로 쓸 수 있는데, 여기서 $\nabla_t^2 = \partial^2/\partial x^2 + \partial^2/\partial y^2$은 두 개의 횡축 x, y에 대한 라플라시안

연산자(Laplacian operator)이다.

식 (3.11)의 결과는 TEM파의 횡축 전계 성분 $\bar{e}(x, y)$는 라플라스 방정식을 만족한다는 것을 보여주고 있다. 같은 방법으로 횡축 자계 성분 $\bar{h}(x, y)$에 대하여 구하면 역시 라플라스 방정식을 만족함을 알 수 있다.

$$\nabla_t^2 \bar{h}(x, y) = 0. \tag{3.12}$$

따라서 TEM파의 횡축 성분은 도체 사이에서 존재하는 정전자기장과 같다. 정전기장의 경우 전계는 스칼라 전위함수 $\Phi(x, y)$의 기울기(gradient)로 표현된다.

$$\bar{e}(x, y) = -\nabla_t \Phi(x, y). \tag{3.13}$$

여기서 $\nabla_t = \hat{x}(\partial/\partial x) + \hat{y}(\partial/\partial y)$는 이차원 횡축방향의 그래디언트 연산자이다. 식 (3.13)이 유효하기 위해서는 $\bar{e}(x, y)$의 회전(curl)이 0이어야 하는데, 다음 식에서 이를 확인할 수 있다.

$$\nabla_t \times \bar{e} = -j\omega\mu h_z \hat{z} = 0.$$

식 (3.13)과 $\nabla \cdot \bar{D} = \epsilon \nabla_t \cdot \bar{e} = 0$으로부터 $\Phi(x, y)$도 정전기장에서처럼 라플라스 방정식을 만족함을 알 수 있다.

$$\nabla_t^2 \Phi(x, y) = 0. \tag{3.14}$$

두 도체 사이의 전위차는 다음식

$$V_{12} = \Phi_1 - \Phi_2 = \int_1^2 \bar{E} \cdot d\bar{\ell} \tag{3.15}$$

로부터 구할 수 있는데, 여기서 Φ_1과 Φ_2는 도체 1과 2에서의 전위를 각각 나타낸다. 도체에 흐르는 전류는 암페어 법칙인

$$I = \oint_C \bar{H} \cdot d\bar{\ell} \tag{3.16}$$

로부터 구할 수 있으며, 여기서 C는 도체의 단면 폐곡선이다.

TEM파는 2개 이상의 도체가 있을 때 존재할 수 있다. 평면파는 TEM파의 한 예인데, 이것은 전파방향으로 전계 및 자계 성분이 존재하지 않기 때문이다. 이 경우 전송선로를 구성하는 도체는 두 개의 무한히 큰 평판이 무한의 거리만큼 떨어져 있는 것으로 간주된다. 위의 결과로부터 알 수 있는 사실은 TEM파는 직사각형 도파관과 같은 폐도체에서는 존재할 수 없다는 것인데, 그 이유는 이 영역에서 정전위가 0 혹은 상수가 되어 $\bar{e} = 0$이 되기 때문이다.

TEM파의 임피던스는 횡축 방향의 자계 및 전계의 비로 주어진다.

$$Z_{\text{TEM}} = \frac{E_x}{H_y} = \frac{\omega\mu}{\beta} = \sqrt{\frac{\mu}{\epsilon}} = \eta. \tag{3.17a}$$

여기서는 식 (3.4a)가 사용되었으나 횡축방향 성분의 또다른 표현인 식 (3.3a)로부터

$$Z_{\text{TEM}} = \frac{-E_y}{H_x} = \sqrt{\frac{\mu}{\epsilon}} = \eta \tag{3.17b}$$

가 된다. 식 (3.17a)와 식 (3.17b)로부터 다음과 같은 횡축방향 성분의 일반식을 얻을 수 있다.

$$\bar{h}(x, y) = \frac{1}{Z_{\text{TEM}}}\hat{z} \times \bar{e}(x, y). \tag{3.18}$$

여기서 유의할 점은 1장에서 유도했듯이 TEM파의 임피던스는 손실이 없는 매질에서 평면파의 임피던스와 같으나 파의 임피던스와 전송선로의 특성 임피던스 Z_0를 혼동하지 말아야 한다. 파의 임피던스는 횡축 방향의 성분과 물질 상수에 의해서만 좌우되는 반면, 후자는 입사되는 파의 전압과 전류에 의해 결정되고 전송선로의 구조 및 그 선로를 구성하는 물질의 함수이다. 식 (2.32)로부터 TEM 선로의 특성 임피던스는 V와 I가 입사된 전압파와 전류파의 크기라 할 때, $Z_0 = V/I$로 주어진다.

TEM 선로를 해석하는 과정은 다음과 같이 요약할 수 있다.

1. $\Phi(x, y)$에 대한 라플라스 방정식 (3.14)를 푼다. 해에는 몇 개의 미지상수를 포함하고 있을 것이다.

2. 도체 상에서 알려진 전압에 대한 경계조건을 적용하여 이러한 상수값들을 구한다.

3. 식 (3.13), 식 (3.1a)로부터 $\bar{e}$와 $\bar{E}$를 구하고 식 (3.18), 식 (3.1b)로부터 $\bar{h}$와 $\bar{H}$를 구한다.

4. 식 (3.15)로부터 V를, 그리고 식 (3.16)으로부터 I를 계산한다.

5. 전파상수는 식 (3.8)로부터 얻어지고, 특성 임피던스는 $Z_0 = V/I$로부터 계산한다.

TE파

TE파(H-파라고도 함)는 $E_z = 0$이고 $H_z \neq 0$인 특성을 갖고 있다. 따라서 식 (3.5)는

$$H_x = \frac{-j\beta}{k_c^2}\frac{\partial H_z}{\partial x} \tag{3.19a}$$

$$H_y = \frac{-j\beta}{k_c^2}\frac{\partial H_z}{\partial y} \tag{3.19b}$$

$$E_x = \frac{-j\omega\mu}{k_c^2}\frac{\partial H_z}{\partial y} \tag{3.19c}$$

$$E_y = \frac{j\omega\mu}{k_c^2}\frac{\partial H_z}{\partial x} \tag{3.19d}$$

가 된다.

이 경우 $k_c \neq 0$이고 전파상수 $\beta = \sqrt{k^2 - k_c^2}$은 일반적으로 파의 주파수 및 전송선로나 도파관의 기하학적 구조의 함수이다. 식 (3.19)를 적용하기 위해서는 헬름홀쯔 파동방정식

$$\left(\frac{\partial^2}{\partial x^2}+\frac{\partial^2}{\partial y^2}+\frac{\partial^2}{\partial z^2}+k^2\right)H_z=0 \tag{3.20}$$

에서 H_z를 먼저 구해야 하며, $H_z(x, y, z) = h_z(x, y)e^{-j\beta z}$이고 $k_c^2 = k^2 - \beta^2$이므로 h_z에 대한 이차원 파동방정식이 된다.

$$\left(\frac{\partial^2}{\partial x^2}+\frac{\partial^2}{\partial y^2}+k_c^2\right)h_z=0. \tag{3.21}$$

이 방정식에서 주어진 도파관의 기하학적 구조에 따른 경계조건을 만족하는 해를 찾으면 된다.

TE파의 임피던스는

$$Z_{\mathrm{TE}}=\frac{E_x}{H_y}=\frac{-E_y}{H_x}=\frac{\omega\mu}{\beta}=\frac{k\eta}{\beta} \tag{3.22}$$

가 되어 주파수에 의존함을 알 수 있다. TE파는 2개 이상의 도체 사이는 물론 폐도체 내부에서도 존재할 수 있다.

TM파

TM파(E-파라고도 함)는 $E_z \neq 0$이고 $H_z = 0$인 특성을 갖고 있다. 따라서 식 (3.5)는

$$H_x=\frac{j\omega\epsilon}{k_c^2}\frac{\partial E_z}{\partial y} \tag{3.23a}$$

$$H_y=\frac{-j\omega\epsilon}{k_c^2}\frac{\partial E_z}{\partial x} \tag{3.23b}$$

$$E_x=\frac{-j\beta}{k_c^2}\frac{\partial E_z}{\partial x} \tag{3.23c}$$

$$E_y=\frac{-j\beta}{k_c^2}\frac{\partial E_z}{\partial y} \tag{3.23d}$$

가 된다. TE파의 경우와 같이 $k_c \neq 0$이고 전파상수 $\beta = \sqrt{k^2 - k_c^2}$은 파의 주파수 및 전송선로나 도파관의 기하학적 구조의 함수이다. E_z 성분은 헬름홀쯔 파동방정식

$$\left(\frac{\partial^2}{\partial x^2}+\frac{\partial^2}{\partial y^2}+\frac{\partial^2}{\partial z^2}+k^2\right)E_z=0 \tag{3.24}$$

에서 구할 수 있는데, $E_z(x, y, z) = e_z(x, y)e^{-j\beta z}$이고 $k_c^2 = k^2 - \beta^2$이므로 e_z에 대한 2차원 파동방정식을 다음과 같이 얻을 수 있다.

$$\left(\frac{\partial^2}{\partial x^2}+\frac{\partial^2}{\partial y^2}+k_c^2\right)e_z=0. \tag{3.25}$$

이 방정식에서 주어진 도파관의 기하학적 구조에 따른 경계조건을 만족하는 해를 구하면 된다.

TM파의 임피던스는

$$Z_{\mathrm{TM}} = \frac{E_x}{H_y} = \frac{-E_y}{H_x} = \frac{\beta}{\omega\epsilon} = \frac{\beta\eta}{k} \tag{3.26}$$

가 되어 주파수에 의존함을 알 수 있다. TE파에서처럼 TM파도 두 개 이상의 도체 사이는 물론 폐도체 내부에서 존재할 수 있다.

TE와 TM 도파관을 해석하는 과정은 다음과 같이 요약할 수 있다.

1. h_z혹은 e_z에 대한 간략화된 헬름홀쯔 방정식 (3.21) 혹은 식 (3.25)를 푼다. 그 해에는 몇 개의 미지상수와 미지 차단파수 k_c를 포함하게 된다.

2. 식 (3.19) 혹은 식 (3.23)을 이용하여 h_z 혹은 e_z로부터 횡축 성분을 구한다.

3. 경계조건을 파의 필요한 성분에 대하여 적용하여 미지상수들과 k_c를 계산한다.

4. 전파상수는 식 (3.6)에 의해, 파의 임피던스는 식 (3.22) 또는 식 (3.26)에 의해 구한다.

유전체 손실에 의한 감쇠

전송선로나 도파관에서의 감쇠는 유전체 손실이나 도체 손실에 의해 발생한다. 유전체 손실과 도체 손실에 의한 감쇠상수를 각각 α_d와 α_c라 하면 총 감쇠상수 $\alpha = \alpha_d + \alpha_c$가 된다.

도체 손실에 의한 감쇠는 2.7절의 섭동법을 이용하여 계산할 수 있는데, 이러한 도체 손실은 도파관 안에 있는 전자계의 분포에 의해 좌우되기 때문에 전송선로나 도파관의 종류에 따라 각각 다르게 계산하여야 한다. 그러나 전송선로나 도파관이 균질(homogeneous)의 유전체로 완전히 채워져 있으면 유전체 손실에 의한 감쇠는 전파상수로부터 계산할 수 있고, 이 결과는 균질의 유전체로 채워져 있는 모든 종류의 도파관에 적용된다.

복소 유전상수를 사용하면 복소 전파상수는 다음과 같이 쓸 수 있다.

$$\gamma = \alpha_d + j\beta = \sqrt{k_c^2 - k^2} = \sqrt{k_c^2 - \omega^2\mu_0\epsilon_0\epsilon_r(1 - j\tan\delta)}. \tag{3.27}$$

실질적으로 대부분의 유전체는 손실이 매우 작기 때문에 $(\tan\delta \ll 1)$ $x \ll a$의 경우에 대해 테일러 전개식(Taylor expansion)의 처음 두 항에 대한 근사식을 이용할 수 있다.

$$\sqrt{a^2 + x^2} \simeq a + \frac{1}{2}\left(\frac{x^2}{a}\right) \qquad (x \ll a).$$

$j\beta = \sqrt{k_c^2 - k^2}$이라 놓으면 식 (3.27)은 다음과 같이 간소화할 수 있다.

$$\gamma = \sqrt{k_c^2 - k^2 + jk^2\tan\delta} \simeq \sqrt{k_c^2 - k^2} + \frac{jk^2\tan\delta}{2\sqrt{k_c^2 - k^2}} = \frac{k^2\tan\delta}{2\beta} + j\beta. \tag{3.28}$$

여기서 파수 $k = \omega\sqrt{\mu_0\epsilon_0\epsilon_r}$은 손실이 없으면 실수가 된다. 식 (3.28)로 알 수 있는 것은

손실이 적을 경우에 위상상수 β는 변하지 않고 유전체 손실에 의한 감쇠상수는

$$\alpha_d = \frac{k^2 \tan\delta}{2\beta} \text{ Np/m (TE 또는 TM파)} \tag{3.29}$$

가 된다는 것이다. 이 결과는 도파관이 유전체로 완전히 채워져 있으면 모든 종류의 TE파와 TM파에도 적용된다. TEM 선로의 경우에는 $k_c = 0$이므로 $\beta = k$로 놓고 계산하면 된다.

$$\alpha_d = \frac{k \tan\delta}{2} \text{ Np/m (TEM파).} \tag{3.30}$$

3.2 평행판 도파관

평행판 도파관은 TM과 TE 모드가 존재할 수 있는 가장 단순한 형태의 도파관이며, 그림 3.2에서 보듯이 두 개의 도체평판이나 스트립으로 구성되어 있어서 TEM 모드도 존재할 수 있다. 이 도파관은 비현실적인 면이 있으나 동작 원리가 다른 많은 도파관과 유사하기 때문에 평행판 도파관에 대한 이해는 매우 유익하다. 또한 평행판 도파관은 스트립 선로(stripline)에서의 고차모드 모델의 해석에 유용하게 활용된다.

그림 3.2에서 보인 평행판 도파관의 기하적 구조도에서 스트립의 폭 W는 x축 상의 스트립 폭 양쪽 밖에 존재하는 전계(fringing fields)나 x축에 대한 전계의 변화를 무시하기 위해 평행판의 간격 d보다 아주 큰 것으로 가정한다. 이제 두 개의 판 사이에 유전율 ϵ과 투자율 μ인 물질로 채워져 있는 경우의 TEM, TM 그리고 TE파에 대한 해에 대하여 살펴보도록 하자.

TEM 모드

3.1절에서 언급했듯이 TEM 모드의 해는 두 개의 평판 사이에 나타나는 정전위 $\Phi(x, y)$

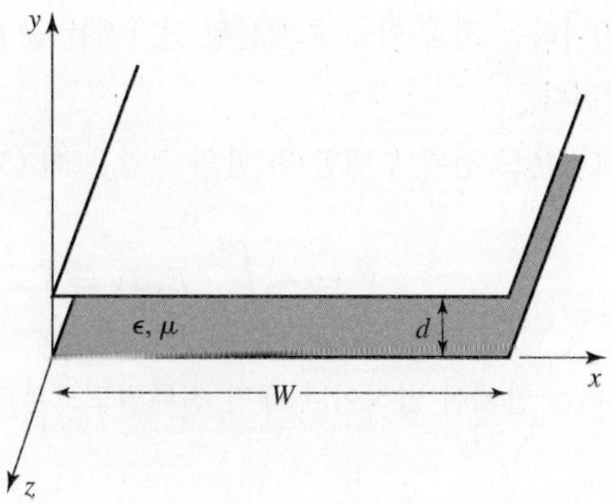

그림 3.2 평행판 도파관의 기하학적 구조

에 대한 라플라스 방정식 (3.14)를 풀면 얻을 수 있다.

$$\nabla_t^2 \Phi(x, y) = 0 \qquad (0 \le x \le W,\ \ 0 \le y \le d). \tag{3.31}$$

아래 판은 그라운드(zero) 전위이고, 위 판의 전위를 V_o라고 가정하면 $\Phi(x, y)$에 대한 경계조건은

$$\Phi(x, 0) = 0 \tag{3.32a}$$

$$\Phi(x, d) = V_o \tag{3.32b}$$

가 된다. 여기서 x축으로의 변화는 없으므로 $\Phi(x, y)$에 대한 식 (3.31)의 해는

$$\Phi(x, y) = A + By$$

가 되고, 식 (3.32)의 경계조건을 이용하여 상수 A, B를 구하여 정리하면

$$\Phi(x, y) = V_o y/d \tag{3.33}$$

가 된다. 식 (3.13)으로부터 횡축 방향의 전계를 계산하면

$$\bar{e}(x, y) = -\nabla_t \Phi(x, y) = -\hat{y}\frac{V_o}{d} \tag{3.34}$$

가 되어, 종합한 전계에 대한 표현은

$$\bar{E}(x, y, z) = \bar{e}(x, y)e^{-jkz} = -\hat{y}\frac{V_o}{d}e^{-jkz} \tag{3.35}$$

가 된다. 여기서 $k = \omega\sqrt{\mu\epsilon}$은 식 (3.8)에서처럼 TEM파의 전파상수이다. 식 (3.18)로부터 자계는

$$\bar{H}(x, y, z) = \bar{h}\,(x, y)\,e^{-jkz} = \frac{1}{\eta}\hat{z} \times \bar{E}\,(x, y, z) = \hat{x}\frac{V_o}{\eta d}e^{-jkz}, \tag{3.36}$$

가 되는데, 여기서 $\eta = \sqrt{\mu/\epsilon}$은 두 개의 평판 사이의 매질의 고유 임피던스이다. 유의할 점은 $E_z = H_z = 0$이라는 것과 이렇게 계산된 전자계는 균일 영역에 대한 평면파와 그 형태가 유사하다는 것이다.

아래 판인 그라운드 전위에 대한 위 판의 전압은 식 (3.15)와 식 (3.35)로부터 계산된다.

$$V = -\int_{y=0}^{d} E_y dy = V_o e^{-jkz}. \tag{3.37}$$

위 판의 총 전류는 암페어 법칙이나 표면 전류밀도로부터 구할 수 있다.

$$I = \int_{x=0}^{W} \bar{J}_s \cdot \hat{z}\,dx = \int_{x=0}^{W} (-\hat{y} \times \bar{H}) \cdot \hat{z}\,dx = \int_{x=0}^{W} H_x dx = \frac{WV_o}{\eta d}e^{-jkz}. \tag{3.38}$$

따라서 특성 임피던스는

$$Z_0 = \frac{V}{I} = \frac{\eta d}{W}, \tag{3.39}$$

가 되어 도파관의 기하학적인 구조와 물질 정수에 의해서 좌우되는 상수임을 알 수 있다. 또한 위상속도는

$$v_p = \frac{\omega}{\beta} = \frac{1}{\sqrt{\mu\epsilon}} \tag{3.40}$$

이 되어 매질 내에서의 빛의 속도와 동일한 상수가 된다.

유전체 손실에 의한 감쇠는 식 (3.30)에 의해 주어진다. 도체 손실에 의한 감쇠 중에 TM 모드 감쇠에 대하여서는 아래에서 살펴보기로 한다.

TM 모드

3.1절에서 언급했듯이 TM파는 $H_z = 0$이고, E_z는 0이 아니며 식 (3.25)를 만족하여야 한다. 평행판 도파관의 경우 $\partial/\partial x = 0$이므로

$$\left(\frac{\partial^2}{\partial y^2} + k_c^2\right) e_z(x, y) = 0 \tag{3.41}$$

이 된다. 여기서 $k_c^2 = k^2 - \beta^2$은 차단파수이고, $E_z(x, y, z) = e_z(x, y)e^{-j\beta z}$이다. 식 (3.41)에 대한 일반해는

$$e_z(x, y) = A \sin k_c y + B \cos k_c y \tag{3.42}$$

인 형태를 갖는데 $y = 0$과 $y = d$에서의 경계조건인

$$e_z(x, y) = 0 \qquad (y = 0, d) \tag{3.43}$$

를 만족하기 위해서는 $B = 0$이고, $n = 0, 1, 2, 3, \cdots$에 대해 $k_c d = n\pi$ 혹은

$$k_c = \frac{n\pi}{d} \qquad (n = 0, 1, 2, 3 \ldots.) \tag{3.44}$$

이어야 한다. 따라서 차단파수 k_c는 식 (3.44)에 주어진 것처럼 불연속값을 가지게 되며 전파상수 β는

$$\beta = \sqrt{k^2 - k_c^2} = \sqrt{k^2 - (n\pi/d)^2} \tag{3.45}$$

이 된다. 따라서 $e_z(x, y)$는

$$e_z(x, y) = A_n \sin \frac{n\pi y}{d} \tag{3.46}$$

이므로,

$$E_z(x, y, z) = A_n \sin \frac{n\pi y}{d} e^{-j\beta z} \tag{3.47}$$

가 된다. 식 (3.23)을 이용하면 횡축 방향의 성분은

$$H_x = \frac{j\omega\epsilon}{k_c} A_n \cos \frac{n\pi y}{d} e^{-j\beta z} \tag{3.48a}$$

$$E_y = \frac{-j\beta}{k_c} A_n \cos \frac{n\pi y}{d} e^{-j\beta z} \tag{3.48b}$$

$$E_x = H_y = 0 \tag{3.48c}$$

이 된다.

유의할 점은 $n = 0$인 경우 $\beta = k = \omega\sqrt{\mu\epsilon}$이고 $E_z = 0$이 되며 E_y와 H_x는 y축에 대해 상수가 되므로 TM_0 모드는 실질적으로 TEM 모드와 같아진다. 그러나 $n > 0$인 경우 전자계의 현상이 달라지기 때문에 n의 값에 따라 TM_n 모드로 표시하여야 하며 각 모드는 식 (3.45)에 의해 주어지는 자기 자신의 전파상수를 가지고 각각의 전자계도 식 (3.48)에 의해 표현된다.

식 (3.45)로부터 β는 $k > k_c$일 때만 실수임을 알 수 있다. $k = \omega\sqrt{\mu\epsilon}$은 주파수에 비례하기 때문에 $n > 0$인 경우 TM_n 모드에서는 차단현상이 일어나며 주파수가 $k > k_c$를 만족할 때까지는 파의 전파가 이루어지지 않는다. TM_n 모드의 차단주파수는

$$f_c = \frac{k_c}{2\pi\sqrt{\mu\epsilon}} = \frac{n}{2d\sqrt{\mu\epsilon}} \tag{3.49}$$

이 되어 가장 낮은 주파수에서도 전파하는 TM 모드는 TM_1 모드이며 차단주파수는 $f_c = 1/2d\sqrt{\mu\epsilon}$이다. TM_2 모드의 경우 차단주파수는 이 값의 2배가 된다. 주어진 모드의 차단주파수보다 낮은 주파수에서는 전파상수가 순허수가 되어 각각의 전계는 지수함수의 비율로 급격히 감쇠되어 사라진다. 이러한 모드를 차단(cutoff), 혹은 소멸(evanescent) 모드라 한다. TM_n 모드의 전파는 고역통과 여파기 특성과 유사하다.

TM 모드의 파 임피던스는 식 (3.26)으로부터 주파수의 함수이며 $f > f_c$일 경우 순실수가 되고 $f < f_c$일 경우 순허수가 된다.

$$Z_{TM} = \frac{-E_y}{H_x} = \frac{\beta}{\omega\epsilon} = \frac{\beta\eta}{k}. \tag{3.50}$$

위상속도 또한 주파수의 함수이며, $\beta < k$이므로 그 매질에서의 빛의 속도인 $1/\sqrt{\mu\epsilon} = \omega/k$보다 크다.

$$v_p = \frac{\omega}{\beta}. \tag{3.51}$$

도파관 내 파장(guide wavelength)은 z축 상의 동위상 평면 사이의 거리로서 다음과 같이 정의된다.

$$\lambda_g = \frac{2\pi}{\beta}. \tag{3.52}$$

유의할 점은 λ_g가 그 물질 내에서의 평면파의 파장 $\lambda = 2\pi/k$보다 크다는 것이다. 위상속도와 도파관 내 파장은 β가 실수이므로 전파모드에 대해서만 정의된다. 차단파장(cutoff wavelength) 또한 다음과 같이 정의된다.

$$\lambda_c = \frac{2d}{n}. \tag{3.53}$$

포인팅 벡터를 계산하면 TM_n 모드에서 전력이 어떻게 전파하는지를 알 수 있다. 식 (1.91)로부터 평행판 도파관의 횡축 단면을 통과하는 시간에 대한 평균전력은

$$P_o = \frac{1}{2}\mathrm{Re}\int_{x=0}^{W}\int_{y=0}^{d} \bar{E} \times \bar{H}^* \cdot \hat{z}\, dy\, dx = -\frac{1}{2}\mathrm{Re}\int_{x=0}^{W}\int_{y=0}^{d} E_y H_x^*\, dy\, dx$$

$$= \frac{W\mathrm{Re}(\beta)\omega\epsilon}{2k_c^2}|A_n|^2 \int_{y=0}^{d} \cos^2\frac{n\pi y}{d}\, dy = \begin{cases} \dfrac{W\mathrm{Re}(\beta)\omega\epsilon d}{4k_c^2}|A_n|^2 & \text{for } n > 0 \\ \dfrac{W\mathrm{Re}(\beta)\omega\epsilon d}{2k_c^2}|A_n|^2 & \text{for } n = 0 \end{cases} \tag{3.54}$$

이 되는데, 여기서 E_y, H_x는 식 (3.48a, b)를 사용하였다. 따라서 $f > f_c$이면 β는 실수가 되어 P_o는 0이 아닌 양수가 된다. 모드가 차단파수 이하로 떨어지면 β는 허수가 되어 $P_o = 0$이 된다.

도파관 내에서의 TM 혹은 TE 모드의 전파는 연속하여 반사하는 한쌍의 평면파로 해석할 수 있다. 예를 들어

$$\beta_1 = \sqrt{k^2 - (\pi/d)^2} \tag{3.55}$$

으로 주어지는 전파상수 β_1에 대한 전계를 다음과 같이 표현하자.

$$E_z = A_1 \sin\frac{\pi y}{d} e^{-j\beta_1 z}.$$

이것을 오일러(Euler) 공식을 이용하여 다시 쓰면

$$E_z = \frac{A_1}{2j}\left\{e^{j[\pi y/d - \beta_1 z]} - e^{-j[\pi y/d + \beta_1 z]}\right\} \tag{3.56}$$

가 되므로 E_z성분을 갖는 TM_1 모드를 고려하자. 식 (3.56)은 그 형태에 있어서 그림 3.3에 나타나 있듯이 $-y$, $+z$ 방향과 $+y$, $+z$ 방향으로 경사각 θ를 갖고 진행하는 두 개의 평면파를 나타낸다. 식 (1.132)의 위 식과 비교해 보면

$$k \sin\theta = \frac{\pi}{d} \tag{3.57a}$$

$$k \cos\theta = \beta_1 \tag{3.57b}$$

이 되어 식 (3.55)처럼 $(\pi/d)^2 + \beta_1^2 = k^2$이 된다. $f > f_c$이면 β는 실수가 되고, k_1보다 작아져서 θ는 0°와 90° 사이의 각이 되므로 이 모드는 위판과 아래판을 교대로 반사하는 두 개의 반사파로 간주될 수 있다.

θ방향으로 전파하는 각각 평면파의 위상속도는 도파관을 채운 물질에서의 빛의 속도인 $\omega/k = 1/\sqrt{\mu\epsilon}$이다. 그러나 z 방향으로 전파하는 평면파의 위상속도는 $\omega/\beta_1 = 1/\sqrt{\mu\epsilon}\cos\theta$가 되어 그 물질에서의 빛의 속도보다 빠르다(이것은 해안선을 치는 파도와 그 상황이 유사하다. 경사각을 갖고 입사하는 파도의 물마루와 해안선과의 교차점은 파도의 물마루보다 더 빨리 움직인다). 이 두개의 평면파는 $y = 0$과 $y = d$인 두 평면에서 $E_z = 0$인 경계조건을 만족해야 하므로 이 평면에서 서로 상쇄된다. f가 감소하여 f_c가 되면, β_1은 0이 되어 식 (3.57b)에 의해 θ는 90°가 된다. 따라서 두 개의 평면파는 $+z$ 방향으로의 움직임이 없이 상하로 반사만 계속하게 되어 실제 전력은 z방향으로 흐르지 못하게 된다.

유전체 손실에 의한 감쇠는 식 (3.29)로부터 구할 수 있고, 도체 손실에 의한 감쇠는 섭동법을 이용하여 구할 수 있다. 즉

$$\alpha_c = \frac{P_\ell}{2P_o} \tag{3.58}$$

로 주어지는데, 여기서 P_o는 식 (3.54)에 의해 주어지듯이 도체 손실이 없는 경우 도파관을 따라 흘러간 전력이고, P_ℓ은 식 (2.97)로부터 계산되는 손실이 있는 두 개의 도체에서의 단위 길이당 소비되는 전력이다.

$$P_\ell = 2\left(\frac{R_s}{2}\right)\int_{x=0}^{W} |\bar{J}_s|^2\, dx = \frac{\omega^2\epsilon^2 R_s W}{k_c^2}|A_n|^2, \tag{3.59}$$

여기서 R_s는 도체의 표면저항이다. 식 (3.54)와 식 (3.59)를 식 (3.58)에 적용하면 도체 손실에 의한 감쇠 α_c는

$$\alpha_c = \frac{2\omega\epsilon R_s}{\beta d} = \frac{2kR_s}{\beta\eta d}\ \text{Np/m} \qquad (n > 0) \tag{3.60}$$

가 된다.

앞에서 이미 논했듯이, TEM 모드는 평행판 도파관인 경우 TM_0 모드와 일치하기 때문

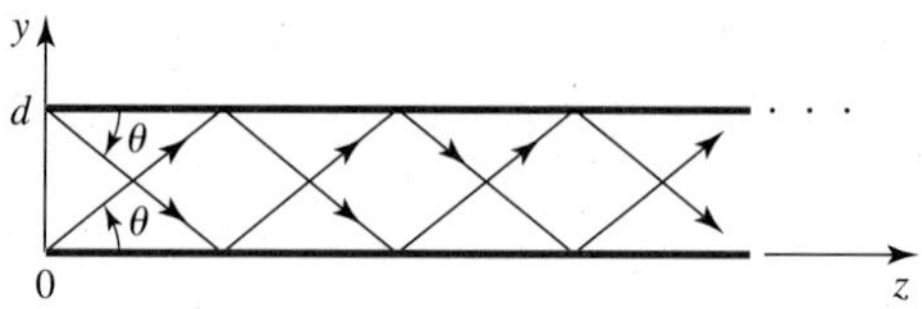

그림 3.3 TM_1평행판 도파관 모드의 반사하는 평면파에 의한 해석.

에 TM_n 모드에 대한 위의 감쇠식에서 $n = 0$으로 놓음으로써 TEM 모드에 대한 감쇠를 구할 수 있다. 도체 손실에 의한 TEM 모드의 감쇠는 식 (3.54)에 $n = 0$을 대입한 후 식 (3.58)에 적용하면

$$\alpha_c = \frac{R_s}{\eta d} \text{ Np/m} \tag{3.61}$$

가 된다.

TE 모드

$E_z = 0$인 특성을 갖는 TE 모드 또한 평행판 도파관에서 전파될 수 있다. 식 (3.21)에서 $\partial/\partial x = 0$이므로 H_z는 다음의 간소화된 파동방정식을 만족해야 한다.

$$\left(\frac{\partial^2}{\partial y^2} + k_c^2\right) h_z(x, y) = 0. \tag{3.62}$$

여기서 $k_c^2 = k^2 - \beta^2$은 차단파수이고, $H_z(x, y, z) = h_z(x, y)e^{-j\beta z}$이다. 식 (3.62)에 대한 일반해는

$$h_z(x, y) = A \sin k_c y + B \cos k_c y \tag{3.63}$$

가 되는데, 경계조건은 $y = 0$과 $y = d$에서 $E_x = 0$이고 TE 모드이므로 $E_z = 0$이다. 식 (3.19c)로부터

$$E_x = \frac{-j\omega\mu}{k_c} \left[A \cos k_c y - B \sin k_c y\right] e^{-j\beta z} \tag{3.64}$$

가 되는데, 경계조건을 적용하면 TM 모드의 경우에서처럼 $A = 0$이 되고

$$k_c = \frac{n\pi}{d} \qquad (n = 1, 2, 3 \ldots) \tag{3.65}$$

이 되어 H_z에 대한 최종해는

$$H_z(x, y) = B_n \cos \frac{n\pi y}{d} e^{-j\beta z} \tag{3.66}$$

가 된다. 식 (3.19)로부터 횡방향 성분을 계산하면

$$E_x = \frac{j\omega\mu}{k_c} B_n \sin \frac{n\pi y}{d} e^{-j\beta z} \tag{3.67a}$$

$$H_y = \frac{j\beta}{k_c} B_n \sin \frac{n\pi y}{d} e^{-j\beta z} \tag{3.67b}$$

$$E_y = H_x = 0 \tag{3.67c}$$

이 되고, 따라서 TE_n 모드의 전파상수는

$$\beta = \sqrt{k^2 - \left(\frac{n\pi}{d}\right)^2} \tag{3.68}$$

이 되어 TM_n 모드의 전파상수와 동일함을 알 수 있다. TE_n 모드의 차단주파수는

$$f_c = \frac{n}{2d\sqrt{\mu\epsilon}} \tag{3.69}$$

이 되어 TM_n 모드의 차단주파수와 같으며 파동임피던스는 식 (3.22)로부터

$$Z_{\rm TE} = \frac{E_x}{H_y} = \frac{\omega\mu}{\beta} = \frac{k\eta}{\beta} \tag{3.70}$$

가 되어 전파 모드에서는 실수, 그리고 비전파 모드나 차단 모드에서는 허수가 됨을 알 수 있다. 위상속도, 도파관 내 파장, 그리고 차단 파장은 TM 모드에 대한 결과와 유사하다.

TE_n 모드에 있어서 도파관을 따라 흐르는 전력은

$$\begin{aligned} P_o &= \frac{1}{2}\mathrm{Re}\int_{x=0}^{W}\int_{y=0}^{d} \bar{E}\times\bar{H}^*\cdot\hat{z}\,dy\,dx = \frac{1}{2}\mathrm{Re}\int_{x=0}^{W}\int_{y=0}^{d} E_x H_y^*\,dy\,dx \\ &= \frac{\omega\mu d W}{4k_c^2}|B_n|^2\mathrm{Re}(\beta), \qquad \text{for } n>0, \end{aligned} \tag{3.71}$$

이 되어 동작주파수가 차단주파수보다 작으면 β가 허수가 되어 P_o는 0이 된다.

만약 $n = 0$으로 놓으면 식 (3.67)로부터 $E_x = H_y = 0$이 되므로 $P_o = 0$이 되어 TE_0 모드는 존재하지 않는다.

TE 모드에서의 감쇠는 TM 모드에서와 같은 방법으로 계산되며 유전체 손실에 의한 감쇠는 식 (3.29)에 의해 주어진다. TE 모드에서의 도체 손실에 의한 감쇠는

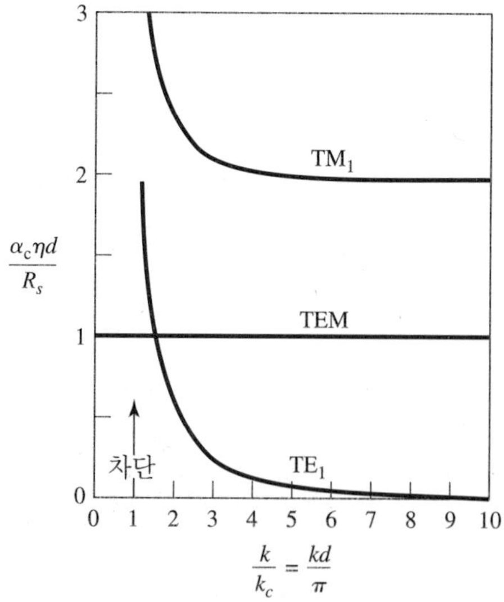

그림 3.4 평행판 도파관에 있어서 TEM, TM_1, TE_1 모드의 도체 손실에 의한 감쇠

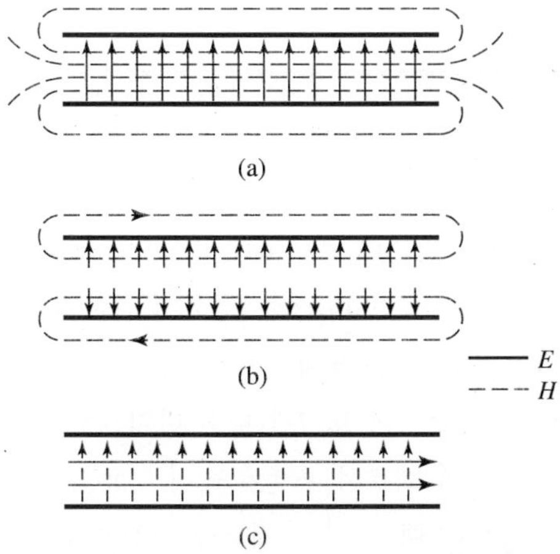

그림 3.5 평행판 도파관에 있어서 (a) TEM, (b) TM_1, (c) TE_1 모드에 대한 전자계선 도파관의 폭에 따른 변화는 없다.

$$\alpha_c = \frac{2k_c^2 R_s}{\omega\mu\beta d} = \frac{2k_c^2 R_s}{k\beta\eta d} \text{ Np/m} \tag{3.72}$$

가 되는데, 이에 대한 증명은 연습문제로 남겨 놓는다. 그림 3.4는 TEM, TM_1, 그리고 TE_1 모드의 도체 손실에 의한 감쇠를 나타낸 것이다. TE과 TM 모드인 경우 차단주파수에 가까워질수록 α_c는 무한대로 접근함을 보여주고 있다.

표 3.1은 평행판 도파관에서의 TEM, TM 그리고 TE 모드에 관한 유용한 결과들을 모아놓은 것이다. TEM, TM_1 그리고 TE_1 모드에 대한 전자계 선은 그림 3.5에서 보여주고 있다.

표 3.1 평행판 도파관에 대한 요약

양	TEM 모드	TM_n 모드	TE_n 모드
k	$\omega\sqrt{\mu\epsilon}$	$\omega\sqrt{\mu\epsilon}$	$\omega\sqrt{\mu\epsilon}$
κ_c	0	$n\pi/a$	$n\pi/a$
β	$k=\omega\sqrt{\mu\epsilon}$	$\sqrt{k^2-k_c^2}$	$\sqrt{k^2-k_c^2}$
λ_c	∞	$2\pi/k_c=2d/n$	$2\pi/k_c=2d/n$
λ_g	$2\pi/k$	$2\pi/\beta$	$2\pi/\beta$
v_p	$\omega/k=1/\sqrt{\mu\epsilon}$	ω/β	ω/β
α_d	$(k\tan\delta)/2$	$(k^2\tan\delta)/2\beta$	$(k^2\tan\delta)/2\beta$
α_c	$R_s/\eta d$	$2kR_s/\beta\eta d$	$2k_c^2R_s/k\beta\eta d$
E_z	0	$A\sin(n\pi y/d)e^{-j\beta z}$	0
H_z	0	0	$B\cos(n\pi y/d)e^{-j\beta z}$
E_x	0	0	$(j\omega\mu/k_c)B\sin(n\pi y/d)e^{-j\beta z}$
E_y	$(-V_o/d)e^{-j\beta z}$	$(-j\beta/k_c)A\cos(n\pi y/d)e^{-j\beta z}$	0
H_x	$(V_o/\eta d)e^{-j\beta z}$	$(j\omega\epsilon/k_c)A\cos(n\pi y/d)e^{-j\beta z}$	0
H_y	0	0	$(j\beta/k_c)B_n\sin(n\pi y/d)e^{-j\beta z}$
Z	$Z_{TEM}=\eta d/W$	$Z_{TM}=\beta\eta/k$	$Z_{TE}=k\eta/\beta$

3.3 직사각형 도파관

직사각형 도파관은 마이크로파 신호를 전송하는 데 사용되는 전송선로 중에 가장 오래된 것 중 하나로 지금도 많은 분야에서 응용되고 있다. 커플러(couplers), 감지기(detectors), 분리기(isolators), 감쇠기(attenuators), 슬롯 선로(slotted lines) 등과 같은 다양한 종류의 부품들이 1 GHz에서부터 220 GHz 이상까지 표준 도파관 대역별로 상용화되어 있다. 그림 3.6은 상용화되어 있는 표준 도파관에 대한 몇 가지의 부품들을 보여주고 있다. 최근에는 축소 및 집적화 추세에 따라 도파관 대신 마이크로스트립이나 스트립 라인과 같은 평면형 전송선로가 마이크로파 회로의 구현에 많이 이용되고 있다. 그러나 고출력 시스템, 밀리미터파 시스템, 위성 시스템, 그리고 정교한 시험을 요구하는 분야 등 많은 분야에서 도파관은 여전히 유용하게 활용되고 있다.

속이 빈 직사각형 도파관에서는 TM과 TE 모드는 존재하지만 도체가 하나뿐이므로 TEM 모드는 존재할 수 없다. 직사각형 도파관에서의 TM과 TE 모드는 평행판 도파관의 경우와 유사하게 차단주파수가 있으며 그 이하의 주파수에서는 전자파가 전파될 수 없다.

TE 모드

그림 3.7은 직사각형 도파관의 기하학적 구조를 보인 것으로 유전율 ϵ과 투자율 μ인 물

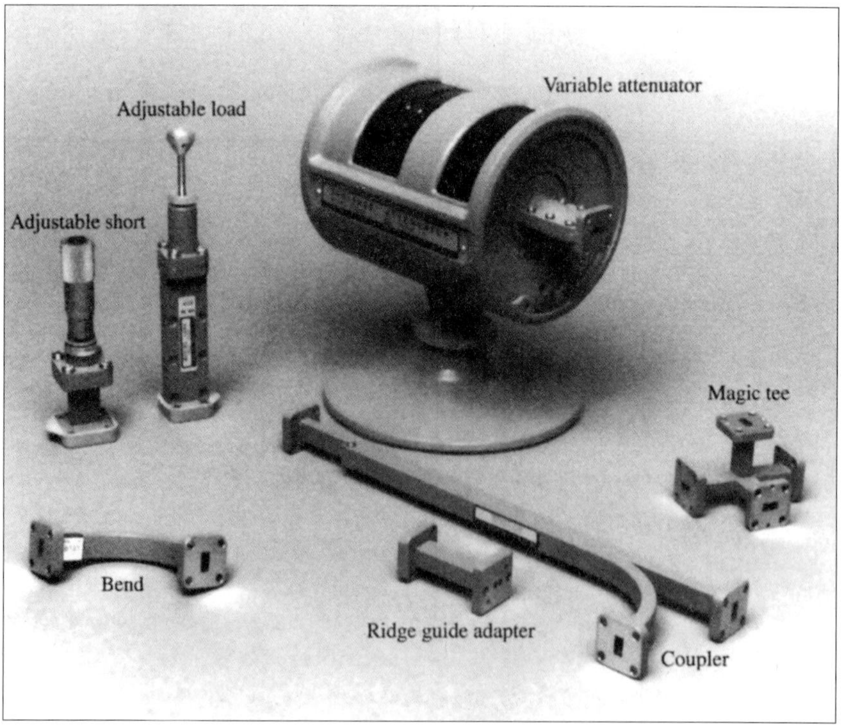

그림 3.6 Ka-밴드(WR-28) 직사각형 도파관 사진. 가변 감쇠기, E-H 매직 삼각대, 방향성 결합기, 용마루(ridge) 도파관 정합기, E-면 밴드, 가변 단락기, 가변 정합 부하.

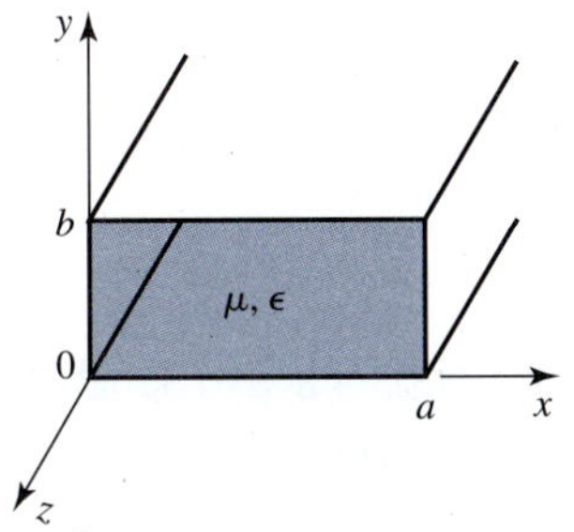

그림 3.7 직사각형 도파관의 기하학적 구조도

질로 채워져 있다고 가정한다. 도파관의 x축 방향의 길이가 y축보다 더 길게 즉, $a > b$로 놓는 것이 일반적이다.

TE 모드이므로 $E_z = 0$이며, H_z는 간략화된 파동방정식 (3.21)을 만족하여야 한다.

$$\left(\frac{\partial^2}{\partial x^2} + \frac{\partial^2}{\partial y^2} + k_c^2\right) h_z(x, y) = 0. \tag{3.73}$$

여기서 $H_z(x, y, z) = h_z(x, y)e^{-j\beta z}$이고, $k_c^2 = k^2 - \beta^2$는 차단파수이다. 식 (3.73)의 편미분 방정식은 변수분리법을 이용하여 변수 x, y로 분리하여

$$h_z(x, y) = X(x)Y(y) \tag{3.74}$$

라 놓고, 식 (3.73)에 대입하여 정리하면 다음과 같다.

$$\frac{1}{X}\frac{d^2X}{dx^2} + \frac{1}{Y}\frac{d^2Y}{dy^2} + k_c^2 = 0. \tag{3.75}$$

변수분리법에 의하면 식 (3.75)의 각각의 항은 상수와 같아야 하므로 분리상수 k_x와 k_y를 정의하고 정리하면 다음과 같다.

$$\frac{d^2X}{dx^2} + k_x^2X = 0 \tag{3.76a}$$

$$\frac{d^2Y}{dy^2} + k_y^2Y = 0. \tag{3.76b}$$

그리고 분리상수는 다음의 관계가 성립한다.

$$k_x^2 + k_y^2 = k_c^2. \tag{3.77}$$

h_z에 대한 일반해는

$$h_z(x, y) = (A\cos k_x x + B\sin k_x x)(C\cos k_y y + D\sin k_y y) \tag{3.78}$$

로 쓸 수 있다.

식 (3.78)의 상수값을 구하기 위해서는 도파관의 도체 벽에 접선성분의 전계에 대한 경

계조건을 적용하면 다음과 같다.

$$e_x(x, y) = 0 \qquad (y = 0, b) \tag{3.79a}$$

$$e_y(x, y) = 0 \qquad (x = 0, a). \tag{3.79b}$$

따라서 식 (3.78)의 h_z를 직접 사용할 수는 없고, 식 (3.19c)와 식 (3.19d)를 이용하여 h_z로부터 e_x와 e_y를 먼저 구해야 한다.

$$e_x = \frac{-j\omega\mu}{k_c^2} k_y (A\cos k_x x + B\sin k_x x)(-C\sin k_y y + D\cos k_y y) \tag{3.80a}$$

$$e_y = \frac{j\omega\mu}{k_c^2} k_x (-A\sin k_x x + B\cos k_x x)(C\cos k_y y + D\sin k_y y). \tag{3.80b}$$

따라서 식 (3.79a)와 식 (3.80a)로부터 $D = 0$, 그리고 $n = 0, 1, 2, \cdots$에 대해 $k_y = n\pi/b$가 되며 식 (3.79b)와 식 (3.80b)로부터 $B = 0$, 그리고 $m = 0, 1, 2, \cdots$에 대해 $k_x = m\pi/a$가 되어 H_z에 대한 최종해는

$$H_z(x, y, z) = A_{mn} \cos\frac{m\pi x}{a} \cos\frac{n\pi y}{b} e^{-j\beta z} \tag{3.81}$$

가 된다. 여기서 A_{mn}은 식 (3.78)에 정의한 상수 A와 C의 곱이며 자계의 크기와 관계되는 상수이다.

따라서 TE_{mn} 모드의 횡방향 성분은 식 (3.19)와 식 (3.81)을 이용하면

$$E_x = \frac{j\omega\mu n\pi}{k_c^2 b} A_{mn} \cos\frac{m\pi x}{a} \sin\frac{n\pi y}{b} e^{-j\beta z} \tag{3.82a}$$

$$E_y = \frac{-j\omega\mu m\pi}{k_c^2 a} A_{mn} \sin\frac{m\pi x}{a} \cos\frac{n\pi y}{b} e^{-j\beta z} \tag{3.82b}$$

$$H_x = \frac{j\beta m\pi}{k_c^2 a} A_{mn} \sin\frac{m\pi x}{a} \cos\frac{n\pi y}{b} e^{-j\beta z} \tag{3.82c}$$

$$H_y = \frac{j\beta n\pi}{k_c^2 b} A_{mn} \cos\frac{m\pi x}{a} \sin\frac{n\pi y}{b} e^{-j\beta z} \tag{3.82d}$$

가 된다. 전파상수는

$$\beta = \sqrt{k^2 - k_c^2} = \sqrt{k^2 - \left(\frac{m\pi}{a}\right)^2 - \left(\frac{n\pi}{b}\right)^2} \tag{3.83}$$

이 되며,

$$k > k_c = \sqrt{\left(\frac{m\pi}{a}\right)^2 + \left(\frac{n\pi}{b}\right)^2}$$

일 때 실수가 되어 전파 모드가 됨을 알 수 있다. m과 n의 조합으로 이루어지는 각 모드는

$$f_{c_{mn}} = \frac{k_c}{2\pi\sqrt{\mu\epsilon}} = \frac{1}{2\pi\sqrt{\mu\epsilon}}\sqrt{\left(\frac{m\pi}{a}\right)^2 + \left(\frac{n\pi}{b}\right)^2} \tag{3.84}$$

으로 주어지는 차단주파수 $f_{c_{mn}}$을 갖는다. 가장 낮은 차단주파수를 갖는 모드를 **기본모드** (dominant mode)라 하는데, $a > b$라고 가정했으므로 TE_{10}($m = 1$, $n = 0$) 모드에서 f_c는 가장 작아진다.

$$f_{c_{10}} = \frac{1}{2a\sqrt{\mu\epsilon}}. \tag{3.85}$$

따라서 TE_{10} 모드는 기본 TE 모드이고 직사각형 도파관에 있어서 모든 전파 모드에서 기본모드가 된다. 만약 $m = n = 0$이면, 식 (3.82)의 $\bar{E}$와 $\bar{H}$ 모두 0이 되므로 TE_{00} 모드는 존재하지 않는다.

동작 주파수 f가 주어지면 $f > f_c$가 되는 모드만 전파되고, $f < f_c$인 모드는 β가 허수가 되어(α는 실수가 됨) 전자계의 모든 성분은 전자파 원으로부터 멀어지면서 거리에 따라 지수함수적으로 감쇠한다. 이러한 모드를 **차단**, 혹은 **소멸 모드**라고도 한다. 한 가지 이상의 모드가 동시에 도파관 내에서 전파할 때 이러한 모드를 **과모드**(overmoded)라고 한다.

식 (3.22)로부터 횡축방향의 전계 및 자계에 의해 주어지는 파동 임피던스는 $\eta = \sqrt{\mu/\epsilon}$을 도파관 내의 물질의 고유 임피던스라고 할 때

$$Z_{TE} = \frac{E_x}{H_y} = \frac{-E_y}{H_x} = \frac{k\eta}{\beta} \tag{3.86}$$

가 된다. 여기서 β가 실수(전파모드)일 때는 Z_{TE}는 실수이지만, β가 허수(차단모드)일 때는 Z_{TE}가 허수가 된다.

관내 파장은 도파관을 따라 같은 위상평면 사이의 거리로 정의되며

$$\lambda_g = \frac{2\pi}{\beta} > \frac{2\pi}{k} = \lambda \tag{3.87}$$

가 되어 채워진 매질 내에서의 평면파의 파장 λ보다 길다. 위상 속도는

$$v_p = \frac{\omega}{\beta} > \frac{\omega}{k} = 1/\sqrt{\mu\epsilon} \tag{3.88}$$

가 되어 도파관을 채운 물질에 대한 빛(평면파)의 속도보다 빠르다.

대부분의 응용분야에 있어서 동작 주파수와 도파관의 크기는 주모드인 TE_{10} 모드만이 전파되도록 제작된다. TE_{10} 모드가 실질적으로 중요하기 때문에 TE_{10} 모드에 대한 전자계의 성분을 살펴보고 도체 손실에 의한 감쇠를 유도한다.

식 (3.81)과 식 (3.82)에 $m = 1$, $n = 0$을 대입하면 TE_{10} 모드에 대하여 다음과 같은 결

과를 얻을 수 있다.

$$H_z = A_{10} \cos \frac{\pi x}{a} e^{-j\beta z}, \tag{3.89a}$$

$$E_y = \frac{-j\omega\mu a}{\pi} A_{10} \sin \frac{\pi x}{a} e^{-j\beta z}, \tag{3.89b}$$

$$H_x = \frac{j\beta a}{\pi} A_{10} \sin \frac{\pi x}{a} e^{-j\beta z}, \tag{3.89c}$$

$$E_x = E_z = H_y = 0. \tag{3.89d}$$

TE_{10} 모드에 대한 차단 파수 및 전파상수는 각각 다음과 같다.

$$k_c = \pi / a \tag{3.90}$$

$$\beta = \sqrt{k^2 - (\pi/a)^2} \tag{3.91}$$

TE_{10} 모드의 도파관 내 전송되는 전력은

$$\begin{aligned} P_{10} &= \frac{1}{2}\mathrm{Re} \int_{x=0}^{a} \int_{y=0}^{b} \bar{E} \times \bar{H}^* \cdot \hat{z}\, dy\, dx \\ &= \frac{1}{2}\mathrm{Re} \int_{x=0}^{a} \int_{y=0}^{b} E_y H_x^*\, dy\, dx \\ &= \frac{\omega\mu a^2}{2\pi^2}\mathrm{Re}(\beta)|A_{10}|^2 \int_{x=0}^{a} \int_{y=0}^{b} \sin^2 \frac{\pi x}{a}\, dy\, dx \\ &= \frac{\omega\mu a^3 |A_{10}|^2 b}{4\pi^2}\mathrm{Re}(\beta) \end{aligned} \tag{3.92}$$

가 되는데 β가 실수일 때만, 즉 전파 모드에서만 0이 아닌 실수의 전력값을 얻을 수 있음을 알 수 있다.

직사각형 도파관의 감쇠는 유전체 손실과 도체 손실에 의하여 발생할 수 있다. 유전체 손실은 유전율 ϵ을 복소수로 놓고 테일러 급수(Taylor series) 근사법으로 주어진 일반적인 식 (3.29)을 이용하여 구할 수 있다.

도체 손실에 의한 감쇠의 해석은 섭동법을 이용하는 것이 가장 간편하다. 도체면의 전기전도도가 유한하기 때문에 단위 길이당 전력 손실은 식 (1.131)로부터

$$P_\ell = \frac{R_s}{2} \int_C |\bar{J}_s|^2 d\ell \tag{3.93}$$

이 되는데, 여기서 R_s는 도체면의 표면저항이고, 적분경로 C는 도파관 내면의 둘레를 감싸도록 선정한다. 네 개의 벽 모두에 표면전류가 존재하지만 대칭성으로부터 위와 아래 면의 전류가 같고 오른쪽과 왼쪽 면의 전류도 같다. 따라서 $x = 0$와 $y = 0$인 면에서 손실되는 전력을 계산하여 이 합에 두 배를 해주면 전체 전력손실을 얻을 수 있다. $x = 0$(왼쪽 면)에서

의 표면전류는

$$\bar{J}_s = \hat{n} \times \bar{H}|_{x=0} = \hat{x} \times \hat{z} H_z|_{x=0} = -\hat{y} H_z|_{x=0} = -\hat{y} A_{10} e^{-j\beta z} \tag{3.94a}$$

가 되며, $y = 0$(아래 면)에서의 표면전류는

$$\begin{aligned}\bar{J}_s &= \hat{n} \times \bar{H}|_{y=0} = \hat{y} \times (\hat{x} H_x|_{y=0} + \hat{z} H_z|_{y=0}) \\ &= -\hat{z}\frac{j\beta a}{\pi} A_{10} \sin\frac{\pi x}{a} e^{-j\beta z} + \hat{x} A_{10} \cos\frac{\pi x}{a} e^{-j\beta z}\end{aligned} \tag{3.94b}$$

가 된다. 식 (3.94)를 식 (3.93)에 대입하면

$$\begin{aligned}P_\ell &= R_s \int_{y=0}^{b} |J_{sy}|^2 dy + R_s \int_{x=0}^{a} \left[|J_{sx}|^2 + |J_{sz}|^2\right] dx \\ &= R_s |A_{10}|^2 \left(b + \frac{a}{2} + \frac{\beta^2 a^3}{2\pi^2}\right)\end{aligned} \tag{3.95}$$

이 되어 TE_{10} 모드에서의 도체 손실에 의한 감쇠는

$$\begin{aligned}\alpha_c &= \frac{P_\ell}{2P_{10}} = \frac{2\pi^2 R_s (b + a/2 + \beta^2 a^3/2\pi^2)}{\omega\mu a^3 b\beta} \\ &= \frac{R_s}{a^3 b\beta k\eta}(2b\pi^2 + a^3 k^2) \text{ Np/m}\end{aligned} \tag{3.96}$$

가 된다.

TM 모드

TM 모드는 $H_z = 0$이므로 E_z는 축소된 파동방정식 (3.25)을 만족해야 한다.

$$\left(\frac{\partial^2}{\partial x^2} + \frac{\partial^2}{\partial y^2} + k_c^2\right) e_z(x, y) = 0. \tag{3.97}$$

여기서 $E_z(x, y, z) = e_z(x, y)e^{-j\beta z}$이고 $k_c^2 = k^2 - \beta^2$이다. 식 (3.97)은 TE 모드에서와 같이 변수분리법을 이용하여 풀 수 있는데, 그 일반해는

$$e_z(x, y) = (A \cos k_x x + B \sin k_x x)(C \cos k_y y + D \sin k_y y) \tag{3.98}$$

가 된다. 다음의 경계조건들을 e_z에 직접 적용할 수 있다.

$$e_z(x, y) = 0 \qquad (x = 0, a) \tag{3.99a}$$

$$e_z(x, y) = 0 \qquad (y = 0, b). \tag{3.99b}$$

위의 경계조건이 e_z에 만족되면 e_x와 e_y에 의해서도 만족됨을 알 수 있다.

식 (3.99a)를 식 (3.98)에 적용하면 $A = 0$이 되고, $m = 1, 2, 3, \cdots$에 대해 $k_x = m\pi/a$가 된다. 그리고, 식 (3.99b)를 식 (3.98)에 적용하면 $C = 0$이 되고 $n = 1, 2, 3, \cdots$에 대해

$k_y = n\pi/b$가 된다. 따라서 E_z에 대한 해는

$$E_z(x, y, z) = B_{mn} \sin \frac{m\pi x}{a} \sin \frac{n\pi y}{b} e^{-j\beta z} \tag{3.100}$$

가 되며, 여기서 B_{mn}은 임의의 상수이다.

TM_{mn} 모드에 있어서 진행축에 수직인 성분은 식 (3.23)과 식 (3.100)으로부터

$$E_x = \frac{-j\beta m\pi}{ak_c^2} B_{mn} \cos \frac{m\pi x}{a} \sin \frac{n\pi y}{b} e^{-j\beta z} \tag{3.101a}$$

$$E_y = \frac{-j\beta n\pi}{bk_c^2} B_{mn} \sin \frac{m\pi x}{a} \cos \frac{n\pi y}{b} e^{-j\beta z} \tag{3.101b}$$

$$H_x = \frac{j\omega\epsilon n\pi}{bk_c^2} B_{mn} \sin \frac{m\pi x}{a} \cos \frac{n\pi y}{b} e^{-j\beta z} \tag{3.101c}$$

$$H_y = \frac{-j\omega\epsilon m\pi}{ak_c^2} B_{mn} \cos \frac{m\pi x}{a} \sin \frac{n\pi y}{b} e^{-j\beta z} \tag{3.101d}$$

가 된다.

TE 모드에서와 같이 전파상수는

$$\beta = \sqrt{k^2 - k_c^2} = \sqrt{k^2 - \left(\frac{m\pi}{a}\right)^2 - \left(\frac{n\pi}{b}\right)^2} \tag{3.102}$$

이 되어 전파모드일 때는 실수가 되고, 소멸모드에서는 허수가 된다. TM_{mn} 모드에서의 차단주파수는 식 (3.84)에서 주어진 것과 같이 TE_{mn} 모드의 차단주파수와 같고, TM 모드에서의 관내 파장과 위상속도 또한 TE 모드와 같다. 식 (3.101)에서 m, n 중 하나가 0이 되면 $\bar{E}$와 $\bar{H}$도 0이 된다. 따라서 TM_{00}, TM_{01}, TM_{10} 모드는 존재하지 않으며, 전파할 수 있는 가장 낮은 차수의 TM 모드(최저인 f_c)는 TM_{11} 모드이며 차단주파수는

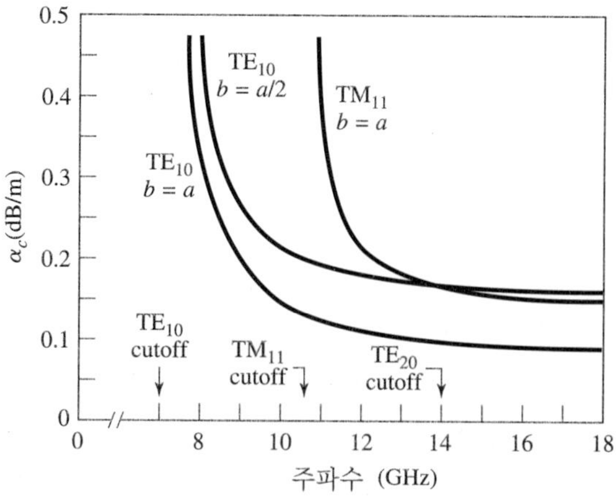

그림 3.8 $a = 2.0$cm이고 황동으로 만든 직사각형 도파관에서의 모드별 감쇠 곡선

$$f_{c_{11}} = \frac{1}{2\pi\sqrt{\mu\epsilon}}\sqrt{\left(\frac{\pi}{a}\right)^2 + \left(\frac{\pi}{b}\right)^2} \tag{3.103}$$

이 되어 TE_{10}의 차단주파수 f_{c10}보다 더 큰 것을 알 수 있다.

TM 모드에 대한 파동 임피던스는 식 (3.26)에 보는 바와 같이 전계와 자계로부터 구할 수 있으며 다음과 같다.

$$Z_{\mathrm{TM}} = \frac{E_x}{H_y} = \frac{-E_y}{H_x} = \frac{\beta\eta}{k} \tag{3.104}$$

유전체 손실에 의한 감쇠는 TE 모드에서와 같은 방법으로 계산되며, 같은 결과를 얻는다. 도체 손실에 의한 감쇠의 계산은 연습문제로 남겨 놓았다. 그림 3.8은 직사각형 도파관에서의 TE와 TM 모드의 도체 손실에 대한 주파수 특성을 보인 것이다. 표 3.2는 결과식들을 요약한 것이다. 그리고 그림 3.9는 낮은 차수의 TE 및 TM 모드에 대한 전자계 선을 나타낸다.

표 3.2 직사각형 도파관에 대한 요약

양	TE_{mn} 모드	TM_{mn} 모드
k	$\omega\sqrt{\mu\epsilon}$	$\omega\sqrt{\mu\epsilon}$
k_c	$\sqrt{(m\pi/a)^2 + (n\pi/b)^2}$	$\sqrt{(m\pi/a)^2 + (n\pi/b)^2}$
β	$\sqrt{k^2 - k_c^2}$	$\sqrt{k^2 - k_c^2}$
λ_c	$\frac{2\pi}{k_c}$	$\frac{2\pi}{k_c}$
λ_g	$\frac{2\pi}{\beta}$	$\frac{2\pi}{\beta}$
v_p	$\frac{\omega}{\beta}$	$\frac{\omega}{\beta}$
α_d	$\frac{k^2 \tan\delta}{2\beta}$	$\frac{k^2 \tan\delta}{2\beta}$
E_z	0	$B \sin\frac{m\pi x}{a} \sin\frac{n\pi y}{b} e^{-j\beta z}$
H_z	$A \cos\frac{m\pi x}{a} \cos\frac{n\pi y}{b} e^{-j\beta z}$	0
E_x	$\frac{j\omega\mu n\pi}{k_c^2 b} A \cos\frac{m\pi x}{a} \sin\frac{n\pi y}{b} e^{-j\beta z}$	$\frac{-j\beta m\pi}{k_c^2 a} B \cos\frac{m\pi x}{a} \sin\frac{n\pi y}{b} e^{-j\beta z}$
E_y	$\frac{-j\omega\mu m\pi}{k_c^2 a} A \sin\frac{m\pi x}{a} \cos\frac{n\pi y}{b} e^{-j\beta z}$	$\frac{-j\beta n\pi}{k_c^2 b} B \sin\frac{m\pi x}{a} \cos\frac{n\pi y}{b} e^{-j\beta z}$
H_x	$\frac{j\beta m\pi}{k_c^2 a} A \sin\frac{m\pi x}{a} \cos\frac{n\pi y}{b} e^{-j\beta z}$	$\frac{j\omega\epsilon n\pi}{k_c^2 b} B \sin\frac{m\pi x}{a} \cos\frac{n\pi y}{b} e^{-j\beta z}$
H_y	$\frac{j\beta n\pi}{k_c^2 b} A \cos\frac{m\pi x}{a} \sin\frac{n\pi y}{b} e^{-j\beta z}$	$\frac{-j\omega\epsilon m\pi}{k_c^2 a} B \cos\frac{m\pi x}{a} \sin\frac{n\pi y}{b} e^{-j\beta z}$
Z	$Z_{\mathrm{TE}} = \frac{k\eta}{\beta}$	$Z_{\mathrm{TM}} = \frac{\beta\eta}{k}$

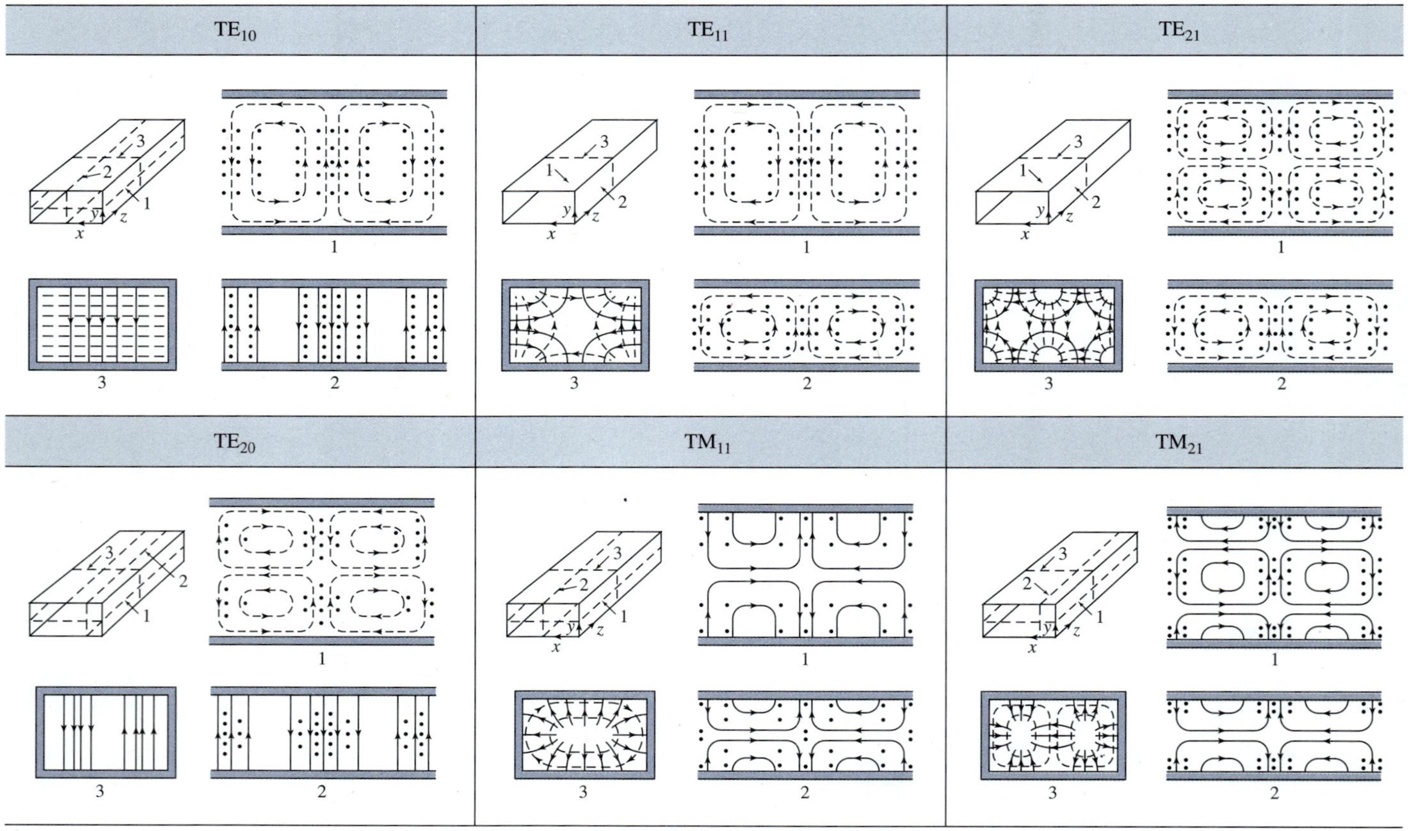

그림 3.9 직사각형 도파관에 있어서 저차 모드에 대한 전자계선(S. Ramo, J.R. Whinnery, T. Van Duzer 저서인 *Fields and Waves in Communication Electronics*의 표 8.02의 인용허가를 받아 재편한 것임)

예제 3.1 직각사각형 도파관의 특성

크기가 $a = 1.07$ cm, $b = 0.43$ cm인 구리로 된 K-밴드용 도파관이 테플론으로 채워져 있다고 가정하자. 이 경우 처음 5개의 전파모드에 대한 차단주파수를 계산하라. 이 도파관이 $f = 15$ GHz 에서 동작될 때, 유전체 및 도체의 손실에 의한 감쇠상수를 구하여라.

☞ 풀이

부록 G로부터 테플론의 $\epsilon_r = 2.08$이며 $\tan\delta = 0.0004$이다. 식 (3.84)로부터 차단주파수는

$$f_{c_{mn}} = \frac{c}{2\pi\sqrt{\epsilon_r}}\sqrt{\left(\frac{m\pi}{a}\right)^2 + \left(\frac{n\pi}{b}\right)^2}$$

으로 주어진다. m과 n의 첫 번째 몇 개 값에 대해 f_c를 계산하면

모드	m	n	f_c(GHz)
TE	1	0	9.72
TE	2	0	19.44
TE	0	1	24.19
TE, TM	1	1	26.07
TE, TM	2	1	31.03

이 된다.

따라서 TE_{10}, TE_{20}, TE_{01}, TE_{11}, TM_{11}인 5개의 모드가 전파하는 처음의 모드이다.

15 GHz에서 $k = 453.1\ \text{m}^{-1}$가 되고 TE_{10} 모드에 대한 전파상수는

$$\beta = \sqrt{\left(\frac{2\pi f\sqrt{\epsilon_r}}{c}\right)^2 - \left(\frac{\pi}{a}\right)^2} = \sqrt{k^2 - \left(\frac{\pi}{a}\right)^2} = 345.1\ \text{m}^{-1}$$

이다. 식 (3.29)로부터 유전체 손실에 의한 감쇠상수는

$$\alpha_d = \frac{k^2\tan\delta}{2\beta} = 0.119\ \text{Np/m} = 1.03\ \text{dB/m}$$

가 된다. 구리 면의 표면저항은 $\sigma = 5.8\times10^7$ S/m이므로

$$R_s = \sqrt{\frac{\omega\mu_0}{2\sigma}} = 0.032\ \Omega$$

이 되어, 식 (3.96)으로부터 감쇠상수는

$$\alpha_c = \frac{R_s}{a^3 b\beta k\eta}(2b\pi^2 + a^3k^2) = 0.050\ \text{Np/m} = 0.434\ \text{dB/m}$$

가 된다. ◀

부분적으로 채워져 있는 도파관의 TE_{m0} 모드

위의 결과식들은 도파관 내부가 비어 있는(공기) 직사각형 도파관에 대한 식이지만 균일한 유전체 또는 자성물질로 채워 있는 경우에도 동일하게 적용할 수 있다. 그러나 실제 응용(임피던스 정합기, 위상 변위기 등)에서는 도파관에 유전체를 부분적으로 채워서 사용한

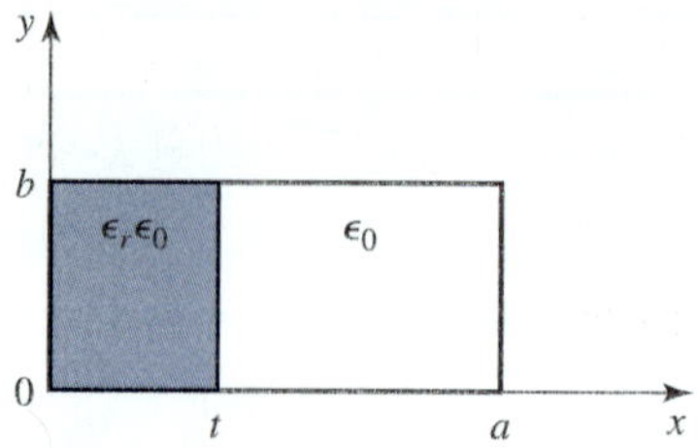

그림 3.10 부분적으로 채워진 직사각형 도파관의 기하학적 구조

다. 이 경우 물질과 물질이 연결되는 부분에서 경계조건이 추가되어야 하므로 새로운 해석이 필요하게 된다. 해석을 위하여 그림 3.10에 보인 것처럼 유전체가 부분적으로 채워져 있는 직사각형 도파관의 TE_{m0} 모드에 대해 고찰해 보자. 해석 방법은 3.1절의 끝 부분에 정리되어 있는 기본적인 절차를 따른다.

y 방향으로는 균일하며, $n = 0$이므로 TE_{m0} 모드는 y성분에 따른 변화가 없다. 따라서 식 (3.21)의 h_z에 대한 파동방정식은 유전체 영역과 공기 영역에 대해 개별적으로 쓸 수 있다.

$$\left(\frac{\partial^2}{\partial x^2} + k_d^2\right)h_z = 0 \qquad (0 \le x \le t) \tag{3.105a}$$

$$\left(\frac{\partial^2}{\partial x^2} + k_a^2\right)h_z = 0 \qquad (t \le x \le a). \tag{3.105b}$$

여기서 k_d와 k_a는 유전체와 공기영역에 대한 차단파수로서 다음과 같이 정의된다.

$$\beta = \sqrt{\epsilon_r k_0^2 - k_d^2} \tag{3.106a}$$

$$\beta = \sqrt{k_0^2 - k_a^2}. \tag{3.106b}$$

이 관계식은 전파상수 β가 두 영역에서 같아야만 $x = t$에서의 접합점을 따라 파의 위상이 정합될 수 있다는 사실을 뒷받침 해준다. 식 (3.105)에 대한 해는

$$h_z = \begin{cases} A\cos k_d x + B\sin k_d x & (0 \le x \le t) \\ C\cos k_a(a-x) + D\sin k_a(a-x) & (t \le x \le a) \end{cases} \tag{3.107}$$

가 되는데 $t < x < a$ 영역에서의 해의 형태는 $x = a$에서의 경계조건을 적용하는 데 간편하도록 선택한 것이다.

이제 $x = 0,\ t,\ a$에서 경계조건을 적용하기 위해서는 $\hat{y}$와 $\hat{z}$ 성분이 필요하다. TE 모드이므로 $\partial/\partial y = 0$이고 $H_y = 0$이다. 식 (3.23d)로부터 E_y는

$$e_y = \begin{cases} \dfrac{j\omega\mu_0}{k_d}[-A\sin k_d x + B\cos k_d x] & (0 \le x \le t) \\[2ex] \dfrac{j\omega\mu_0}{k_a}[C\sin k_a(a-x) - D\cos k_a(a-x)] & (t \le x \le a) \end{cases} \tag{3.108}$$

가 된다. $x = 0$과 $x = a$에서 $E_y = 0$인 경계조건을 만족하려면 $B = D = 0$이 된다. 다음으로 $x = t$에서 접선 성분 (E_y, H_x)의 연속성을 적용하면 식 (3.107)과 식 (3.108)은

$$\frac{-A}{k_d}\sin k_d t = \frac{C}{k_a}\sin k_a(a-t)$$
$$A\cos k_d t = C\cos k_a(a-t)$$

가 된다. 위의 식은 동차방정식이므로 해가 의미를 가지려면 행렬식(determinant)이 0이 되어야 한다. 따라서

$$k_a \tan k_d t + k_d \tan k_a(a-t) = 0 \tag{3.109}$$

을 얻는다. 식 (3.106)을 이용하면 k_a와 k_d를 β로 표현할 수 있으므로 식 (3.109)는 β에 대하여 풀 수 있다. 식 (3.109)의 해는 TE_{m0} 모드의 전파상수에 따라 모드수는 무한하다.

이러한 방법은 3.6절의 표면 도파관이나 9.3절의 페라이트(ferrite)로 채워져 있는 도파관과 같이 유전체나 불균질 자성체를 포함하는 다른 형태의 도파관 해석에도 적용된다. 그러나 경우에 따라서는 단지 TE형 모드나 TM형 모드의 모든 경계조건을 만족시킬 수는 없으므로 두 가지 형태의 모드를 복합적으로 조합하여 해석할 필요가 있다.

관심사항: 도파관 이음용 플랜지

일반적으로 사용되는 도파관 이음용 플래지에는 커버 플랜지와 쵸크 플랜지의 두 기지기 있다 그림에서 보듯이 커버형 플래지를 갖는 두 개의 도파관이 볼트에 의해 연결점을 형성하여 이어져 있다. 이 연결점에서 반사와 저항성 손실을 피하기 위해 접촉면은 부드럽고 깔끔하고 정확해야 하는데, 이것은 고주파 전류가 이 불연속점을 가로질러 흐르기 때문이다. 고전력이 사용되는 경우에 이 점에서 전압 붕괴가 일어날 수도 있다. 이런 현상만 없다면 커버형 플랜지에 의한 도파관의 연결은 단순하기 때문에 일반적인 용도에 더 많이 선호된다. 이러한 연결로부터 측정되는 정재파비는 보통 1.03 이하이다.

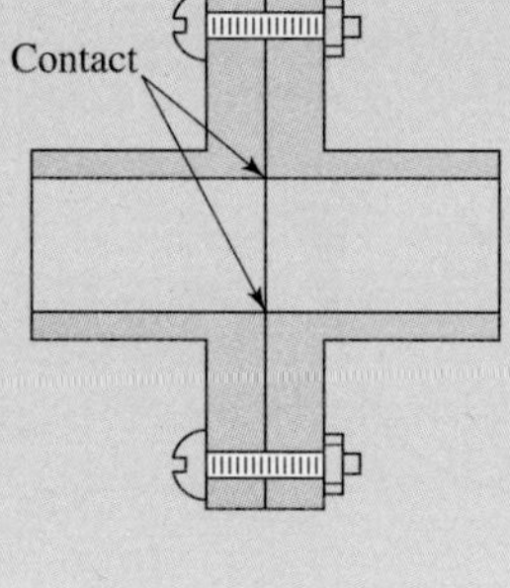

커버 대 커버 이음

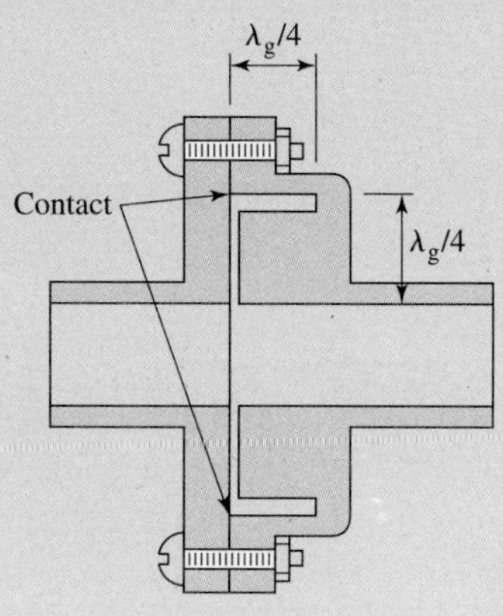

커버 대 쵸크 이음

도파관을 연결하는 다른 방법으로는 그림에서 보듯이, 하나는 커버 플랜지를 쓰고 다른 하나는 쵸크 플랜지를 사용하는 것이다. 쵸크 플랜지는 기계로 잘 가공하여 두 개의 플래지 사이에 좁은 틈을 형성함으로써 효과적인 방사상의 전송선로를 만든다. 도파관과 두 개의 플랜지의 접점 사이의 도파관 길이는 약 $\lambda_g/4$이며, 또 하나의 $\lambda_g/4$ 길이의 선로는 쵸크 플랜지에서 축상의 원형홈으로 이루어져 있다. 따라서 이 홈의 오른쪽 끝에 있는 단락회로는 플래지의 접점에 있는 단락회로로 변환되어 있다. 이 접점에서의 저항은 무한대의 (혹은 아주 높은 임피던스)로 다시 변환되기 때문에 연결점을 가로질러 흐르는 전류에 대해 효과적인 저저항 경로를 제공해 준다. 플랜지 사이의 저항성 접촉 양단이 전압 강하는 무시할 수 있으므로 전압 붕괴현상은 발생하지 않는다. 따라서 커버 플랜지와 쵸크 플랜지를 함께 이용한 도파관의 연결은 고출력용에 유용하다. 이런 접합에서 정재파비는 보통 1.05보다 작지만 2개의 커버 플랜지를 이용한 연결보다 주파수 의존도가 상당히 높다.

참고문헌: C. G. Montgomery, R. H. Dicke, and E. M. Purcell, *Principles of Microwave Circuits*, McGraw-Hill, New York, 1948.

3.4 원형 도파관

단면이 원형인 금속통의 도파관 내에는 TE, TM 모드가 존재할 수 있다. 그림 3.11은 내반경이 a인 원형 도파관의 구조도이다. 원형 도파관은 원통형 구조이기 때문에 원통 좌표계를 쓰는 것이 적합하다. 직각 좌표계에서처럼 원통 좌표계에서의 횡파 성분의 전자계는 TE와 TM 모드인 경우 H_z와 E_z 성분으로부터 각각 유도될 수 있다. 3.1절에서 유도한 식들을 참조하여 횡파의 성분은 진행방향 성분 H_z와 E_z로부터 다음과 같이 쓸 수 있다.

$$E_\rho = \frac{-j}{k_c^2}\left(\beta\frac{\partial E_z}{\partial\rho} + \frac{\omega\mu}{\rho}\frac{\partial H_z}{\partial\phi}\right) \tag{3.110a}$$

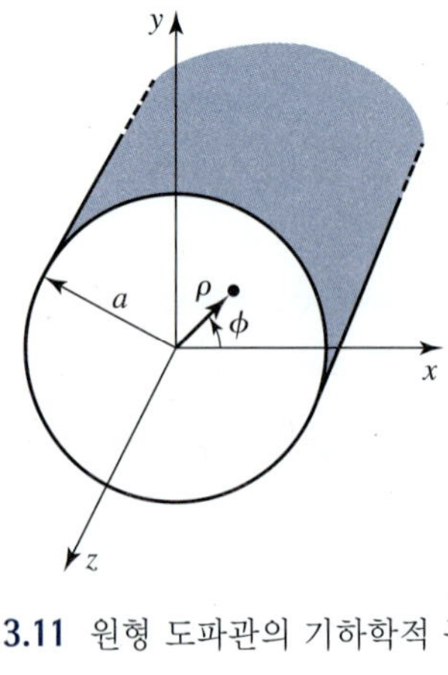

그림 3.11 원형 도파관의 기하학적 구조도

$$E_\phi = \frac{-j}{k_c^2}\left(\frac{\beta}{\rho}\frac{\partial E_z}{\partial \phi} - \omega\mu\frac{\partial H_z}{\partial \rho}\right) \tag{3.110b}$$

$$H_\rho = \frac{j}{k_c^2}\left(\frac{\omega\epsilon}{\rho}\frac{\partial E_z}{\partial \phi} - \beta\frac{\partial H_z}{\partial \rho}\right) \tag{3.110c}$$

$$H_\phi = \frac{-j}{k_c^2}\left(\omega\epsilon\frac{\partial E_z}{\partial \rho} + \frac{\beta}{\rho}\frac{\partial H_z}{\partial \phi}\right). \tag{3.110d}$$

여기서 $k_c^2 = k^2 - \beta^2$이고 $e^{-j\beta z}$의 형태로 전파하는 것으로 가정하였다. $e^{+j\beta z}$ 형태로 전파한다고 표현하려면 관계식에서 β를 $-\beta$로 바꾸면 된다.

TE 모드

TE 모드에서는 $E_z = 0$이며 H_z는 다음의 파동방정식의 해이다.

$$\nabla^2 H_z + k^2 H_z = 0. \tag{3.111}$$

$H_z(\rho, \phi, z) = h_z(\rho, \phi)e^{-j\beta z}$로 가정하여 식 (3.111)에 대입하여 원통 좌표계에 대하여 정리하면 다음과 같다.

$$\left(\frac{\partial^2}{\partial \rho^2} + \frac{1}{\rho}\frac{\partial}{\partial \rho} + \frac{1}{\rho^2}\frac{\partial^2}{\partial \phi^2} + k_c^2\right) h_z(\rho, \phi) = 0. \tag{3.112}$$

앞에서 사용한 변수분리법을 적용하자. 따라서

$$h_z(\rho, \phi) = R(\rho)P(\phi) \tag{3.113}$$

라고 놓고, 식 (3.112)에 대입하면

$$\frac{1}{R}\frac{d^2R}{d\rho^2} + \frac{1}{\rho R}\frac{dR}{d\rho} + \frac{1}{\rho^2 P}\frac{d^2P}{d\phi^2} + k_c^2 = 0$$

혹은

$$\frac{\rho^2}{R}\frac{d^2R}{d\rho^2} + \frac{\rho}{R}\frac{dR}{d\rho} + \rho^2 k_c^2 = \frac{-1}{P}\frac{d^2P}{d\phi^2} \tag{3.114}$$

가 된다. 이 방정식의 좌변은 ϕ와는 관계없이 ρ만의 함수이고 우변은 ϕ만의 함수이므로 각 변은 상수가 되어야 하며 상수를 k_ϕ^2로 놓고 정리하면,

$$\frac{-1}{P}\frac{d^2P}{d\phi^2} = k_\phi^2$$

혹은

$$\frac{d^2P}{d\phi^2} + k_\phi^2 P = 0 \tag{3.115}$$

이 되며, 또한

$$\rho^2\frac{d^2R}{d\rho^2} + \rho\frac{dR}{d\rho} + \left(\rho^2 k_c^2 - k_\phi^2\right) R = 0 \tag{3.116}$$

이 된다. 식 (3.115)의 일반해를 삼각함수로 나타낼 수 있다.

$$P(\phi) = A \sin k_\phi \phi + B \cos k_\phi \phi. \tag{3.117}$$

h_z에 대한 해는 ϕ에 대하여 주기함수(즉, $h_z(\rho, \phi) = h_z(\rho, \phi \pm 2m\pi)$)이므로 k_ϕ는 정수 n 이어야 한다. 따라서 식 (3.117)은

$$P(\phi) = A \sin n\phi + B \cos n\phi \tag{3.118}$$

가 되고 식 (3.116)은

$$\rho^2 \frac{d^2 R}{d\rho^2} + \rho \frac{dR}{d\rho} + \left(\rho^2 k_c^2 - n^2\right) R = 0 \tag{3.119}$$

이 된다. 이 방정식을 **베셀 미분방정식**(Bessel's differential equation)이라 하며 해는

$$R(\rho) = C J_n(k_c \rho) + D Y_n(k_c \rho) \tag{3.120}$$

가 된다. 여기서 $J_n(x)$와 $Y_n(x)$는 각각 1종과 2종의 베셀 함수이다. 그런데 $\rho = 0$에서 $Y_n(k_c\rho)$는 무한대로 발산하므로 이항은 원형 도파관인 경우에는 해가 될 수 없다. 따라서 $D = 0$이므로 h_z는 다음과 같이 표현할 수 있다.

$$h_z(\rho, \phi) = (A \sin n\phi + B \cos n\phi) J_n(k_c \rho). \tag{3.121}$$

식 (3.120)에서 주어진 상수 C는 식 (3.121)의 상수 A, B에 포함되어 있다. 차단파수 k_c를 계산하기 위하여 도파관 도체벽에 대한 경계조건인 $E_{\tan} = 0$을 이용하면 구할 수 있다. $E_z = 0$이므로

$$E_\phi(\rho, \phi) = 0 \qquad (\rho = a) \tag{3.122}$$

이어야 한다. 식 (3.110b)로부터 다음과 같이 H_z로부터 E_ϕ를 구할 수 있다.

$$E_\phi(\rho, \phi, z) = \frac{j\omega\mu}{k_c} (A \sin n\phi + B \cos n\phi) J_n'(k_c \rho) e^{-j\beta z}. \tag{3.123}$$

여기서 $J_n'(k_c\rho)$는 J_n의 도함수이다. $\rho = a$에서 E_ϕ가 0이 되기 위해서는

$$J_n'(k_c a) = 0 \tag{3.124}$$

이어야 한다. $J_n'(x)$의 m번째 근을 p'_{nm}이라고 하면 $J_n'(p'_{nm}) = 0$이 되고, k_c는 다음과 같다.

$$k_{c_{nm}} = \frac{p'_{nm}}{a}. \tag{3.125}$$

p'_{nm}의 값은 일반적으로 수치표에 주어져 있으며 처음 몇 개 값들은 표 3.3에 보였다.

원형 도파관에서의 TE_{nm} 모드의 차단파수 $k_{c_{nm}} = p'_{nm}/a$에 의해 정의되며, n은 원주(ϕ) 방향으로의 변화한 수를 의미하고 m은 반경(ρ) 방향으로의 변화한 수를 의미한다. TE_{nm}

표 3.3 원형 도파관의 TE 모드에 대한 p'_{nm}의 값

n	p'_{n1}	p'_{n2}	p'_{n3}
0	3.832	7.016	10.174
1	1.841	5.331	8.536
2	3.054	6.706	9.970

모드의 전파상수는

$$\beta_{nm} = \sqrt{k^2 - k_c^2} = \sqrt{k^2 - \left(\frac{p'_{nm}}{a}\right)^2} \tag{3.126}$$

이며 차단주파수는

$$f_{c_{nm}} = \frac{k_c}{2\pi\sqrt{\mu\epsilon}} = \frac{p'_{nm}}{2\pi a\sqrt{\mu\epsilon}} \tag{3.127}$$

이다. 전파할 수 있는 첫 번째 TE 모드는 가장 작은 p'_{nm}값을 갖는 모드로서 표 3.3에서 보듯이 TE_{11} 모드가 된다. 이 모드는 원형 도파관의 주모드가 되며 가장 많이 사용되고 있다. $m \geq 1$이므로 TE_{10} 모드는 존재하지 않지만 TE_{01} 모드는 존재한다.

식 (3.110)과 식 (3.121)로부터 횡파 성분은

$$E_\rho = \frac{-j\omega\mu n}{k_c^2\rho}(A\cos n\phi - B\sin n\phi)\, J_n(k_c\rho)\, e^{-j\beta z} \tag{3.128a}$$

$$E_\phi = \frac{j\omega\mu}{k_c}(A\sin n\phi + B\cos n\phi)\, J'_n(k_c\rho)e^{-j\beta z} \tag{3.128b}$$

$$H_\rho = \frac{-j\beta}{k_c}(A\sin n\phi + B\cos n\phi)J'_n(k_c\rho)e^{-j\beta z} \tag{3.128c}$$

$$H_\phi = \frac{-j\beta n}{k_c^2\rho}(A\cos n\phi - B\sin n\phi)J_n(k_c\rho)e^{-j\beta z} \tag{3.128d}$$

가 되며, 파동 임피던스는 다음과 같다.

$$Z_{\mathrm{TE}} = \frac{E_\rho}{H_\phi} = \frac{-E_\phi}{H_\rho} = \frac{\eta k}{\beta}. \tag{3.129}$$

위의 전계 및 자계에 대한 표현식에는 결정되지 않은 상수 A와 B가 있다. 이 상수들은 서로 독립적이며 $\sin n\phi$와 $\cos n\phi$ 항의 크기에 따라 다르다. 즉, 원형 도파관이 방위각에 대하여 대칭성이기 때문에 $\sin n\phi$와 $\cos n\phi$ 항 모두 유효한 해가 되며 어떤 특정 문제에서 중요하게 작용할 수 있다. 이 항들의 실세 크기는 도파관의 여기 방법에 따라 다르다. 다른 관점에서 보면, $A = 0$ 또는 $B = 0$이 되는 h_z를 얻기 위하여 좌표계는 z축에 대해 회전한 것으로 할 수 있다. 이제 $B = 0$이 되도록 여기한 TE_{11} 주모드에 대하여 고찰해 보자. 전계 및 자계는 다음의 식과 같이 표현할 수 있다.

$$H_z = A \sin\phi J_1(k_c\rho)e^{-j\beta z} \tag{3.130a}$$

$$E_\rho = \frac{-j\omega\mu}{k_c^2\rho} A \cos\phi J_1(k_c\rho)e^{-j\beta z} \tag{3.130b}$$

$$E_\phi = \frac{j\omega\mu}{k_c} A \sin\phi J_1'(k_c\rho)e^{-j\beta z} \tag{3.130c}$$

$$H_\rho = \frac{-j\beta}{k_c} A \sin\phi J_1'(k_c\rho)e^{-j\beta z} \tag{3.130d}$$

$$H_\phi = \frac{-j\beta}{k_c^2\rho} A \cos\phi J_1(k_c\rho)e^{-j\beta z} \tag{3.130e}$$

$$E_z = 0. \tag{3.130f}$$

도파관 내에서 전송되는 전력은

$$\begin{aligned}
P_o &= \frac{1}{2}\text{Re}\int_{\rho=0}^{a}\int_{\phi=0}^{2\pi} \bar{E} \times \bar{H}^* \cdot \hat{z}\rho\, d\phi\, d\rho \\
&= \frac{1}{2}\text{Re}\int_{\rho=0}^{a}\int_{\phi=0}^{2\pi} \left(E_\rho H_\phi^* - E_\phi H_\rho^*\right)\rho\, d\phi\, d\rho \\
&= \frac{\omega\mu|A|^2\text{Re}(\beta)}{2k_c^4}\int_{\rho=0}^{a}\int_{\phi=0}^{2\pi}\left[\frac{1}{\rho^2}\cos^2\phi J_1^2(k_c\rho) + k_c^2\sin^2\phi J_1'^2(k_c\rho)\right]\rho\, d\phi\, d\rho \\
&= \frac{\pi\omega\mu|A|^2\text{Re}(\beta)}{2k_c^4}\int_{\rho=0}^{a}\left[\frac{1}{\rho}J_1^2(k_c\rho) + \rho k_c^2 J_1'^2(k_c\rho)\right]d\rho \\
&= \frac{\pi\omega\mu|A|^2\text{Re}(\beta)}{4k_c^4}\left(p_{11}'^2 - 1\right)J_1^2(k_c a)
\end{aligned} \tag{3.131}$$

가 되는데, 이것은 β가 실수일 때 즉, 전파 모드일 때만 0이 아닌 값이 됨을 알 수 있다(이 결과를 얻기 위한 적분 과정은 부록 C를 참조할 것).

유전체 손실에 의한 감쇠는 식 (3.29)에 주어져 있다. 도파관의 도체에 의한 감쇠는 도파관의 단위 길이당 도체 표면에 흐르는 전류에 의한 전력손실로부터 구할 수 있다. 전력손실은

$$\begin{aligned}
P_\ell &= \frac{R_s}{2}\int_{\phi=0}^{2\pi}|\bar{J}_s|^2 a\, d\phi \\
&= \frac{R_s}{2}\int_{\phi=0}^{2\pi}\left(|H_\phi|^2 + |H_z|^2\right)a\, d\phi \\
&= \frac{|A|^2R_s}{2}\int_{\phi=0}^{2\pi}\left(\frac{\beta^2}{k_c^4a^2}\cos^2\phi + \sin^2\phi\right)J_1^2(k_c a)a\, d\phi \\
&= \frac{\pi|A|^2R_s a}{2}\left(1 + \frac{\beta^2}{k_c^4a^2}\right)J_1^2(k_c a)
\end{aligned} \tag{3.132}$$

이므로 감쇠상수는

$$\alpha_c = \frac{P_\ell}{2P_o} = \frac{R_s\left(k_c^4 a^2 + \beta^2\right)}{\eta k \beta a(p_{11}'^2 - 1)}$$

$$= \frac{R_s}{ak\eta\beta}\left(k_c^2 + \frac{k^2}{p_{11}'^2 - 1}\right) \text{Np/m} \tag{3.133}$$

가 된다.

TM 모드

원형 도파관의 TM 모드는 원통 좌표계의 파동방정식으로부터 E_z에 대해 풀어야 한다.

$$\left(\frac{\partial^2}{\partial\rho^2} + \frac{1}{\rho}\frac{\partial}{\partial\rho} + \frac{1}{\rho^2}\frac{\partial^2}{\partial\phi^2} + k_c^2\right) e_z = 0. \tag{3.134}$$

여기서 $E_z(\rho, \phi, z) = e_z(\rho, \phi)e^{-j\beta z}$이고 $k_c^2 = k^2 - \beta^2$이다. 이 방정식은 식 (3.107)과 동일하므로 그 일반해도 같다. 따라서 식 (3.121)로부터

$$e_z(\rho, \phi) = (A \sin n\phi + B \cos n\phi) J_n(k_c\rho) \tag{3.135}$$

를 얻는다. TE 모드일 때와의 차이는

$$E_z(\rho, \phi) = 0 \qquad (\rho = a) \tag{3.136}$$

이므로 경계조건을 식 (3.135)의 e_z에 직접 적용할 수 있다는 것이다. 따라서

$$J_n(k_c a) = 0 \tag{3.137}$$

을 만족하는 근으로부터

$$k_c = p_{nm}/a \tag{3.138}$$

가 되는데, 여기서 p_{nm}은 $J_n(x)$의 m번째 근이고, $J_n(p_{nm}) = 0$을 만족한다. p_{nm}의 값은 수치표에 나와 있으며 첫 번째 몇 개의 값들을 표 3.4에 실었다.

TM_{nm} 모드의 전파상수는

$$\beta_{nm} = \sqrt{k^2 - k_c^2} = \sqrt{k^2 - (p_{nm}/a)^2} \tag{3.139}$$

이며, 차단주파수는

$$f_{c_{nm}} = \frac{k_c}{2\pi\sqrt{\mu\epsilon}} = \frac{p_{nm}}{2\pi a\sqrt{\mu\epsilon}} \tag{3.140}$$

표 3.4 원형 도파관의 TM 모드에 대한 p_{nm}의 값

n	p_{n1}	p_{n2}	p_{n3}
0	2.405	5.520	8.654
1	3.832	7.016	10.174
2	5.135	8.417	11.620

이다. 따라서 전파할 수 있는 첫 번째 TM 모드는 $p_{01} = 2.405$인 TM_{01}모드이다. 이것은 TE 모드에서 가장 낮은 차수인 TE_{11}모드의 $p'_{11} = 1.841$보다 크므로 TE_{11}모드가 원형 도파관의 기본모드가 된다. TE 모드에서처럼 $m \geq 1$이므로 TM_{10} 모드는 없다.

식 (3.110)으로부터 횡파 성분은 다음과 같이 유도된다.

$$E_\rho = \frac{-j\beta}{k_c}(A \sin n\phi + B \cos n\phi)J'_n(k_c\rho)e^{-j\beta z} \tag{3.141a}$$

$$E_\phi = \frac{-j\beta n}{k_c^2 \rho}(A \cos n\phi - B \sin n\phi)J_n(k_c\rho)e^{-j\beta z} \tag{3.141b}$$

$$H_\rho = \frac{j\omega\epsilon n}{k_c^2 \rho}(A \cos n\phi - B \sin n\phi)J_n(k_c\rho)e^{-j\beta z} \tag{3.141c}$$

$$H_\phi = \frac{-j\omega\epsilon}{k_c}(A \sin n\phi + B \cos n\phi)J'_n(k_c\rho)e^{-j\beta z}. \tag{3.141d}$$

파동 임피던스는

$$Z_{TM} = \frac{E_\rho}{H_\phi} = \frac{-E_\phi}{H_\rho} = \frac{\eta\beta}{k} \tag{3.142}$$

이다. TM 모드에서 감쇠에 대한 계산은 연습문제로 남겨 놓았다. 그림 3.12는 원형 도파관의 여러 모드에 있어서 도체 손실에 의한 감쇠 정도를 주파수에 대해 도시한 것이다. TE_{01}모드의 감쇠는 주파수가 증가함에 따라 아주 작은 값으로 감소함을 알 수 있다. 이러한 특징으로 인하여 TE_{01}모드는 원거리 저손실 전송용으로 관심을 갖게 되나, 불행하게도 이 모드는 원형 도파관의 주모드가 아니기 때문에 실질적으로 전력의 손실은 TE_{01}모드 및 낮은 차수의 전파 모드까지도 발생하게 된다.

그림 3.13은 TE 모드와 TM 모드의 상대적인 차단주파수를 나타낸 것이며, 원형 도파관

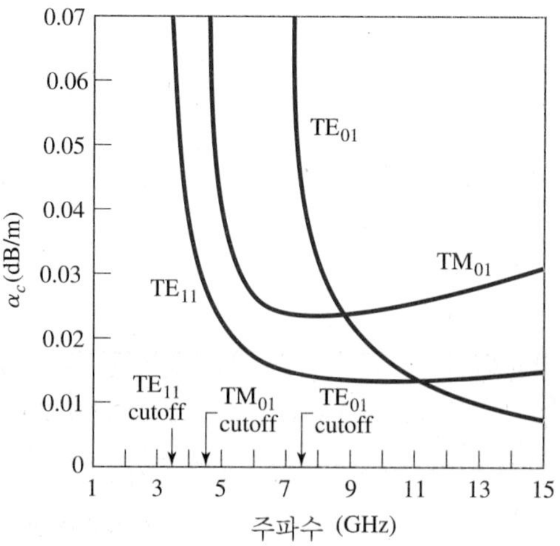

그림 3.12 $a = 2.54$ cm인 구리로 만든 원형 도파관에서의 여러 모드의 감쇠특성

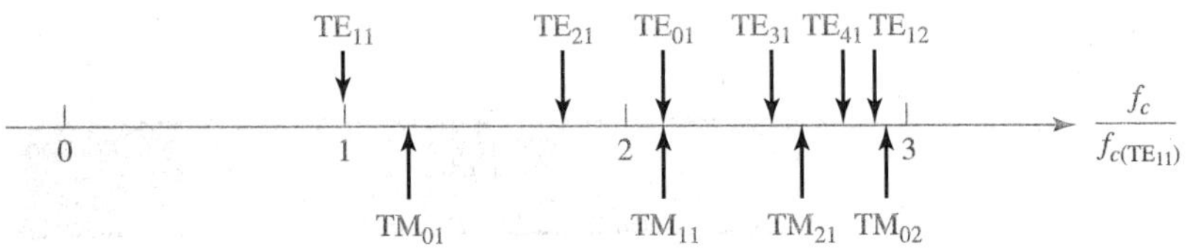

그림 3.13 주모드인 TE_{11} 모드의 차단주파수를 기준으로 원형 도파관의 처음 몇몇 TE 및 TM 모드의 차단주파수 특성

과 관련한 결과식을 표 3.5에 요약하였다. 가장 낮은 차수의 몇 가지 TE 및 TM 모드에 대한 전계 및 자계선을 그림 3.14에 보였다.

표 3.5 원형 도파관에 대한 요약

양	TE_{nm} 모드	TM_{nm} 모드
k	$\omega\sqrt{\mu\epsilon}$	$\omega\sqrt{\mu\epsilon}$
k_c	$\dfrac{p'_{nm}}{a}$	$\dfrac{p_{nm}}{a}$
β	$\sqrt{k^2-k_c^2}$	$\sqrt{k^2-k_c^2}$
λ_c	$\dfrac{2\pi}{k_c}$	$\dfrac{2\pi}{k_c}$
λ_g	$\dfrac{2\pi}{\beta}$	$\dfrac{2\pi}{\beta}$
v_p	$\dfrac{\omega}{\beta}$	$\dfrac{\omega}{\beta}$
α_d	$\dfrac{k^2\tan\delta}{2\beta}$	$\dfrac{k^2\tan\delta}{2\beta}$
E_z	0	$(A\sin n\phi+B\cos n\phi)J_n(k_c\rho)e^{-j\beta z}$
H_z	$(A\sin n\phi+B\cos n\phi)J_n(k_c\rho)e^{-j\beta z}$	0
E_ρ	$\dfrac{-j\omega\mu n}{k_c^2\rho}(A\cos n\phi-B\sin n\phi)J_n(k_c\rho)e^{-j\beta z}$	$\dfrac{-j\beta}{k_c}(A\sin n\phi+B\cos n\phi)J'_n(k_c\rho)e^{-j\beta z}$
E_ϕ	$\dfrac{j\omega\mu}{k_c}(A\sin n\phi+B\cos n\phi)J'_n(k_c\rho)e^{-j\beta z}$	$\dfrac{-j\beta n}{k_c^2\rho}(A\cos n\phi-B\sin n\phi)J_n(k_c\rho)e^{-j\beta z}$
H_ρ	$\dfrac{-j\beta}{k_c}(A\sin n\phi+B\cos n\phi)J'_n(k_c\rho)e^{-j\beta z}$	$\dfrac{j\omega\epsilon n}{k_c^2\rho}(A\cos n\phi-B\sin n\phi)J_n(k_c\rho)e^{-j\beta z}$
H_ϕ	$\dfrac{-j\beta n}{k_c^2\rho}(A\cos n\phi-B\sin n\phi)J_n(k_c\rho)e^{-j\beta z}$	$\dfrac{-j\omega\epsilon}{k_c}(A\sin n\phi+B\cos n\phi)J'_n(k_c\rho)e^{-j\beta z}$
Z	$Z_{TE}=\dfrac{k\eta}{\beta}$	$Z_{TM}=\dfrac{\beta\eta}{k}$

예제 3.2 원형 도파관의 특성

$a = 0.5$ cm이고, 테플론으로 채워진 원형 도파관에 있어서 처음 두 개의 전파모드에 대한 차단주파수를 계산하라. 만약 도파관이 금으로 도금된 경우, 14 GHz에서 30 cm 거리를 전송된 후의 감

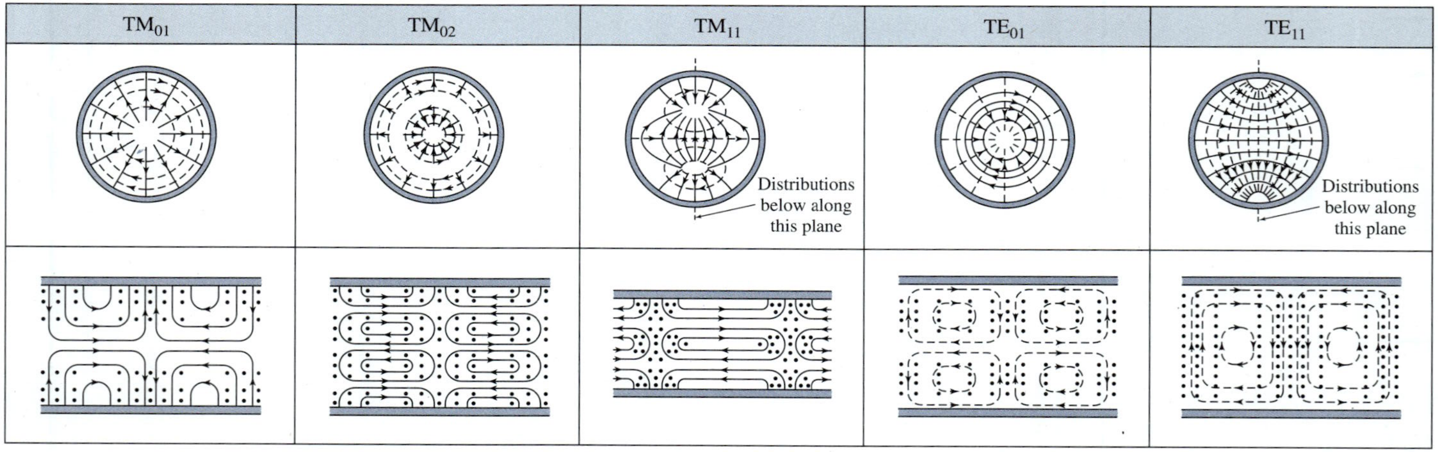

그림 3.14 원형 도파관의 저차 모드에 대한 전자계선. S. Ramo, J.R. Whinnery 및 T. Van Duzer 저서인 *Field and Waves Communication Electronics*에서 표 8.04를 1965년에 판권을 따낸 John Wiley & Sons사의 허가를 받고 재판한 것임.

쇠를 dB로 계산하라.

☞ 풀이

그림 3.13으로부터 원형 도파관에서의 처음 두 개의 전파모드는 TE_{11}과 TM_{01} 모드임을 알 수 있다. 식 (3.127)과 식 (3.140)을 이용하면 차단주파수는

$$TE_{11}: \qquad f_c = \frac{p'_{11}c}{2\pi a\sqrt{\epsilon_r}} = \frac{1.841(3\times10^8)}{2\pi(0.005)\sqrt{2.08}} = 12.19\text{ GHz},$$

$$TM_{01}: \qquad f_c = \frac{p_{01}c}{2\pi a\sqrt{\epsilon_r}} = \frac{2.405(3\times10^8)}{2\pi(0.005)\sqrt{2.08}} = 15.92\text{ GHz}$$

가 된다. 따라서 TE_{11}모드만이 14.0 GHz를 전파할 수 있다. 파수는

$$k = \frac{2\pi f\sqrt{\epsilon_r}}{c} = \frac{2\pi(14\times10^9)\sqrt{2.08}}{3\times10^8} = 422.9\text{ m}^{-1}$$

이 되고, TE_{11}모드의 전파상수는

$$\beta = \sqrt{k^2 - \left(\frac{p'_{11}}{a}\right)^2} = \sqrt{(422.9)^2 - \left(\frac{1.841}{0.005}\right)^2} = 208.0\text{ m}^{-1}$$

이 된다. 식 (3.29)을 이용하여 유전체 손실에 의한 감쇠를 계산하면

$$\alpha_d = \frac{k^2\tan\delta}{2\beta} = \frac{(422.9)^2(0.0004)}{2(208.0)} = 0.172\text{ Np/m} = 1.49\text{ dB/m}$$

가 된다. 금의 도전율은 $\sigma = 4.1\times10^7$ S/m이므로 표면저항은

$$R_s = \sqrt{\frac{\omega\mu_0}{2\sigma}} = 0.0367\,\Omega$$

이 된다. 따라서 식 (3.133)으로부터 도체 손실량은

$$\alpha_c = \frac{R_s}{ak\eta\beta}\left(k_c^2 + \frac{k^2}{p'^2_{11}-1}\right) = 0.0672\text{ Np/m} = 0.583\text{ dB/m}$$

가 된다. 전체 감쇠는 $\alpha = \alpha_d + \alpha_c = 2.07$ dB/m가 된다. 따라서 30 cm 길이의 도파관의 손실은 감쇠(dB) = α(dB/m) × L(m) = (2.07)(0.3) = 0.62 dB이다. ◀

3.5 동축선로

TEM 모드

동축선로의 TEM 모드에 대한 전파를 2장에서 논의하였지만, 앞 절에서 얻어진 결과인 일반적인 방법을 이용한 동축선로 문제의 해석을 이 절에서 고찰하기로 한다.

동축선로의 구조를 그림 3.15에 보인 바와 같이 내부 도체의 전위는 V_o[V]이고, 외부

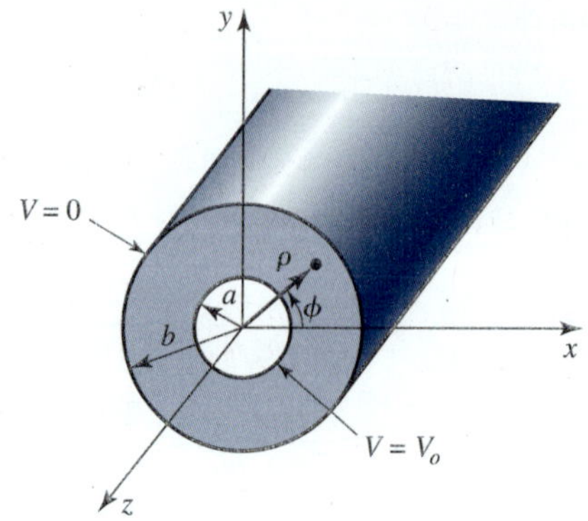

그림 3.15 동축선로의 기하학적 구조

도체의 전위는 0[V]이다. 3.1절로부터 알 수 있듯이 전자계는 식 (3.14)에 주어진 라플라스 방정식의 해인 스칼라 전위함수 $\Phi(\rho, \phi)$로부터 구할 수 있다. 원통 좌표계에서 라플라스 방정식은 다음과 같은 형태를 갖는다.

$$\frac{1}{\rho}\frac{\partial}{\partial\rho}\left(\rho\frac{\partial\Phi(\rho,\phi)}{\partial\rho}\right)+\frac{1}{\rho^2}\frac{\partial^2\Phi(\rho,\phi)}{\partial\phi^2}=0. \tag{3.143}$$

이 방정식의 해 $\Phi(\rho, \phi)$는 다음과 같은 경계조건을 만족하여야 한다.

$$\Phi(a,\phi)=V_o \tag{3.144a}$$

$$\Phi(b,\phi)=0. \tag{3.144b}$$

변수분리법을 사용하기 위해 $\Phi(\rho, \phi)$를

$$\Phi(\rho,\phi)=R(\rho)P(\phi) \tag{3.145}$$

라 놓고, 식 (3.143)에 대입하면

$$\frac{\rho}{R}\frac{\partial}{\partial\rho}\left(\rho\frac{dR}{d\rho}\right)+\frac{1}{\rho}\frac{d^2P}{d\phi^2}=0 \tag{3.146}$$

을 얻는다. 변수분리법에 의해 식 (3.146)에 있는 두 항은 상수로 같아야 하므로

$$\frac{\rho}{R}\frac{\partial}{\partial\rho}\left(\rho\frac{dR}{d\rho}\right)=-k_\rho^2 \tag{3.147}$$

$$\frac{1}{P}\frac{d^2P}{d\phi^2}=-k_\phi^2. \tag{3.148}$$

그리고

$$k_\rho^2+k_\phi^2=0 \tag{3.149}$$

이 된다. 식 (3.148)의 일반해는

$$P(\phi) = A\cos n\phi + B\sin n\phi \tag{3.150}$$

인데, 여기서 k_ϕ는 ϕ가 2π의 정수배로 증가해도 결과가 동일해야 하므로 n은 정수이어야 한다. 식 (3.144)의 경계조건으로부터 전위함수 $\Phi(\rho, \phi)$가 ϕ에 무관(즉, ϕ에 대칭 특성)하다. 따라서 n은 0이어야 한다. 이것은 식 (3.149)로부터 또한 0이어야 하므로 식 (3.147)은 다음과 같이 간단히 표현된다.

$$\frac{\partial}{\partial\rho}\left(\rho\frac{dR}{d\rho}\right) = 0.$$

위의 미분방정식의 해는

$$R(\rho) \ = C\ln\rho + D$$

가 되므로 전위함수 $\Phi(\rho, \phi)$는

$$\Phi(\rho, \phi) = C\ln\rho + D \tag{3.151}$$

가 된다. 식 (3.144)의 경계조건을 적용하면 2개의 상수 C와 D에 대한 다음의 연립방정식을 얻게 된다.

$$\Phi(a, \phi) = V_o = C\ln a + D \tag{3.152a}$$

$$\Phi(b, \phi) = 0 = C\ln b + D \tag{3.152b}$$

이므로, C와 D에 대하여 위의 방정식을 풀어서 정리하면 전위함수 $\Phi(\rho, \phi)$의 최종해는

$$\Phi(\rho, \phi) = \frac{V_o\ln b/\rho}{\ln b/a} \tag{3.153}$$

가 된다.

전계 및 자계는 각각 식 (3.13) 및 (3.18)을 이용하여 구할 수 있다. 그리고 2장에서 주어진 방법을 이용하여 전압, 전류, 특성 임피던스 등을 계산할 수 있다. 또한 유전체 및 도체에 의한 손실 역시 2장에서 다뤘기 때문에 이 절에서는 생략한다.

고차 모드

평행판 도파관과 같이 동축선로에는 TEM 모드뿐만 아니라 TE와 TM 모드도 존재한다. 실제적으로 이러한 모드들은 보통 차단(소멸) 모드이며 이러한 모드에서는 불연속점이나 전자파원 근처에서 리액턴스 효과를 갖고 있다. 그러나 이러한 모드들이 전파하는 것을 방지하기 위해서는 가장 낮은 차수의 도파관형 모드의 차단주파수를 알아야 한다. 전파상수가 다른 두 개 또는 그 이상의 전파 모드를 갖는 신호들이 동시에 전송될 경우 원하지 않는 전송특성이 나타나게 된다. 고차 모드 신호의 전송을 방지하기 위하여 동축선로의 크기를 제한하는 방법은 케이블에 따라 사용하는 주파수에 상한을 두는 것과 동일하다. 이것은 동축선로의 전력 수용 용량을 제한하게 된다(176쪽에 나오는 전송선로의 전력 수용용량에 관한 관심사항 참조).

동축선로의 TE 모드의 해에 대하여 이 절에서 유도하기로 한다. TE_{11} 모드는 동축선로의 기본 도파관 모드이므로 매우 중요하다.

TE 모드에 있어서 $E_z = 0$이고 H_z는 식 (3.112)의 파동방정식을 만족하여야 한다.

$$\left(\frac{\partial^2}{\partial\rho^2} + \frac{1}{\rho}\frac{\partial}{\partial\rho} + \frac{1}{\rho^2}\frac{\partial^2}{\partial\phi^2} + k_c^2\right) h_z(\rho, \phi) = 0. \tag{3.154}$$

여기서 $H_z(\rho,\ \phi,\ z) = h_z(\rho,\ \phi)e^{-j\beta z}$이고 $k_c^2 = k^2 - \beta^2$이다. 이 방정식이 일반해는 3.4절에서 유도한 바와 같이 식 (3.118)과 식 (3.120)의 곱으로 주어진다.

$$h_z(\rho, \phi) = (A \sin n\phi + B \cos n\phi)(C J_n(k_c\rho) + D Y_n(k_c\rho)). \tag{3.155}$$

이 경우 $a \le \rho \le b$이므로 Y_n항을 0으로 설정할 필요는 없다. 경계조건은

$$E_\phi(\rho, \phi, z) = 0 \qquad (\rho = a, b) \tag{3.156}$$

이다. 식 (3.110b)를 이용하면 H_z로부터 E_ϕ를 구할 수 있다.

$$E_\phi = \frac{j\omega\mu}{k_c}(A \sin n\phi + B \cos n\phi)(C J_n'(k_c\rho) + D Y_n'(k_c\rho))e^{-j\beta z}. \tag{3.157}$$

식 (3.156)을 식 (3.157)에 적용하면 다음과 같은 2개의 방정식을 얻는다.

$$C J_n'(k_c a) + D Y_n'(k_c a) = 0 \tag{3.158a}$$

$$C J_n'(k_c b) + D Y_n'(k_c b) = 0. \tag{3.158b}$$

이것은 균질 연립방정식이므로 그 행렬식이 0일 때만 의미있는 해($C \neq 0$, $D \neq 0$)를 갖는

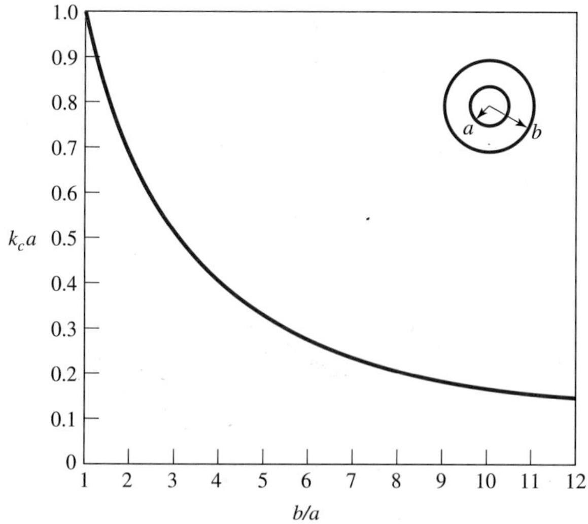

그림 3.16 동축선로에서 TE_{11} 도파관 주모드로 정규화된 차단주파수

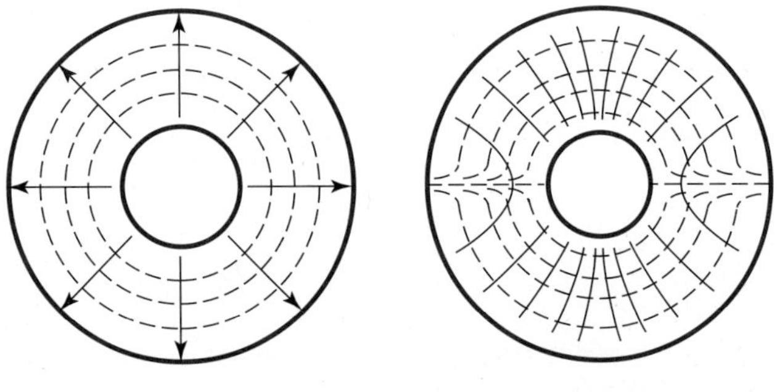

(a) (b)

그림 3.17 동축선로에서의 (a) TEM과 (b) TE_{11} 모드에 대한 전계 및 자계선

다. 따라서

$$J_n'(k_c a)Y_n'(k_c b) = J_n'(k_c b)Y_n'(k_c a) \tag{3.159}$$

가 되며, 이것은 k_c에 대한 특성방정식이 된다. 식 (3.159)를 만족하는 k_c의 값들은 동축선로의 TE_{nm}모드를 결정한다.

식 (3.159)는 초월방정식으로서 k_c에 대해 수치적으로 풀어야 한다. 그림 3.16은 $n = 1$인 경우 여러 b/a값에 대한 결과를 나타낸 것이다. 실질적으로 흔히 사용되는 근사적인 해는

$$k_c = \frac{2}{a+b}$$

이다. k_c가 구해지면 전파상수와 차단주파수도 결정된다. TM 모드에 대한 해는 같은 방법으로 구할 수 있으며 식 (3.159)의 초월방정식과 같으나 베셀 함수의 미분만 다르다. TEM과 TE_{11}모드에 대한 동축선로에서의 전계 및 자계선을 그림 3.17에 보였다.

예제 3.3 동축선로의 고차모드

반강체형(semirigid) 동축선로 RG-401U의 내부 및 외부 도체의 직경은 각각 0.0645" (1.6383 mm) 및 0.215"(5.461 mm)이고 두 도체 사이의 유전체는 $\epsilon_r = 2.2$인 테플론(Teflon)이다. 도파관 모드 TE_{11}의 전파가 전송 시작하기 직전의 유용한 가장 높은 주파수는 얼마인가?

☞ 풀이

$$\frac{b}{a} = \frac{2b}{2a} = \frac{0.215}{0.0645} = 3.33$$

이므로 그림 3.16에서 b/a 값에 대응하여 $k_c a = 0.45$(근사적인 해법에 의하면 $k_c a = 2/(1 + b/a) = 0.462$이다)가 된다. 따라서 $k_c = 549.4\ \text{m}^{-1}$이고 TE_{11} 모드의 차단 주파수는

$$f_c = \frac{ck_c}{2\pi\sqrt{\epsilon_r}} = 17.7\ \text{GHz}.$$

이다. 실질적으로 5%의 안전성 여분을 감안하면 $f_{max} = (0.95)(17.7\ \text{GHz}) = 16.8\ \text{GHz}$이다. ◀

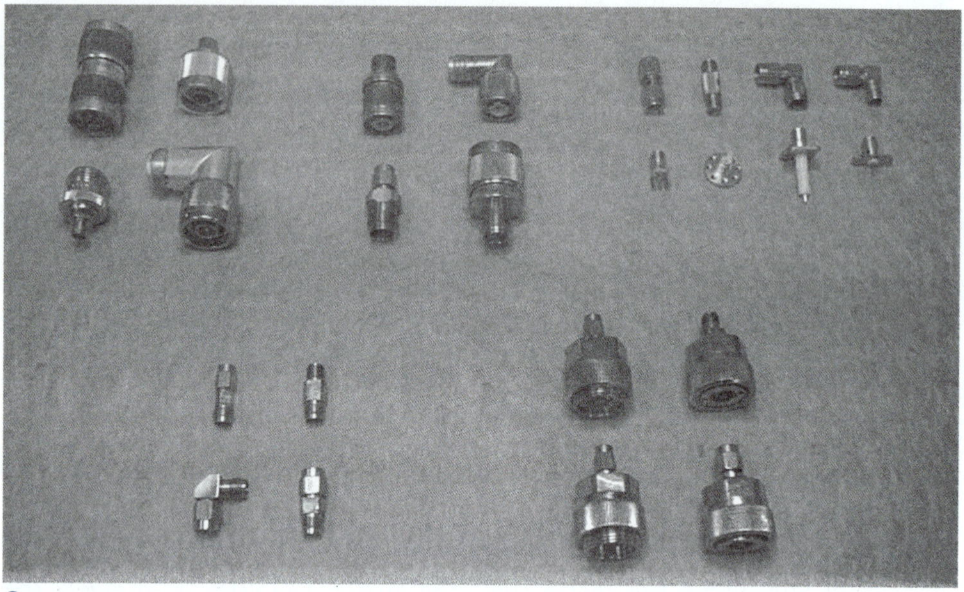

관심사항: 동축 케이블용 커넥터

일반적으로 사용되는 대부분의 동축 케이블과 커넥터는 TV 시스템에 사용되는 75 Ω의 동축 케이블을 제외하고는 50 Ω의 특성 임피던스를 갖고 있다. 동축 케이블용 커넥터의 필수 요건으로는 낮은 정재파비, 고주파에서의 고차모드 없는 작동, 연결-단절 주기 후의 높은 반복성, 그리고 기계적인 강도 등이다. 대분분의 커넥터는 쌍으로 사용되며 수컷 끝과 암컷 끝으로 되어 있다(이렇게 이름을 붙인 분명한 이유는 독자의 상상에 맡기거로 한다). 아래에 가장 일반적인 마이크로파용 동축 케이블용 커넥터의 몇 가지 형태와 특성을 나열한다.

Type-N: 이 커넥터는 1942년에 개발되었는데, 벨 연구소에서 커넥터 디자인에 관해 연구한 P. Neil의 이름을 따서 붙인 명칭이다. 수컷과 암컷 커넥터는 서로 꿰어져 있으며 암컷 커넥터의 외부 직경은 약 0.625 인치이다. 동작 주파수의 상한은 케이블 크기에 따라 다르지만 11 GHz에서 18 GHz에 이른다. 단단하고 사이즈가 큰 이 커넥터는 간혹 옛날 장비에서 찾아볼 수 있다.

TNC: 매우 흔한 BNC 커넥터의 나사형이다. 1 GHz 이하에서 사용되고 있다.

SMA: 이 커넥터는 보다 작고 가벼운 커넥터의 필요성에 의해 1960년대 초에 개발되었다. SMA 커넥터의 암컷 끝의 외부 직경은 약 0.250 인치이다. 이것은 18 ~ 25 GHz까지 사용될 수 있으며, 오늘날 가장 흔히 사용되는 마이크로파용 커넥터이다.

APC-7 커넥터: 이 커넥터는 18 GHz까지의 주파수에서 정재파비를 1.04 이하로 연속적으로 얻을 수 있는 정밀 커넥터(암페놀 정밀 커넥터: amphenol precision connector)이다. 이 커넥터는 암수의 구별이 없으며 내부 및 외부 전도체가 각각 직접 접속(butt contact)되어 있다. 이 커넥터는 측정 또는 계측기의 응용 등에 광범위하게 사용되고 있다.

2.4 mm: 밀리미터 주파수 대역에 사용이 가능하도록 SMA 커넥터를 개선한 것으로 2가지 유형이 있다. *K* 커넥터는 약 40 GHz까지 사용 가능하며 2.4 mm는 약 50 GHz까지 쓸 수 있다. 이 커넥터의 크기는 SMA 커넥터와 유사하다.

3.6 접지된 유전체 평판에서의 표면파

평면파가 유전체 경계면에서 전반사가 되는 경우에 표면파가 발생하는 문제를 2장에서 다루었다. 일반적으로 표면파는 유전체 경계면을 포함한 다양한 기하학적 구조에서 존재할 수 있다. 이 절에서는 접지된 유전체 평판을 따라 전파되는 TM과 TE 표면파에 대해 고려한다. 표면 도파관으로 사용하는 다른 구조로는 접지되지 않은 유전체 평판, 유전체 봉, 물결 모양을 갖는 도체, 유전체로 코팅된 도체봉 등이 있다.

표면파는 유전체나 또는 유전체 부근에서 전계 및 자계의 대분분이 존재하지만 유전체 표면으로부터 멀어지면서 전자계의 크기는 지수함수로 감쇠한다. 일반적으로 주파수가 높아질수록 대부분의 전계 및 자계는 유전체 내에 존재하게 되므로 유전체 평판 도파관은 고주파수에서 실용적이다. 유전체로 인하여 표면파의 위상속도는 진공에서의 빛의 속도보다 느리다. 표면파를 연구하는 또다른 이유는 마이크로스트립이나 슬롯선로 같은 몇몇 평면형 전송선로에서 표면파가 생성되는 경우도 있기 때문이다.

TM 모드

그림 3.18에는 접지된 유전체 평판 도파관의 기하학적 구조가 나타나 있다. 두께가 d이고 비유전율이 ϵ_r인 유전체 평판은 y와 z방향으로 무한히 길게 놓여 있다고 가정한다. y방향으로의 변화 성분은 없고($\partial/\partial y = 0$) $+z$방향으로 $e^{-j\beta z}$형태로 전파하는 표면파로 가정한다.

유전체가 있는 영역과 없는 영역, 즉 두 가지 다른 영역이 존재하기 때문에 이 두 영역에서의 전계 및 자계를 각각 계산하고 경계조건인 접합면에서 전자계의 접선성분이 같도록 하여야 한다. 각 영역에서 E_z는 식 (3.25)의 파동방정식을 만족시켜야 한다:

$$\left(\frac{\partial^2}{\partial x^2} + \epsilon_r k_0^2 - \beta^2\right) e_z(x, y) = 0 \qquad (0 \le x \le d) \tag{3.160a}$$

$$\left(\frac{\partial^2}{\partial x^2} + k_0^2 - \beta^2\right) e_z(x, y) = 0 \qquad (d \le x < \infty). \tag{3.160b}$$

여기서 $E_z(x, y, z) = e_z(x, y)e^{-j\beta z}$이다.

이제 각 영역별로 차단파수를 다음과 같이 정의할 수 있다.

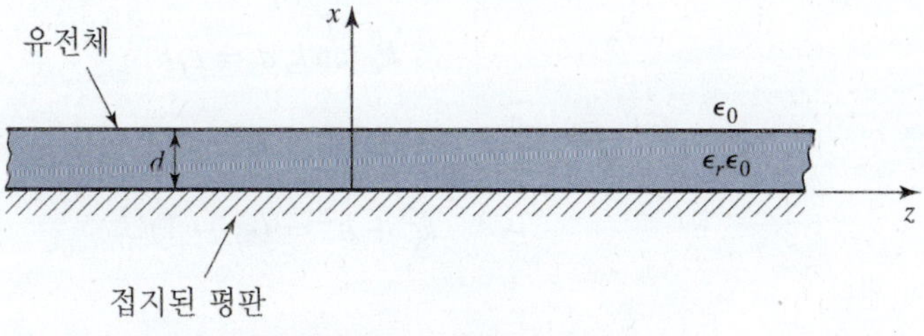

그림 3.18 접지된 유전체 평판의 기하학적 구조

$$k_c^2 = \epsilon_r k_0^2 - \beta^2 \tag{3.161a}$$

$$h^2 = \beta^2 - k_0^2. \tag{3.161b}$$

여기서 h^2의 부호는 $x > d$인 영역에서 파가 지수함수적으로 감쇠하도록 선택되었다. 유의할 점은 두 영역에 있어서 같은 전파상수 β를 사용하였는데 이것은 임의의 z 값에 대해 $x = d$인 접합면에서 접선성분의 위상이 정합되어야 하기 때문이다.

식 (3.160)에 대한 일반해는

$$e_z(x, y) = A \sin k_c x + B \cos k_c x \qquad (0 \le x \le d) \tag{3.162a}$$

$$e_z(x, y) = Ce^{hx} + De^{-hx} \qquad (d \le x < \infty) \tag{3.162b}$$

가 되며 해는 k_c와 h가 실수 또는 허수에 관계없이 유효하지만 식 (3.161)에서 정의에 의하여 k_c와 h는 모두 실수가 된다.

평판 유전체에 대한 경계조건은 다음과 같으며 이들을 만족해야 한다.

$$x = 0 \text{ 에서} \qquad E_z(x, y, z) = 0 \tag{3.163a}$$

$$x \to \infty \text{ 에서} \qquad E_z(x, y, z) < \infty \tag{3.163b}$$

$$x = d \text{ 에서} \qquad E_z(x, y, z) \text{ 는 연속함수} \tag{3.163c}$$

$$x = d \text{ 에서} \qquad H_y(x, y, z) \text{는 연속함수.} \tag{3.163d}$$

식 (3.23)으로부터 $H_x = E_y = H_z = 0$이고 식 (3.163a)의 경계조건으로부터 식 (3.162a)의 계수 $B = 0$이 된다. 식 (3.163b)의 조건은 전자계원으로부터 무한히 멀리 떨어진 곳에서의 전자계(혹은 에너지)는 유한 또는 소멸해야 함을 의미하므로 $C = 0$이 된다. E_z의 연속성으로부터

$$A \sin k_c d = De^{-hd} \tag{3.164a}$$

가 되고, 식 (3.23b)로부터 H_y를 구하고 $x = 0$에서 H_y 또한 연속해야 하므로

$$\frac{\epsilon_r A}{k_c} \cos k_c d = \frac{D}{h} e^{-hd} \tag{3.164b}$$

가 된다.

위의 두 식이 의미 있는 해가 되기 위해서는 식 (3.164)의 두 개의 방정식의 디터미넌트가 0이 되어야 하며 식 (3.164a)를 식 (3.164b)로 나눠 정리하면

$$k_c \tan k_c d = \epsilon_r h \tag{3.165}$$

를 얻는다. 식 (3.161a)와 식 (3.161b)로부터 β를 소거하면

$$k_c^2 + h^2 = (\epsilon_r - 1)k_0^2 \tag{3.166}$$

이 된다.

식 (3.165)와 식 (3.166)은 연립 초월방정식으로서 주어진 k_o와 ϵ_r에 대하여 전파상수 k_c

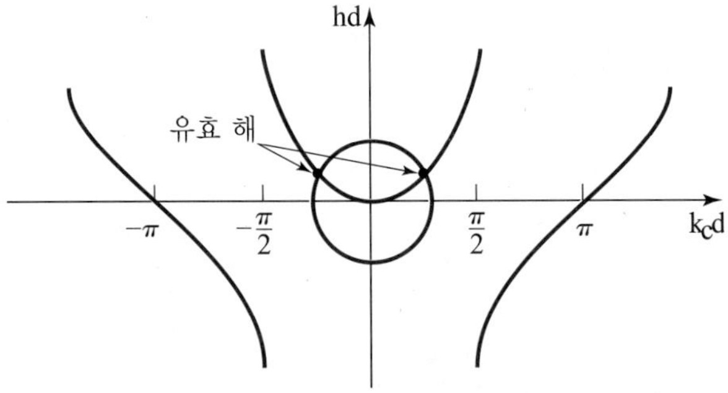

그림 3.19 접지된 유전체 평판의 TM 표면파 모드인 경우 차단주파수에 대한 초월방정식의 도식적인 해.

와 h에 대해 풀어야 한다. 이러한 방정식은 수치적으로 푸는 것이 최상이겠지만 그림 3.19를 통하여 가능한 해들을 도식적으로 나타낼 수 있다. 식 (3.166)의 양변에 d^2를 곱하면

$$(k_c d)^2 + (hd)^2 = (\epsilon_r - 1)(k_0 d)^2$$

이 되는데, 이것은 그림 3.19에 나타난 바와 같이 $k_c d$, hd 평면에서 원의 방정식이 된다. 원의 반경은 $\sqrt{\epsilon_r - 1}\, k_0 d$이며 유전체 평판의 전기적 두께에 비례한다. 식 (3.165)에 d를 곱하면

$$k_c d \tan k_c d = \epsilon_r h d$$

가 되며 그림 3.19에 그려져 있다. 이 두 곡선의 교점이 식 (3.165)와 식 (3.166)의 해가 된다. 그림에서 보는 바와 같이 k_c는 양수 또는 음수가 될 수 있지만 식 (3.162a)로부터 알 수 있듯이 이것은 단순히 상수 A의 부호의 변화를 의미한다. 반경인 $\sqrt{\epsilon_r - 1}\, k_0 d$가 커지면 원은 탄젠트 함수와 한 개 이상의 교점을 갖게 되는데 이것은 전파할 수 있는 TM 모드는 1개 이상임을 의미한다. 그러나 경계 조건식 (3.163b)를 적용할 때 h는 양의 실수로 가정하였으므로 h가 음수인 경우의 해는 배제되어야 한다.

유전체 평판의 두께가 0이 아니고 유전율이 1보다 크면 전파할 수 있는 TM 모드는 적어도 한 개가 존재하며, 이것을 TM_0 모드라 부른다. TM_0 모드는 유전체 평판 도파관의 주모드이며 차단주파수는 0이다($k_0 = 0$일 때 $k_c = h = 0$이므로 모든 전자계도 0이 된다). 그림 3.19로부터 다음의 TM 모드는 TM_1 모드이고 원의 반경이 π보다 커야만 존재한다. TM_n 모드의 차단주파수는 다음과 같이 유도된다.

$$f_c = \frac{nc}{2d\sqrt{\epsilon_r - 1}} \qquad (n = 0, 1, 2, \ldots). \tag{3.167}$$

특정 표면파 모드에 대한 k_c와 h를 알고 있다면 전계 및 자계는 다음과 같다.

$$E_z(x, y, z) = \begin{cases} A \sin k_c x e^{-j\beta z} & (0 \le x \le d) \\ A \sin k_c d e^{-h(x-d)} e^{-j\beta z} & (d \le x < \infty) \end{cases} \tag{3.168a}$$

$$E_x(x, y, z) = \begin{cases} \dfrac{-j\beta}{k_c} A \cos k_c x e^{-j\beta z} & (0 \leq x \leq d) \\ \dfrac{-j\beta}{h} A \sin k_c d e^{-h(x-d)} e^{-j\beta z} & (d \leq x < \infty) \end{cases} \quad (3.168b)$$

$$H_y(x, y, z) = \begin{cases} \dfrac{-j\omega\epsilon_0\epsilon_r}{k_c} A \cos k_c x e^{-j\beta z} & (0 \leq x \leq d) \\ \dfrac{-j\omega\epsilon_0}{h} A \sin k_c d e^{-h(x-d)} e^{-j\beta z} & (d \leq x < \infty). \end{cases} \quad (3.168c)$$

TE 모드

접지된 유전체 평판에 TE 모드 또한 존재할 수 있다. H_z 성분은 다음의 파동방정식을 만족한다.

$$\left(\frac{\partial^2}{\partial x^2} + k_c^2\right) h_z(x, y) = 0 \qquad (0 \leq x \leq d) \quad (3.169a)$$

$$\left(\frac{\partial^2}{\partial x^2} - h^2\right) h_z(x, y) = 0 \qquad (d \leq x < \infty). \quad (3.169b)$$

여기서 $H_z(x, y, z) = h_z(x, y)e^{-j\beta z}$이고, k_c^2와 h^2은 식 (3.161a)과 식 (3.161b)의 정의와 동일하다. TM 모드와 같은 방법으로 식 (3.169)에 대한 일반해를 다음과 같이 표현할 수 있다.

$$h_z(x, y) = A \sin k_c x + B \cos k_c x \quad (3.170a)$$

$$h_z(x, y) = Ce^{hx} + De^{-hx}. \quad (3.170b)$$

방사조건(식 (3.163b))을 만족하기 위하여 $C = 0$이어야 하며, 식 (3.19d)을 이용하여 H_z로부터 E_y를 구하고 $x = 0$에서 $E_y = 0$이므로 $A = 0$이 되며 $x = d$에서 E_y의 연속성에 의해

$$\frac{-B}{k_c} \sin k_c d = \frac{D}{h} e^{-hd} \quad (3.171a)$$

를 얻는다. 또한 $x = d$에서 H_z는 연속이므로

$$B \cos k_c d = De^{-hd} \quad (3.171b)$$

를 얻는다. 식 (3.171a)와 식 (3.171b)를 연립하여 풀면 다음과 같은 방정식을 얻는다.

$$-k_c \cot k_c d = h. \quad (3.172)$$

또한 식 (3.161a)와 식 (3.161b)로부터

$$k_c^2 + h^2 = (\epsilon_r - 1)k_0^2 \quad (3.173)$$

을 얻는다.

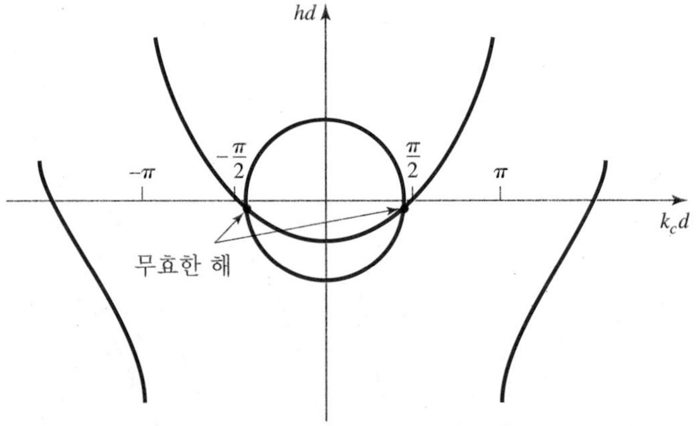

그림 3.20 TE 표면파 모드의 차단주파수에 대한 초월방정식의 모식도. 차단모드 미만인 경우.

식 (3.172)과 식 (3.173)은 변수 k_c와 h에 대해 연립하여 풀어야 한다. 식 (3.173)은 $k_c d$ - hd 평면에서 원을 나타내는 방정식이며 식 (3.172)는

$$-k_c d \cot k_c d = hd$$

로 다시 쓸 수 있는데 이것은 그림 3.20에 보는 바와 같이 $k_c d$와 hd 평면에서 몇 개의 곡선으로 그릴 수 있다. h에 대한 음수값은 배제하여야 하므로 그림 3.20으로부터 알 수 있는 바와 같이 원의 반경 $\sqrt{\epsilon_r - 1}\, k_0 d$가 $\pi/2$보다 커야만 첫 번째 TE 모드가 전파할 수 있음을 알 수 있다. TE_n 모드의 차단주파수는 다음과 같다.

$$f_c = \frac{(2n-1)c}{4d\sqrt{\epsilon_r - 1}} \qquad (n = 1, 2, 3, \ldots). \tag{3.174}$$

식 (3.167)과 비교해 보면 TM_n과 TE_n 모드의 전파 순서는 TM_0, TE_1, TM_1, TE_2, TM_2, …이 됨을 알 수 있다.

상수 k_c와 h의 값을 알면 전계 및 자계는 각각 다음과 같이 유도할 수 있다.

$$H_z(x, y, z) = \begin{cases} B \cos k_c x e^{-j\beta z} & (0 \le x \le d) \\ B \cos k_c d e^{-h(x-d)} e^{-j\beta z} & (d \le x < \infty) \end{cases} \tag{3.175a}$$

$$H_x(x, y, z) = \begin{cases} \dfrac{j\beta B}{k_c} \sin k_c x e^{-j\beta z} & (0 \le x \le d) \\ \dfrac{-j\beta B}{h} \cos k_c d e^{-h(x-d)} e^{-j\beta z} & (d \le x < \infty) \end{cases} \tag{3.175b}$$

$$E_y(x, y, z) = \begin{cases} \dfrac{-j\omega\mu_o B}{k_c} \sin k_c x e^{-j\beta z} & (0 \le x \le d) \\ \dfrac{j\omega\mu_o B}{h} \cos k_c d e^{-h(x-d)} e^{-j\beta z} & (d \le x < \infty) \end{cases} \tag{3.175c}$$

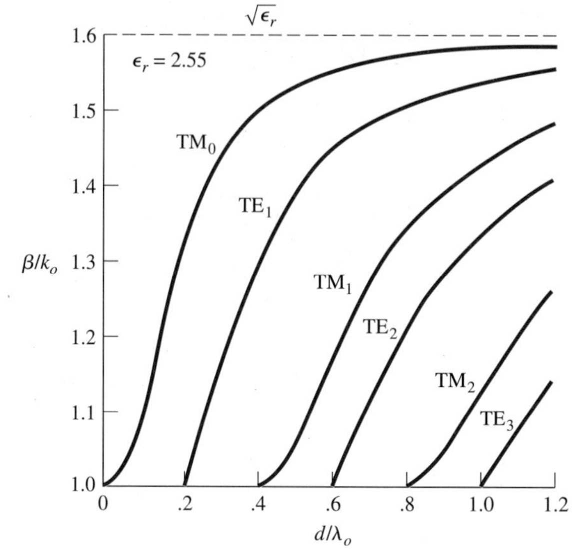

그림3.21 $\epsilon_r = 2.55$인 접지된 유전체 평판의 표면파에 대한 전파상수

예제 3.4 표면파의 전파상수

비유전율 $\epsilon_r = 2.55$인 접지된 유전체 평판에 있어서 전파할 수 있는 처음 세 개의 표면파 모드와 전파상수를 $d/\lambda_0 = 0 \sim 1.2$ 사이에 대하여 계산하고 그림으로 도시하라.

☞ 풀이

전파할 수 있는 처음 세 개의 표면파 모드는 TM_0, TE_1, 그리고 TM_1 모드이다. 이러한 모드의 차단주파수는 식 (3.167)과 식 (3.174)으로부터 구할 수 있다.

$$TM_0: \; f_c = 0 \qquad \Longrightarrow \quad \frac{d}{\lambda_0} = 0$$

$$TE_1: \; f_c = \frac{c}{4d\sqrt{\epsilon_r - 1}} \Longrightarrow \quad \frac{d}{\lambda_0} = \frac{1}{(4\sqrt{\epsilon_r - 1}}$$

$$TM_1: \; f_c = \frac{c}{2d\sqrt{\epsilon_r - 1}} \Longrightarrow \quad \frac{d}{\lambda_0} = \frac{1}{(2\sqrt{\epsilon_r - 1})}$$

전파상수는 TM 모드에 대해서는 식 (3.165)와 식 (3.166), 또한 TE 모드에 대해서는 식 (3.172)와 식 (3.173)으로부터 수치해석 방법으로 해를 구할 수 있다. 이것은 간단한 알고리즘(근을 구하는 알고리즘에 관한 내용인 관심사항 참조)으로부터 근을 구할 수 있는 비교적 단순한 방정식이며 그림 3.21에 그 결과를 보였다. ◀

관심사항: 근을 구하는 알고리즘

이 책에 나오는 몇몇 예제를 풀려면 초월방정식의 근을 수치적으로 구할 필요가 있다. 따라서 비교적 쉽고 효율적이며 프로그램을 짜기에도 쉬운 두 가지 알고리즘을 소개하고자 한다. 첫 번째로 **구간분할법**(Interval-halving method)이 있는데, 이것은 $f(x) = 0$의 근이 x_1과 x_2의 값 사이에 있는 문제를 다룰 때 적용된다. x_1과 x_2 사이에 하나의 근이 존재하면 $f(x_1)f(x_2) < 0$이 된다.

찾고자 하는 근의 추정치 x_3는 x_1과 x_2 사이의 구간을 이등분하여 얻는다. 즉,

$$x_3 = \frac{x_1 + x_2}{2}.$$

만약 $f(x_1)f(x_3) < 0$을 만족하는 근은 구간 $x_1 < x < x_3$에 존재하며 $f(x_3)f(x_2) < 0$을 만족하면 근은 $x_2 < x < x_3$에 존재한다. 근의 새로운 추정치 x_4는 위의 두 구간 중 적절한 구간을 다시 이등분하여 구하고 이렇게 구해진 근이 원하는 정밀도를 가질 때까지 위의 과정을 반복한다. 아래 그림은 몇 번의 반복을 시행하는 이 알고리즘의 예를 보여주는 그림이다.

뉴턴-랩슨법(Newton-Rhapson method)은 $f(x) = 0$의 근의 추정치 x_1으로부터 출발한다. 그 다음에 근의 새로운 추정치 x_2는 다음과 같은 공식에 의해 얻는다.

$$x_2 = x_1 - \frac{f(x_1)}{f'(x_1)}.$$

여기서 $f'(x_1)$은 x_1에서의 $f(x)$의 미분치이다. 이 결과는 $x = x_1$ 근처에서의 $f(x)$의 테일러 급수(Taylor series)의 두 항으로부터 유도될 수 있다. 즉, $f(x) = f(x_1) + (x - x_1)f'(x_1)$이다. 기하학적으로 해석하면 이것은 $x = x_1$인 점에서 $f(x)$와 같은 경사도를 갖는 직선을 맞추는 것이다. 이 선은 아래 그림에서 보듯이 $x = x_2$에서 수렴속도 구간 반분법에 비해 훨씬 빠르지만 $f(x)$의 미분값을 통해서 알아야 하는 단점도 있다. $f(x)$의 미분값은 흔히 수치적으로 계산된다. 뉴턴-랩슨법은 근이 복소수인 경우에도 쉽게 적용될 수 있다(이와 같은 상황은 예를 들어서 손실이 있는 전송선로나 도파관의 전파상수를 구할 때 흔히 발생한다).

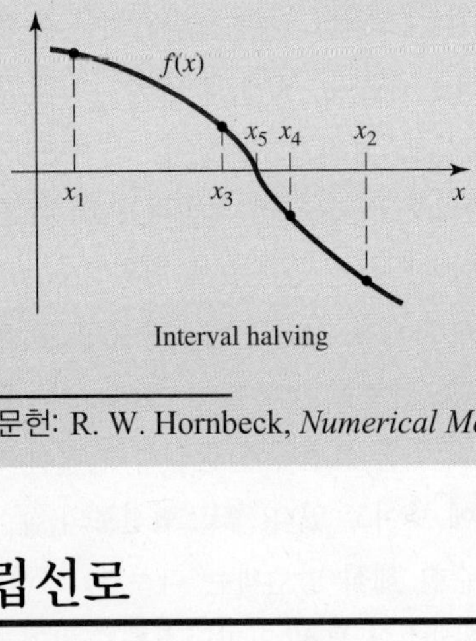

Interval halving

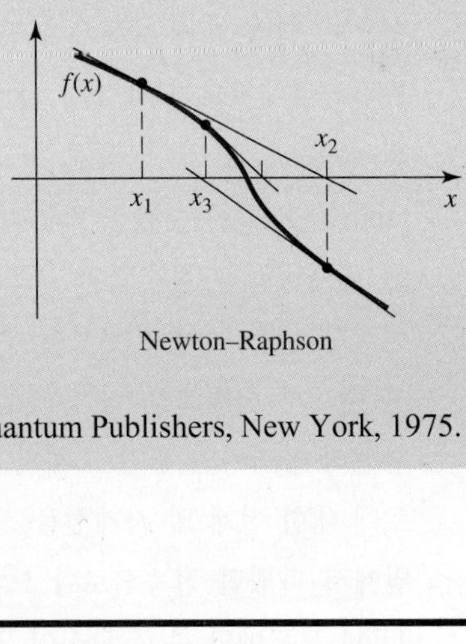

Newton–Raphson

참고문헌: R. W. Hornbeck, *Numerical Methods*, Quantum Publishers, New York, 1975.

3.7 스트립선로

스트립선로는 마이크로파용 집적회로, 마이크로파 회로의 소형화, 사진석판(인쇄원판, photolithography)을 이용한 제작 등에 유용한 평판형 전송선로이다. 스트립선로의 기하학적 구조를 그림 3.22a에 보였다. b만큼 떨어진 두 개의 넓은 접지 도체판 사이의 중앙에 박막의 도체판이 폭 W로 놓여 있고, 유전체가 이 두 접지 도체판 사이를 채우고 있다. 실질적으로 스트립선로는 두께가 $b/2$이고 양면이 접지 도체판인 유전체 기판을 위의 도체판의 일부를 에칭하여 중앙 도체를 만들고 그 위를 같은 두께로 한 면만 도체판인 유전체 기

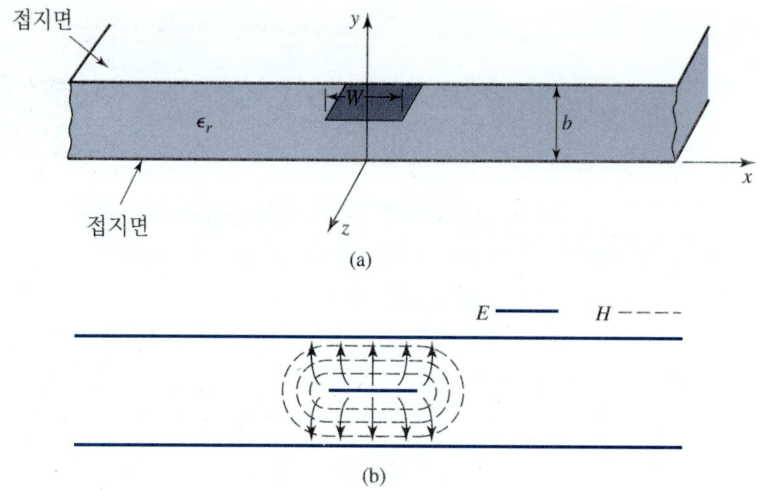

그림 3.22 스트립선로 전송선로 (a) 기하학적 구조, (b) 전계 및 자계선

판을 씌워 제작하는 것이 보통이다. 그림 3.22a에 보인 기본 구조의 변형으로 상하 유전체의 두께가 비대칭(asymmetric)이거나, 상하 유전체의 유전율이 상이(inhomogeneous)한 스트립선로도 있다. 유전체에의한 손실을 최소화하기 위하여 간혹 유전체 대신에 공기로 채우는 경우도 있다. 그림 3.23에는 스트립선로 회로의 한 예를 보였다.

스트립선로는 두 개의 도체와 균질 유전체로 구성되어 있기 때문에 TEM파가 존재할 수 있으며 TEM파가 보통은 동작 모드가 된다. 그러나 평판 도파관이나 동축 선로와 같이 스트립선로에서도 고차 TM 및 TE 모드도 존재한다. 도체 접지면 사이의 간격 제한과 측면의 폭을 $\lambda_d/2$ 보다 작게 하므로 고차모드를 방지할 수 있다. 접지면 사이의 단락 비아(shorting vias)는 종종 측면의 폭을 기준으로 이 조건을 적용하는 데 사용된다. 단락 비아는 비대칭적인 접지면의 구조(즉, 접지면 한 쪽에 동축선로 변환기(coaxial transition)를 연결하는 경우)에서 생성될 수 있는 고차 모드를 제거하는데 응용될 수 있다. 직관적으로 볼 때 스트립선로는 납작하게 눌려진 동축 선로로 생각할 수 있다. 즉, 외부 도체에 의해 완전히 둘러싸인 중간 도체가 있으며 그 주위를 유전체가 균일하게 채워져 있다. 스트립선로에 대한 전계 및 자계선을 그림 3.22b에 보이고 있다. 스트립선로의 해석은 구조 특성상 앞에서 다뤘던 전송선로나 도파관의 단순한 해석 방법과는 다르다. 그러나 스트립선로의 TEM 모드에만 주요 관심이 있다면 전파상수와 특성 임피던스를 구하기 위해서는 정전기학에 의한 해석법만으로도 충분하다. 라플라스 방정식의 정확한 해는 컨포멀 매핑법(conformal mapping approach)[6]으로 가능하지만, 풀이 절차와 결과는 다소 복잡하다. 따라서 여기서는 정확한 결과에 아주 가까운 근사치를 제공하는 함수형의 결과식을 소개하고 스트립선로와 유사한 구조에 대한 라플라스 방정식의 근사적 수치해석 방법을 논한다. 이 근사적 수치해석법은 다음 절에 나오는 마이크로스트립 선로의 해석에도 응용될 수 있다.

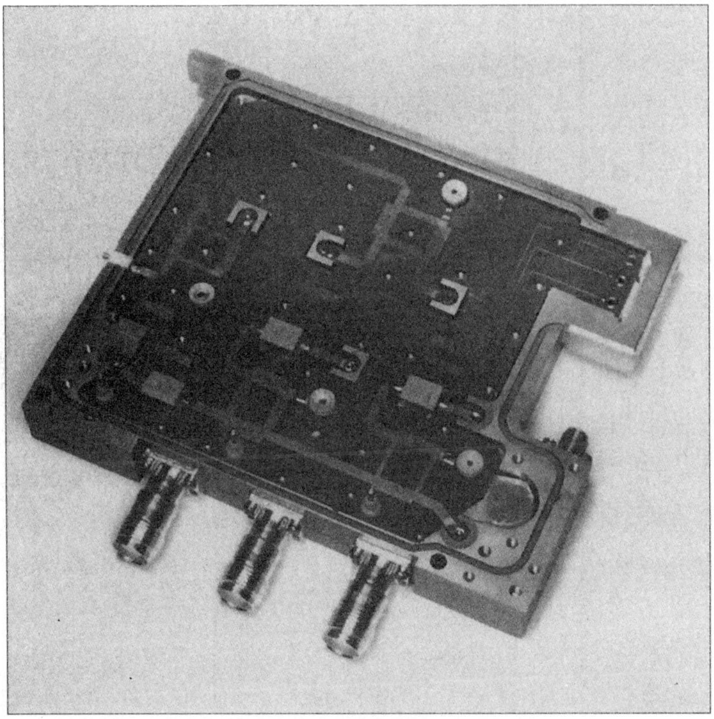

그림 3.23 스트립선로로 쿼드러쳐 하이브리드, 개방형 동조 스텁, 동축선로 변환 등을 보인 사진. M/A-COM사의 Harlan Howe로부터 보인 사진.

전파상수, 특성 임피던스, 그리고 감쇠에 대한 수식

3.1절에서 보았듯이 TEM 모드의 위상속도는

$$v_p = 1/\sqrt{\mu_0\epsilon_0\epsilon_r} = c/\sqrt{\epsilon_r} \tag{3.176}$$

로 주어진다. 따라서 스트립선로의 전파상수는

$$\beta = \frac{\omega}{v_p} = \omega\sqrt{\mu_0\epsilon_0\epsilon_r} = \sqrt{\epsilon_r}k_0 \tag{3.177}$$

이 된다. 식 (3.176)에서 $c = 3 \times 10^8$ m/sec는 자유공간에서의 빛의 속도이다. 식 (2.13)과 식 (2.16)으로부터 전송선로의 특성 임피던스는

$$Z_0 = \sqrt{\frac{L}{C}} = \frac{\sqrt{LC}}{C} = \frac{1}{v_p C} \tag{3.178}$$

로 주어지며, 여기서 L과 C는 선로의 단위 길이당 유도용량과 정전용량이다. 따라서 C를 알면 Z_0를 계산할 수 있다. 앞에서 언급했듯이 컨포멀 매핑을 이용하여 리플라스 방정식을 풀면 스트립선로의 단위 길이당 정전용량을 계산할 수 있다. 그러나 이렇게 해서 얻은 해는 복잡한 특수 함수들을 포함하므로[6], 실용적인 측면에서 정확한 해에 대한 곡선맞춤법(curve fitting)을 이용한 간단한 수식이 개발되었다[6], [7]. 특성 임피던스에 대한 결과식은

$$Z_0 = \frac{30\pi}{\sqrt{\epsilon_r}} \frac{b}{W_e + 0.441b} \tag{3.179a}$$

로 주어지며, 여기서 W_e는 중심 도체의 **실효폭**으로서 다음과 같다.

$$\frac{W_e}{b} = \frac{W}{b} - \begin{cases} 0 & \left(\dfrac{W}{b} > 0.35\right) \\ (0.35 - W/b)^2 & \left(\dfrac{W}{b} < 0.35\right). \end{cases} \tag{3.179b}$$

이러한 수식들은 스트립의 두께를 0으로 가정한 것으로써 정확한 해에 대해서 약 1%의 오차를 갖는 것으로 알려져 있다. 식 (3.179)에서 특성 임피던스는 스트립의 폭 W가 증가함에 따라 감소한다는 사실을 알 수 있다.

스트립선로 회로를 설계할 때는 주어진 특성 임피던스와 높이 b, 그리고 유전율 ϵ_r로부터 스트립의 폭을 계산할 필요가 있는데 이를 위해서는 식 (3.179)의 역함수를 구해야 한다. 이 수식은

$$\frac{W}{b} = \begin{cases} x & (\sqrt{\epsilon_r}\, Z_0 < 120) \\ 0.85 - \sqrt{0.6 - x} & (\sqrt{\epsilon_r}\, Z_0 > 120) \end{cases} \tag{3.180a}$$

이 되는데, 여기서

$$x = \frac{30\pi}{\sqrt{\epsilon_r} Z_0} - 0.441 \tag{3.180b}$$

이다.

스트립선로는 TEM형 선로이기 때문에 유전체 손실에 의한 감쇠는 식 (3.30)에 주어진 다른 TEM 선로의 감쇠와 그 형태가 같다. 도체 손실에 의한 감쇠는 섭동법이나 휠러의 증분 유도용량 법칙(Wheeler's incremental inductance rule)에 의해 구할 수 있지만 그 근사 결과는 다음과 같다.

$$\alpha_c = \begin{cases} \dfrac{2.7 \times 10^{-3} R_s \epsilon_r Z_0}{30\pi(b - t)} A & (\sqrt{\epsilon_r} Z_0 < 120) \\ \dfrac{0.16 R_s}{Z_0 b} B & (\sqrt{\epsilon_r} Z_0 > 120) \end{cases} \quad \text{Np/m}. \tag{3.181}$$

여기서

$$A = 1 + \frac{2W}{b - t} + \frac{1}{\pi} \frac{b + t}{b - t} \ln\left(\frac{2b - t}{t}\right)$$

$$B = 1 + \frac{b}{(0.5W + 0.7t)} \left(0.5 + \frac{0.414t}{W} + \frac{1}{2\pi} \ln \frac{4\pi W}{t}\right)$$

이고, t는 스트립의 두께이다.

예제 3.5 스트립선로 설계

$b = 0.32$ cm, $\epsilon_r = 2.20$인 50 Ω의 스트립선로의 구리 도체판의 폭을 계산하라. 도체의 두께가 $t =$

0.01 mm이고 유전체 손실 탄젠트가 0.001라는 가정하에 동작 주파수가 10 GHz인 경우의 감쇠량을 dB/λ 단위로 계산하라.

☞ 풀이

$\sqrt{\epsilon_r}\, Z_0 = \sqrt{2.2}\,(50) = 74.2 < 120$이고 $x = 30\pi / (\sqrt{\epsilon_r}\, Z_0) - 0.441 = 0.830$이므로 식 (3.180)으로부터 폭 $W = bx = (0.32)(0.830) = 0.266$ cm가 된다. 10 GHz에서 파수는

$$k = \frac{2\pi f \sqrt{\epsilon_r}}{c} = 310.6\ \text{m}^{-1}$$

이다. 식 (3.30)으로부터 유전체 감쇠는

$$\alpha_d = \frac{k \tan\delta}{2} = \frac{(310.6)(0.001)}{2} = 0.155\ \text{Np/m}$$

가 된다. 10 GHz에서 구리의 표면저항은 $R_s = 0.026$이므로 식 (3.181)로부터 도체 감쇠는

$$\alpha_c = \frac{2.7 \times 10^{-3} R_s \epsilon_r Z_0 A}{30\pi(b - t)} = 0.122\ \text{Np/m}$$

가 되는데, 여기서 $A = 4.74$이다. 전체 감쇠는

$$\alpha = \alpha_d + \alpha_c = 0.277\ \text{Np/m}$$

가 되고 dB로 표현하면

$$\alpha(\text{dB}) = 20 \log e^{\alpha} = 2.41\ \text{dB/m}$$

가 된다. 10 GHz에 대한 스트립선로 상의 파장은

$$\lambda = \frac{c}{\sqrt{\epsilon_r} f} = 2.02\ \text{cm}$$

이므로 파장당 감쇠는

$$\alpha(\text{dB}) = (2.41)(0.0202) = 0.049\ \text{dB}/\lambda$$

가 된다. ◀

근사적 정전해

마이크로파 공학에 있어서 많은 실질적인 문제들은 아주 복잡하기 때문에 해석적인 방법으로 해를 바로 구할 수 없으며 따라서 이를 위한 수치해석 방법이 필요하게 된다. 이러한 수치해석법을 알아두는 것은 매우 유용하므로 이 책을 통해 필요할 때마다 소개하겠으며, 여기서는 스트립선로의 특성 임피던스에 대한 수치해를 구하는 것부터 시작하겠다.

스트립선로에서 TEM 모드의 전자계는 두 개의 평행판 사이 영역에서 식 (3.11)에 주어진 라플라스 방정식을 만족해야 한다. 그림 3.22a에 주어진 실제적인 스트립선로의 기하학적인 구조는 ±∞까지 뻗어 있어야 하는데 이것은 해석을 더욱 더 어렵게 만든다. 그림 3.22b의 전계 및 자계선의 그림으로부터 이 선이 중심 도체로부터 그리 멀리 벗어나지 않기를 기대한다면 이 기하학적 구조를 간소화하기 위하여 $|x| > a/2$인 거리 이상의 판은 잘

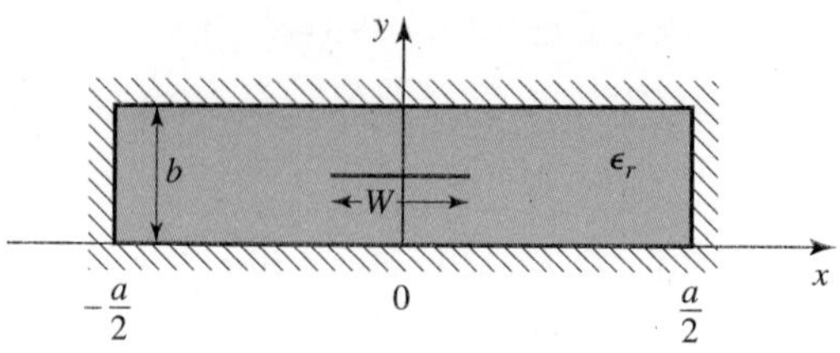

그림 3.24 도체 평판으로 둘러싸인 스트립선로의 기하학적인 구조

라버리고 금속벽을 이 위치에 놓을 수 있다. 따라서 해석할 모형은 그림 3.24에 보인 것과 같은데 여기서 $a \gg b$로 놓음으로써 중심도체 주변의 전자장이 벽면에 의해 영향을 받지 않도록 한다. 이렇게 되면 완전히 닫힌 유한영역이 존재하고 이 영역 내에서 전위함수 $\Phi(x, y)$는 다음의 라플라스 방정식

$$\nabla_t^2 \Phi(x, y) = 0 \qquad (|x| \le a/2, \quad 0 \le y \le b) \tag{3.182}$$

와 경계조건을 만족하여야 한다.

$$\Phi(x, y) = 0 \qquad (x = \pm a/2) \tag{3.183a}$$

$$\Phi(x, y) = 0 \qquad (y = 0, b). \tag{3.183b}$$

이 라플라스 방정식은 변수분리법에 의해 해를 구할 수 있다. $y = b/2$의 중심 도체는 표면 전하밀도를 갖고 있기 때문에 이 점에서 전위함수 $\Phi(x, y)$는 경사상의 불연속점을 갖는다. 왜냐하면 $y = b/2$에서 $\bar{D} = -\epsilon_0 \epsilon_r \nabla_t \Phi$가 불연속이기 때문이다. 따라서 $\Phi(x, y)$에 대한 해는 $0 < y < b/2$와 $b/2 < y < b$로 구분하여 구해야 한다. 이 두 영역에서 $\Phi(x, y)$에 대한 일반해를 다음과 같이 표현할 수 있다.

$$\Phi(x, y) = \begin{cases} \displaystyle\sum_{\substack{n=1 \\ \text{odd}}}^{\infty} A_n \cos \frac{n\pi x}{a} \sinh \frac{n\pi y}{a} & (0 \le y \le b/2) \\ \displaystyle\sum_{\substack{n=1 \\ \text{odd}}}^{\infty} B_n \cos \frac{n\pi x}{a} \sinh \frac{n\pi}{a}(b - y) & (b/2 \le y \le b). \end{cases} \tag{3.184}$$

이 해에서는 n이 기수인 항만 필요로 하는데, 이것은 이 해가 x의 우함수이기 때문이다. 식 (3.184)를 식 (3.182)에 대입하여 보면 두 개의 영역에서 라플라스 방정식을 만족함을 알 수 있으며 또한 식 (3.183)의 경계조건도 만족함을 알 수 있다.

$y = b/2$에서 전위함수는 연속이어야 하므로 식 (3.184)로부터

$$A_n = B_n \tag{3.185}$$

이 된다. 미지의 상수 A_n은 중심 스트립에 대한 전하 밀도를 계산하여 구한다. $E_y = -\partial\Phi/\partial y$이므로

$$E_y = \begin{cases} -\sum_{\substack{n=1 \\ \text{odd}}}^{\infty} A_n \left(\frac{n\pi}{a}\right) \cos\frac{n\pi x}{a} \cosh\frac{n\pi y}{a} & (0 \le y \le b/2) \\ \sum_{\substack{n=1 \\ \text{odd}}}^{\infty} A_n \left(\frac{n\pi}{a}\right) \cos\frac{n\pi x}{a} \cosh\frac{n\pi}{a}(b-y) & (b/2 \le y \le b) \end{cases} \tag{3.186}$$

가 된다. $y = b/2$에서 스트립의 표면 전하밀도는

$$\begin{aligned} \rho_s &= D_y(x, y = b/2^+) - D_y(x, y = b/2^-) \\ &= \epsilon_0\epsilon_r[E_y(x, y = b/2^+) - E_y(x, y = b/2^-)] \\ &= 2\epsilon_0\epsilon_r \sum_{\substack{n=1 \\ \text{odd}}}^{\infty} A_n \left(\frac{n\pi}{a}\right) \cos\frac{n\pi x}{a} \cosh\frac{n\pi b}{2a} \end{aligned} \tag{3.187}$$

가 되는데 이것은 표면 전하밀도 ρ_s가 x에 대한 푸리에 급수(Fourier series)임을 알 수 있다. 따라서 표면 전하밀도를 알면 미지의 상수 A_n과 정전용량을 쉽게 계산할 수 있다. 정확한 표면 전하밀도는 알 수 없지만 추측에 의한 스트립 폭 위의 표면 전하밀도를 다음과 같이 상수로 근사화할 수 있다.

$$\rho_s(x) = \begin{cases} 1 & (|x| < W/2) \\ 0 & (|x| > W/2). \end{cases} \tag{3.188}$$

이 식을 식 (3.187)과 같게 놓고 $\cos(n\pi x/a)$ 함수의 직교성을 이용하여 상수 A_n을 구하면

$$A_n = \frac{2a \sin(n\pi W/2a)}{(n\pi)^2\epsilon_0\epsilon_r \cosh(n\pi b/2a)} \tag{3.189}$$

가 된다. 바닥의 도체 접지평판에 대한 중심 스트립의 전압은 수직 성분의 전계를 $y = 0$에서 **b**/2까지 적분하면 된다. 구한 해가 근사치이며 이 전압은 스트립 폭에 따라 일정하지 않으며 위치 x에 따라 변한다. 따라서 임의의 위치에서의 전압을 계산하는 것 보다는 스트립 전체 폭에 대한 평균 전압을 구하는 것이 좋은 결과를 얻게 된다.

$$V_{\text{avg}} = \frac{1}{W}\int_{-W/2}^{W/2}\int_0^{b/2} E_y(x, y)\, dy\, dx = \sum_{\substack{n=1 \\ \text{odd}}}^{\infty} A_n \left(\frac{2a}{n\pi W}\right) \sin\frac{n\pi W}{2a} \sinh\frac{n\pi b}{2a}. \tag{3.190}$$

중심 도체에서 단위 길이당 전체 전하는

$$Q = \int_{-W/2}^{W/2} \rho_s(x)\, dx = W \text{ Coul/m}, \tag{3.191}$$

가 된다. 따라서 스트립선로의 단위 길이당 정전용량은

$$C = \frac{Q}{V_{\text{avg}}} = \frac{W}{\sum_{\substack{n=1 \\ \text{odd}}}^{\infty} A_n \left(\frac{2a}{n\pi W}\right) \sin\frac{n\pi W}{2a} \sinh\frac{n\pi b}{2a}} \text{ F/m}. \tag{3.192}$$

가 된다. 그리고 특성 임피던스는 다음의 식으로부터 구할 수 있다.

$$Z_0 = \sqrt{\frac{L}{C}} = \frac{\sqrt{LC}}{C} = \frac{1}{v_p C} = \frac{\sqrt{\epsilon_r}}{cC}.$$

여기서 $c = 3 \times 10^8$ m/sec이다.

예제 3.6 **스트립선로의 임파던스에 대한 수치해석**

$\epsilon_r = 2.55$이고 $a = 100b$인 스트립선로에 대해 위의 식을 이용하여 $W/b = 0.25$에서 5.0까지의 특성 임피던스를 계산하라. 그리고 이것을 식 (3.179)의 결과와 비교하라.

☞ 풀이

컴퓨터를 사용하여 식 (3.192)를 계산하였다. 급수는 500항까지만 계산하였으며 특성 임피던스에 대한 결과는 다음과 같다.

W/b	Z_0, Ω		
	정전해 식 (3.192)	함수형 식 (3.179)	상용 CAD
0.25	90.9	86.6	85.3
0.50	66.4	62.7	61.7
1.0	43.6	41.0	40.2
2.0	25.5	24.2	24.4
5.0	11.1	10.8	11.9

정전해 식으로 계산한 수치는 식 (3.179)에 주어진 함수형 식에 의한 값이지만 상용 CAD로 계산한 값들과도 비교적 잘 일치하며, 특히 스트립 폭이 넓어지면서 전하밀도가 거의 균일하게 되는 경우에는 차이가 거의 없다. 전하밀도에 대해 보다 복잡한 추정치가 사용되었다면 더 나은 결과를 얻을 수도 있었을 것이다. ◀

3.8 마이크로스트립 선로

마이크로스트립 선로는 사진석판을 이용하여 제작할 수 있기 때문에 가장 많이 사용되는 평판형 전송선로 중의 하나이며 다른 수동 및 능동 마이크로파 소자와 소형화 및 집적화가 매우 용이하다. 마이크로스트립 선로의 기하학적 구조를 그림 3.25a에 보였으며 폭 W인 도체가 두께 d, 비유전율 ϵ_r인 얇고 접지된 유전체 판 위에 인쇄된다. 전계 및 자계선을 그림 3.25b에 보였다.

만일 유전체가 없는 경우를 가정하면($\epsilon_r = 1$) 거리가 $2d$ 만큼 떨어져 있고(접지판은 영상이론(image theory)에 의해 없는 것으로 간주해도 된다) 폭이 W인 두 개의 평판 스트립 도체로 구성된 전송선로로 간주할 수 있다. 이 경우에 $v_p = c$이고, $\beta = k_0$인 단순한 TEM 전송선로가 된다.

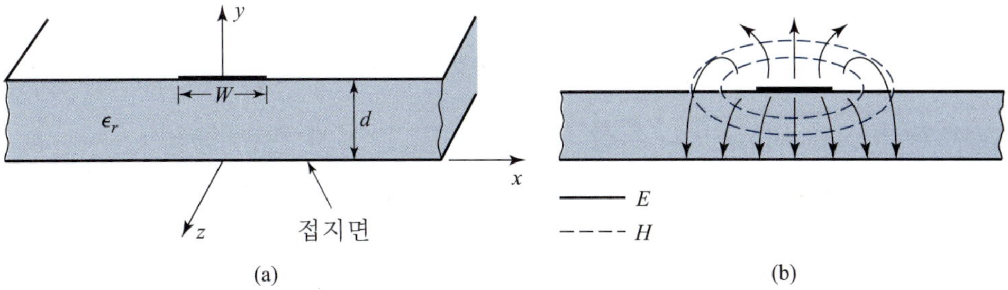

그림3.25 마이크로스트립 전송선로 (a) 기하학적 구조, (b) 전자계선

유전체가 존재하고 특히, 스트립의 위 영역($y > d$)에는 공기가 분포되어 있으므로 마이크로스트립 선로의 동작 특성 및 그 해석이 복잡해진다. 스트립라인의 경우 전자계는 균일한 유전체 안에 분포되어 있지만, 마이크로스트립 선로의 경우는 이와는 달리 대부분의 전자계는 유전체 영역 안에 분포하여 스트립 도체와 접지판 사이에 밀집되어 있으며 유전체판 위의 공기 영역에서도 약간의 전자계가 존재한다. 이러한 이유로 마이크로스트립 선로에는 순수 TEM파만 존재할 수 없다. 왜냐하면 유전체 영역에서의 TEM파의 위상속도는 $c/\sqrt{\epsilon_r}$이지만 공기 영역에서의 TEM파의 위상속도는 c이기 때문이다. 따라서 TEM 유형의 파를 얻기 위한 유전체-공기 경계면에서의 위상 정합이 불가능하다.

실제로는 마이크로스트립 선로에는 TM-TE의 복합된 파가 존재하는데 여기서 우리가 다룰 수 있는 수준보다는 더 높은 고도의 해석 기술이 필요하다. 그러나 대부분의 실제 응용에서는 유전체 판의 두께가 전기적으로 아주 얇으므로($d \ll \lambda$) 전자계는 준 TEM(quasi-TEM)파로 간주할 수 있다. 즉, 전자계는 기본적으로 정전자계의 경우와 같게 된다. 따라서 위상속도, 전파상수, 특성 임피던스에 대한 근사치를 정전계 혹은 **준정전**계에 대한 경우의 해로부터 얻을 수 있다. 위상속도와 전파상수는

$$v_p = \frac{c}{\sqrt{\epsilon_e}} \tag{3.193}$$

$$\beta = k_0\sqrt{\epsilon_e} \tag{3.194}$$

이다. 여기서 ϵ_e는 마이크로스트립 선로의 실효 비유전율이다. 전자계선의 일부는 유전체 영역 안에 있고 일부는 공기 중에 있으므로 실효 비유전율은

$$1 < \epsilon_e < \epsilon_r$$

인 관계를 만족하며 유전체의 비유전율, 유전체의 두께, 스트립 도체판의 폭, 동작 주파수에 의해 결정된다.

마이크로파 선로의 실효 비유전율, 특성 임피던스, 감쇠 등에 대한 근사 설계식을 살펴본다. 이 식은 정확한 준정전계해[8, 9]를 곡선근사방식(curve fitting approximation)으로

구한 결과이다. 또한 부차적으로 마이크로스트립 선로의 주파수 특성, 고차 모드 및 기생 효과(parasitic effects)등에 대하여 논한다.

실효 비유전율, 특성 임피던스 및 감쇠에 관한 공식

마이크로스트립의 실효 비유전율은 근사적으로 다음과 같이 주어진다.

$$\epsilon_e = \frac{\epsilon_r + 1}{2} + \frac{\epsilon_r - 1}{2}\,\frac{1}{\sqrt{1 + 12d/W}}. \tag{3.195}$$

실효 비유전율은 그림 3.26에 나타낸 바와 같이 마이크로스트립 구조상의 공기와 유전체 영역을 대체하는 등가의 균질 매질의 비유전율로 해석될 수 있다. 이 경우 위상속도와 전파상수는 식 (3.193)과 (3.194)에 의해 주어진다.

마이크로스트립의 폭, 유전체 두께 등으로부터 특성 임피던스는 다음과 같이 계산된다.

$$Z_0 = \begin{cases} \dfrac{60}{\sqrt{\epsilon_e}} \ln\left(\dfrac{8d}{W} + \dfrac{W}{4d}\right) & (W/d \le 1) \\ \dfrac{120\pi}{\sqrt{\epsilon_e}\,[W/d + 1.393 + 0.667 \ln(W/d + 1.444)]} & (W/d \ge 1). \end{cases} \tag{3.196}$$

특성 임피던스 Z_0와 비유전율 ϵ_r로부터 마이크로스트립의 폭과 유전체 두께의 비 W/d는

$$\frac{W}{d} = \begin{cases} \dfrac{8e^A}{e^{2A} - 2} & (W/d < 2) \\ \dfrac{2}{\pi}\left[B - 1 - \ln(2B - 1) + \dfrac{\epsilon_r - 1}{2\epsilon_r}\left\{\ln(B - 1) + 0.39 - \dfrac{0.61}{\epsilon_r}\right\}\right] & (W/d > 2) \end{cases} \tag{3.197}$$

와 같이 쓸 수 있는데, 여기서

$$A = \frac{Z_0}{60}\sqrt{\frac{\epsilon_r + 1}{2}} + \frac{\epsilon_r - 1}{\epsilon_r + 1}\left(0.23 + \frac{0.11}{\epsilon_r}\right)$$

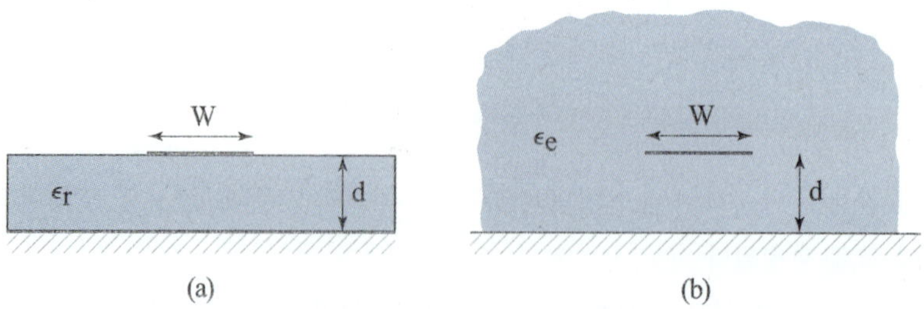

그림 3.26 준 TEM 마이크로스트립 선로의 등가 구조도. (a) 원도. (b) 등가구조도, 여기서 비유전율 ϵ_r인 유전체기판은 실효 비유전율 ϵ_e인 균일 매질로 대체된다.

$$B = \frac{377\pi}{2Z_0\sqrt{\epsilon_r}}$$

이다.

마이크로스트립 선로를 준 TEM 선로로 간주하여 유전체 손실을 계산하면 감쇠는

$$\alpha_d = \frac{k_0\epsilon_r(\epsilon_e - 1)\tan\delta}{2\sqrt{\epsilon_e}(\epsilon_r - 1)} \text{ Np/m} \tag{3.198}$$

가 되는데, 여기서 $\tan\delta$는 유전체의 손실 탄젠트이다. 이 식은 식 (3.30)에 "채움인자(filling factor)"인

$$\frac{\epsilon_r(\epsilon_e - 1)}{\epsilon_e(\epsilon_r - 1)}$$

을 곱하여 얻은 것인데 이것은 마이크로스트립 선로 주변의 전자계는 부분적으로는 공기에 존재하고(무손실) 부분적으로는 유전체에 있음을 의미한다. 도체 손실에 의한 감쇠는 근사적으로[8]

$$\alpha_c = \frac{R_s}{Z_0 W} \text{ Np/m} \tag{3.199}$$

가 되는데, 여기서 $R_s = \sqrt{\omega\mu_0/2\sigma}$는 도체의 표면저항이다. 대부분의 경우 도체 손실이 유전체 손실보다 훨씬 크지만 반도체인 유전체인 경우에는 예외도 존재한다.

예제 3.7 마이크로스트립 선로설계

0.5 mm 두께의 알루미나 기판($\epsilon_r = 9.9$ 및 $\tan\delta = 0.001$)을 사용하여 특성 임피던스 50 Ω인 마이크로스트립 선로를 설계하라. 10 GHz에서 위상 지연이 270°가 되는 선로의 길이를 구하고 총 감쇠를 계산하라. 단, 도체는 구리로 가정한다. 식 (3.195) – 식 (3.199)에 주어진 근사식에 의한 결과와 초고주파 CAD로 계산한 결과와 비교하라.

☞ 풀이

먼저 $Z_0 = 50\ \Omega$에 대한 W/d을 구하기 위해 $W/d < 2$라고 설정하면 식 (3.197)로부터

$$A = 2.142, \quad W/d = 0.9654$$

가 된다. 따라서 $W/d < 2$인 가정은 만족한다. 그렇지 않은 경우에는 $W/d > 2$에 대한 식을 사용해야 한다. 따라서 선로 폭은 $W = 0.9654d = 0.483$ mm가 된다. 식 (3.195)로부터 실효 비유전율은 $\epsilon_e = 6.665$가 된다. 270°의 위상 천이를 얻기 위한 선로 길이 l을 다음과 같이 계산할 수 있다.

$$\phi = 270° = \beta\ell = \sqrt{\epsilon_e}k_0\ell,$$

$$k_0 = \frac{2\pi f}{c} = 209.4 \text{ m}^{-1},$$

$$\ell = \frac{270°(\pi/180°)}{\sqrt{\epsilon_e}k_0} = 8.72 \text{ mm}.$$

식 (3.198)로부터 유전체 손실에 의한 감쇠는 α_d = 0.255 Np/m = 0.022 dB/cm이다. 10 GH에서 구리의 표면저항은 0.026 Ω이므로 식 (3.199)로부터 도체의 손실에 의한 감쇠는 α_c = 0.0108 Np/cm = 0.094 dB/cm이다. 따라서 총 감쇠는 0.101 dB이다.

상용 초고주파 CAD로 계산한 결과는 다음과 같다. W = 0.478 mm, ϵ_e = 6.83, l = 8.61 mm, α_d = 0.022 dB/cm, α_c = 0.054 dB/cm이다. 근사식에 의한 계산 결과를 CAD에 의한 결과와 비교하면 선로 폭, 실효 비유전율, 선로 길이, 유전체에 의한 감쇠 등에서 수 % 내의 오차를 보이고 있다. 그러나 도체 손실에 의한 감쇠는 많은 차이를 보인다. ◀

주파수 의존도의 영향과 고차 모드

이전 절에서 살펴 본 마이크로스트립 선로에 대한 해석은 준정전계(quasi-static)로 근사화 한 것을 기초로 하고 있으므로 이는 엄밀한 의미에서 DC(또는 아주 낮은 저주파 대역)인 경우에만 유효하다. 따라서 고주파 대역에서는 실효 비유전율, 특성 임피던스, 마이크로스트립 선로의 감쇠 등에서 준정전계 근사화로 해석한 결과와는 차이가 있게 된다. 또한, 새로운 특성으로 고차 모드, 기생 리액턴스 등이 야기된다.

마이크로스트립 선로는 TEM 모드만 존재하는 선로가 아니므로 전파상수는 주파수에 따라 선형적으로 변하지 않는다. 즉, 실효 비유전율이 주파수에 따라 변하는 것을 의미한다. 마이크로스트립 선로에 존재하는 전자계는 TE와 TM 모드가 혼합(hybrid coupling)된 형태이며 공기와 유전체 기판이 접속되어 있으므로 경계조건이 복잡하게 주어진다. 또한, 스트립 도체에 흐르는 전류의 분포는 선로 폭 방향의 위치에 따라 균일하지 않으며 이 분포는 주파수에 따라 다르다. 또한, 스트립 도체의 두께에 따라 전류분포가 변하므로 스트립 선로의 파라미터값도 달라진다(특히, 도체 손실). 주파수에 따른 전송선로 파라미터의 변화는 몇 가지 이유 때문에 중요하다. 첫째로 주파수에 따른 파라미터 값의 변화가 큰 경우, 회로 설계 및 분석을 할 때 오차를 줄이기 위하여 원하는 주파수에서의 파라미터 값을 알고 사용하는 것이 중요하다.

일반적으로, 마이크로스트립 선로에서 실효 비유전율의 주파수에 따른 변화는 특성 임피던스의 변화 보다 더 중요한데 이는 이들 각각의 값의 상대적인 변화 정도나 동작 특성에 대한 상대적인 영향 정도 등의 측면에서 타당하다.

실효 비유전율의 변화는 길이가 긴 선로인 경우 위상 지연(phase delay)에 실질적인 영향이 나타나지만 반면에, 특성 임피던스의 작은 변화는 약간의 임피던스 부정합을 초래할 뿐이다. 둘째, 주파수에 따라 선로 파라미터가 다르다는 것은 광대역 신호인 경우 대역내의 주파수 별로 전송 특성의 차이가 선로상에 나게 된다는 것을 의미한다.

예를 들어, 위상 속도의 차이는 주파수에 따라 신호가 출력단에 각기 다른 시각에 도달하게 되는데 이는 입력**신호**가 **분산** 및 왜곡이 된다는 것을 뜻한다. 셋째, 이러한 특성들을 모델화 하는 것은 매우 복잡하므로 근사식은 선로의 파라미터 및 제한된 주파수 영역에서만 보편적으로 활용하며 컴퓨터 수치해석 모델(numerical computer model)이 더 정확하고 일반적으로 유용하게 사용되고 있다.

컴퓨터 수치 해석(numerical computer solution) 및(혹은) 실험 데이터에 의거하여 개발된 여러 근사식들은 마이크로스트립 선로의 파라미터들의 주파수 특성을 도출하기 위하여 제안되었다 [8, 9]. 주파수 변화에 따른 실효 비유전율 모델은 보편적으로 다음의 식과 같이 표현된다 [8].

$$\epsilon_e(f) = \epsilon_r - \frac{\epsilon_r - \epsilon_e(0)}{1 + G(f)}, \tag{3.200}$$

여기서 $\epsilon_e(f)$는 주파수에 따른 실효 비유전율이며, ϵ_r은 기판의 비유전율, 그리고 $\epsilon_e(0)$은 식 (3.195)와 같으며 DC에서의 선로의 실효 비유전율이다. 함수 $G(f)$는 여러 형태로 나타낼 수 있으나 [8]에 제시된 식은 $G(f) = g(f/f_p)^2$이며 $g = 0.6 + 0.009\ Z_0$, $f_p = Z_0/8\pi d$이다(Z_0의 단위는 Ohm, f는 GHz, d는 cm이다). 식 (3.200)에서 알 수 있듯이 $\epsilon_e(f)$는 $f = 0$에서 최소의 값이 되며 DC에 대한 $\epsilon_e(0)$이고 주파수가 증가하면서 ϵ_r 값까지 증가한다.

위와 같은 근사식은 무선 주파수 및 마이크로파 공학에서 컴퓨터를 이용한 설계 도구가 일반적으로 사용되기 수 년 전에 개발되었다 (4장 컴퓨터를 이용한 설계에 대한 관심사항 참조). 이러한 설계 도구로 넓은 범위에 걸쳐서 선로의 파라미터 값들을 더 정확하게 구할 수 있으므로 지금은 근사식(closed-form approximations) 보다 더 많이 사용되고 있다.

미이크로스트립 선로에서 다른 잠재적인 어려움은 특히 높은 주파수에서 다양한 고차 모드가 존재한다는 점이다. 고차 모드들 중에서는 3.6절에서 논의한 바 있는 TM 및 TE 표면파 모드와 직접적으로 관계가 있으며 이외에도 선로의 단면 특성으로 인하여 도파관에 존재하는 모드들과도 유사성이 있다.

식 (3.167)로부터 알 수 있는 바와 같이 접지된 유전체 기판에서 표면파 TM_0 모드의 차단 주파수는 0이다. 이 모드의 전자계선(field lines)은 마이크로스트립 선로의 준 TEM (quasi-TEM) 모드의 전자계선과 동일하기 때문에 마이크로스트립 선로는 표면파를 생성하게 되며 이는 전력 손실을 초래하며 이웃한 마이크로스트립 선로에 원하지 않는 결합이 발생하게 된다. DC에서 표면파 TM_0 모드의 전자계는 0이므로 임계 주파수(critical frequency)에 이르기 전까지는 준 TEM 모드이므로 마이크로스트립 선로간의 결합은 미미하다. 이 문턱 주파수(threshold frequency)는 0 보다는 높고 표면파 TM_1 모드의 차단 주파수(cut-off frequency) 보다는 낮은 것으로 알려졌다. 일반적으로 사용되는 근사화 식은 다음과 같다 [8]. 이제 실효 비유전율을 계산하기 위해 두 종류의 정선용량을 정의한다.

$$f_{T1} \simeq \frac{c}{2\pi d}\sqrt{\frac{2}{\epsilon_r - 1}}\tan^{-1}\epsilon_r. \tag{3.201}$$

ϵ_r이 1에서 10 사이의 값에 대한 것으로 식 (3.201)은 표면파 TM_1 모드의 차단 주파수 f_{c1}의 35% ~ 66% 범위의 주파수이다.

마이크로스트립 회로가 횡 방향으로 불연속인 구조(예, 휨, 교차, 폭의 계단 변화)일 때, 도체의 횡 방향 전류는 표면파 TE 모드를 생성할 수 있다. 실제적으로 대부분의 마이크로스트립 회로는 이와 같은 불연속 구조를 포함하고 있으므로 이러한 모드에 의한 결합을 파악하는 것은 중요하다. 이러한 결합이 발생 가능한 최소 문턱 주파수는 식 (3.174)에 주어진 표면파 TE_1 모드의 차단 주파수로 주어진다.

$$f_{T2} \simeq \frac{c}{4d\sqrt{\epsilon_r - 1}}. \qquad \text{(식 (3.202))}$$

폭이 넓은 마이크로스트립 선로에서는 스트립 도체 아래의 양 옆면에 근사적으로 자기벽(magnetic wall)이 있는 것으로 가정할 수 있으므로 유전체 영역에서 스트립 아래의 마이크로스트립 선로의 횡측인 x축 방향으로 횡측 공진(transverse resonance)이 일어 날 수 있다. 유전체에 대한 선로의 폭이 약 $\lambda/2$인 경우에 발생하며 전자계의 주변 특성(field fringing)으로 인하여 스트립의 실효 폭은 물리적인 실제 폭 보다 커진다. 실효 폭이 대략 $W + d/2$이므로 횡측 공진에 대한 문턱 주파수의 근사치는 다음과 같다.

$$f_{T3} \simeq \frac{c}{\sqrt{\epsilon_r}\,(2W + d)}. \qquad \text{(식 (3.203))}$$

그러나 마이크로스트립 선로가 이 조건에 근접할 정도로 상당히 넓은 경우는 실제적으로 거의 없다.

마지막으로, 평행판 유형의 도파관 모드는 스트립 도체와 접지면 간의 수직 쪽 간격이 유전체에 대한 길이로 $\lambda/2$에 근접하면 전송이 일어난다. 따라서 이 모드(넓은 폭의 마이크로스트립 선로에 유효)에 대한 문턱 주파수는 식 (3.204)와 같다.

$$f_{T4} \simeq \frac{c}{2d\sqrt{\epsilon_r}}. \qquad \text{(식 (3.204))}$$

마이크로스트립 선로의 두께가 얇을 수록 더 많이 주변에 전자계(fringing field)가 존재하므로 스트립과 접지면 간의 거리가 실제적으로 늘어나게 되어 문턱 주파수는 50% 정도까지 줄어들 수 있다.

식 (3.201)-(3.204)에서 주어진 문턱 주파수의 순수 효과(net effect)는 주어진 마이크로스트립 구조에 대하여 동작 가능한 상한 주파수를 도출하는 것이다. 이러한 한계 주파수는 기판의 두께, 유전 상수 그리고 스트립 폭의 함수로 주어진다.

예제 3.8 실효 비유전율의 주파수 의존도

식 (3.200)에 주어진 근사식을 이용하여 25 Ω인 마이크로스트립 선로의 주파수에 따른 실효 비유전율의 변화를 도식하라. 단, 비유전율은 10.0이며 기판 두께는 0.65 mm이다. 근사식의 값과

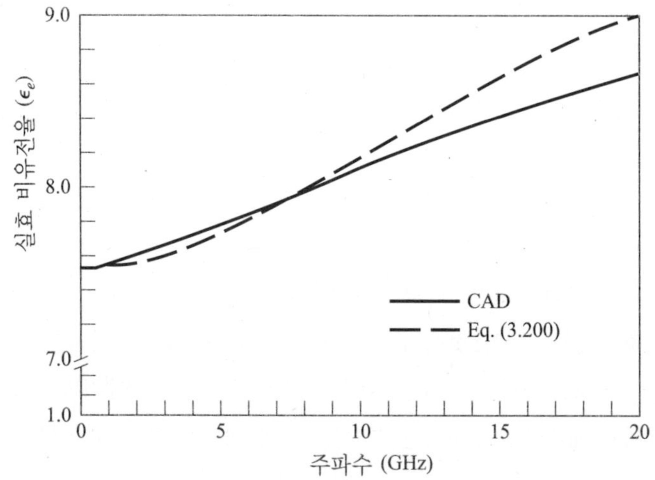

그림 3.27 예제 3.8의 마이크로스트립 선로의 실효 비유전율 주파수특성. 식(3.200)의 모델과 CAD의 결과치를 비교함

CAD 모델의 결과를 주파수 20 GHz까지 비교하라. 10 GHz에서 선로 길이 1.093 cm에 대한 위상 지연을 $\epsilon_e(0)$과 $\epsilon_e(10\text{ GHz})$를 이용하여 계산하고 비교하라.

☞ 풀이

임피던스 25 Ω에 필요한 선로의 폭은 $w = 2.00$ mm이다. 저주파 대역에서 이 선로의 실효 비유전율은 식 (3.195)을 이용해 계산할 수 있으며 결과는 $\epsilon_e(0) = 7.53$이다. 식 (3.200)을 사용하기 위해 주파수 함수인 실효 비유전율 값을 짧은 컴퓨터 프로그램으로 구했으며 그 결과를 그림 3.27에 보였다. 상용 초고주파 CAD 프로그램으로 계산한 결과와 비교했을 때 근사식 결과는 약 10 GHz까지는 비교적 일치하나 높은 주파수 대역에서는 과대 평가된다.

실효 비유전율 $\epsilon_e(0) = 7.53$으로 선로 길이 1.093 cm에 대한 위상 지연을 계산하면 $\phi_0 = \sqrt{\epsilon e(0)}k_0\ell = 360°$ 이 된다. 10 GHz에서의 실효 비유전율은 8.120 (CAD)이므로 $\phi_{10} = \sqrt{\epsilon e(10\,\text{GHz})}k_0\ell = 374°$ 가 되며 오차는 약 14° 이다. ◀

3.9 횡축 공진법(Transverse Resonance Technique)

3.1절의 주어진 TE와 TM파에 대한 맥스웰 방정식의 일반해에 의하면 일정한 도파관 구조에서는 전파상수가 항상

$$\beta = \sqrt{k^2 - k_c^2} = \sqrt{k^2 - k_x^2 - k_y^2} \tag{3.205}$$

의 형태로 주어진다. 여기서 $k_c = \sqrt{k_x^2 + k_y^2}$은 도파관 차단파수이며, 전파 모드에 따라 도파관의 단면 구조에 의해 결정되는 고정 함수이다. 따라서 k_c를 알면 도파관의 전파상수를 결정할 수 있다. 앞 절에서 적합한 경계조건하에서 도파관의 파동방정식을 풀고 그 해로부

터 k_c를 계산하였다. 이 방법은 아주 유용하고 일반적이지만 복잡한 도파관, 특히 유전율이 같지 않은 유전체 층이 하나 또는 그 이상이 있는 경우에는 적용하기가 복잡하다. 게다가 파동방정식의 해는 도파관 안의 전자계를 완벽하게 표현하는데, 이것은 도파관의 전파상수에만 관심이 있는 경우 필요 이상의 정보를 제공하는 셈이 된다. **횡축 공진법**은 도파관의 횡축 단면에 대한 전송선로 모델을 도입함으로써 차단주파수를 훨씬 간단하고 직접적으로 구할 수 있게 해준다. 이것은 회로 이론과 전송선로 이론이 전자장 이론의 해를 단순화시키는 데 사용될 수 있다는 또다른 하나의 예이다.

횡축 공진법은 3.2절에서 다뤘던 도파관 모드의 "입사하여 반사되는 평면파(bouncing plane wave)" 해석으로부터 유추할 수 있듯이 차단주파수에서는 도파관의 횡축 평면에서 전자장이 정재파를 형성한다는 사실에 그 기초를 둔 것이다. 이러한 경우는 공진 상태에서 작동하는 등가 전송선로회로로 모델링할 수 있다. 이러한 공진선로의 조건 중의 하나는 선로의 임의의 한 점을 기준으로 양쪽으로 본 입력 임피던스의 합이 0이어야 한다는 것이다. 즉, 모든 x에 대해

$$Z_{\rm in}^{r}(x) + Z_{\rm in}^{\ell}(x) = 0 \tag{3.206}$$

이어야 하는데, 여기서 $Z_{\rm in}^{r}(x)$와 $Z_{\rm in}^{\ell}(x)$는 공진선로 상의 한 점인 x에서 오른쪽과 왼쪽으로 바라본 각각의 입력 임피던스이다.

횡축 공진법은 도파관의 차단주파수에 대한 결과만을 얻을 수 있다. 전자계나 도체 손실에 의한 감쇠를 계산하고자 하면 완전한 전자장 이론에 의한 해가 필요하다. 이제 횡축 공진법을 이용하여 차단파수를 구하는 과정을 몇몇 예제로 살펴보기로 한다.

부분적으로 유전체가 채워진 직사각형 도파관의 TE_{0n} 모드

횡축 공진법은 여러 층의 다른 유전체가 도파관 내에 있을 때 특히 유용하다. 왜냐하면 전자장 이론으로 해석할 때는 유전체 간 경계마다 경계조건이 있고 그에 따른 연립방정식을 풀어야 하나 횡축 공진법은 각 유전체 층마다 고유의 전송선로 특성을 갖는 등가회로로 간주할 수 있으므로 쉽게 문제를 풀 수 있다. 예로서 그림 3.28에 주어진 바와 같이 부분적으로 유전체가 채워진 직사각형 도파관을 고려해 보자. TE 모드의 차단주파수를 계산하

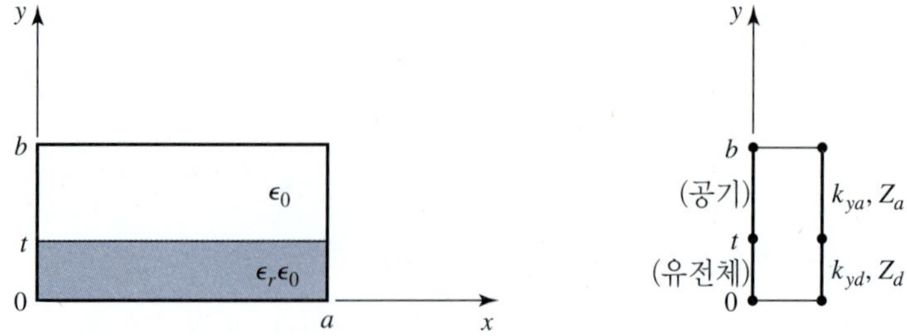

그림 3.28 부분적으로 유전체가 채워진 직사각형 도파관과 횡축 공진 등가회로

기 위해 그림에서 보여준 등가 횡축 공진회로를 사용한다. 도파관 영역인 $0 < y < t$에 유전체로 채워져 있고 횡축 전파상수를 k_{yd}라고 하면, TE_{0n} 모드에 대한 특성 임피던스는

$$Z_d = \frac{k\eta}{k_{yd}} = \frac{k_0\eta_0}{k_{yd}} \tag{3.207a}$$

가 되며, 여기서 $k_0 = \omega\sqrt{\mu_0\epsilon_0}$이고 $\eta_0 = \sqrt{\mu_0/\epsilon_0}$이다. $t < y < b$인 도파관 영역에는 공기가 있으며 횡축 전파상수를 k_{ya}라 하면 등가 특성임피던스는

$$Z_a = \frac{k_0\eta_0}{k_{ya}} \tag{3.207b}$$

이다. 식 (3.206)에 주어진 조건을 적용하면

$$k_{ya}\tan k_{yd}t + k_{yd}\tan k_{ya}(b-t) = 0 \tag{3.208}$$

이 된다. 그리고 이 방정식은 두 개의 미지수 k_{ya}와 k_{yd}를 갖고 있어서 방정식이 하나 더 필요한데 이것은 유전체 경계면에서 전자장의 접선성분의 위상접합을 위해 전파상수 β가 두 영역 모두에서 같아야 한다는 사실을 이용하면 된다. $k_x = 0$이므로 전파상수 β는

$$\beta = \sqrt{\epsilon_r k_0^2 - k_{yd}^2} = \sqrt{k_0^2 - k_{ya}^2}$$

혹은

$$\epsilon_r k_0^2 - k_{yd}^2 = k_0^2 - k_{ya}^2 \tag{3.209}$$

이다. 따라서 k_{yd}와 k_{ya}를 구하기 위해 식 (3.208)과 식 (3.209)를 연립해서 수치해석 방법 또는 그래프 방법을 이용하여 풀면 된다. TE_{0n} 모드의 n(y축 상에서의 변화의 수)에 대응하는 많은 해가 존재하게 된다.

3.10 파동의 속도와 분산

지금까지 전자파의 전파와 관련하여 다음의 두 가지 형태의 속도를 살펴보았다.

- 매질에서의 빛의 속도 ($1/\sqrt{\mu\epsilon}$)
- 위상속도 ($\upsilon_p = \omega/\beta$)

매질에서의 빛의 속도는 평면파가 그 매질에서 전파하는 속도이고, 위상속도는 파동의 한 위상점이 이동하는 속도이다. TEM 평면파의 경우 이들 두 속도는 같지만 다른 모드(TE 또는 TM 모드)일 때는 위상속도가 빛의 속도보다 클 수도 있고 작을 수도 있다.

선로나 도파관의 감쇠와 위상속도가 주파수에 따라 변하지 않는 상수인 경우에서는 여러 주파수 성분을 갖는 신호는 전송에 따른 위상이 왜곡되지 않을 것이다. 그러나 만약 위

상속도가 주파수에 따라 달라지면 각각의 주파수 성분은 전송선로나 도파관에서 전파될 때 원래의 위상 관계식을 유지하지 못할 것이고 따라서 신호 왜곡이 발생하게 된다. 이러한 현상을 **"분산"**이라 부르는데 이렇게 부르는 이유는 다른 위상속도로 인하여 상대적으로 빠른 파가 늦게 전파되는 파에 비해 위상에서 앞서게 되고 원래의 위상 관계식은 신호가 선로를 따라 전파함으로써 점점 더 분산이 커지기 때문이다. 이러한 경우, 그 신호를 하나로 볼 수 있는 단일 위상속도는 존재하지 않는다. 만약 신호의 대역폭이 상대적으로 작거나 분산이 지나칠 정도로 심각한 문제를 야기시키지 않는다면 **군속도**를 정의하여 사용하는 것이 바람직 하다. 군속도는 협대역의 신호가 전파하는 속도를 표현하는 데 사용된다.

군속도(group velocity)

이미 앞에서 언급하였듯이 군속도의 물리적인 의미는 협대역 신호가 전파하는 속도이다. 시간영역의 표현된 신호 $f(t)$에 대한 군속도와 전파상수의 관계를 유도하겠다. 이 신호의 푸리에 변환은

$$F(\omega) = \int_{-\infty}^{\infty} f(t)e^{-j\omega t}dt \tag{3.210a}$$

로 정의되며, 그 역변환은

$$f(t) = \frac{1}{2\pi}\int_{-\infty}^{\infty} F(\omega)e^{j\omega t}d\omega \tag{3.210b}$$

이다.

그림 3.29에서 보는 바와 같이 전송선로나 도파관으로 구성된 선형 시스템의 전달함수가 $Z(\omega)$인 경우에 입력신호 $F(\omega)$ 그리고 출력신호 $F_o(\omega)$라 하면 다음과 같은 관계가 있다.

$$F_o(\omega) = Z(\omega)F(\omega). \tag{3.211}$$

손실이 없고 정합된 전송선로나 도파관의 경우 전달함수 $Z(\omega)$는

$$Z(\omega) = Ae^{-j\beta z} = |Z(\omega)|e^{-j\psi} \tag{3.212}$$

라 놓을 수 있다. 여기서 A는 상수이고 β는 전송선로나 도파관의 전파상수이다. 따라서 출력신호 $f_o(t)$의 시간영역에서의 표현은 다음과 같다.

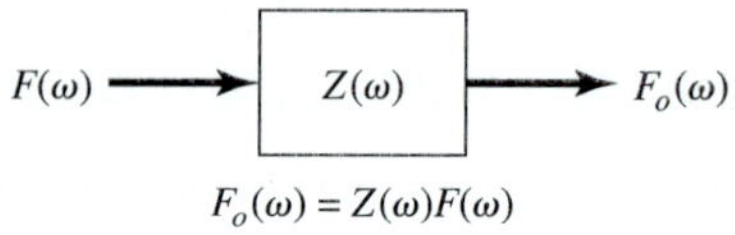

그림3.29 전달함수 $Z(\omega)$를 갖는 선형 시스템으로 표현된 전송선로나 도파관

$$f_o(t) = \frac{1}{2\pi}\int_{-\infty}^{\infty} F(\omega)|Z(\omega)|e^{j(\omega t-\psi)}d\omega. \tag{3.213}$$

만약 $|Z(\omega)| = A$가 상수이고 $Z(\omega)$의 위상은 ω의 선형함수, 즉 $\psi = a\omega$인 경우에 출력신호 $f_o(t)$는

$$f_o(t) = \frac{1}{2\pi}\int_{-\infty}^{\infty} AF(\omega)e^{j\omega(t-a)}\,d\omega = Af(t-a) \tag{3.214}$$

가 되어 입력신호가 전송선로 또는 도파관을 전파한 결과인 출력신호는 진폭이 A만큼 변화하고 시간이 a만큼 지연된 입력신호 $f(t)$의 복제 형태가 된다. 따라서 전달함수가 $Z(\omega) = Ae^{-j\omega a}$의 형태를 가지면 입력신호를 왜곡시키지 않는다. 손실이 없는 TEM파는 전파상수가 $\beta = \omega/c$인데, 이것이 바로 앞에서 말한 형태이므로 TEM 선로는 분산이 없으며 따라서 신호 왜곡을 일으키지 않는다. 그러나 만일 TEM 선로가 손실이 있고 그 감쇠가 주파수의 함수인 경우에는 신호를 왜곡시킬 수도 있다.

이제 다음과 같은 형태를 갖는 협대역 입력신호를 고려해 보자.

$$s(t) = f(t)\cos\omega_o t = \mathrm{Re}\left\{f(t)e^{j\omega_o t}\right\}. \tag{3.215}$$

이것은 반송파 주파수 ω_o로 진폭 변조된 경우이다. $f(t)$의 가장 높은 주파수 성분을 ω_m이라 하고 $\omega_m \ll \omega_o$로 가정하면, $s(t)$의 푸리에 변환 $S(\omega)$는

$$S(\omega) = \int_{-\infty}^{\infty} f(t)e^{-j\omega_o t}e^{j\omega t}dt = F(\omega-\omega_o) \tag{3.216}$$

가 되는데, 여기서는 식 (3.215)에 주어진 입력신호에 대하여 복소수 형태로 사용하였다. 따라서 시간영역에서의 출력신호를 얻기 위해서는 출력에 대한 푸리에 역변환의 실수부만을 택해야 한다. $F(\omega)$와 $S(\omega)$의 스펙트럼을 그림 3.30에 보였다.

출력신호의 스펙트럼은

$$S_o(\omega) = AF(\omega-\omega_o)e^{-j\beta z} \tag{3.217}$$

가 되고 시간 영역에서는

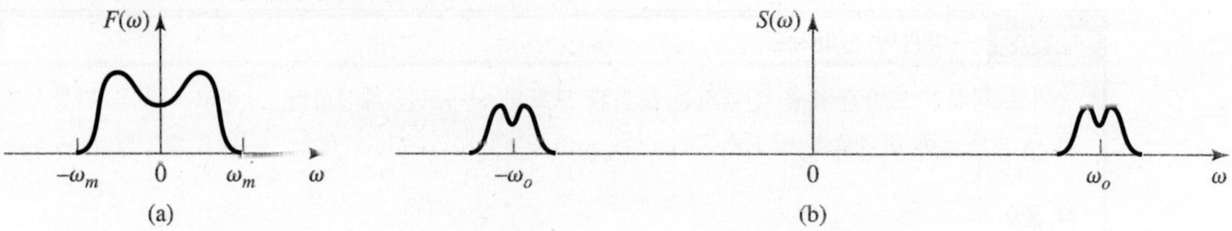

그림3.30 푸리에 스펙트럼. (a) $f(t)$, (b) $s(t)$

$$s_o(t) = \frac{1}{2\pi}\mathrm{Re}\int_{-\infty}^{\infty} S_o(\omega)e^{j\omega t}\,d\omega$$
$$= \frac{1}{2\pi}\mathrm{Re}\int_{\omega_o-\omega_m}^{\omega_o+\omega_m} AF(\omega-\omega_o)e^{j(\omega t-\beta z)}\,d\omega \tag{3.218}$$

가 된다.

일반적으로 전파상수 β는 ω의 복잡한 함수이다. 그러나 $F(\omega)$가 협대역($\omega_m \ll \omega_o$)이면 β를 ω_o에 관한 테일러 급수로부터 제곱 항 이하는 무시할 수 있으므로 선형화할 수 있다.

$$\beta(\omega) = \beta(\omega_o) + \left.\frac{d\beta}{d\omega}\right|_{\omega=\omega_o}(\omega-\omega_o) + \frac{1}{2}\left.\frac{d^2\beta}{d\omega^2}\right|_{\omega=\omega_o}(\omega-\omega_o)^2 + \cdots. \tag{3.219}$$

첫 두 항만을 취하면

$$\beta(\omega) \simeq \beta_o + \beta_o'(\omega-\omega_o) \tag{3.220}$$

이 되는데, 여기서

$$\beta_o = \beta(\omega_o),$$
$$\beta_o' = \left.\frac{d\beta}{d\omega}\right|_{\omega=\omega_o}$$

이다.

$y = \omega - \omega_o$로 변수를 치환하면 $s_o(t)$는

$$s_o(t) = \frac{A}{2\pi}\mathrm{Re}\left\{e^{j(\omega_o t-\beta_o z)}\int_{-\omega_m}^{\omega_m} F(y)e^{j(t-\beta_o' z)y}\,dy\right\}$$
$$= A\mathrm{Re}\left\{f(t-\beta_o' z)e^{j(\omega_o t-\beta_o z)}\right\}$$
$$= Af(t-\beta_o' z)\cos(\omega_o t-\beta_o z) \tag{3.221}$$

이 되는데 이것은 식 (3.215)에 있는 $f(t)$의 진폭 변조된 신호의 시간적인 지연($\beta_o' z$)을 의미하는 것이다. 이 진폭 변조된 신호의 지연 시간으로부터 군속도 v_g를 다음과 같이 정의할 수 있다.

$$v_g = \frac{1}{\beta_o'} = \left.\left(\frac{d\beta}{d\omega}\right)^{-1}\right|_{\omega=\omega_o}. \tag{3.222}$$

예제 3.9 도파관의 전파속도

공기로 채워진 도파관 속을 진행하는 도파관 모드의 군속도를 계산하라. 그리고 이것을 위상속도와 빛의 속도와 비교하라.

☞ 풀이

공기로 채워진 도파관에서 임의 모드의 전파상수는

$$\beta = \sqrt{k_0^2 - k_c^2} = \sqrt{(\omega/c)^2 - k_c^2}$$

이다. 주파수로 미분하면

$$\frac{d\beta}{d\omega} = \frac{\omega/c^2}{\sqrt{(\omega/c)^2 - k_c^2}} = \frac{k_o}{c\beta}$$

가 되어 식 (3.234)로부터 군속도는

$$v_g = \left(\frac{d\beta}{d\omega}\right)^{-1} = \frac{c\beta}{k_0}$$

가 된다. 위상속도는 $v_p = \omega/\beta = k_o c/\beta$이다.

$\beta < k_o$이므로 $v_g < c < v_p$가 되는데, 이것은 도파관 모드의 위상속도는 빛의 속도보다 빠를 수 있지만 군속도(협대역 신호의 속도)는 빛의 속도보다 느리다는 것을 의미한다. ◀

3.11 요약: 전송선로와 도파관

이제까지 여러 종류의 전송선로에 대해 살펴보았다. 여기서는 이러한 전송선로들의 기본적인 특성을 이들이 상대적인 장점들을 넓은 의미에서 요약하도록 하겠다.

이 장의 앞부분에서는 TEM, TM, TE파의 차이에 대하여 살펴봤으며, 전송선로와 도파관에 따라 존재할 수 있는 파의 형태가 있고 그에 따라 분류될 수 있음을 보였다. 또한 TEM파는 분산현상이 없으며 차단주파수도 없는 반면 TM과 TE파는 분산이 있고, 일반적으로 0이 아닌 차단주파수를 갖고 있다. 다른 전기적인 고려사항으로 대역폭, 감쇠정도, 그리고 전력수용 용량 등이 있다. 기계적인 요인 또한 매우 중요하며 크기(체적 및 무게), 제작의 용이성(경제성), 다른 소자(능동 또는 수동 소자)들과의 집적화의 가능성 등에 대하여도 고려하여야 한다. 표 3.6은 위에서 얘기한 고려사항을 중심으로 몇 가지 전송 매체에 대하여 비교한 것이다. 단지 일반적인 윤곽만을 보여주는 것이지만 몇몇 경우는 여기에 제시한 것보다 좋거나 때로는 더 나쁜 결과를 얻기도 한다.

표 3.6 일반적인 전송선로와 도파관의 비교

특 성	동축선	도파관	스트립라인	마이크로스트립
모드: 주모드	TEM	TE_{10}	TEM	준 TEM
다른 모드	TM, TE	TM, TE	TM, TE	복합 TM, TE
분산	없음	중간	없음	약간
대역폭	높음	낮음	높음	높음
손실	중간	적음	많음	많음
전력용량	중간	높음	낮음	낮음
물리적인 크기	큼	큼	중간	작음
제작의 용이성	중간	중간	쉬움	쉬움
다른 소자와의 집적성	어려움	어려움	적당	쉬움

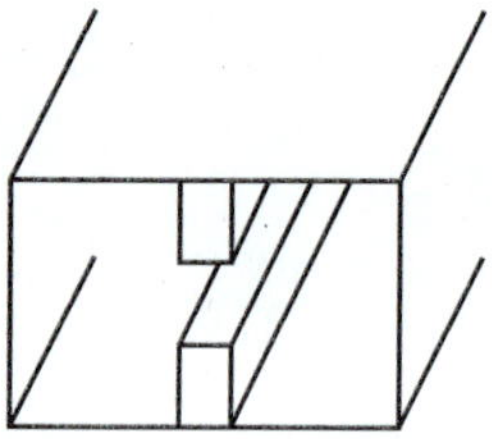

그림 3.31 용마루 도파관의 단면도

다른 형태의 전송선로와 도파관

지금까지 가장 일반적인 형태의 도파관과 전송선로에 대해 살펴보았지만 앞에서 논하지 않은 다른 형태의 도파관과 전송선로(그리고 그 변형들)들도 많이 있다. 그 중 특히 자주 사용하는 몇 가지 형태에 대하여 간단히 언급한다.

용마루 도파관(ridge waveguide). 직사각형 도파관의 대역폭은 실질적인 목적으로 사용될 경우 한 옥타브(2:1주파수 영역)보다 클 수 없다. 이것은 TE_{20} 모드가 TE_{10} 모드의 차단주파수의 두 배 되는 주파수에서 전파를 시작하기 때문이다. 그림 3.31에서 보듯이 용마루 도파관은 직사각형 도파관의 윗면 또는 아래 면에 전도체로 용마루를 부착시켜 만든 것이다. 이러한 용마루로 인하여 주모드의 차단 주파수가 낮아지게 되므로 대역폭이 증대되고 더 좋은(더욱 일정한) 임피던스 특성을 갖는다. 용마루 도파관은 종종 임피던스 정합용으로 사용되는데 용마루의 높이를 도파관을 따라가며 점점 낮게 하거나 높게 하여 임피던스 정합이 되도록 한다. 그러나 용마루로 인하여 도파관의 전력 수용용량은 감소하게 된다.

유전체 도파관(dielectric waveguide). 표면파 문제를 다룰 때 이미 살펴보았듯이 전파하는 전자계를 묶어 두는데 금속성 도체가 반드시 있어야 하는 것은 아니다. 그림 3.32에 보인 유전체 도파관은 이러한 도파관의 예로서 용마루의 비유전율 ϵ_{r2}는 보통 밑판의 비유전율ϵ_{r1} 보다 크다. 따라서 전자계는 대부분 유전체 용마루 부근에 있다. 이런 형태의 도파관에는 TM과 TE 모드가 존재할 수 있으며 능동 소자와 집적하기에 편리하다. 크기가 작기 때문에 밀리미터파에서 광주파수 대역까지 유용하지만 용마루선이 휘거나 접합점에서 손실이 클 수 있다. 이러한 기본적인 구조를 변형하여 다양한 구조의 유전체 도파관을

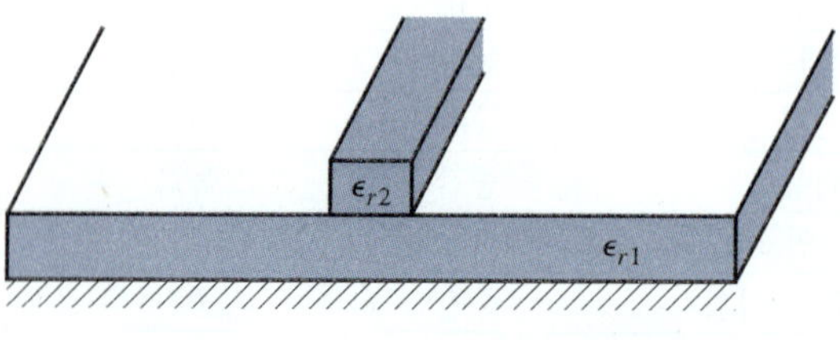

그림 3.32 유전체 도파관의 기하학적 구조

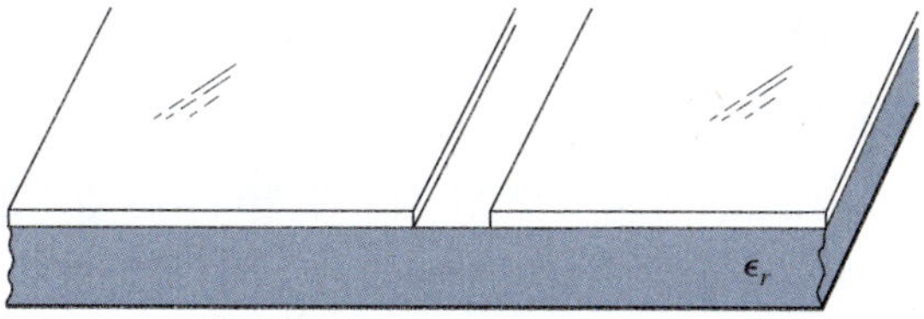

그림 3.33 홈선의 기하학적 구조

만들 수 있다.

슬롯선로(홈선;slotline). 홈선은 평면형 전송선로의 많은 가능한 형태 중에 또 다른 하나의 종류가 된다. 그림 3.33에 홈선의 기하학적인 구조를 보였다. 유전체로 만든 밑판의 한면 위에 얇은 홈이 있는 접지평판을 붙여서 제작하는 홈선은 마이크로스트립 선로처럼 두 도체로 인하여 준TEM형의 모드를 수용한다. 홈의 폭을 변화시킴으로써 선로의 특성 임피던스를 변화시킬 수 있다.

동일 평면형 도파관(coplanar waveguide). 그림 3.34에 보인 바와 같이 동일 평면형 도파관은 홈선과 그 구조가 유사하다. 이것은 세 번째 도체가 홈 영역의 중앙에 위치한 홈선으로 간주할 수 있다. 동일 평면형 도파관에는 중앙의 도체 좌우에 두 개의 홈에 존재하므로 전계가 같은 방향 또는 반대 방향이냐에 따라 우수 혹은 기수의 준 TEM 모드를 수용할 수 있다. 동일 평면형 도파관은 중앙 도체 양쪽에 접지판이 가까이 밀착되어 있어서 능동회로를 제작하는 데 특히 유용하다.

씌워진 마이크로스트립(covered microstrip). 기본적인 마이크로스트립 선로의 기하학적

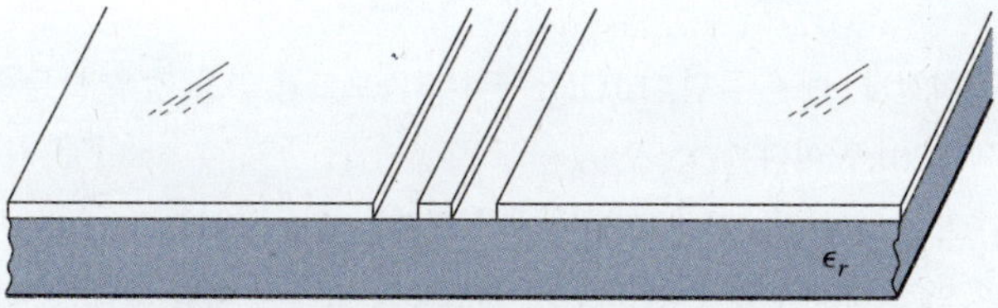

그림3.34 동일 평면형 도파관의 기하학적 구조

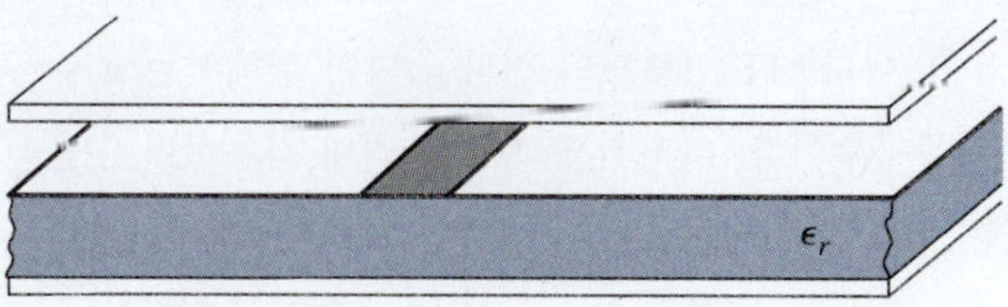

그림 3.35 씌워진 마이크로스트립

인 구조에 대한 변형도 가능하지만 보다 일반적인 것 중의 하나는 그림 3.35에서 보는 바와 같은 씌워진 마이크로스트립 선로이다. 도체로 되어 있는 씌움판은 전기적인 차폐(shielding) 효과와 마이크로스트립 회로의 물리적인 방호용으로 종종 사용되며, 보통 회로로부터 밑판 두께의 몇 배나 위에 놓이게 된다. 여하튼 이 금속 씌움판으로 인하여 회로의 동작에 영향이 있으므로 회로를 설계하는 데 충분이 고려하여야 한다.

관심사항: 전송선로의 전력 수용 용량

공기로 채워진 전송선로나 도파관의 전력 수용 용량은 전압붕괴(voltage breakdown)에 의해 제한되는데 전압붕괴는 1 기압 상온에서 전계가 약 $E_d = 3 \times 10^6$ V/m에서 발생한다. 또한 열 발생으로 전송선로 중에 몇 종류는 제한된 전력 수용 용량을 갖는다.

공기가 채워진 동축 선로에서는 전계가 $E_\rho = V_o/(\rho \ln b/a)$로 주어지는데, 이것은 $\rho = a$에서 최대값이 되므로 전압붕괴 직전의 최대전압은

$$V_{\max} = E_d a \ln \frac{b}{a} \qquad \text{(첨두값; peak-to-peak)}$$

가 되어 최대 전력 수용용량은

$$P_{\max} = \frac{V_{\max}^2}{2Z_0} = \frac{\pi a^2 E_d^2}{\eta_0} \ln \frac{b}{a}$$

가 된다.

이 결과로부터 알 수 있는 것은 보다 큰 동축선로(a, b는 커야 하지만 b/a 비율은 동일한 특성 임피던스를 갖기 위해서는 고정되어야 한다)를 사용함으로써 전력 수용량을 증가시킬 수 있다. 그러나 고차모드의 전파로 인하여 크기에 따라 동작주파수는 제약을 받는다. 따라서 최대 동작주파수 $f_{\max}$가 정해지면 동축선로의 최대 전력 수용 용량이 존재하며

$$P_{\max} = \frac{0.025}{\eta_0} \left(\frac{cE_d}{f_{\max}} \right)^2 = 5.8 \times 10^{12} \left(\frac{E_d}{f_{\max}} \right)^2$$

으로 주어진다. 예를 들면, 10 GHz에서 고차모드가 없을 경우 모든 동축선로의 최대 첨두전력 용량은 약 520 kW이다.

공기로 채워진 직사각형 도파관에서 전계는 $E_y = E_o \sin(\pi x/a)$로 표현되는데, 이것은 $x = a/2$에서 E_o의 최대값을 갖는다. 따라서 전압붕괴 직전에 대한 최대 전력 수용용량은

$$P_{\max} = \frac{abE_o^2}{4Z_w} = \frac{abE_d^2}{4Z_w}$$

이 되는데, 이것은 전력 용량이 도파관의 크기에 따라 증가한다는 것을 의미한다. 도파관 대부분의 경우 $b \approx 2a$이다. TE_{20} 모드의 전파를 막기 위해서는 $a < c/f_{\max}$가 되어야 하며, 여기서 $f_{\max}$는 최대 동작주파수이다. 따라서 도파관의 최대 첨두전력 수용용량은

$$P_{\max} = \frac{0.11}{\eta_0} \left(\frac{cE_d}{f_{\max}} \right)^2 = 2.6 \times 10^{13} \left(\frac{E_d}{f_{\max}} \right)^2$$

이 된다. 10 GHz에서 TE_{10} 모드로 동작하는 직사각형 도파관의 최대 첨단전력 수용 용량은 약 2,300 kW로서 같은 주파수에서 동작하는 동축선로의 전력 수용용량보다 매우 높다

아크 방전과 전압붕괴는 아주 고속으로 발생하는 현상이므로 앞에서 언급한 전압과 전력값들은 첨두값이며 평균 전력 수용 용량은 이 보다 작다. 더구나 공학적인 차원에서 볼 때 안전도는 적어도 2 이상이 되어야 하므로 안전하게 전송될 수 있는 최대 전력은 위에서 제시한 값의 절반에 불과하다. 만약 선로나 도파관에 반사파가 존재한다면 전력 용량은 더욱 줄어, 최악의 경우 반사계수의 크기가 1이 되면 선로상의 최대 전압은 두 배가 되어 전력 용량은 최대 4배까지 줄어들 수 있다.

선로의 전력 용량은 공기나 불활성 가스로 선로에 압력을 가하거나 유전체를 사용하여 증가할 수 있다. 대부분의 경우 유전체의 유전체 강도(E_d)는 공기에 비하여 크지만 전력 용량은 유전체 손실이 등가적인 저항성이므로 이로 인한 유전체의 과열로 제약을 받게 된다.

참고문헌: P. A. Rizza, *Microwave Engineering-Passive Circuits*, Prentice-Hall, Englewood Cliffs, N.J., 1988.

참고문헌

[**1**] O. Heaviside, *Electromagnetic Theory*, vol. 1, 1893. Reprinted by Dover, New York, 1950.

[**2**] Lord Rayleigh, "On the Passage of Electric Waves Through Tubes," *Pyilos. Mag*., vol. 43, pp. 125-132, 1897. Reprinted in *Collected Papers*, Cambridge Univ. Press, Cambridge, 1903.

[**3**] K. S. Packard, "The Origin of Waveguids: A Case of Multiple Rediscovery," *IEEE Trans. Microwave Theory and Techniques*, vol. MTT-32, pp. 961-969, September 1984.

[**4**] R. M. Barret, "Microwave Printed Circuits-An Historical Perspective," *IEEE Trans. Microwave Theory and Techniques*, vol. MTT-32, pp. 983-990, September 1984.

[**5**] D. D. Grieg and H. F. Englemann, "Microstrip-A New Transmission Technique for the Kilomegacycle Range," *Proc. IRE*, vol. 40, pp. 1644-1650, December 1952.

[**6**] H. Howe, Jr., *Stripline Circuit Design*, Artech House, Dedham, Mass., 1974.

[**7**] I. J. Bahl and R. Garg, "A Designer' s Guide to Stripline Circuits," *Microwaves*, January 1978, pp. 90-96.

[**8**] I. J. Bahl and D. K. Trivedi, "A Designer's Guide to Microstrip Line," *Microwaves*, May 1977, pp. 174-182.

[**9**] K. C. Gupta, R. Garg, and I. J. Bahl, *Microstrip Lines amd Slotlines*, Artech House, Dedham, Mass., 1979.

연습문제

3.1 3.5절의 기본적인 동축선로 구조에 대한 변형을 2가지 이상 제안하고 장단점을 크기, 손실, 비용, 고차 모드, 분산, 또는 다른 고려 사항 등의 측면에서 기술하라. 3.8절의 마이크로스트립 선로의 구조에 대하여서도 제안하고 기술하라.

3.2 식 (3.3)과 식 (3.4)로부터 식 (3.5a) - 식 (3.5d)를 유도하라.

3.3 평행판 도파관에서 TE_n 모드의 도체 손실에 의한 감쇠를 계산하라.

3.4 부록 I에 주어진 *K*-밴드용 도파관의 크기로부터 앞에서 두 번째까지의 전파 모드에 대한 차단주파수를 계산하라. 부록 I에 주어진 *K*-밴드용 도파관의 적정 동작 주파수 범위와 단일 전파 모드에 대한 이론적인 대역폭을 비교하여 이 동작 주파수 범위가 갖는 대역폭의 감소를 백분율로 계산하라.

3.5 길이가 10 cm인 구리로 제작된 K-밴드용 도파관의 내부가 $\epsilon_r = 2.25$ 및 $\tan\delta = 0.0015$인 유전체로 채워져 있다. 동작 주파수 15 GHz에 대한 총 손실과 위상 지연을 구하라.

3.6 감쇠기는 아래 그림과 같이 차단주파수 이하에서 동작하는 도파관의 한 부분을 사용하여 만들 수 있다. 불연속점에서의 반사를 무시한다고 가정하고, $a = 2.286$ cm이며 동작주파수는 12 GHz일 때 도파관의 입력과 출력 사이의 감쇠가 100 dB이 되기 위해 필요한 차단주파수 이하의 도파관 부분의 길이를 계산하라.

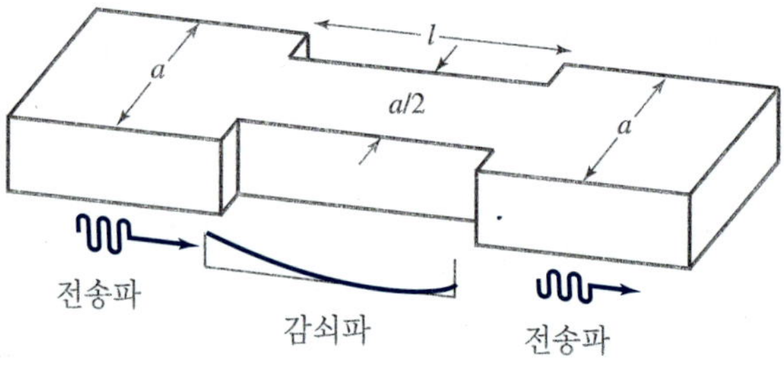

3.7 직사각형 도파관의 TE_{10} 모드에 있어서 각 벽에 흐르는 표면 전류밀도식을 구하라. 직사각형 도파관의 넓은 벽의 중앙선을 따라 홈을 내어도 도파관의 동작에 영향을 주지 않는 이유를 설명하라(이러한 홈은 도파관 내의 정재파를 탐지하기 위한 홈선으로 사용된다).

3.8 직사각형 도파관의 TM_{mn}모드에 있어서 불완전 도체벽에 의한 감쇠식을 유도하라.

3.9 아래 그림과 같이 부분적으로 유전체가 채워진 직사각형 도파관에 있어서 $a = 2.286$ cm, $t = a/2$, $\epsilon_r = 2.25$일 때 TE_{10} 모드의 차단주파수를 구하기 위해 $\beta = 0$으로 놓고 식 (3.109)를 풀어라.

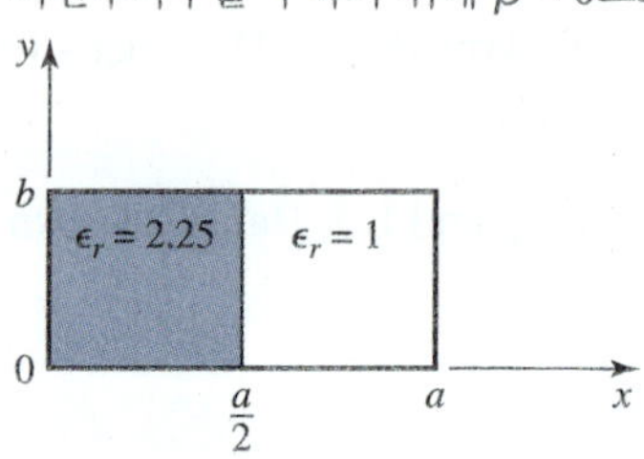

3.10 아래 그림과 같이 유전체가 부분적으로 채워진 평행판 도파관에 있어서 도체판이 무한히 넓다고 가정할 때, 이 구조에서 가장 낮은 차수의 모드에 대한 해(전자계와 차단주파수)를 유도하라. 이 구조상에서 TEM파는 전파할 수 있는가?

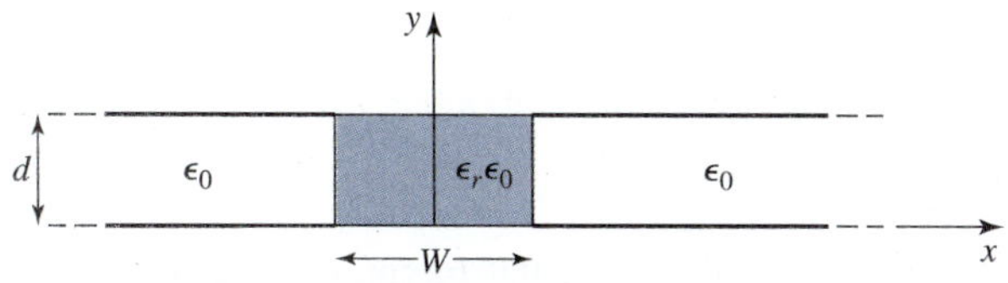

3.11 원통형 좌표계에서 횡축방향 성분에 대한 식 (3.110a)–식 (3.110d)을 진행방향 성분에 의한 식으로 유도하라

3.12 유한한 도전율을 갖는 원형 도파관에 있어서 TM_{mn} 모드에 대한 감쇠식을 유도하라.

3.13 반경이 0.4 cm인 구리로 제작된 원통형 도파관의 내부가 $\epsilon_r = 1.5$ 및 $\tan\delta = 0.0002$인 유전체로 채워져 있다. 첫 4개의 전송 모드를 판별하고 이들의 차단 주파수를 구하라. 주파수 20 GHz일때 주모드에 대한 총 감쇠를 구하라.

3.14 식 (3.153)으로 주어진 전위로부터 동축선로에 대한 전계 및 자계를 유도하라. 그리고 동축선로에 대한 전압, 전류, 특성 임피던스를 구하라.

3.15 동축선로에 있어서 TM 모드의 차단주파수에 대한 초월방정식을 유도하라. $b/a = 2$일 때 TM_{01} 모드에 대한 $k_c a$의 근사치를 표를 사용하여 구하라.

3.16 접지 평판이 유한한 도전율을 갖는 접지된 유전체 평판에서 TE 표면파의 감쇠식을 유도하라.

3.17 아래 그림과 같은 기하학적 구조를 갖는 도파관 위를 전파할 수 있는 TM 표면파에 대한 해를 유도하라.

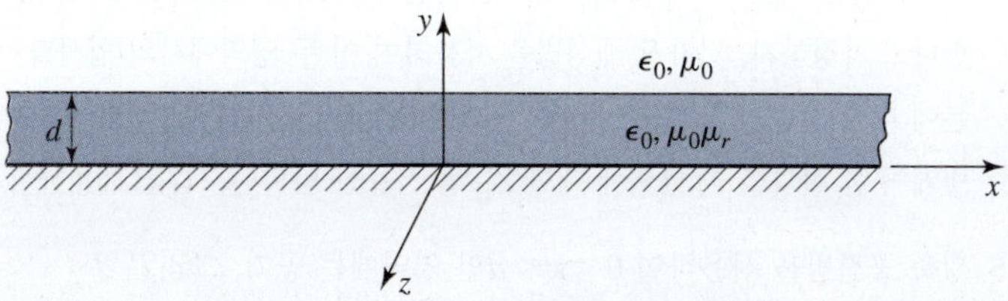

3.18 아래 그림과 같이 유전체가 부분적으로 채워진 동축 선로상을 TEM파가 전파할 수 있는가? 이 구조에서 TM_{0m} 모드(방위각 방향의 변화 성분은 없다)에 대한 해를 유도하라.

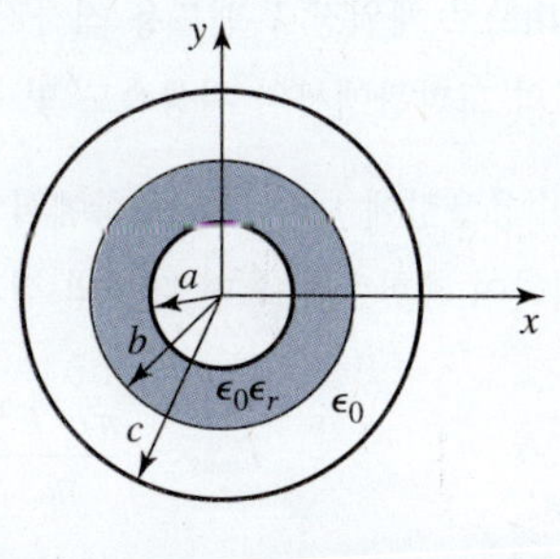

3.19 특성 임피던스가 100 Ω이 되는 스트립 전송 선로를 설계하고자 한다. 도체는 구리이며 접지면 간격은 1.02 mm, 유전 상수는 2.20, $\tan\delta = 0.001$이다. 5 GHz에 대한 이 전송 선로의 파장 및 총 감쇠를 구하라.

3.20 특성 임피던스가 100 Ω이 되는 마이크로스트립 전송 선로를 설계하고자 한다. 도체는 구리이며 기판의 두께는 0.51 mm, 유전 상수 $\epsilon_r = 2.20$, $\tan\delta = 0.001$이다. 5 GHz에 대한 이 전송 선로의 파장 및 총 감쇠를 구하라. 이 결과를 유사한 스트립 선로에 대한 앞의 문제와 비교하라.

3.21 유전체의 두께 및 비유전율이 0.0762 cm, $\epsilon_r = 2.2$인 기판에 100 Ω의 특성 임피던스를 갖는 마이크로스트립이 있다. 선로의 손실과 선로 밖의 근처에 존재하는 전자계(fringing fields)를 무시하고 2.5 GHz에서 입력 임피던스가 5 pF인 캐패시턴스가 되는 최소의 길이를 구하여라. 그리고 인덕턴스 5 nH가 되는 최소의 길이를 구하여라. 마이크로스트립 선로에 대한 물리적 모델을 제공하는 마이크로파 CAD를 이용하여 손실을 포함한 경우에 대한 입력 임피던스를 구하여라(도체는 구리이며 $\tan\delta = 0.001$로 가정한다).

3.22 5 GHz에서 동작하는 마이크로파 안테나와 연결하기 위하여 길이가 16λ인 50 Ω의 평판형 전송선로가 필요한다. 가능한 선택은 (1) $d = 0.16$ cm, $\epsilon_r = 2.20$, $\tan\delta = 0.001$인 구리로 된 마이크로스트립 선로와 (2) $b = 0.32$ cm, $\epsilon_r = 2.20$, $t = 0.01$ mm, $\tan\delta = 0.001$ 인 구리로 된 스트립라인의 두 가지가 있다. 감쇠를 최소화하려면 어느 선로를 사용해야 하는가?

3.23 횡축방향의 성분이 식 (3.19)와 같이 H_z의 식으로 주어진 임의의 균일 구조인 도파관의 TE 모드에 있어서 H_z가 $H_z(x, y, z) = h_z(x, y)e^{-j\beta z}$의 형태이고 $h_z(x, y)$가 실수 함수이고 β는 전파 모드에 대한 전파상수이며 실수일 때 포인팅 벡터를 계산하고, z방향으로만 전송되는 전력(실수 값임)을 구하라.

3.24 직사각형 도파관의 한 부분이 $z < 0$인 영역에는 공기, 그리고 $z > 0$인 영역에는 유전체가 채워져 있다. 두 모두 기본모드인 TE_{10} 모드만 지원하며 TE_{10} 모드가 $z < 0$인 영역으로부터 접합면으로 입사했다고 가정하자. 전자장 해석법을 사용하여 이 두 영역에서의 입사파, 반사파, 투과파의 횡방향 성분에 대한 일반식을 쓰고, 유전체 경계면의 경계조건을 적용하여 반사 및 투과계수를 계산하라. 이렇게 구한 결과를 각 영역에 대한 Z_{TE}를 사용한 임피던스법을 사용하여 얻은 결과와 비교하라.

3.25 횡축 공진법을 사용하여 $0 < x < d$인 영역에는 공기, 그리고 $d < x < a$인 영역에는 유전체가 채워져 있는 직사각형 도파관에 있어서 TM 모드의 전파상수에 대한 초월방정식을 유도하라.

3.26 횡축 공진법을 적용하여 문제 3.17의 구조에 대한 TE 표면파에 대한 전파상수를 구하라.

3.27 렉솔라이트(Rexolite)로 채워진 X-밴드용 직사각형 도파관이 9.0 GHz에서 동작할 때, 이 물질에 대한 빛의 속도와 도파관에서의 위상속도 및 군속도를 계산하라.

3.28 전송선로의 전력 수용용량에 대한 관심사항에서 설명하였듯이 동축선로의 최대 전력 전송용량은 전압 파괴에 의하여 제한을 받으며 다음의 식과 같이 주어진다.

$$P_{\max} = \frac{\pi a^2 E_d^2}{\eta_0} \ln \frac{b}{a}.$$

여기서 E_d는 절연파괴가 일어나는 전계강도이다. 최대 전력 용량을 최대화하는 b/a값을 구하고, 이때 특성 임피던스 값은 약 30 Ω 정도임을 보여라.

3.29 유전 상수가 9.9 및 두께가 2.0 mm인 알루미나(alumina) 기판을 사용하여 선폭이 1.93 mm이며 50 Ω인 마이크로스트립 선로 회로를 제작하고자 한다. 3.8절에서 언급한 고차모드 중 4차까지에 대한 문턱 주파수를 계산하고 이 마이크로스트립 회로의 최대 동작 주파수를 구하라.

제 4 장

마이크로파 회로망 해석

회로의 크기가 파장에 비해 상대적으로 작은 저주파에서 동작하는 회로들은 그 회로의 어느 한 점에서 정의되는 유일한 전압과 전류를 갖는 집중(lumped) 수동 또는 능동소자의 상호 연결로 간주될 수 있다. 이 경우, 회로의 크기가 파장에 비해 아주 작아서 회로의 한 점에서 다른 한 점 사이의 위상의 변화는 무시한다. 또한 전자장은 두 개 또는 그 이상의 도체에 의해 유지되는 TEM계로 간주될 수 있다. 이로 인하여 맥스웰 방정식에 대한 준정전상태의 해가 가능하게 되며, 잘 알려진 키르히호프의 전압 및 전류법칙, 그리고 회로이론의 임피던스 개념이 나온다[1]. 독자들은 이미 알고 있는 바와 같이 저주파 회로 해석을 위한 아주 강력하고 유용한 기법들은 많이 있다. 일반적으로 이러한 기법은 마이크로파 회로에는 직접 적용될 수는 없다. 그러나 이 장의 목적은 실제 관심의 대상인 많은 마이크로파 해석과 설계에 관한 문제를 다루는 데 회로이론과 회로망이론의 개념이 어떻게 확장될 수 있는지를 보여주는 것이다.

이렇게 하는 가장 주된 이유는 마이크로파 문제를 해결하는 데 있어서 맥스웰 방정식을 푸는 것보다는 회로해석의 단순하고 직관적인 개념을 적용하는 것이 일반적으로 훨씬 더 쉽기 때문이다. 어떤 면으로 보면 전자장 해석법이 우리가 실제로 원하고 필요로 하는 것보다 고려 중인 특정문제에 대해 훨씬 더 많은 정보를 제공한다. 즉, 주어진 문제에 있어서 맥스웰 방정식에 대한 해는 완벽하기 때문에 공간상의 모든 점에서의 전계 및 자계의 정보를 제공해 준다. 그러나 우리가 보통 관심이 있는 것은 공간 내의 모든 점에서의 응답 특성에 대한 간단한 설명보다는 터미널에서의 전압이나 전류, 어떤 소자를 통해 흐르는 전력, 또는 어떠한 다른 형태의 전체적인 양인 경우가 많다. 회로나 회로망 해석법을 사용하는 다른 이유는 그 주변에 있는 소자와 함께 복합적인 작용을 하는 각 소자의 동작을 자세히 해석하지 않고도 원래의 문제를 수정하거나 여러 소자를 함께 결합하고 그 응답 특성을 구하는 것이 매우 쉽기 때문이다. 그러한 문제를 해결하기 위하여 맥스웰 방정식에 의한 전자장 해석법을 사용하는 것은 지극히 복잡한 일이다. 그러나 어떤 경우에는 회로 해석법이 지나친 단순화과정을 내포하고 있어서 잘못된 결과를 가져오게 된다. 이러한 경우 맥스웰 방정식에 의한 전자장 해석법을 사용해야 한다.

언제 회로해석 개념을 적용하고, 언제 전자장 해석법을 사용해야 하는지를 결정할 수 있는 능력을 키우는 것은 마이크로파 공학도 교육의 한 부분이기도 하다.

마이크로파 회로망의 해석을 위한 기본적인 절차는 다음과 같다. 먼저 전자장 해석법과 맥스웰 방정식을 이용하여 몇 개의 기본적인 문제를 정확하게 다룬다(2장과 3장에서 여러 종류의 전송선로와 도파관문제에서 이미 우리가 다루었듯이). 이 과정에서 회로나 전송선로 변수에 직접적으로 연관이 될 수 있는 양들을 얻도록 한다. 예를 들면, 3장에서 여러 종류의 전송선로와 도파관을 다루었을 때, 우리는 그 선로의 전파상수와 특성 임피던스를 유도하였다.

이렇게 하여 전송선로나 도파관을 길이, 전파상수, 그리고 특성 임피던스에 의해 특정지어지는 분산소자(distributed component)로 취급할 수 있었다. 이러한 관점에서 우리는 여러 소자들을 상호 연결하고 회로망이나 전송선로 이론을 이용하여 다중반사, 손실, 임피던스 변환, 그리고 한 전송 매질에서 다른 매질(예를 들어, 동축케이블에서 마이크로스트립 선로)로의 천이 등과 같은 효과는 물론, 전체 시스템의 동작을 해석할 수 있다. 곧 알게 되겠지만, 서로 다른 전송선로나 선로상의 불연속점 사이의 천이는 일반적으로 두 개의 전송선로 사이의 단순한 접합으로 취급되어질 수는 없으며, 반드시 어떤 형태의 등가회로로 보완하여 천이나 불연속점에 관계되는 리액턴스 성분을 고려해 주어야 한다.

마이크로파 회로망은 원래 1940년대에 MIT 방사실험실에서 레이더 시스템과 부품의 개발로 인하여 발전되어졌다. 이러한 연구 작업은 E. Weber와 N. Marcuvitz, A. A. Oliner, L. B. Felsen, A. Hessel 등과 같은 연구 개발자들에 의하여 Brooklyn에 있는 Polytechnic Institute에서 계속되고 확대하여졌다[2].

4.1 임피던스와 등가전압 및 전류

등가전압과 전류

마이크로파 대역에서 전압이나 전류의 측정은 터미널쌍이 완벽하게 정의되어 있지 않으면 아주 어렵다(즉, 불가능하다). 이러한 터미널쌍은 TEM형의 선로(예를 들어, 동축 케이블, 마이크로스트립 선로, 혹은 스트립 선로인)인 경우에는 나타나지만 TEM 선로가 아닌(예를 들어 직사각형, 원형, 혹은 표면파 도파관) 경우에는 존재하지 않는다.

그림 4.1은 임의의 두 개 도체로 된 TEM 전송선로에 대한 전자장선을 나타낸다. 3장에서와 마찬가지로 −도체에 대한 +도체의 전위 V는

$$V = \int_{+}^{-} \bar{E} \cdot d\bar{\ell} \tag{4.1}$$

로 표현되며, 여기서 적분경로는 +도체 상에서 시작하여 −도체 상에서 끝난다.

두 도체 사이의 횡단면 전자장 성분들의 정전 특성 때문에 식 (4.1)에 정의된 전압은 유

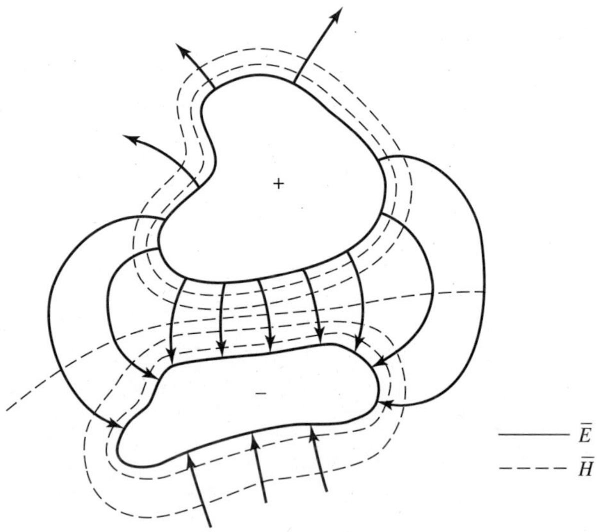

그림 4.1 임의의 두 도체로 된 TEM 선로에 대한 전기력선 및 자기력선

일하며, 적분경로의 형태에 따라 변하지 않는다는 점이 중요하다. +도체 상을 흐르는 전체 전류는 암페어 법칙을 적용하여 구할 수 있다.

$$I = \oint_{C^+} \bar{H} \cdot d\bar{\ell}. \tag{4.2}$$

여기서 적분경로는 +도체를 감싸고 있는 어떤 폐곡선(−도체는 제외)이 된다.

진행파에 대한 특성 임피던스 Z_0는 다음과 같이 정의된다.

$$Z_0 = \frac{V}{I}. \tag{4.3}$$

전압과 전류, 그리고 특성 임피던스(이 선로의 전파상수는 이미 알고 있다고 가정하고) 를 정의하고 구한 시점에서 우리는 2장에서 연구한 전송선로에 회로이론을 적용하여 이 선로를 회로소자로써 특정지을 수 있는 것이다.

도파관인 경우 상황은 더욱 어려워진다. 그 이유를 알기 위하여 그림 4.2에 나타낸 바와 같이 직사각형 도파관의 경우를 살펴보기로 한다. 주 모드인 TE_{10} 모드에 대해 횡단면 전자계는 표 3.2로부터 다음과 같이 쓸 수 있다.

$$E_y(x, y, z) = \frac{j\omega\mu a}{\pi} A \sin\frac{\pi x}{a} e^{-j\beta z} = Ae_y(x, y)e^{-j\beta z} \tag{4.4a}$$

$$H_x(x, y, z) = \frac{j\beta a}{\pi} A \sin\frac{\pi x}{a} e^{-j\beta z} = Ah_x(x, y)e^{-j\beta z}. \tag{4.4b}$$

식 (4.1)을 식 (4.4a)의 전계에 적용하면

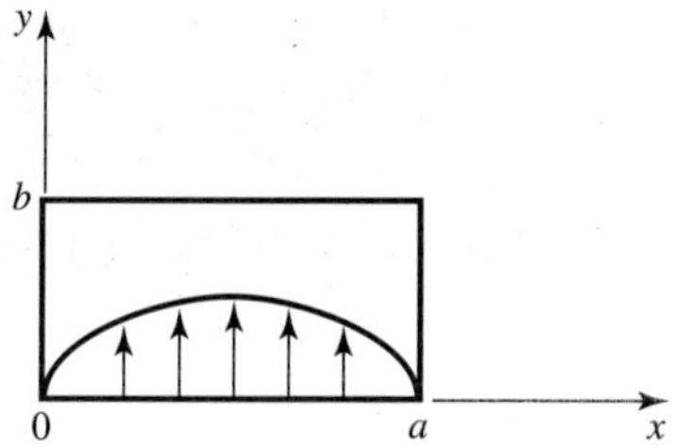

그림 4.2 직사각형 도파관의 TE_{10} 모드 전기장선

$$V = \frac{-j\omega\mu a}{\pi} A \sin\frac{\pi x}{a} e^{-j\beta z} \int_y dy \tag{4.5}$$

가 된다. 따라서, 이 전압은 위치 x와 y 방향에 따라 취한 적분경로의 길이에 의해 결정된다. 예를 들어, $x = a/2$에 대해 $y = 0$에서부터 b까지 적분하면 $x = 0$에 대해 $y = 0$에서 b까지 적분하여 얻어지는 전압과는 아주 다른 결과를 얻게 된다. 그러면 어느 것이 올바른 전압일까? 그 답은 모든 적용에 있어서 유일하고 적절한 의미에서의 올바른 전압은 없다는 것이다. 유사한 문제가 전류뿐만 아니라 임피던스의 경우에도 발생한다. 이제 어떻게 비TEM 선로에 적용될 수 있는 전압과 전류, 그리고 임피던스를 정의할 것인가에 대해 살펴볼 것이다.

도파관에 대한 등가전류, 전압, 그리고 임피던스를 정의하는 데는 여러 가지 방법이 있다. 왜냐하면, 비TEM 선로에 대한 이러한 양들은 유일하지 않기 때문이다. 그러나 다음과 같은 사항을 고려하면 아주 유용한 결과를 얻을 수 있다[1], [3], [4]:

- 전압과 전류는 하나의 특정 도파관 모드에 대해서만 정의되며 전압은 횡단면 전계에 비례하고 전류는 횡단면 자계에 비례하도록 정의된다.
- 회로이론의 전압과 전류에 유사한 형태로 사용되어지기 위하여, 등가전압과 이들의 곱이 해당 모드의 전력의 흐름이 되도록 정의되어야 한다.
- 단일 진행파에 있어서 전류에 대한 전압의 비율은 해당 선로의 특성 임피던스와 같아야 한다. 이 임피던스는 임의대로 선택될 수 있지만 보통 그 선로의 파동 임피던스와 같도록 선택되거나 그렇지 않으면 1로 정규화되어야 한다.

양과 음 모든 방향으로 진행하는 파를 갖는 임의의 도파관 모드에 있어서 횡단면 계의 성분은 다음과 같이 쓸 수 있다.

$$\bar{E}_t(x, y, z) = \bar{e}(x, y)(A^+ e^{-j\beta z} + A^- e^{j\beta z}) = \frac{\bar{e}(x, y)}{C_1}\left(V^+ e^{-j\beta z} + V^- e^{j\beta z}\right) \tag{4.6a}$$

$$\bar{H}_t(x, y, z) = \bar{h}(x, y)\left(A^+ e^{-j\beta z} - A^- e^{j\beta z}\right) = \frac{\bar{h}(x, y)}{C_2}\left(I^+ e^{-j\beta z} - I^- e^{j\beta z}\right). \tag{4.6b}$$

여기서 $\bar{e}$와 $\bar{h}$는 해당 모드의 횡단면 계의 변화량이며 A^+와 A^-는 진행파 계의 세기이다. $\bar{E}_t$와 $\bar{H}_t$는 식 (3.22) 또는 식 (3.26)에 따른 파동임피던스 Z_w에 관계되어지므로 다음과 같은 식을 얻는다.

$$\bar{h}(x, y) = \frac{\hat{z} \times \bar{e}(x, y)}{Z_w}. \tag{4.7}$$

식 (4.6)에 의해 다음과 같은 등가전압과 전류파가 또한 정의된다.

$$V(z) = V^+ e^{-j\beta z} + V^- e^{j\beta z} \tag{4.8a}$$

$$I(z) = I^+ e^{-j\beta z} - I^- e^{j\beta z}. \tag{4.8b}$$

여기서, $V^+/I^+ = V^-/I^- = Z_0$이다. 이 정의로부터 횡단면 전계와 자계에 비례하는 등가전압 및 전류를 각각 만들어 내는 착상이 구체화되는 것이다. 이 관계식에 있어서 비례상수는 $C_1 = V^+/A^+ = V^-/A^-$이고 $C_2 = I^+/A^+ = I^-/A^-$이며, 이것들은 전력과 임피던스에 대한 남아있는 두 조건으로부터 결정된다.

입사파에 대한 복소전력의 흐름은

$$P^+ = \frac{1}{2}|A^+|^2 \int_S \bar{e} \times \bar{h}^* \cdot \hat{z}\, ds = \frac{V^+ I^{+*}}{2C_1 C_2^*} \int_S \bar{e} \times \bar{h}^* \cdot \hat{z}\, ds \tag{4.9}$$

로 주어진다.

우리는 이 전력이 $(1/2)V^+I^{+*}$와 같기를 원하므로 다음과 같은 결과를 얻는다.

$$C_1 C_2^* = \int_S \bar{e} \times \bar{h}^* \cdot \hat{z}\, ds. \tag{4.10}$$

여기서, 면적분은 도파관의 단면에 걸쳐서 수행된다. 특성 임피던스는

$$Z_0 = \frac{V^+}{I^+} = \frac{V^-}{I^-} = \frac{C_1}{C_2} \tag{4.11}$$

인데, 이것은 식 (4.6a, b)로부터 $V^+ = C_1 A$이고 $I^+ = C_2 A$이기 때문이다. $Z_0 = Z_w$가 되도록 하려면 해당 모드의 파동임피던스(Z_{TE} 혹은 Z_{TM})는

$$\frac{C_1}{C_2} = Z_w \ (Z_{TE} \text{ 또는 } Z_{TM}) \tag{4.12a}$$

가 된다. 반면에 특성 임피던스를 1($Z_0 = 1$)로 정규화하기를 원하는 경우에는,

$$\frac{C_1}{C_2} = 1 \tag{4.12b}$$

이 된다.

따라서 도파관 모드가 주어지면 식 (4.10)과 식 (4.12)는 상수 C_1과 C_2, 그리고 정의된

등가전압과 전류에 대해 풀 수 있다. 고차모드인 경우도 같은 방법으로 취급될 수 있으므로, 도파관의 일반적인 전자계는 다음과 같은 형태로 쓸 수 있다.

$$\bar{E}_t(x, y, z) = \sum_{n=1}^{N} \left(\frac{V_n^+}{C_{1n}} e^{-j\beta_n z} + \frac{V_n^-}{C_{1n}} e^{j\beta_n z} \right) \bar{e}_n(x, y) \tag{4.13a}$$

$$\bar{H}_t(x, y, z) = \sum_{n=1}^{N} \left(\frac{I_n^+}{C_{2n}} e^{-j\beta_n z} - \frac{I_n^-}{C_{2n}} e^{j\beta_n z} \right) \bar{h}_n(x, y). \tag{4.13b}$$

여기서, $V_n^\pm$와 $I_n^\pm$는 n차 모드에 대한 등가전압과 전류이고 C_{1n}과 C_{2n}은 각각의 모드에 대한 비례상수이다.

예제 4.1 직사각형 도파관에 대한 등가전압과 전류

직사각형 도파관에 있어서 TE_{10} 모드에 대한 등가전압과 전류를 구하라.

☞ 풀이

TE_{10} 직사각형 도파관 모드의 횡단면 계 성분들과 전력의 흐름, 그리고 이 모드에 대한 등가 전송선로 모델은 다음과 같이 쓸 수 있다.

도파관 전자계	전송선로 모델
$E_y = \left(A^+e^{-j\beta z} + A^-e^{j\beta z}\right)\sin(\pi x/a)$	$V(z) = V^+e^{-j\beta z} + V^-e^{j\beta z}$
$H_x = \dfrac{-1}{Z_{\text{TE}}}\left(A^+e^{-j\beta z} - A^-e^{j\beta z}\right)\sin(\pi x/a)$	$I(z) = I^+e^{-j\beta z} - I^-e^{j\beta z}$ $= \dfrac{1}{Z_0}\left(V^+e^{-j\beta z} - V^-e^{j\beta z}\right)$
$P^+ = \dfrac{-1}{2}\displaystyle\int_S E_y H_x^* dx\,dy = \dfrac{ab}{4Z_{\text{TE}}}\lvert A^+\rvert^2$	$P^+ = \dfrac{1}{2}V^+I^{+*}$

이제 전자계의 크기 $A^\pm$에 대한 등가전압 $V^\pm$와 전류 $I^\pm$에 연관되는 두 개의 상수 $C_1 = V^+/A^+ = V^-/A^-$와 $C_2 = I^+/A^+ = I^-/A^-$를 구한다. 입사 전력과 같게 놓으면

$$\frac{ab|A^+|^2}{4Z_{\text{TE}}} = \frac{1}{2}V^+I^{+*} = \frac{1}{2}|A^+|^2 C_1 C_2^*$$

가 된다. $Z_0 = Z_{\text{TE}}$가 되도록 선택하면

$$\frac{V^+}{I^+} = \frac{C_1}{C_2} = Z_{\text{TE}}$$

가 되므로 C_1과 C_2에 대해 풀면

$$C_1 = \sqrt{\frac{ab}{2}}$$

$$C_2 = \frac{1}{Z_{\text{TE}}}\sqrt{\frac{ab}{2}}$$

가 되어 TE_{10} 모드에 대한 등가 전송선로가 된다. ◀

임피던스의 개념

지금까지 우리는 여러 개의 다른 응용분야에서 임피던스의 개념을 사용하여 왔으나, 이 시점에서 이들 중요한 개념을 요약하는 것이 아주 유용할 것이다. "**임피던스**"라는 용어는 저항(resistor)과 인덕터(inductor), 그리고 캐패시터(capacitor)로 구성된 교류회로에 있어서 복소수의 비 V/I를 나타내기 위하여 19세기에 올리버 헤비사이드(Oliver Heaviside)에 의해 처음으로 사용되어졌으며, 즉시 임피던스 개념은 교류회로 해석에 있어서는 필수적인 것으로 되어졌다. 그 후 이 개념은 전송선로에서 선로의 집중소자 등가회로와 분산 직렬 임피던스, 그리고 병렬 어드미턴스의 형태로 전송선로에 적용되어졌다. 1930년대에 셸쿠노프(Schelkunoff)는 임피던스 개념이 체계적인 방법으로 전자기장에까지 확장될 수 있으며, 이 임피던스는 매질뿐만 아니라 전자기장의 형태의 특성으로 간주될 수 있음을 주목하였다[2]. 전송선로와 평면파의 전파 사이의 유사성과 관련하여 임피던스는 전파방향과도 관련이 있다. 따라서 임피던스의 개념은 전자장 이론과 전송선로나 회로이론 사이에서 중요한 매개체 역할을 하는 것이다.

다음에 지금까지 우리가 사용하였던 여러 가지 형태의 임피던스와 그들의 표기들을 요약하였다.

- $\eta = \sqrt{\mu/\epsilon}$ = 매질의 고유 임피던스. 이 임피던스는 매질의 물질 변수에만 좌우되며, 평면파인 경우 파동 임피던스와 같다.
- $Z_\omega = E_t/H_t = 1/Y_\omega$ = 파동 임피던스. 이 임피던스는 특정 형태의 파에 대한 특성이다. TEM과 TM, 그리고 TE파들은 각각 서로 다른 파동 임피던스(Z_{TEM}, Z_{TE}, Z_{TM})를 갖고 있으며, 이들은 전송선로나 도파관의 형태, 물질, 그리고 동작주파수에 따라 다르다.
- $Z_0 = 1/Y_0 = V^+/I^+$ = 특성 임피던스. 특성 임피던스는 진행파에 있어서 전압에 대한 전류의 비이다. TEM파에 있어서 전압과 전류는 오직 하나의 값으로 정의되므로 TEM파의 특성 임피던스는 하나이다. 그러나 TE파와 TM파에서는 전압과 전류가 하나의 값으로 정의되지 않음으로 이러한 파에 대한 특성 임피던스는 여러 가지 방법으로 정의될 수 있다.

예제 4.2 파동임피던스의 응용

그림 4.3에 나타낸 바와 같이 $a = 2.286$ cm이고 $b = 1.016$ cm(X밴드 도파관)이며, $z < 0$인 영역에는 공기가 채워져 있고, $z > 0$인 영역에는 Rexolite($\epsilon_r = 2.54$)가 채워져 있는 직사각형 도파관을 고려하자. 동작주파수가 10 GHz라고 가정하고 등가 전송선로 모델을 이용하여 $z < 0$인 영역으로부터 접합면으로 입사하는 TE_{10}파의 반사계수를 계산하라.

☞ 풀이

공기($z < 0$)와 유전체($z > 0$) 영역에서의 전파상수는

$$\beta_a = \sqrt{k_0^2 - \left(\frac{\pi}{a}\right)^2} = 158.0 \text{ m}^{-1},$$

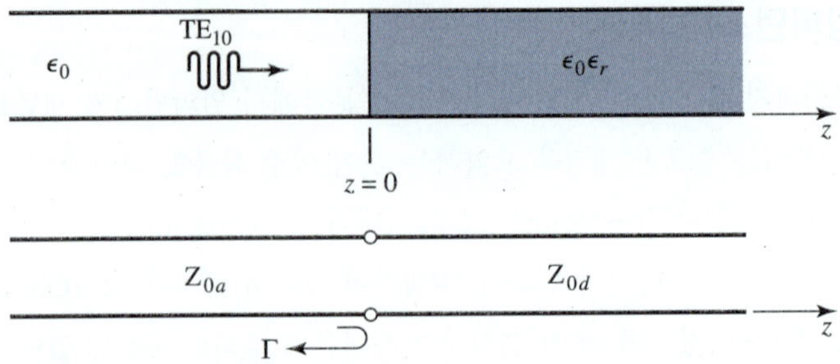

그림 4.3 부분적으로 채워진 도파관의 기하학적 구조와 예제 4.2를 위한 등가 전송선로

$$\beta_d = \sqrt{\epsilon_r k_0^2 - \left(\frac{\pi}{a}\right)^2} = 304.1\ \mathrm{m}^{-1}$$

이며, 여기서 $k_0 = 209.4\,\mathrm{m}^{-1}$이다.

독자들은 TE_{10} 모드만이 도파관의 모든 영역에서 전파할 수 있는 유일한 모드라는 것을 증명할 수 있어야 한다. 이제 우리는 각 도파관에 있어서 TE_{10} 모드에 대한 등가 전송선로를 구성하고, 두개의 무한한 길이의 전송선로 접합면에서 입사 전압파의 반사문제로 다룰 수 있다.

예제 4.1과 표 3.2로부터 두 개의 선로에 대한 등가 특성 임피던스는

$$Z_{0_a} = \frac{k_0\eta_0}{\beta_a} = \frac{(209.4)(377)}{158.0} = 500.0\ \Omega$$

$$Z_{0_d} = \frac{k\eta}{\beta_d} = \frac{k_0\eta_0}{\beta_d} = \frac{(209.4)(377)}{304.1} = 259.6\ \Omega$$

이 된다. 따라서 유전체가 채워진 영역을 바라본 반사계수는

$$\Gamma = \frac{Z_{0_d} - Z_{0_a}}{Z_{0_d} + Z_{0_a}} = -0.316$$

이 된다. 이 결과로부터 입사파와 반사파, 그리고 투과파에 관한 식은 전자장으로, 혹은 등가전류와 전압의 항으로 나타낼 수 있다. ◀

그림 4.4에 나타낸 임의의 원포트(one-port) 회로망을 생각하고, 그들의 임피던스 특성과 내부에 축적되어지는 전자기적 에너지 그리고 소비되는 전력 사이의 일반적인 관계를 유도한다. 이 회로망에 전달되는 복소전력은 식 (1.91)에 의해

$$P = \frac{1}{2}\oint_S \bar{E} \times \bar{H}^* \cdot d\bar{s} = P_\ell + 2j\omega(W_m - W_e) \tag{4. 14}$$

가 되며, 여기서 P_ℓ은 실수로서 이 회로망에 의해 소모되는 평균전력이고, W_m과 W_e는 저장된 자기와 전기 에너지를 각각 나타낸다. 그림 4.4에 나타나 있는 단위 법선벡터는 체적의 안쪽을 향하고 있음에 유의하라.

이 회로망의 단자 평면상에 나타나는 횡단면 실수 전자계를 $\bar{e}$와 $\bar{h}$를

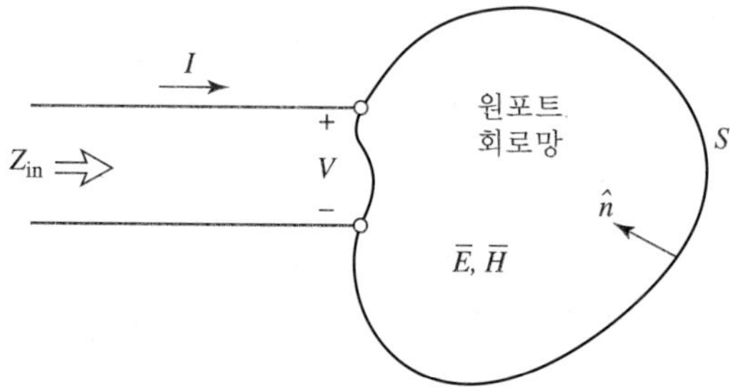

그림 4.4 임의의 원포트 회로망

$$\bar{E}_t(x, y, z) = V(z)\bar{e}(x, y)e^{-j\beta z} \tag{4.15a}$$

$$\bar{H}_t(x, y, z) = I(z)\bar{h}(x, y)e^{-j\beta z} \tag{4.15b}$$

와 같이 정의하고 이들을 정규화하여

$$\int_S \bar{e} \times \bar{h} \cdot d\bar{s} = 1$$

이라고 하면, 식 (4.14)는 터미널 전압과 전류로 표현할 수 있다.

$$P = \frac{1}{2}\int_S VI^*\bar{e} \times \bar{h} \cdot d\bar{s} = \frac{1}{2}VI^*. \tag{4.16}$$

입력 임피던스는

$$Z_{\text{in}} = R + jX = \frac{V}{I} = \frac{VI^*}{|I|^2} = \frac{P}{\frac{1}{2}|I|^2} = \frac{P_\ell + 2j\omega(W_m - W_e)}{\frac{1}{2}|I|^2} \tag{4.17}$$

가 되어 입력 임피던스의 실수부분 R은 소모되는 전력과 관계가 있으며, 반면에 허수부분 X는 회로망에 저장되는 전체 에너지에 관계되어 있음을 알 수 있다. 이 회로망이 손실이 없으면 $P_\ell = 0$이며 $R = 0$이 된다. 따라서 Z_{in}은 순허수가 되며 리액턴스는

$$X = \frac{4\omega(W_m - W_e)}{|I|^2} \tag{4.18}$$

가 되어 유도성 부하($W_m > W_e$)일 경우에는 양수가 되고, 용량성 부하($W_m < W_e$)일 경우에는 음수가 된다.

$Z(\omega)$와 $\Gamma(\omega)$의 우함수 및 기함수 성질

어떤 전기 회로망의 입력포트에서 구동점 임피던스를 $Z(\omega)$라 하면, 이 포트에서의 전압과 전류는 $V(\omega) = Z(\omega)I(\omega)$의 관계식으로 주어진다. 임의의 주파수에 관한 함수로 보면 시간영역에서의 전압은 $V(\omega)$의 역푸리에 변환을 취함으로써 구할 수 있다.

$$v(t) = \frac{1}{2\pi}\int_{-\infty}^{\infty} V(\omega)e^{j\omega t}d\omega. \tag{4.19}$$

$v(t)$는 실수이어야 하므로 $v(t) = v^*(t)$이거나

$$\int_{-\infty}^{\infty} V(\omega)e^{j\omega t}\,d\omega = \int_{-\infty}^{\infty} V^*(\omega)e^{-j\omega t}\,d\omega = \int_{-\infty}^{\infty} V^*(-\omega)e^{j\omega t}\,d\omega$$

가 되는데, 여기서 마지막 항은 ω를 $-\omega$로 변수 치환하여 얻은 것이다. 이 식으로부터 $V(\omega)$는

$$V(-\omega) = V^*(\omega) \tag{4.20}$$

의 관계식을 만족해야 하며, 이는 $\text{Re}\{V(\omega)\}$는 ω의 우함수이고, 반면에 $\text{Im}\{V(\omega)\}$는 기함수임을 의미한다. 유사한 결과가 $I(\omega)$와 $Z(\omega)$에도 적용되는데 그 이유는

$$V^*(-\omega) = Z^*(-\omega)I^*(-\omega) = Z^*(-\omega)I(\omega) = V(\omega) = Z(\omega)I(\omega)$$

이기 때문이다. 따라서 만일 $Z(\omega) = R(\omega) + jX(\omega)$라 가정하면, $R(\omega)$는 ω의 우함수이고 $X(\omega)$는 기함수이다. 이 결과들은 식 (4.17)으로부터 추론되어질 수도 있다.

이제 입력포트에서의 반사계수는

$$\Gamma(\omega) = \frac{Z(\omega) - Z_0}{Z(\omega) + Z_0} = \frac{R(\omega) - Z_0 + jX(\omega)}{R(\omega) + Z_0 + jX(\omega)} \tag{4.21}$$

가 되는데, 이 식으로부터 $\Gamma(-\omega)$는

$$\Gamma(-\omega) = \frac{R(\omega) - Z_0 - jX(\omega)}{R(\omega) + Z_0 - jX(\omega)} = \Gamma^*(\omega) \tag{4.22}$$

가 되어 $\Gamma(\omega)$의 실수와 허수부는 각각 ω의 우함수와 기함수가 됨을 보여준다. 끝으로, 반사계수의 크기는

$$|\Gamma(\omega)|^2 = \Gamma(\omega)\Gamma^*(\omega) = \Gamma(\omega)\Gamma(-\omega) = |\Gamma(-\omega)|^2 \tag{4.23}$$

이 되어 $|\Gamma(\omega)|^2$과 $|\Gamma(\omega)|$는 ω의 우함수임을 보여준다. 이 결과가 의미하는 것은 $a + b\omega^2 + c\omega^4 + \cdots$의 형태를 갖는 우함수 급수만이 $|\Gamma(\omega)|$나 $|\Gamma(\omega)|^2$을 나타내는 데 사용될 수 있다는 것이다.

4.2 임피던스와 어드미턴스 매트릭스

앞 절에서는 TEM파와 비 TEM파에 대한 등가전압 및 전류가 어떻게 정의될 수 있는가를 살펴보았다. 이러한 전압과 전류가 마이크로파 회로망 내의 다수의 지점에서 정의되면, 회로이론에서 나타나는 임피던스, 혹은 어드미턴스 매트릭스를 사용하여 터미널 혹은 포

트에 나타나는 양들을 서로 연관지을 수 있으며, 본질적으로 그 회로망을 매트릭스 형태로 표현할 수 있게 된다. 이러한 표현은 임의의 회로망에 대한 등가회로가 개발되었기 때문에 가능한데, 특히 결합기 또는 필터와 같은 수동소자의 설계를 논할 경우에 아주 유용하다.

그림 4.5에 나타낸 바와 같이 임의의 N-포트 마이크로파 회로망은 하나의 전파 도파관 모드를 갖는 전송선로나 그 등가 전송선로를 대표하는 일반적인 형태이다("**포트**"라는 용어는 덜 서술적이고 다소 쓰기에 적당하지 않는 "2개의 단자쌍"이라는 용어를 대체하기 위해 1950년대에 H. A. Wheeler가 처음 소개하였다). 회로망의 물리적인 포트들 중의 하나가 한 개 이상의 전파모드를 갖는 도파관이라면 이러한 모드들을 고려하기 위하여 부가적인 전기적인 포트를 추가시킬 수 있다. n번째 포트상의 특정한 점에서 터미널 평면 t_n은 입사파(V_n^+, I_n^+)와 반사파(V_n^-, I_n^-)에 대한 등가전압과 전류와 함께 정의된다. 터미널 평면들은 전압과 전류 페이저에 대한 기준 위상을 제공하여 주므로 중요하다. 이제, n번째 터미널 평면에서 전체 전압과 전류는

$$V_n = V_n^+ + V_n^- \tag{4.24a}$$

$$I_n = I_n^+ - I_n^- \tag{4.24b}$$

로 주어지는데, 이것은 식 (4.8)에 $z = 0$을 대입하여 얻은 것이다.

마이크로파 회로망의 임피던스 매트릭스 $[Z]$는 이 전압과 전류들을 다음과 같이 연관지어 준다.

$$\begin{bmatrix} V_1 \\ V_2 \\ \vdots \\ V_N \end{bmatrix} = \begin{bmatrix} Z_{11} & Z_{12} & \cdots & Z_{1N} \\ Z_{21} & & & \vdots \\ \vdots & & & \vdots \\ Z_{N1} & \cdots & \cdots & Z_{NN} \end{bmatrix} \begin{bmatrix} I_1 \\ I_2 \\ \vdots \\ I_N \end{bmatrix}.$$

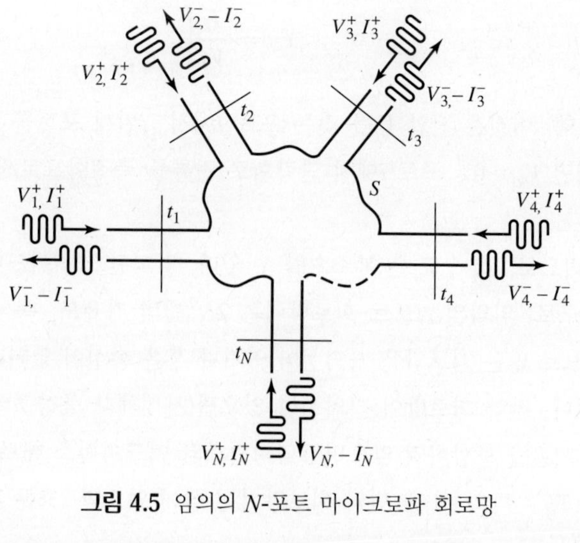

그림 4.5 임의의 N-포트 마이크로파 회로망

이것을 매트릭스 형식으로 나타내면

$$[V] = [Z][I] \tag{4.25}$$

가 된다. 유사하게, 어드미턴스 매트릭스 [Y]를

$$\begin{bmatrix} I_1 \\ I_2 \\ \vdots \\ I_N \end{bmatrix} = \begin{bmatrix} Y_{11} & Y_{12} & \cdots & Y_{1N} \\ Y_{21} & & & \vdots \\ \vdots & & & \vdots \\ Y_{N1} & \cdots & \cdots & Y_{NN} \end{bmatrix} \begin{bmatrix} V_1 \\ V_2 \\ \vdots \\ V_N \end{bmatrix}$$

과 같이 정의할 수 있으며, 이를 매트릭스 형식으로 쓰면

$$[I] = [Y][V] \tag{4.26}$$

가 된다. 물론 $[Z]$와 $[Y]$ 매트릭스는 서로의 역매트릭스 관계에 있다.

$$[Y] = [Z]^{-1}. \tag{4.27}$$

$[Z]$와 $[Y]$ 매트릭스 모두 전체 포트전압과 전류를 연관지어주는 데 유의하라. 식 (4.25)로부터 Z_{ij}는

$$Z_{ij} = \left.\frac{V_i}{I_j}\right|_{I_k=0 \text{ for } k\neq j} \tag{4.28}$$

가 된다. 전류 I_j가 흐르는 구동 포트 j에서, j번째 포트를 제외한 모든 포트를 개방하고(즉 $k \neq j$이면 $I_k = 0$), 포트 i에서 개방회로 전압을 측정함으로써 Z_{ij}를 구할 수 있음을 식 (4.28)이 의미한다. 따라서 Z_{ii}는 모든 다른 포트가 열려 있을 때 포트 i를 들여다본 입력임피던스이며, Z_{ij}는 모든 다른 포트가 열려 있을 때 포트 i와 j 사이의 전달임피던스이다.

유사한 방법으로, 식 (4.26)으로부터 Y_{ij}는

$$Y_{ij} = \left.\frac{I_i}{V_j}\right|_{V_k=0 \text{ for } k\neq j} \tag{4.29}$$

가 되는데, 이것은 전압 V_j를 갖는 포트 j에서, j번째 포트를 제외한 모든 포트를 닫고(즉 $k \neq j$이면 $V_k = 0$), 포트 i에서 단락회로 전류를 측정함으로써 Y_{ij}를 구할 수 있다는 것을 의미한다.

일반적으로, Z_{ij}나 Y_{ij}는 복소수일 수 있다. 임피던스와 어드미턴스 매트릭스는 크기가 $N \times N$이므로, 임의의 N포트 회로망에는 $2N^2$개의 자유도, 즉 독립적인 양이 있다. 그러나 실질적으로 많은 회로망은 가역성이 있거나 혹은 손실이 없거나, 혹은 이들 양자의 특성을 갖고 있다. 만약 회로망이 가역성이 있으면(자성체나 플라즈마, 혹은 능동소자와 같은 비가역성 매질을 포함하지 않으면), 임피던스와 어드미턴스 매트릭스는 대칭이 되어져, $Z_{ij} = Z_{ji}$이고 $Y_{ij} = Y_{ji}$가 된다. 만약 회로망이 손실이 없으면, 모든 Z_{ij}나 Z_{ji}는 순허수이다. 이러

한 특별한 경우 중 어느 것 하나만 만족되어도 N-포트 회로망이 갖는 자유도나 독립적인 양의 수는 줄어들게 된다. 이제 가역성이 있고 손실이 없는 회로망에 대한 위의 특성들을 유도해 보자.

가역성이 있는 회로망

그림 4.5에 주어진 임의의 회로망이 가역성이 있고(능동소자나 자성체, 그리고 플라즈마가 포함되어 있지 않음), 포트 1과 2를 제외한 모든 터미널 평면에서 회로가 단락되었다고 가정하자. 이제 회로망의 어느 곳에 존재하는 두 개의 독립적인 전자계원 a와 b에 의해 형성되는 회로망 모든 곳에서의 전자장을 $\bar{E}_a$, $\bar{H}_a$, 그리고 $\bar{E}_b$, $\bar{H}_b$라고 하면, 식 (1.156)에 주어진 가역정리에 의해

$$\oint_S \bar{E}_a \times \bar{H}_b \cdot d\bar{s} = \oint_S \bar{E}_b \times \bar{H}_a \cdot d\bar{s} \tag{4.30}$$

가 되는데, 여기서 S는 회로망의 경계면을 따라서, 그리고 포트의 터미널 평면을 관통하여 형성되는 폐곡면으로 잡는다. 만일에 회로망의 경계 벽면과 전송선로가 금속이면, 이 벽면에서(완전도체라고 가정하면) $\bar{E}_{\tan} = 0$이 된다. 회로망 또는 전송선로가 개방 구조인 경우에는 선로들로부터 회로의 경계면들을 임의로 멀리 떨어지도록 취하여 $\bar{E}_{\tan}$값이 무시되도록 한다. 이렇게 되면 식 (4.30)에 주어진 적분식에서 0이 아닌 부분은 포트 1과 포트 2 사이의 단면이다.

이제 4.1절로부터 전자계원 a와 b에 의해 형성되는 터미널 평면 t_1과 t_2에서의 전자계는

$$\begin{aligned} \bar{E}_{1a} &= V_{1a}\bar{e}_1 & \bar{H}_{1a} &= I_{1a}\bar{h}_1 \\ \bar{E}_{1b} &= V_{1b}\bar{e}_1 & \bar{H}_{1b} &= I_{1b}\bar{h}_1 \\ \bar{E}_{2a} &= V_{2a}\bar{e}_2 & \bar{H}_{2a} &= I_{2a}\bar{h}_2 \\ \bar{E}_{2b} &= V_{2b}\bar{e}_2 & \bar{H}_{2b} &= I_{2b}\bar{h}_2 \end{aligned} \tag{4.31}$$

가 되는데, 여기서 $\bar{e}_1$, $\bar{h}_1$과 $\bar{e}_2$, $\bar{h}_2$는 각각 포트 1과 2에서 횡단면 전자계이고, V와 I들은 등가 총 전압과 전류이다(예를 들어서, $\bar{E}_{1b}$는 전자계원 b에 의해 형성되는 포트 1의 터미널 평면에서의 횡단면 전계이다). 식 (4.31)의 전자계를 식 (4.30)에 대입하면

$$(V_{1a}I_{1b} - V_{1b}I_{1a})\int_{S_1} \bar{e}_1 \times \bar{h}_1 \cdot d\bar{s} + (V_{2a}I_{2b} - V_{2b}I_{2a})\int_{S_2} \bar{e}_2 \times \bar{h}_2 \cdot d\bar{s} = 0 \tag{4.32}$$

이 되는데, 여기서 S_1과 S_2는 포트 1과 2의 터미널 평면에서의 단면적이다. 4.1절에서와 같이 등가전압과 전류들은 주어진 포트를 통해 흐르는 전력이 $VI^*/2$가 되도록 정의되어지므로, 식 (4.31)과 식 (4.6)을 비교하면 각각의 포트에 대해 $C_1 = C_2 = 1$이 되고,

$$\int_{S_1} \bar{e}_1 \times \bar{h}_1 \cdot d\bar{s} = \int_{S_2} \bar{e}_2 \times \bar{h}_2 \cdot d\bar{s} = 1. \tag{4.33}$$

이 되어 식 (4.32)는

$$V_{1a}I_{1b} - V_{1b}I_{1a} + V_{2a}I_{2b} - V_{2b}I_{2a} = 0 \tag{4.34}$$

으로 된다. 이제 2포트 회로망의 2×2 어드미턴스 매트릭스를 사용하여 전류 I들을 소거하면

$$I_1 = Y_{11}V_1 + Y_{12}V_2$$
$$I_2 = Y_{21}V_1 + Y_{22}V_2$$

가 되어 식 (4.34)에 대입하면

$$(V_{1a}V_{2b} - V_{1b}V_{2a})(Y_{12} - Y_{21}) = 0 \tag{4.35}$$

이 된다. 그러나 전자계원 a와 b는 서로 독립되어 있으므로 전압 V_{1a}, V_{1b}, V_{2a} 그리고 V_{2b}는 임의의 값을 가질 수 있다. 따라서 식 (4.35)의 전자계원을 어떻게 선택하든지 항상 만족되기 위해서는 $Y_{12} = Y_{21}$이어야 하며 1과 2로 명명한 포트는 임의로 선택될 수 있으므로

$$Y_{ij} = Y_{ji} \tag{4.36}$$

와 같은 일반적인 결과를 얻게 된다. 따라서 $[Y]$가 대칭 매트릭스이면 그의 역행렬 $[Z]$ 또한 대칭 매트릭스이다.

손실이 없는 회로망

이제 손실이 없는 비가역성 N-포트 회로망에 있어서 임피던스와 어드미턴스 매트릭스의 원소들은 순허수이어야 함을 보일 것이다. 만약 회로망이 손실이 없으면 회로망에 전달되는 실제 전력은 0이어야 한다. 따라서 $\text{Re}\{P_{\text{avg}}\} = 0$인데, 여기서

$$\begin{aligned} P_{\text{avg}} &= \frac{1}{2}[V]^t[I]^* = \frac{1}{2}([Z][I])^t[I]^* = \frac{1}{2}[I]^t[Z][I]^* \\ &= \frac{1}{2}(I_1Z_{11}I_1^* + I_1Z_{12}I_2^* + I_2Z_{21}I_1^* + \cdots) \\ &= \frac{1}{2}\sum_{n=1}^{N}\sum_{m=1}^{N} I_mZ_{mn}I_n^*. \end{aligned} \tag{4.37}$$

이며 매트릭스 대수학으로부터$([A][B])^t = [A]^t[B]^t$를 사용하였다. I_n들은 독립적이므로 각각의 항$(I_nZ_{nn}I_n^*)$의 실수부는 0이어야 하고, 이는 n번째 전류를 제외한 모든 포트의 전류를 0으로 놓을 수 있기 때문이다.

$$\text{Re}\{I_nZ_{nn}I_n^*\} = |I_n|^2\text{Re}\{Z_{nn}\} = 0$$

혹은

$$\text{Re}\{Z_{nn}\} = 0. \tag{4.38}$$

이제 I_m과 I_n을 제외한 모든 전류를 0으로 놓으면, 식 (4.37)은 $Z_{mn} = Z_{nm}$이므로

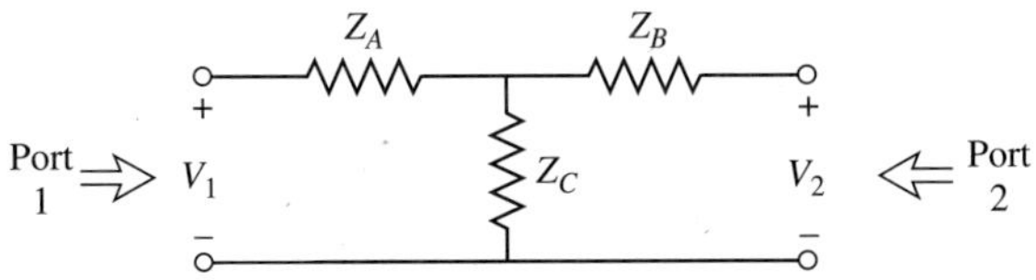

그림 4.6 2포트 T형 회로망

$$\mathrm{Re}\{(I_n I_m^* + I_m I_n^*)Z_{mn}\} = 0$$

이 된다. 그러나 $(I_n I_m^* + I_m I_n^*)$는 순실수이며 일반적으로 0이 아니기 때문에

$$\mathrm{Re}\{Z_{mn}\} = 0 \tag{4.39}$$

이어야 한다. 따라서 식 (4.38)과 식 (4.39)는 모든 m과 n에 대해서 $\mathrm{Re}\{Z_{mn}\} = 0$임을 의미한다. 독자들은 이 결과가 [$Y$] 매트릭스에도 그대로 적용되어 순허수가 됨을 증명할 수 있다.

예제 4.3 임피던스 파라미터들의 계산

그림 4.6에 나타낸 2포트 T형 회로망의 Z 파라미터들을 구하라

☞ 풀이

식 (4.28)로부터 Z_{11}은 포트 2가 개방회로일 때 포트 1의 입력 임피던스로써 구할 수 있다.

$$Z_{11} = \left.\frac{V_1}{I_1}\right|_{I_2=0} = Z_A + Z_C.$$

전달임피던스 Z_{12}는 전류 I_2가 포트 2에 흐를 경우에 포트 1에서 개방회로 전압을 측정함으로써 구할 수 있다. 즉 전압을 전류로 나누면

$$Z_{12} = \left.\frac{V_1}{I_2}\right|_{I_1=0} = \frac{V_2}{I_2}\frac{Z_C}{Z_B + Z_C} = Z_C$$

가 된다. 또한 $Z_{12} = Z_{21}$이 되어 회로가 가역성이 있음을 알 수 있으며, 최종적으로 Z_{22}는

$$Z_{22} = \left.\frac{V_2}{I_2}\right|_{I_1=0} = Z_B + Z_C$$

이다. ◀

4.3 산란 매트릭스

우리는 비TEM 선로에 있어서의 전압과 전류를 정의하는 것이 어려움을 이미 논하였다. 더구나 마이크로파의 주파수에서 전압과 전류를 측정하는 데는 실질적인 문제가 따른다. 왜냐하면, 이러한 것들을 직접 측정할 경우에는 보통 주어진 방향으로 진행하는 파나 정재

파의 크기(전력으로부터 추론될 수 있다)와 위상이 필요하기 때문이다. 따라서 등가전압과 전류, 그리고 이들과 연관된 임피던스와 어드미턴스 매트릭스는 고주파수의 회로망을 취급하는 경우에는 다소 추상적인 양들이다. 이렇게 직접적으로 측정한 양과 입사파, 반사파, 그리고 투과파의 개념과 더욱 더 잘 맞는 표현 방법은 산란 매트릭스이다.

N-포트 회로망에 대한 임피던스나 어드미턴스 매트릭스와 같이 산란 매트릭스는 N개의 포트에서 들여다보는 회로망을 완벽하게 표현해 준다. 임피던스와 어드미턴스 매트릭스는 각각의 포트에서의 전체 전압과 전류를 연계시켜 주는 반면에 산란 매트릭스는 포트에 입사하는 전압파를 그 포트들로부터 반사되는 파와 연관시켜 준다. 몇몇 소자와 회로에 대해서 산란 파라미터들은 회로망 해석법을 사용하여 계산될 수 있다. 다른 방법으로는 그림 4.7에 나타난 것은 벡터 회로망 분석기로 직접 측청할 수 있다. 일단 회로망의 산란 파라미터들이 알려지면 필요한 경우 다른 매트릭스 파라미터로 변환되어질 수 있다.

그림 4.5에 나타낸 N-포트 회로망에서 V_n^+는 포트 n에 입사하는 전압파의 크기라고 하고, V_n^-은 포트 n으로부터 반사하는 전압파의 크기라고 하자. 산란 매트릭스, 혹은 $[S]$ 매트릭스는 이러한 입사파와 반사파를 연관지어

$$\begin{bmatrix} V_1^- \\ V_2^- \\ \vdots \\ V_N^- \end{bmatrix} = \begin{bmatrix} S_{11} & S_{12} & \cdots & S_{1N} \\ S_{21} & & & \vdots \\ \vdots & & & \\ S_{N1} & \cdots & & S_{NN} \end{bmatrix} \begin{bmatrix} V_1^+ \\ V_2^+ \\ \vdots \\ V_N^+ \end{bmatrix}$$

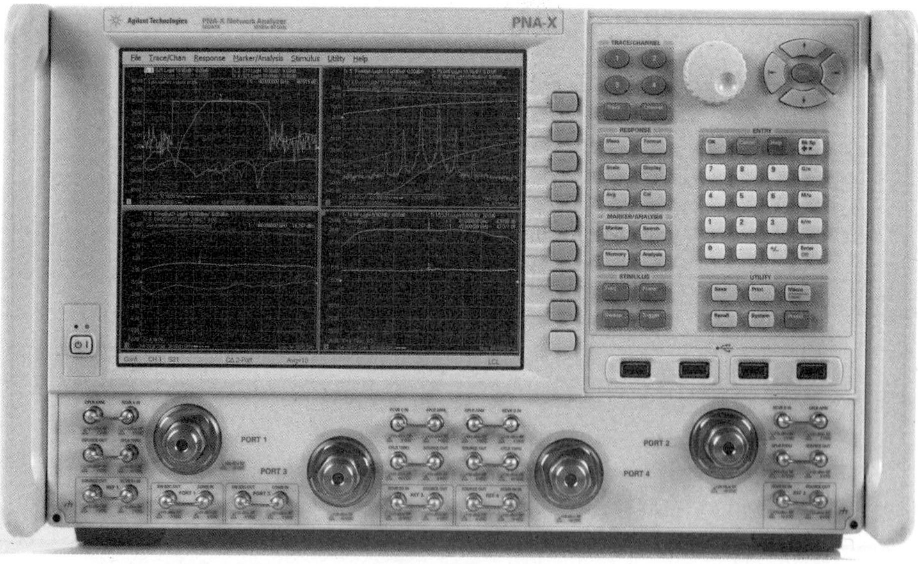

그림 4.7 Agilent N5247A 프로그램 가능한 회로망 분석기의 사진. 이 측정 장비는 10MHz에서부터 67GHz까지 동작하는 RF 및 마이크로파 회로망의 산란 파라미터들을 측정하는데 사용된다. 이 측정 장비는 프로그램이 가능하며 오차를 보정해주는 동시에 다양한 형태의 디스플레이와 데이터 변환 능력을 갖고 있다.

혹은

$$[V^-] = [S][V^+] \tag{4.40}$$

로 쓴다. [S] 매트릭스의 특정 원소의 값은

$$S_{ij} = \left.\frac{V_i^-}{V_j^+}\right|_{V_k^+=0 \text{ for } k \neq j} \tag{4.41}$$

로 정해지며, 식 (4.41)은 S_{ij}가 포트 j로부터 입사파 전압 V_j^+를 갖는 구동포트와 포트 i로부터 나오는 반사파의 크기 V_i^-에 의하여 구해진다는 것을 의미한다. j번째 포트를 제외한 모든 포트에 입사되는 입사파는 0으로 놓는데, 이는 반사를 피하기 위해서 모든 포트가 정합된 부하로 단락되어 있어야 함을 의미한다. 따라서 S_{ii}는 다른 모든 포트가 정합된 부하로 단락되어 있을 때 포트 i를 들여다본 반사계수이고, S_{ij}는 다른 모든 포트가 정합된 부하에서 단락되어 있을 때 포트 j로부터 포트 i로 전달되는 투과계수이다.

예제 4.4 산란 파라미터들의 계산

그림 4.8에 나타낸 3 dB 감쇠회로의 S 파라미터들을 구하라.

☞ **풀이**

식 (4.41)로부터, S_{11}은 포트 2가 정합된 부하(Z_0 = 50 Ω)로 단락되었을 경우에 포트 1에서 바라본 반사계수이므로

$$S_{11} = \left.\frac{V_1^-}{V_1^+}\right|_{V_2^+=0} = \Gamma^{(1)}|_{V_2^+=0} = \left.\frac{Z_{\text{in}}^{(1)} - Z_0}{Z_{\text{in}}^{(1)} + Z_0}\right|_{Z_0 \text{ on port 2}}$$

이다. 그러나 $Z_{\text{in}}^{(1)} = 8.56 + [141.8(8.56 + 50)]/(141.8 + 8.56 + 50) = 50\ \Omega$이므로 $S_{11} = 0$이다. 회로의 대칭성에 의하여 $S_{22} = 0$이 된다.

S_{21}은 포트 1에 입사파 V_1^+를 가하고 포트 2로 나오는 파 V_2^-를 측정함으로써 구할 수 있다. 이것은 포트 1에서 포트 2로 전달되는 투과계수와 같다. 즉

$$S_{21} = \left.\frac{V_2^-}{V_1^+}\right|_{V_2^+=0}$$

이 된다. $S_{11} = S_{22} = 0$이라는 사실로부터 포트 2가 $Z_0 = 50\ \Omega$으로 단락되었을 때 $V_1^- = 0$이 되고 $V_2^+ = 0$이 됨을 알 수 있다. 이 경우 $V_1^+ = V_1$이고, $V_2^- = V_2$가 된다. 따라서 포트 1에 전압 V_1을 가하고 전압분배를 두 번 사용함으로써 V_2^-는 포트 2에서 50 Ω 부하저항 양단에 나타나는 전압

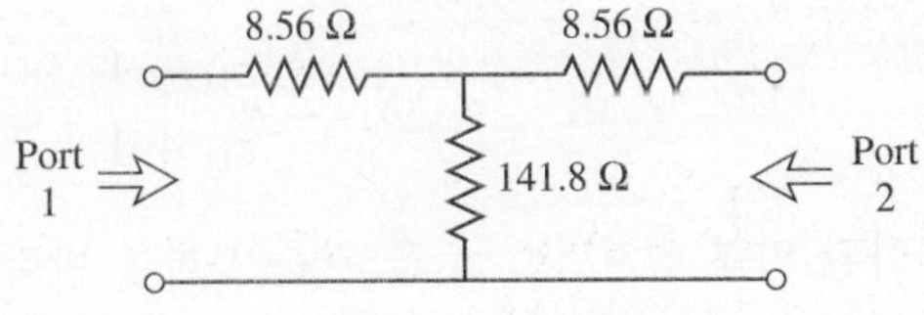

그림 4.8 50 Ω의 특성 임피던스를 갖는 정합된 3 dB 감쇠기(예제 4.4)

$V_2^- = V_2$가 됨을 알 수 있다. 즉

$$V_2^- = V_2 = V_1\left(\frac{41.44}{41.44+8.56}\right)\left(\frac{50}{50+8.56}\right) = 0.707V_1$$

이 되는데, 여기서 41.44 = 141.8(58.56)/(141.8 + 58.56)은 50 Ω 부하와 8.56 Ω의 저항, 그리고 141.8 Ω 저항의 병렬 합성저항이다. 따라서 $S_{12} = S_{21} = 0.707$이 된다.

만약 입력전력이 $|V_1^+|^2/2Z_0$이면 출력전력은 $|V_2^-|^2/2Z_0 = |S_{21}V_1^+|^2/2Z_0 = |S_{21}|^2/2Z_0|V_1^+|^2 = |V_1^+|^2/4Z_0$인데 이것은 입력전력의 반(−3 dB)에 해당된다. ◀

이제 $[Z]$(혹은 $[Y]$) 매트릭스로부터 어떻게 산란 매트릭스가 결정되고 또 그 반대과정은 어떻게 되는지를 보여주겠다. 먼저 모든 포트의 특성 임피던스 Z_{0n}은 같다고 가정해야 한다(그러나 이 제약은 일반화된 산란 파라미터를 논할 때 제거될 수 있다). 편의를 위하여 $Z_{0n} = 1$로 놓으면 식 (4.24)로부터 n번째 포트에서의 전체 전압과 전류는

$$V_n = V_n^+ + V_n^- \tag{4.42a}$$

$$I_n = I_n^+ - I_n^- = V_n^+ - V_n^- \tag{4.42b}$$

로 쓸 수 있다. 식 (4.25)의 $[Z]$에 대한 정의와 식 (4.42)를 사용하면

$$[Z][I] = [Z][V^+] - [Z][V^-] = [V] = [V^+] + [V^-]$$

가 되어

$$([Z] + [U])[V^-] = ([Z] - [U])[V^+] \tag{4.43}$$

와 같이 쓸 수 있는데, 여기서 $[U]$는 다음과 같이 정의되는 단위(unit) 혹은 동일(identity) 매트릭스이다.

$$[U] = \begin{bmatrix} 1 & 0 & \cdots & 0 \\ 0 & 1 & & \vdots \\ \vdots & & \ddots & \\ 0 & & \cdots & 1 \end{bmatrix}.$$

식 (4.43)과 식 (4.40)을 비교하면

$$[S] = ([Z] + [U])^{-1}([Z] - [U]) \tag{4.44}$$

와 같이 임피던스 매트릭스의 항으로 산란 매트릭스가 표현된다.

포트가 하나인 회로망에 대해서는 식 (4.44)는

$$S_{11} = \frac{z_{11} - 1}{z_{11} + 1}$$

이 되어 정규화된 입력 임피던스 z_{11}을 갖는 부하를 바라다본 반사계수와 일치함을 알 수 있다.

$[S]$항으로부터 $[Z]$를 구하려면 식 (4.44)를 $[Z][S] + [U][S] = [Z] - [U]$로 다시 쓰고 $[Z]$에 대해 풀면

$$[Z] = ([U] + [S])([U] - [S])^{-1}. \tag{4.45}$$

가역 회로망과 무손실 회로망

4.2절에서 이미 검토된 바와 같이 임피던스와 어드미턴스 매트릭스는 가역성 회로망일 경우 대칭성을 갖으며, 무손실 회로망일 경우에는 순허수이다. 유사하게, 이러한 형태의 회로망 산란 매트릭스 또한 특별한 특성을 갖는다. $[S]$ 매트릭스는 가역성 회로망일 경우 대칭이고 무손실 회로망일 경우 단위(unitary) 매트릭스가 됨을 보이겠다.

식 (4.42a)와 식 (4.42b)를 통합하면

$$V_n^+ = \frac{1}{2}(V_n + I_n)$$

혹은

$$[V^+] = \frac{1}{2}([Z] + [U])[I] \tag{4.46a}$$

가 된다. 식 (4.42a)에서 식 (4.42b)을 빼면

$$V_n^- = \frac{1}{2}(V_n - I_n)$$

혹은

$$[V^-] = \frac{1}{2}([Z] - [U])[I] \tag{4.46b}$$

가 된다. 식 (4.46a)과 식 (4.46b)에서 $[I]$를 소거하면

$$[V^-] = ([Z] - [U])([Z] + [U])^{-1}[V^+]$$

가 되어

$$[S] = ([Z] - [U])([Z] + [U])^{-1} \tag{4.47}$$

을 얻는다. 식 (4.47)의 전치(transpose) 매트릭스를 구하면

$$[S]^t = \left\{([Z] + [U])^{-1}\right\}^t([Z] - [U])^t$$

가 된다. 이제 $[U]$는 대각선 방향으로만 원소들이 있으므로 $[U]^t = [U]$가 되며, 회로망이 가역성을 가지면, $[Z]$는 대칭성을 나타내므로 $[Z]^t = [Z]$가 된다. 따라서 이 식은

$$[S]^t = ([Z] + [U])^{-1}([Z] - [U])$$

가 되어 가역성 회로망인 경우 식 (4.44)와 같게 된다.

$$[S] = [S]^t. \tag{4.48}$$

만약 회로망의 손실이 없으면 회로망으로 실제로 전력이 전달될 수 없다. 모든 포트의 특성 임피던스가 동일하게 1이라고 가정하면 회로망에 전달되는 평균전력은

$$\begin{aligned} P_{\text{avg}} &= \frac{1}{2}\text{Re}\{[V]^t[I]^*\} = \frac{1}{2}\text{Re}\{([V^+]^t + [V^-]^t)([V^+]^* - [V^-]^*)\} \\ &= \frac{1}{2}\text{Re}\{[V^+]^t[V^+]^* - [V^+]^t[V^-]^* + [V^-]^t[V^+]^* - [V^-]^t[V^-]^*\} \\ &= \frac{1}{2}[V^+]^t[V^+]^* - \frac{1}{2}[V^-]^t[V^-]^* = 0, \end{aligned} \tag{4 49}$$

이 되는데, 이것은 $-[V^+]^t[V^-]^* + [V^-]^t[V^+]^*$ 항들이 $A - A^*$의 형태이기 때문이며 따라서 순허수가 된다. 식 (4.49)의 남은 항들 중에서 $(1/2)[V^+]^t[V^+]^*$는 전체 입사전력을 나타내며 $(1/2)[V^-]^t[V^-]^*$는 전체 반사전력을 나타낸다. 따라서 손실이 없는 접합일 경우 입사전력과 반사전력은 서로 같다는 사실을 직관적으로 알 수 있다.

$$[V^+]^t[V^+]^* = [V^-]^t[V^-]^*. \tag{4.50}$$

식 (4 50)에 $[V^-] = [S][V^+]$를 적용하면

$$[V^+]^t[V^+]^* = [V^+]^t[S]^t[S]^*[V^+]^*$$

가 되므로, $[V^+]$가 0이 아닌 경우

$$[S]^t[S]^* = [U]$$

또는

$$[S]^* = \{[S]^t\}^{-1} \tag{4.51}$$

이어야 한다. 식 (4.51)의 조건을 만족하는 매트릭스는 **단위(unitary) 매트릭스**라고 부른다.

식 (4.51)의 매트릭스 방정식을 합의 형태로 쓰면 모든 i, j에 대해

$$\sum_{k=1}^{N} S_{ki} S_{kj}^* = \delta_{ij} \tag{4.52}$$

가 되는데, 여기서 δ_{ij}는 크로네커 델타(Kronecker Delta) 부호로서 $i = j$이면 1이고, $i \neq j$이면 0이 된다. 따라서 $i = j$이면 식 (4.52)는

$$\sum_{k=1}^{N} S_{ki} S_{ki}^* = 1 \tag{4.53a}$$

로 되며, $i \neq j$이면 식 (4.52)는

$$\sum_{k=1}^{N} S_{ki} S_{kj}^* = 0 \qquad (i \neq j) \tag{4.53b}$$

가 된다. 다시 설명하면, 식 (4.53a)은 $[S]$의 임의의 열에 자기 자신의 열의 공액복소수를 취한 결과와 내적을 취하면 1이 됨을 의미하며, 반면에 식 (4.53b)는 임의의 열에 자기 자신 이외의 열에 공액복소수를 취한 결과와 내적을 취할 경우에는 0(직교)이 됨을 의미한다. 만약 회로망이 가역성이 있으면, $[S]$는 대칭성을 나타내며 산란 매트릭스의 행에 대해서도 같은 결과가 나타난다.

예제 4.5 산란 파라미터의 응용

다음과 같은 산란 매트릭스를 가지고 있는 어떤 2포트 회로망이 있다.

$$[S] = \begin{bmatrix} 0.15\angle 0^\circ & 0.85\angle -45^\circ \\ 0.85\angle 45^\circ & 0.2\angle 0^\circ \end{bmatrix}$$

회로망이 가역성을 가지며, 무손실 회로망인지를 결정하라. 만약 포트 2가 정합부하로 종단되었다면 이로 인해 나타나는 포트 1에서의 반사손실(return loss)는 얼마인가?

☞ 풀이

$[S]$가 비대칭이므로 회로망은 비가역성을 나타낸다. 손실이 없기 위해서는 S 파라미터들이 식 (4.53)을 만족해야 한다. 첫 번째 열(식 (4.53a)에서 $i = 1$)을 취하면

$$|S_{11}|^2 + |S_{21}|^2 = (0.15)^2 + (0.85)^2 = 0.745 \neq 1$$

이 되어 이 회로망은 손실이 있다

포트 2가 정합부하로 종단되어졌을 경우 포트 1에서 바라다본 반사계수는 $\Gamma = S_{11} = 0.15$가 되므로 반사손실은

$$RL = -20 \log |\Gamma| = -20 \log(0.15) = 16.5 \text{ dB}.$$

포트 2가 단락되었을 때 포트 1에서의 반사계수는 다음과 같이 구할 수 있다. 산란 매트릭스의 정의와 $V_2^+ = -V_2^-$(포트 2에서 단락되었으므로)로부터 다음과 같이 쓸 수 있다.

$$V_1^- = S_{11}V_1^+ + S_{12}V_2^+ = S_{11}V_1^+ - S_{12}V_2^-$$
$$V_2^- = S_{22}V_1^+ + S_{22}V_2^+ = S_{21}V_1^+ - S_{22}V_2^-.$$

두 번째 방정식으로부터

$$V_2^- = \frac{S_{21}}{1 + S_{22}} V_1^+$$

가 된다. 첫 번째 방정식을 V_1^+로 나누고 위의 결과를 이용하면 포트 1에서 본 반사계수는

$$\Gamma = \frac{V_1^-}{V_1^+} = S_{11} - S_{12}\frac{V_2^-}{V_1^+} = S_{11} - \frac{S_{12}S_{21}}{1+S_{22}}$$

$$= 0.15 - \frac{(0.85\angle -45°)(0.85\angle 45°)}{1+0.2} = -0.452$$

가 된다. 따라서 반사손실은 $RL = -20\log|\Gamma| = -20\log(0.452) = 6.9\,\text{dB}$. ◀

S 파라미터를 이해하는 데 있어서 중요한 점은 포트 n을 바라본 반사계수는 모든 다른 포트들이 정합되어 있지 않으면 S_{nn}과 같지 않다는 것이다(이는 위의 예제에서 설명되었다). 유사하게, 포트 m에서 포트 n으로의 투과계수 또한 모든 다른 포트가 정합되어 있지 않으면 S_{nm}과 같지 않다. 한 회로망의 S 파라미터들은 그 회로망 자체(회로망이 선형이라고 가정하고)의 특성이며 모든 포트가 정합되어진다는 조건 아래 정의된다. 회로망의 종단이나 여기 상태를 바꾸어도 S 파라미터를 변화시킬 수 없지만 주어진 포트에서 본 반사계수 또는 두 포트 사이의 투과계수는 바꿀 수 있다.

기준 평면에서의 이동

S 파라미터는 마이크로파 회로망으로 입사하는 진행파와 반사하는 파의 진폭(크기와 위상)과 관계가 있으므로 위상의 기준 평면은 그 회로망의 각각의 포트에 대해서 지정되어져야 한다. 이제 기준 평면이 원래 위치로부터 이전되었을 때 S 파라미터가 어떻게 변하는지를 보이겠다.

그림 4.9에 나타낸 N-포트 마이크로파 회로망에서 n번째 포트에 대한 원래 터미널 평면은 $z_n = 0$에 위치하고 있고 z_n은 n번째 포트로 들어가는 전송선로를 따라 측정된 임의의 좌표라고 가정하자. 이러한 터미널 평면들을 갖는 회로망에 대한 산란 매트릭스를 $[S]$라 하고, M번째 포트의 $z_n = \ell_n$에서 정의된 새로운 기준 평면에서의 새로운 산란 매트릭스를 $[S']$이라고 하면, 입사포트의 전압과 반사포트의 전압 사이의 관계는

$$[V^-] = [S][V^+] \tag{4.54a}$$

$$[V'^-] = [S'][V'^+] \tag{4.54b}$$

가 되는데 여기서 프라임 표시가 붙지 않은 것은 $z_n = 0$에서의 원래의 터미널 평면을 기준으로 나타낸 것이며, 프라임 표시가 붙은 것은 $z_n = \ell_n$에서의 새로운 터미널 평면을 기준으로 나타낸 것을 의미한다.

이제, 손실이 없는 전송선로에 대한 진행파 이론으로부터 원래 파의 진폭과 새로운 파의 진폭과의 관계는

$$V_n'^+ = V_n^+ e^{j\theta_n} \tag{4.55a}$$

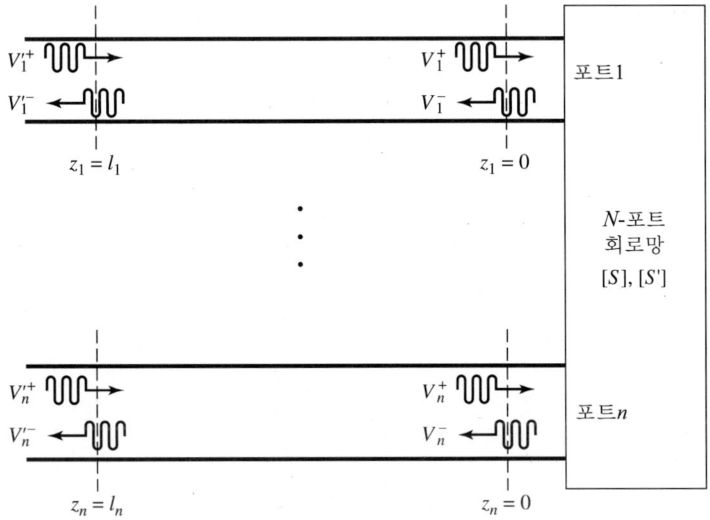

그림 4.9 N포트 회로망에 대한 이동된 기준 평면

$$V_n'^- = V_n^- e^{-j\theta_n} \tag{4.55b}$$

이 되는데, 여기서 $\theta_n = \beta_n \ell_n$은 포트 n의 기준 평면의 바깥 방향으로 이동에 대한 전기적인 길이이다. 식 (4.55)를 매트릭스 형식으로 나타내고 식 (4.54a)에 대입하면

$$\begin{bmatrix} e^{j\theta_1} & & & 0 \\ & e^{j\theta_2} & & \\ & & \ddots & \\ 0 & & & e^{j\theta_N} \end{bmatrix} [V'^-] = [S] \begin{bmatrix} e^{-j\theta_1} & & & 0 \\ & e^{-j\theta_2} & & \\ & & \ddots & \\ 0 & & & e^{-j\theta_N} \end{bmatrix} [V'^+]$$

가 된다. 좌변의 첫 번째 매트릭스의 역매트릭스를 곱하면

$$[V'^-] = \begin{bmatrix} e^{-j\theta_1} & & & 0 \\ & e^{-j\theta_2} & & \\ & & \ddots & \\ 0 & & & e^{-j\theta_N} \end{bmatrix} [S] \begin{bmatrix} e^{-j\theta_1} & & & 0 \\ & e^{-j\theta_2} & & \\ & & \ddots & \\ 0 & & & e^{-j\theta_N} \end{bmatrix} [V'^+]$$

가 되는데, 이를 식 (4.54b)와 비교해 보면

$$[S'] = \begin{bmatrix} e^{-j\theta_1} & & & 0 \\ & e^{-j\theta_2} & & \\ & & \ddots & \\ 0 & & & e^{-j\theta_N} \end{bmatrix} [S] \begin{bmatrix} e^{-j\theta_1} & & & 0 \\ & e^{-j\theta_2} & & \\ & & \ddots & \\ 0 & & & e^{-j\theta_N} \end{bmatrix} \tag{4.56}$$

이 되어 원하는 결과가 나온다. 유의할 점은 $S'_{nn} = e^{-2j\theta_n} S_{nn}$이 되는데 이것은 파가 입사하

고 반사하는 과정에서 두 배의 거리를 진행하므로 S_{nn}의 위상이 터미널 평면 n에서 이동한 양의 전기적인 길이의 두 배만큼 이동하는 것을 의미한다. 이러한 결과는 기준 평면의 이동으로 인하여 전송선로 상에서 반사 계수의 변화를 나타내는 식(2.42)를 만족한다.

전력파 및 일반화된 산란 파라미터

이전에 우리는 식 (2.34) 또는 식 (4.42)에 나타난 바와 같이 전송 선로 상의 총 전압 및 전류를 입사파 및 반사파 전압 진폭의 항들로 표현하였다:

$$V = V_0^+ + V_0^-, \tag{4.57a}$$

$$I = \frac{1}{Z_0}\left(V_0^+ - V_0^-\right). \tag{4.57b}$$

여기서 Z_0는 선로의 특성 임피던스이다. 식 (4.57)에서 총 전압 및 전류의 항들로 입사파 및 반사파 전압 진폭을 나타내면

$$V_0^+ = \frac{V + Z_0 I}{2}, \tag{4.58a}$$

$$V_0^- = \frac{V - Z_0 I}{2} \tag{4.58b}$$

가 된다.

부하에 전달되는 평균 전력은 다음과 같이 표현될 수 있으며

$$\begin{aligned} P_L &= \frac{1}{2}\mathrm{Re}\left\{VI^*\right\} = \frac{1}{2Z_0}\mathrm{Re}\left\{\left|V_0^+\right|^2 - V_0^+V_0^{-*} + V_0^{+*}V_0^- - \left|V_0^-\right|^2\right\} \\ &= \frac{1}{2Z_0}\left(\left|V_0^+\right|^2 - \left|V_0^-\right|^2\right), \end{aligned} \tag{4.59}$$

$V_0^{+*}V_0^- - V_0^{+*}V_0^{-*}$항은 순 허수 값이므로 위 식의 최종 결과 값이 얻어진다. 위 식은 부하에 전달되어지는 총 전력을 입사전력과 반사전력의 차로 나타내고 있으므로 물리적으로 만족되는 결과이다. 불행하게도 이 결과는 오직 특성 임피던스 값이 실수일 경우에만 유효하다; 손실이 있는 선로의 경우와 같이 Z_0가 복소항인 경우에는 적용될 수 없다. 더구나 그림 4.10에 나타난 회로와 같이 진원과 부하 사이에 전송선로가 없는 경우에는 유용하지 않다.

그림 4.10의 회로에는 특성 임피던스뿐만 아니라 전압 반사계수 또는 입사파 및 반사파 전압이나 전류들도 정의되어 있지 않다. 그러나 **전력파**(power waves)라고 불리어지는 새

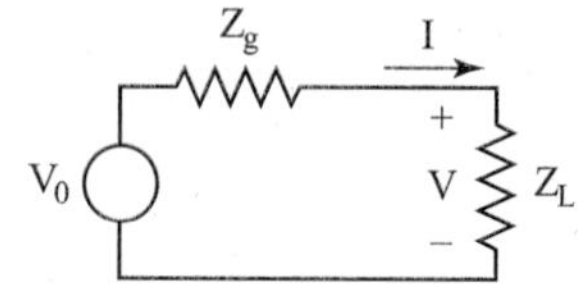

그림 4.10 부하 임피던스 Z_L에 접속된 임피던스 Z_g를 갖는 전원

로운 일련의 파들을 정의함은 가능하며, 이는 전원과 부하 사이에 전력 전달을 취급하는 경우에 유용한 특성을 가지게 되며 무 손실 또는 손실이 있는 전송 선로에 관련된 문제뿐만 아니라 그림 4.10과 같은 회로에도 적용될 수 있다.

입사 및 반사 전력파의 진폭 a와 b는 다음과 같이 총 전압 및 전류의 선형 변환에 의하여 정의되어 진다:

$$a = \frac{V + Z_R I}{2\sqrt{R_R}}, \tag{4.60a}$$

$$b = \frac{V - Z_R^* I}{2\sqrt{R_R}}. \tag{4.60b}$$

여기서 $Z_R = R_R + jX_R$은 **기준 임피던스**(reference impedance)로 불리며 복소수 값이 될 수 있다.

식 (4.60)을 전력파의 진폭들의 항에 대한 총 전압 및 전류에 대해서 풀면;

$$V = \frac{Z_R^* a + Z_R b}{\sqrt{R_R}}, \tag{4.61a}$$

$$I = \frac{a - b}{\sqrt{R_R}} \tag{4.61b}$$

가 된다.

$Z_R a^* b - Z^*_R ab^*$값이 순허수이므로 부하에 전달되는 전력은

$$\begin{aligned} P_L &= \frac{1}{2}\text{Re}\{VI^*\} = \frac{1}{2R_R}\text{Re}\left\{Z_R^*|a|^2 - Z_R^* ab^* + Z_R a^* b - Z_R |b|^2\right\} \\ &= \frac{1}{2}|a|^2 - \frac{1}{2}|b|^2 \end{aligned} \tag{4.62}$$

으로 나타낼 수 있다. 부하에 전달되는 전력이 입사전력과 반사전력의 차로 나타나는 만족할 만한 결과를 다시 한 번 구했다. 이러한 결과는 임의의 기준 임피던스 값 Z_R에 대해서도 유효함에 주목하는 것이 중요하다.

반사된 전력파에 대한 반사계수 Γ_p는 식 (4.60)과 부하에서 $V = Z_L I$의 관계식이 성립됨을 이용하면

$$\Gamma_p = \frac{b}{a} = \frac{V - Z_R^* I}{V + Z_R I} = \frac{Z_L - Z_R^*}{Z_L + Z_R} \tag{4.63}$$

가 된다.

이 반사계수는 기준 임피던스 값이 $Z_R = Z_0$로 실수 값인 특성 임피던스와 같은 경우에 일반적인 전압 반사계수를 표현하는 식 (2.35)와 일치됨을 유의하라. 기준 임피던스를 부하 임피던스의 공액 값으로 취하면 [5],

$$Z_R = Z_L^*. \tag{4.64}$$

반사된 전력 파의 진폭이 0으로 되는 유용한 효과를 얻어냄을 식 (4.63)이 제시하고 있다[1].

기본적인 회로이론으로부터 그림 4.10의 회로에 대한 전압, 전류 그리고 부하전력은

$$V = V_0 \frac{Z_L}{Z_L + Z_g}, \quad I = \frac{V_0}{Z_L + Z_g}, \quad P_L = \frac{V_0^2}{2} \frac{R_L}{|Z_L + Z_g|^2}, \qquad (4.65a, b, c)$$

이 되며, 여기서 $Z_L = R_L + jX_L$이다. $Z_R = Z_L^*$인 경우에 전력파 진폭들은 식 (4.60)으로부터

$$a = \frac{V + Z_R I}{2\sqrt{R_R}} = V_0 \frac{\dfrac{Z_L}{Z_L + Z_g} + \dfrac{Z_L^*}{Z_L + Z_g}}{2\sqrt{R_R}} = V_0 \frac{\sqrt{R_L}}{Z_L + Z_g}, \qquad (4.66a)$$

$$b = \frac{V - Z_R^* I}{2\sqrt{R_R}} = V_0 \frac{\dfrac{Z_L}{Z_L + Z_g} - \dfrac{Z_L}{Z_L + Z_g}}{2\sqrt{R_R}} = 0 \qquad (4.66b)$$

이 된다.

부하에 전달되는 전력에 대한 식 (4.62)을 이용하면

$$P_L = \frac{1}{2}|a|^2 = \frac{V_0^2}{2} \frac{R_L}{|Z_L + Z_g|^2}$$

이 되어 식 (4.65c)와 일치된다.

$Z_g = Z_L^*$경우 부하가 전원과 공액정합되어져, $P_L = V_0^2/8R_L$로 된다. 기준 임피던스 값 $Z_R = Z_L^*$가 되도록 선택하면 $b = 0$(그리고 $\Gamma_p = 0$)가 얻어지지만 이들이 필수적으로 부하가 전원과 공액정합 되거나 최대전력이 부하에 전달되는 것을 의미하지는 않음에 주목하라. 식 (4.66a)의 입사 전력파의 진폭은 Z_L과 Z_g값에 따라서 결정되며 $Z_g = Z_L^*$일 경우에만 최대값을 나타낸다.

N-포트 회로망에 대한 전력파의 산란 매트릭스를 정의하기 위하여 포트 i의 기준 임피던스를 Z_{Ri}라고 가정한다. 그러면 식 (4.60) 유사하게 총 전압 및 전류 벡터의 항으로 전력파 진폭 벡터를 정의하면:

$$[a] = [F]([V] + [Z_R][I]), \qquad (4.67a)$$

$$[b] = [F]\left([V] - [Z_R]^*[I]\right) \qquad (4.67b)$$

가 되며, 여기서 $[F]$는 각 원소 값들이 $1/2\sqrt{Re\{Z_{Ri}\}}$인 대각선(diagonal) 매트릭스이며

주[1] 몇몇의 저자들은 기준 임피던스 값을 전원의 임피던스와 동일하게 선정하고 있다. 이 경우에 전원과 부하가 공액정합되어진 경우에는 식 (4.64)과 같이 동일한 효과를 나타내지만, 식 (4.64)의 조건이 만족되면 공액정합 조건이 만족되지 않을 경우에도 반사파가 0이 되므로 일반적으로 더욱 유용하게 된다.

$[Z_R]$은 각 원소 값들이 Z_{Ri}인 대각선 매트릭스이다. $[V] = [Z][I]$로 표현되는 임피던스 매트릭스 관계식을 적용하면 식 (4.67)은

$$[b] = [F]\left([Z] - [Z_R]^*\right)([Z] + [Z_R])^{-1}[F]^{-1}[a]$$

로 된다.

모든 포트가 동일한 특성 임피던스를 갖는 회로망에 대한 산란 파라미터에 관하여 논하였다. 이는 특성임피던스가 50Ω인 대부분 경우에 실질적으로 적용할 수 있는 상황이다. 그러나 여러 개의 포트를 갖는 회로망의 특성 임피던스는 각각 다른 값을 가질 수 있으며, 이러한 경우에 지금까지 정의된 산란 파라미터를 일반화시킬 필요가 있다.

전력파들에 대한 산란 매트릭스$[S_P]$는 $[b]$를 $[a]$와 관련시켜야 하므로

$$\left[S_p\right] = [F]\left([Z] - [Z_R]^*\right)([Z] + [Z_R])^{-1}[F]^{-1}. \tag{4.68}$$

이 된다.

회로망에 대한 전형적 산란 매트릭스는 우선 식 (4.45)와 유사한 관계식을 사용하여 임피던스 매트릭스로 변환될 수 있으며, 그 다음에 식 (4.68)을 사용하여 일반적인 산란 매트릭스로 변환된다. 일반적인 산란 매트릭스는 기준 임피던스를 적절하게 선택함으로써 대각선 원소들을 0으로 만들 수 있는 유용한 특성을 갖는다.

관심사항: 벡터 회로망 분석기

벡터 회로망 분석기는 어떤 회로망으로부터 반사되거나 투과된 파의 크기와 위상을 처리하기 위하여 고안된 두 채널(혹은 네 채널) 마이크로파 수신기로써 수동 및 능동 회로망의 S 파라미터를 측정하는 데 사용될 수 있다.

HP8510 시스템과 유사한 회로망 분석기의 간략화된 블록 다이어그램이 다음 쪽에 나타나 있다. 동작시 RF 전원은 보통 정해진 대역폭에 걸쳐 발진하도록 조정되어 있다. 4개의 포트를 갖는 반사율 측정기는 입사, 반사 및 투과된 RF파를 표본 추출하며, 하나의 스위치를 사용하여 회로망을 구동하는 포트를 1로 할 것인지 2로 할 것인지를 정한다. 네 개의 이중 변환채널은 이러한 신호를 100 kHz 중간 주파수로 바꾸는데 이 중간 주파수 신호는 검출되어 디지털 형태로 바뀐다. 강력한 내장된 컴퓨터를 사용하여 S 파라미터나 S 파라미터로부터 유도될 수 있는 다른 양들, 예를 들어 정재파비, 반사손실, 군지연, 임피던스 등의 크기와 위상을 계산하고 화면상에서 표시한다. 이러한 회로망 분석기의 중요한 특징은 오차를 보정해 주는 소프트웨어를 사용함으로 인하여 정밀도가 계속 향상이 가능한 점이다. 방향성 결합기의 부정합, 불완전한 방향성, 손실, 그리고 분석기 시스템의 주파수 응답에서의 변화에 의해 야기되는 오차들은 12항 오차 모델과 눈금 조정 과정을 거쳐 해결한다. 다른 중요한 특징은 주파수 영역에 있는 데이터의 역푸리어 변환을 계산함으로써 회로망의 시간영역 응답 특성을 알 수도 있다는 것이다.

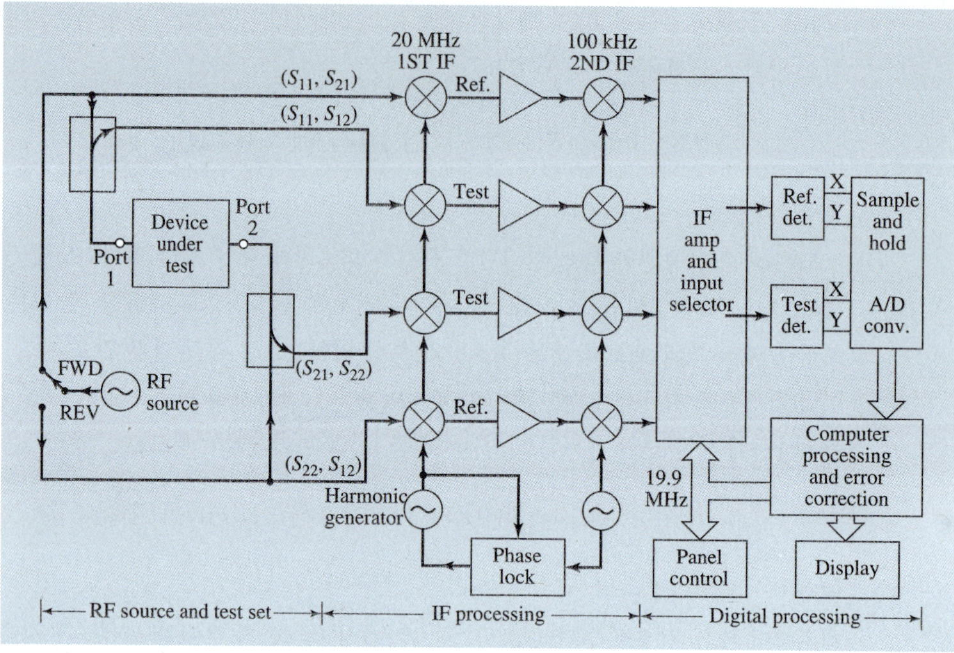

4.4 전송(*ABCD*) 매트릭스

Z, *Y* 그리고 *S* 파라미터 표현들은 임의의 개수 포트들을 갖는 마이크로파 회로망을 특징짓는 데 사용될 수 있지만 실질적으로 많은 마이크로파 회로망은 두 개 혹은 그 이상의 포트를 갖는 회로망의 직렬연결로 구성되어 있다. 이와 같은 경우에 각각의 2-포트 회로망에 대하여 **2 × 2 전송 매트릭스**, 또는 ***ABCD* 매트릭스**를 정의하는 것이 편리하다. 두 개 혹은 그 이상의 2포트의 직렬로 연결된 회로망의 *ABCD* 매트릭스는 각각의 2포트 회로망의 *ABCD* 매트릭스를 곱함으로써 쉽게 구할 수 있다.

2포트 회로망에 대한 *ABCD* 매트릭스는 그림 4.11a에 나타낸 것과 같이 전체 전압과 전류들의 항에 의해 다음과 같이 정의된다

$$V_1 = AV_2 + BI_2$$
$$I_1 = CV_2 + DI_2.$$

이것을 매트릭스 형태로 쓰면 다음과 같다.

$$\begin{bmatrix} V_1 \\ I_1 \end{bmatrix} = \begin{bmatrix} A & B \\ C & D \end{bmatrix} \begin{bmatrix} V_2 \\ I_2 \end{bmatrix}. \quad (4.69)$$

그림 4.11a에서 I_2를 포트 2로 흘러들어가는 전류로 정한 앞에서의 정의로부터 I_2의 부호규약의 변화가 이루어졌음에 주목하는 것이 중요하다. 포트 2로부터 흘러나오는 I_2의 부

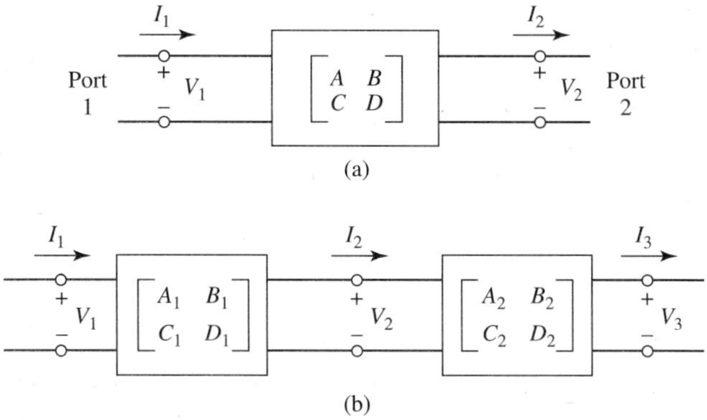

그림 4.11 (a) 2포트 회로망, (b) 2포트 회로망의 직렬연결

호규약은 *ABCD* 매트릭스를 다룰 때 사용되는데, 이것은 그림 4.11b에서 보듯이 직렬로 연결된 회로망에서 I_2는 바로 옆의 회로망으로 흘러들어가는 전류와 같기 때문이다. 식 (4.69)의 좌변은 회로망의 포트 1에서의 전압과 전류를 나타내며, 반면에 우변은 포트 2에서의 전압과 전류를 나타낸다.

그림 4.11b에 나타낸 바와 같이 2개의 2포트 회로망이 직렬로 연결되어 있으면

$$\begin{bmatrix} V_1 \\ I_1 \end{bmatrix} = \begin{bmatrix} A_1 & B_1 \\ C_1 & D_1 \end{bmatrix} \begin{bmatrix} V_2 \\ I_2 \end{bmatrix} \tag{4.70a}$$

$$\begin{bmatrix} V_2 \\ I_2 \end{bmatrix} = \begin{bmatrix} A_2 & B_2 \\ C_2 & D_2 \end{bmatrix} \begin{bmatrix} V_3 \\ I_3 \end{bmatrix} \tag{4.70b}$$

가 된다. 식 (4.70b)를 식 (4.70a)에 대입하면

$$\begin{bmatrix} V_1 \\ I_1 \end{bmatrix} = \begin{bmatrix} A_1 & B_1 \\ C_1 & C_1 \end{bmatrix} \begin{bmatrix} A_2 & B_2 \\ C_2 & D_2 \end{bmatrix} \begin{bmatrix} V_3 \\ I_3 \end{bmatrix} \tag{4.71}$$

가 되어 직렬로 연결된 2개의 회로망의 *ABCD* 매트릭스는 각각의 2포트를 나타내는 *ABCD* 매트릭스의 곱과 같아진다. 매트릭스의 곱에서는 일반적으로 교환법칙이 성립되지 않으므로 매트릭스의 곱의 순서는 회로망이 정렬되어 있는 순서와 같아야 함에 유의하여라.

ABCD 매트릭스 표현의 유용성은 기본적인 2포트 회로망에 대한 *ABCD* 매트릭스의 라이브러리를 형성할 수 있으며, 이를 간단한 2포트 회로망의 직렬연결로 만들어진 보다 복잡한 마이크로파 회로망의 빌딩 블록에 적용할 수 있다는 점이다. 표 4.1은 사용하기에 편리한 몇 개의 2포트 회로망과 그들의 *ABCD* 매트릭스를 도표로 만든 것이다.

예제 4.6 *ABCD* 파라미터의 계산

포트 1과 2 사이의 직렬 임피던스 Z로 구성된 2포트 회로망(표 4.1의 첫 번째 항목)의 *ABCD* 파라미터를 구하라.

표 4.1 몇몇 유용한 2포트 회로들의 *ABCD* 파라미터

회로망	*ABCD* 파라미터	
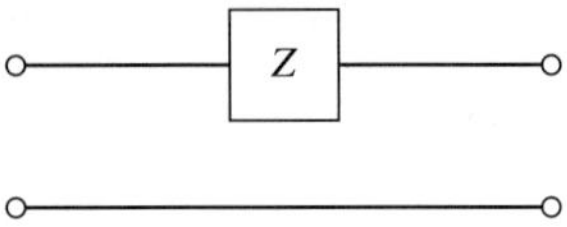	$A = 1$ $C = 0$	$B = Z$ $D = 1$
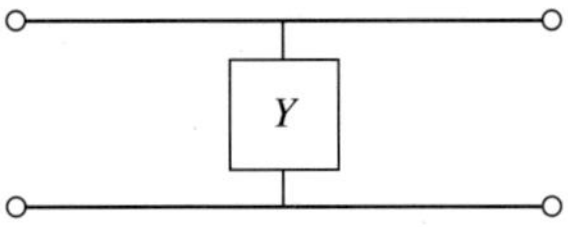	$A = 1$ $C = Y$	$B = 0$ $D = 1$
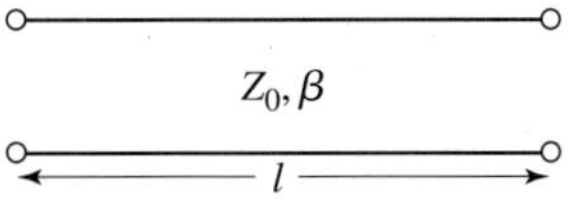	$A = \cos\beta\ell$ $C = jY_0 \sin\beta\ell$	$B = jZ_0 \sin\beta\ell$ $D = \cos\beta\ell$
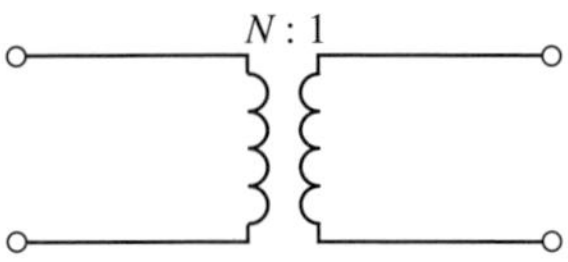	$A = N$ $C = 0$	$B = 0$ $D = \frac{1}{N}$
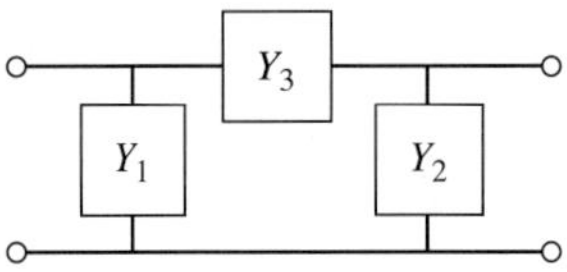	$A = 1 + \frac{Y_2}{Y_3}$ $C = Y_1 + Y_2 + \frac{Y_1 Y_2}{Y_3}$	$B = \frac{1}{Y_3}$ $D = 1 + \frac{Y_1}{Y_3}$
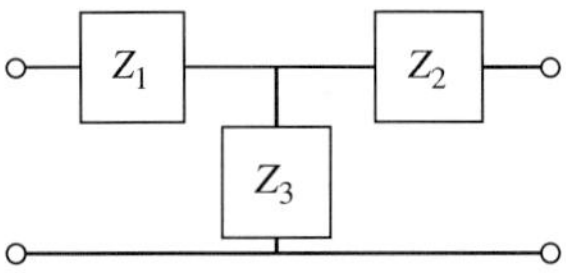	$A = 1 + \frac{Z_1}{Z_3}$ $C = \frac{1}{Z_3}$	$B = Z_1 + Z_2 + \frac{Z_1 Z_2}{Z_3}$ $D = 1 + \frac{Z_2}{Z_3}$

☞ 풀이

식 (4.69)의 정의로부터

$$A = \left.\frac{V_1}{V_2}\right|_{I_2=0}$$

가 되는데, A값은 포트 1에 전압 V_1을 가하고 포트 2를 개방한 상태에서 전압 V_2를 측정하여 구한다. 따라서 $A = 1$이 되고 유사한 방법으로

$$B = \left.\frac{V_1}{I_2}\right|_{V_2=0} = \frac{V_1}{V_1/Z} = Z$$

$$C = \left.\frac{I_1}{V_2}\right|_{I_2=0} = 0$$

$$D = \left.\frac{I_1}{I_2}\right|_{V_2=0} = \frac{I_1}{I_1} = 1$$

이 된다. ◀

임피던스 매트릭스와의 관계

어떤 회로망의 Z 파라미터를 알면 $ABCD$ 파라미터를 결정할 수 있다. 따라서 식 (4.69)에 주어진 $ABCD$ 파라미터의 정의로부터, 그리고 2포트 회로망에 대한 식 (4.25)의 Z 파라미터를 정의할 때 사용한 I_2의 부호규약이 $ABCD$ 파라미터를 정의할 때와 일치되도록 한 것을 고려하면

$$V_1 = I_1 Z_{11} - I_2 Z_{12} \tag{4.72a}$$

$$V_2 = I_1 Z_{21} - I_2 Z_{22} \tag{4.72b}$$

가 되어 다음과 같은 관계식을 얻는다.

$$A = \left.\frac{V_1}{V_2}\right|_{I_2=0} = \frac{I_1 Z_{11}}{I_1 Z_{21}} = Z_{11}/Z_{21} \tag{4.73a}$$

$$\begin{aligned} B &= \left.\frac{V_1}{I_2}\right|_{V_2=0} = \left.\frac{I_1 Z_{11} - I_2 Z_{12}}{I_2}\right|_{V_2=0} = Z_{11}\left.\frac{I_1}{I_2}\right|_{V_2=0} - Z_{12} \\ &= Z_{11}\frac{I_1 Z_{22}}{I_1 Z_{21}} - Z_{12} = \frac{Z_{11}Z_{22} - Z_{12}Z_{21}}{Z_{21}} \end{aligned} \tag{4.73b}$$

$$C = \left.\frac{I_1}{V_2}\right|_{I_2=0} = \frac{I_1}{I_1 Z_{21}} = 1/Z_{21} \tag{4.73c}$$

$$D = \left.\frac{I_1}{I_2}\right|_{V_2=0} = \frac{I_2 Z_{22}/Z_{21}}{I_2} = Z_{22}/Z_{21}. \tag{4.73d}$$

만약 회로망이 가역성이 있으면 $Z_{12} = Z_{21}$이 되고 식 (4.73)을 사용하여 $AD - BC = 1$이 됨을 알 수 있다.

2포트 회로망에 대한 등가회로

2포트 마이크로파 회로망의 특별한 경우가 실질적으로 자주 나타나므로 보다 많은 주목을 받을 만하다. 먼저 임의의 2포트 회로망을 나타낼 수 있는 등가회로의 사용에 대해 논하고자 한다. 2포트 회로망 파라미터에 대한 유용한 변환 관계식을 표 4.2에 나타내었다.

그림 4.12a는 2포트 회로망의 예로써 동축선로와 마이크로스트립 선로 사이의 천이를 보여준다. 터미널 평면은 2개의 전송선로 상에 임의의 점에서 정의되어질 수 있지만, 그림에서 보여진 것과 같이 선택하면 편리하다. 동축선로로부터 마이크로스트립 선로로의 천이되는 지점에는 물리적인 불연속점이 존재하기 때문에, 전기 혹은 자기 에너지가 접합점 부근에서 저장될 수 있으므로 리액티브 효과를 나타낸다. 이러한 효과는 직접 측정을 하거나 이론적인 해석을 통하여 특정지어질 수 있으며(이러한 해석은 실제적으로 아주 복잡할 수도 있다) 그림 4.12b에 나타낸 바와 같이 2포트의 "블랙박스"를 사용하여 표현 되어진다. 천이의 특성은 2포트 회로망의 회로망 파라미터(Z, Y, S 혹은 $ABCD$) 항들에 의해서

표 4.2 2포트 회로망 파라미터 사이의 변환

	S	Z	Y	$ABCD$
S_{11}	S_{11}	$\dfrac{(Z_{11}-Z_0)(Z_{22}+Z_0)-Z_{12}Z_{21}}{\Delta Z}$	$\dfrac{(Y_0-Y_{11})(Y_0+Y_{22})+Y_{12}Y_{21}}{\Delta Y}$	$\dfrac{A+B/Z_0-CZ_0-D}{A+B/Z_0+CZ_0+D}$
S_{12}	S_{12}	$\dfrac{2Z_{12}Z_0}{\Delta Z}$	$\dfrac{-2Y_{12}Y_0}{\Delta Y}$	$\dfrac{2(AD-BC)}{A+B/Z_0+CZ_0+D}$
S_{21}	S_{21}	$\dfrac{2Z_{21}Z_0}{\Delta Z}$	$\dfrac{-2Y_{21}Y_0}{\Delta Y}$	$\dfrac{2}{A+B/Z_0+CZ_0+D}$
S_{22}	S_{22}	$\dfrac{(Z_{11}+Z_0)(Z_{22}-Z_0)-Z_{12}Z_{21}}{\Delta Z}$	$\dfrac{(Y_0+Y_{11})(Y_0-Y_{22})+Y_{12}Y_{21}}{\Delta Y}$	$\dfrac{-A+B/Z_0-CZ_0+D}{A+B/Z_0+CZ_0+D}$
Z_{11}	$Z_0\dfrac{(1+S_{11})(1-S_{22})+S_{12}S_{21}}{(1-S_{11})(1-S_{22})-S_{12}S_{21}}$	Z_{11}	$\dfrac{Y_{22}}{\lvert Y\rvert}$	$\dfrac{A}{C}$
Z_{12}	$Z_0\dfrac{2S_{12}}{(1-S_{11})(1-S_{22})-S_{12}S_{21}}$	Z_{12}	$\dfrac{-Y_{12}}{\lvert Y\rvert}$	$\dfrac{AD-BC}{C}$
Z_{21}	$Z_0\dfrac{2S_{21}}{(1-S_{11})(1-S_{22})-S_{12}S_{21}}$	Z_{21}	$\dfrac{-Y_{21}}{\lvert Y\rvert}$	$\dfrac{1}{C}$
Z_{22}	$Z_0\dfrac{(1-S_{11})(1+S_{22})+S_{12}S_{21}}{(1-S_{11})(1-S_{22})-S_{12}S_{21}}$	Z_{22}	$\dfrac{Y_{11}}{\lvert Y\rvert}$	$\dfrac{D}{C}$
Y_{11}	$Y_0\dfrac{(1-S_{11})(1+S_{22})+S_{12}S_{21}}{(1+S_{11})(1+S_{22})-S_{12}S_{21}}$	$\dfrac{Z_{22}}{\lvert Z\rvert}$	Y_{11}	$\dfrac{D}{B}$
Y_{12}	$Y_0\dfrac{-2S_{12}}{(1+S_{11})(1+S_{22})-S_{12}S_{21}}$	$\dfrac{-Z_{12}}{\lvert Z\rvert}$	Y_{12}	$\dfrac{BC-AD}{B}$
Y_{21}	$Y_0\dfrac{-2S_{21}}{(1+S_{11})(1+S_{22})-S_{12}S_{21}}$	$\dfrac{-Z_{21}}{\lvert Z\rvert}$	Y_{21}	$\dfrac{-1}{B}$
Y_{22}	$Y_0\dfrac{(1+S_{11})(1-S_{22})+S_{12}S_{21}}{(1+S_{11})(1+S_{22})-S_{12}S_{21}}$	$\dfrac{Z_{11}}{\lvert Z\rvert}$	Y_{22}	$\dfrac{A}{B}$
A	$\dfrac{(1+S_{11})(1-S_{22})+S_{12}S_{21}}{2S_{21}}$	$\dfrac{Z_{11}}{Z_{21}}$	$\dfrac{-Y_{22}}{Y_{21}}$	A
B	$Z_0\dfrac{(1+S_{11})(1+S_{22})-S_{12}S_{21}}{2S_{21}}$	$\dfrac{\lvert Z\rvert}{Z_{21}}$	$\dfrac{-1}{Y_{21}}$	B
C	$\dfrac{1}{Z_0}\dfrac{(1-S_{11})(1-S_{22})-S_{12}S_{21}}{2S_{21}}$	$\dfrac{1}{Z_{21}}$	$\dfrac{-\lvert Y\rvert}{Y_{21}}$	C
D	$\dfrac{(1-S_{11})(1+S_{22})+S_{12}S_{21}}{2S_{21}}$	$\dfrac{Z_{22}}{Z_{21}}$	$\dfrac{-Y_{11}}{Y_{21}}$	D

$\lvert Z\rvert = Z_{11}Z_{22} - Z_{12}Z_{21}$; $\lvert Y\rvert = Y_{11}Y_{22} - Y_{12}Y_{21}$; $\Delta Y = (Y_{11}+Y_0)(Y_{22}+Y_0) - Y_{12}Y_{21}$; $\Delta Z = (Z_{11}+Z_0)(Z_{22}+Z_0) - Z_{12}Z_{21}$; $Y_0 = 1/Z_0$

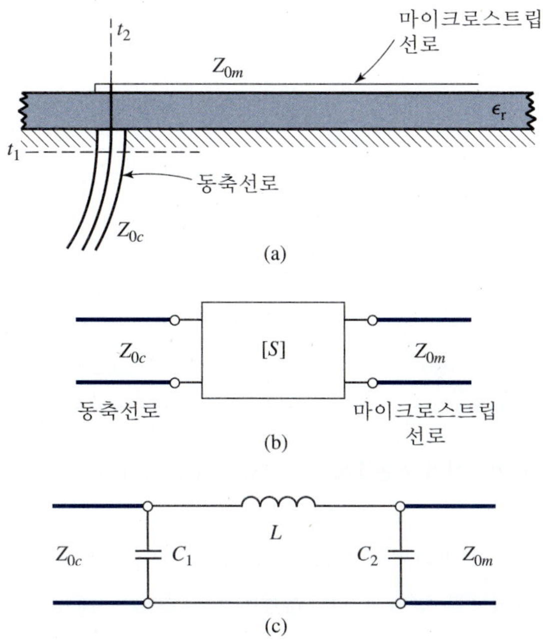

그림 4.12 동축선로에서 마이크로스트립 선로로의 천이와 등가회로 표현법. (a) 천이의 기하학적 구조, (b) "블랙박스"에 의한 천이의 표현, (c) 천이에 대한 가능한 등가회로[6]

표현될 수 있다. 이렇게 함으로써 한 형태의 전송선로로부터 다른 형태의 전송선로로의 천이와 같은 여러 가지의 2포트 접합이나 폭에서의 급격한 변화, 구부러짐 등과 같은 전송선로의 불연속점 등에도 적용될 수 있다. 이러한 방법으로 접합부를 모델링할 경우에, 그림 4.12c에서 나타낸 바와 같이 2포트 블랙박스를 몇 개의 이상적인 소자를 갖는 등가회로로 대치하는 것이 대체로 유용하다(이것은 소자의 값이 실제 접합의 몇몇 물리적 특성과 연관될 때 특히 유용하다). 이러한 등가회로를 정의하는 경우에는 무한히 많은 방법이 있지만 가장 일반적이고 유용한 형태 몇 가지에 대해 아래에서 논하겠다.

앞 절에서 보았듯이 임의의 2포트 회로망은

$$\begin{aligned} V_1 &= Z_{11}I_1 + Z_{12}I_2 \\ V_2 &= Z_{21}I_1 + Z_{22}I_2 \end{aligned} \tag{4.74a}$$

와 같이 임피던스 파라미터에 의해 표현되거나

$$\begin{aligned} I_1 &= Y_{11}V_1 + Y_{12}V_2 \\ I_2 &= Y_{21}V_1 + Y_{22}V_2 \end{aligned} \tag{4.74b}$$

와 같이 어드미턴스 파라미터에 의해 표현될 수 있다. 만일 회로망이 가역성을 가지면 $Z_{12} = Z_{21}$이고 $Y_{12} = Y_{21}$이 성립한다. 이러한 표현법은 그림 4.13a와 4.13b에 나타낸 바와 같은 T와 π형 등가회로를 사용하게 된다. 표 4.2에 주어진 관계식은 소자 값들을 다른 회로

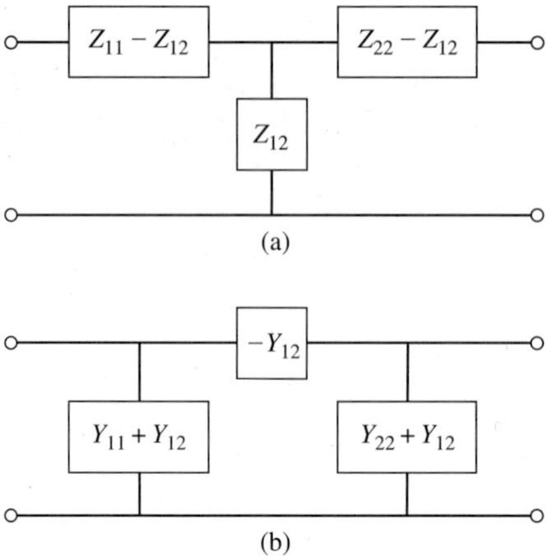

그림 4.13 가역성이 있는 2포트 회로망에 대한 등가회로. (a) T형 등가회로, (*b*) π형 등가회로

망 파라미터들과 관련지어 주는데 사용될 수 있다.

다른 등가회로들 또한 2포트 회로망을 표현하는 데 사용되어질 수 있다. 만일 회로망이 가역성이 있으면 여섯 개의 자유도가 존재하여(실수부와 허수부를 갖는 세 개의 매트릭스 원소들) 등가회로는 6개의 독립적인 파라미터들을 가져야 한다. 가역성이 없는 회로망은 가역성이 있는 소자를 사용한 수동소자 등가회로에 의하여 나타내어질 수 없다.

손실이 없는 회로망은 많은 실질적인 2포트 접합에 대한 양호한 근사치로 받아들여질 수 있으며, 이 경우 등가회로 구성에 약간의 간소화가 가능하다. 4.2절에서 보았듯이 손실이 없는 회로망에 대한 임피던스 또는 어드미턴스 매트릭스의 요소들은 순허수이다. 따라서 이러한 회로망의 자유도는 3으로 줄어들며, 그림 4.13의 T형 및 π형 등가회로는 순허수 리액티브 소자들로 구성되어질 수 있다.

4.5 신호 흐름도

투과파와 반사파가 어떻게 산란 매트릭스로 표현되어질 수 있으며, 전자계원과 회로망, 그리고 부하의 상호 연결을 여러 가지 매트릭스로 어떻게 나타낼 수 있는가를 살펴보았다. 본절에서는 투과파와 반사파로 마이크로파 회로망을 분석하는 데 아주 유용한 신호 흐름도 기법에 대해 논하겠다. 먼저 신호 흐름도 자체의 특성과 구성 요령에 대해 논하고 이것의 축소, 혹은 해법에 대한 기법을 제시하겠다.

신호 흐름도의 주된 요소는 접합점(node)과 가지(branch)이다.

- **접합점.** 마이크로파 회로망 각각의 포트 i는 두 개의 집합점 a_i와 b_i를 갖고 있다. 집합점 a_i는 포트 i로 들어가는 파로 결정되고 집합점 b_i는 포트 i로부터 반사되는 파로 결정된다. 집합점에서 전압은 이 점으로 들어오는 모든 신호의 합과 동일하다.

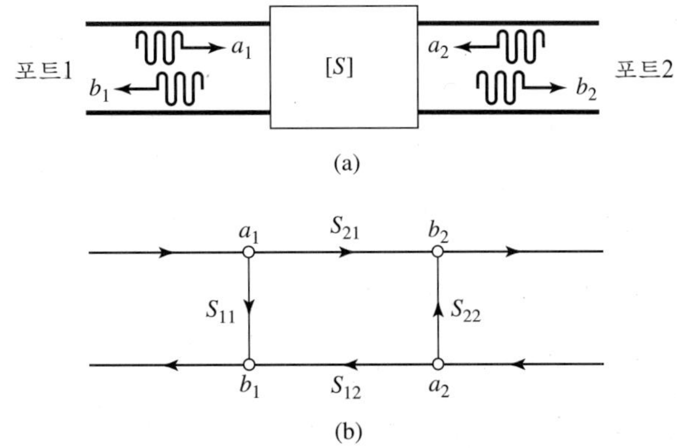

그림 4.14 2-포트 회로망의 신호 흐름도. (a) 입사파와 반사파의 정의, (b) 신호 흐름도

- 가지. 가지는 하나의 집합점에서 또다른 하나의 집합점까지의 신호흐름을 나타내는 두 개의 집합점 사이의 직접경로이다. 모든 가지는 그와 연관되는 S 파라미터 또는 반사계수를 갖고 있다.

그림 4.14에 나타낸 바와 같이 임의의 2포트 회로망의 흐름도를 고려하는 것이 유용하다. 그림 4.14a에 각각의 포트에서 입사파와 반사파를 갖는 2포트 회로망을 나타내었으며, 그림 4.14b에 이와 부합되는 신호 흐름도가 나타나 있다. 신호 흐름도는 회로망의 동작 특징을 직관적 그래프로 제시하여 준다.

예를 들어, 포트 1로 입사하는 진폭 a_1의 파가 갈라져서 그 일부는 S_{11}을 통하여 반사파로써 포트 1로 나가고 일부는 S_{21}을 통하여 집합점 b_2로 투과한다. 집합점 b_2에서는 포트 2로 파가 나가는 데 0이 아닌 반사계수를 갖는 부하가 포트 2에 연결되어 있으면 이 파는 부분적으로 반사되고, 나머지는 집합점 a_2에서 회로망으로 다시 들어간다. 파의 일부는 S_{22}를 통하여 포트 2로 반사되어 되돌아가고 일부는 S_{12}를 통하여 포트 1로 투과된다.

두 개의 특별한 회로망인 1포트 회로망과 전자계원이 신호 흐름도와 함께 그림 4.15에

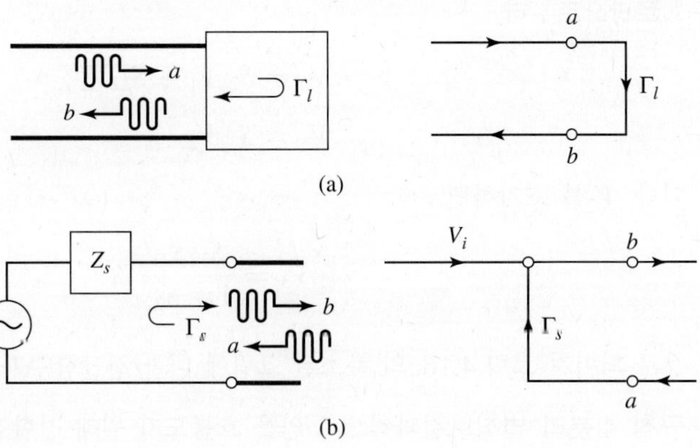

그림 4.15 1-포트 회로망과 전자계원의 신호 흐름도. (a) 1-포트 회로망과 흐름도, (b) 전자계원과 그 흐름도

나타나 있다. 일단 마이크로파 회로망이 신호 흐름도로 표현되어 있으면, 조합된 진폭의 비에 대해 풀이하는 것보다 상대적으로 쉬워진다. 4가지 기본적인 분해 규칙을 사용하여 어떻게 이와 같이 되는가를 논할 예정이지만, 매이슨의 법칙(Mason's rule)을 사용하여도 동일한 결과를 얻을 수 있다.

신호흐름도의 분해

원하는 파의 진폭비를 구하기 위하여 아래의 4가지 기본적인 분해 규칙을 사용하여 신호흐름도를 두 집합점 사이에 하나의 가지로 축소시킬 수 있다.

- **규칙 1(직렬 법칙).** 공통 집합점이 오직 하나의 들어오는 파와 나가는 파를 갖는 두 개의 가지(직렬로 연결된 가지)는 원래 가지의 계수의 곱이 되는 계수값을 갖는 하나의 단일 가지로 결합되어질 수 있다. 그림 4.16a는 이 규칙에 대한 흐름도를 나타내며 이의 유도는 다음과 같은 기본적인 관계식으로부터 얻을 수 있다:

$$V_3 = S_{32}V_2 = S_{32}S_{21}V_1. \tag{4.75}$$

- **규칙 2(병렬 법칙).** 하나의 공통 집합점에서 다른 공통 집합점으로 가는 두 개의 가지는 원래 가지의 계수의 합이 되는 계수값을 갖는 하나의 단일 가지로 결합되어질 수 있다. 그림 4.16b는 이 규칙에 대한 흐름도를 나타내며 이의 유도는 다음과 같은 기본적인 관계식으로부터 얻을 수 있다:

$$V_2 = S_aV_1 + S_bV_1 = (S_a + S_b)V_1. \tag{4.76}$$

- **규칙 3(자기 폐회로 법칙).** 어떤 집합점이 계수 S인 자기 폐회로(같은 집합점에서 시작하여 자기 자신의 집합점으로 되돌아오는 가지)를 가질 때, 이 자기 폐회로는 이 집합점으로 들어오는 가지의 계수에 $1/(1-S)$를 곱하여 줌으로써 제거될 수 있다.

  그림 4.16c는 이 법칙에 대한 흐름도를 나타내며 다음과 같이 유도될 수 있다. 원래 회로망으로부터

$$V_2 = S_{21}V_1 + S_{22}V_2 \tag{4.77a}$$

$$V_3 = S_{32}V_2 \tag{4.77b}$$

  이다. V_2를 소거하면

$$V_3 = \frac{S_{32}S_{21}}{1 - S_{22}}V_1 \tag{4.78}$$

  으로 되어져 그림 4.16c의 축소된 그림에 대한 전달함수가 되어짐을 알 수 있다.

- **규칙 4(분리 법칙).** 결과적으로 얻을 흐름도가 원래 접합점에 연결되는 서로 다른 입, 출력 가지의 조합을 포함하기만 하면(자기 폐회로는 제외) 하나의 접합점은 두 개의

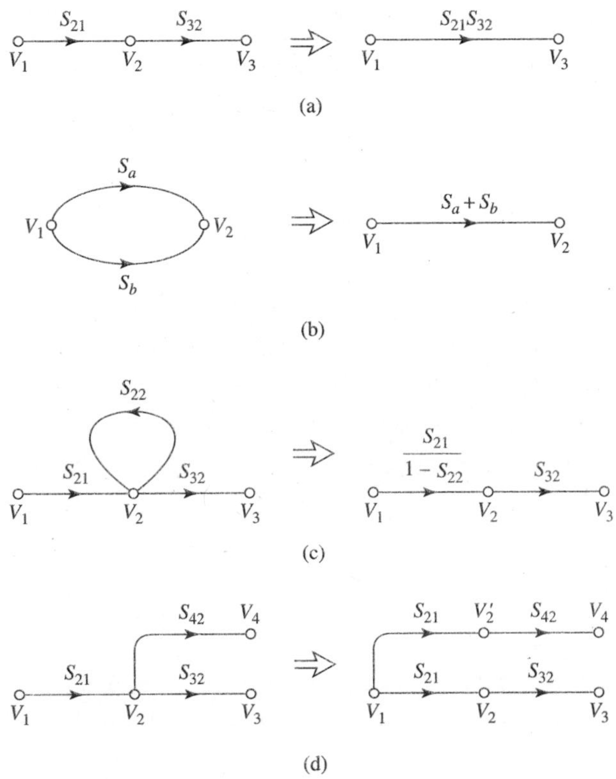

그림 4.16 분리 법칙. (a) 직렬 법칙, (b) 병렬 법칙, (c) 자기 폐회로 법칙, (d) 분리 법칙

별개 접합점으로 분리될 수 있다.

이 법칙은 그림 4.16d에 나타내져 있으며 원래의 흐름도와 분리된 접합점을 갖는 흐름도 모두에서

$$V_4 = S_{42}V_2 = S_{21}S_{42}V_1 \tag{4.79}$$

이 됨을 확인할 수 있다.

이제 하나의 예제를 통하여 위에서 설명한 각각의 법칙들의 사용에 대해서 설명하겠다.

예제 4.7 신호 흐름도의 응용

그림 4.17에 나타낸 2포트 회로망에 대한 Γ_{in}과 Γ_{out}을 유도하기 위하여 신호 흐름도를 사용하라.

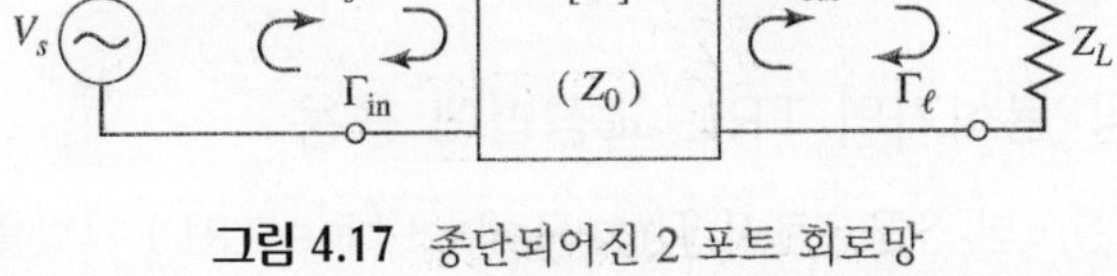

그림 4.17 종단되어진 2 포트 회로망

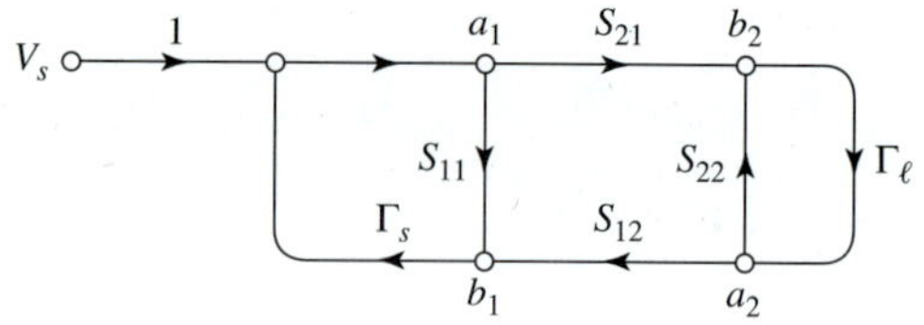

그림 4.18 그림 4.17의 일반적인 전자계원과 부하임피던스를 갖는 2 포트 회로망의 신호 흐름 경로

☞ 풀이

그림 4.17의 회로에 대한 신호 흐름도를 그림 4.18에 나타내었다. 접합점전압의 항들에서 Γ_{in}은 b_1/a_1으로 주어진다. 흐름도 분해에서 요구되어지는 처음 두 단계들은 그림 4.19a,b에 나타내어졌으며, 다음 식을 조사함으로서 원하는 결과를 얻는다.

$$\Gamma_{in} = \frac{b_1}{a_1} = S_{11} + \frac{S_{12}S_{21}\Gamma_\ell}{1 - S_{22}\Gamma_\ell}.$$

그 다음에 Γ_{out}은 b_2/a_2로 주어진다. 흐름도 분해에서 요구되어지는 처음 두 단계들은 그림 4.19c,d에 나타내어졌으며, 원하는 결과는 다음과 같다.

$$\Gamma_{out} = \frac{b_2}{a_2} = S_{22} + \frac{S_{12}S_{21}\Gamma_s}{1 - S_{11}\Gamma_s}. \quad ◀$$

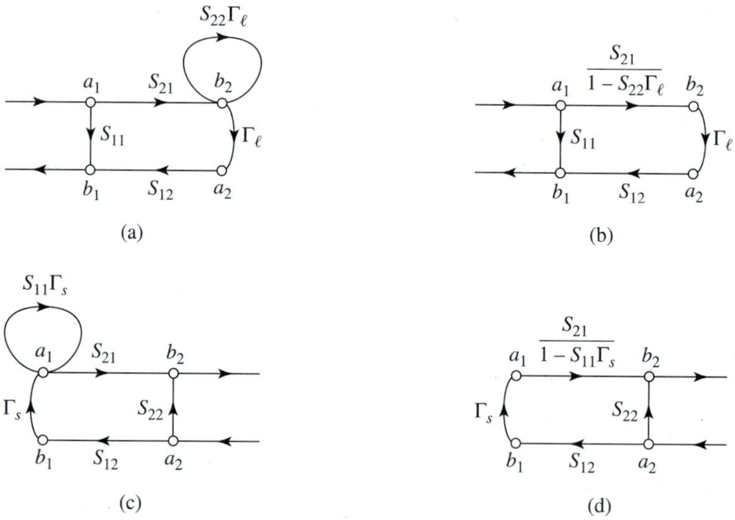

그림 4.19 $\Gamma_{in} = b_1/a_1$과 $\Gamma_{out} = b_2/a_2$를 구하기 위한 그림 4.18 흐름도의 분해. (a) 접합점 a_2에 법칙 4 사용, (b) 접합점 b_2에 자기 폐회로에 대해 법칙 3 사용, (c) 접합점 b_1에 법칙 4 사용, (d) 접합점 a_1에 자기 폐회로에 대해 법칙 3 사용

회로망 분석기의 TRL 교정법에 응용

신호흐름도의 응용으로서 Thru-Reflect-Line(TRL) 기법을 사용한 회로망 분석기의 교

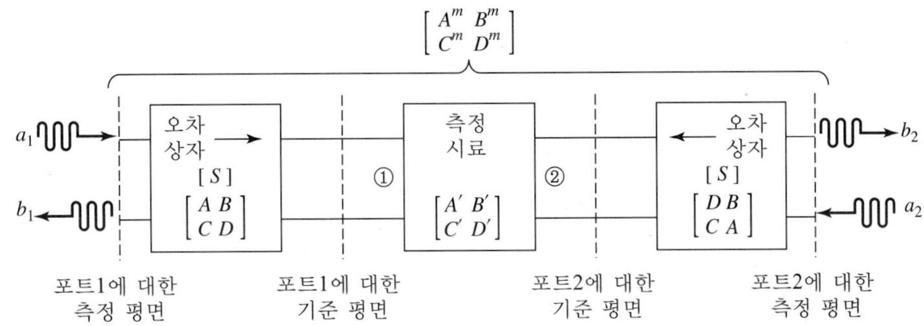

그림 4.20 2포트 회로망의 회로망 분석기 측정을 위한 블록 다이어그램

정법을 생각하여 보기로 한다[7]. 나타낸 기준 평면에서 2포트 기기의 S 파라미터들을 측정할 경우의 일반적인 문제를 그림 4.20에 나타내었다. 앞에서 흥미의 관점으로 논한 바와 같이, 회로망 분석기는 S 파라미터들을 복소 전압 크기들의 비로서 측정한다. 이와 같은 측정에 있어서 주된 기준 평면은 일반적으로 분석기 그 자체 내의 어느 지점에 존재하므로, 측정 대상 기기(DUT)를 분석기와 연결하기 위하여 사용되어져야 하는 커넥터, 케이블, 그리고 천이부분에서의 영향에 의한 손실, 위상 지연 등이 측정값에 포함되어질 것이다. 그림 4.20의 블록 다이어그램에 이 효과들이 2포트 DUT에 대한 실제의 측정 기준 평면과 원하는 기준평면 사이에 2포트 "오차상자(error box)" 내에 하나로 묶여져 있다. 2포트 DUT를 측정하기 전에 오차상자의 특성을 기술하기 위하여 교정 절차가 사용되어져, DUT의 오차가 정정되어진 실제 S 파라미터들이 측정 데이터로부터 계산되어질 수 있다. 단일 포트에 대한 S 파라미터의 측정은 2포트 측정 경우에 대한 간략한 형태로 간주될 수 있다.

회로망 분석기 교정의 가장 손쉬운 방법은 단락(short)부하, 개방(open)부하 그리고 정합(matched)부하와 같은 3개 또는 그 이상의 부하들을 사용하는 것이다. 이와 같은 접근방법에 따른 문제는 이들 표준부하들이 다소 불완전하다는 것이므로, 측정에서 오차를 유발시킨다는 점이다. 이와 같은 오차들은 고주파에서 심각하게 증대되며 측정시스템의 질이 개선됨에 따라서 감소된다. TRL 교정 체계는 알려진 표준부하들을 사용하지는 않으나 오차상자를 완전하게 나타내기 위하여 3개의 접속을 사용한다. 이 3개의 접속이 그림 4.21에 나타나 있다. 원하는 기준 평면에서 포트 1과 포트 2 사이를 직접 접속하기 위하여 "Thru"를 사용한다. "Reflect"는 보통 개방 또는 단락과 같은 큰 값의 반사계수 Γ_L을 갖는 부하를 사용한다. TRL 교정 절차에 의하여 이들 값들이 결정되므로 정확한 Γ_L을 아는 것이 필요하다. "Line"은 일정한 길이의 정합된 전송선로를 사용하여 포트 1과 포트 3 사이를 접속하는 것을 의미한다. 이 선로의 길이를 알 필요가 있으며, 선로가 무손실 선로이어야 하며 이들 파라미터들은 TRL 교정 절차에 의하여 결정되어질 것이다.

TRL 교정 절차에 있어서 오차상자에 대한 S 파라미터를 구하기 위한 일련의 필요한 방정식들을 유도하기 위하여 신호 흐름도를 사용할 수 있다. 그림 4.20을 참조하여 DUT에

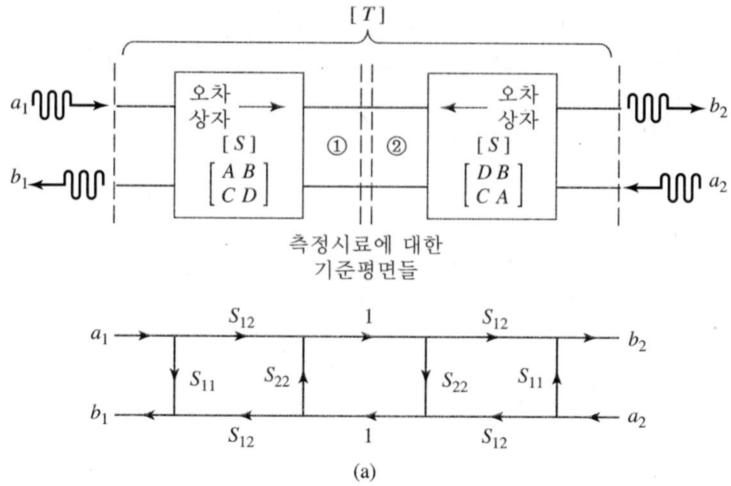

그림 4.21a Thru 접속에 대한 블록 다이어그램과 신호 흐름도

대한 기준 평면에서 Thru, Reflect, Line을 적용하여, 측정 기준 평면에서 이들 경우들에 대한 S 파라미터 값을 측정할 것이다. 포트 1 과 포트 2에 대한 특성 임피던스는 동일하다고 가정하며, 오차상자는 가역성을 갖으며 각각의 포트 모두의 경우에 동일하다. 오차상자는 S 매트릭스 $[S]$ 또는, $ABCD$ 매트릭스에 의하여 나타낼 수 있다. 이 두 가지 경우에 모두 $S_{21} = S_{12}$가 되며, 포트 1과 포트 2에 대한 오차상자의 $ABCD$ 매트릭스는 서로 역의 관계가 되는데, 이는 그림에 나타낸 바와 같이 서로 대칭적으로 접속되어지기 때문이다.

기호 사용에서의 혼란을 피하기 위하여 Thru, Reflect, Line에 대한 측정된 S 파라미터 값들을 각각 $[T]$, $[R]$, $[L]$ 매트릭스로 표시할 것이다.

그림 4.21a는 Thru 접속에 대한 배치 및 해당 신호 흐름도를 나타낸 것이다. $S_{21} = S_{12}$라는 점과 오차상자들은 모두 동일하며 서로 대칭적으로 배치되어 있음을 주목하여라. 오차상자의 S 파라미터들의 항으로 측정 기준 평면에서 측정되어진 S 파라미터 값들을 나타내기 위하여 분해 법칙을 사용하여 신호 흐름도를 다음과 같이 쉽게 표현할 수 있다.

$$T_{11} = \left.\frac{b_1}{a_1}\right|_{a_2=0} = S_{11} + \frac{S_{22}S_{12}^2}{1 - S_{22}^2} \tag{4.80a}$$

$$T_{12} = \left.\frac{b_1}{a_2}\right|_{a_1=0} = \frac{S_{12}^2}{1 - S_{22}^2}. \tag{4.80b}$$

대칭성에 의하여 $T_{22} = T_{11}$을 얻으며, 가역성에 의하여 $T_{21} = T_{12}$가 된다.

그림 4.21b에 Reflect 접속과 이에 대한 신호 흐름도를 나타내었다. 이와 같은 배치로 두 개의 측정 포트들을 효과적으로 재결합시켜서 $R_{12} = R_{21} = 0$이 된다. 신호 흐름도에서

$$R_{11} = \left.\frac{b_1}{a_1}\right|_{a_2=0} = S_{11} + \frac{S_{12}^2\Gamma_L}{1 - S_{22}\Gamma_L} \tag{4.81}$$

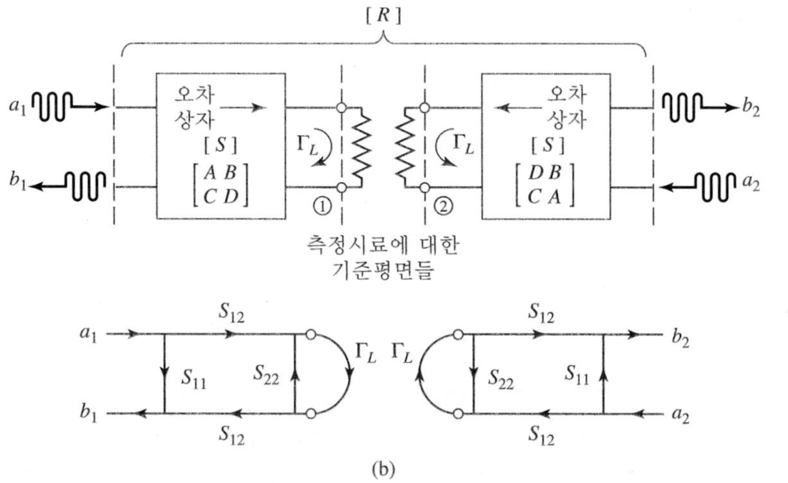

그림 4.21b Reflect 접속에 대한 블록 다이어그램과 신호 흐름도

이 됨을 쉽게 알 수 있으며, 대칭성에 의하여 $R_{22} = R_{11}$이 된다.

Line 접속과 이에 대한 신호 흐름도를 그림 4.21c에 나타내었다. Thru 접속에서 사용하였던 것과 마찬가지로 간략화하면

$$L_{11} = \left.\frac{b_1}{a_1}\right|_{a_2=0} = S_{11} + \frac{S_{22}S_{12}^2 e^{-2\gamma\ell}}{1 - S_{22}^2 e^{-2\gamma\ell}} \tag{4.82a}$$

$$L_{12} = \left.\frac{b_1}{a_2}\right|_{a_1=0} = \frac{S_{12}^2 e^{-\gamma\ell}}{1 - S_{22}^2 e^{-2\gamma\ell}}. \tag{4.82b}$$

대칭성과 가역성에 의하여 $L_{22} = L_{11}$이고 $L_{21} = L_{12}$가 된다.

다섯 개의 미지 값 S_{11}, S_{12}, S_{22}, Γ_L, $e^{\gamma\ell}$에 대한 방정식 (4.80) - (4.82)를 얻으며, 이들

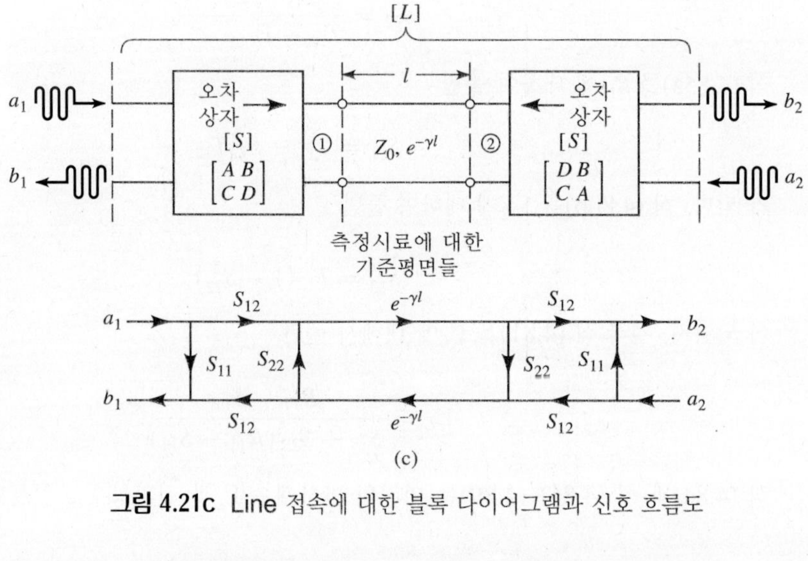

그림 4.21c Line 접속에 대한 블록 다이어그램과 신호 흐름도

에 대한 해는 간단하지만 많은 시간이 걸린다. 식 (4.81)은 Γ_L을 포함하고 있는 오직 하나의 방정식이므로 다른 4개의 미지수들을 구하기 위하여 우선적으로 식 (4.80)과 식 (4.82)에 나타난 4개의 방정식들을 풀 수 있다. 식 (4.80b)는 식 (4.80a)와 식 (4.82)에서 S_{12}를 소거하기 위하여 사용될 수 있으며, S_{11}은 식 (4.80a)와 식 (4.82a)로부터 소거될 수 있다. 이들은 다음의 S_{22}와 $e^{\gamma\ell}$에 대한 두 개의 방정식이 되도록 한다.

$$L_{12}e^{2\gamma\ell} - L_{12}S_{22}^2 = T_{12}e^{\gamma\ell} - T_{12}S_{22}^2e^{\gamma\ell}, \tag{4.83a}$$

$$e^{2\gamma\ell}(T_{11} - S_{22}T_{12}) - T_{11}S_{22}^2 = L_{11}\left(e^{2\gamma\ell} - S_{22}^2\right) - S_{22}T_{12}. \tag{4.83b}$$

방정식 (4.83a)를 S_{22}에 대하여 풀 수 있으며, 식 (4.83b)에 대입하여 $e^{\gamma\ell}$에 대한 이차 방정식이 주어진다. 이 이차방정식은 측정되어진 TRL S 파라미터들의 항으로 $e^{\gamma\ell}$에 대한 해를 다음과 같이 나타낸다.

$$e^{\gamma\ell} = \frac{L_{12}^2 + T_{12}^2 - (T_{11} - L_{11})^2 \pm \sqrt{\left[L_{12}^2 + T_{12}^2 - (T_{11} - L_{11})^2\right]^2 - 4L_{12}^2T_{12}^2}}{2L_{12}T_{12}}. \tag{4.84}$$

γ의 실수부와 허수부가 양수이어야 한다거나, Γ_L(식 (4.83)에서 결정한)의 위상이 180° 이내이어야 한다는 조건으로부터 위 식의 부호가 선택되어진다. 그 다음에 S_{22}를 식 (4.80b)에 곱하고 식 (4.80a)에서 빼주면

$$T_{11} = S_{11} + S_{22}T_{12} \tag{4.85a}$$

가 되며, 마찬가지로 $S_{22}e^{-\gamma\ell}$를 식 (4.82b)에 곱하고 식 (4.82a)에서 빼주면

$$L_{11} = S_{11} + S_{22}L_{12}e^{-\gamma\ell}. \tag{4.85b}$$

이들 두 개의 방정식에서 S_{11}을 소거하여 S_{22}를 $e^{-\gamma\ell}$의 항으로 나타내면

$$S_{22} = \frac{T_{11} - L_{11}}{T_{12} - L_{12}e^{-\gamma\ell}}. \tag{4.86}$$

식 (4.85a)를 S_{11}에 대하여 풀면

$$S_{11} = T_{11} - S_{22}T_{12} \tag{4.87}$$

가 되며, 식 (4.80b)를 S_{12}에 대하여 풀면

$$S_{12}^2 = T_{12}\left(1 - S_{22}^2\right) \tag{4.88}$$

이 되어져, 결국 식 (4.81)을 Γ_L에 대해서 풀면.

$$\Gamma_L = \frac{R_{11} - S_{11}}{S_{12}^2 + S_{22}(R_{11} - S_{11})}. \tag{4.89}$$

식 (4.84)과 식 (4.86)–(4.89)는 미지의 반사계수 Γ_L과 전파상수 $e^{-\gamma\ell}$뿐만 아니라 오차상

자에 대한 S 파라미터들을 나타낸다. 이로서 TRL 방법에 대한 교정절차가 완결된다.

DUT의 S 파라미터들은 그림 4.20에 나타낸 측정 기준 평면에서 측정되어질 수 있으며, DUT의 기준 평면에서 S 파라미터를 나타내기 위하여 위의 TRL 오차상자 파라미터들을 사용하여 정정되어진다. 연속 접속되어진 3개의 2포트 회로망을 다루므로 $ABCD$ 파라미터를 사용하는 것이 편리하다. 즉 오차상자의 S 파라미터를 해당되는 $ABCD$ 파라미터로 변환하고, 종속된 측정되어진 S 파라미터 값을 해당되는 $A^mB^mC^mD^m$ 파라미터로 변환시킨다. DUT에 대한 파라미터를 표시하기 위하여 $A'B'C'D'$을 사용한다면

$$\begin{bmatrix} A^m & B^m \\ C^m & D^m \end{bmatrix} = \begin{bmatrix} A & B \\ C & D \end{bmatrix} \begin{bmatrix} A' & B' \\ C' & D' \end{bmatrix} \begin{bmatrix} D & B \\ C & A \end{bmatrix},$$

이 되며, 이 식으로부터 DUT에 대한 $ABCD$ 파라미터를 결정할 수 있다.

$$\begin{bmatrix} A' & B' \\ C' & D' \end{bmatrix} = \begin{bmatrix} A & B \\ C & D \end{bmatrix}^{-1} \begin{bmatrix} A^m & B^m \\ C^m & D^m \end{bmatrix} \begin{bmatrix} D & B \\ C & A \end{bmatrix}^{-1}. \tag{4.90}$$

관심사항: 마이크로파 회로를 위한 CAD

마이크로파 회로 해석과 설계 및 최적화를 위한 CAD 소프트웨어는 마이크로파 공학도들을 위해 아주 중요한 도구이다. 상업적으로 사용 가능한 몇몇 마이크로파 CAD 프로그램으로는 Microwave Office (Applied Wave Research사), ADS (Agilent Technology사), Microwave Studio (CST사), Designer (Ansoft사) 등이 있다. 이들 패캐지는 집중소자, 분산소자, 불연속점들, 결합선로, 도파관, 그리고 능동소자들로 구성된 마이크로파 회로를 다룬다. 회로 최적화뿐만 아니라 선형 및 비선형 모델링이 일반적으로 가능하다. 회로를 해석할 수 있는 이러한 컴퓨터 프로그램들은 아주 계산속도가 빠르고 막강하며 정교하지만 마이크로파 회로 설계를 잘 이해하고 있는 경험 있는 엔지니어를 대신할 수는 없다.

전형적인 설계 과정은 보통, 회로에 대한 사양이나 원하는 설계의 목표로부터 시작된다. 앞에서 보았던 설계와 자기 자신의 경험을 바탕으로 특별한 소자와 회로배치를 포함하는 초기 설계를 하게 된다. 그 다음에 CAD를 이용하여 설계를 모델링하고 분석하는데, 이때는 각각의 소자의 데이터를 활용하며 손실과 불연속성과 같은 효과를 포함시킨다. CAD 프로그램은 최고의 성능을 얻기 위하여 회로의 몇몇 파라미터들을 조정함으로써 설계를 최적화하는 데 사용될 수 있다. 만약 원하는 사양에 맞지 않으면, 그 설계는 수정되어야 한다. CAD 분석은 회로의 신뢰도와 환경의 영향에 대한 대처 능력을 증가시키기 위하여 소자의 내성과 오차의 영향에 대해 연구에도 사용될 수 있다. 설계가 사양에 맞으면 공학적인 시제품이 만들어져 테스트를 받게 된다. 측정된 결과가 사양을 만족시키면 설계 과정은 완성되고 그렇지 않으면 그 설계는 수정되어지며, 이러한 과정이 반복된다.

CAD 장비가 없으면 설계 과정은 매회마다 실험실의 시제품을 만들어 측정해야 하므로 가격이 비싸고 시간적인 낭비가 심해진다. 따라서 CAD를 사용함으로써 품질을 향상시키면서도 설계에 필요한 시간과 경비를 크게 줄일 수 있다. 시뮬레이션과 최적화 과정은 MMIC(monolithic microwave integrated circuits)에서 특별히 중요한데, 그 이유는 이러한 회로들은 제작이 끝난 후에는 미소 조정이나 수정하기가 쉽지 않기 때문이다.

그러나 CAD를 이용하는 설계 기법에 제약점이 없지는 않다. 가장 중요한 제약점은 컴퓨터 모델이 실제회로에 대해 근사치에 불과하며 소자와 제작상의 내성, 표면의 평형도, 유사결합, 고차(higher order) 모드, 그리고 접합성의 불연속성 등과 같은 피할 수 없는 모델의 한계를 완벽하게 고려할 수는 없기 때문이다. 일반적으로 이러한 제약점은 10GHz 이상의 주파수에서 가장 심각해진다.

4.6 불연속성과 모드 해석

필요에 의해서나 그 설계에 있어서, 마이크로파 회로망은 종종 여러 형태의 불연속점을 갖는 전송선로들로 구성된다. 어떤 경우에는 한 매질에서 다른 매질로(예를 들어, 두 개의 도파관 사이의 접합이나 동축선로에서 마이크로스트립으로의 천이 등) 기계적이나 전기적인 천이 결과로부터 오는 피할 수 없는 불연속점들이 존재하는데, 이 불연속효과는 원하지 않는 데도 불구하고 그 특성결정에 중요한 역할을 할 수도 있다. 다른 경우에는 이러한 불연속점을 의도적으로 회로망에 첨가시켜 어떤 특정한 전기적인 기능[예를 들면, 정합회로나 필터를 위하여 도파관의 리액티브판 또는 마이크로스트립 선로에 다는 스텁(stub)]을 수행하게 할 수도 있다. 어떤 경우이든 전송선로의 불연속점은 전송선로 상의 한 점에서

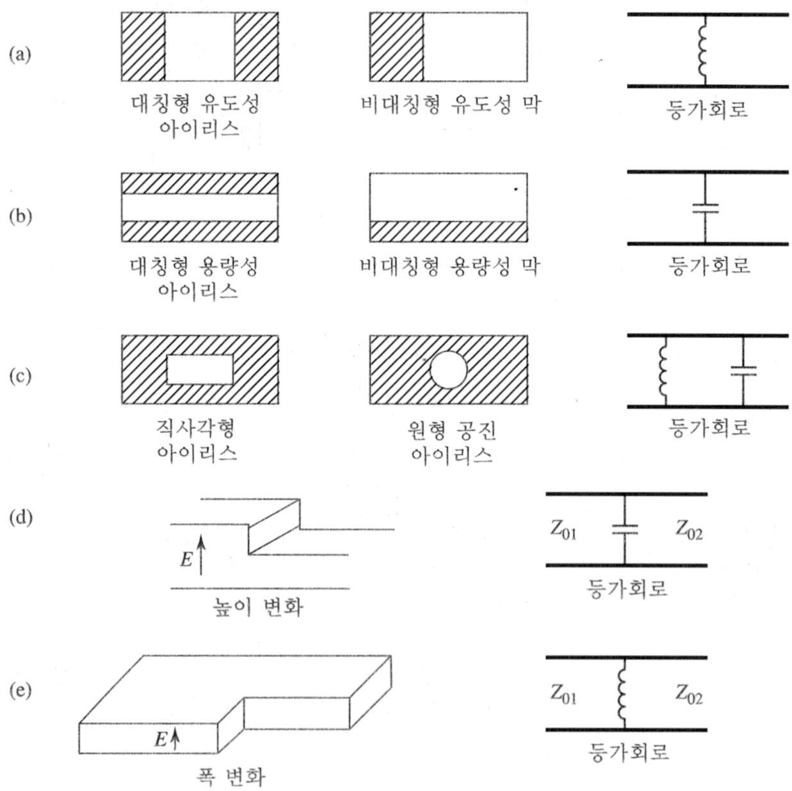

그림 4.22 직사각형 도파관의 불연속점

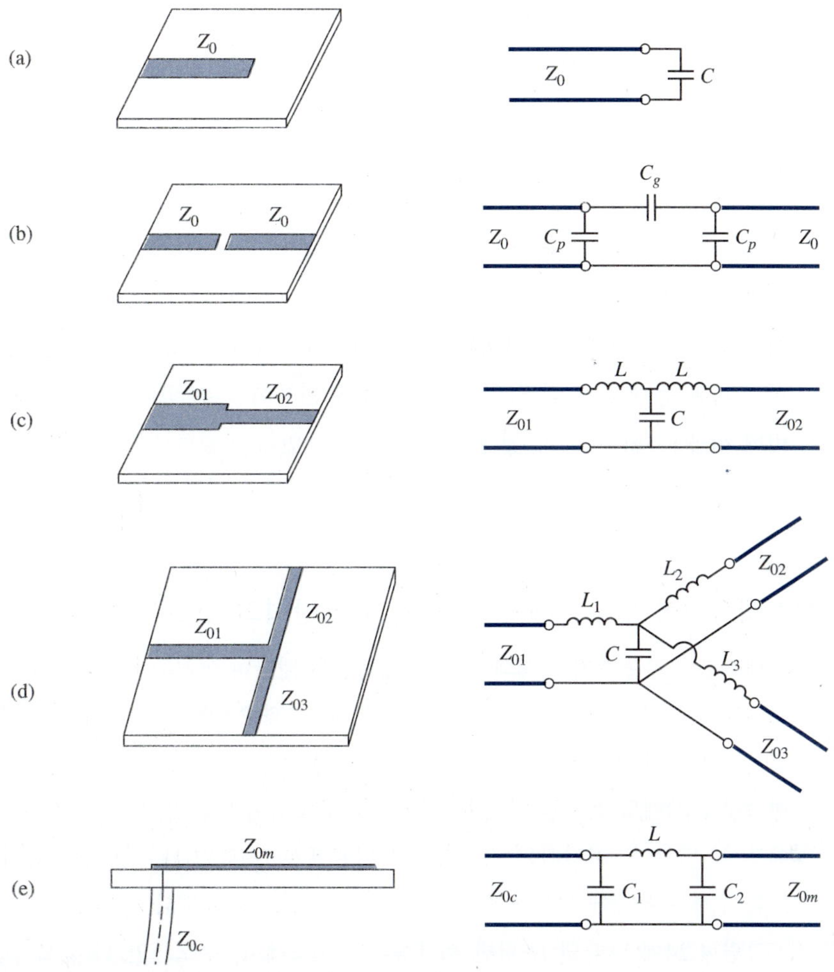

그림 4.23 몇몇 일반적인 마이크로스트립 선로의 불연속점. (a) 끝단이 개방된 마이크로스트립, (b) 마이크로스트립 내의 간격, (c) 폭의 변화, (d) T형 접합, (e) 동축선로와 마이크로스트립의 접합

등가회로로 표현될 수 있다. 불연속점의 형태에 따라 등가회로는 선로를 따라 단순한 병렬소자나 직렬소자일 수 있으며 조금 더 일반적인 경우 T, 혹은 π형 등가회로가 요구 될 수도 있다. 등가회로의 소자값은 선로의 파라미터들과 불연속점뿐만 아니라 동작주파수에 따라서 좌우된다. 어떤 경우 등가회로에는 전송선로 상의 위상 기준 평면의 이동 또한 포함될 수 있다. 주어진 불연속점의 등가회로를 알면 이 장 앞에서 설명한 이론을 이용하여 회로망의 해석이나 설계에 이 효과를 포함시킬 수도 있다.

이 절의 목적은 전송선로의 불연속점에 대한 등가회로를 어떻게 구하는가에 대해 논하는 것이다. 기본적인 절차는 정규화된 불연속점 문제에 대한 전자장 이론의 해로부터 출발하여 소자값을 갖는 회로 모델을 찾아내는 것이다. 따라서 이것은 복잡한 전자장 해석을 회로 개념으로 대치하는 목적의 또 하나의 예가 된다.

몇몇 일반적인 전송선로의 불연속점과 그 등가회로를 그림 4.22와 4.23에 나타내었다. 그림 4.22a–4.22c에 나타낸 바와 같이 얇은 금속판(혹은 "아이리스")이 도파관의 단면에 놓여 있으면, 그 등가회로는 병렬로 연결된 인덕턴스나 커패시턴스 혹은 공진 조합회로가 된다. 유사한 효과는 그림 4.22d, 4.22e에 나타낸 바와 같이 도파관의 높이나 폭의 계단형 변화에서도 나타난다. 유사한 불연속점은 원형 도파관에서도 만들어질 수 있다. 도파관의 불연속점과 그 등가회로에 대한 가장 좋은 참고문헌은 **도파관 핸드북**[8]이다.

몇몇 전형적인 마이크로스트립 선로의 불연속점과 천이는 그림 4.23에 나타나 있으며 이와 유사한 기하학적인 구조는 스트립선로와 슬롯선로, 씌워진 마이크로스트립, 동일 평면 도파관 등과 같은 다른 인쇄 전송선로에 만들어질 수 있다. 인쇄 전송선로는 도파관에 비해 새롭고 해석하기가 훨씬 더 어려우므로 인쇄 전송선로의 불연속점을 정확하게 나타내는 경우에 보다 많은 연구가 필요하다. 몇 가지 근사적인 결과는 참고문헌[9]에 주어져 있다.

직사각형 도파관에서의 H-평면 계단형의 모드적인 해석

대부분의 불연속점 문제의 전자장 해석법은 대단히 어려워서, 이 책의 범위를 벗어난다. 그러나 **모드적인 해석**법은 상대적으로 쉽고 1장과 2장에서 논한 반사/투과 문제와 원리적으로 유사하다. 또한 모드적인 해석은 많은 동축선로, 도파관, 그리고 평면 전송선로의 불연속점 문제에도 적용될 수 있는 정확하고 융통성이 있는 기법이며, 컴퓨터를 이용한 해석에도 잘 맞는다. 여기서는 직사각형 도파관에서 H-평면 계단형(폭을 변화시킴)의 등가회로를 구하는 문제에 모드적인 해석법을 적용해보도록 하겠다.

그림 4.24에 나타낸 H-평면 계단형의 구조도에서, 주모드인 TE_{10} 모드만이 도파관 1($z < 0$)에서 전파하고 그러한 모드가 $z < 0$로부터 접합면으로 입사한다고 가정한다. 또한 도파관 2 내에는 어떤 모드도 전파하지 않는 것으로 가정한다. 물론 도파관 2에서 전파가 발

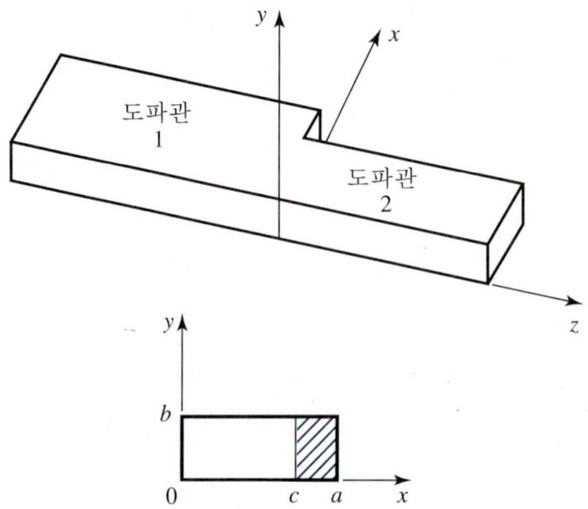

그림 4.24 직사각형 도파관에 있어서 H-평면 계단형(폭을 변화) 구조도

생해도 앞으로 할 해석은 여전히 유효하다. 3.3절로부터, 입사하는 TE_{10} 모드의 횡단면 성분은 $z < 0$에 대해

$$E_y^i = \sin\frac{\pi x}{a} e^{-j\beta_1^a z} \tag{4.91a}$$

$$H_x^i = \frac{-1}{Z_1^a} \sin\frac{\pi x}{a} e^{-j\beta_1^a z} \tag{4.91b}$$

로 쓸 수 있으며, 여기서

$$\beta_n^a = \sqrt{k_0^2 - \left(\frac{n\pi}{a}\right)^2} \tag{4.92}$$

은 도파관 1(폭이 a인)에서의 TE_{n0} 모드의 전파상수이고,

$$Z_n^a = \frac{k_0 \eta_0}{\beta_n^a} \tag{4.93}$$

은 도파관 1에서의 TE_{n0} 모드의 파동임피던스이다. $z = 0$에서의 불연속점 때문에 양쪽 도파관에서는 무한대 개수의 TE_{n0} 모드들로 구성된 반사파와 투과파가 존재한다. TE_{10} 모드만이 도파관 1에서 전파하지만, 이 문제에서는 $z = 0$ 근처에 분산되어 있는 저장된 에너지 때문에 고차모드도 또한 중요하다. 이 불연속점으로 인한 y축 방향의 변화는 발생하지 않으므로, $m \neq 0$인 TE_{nm} 모드들이나 TM 모드들은 여기되지 않는다. 그러나 보다 일반적인 불연속점은 그러한 모드를 여기시킬 수도 있다.

도파관 1에서 반사되는 모드는 $z < 0$에 대해

$$E_y^r = \sum_{n=1}^{\infty} A_n \sin\frac{n\pi x}{a} e^{j\beta_n^a z} \tag{4.94a}$$

$$H_x^r = \sum_{n=1}^{\infty} \frac{A_n}{Z_n^a} \sin\frac{n\pi x}{a} e^{j\beta_n^a z} \tag{4.94b}$$

로 쓸 수 있으며, 여기서 A_n은 도파관 1에 존재하는 미지의 반사모드(TE_{n0})가 가지는 진폭이다. 따라서 TE_{10} 모드 입사파의 반사계수는 A_1이다. $z > 0$인 도파관 2 영역으로의 투과모드는 유사한 방식으로,

$$E_y^t = \sum_{n=1}^{\infty} B_n \sin\frac{n\pi x}{c} e^{-j\beta_n^c z} \tag{4.95a}$$

$$H_x^t = -\sum_{n=1}^{\infty} \frac{B_n}{Z_n^c} \sin\frac{n\pi x}{c} e^{-j\beta_n^c z} \tag{4.95b}$$

가 되는데 여기서 도파관 2에서의 전파상수는

$$\beta_n^c = \sqrt{k_0^2 - \left(\frac{n\pi}{c}\right)^2} \tag{4.96}$$

이고, 파동임피던스는

$$Z_n^c = \frac{k_0\eta_0}{\beta_n^c} \tag{4.97}$$

이다.

이제 $z = 0$에서 횡축단면 전자장 성분(E_y, H_x)은 $0 < x < c$에서 연속이어야 하고 $c < x < a$에서는 계단형태로 인하여 E_y는 0이어야 한다. 이러한 경계조건을 이용하면 다음과 같은 방정식을 얻게 된다:

$$E_y = \sin\frac{\pi x}{a} + \sum_{n=1}^{\infty} A_n \sin\frac{n\pi x}{a} = \begin{cases} \sum_{n=1}^{\infty} B_n \sin\frac{n\pi x}{c} & (0 < x < c) \\ 0 & (c < x < a) \end{cases} \tag{4.98a}$$

$$H_x = \frac{-1}{Z_1^a}\sin\frac{\pi x}{a} + \sum_{n=1}^{\infty}\frac{A_n}{Z_n^a}\sin\frac{n\pi x}{a} = -\sum_{n=1}^{\infty}\frac{B_n}{Z_n^c}\sin\frac{n\pi x}{c} \quad (0 < x < c). \tag{4.98b}$$

식 (4.98a)와 (4.98b)는 모드계수 A_n과 B_n에 대한 이중의 무한한 선형방정식을 구성한다. 먼저 B_n을 소거하고 얻는 결과식을 잘라내어 유한개의 항으로 만든 다음 A_n에 대해 풀고자 한다.

식 (4.98a)에 $\sin(m\pi x/a)$를 곱하고 $x = 0$에서 a까지 적분한 후 부록 D에 실린 직교 관계식을 사용하면

$$\frac{a}{2}\delta_{m1} + \frac{a}{2}A_m = \sum_{n=1}^{\infty} B_n I_{mn} = \sum_{k=1}^{\infty} B_k I_{mk} \tag{4.99}$$

가 되는데, 여기서

$$I_{mn} = \int_{x=0}^{c} \sin\frac{m\pi x}{a}\sin\frac{n\pi x}{c}dx \tag{4.100}$$

는 쉽게 계산할 수 있는 적분이며

$$\delta_{mn} = \begin{cases} 1 & (m = n) \\ 0 & (m \neq n) \end{cases} \tag{4.101}$$

은 크로네커 델타 부호이다. 이제 식 (4.98b)에 $\sin(k\pi x/c)$를 곱하고 $x = 0$에서 c까지 적분함으로써 B_k에 대한 식 (4.98b)를 풀기로 하자. 직교성을 이용하면

$$\frac{-1}{Z_1^a}I_{k1} + \sum_{n=1}^{\infty}\frac{A_n}{Z_n^a}I_{kn} = \frac{-cB_k}{2Z_k^c} \tag{4.102}$$

가 된다. 식 (4.102)으로부터 B_k를 식 (4.99)에 대입하면 다음과 같은 A_n에 대한 무한한 개수의 선형방정식을 얻는다(여기서 $m = 1, 2, \ldots$).

$$\frac{a}{2}A_m + \sum_{n=1}^{\infty}\sum_{k=1}^{\infty}\frac{2Z_k^c I_{mk} I_{kn} A_n}{cZ_n^a} = \sum_{k=1}^{\infty}\frac{2Z_k^c I_{mk} I_{k1}}{cZ_1^a} - \frac{a}{2}\delta_{m1}. \tag{4.103}$$

수치적으로 계산하기 위하여 위의 합을 N개의 항으로 나누면 첫 번째 N개의 계수 A_n에 대한 N개의 선형방정식을 얻는다. 예를 들어, $N = 1$로 놓으면 식 (4.103)은

$$\frac{a}{2}A_1 + \frac{2Z_1^c I_{11}^2}{cZ_1^a}A_1 = \frac{2Z_1^c I_{11}^2}{cZ_1^a} - \frac{a}{2} \tag{4.104}$$

로 되고, A_1(입사하는 TE_{10} 모드의 반사계수)에 대해 풀면

$$A_1 = \frac{Z_\ell - Z_1^a}{Z_\ell + Z_1^a} \qquad (N = 1) \tag{4.105}$$

이 되는데, 여기서 $Z_\ell = 4Z_1^c I_{11}^2/ac$는 도파관 1에 대한 실효부하 임피던스처럼 보인다. 보다 큰 N값을 사용하면 정확도가 높아지며 매트릭스 형태로 쓸 수 있는 일련의 방정식을 얻는다.

$$[Q][A] = [P]. \tag{4.106}$$

여기서, $[Q]$는 $N \times N$ 정방형 계수매트릭스이며

$$Q_{mn} = \frac{a}{2}\delta_{mn} + \sum_{k=1}^{N} \frac{2Z_k^c I_{mk} I_{kn}}{cZ_n^a} \tag{4.107}$$

이고, $[P]$는 $N \times 1$ 계수의 열벡터로써

$$P_m = \sum_{k=1}^{N} \frac{2Z_k^c I_{mk} I_{k1}}{cZ_1^a} - \frac{a}{2}\delta_{m1} \tag{4.108}$$

이며, $[A]$는 $N \times 1$ 계수열벡터 A_n이다. A_n을 구한 후 필요하면 식 (4.102)으로부터 B_n도 계산할 수 있다. 방정식 (4.106)–(4.108)은 컴퓨터로 수행하기에 아주 적합하다.

그림 4.25에 이러한 계산의 결과치를 나타내었다. 모든 모드가 차단되도록 도파관 2의 폭을 c로 설정하면 실수 전력은 도파관 2로 투과될 수 없으며, 따라서 모든 입사전력은 도

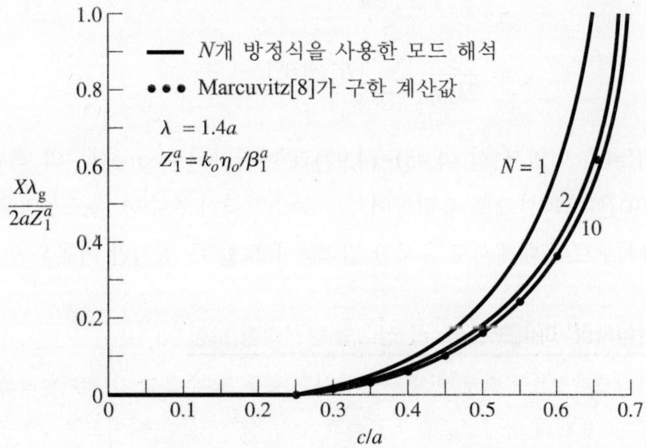

그림 4.25 H-평면 비대칭 계단구조의 등가 인덕턴스

파관 1로 반사되어진다. 그러나 불연속점의 양쪽의 소멸파 계들은 리액티브 전력을 저장함으로 계단형 불연속점을 의미하며, 불연속점을 넘어선 도파관 2는 도파관 1에서 입사하는 TE_{10} 모드에 대해 리액턴스(이 경우 유도성 리액턴스)처럼 보인다. 따라서 H-평면 계단의 등가회로는 그림 4.22e에 나타낸 바와 같이 도파관 1의 $z = 0$ 평면에서 유도성을 나타낸다. 등가 리액턴스는 반사계수 A_1(식 (4.106)을 푼 후)으로부터 구할 수 있다:

$$X = -jZ_1^a \frac{1 + A_1}{1 - A_1}. \tag{4.109}$$

그림 4.25에 자유 공간파장 $\lambda = 1.4a$와 $N = 1$, 2 그리고 10개의 방정식으로부터 계산한 도파관 폭의 비 c/a에 대한 정규화된 등가 인덕턴스를 나타내었다. 모드적인 해석의 결과는 참고문헌 [8]로부터 계산된 데이터와 비교되었다. 해는 매우 빠르게 수렴하며(이것은 고차 소멸모드가 지수함수적으로 빨리 감소하기 때문), 단지 두 개의 모드를 사용한 결과는 참고문헌 [8]에 주어진 데이터에 아주 근접해 있음을 주목하여라.

H-평면 계단형의 등가회로가 유도성이라는 사실은 반사계수 A_1의 실제값의 결과이지만 불연속점의 어느 한쪽의 감쇠모드로 향하는 복소전력의 흐름을 계산함으로써 이 사실을 증명할 수 있다. 예를 들어, 도파관 2로 흐르는 복소전력은

$$\begin{aligned}
P &= \int_{x=0}^{c} \int_{y=0}^{b} \bar{E} \times \bar{H}^* \bigg|_{z=0^+} \cdot \hat{z}\, dx\, dy \\
&= -b \int_{x=0}^{c} E_y H_x^*\, dx \\
&= -b \int_{x=0}^{c} \left[\sum_{n=1}^{\infty} B_n \sin \frac{n\pi x}{c} \right] \left[-\sum_{m=1}^{\infty} \frac{B_m^*}{Z_m^{c*}} \sin \frac{m\pi x}{c} \right] dx \\
&= \frac{bc}{2} \sum_{n=1}^{\infty} \frac{|B_n|^2}{Z_n^{c*}} \\
&= \frac{jbc}{2k_0\eta_0} \sum_{n=1}^{\infty} |B_n|^2 |\beta_n^c|
\end{aligned} \tag{4.110}$$

이 되는데, 여기서 식 (4.95)–(4.97)과 마찬가지로 sine함수의 직교 특성이 사용되었다. 식 (4.110)은 도파관 2로 흘러들어가는 복소전력이 순수한 유도성임을 보여준다. 도파관 1에서의 감쇠모드에 대해서도 유사한 결과를 유도할 수 있지만 이것은 연습문제로 남겨 두겠다.

관심사항: 마이크로스트립 선로의 불연속점 보상

마이크로스트립 회로는 제작하기 쉽고 능동 및 수동 소자들을 편리하게 집적화할 수 있기 때문에 많은 형태의 마이크로파 회로들과 부속 시스템들은 마이크로스트립의 형태로 만들어진다. 그러나 마이크로스트립 회로(그리고 다른 평면형 회로들)의 문제점 중의 하나는 휘어진 부분과 폭의

급격한 변화, 그리고 접합점에서의 피할 수 없는 불연속점이 회로의 성능을 감쇠시킨다는 것이다. 이것은 이러한 불연속점이 위상과 진폭의 오차, 입력과 출력 사이의 비정합, 그리고 스푸리에스 가능성에 의하여 야기되는 기생 리액턴스를 제공하기 때문이다. 이러한 효과를 제거시키는 방법은 그 불연속점에 대한 등가회로를(측정에 의하여) 만든 후, 이것을 회로설계에 포함시키고, 다른 회로 파라미터(예를 들어, 선로의 길이와 특성 임피던스 혹은 튜닝 스텁)를 조정함으로써 그 효과를 보상하는 것이다. 다른 방법으로는 도체의 모서리를 제거하는 방법 등 불연속점을 직접적으로 보상하여 불연속성 효과를 최소화하는 것이다.

마이크로스트립 선로가 휘어진 경우를 생각하여 보자. 아래 그림에서 보인 90° 각도의 휨은 그 근처에서 도체 영역이 증가하게 되어 불연속점의 기생성 정전용량으로 나타난다. 이 효과는 반경이 $r \geq 3W$가 되도록 부드럽게 휘게 함으로써 제거될 수 있지만 보다 많은 공간을 점유하게 된다. 다른 방법으로, 직각으로 구부러진 곳은 그 모서리를 제거하므로 보상할 수 있는데, 이것은 그 구부러진 곳에서의 과다 정전용량을 줄이는 효과를 나타낸다. 아래에 나타낸 바와 같이, 이 방법은 임의의 각을 가진 구부러진 곳에도 적용할 수 있다. 각을 죽인 모서리의 길이 a의 최적값은 특성 임피던스와 구부러진 각에 따라 다르지만 $a = 1.8W$가 실질적으로 사용되는 값이다.

모서리의 각을 죽이는 방법은 아래 그림에 보인 바와 같이 계단형 접합이나 T형 접합의 불연속점에도 사용될 수 있다.

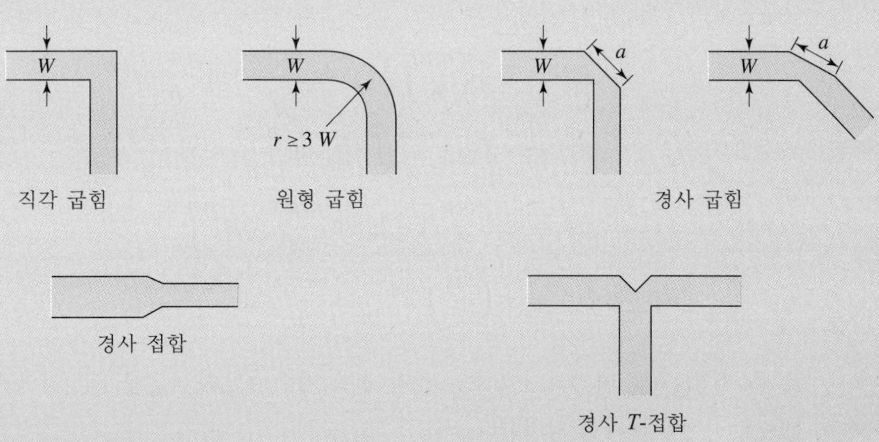

참고문헌: T. C. Edwards, *Foundations for Microwave Circuit Design*, John Wiley & Sons, New York, 1981.

4.7 도파관의 여기: 전기 및 자기 전류

지금까지 우리는 전자계원이 없는 상태인 경우에 유도된 파의 전파와 반사, 그리고 투과에 대해서 논해 왔지만, 분명한 것은 도파관이나 전송선로가 발전기나 다른 종류의 전력 소스와 결합되어 있어야 한다는 것이다. TEM이나 준TEM 선로인 경우 주어진 전원에 의해 여기되는 전파모드는 급전과 연관된 리액턴스(저장된 에너지)는 있을 수 있지만, 대개 하나 밖에 존재하지 않는다. 도파관의 경우에는, 에너지를 저장하는 소멸모드와 함께 여러 개의 전파모드가 여기될 수도 있다. 이 절에서는 임의의 전기 및 자기 전류원에 의한 주어진 도파관 모드의 여기를 결정하는 공식을 찾아보도록 하겠다. 이 이론은 여기상태와 프로브 및 루프 급전선의 입력 임피던스를 구하는데 이용될 수 있으며, 다음 절에서는 개구들에 의한 도파관의 여기를 결정하는 데 사용될 수 있다.

오직 하나의 도파관 모드를 여기하는 전류면

그림 4.26에 나타낸 바와 같이 $z = 0$에서 횡단면에 전기 표면전류 밀도를 갖는 무한히 긴 직사각형 도파관을 고려하여 보자. 우선 이 전류의 $\hat{x}$와 $\hat{y}$ 성분은 다음과 같이 주어진다고 가정하자:

$$\bar{J}_s^{\mathrm{TE}}(x, y) = -\hat{x}\frac{2A_{mn}^{+}n\pi}{b}\cos\frac{m\pi x}{a}\sin\frac{n\pi y}{b} + \hat{y}\frac{2A_{mn}^{+}m\pi}{a}\sin\frac{m\pi x}{a}\cos\frac{n\pi y}{b}. \quad (4.111)$$

이러한 전류는 전류원으로부터 $+z$와 $-z$의 모든 방향으로 멀어지며 전파하는 단일 TE_{mn} 도파관 모드를 발생시킨다.

표 3.2로부터 양의 방향과 음의 방향으로 전파하는 TE_{mn} 도파관 모드의 횡단면 전자계 성분은

$$E_x^{\pm} = Z_{\mathrm{TE}}\left(\frac{n\pi}{b}\right)A_{mn}^{\pm}\cos\frac{m\pi x}{a}\sin\frac{n\pi y}{b}e^{\mp j\beta z} \quad (4.112a)$$

$$E_y^{\pm} = -Z_{\mathrm{TE}}\left(\frac{m\pi}{a}\right)A_{mn}^{\pm}\sin\frac{m\pi x}{a}\cos\frac{n\pi y}{b}e^{\mp j\beta z} \quad (4.112b)$$

$$H_x^{\pm} = \pm\left(\frac{m\pi}{a}\right)A_{mn}^{\pm}\sin\frac{m\pi x}{a}\cos\frac{n\pi y}{b}e^{\mp j\beta z} \quad (4.112c)$$

$$H_y^{\pm} = \pm\left(\frac{n\pi}{b}\right)A_{mn}^{\pm}\cos\frac{m\pi x}{a}\sin\frac{n\pi y}{b}e^{\mp j\beta z} \quad (4.112d)$$

로 쓸 수 있는데, 여기서 ±부호는 각각 진폭 계수 A_{mn}^{+}와 A_{mn}^{-}를 가지며 $+z$ 방향과 $-z$ 방향으로 진행하는 파를 의미한다.

식 (1.36)과 식 (1.37)로부터 위의 식은 $z = 0$에서 다음과 같은 경계조건을 만족해야 한다:

$$(\bar{E}^{+} - \bar{E}^{-}) \times \hat{z} = 0, \quad (4.113a)$$

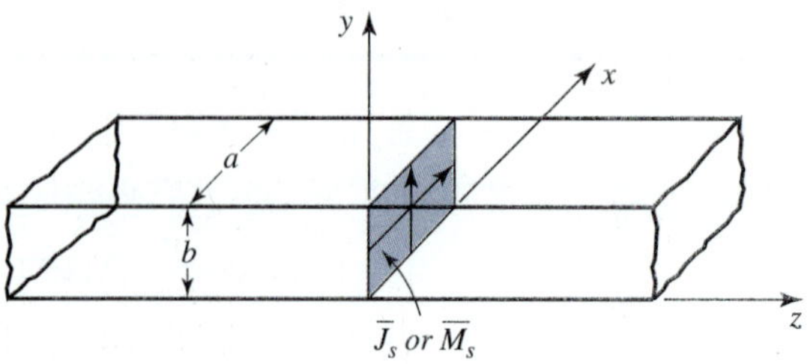

그림 4.26 $z = 0$에 표면전류 밀도를 갖는 무한히 긴 직사각형 도파관

$$\hat{z} \times (\bar{H}^{+} - \bar{H}^{-}) = \bar{J}_s. \tag{4.113b}$$

식 (4.113a)는 전계의 횡단면 성분이 $z = 0$에서 연속이어야 함을 의미하며 식 (4.112a)와 식 (4.112b)에 적용하면

$$A_{mn}^{+} = A_{mn}^{-} \tag{4.114}$$

가 된다. 또한 식 (4.113b)는 횡단면 자계의 불연속점은 전기 표면전류 밀도와 같다는 것을 의미한다. 따라서 $z = 0$에서의 표면전류 밀도는 식 (4.114)을 사용하면

$$\begin{aligned}\bar{J}_s &= \hat{y}\left(H_x^{+} - H_x^{-}\right) - \hat{x}\left(H_y^{+} - H_y^{-}\right)\\ &= -\hat{x}\frac{2A_{mn}^{+}n\pi}{b}\cos\frac{m\pi x}{a}\sin\frac{n\pi y}{b} + \hat{y}\frac{2A_{mn}^{+}m\pi}{a}\sin\frac{m\pi x}{a}\cos\frac{n\pi y}{b}\end{aligned} \tag{4.115}$$

가 되어야 한다. 이 전류는 식 (4.111)의 전류와 같은데, 이것은 유일성 정리에 의하여 맥스웰 방정식과 모든 경계조건을 만족하기 때문에 이러한 전류는 각각의 방향으로 전파하는 TE_{mn} 모드만을 여기시킴을 의미한다.

TM_{mn} 모드만을 여기시키는 이와 유사한 전기 전류에서는

$$\bar{J}_s^{\mathrm{TM}}(x, y) = \hat{x}\frac{2B_{mn}^{+}m\pi}{a}\cos\frac{m\pi x}{a}\sin\frac{n\pi y}{b} + \hat{y}\frac{2B_{mn}^{+}n\pi}{b}\sin\frac{m\pi x}{a}\cos\frac{n\pi y}{b} \tag{4.116}$$

가 되는데, 이 전류가 적절한 경계조건을 만족시켜주는 TM_{mn} 모드를 여기시킴을 증명하는 것은 연습문제로 남겨 놓겠다.

자기 표면전류 평면에 대해서도 유사한 결과가 유도될 수 있다. 식 (1.36)과 식 (1.37)로부터 적절한 경계조건은

$$(\bar{E}^{+} - \bar{E}^{-}) \times \hat{z} = \bar{M}_s \tag{4.117a}$$

$$\hat{z} \times (\bar{H}^{+} - \bar{H}^{-}) = 0 \tag{4.117b}$$

이다. $z = 0$에 자기전류 평면에 대해서는 식 (4.112)의 TE_{mn} 도파관 모드의 전계가 식 (4.117b)에 의해 연속적인 H_x와 H_y의 전자계 성분을 가져야 한다. 따라서

$$A_{mn}^{+} = -A_{mn}^{-} \tag{4.118}$$

가 된다. 식 (4.117a)를 적용하면 전원 전류는

$$\bar{M}_s^{\mathrm{TE}} = \frac{-\hat{x}2Z_{\mathrm{TE}}A_{mn}^{+}m\pi}{a}\sin\frac{m\pi x}{a}\cos\frac{n\pi y}{b} - \hat{y}\frac{2Z_{\mathrm{TE}}A_{mn}^{+}n\pi}{b}\cos\frac{m\pi x}{a}\sin\frac{n\pi y}{b} \tag{4.119}$$

가 된다.

오직 TM_{mn} 모드만을 여기시키는 자기 표면전류는

$$\bar{M}_s^{\mathrm{TM}} = \frac{-\hat{x}2B_{mn}^{+}n\pi}{b}\sin\frac{m\pi x}{a}\cos\frac{n\pi y}{b} + \frac{\hat{y}2B_{mn}^{+}m\pi}{a}\cos\frac{m\pi x}{a}\sin\frac{n\pi y}{b} \tag{4.120}$$

가 된다. 이러한 결과로부터 적절한 형태의 전기, 혹은 자기 전류 평면에 의해 하나의 도파관 모드만 선별적으로 여기시키고 다른 모든 모드는 제거시킬 수 있다는 것을 알 수 있다. 그러나 실질적으로 이러한 전류는 발생시키기에 매우 어려우며, 보통은 하나 혹은 두 개의 프로브나 루프들로 근사화 된다. 이러한 경우에 많은 모드가 여기될 수 있지만 보통 이러한 모드의 대부분은 소멸된다.

임의의 전기 혹은 자기 전류원으로부터의 모드 여기

이제 임의의 전기 혹은 자기 전류원에 의한 도파관 모드의 여기[4]를 고려하여 보자. 그림 4.27을 참고하여 두 개의 횡단면 z_1과 z_2 사이에 위치한 전기 전류원 $\bar{J}$를 고려하자. 이 전류는 $+z$ 방향으로 진행하는 전자계 E^+와 H^+ 및 $-z$ 방향으로 진행하는 전자계 $\bar{E}^-$와 $\bar{H}^-$를 발생시킨다. 이러한 전자계는 다음과 같은 도파관 모드로 표현될 수 있다.

$$\bar{E}^+ = \sum_n A_n^+\bar{E}_n^+ = \sum_n A_n^+(\bar{e}_n + \hat{z}e_{zn})e^{-j\beta_n z} \qquad (z > z_2) \tag{4.121a}$$

$$\bar{H}^+ = \sum_n A_n^+\bar{H}_n^+ = \sum_n A_n^+(\bar{h}_n + \hat{z}h_{zn})e^{-j\beta_n z} \qquad (z > z_2) \tag{4.121b}$$

$$\bar{E}^- = \sum_n A_n^-\bar{E}_n^- = \sum_n A_n^-(\bar{e}_n - \hat{z}e_{zn})e^{j\beta_n z} \qquad (z < z_1) \tag{4.121c}$$

$$\bar{H}^- = \sum_n A_n^-\bar{H}_n^- = \sum_n A_n^-(-\bar{h}_n + \hat{z}h_{zn})e^{j\beta_n z} \qquad (z < z_1)\,. \tag{4.121d}$$

여기서 단 하나의 첨자 n은 모든 가능한 TE나 TM 모드를 표현하기 위하여 사용되었다. 주어진 전류 $\bar{J}$에 대해 $\bar{M}_1 = \bar{M}_2 = 0$으로 놓고, 식 (1.155)의 로렌츠 가역정리를 사용하여 (왜냐하면 여기서는 전기적 전류원만 사용되었음) 미지의 진폭 A_n^+를 계산할 수 있다:

$$\oint_S (\bar{E}_1 \times \bar{H}_2 - \bar{E}_2 \times \bar{H}_1)\cdot d\bar{s} = \int_V (\bar{E}_2\cdot\bar{J}_1 - \bar{E}_1\cdot\bar{J}_2)\,dv\,.$$

여기서, S는 체적 V를 둘러싼 닫힌 평면이고 $\bar{E}_i$와 $\bar{H}_i$는 전류원 $\bar{J}_i (i = 1$, 혹은 2에 대해)에 의해 형성되는 전자계이다.

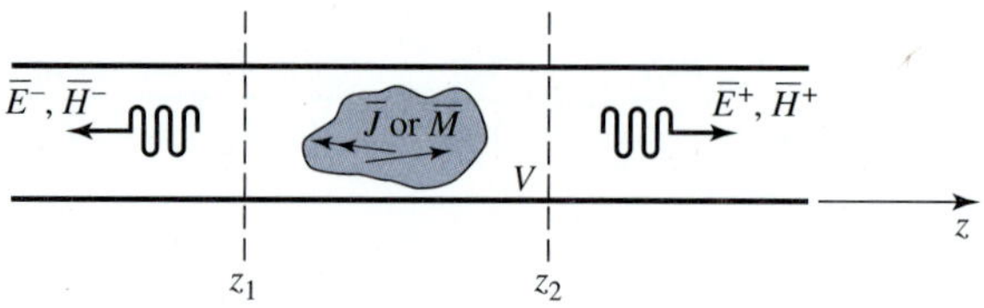

그림 4.27 무한히 긴 도파관에서의 임의의 전기 혹은 자기 전류 전원

이 문제에 가역정리를 적용하기 위하여 체적 V를 횡단면 z_1과 z_2 그리고 도파관 벽들로 만들어지는 영역이라고 한다. $z \geq z_2$ 혹은 $z \leq z_1$에 따라 달라지게 $\bar{E}_1 = \bar{E}^{\pm}$, $\bar{H}_1 = \bar{H}^{\pm}$로 놓으면, $\bar{E}_2$와 $\bar{H}_2$를 $-z$ 방향으로 진행하는 n번째 도파관 모드라고 하자:

$$\bar{E}_2 = \bar{E}_n^- = (\bar{e}_n - \hat{z}e_{zn})e^{j\beta_n z}$$

$$\bar{H}_2 = \bar{H}_n^- = (-\bar{h}_n + \hat{z}h_{zn})e^{j\beta_n z}.$$

가역정리를 위의 형태에 대입하면 $\bar{J}_i = \bar{J}$로 놓고 $\bar{J}_2 = 0$로 놓을 때

$$\oint_S (\bar{E}^{\pm} \times \bar{H}_n^- - \bar{E}_n^- \times \bar{H}^{\pm}) \cdot d\bar{s} = \int_V \bar{E}_n^- \cdot \bar{J}dv \tag{4.122}$$

가 된다. 도파관 벽을 따라서 계산한 표면적분 부분은 그 곳에서의 접선 전계성분이 0이므로 사라지게 된다. 즉, 도파관 벽 위에서 $\bar{E} \times \bar{H} \cdot \hat{z} = \bar{H} \cdot (\hat{z} \times \bar{E}) = 0$이 된다. 따라서 평면 z_1과 z_2에서 도파관의 단면 S_0를 따라서 계산한 적분은 없어지며 도파관 모드는 도파관의 단면에 대해 직교하게 된다:

$$\int_{S_0} \bar{E}_m^{\pm} \times \bar{H}_n^{\pm} \cdot d\bar{s} = \int_{S_0} (\bar{e}_m \pm \hat{z}e_{zn}) \times (\pm\bar{h}_n + \hat{z}h_{zn}) \cdot \hat{z}\, ds$$

$$= \pm \int_{S_0} \bar{e}_m \times \bar{h}_n \cdot \hat{z}\, ds = 0 \qquad (m \neq n). \tag{4.123}$$

식 (4.121)와 식 (4.123)을 사용하면 식 (4.122)은

$$A_n^+ \int_{z_2} (\bar{E}_n^+ \times \bar{H}_n^- - \bar{E}_n^- \times \bar{H}_n^+) \cdot d\bar{s} + A_n^- \int_{z_1} (\bar{E}_n^- \times \bar{H}_n^- - \bar{E}_n^- \times \bar{H}_n^-) \cdot d\bar{s}$$
$$= \int_V \bar{E}_n^- \cdot \bar{J}dv$$

가 된다. 두 번째 적분이 사라지므로 이 식은 더 줄어들어서

$$A_n^+ \int_{z_2} [(\bar{e}_n + \hat{z}e_{zn}) \times (-\bar{h}_n + \hat{z}h_{zn}) - (\bar{e}_n - \hat{z}e_{zn}) \times (\bar{h}_n + \hat{z}h_{zn})] \cdot \hat{z}\, ds$$
$$= -2A_n^+ \int_{z_2} \bar{e}_n \times \bar{h}_n \cdot \hat{z}\, ds = \int_V \bar{E}_n^- \cdot \bar{J}\, dv$$

또는

$$A_n^+ = \frac{-1}{P_n} \int_V \bar{E}_n^- \cdot \bar{J}dv = \frac{-1}{P_n} \int_V (\bar{e}_n - \hat{z}e_{zn}) \cdot \bar{J}e^{j\beta_n z}dv \tag{4.124}$$

가 되는데, 여기서

$$P_n = 2\int_{S_0} \bar{e}_n \times \bar{h}_n \cdot \hat{z}\, ds \tag{4.125}$$

는 n번째 모드의 전력 흐름에 비례하는 정규화 상수이다.

$\bar{E}_2 = \bar{E}_n^+$, $\bar{H}_2 = \bar{H}_n^+$로 놓고 위의 과정을 반복하면 음의 방향으로 진행하는 파의 진폭은 다음과 같이 유도될 수 있다.

$$A_n^- = \frac{-1}{P_n}\int_V \bar{E}_n^+ \cdot \bar{J}\,dv = \frac{-1}{P_n}\int_V (\bar{e}_n + \hat{z}e_{zn}) \cdot \bar{J}e^{-j\beta_n z}dv. \tag{4.126}$$

모드적인 전자장이 정의되어 있을 수 있는 경우에는, 위의 결과식은 모든 형태의 도파관(스트립 선로나 마이크로스트립 선로와 같은 평면형 선로를 포함하여)에 적용될 수 있는 아주 일반적인 식이다. 이 이론을 프로브로 급전시키는 직사각형 도파관의 문제에 적용하는 경우가 예제 4.8에 나타나 있다.

예제 4.8 프로브로 급전하는 직사각형 도파관

그림 4.28에 나타낸 바와 같이 프로브로 급전하는 직사각형 도파관에 있어서 TE_{10} 모드만이 전파하는 모드라고 가정하고, 전방과 후방으로 진행하는 TE_{10} 모드의 진폭과 프로브에서 들여다본 입력저항을 계산하라.

☞ 풀이

전류 프로브가 무한히 작은 직경을 갖고 있다고 가정하면, 전원의 체적 전류밀도 $\bar{J}$는 $0 \le y \le b$에 대해

$$\bar{J}(x, y, z) = I_0\delta\left(x - \frac{a}{2}\right)\delta(z)\hat{y}$$

로 쓸 수 있다. 3장으로부터 TE_{10} 모드의 전자장은 다음과 같이 쓰여진다.

$$\bar{e}_1 = \hat{y}\sin\frac{\pi x}{a},$$

$$\bar{h}_1 = \frac{-\hat{x}}{Z_1}\sin\frac{\pi x}{a}.$$

여기서 $Z_1 = k_0\eta_0/\beta_1$은 TE_{10}파의 파동임피던스이다. 식 (4.125)로부터 정규화 상수 P_1은

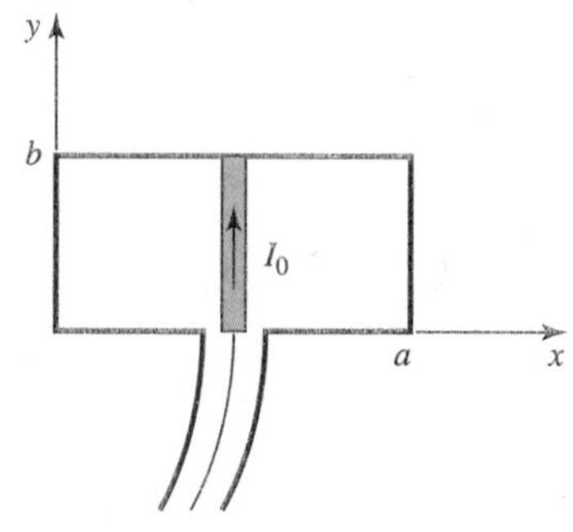

그림 4.28 직사각형 도파관에서의 균일 전류 프로브

$$P_1 = \frac{2}{Z_1}\int_{x=0}^{a}\int_{y=0}^{b}\sin^2\frac{\pi x}{a}dx\,dy = \frac{ab}{Z_1}$$

가 된다. 따라서 식 (4.124)로부터 진폭 A_1^+는

$$A_1^+ = \frac{-1}{P_1}\int_V \sin\frac{\pi x}{a}e^{j\beta_1 z}I_0\delta\left(x-\frac{a}{2}\right)\delta(z)dx\,dy\,dz = \frac{-I_0 b}{P_1} = \frac{-Z_1 I_0}{a}$$

가 되며, 유사하게

$$A_1^- = \frac{-Z_1 I_0}{a}$$

가 된다.

만약 TE_{10} 모드만이 도파관 내에서 전파하는 모드이면, 이 모드가 모든 평균전력을 수송하므로, Z_1이 실수일 때 다음과 같이 계산되어질 수 있다.

$$\begin{aligned}P &= \frac{1}{2}\int_{S_0}\bar{E}^+\times\bar{H}^{+*}\cdot d\bar{s} + \frac{1}{2}\int_{S_0}\bar{E}^-\times\bar{H}^{-*}\cdot d\bar{s}\\ &= \int_{S_0}\bar{E}^+\times\bar{H}^{+*}\cdot d\bar{s}\\ &= \int_{x=0}^{a}\int_{y=0}^{b}\frac{|A_1^+|^2}{Z_1}\sin^2\frac{\pi x}{a}\,dx\,dy\\ &= \frac{ab|A_1^+|^2}{2Z_1}\end{aligned}$$

이 된다. 프로브로부터 들여다본 입력저항이 R_{in}이고 터미널 전류는 I_0이므로 $P = I_0^2R_{\text{in}}/2$가 되어 입력저항은

$$R_{\text{in}} = \frac{2P}{I_0^2} = \frac{ab|A_1^+|^2}{I_0^2 Z_1} = \frac{bZ_1}{a}$$

이 된다. 이것은 Z_1이 실수(전파하는 TE_{10} 모드에 해당)일 때 R_{in}이 실수가 된다. ◀

자기 전류원 $\bar{M}$에 대해서도 유사한 결과를 유도할 수 있다. 이 전류원은 식 (4.121)에서 보인 바와 같이 도파관 모도의 중첩으로 표현되는 양과 음의 방향으로 진행하는 파동 또한 발생시킨다. $\bar{J}_1 = \bar{J}_2 = 0$으로 놓으면 식 (1.155)의 가역정리에 의해

$$\oint_S(\bar{E}_1\times\bar{H}_2 - \bar{E}_2\times\bar{H}_1)\cdot d\bar{s} = \int_V(\bar{H}_1\cdot\bar{M}_2 - \bar{H}_2\cdot\bar{M}_1)dv \tag{4.127}$$

로 된다. 전기 전류의 경우에 대해서도 같은 과정을 따르면 n번째 도파관 모드의 여기계수는

$$A_n^+ = \frac{1}{P_n}\int_V \bar{H}_n^-\cdot\bar{M}\,dv = \frac{1}{P_n}\int_V(-\bar{h}_n + \hat{z}h_{zn})\cdot\bar{M}e^{j\beta_n z}\,dv \tag{4.128}$$

$$A_n^- = \frac{1}{P_n}\int_V \bar{H}_n^+\cdot\bar{M}\,dv = \frac{1}{P_n}\int_V(\bar{h}_n + \hat{z}h_{zn})\cdot\bar{M}e^{-j\beta_n z}\,dv \tag{4.129}$$

가 되는데, 여기서 P_n은 식 (4.125)에 정의되어져 있다.

4.8 도파관의 여기: 개구면 결합

앞 절에서 논한 프로브와 폐루프 급전 외에도 도파관과 다른 전송선로는 작은 개구면을 통하여 결합될 수 있다. 이러한 결합의 일반적인 응용에는 방향성 결합기와 전력 분배기가 있으며, 하나의 도파관으로부터 입사한 전력이 공통 벽면에 있는 작은 개구면을 통해 다른 도파관으로 결합되도록 구성되어 있다. 그림 4.29에 개구면 결합이 채택된 여러 형태의 도파관과 다른 전송선로 배치가 나타나 있다. 먼저 작은 개구면은 무한히 작은 미소 전기 혹은 자기 쌍극자로 표현될 수 있다는 사실에 대한 직관적인 설명을 하고, 다음에 4.7절의 결과를 이용하여 이러한 등가전류에 의해 발생하는 전자계를 계산하겠다. 우리의 해석은 다소 현상학적이지만[4], [10], 등가이론에 근거한 개구면결합의 보다 진보된 이론은 참고문헌 [11]에서 찾아볼 수 있다.

그림 4.30a는 도체벽면 가까이에 있는 법선성분의 전기력선을 보여주는데(접선성분의 전계는 벽면 부근에서 0이다). 만약 작은 개구면이 도체에 뚫리면 전기력선은 그림 4.30b에 나타낸 바와 같이 개구면을 통과하여, 그 주변을 에워싸는 형태로 나타난다. 그림 4.30c는 두 개의 미소 전기 분극전류 $\bar{P}_e$ 주변으로 도체 벽에 수직인(개구면이 없을 때) 테두리계들을 보여준다. 그림 4.30c와 4.30b의 전자장선의 유사성으로부터, 법선성분의 전계에 의해 여기되는 개구면은 닫힌 도체벽면에 수직인 두 개의 반대방향으로 향하는 미소 전기 분극전류 $\bar{P}_e$에 의해 표현될 수 있음을 알 수 있다. 이 분극전류의 강도는 법선성분의

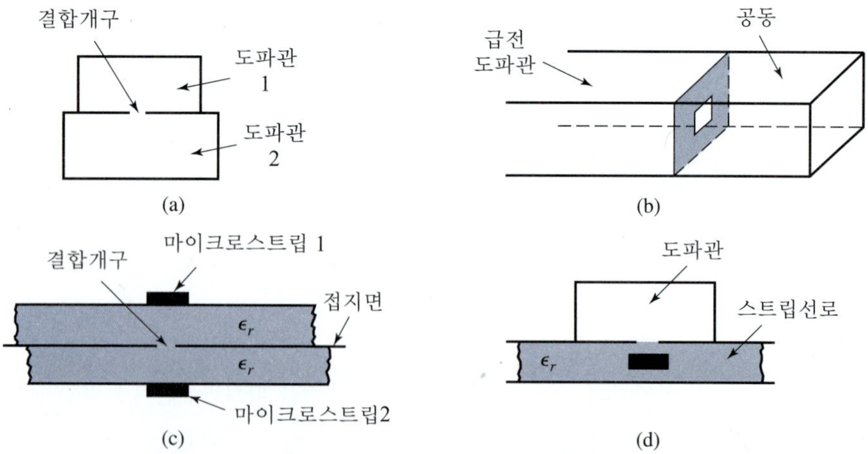

그림 4.29 개구면 결합을 이용한 여러 형태의 도파관과 기타 전송선로의 구조. (a) 공통된 넓은 벽면에 있는 개구면을 통한 두 도파관 사이의 결합, (b) 횡단면 벽에 있는 개구면을 통한 도파관 공동으로의 결합, (c) 공통 접지 평면에 있는 개구면을 통한 두 개의 마이크로스트립 선로 사이의 결합, (d) 개구면을 통한 도파관으로부터 스트립 선로로의 결합

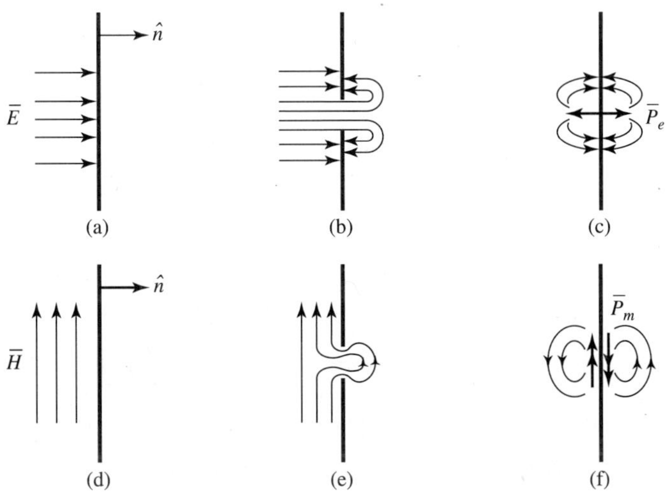

그림 4.30 도체 벽면의 개구면에서 등가 전기 및 자기 분극 전류의 발생. (a) 도체 벽면에서의 법선성분의 전계, (b) 도체 벽면에서 개구면 주변의 전기력선, (c) 도체 벽면에 수직인 전기 분극 전류 주변의 전기력선, (d) 도체 벽면의 주변의 자기력선, (e) 도체 벽면의 개구면 주변에서의 자기력선, (f) 도체 벽면에 평행한 자기 분극 전류 주변의 자기력선

전계에 비례한다. 따라서

$$\bar{P}_e = \epsilon_0 \alpha_e \hat{n} E_n \delta(x - x_0)\delta(y - y_0)\delta(z - z_0) \tag{4.130}$$

이며, 여기서 α_e는 개구면의 **전기 분극률**로 정의되고, (x_0, y_0, z_0)는 개구면 중심의 좌표이다. 유사하게, 그림 4.30e는 작은 개구면 근처에서의 접선성분의 자기력선의 테두리를 보여준다(도체에서 자계의 법선성분은 0이다). 이러한 자기력선은[그림 4.30f에 보인 바와 같이] 도체벽면에 평행하게 위치해 있는 두 개의 자기 분극전류에 의해 발생하는 것과 유사하므로, 이 개구면은 두 개의 반대방향으로 향한 미소 분극전류 $\bar{P}_m$로 대치될 수 있다. 여기서

$$\bar{P}_m = -\alpha_m \bar{H}_t \delta(x - x_0)\delta(y - y_0)\delta(z - z_0) \tag{4.131}$$

이다. 식 (4.131)에서 α_m은 개구면의 **자기 분극률**로 정의된다.

전기 및 자기 분극률은 개구면의 크기와 모양에 따라 좌우되는 상수이며, 여러 종류의 간단한 모양에 대해 유도되어 있다[3], [10], [11]. 가장 일반적으로 사용되는 원형 및 직사각형 개구면에 대한 분극률을 표 4.3에 나타내었다.

표 4.3 전기 및 자기 분극

개구면 형상	α_e	α_m
둥근 구멍	$\dfrac{2r_0^3}{3}$	$\dfrac{4r_0^3}{3}$
직사각형 슬롯 (슬롯을 지나는 $\bar{H}$)	$\dfrac{\pi \ell d^2}{16}$	$\dfrac{\pi \ell d^2}{16}$

이제 전기 및 자기 분극률 $\bar{P}_e$와 $\bar{P}_m$은 각각 전기 및 자기 전류원 $\bar{J}$와 $\bar{M}$에 연관지을 수 있음을 보이겠다. 식 (1.27a)와 (1.27b)에 나타낸 맥스웰 방정식

$$\nabla \times \bar{E} = -j\omega\mu\bar{H} - \bar{M} \tag{4.132a}$$

$$\nabla \times \bar{H} = j\omega\epsilon\bar{E} + \bar{J} \tag{4.132b}$$

로부터 $\bar{P}_e$과 $\bar{P}_m$을 정의하는 식 (1.15)와 (1.23)을 사용하면

$$\nabla \times \bar{E} = -j\omega\mu_0\bar{H} - j\omega\mu_0\bar{P}_m - \bar{M} \tag{4.133a}$$

$$\nabla \times \bar{H} = j\omega\epsilon_0\bar{E} + j\omega\bar{P}_e + \bar{J} \tag{4.133b}$$

가 된다. 따라서 $\bar{M}$은 이 방정식에서 $j\omega\mu_0\bar{P}_m$과 같은 역할을 하고 $\bar{J}$는 $j\omega\bar{P}_e$와 같은 역할을 하기 때문에 다음과 같이 등가전류를 정의할 수 있다:

$$\bar{J} = j\omega\bar{P}_e \tag{4.134a}$$

$$\bar{M} = j\omega\mu_0\bar{P}_m. \tag{4.134b}$$

이들 결과는 우리가 식 (4.124), (4.126), (4.128) 그리고 (4.129)에 주어진 공식을 이용하여 이러한 전류로부터 발생되는 전자계를 계산해 낼 수 있도록 한다.

위의 이론은 분극률을 계산할 때 여러 가지 가정들을 포함시켰기 때문에 근사치에 불과하지만, 일반적으로 개구면이 작을 경우(전기적 파장에 비해 상대적으로 작은 것을 의미함)와 도파관의 가장자리나 구석에 너무 가까이 위치하지 않을 경우에는 쓸만한 결과를 제공해 준다. 더구나 식 (4.130)와 (4.131)에 주어진 등가 쌍극자는 도체 벽면이 있을 때 방사하여 개구면을 통해 전자장이 투과할 수 있게 해준다. 도체 벽면의 입력 쪽에 있는 전자장은 개구면이 있음으로 인하여 영향을 받는데, 이 효과는 도체의 입사측에 있는 등가 쌍극자에 의해 나타난다(이것은 출력측에 있는 효과의 음의 값이다). 이와 같은 방법으로 접선성분의 전자계의 연속성은 개구면에 걸쳐서 보존된다. 이 양자의 경우에 (밀폐된) 도체 벽면이 존재하면 영상이론을 사용하여 벽을 제거하고 쌍극자의 강도를 두 배로 고려할 수 있도록 해준다. 자세한 사항들은 이 이론을 도파관의 횡단면과 넓은 벽에 있는 개구면에 적용해 보면 명확해질 것이다.

도파관의 횡단면 벽에 있는 개구면을 통한 결합

그림 4.31a에 나타낸 바와 같이 도파관의 횡단면 벽의 중앙에 위치한 작은 원형 개구면을 생각하여 보자. TE_{10} 모드만이 도파관을 전파하고 이 모드가 $z < 0$인 횡단면 벽으로 입사한다고 가정하면, 그림 4.31b에 나타낸 바와 같이 개구면이 막혀 있을 때 $z < 0$인 영역에서의 정재파 계는

$$E_y = A\left(e^{-j\beta z} - e^{j\beta z}\right) \sin \frac{\pi x}{a} \tag{4.135a}$$

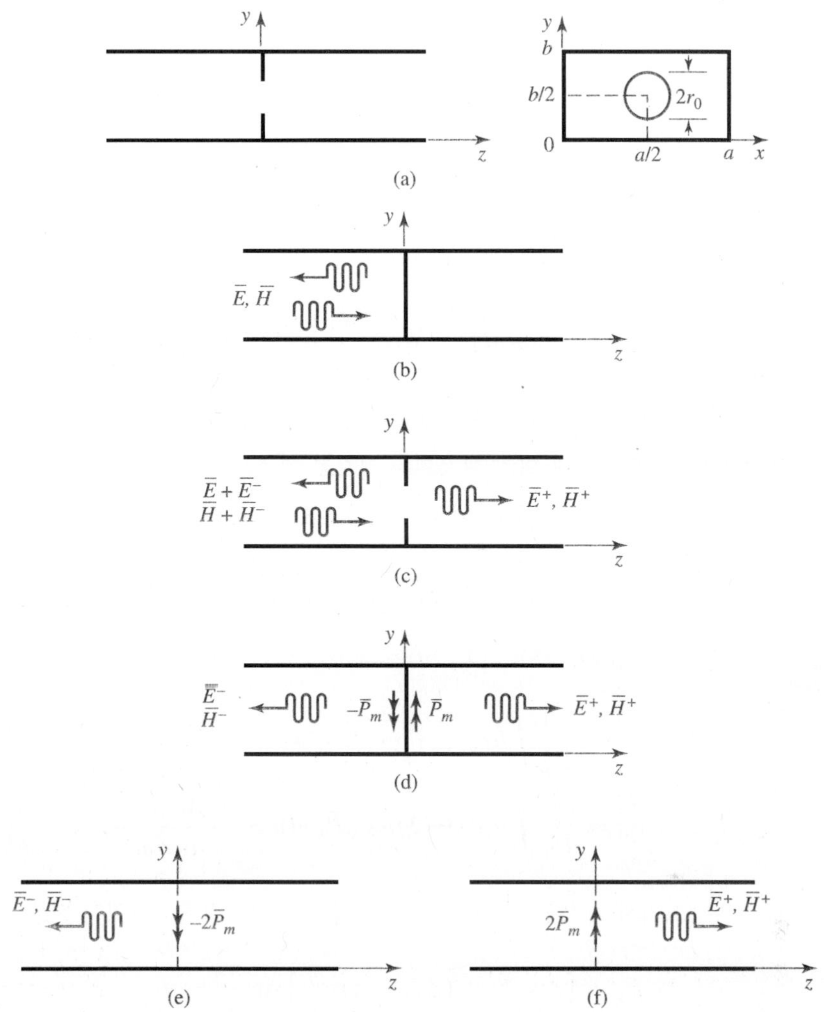

그림 4.31 도파관의 횡단면 벽에 있는 개구면의 문제에 작은 구멍에 의한 결합 이론과 영상이론을 적용한 예. (a) 도파관의 횡단면 벽에 있는 원형 개구면의 기하학적 구조, (b) 개구면이 닫혀 있을 때의 전자계, (c) 개구면이 열려 있을 때의 전자계, (d) 개구면이 닫혀 있어서 등가 쌍극자로 대치되었을 때의 전자계, (e) $z < 0$인 영역에서 등가 쌍극자에 의해 방사되는 전자장: 벽은 영상이론에 의해 제거되었다. (f) $z > 0$인 영역에서 등가 쌍극자에 의해 방사되는 전자계: 벽은 영상이론에 의해 제거되었다.

$$H_x = \frac{-A}{Z_{10}}\left(e^{-j\beta z} + e^{j\beta z}\right)\sin\frac{\pi x}{a} \tag{4.135b}$$

가 된다. 여기서, β와 Z_{10}은 TE_{10} 모드에 대한 전파상수와 파동임피던스이다. 식 (4.130)와 (4.131)에서 등가 전기 및 자기 분극전류는

$$\bar{P}_e = \hat{z}\epsilon_0\alpha_e E_z\delta\left(x - \frac{a}{2}\right)\delta\left(y - \frac{b}{2}\right)\delta(z) = 0 \tag{4.136a}$$

$$\bar{P}_m = -\hat{x}\alpha_m H_x \delta\left(x-\frac{a}{2}\right)\delta\left(y-\frac{b}{2}\right)\delta(z)$$

$$= \hat{x}\frac{2A\alpha_m}{Z_{10}}\delta\left(x-\frac{a}{2}\right)\delta\left(y-\frac{b}{2}\right)\delta(z) \tag{4.136b}$$

가 되며, 그 이유는 TE 모드에서 $E_z = 0$이기 때문이다. 이제 식 (4.134b)에 의하면 자기 분극전류 $\bar{P}_m$는 자기 전류밀도와 동일하다:

$$\bar{M} = j\omega\mu_0 \bar{P}_m = \hat{x}\frac{2j\omega\mu_0 A\alpha_m}{Z_{10}}\delta\left(x-\frac{a}{2}\right)\delta\left(y-\frac{b}{2}\right)\delta(z). \tag{4.137}$$

그림 4.31d에 나타낸 바와 같이 개구면에 의해 산란되는 전자계는 닫힌 벽의 양쪽에 있는 등가전류 $\bar{P}_m$와 $-\bar{P}_m$에 의해 형성되는 것으로 간주된다. 도체벽면의 존재는 영상이론을 이용하면 쉽게 설명이 되는데, 이것은 그림 4.31e($z < 0$)와 그림 4.31f($z > 0$)에 보인 바와 같이 벽을 제거하고 쌍극자 강도를 두 배로 해주는 효과를 갖는다. 따라서 등가 개구면 전류에 의해 발생되는 투과파와 반사파의 계수는 $\bar{h}_{10} = (-\hat{x}/Z_{10})\sin(\pi x/a)$이고, $P_{10} = ab/Z_{10}$이므로 식 (4.128)와 (4.129)에 식 (4.137)을 사용하여 계산하면

$$A_{10}^{+} = \frac{-1}{P_{10}}\int \bar{h}_{10}\cdot(2j\omega\mu_0\bar{P}_m)dv = \frac{4jA\omega\mu_0\alpha_m}{abZ_{10}} = \frac{4jA\beta\alpha_m}{ab} \tag{4.138a}$$

$$A_{10}^{-} = \frac{-1}{P_{10}}\int \bar{h}_{10}\cdot(-2j\omega\mu_0\bar{P}_m)dv = \frac{4jA\omega\mu_0\alpha_m}{abZ_{10}} = \frac{4jA\beta\alpha_m}{ab} \tag{4.138b}$$

이 된다. 여기서 자기분극률 α_m은 표 4.3에 나타내어져 있다. 이제 전체 전자계는

$$E_y = \left[Ae^{-j\beta z} + (A_{10}^{-} - A)e^{j\beta z}\right]\sin\frac{\pi x}{a} \qquad (z<0) \tag{4.139a}$$

$$H_x = \frac{1}{Z_{10}}[-Ae^{-j\beta z} + (A_{10}^{-} - A)e^{j\beta z}]\sin\frac{\pi x}{a} \qquad (z<0) \tag{4.139b}$$

가 되고

$$E_y = A_{10}^{+}e^{-j\beta z}\sin\frac{\pi x}{a} \qquad (z>0) \tag{4.140a}$$

$$H_x = \frac{-A_{10}^{+}}{Z_{10}}e^{-j\beta z}\sin\frac{\pi x}{a} \qquad (z>0) \tag{4.140b}$$

가 된다.

따라서 반사 및 투과계수는 $Z_{10} = k_0\eta_0/\beta$이므로

$$\Gamma = \frac{A_{10}^{-} - A}{A} = \frac{4j\beta\alpha_m}{ab} - 1 \tag{4.141a}$$

$$T = \frac{A_{10}^{+}}{A} = \frac{4j\beta\alpha_m}{ab} \tag{4.141b}$$

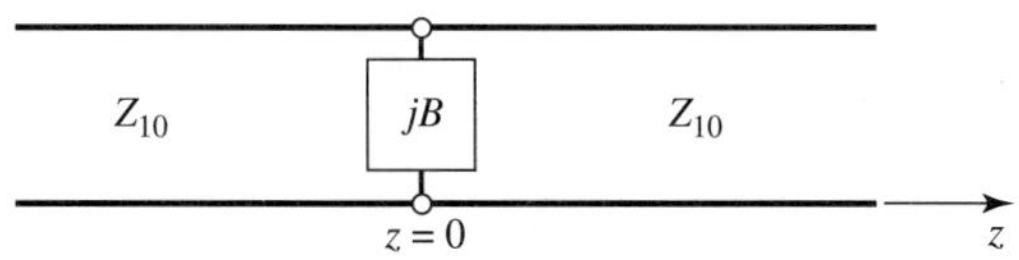

그림 4.32 횡단면 도파관 벽에 있는 개구면의 등가회로

이 된다. $|\Gamma|$가 1보다 크다는 사실에 유의하라; 이것은(수동회로망에 있어서는) 위의 이론에서 사용된 근사화에 의해 발생한 일이다. 이 문제에 대한 등가회로는 식 (4.141a)의 반사계수를 그림 4.32에 나타낸 정규화된 병렬 서셉턴스 jB를 갖는 전송선로의 반사계수와 비교하면 얻을 수 있다. 이 선로를 바라다본 반사계수는

$$\Gamma = \frac{1 - y_{\text{in}}}{1 + y_{\text{in}}} = \frac{1 - (1 + jB)}{1 + (1 + jB)} = \frac{-jB}{2 + jB}$$

가 되며, 만약 병렬 서셉턴스가 아주 크다면(낮은 임피던스), Γ는

$$\Gamma = \frac{-1}{1 + (2/jB)} \simeq -1 - j\frac{2}{B}$$

로 근사화될 수 있다. 식 (4.141a)와 비교해 보면 개구면은 정규화된 유도성 서셉턴스와 같게 되며

$$B = \frac{-ab}{2\beta\alpha_m}$$

이다.

도파관 내의 격벽에 있는 개구면을 통한 결합

개구면 결합의 또다른 구조는 그림 4.33에 나타낸 바와 같이 두 개의 평행 도파관이 공통의 넓은 벽면을 공유하며 중간에 위치한 작은 개구면으로 결합되어 있는 상태이다. TE_{10} 모드가 아래에 있는 도파관(도파관 1)의 $z < 0$인 위치에서 입사한다고 가정하고 위에 있는 도파관으로 연결되는 전자계를 계산해 보자. 입사 전자계는

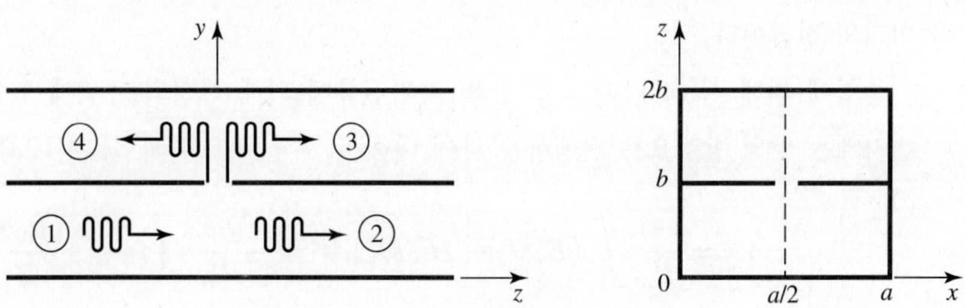

그림 4.33 하나의 넓은 공통 벽면에 있는 개구면을 통해 결합된 두 개의 평행 도파관

$$E_y = A \sin \frac{\pi x}{a} e^{-j\beta z} \tag{4.142a}$$

$$H_x = \frac{-A}{Z_{10}} \sin \frac{\pi x}{a} e^{-j\beta z} \tag{4.142b}$$

로 쓸 수 있다. $x = a/2$, $y = b$, $z = 0$인 점에 있는 개구면의 중앙에서의 여기 전자계는

$$E_y = A \tag{4.143a}$$

$$H_x = \frac{-A}{Z_{10}} \tag{4.143b}$$

가 된다(만약 개구면이 $x = a/2$되는 중앙점에 위치하지 않으면 H_z는 0이 되지 않으므로 포함되어야 한다).

이제 식 (4.130)와 (4.131), 그리고 식 (4.134)로부터 상측 도파관으로 전자계가 결합되기 위한 등가 전기 및 자기 쌍극자들은

$$J_y = j\omega\epsilon_0\alpha_e A\delta\left(x - \frac{a}{2}\right)\delta(y-b)\delta(z) \tag{4.144a}$$

$$M_x = \frac{j\omega\mu_0\alpha_m A}{Z_{10}}\delta\left(x - \frac{a}{2}\right)\delta(y-b)\delta(z) \tag{4.144b}$$

가 된다. 이 경우에 전기 및 자기 쌍극자 모두가 여기되었음에 유의하여라. 이제, 위에 있는 도파관의 전자계들을

$$E_y^- = A^- \sin \frac{\pi x}{a} e^{+j\beta z} \qquad (z < 0) \tag{4.145a}$$

$$H_x^- = \frac{A^-}{Z_{10}} \sin \frac{\pi x}{a} e^{+j\beta z} \qquad (z < 0) \tag{4.145b}$$

$$E_y^+ = A^+ \sin \frac{\pi x}{a} e^{-j\beta z} \qquad (z > 0) \tag{4.146a}$$

$$H_x^+ = \frac{-A^+}{Z_{10}} \sin \frac{\pi x}{a} e^{-j\beta z} \qquad (z > 0) \tag{4.146b}$$

이라 하자. 여기서, A^+와 A^-는 각각 위의 도파관에서 앞과 뒤의 방향으로 진행하는 파의 미지의 진폭이다.

중첩에 의해 식 (4.144)의 전기 및 자기전류에 의해 형성되는 위에 있는 도파관의 전체 전자계는 앞의 방향으로 진행하는 파에 대해서는 식 (4.124)과 식 (4.128)로부터

$$A^+ = \frac{-1}{P_{10}} \int_V (E_y^- J_y - H_x^- M_x) dv = \frac{-j\omega A}{P_{10}} \left(\epsilon_0\alpha_e - \frac{\mu_0\alpha_m}{Z_{10}^2}\right) \tag{4.147a}$$

이 되고, 뒤로 진행하는 파에 대해서는 식 (4.126)과 식 (4.129)으로부터

$$A^{-} = \frac{-1}{P_{10}} \int_V (E_y^{+} J_y - H_x^{+} M_x) dv = \frac{-j\omega A}{P_{10}} \left(\epsilon_0 \alpha_e + \frac{\mu_0 \alpha_m}{Z_{10}^2} \right) \quad (4.147b)$$

이 되는데, 여기서 $P_{10} = ab/Z_{10}$이다. 전기쌍극자는 양쪽 방향으로 같은 전자계를 여기시키지만, 자기쌍극자는 전방과 후방으로 진행하는 서로 반대로 분극화된 전자계를 여기시킴에 유의하라.

참고문헌

[1] S. Ramo, T. R. Whinnery, and T. van Duzer, *Fields and Waves in Communication Electronics*, John Wiley & Sons, N. Y., l965.

[2] A. A. Oliner, "Historical Perspectives on Microwave Field Theory," *IEEE trans. Microwave Theory and Techniques*, vol. MTT-32, pp. 1022-1045, September 1984.

[3] C. G. Montgomery, R. H. Dicke, and E. M. Purcell, eds., *Principles of Microwave Circuits*, MIT Radiation Laboratory Series, Vol. 8, McGraw-Hill, New York, 1948.

[4] R. E. Collin, *Foundations for Microwave Engineering*, 2nd edition, McGraw-Hill, New York, 1992.

[5] J. Rahola, "Power Waves and Conjugate Matching," *IEEE Transactions on Circuits and Systems*, vol. 55, pp. 92-96, January 2008.

[6] J. S. Wright, O. P. Jain, W. J. Chudobiak, and V. Makios, "Equivalent Circuits of Microstrip Impedance Discontinuities and Launchers," *IEEE Transactions on Microwave Theory and Techniques*, vol. MTT-22, pp. 48-52, January 1974.

[7] G. F. Engen and C. A. Hoer, "Thru-Reflect-Line: An Improved Technique for Calibrating the Dual Six-Port Automatic Network Analyzer," *IEEE Transactions on Microwave Theory and Techniques*, vol. MTT-27, pp. 987?998, December 1979.

[8] N. Marcuvitz, ed., *Waveguide Handbook*, MIT Radiation Laboratory Series, Vol. 10, McGraw-Hill, New York, 1948.

[9] K. C. Gupta, R. Garg, and I. J. Bahl, *Microstrip Lines and Slotlines*, Artech House, Dedham, Mass., 1979.

[10] G. Matthaei, L. Young, and E. M. T. Jones, *Microwave Filters, Impedance-Matching Networks, and Coupling Structures*, Artech House, Dedham, Mass., 1980, Chapter 5.

[11] R. E. Collin, *Field Theory of Guided Waves*, McGraw-Hill, New York, 1960.

연습문제

4.1 다음에 보인 것과 같이 직사각형 도파관의 높이가 계단형 변화를 할 경우 $z < 0$인 곳에서부터

입사한 TE_{10} 모드의 반사문제를 고려함에 있어서, 예제 4.2의 방법을 사용하면 $\Gamma = 0$이 얻어짐을 보여라. 이 해는 옳다고 생각하는가? 그 이유를 설명하라(이 문제는 하나의 모드 임피던스 관점으로는 항상 옳은 해석을 기대할 수 없다는 것을 보여준다).

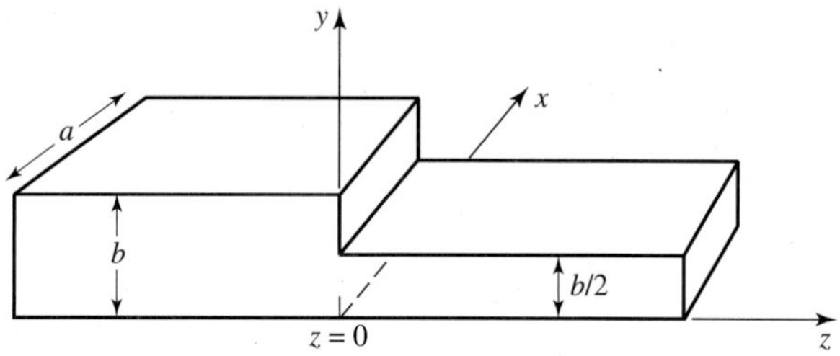

4.2 전류 I가 흐르는 직렬 RLC 회로에서 손실되는 전력과 저장되는 전기 및 자기에너지를 계산하고 입력 임피던스는 식 (4.17)로 나타내어질 수 있음을 보여라.

4.3 병렬 RLC 회로의 입력 임피던스 Z는 $Z(-\omega) = Z^*(\omega)$인 조건을 만족함을 보여라.

4.4 2포트 회로망의 양쪽 포트에 다음과 같은 값을 갖는 포트전압과 전류가 가해졌다($Z_0 = 50\,\Omega$):

$$V_1 = 10\angle 90°, \quad I_1 = 0.2\angle 90°,$$
$$V_2 = 8\angle 0°, \quad I_2 = 0.16\angle -90°.$$

각 포트에서 들여다본 입력 임피던스를 결정하고, 각 포트에서 입사하고 반사되는 파의 전압을 계산하라.

4.5 손실이 없는 N-포트 회로망의 어드미턴스 매트릭스는 순허수의 원소들만 가지고 있음을 보여라.

4.6 비가역적인 무손실 회로망은 항상 순허수의 임피던스 매트릭스를 갖는가?

4.7 아래에 보인 2포트 회로망에 대한 $[Z]$와 $[Y]$ 매트릭스를 유도하라.

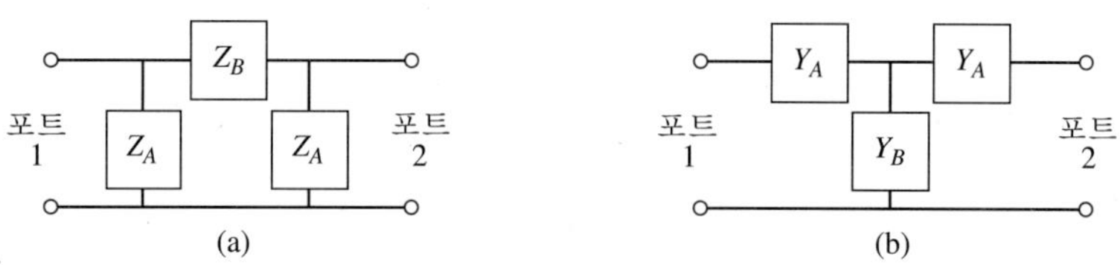

4.8 2포트 회로망에 있어서 $Z_{sc}^{(1)}$은 포트 2가 단락되었을 때, $Z_{sc}^{(2)}$는 포트 1이 단락되었을 때, $Z_{oc}^{(1)}$은 포트 2가 개방되었을 때, 그리고 $Z_{oc}^{(2)}$는 포트 1이 개방되었을 때 바라다본 입력 임피던스라고 할 때 임피던스 매트릭스의 원소들은

$$Z_{11} = Z_{oc}^{(1)}, \quad Z_{22} = Z_{oc}^{(2)}, \quad Z_{12}^2 = Z_{21}^2 = \left(Z_{oc}^{(1)} - Z_{sc}^{(1)}\right)Z_{oc}^{(2)}$$

가 됨을 보여라.

4.9 길이 ℓ, 특성 임피던스 Z_0이며 전파상수가 β인 전송선로 구간의 임피던스 파라미터들을 구하라.

4.10 그림에 나타낸 병렬접속된 두 개의 π형 2포트 회로망의 어드미턴스 매트릭스는 개별 2포트의

어드미턴스 매트릭스의 합으로 구할 수 있음을 보여라. 브리지 T형 회로의 어드미턴스 매트릭스를 구하는 데 이 결과를 적용하라.

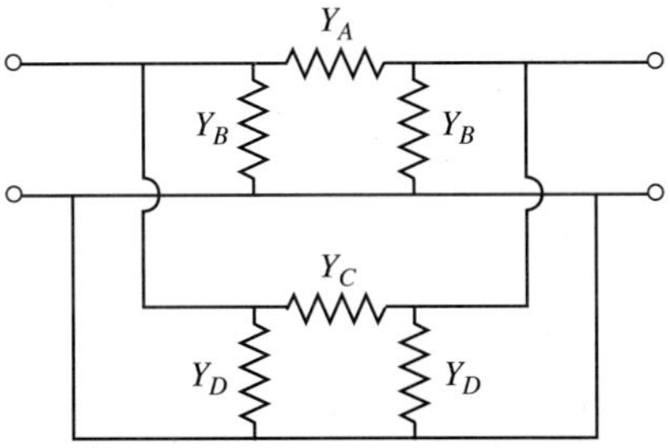

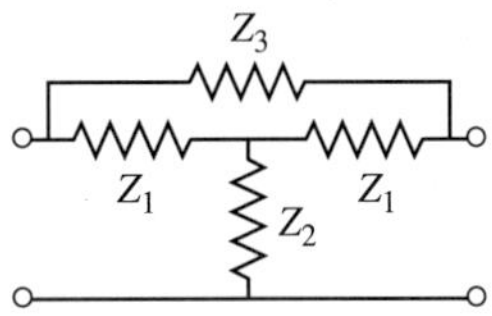

4.11 아래에 나타낸 바와 같은 직렬 및 병렬 부하에 대한 S 파라미터를 구하라. 직렬의 경우 $S_{12} = 1 - S_{11}$이며, 병렬의 경우에는 $S_{12} = 1 + S_{11}$임을 보여라. 특성 임피던스는 Z_0라 가정한다.

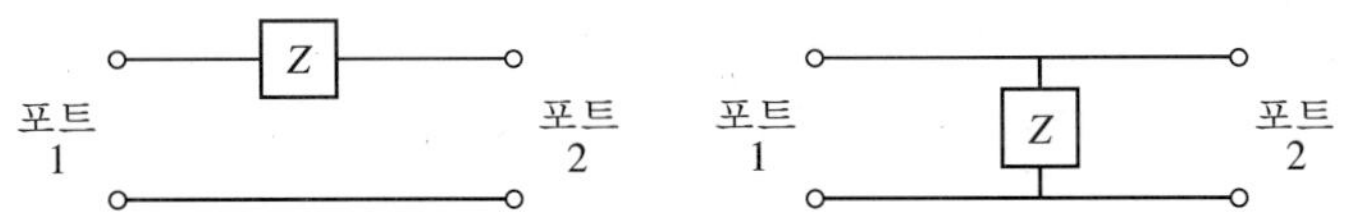

4.12 각각의 산란 매트릭스가 $[S^A]$와 $[S^B]$인 두 개의 2포트 회로망이 직렬로 연결되어 있을 때 전체 $[S]$ 매트릭스의 S_{21}은

$$S_{21} = \frac{S_{21}^A S_{21}^B}{1 - S_{22}^A S_{11}^B}$$

로 주어짐을 보여라.

4.13 무손실 2 포트 회로망을 생각하자. **(a)** 만일 회로망이 가역성이 있으면 $|S_{21}|^2 = 1 - |S_{11}|^2$임을 증명하라. **(b)** 만일 회로망이 비가역성이면 $S_{12} = 0$, $S_{21} \neq 0$인 단방향 전송이 불가능함을 증명하라.

4.14 어떤 4포트 회로망이 아래에 보인 산란 매트릭스를 갖고 있다.

(a) 이 회로망은 손실이 없는가?

(b) 이 회로망은 가역성이 있는가?

(c) 모든 다른 포트가 정합되었을 때 포트 1에서의 반사손실은 얼마인가?

(d) 모든 다른 포트가 정합되었을 때 포트 2와 4 사이의 삽입손실과 위상은 얼마인가?

(e) 포트 3의 터미널 평면에 단락회로가 놓여 있고 다른 모든 포트가 정합되었을 때 포트 1에서 바라다본 반사계수는 얼마인가?

$$[S] = \begin{bmatrix} 0.178\angle 90° & 0.6\angle 45° & 0.4\angle 45° & 0 \\ 0.6\angle 45° & 0 & 0 & 0.3\angle -45° \\ 0.4\angle 45° & 0 & 0 & 0.5\angle -45° \\ 0 & 0.3\angle -45° & 0.5\angle -45° & 0 \end{bmatrix}.$$

4.15 손실이 없고 가역성이 있으며 모든 포트에서 정합되어 있는 3포트 회로망은 구성할 수 없음을 보여라. 손실이 없고 모든 포트에서 정합되어 있는 비가역성 3포트 회로망을 구성할 수 있는가?

4.16 다음에 설명된 분리이론(decoupling theorem)를 증명하라: 임의의 무손실 가역성 3포트 회로망에서 하나의 포트(예를 들어 포트 3)가 리액턴스로 종단되어 있으면, 다른 두 포트(포트 1과 2)는 서로 분리될 수 있다(포트 1에서 2로, 혹은 포트 2에서 1로의 전력의 흐름이 존재하지 않는다).

4.17 어떤 3포트 회로망이 손실이 없고 가역성이 있으며 $S_{13} = S_{23}$이고 $S_{11} = S_{22}$일 때, 포트 2가 정합된 부하로 종단되어 있으면 포트 1은 적절한 리액턴스를 포트 3에 놓음으로써 정합될 수 있음을 보여라.

4.18 어떤 4포트 회로망이 아래와 같은 산란 매트릭스를 가지고 있다. 만일 포트 3과 4가 전기적인 길이 45°를 갖는 무손실의 정합된 전송선로로 함께 연결되어 있을 때, 이로부터 야기되는 포트 1과 2 사이의 위상과 삽입손실은 얼마인가?

$$[S] = \begin{bmatrix} 0.2\angle 50° & 0 & 0 & 0.4\angle -45° \\ 0 & 0.6\angle 45° & 0.7\angle -45° & 0 \\ 0 & 0.7\angle -45° & 0.6\angle 45° & 0 \\ 0.4\angle -45° & 0 & 0 & 0.5\angle 45° \end{bmatrix}.$$

4.19 어떤 2-포트 회로망이 특성 임피던스 Z_0로 정규화되었을 때 그 산란 파라미터는 S_{ij}였다. 포트 1과 포트 2의 특성 임피던스가 각각 R_{01}과 R_{02}로 변했을 경우에 일반화된 산란 파라미터 S_{ij}^p를 구하라.

4.20 아래 그림의 회로에 나타난 기준평면 A에서 적절한 기준 임피던스를 선택한 후, 전력파의 진폭을 찾고 부하에 전달되는 전력을 계산 하여라. 기준평면 B에서 동일한 과정을 반복 계산하여라. 전송선로가 무손실이라 가정한다.

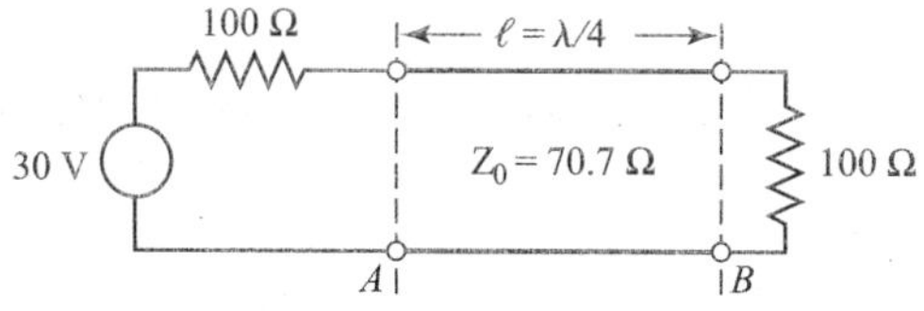

4.21 표 4.1에 있는 첫 번째 항목인 *ABCD* 파라미터는 예제 4.6에서 유도되었다. 두 번째, 세 번째, 그리고 네 번째 항목에 나타난 *ABCD* 파라미터를 증명하라.

4.22 *ABCD* 파라미터들의 항으로 표현할 수 있는 임피던스 파라미터 식을 유도하라.

4.23 *ABCD* 매트릭스의 정의를 직접 사용하여 아래 그림에 대한 *ABCD* 매트릭스를 구하고, 표 4.1로부터 적절한 표준회로의 종속접속에 의한 *ABCD* 매트릭스 값과 비교하라.

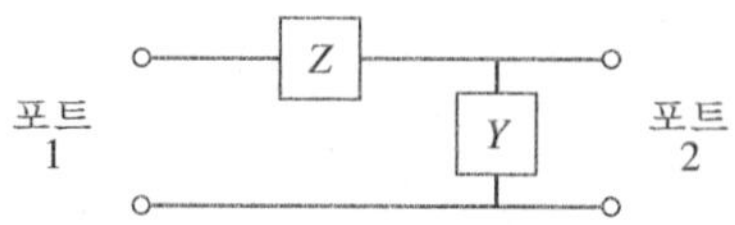

4.24 아래 회로에 나타낸 부하저항 양단에 걸리는 전압 V_L을 *ABCD* 파라미터를 사용하여 계산하라.

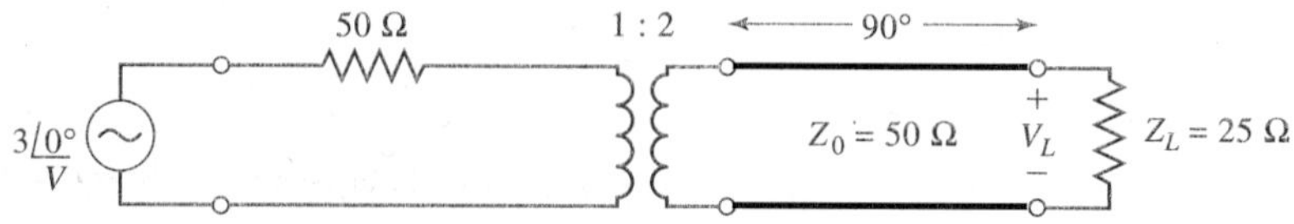

4.25 가역성을 갖는 2포트 회로망의 *ABCD* 매트릭스가 아래 좌측 그림에 나타나 있다. 포트 1과 포트 2가 서로 뒤바뀐 회로망의 *ABCD* 매트릭스가 우측 그림에 나타낸바와 같이 됨을 증명하라. 이 결과를 설명하기 위하여 간단한 비대칭 회로망을 선택하라.

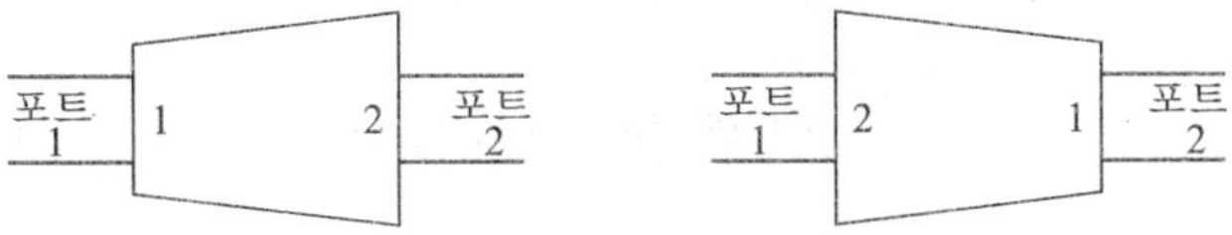

$$\begin{bmatrix} A & B \\ C & D \end{bmatrix} \qquad\qquad \begin{bmatrix} D & B \\ C & A \end{bmatrix}$$

4.26 표 4.2에 주어진 바와 같이 *ABCD* 파라미터들의 항으로 *S* 파라미터의 식을 유도하라.

4.27 아래 그림에서 나타낸 바와 같이 포트 2와 포트 3에 모두 동일하지만 조정이 가능한 부하들로 종단되어진 4포드 90° 하이브리드를 사용하여 동작되어질 수 있는 가변감쇠기가 있다. (a) 이 결합기에 대한 산란 파라미터를 사용하여, 입력(포트 1)과 출력(포트 2)사이의 투과계수가 $T = j\Gamma$로 나타남을 보여라, 여기서 Γ는 포트 2와 포트 3에서 부정합에 의한 반사계수이다. (b) $0 \le L/Z_0 \le 10$(Z_L은 실수임)에 대하여 Z_L/Z_0의 함수로서 입력 대 출력의 비로 감쇠량을 dB로 도시하라.

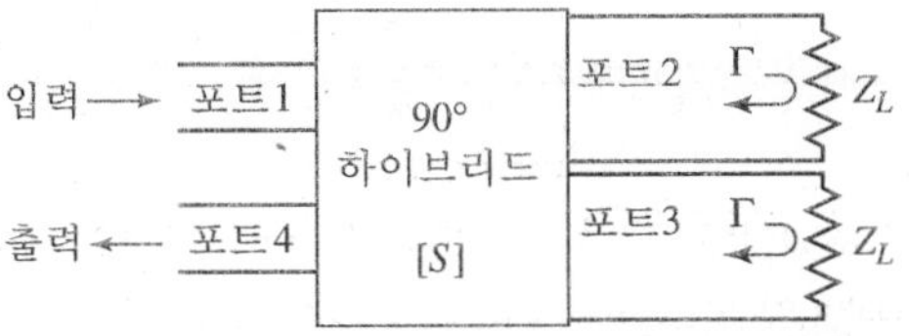

$$[S] = \frac{-1}{\sqrt{2}}\begin{bmatrix} 0 & j & 1 & 0 \\ j & 0 & 0 & 1 \\ 1 & 0 & 0 & j \\ 0 & 1 & j & 0 \end{bmatrix}$$

4.28 신호흐름도를 이용하여 아래에 나타낸 부정합된 3포트 회로망에 대한 전력비 P_2/P_1과 P_3/P_1을 계산하라.

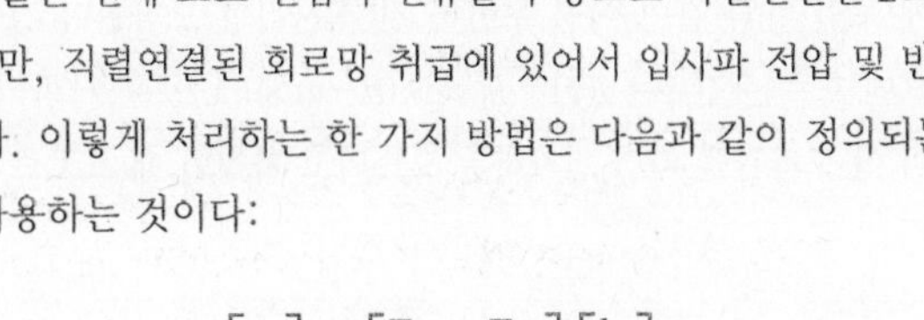

4.29 *ABCD* 파라미터들은 전체 포트 전압과 전류들의 항으로 직렬연결된 2포트 회로망을 취급하는 경우에 유용하지만, 직렬연결된 회로망 취급에 있어서 입사파 전압 및 반사파 전압을 사용하는 것 또한 가능하다. 이렇게 처리하는 한 가지 방법은 다음과 같이 정의되는 전달-파라미터 또는 *T*-파라미터를 사용하는 것이다:

$$\begin{bmatrix} a_1 \\ b_1 \end{bmatrix} = \begin{bmatrix} T_{11} & T_{12} \\ T_{21} & T_{22} \end{bmatrix} \begin{bmatrix} b_2 \\ a_2 \end{bmatrix},$$

여기서 a_1, b_1는 각각 포트 1및 포트 2에서 입사파 및 반사파 전압들이다. 2포트 회로망의 산란 파라미터들의 항으로 *T*-파라미터들을 유도하고 어떻게 *T*-파라미터들이 직렬연결된 2포트 회로망에 사용될 수 있는지 나타내어라.

4.30 다음 쪽에 나타낸 바와 같이 개방회로 마이크로스트립 선로의 종단은 선로의 종단에 분로 커패시터 C_f로서 모델링되어질 수 있는 후린징 필드(fringing field)을 가지고 있다. 이 커패시턴스는 마이크로스트립 선로의 부가적인 길이 Δ로서 대치될 수 있다. 후린징 커패시턴스의 항들을 사용하여 연장된 길이를 나타내는 식을 유도하라. 후린징 커패시턴스가 $C_f = 0.075$ pF로 알려져 있다면, $d = 0.158$ cm이고 $\epsilon_r = 2.2(w = 0.478$ cm, $\epsilon_e = 1.894)$인 기판 상의 50 Ω인 개방회로 마이크로스트립 선로에 대한 연장 길이를 계산하라. Hammerstad와 Bekkadal의 공식 $\Delta = 0.412d\left(\dfrac{\epsilon_e + 0.3}{\epsilon_e - 0.258}\right)\left(\dfrac{w + 0.262d}{w - 0.813d}\right)$로 주어지는 근사식을 사용한 결과와 비교해 보아라.

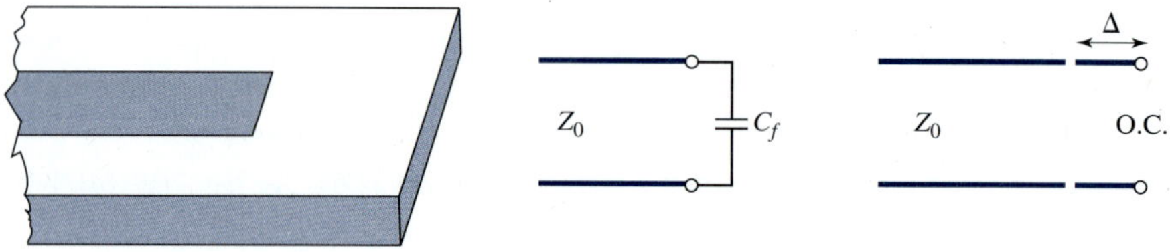

4.31 4.6절의 H-평면 계단형 해석에서 도파관 1에서 반사되는 모드의 복소전력 흐름을 계산하고 리액티브 전력이 유도성이 됨을 보여라.

4.32 아래에 보인 H-평면 대칭 계단형에 대한 모드적인 해석 방정식을 유도하라(힌트: 대칭이기 때문에 n이 기수인 TE_{n0} 모드만이 여기된다).

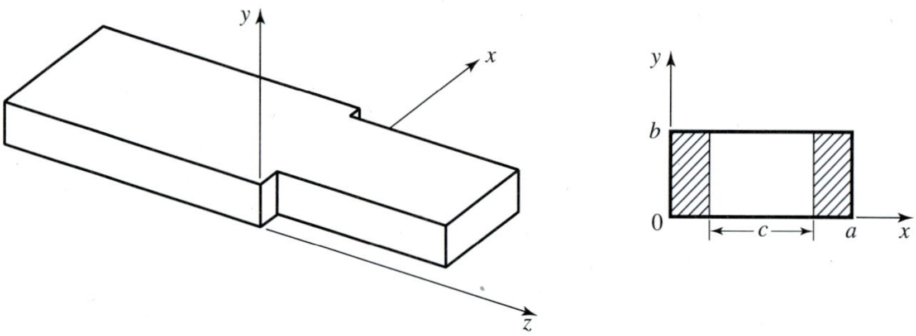

4.33 $z = 0$에 놓여 있는 전자계원의 어느 한쪽에 TM_{mn}모드가 진행한다고 가정하고 적절한 경계조건을 적용해서 식 (4.116)에 주어진 전류에 의하여 여기되는 횡단면 전자계 $\bar{E}$와 $\bar{H}$를 구하라.

4.34 아래에 보인 바와 같이 어떤 무한히 긴 직사각형 도파관이 길이 d인 프로브로 급전되고 있다. 이 프로브에 흐르는 전류는 $I(y) = I_0 \sin k(d-y)/\sin kd$로 근사화되어질 수 있다고 한다. 만일 TE_{10} 모드만이 이 도파관을 따라 전파하는 모드라고 가정할 때 프로브 단자에서 본 입력저항을 계산하라.

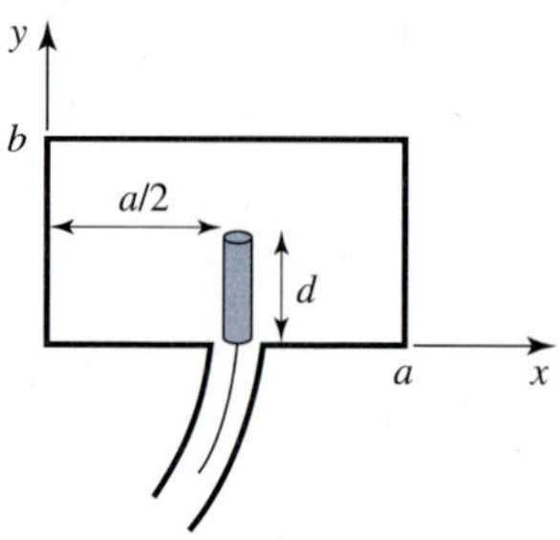

4.35 아래 그림에 보인 바와 같이 180°의 위상 차이를 갖는 두 개의 프로브로 급전되는 무한히 긴 도파관을 고려하자. TE_{10}와 TE_{20}모드에 대한 여기 계수는 어떻게 되는가? 이와 같은 급전 구조로 여기될 수 있는 다른 모드들은 무엇이 있는가?

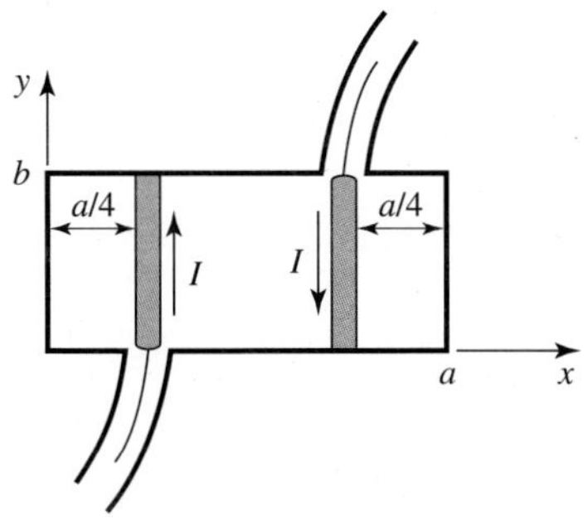

4.36 아래 그림에 보인 바와 같이 직사각형 도파관의 측면 벽에 놓인 작은 전류 폐루프를 고려하자. 루프의 반경을 r_0라고 가정하고, 이것에 의해 여기되는 TE_{10} 전자계를 계산하라.

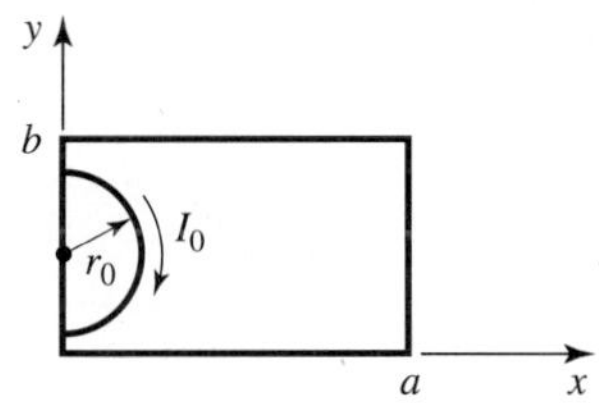

4.37 어떤 직사각형 도파관 $z = 0$에서 단락되어 있으며, $z = d$에 전기 전류밀도가 J_{sy}인 전류평면이 놓여 있다. 여기서

$$J_{sy} = \frac{2\pi A}{a} \sin \frac{\pi x}{a}$$

이다. $0 < z < d$인 영역에서는 정재파가 존재하고 있으며 $z > d$인 영역에는 진행파가 존재한다고 가정할 때, $z = 0$과 $z = d$에서 경계조건을 적용하여 이 전류에 의해 형성되는 전자계의 식을 구하라. 또 $z = -d$인 위치에 전류평판 $-J_{sy}$를 놓고 $z = 0$에 놓은 단락벽을 제거했다고 할 때 영상이론을 이용하여 위의 문제를 풀어라. 4.7절의 결과와 이들 두 전류에 의해 방사되는 전자계의 중첩을 이용하여라. 이 결과는 $z > 0$에 대한 처음의 결과와 같아야 한다.

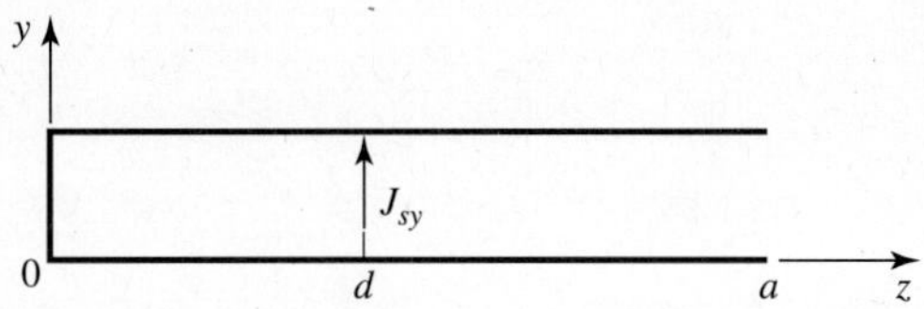

제 5 장

임피던스 정합과 튜닝

지금까지 논한 앞 장들의 이론과 기법들을 마이크로파 공학의 실질적인 문제에 적용하기 시작한다는 관점에서 본 장은 하나의 전환점이 될 것이다. 본 장에서는 마이크로파 소자나 시스템의 보다 더 확장된 설계 과정의 한 부분인 **임피던스 정합**이라는 주제로부터 시작한다. 임피던스 정합의 기본개념은 그림 5.1에 예시되어 있는데, 이 그림은 임피던스 정합 회로망이 부하와 전송선로 사이에 놓여 있음을 나타낸다. 정합 회로망은 불필요한 전력손실을 피하기 위하여 손실이 없으며, 정합 회로망을 들여다 본 임피던스가 Z_0가 되도록 설계된다. 따라서 정합 회로망과 부하 사이에는 다중 반사가 존재하지만 정합 회로망의 왼쪽에 있는 전송선로 상에서는 반사가 제거된다. 이 과정을 다른 말로 **튜닝**이라고도 하는데, 임피던스 정합 혹은 튜닝은 다음과 같은 이유 때문에 아주 중요하다.

- 부하가 선로에(발전기가 정합되었다고 가정하고) 정합되었을 때 최대 전력이 전달되고 급전선에서의 전력손실은 최소가 된다.
- 임피던스 정합에 민감한 수신소자들(안테나, 저잡음 증폭기 등)은 시스템의 신호 대 잡음비를 향상시킨다.
- 전력분배 회로망(안테나 배열 급전 회로망과 같은)에서의 임피던스 정합은 진폭과 위상의 오차를 감소시킨다.

부하 임피던스 Z_L이 0이 아닌 실수부를 갖고 있는 한, 이에 대한 정합회로는 항상 구해질 수 있다. 그러나 여러 가지 선택의 여지가 있으며, 몇 가지 형태의 실질적인 정합 회로망의 설계와 그의 성능에 대해 논하겠다. 어떤 특별한 정합 회로망을 선택하는 데 중요한 요소에는 다음과 같은 것이 있다.

- **복잡성.** 대부분의 공학적 해답 중에서 요구되는 사양을 만족시켜 줄 수 있는 가장 단순한 설계가 일반적으로 가장 바람직하다. 보다 간단한 정합 회로망이 좀더 복잡한

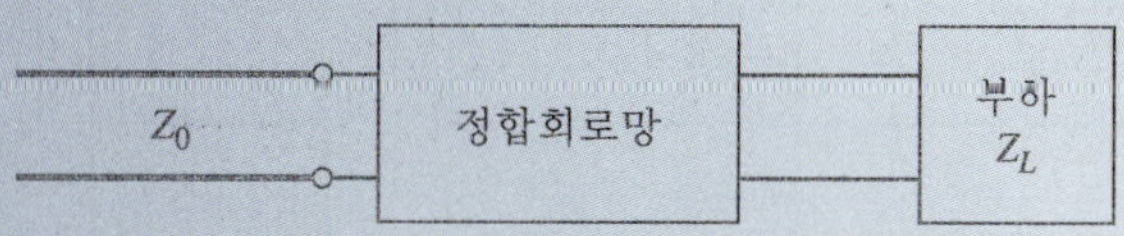

그림 5.1 임의의 부하 임피던스를 전송선로에 정합시켜주는 무손실 회로망

설계보다 일반적으로 더 싸고 믿을 만하며 손실이 적다.

- **대역폭.** 모든 형태의 정합 회로망은 관념적으로 단일 주파수에서 완전한 정합(무반사)을 제공할 수 있다. 그러나 실질적인 응용분야에서는 어떤 주파수 대역에 대해 부하를 정합시키는 것이 바람직하다. 물론 이렇게 하는 데는 여러 가지 방법이 있지만 그만큼의 복잡성은 증가한다.
- **구현성.** 사용되어지는 전송선로나 도파관의 형태에 따라서, 한 형태의 정합 회로망이 다른 것에 비해 더 나을 때가 있다. 예를 들어, 다단 1/4 파장 변환기보다는 튜닝 스텁이 도파관에서 정합 회로망을 구현하는 것이 훨씬 더 쉽다.
- **조정성.** 몇몇 응용분야에는 가변 부하 임피던스를 정합시키기 위하여 정합 회로망의 조정이 요구되어질 수가 있다. 이러한 관점에서 어떤 형태의 정합 회로망은 다른 것들보다 더 쓸 만한 경우가 있다.

5.1 집중소자(L형 회로망)를 이용한 정합

아마도 가장 단순한 형태의 정합 회로망은 **L형**-접합일 것이며, 이것은 임의의 부하 임피던스를 전송선로에 정합시키기 위하여 두 개의 리액티브 소자들을 사용한다. 그림 5.2에서 나타낸 바와 같이, 이러한 회로망에 대한 두 개의 가능한 구조가 있다. 만일 정규화 부하 임피던스 $z_L = Z_L/Z_0$가 Smith 도표의 $1 + jx$ 원 안에 있으면, 그림 5.2a의 회로를 사용해야 하며, $1 + jx$ 원의 밖에 있으면 그림 5.2b의 회로를 사용해야 한다. $1 + jx$ 원은 $r = 1$인 경우에 대한 임피던스 도표상의 저항원이다.

그림 5.2의 어느 배치이건 리액티브 소자는 부하 임피던스에 따라서 인덕터 또는 커패시터일 수가 있다. 따라서 여러 가지의 부하 임피던스에 대한 정합회로는 8가지의 서로 다른 가능성이 있다. 만약 주파수가 충분히 낮거나 회로의 크기가 충분히 작으면 실질적으로 집중소자인 커패시터와 인덕터를 사용할 수 있다. 현대의 마이크로파 집적회로는 충분히 작아서 보다 높은 주파수에서도 집중소자를 사용할 수 있지만, 약 1 GHz의 주파수까지만 사

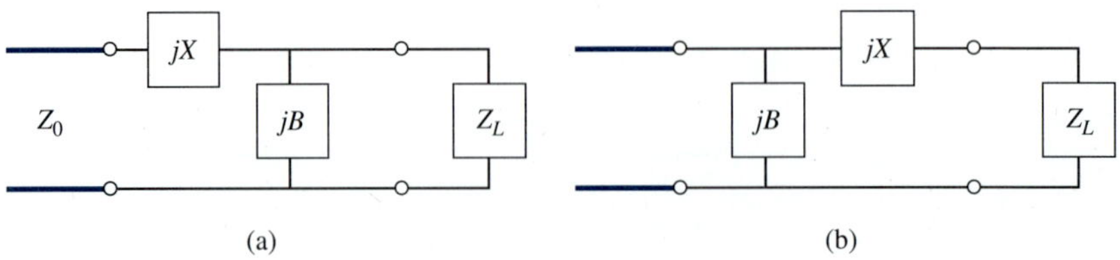

그림 5.2 L형 정합 회로망. (a) z_L이 $1 + jx$ 원의 내부에 있을 때의 회로망, (b) z_L이 $1 + jx$ 원의 외부에 있을 때의 회로망

용 가능하다. 그러나 집중소자가 구현될 수 없는 회로의 크기와 큰 주파수 영역이 존재하는데 이것이 L형 정합기법의 제약점이다.

이제 그림 5.2에 나타낸 두 가지 경우의 정합 회로망 소자들에 대한 해석적인 식을 유도하고 Smith 도표를 이용한 다른 설계과정을 예를 들어 설명하겠다.

해석적인 해

여기서는 Smith 도표를 이용한 간단한 도식적인 해에 대해 논하겠지만, L형 정합 회로망 소자에 대한 식을 유도하는 것이 의미 있을 것이다. 이러한 수식은 L형 정합을 위한 CAD 프로그램을 사용할 때 또는 Smith 도표를 사용할 때보다 더 정교한 해가 필요할 때 유용하다.

먼저 그림 5.2a의 첫 번째 회로에서 $Z_L = R_L + jX_L$이라고 하자. 이 회로는 $z_L = Z_L/Z_0$가 Smith 도표상의 $1 + jx$ 원 내부에 있을 때, 즉 $R_L > Z_0$일 때 사용되어질 수 있음을 이미 밝혔다.

뒷단에 부하 임피던스가 연결된 정합 회로망을 들여다 본 임피던스는 정합을 위해서는 Z_0와 같아야 한다.

$$Z_0 = jX + \frac{1}{jB + 1/(R_L + jX_L)}. \tag{5.1}$$

이 식을 정리하여 실수부와 허수부로 나누면 두 개의 미지수 X와 B에 대한 두 개의 방정식을 얻는다.

$$B(XR_L - X_L Z_0) = R_L - Z_0 \tag{5.2a}$$

$$X(1 - BX_L) = BZ_0 R_L - X_L. \tag{5.2b}$$

식 (5.2a)를 X에 대해 풀어서 식 (5.2b)에 대입하면 B에 대한 2차 방정식을 얻으며, 그 해는

$$B = \frac{X_L \pm \sqrt{R_L/Z_0}\sqrt{R_L^2 + X_L^2 - Z_0 R_L}}{R_L^2 + X_L^2} \tag{5.3a}$$

이 된다. $R > Z_0$이므로 두 번째 제곱근 안의 값은 항상 양수이며, 따라서 직렬 리액턴스는

$$X = \frac{1}{B} + \frac{X_L Z_0}{R_L} - \frac{Z_0}{BR_L} \tag{5.3b}$$

이 된다.

B와 X에 대한 두 가지 해 모두가 가능함을 식 (5.3a)으로부터 알 수 있다. B와 X의 값은 양수도 될 수 있고 음수도 될 수 있기 때문에(양의 X는 인덕터를 의미하고 음의 X는 커패시터를 의미하며, 양의 B는 커패시터를 의미하고 음의 B는 인덕터를 의미한다), 이 해의 두 가지 다 물리적으로 구현할 수 있다. 그러나 하나의 해는 리액티브 소자에 대해서는 아

주 작은 값일 수 있고, 정합의 대역폭 면에서 더 나은 해일 수 있으며, 또는 정합회로와 부하 사이의 선로상의 정재파비가 더 작아지는 해일 수도 있다.

이제 그림 5.2b의 회로를 고려해 보자. 이 회로는 z_L이 Smith 도표상의 $1+jx$ 원의 외부에 있을 경우, 즉 $R_L < Z_0$일 때 사용된다. 뒷단에 부하 임피던스 $Z_L = R_L + jX_L$이 연결된 정합 회로망을 들여다 본 어드미턴스는 정합을 위해서는 $1/Z_0$이어야 한다.

$$\frac{1}{Z_0} = jB + \frac{1}{R_L + j(X + X_L)}. \tag{5.4}$$

이 식을 다시 정리하여 실수부와 허수부로 나누면 미지수 X와 B에 대한 두 개의 방정식을 얻는다.

$$BZ_0(X + X_L) = Z_0 - R_L \tag{5.5a}$$

$$(X + X_L) = BZ_0R_L. \tag{5.5b}$$

X와 B에 대해 풀면

$$X = \pm\sqrt{R_L(Z_0 - R_L)} - X_L \tag{5.6a}$$

$$B = \pm\frac{\sqrt{(Z_0 - R_L)/R_L}}{Z_0} \tag{5.6b}$$

이 되는데, 여기서 $R_L < Z_0$이므로 제곱근 안의 값이 항상 양수가 되어 두 개의 해가 가능하다.

임의의 복소 부하를 특성임피던스 Z_0를 갖는 선로에 정합시키려면, 정합 회로망의 입력 임피던스의 실수부는 Z_0이어야 하고, 허수부는 0이어야 한다. 이것은 일반적인 정합 회로망은 적어도 두 개의 자유도를 가져야 함을 의미하는데, L형 정합회로에 있어서 이 두 개의 자유도는 두 개의 리액티브 성분의 값에 의해 정해진다.

Smith 도표에 의한 해

위의 공식 대신 Smith 도표를 사용하면 빠르고 정확하게 L형 정합 회로망을 설계할 수 있으며, 예제에 의하여 이 과정이 가장 잘 설명될 것이다.

예제 5.1 L형 임피던스 정합 회로망

임피던스가 $Z_L = 200 - j100\ \Omega$인 직렬 RC 부하를 $100\ \Omega$ 선로에 정합시킬 수 있는 L형 정합회로를 주파수 500 MHz에서 설계하라.

☞ 풀이

정규화 부하 임피던스는 $z_L = 2 - j1$이며, 이를 그림 5.3a의 Smith 도표에 표시하였다. 이 점은 $1+jx$ 원 내부에 있으므로, 그림 5.2a의 정합회로가 사용될 것이다. 부하로부터 연결되는 첫 번째 소자는 병렬 서셉턴스이므로 그림 5.3a에 보인 바와 같이 부하를 통과하는 SWR원을 그리고, 이 부하로부터 도표의 중심을 통과하는 직선을 그려서 어드미턴스로 바꾸는 것이 좋다. 이제 병렬 서

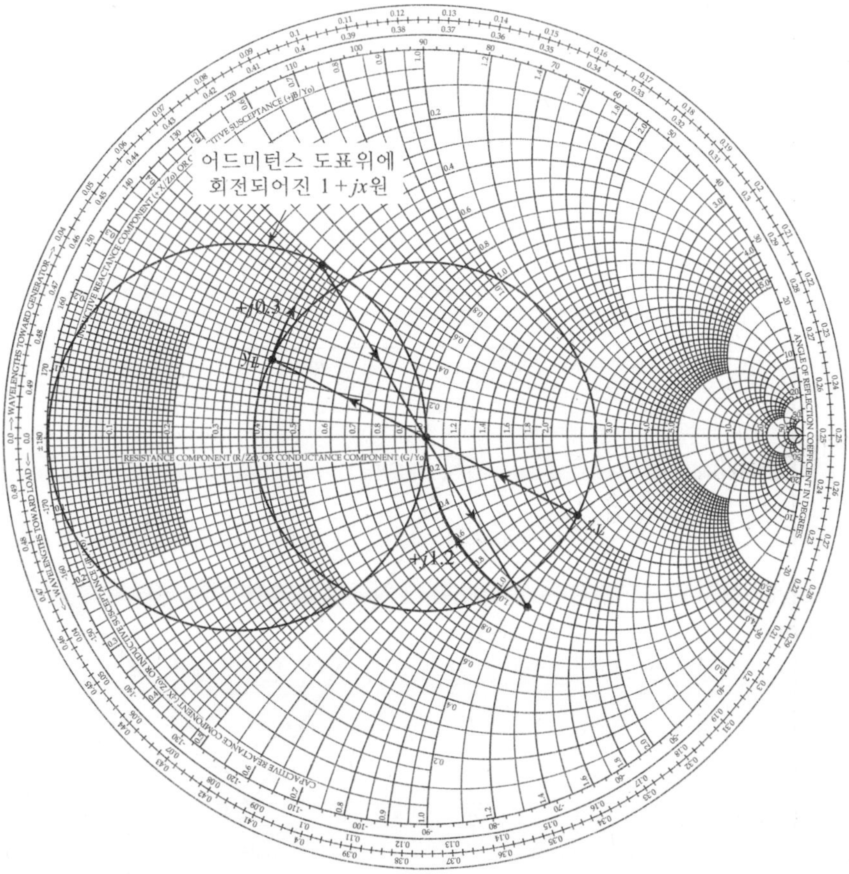

(a)

그림 5.3 예제 5.1에 대한 해. (a) L형 회로망을 위한 Smith 도표

셉턴스를 추가한 후에, 임피던스로 다시 환원하여 $1+jx$ 원 위에 놓이도록 한 후, jx를 소거시키기 위하여 직렬 리액턴스를 추가하면 부하를 정합시킬 수 있다. 이것은 병렬 서셉턴스로 인해 y_L을 **어드미턴스** Smith 도표상의 $1+jx$ 원으로 옮겨가야 함을 의미한다. 따라서 그림 5.3a에 나타낸 바와 같이($r=0.333$에 중심이 있음) 회전된 $1+jx$ 원을 그리면(너무 혼란스럽지 않으면, 여기서는 합쳐진 ZY 도표가 사용하기에 편리하다) 추가되어진 서셉턴스 $jb=j0.3$에 의하여 일정 컨덕턴스 원을 따라 $y=0.4+j0.5$인 점에 도달하게 된다(이 선택은 y_L로부터 이동하여 변환된 $1+jx$ 원으로 가는 최단거리이다). 임피던스 값으로 다시 환원하면 $z=1-j1.2$가 되어 직렬 리액턴스 $x=j1.2$를 추가하면 도표의 중심에 오게 된다. 비교해 보면, 식 (5.3a, b)로부터 $b=0.29$, $x=1.22$의 해를 얻는다.

이 정합회로는 그림 5.3b에 나타낸 바와 같이 병렬 커패시터와 직렬 인덕터로 구성되어 있다. 주파수 $f=500\,\text{MHz}$에서 커패시터는

$$C = \frac{b}{2\pi f Z_0} = 0.92\ \text{pF}$$

인 값을 갖고, 인덕터는

(b)

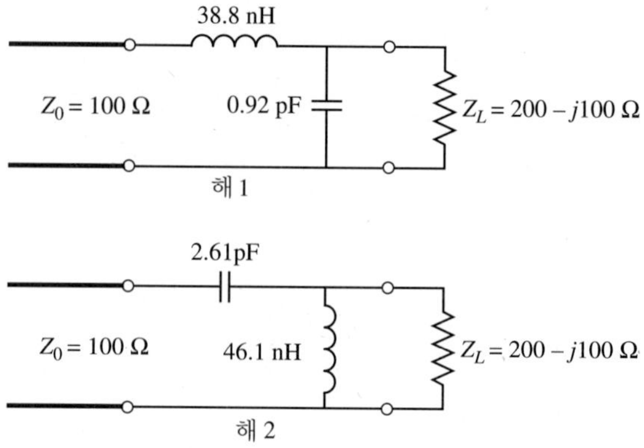

(c)

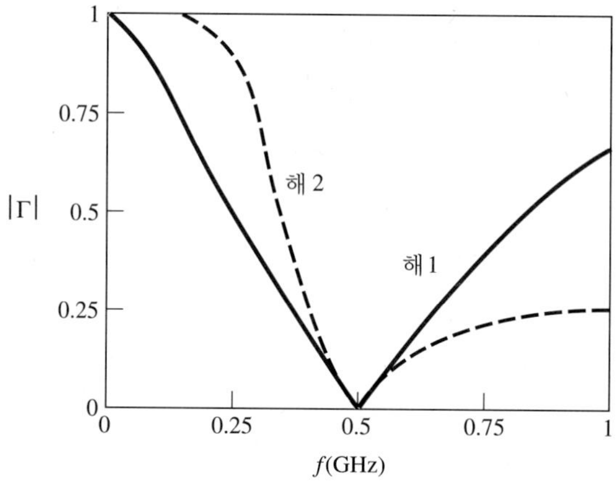

그림 5.3(계속) 예제 5.1에 대한 해. (b) 두 개의 가능한 L형 정합회로, (c) (b)의 정합 회로망에 있어서 주파수에 대한 반사계수의 크기

$$L = \frac{xZ_0}{2\pi f} = 38.8 \text{ nH}$$

인 값을 갖는다.

이 정합문제에 두 번째 해를 살펴보는 것은 흥미 있는 일이다. $b = 0.3$의 병렬 서셉턴스를 추가하는 대신에 $b = -0.7$의 병렬 서셉턴스를 사용하면, 회전된 $1 + jx$ 원의 아래쪽 반면의 한 점 $y = 0.4 - j0.5$로 이동한다. 그 후에 임피던스로 변환하고 $x = -1.2$의 직렬 리액턴스를 추가하면 같은 정합을 얻게 된다. 이 정합회로도는 또한 그림 5.3b에 나타나 있는데 인덕터와 커패시터의 위치가 처음의 정합회로와 반대로 바뀌었다는 것을 알 수 있다. 주파수 $f = 500$ MHz에서 커패시터는

$$C = \frac{-1}{2\pi f x Z_0} = 2.61 \text{ pF}$$

인 값을 갖고, 인덕터는

$$L = \frac{-Z_0}{2\pi f b} = 46.1 \text{ nH}$$

인 값을 갖는다.

그림 5.3c는 500 MHz에서 200 Ω의 저항과 3.18 pF의 커패시터와 직렬로 연결되어져 부하 임피던스가 $Z_L = 200 - j100\ \Omega$이라고 가정할 때, 이 두 회로망에 대한 반사계수의 크기를 주파수의 함수로 나타낸 것이다. 이 두 가지의 해에 있어서 대역폭에서의 큰 차이는 없다. ◀

관심사항: 마이크로파 집적회로를 위한 집중소자

만약 소자의 길이 ℓ이 동작 파장에 비해 아주 작으면 집중 R, L, C소자는 마이크로파 대역에서 실제적으로 구현될 수 있다. 만일 $\ell < \lambda/10$이라는 조건이 만족되면 제한된 영역의 값에 대해 이러한 소자들은 주파수 60 GHz까지 복합적인, 그리고 모노리틱 마이크로파 집적회로들(MICs)에서 사용될 수 있다. 그러나 보통 이러한 소자들의 특성은 기생 정전용량 혹은 인덕턴스, 의사공진, 후린지 필드(fringing field), 손실 그리고 CAD모델을 사용한 설계에서 포함되는 접지면에 의해 야기되는 섭동 등과 같은 효과들이 요구되는 이상적인 것은 아니다.

저항은 니크롬, 질화 탄탈륨, 혹은 불순물이 첨가된 반도체 물질과 같은 손실이 있는 물질의 박막으로 만든다. 모노리틱 회로에서는 이러한 막이 증착이 되거나 성장이 될 수 있는 반면 세라믹 증착된 손실이 있는 막으로부터 칩 저항은 복합회로에서 부착되거나 납으로 붙일 수 있다. 낮은 저항값들은 얻기 힘든다.

아래의 그림에 보인 바와 같이 작은 값의 유도체는 전송선로의 짧은 길이나 루프로 구현할 수 있으며, 큰 값은(약 10 nH까지는) 나선형 인덕터로 구현할 수 있다. 보다 큰 유도용량 값은 일반적으로 손실이 크며 병렬 정전용량이 크므로 최대동작 주파수를 제한하는 공진을 야기시킨다. 커패시터는 여러 가지 방법으로 제작될 수 있다. 짧은 전송선로 스텁으로 0에서 1.0 pF 범위의 병렬 정전용량을 구현할 수 있으며, 전송선로에서의 하나의 간격이나 서로 엇갈린 일련의 간격으로 0.5 pF에 이르는 직렬 정전용량을 얻을 수 있다. 보다 큰 값(약 25 pF)까지)은 금속-절연체-금속(MIM) 샌드위치를 이용하면 단일 혹은 칩(복합)의 형태로 얻을 수 있다.

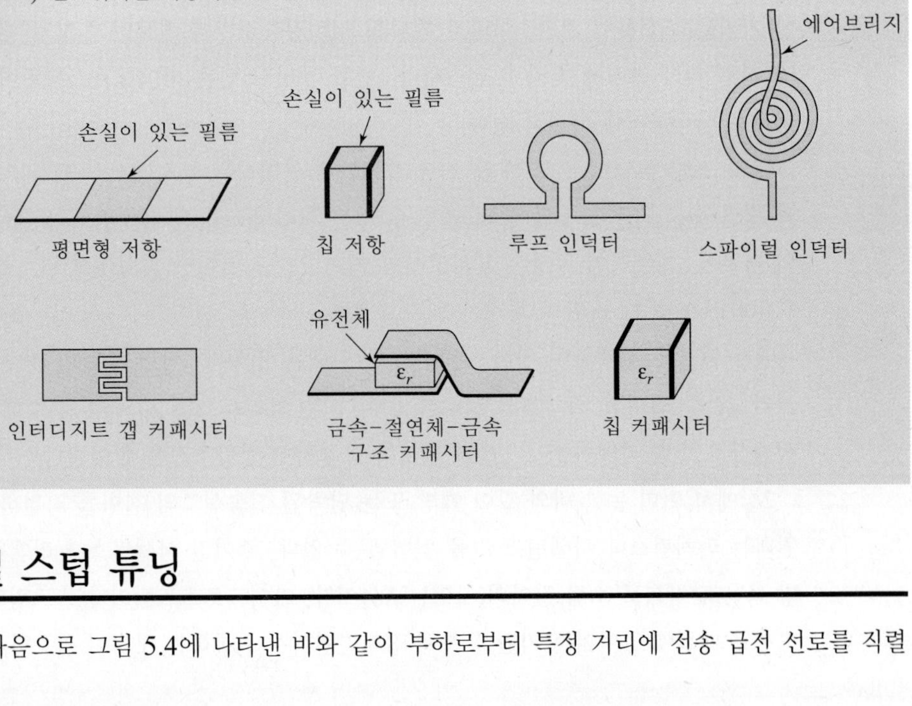

5.2 단일 스텁 튜닝

다음으로 그림 5.4에 나타낸 바와 같이 부하로부터 특정 거리에 전송 급전 선로를 직렬

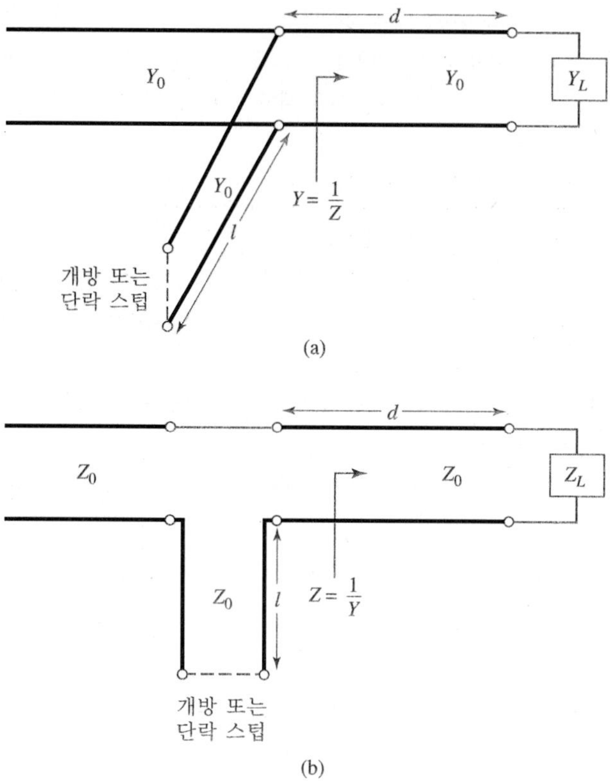

그림 5.4 단일 스텁 튜닝 회로. (a) 병렬 스텁, (b) 직렬 스텁

이나 병렬로 연결시킨, 개방 또는 단락된 특정 길이의 단일 전송선로("스텁")를 이용한 정합 기법을 고려하여 보자. 이러한 튜닝회로는 집중소자가 필요하지 않기 때문에 마이크로파 회로 제작 관점에서 아주 편리하다. 병렬 튜닝 스텁은 마이크로스트립이나 스트립라인 형태로 제작하기에 특별히 쉽다.

단일 스텁 튜닝에서 두 개의 조정 가능한 파라미터는 부하에서 스텁 위치까지의 거리 d와 병렬 혹은 직렬 스텁을 통해 얻을 수 있는 서셉턴스 혹은 리액턴스의 값이다. 병렬 스텁의 경우에, 기본적인 구상은 부하로부터 거리 d만큼 떨어진 위치에서 선로를 들여다 본 어드미턴스 Y가 $Y_0 + jB$의 형태가 되도록 d를 선택하는 것이다. 그리고는 스텁 서셉턴스를 $-jB$가 되도록 선택하여 정합조건을 이루어 내는 것이다. 직렬 스텁의 경우는 부하로부터 거리 d만큼 떨어진 위치에서 선로를 들여다 본 임피던스가 $Z_0 + jX$의 형태가 되도록 d를 선택하고 스텁 리액턴스가 $-jx$가 되도록 조정하여 정합조건을 얻어낸다.

2장에서 이미 논한 바와 같이 개방 또는 단락된 전송선로의 길이를 적절히 조정함으로써 원하는 리액턴스나 서셉턴스 값을 얻어낼 수 있다. 주어진 서셉턴스나 리액턴스에 대해 개방 혹은 단락회로 스텁 길이의 차이는 $\lambda/4$이다. 마이크로스트립이나 스트립라인과 같은 전송선로 매질에 있어서는 기판을 통해 접지평면까지 관통하는 구멍이 필요하지 않기 때문에 개방회로 스텁을 제작하는 것이 더 쉽다. 그러나 동축선로 혹은 도파관과 같은 선로에서는 이러한 개방회로의 단면적이 에너지를 방사하기에는 너무 커서(전기적으로) 스텁이 더 이상 순수한 리액턴스 값을 가질 수 없기 때문에 단락회로 스텁이 더 선호된다.

이제는 병렬 및 직렬 스텁 튜닝에 대한 해석적인 해와 Smith 도표에 의한 해에 대해 논하겠다. Smith 도표에 의한 해는 빠르고 직관적이며 보통 실제에 있어서 충분히 정확하다. 해석적인 해는 보다 정교하고 컴퓨터 해석에 유용하다.

병렬 스텁

단일 스텁 병렬 튜닝회로가 그림 5.4a에 나타나 있다. 먼저 Smith 도표를 이용한 해에 대한 예를 논한 후, d와 ℓ에 대한 식을 유도하겠다.

예제 5.2 단일 병렬 스텁 튜닝

부하 임피던스가 $Z_L = 60 - j80\,\Omega$일 때 이 부하를 $50\,\Omega$ 선로에 정합시킬 수 있는 두 개의 단일 스텁(단락회로) 병렬 튜닝 회로망을 설계하라. 이 부하가 2 GHz에서 정합되었으며, 부하는 저항과 커패시터의 직렬연결로 이루어졌다고 가정할 때 1 GHz에서 3 GHz까지 각각의 해에 대한 반사계수의 크기를 도시하라.

☞ 풀이

첫 번째 단계는 그림 5.5a의 Smith 도표에 나타낸 바와 같이 정규화 부하 임피던스 $z_L = 1.2 - j1.6$을 도시하고 적절한 SWR원을 그린 후, 부하 어드미턴스 y_L로 변환시키는 것이다. 나머지 단계는 Smith 도표를 어드미턴스 도표로 보는 것이다. 그림 5.5a에 나타낸 바와 같이 SWR원은 y_1 및 y_2로 표시된 두 점에서 $1 + jb$ 원과 교차한다. 부하로부터 스텁까지의 거리 d는 이 두 교점 중의 하나에 의하여 주어진다. WTG 눈금을 읽으면

$$d_1 = 0.176 - 0.065 = 0.110\lambda$$

$$d_2 = 0.325 - 0.065 = 0.260\lambda$$

가 된다. 실제적으로 $1 + jb$ 원과 만나는 SWR원 위에는 무한개의 거리 d가 존재한다. 정합회로의 대역폭을 개선시키고 스텁과 부하 사이의 선로상에 나타날 수 있는 큰 정재파비에 의해 발생하는 손실을 줄이기 위해 보통은 정합 스텁을 가능한 한 부하에 가깝게 유지하는 것이 바람직하다.

두 개의 교점에서 정규화 어드미턴스 값들은

$$y_1 = 1.00 + j1.47$$

$$y_2 = 1.00 - j1.47$$

이다. 따라서 첫 번째 튜닝 해는 $-j1.47$의 서셉턴스를 갖는 스텁을 필요로 한다. 이 서셉턴스를 제공하는 단락회로 스텁의 길이는 Smith 도표상의 $y = \infty$(단락회로) 점에서 출발하여 제너레이터 방향으로 도표의 외곽($g = 0$)을 따라서 $-j1.47$ 점까지 이동하여 얻는다. 이 길이는

$$\ell_1 = 0.095\lambda$$

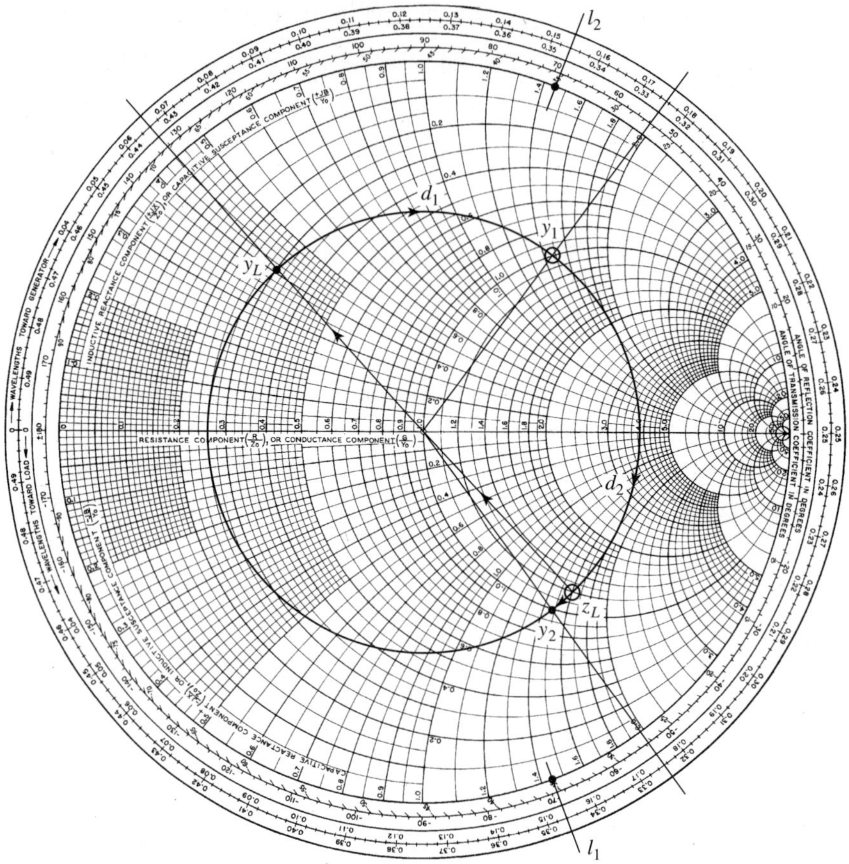

(a)

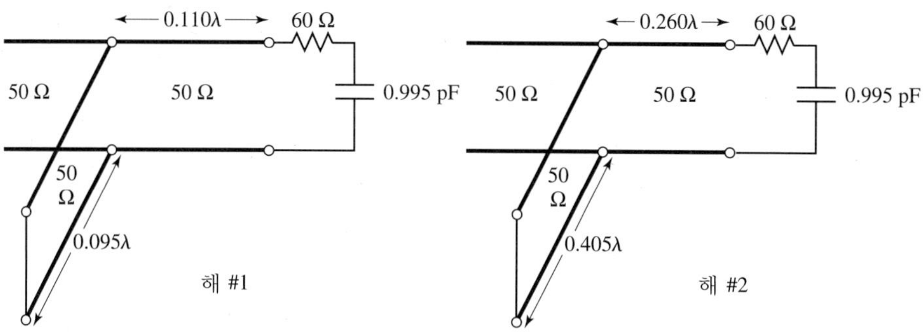

(b)

그림 5.5 예제 5.2에 대한 해. (a) 병렬 스텁 튜너에 대한 Smith 도표, (b) 두 개의 병렬 스텁 튜닝 해

가 되고, 유사한 방법으로 두 번째 해에 대한 요구되는 개방회로 스텁의 길이는

$$\ell_2 = 0.405\lambda$$

가 되어 튜너 설계가 완성된다.

이 두 설계에 대한 주파수 의존도를 해석하기 위해서는 주파수의 함수로서의 부하 임피던스를

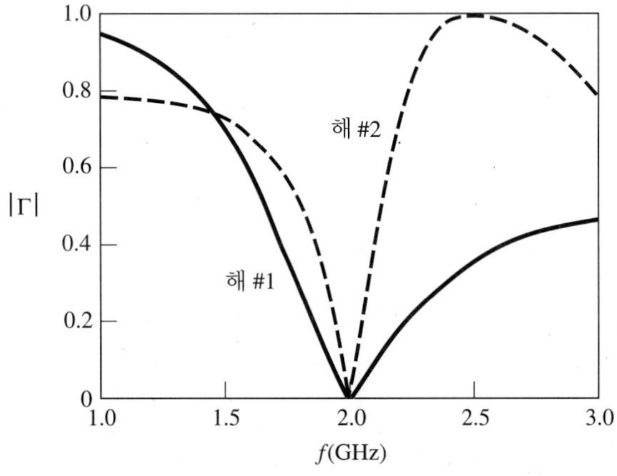

(c)

그림 5.5(계속) (c) 튜닝회로 (b)의 주파수에 대한 반사계수 크기

아는 것이 필요하다. 직렬 *RL* 부하 임피던스는 2 GHz에서 $Z_L = 60 - j80\,\Omega$이므로, $R = 60\,\Omega$이고 $C = 0.095$ pF이다.

두 개의 튜닝회로가 그림 5.5b에 나타나 있다. 그림 5.5c에는 이 두 해에 대한 계산된 반사계수의 크기를 나타내었다. 해 1은 해 2에 비해 월등히 나은 대역폭을 갖고 있는데, 이것은 해 1에 대한 d와 ℓ이 모두 더 짧기 때문에 정합에서의 주파수 변동이 감소하기 때문이다. ◀

d와 ℓ에 대한 식들을 유도하기 위하여, 부하 임피던스를 $Z_L = 1/Y_L = R_L + jX_L$이라 놓으면 부하로부터 선로를 따른 거리 d에서의 임피던스 Z는

$$Z = Z_0 \frac{(R_L + jX_L) + jZ_0 t}{Z_0 + j(R_L + jX_L)t} \tag{5.7}$$

가 되는데, 여기서 $t = \tan \beta d$이다. 이 점에서 어드미턴스는

$$Y = G + jB = \frac{1}{Z}$$

로 쓸 수 있는데, 여기서

$$G = \frac{R_L(1 + t^2)}{R_L^2 + (X_L + Z_0 t)^2} \tag{5.8a}$$

$$B = \frac{R_L^2 t - (Z_0 - X_L t)(X_L + Z_0 t)}{Z_0\left[R_L^2 + (X_L + Z_0 t)^2\right]} \tag{5.8b}$$

이다. 이제 $G = Y_0 = 1/Z_0$가 되도록 d(t를 의미함)를 선택하기 위해 식 (5.8a)를 이용하면 t에 대한 2차방정식을 얻는다.

$$Z_0(R_L - Z_0)t^2 - 2X_L Z_0 t + \left(R_L Z_0 - R_L^2 - X_L^2\right) = 0.$$

t에 대해 풀면

$$t = \frac{X_L \pm \sqrt{R_L\left[(Z_0 - R_L)^2 + X_L^2\right]/Z_0}}{R_L - Z_0}, \qquad (R_L \neq Z_0) \tag{5.9}$$

가 되는데, 만일 $R_L = Z_0$이면 $t = -X_L/2Z_0$가 된다. 따라서 d에 대한 두 개의 주요 해는

$$\frac{d}{\lambda} = \begin{cases} \dfrac{1}{2\pi}\tan^{-1} t, & (t \geq 0) \\ \dfrac{1}{2\pi}(\pi + \tan^{-1} t), & (t < 0) \end{cases} \tag{5.10}$$

가 된다. 필요한 스텁의 길이를 구하기 위해 먼저 식 (5.8b)의 t를 대입하여 스텁 서셉턴스 $B_s = -B$를 구하면 개방회로 스텁에 대해서는

$$\frac{\ell_o}{\lambda} = \frac{1}{2\pi}\tan^{-1}\left(\frac{B_s}{Y_0}\right) = \frac{-1}{2\pi}\tan^{-1}\left(\frac{B}{Y_0}\right) \tag{5.11a}$$

$$\frac{\ell_s}{\lambda} = \frac{-1}{2\pi}\tan^{-1}\left(\frac{Y_0}{B_s}\right) = \frac{1}{2\pi}\tan^{-1}\left(\frac{Y_0}{B}\right) \tag{5.11b}$$

이 된다. 만일 식 (5.11a) 혹은 식 (5.11b)에 의해 주어진 길이가 음수이면 $\lambda/2$를 더하여 양의 결과를 얻을 수 있다.

직렬 스텁

직렬 스텁 튜닝회로를 그림 5.4b에 나타내었다. Smith 도표에 의한 해를 예제를 통하여 설명하고 d와 ℓ에 대한 식을 유도하겠다.

예제 5.3 단일 스텁 직렬 튜닝

단일 직렬 개방회로 스텁을 이용하여 부하 임피던스 $Z_L = 100 + j80$을 50 Ω 선로에 정합시켜라. 2 GHz에서 정합된 부하가 저항과 인덕터의 직렬연결로 구성되었다고 가정하고 1 GHz에서 3 GHz까지 반사계수의 크기를 도시하라.

☞ 풀이

첫 번째 단계는 정규화 부하 임피던스 $z_L = 2 + j1.6$을 도시하고 SWR원을 그리는 것이다. 직렬 스텁 설계에서 사용될 도표는 임피던스 도표이다. SWR원은 그림 5.6a에 보인 바와 같이 z_1과 z_2로 표시된 두 개의 점에서 $1 + jx$ 원과 만난다. 부하로부터 스텁까지의 가장 가까운 거리 d_1은 WTG 눈금으로부터

$$d_1 = 0.328 - 0.208 = 0.120\lambda$$

가 되고 두 번째 거리는

$$d_2 = (0.5 - 0.208) + 0.172 = 0.463\lambda$$

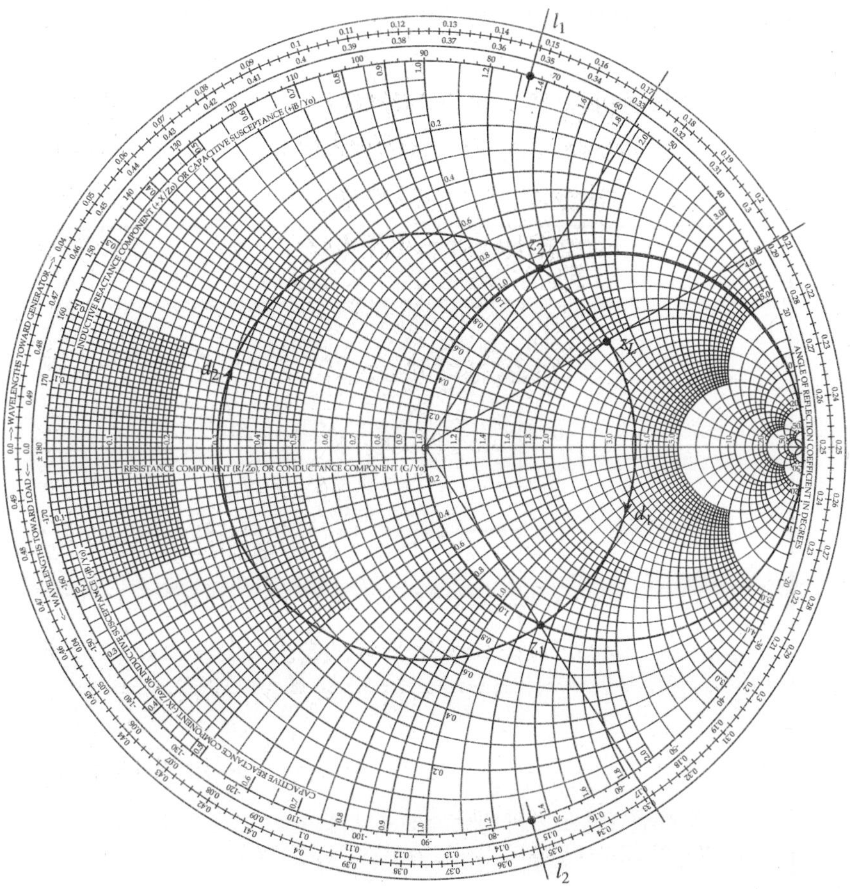

(a)

그림 5.6 예제 5.3에 대한 해. (a) 직렬 스텁 튜너에 대한 Smith 도표

가 된다. 병렬 스텁 경우와 같이 SWR원을 따라서 추가적으로 회전시키면 또다른 해를 얻을 수 있지만, 이는 보통 실질적으로 그리 흥미로운 일은 아니다.

이 두 교점에서의 정규화 임피던스는

$$z_1 = 1 - j1.33$$

$$z_2 = 1 + j1.33$$

이 되므로, 첫 번째 해는 $j1.33$의 리액턴스를 갖는 스텁을 필요로 한다. 이 리액턴스를 나타내는 개방회로 스텁의 길이는 Smith 도표상의 $z = \infty$(개방회로)에서 출발하여 제너레이터 방향으로 도표의 외곽($r = 0$)을 따라 $j1.33$ 점까지 이동하여 얻는다. 이 길이는

$$\ell_1 = 0.397\lambda$$

가 되고, 유사한 방법으로 두 번째 해에 대한 개방회로 스텁의 길이는

$$\ell_2 = 0.103\lambda$$

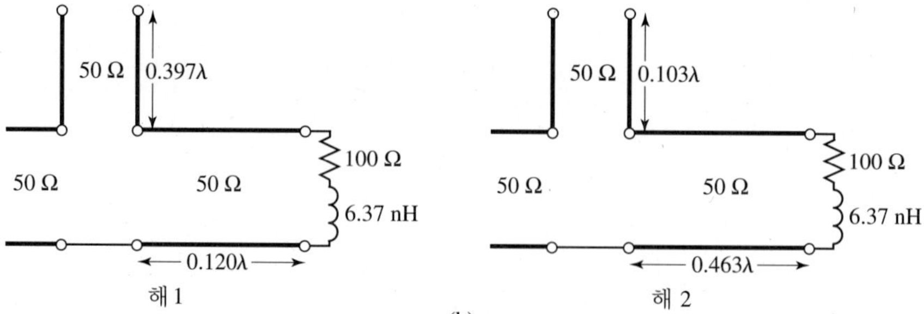

(b)

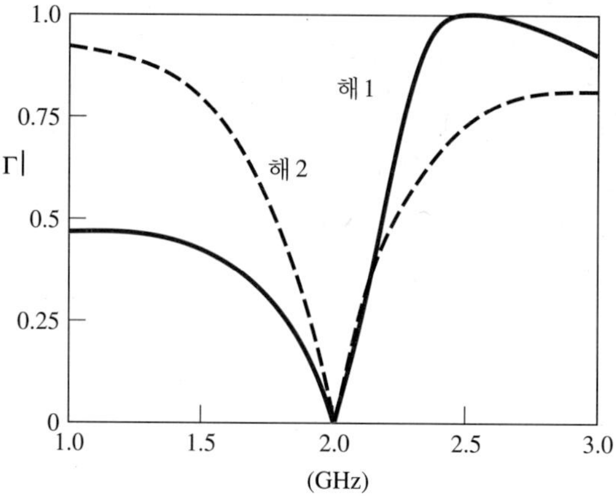

(c)

그림 5.6(계속) (b) 두 개의 직렬 스텁 튜닝 해, (c) 튜닝회로, (b)에서의 주파수에 대한 반사계수의 크기

가 되어 튜너 설계가 완성된다.

만약 부하가 2 GHz에서 $Z_L = 100 + j80\,\Omega$인 저항과 인덕터의 직렬연결이라면, $R = 100\,\Omega$이고 $L = 6.37\,\text{nH}$가 된다. 이 두 개의 정합회로는 그림 5.6b에 나타나 있으며, 그림 5.6c에 이 두 해에 대한 계산된 반사계수의 크기를 나타내었다. ◀

직렬 스텁 튜너에 있어서 d와 ℓ에 대한 식을 유도하기 위하여 부하 어드미턴스를 $Y_L = 1/Z_L = G_L + jB_L$이라 놓으면 부하로부터 선로를 따른 거리 d에서의 어드미턴스는

$$Y = Y_0 \frac{(G_L + jB_L) + jtY_0}{Y_0 + jt(G_L + jB_L)} \tag{5.12}$$

가 되는데, 여기서 $t = \tan \beta d$이고 $Y_0 = 1/Z_0$이다. 이 점에서 임피던스는

$$Z = R + jX = \frac{1}{Y}$$

로 쓸 수 있는데, 여기서

$$R = \frac{G_L(1 + t^2)}{G_L^2 + (B_L + Y_0 t)^2} \tag{5.13a}$$

$$X = \frac{G_L^2 t - (Y_0 - tB_L)(B_L + tY_0)}{Y_0\left[G_L^2 + (B_L + Y_0 t)^2\right]} \tag{5.13b}$$

이다. 이제 $R = Z_0 = 1/Y_0$가 되도록 d(t를 의미함)를 선택하기 위해 식 (5.13a)를 이용하면 t에 대한 2차방정식을 얻는다.

$$Y_0(G_L - Y_0)t^2 - 2B_L Y_0 t + \left(G_L Y_0 - G_L^2 - B_L^2\right) = 0.$$

t에 대해 풀면 $G_L \neq Y_0$일 때

$$t = \frac{B_L \pm \sqrt{G_L\left[(Y_0 - G_L)^2 + B_L^2\right]/Y_0}}{G_L - Y_0}, \qquad (G_L \neq Y_0) \tag{5.14}$$

가 되는데, $G_L = Y_0$이면 $t = -B_L/2Y_0$가 된다. 따라서 d에 대한 두 개의 주요 해는

$$d/\lambda = \begin{cases} \dfrac{1}{2\pi}\tan^{-1} t & (t \geq 0) \\ \dfrac{1}{2\pi}(\pi + \tan^{-1} t) & (t < 0) \end{cases} \tag{5.15}$$

가 된다. 필요한 스텁의 길이를 구하기 위해 먼저 식 (5.13b)에 있는 t를 이용하여 리액턴스 X를 구한다. 이 리액턴스는 필요한 스텁 리액턴스 X_s의 음수이므로 단락회로 스텁에 대해서는

$$\frac{\ell_s}{\lambda} = \frac{1}{2\pi}\tan^{-1}\left(\frac{X_s}{Z_0}\right) = \frac{-1}{2\pi}\tan^{-1}\left(\frac{X}{Z_0}\right) \tag{5.16a}$$

가 되고, 개방회로 스텁에 대해서는

$$\frac{\ell_o}{\lambda} = \frac{-1}{2\pi}\tan^{-1}\left(\frac{Z_0}{X_s}\right) = \frac{1}{2\pi}\tan^{-1}\left(\frac{Z_0}{X}\right) \tag{5.16b}$$

이 된다. 만약 식 (5.16a) 혹은 식 (5.16b)에 의해 주어진 길이가 음수이면 $\lambda/2$를 더하여 양(+)의 결과를 얻을 수 있다.

5.3 이중 스텁 튜닝

앞 절에서 설명한 단일 스텁 튜너는 모든 부하 임피던스를(실수부가 0이 아닌 한) 전송선로에 정합시킬 수 있지만, 부하와 스텁 사이의 선루의 길이를 다양하게 요구할 수 있어야 한다는 단점이 있다. 이것은 고정된 정합회로에서는 문제가 되지 않을 수 있지만 조정 가능한 튜너가 필요한 때에는 약간의 어려움이 야기된다. 이러한 경우에 고정된 위치에서 두 개의 튜닝 스텁을 사용하는 이중 스텁 튜너를 사용할 수 있다. **이중 스텁 튜너**는 주 동

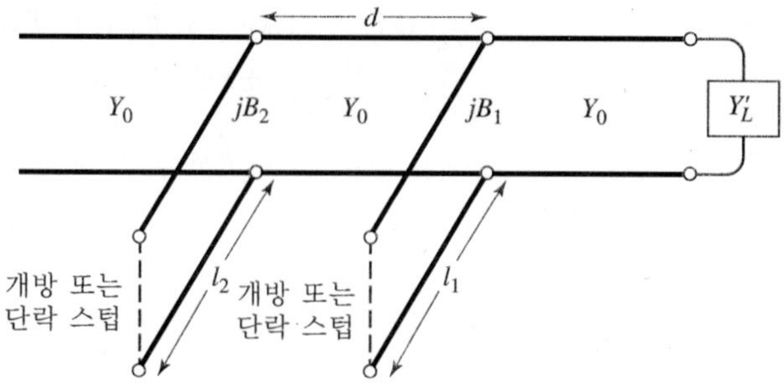

(a)

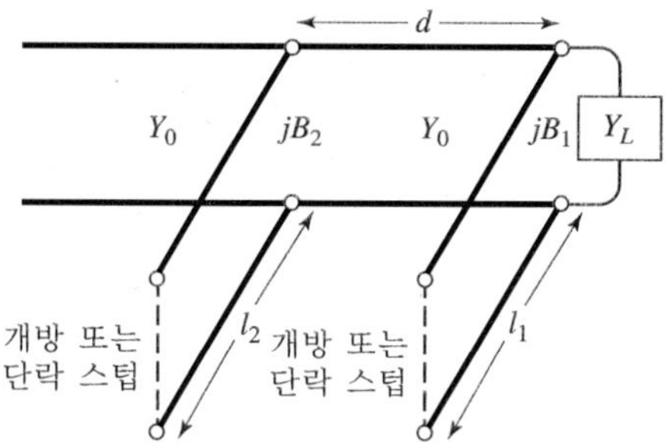

(b)

그림 5.7 이중 스텁 튜닝. (a) 부하가 첫 번째 스텁으로부터 임의의 거리에 있는 원래회로, (b) 부하가 첫 번째 스텁 위치에 있는 등가회로

축선로에 병렬로 연결된 조정 가능한 스텁을 이용하여 때로는 동축선로 형태로 제작된다. 그러나 이중 스텁 튜너는 모든 부하 임피던스를 정합시킬 수는 없다.

그림 5.7a에 나타낸 이중 스텁 튜너에서는 부하가 첫 번째 스텁으로부터 임의의 거리에 놓일 수 있다. 그림 5.7a에 보인 튜너가 실질적인 상황을 더 잘 표현하지만 부하 Y_L'이 첫 번째 스텁의 위치로 환원된 그림 5.7b의 회로가 일반성을 잃지 않으면서 다루기도 더 쉽다.

그림 5.7에 나타낸 스텁은 병렬 스텁으로서 직렬 스텁보다 실질적으로 구현하기에 더 쉽지만, 직렬 스텁으로 원리적으로 같이 쓰일 수 있다. 어느 경우이건 스텁은 개방 혹은 단락 회로일 수 있다.

Smith 도표에 의한 해

그림 5.8의 Smith 도표는 이중 스텁 튜너의 기본적인 동작원리를 예로서 보여주는 것이며 단일 스텁 튜너에서의 경우와 같이 두 개의 해가 가능하다. 첫 번째 스텁의 서셉턴스 b_1(혹은 두 번째 해인 경우 b_1')은 부하 어드미턴스를 y_1(혹은 y_1')으로 이동한다. 이 점들은 회전된 $1+jb$ 원 상에 존재하며 회전되는 양은 부하 방향으로 두 개의 스텁 사이의 전기적인 거리인 d파장이 된다. 그런 후, y_1(혹은 y_1')을 제너레이터 방향으로 선로의 길이 d만큼 변환하면 $1+jb$ 원 상에 있는 점 y_2(혹은 y_2')로 오게 된다. 그 다음으로, 두 번째 스텁을 이용하여 서셉턴스 b_2(혹은 b_2')를 더하면 도표의 중심에 오게 되어 정합이 완성된다.

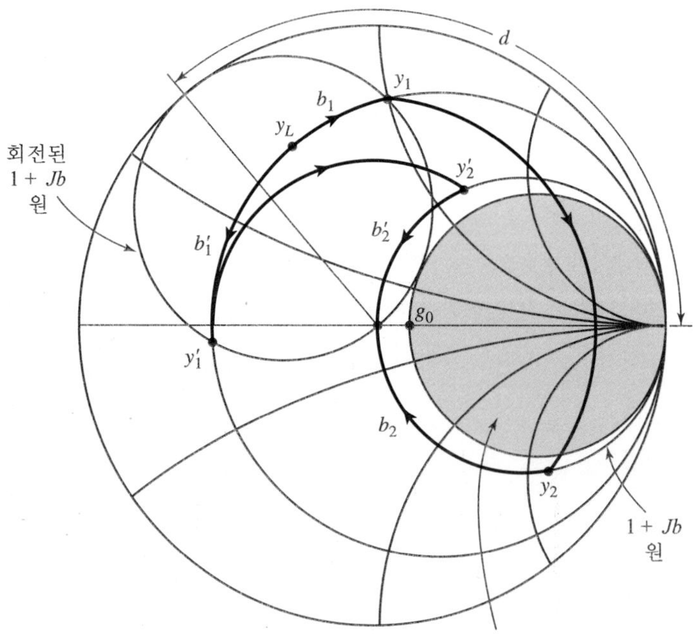

그림 5.8 이중 스텁 튜너의 동작을 위한 Smith 도표

그림 5.8에서 만약 부하 어드미턴스 y_L이 $g_0 + jb$ 원의 파란색 영역 내부에 있다면, 어떤 스텁 서셉턴스 b_1값을 사용해도 부하점을 회전된 $1 + jb$ 원과 서로 만나게 하지는 못할 것이다. 따라서 이 파란 영역은 이 특별한 이중 스텁 튜너로는 정합될 수 없는 부하 어드미턴스의 금지 영역의 범위를 형성한다. 이 금지 영역을 줄이는 간단한 방법은 스텁 사이의 거리 d를 줄이는 것이다. 이것은 회전된 $1 + jb$ 원을 흔들어서 $y = \infty$ 점으로 돌려보내는 효과가 있지만, d는 두 개의 독립된 스텁을 제작하는 실질적인 목적을 고려하면 충분히 커야 한다. 또한 0이나 $\lambda/2$ 가까이에 스텁 사이의 간격을 맞추면 주파수에 아주 민감한 정합회로가 되므로 실질적으로 스텁 간격은 보통 $\lambda/8$ 또는 $3\lambda/8$로 취하여 설계한다. 만일 부하와 첫 번째 스텁 사이의 선로의 길이가 조정될 수 있으면, 부하 어드미턴스 y_L은 금제선 영역으로부터 항상 벗어날 수 있다.

예제 5.4 이중 스텁 정합

부하 임피던스 $Z_L = 60 - j80\ \Omega$을 $50\ \Omega$ 선로에 정합시킬 수 있는 이중 스텁 병렬 튜너를 설계하라. 두 개의 스텁은 단락회로 스텁이며 서로 $\lambda/8$만큼 떨어져 있다. 이 부하는 저항과 커패시터의 직렬연결로 구성되어 있으며 정합 주파수가 2 GHz라고 가정하고, 1 GHz에서 3 GHz까지 주파수에 대한 반사계수의 크기를 도시하라.

☞ 풀이

정규화 부하 어드미턴스는 $y_L = 0.3 + j0.4$로서 그림 5.9a의 Smith 도표에 나타나 있다. 그 다음

$g = 1$ 원상에 있는 모든 점을 부하방향으로 $\lambda/8$만큼 이동하여 회전된 $1 + jb$ 컨덕턴스 원을 그린다. 첫 번째 스텁의 서셉턴스는 다음 두 개의 가능한 값 중의 하나이다.

$$b_1 = 1.314$$

또는

$$b_1' = -0.114.$$

이제 제너레이터 방향으로 일정반경(SWR) 원을 따라 $\lambda/8$만큼 회전시켜 선로의 $\lambda/8$ 구간의 변환을 취하면, 다음 두 개의 점에 도착한:

$$y_2 = 1 - j3.38$$

또는

$$y_2' = 1 + j1.38.$$

따라서 두 번째 스텁의 서셉턴스는

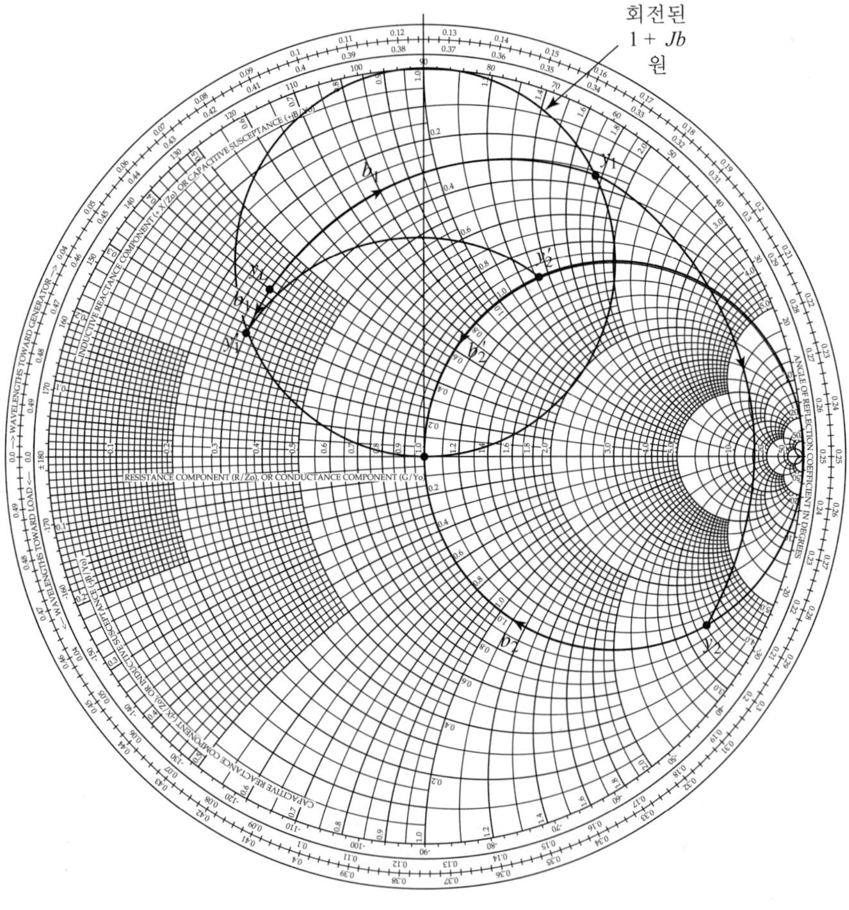

(a)

그림 5.9 예제 5.4에 대한 해. (a) 이중 스텁 튜너에 대한 Smith 도표

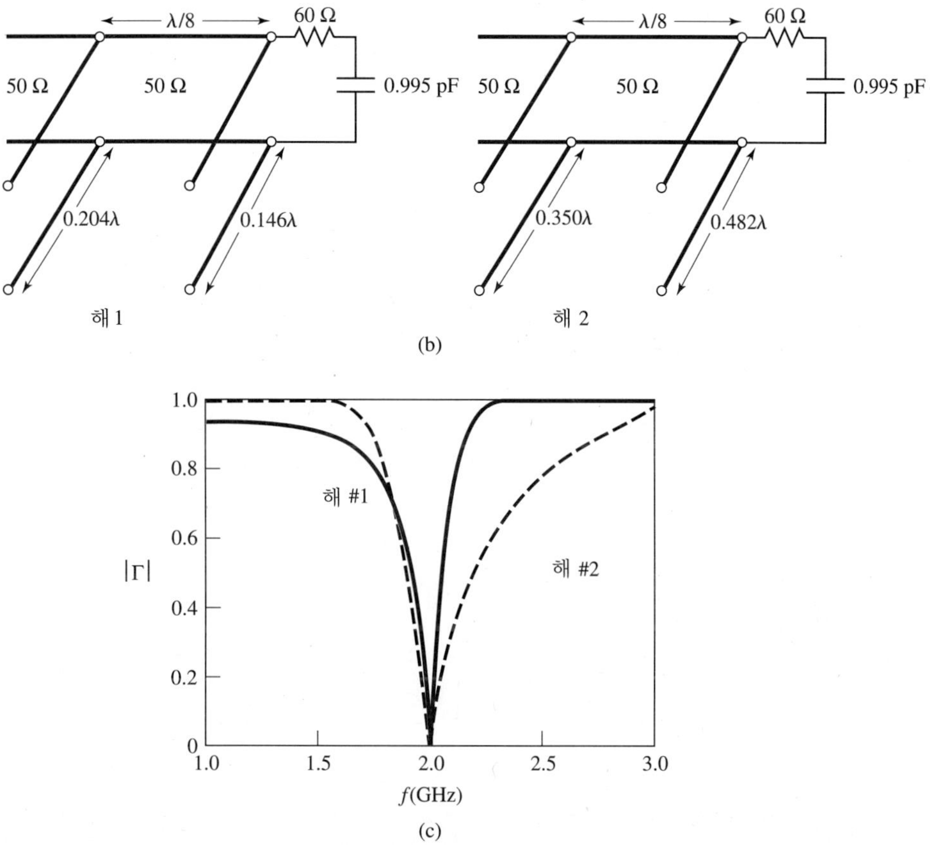

그림 5.9(계속) (b) 두 개의 이중 스텁 튜닝 해, (c) 튜닝회로, (b)에서의 주파수에 대한 반사계수의 크기

$$b_2 = 3.38$$

또는

$$b_2' = -1.38$$

이어야 하고, 두 개의 단락회로 스텁의 길이는

$$\ell_1 = 0.146\lambda, \ell_2 = 0.204\lambda$$

또는

$$\ell_1' = 0.482\lambda, \ell_2' = 0.350\lambda.$$

가 되어 이중 스텁 튜너 설계에 대한 두 개의 해를 구할 수 있다.

이제 $f = 2$ GHz에서 저항-커패시터 부하 임피던스가 $Z_L = 60 - j80\,\Omega$이라면 $R = 60\,\Omega$이고 $C =$ 0.995 pF이 된다. 따라서 두 개의 정합회로들은 그림 5.9b에 나타나 있으며, 수파수에 대한 반사계수의 크기는 그림 5.9c에 도시하였다. 첫 번째 해는 두 번째(프라임이 붙은) 해에 비해 대역폭이 훨씬 좁은데, 이것은 첫 번째 해에 대한 두 개의 스텁이 두 번째 해의 스텁보다 다소 길기 때문이다 (λ/2에 더 가깝다). ◀

해석적인 해

그림 5.7b에 있는 첫 번째 스텁의 왼쪽에 대한 어드미턴스는

$$Y_1 = G_L + j(B_L + B_1) \tag{5.17}$$

이다. 여기서 $Y_L = G_L + jB_L$은 부하 어드미턴스이고 B_1은 첫 번째 스텁의 서셉턴스이다. 전송선로의 길이 d만큼 변환시킨 후에, 두 번째 스텁의 오른쪽에 대한 어드미턴스는

$$Y_2 = Y_0 \frac{G_L + j(B_L + B_1 + Y_0 t)}{Y_0 + jt(G_L + jB_L + jB_1)} \tag{5.18}$$

가 되는데, 여기서 $t = \tan \beta d$이고 $Y_0 = 1/Z_0$이다. 이 점에서 Y_2의 실수부는 Y_0와 같아야 하므로

$$G_L^2 - G_L Y_0 \frac{1+t^2}{t^2} + \frac{(Y_0 - B_L t - B_1 t)^2}{t^2} = 0 \tag{5.19}$$

인 2차 방정식을 얻는다. G_L에 대해 풀면

$$G_L = Y_0 \frac{1+t^2}{2t^2}\left[1 \pm \sqrt{1 - \frac{4t^2(Y_0 - B_L t - B_1 t)^2}{Y_0^2(1+t^2)^2}}\right] \tag{5.20}$$

이 되는데, G_L은 실수이므로 제곱근 안에 있는 값은 양수이어야 한다. 따라서

$$0 \leq \frac{4t^2(Y_0 - B_L t - B_1 t)^2}{Y_0^2(1+t^2)^2} \leq 1$$

이어야 하며, 이 조건이 만족되면

$$0 \leq G_L \leq Y_0 \frac{1+t^2}{t^2} = \frac{Y_0}{\sin^2 \beta d} \tag{5.21}$$

가 되어 주어진 스텁 간격 d에 대해 정합되어질 수 있는 G_L의 범위가 정해진다. d가 고정되면 첫 번째 스텁의 서셉턴스는 식 (5.19)로부터

$$B_1 = -B_L + \frac{Y_0 \pm \sqrt{(1+t^2)G_L Y_0 - G_L^2 t^2}}{t} \tag{5.22}$$

이 되며, 두 번째 스텁의 서셉턴스는 식 (5.18)의 허수부의 음의 값을 택하여

$$B_2 = \frac{\pm Y_0 \sqrt{Y_0 G_L (1+t^2) - G_L^2 t^2} + G_L Y_0}{G_L t} \tag{5.23}$$

가 된다. 식 (5.22)와 (5.23)에 있는 위와 아래의 부호는 각각 같은 해에 해당된다. 개방회로 스텁의 길이는

$$\frac{\ell_o}{\lambda} = \frac{1}{2\pi}\tan^{-1}\left(\frac{B}{Y_0}\right) \tag{5.24a}$$

가 되고, 단락회로 스텁의 길이는

$$\frac{\ell_s}{\lambda} = \frac{-1}{2\pi}\tan^{-1}\left(\frac{Y_0}{B}\right) \tag{5.24b}$$

가 된다. 여기서 $B = B_1$ 또는 B_2이다.

5.4 λ/4 변환기

2.5절에서 이미 논한 바와 같이 λ/4 변환기는 실수의 부하 임피던스를 전송선로에 정합시킬 수 있는 간단하고 유용한 회로이다. λ/4 변환기의 부가적인 특징으로는 보다 넓은 대역폭에 대해 방법론적인 형태로 다단변환기의 설계에 확장되어질 수 있다는 것이다. 만일 협대역의 임피던스 정합만 필요하면 단일 변환기로서 충분하겠지만, 다음의 몇 개 절에서 알 수 있듯이 다단 λ/4 변환기의 설계는 원하는 주파수 대역에 걸쳐 최적의 정합특성을 갖도록 합성되어질 수 있다. 이와 같은 회로망은 대역통과 필터와 밀접한 관계가 있다는 사실을 8장에서 알게 될 것이다. λ/4 변환기의 단점은 실수의 부하 임피던스만 정합시킬 수 있다는 것이다. 그러나 부하와 변환기 사이의 길이를 적절히 조정하거나 직렬 혹은 병렬 리액티브 스텁을 적절히 사용함으로써 복소 부하 임피던스는 실수 임피던스로 항상 변환될 수 있다. 이러한 기법들은 보통 등가 부하의 주파수 의존도를 변환시켜 주어 정합의 대역폭을 줄이는 효과를 갖고 있다.

2.5절에서 우리는 λ/4 변환기의 동작특성을 임피던스 관점과 다중 반사의 관점에서 이미 분석하였다. 여기서는 부하 부정합의 함수로서의 변환기의 대역폭 성능에 대해 집중하겠다. 이러한 논의는 다음 절들에서 논할 다단 변환기의 보다 일반적인 경우에 대한 준비로서 작용할 것이다.

단일 λ/4 정합 변환기 회로를 그림 5.10에 나타내었다. 이 정합부의 특성 임피던스는

$$Z_1 = \sqrt{Z_0 Z_L} \tag{5.25}$$

이다. 설계주파수 f_0에서 정합부의 전기적인 길이는 λ/4이지만, 다른 주파수에서는 길이

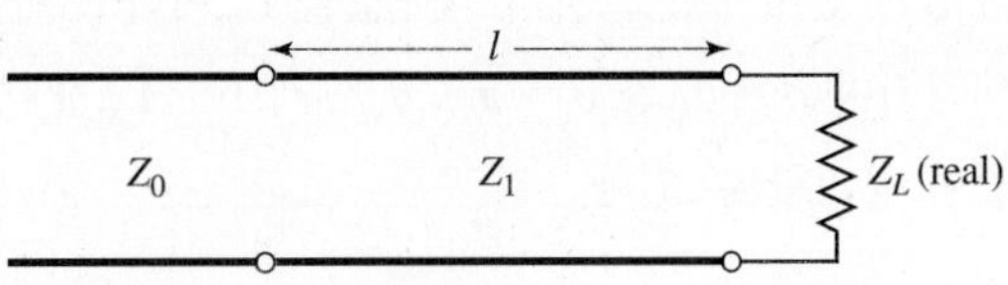

그림 5.10 단일 구간 λ/4 정합 변환기. 설계주파수 f_0에서 $\ell = \lambda_0/4$이다.

가 다르게 되므로 완벽한 정합은 더 이상 얻을 수 없다. 이제 이러한 주파수에 따른 부정합에 대한 근사식을 유도하겠다.

정합부를 들여다 본 입력 임피던스는

$$Z_{\text{in}} = Z_1 \frac{Z_L + jZ_1 t}{Z_1 + jZ_L t} \tag{5.26}$$

이며, 여기서 설계주파수 f_0에서 $t = \tan\beta\ell = \tan\theta$이고 $\beta\ell = \theta = \pi/2$이다. 따라서 반사계수는

$$\Gamma = \frac{Z_{\text{in}} - Z_0}{Z_{\text{in}} + Z_0} = \frac{Z_1(Z_L - Z_0) + jt\left(Z_1^2 - Z_0 Z_L\right)}{Z_1(Z_L + Z_0) + jt\left(Z_1^2 + Z_0 Z_L\right)} \tag{5.27}$$

이 된다. $Z_1^2 = Z_0 Z_L$이므로 이 식은

$$\Gamma = \frac{Z_L - Z_0}{Z_L + Z_0 + j2t\sqrt{Z_0 Z_L}} \tag{5.28}$$

로 된다. $1 + t^2 = 1 + \tan^2\theta = \sec^2\theta$이므로 반사계수의 크기는

$$\begin{aligned}
|\Gamma| &= \frac{|Z_L - Z_0|}{\left[(Z_L + Z_0)^2 + 4t^2 Z_0 Z_L\right]^{1/2}} \\
&= \frac{1}{\left\{(Z_L + Z_0)^2/(Z_L - Z_0)^2 + [4t^2 Z_0 Z_L/(Z_L - Z_0)^2]\right\}^{1/2}} \\
&= \frac{1}{\left\{1 + [4Z_0 Z_L/(Z_L - Z_0)^2] + [4Z_0 Z_L t^2/(Z_L - Z_0)^2]\right\}^{1/2}} \\
&= \frac{1}{\left\{1 + [4Z_0 Z_L/(Z_L - Z_0)^2]\sec^2\theta\right\}^{1/2}}
\end{aligned} \tag{5.29}$$

이 된다.

이제 주파수가 설계주파수 f_0에 가깝다고 가정하면, $\ell \simeq \lambda_0/4$가 되고 $\theta \simeq \pi/2$가 되어 $\sec^2\theta \gg 1$이 되므로 식 (5.29)는 $\pi/2$ 부근에서 θ에 대하여

$$|\Gamma| \simeq \frac{|Z_L - Z_0|}{2\sqrt{Z_0 Z_L}}|\cos\theta| \tag{5.30}$$

로 단순화된다. 이 결과는 그림 5.11에 나타난 바와 같이 설계주파수 근처에서 $\lambda/4$ 변환기의 근사적인 부정합을 보여준다.

허용할 수 있는 반사계수 크기의 최대값을 Γ_m이라고 하면 식 (5.29)의 응답은 $\theta = \pi/2$에 대해서 대칭이며 $\theta = \theta_m$과 $\theta = \pi - \theta_m$에서 $\Gamma = \Gamma_m$값을 가지므로 정합변환기의 대역폭은 다음과 같이 정의할 수 있다.

$$\Delta\theta = 2\left(\frac{\pi}{2} - \theta_m\right). \tag{5.31}$$

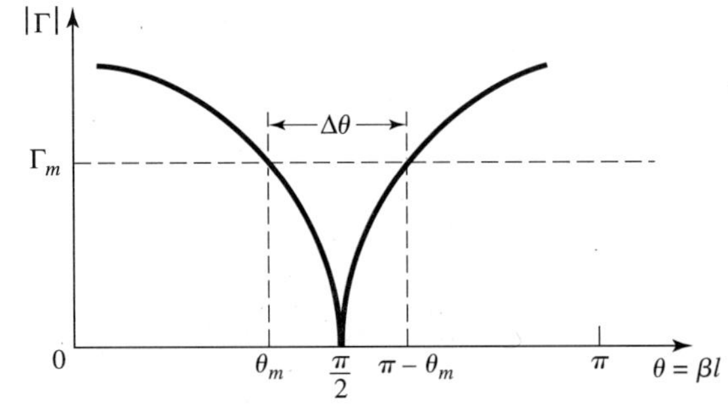

그림 5.11 설계주파수 근처에서 동작하는 단일 구간 λ/4 변환의 반사계수 크기의 근사적인 특성

식 (5.29)에 있는 반사계수의 크기에 대한 정확한 식에 Γ_m을 대입하고 θ_m에 대해 풀면

$$\frac{1}{\Gamma_m^2} = 1 + \left(\frac{2\sqrt{Z_0 Z_L}}{Z_L - Z_0}\sec\theta_m\right)^2$$

혹은

$$\cos\theta_m = \frac{\Gamma_m}{\sqrt{1-\Gamma_m^2}}\frac{2\sqrt{Z_0 Z_L}}{|Z_L - Z_0|} \tag{5.32}$$

이 된다.

전송선로가 TEM 선로라고 가정하면

$$\theta = \beta\ell = \frac{2\pi f}{v_p}\frac{v_p}{4f_0} = \frac{\pi f}{2f_0}$$

가 되므로 $\theta = \theta_m$에서의 낮은 대역 가장자리의 주파수는

$$f_m = \frac{2\theta_m f_0}{\pi}$$

가 되고, 분수식의 대역폭은 식 (5.32)를 사용하면

$$\begin{aligned}\frac{\Delta f}{f_0} &= \frac{2(f_0 - f_m)}{f_0} = 2 - \frac{2f_m}{f_0} = 2 - \frac{4\theta_m}{\pi} \\ &= 2 - \frac{4}{\pi}\cos^{-1}\left[\frac{\Gamma_m}{\sqrt{1-\Gamma_m^2}}\frac{2\sqrt{Z_0 Z_L}}{|Z_L - Z_0|}\right]\end{aligned} \tag{5.33}$$

이 된다. 분수식의 대역폭은 보통 $100\Delta f/f_0\%$와 같이 백분율로 표현된다. 변환기의 대역폭은 Z_L이 Z_0에 접근됨에 따라서(부하에 정합이 잘 될수록) 증가한다.

위의 결과는 TEM 선로에 대해서만 유효하다. 비 TEM 선로(예를 들어 도파관)가 사용되어지면 전파상수는 더 이상 주파수의 선형함수가 아니며 파동 임피던스는 주파수에 따라서 달라진다. 이러한 요소들은 비 TEM 선로에 대한 λ/4 변환기의 일반적인 동작특성을

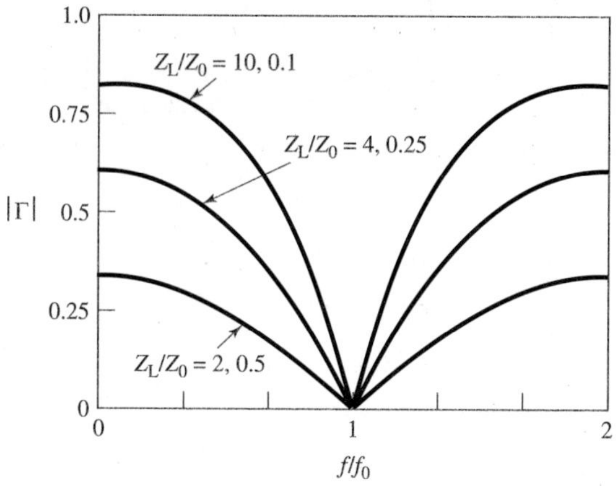

그림 5.12 여러 가지의 부하 부정합을 갖는 단일 구간 λ/4 정합 변환기의 주파수에 대한 반사계수의 크기

복잡하게 만들지만, 실질적으로 변환기의 대역폭은 충분히 작기 때문에 이러한 복잡성이 결과에 크게 영향을 미치지는 않는다. 위의 해석에서 무시된 또다른 요소는 전송선로의 크기에 급격한 변화가 있을 때 그 불연속성과 연관되는 리액턴스의 효과이다. 이들은 정합부의 길이를 약간 조정해 줌으로써 보상되어질 수 있다.

그림 5.12에 여러 가지 부정합된 부하에 따른 정규화 주파수에 대한 반사계수의 크기를 도시한 것이다. 부하의 부정합이 작을수록 대역폭이 증가하는 경향이 있음을 유의하라.

예제 5.5 λ/4 변환기 대역폭

10 Ω의 부하를 $f_0 = 3$ GHz에서 50 Ω 선로에 정합시킬 수 있는 단일 구간 λ/4 정합 변환기를 설계하고 SWR ≤ 1.5가 되는 백분율 대역폭을 구하라.

☞ 풀이

식 (5.25)로부터 정합부의 특성 임피던스는

$$Z_1 = \sqrt{Z_0 Z_L} = \sqrt{(50)(10)} = 22.36\ \Omega$$

이고, 정합부의 길이는 3 GHz에서 λ/4이다. 1.5의 SWR에 해당하는 반사계수의 크기는

$$\Gamma_m = \frac{\text{SWR} - 1}{\text{SWR} + 1} = \frac{1.5 - 1}{1.5 + 1} = 0.2.$$

식 (5.33)으로부터 계산되는 분수식의 대역폭은

$$\begin{aligned}\frac{\Delta f}{f_0} &= 2 - \frac{4}{\pi}\cos^{-1}\left[\frac{\Gamma_m}{\sqrt{1-\Gamma_m^2}}\frac{2\sqrt{Z_0 Z_L}}{|Z_L - Z_0|}\right] \\ &= 2 - \frac{4}{\pi}\cos^{-1}\left[\frac{0.2}{\sqrt{1-(0.2)^2}}\frac{2\sqrt{(50)(10)}}{|10-50|}\right] \\ &= 0.29\end{aligned}$$

즉, 29%가 된다. ◀

5.5 미소반사의 이론

$\lambda/4$ 변환기는 부하 임피던스가 실수이기만 하면 모든 선로의 임피던스에 정합시킬 수 있는 아주 간단한 수단으로 사용된다. 단일한 $\lambda/4$ 구간을 통해 얻을 수 있는 대역폭보다 큰 대역폭이 요구되는 응용분야에는 **다단변환기**가 사용되어질 수 있다. 이러한 변환기의 설계가 다음 두 절의 주제이지만, 이것을 다루기 전에 여러 개의 작은 불연속점들로부터 나타나는 부분반사에 의해 야기되는 전반사 계수에 대한 몇 가지 근사식을 유도할 필요가 있다. 이 주제를 일반적으로 **미소반사의 이론**이라고 한다[1].

단일 구간 변환기

그림 5.13에 나타낸 단일 구간 변환기에 있어서 전체 반사계수 Γ에 대한 근사식을 유도할 것이다. 부분반사 및 투과계수는

$$\Gamma_1 = \frac{Z_2 - Z_1}{Z_2 + Z_1} \tag{5.34}$$

$$\Gamma_2 = -\Gamma_1 \tag{5.35}$$

$$\Gamma_3 = \frac{Z_L - Z_2}{Z_L + Z_2} \tag{5.36}$$

$$T_{21} = 1 + \Gamma_1 = \frac{2Z_2}{Z_1 + Z_2} \tag{5.37}$$

$$T_{12} = 1 + \Gamma_2 = \frac{2Z_1}{Z_1 + Z_2} \tag{5.38}$$

이 된다.

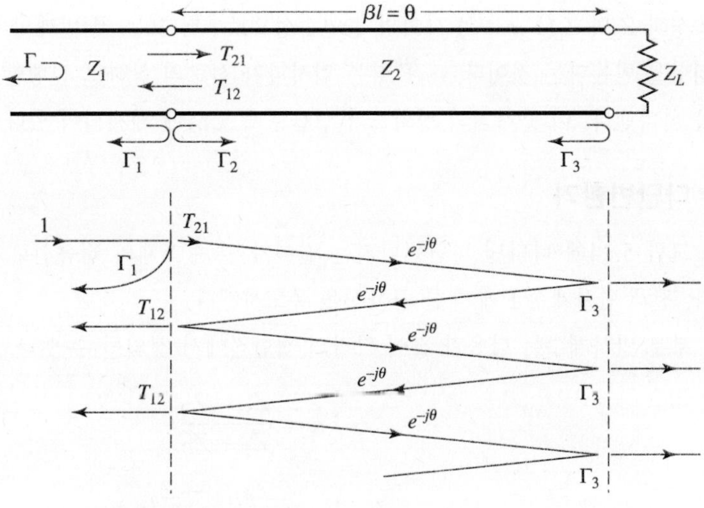

그림 5.13 단일 구간 정합변환기의 부분반사 및 투과

급전선에서 들여다 본 전체 반사계수 Γ는 2.5절에서 논한 바와 같이 임피던스 방법이나 다중반사법을 사용하여 계산할 수 있다. 우리의 현재 목적에는 후자의 방법이 더 적합하므로, 전체 반사를 다음과 같이 부분반사와 투과의 무한대 합으로 표현할 수 있다:

$$\begin{aligned}\Gamma &= \Gamma_1 + T_{12}T_{21}\Gamma_3 e^{-2j\theta} + T_{12}T_{21}\Gamma_3^2\Gamma_2 e^{-4j\theta} + \cdots \\ &= \Gamma_1 + T_{12}T_{21}\Gamma_3 e^{-2j\theta}\sum_{n=0}^{\infty}\Gamma_2^n\Gamma_3^n e^{-2jn\theta}.\end{aligned} \tag{5.39}$$

기하급수를 사용하면 $|x| < 1$일 때

$$\sum_{n=0}^{\infty} x^n = \frac{1}{1-x}$$

이므로 식 (5.39)는 다음과 같은 식이 된다.

$$\Gamma = \Gamma_1 + \frac{T_{12}T_{21}\Gamma_3 e^{-2j\theta}}{1-\Gamma_2\Gamma_3 e^{-2j\theta}}. \tag{5.40}$$

식 (5.35)와 (5.37), 그리고 식 (5.38)로부터 식 (5.40)에 $\Gamma_2 = -\Gamma_1$, $T_{21} = 1 + \Gamma_1$, 그리고 $T_{12} = 1 - \Gamma_1$을 사용하면

$$\Gamma = \frac{\Gamma_1 + \Gamma_3 e^{-2j\theta}}{1+\Gamma_1\Gamma_3 e^{-2j\theta}} \tag{5.41}$$

가 된다. 이제 임피던스 Z_1, Z_2와 Z_2, Z_L 사이의 불연속성이 작다고 가정하면 $|\Gamma_1\Gamma_3| = 1$이 되므로 식 (5.41)은 근사적으로

$$\Gamma \simeq \Gamma_1 + \Gamma_3 e^{-2j\theta} \tag{5.42}$$

가 된다. 이 결과가 나타내는 직관적인 사실은 전체 반사가 Z_1과 $Z_2(\Gamma_1)$ 사이의 초기 불연속성과 Z_2와 $Z_L(\Gamma_3 e^{-2j\theta})$ 사이의 불연속성으로부터 오는 첫 번째의 반사에 의해 가장 크게 영향을 받는다는 것이다. $e^{-2j\theta}$항은 입사파가 선로의 상하로 진행할 때 발생하는 위상지연을 나타낸다. 이 근사식의 정확도가 연습문제 5.14에 제시되어 있다.

다단변환기

그림 5.14에 나타낸 다단변환기는 길이가 같은 N개의 전송선로 구간들로 구성되어 있다. 전체 반사계수 Γ에 대한 근사식을 유도하겠다.

부분 반사계수는 다음과 같이 각각의 접합점에서 정의될 수 있다:

$$\Gamma_0 = \frac{Z_1 - Z_0}{Z_1 + Z_0} \tag{5.43a}$$

$$\Gamma_n = \frac{Z_{n+1} - Z_n}{Z_{n+1} + Z_n} \tag{5.43b}$$

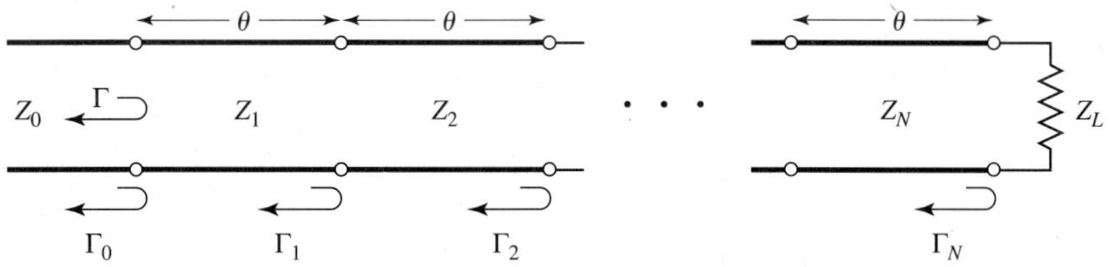

그림 5.14 다단 정합변환기에 대한 분수식의 반사계수

$$\Gamma_N = \frac{Z_L - Z_N}{Z_L + Z_N}. \tag{5.43c}$$

또한 모든 Z_n은 변환기를 통해 단순 증가 혹은 감소하며, Z_L은 실수라고 가정하자. 이것은 모든 Γ_n이 실수이고, 같은 부호($Z_L > Z_0$이면 $\Gamma_n > 0$이고 $Z_L < Z_0$이면 $\Gamma_n < 0$)라는 것을 의미한다. 앞 절의 결과를 이용하면 전체 반사계수는

$$\Gamma(\theta) = \Gamma_0 + \Gamma_1 e^{-2j\theta} + \Gamma_2 e^{-4j\theta} + \cdots + \Gamma_N e^{-2jN\theta} \tag{5.44}$$

로 근사화될 수 있다. 또한 변환기를 대칭으로 만들어서 $\Gamma_0 = \Gamma_N$, $\Gamma_1 = \Gamma_{N-1}$, $\Gamma_2 = \Gamma_{N-2}$ 등으로 놓을 수 있다고 가정하면(이것은 Z_n들이 대칭임을 의미하는 것은 아니다), 식 (5.44)는

$$\Gamma(\theta) = e^{-jN\theta}\left\{\Gamma_0[e^{jN\theta} + e^{-jN\theta}] + \Gamma_1[e^{j(N-2)\theta} + e^{-j(N-2)\theta}] + \cdots\right\} \tag{5.45}$$

으로 쓸 수 있다. 만약 N이 기수이면 마지막 항은 $\Gamma_{(N-1)/2}(e^{j\theta} - e^{-j\theta})$가 되고, N이 우수이면 마지막 항은 $\Gamma_{N/2}$가 된다. 식 (5.45)는 θ에 대한 유한 푸리에 코사인 급수의 형태로 볼 수 있으므로

$$\Gamma(\theta) = 2e^{-jN\theta}\Big[\Gamma_0 \cos N\theta + \Gamma_1 \cos(N-2)\theta + \cdots + \Gamma_n \cos(N-2n)\theta + \cdots + \frac{1}{2}\Gamma_{N/2}\Big], \qquad (N\text{은 우수}) \tag{5.46a}$$

$$\Gamma(\theta) = 2e^{-jN\theta}[\Gamma_0 \cos N\theta + \Gamma_1 \cos(N-2)\theta + \cdots + \Gamma_n \cos(N-2n)\theta + \cdots + \Gamma_{(N-1)/2} \cos\theta], \qquad (N\text{은 기수}) \tag{5.46b}$$

로 쓸 수 있다.

이들 결과의 중요성은 Γ_n을 적절히 선택하고 단수(N)를 충분히 사용하면 원하는 모든 종류의 반사계수 응답을 주파수(θ)의 함수로 합성할 수 있다는 데 있다. 이것은 충분한 항들을 사용하면 푸리에 급수는 모든 임의의 부드러운 함수를 표현할 수 있다는 사실로부터 명확해진다. 다음의 두 절에는 이 이론을 이용하여 가장 일반적으로 사용되는 통과대역 응답의 두 가지, 즉 **이항**(최대 평형)응답과 **체비셰프**(동일한 리플) 응답을 위한 다단변환기를 어떻게 설계하는가에 대해 알아보겠다.

5.6 이항 다단 정합변환기

이항 정합변환기의 통과대역 응답은 주어진 수의 단에 대해 그 응답이 설계주파수 근처에서 최대로 평탄하다는 점에서 최적이다. 이와 같은 응답특성은 또한 **최대 평탄**으로 알려져 있다. 이러한 형태의 응답은 N개의 구간을 갖는 변환기에 대해 중심주파수 f_0에서 $|\Gamma(\theta)|$의 첫 번째 $N-1$개의 미분식을 0으로 놓고 설계한다. 이러한 응답은

$$\Gamma(\theta) = A(1 + e^{-2j\theta})^N \tag{5.47}$$

으로 놓으면 얻을 수 있다. 크기 $|\Gamma(\theta)|$는

$$\begin{aligned} |\Gamma(\theta)| &= |A||e^{-j\theta}|^N |e^{j\theta} + e^{-j\theta}|^N \\ &= 2^N |A|| \cos\theta|^N \end{aligned} \tag{5.48}$$

이 된다. $\theta = \pi/2$일 때 $|\Gamma(\theta)| = 0$이고 $n = 1, 2, \cdots, N-1$일 때 $\theta = \pi/2$에서 $(d^n|\Gamma(\theta)|)/d\theta^n = 0$이 된다($\theta = \pi/2$는 중심주파수 f_0에 해당되며, 여기서 $\ell = \lambda/4$이고 $\theta = \beta\ell = \pi/2$이다).

$f \to 0$으로 놓으면 상수 A를 구할 수 있다. $\theta = \beta\ell = 0$이 되고 식 (5.47)은 $f = 0$에서 모든 구간의 전기적 길이가 0이므로

$$\Gamma(0) = 2^N A = \frac{Z_L - Z_0}{Z_L + Z_0}$$

로 된다. 따라서 상수 A는 다음과 같이 쓸 수 있다.

$$A = 2^{-N} \frac{Z_L - Z_0}{Z_L + Z_0}. \tag{5.49}$$

이제 식 (5.47)의 $\Gamma(\theta)$를 이항정리에 따라 전개하면

$$\Gamma(\theta) = A(1 + e^{-2j\theta})^N = A \sum_{n=0}^{N} C_n^N e^{-2jn\theta} \tag{5.50}$$

가 되는데, 여기서

$$C_n^N = \frac{N!}{(N-n)!n!} \tag{5.51}$$

은 이항계수이다. $C_n^N = C_{N-n}^N$이고 $C_0^N = 1$이며 $C_1^N = N = C_{N-1}^N$이므로 주단계는 식 (5.50)에 주어진 원하는 통과대역 응답을 식 (5.44)에 (근사적으로) 주어진 실제 응답과 같게 놓는 것이다:

$$\Gamma(\theta) = A \sum_{n=0}^{N} C_n^N e^{-2jn\theta} = \Gamma_0 + \Gamma_1 e^{-2j\theta} + \Gamma_2 e^{-4j\theta} + \cdots + \Gamma_N e^{-2jN\theta}.$$

이 식으로부터 Γ_n은

$$\Gamma_n = AC_n^N \tag{5.52}$$

이어야 하는데, 여기서 A는 식 (5.49)에 주어져 있으며 C_n^N은 이항정리 상수이다. 이 점에서, 특성 임피던스 Z_n은 식 (5.43)을 이용하여 구할 수 있지만, 다음의 근사식[1]을 이용하면 보다 간단한 해를 얻을 수 있다. Γ_n이 작다고 가정했기 때문에 $\ln x \simeq 2(x-1)/(x+1)$이므로

$$\Gamma_n = \frac{Z_{n+1} - Z_n}{Z_{n+1} + Z_n} \simeq \frac{1}{2} \ln \frac{Z_{n+1}}{Z_n}$$

로 쓸 수 있다. 식 (5.52)와 (5.49)를 이용하면

$$\ln \frac{Z_{n+1}}{Z_n} \simeq 2\Gamma_n = 2AC_n^N = 2(2^{-N})\frac{Z_L - Z_0}{Z_L + Z_0} C_n^N \simeq 2^{-N} C_n^N \ln \frac{Z_L}{Z_0} \tag{5.53}$$

이 되어, 이 식에서 $n = 0$에서 시작하면 Z_{n+1}을 구할 수 있다. 이러한 기법은 모순이 없다는 장점을 가지고 있어서 식 (5.53)으로부터 계산된 Z_{N+1}은 Z_L과 같다.

각 구간의 다중반사를 포함하는 정확한 결과는, 각각의 부분에 대한 전송선로 방정식을 사용하고 특성 임피던스에 대해 수치적으로 풀어서 얻을 수 있다[2]. 표 5.1에 나타난 이러한 계산의 결과는 급전선 임피던스 Z_0에 대한 부하 임피던스 Z_L의 여러 가지 비에 대해 $N = 2$, 3, 4, 5 그리고 6 구간의 이항 정합변환기에 대한 정확한 선로 임피던스를 보여준다. 이 표는 $Z_L/Z_0 > 1$일 때의 결과만을 보여주며 $Z_L/Z_0 < 1$이면 부하 끝에서 시작하는 Z_1에서부터 출발하여 Z_0/Z_L에 대한 결과를 사용해야 한다. 이것은 그 해가 $Z_L/Z_0 = 1$에 대해 대칭이기 때문이며 Z_L을 Z_0에 정합시키는 변환기가 역전이 되면 Z_0를 Z_L에 정합시키는 데 사용될 수 있다. 보다 많은 값은 참고문헌 [2]를 참조하기 바란다.

이항 변환기의 대역폭은 다음과 같이 구할 수 있다. 5.4절에서처럼 Γ_m을 통과대역에서 허용할 수 있는 반사계수의 최대값이라고 하면 식 (5.48)로부터

$$\Gamma_m = 2^N |A| \cos^N \theta_m$$

이 되는데, 여기서 $\theta_m < \pi/2$는 그림 5.11에서 나타낸 바와 같이 통과대역의 낮은 쪽 가장자리이다. 따라서

$$\theta_m = \cos^{-1}\left[\frac{1}{2}\left(\frac{\Gamma_m}{|A|}\right)^{1/N}\right] \tag{5.54}$$

이 되고, 식 (5.33)을 이용하면 분수식의 대역폭은

$$\frac{\Delta f}{f_0} = \frac{2(f_0 - f_m)}{f_0} = 2 - \frac{4\theta_m}{\pi} = 2 - \frac{4}{\pi}\cos^{-1}\left[\frac{1}{2}\left(\frac{\Gamma_m}{|A|}\right)^{1/N}\right] \tag{5.55}$$

이 된다.

표 5.1 이항 변환기의 설계

Z_L/Z_0	$N=2$ Z_1/Z_0	$N=2$ Z_2/Z_0	$N=3$ Z_1/Z_0	$N=3$ Z_2/Z_0	$N=3$ Z_3/Z_0	$N=4$ Z_1/Z_0	$N=4$ Z_2/Z_0	$N=4$ Z_3/Z_0	$N=4$ Z_4/Z_0
1.0	1.0000	1.0000	1.0000	1.0000	1.0000	1.0000	1.0000	1.0000	1.0000
1.5	1.1067	1.3554	1.0520	1.2247	1.4259	1.0257	1.1351	1.3215	1.4624
2.0	1.1892	1.6818	1.0907	1.4142	1.8337	1.0444	1.2421	1.6102	1.9150
3.0	1.3161	2.2795	1.1479	1.7321	2.6135	1.0718	1.4105	2.1269	2.7990
4.0	1.4142	2.8285	1.1907	2.0000	3.3594	1.0919	1.5442	2.5903	3.6633
6.0	1.5651	3.8336	1.2544	2.4495	4.7832	1.1215	1.7553	3.4182	5.3500
8.0	1.6818	4.7568	1.3022	2.8284	6.1434	1.1436	1.9232	4.1597	6.9955
10.0	1.7783	5.6233	1.3409	3.1623	7.4577	1.1613	2.0651	4.8424	8.6110

Z_L/Z_0	$N=5$ Z_1/Z_0	$N=5$ Z_2/Z_0	$N=5$ Z_3/Z_0	$N=5$ Z_4/Z_0	$N=5$ Z_5/Z_0	$N=6$ Z_1/Z_0	$N=6$ Z_2/Z_0	$N=6$ Z_3/Z_0	$N=6$ Z_4/Z_0	$N=6$ Z_5/Z_0	$N=6$ Z_6/Z_0
1.0	1.0000	1.0000	1.0000	1.0000	1.0000	1.0000	1.0000	1.0000	1.0000	1.0000	1.0000
1.5	1.0128	1.0790	1.2247	1.3902	1.4810	1.0064	1.0454	1.1496	1.3048	1.4349	1.4905
2.0	1.0220	1.1391	1.4142	1.7558	1.9569	1.0110	1.0790	1.2693	1.5757	1.8536	1.9782
3.0	1.0354	1.2300	1.7321	2.4390	2.8974	1.0176	1.1288	1.4599	2.0549	2.6577	2.9481
4.0	1.0452	1.2995	2.0000	3.0781	3.8270	1.0225	1.1661	1.6129	2.4800	3.4302	3.9120
6.0	1.0596	1.4055	2.4495	4.2689	5.6625	1.0296	1.2219	1.8573	3.2305	4.9104	5.8275
8.0	1.0703	1.4870	2.8284	5.3800	7.4745	1.0349	1.2640	2.0539	3.8950	6.3291	7.7302
10.0	1.0789	1.5541	3.1623	6.4346	9.2687	1.0392	1.2982	2.2215	4.5015	7.7030	9.6228

예제 5.6 이항 변환기 설계

50 Ω의 부하를 100 Ω 선로에 정합시킬 수 있는 3단 이항 변환기를 설계하고 $\Gamma_m = 0.05$일 때의 대역폭을 계산하라. 또한 $N = 1, 2, 3, 4$ 그리고 5개의 단을 사용하여 정확하게 설계한 정합변환기의 정규화 주파수에 대한 반사계수의 크기를 도시하라.

☞ 풀이

$N = 3$, $Z_L = 50\,\Omega$, $Z_0 = 100\,\Omega$일 경우에 식 (5.49)와 (5.53)으로부터

$$A = 2^{-N}\frac{Z_L - Z_0}{Z_L + Z_0} \simeq \frac{1}{2^{N+1}}\ln\frac{Z_L}{Z_0} = -0.0433$$

이 된다. 식 (5.55)으로부터 대역폭은

$$\frac{\Delta f}{f_0} = 2 - \frac{4}{\pi}\cos^{-1}\left[\frac{1}{2}\left(\frac{\Gamma_m}{|A|}\right)^{1/N}\right] = 2 - \frac{4}{\pi}\cos^{-1}\left[\frac{1}{2}\left(\frac{0.05}{0.0433}\right)^{1/3}\right] = 0.70$$

즉, 70%가 된다. 필요한 이항계수는

$$C_0^3 = \frac{3!}{3!0!} = 1$$

$$C_1^3 = \frac{3!}{2!1!} = 3$$

$$C_2^3 = \frac{3!}{1!2!} = 3$$

이 되어, 식 (5.53)을 이용하면 요구되는 특성 임피던스는

$$n = 0:\ \ln Z_1 = \ln Z_0 + 2^{-N}C_0^3 \ln\frac{Z_L}{Z_0}$$

$$= \ln 100 + 2^{-3}(1)\ln\frac{50}{100} = 4.518$$

$$Z_1 = 91.7\ \Omega$$

$$n = 1:\ \ln Z_2 = \ln Z_1 + 2^{-N}C_1^3 \ln\frac{Z_L}{Z_0}$$

$$= \ln 91.7 + 2^{-3}(3)\ln\frac{50}{100} = 4.26$$

$$Z_2 = 70.7\ \Omega$$

$$n = 2:\ \ln Z_3 = \ln Z_2 + 2^{-N}C_2^3 \ln\frac{Z_L}{Z_0}$$

$$= \ln 70.7 + 2^{-3}(3)\ln\frac{50}{100} = 4.00$$

$$Z_3 = 54.5\ \Omega$$

이 된다.

표 5.1의 데이터를 이용하기 위해 전자계원과 부하 임피던스의 위치를 바꾸고 100 Ω의 부하를 50 Ω 선로에 정합시키는 회로로 생각하면 $Z_L/Z_0 = 2.0$이 되어 $Z_1 = 91.7\,\Omega$, $Z_2 = 70.7\,\Omega$, $Z_3 = 54.5\,\Omega$의 정확한 특성 임피던스를 구하게 된다. 이 결과는 첫 세자리만을 취한 근사적인 결과와

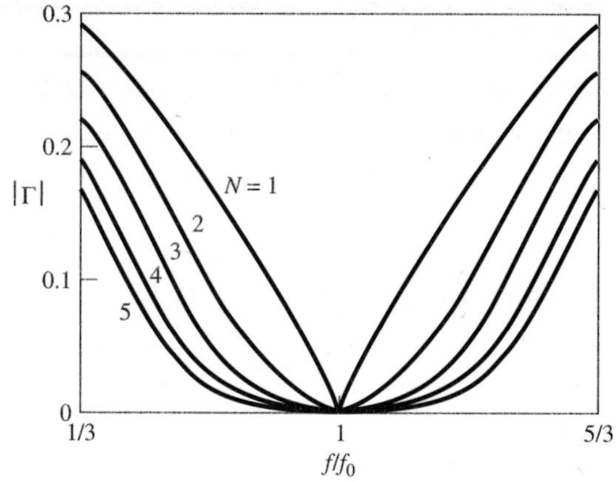

그림 5.15 예제 5.6의 다단 이항 정합변환기에 있어서 주파수에 대한 반사계수의 크기, $Z = 50\,\Omega$ 이고 $Z_0 = 100\,\Omega$이다.

잘 맞아 떨어짐을 알 수 있다. 그림 5.15는 $N = 1, 2, 3, 4$ 그리고 5개의 단을 사용하여 정확하게 설계한 정합변환기의 주파수에 대한 반사계수의 크기를 나타낸 것이다. 보다 많은 단을 사용한 변환기의 대역폭이 더 큼을 유의하라. ◀

5.7 체비셰프 다층부 정합변환기

이항 정합변환기에 비해 **체비셰프 정합변환기**는 통과대역의 리플을 감수하는 대신 대역폭을 최적화시킨다. 이러한 통과대역의 특성이 허용될 수 있다면 체비셰프 변환기의 대역폭은 변환기의 단수가 주어져 있을 경우에 이항 변환기의 대역폭보다 훨씬 좋다. 체비셰프 변환기는 $\Gamma(\theta)$를 이러한 형태의 변환기에 필요한 최적의 특성을 갖는 체비셰프 다항식과 같게 놓고 설계한다. 따라서 체비셰프 다항식의 특성에 대해 먼저 논하고 5.5절의 미소반사의 이론을 이용하여 체비셰프 정합변환기의 설계과정을 유도할 것이다.

체비셰프 다항식

n차 체비셰프 다항식은 $T_n(x)$로 표시되는 n차 다항식이다. 그 첫 번째 4개의 체비셰프 다항식은

$$T_1(x) = x \quad (5.56a)$$

$$T_2(x) = 2x^2 - 1 \quad (5.56b)$$

$$T_3(x) = 4x^3 - 3x \quad (5.56c)$$

$$T_4(x) = 8x^4 - 8x^2 + 1 \quad (5.56d)$$

이며, 고차 다항식들은 다음의 순환식을 사용하여 얻어질 수 있다:

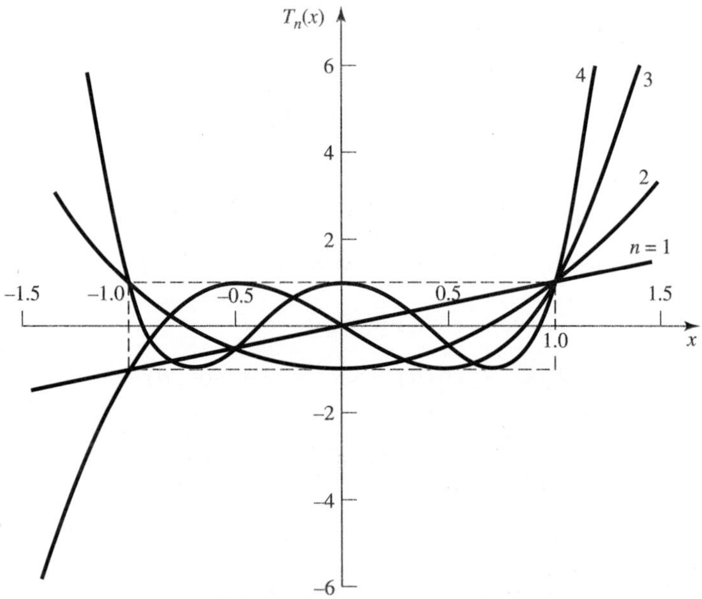

그림 5.16 첫 번째 4개의 체비셰프 다항식 $T_n(x)$

$$T_n(x) = 2xT_{n-1}(x) - T_{n-2}(x). \tag{5.57}$$

그림 5.16에 도시된 첫 번째 4개의 체비셰프 다항식으로부터 다음과 같은 아주 유용한 특성을 알 수 있다.

- $-1 < x < 1$일 때 $|T_n(x)| < 1$이다. 이 영역에서 체비셰프 다항식은 ± 1 사이를 진동한다. 이것이 **동일리플** 특성이며 이 영역이 정합변환기의 통과대역에 해당된다.
- $|x| > 1$일 때 $|T_n(x)| > 1$이다. 이 영역은 통과대역의 바깥쪽 주파수 영역에 해당된다.
- $|x| > 1$일 때 $|T_n(x)|$는 n이 증가함에 따라 더 급격하게 증가한다.

이제 $|x| < 1$에 대해 $x = \cos\theta$로 놓으면 체비셰프 다항식은

$$T_n(\cos\theta) = \cos n\theta$$

로 나타낼 수 있으나, 일반적으로는

$$T_n(x) = \cos(n \cos^{-1} x) \qquad (|x| < 1) \tag{5.58a}$$

$$T_n(x) = \cosh(n \cosh^{-1} x) \qquad (\ x\ > 1) \tag{5.58b}$$

이 된다. 변환기의 통과대역에서 동일한 리플을 원하기 때문에 그림 5.11에 나타낸 바와 같이 θ_m과 $\pi - \theta_m$을 통과대역의 하단과 상단 가장자리라고 할 때 θ_m을 $x = 1$로, 그리고 $\pi - \theta_m$을 $x = -1$이 되도록 대응시킬 필요가 있다. 이것은 식 (5.58a)의 $\cos\theta$를 $\cos\theta/\cos\theta_m$으로 놓으면 가능해진다:

$$T_n\left(\frac{\cos\theta}{\cos\theta_m}\right) = T_n(\sec\theta_m \cos\theta) = \cos n\left[\cos^{-1}\left(\frac{\cos\theta}{\cos\theta_m}\right)\right]. \tag{5.59}$$

$\theta_m < \theta < \pi - \theta_m$에서 $|\sec\theta_m \cos\theta| \leq 1$이므로 이와 같은 영역 전체에 대하여 $|T_n(\sec\theta_m \cos\theta)| \leq 1$이 된다.

$\cos^n\theta$는 $\cos(n-2m)\theta$의 형태를 갖는 항들의 합으로 전개될 수 있으므로 식 (5.56)의 체비셰프 다항식은 다음과 같은 유용한 형태로 다시 쓸 수 있다.

$$T_1(\sec\theta_m \cos\theta) = \sec\theta_m \cos\theta \tag{5.60a}$$

$$T_2(\sec\theta_m \cos\theta) = \sec^2\theta_m(1+\cos 2\theta) - 1 \tag{5.60b}$$

$$T_3(\sec\theta_m \cos\theta) = \sec^3\theta_m(\cos 3\theta + 3\cos\theta) - 3\sec\theta_m \cos\theta \tag{5.60c}$$

$$\begin{aligned} T_4(\sec\theta_m \cos\theta) &= \sec^4\theta_m(\cos 4\theta + 4\cos 2\theta + 3) \\ &\quad - 4\sec^2\theta_m(\cos 2\theta + 1) + 1. \end{aligned} \tag{5.60d}$$

위의 결과는 4개의 단을 갖는 정합변환기까지 제작하는 데 사용될 수 있으며, 다음에 나오는 장들에서 방향성 결합기와 필터의 설계에 사용될 것이다.

체비셰프 변환기의 설계

이제 N을 변환기 내부에 단의 갯수로 놓고, $\Gamma(\theta)$를 $T_N(\sec\theta_m \cos\theta)$와 비례하도록 함으로써 체비셰프 동일리플 통과대역을 구성할 수 있다. 식 (5.46)을 이용하면

$$\begin{aligned} \Gamma(\theta) &= 2e^{-jN\theta}[\Gamma_0 \cos N\theta + \Gamma_1 \cos(N-2)\theta + \cdots + \Gamma_n \cos(N-2n)\theta + \cdots] \\ &= Ae^{-jN\theta}T_N(\sec\theta_m \cos\theta) \end{aligned} \tag{5.61}$$

가 되는데, 여기서 식 (5.61)의 급수의 마지막 항은 N이 우수이면 $(1/2)\Gamma_{N/2}$이고, 기수이면 $\Gamma_{(N-1)/2}\cos\theta$이다. 이항변환기의 경우에서와 마찬가지로 $\theta = 0$, 즉 0의 주파수로 놓음으로써 상수 A를 구할 수 있다.

$$\Gamma(0) = \frac{Z_L - Z_0}{Z_L + Z_0} = AT_N(\sec\theta_m)$$

이 되어

$$A = \frac{Z_L - Z_0}{Z_L + Z_0}\frac{1}{T_N(\sec\theta_m)} \tag{5.62}$$

이 된다. 이제 통과대역에서의 최대 허용 반사계수의 크기를 Γ_m이라 하면 통과대역에서의 $T_N(\sec\theta_m \cos\theta)$의 최대값은 1이므로, 식 (5.61)으로부터 $\Gamma_m = |A|$가 된다. 따라서 식 (5.62)로부터 Γ_m은

$$T_N(\sec\theta_m) = \frac{1}{\Gamma_m}\left|\frac{Z_L - Z_0}{Z_L + Z_0}\right|$$

이 되나 식 (5.58b)를 사용하면

$$\sec\theta_m = \cosh\left[\frac{1}{N}\cosh^{-1}\left(\frac{1}{\Gamma_m}\left|\frac{Z_L - Z_0}{Z_L + Z_0}\right|\right)\right]$$
$$\simeq \cosh\left[\frac{1}{N}\cosh^{-1}\left(\left|\frac{\ln Z_L/Z_0}{2\Gamma_m}\right|\right)\right] \tag{5.63}$$

가 된다. θ_m 값을 알면, 분수적 대역폭은 식 (5.33)으로부터 다음과 같이 계산할 수 있다

$$\frac{\Delta f}{f_0} = 2 - \frac{4\theta_m}{\pi}. \tag{5.64}$$

식 (5.60)의 결과를 이용하여 $T_N(\sec\theta_m \cos\theta)$를 전개하고, $\cos(N-2n)\theta$의 형태를 갖는 유사한 항들을 같게 놓으면 식 (5.61)로부터 Γ_n을 구할 수 있다. 특성 임피던스 Z_n은 식 (5.43)으로부터 구할 수 있으나, 이항변환기의 경우와 마찬가지로 정확도가 개선되어 지며, 다음과 같은 근사식을 사용하여도 모순성은 없다.

$$\Gamma_n \simeq \frac{1}{2}\ln\frac{Z_{n+1}}{Z_n}.$$

이 과정들을 예제 5.7에서 나타낼 것이다.

위의 결과식은 미소반사의 이론에 대한 신뢰성에 기인한 근사식이지만 임의의 리플 정도 Γ_m을 갖는 변환기를 설계함에 있어서 문제가 없다. 표 5.2는 단수 $N = 2, 3$ 및 4인 경우에 있어서 Γ_m의 몇 가지 특정한 값에 대한 정확한 결과값들[2]을 나타내고 있으며, 보다 나은 표는 참고문헌 [2]를 참조하기 바란다.

예제 5.7 체비셰프 변환기의 설계

위의 이론을 이용하여 $\Gamma_m = 0.05$일 때 100 Ω의 부하를 50 Ω 선로에 정합시키기 위한 3단 체비셰프 변환기를 설계하라. 그리고 단수 $N = 1, 2, 3$ 및 4를 사용한 정확한 설계에 대해 정규화 주파수에 대한 반사계수의 크기를 도시하라.

☞ 풀이

식 (5.61)로부터 $N = 3$이면

$$\Gamma(\theta) = 2e^{-j3\theta}[\Gamma_0\cos 3\theta + \Gamma_1\cos\theta] = Ae^{-j3\theta}T_3(\sec\theta_m\cos\theta)$$

가 된다. $A = \Gamma_m = 0.05$이며, 식 (5.63)으로부터

$$\sec\theta_m = \cosh\left[\frac{1}{N}\cosh^{-1}\left(\frac{\ln Z_L/Z_0}{2\Gamma_m}\right)\right]$$
$$= \cosh\left[\frac{1}{3}\cosh^{-1}\left(\frac{\ln(100/50)}{2(0.05)}\right)\right]$$
$$= 1.408$$

표 5.2 체비셰프 변환기의 설계

	$N=2$				$N=3$					
	$\Gamma_m=0.05$		$\Gamma_m=0.20$		$\Gamma_m=0.05$			$\Gamma_m=0.20$		
Z_L/Z_0	Z_1/Z_0	Z_2/Z_0	Z_1/Z_0	Z_2/Z_0	Z_1/Z_0	Z_2/Z_0	Z_3/Z_0	Z_1/Z_0	Z_2/Z_0	Z_3/Z_0
1.0	1.0000	1.0000	1.0000	1.0000	1.0000	1.0000	1.0000	1.0000	1.0000	1.0000
1.5	1.1347	1.3219	1.2247	1.2247	1.1029	1.2247	1.3601	1.2247	1.2247	1.2247
2.0	1.2193	1.6402	1.3161	1.5197	1.1475	1.4142	1.7429	1.2855	1.4142	1.5558
3.0	1.3494	2.2232	1.4565	2.0598	1.2171	1.7321	2.4649	1.3743	1.7321	2.1829
4.0	1.4500	2.7585	1.5651	2.5558	1.2662	2.0000	3.1591	1.4333	2.0000	2.7908
6.0	1.6047	3.7389	1.7321	3.4641	1.3383	2.4495	4.4833	1.5193	2.4495	3.9492
8.0	1.7244	4.6393	1.8612	4.2983	1.3944	2.8284	5.7372	1.5766	2.8284	5.0742
10.0	1.8233	5.4845	1.9680	5.0813	1.4385	3.1623	6.9517	1.6415	3.1623	6.0920

$N=4$

	$\Gamma_m=0.05$				$\Gamma_m=0.20$			
Z_L/Z_0	Z_1/Z_0	Z_2/Z_0	Z_3/Z_0	Z_4/Z_0	Z_1/Z_0	Z_2/Z_0	Z_3/Z_0	Z_4/Z_0
1.0	1.0000	1.0000	1.0000	1.0000	1.0000	1.0000	1.0000	1.0000
1.5	1.0892	1.1742	1.2775	1.3772	1.2247	1.2247	1.2247	1.2247
2.0	1.1201	1.2979	1.5409	1.7855	1.2727	1.3634	1.4669	1.5715
3.0	1.1586	1.4876	2.0167	2.5893	1.4879	1.5819	1.8965	2.0163
4.0	1.1906	1.6414	2.4369	3.3597	1.3692	1.7490	2.2870	2.9214
6.0	1.2290	1.8773	3.1961	4.8820	1.4415	2.0231	2.9657	4.1623
8.0	1.2583	2.0657	3.8728	6.3578	1.4914	2.2428	3.5670	5.3641
10.0	1.2832	2.2268	4.4907	7.7930	1.5163	2.4210	4.1305	6.5950

이 되므로, $\theta_m = 44.7°$가 된다.

T_3에 대해 식 (5.60c)를 이용하면

$$2[\Gamma_0 \cos 3\theta + \Gamma_1 \cos\theta] = A \sec^3\theta_m(\cos 3\theta + 3\cos\theta) - 3A \sec\theta_m \cos\theta$$

가 되어 $\cos n\theta$의 유사한 항들을 같게 놓으면 다음과 같은 결과를 얻는다.

$$\cos 3\theta: \quad 2\Gamma_0 = A \sec^3\theta_m$$
$$\Gamma_0 = 0.0698$$
$$\cos\theta: \quad 2\Gamma_1 = 3A(\sec^3\theta_m - \sec\theta_m)$$
$$\Gamma_1 = 0.1037$$

대칭성으로부터

$$\Gamma_3 = \Gamma_0 = 0.0698$$
$$\Gamma_2 = \Gamma_1 = 0.1037$$

이고

$$n=0: \quad \ln Z_1 = \ln Z_0 + 2\Gamma_0$$
$$= \ln 50 + 2(0.0698) = 4.051$$
$$Z_1 = 57.5\ \Omega$$

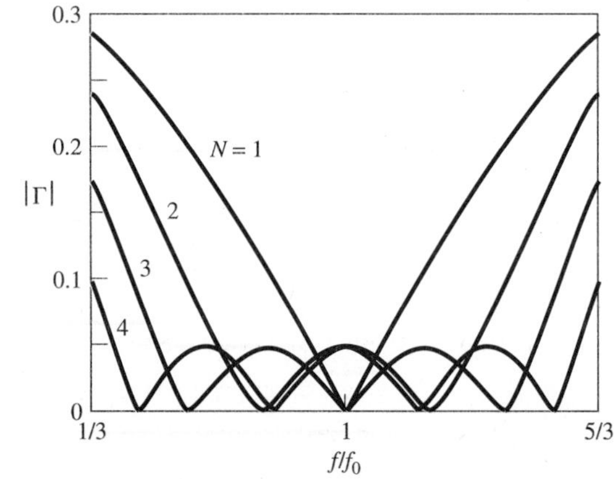

그림 5.17 예제 5.7의 다단 정합변환기에 있어서 주파수에 대한 반사계수의 크기

이다. 따라서 특성 임피던스는

$$
\begin{aligned}
n = 1: \quad \ln Z_2 &= \ln Z_1 + 2\Gamma_1 \\
&= \ln 57.5 + 2(0.1037) = 4.259 \\
Z_2 &= 70.7\ \Omega
\end{aligned}
$$

$$
\begin{aligned}
n = 2: \quad \ln Z_3 &= \ln Z_2 + 2\Gamma_2 \\
&= \ln 70.7 + 2(0.1037) = 4.466 \\
Z_3 &= 87.0\ \Omega
\end{aligned}
$$

이 된다.

이러한 값들은 $Z_1 = 57.37\,\Omega$, $Z_2 = 70.71\,\Omega$, 그리고 $Z_3 = 87.15\,\Omega$일 때의 표 5.2의 정확한 값과 비교되어질 수 있다. 식 (5.64)로부터 대역폭은

$$\frac{\Delta f}{f_0} = 2 - \frac{4\theta_m}{\pi} = 2 - 4\left(\frac{44.7^\circ}{180^\circ}\right) = 1.01,$$

즉 101%가 된다. 이것은 동일한 형태의 부정합을 갖는 예제 5.6의 이항변환기의 대역폭(70%)보다 대단히 크다. 물론 치러야 할 대가는 체비셰프 변환기의 통과대역에서의 0이 아닌 리플인 것이다.

그림 5.17에 단수 $N = 1, 2, 3$ 및 4를 사용한 표 5.2의 정확한 설계에 있어서 주파수에 대한 반사계수의 크기를 나타내었다. ◀

5.8 테이퍼형 선로

앞 절에서 우리는 다단 정합변환기를 사용하여 원하는 대역폭에 걸쳐 임의의 실수 부하 임피던스를 선로에 어떻게 정합시킬 수 있는가에 대해 논하였다. 불연속적인 단의 갯수 N이 증가함에 따라서, 단 사이의 특성 임피던스의 계단형 변화는 점점 더 작아지게 된다. 따라서 무한 개의 단을 사용한 극한의 경우에는 연속된 테이퍼형 선로에 접근하게 된다. 물

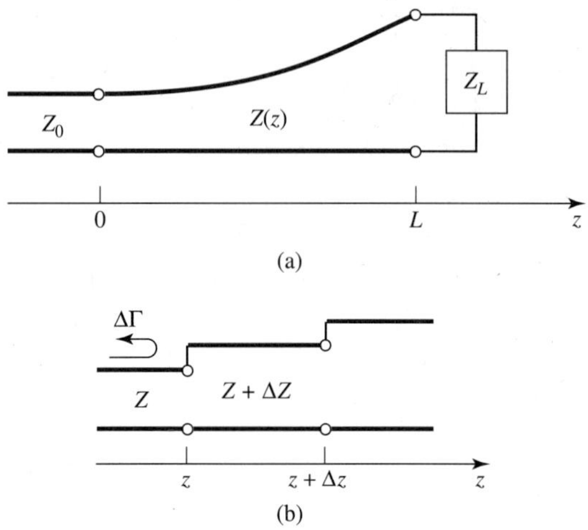

그림 5.18 테이퍼된 전송선로 정합부와 테이퍼 선로의 증분 길이에 대한 모델. (a) 테이퍼된 전송선로 정합부, (b) 테이퍼 선로의 임피던스 계단형 증분에 대한 모델

론, 실제에 있어서는 정합변환기의 길이는 유한하여야 하며, 보통 단 수도 몇 개에 지나지 않는다. 그러나 불연속적인 층을 사용하는 대신 선로 자체가 그림 5.18a에 나타낸 바와 같이 연속적으로 테이퍼가 만들어져 있으면, 이 테이퍼의 형태를 바꿈으로써 다른 형태의 통과대역 특성을 얻을 수도 있다.

이 절에서는 임피던스 경사함수 $Z(z)$로써의 반사계수를 예측하기 위하여, 미소반사의 이론에 근거한 근사이론을 유도할 것이다. 그 후에 이 결과를 몇몇 일반적인 형태의 테이퍼형 선로에 적용할 예정이다.

그림 5.18a에 나타낸 연속적으로 테이퍼된 선로는 그림 5.18b에 보인 바와 같이 한 단에서 다음 단으로 넘어갈 때 임피던스 변화 $\Delta Z(z)$인 길이 Δz의 몇 개의 증분층으로 간주될 수 있다. 이 경우 z지점의 계단으로부터 발생하는 반사계수의 증분은

$$\Delta\Gamma = \frac{(Z+\Delta Z)-Z}{(Z+\Delta Z)+Z} \simeq \frac{\Delta Z}{2Z} \tag{5.65}$$

가 된다. $\Delta z \to 0$일 경우의 극한값을 취하면

$$d\Gamma = \frac{dZ}{2Z} = \frac{1}{2}\frac{d(\ln Z/Z_0)}{dz}dz \tag{5.66}$$

로 되는데, 그 이유는

$$\frac{d(\ln f(z))}{dz} = \frac{1}{f}\frac{df(z)}{dz}$$

이기 때문이다.

미소반사의 이론을 적용하면 $z = 0$에서의 전체 반사계수는 적절한 위상 이동을 갖는 모

든 부분반사 항들을 더하면 얻을 수 있다:

$$\Gamma(\theta) = \frac{1}{2}\int_{z=0}^{L} e^{-2j\beta z}\frac{d}{dz}\ln\left(\frac{Z}{Z_0}\right)dz. \tag{5.67}$$

여기서 $\theta = 2\beta\ell$이다. 따라서 $Z(z)$값을 알면 주파수의 함수로써의 $\Gamma(\theta)$를 구할 수 있다. 다른 방법으로 만일 $\Gamma(\theta)$ 값이 정해지면 원칙적으로 $Z(z)$를 계산할 수 있다. 후자의 과정은 어려우므로 실제에 있어서는 피하는 것이 일반적이다. 이러한 선로에 대한 보다 나은 논의는 참고문헌 [1]과 [4]를 참조하기 바란다. 여기서는 $Z(z)$ 임피던스 테이퍼의 세 가지 특별한 경우를 고려하고 각각의 응답특성에 대해 알아보겠다.

지수함수적인 테이퍼

우선 그림 5.19a에 나타낸 바와 같은 **지수함수적인 테이퍼**의 $0 < z < L$인 구간에서 임피던스는

$$Z(z) = Z_0 e^{az} \tag{5.68}$$

로 주어지며, $z = 0$에서 $Z(0) = Z_0$로 되기를 희망한다. $z = L$에서는 $Z(L) = Z_L = Z_0 e^{aL}$이어야 하므로 상수 a는

$$a = \frac{1}{L}\ln\left(\frac{Z_L}{Z_0}\right) \tag{5.69}$$

이 된다.

이제 식 (5.67)에 식 (5.68)과 (5.69)를 사용하여 다음과 같이 $\Gamma(\theta)$를 구한다.

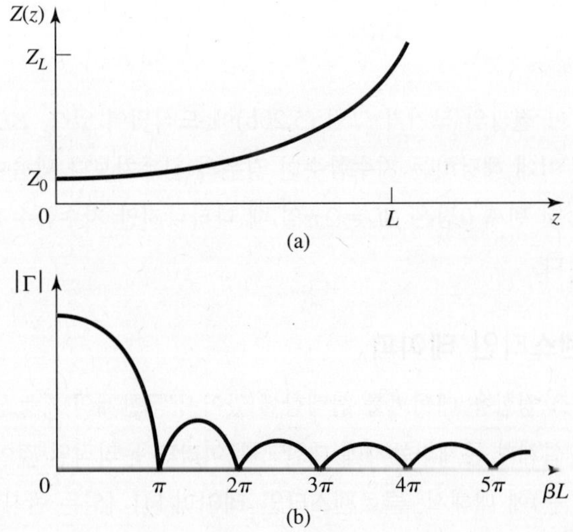

그림 5.19 지수함수적인 임피던스 테이퍼를 갖는 정합부. (a) 임피던스의 변화, (b) 결과적인 반사계수의 크기응답

$$\begin{aligned}\Gamma &= \frac{1}{2}\int_0^L e^{-2j\beta z}\frac{d}{dz}(\ln e^{az})dz \\ &= \frac{\ln Z_L/Z_0}{2L}\int_0^L e^{-2j\beta z}dz \\ &= \frac{\ln Z_L/Z_0}{2}e^{-j\beta L}\frac{\sin\beta L}{\beta L}. \end{aligned} \tag{5.70}$$

이 식은 테이퍼형 선로의 전파상수 β가 z의 함수(TEM 선로에 대해서만 일반적으로 유효)가 아니라고 가정하고 유도된 것이다.

식 (5.70)의 반사계수의 크기는 그림 5.19b에 그려져 있다. 기대한 바와 같이 $|\Gamma|$의 첨두치는 길이가 증가함에 따라서 감소하며 낮은 주파수에서 부정합을 최소화하기 위해서는 그 길이가 $\lambda/2(\beta L > \pi)$보다 커야 한다.

삼각형 테이퍼

다음으로 $(d \ln Z/Z_0)/dz$에 대한 **삼각형 테이퍼**를 생각해 본다.

$$Z(z) = \begin{cases} Z_0 e^{2(z/L)^2 \ln Z_L/Z_0} & (0 \le z \le L/2) \\ Z_0 e^{(4z/L - 2z^2/L^2 - 1)\ln Z_L/Z_0} & (L/2 \le z \le L). \end{cases} \tag{5.71}$$

즉

$$\frac{d(\ln Z/Z_0)}{dz} = \begin{cases} 4z/L^2 \ln Z_L/Z_0 & (0 \le z \le L/2) \\ (4/L - 4z/L^2)\ln Z_L/Z_0 & (L/2 \le z \le L). \end{cases} \tag{5.72}$$

그림 5.20a에 삼각형 테이퍼에 대한 $Z(z)$를 도시하였다. 식 (5.67)로부터 Γ를 계산하면

$$\Gamma(\theta) = \frac{1}{2}e^{-j\beta L}\ln\left(\frac{Z_L}{Z_0}\right)\left[\frac{\sin(\beta L/2)}{\beta L/2}\right]^2 \tag{5.73}$$

이 된다. 이 결과의 크기가 그림 (5.20b)에 도식되어 있다. $\beta L > 2\pi$일 때 삼각형 테이퍼의 첨두치는 이에 해당하는 지수함수인 경우의 첨두치보다 낮음에 유의하여라. 그러나 삼각형 테이퍼의 첫 번째 0점은 $\beta L = 2\pi$일 때 나타나지만 지수함수적인 테이퍼일 때는 $\beta L = \pi$에서 나타난다.

클로펜스타인 테이퍼

임피던스 정합용 테이퍼를 선택함에 있어서 무한개의 가능성이 있다는 사실을 고려할 때, "최상"의 설계가 존재하는가에 대한 질문이라면 논리적일 것이다. 주어진 테이퍼의 길이(임계값보다 큰)에 대해서, **클로펜스타인 테이퍼** [4], [5]는 반사계수가 통과대역 내에서 최소값을 갖는다는 점에서 최적으로 알려져 있다. 다르게 표현하면 통과대역에서의 최대 반사계수 사양에 대해서 클로펜스타인 테이퍼가 가장 짧은 길이의 정합부를 형성시킨다.

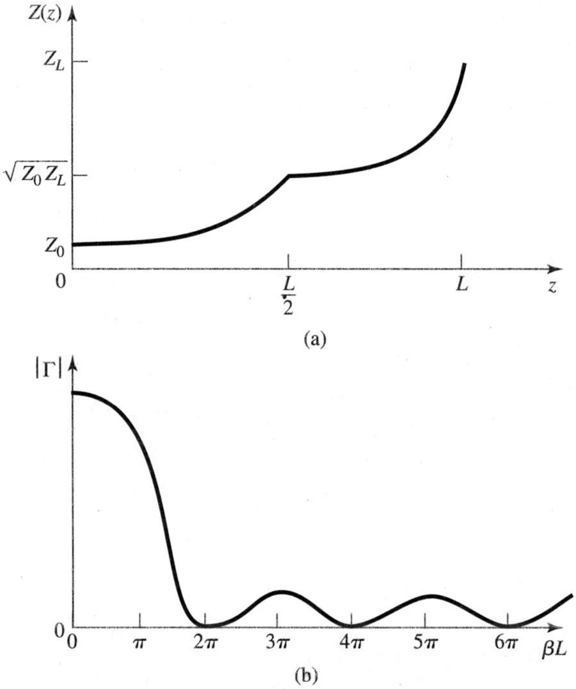

그림 5.20 $d(\ln Z/Z_0)/dz$에 대해 삼각형 테이퍼를 갖는 정합부. (a) 임피던스의 변화, (b) 결과적인 반사계수의 크기응답

클로펜스타인 테이퍼는 정합단의 수가 무한대로 증가할 때의 계단형 체비셰프 변환기로부터 유도되며, 안테나 배열이론의 테일러 분포와 유사하다. 이 유도에 대한 사항은 참고문헌 [1]과 [4]에서 찾아볼 수 있으므로 여기서는 자세히 설명하지 않겠다. 다만 클로펜스타인 테이퍼의 설계에 대한 중요한 결과만 아래에 보였다.

클로펜스타인 테이퍼에 대한 특성 임피던스 변화의 로그함수는 $0 \le z \le L$영역에서

$$\ln Z(z) = \frac{1}{2} \ln Z_0 Z_L + \frac{\Gamma_0}{\cosh A} A^2 \phi(2z/L - 1, A) \tag{5.74}$$

로 주어지는데, 여기서 함수 $\phi(x, A)$는 $|x| \le 1$인 영역에서

$$\phi(x, A) = -\phi(-x, A) = \int_0^x \frac{I_1(A\sqrt{1-y^2})}{A\sqrt{1-y^2}} dy \tag{5.75}$$

로 정의되며, $I_1(x)$는 수정된 베셀함수이다. 이 함수는 다음과 같은 특별한 값을 갖는다.

$$\begin{aligned} \phi(0, A) &= 0 \\ \phi(x, 0) &= \frac{x}{2} \\ \phi(1, A) &= \frac{\cosh A - 1}{A^2}. \end{aligned}$$

그러나 다른 값들은 수치적으로 계산해야 한다. 이와 같이 계산하는 데 있어서, 아주 간단하고 효율적인 방법은 참고문헌 [6]에 나타나 있다.

결과적인 반사계수는 $\beta L > A$에 대해

$$\Gamma(\theta) = \Gamma_0 e^{-j\beta L} \frac{\cos\sqrt{(\beta L)^2 - A^2}}{\cosh A} \tag{5.76}$$

으로 주어지며, $\beta L < A$이면 $\cos\sqrt{(\beta L)^2 - A^2}$항은 $\cosh\sqrt{A^2 - (\beta L)^2}$이 된다.

식 (5.74)와 (5.76)에서 Γ_0는 0주파수에서의 반사계수로서

$$\Gamma_0 = \frac{Z_L - Z_0}{Z_L + Z_0} \simeq \frac{1}{2} \ln\left(\frac{Z_L}{Z_0}\right) \tag{5.77}$$

로 주어진다. 통과대역은 $\beta L \geq A$로 정의되므로, 통과대역에서의 최대 리플은 $\Gamma(\theta)$가 $\beta L > A$에 대해 $\pm\Gamma_0/\cosh A$ 사이를 진동하므로

$$\Gamma_m = \frac{\Gamma_0}{\cosh A} \tag{5.78}$$

가 된다.

식 (5.74)의 임피던스 테이퍼는 $z = 0$과 L(테이퍼 정합부의 끝)에서 계단형 변화를 가지므로 전자계원과 부하 임피던스를 자연스럽게 연결시켜 주지는 않는다. 전형적인 클로펜스타인 임피던스 테이퍼와 그 응답이 다음의 예제에 주어져 있다.

예제 5.8 테이퍼되어진 정합부의 설계

$\Gamma_m = 0.02$일 때 50 Ω의 부하를 100 Ω 선로에 정합시킬 수 있는 삼각형 테이퍼, 지수함수형 테이퍼, 그리고 클로펜스타인 테이퍼를 설계하라. 그리고 임피던스 변화와 βL에 대한 결과적인 반사계수의 크기를 도시하라.

☞ 풀이

삼각형 테이퍼. 식 (5.71)로부터 $Z_0 = 100\,\Omega$이고 $Z_L = 50\,\Omega$일 때 임피던스 변화는

$$Z(z) = Z_0 \begin{cases} e^{2(z/L)^2 \ln Z_L/Z_0} & (0 \leq z \leq L/2) \\ e^{(4z/L - 2z^2/L^2 - 1)\ln Z_L/Z_0} & (L/2 \leq z \leq L) \end{cases}$$

이며, 결과적인 반사계수 응답은 식 (5.73)에 의해

$$|\Gamma(\theta)| = \frac{1}{2} \ln\left(\frac{Z_L}{Z_0}\right)\left[\frac{\sin(\beta L/2)}{\beta L/2}\right]^2$$

이 된다.

지수함수적인 테이퍼. 식 (5.68)으로부터 임피던스 변화는

$$Z(z) = Z_0 e^{az}, \qquad (0 < z < L)$$

인데, 여기서 $a = (1/L)\ln Z_L/Z_0 = 0.693/L$이며 반사계수 응답은 식 (5.70)으로부터

$$|\Gamma(\theta)| = \frac{1}{2}\ln\left(\frac{Z_L}{Z_0}\right)\frac{\sin\beta L}{\beta L}$$

이 된다.

클로펜스타인 테이퍼. 식 (5.77)을 사용하면 Γ_0는

$$\Gamma_0 = \frac{1}{2}\ln\left(\frac{Z_L}{Z_0}\right) = 0.346$$

이 되며, 식 (5.78)로부터 A는

$$A = \cosh^{-1}\left(\frac{\Gamma_0}{\Gamma_m}\right) = \cosh^{-1}\left(\frac{0.346}{0.02}\right) = 3.543$$

이 된다. 임피던스 테이퍼는 식 (5.74)로부터 수치적으로 계산되어야 하며 반사계수의 크기는 식

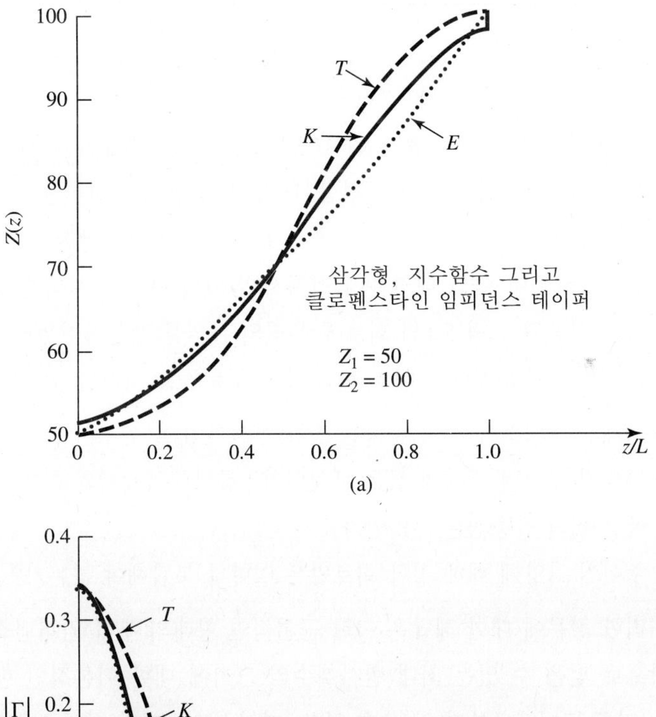

(a)

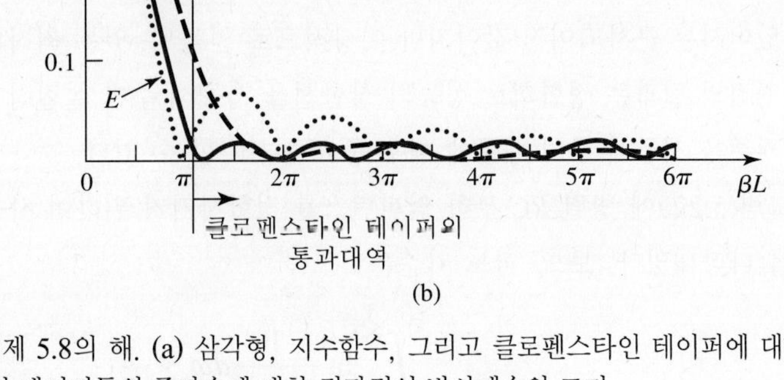

(b)

그림 5.21 예제 5.8의 해. (a) 삼각형, 지수함수, 그리고 클로펜스타인 테이퍼에 대한 임피던스 변화, (b) (a)의 테이퍼들의 주파수에 대한 결과적인 반사계수의 크기

(5.76)에 의해

$$|\Gamma(\theta)| = \Gamma_0 \frac{\cos\sqrt{(\beta L)^2 - A^2}}{\cosh A}$$

으로 주어진다. 클로펜스타인 테이퍼에 대한 통과대역은 $\beta L > A = 3.543 = 1.13\pi$로 정의된다.

그림 5.21a, b에 세 가지 형태의 테이퍼에 있어서(z/L에 대한) 임피던스 변화와 (βL에 대한) 결과적인 반사계수의 크기를 나타내었다. 클로펜스타인 테이퍼는 $\beta L \geq 1.13\pi$에 대해 삼각형이나 지수함수형 테이퍼보다 낮은 $|\Gamma| \leq \Gamma_m = 0.02$인 희망응답 특성을 나타냄을 알 수 있다. 또한 계단형 체비셰프 정합변환기처럼 클로펜스타인 테이퍼의 응답은 통과대역에서 주파수에 대한 동일리플 로브들(lobs)을 가지고 있는 점을 유의하라. ◀

5.9 보드-파노 기준

이 장에서는 집중소자, 튜닝 스텁, 단일 λ/4 변환기를 이용하여 단일 주파수에서 임의의 부하를 정합시키는 몇 가지 기법들에 대해 논하였다. 그런 다음 보다 넓은 대역폭과 여러 가지의 통과대역 특성을 얻기 위한 방법으로 다단 정합변환기와 테이퍼되어진 선로에 대해 알아보았다. 이제 임피던스 정합회로망의 성능을 제한하는 이론적인 한계점을 다소 정성적으로 논함으로써 임피던스 정합에 대한 논의를 마감할까 한다.

일반적으로 0이 아닌 대역폭에 걸쳐서 임의의 복소수 부하를 정합시킬 수 있는 무손실 회로망이 사용된 그림 5.1의 회로에 우리의 논의를 제한시켰었다. 아주 일반적인 관점으로부터, 우리는 이 문제에 관해 다음과 같은 질문들을 제기할 수 있다.

- 정해진 대역폭에 걸쳐 완벽한 정합(반사가 0)을 이루어 낼 수 있는가?
- 그렇지 않다면 최적의 점은 무엇인가? 통과대역에서의 최대 허용 반사계수 Γ_m과 대역폭 사이의 절충점은 무엇인가?
- 주어진 사양에 대해 정합 회로망은 얼마나 복잡해야 하는가?

이러한 질문에 대한 해답은 어떤 근본적인 형태의 부하 임피던스에 대해 임의의 정합 회로망으로 얻을 수 있는 최대 반사계수의 크기에 대한 이론적인 한계점을 제공하는 보드-파노 기준 [7],[8]로부터 얻을 수 있다. 따라서 보드-파노 기준은 비록 이러한 결과가 실제에 있어서는 근사되어진 값이지만 이상적으로 얻을 수 있는 최적의 결과를 나타낸다. 이러한 최적의 결과는 정합회로 성능의 상한선을 제공해 주며 실질적인 설계에서 비교될 수 있는 기준을 제공해 주기 때문에 매우 중요하다고 할 수 있다.

그림 5.22a에 병렬 RC 부하 임피던스를 정합시키기 위하여 사용될 수 있는 무손실 회로망을 나타내었다. 보드-파노 기준은

$$\int_0^\infty \ln \frac{1}{|\Gamma(\omega)|} d\omega \leq \frac{\pi}{RC} \tag{5.79}$$

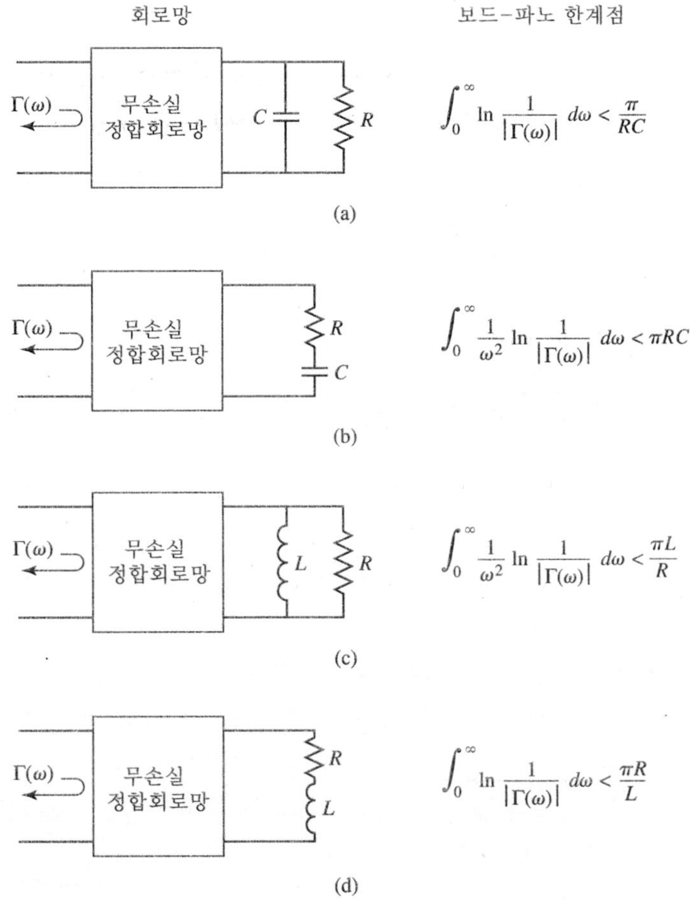

그림 5.22 수동 무손실 회로망으로 정합된 RC와 RL 부하에 대한 보드-파노 한계점(ω_0는 정합대역폭의 중심주파수이다). (a) 병렬 RC, (b) 직렬 RC, (c) 병렬 RL, (d) 직렬 RL

로 표시되는데, 여기서 $\Gamma(\omega)$는 임의의 무손실 정합 회로망을 들여다 본 반사계수이다. 이 식의 유도는 본 교재의 영역을 벗어나지만(흥미 있는 독자는 참고문헌 [7]과 [8]을 참조하기 바란다), 우리의 목적은 위의 결과가 의미하는 바를 논하는 것이다.

그림 5.23a에 나타낸 바와 같은 반사계수 응답을 갖는 정합회로를 구성하고자 희망한다고 가정하자. 식 (5.79)를 이 함수에 대입하면

$$\int_0^\infty \ln \frac{1}{|\Gamma|} d\omega = \int_{\Delta\omega} \ln \frac{1}{\Gamma_m} d\omega = \Delta\omega \ln \frac{1}{\Gamma_m} \leq \frac{\pi}{RC} \tag{5.80}$$

를 얻는데, 이 식으로부터 다음과 같은 결론을 얻을 수 있다.

- 주어진 부하(고정된 RC의 곱)에 대하여, 보다 넓은 대역폭($\Delta\omega$)은 통과대역에서보다 높은 반사계수(Γ_m)를 감수해야만 얻을 수 있다.
- 통과대역 반사계수 Γ_m은 $\Delta\omega = 0$이 아니면 0이 될 수 없다. 따라서 완벽한 정합은 그

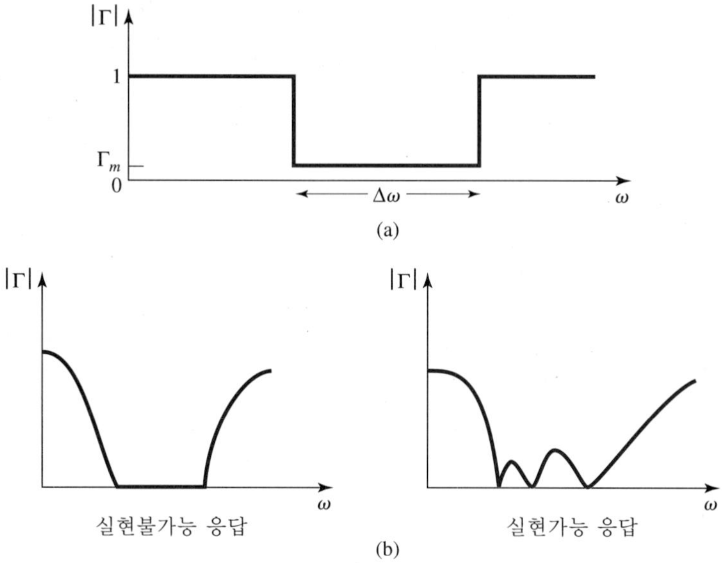

그림 5.23 보드-파노 기준의 예시. (a) 가능한 반사계수 응답, (b) 실현 불가능한 반사계수 응답과 실현가능한 반사계수 응답

림 5.23b에 예시된 바와 같이 유한한 수의 주파수에서만 가능하다.

- R, 그리고/혹은 C가 증가함에 따라서, 정합의 질($\Delta\omega$ 그리고/혹은 $1/\Gamma_m$)은 감소한다. 따라서 보다 높은 Q를 갖는 회로는 보다 낮은 Q를 갖는 회로도보다 정합시키기가 근본적으로 더 어렵다.

$\ln 1/|\Gamma|$는 정합회로망의 입력단에서의 반향손실(dB)에 비례하므로 식 (5.79)는 반사손실 곡선과 $|\Gamma| = 1(RL = 0\,\text{dB})$ 축 사이의 면적은 어떤 상수값과 같거나 그보다 작아야 하는 것으로 해석될 수 있다. 따라서 최적화란 그림 5.23a에 보인 바와 같이 통과대역에서는 $|\Gamma| = \Gamma_m$이 되고, 그 외에는 $|\Gamma| = 1$이 되도록 반사손실 곡선이 조정되어짐을 의미한다. 이러한 방법으로 반사손실 곡선의 어느 면적도 통과대역 바깥에서 유실되거나 $|\Gamma| < \Gamma_m$인 통과대역 안의 영역에서 손실되지 않게 된다. 그림 5.23a의 직사각형 응답은 최적반응이지만 정합회로망에서 무한개의 소자가 필요하기 때문에 실제적으로 구현될 수는 없다. 그러나 참고문헌 [8]에서 설명된 것처럼 적당히 작은 수의 소자들을 사용하면 근사화시킬 수는 있다. 끝으로 체비셰프 정합변환기는 체비셰프 응답의 리플이 Γ_m과 같도록 만들어졌을 때는 그림 5.23a의 이상적인 통과대역에 아주 가까운 근사적인 변환기로 간주될 수 있음에 유의하라. 그림 5.22에 다른 형태의 RC와 RL 부하에 대한 보드-파노 한계점을 나타내었다.

참고문헌

[**1**] R. E. Collin, *Foundations for Microwave Engineering*, 2nd edition, McGraw-Hill,

N.Y., 1992.

[**2**] G. L. Matthaei, L. Young, and E. M. T. Jones, *Microwave Filters, Impedance-Matching Networks, and Coupling Structures, Artech House Books*, Dedham, Mass. 1980.

[**3**] P. Bhartia and I. J. Bahl, *Millimeter Wave Engineering and Applicalions*, Wiley Interscience, N. Y., 1984.

[**4**] R. E. Collin, "The Optimum Tapered Transmission Line Matching Section," *Proc. IRE*, vol-44, pp.539-548, April 1956.

[**5**] R. W. Klopfenstein, "A Transmission Line Taper of Improved Design," *Proc. IRE*, vol-44, pp.31-15, January 1956.

[**6**] M. A. Grossberg, "Extremely Rapid Computation of the Klopfenstein Impedance Taper," *Proc. IEEE*, vol-56, pp. 1629-1630, September 1968.

[**7**] H. W. Bode, *Network Analysis and Feedback Amplifier Design*, Van Nostrand, N.Y., 1945.

[**8**] R. M. Fano, "Theoretical Limitations on the Broad-Band Matching of Arbitrary Impedances," *Journal of the Franklin Institute*, vol. 249, pp.57-83, January 1950, and pp. 139-154, February 1950.

연습문제

5.1 주파수 3 GHz에서 다음의 정규화 부하 임피던스들을 100 Ω의 전원에 정합시키기 위한 2개의 무손실 L형 정합 회로망을 설계하라. (a) $Z_L = 150 - j200\ \Omega$ (b) $Z_L = 20 - j90\ \Omega$.

5.2 임의의 부하 임피던스를 정합시키는 데는 적어도 두 개의 자유도를 갖는 회로망이 필요하다는 사실을 우리는 알고 있다. 아래에 보인 두 개의 단일소자 회로망으로 정합시킬 수 있는 부하 임피던스/어드미턴스의 형태를 결정하라.

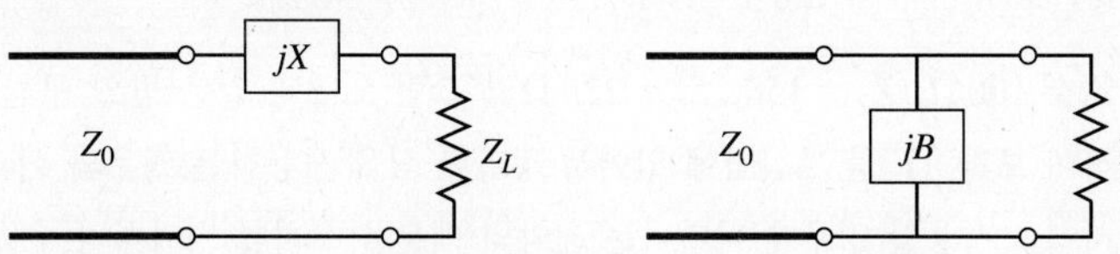

(a) (b)

5.3 어떤 부하 임피던스 $Z_L = 100 + j80\ \Omega$이 단일 병렬-스텁 튜너를 사용하여 75 Ω 선로에 정합되어 있다. 개방회로 스텁을 사용한 두 개의 해를 구하라.

5.4 단락회로 스텁을 사용하여 5.3번 문제를 다시 풀어라.

5.5 어떤 부하 임피던스 $Z_L = 90 + j60\ \Omega$이 단일 직렬-스텁 튜너를 사용하여 75 Ω 선로에 정합되어 있다. 개방회로 스텁을 사용한 두 개의 해를 구하라.

5.6 단락회로 스텁을 사용하여 5.5번 문제를 다시 풀어라.

5.7 아래에 보인 회로에서 어떤 부하 $Z_L = 200 + j100\ \Omega$이 특성 임피던스가 Z_1이고, 길이가 ℓ인 무손실 전송선로를 사용하여 40 Ω 선로에 정합되어져 있다. ℓ과 Z_1 값을 구하라. 어떠한 형태의 부하 임피던스들이 이러한 회로를 사용하여 일반적으로 정합되어질 수 있는가를 결정하라.

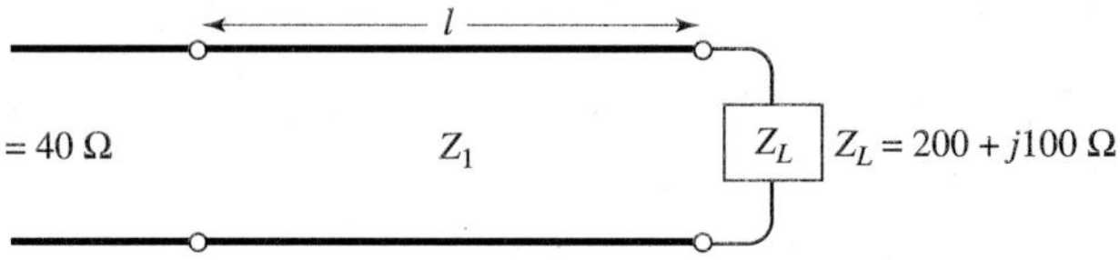

5.8 감쇠상수 α인 손실이 있는 전송선로를 이용하여 개방회로 튜닝 스텁을 만들었다. 이 스텁으로 얻을 수 있는 정규화 리액턴스의 최대값은 얼마인가? 같은 형태의 전송선로로 만든 단락 스텁으로 얻을 수 있는 정규화 리액턴스의 최대값은 얼마인가? α는 작다고 가정하라.

5.9 $\lambda/8$ 간격인 두 개의 개방회로 스텁을 이용하여 부하 어드미턴스 $Y_L = (0.4 + j1.2)Y_0$를 정합시킬 수 있는 이중 스텁 튜너를 설계하라.

5.10 두 개의 단락회로 스텁의 간격이 $3\lambda/8$인 이중 스텁 튜너를 사용하여 5.9번 문제를 다시 풀어라.

5.11 부하 임피던스가 $Z_L = R_L + jX_L$이라고 가정하고 두 개의 직렬 스텁의 간격이 d인 이중 스텁 튜너에 대한 설계방정식을 유도하라.

5.12 부하 $Z_L = 200\ \Omega$을 100 Ω 선로에 정합시키는 방법으로 단락회로 스텁을 이용한 단일 병렬스텁, 단일 직렬스텁, 이중 병렬스텁 튜너 중에서 가장 좋은 대역폭을 제공하는 튜너는 어느 것인가? f_0를 정합주파수라 할 때 $1.1f_0$에서의 6개의 모든 해에 대한 반사계수를 계산하거나, 주파수에 대한 반사계수를 도시하기 위하여 CAD를 사용하여 위의 답이 정당하다는 것을 입증하라.

5.13 350 Ω 부하를 100 Ω 선로에 정합시킬 수 있는 단일 $\lambda/4$ 정합변환기를 설계하라. SWR $\leq$ 2일 때 이 변환기의 백분율 대역폭은 얼마인가? 설계주파수가 4 GHz라고 할 때 이 정합변환기를 구현할 수 있는 마이크로스트립 회로의 배치도를 길이까지 포함시켜 도시하라. 기판의 두께는 0.159 cm이고 유전상수는 2.2이다.

5.14 $Z_1 = 100\ \Omega$, $Z_2 = 150$, $Z_L = 225\ \Omega$인 그림 5.13과 같은 단일 구간의 $\lambda/4$ 정합변환기를 고려하여 보자. $|\Gamma|$를 계산함에 있어서 정확한 식을 사용하는 경우와 비교하여 식 (5.42)와 같은 근사식을 사용할 경우에 나타나는 최악의 백분율 오차를 평가하라.

5.15 등가 TE_{10} 모드 파동 임피던스가 377 Ω인 도파관 부하를 10 GHz에서 공기로 채워진 X-대역 직사각형 도파관에 정합시키고자 한다. 유전체로 채워진 도파관 부분으로 만들어진 $\lambda/4$ 정합변환기를 사용한다. 이 정합부의 물리적인 길이와 필요한 유전체의 유전상수를 구하라. 이와 같은 기법 적용에는 부하 임피던스에 어떠한 제약이 있는가?

5.16 중심주파수 1 GHz에서 12.5 Ω의 부하를 50 Ω 선로에 정합시키기 위하여 4단 이항 정합변환기를 사용한다. (a) 정합변환기를 설계하고 $\Gamma_m = 0.05$일 때 변환기의 대역폭을 계산하라. 주파수에 대한 입력 반사계수를 CAD를 사용하여 도시하라. (b) 0.5 mil 두께의 동박(copper conductor)

을 사용한, $\epsilon_r = 4.2$, $d = 0.158\,\text{cm}$, $\tan\delta = 0.02$인 FR4 기판 위에 이 회로를 마이크로스트립으로 구현한 배치도를 나타내어라. 주파수에 대한 삽입손실을 CAD를 사용하여 도시하라.

5.17 정규화 부하 임피던스가 $Z_L/Z_0 = 1.5$일 때 2단 이항 정합변환기에 대한 정확한 특성 임피던스를 유도하고 그 결과를 표 5.1과 비교하라.

5.18 $\Gamma_m = 0.2$일 때 단수 $N = 1, 2$ 및 4인 이항 정합변환기에 대한 백분율 대역폭을 $Z_L/Z_0 = 1.5$에서 6까지에 대하여 계산하고 그 결과를 도시하라.

5.19 50 Ω 선로를 30 Ω 부하에 정합시킬 수 있는 4단 체비셰프 정합변환기를 설계하라. 통과대역에 걸쳐 허용 가능한 최대 SWR은 1.25이다. 결과적인 대역폭은 얼마인가? 표에 주어진 것과는 반대로 교과서에서 설명한 근사이론을 사용하라. 주파수 대 입력 반사계수를 CAD를 사용하여 도시하라.

5.20 정규화 부하 임피던스가 $Z_L/Z_0 = 1.5$일 때 2단 체비셰프 정합변환기에 대한 정확한 특성 임피던스를 유도하고 $\Gamma_m = 0.05$일 때 표 5.2와 비교하라.

5.21 $Z_L/Z_0 = 1.5$인 부하를 다단 변환기를 사용하여 급전선에 정합시키고자 한다. $0 \le \theta \le \pi$ 영역에서 $|\Gamma(\theta)| = A(0.1 + \cos^2\theta)$의 통과대역 특성을 갖고자 할 때 다단 변환기에 대한 근사이론을 이용하여 2단 변환기를 설계하라.

5.22 어떤 테이퍼된 정합부가 $d\ln(Z/Z_0)/dz = A\sin\pi z/L$인 특성을 갖고 있을 때 $Z(0) = Z_0$이고 $Z(L) = Z_L$이 되도록 상수 A와 Γ를 계산하고 βL에 대한 $|\Gamma|$를 도시하라.

5.23 100 Ω의 부하를 50 Ω 선로에 정합시킬 수 있는 지수함수 테이퍼를 갖는 정합변환기를 설계하라. βL에 대한 $|\Gamma|$를 도시하고, 100%의 대역폭에 걸쳐(중심주파수에서) $|\Gamma| \le 0.05$를 얻는 데 필요한 정합부의 길이를 계산하라. 같은 사양을 얻고자 체비셰프 정합변환기를 사용할 때 필요한 정합단의 수는 얼마인가?

5.24 $R = 75\ \Omega$이고 $C = 0.6\ \text{pF}$인 병렬 RC 부하가 3.1 GHz에서 10.6 GHz의 주파수 대역에 걸쳐 동작하는 초광대역(UWB) 무선 송신기가 있다. 최적 정합회로망으로 얻을 수 있는 최상의 반사손실은 얼마인가?

5.25 $R = 80\ \Omega$이고 $L = 5\ \text{nH}$인 직렬 RL 부하를 2 GHz에서 50 Ω 선로에 정합시킬 수 있는 집중소자 L형 정합회로망을 설계하라. 이 회로망에 있어서 주파수에 대한 $|\Gamma|$를 도시하고 $|\Gamma| \le \Gamma_m = 0.1$이 되는 대역폭을 계산하라. 그 결과를 보드-파노 기준에 의해 주어지는 이 부하에 대한 최대 가능대역폭과 비교하라(그림 5.23a에 나타난 것과 같이 직사각형 반사계수 응답으로 가정하라).

제 6 장

마이크로파용 공진기

마이크로파용 공진기는 여파기, 발진기, 주파수 측정기 그리고 동조 증폭기 등 여러 가지 분야에 응용되고 있다(마이크로파 공진기의 동작은 회로이론에서 다루는 집중소자로 된 공진기와 유사하므로 직 · 병렬 *RLC* 공진회로의 기본적인 특성을 고찰함에써 시작할 것이다). 그런 후 전송선로, 직사각형 도파관, 원형 도파관, 그리고 유전체 공진기와 같은 분포 정수소자를 이용한 마이크로파용 공진기의 구현 방법에 대하여 논하고자 한다. 또한 개구면이나 전류판들을 사용한 공진기의 여기에 대해서도 다루게 될 것이다.

6.1 직 · 병렬 공진회로

공진점 부근에서 마이크로파용 공진기는 보통 직렬 또는 병렬 *RLC* 집중 소자회로에 의하여 등가회로로 모델링될 수 있으므로, 다음에서 이러한 회로들에 대한 몇 가지 기본적인 특성을 유도하려고 한다.

직렬 공진회로

그림 6.1a에 직렬 *RLC* 집중소자 공진회로를 나타내었다. 이 경우의 입력 임피던스는

$$Z_{\text{in}} = R + j\omega L - j\frac{1}{\omega C} \tag{6.1}$$

이 되며, 공진기에 전달되는 복소전력을

$$\begin{aligned} P_{\text{in}} &= \frac{1}{2}VI^* = \frac{1}{2}Z_{\text{in}}|I|^2 = \frac{1}{2}Z_{\text{in}}\left|\frac{V}{Z_{\text{in}}}\right|^2 \\ &= \frac{1}{2}|I|^2\left(R + j\omega L - j\frac{1}{\omega C}\right) \end{aligned} \tag{6.2}$$

로 쓸 수 있다.

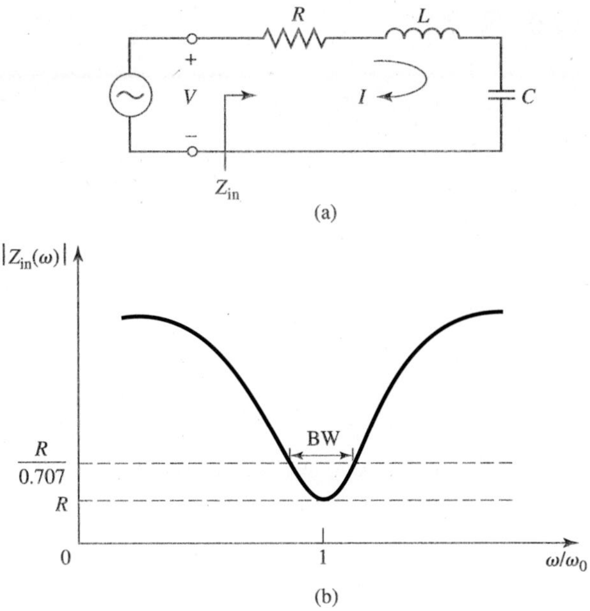

그림 6.1 직렬 RLC 공진기와 주파수 응답. (a) 직렬 RLC 회로, (b) 주파수에 대한 입력 임피던스의 크기

저항 R에서 소모되는 전력은

$$P_{\text{loss}} = \frac{1}{2}|I|^2 R \tag{6.3a}$$

이며, 인덕터 L에 축적되는 평균 자기적 에너지 W_m은

$$W_m = \frac{1}{4}|I|^2 L \tag{6.3b}$$

이고, 커패시터 C에 축적되는 평균 전기적 에너지 W_e는

$$W_e = \frac{1}{4}|V_c|^2 C = \frac{1}{4}|I|^2 \frac{1}{\omega^2 C} \tag{6.3c}$$

로 표현된다. 여기서 V_c는 커패시터 양단의 전압을 나타내며, 식 (6.2)의 복소전력을 다음과 같이 다시 쓸 수 있다.

$$P_{\text{in}} = P_{\text{loss}} + 2j\omega(W_m - W_e). \tag{6.4}$$

그리고, 식 (6.1)의 입력 임피던스는 다시 다음과 같이 쓸 수 있다.

$$Z_{\text{in}} = \frac{2P_{\text{in}}}{|I|^2} = \frac{P_{\text{loss}} + 2j\omega(W_m - W_e)}{\frac{1}{2}|I|^2}. \tag{6.5}$$

자계와 전계에 축적되는 평균 에너지가 같을 때 또는 $W_m = W_e$일 때 공진이 일어나게 되

며 식 (6.5)와 (6.3a)로부터 공진시의 입력 임피던스는

$$Z_{\text{in}} = \frac{P_{\text{loss}}}{\frac{1}{2}|I|^2} = R$$

이 되며, 순수한 저항 성분만을 갖게 된다. 식 (6.3b, c)으로부터, $W_m = W_e$는 공진주파수 ω_0가 다음과 같이 정의되어짐을 의미한다.

$$\omega_0 = \frac{1}{\sqrt{LC}}. \tag{6.6}$$

공진회로에 있어서 또다른 하나의 주요 파라미터는 Q(quality factor)이며, 다음과 같이 정의된다.

$$\begin{aligned} Q &= \omega \frac{\text{축적된 평균 에너지}}{\text{초당 소모되는 에너지}} \\ &= \omega \frac{W_m + W_e}{P_\ell}. \end{aligned} \tag{6.7}$$

그러므로 Q는 공진회로의 손실을 나타내는 척도가 된다—손실이 더 적은 회로는 높은 Q값을 나타냄. 공진기의 손실은 도체 손실, 유전체 손실 또는 방사 손실에 기인되며 등가회로 상의 저항 R로 나타내어진다. 외부에 접속되는 회로망으로 부가적으로 손실을 나타낼 수 있다. 이들 각각의 손실 구조가 Q값을 낮추는 효과를 가져온다. 외부에 부하를 접속시킨 효과를 무시한 공진기 자체의 Q값을 무부하 Q라고 부르며, Q_0로 표시한다. 그림 6.1a의 직렬 공진회로의 경우, 식 (6.3)과 공진시에 $W_m = W_e$라는 것을 이용하여 Q를 다음과 같이 계산할 수 있다.

$$Q = \omega_0 \frac{2W_m}{P_{\text{loss}}} = \frac{\omega_0 L}{R} = \frac{1}{\omega_0 RC}. \tag{6.8}$$

여기서, R이 감소하면 Q가 증가됨을 알 수 있다.

이제 공진주파수 근처에서 공진기의 입력 임피던스의 변화를 고찰하기로 하자[1]. $\omega = \omega_0 + \Delta\omega$라 놓고, $\Delta\omega$는 작다고 하자. 그러면 $\omega_0^2 = 1 / LC$이므로 식 (6.1)로부터 입력 임피던스는 다음과 같이 다시 쓸 수 있다.

$$\begin{aligned} Z_{\text{in}} &= R + j\omega L \left(1 - \frac{1}{\omega^2 LC}\right) \\ &= R + j\omega L \left(\frac{\omega^2 - \omega_0^2}{\omega^2}\right). \end{aligned}$$

$\Delta\omega$가 작으면 $\omega^2 - \omega_0^2 = (\omega - \omega_0)(\omega + \omega_0) = \Delta\omega(2\omega - \Delta\omega) \simeq 2\omega\Delta\omega$가 되므로

$$\begin{aligned} Z_{\text{in}} &\simeq R + j2L\Delta\omega \\ &\simeq R + j\frac{2RQ\Delta\omega}{\omega_0} \end{aligned} \tag{6.9}$$

로 쓸 수 있다. 이 식은 분포정수 소자 공진기와 관계되어지는 등가회로를 확인하는 데 유용하게 이용될 것이다.

또한 공진주파수 ω_0를 복소 실효 공진주파수로 대치함으로써 손실을 갖는 공진기를 무손실 공진기로 취급할 수 있게 된다:

$$\omega_0 \leftarrow \omega_0\left(1+\frac{j}{2Q_0}\right). \tag{6.10}$$

이는 무손실 직렬 공진기의 입력 임피던스를 고찰하므로써 알 수 있다. 식 (6.9)에서 $R = 0$으로 놓으면,

$$Z_{\text{in}} = j2L(\omega - \omega_0).$$

그런 다음, ω_0 대신에 식 (6.10)의 복소 주파수로 대치하면

$$\begin{aligned} Z_{\text{in}} &= j2L\left(\omega-\omega_0-j\frac{\omega_0}{2Q_0}\right) \\ &= \frac{\omega_0 L}{Q_0} + j2L(\omega-\omega_0) = R + j2L\Delta\omega, \end{aligned}$$

가 되며, 이 식은 식 (6.9)와 같은 식이다. 대부분의 실제 공진기는 손실이 매우 작기 때문에 이러한 방법은 유용한 처리 과정으로 간주되며, 무손실의 경우에 해를 구함에 있어서 섭동법(perturbation method)을 이용하여 Q를 찾아 낼 수 있다. 그런 다음, ω_0를 식 (6.10)의 복소 공진주파수로 대치시켜 입력 임피던스에 손실의 영향을 첨가시킬 수 있다.

끝으로 **전력이 반으로 감소되는** 공진기의 **대역폭**을 고찰하자. 그림 6.1b에 주파수에 대한 입력 임피던스 크기의 변화를 나타내었다. $|Z_{\text{in}}|^2 = 2R^2$이 되는 주파수에서 식 (6.2)에 의해 회로에 전달되는 평균전력은 공진 시 전달되는 전력의 반이 된다. BW가 부분대역폭이라 가정하면, 상측 대역 끝에서 $\Delta\omega/\omega_0 = \text{BW}/2$가 된다. 식 (6.9)를 이용하면

$$|R + jRQ_0(\text{BW})|^2 = 2R^2,$$

또는

$$\text{BW} = \frac{1}{Q_0}. \tag{6.11}$$

이 된다.

병렬 공진회로

그림 6.2a에 나타낸 병렬 *RLC* 공진회로는 직렬 *RLC* 공진회로와 쌍대(dual)를 이루며, 입력 임피던스는

$$Z_{\text{in}} = \left(\frac{1}{R}+\frac{1}{j\omega L}+j\omega C\right)^{-1} \tag{6.12}$$

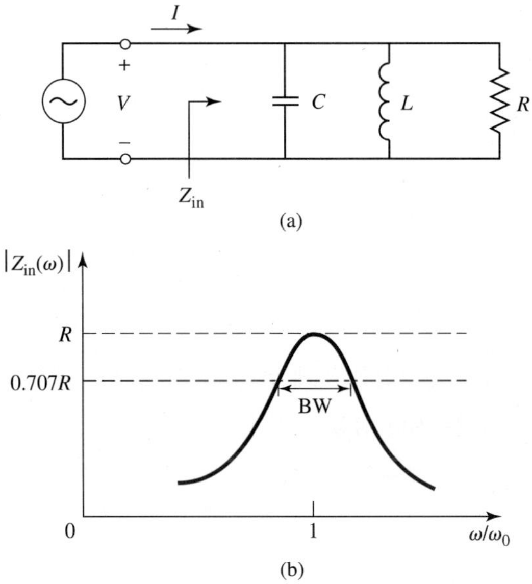

그림 6.2 병렬 *RLC* 공진기와 주파수 응답. (a) 병렬 *RLC* 회로, (b) 주파수에 대한 입력 임피던스의 크기

이고, 공진기에 전달되는 복소전력은

$$P_{\text{in}} = \frac{1}{2}VI^* = \frac{1}{2}Z_{\text{in}}|I|^2 = \frac{1}{2}|V|^2\frac{1}{Z_{\text{in}}^*}$$
$$= \frac{1}{2}|V|^2\left(\frac{1}{R} + \frac{j}{\omega L} - j\omega C\right) \tag{6.13}$$

이다. 저항 R에서 소모되는 전력은

$$P_{\text{loss}} = \frac{1}{2}\frac{|V|^2}{R} \tag{6.14a}$$

으로 되며, 커패시터 C에 축적되는 평균 전기적인 에너지는

$$W_e = \frac{1}{4}|V|^2 C \tag{6.14b}$$

이고, 인덕터 L에 축적되는 평균 자기적인 에너지는

$$W_m = \frac{1}{4}|I_L|^2 L = \frac{1}{4}|V|^2\frac{1}{\omega^2 L} \tag{6.14c}$$

이며, 여기서 I_L은 인덕터에 흐르는 전류이다. 위 식들로부터 식 (6.13)의 복소전력은 다음과 같이 다시 쓸 수 있다.

$$P_{\text{in}} = P_{\text{loss}} + 2j\omega(W_m - W_e). \tag{6.15}$$

이것은 식 (6.4)와 같으며, 유사한 방법으로 입력 임피던스는 또한

$$Z_{\text{in}} = \frac{2P_{\text{in}}}{|I|^2} = \frac{P_{\text{loss}} + 2j\omega(W_m - W_e)}{\frac{1}{2}|I|^2} \tag{6.16}$$

로 쓸 수 있는데, 이는 식 (6.5)와 같은 것이다.

직렬 공진회로에서와 마찬가지로 $W_m = W_e$일 때 공진이 되며 식 (6.16)과 (6.14a)로부터 공진시 입력 임피던스는

$$Z_{\text{in}} = \frac{P_{\text{loss}}}{\frac{1}{2}|I|^2} = R$$

이 되어 순수한 저항값만을 갖게 된다. 식 (6.14b, c)에서 $W_m = W_e$는 공진주파수 ω_0가 다음과 같이 정의되어져야 함을 의미한다.

$$\omega_0 = \frac{1}{\sqrt{LC}}. \tag{6.17}$$

이 또한 직렬 공진회로 경우와 같은 식이 된다. 식 (6.7)의 Q에 대한 정의와 식 (6.14)의 결과로부터 병렬 공진회로의 Q를 구하면 공진시 $W_m = W_e$이므로

$$Q = \omega_0 \frac{2W_m}{P_{\text{loss}}} = \frac{R}{\omega_0 L} = \omega_0 RC \tag{6.18}$$

가 된다. 이 결과는 병렬 공진회로의 경우에는 R이 증가됨에 따라 Q도 증가됨을 나타내고 있다.

공진주파수 근처에서의 입력 임피던스 식 (6.12)는 다음과 같은 근사식을 이용하여 간략화될 수 있다.

$$\frac{1}{1+x} \simeq 1 - x + \cdots.$$

차제에, $\omega = \omega_0 + \Delta\omega$으로 놓고, $\Delta\omega$는 작은 값이라 하자. 그러면 식 (6.12)는 $\omega_0^2 = 1/LC$이므로 다음과 같이 쓸 수 있다[1].

$$\begin{aligned} Z_{\text{in}} &\simeq \left(\frac{1}{R} + \frac{1 - \Delta\omega/\omega_0}{j\omega_0 L} + j\omega_0 C + j\Delta\omega C\right)^{-1} \\ &\simeq \left(\frac{1}{R} + j\frac{\Delta\omega}{\omega_0^2 L} + j\Delta\omega C\right)^{-1} \\ &\simeq \left(\frac{1}{R} + 2j\Delta\omega C\right)^{-1} \\ &\simeq \frac{R}{1 + 2j\Delta\omega RC} = \frac{R}{1 + 2jQ_0\Delta\omega/\omega_0}, \end{aligned} \tag{6.19}$$

따라서 $R = \infty$일 경우에 식 (6.19)는

$$Z_{\text{in}} = \frac{1}{j2C(\omega - \omega_0)}$$

로 된다.

직렬 공진회로에서와 같이 손실의 영향은 ω_0를 복소 실효 공진주파수로 대치함으로써 포함시킬 수 있다.

$$\omega_0 \leftarrow \omega_0\left(1 + \frac{j}{2Q_0}\right). \tag{6.20}$$

그림 6.2b는 주파수에 따른 입력 임피던스 크기의 변화를 나타낸 것이며, $\Delta\omega/\omega_0 = BW/2$인 주파수에서 전력이 반으로 되는 대역폭 점이 나타나므로

$$|Z_{\text{in}}|^2 = \frac{R^2}{2}$$

이 되며, 식 (7.19)로부터

$$BW = \frac{1}{Q_0}, \tag{6.21}$$

이 되어, 직렬 공진회로의 경우와 동일하게 표현된다.

부하와 무부하 Q

앞에서 정의된 무부하 Q값, Q_0는 공진기 그 자체에 대한 특성을 의미하며, 외부회로에 의해 영향을 받지 않으므로, 즉 무부하의 Q라고 불려진다. 하지만 실제의 경우 공진회로는 항상 다른 회로들과 결합되므로 회로의 부하 Q(또는 Q_L로 표기)는 전반적으로 낮아지는 효과를 나타낸다. 그림 6.3은 공진기가 외부 부하저항 R과 결합된 것을 나타낸 것이다. 직렬 공진회로의 경우 R_L은 R과 직렬로 연결되어 있으므로 식 (6.8)의 실효저항 R은 $R + R_L$로 대치되어야 한다. 병렬 공진회로의 경우에는 R과 R_L이 병렬로 결합되므로 식 (6.18)의 R은 $\dfrac{RR_L}{(R+R_L)}$로 대치되어야 한다. 외부회로의 Q를 Q_e라고 하면

$$Q_e = \begin{cases} \dfrac{\omega_0 L}{R_L} & (\text{직렬 공진회로인 경우}) \\[2ex] \dfrac{R_L}{\omega_0 L} & (\text{병렬 공진회로인 경우}) \end{cases} \tag{6.22}$$

가 되어 부하 Q는

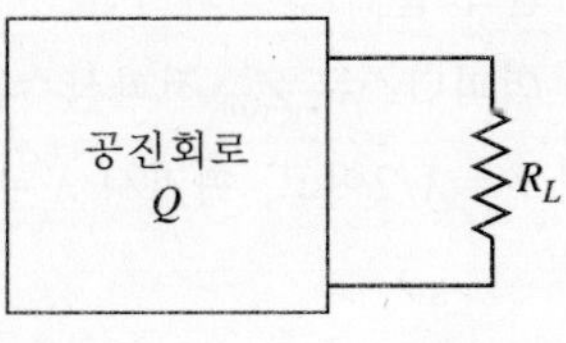

그림 6.3 외부부하 R_L이 연결된 공진회로

표 6.1 직렬 및 병렬 공진기에 대한 결과

값	직렬 공진기	병렬 공진기
입력 임피던스/어드미턴스	$Z_{\text{in}} = R + j\omega L - j\dfrac{1}{\omega C}$	$Y_{\text{in}} = \dfrac{1}{R} + j\omega C - j\dfrac{1}{\omega L}$
	$\simeq R + j\dfrac{2RQ\Delta\omega}{\omega_0}$	$\simeq \dfrac{1}{R} + j\dfrac{2Q\Delta\omega}{R\omega_0}$
전력 손실	$P_{\text{loss}} = \dfrac{1}{2}\|I\|^2 R$	$P_{\text{loss}} = \dfrac{1}{2}\dfrac{\|V\|^2}{R}$
축적된 자계적 에너지	$W_m = \dfrac{1}{4}\|I\|^2 L$	$W_m = \dfrac{1}{4}\|V\|^2 \dfrac{1}{\omega^2 L}$
축적된 전계적 에너지	$W_e = \dfrac{1}{4}\|I\|^2 \dfrac{1}{\omega^2 C}$	$W_e = \dfrac{1}{4}\|V\|^2 C$
공진주파수	$\omega_0 = \dfrac{1}{\sqrt{LC}}$	$\omega_0 = \dfrac{1}{\sqrt{LC}}$
무부하시 Q	$Q = \dfrac{\omega_0 L}{R} = \dfrac{1}{\omega_0 RC}$	$Q = \omega_0 RC = \dfrac{R}{\omega_0 L}$
부하시 Q	$Q_e = \dfrac{\omega_0 L}{R_L}$	$Q_e = \dfrac{R_L}{\omega_0 L}$

$$\frac{1}{Q_L} = \frac{1}{Q_e} + \frac{1}{Q} \tag{6.23}$$

로 표시될 수 있다.

표 6.1에 직 · 병렬 공진회로에 대한 위의 결과들을 요약하여 놓았다.

6.2 전송선로 공진기

우리가 알고 있는 바와 같이, 마이크로파 영역에서는 이상적인 집중정수 소자들을 만드는 것이 어렵기 때문에 일반적으로 분포정수 소자들을 사용한다. 이 절에서는 공진기를 구성하기 위하여 다양한 길이와 종단부하(개방 또는 단락회로)를 이용한 전송선로 구간의 사용법에 대하여 연구하려고 한다. 전송선로 공진기의 Q값이 관심거리가 되므로 손실이 있는 전송선로를 고찰해야만 한다.

반파장 단락선로

그림 6.4에 나타낸 한쪽 끝이 단락되어진 손실이 있는 일정 길이의 전송선로를 생각해 보자. 이 선로의 특성 임피던스는 Z_0, 전파상수는 β이며 감쇠상수는 α이다. $\omega = \omega_0$인 주파수에서 선로의 길이 $\ell = \lambda/2$이고, 여기서 $\lambda = 2\pi/\beta$이다. 식 (2.91)에 의해 입력 임피던스는

$$Z_{\text{in}} = Z_0 \tanh(\alpha + j\beta)\ell$$

로 표현된다. 이제 쌍곡탄젠트(hyperbolic tangent) 공식을 이용하면

$$Z_{\text{in}} = Z_0 \frac{\tanh \alpha\ell + j \tan \beta\ell}{1 + j \tan \beta\ell \tanh \alpha\ell} \tag{6.24}$$

이 되는데, 만일 $\alpha = 0$(무손실)이면 $Z_{\text{in}} = jZ_0 \tan \beta\ell$이다.

실제의 경우 대부분의 전송선로는 약간의 손실만을 갖고 있기 때문에 $\alpha\ell \ll 1$, $\tanh \alpha\ell \simeq \alpha\ell$로 표현될 수 있다. 이제 $\omega = \omega_0 + \Delta\omega$라 놓고(이때 $\Delta\omega$는 작은 값을 갖는다), TEM 전송선로라 가정하면

$$\beta\ell = \frac{\omega\ell}{v_p} = \frac{\omega_0\ell}{v_p} + \frac{\Delta\omega\ell}{v_p}.$$

여기서, v_p는 전송선로 내의 위상속도이다. $\omega = \omega_0$일 때 $\ell = \lambda/2 = \pi v_p/\omega_0$이므로

$$\beta\ell = \pi + \frac{\Delta\omega\pi}{\omega_0}$$

가 되며, 따라서

$$\tan \beta\ell = \tan\left(\pi + \frac{\Delta\omega\pi}{\omega_0}\right) = \tan \frac{\Delta\omega\pi}{\omega_0} \simeq \frac{\Delta\omega\pi}{\omega_0}$$

로 표현된다.

이 결과를 식 (6.24)에 이용하면 $\Delta\omega\alpha\ell/\omega_0 \ll 1$이므로

$$Z_{\text{in}} \simeq Z_0 \frac{\alpha\ell + j(\Delta\omega\pi/\omega_0)}{1 + j(\Delta\omega\pi/\omega_0)\alpha\ell} \simeq Z_0 \left(\alpha\ell + j\frac{\Delta\omega\pi}{\omega_0}\right) \tag{6.25}$$

가 된다.

식 (6.25)는

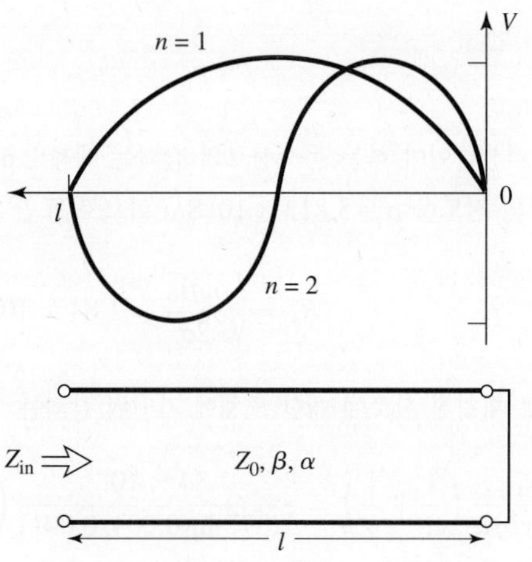

그림 6.4 손실이 있는 단락되어진 전송선로와 $n = 1(\ell = \lambda/2)$, $n = 2(\ell = \lambda)$ 공진기에 대한 전압 분포

$$Z_{\text{in}} = R + 2jL\Delta\omega$$

인 형태의 식으로 표기될 수 있고, 이 결과는 직렬 *RLC* 공진회로의 입력 임피던스를 나타내는 식 (6.9)와 같다. 따라서 등가회로의 저항은

$$R = Z_0\alpha\ell \tag{6.26a}$$

임을 알 수 있으며, 등가회로의 인덕턴스는

$$L = \frac{Z_0\pi}{2\omega_0}. \tag{6.26b}$$

또 식 (6.6)으로부터 등가회로의 커패시턴스는 다음과 같은 식으로 표현될 수 있다.

$$C = \frac{1}{\omega_0^2 L}. \tag{6.26c}$$

그림 6.4의 공진기는 $\Delta\omega = 0(\ell = \lambda/2)$일 때 공진하며, 공진주파수에서 입력 임피던스는 $Z_{\text{in}} = R = Z_0\alpha\ell$이다. 또한 $\ell = n\lambda/2$, $n = 1, 2, 3, \ldots$일 때 공진이 발생한다. n이 1, 2인 공진 모드들에 대한 전송선로의 전압분포는 그림 6.4에 나와 있다.

공진기의 Q값은 식 (6.8)과 (6.26)으로부터, 첫 번째 공진점에서 $\beta\ell = \pi$이므로

$$Q_0 = \frac{\omega_0 L}{R} = \frac{\pi}{2\alpha\ell} = \frac{\beta}{2\alpha}, \tag{6.27}$$

이다. 그 결과 선로의 감쇠가 커지면 커질수록 Q값이 감소된다는 것을 알 수 있다.

예제 6.1 반파장 동축선로 공진기의 Q값

내경이 1 mm이고 외경이 4 mm인 구리로 된 동축선로를 사용하여 $\lambda/2$ 공진기를 만들고자 한다. 공진주파수가 5 GHz일 경우에, 공기로 채워진 동축선로와 테프론(teflon)으로 채워진 동축선로의 Q값을 비교하라.

☞ 풀이

우선 먼저 계산하여야 하는 동축선로의 감쇠는 예제 2.6이나 2.7의 결과를 사용해야 된다. 부록 F로부터 구리의 전도율 $\sigma = 5.813 \times 10^7$ S/m이므로 표면 저항률은

$$R_s = \sqrt{\frac{\omega\mu_0}{2\sigma}} = 1.84 \times 10^{-2}\ \Omega.$$

그리고 공기로 채워진 선로에 대한 도체에 기인된 감쇠는

$$\alpha_c = \frac{R_s}{2\eta \ln b/a}\left(\frac{1}{a} + \frac{1}{b}\right) = \frac{1.84 \times 10^{-2}}{2(377)\ln(0.004/0.001)}\left(\frac{1}{0.001} + \frac{1}{0.004}\right) = 0.022 \text{ Np/m}$$

가 된다. 테프론의 경우 $\epsilon_r = 2.08$이며 $\tan\delta = 0.0004$이므로, 테플론으로 채워진 동축선로에 대한

손실은

$$\alpha_c = \frac{1.84 \times 10^{-2}\sqrt{2.08}}{2(377)\ln(0.004/0.001)}\left(\frac{1}{0.001} + \frac{1}{0.004}\right) = 0.032 \text{ Np/m}$$

가 된다. 공기로 채워진 선로의 유전체 손실은 영이지만, 테플론으로 채워진 선로의 유전체 손실은

$$\alpha_d = k_0 \frac{\sqrt{\epsilon_r}}{2} \tan\delta = \frac{(104.7)\sqrt{2.08}(0.0004)}{2} = 0.030 \text{ Np/m}$$

가 된다. 결국 (6.27)로부터 Q값을 계산할 수 있게 되어

$$Q_{\text{air}} = \frac{\beta}{2\alpha} = \frac{104.7}{2(0.022)} = 2380$$

$$Q_{\text{Teflon}} = \frac{\beta}{2\alpha} = \frac{104.7\sqrt{2.08}}{2(0.032 + 0.030)} = 1218$$

이 된다. 즉 공기로 채워진 동축선로의 Q값이 테플론으로 채워진 동축선로의 경우보다 2배의 Q값을 나타냄을 알 수 있다. 은으로 도금된 도체를 사용하면 Q를 더욱 더 상승시킬 수 있다. ◀

λ/4 단락 선로

길이가 λ/4인 단락 전송선로를 사용하면 병렬형 공진을 얻을 수 있다. 길이가 ℓ인 단락 선로의 입력 임피던스는

$$\begin{aligned} Z_{\text{in}} &= Z_0 \tanh(\alpha + j\beta)\ell \\ &= Z_0 \frac{\tanh\alpha\ell + j\tan\beta\ell}{1 + j\tan\beta\ell\tanh\alpha\ell} \\ &= Z_0 \frac{1 - j\tanh\alpha\ell\cot\beta\ell}{\tanh\alpha\ell - j\cot\beta\ell} \end{aligned} \tag{6.28}$$

이며, 이 식의 마지막 결과는 분자와 분모에 $-j\cot\beta\ell$을 곱하여 얻어진다. 이제 $\omega = \omega_0$에서 $\ell = \lambda/4$라 가정하고 $\omega = \omega_0 + \Delta\omega$라 놓으면 TEM 전송선로의 경우에

$$\beta\ell = \frac{\omega_0\ell}{v_p} + \frac{\Delta\omega\ell}{v_p} = \frac{\pi}{2} + \frac{\pi\Delta\omega}{2\omega_0}$$

이고, 따라서

$$\cot\beta\ell = \cot\left(\frac{\pi}{2} + \frac{\pi\Delta\omega}{2\omega_0}\right) = -\tan\frac{\pi\Delta\omega}{2\omega_0} \simeq \frac{-\pi\Delta\omega}{2\omega_0}$$

가 되며, 손실이 작은 경우에는 $\tanh\,\alpha\ell \simeq \alpha\ell$로 된다. 이들 결과를 식 (6.28)에 적용하면 $\alpha\ell\pi\Delta\omega/2\omega_0 \ll 1$이므로

$$Z_{\text{in}} = Z_0 \frac{1 + j\alpha\ell\pi\Delta\omega/2\omega_0}{\alpha\ell + j\pi\Delta\omega/2\omega_0} \simeq \frac{Z_0}{\alpha\ell + j\pi\Delta\omega/2\omega_0} \tag{6.29}$$

가 된다. 이 결과는 식 (6.19)에 나타난 바와 같이 병렬 RLC 회로의 임피던스식과 같은 형태이다.

$$Z_{\text{in}} = \frac{1}{(1/R) + 2j\Delta\omega C}.$$

따라서 등가회로의 저항값은 다음과 같음이 명백해진다.

$$R = \frac{Z_0}{\alpha\ell}. \tag{6.30a}$$

그리고 등가회로의 커패시턴스 값은

$$C = \frac{\pi}{4\omega_0 Z_0} \tag{6.30b}$$

가 되며, 인덕턴스 값 L은 다음과 같다.

$$L = \frac{1}{\omega_0^2 C}. \tag{6.30c}$$

그러므로 그림 6.4의 공진기는 $\ell = \lambda/4$인 경우 병렬형 공진기가 되며, 공진점에서 입력 임피던스 $Z_{in} = R = Z_0/\alpha\ell$이 된다. 식 (6.18)과 (6.30)으로부터 이 공진기의 Q값은 공진시 $\ell = \pi/2\beta$ 이므로

$$Q_0 = \omega_0 RC = \frac{\pi}{4\alpha\ell} = \frac{\beta}{2\alpha}, \tag{6.31}$$

가 된다.

반파장 개방선로

마이크로스트립 회로에 종종 사용되고 있는 실제의 공진기를 그림 6.5에 나타내었다. 길이가 $\lambda/2$ 또는 $n\lambda/2$일 경우에 이와 같은 개방선로 공진기는 병렬 공진회로로서 동작된

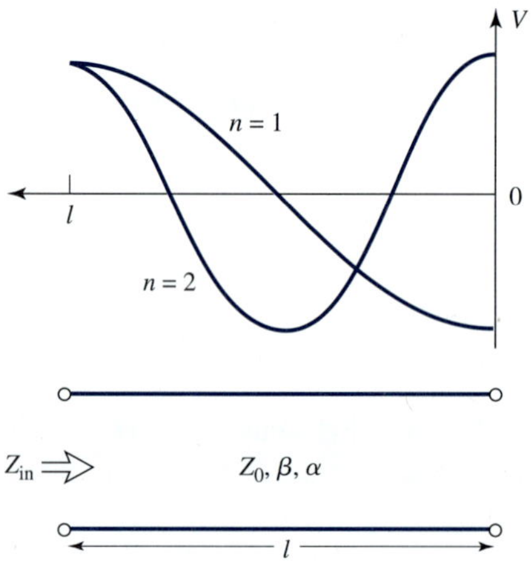

그림 6.5 손실이 있는 개방되어진 전송선로와 $n = 1(\ell = \lambda/2)$, $n = 2(\ell = \lambda)$인 공진기에 대한 전압 분포

다. 길이가 ℓ인 개방선로의 입력 임피던스는

$$Z_{\text{in}} = Z_0 \coth(\alpha + j\beta)\ell = Z_0 \frac{1 + j \tan \beta\ell \tanh \alpha\ell}{\tanh \alpha\ell + j \tan \beta\ell} \tag{6.32}$$

이고, 앞에서와 같이 $\omega = \omega_0$일 경우 $\ell = \lambda/2$라고 가정하고 $\omega = \omega_0 + \Delta\omega$로 놓으면

$$\beta\ell = \pi + \frac{\pi\,\Delta\omega}{\omega_0}.$$

따라서

$$\tan \beta\ell = \tan \frac{\Delta\omega\pi}{\omega} \simeq \frac{\Delta\omega\pi}{\omega_0}$$

가 되며, $\tanh \alpha\ell \simeq \alpha\ell$과 이들 결과를 식 (6.32)에 적용하면

$$Z_{\text{in}} = \frac{Z_0}{\alpha\ell + j(\Delta\omega\pi/\omega_0)} \tag{6.33}$$

가 된다. 식 (6.19)에 주어진 병렬 공진회로의 입력 임피던스와 비교하면, 등가 *RLC* 회로의 저항은

$$R = \frac{Z_0}{\alpha\ell} \tag{6.34a}$$

이고, 등가 회로의 커패시턴스는

$$C = \frac{\pi}{2\omega_0 Z_0}. \tag{6.34b}$$

등가 회로의 인덕턴스는

$$L = \frac{1}{\omega_0^2 C} \tag{6.34c}$$

로 표현되며, 식 (6.18)과 (6.34)로부터 공진시 Q값은 $\ell = \pi/\beta$이므로

$$Q_0 = \omega_0 RC = \frac{\pi}{2\alpha\ell} = \frac{\beta}{2\alpha}, \tag{6.35}$$

가 된다.

예제 6.2 반파장 마이크로스트립 공진기

특성임피던스가 50 Ω이고 길이가 $\lambda/2$인 개방 마이크로스트립 선로로 만들어진 마이크로스트립 공진기를 생각하자. 기판은 두께가 0.159 cm인 테플론 ($\epsilon_r = 2.08$, $\tan\delta = 0.0004$)이며, 구리도체를 사용하였다. 공진주파수 5 GHz에서 공진 길이 ℓ과 공진기의 Q값을 계산하라. 이때 선로의 끝단에서의 후린징 필드(fringing field)는 무시하기로 한다.

☞ 풀이

식 (3.197)로부터 이 기판 상의 50 Ω 마이크로스트립 선로의 폭은

$$W = 0.508 \text{ cm}$$

이고, 실효 유전률은

$$\epsilon_e = 1.80.$$

따라서 공진 길이를 계산하면 다음과 같다.

$$\ell = \frac{\lambda}{2} = \frac{v_p}{2f} = \frac{c}{2f\sqrt{\epsilon_e}} = \frac{3 \times 10^8}{2(5 \times 10^9)\sqrt{1.80}} = 2.24 \text{ cm}.$$

전파상수는

$$\beta = \frac{2\pi f}{v_p} = \frac{2\pi f\sqrt{\epsilon_e}}{c} = \frac{2\pi(5 \times 10^9)\sqrt{1.80}}{3 \times 10^8} = 151.0 \text{ rad/m}$$

가 되며, 식 (3.199)로부터 도체 손실에 기인한 감쇠는

$$\alpha_c = \frac{R_s}{Z_0 W} = \frac{1.84 \times 10^{-2}}{50(0.00508)} = 0.0724 \text{ Np/m}.$$

여기서, R_s는 예제 6.1의 결과를 이용한다. 식 (3.198)에서 유전체 손실에 기인한 감쇠는

$$\alpha_d = \frac{k_0\epsilon_r(\epsilon_e - 1)\tan\delta}{2\sqrt{\epsilon_e}(\epsilon_r - 1)} = \frac{(104.7)(2.08)(0.80)(0.0004)}{2\sqrt{1.80}(1.08)} = 0.024 \text{ Np/m}$$

이므로, 식 (6.35)으로부터 Q값은

$$Q_0 = \frac{\beta}{2\alpha} = \frac{151.0}{2(0.0724 + 0.024)} = 783.$$

이 된다. ◀

6.3 직사각형 도파관 공동 공진기

도파관도 일종의 전송선로이므로 도파관을 단락시켜 공진기를 만들 수도 있다는 점은 놀라운 것이 아니다. 끝단이 개방되어 있는 도파관의 방사손실 때문에, 도파관 공진기들은 도파관 양단이 단락되어져 폐쇄된 상자나 **공동**(cavity)을 형성하고 있다. 전계와 자계 에너지는 공동 내에 축적되며, 전력은 공동 내의 채워진 유전체에서 뿐만 아니라 공동의 도체 벽에서도 소모된다. 공진기와의 결합은 작은 개구(aperture)나 프로브 또는 작은 루프에 의해 이루어진다.

우선 일반적인 TE 또는 TM 공진모드에 대한 공진주파수를 찾아내고 $TE_{10\ell}$ 모드의 Q 값을 구하기 위한 식을 유도한다. 임의의 TE와 TM 모드에 대한 Q값은 같은 과정을 통하여 구할 수 있으나, 이 절에서는 그 내용이 길고 복잡하기 때문에 생략하기로 한다.

공진주파수

그림 6.6에 공진기의 구조를 나타내었다. 이 공진기는 양쪽($z = 0, d$)이 단락된 길이 d의

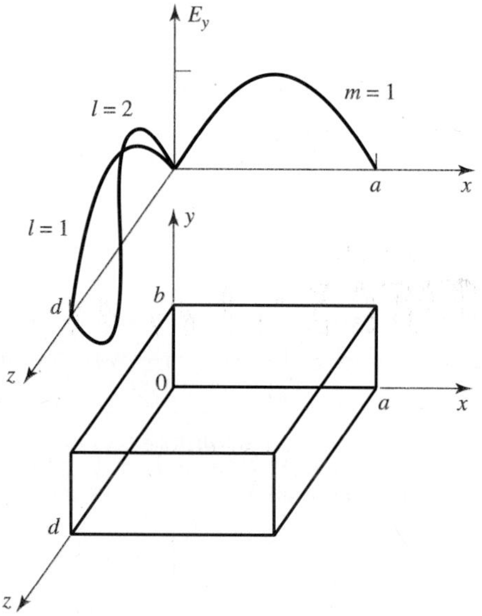

그림 6.6 직사각형 도파관 공동 공진기와 TE_{101}, TE_{102} 공진 모드에 대한 전계 분포

직사각형 도파관으로 되어 있다. 우선 공동 공진기는 무손실이라고 가정하고 공진주파수를 구하기로 한 후에, 2.7절에 약술된 섭동법을 이용하여 Q값을 결정한다. 우선 공동 공진기의 경계조건을 만족하는 전자계를 구하기 위하여 파동방정식과 변분법을 이용하여 시작한다. 그러나 TE와 TM 도파관의 전자계로부터 시작하는 편이 더 쉬우며, 이 전자계들은 공동 공진기의 측벽 ($x = 0, a$와 $y = 0, b$) 상에서의 필요한 경계조건을 만족시키고 있다. 그 다음에 $z = 0, d$에 있는 측벽 상에서 $E_x = E_y = 0$인 경계조건을 부가하는 것만 요구된다.

표 3.2로부터 직사각형 도파관의 TE_{mn}이나 TM_{mn} 모드의 횡단면 계 (E_x, E_y)는 다음과 같이 쓸 수 있다.

$$\bar{E}_t(x, y, z) = \bar{e}(x, y)[A^+e^{-j\beta_{mn}z} + A^-e^{j\beta_{mn}z}]. \tag{6.36}$$

여기서, $\bar{e}(x, y)$는 모드의 횡 방향 변화를 나타낸 것이고, A^+, A^-는 진행파와 반사파에 대한 임의의 진폭을 나타낸 것이다. TE_{mn}이나 TM_{mn} 모드의 전파상수는

$$\beta_{mn} = \sqrt{k^2 - \left(\frac{m\pi}{a}\right)^2 - \left(\frac{n\pi}{b}\right)^2} \tag{6.37}$$

이고, 여기서 $k = \omega\sqrt{\mu\epsilon}$이며 μ, ϵ은 각각 공동 내부에 채워진 매질의 비투자율과 비유전율이다. 식 (6.36)에 $z = 0$인 평면에서 $\bar{E}_t = 0$라는 조건을 적용하면, $A^+ = -A^-$가 된다(왜냐하면 완전도체 벽에서의 반사에 대한 예상과 마찬가지로). 그러면 $z = d$인 평면에서 $\bar{E}_t = 0$이 되어

$$\bar{E}_t(x, y, d) = -\bar{e}(x, y)A^+2j\sin\beta_{mn}d = 0$$

이 된다. 이러한 조건으로부터 nontrivial 해 ($A^+ \neq 0$)는

$$\beta_{mn} d = \ell\pi, \qquad \ell = 1, 2, 3, \ldots \tag{6.38}$$

으로 되어져, 공동 공진기의 길이는 공진주파수에서 관내파장의 반인 $\lambda_g/2$의 정수배가 되어야 함을 의미한다. 반파장의 정수배가 아니거나 공진 주파수가 아닌 주파수에서는 nontrivial 해가 불가능하다. 그러므로 직사각형 공동 공진기는 단락된 반파장 도파관 전송선로 공진기인 것이다.

직사각형 도파관 공동 공진기의 차단 파수(wave number)는 다음과 같이 정의될 수 있다.

$$k_{mn\ell} = \sqrt{\left(\frac{m\pi}{a}\right)^2 + \left(\frac{n\pi}{b}\right)^2 + \left(\frac{\ell\pi}{d}\right)^2}. \tag{6.39}$$

그러므로 공동 공진기의 공진 모드를 $\text{TE}_{mn\ell}$이나 $\text{TM}_{mn\ell}$로 놓을 수 있으며, 이때 m, n, ℓ은 각각 x, y, z 방향에 대한 정재파 패턴 변화의 수로 간주된다. $\text{TE}_{mn\ell}$이나 $\text{TM}_{mn\ell}$ 모드의 공진주파수는

$$f_{mn\ell} = \frac{ck_{mn\ell}}{2\pi\sqrt{\mu_r\epsilon_r}} = \frac{c}{2\pi\sqrt{\mu_r\epsilon_r}}\sqrt{\left(\frac{m\pi}{a}\right)^2 + \left(\frac{n\pi}{b}\right)^2 + \left(\frac{\ell\pi}{d}\right)^2} \tag{6.40}$$

으로 주어지게 된다.

만약 a가 $b<a<d$ 범위의 값을 갖게 되면, 기본 공진모드(dominant resonant mode)는 TE_{101} 모드가 되어야 하며, $\lambda_g/2$ 길이의 단락 도파관 내의 TE_{10} 기본 도파관 모드에 해당된다. TM 모드의 기본 모드는 TM_{110} 모드이다.

$\text{TE}_{10\ell}$ 모드의 Q

표 3.2, 식 (6.36)과 $A^- = -A^+$라는 사실로부터 $\text{TE}_{10\ell}$ 공진모드에 대한 전자계는 다음과 같이 쓸 수 있다.

$$E_y = A^+ \sin\frac{\pi x}{a}[e^{-j\beta z} - e^{j\beta z}] \tag{6.41a}$$

$$H_x = \frac{-A^+}{Z_{\text{TE}}} \sin\frac{\pi x}{a}[e^{-j\beta z} + e^{j\beta z}] \tag{6.41b}$$

$$H_z = \frac{j\pi A^+}{k\eta a} \cos\frac{\pi x}{a}[e^{-j\beta z} - e^{j\beta z}]. \tag{6.41c}$$

아예 $E_0 = -2jA^+$로 놓고, 식 (6.38)을 사용하면 이 식들은 아래와 같이 간단히 쓸 수 있다.

$$E_y = E_0 \sin\frac{\pi x}{a} \sin\frac{\ell\pi z}{d} \tag{6.42a}$$

$$H_x = \frac{-jE_0}{Z_{\text{TE}}} \sin\frac{\pi x}{a} \cos\frac{\ell\pi z}{d} \tag{6.42b}$$

$$H_z = \frac{j\pi E_0}{k\eta a}\cos\frac{\pi x}{a}\sin\frac{\ell\pi z}{d}. \tag{6.42c}$$

위의 식들로부터 공동기 내에는 정재파가 형성됨을 알 수 있다. 이제 공동기 내에 축적되는 전자계 에너지와 도체 벽과 유전체에서 소모되는 전력을 구함으로써 TE_{101} 모드에 대한 Q값을 계산할 수 있다.

축적되는 전계 에너지는 식 (1.84)에 의해 계산되며

$$W_e = \frac{\epsilon}{4}\int_V E_y E_y^* dv = \frac{\epsilon abd}{16}E_0^2 \tag{6.43a}$$

이고, 축적되는 자계 에너지는 식 (1.86)으로부터

$$\begin{aligned} W_m &= \frac{\mu}{4}\int_V (H_x H_x^* + H_z H_z^*)dv \\ &= \frac{\mu abd}{16}E_0^2\left(\frac{1}{Z_{TE}^2} + \frac{\pi^2}{k^2\eta^2 a^2}\right) \end{aligned} \tag{6.43b}$$

이 된다. 또 $Z_{TE} = k\eta/\beta$, $\beta = \beta_{10} = \sqrt{k^2 - (\pi/a)^2}$이므로 식 (6.43b)의 괄호 안에 있는 식은 다음과 같이 줄여 쓸 수 있다.

$$\left(\frac{1}{Z_{TE}^2} + \frac{\pi^2}{k^2\eta^2 a^2}\right) = \frac{\beta^2 + (\pi/a)^2}{k^2\eta^2} = \frac{1}{\eta^2} = \frac{\epsilon}{\mu}$$

즉, $W_e = W_m$을 보여준다. 따라서 6.1절의 RCL 공진회로와 마찬가지로 공진 시에 축적되는 전계 에너지와 자계 에너지는 같게 된다.

약간의 손실이 있는 경우에는 2.7절의 섭동방법을 사용하여 공동기 벽에서 소모되는 전력을 구할 수 있다. 식 (1.131)을 이용하여 도체 벽에서 소모되는 전력을 계산하면

$$P_c = \frac{R_s}{2}\int_{\text{walls}} |H_t|^2 ds. \tag{6.44}$$

여기서, $R_s = \sqrt{\omega\mu_0/2\sigma}$는 금속 벽의 표면 저항률이며, 또 H_t는 공동기 벽면에서의 자계의 접선성분을 나타낸 것이다. 식 (6.44)에 식 (6.42b, c)를 사용하면

$$\begin{aligned} P_c &= \frac{R_s}{2}\left\{2\int_{y=0}^{b}\int_{x=0}^{a} |H_x(z=0)|^2 dx\,dy + 2\int_{z=0}^{d}\int_{y=0}^{b} |H_z(x=0)|^2\,dy\,dz \right. \\ &\quad \left. + 2\int_{z=0}^{d}\int_{x=0}^{a}\left[|H_x(y=0)|^2 + |H_z(y=0)|^2\right]dx\,dz\right\} \\ &= \frac{R_s E_0^2\lambda^2}{8\eta^2}\left(\frac{\ell^2 ab}{d^2} + \frac{bd}{a^2} + \frac{\ell^2 a}{2d} + \frac{d}{2a}\right) \end{aligned} \tag{6.45}$$

가 되며, $x=a, y=b, z=d$인 벽면에서의 기여도를 고려하기 위하여 $x=0, y=0, z=0$인 벽면에서의 기여도가 2배가 되도록 대칭적 구조로 만들었다. 식 (6.45)를 간략화하기 위하여 $k=2\pi/\lambda$와 $Z_{TE}=k\eta/\beta=2d\eta/\ell\lambda$인 관계를 사용하였다. 식 (6.7)로부터 손실이 있는 도체와 무손실 유전체로 이루어진 공동 공진기의 Q값은

$$\begin{aligned} Q_c &= \frac{2\omega_0 W_e}{P_c} \\ &= \frac{k^3 ab\, d\eta}{4\pi^2 R_s} \frac{1}{[(\ell^2 ab/d^2)+(bd/a^2)+(\ell^2 a/2d)+(d/2a)]} \\ &= \frac{(kad)^3 b\eta}{2\pi^2 R_s} \frac{1}{(2\ell^2 a^3 b + 2bd^3 + \ell^2 a^3 d + ad^3)} \end{aligned} \tag{6.46}$$

로 계산된다.

이제 유전체 내의 전력손실올 계산하자. 1장에서 다룬 바와 같이 손실이 있는 유전체의 실효도전율은 $\sigma=\omega\epsilon''=\omega\epsilon_r\epsilon_0 \tan\delta$이며, 여기서 $\epsilon=\epsilon'-j\epsilon''=\epsilon_r\epsilon_0(1-j\tan\delta)$이고 $\tan\delta$는 매질의 손실 탄젠트이다. 그러면 유전체 내의 소모되는 전력은 식 (1.92)로부터

$$P_d = \frac{1}{2}\int_V \bar{J}\cdot\bar{E}^* dv = \frac{\omega\epsilon''}{2}\int_V |\bar{E}|^2 dv = \frac{abd\omega\epsilon''|E_0|^2}{8} \tag{6.47}$$

이 되는데, 여기서 $|\bar{E}|$는 식 (6.42a)에 의해 주어진다. 손실이 있는 유전체로 채워져 있으며 완전도체로 만들어진 공동 공진기의 값 Q는 식 (6.7)으로부터 계산된다.

$$Q_d = \frac{2\omega W_e}{P_d} = \frac{\epsilon'}{\epsilon''} = \frac{1}{\tan\delta}. \tag{6.48}$$

위의 식과 같이 간단히 쓸 수 있는 것은 W_e에 대한 식 (6.43a)에서의 적분과 P_d에 대한 식 (6.47)에서 도입한 적분 부분이 서로 상쇄되기 때문이다. 이러한 결과는 임의의 공진기의 모드에 대한 Q_d를 구하는 데 적용된다. 도체 벽과 유전체 손실을 모두가 나타나는 경우에, 총 전력손실은 P_c+P_d로 표기되므로 식 (6.7)에서 전체 Q값은

$$Q = \left(\frac{1}{Q_c}+\frac{1}{Q_d}\right)^{-1} \tag{6.49}$$

로 된다.

예제 6.3 직사각형 공동 공진기의 설계

폭 $a=4.755$ cm, $b=2.215$ cm인 구리로 된 WR-187 H-band 도파관으로 만들어진 직사가형 공동 공진기가 있다. 공동 내부는 폴리에틸렌($\epsilon_r=2.25$, $\tan\delta=0.0004$)인 유전체로 채워져 있다. 공진주파수 $f=5$ GHz에서 공진되기 위한 길이 d를 구하고, $\ell=1$, $\ell=2$인 공진모드에 대한 Q값

을 계산하라.

☞ 풀이

파수(wave number) k는

$$k = \frac{2\pi f\sqrt{\epsilon_r}}{c} = 157.08\ \text{m}^{-1}.$$

식 (6.40)으로부터 공진시 요구되는 길이는 $m=1$, $n=0$으로 놓으면 계산할 수 있다.

$$d = \frac{\ell\pi}{\sqrt{k^2-(\pi/a)^2}}$$

$$\ell = 1\text{인 경우}\quad d = \frac{\pi}{\sqrt{(157.08)^2-(\pi/0.04755)^2}} = 2.20\ \text{cm}$$

$$\ell = 2\text{인 경우}\quad d = 2(2.20) = 4.40\ \text{cm}$$

이다.

예제 6.1로부터 5 GHz에서 구리의 표면 저항률 $R_s = 1.84\times10^{-2}\Omega$이며, 고유 임피던스는

$$\eta = \frac{377}{\sqrt{\epsilon_r}} = 251.3\ \Omega.$$

따라서 식 (6.46)으로부터 도체 손실에만 기인한 Q값은

$$\ell = 1\text{인 경우}\quad Q_c = 8403,$$

$$\ell = 2\text{인 경우}\quad Q_c = 11{,}898$$

이 되며, 식 (6.48)로부터 유전체에만 기인한 Q값은 $\ell=1$, $\ell=2$인 경우 모두

$$Q_d = \frac{1}{\tan\delta} = \frac{1}{0.0004} = 2500$$

이므로 공진기의 전체 Q값은 식 (6.49)에 의해

$$\ell = 1\text{ 인 경우}\quad Q_0 = \left(\frac{1}{8403}+\frac{1}{2500}\right)^{-1} = 1927,$$

$$\ell = 2\text{ 인 경우}\quad Q_0 = \left(\frac{1}{11{,}898}+\frac{1}{2500}\right)^{-1} = 2065.$$

가 된다.

유전체 손실이 Q값에 더 많은 영향을 미치고 있음에 주목하라; 따라서 공기로 채워진 경우 더 높은 Q값을 얻을 수 있다. 그 결과를 예제 6.1, 6.2에서와 같이 동일한 주파수에서 유사한 매질로 채워진 경우의 결과와 비교할 수 있다. ◀

6.4 원형 도파관 공동 공진기

원형 도파관 공동 공진기는 직사각형 도파관 공동 공진기와 마찬가지로 원형 도파관의

그림 6.7 W대역 도파관 주파수 측정기 사진. 공동 공진기의 길이를 변화시키기 위하여 장치의 윗부분의 손잡이를 회전시킨다; 눈금은 주파수를 읽을 수 있도록 되어 있다.
사진제공은 매사추세츠주 Northampton에 소재한 Millitech사에 의함.

양쪽을 단락시켜 만들 수 있다. 원형 도파관의 기본 모드가 TE_{11}이므로 원형 도파관 공동 공진기의 기본 모드는 TE_{111} 모드가 된다. $TE_{nm\ell}$과 $TM_{nm\ell}$ 모드에 대한 공진주파수를 유도하고 $TE_{nm\ell}$ 모드에 대한 Q값을 계산하기 위한 식을 유도하려고 한다.

원형 도파관 공동 공진기는 종종 마이크로파용 주파수 측청기로 사용되고 있다. 공동 공진기는 공진주파수를 기계적으로 조정할 수 있도록 윗벽을 움직일 수 있게 만들며, 조그마한 개구(aperture)를 통해 도파관과 결합되도록 만들어진다. 동작원리를 보면 시스템의 동작 주파수로 조정이 되면 공동 공진기에 의해 전력이 흡수된다. 이렇게 흡수된 전력은 시스템 내의 다른 위치에 있는 전력계에서 감시된다. 조정 다이얼은 그림 6.7에 나타낸 모델에서와 같이 조정 다이얼은 직접 주파수 눈금으로 읽을 수 있도록 되어 있다. 주파수 분해능은 공진기의 Q에 따라 정해지므로 원형 도파관 공동 공진기의 기본 모드의 Q값보다 훨씬 큰 Q값을 갖는 TE_{011} 모드가 주파수 측정기용으로 보통 사용된다. 이런 점이 공동 공진기에서 소결합(loose coupling)을 시키는 이유이다.

공진주파수

원통형 도파관 공동 공진기의 구조를 그림 6.8에 나타내었다. 직사각형 도파관 공동 공

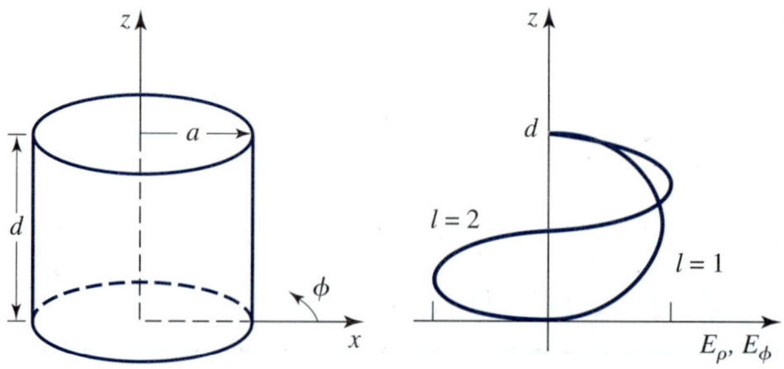

그림 6.8 원통형 도파관 공동 공진기와 $\ell = 1$, $\ell = 2$인 공진모드에 대한 전계 분포

진기의 경우에서와 같이 원형 도파관 모드로부터 시작하면 공진주파수를 구하는 것은 간소화된다. 여기서 이러한 모드들은 원형 도파관 벽에서의 필요 경계조건들을 만족한다. 표 3.5에서와 같이 원형 도파관의 TE_{nm} 또는 TM_{nm} 모드의 횡단면 전계(transverse electric fields; E_ρ, E_ϕ)는 다음과 같이 쓸 수 있다.

$$\bar{E}_t(\rho, \phi, z) = \bar{e}(\rho, \phi)[A^+ e^{-j\beta_{nm}z} + A^- e^{j\beta_{nm}z}]. \tag{6.50}$$

여기서, $\bar{e}(\rho, \phi)$는 모드의 횡 방향 변화를 나타낸 것이고, A^+, A^-는 전진과 후진 방향으로의 진행파의 임의 진폭을 나타낸다. TE_{nm} 모드의 전파상수는 식 (3.126)으로부터

$$\beta_{nm} = \sqrt{k^2 - \left(\frac{p'_{nm}}{a}\right)^2} \tag{6.51a}$$

이며, TE_{nm} 모드의 전파상수는 식 (3.139)로부터

$$\beta_{nm} = \sqrt{k^2 - \left(\frac{p_{nm}}{a}\right)^2} \tag{6.51b}$$

이 된다. 이때, $k = \omega\sqrt{\mu\epsilon}$ 이다.

$z = 0$과 d에서 $\bar{E}_t = 0$이 되기 위해서는 $A^+ = -A^-$가 되어야 하며

$$A^+ \sin\beta_{nm}d = 0$$

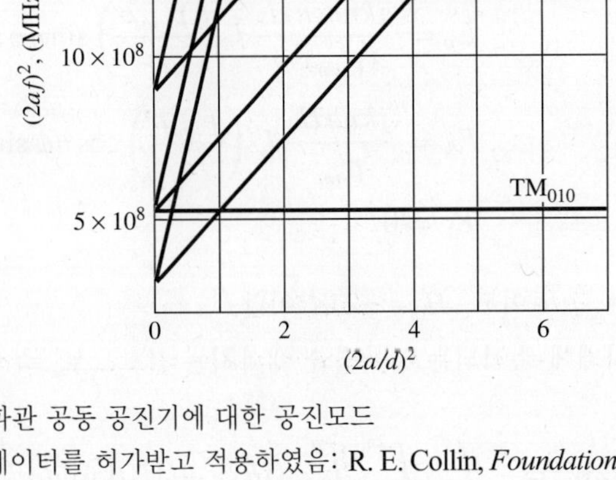

그림 6.9 원통형 도파관 공동 공진기에 대한 공진모드
다음 책자에 있는 데이터를 허가받고 적용하였음: R. E. Collin, *Foundations for Microwave Engineering*, 2nd edition, Wiley-IEEE Press, Hoboken, N.J., 2001. Used with permission.

또는

$$\beta_{nm} d = \ell\pi, \qquad (\ell = 0, 1, 2, 3, \ldots) \tag{6.52}$$

이 되며, 이는 도파관의 길이가 관내파장의 반파장인 $\lambda_g/2$의 정수배가 되어야 함을 의미한다. 따라서 $\mathrm{TE}_{nm\ell}$ 모드의 공진주파수는

$$f_{nm\ell} = \frac{c}{2\pi\sqrt{\mu_r \epsilon_r}} \sqrt{\left(\frac{p'_{nm}}{a}\right)^2 + \left(\frac{\ell\pi}{d}\right)^2} \tag{6.53a}$$

이고, $\mathrm{TM}_{nm\ell}$ 모드의 공진주파수는

$$f_{nm\ell} = \frac{c}{2\pi\sqrt{\mu_r \epsilon_r}} \sqrt{\left(\frac{p_{nm}}{a}\right)^2 + \left(\frac{\ell\pi}{d}\right)^2} \tag{6.53b}$$

이다.

기본 TE 모드는 TE_{111} 모드이고, 반면에 기본 TM 모드는 TE_{010} 모드가 된다. 그림 6.9는 원형 도파관의 낮은 차수의 공진모드들에 대한 **모드 도표**를 나타낸 것이다. 이 도표는 공동 공진기의 크기가 주어지면 주어진 주파수에서 어떤 모드가 여기될 수 있는가를 결정할 수 있어 공동 공진기를 설계하는 데 매우 유용하다.

$\mathrm{TE}_{nm\ell}$ 모드의 무부하 Q

표 3.5, 식 (6.50) 그리고 $A^+ = -A^-$라는 사실로부터 $\mathrm{TE}_{nm\ell}$ 모드의 전자계는 다음과 같이 쓸 수 있다.

$$H_z = H_0 J_n\left(\frac{p'_{nm}\rho}{a}\right)\cos n\phi \sin\frac{\ell\pi z}{d} \tag{6.54a}$$

$$H_\rho = \frac{\beta a H_0}{p'_{nm}} J'_n\left(\frac{p'_{nm}\rho}{a}\right)\cos n\phi \cos\frac{\ell\pi z}{d} \tag{6.54b}$$

$$H_\phi = \frac{-\beta a^2 n H_0}{(p'_{nm})^2\rho} J_n\left(\frac{p'_{nm}\rho}{a}\right)\sin n\phi \cos\frac{\ell\pi z}{d} \tag{6.54c}$$

$$E_\rho = \frac{jk\eta a^2 n H_0}{(p'_{nm})^2\rho} J_n\left(\frac{p'_{nm}\rho}{a}\right)\sin n\phi \sin\frac{\ell\pi z}{d} \tag{6.54d}$$

$$E_\phi = \frac{jk\eta a H_0}{p'_{nm}} J'_n\left(\frac{p'_{nm}\rho}{a}\right)\cos n\phi \sin\frac{\ell\pi z}{d} \tag{6.54e}$$

$$E_z = 0. \tag{6.54f}$$

여기서, $\eta = \sqrt{\mu/\epsilon}$ 이고, $H_0 = -2jA^+$이다.

전계와 자계에 축적되는 시간평균 에너지는 같으므로, 축적되는 총 에너지는

$$W = 2W_e = \frac{\epsilon}{2}\int_{z=0}^{d}\int_{\phi=0}^{2\pi}\int_{\rho=0}^{a}\left(|E_\rho|^2 + |E_\phi|^2\right)\rho\, d\rho\, d\phi\, dz$$

$$= \frac{\epsilon k^2\eta^2 a^2 \pi d H_0^2}{4(p'_{nm})^2}\int_{\rho=0}^{a}\left[J_n'^2\left(\frac{p'_{nm}\rho}{a}\right)+\left(\frac{na}{p'_{nm}\rho}\right)^2 J_n^2\left(\frac{p'_{nm}\rho}{a}\right)\right]\rho\, d\rho$$

$$= \frac{\epsilon k^2\eta^2 a^4 H_0^2 \pi d}{8(p'_{nm})^2}\left[1-\left(\frac{n}{p'_{nm}}\right)^2\right]J_n^2(p'_{nm}) \tag{6.55}$$

이며, 부록 C.17의 적분공식이 사용되었다. 도체 벽에서의 전력손실은

$$P_c = \frac{R_s}{2}\int_S |\bar{H}_{\tan}|^2 ds$$

$$= \frac{R_s}{2}\left\{\int_{z=0}^{d}\int_{\phi=0}^{2\pi}\left[|H_\phi(\rho=a)|^2+|H_z(\rho=a)|^2\right] a\, d\phi\, dz\right.$$

$$\left. +2\int_{\phi=0}^{2\pi}\int_{\rho=0}^{a}\left[|H_\rho(z=0)|^2+|H_\phi(z=0)|^2\right]\rho\, d\rho\, d\phi\right\}$$

$$= \frac{R_s}{2}\pi H_0^2 J_n^2(p'_{nm})\left\{\frac{da}{2}\left[1+\left(\frac{\beta an}{(p'_{nm})^2}\right)^2\right]+\left(\frac{\beta a^2}{p'_{nm}}\right)^2\left(1-\frac{n^2}{(p'_{nm})^2}\right)\right\} \tag{6.56}$$

이므로, 식 (6.8)로부터 유전체 손실은 없는 불완전 도체벽으로 되어 있는 공동기의 Q값은

$$Q_c = \frac{\omega_0 W}{P_c} = \frac{(ka)^3\eta a d}{4(p'_{nm})^2 R_s}\,\frac{1-\left(\dfrac{n}{p'_{nm}}\right)^2}{\left\{\dfrac{ad}{2}\left[1+\left(\dfrac{\beta an}{(p'_{nm})^2}\right)^2\right]+\left(\dfrac{\beta a^2}{p'_{nm}}\right)^2\left(1-\dfrac{n^2}{(p'_{nm})^2}\right)\right\}} \tag{6.57}$$

이 된다. 식 (6.52)와 (6.51)로부터 공동기의 크기가 정해져 있는 경우 $\beta = \ell\pi/d$이고 $(ka)^2$은 주파수 변화에 따라서는 변하지 않는 상수들임을 알 수 있다. 그러므로 Q_c의 주

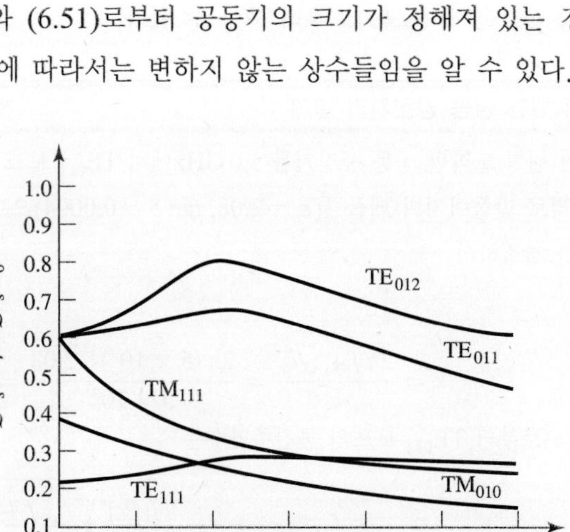

그림 6.10 여러 가지 원통형 도파관 공동기 내의 모드들에 대한 정규화 Q값(공기로 채워진 경우)
다음 책자에 있는 데이터를 허가받고 적용하였음: R. E. Collin, *Foundations for Microwave Engineering*, 2nd edition, Wiley-IEEE Press, Hoboken, N.J., 2001. Used with permission.

파수 의존도는 k/R_s로 주어지며 $1/\sqrt{f}$에 따라 변하게 된다. 즉 공진모드와 공동기의 형태 $(n, m, \ell, a/d)$가 주어졌을 경우 Q_c값 변화의 요인이 된다.

그림 6.10은 원통형 도파관 공동기의 여러 가지 공진모드에 대한 도체 손실에 기인한 정규화 Q값을 나타낸 것이다. TE_{011} 모드의 Q값이 TE_{111}, TM_{010}이나 TM_{111} 모드와 Q 값보다 훨씬 큰 값을 가짐을 볼 수 있다.

유전체 손실에 따른 Q값을 계산하기 위하여 유전체 내에서 소모되는 전력을 계산하여야 한다. 즉

$$
\begin{aligned}
P_d &= \frac{1}{2}\int_V \bar{J}\cdot\bar{E}^* dv = \frac{\omega\epsilon''}{2}\int_V \left[|E_\rho|^2 + |E_\phi|^2\right] dv \\
&= \frac{\omega\epsilon'' k^2\eta^2 a^2 H_0^2 \pi d}{4(p'_{nm})^2}\int_{\rho=0}^{a}\left[\left(\frac{na}{p'_{nm}\rho}\right)^2 J_n^2\left(\frac{p'_{nm}\rho}{a}\right) + J_n'^2\left(\frac{p'_{nm}\rho}{a}\right)\right]\rho\, d\rho \\
&= \frac{\omega\epsilon'' k^2\eta^2 a^4 H_0^2}{8(p'_{nm})^2}\left[1-\left(\frac{n}{p'_{nm}}\right)^2\right] J_n^2(p'_{nm}).
\end{aligned}
\tag{6.58}
$$

따라서 식 (6.58)을 식 (6.8)에 적용시켜 Q값을 구하면

$$
Q_d = \frac{\omega W}{P_d} = \frac{\epsilon}{\epsilon''} = \frac{1}{\tan\delta} \tag{6.59}
$$

이 된다. 여기서 $\tan\delta$는 유전체의 손실 탄젠트이다. 이 결과는 직사각형 도파관 공동기에서 식 (6.48)에서 구한 Q_d와 같다. 유전체 손실과 도체 내의 손실 모두가 존재할 때 공동기 내의 총 Q값은 식 (6.49)로부터 구할 수 있다.

예제 6.4 원형 공동 공진기의 설계

$d = 2a$인 원형 도파관 공동 공진기를 5.0 GHz에서 TE_{011} 모드로 공진하도록 설계하자. 공동 공진기는 구리로 만들어지며 테플론($\epsilon_r = 2.08$, $\tan\delta = 0.0004$)으로 채워져 있는 경우 공진기의 크기와 Q값을 결정하라.

☞ 풀이

$$
k = \frac{2\pi f_{011}\sqrt{\epsilon_r}}{c} = \frac{2\pi(5\times 10^9)\sqrt{2.08}}{3\times 10^8} = 151.0\ \text{m}^{-1}.
$$

식 (6.53a)로부터 TE_{011} 모드의 공진주파수는

$$
f_{011} = \frac{c}{2\pi\sqrt{\epsilon_r}}\sqrt{\left(\frac{p'_{01}}{a}\right)^2 + \left(\frac{\pi}{d}\right)^2}
$$

이 되며, 여기서 $p'_{01} = 3.832$이다. $d = 2a$이므로

$$
\frac{2\pi f_{011}\sqrt{\epsilon_r}}{c} = k = \sqrt{\left(\frac{p'_{01}}{a}\right)^2 + \left(\frac{\pi}{d}\right)^2}
$$

이 된다. a에 대하여 위 식을 풀면

$$a = \frac{\sqrt{(p'_{01})^2 + (\pi/2)^2}}{k} = \frac{\sqrt{(3.832)^2 + (\pi/2)^2}}{151.0} = 2.74 \text{ cm}$$

가 되므로 $d = 5.48\,\text{cm}$이다.

5 GHz에서 구리의 표면저항률은 $R_s = 0.0184\,\Omega$이다. 따라서 식 (6.57)로부터 $n = 0$, $m = \ell = 1$, $d = 2a$일 때 도체 손실에 대한 Q값은

$$Q_c = \frac{(ka)^3 \eta ad}{4(p'_{01})^2 R_s} \frac{1}{[ad/2 + (\beta a^2/p'_{01})^2]} = \frac{ka\eta}{2R_s} = 29{,}390.$$

여기서 식 (6.51a)가 수식을 간단히 하기 위하여 사용되었다. 식 (6.59)로부터 유전체 손실에 대한 Q값은

$$Q_d = \frac{1}{\tan\delta} = \frac{1}{0.0004} = 2500$$

이므로 공동 공진기의 총 Q값은

$$Q = \left(\frac{1}{Q_c} + \frac{1}{Q_d}\right)^{-1} = 2300.$$

이 결과를 예제 6.3에서 구했던 직사각형 도파관 공동기의 결과와 비교할 수 있다. TE_{101} 모드일 때 $Q = 1{,}927$이고 TE_{102} 모드일 때 $Q = 2{,}065$이다. 만일 이 공동 공진기가 공기로 채워졌다면 이 경우에 Q값은 42,400으로 증가될 것이다. ◀

6.5 유전체 공진기

손실이 작고 유전율이 높은 매질로 만들어진 작은 판이나 입방체는 마이크로파용 공진기로 사용될 수 있다. 이와 같은 **유전체 공진기**는 앞에서 논한 직사각형 또는 원통형 도파관 공진기와 원리적으로 유사하다; 공진기의 유전율이 높아지면 대부분의 전자계는 유전체 내에만 존재하게 되지만, 금속으로 된 공동기와는 달리 유전체 양쪽 끝이나 측면을 통해 후린징 필드(fringing field) 또는 누설전자계가 나타난다. 유전체 공진기는 등가적인 금속의 공동기보다 일반적으로 작고, 저렴하고 가벼우므로, MIC(microwave integrated circuits)에 쉽게 적용될 수 있으며, 평면형 전송선로와도 결합될 수 있다. 일반적으로, $10 \le \epsilon_r \le 100$ 정도의 비유전율을 갖는 매질을 사용하고 있으며, 전형적인 예로는 사티탄산바륨과 이산화티탄늄을 들 수 있다. 일반적으로 도체의 손실은 거의 없으며 유전체 손실은 비유전율에 따라서 증가한다. 그러나 수천 정도의 Q값을 얻을 수 있다. 공진기 위에 조정 가능한 금속판을 부착하여 기계적으로 공진주파수를 조절할 수도 있다. 이러한 바람직한 특성들 때문에 유전체 공진기는 마이크로파 필터와 발진기의 집적화에 있어서 주요 부품이 된다.

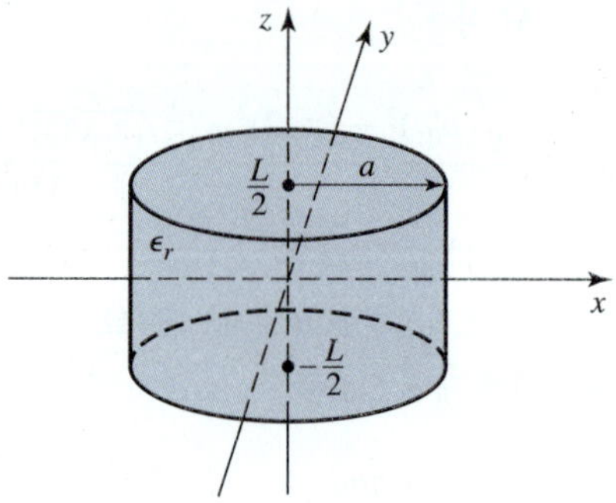

그림 6.11 원통형 유전체 공진기의 구조

다음에서 원통형 유전체 공진기의 $TE_{01\delta}$ 모드에 대한 공진주파수를 근사적으로 분석할 것이다; $TE_{01\delta}$ 모드는 실제적으로 가장 많이 사용되고 있는 모드이며 원통형 금속 공동기의 TE_{011} 모드의 특성과 유사하다.

$TE_{01\delta}$ 모드의 공진주파수

원통형 유전체 공진기의 구조를 그림 6.11에 나타내었다. $TE_{01\delta}$ 모드의 기본적인 동작은 다음과 같이 설명할 수 있다. 유전체 공진기는 단락된 길이가 L이고 양쪽 끝이 개방되어 있는 유전체 도파관으로 간주된다. 이러한 도파관 내의 모드 중에서 가장 차수가 낮은 모드는 TE_{01} 모드이며, 원형 금속 도파관의 TM_{01} 모드에 대하여 쌍대적(dual)이다. 공진

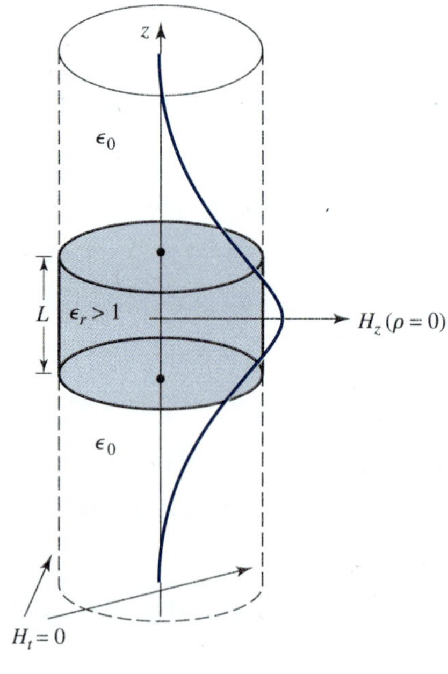

그림 6.12 원통형 유전체 공진기의 첫 번째 모드인 $\rho = 0$ 에 대한 자계벽 경계조건의 근사화와 z축에 대한 H_z의 분포

기의 유전율이 높기 때문에 공진주파수에서 전파 방향은 유전체 내에서 z축 방향을 따라서 진행되지만, 유전체 주위의 공기층 영역에서는 소멸(evanescent)된다. 따라서 자계 H_z는 그림 6.12에서 나타낸 바와 같이 된다; 고차 모드의 경우 공진기 내에서의 z축 방향에 따른 변화가 훨씬 크게 나타나게 된다. $TE_{01\delta}$ 모드에 대한 공진길이 L은 $\lambda_g/2$보다 짧기 때문에(λ_g는 TE_{01} 유전체 도파관 모드의 관내파장), $\delta = 2L/\lambda_g < 1$가 공진기 모드의 z방향 변화를 나타내는 기호로 사용된다. 따라서 공진기에 대한 등가회로는 전송선로의 양끝이 순수한 리액턴스 소자로 종단된 경우처럼 보이게 된다.

$\rho = a$에서 자계벽 경계조건이 부가되어질 수 있다는 가정을 포함하고 있는 참고문헌 [2]의 분석을 따를 것이다. 이러한 가정은 유전율이 높은 영역으로부터 공기층 영역으로 입사되는 경우에 파의 반사계수는 +1로 접근된다는 가정에 근거한 것이다.

$$\Gamma = \frac{\eta_0 - \eta}{\eta_0 + \eta} = \frac{\sqrt{\epsilon_r} - 1}{\sqrt{\epsilon_r} + 1} \to 1, \qquad (\epsilon_r \to \infty).$$

이러한 반사계수는 자계벽 또는 완전 개방회로에서 얻어지는 반사계수와 같다.

우리는 $\rho = a$에서의 자계벽 경계조건을 가지고 TE_{01} 유전체 도파관 모드에 대한 전자계를 구하는 것으로부터 시작한다. TE 모드의 경우 $E_z = 0$이고 H_z는 파동방정식을 만족해야 한다.

$$(\nabla^2 + k^2)H_z = 0. \tag{6.60}$$

여기서

$$k = \begin{cases} \sqrt{\epsilon_r}k_0 & (|z| < L/2) \\ k_0 & (|z| > L/2) \end{cases} \tag{6.61}$$

이다. $\partial/\partial\phi = 0$이므로 횡단면 전자계는 식 (3.110)에 의해 구해지며 다음과 같다.

$$E_\phi = \frac{j\omega\mu_0}{k_c^2}\frac{\partial H_z}{\partial\rho} \tag{6.62a}$$

$$H_\rho = \frac{-j\beta}{k_c^2}\frac{\partial H_z}{\partial\rho}. \tag{6.62b}$$

여기서, $k_c^2 = k^2 - \beta^2$이다. H_z는 $\rho = 0$에서 유한한 값을 가져야 하고 $\rho = a$(자계벽)에서 0이어야 하므로

$$H_z = H_0 J_0(k_c\rho)e^{\pm j\beta z} \tag{6.63}$$

가 되며, 여기서 $k_c = p_{01}/a$, $J_0(p_{01}) = 0(p_{01} = 2.405)$이다. 그러면 식 (6.62)로부터 횡단면 전자계는

$$E_\phi = \frac{j\omega\mu_0 H_0}{k_c} J_0'(k_c\rho)e^{\pm j\beta z} \tag{6.64a}$$

$$H_\rho = \frac{\mp j\beta H_0}{k_c} J_0'(k_c\rho)e^{\pm j\beta z}. \tag{6.64b}$$

$|z| < L/2$인 유전체 영역에서는 전파상수의 값은 실수가 되며,

$$\beta = \sqrt{\epsilon_r k_0^2 - k_c^2} = \sqrt{\epsilon_r k_0^2 - \left(\frac{p_{01}}{a}\right)^2} \tag{6.65a}$$

이고, 파동 임피던스는 다음과 같이 정의될 수 있다.

$$Z_d = \frac{E_\phi}{H_\rho} = \frac{\omega\mu_0}{\beta}. \tag{6.65b}$$

$|z| > L/2$인 공기층 영역에서는 전파상수의 값이 허수 값을 갖게 되므로, 다음과 같이 나타내는 것이 편리하다.

$$\alpha = \sqrt{k_c^2 - k_0^2} = \sqrt{\left(\frac{p_{01}}{a}\right)^2 - k_0^2}. \tag{6.66a}$$

그리고 공기층 영역에서의 파동 임피던스는

$$Z_a = \frac{j\omega\mu_0}{\alpha} \tag{6.66b}$$

로 정의되는데, 이것은 허수 항으로 나타난다.

대칭성으로부터, 가장 낮은 차수의 모드에 대한 H_z와 E_ϕ의 분포는 $z = 0$에 대하여 우함수가 될 것이다. 그러므로 $|z| < L/2$인 영역에서 $TE_{10\delta}$ 모드에 대한 횡단면 전자계는

$$E_\phi = AJ_0'(k_c\rho)\cos\beta z \tag{6.67a}$$

$$H_\rho = \frac{-jA}{Z_d}J_0'(k_c\rho)\sin\beta z \tag{6.67b}$$

이고, $|z| > L/2$인 경우에는

$$E_\phi = BJ_0'(k_c\rho)e^{-\alpha|z|} \tag{6.68a}$$

$$H_\rho = \frac{\pm B}{Z_a}J_0'(k_c\rho)e^{-\alpha|z|} \tag{6.68b}$$

가 된다. 여기서 A와 B는 미지의 진폭 계수들이다. 식 (6.68b)에서 $\pm$부호는 각각 $z > L/2$ 또는 $z < -L/2$인 경우에 해당된다.

$z = L/2$(또는 $z = -L/2$)에서의 접선성분의 계들을 정합시키면 다음 2개의 방정식을 얻는다.

$$A\cos\frac{\beta L}{2} = Be^{-\alpha L/2} \tag{6.69a}$$

$$\frac{-jA}{Z_d}\sin\frac{\beta L}{2} = \frac{B}{Z_a}e^{-\alpha L/2}. \tag{6.69b}$$

위 식은 1개의 초월방정식으로 줄일 수 있다.

$$-jZ_a\sin\frac{\beta L}{2} = Z_d\cos\frac{\beta L}{2}.$$

식 (6.65b)와 (6.66b)를 이용하면 이 방정식은 다음과 같이 다시 쓸 수 있다.

$$\tan\frac{\beta L}{2} = \frac{\alpha}{\beta}. \tag{6.70}$$

여기서 β는 식 (6.65a)로부터 α는 식 (6.66a)로부터 주어진다. 이 식은 k_0에 대하여 수치적으로 구해질 수 있으며 공진주파수를 결정하는 데 사용된다.

이 결과는 공진기 양쪽에서의 후린징 필드(fringing field)들을 무시하였기 때문에 상대적으로 정확치 못하며, 10% 정도의 오차를 갖게 된다(실제 적용을 목적으로 하는 대부분의 경우에는 충분치 못하다). 그러나 이러한 결과는 유전체 공진기의 기본적인 원리를 설명하는 데 사용할 수 있다. 좀더 정확한 해는 참고문헌 [3]에서 얻을 수 있다.

공진기 Q값은 유전체 원통 내부와 외부에 축적되는 에너지, 유전체에서 소모되는 전력 그리고 방사되어 잃은 전력을 결정함으로써 계산될 수 있다. 후자의 전력이 작으면 금속 공동 공진기에서와 같이 Q값은 $1/\tan\delta$로 근사화 시킬 수 있다.

예제 6.5 유전체 공진기의 공진주파수와 Q

$\epsilon_r = 95$이고 $\tan\delta = 0.001$인 티타니아(titania)로 만들어진 유전체 공진기의 $TE_{01\delta}$ 모드에 대한 공진주파수와 Q의 근사값을 구하여라. 유전체의 크기는 반경이 $a = 0.413$ cm이고 높이가 $L = 0.8255$ cm이다.

☞ 풀이

식 (6.65a)와 (6.66a)에서 주어진, β, α로서 식 (6.70)의 초월방정식을 k_0에 대해서 풀어야 한다.

$$\tan\frac{\beta L}{2} = \frac{\alpha}{\beta}.$$

여기서

$$\alpha = \sqrt{(2.405/a)^2 - k_0^2}$$

$$\beta = \sqrt{\epsilon_r k_0^2 - (2.405/a)^2}$$

이고,

$$k_0 = \frac{2\pi f}{c}$$

이다. α, β 모두가 실수이어야 하므로, 가능한 주파수 범위는 f_1에서 f_2까지이며, 여기서

$$f_1 = \frac{ck_0}{2\pi} = \frac{c(2.405)}{2\pi\sqrt{\epsilon_r}a} = 2.853 \text{ GHz}$$

$$f_2 = \frac{ck_0}{2\pi} = \frac{c(2.405)}{2\pi a} = 27.804 \text{ GHz}$$

가 된다. 위 식에 대한 근을 구하기 위해 구간 분할법(interval-halving method)(3장의 근을 구하는 알고리즘에 있는 관심사항을 살펴볼 것)을 이용하면 공진주파수는 약 3.152 GHz가 되며, 참고문헌 [2]에서의 측정치 3.4 GHz와 비교하면 약 10% 정도의 오차를 갖는다. 유전체 손실에 기인한 Q값은

$$Q_d = \frac{1}{\tan\delta} = 1000. \quad ◀$$

6.6 공진기의 여기

공진기들은 외부 회로에 결합되어지지 않으면 쓸모가 없으므로, 이제 앞 절의 공진기들을 어떻게 외부회로에 결합시킬 수 있는가를 논하기로 한다. 실제적으로, 외부회로와 결합하는 방법은 고려할 대상인 공진기의 형태에 따라 다르게 되는데, 여러 가지 공진기를 위한 몇 가지의 전형적인 결합 기법을 그림 6.13에 나타내었다. 좀더 공통적인 결합 기법인 갭 결합(gap coupling)방식과 개구 결합(aperture coupling) 방식에 대하여 논하기로 한다. 우선 급전선로에 연결된 공진기의 결합계수와 임계결합 개념에 대하여 설명할 것이다. 실제적으로 흥미로운 주제는 어떻게 공진기의 무부하 Q값을 전송선로와 결합되어진 공진기의 2포트 응답특성으로부터 결정할 수 있는가이다.

결합계수와 임계(critical)결합

공진기와 이에 연결된 회로 사이에 요구되는 결합 레벨은 적용분야에 따라서 결정된다. 예를 들어, 주파수측정기로 사용되는 도파관 공동공진기는 높은 Q값과 정확도를 얻기 위하여 보통 급전선에 소결합(loosely coupled)되어 진다. 그러나 발진기 또는 동조 증폭기에 사용되는 공진기는 최대전력 전달을 얻어내기 위하여 밀결합(tightly coupled)되어 질 것이다. 공진기와 급전선 사이의 결합레벨의 척도는 **결합계수**(coupling coefficient)로 나타낸다.

공진기와 급전선 간의 전력전달을 최대로 하기 위해서는 공진주파수에서 공진기는 급전

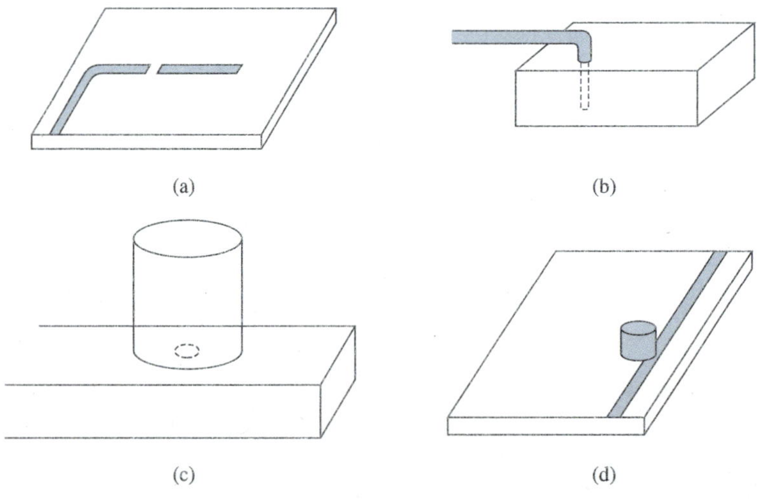

그림 6.13 마이크로파 공진기와 결합. (a) 마이크로스트립 급전선과 갭 결합된 마이크로스트립 전송선로 공진기, (b) 동축 프로브에 의해 급전되는 직사각형 공동 공진기, (c) 직사각형 도파관과 개구 결합된 원형 공동 공진기, (d) 마이크로스트립 급전선에 결합된 유전체 공진기

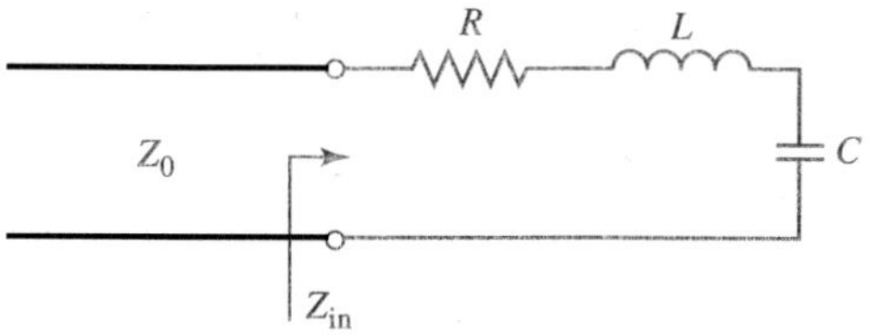

그림 6.14 급전선과 결합된 직렬 공진회로

선에 임피던스를 정합시켜야 한다. 이렇게 되어지면 공진기는 급전선에 임계적으로 결합되어졌다고 말한다. 그림 6.14에 나타낸 직렬 공진회로를 고찰하여 임계 결합방식의 기본적인 개념을 설명하려고 한다.

식 (6.9)로부터, 그림 6.14의 직렬 공진회로의 공진점 부근에서의 입력 임피던스는

$$Z_{\text{in}} = R + j2L\Delta\omega = R + j\frac{2RQ_0\Delta\omega}{\omega_0}, \tag{6.71}$$

로 주어지며, 무부하 Q값은 식 (6.8)로부터

$$Q_0 = \frac{\omega_0 L}{R}. \tag{6.72}$$

이 된다.

공진점에서 $\Delta\omega = 0$이므로 식 (6.71)로부터 입력 임피던스 $Z_{\text{in}} = R$이 되고, 공진기를 급전선에 정합시키기 위해서는

$$R = Z_0 \tag{6.73}$$

가 성립되어야 한다. 이러한 경우에 무부하 Q는

$$Q_0 = \frac{\omega_0 L}{Z_0}. \tag{6.74}$$

이 되며, 식 (6.22)로부터 외부 Q값은

$$Q_e = \frac{\omega_0 L}{Z_0} = Q_0, \tag{6.75}$$

가 된다. 이 식은 외부 Q와 무부하 Q가 임계결합 상태에서는 같은 값을 가짐을 나타낸다.

결합계수 g를 다음과 같이 정의하는 것이 유용하므로

$$g = \frac{Q_0}{Q_e}, \tag{6.76}$$

로 놓으면, 직렬 공진회로($g = Z_0/R$)와 병렬 공진회로($g = R/Z_0$) 양쪽에 다 적용할 수 있다. 그러면 g에 따라 3가지로 구분할 수 있다.

1. $g < 1$: 공진기는 급전선과 미소결합 되어졌다(undercoupled).

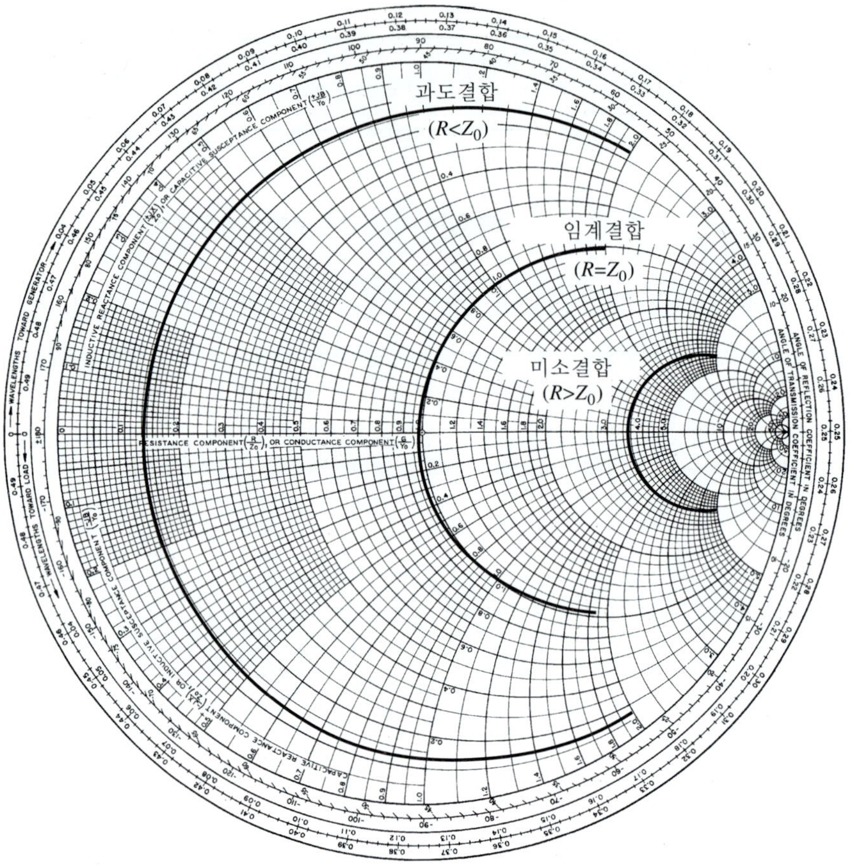

그림 6.15 직렬 *RLC* 회로의 결합을 나타내는 Smith 도표

2. $g = 1$: 공진기는 급전선과 **임계결합** 되어졌다(critically coupled).

3. $g > 1$: 공진기는 급전선과 **과도결합** 되어졌다(overcoupled).

그림 6.15는 위의 3가지 경우에 해당되는 여러 가지 R값에 대하여, 주파수에 따른 식 (6.71)의 직렬 공진회로의 임피던스 궤적을 Smith 도표에 나타낸 것이다.

갭-결합 마이크로스트립 공진기

그림 6.13a에 나타낸 바와 같은 마이크로스트립 급전선로에 결합되어진 길이 $\lambda/2$인 개방선로 마이크로스트립 공진기에 대하여 고찰하자. 마이크로스트립 선로의 갭은 직렬 커패시터로 근사될 수 있으므로, 이 공진기에 대한 등가회로를 그림 6.16 나타낸 바와 같이 표시할 수 있다. 따라서 급전선로를 들여다본 정규화 입력 임피던스는

$$z = \frac{Z}{Z_0} = -j\frac{[1/\omega C + Z_0 \cot \beta\ell]}{Z_0} = -j\left(\frac{\tan\ \beta\ell + b_c}{b_c \tan\ \beta\ell}\right) \qquad (6.77)$$

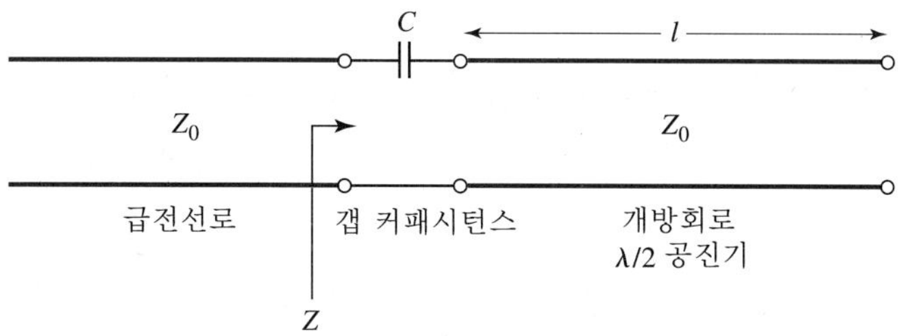

그림 6.16 그림 6.13a의 갭-결합 마이크로스트립 공진기의 등가회로

가 된다. 여기서 $b_c = Z_0\omega C$는 결합커패시터 C의 정규화 서셉턴스이다. 이때 공진은 $z = 0$, 즉

$$\tan \beta\ell + b_c = 0 \tag{6.78}$$

일 경우에 발생된다. 이 초월방정식에 대한 해를 그림 6.17에 나타내었다. 실제의 경우 $b_c \ll 1$이므로 첫 번째 공진주파수 ω_1은 $\beta\ell = \pi$가 되는 주파수에 근접하게 된다(무부하 공진기의 첫 번째 공진주파수). 이러한 경우, 급전선을 공진기에 결합시키는 것이 공진주파수를 낮추는 효과를 갖게 한다.

이 공진기와 직렬 *RLC* 등가회로를 연관지우기 위하여 식 (6.77)의 구동점 임피던스(driving point impedance)를 간략화하고자 한다. 간략화는 $z(\omega)$를 공진주파수 ω_1에 대하여 Taylor 급수 전개를 함으로써 이루어진다. 이때, b_c는 작은 값이라고 가정한다. 따라서

$$z(\omega) = z(\omega_1) + (\omega - \omega_1)\left.\frac{dz(\omega)}{d\omega}\right|_{\omega_1} + \cdots = (\omega - \omega_1)\left.\frac{dz(\omega)}{d(\beta\ell)}\frac{d(\beta\ell)}{d\omega}\right|_{\omega_1} + \cdots, \tag{6.79}$$

식 (6.77)과 (6.78)로부터 $z(\omega_1) = 0$이므로

$$\left.\frac{dz}{d(\beta\ell)}\right|_{\omega_1} = j\frac{\sec^2 \beta\ell}{\tan^2 \beta\ell} = j\frac{1 + \tan^2 \beta\ell}{\tan^2 \beta\ell} = j\frac{1 + b_c^2}{b_c^2} \simeq \frac{j}{b_c^2},$$

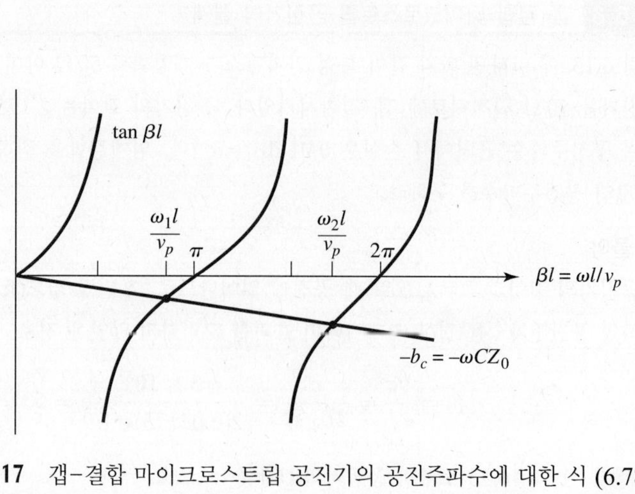

그림 6.17 갭-결합 마이크로스트립 공진기의 공진주파수에 대한 식 (6.78)의 해

가 된다. 왜냐하면 $b_c \ll 1$이고 TEM 선로를 가정하면, v_p는 선로의 위상속도이다. $\ell \simeq \pi v_p/\omega_1$이므로 정규화 임피던스는 다음과 같이 쓸 수 있다.

$$z(\omega) \simeq \frac{j\ell(\omega - \omega_1)}{b_c^2 v_p} \simeq \frac{j\pi(\omega - \omega_1)}{\omega_1 b_c^2}. \tag{6.80}$$

이제까지는 손실을 무시하였으나, Q값이 높은 공동기에 대한 손실은 공진주파수 ω_1을 식 (6.10)과 같이 복소 공진주파수 $\omega_1(1+j/2Q_0)$로 대치시킴으로서 포함시킬 수 있다. 이러한 처리과정을 식 (6.80)에 적용하면 손실이 있는 갭-결합 공진기의 입력 임피던스는

$$z(\omega) = \frac{\pi}{2Q_0 b_c^2} + j\frac{\pi(\omega - \omega_1)}{\omega_1 b_c^2}. \tag{6.81}$$

이 된다.

무부하시의 $\lambda/2$ 개방회로 전송선로 공진기는 공진주파수 근처에서 병렬 RLC 공진회로처럼 보이지만, 용량성 부하로 결합되어진 $\lambda/2$ 공진기는 공진주파수 근처에서 직렬 RLC 공진회로와 같이 된다. 왜냐하면, 직렬로 결합된 커패시터는 공진기의 구동점 임피던스를 반전시키는 효과가 있기 때문이다(8.5절의 임피던스 인버터 참조).

공진시에 입력 임피던스는 $R = Z_0\pi/2Q_0b_c^2$이며, 임계결합의 경우 $R = Z_0$가 되어야 하거나

$$b_c = \sqrt{\frac{\pi}{2Q_0}}. \tag{6.82}$$

가 되어야 한다.

식 (6.76)의 결합계수는

$$g = \frac{Z_0}{R} = \frac{2Q_0 b_c^2}{\pi}. \tag{6.83}$$

이다. 만일 b_c£..$\sqrt{\pi/2Q}$이면 $g < 1$이며 공진기는 미소결합(undercoupled) 되어지고, b_c£ $\sqrt{\pi/2Q}$ 이면 $g > 1$로 과결합(overcoupled)된다.

예제 6.6 갭-결합 마이크로스트립 공진기의 설계

그림 6.13a에 나타낸 바와 같이 특성 임피던스가 개방회로 50 Ω 마이크로스트립 선로를 사용하여 공진기를 50 Ω 급전선로에 갭-결합시키었다. 공진기의 길이는 2.175 cm이고 실효 유전율은 1.9이며 공진주파수 근처에서 손실은 0.01 dB/cm이다. 임계결합을 위하여 요구되는 결합 커패시터의 값과 공진주파수를 구하라.

☞ 풀이

공진기의 길이가 $\ell = \lambda_g/2$일 때 공진이 일어나므로, 후린징 필드(fringing field)를 무시하면 대략적인 공진주파수는 결합 커패시터의 효과를 고려하지 않았을 경우

$$f_0 = \frac{v_p}{\lambda_g} = \frac{c}{2\ell\sqrt{\epsilon_e}} = \frac{3 \times 10^8}{2(0.02175)\sqrt{1.9}} = 5.00\ \text{GHz}$$

가 된다. 또 식 (6.35)로부터 공진기의 Q값은

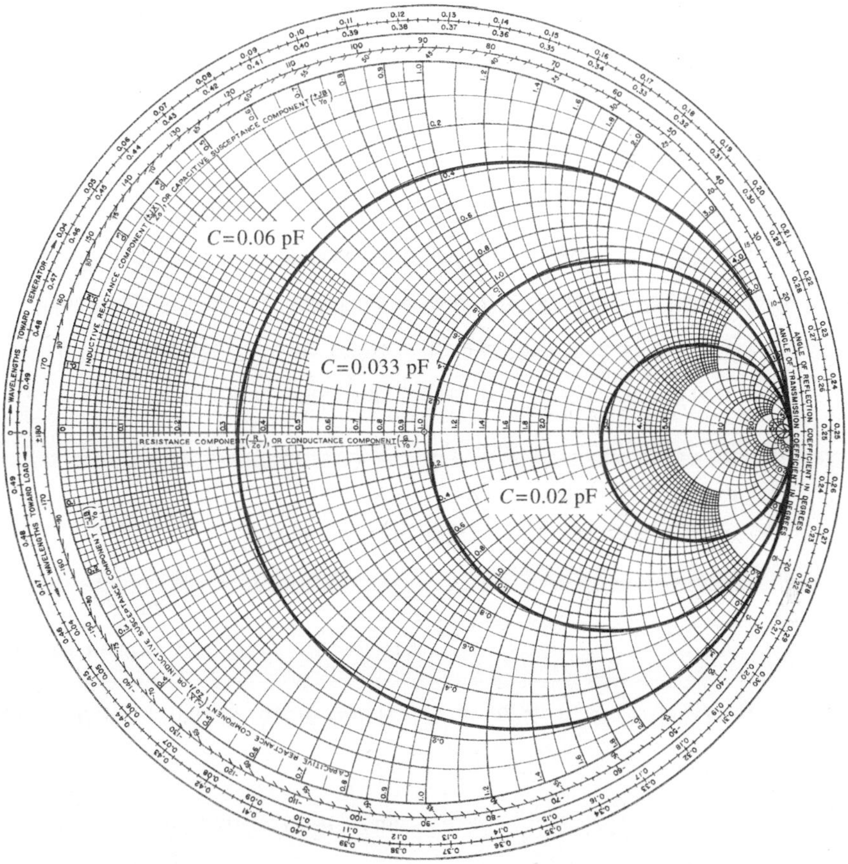

그림 6.18 여러 가지 결합 커패시터의 변화에 따른 예제 6.6의 갭-결합 마이크로스트립 공진기의 입력 임피던스의 Smith 도표

$$Q_0 = \frac{\beta}{2\alpha} = \frac{\pi}{\lambda_g \alpha} = \frac{\pi}{2\ell\alpha} = \frac{\pi(8.7 \text{ dB/Np})}{2(0.02175 \text{ m})(1\text{dB/m})} = 628.$$

이 되며 식 (6.82)에 의해 결합 커패시터의 정규화 서셉턴스 값은

$$b_c = \sqrt{\frac{\pi}{2Q_0}} = \sqrt{\frac{\pi}{2(628)}} = 0.05,$$

이 되므로 결합 커패시터의 용량 C는

$$C = \frac{b_c}{\omega Z_0} = \frac{0.05}{2\pi(5 \times 10^9)(50)} = 0.032 \text{ pF}$$

이 된다.

C가 결정되면 식 (6.78)의 초월방정식을 풀어서 공진주파수를 구할 수 있다. 그림 6.17에서와 같이 그래프를 이용한 해를 구하면 실제의 공진주파수는 무부하시의 공진주파수 5.0 GHz보다 약간 낮게 됨을 알고 있으므로, 공진주파수 근처의 주파수에서 식 (6.78)을 계산하는 것은 쉬운 일이며, 그 결과 공진주파수는 약 4.918 GHz가 된다. 이 주파수는 무부하시 공진주파수보다는 약 1.6% 정도 낮은 주파수이다. 그림 6.18은 갭-결합 방식의 공진기의 입력 임피던스를 결합 커패

시터의 값에 따라 Smith 도표에 나타낸 것으로 미결합, 임계결합, 과결합 공진상태를 나타내고 있다. ◀

개구면 결합 공동기

공진기를 여기시키는 방법의 마지막 예로서 그림 6.19에 나타낸 바와 같은 개구면 결합 도파관 공동기를 고찰하기로 한다. 4.8절에서 논한 바와 같이 횡단면에 있는 작은 개구는 병렬 인덕터로 동작한다. 공동기의 첫 번째 공진모드는 공동기의 길이 $\ell = \lambda_g/2$일 때 발생하므로 공동기를 한쪽 끝이 단락된 전송선로 공진기로 간주할 수 있다. 개구결합 공동기에 대한 등가회로는 그림 6.20에 나타낸 바와 같이 모델링할 수 있다. 이 회로는 기본적으로 갭-결합 마이크로스트립 공진기에 대한 그림 6.16의 등가회로와는 쌍대적이므로 같은 방법으로 접근할 것이다.

급전선으로부터 들여다본 정규화 입력 어드미턴스는

$$y = Z_0 Y = -j\left(\frac{Z_0}{X_L} + \cot\beta\ell\right) = -j\left(\frac{\tan\beta\ell + x_L}{x_L\tan\beta\ell}\right) \tag{6.84}$$

이다. 여기서, $x_L = \omega L/Z_0$은 개구의 정규화 리액턴스 값이다. 식 (6.84)의 분자가 0이 되거나 또는

$$\tan\beta\ell + x_L = 0 \tag{6.85}$$

이 되면 병렬공진(anti resonance)이 나타나며, 갭-결합 마이크로스트립 공진기의 경우에 대한 식 (6.78)과 유사한 형태를 갖는다. 실제의 경우 $x_L \ll 1$이므로 1차 공진주파수 ω_1은 그림 6.17에 나타낸 해와 유사하게 $\beta\ell = \pi$일 때 공진주파수에 근접하게 된다.

앞 절에서와 같은 절차를 사용하여 식 (6.84)의 입력 어드미턴스는 공진주파수 ω_1 근처에서 Taylor 급수 전개를 할 수 있으며, $x_L \ll 1$이라 가정하면 $y(\omega_1) = 0$이므로 다음 식으로 나타난다.

$$y(\omega) = y(\omega_1) + (\omega - \omega_1)\left.\frac{dy(\omega)}{d\omega}\right|_{\omega_1} + \cdots = (\omega - \omega_1)\frac{dy(\omega)}{d(\beta\ell)}\left.\frac{d(\beta\ell)}{d\omega}\right|_{\omega 1} + \cdots, \tag{6.86}$$

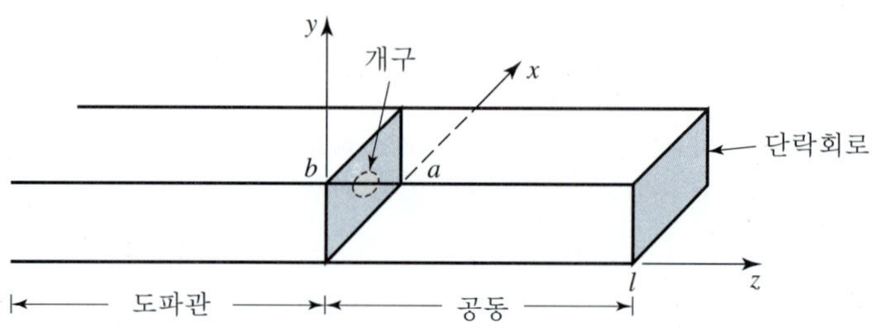

그림 6.19 직사각형 공동기에 개구 결합되어진 직사각형 도파관

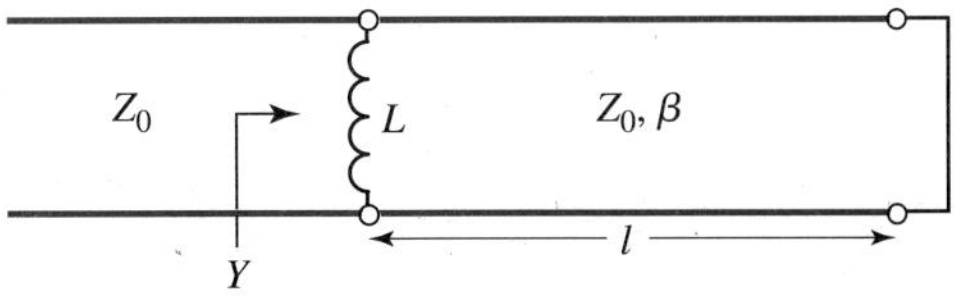

그림 6.20 개구결합 공동기의 등가회로

식 (6.84)와 (6.85)로 부터 $y(\omega_1) = 0$이다. 그러므로

$$\frac{dy(\omega)}{d(\beta\ell)} = j\frac{\sec^2\beta\ell}{\tan^2\beta\ell} = j\frac{1+\tan^2\beta\ell}{\tan^2\beta\ell} = j\frac{1+x_L^2}{x_L^2} \simeq \frac{j}{x_L^2}.$$

직사각형 도파관의 경우에

$$\frac{d\beta}{d\omega} = \frac{d}{d\omega}\sqrt{k_0^2 - k_c^2} = \frac{k_0}{\beta c},$$

이며, 여기서 c는 광속도이다. 그러면 식 (6.86)은

$$y(\omega) \simeq \frac{jk_0\ell}{x_L^2\beta c}(\omega-\omega_1) \simeq \frac{j\pi k_0}{x_L^2\beta^2 c}(\omega-\omega_1). \tag{6.87}$$

으로 쓸 수 있다. 식 (6.87)에서 k_0, β, x_L은 공진주파수 ω_1에서 값이 되어야 한다.

Q값이 높은 공동기를 가정하고 식 (6.87)의 분자에서 ω_1을 $\omega_1(1 + j/2Q_0)$로 대치하면 손실 항을 포함시킬 수 있으며 다음 식을 얻게 된다.

$$y(\omega) \simeq \frac{\pi k_0\omega_1}{2Q_0\beta^2 c x_L^2} + j\frac{\pi k_0(\omega-\omega_1)}{\beta^2 c x_L^2}. \tag{6.88}$$

공진시에 입력저항은 $R = 2Q_0\beta^2 c x_L^2 Z_0/\pi k_0\omega_1$이며 임계결합을 위해서는 $R = Z_0$가 되어야 하는데, 이 경우에 요구되는 개구 리액턴스는

$$X_L = Z_0\sqrt{\frac{\pi k_0\omega_1}{2Q_0\beta^2 c}}. \tag{6.89}$$

이 되며, X_L로부터 필요한 개구의 크기를 구할 수 있다.

개구결합의 경우 다음 번 공진모드는 입력 임피던스가 영이 되거나 입력 어드미턴스 $Y \to \infty$일 경우에 발생된다. 식 (6.84)로부터 $\tan\beta\ell = 0$ 또는 $\beta\ell = \pi$가 되는 주파수에서 발생됨을 알 수 있다. 이러한 경우 공동기의 길이는 $\lambda_g/2$가 되고 개구에 횡단면 전계가 영(null)점이 존재하게 되어 개구는 아무런 역할도 못하게 된다. 이러한 모드는 실제의 관심 밖의 모드이다. 왜냐하면, 결합이 느슨해지기 때문이다.

전기 전류 프로브나 루프에 의한 공동 공진기의 여기는 모드 분석방법에 의해서 분석이 가능하며, 이는 4.7절과 4.8절에서 다룬 내용과 유사하다. 하지만 완전한 모드 전계 확장에는 비회전(zero curl) 성분을 갖는 전자계가 요구된다는 사실 때문에 과정이 복잡하게

된다. 관심이 있는 독자들은 참고문헌 [1]과 [4]를 참조하여라.

2포트 측정에 의한 무부하 *Q*값의 결정

측정시스템의 로딩효과 때문에 일반적으로 공진기의 무부하 *Q*값의 직접 측정은 가능하지 않으나, 전송선로에 접속되어진 부하와 연결된 공진기의 주파수 응답 측정으로부터 무부하 *Q*값을 결정함은 가능하다. 1포트(반사 측정)와 2포트(투과 측정) 기법 모두가 가능하다; 어떻게 무부하 *Q*값을 2포트 측정으로부터 얻을 수 있는가 설명할 것이다.

그림 6.21은 2포트 회로망을 구성하고 있는 특성임피던스 Z_0인 전송선로 내에 직렬로 넣어진 직렬 *RLC*공진기를 나타낸다. 공진 시에 직렬 공진기의 임피던스는 최소로 되므로 공진 점에서 최대 전송이 발생된다. 공진 이외에서 공진기 임피던스는 증가하고 삽입손실도 증가된다. 그 결과, 그림 6.21의 회로망은 그림 6.22에 나타난 형태의 2포트 투과 응답 특성($|S_{21}|$)을 갖는다. 부하 *Q*값은 식 (6.21)에서 $Q_L = f_0/\mathrm{BW}$에 의하여 구할 수 있으며, 여기서 f_0는 공진주파수이고 BW는 공진점보다 투과 응답특성이 3dB 낮은 지점에서 전력이 반으로 되는 대역폭(Hz로 표시)이다.

무부하 *Q*값은 부하시 *Q*값과 결합계수 *g*의 항 들로 나타낼 수 있다. 식 (6.23)에 의해

$$\frac{1}{Q_L} = \frac{1}{Q_e} + \frac{1}{Q_0} = \frac{1}{Q_0}\left(1 + \frac{Q_0}{Q_e}\right) = \frac{1}{Q_0}(1+g), \tag{6.90}$$

이 되는데, 식 (6.76)에 의해 $g = Q_0/Q_e$이기 때문이다.

$$Q_0 = (1+g)Q_L. \tag{6.91}$$

직렬 공진기에 대한 $Q_0 = w_0L/R$이며 외부 *Q*값은 $Q_e = w_0L/2Z_0$이므로, 각각의 공진기의 끝단에서 선로가 접속된 결과로 결합계수는

$$g = \frac{2Z_0}{R}. \tag{6.92}$$

가 된다.

공진점에서, 직렬 *RLC*공진기의 임피던스는 $Z = R$가 된다. 그림 6.21에 나타난 2포트 회로망에 대한 산란 파라미터 S_{21}은 표 4.2(또는 연습문제 4.11로부터)의 결과들을 사용하

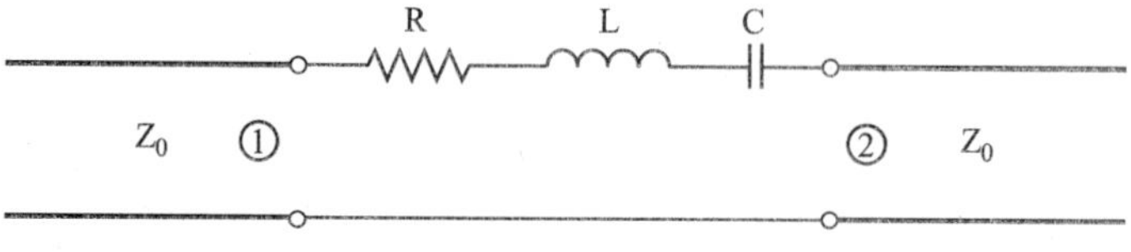

그림 6.21 전송선로 내에 직렬로 넣어진 직렬 *RLC*공진기로 구성된 2포트 회로망

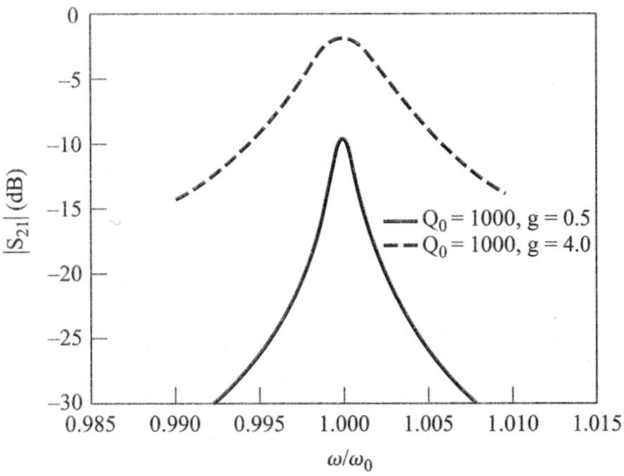

그림 6.22 두 개의 무부하 Q값과 결합계수에 대한 그림 6.21 공진기 회로망의 전달 특성에 대한 주파수 응답

여 직렬 공진기 임피던스의 항들로 구할 수 있다. 공진점에서

$$S_{21}(\omega_0) = \frac{2Z_0}{2Z_0 + Z(\omega_0)} = \frac{2Z_0}{2Z_0 + R} = \frac{g}{1+g}. \tag{6.93}$$

이 된다.

g에 대해서 풀면

$$g = \frac{S_{21}(\omega_0)}{1 - S_{21}(\omega_0)}. \tag{6.94}$$

가 된다.

측정된 산란 파라미터 데이터(또는 컴퓨터 모델링을 통하여 발생된 데이터로부터)로부터 무부하 Q값을 구하는 절차는 우선 식 (6.94)를 사용하여 결합계수를 구하고, 3dB대역폭으로부터 부하 Q값을 구한 후, 최종적으로 식 (6.91)을 사용하여 Q_0를 구한다. 공진기 회로에서 위상 기준평면을 가정하면, S_{21}은 공진점에서 실수 값이 됨을 주목하여라. 만일 공진기를 병렬 RLC회로로 표시되면, 식 (6.94)의 g값이 역으로 되어져야 함을 쉽게 나타낼 수 있다.

6.7 공동기 섭동(Cavity Perturbations)

공동 공진기를 실제에 적용하는 데 있어서는 공동기의 모양을 변화시킨다든지 또는 작은 유전체 또는 금속조각들을 넣음으로써 수정을 가하는 경우가 종종 있다. 예를 들면, 공동기의 공진주파수는 공동기 내에 집어넣은 작은 나사(유전체 또는 금속으로 된)로 조정하거나, 이동할 수 있는 벽을 사용하여 공동기의 크기를 변화시켜 조정할 수 있다. 또다른 응용으로는 공동기 내에 작은 유전체 시료를 넣고 공진주파수의 천이를 측정하여 유전율을 알아내는 것들이 있다.

몇 가지 경우에는 공동기 성능에 대한 이와 같은 섭동의 효과를 정확히 계산할 수 있으나, 많은 경우에 근사값으로 계산하여야 한다. 이러한 계산을 가능하게 해주는 유용한 방법 중 하나가 **섭동법**이다. 섭동법에서는 작은 형태의 구조나 재질에 따른 섭동에 의해 일어나는 전자계는 비섭동(unperturbed) 공동기 내의 전자계와 크게 다르지 않다고 가정한다. 개념상 양도체와 완전도체의 전자계 성분 간에는 커다란 차이가 없다고 가정하면, 양도체 내의 손실을 다루기 위하여 2.7절에서 소개되어진 섭동법과 개념적으로 유사하다.

이 절에서는 공동기 내의 재질의 변화 또는 모양의 변화에 의해 공동기가 섭동되어질 때 공진주파수 변화에 대한 간략한 식을 유도할 것이다.

재질의 섭동

그림 6.23은 공동기를 채우고 있는 재질의 전부 또는 일부에 유전율($\Delta\epsilon$)이나 투자율($\Delta\mu$)에 변화에 의하여 섭동된 공동기를 나타낸 것이다. $\bar{E}_0, \bar{H}_0$를 원래의 공동기 내의 전자계라 하고 $\bar{E}, \bar{H}$는 섭동된 공동기의 전자계라 하면 이 두 가지 경우에 대한 Maxwell의 회전방정식(curl)은

$$\nabla \times \bar{E}_0 = -j\omega_0\mu\bar{H}_0 \tag{6.95a}$$

$$\nabla \times \bar{H}_0 = j\omega_0\epsilon\bar{E}_0 \tag{6.95b}$$

$$\nabla \times \bar{E} = -j\omega(\mu + \Delta\mu)\bar{H} \tag{6.96a}$$

$$\nabla \times \bar{H} = j\omega(\epsilon + \Delta\epsilon)\bar{E} \tag{6.96b}$$

로 쓸 수 있으며, 여기서 ω_0는 본래의 공동기에 대한 공진주파수이고, ω는 섭동된 공동기의 공진주파수이다.

이제 식 (6.95a)의 공액 복소량에 $\bar{H}$를 곱하고 식 (6.96b)에 $\bar{E}_0^*$를 곱하면

$$\bar{H} \cdot \nabla \times \bar{E}_0^* = j\omega_0\mu\bar{H} \cdot \bar{H}_0^*$$

$$\bar{E}_0^* \cdot \nabla \times \bar{H} = j\omega(\epsilon + \Delta\epsilon)\bar{E}_0^* \cdot \bar{E}.$$

위 두 식의 차를 구하고, 벡터 연산공식(B.8) $\nabla \cdot (\bar{A} \times \bar{B}) = \bar{B} \cdot \nabla \times \bar{A} - \bar{A} \cdot \nabla \times \bar{B}$를 적용하면

$$\nabla \cdot (\bar{E}_0^* \times \bar{H}) = j\omega_0\mu\bar{H} \cdot \bar{H}_0^* - j\omega(\epsilon + \Delta\epsilon)\bar{E}_0^* \cdot \bar{E} \tag{6.97a}$$

가 되고, 마찬가지 방법으로 식 (6.95b)의 공액 복소량에 $\bar{E}$를 곱하고 식 (6.96a)에 $\bar{H}_0^*$를 곱하면

$$\bar{E} \cdot \nabla \times \bar{H}_0^* = -j\omega_0\epsilon\bar{E}_0^* \cdot \bar{E}$$

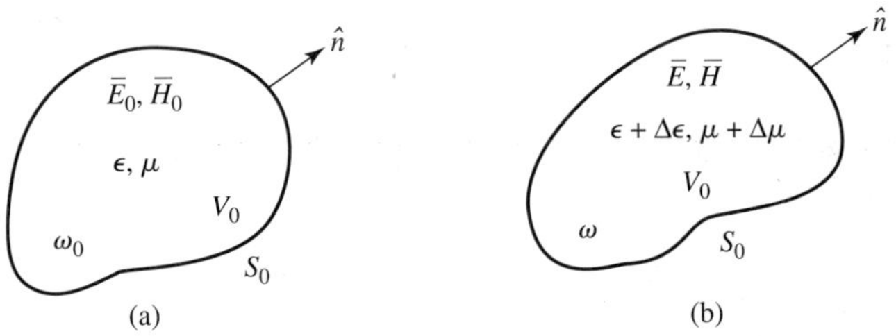

그림 6.23 공동기 내부 매질의 투자율이나 유전율의 변화에 따라 섭동된 공동 공진기. (a) 본래의 공동기, (b) 섭동되어진 공동기

$$\bar{H}_0^* \cdot \nabla \times \bar{E} = -j\omega(\mu + \Delta\mu)\bar{H}_0^* \cdot \bar{H}$$

가 되며, 위 두 식의 차를 구하고 벡터 연산공식(B.8)을 적용하면

$$\nabla \cdot (\bar{E} \times \bar{H}_0^*) = -j\omega(\mu + \Delta\mu)\bar{H}_0^* \cdot \bar{H} + j\omega_0\epsilon \bar{E}_0^* \cdot \bar{E} \tag{6.97b}$$

가 된다.

식 (6.97a)와 (6.97b)를 더하고 체적 V_0에 대하여 적분하고 발산정리를 이용하면

$$\int_{V_0} \nabla \cdot (\bar{E}_0^* \times \bar{H} + \bar{E} \times \bar{H}_0^*)dv = \oint_{S_0} (\bar{E}_0^* \times \bar{H} + \bar{E} \times \bar{H}_0^*) \cdot d\bar{s} = 0$$

$$= j\int_{V_0} \{[\omega_0\epsilon - \omega(\epsilon + \Delta\epsilon)]\bar{E}_0^* \cdot \bar{E} + [\omega_0\mu - \omega(\mu + \Delta\mu)]\bar{H}_0^* \cdot \bar{H}\}dv \tag{6.98}$$

를 얻게 되며, 여기서 S_0인 표면상에서 $\hat{n} \times \bar{E} = 0$이므로 표면적분 값은 영이 된다. 이를 다시 쓰면

$$\frac{\omega - \omega_0}{\omega} = \frac{-\int_{V_0}(\Delta\epsilon \bar{E} \cdot \bar{E}_0^* + \Delta\mu \bar{H} \cdot \bar{H}_0^*)dv}{\int_{V_0}(\epsilon \bar{E} \cdot \bar{E}_0^* + \mu \bar{H} \cdot \bar{H}_0^*)dv} \tag{6.99}$$

가 된다. 이 식은 재질의 섭동에 기인한 공진주파수의 변화를 계산하기 위한 정확한 식이지만, 일반적으로 섭동된 공동기 내의 전자계인 $\bar{E}$와 $\bar{H}$를 정확히 모르고 있기 때문에 바로 사용 가능한 식은 아니다. 하지만, $\Delta\epsilon$과 $\Delta\mu$가 작다고 가정하면 섭동된 전자계 $\bar{E}$와 $\bar{H}$를 본래의 전자계인 $\bar{E}_0$와 $\bar{H}_0$로 근사화시킬 수 있으며, 식 (6.99)의 분모에서 ω도 ω_0로 근사화시킬 수 있으므로, 공진주파수에서의 변화는

$$\frac{\omega - \omega_0}{\omega_0} \simeq \frac{-\int_{V_0}(\Delta\epsilon|\bar{E}_0|^2 + \Delta\mu|\bar{H}_0|^2)dv}{\int_{V_0}(\epsilon|\bar{E}_0|^2 + \mu|\bar{H}_0|^2)dv} \tag{6.100}$$

로 주어진다. 이 식으로부터 공동기 내의 어떤 위치에서라도 ϵ 또는 μ가 증가하게 되면 공진주파수가 감소함을 나타낸다. 또 독자들은 식 (6.100)의 각 항은 본래의 공동기와 섭동된 공동기 내에 축척되는 전자계 에너지라는 것을 알게 되므로, 공진주파수의 감소는 섭동

된 공동기 내에 축적되는 에너지의 증가와 관련지을 수 있다.

예제 6.7 직사각형 공동기의 매질 섭동

그림 6.24에 나타낸 바와 같이 TE_{101} 모드를 동작하고 있는 직사각형 도파관 공동기가 얇은 유전체 판을 바닥에 놓음으로써 섭동되었다. 식 (6.100)의 섭동 결과를 이용하여 공진주파수의 변화에 대한 식을 유도하라.

☞ 풀이

식 (6.42a-c)로부터 섭동되지 않은 TE_{101} 공진기 모드의 전자계는 다음과 같이 쓸 수 있다.

$$E_y = A \sin \frac{\pi x}{a} \sin \frac{\pi z}{d}$$

$$H_x = \frac{-jA}{Z_{TE}} \sin \frac{\pi x}{a} \cos \frac{\pi z}{d}$$

$$H_z = \frac{j\pi A}{k\eta a} \cos \frac{\pi x}{a} \sin \frac{\pi z}{d}.$$

식 (6.100)의 분자는, $0 \leq y \leq t$의 범위에서는 $\Delta\epsilon = (\epsilon_r - 1)\epsilon_0$이고 그 밖의 범위에서는 영이다. 적분값을 계산하면

$$\int_V (\Delta\epsilon |\bar{E}_0|^2 + \Delta\mu |\bar{H}_0|^2) dv = (\epsilon_r - 1)\epsilon_0 \int_{x=0}^{a} \int_{y=0}^{t} \int_{z=0}^{d} |E_y|^2 dz\, dy\, dx$$
$$= \frac{(\epsilon_r - 1)\epsilon_0 A^2 atd}{4}$$

가 된다. 식 (6.100)의 분모는 섭동되지 않은 공동기 내의 총 에너지에 비례하며, 식 (6.43)에서

$$\int_V (\epsilon |\bar{E}_0|^2 + \mu |\bar{H}_0|^2) dv = \frac{abd\epsilon_0}{2} A^2$$

이 된다. 그 결과 식 (6.100)는 다음과 같은 공진주파수의 변화(감소)를 나타낸다.

$$\frac{\omega - \omega_0}{\omega_0} = \frac{-(\epsilon_r - 1)t}{2b}. \blacktriangleleft$$

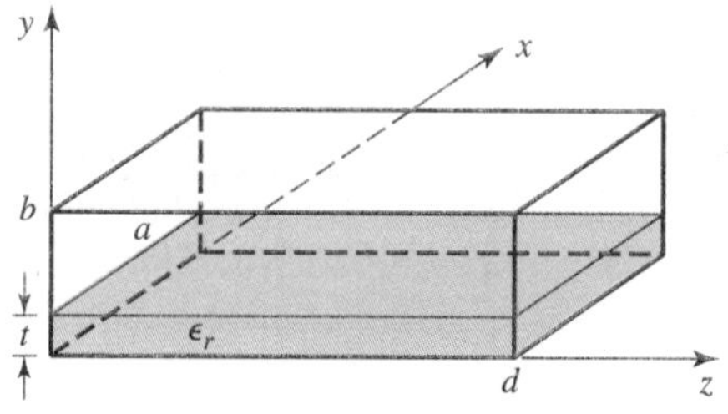

그림 6.24 얇은 유전체 판에 의해 섭동된 직사각형 공동기

외형 섭동

공동기의 크기를 변화시키거나 조정나사를 공동기 내에 삽입하는 것은 공동기의 모양을 변화시키는 것으로 간주할 수 있으며, 변화량이 작은 경우에는 섭동 기법에 의해서 처리될 수 있다. 그림 6.25은 모양에 있어서 섭동을 갖는 임의의 공동기를 나타낸 것이다. 이제 모양의 변화에 따른 공진주파수의 변화에 대한 식을 유도하고자 한다.

재질 섭동의 경우에서와 같이, $\bar{E}_0, \bar{H}_0, \omega_0$를 본래 공동기의 전자계와 공진주파수라 하고 $\bar{E}, \bar{H}, \omega$를 섭동된 공동기의 전자계와 공진주파수라고 하자. 이 두 가지 경우에 대한 Maxwell의 회전방정식은 다음과 같이 쓸 수 있다.

$$\nabla \times \bar{E}_0 = -j\omega_0\mu\bar{H}_0 \tag{6.101a}$$

$$\nabla \times \bar{H}_0 = j\omega_0\epsilon\bar{E}_0 \tag{6.101b}$$

$$\nabla \times \bar{E} = -j\omega\mu\bar{H} \tag{6.102a}$$

$$\nabla \times \bar{H} = j\omega\epsilon\bar{E}. \tag{6.102b}$$

이제 식 (6.101a)의 공액에 $\bar{H}$를 곱하고 식 (6.102b)에 $\bar{E}_0^*$를 곱하면

$$\bar{H} \cdot \nabla \times \bar{E}_0^* = j\omega_0\mu\bar{H} \cdot \bar{H}_0^*$$

$$\bar{E}_0^* \cdot \nabla \times \bar{H} = j\omega\epsilon\bar{E}_0^* \cdot \bar{E}$$

가 된다. 위 두 식의 차를 구하고 벡터 연산공식(B.8)을 사용하면

$$\nabla \cdot (\bar{E}_0^* \times \bar{H}) = j\omega_0\mu\bar{H} \cdot \bar{H}_0^* - j\omega\epsilon\bar{E}_0^* \cdot \bar{E} \tag{6.103a}$$

를 얻으며, 유사한 방법으로 식 (6. 101b)의 공액에 $\bar{E}$를 곱하고 식 (6.102a)에 $\bar{H}_0^*$를 곱하면

$$\bar{E} \cdot \nabla \times \bar{H}_0^* = -j\omega_0\epsilon\bar{E} \cdot \bar{E}_0^*$$

$$\bar{H}_0^* \cdot \nabla \times \bar{E} = -j\omega\mu\bar{H}_0^* \cdot \bar{H}$$

가 되며, 위 두 식의 차를 구하고 벡터 연산공식(B.8)을 사용하면

$$\nabla \cdot (\bar{E} \times \bar{H}_0^*) = -j\omega\mu\bar{H}_0^* \cdot \bar{H} + j\omega_0\epsilon\bar{E} \cdot \bar{E}_0^* \tag{6.103b}$$

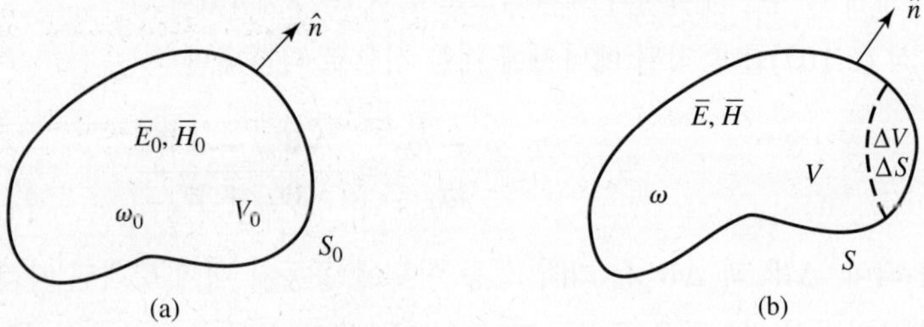

그림 6.25 모양에 변화가 있는 공진 공동기. (a) 본래의 공동기, (b) 섭동된 공동기

가 된다. 또 식 (6.103a)와 식 (6.103b)를 더하고 체적 V에 대하여 적분하여 발산정리를 적용하면, S상에서 $\hat{n}\times\bar{E}=0$이므로 다음과 같은 식을 얻는다.

$$\int_V \nabla\cdot(\bar{E}\times\bar{H}_0^* + \bar{E}_0^*\times\bar{H})dv = \oint_S(\bar{E}\times\bar{H}_0^* + \bar{E}_0^*\times\bar{H})\cdot d\bar{s}$$
$$= \oint_S \bar{E}_0^*\times\bar{H}\cdot d\bar{s} = -j(\omega-\omega_0)\int_V(\epsilon\bar{E}\cdot\bar{E}_0^* + \mu\bar{H}\cdot\bar{H}_0^*)dv. \qquad (6.104)$$

섭동된 표면 S는 $S=S_0-\Delta S$이므로

$$\oint_S \bar{E}_0^*\times\bar{H}\cdot d\bar{s} = \oint_{S_0}\bar{E}_0^*\times\bar{H}\cdot d\bar{s} - \oint_{\Delta S}\bar{E}_0^*\times\bar{H}\cdot d\bar{s} = -\oint_{\Delta S}\bar{E}_0^*\times\bar{H}\cdot ds$$

로 쓸 수 있다.

이 결과를 식 (6.104)에 적용하면

$$\omega-\omega_0 = \frac{-j\oint_{\Delta S}\bar{E}_0^*\times\bar{H}\cdot d\bar{s}}{\int_V(\epsilon\bar{E}\cdot\bar{E}_0^* + \mu\bar{H}\cdot\bar{H}_0^*)dv} \qquad (6.105)$$

가 되며, 이 식은 새로운 공진주파수에 대한 정확한 식이기는 하지만 일반적으로 초기에 $\bar{E}$, $\bar{H}$, ω를 알 수 없기 때문에 사용할 수 없는 식이다. 만일 ΔS가 작은 양이고 $\bar{E}$, $\bar{H}$를 섭동되지 않은 양 $\bar{E}_0$, $\bar{H}_0$로 근사화시키면 식 (6.105)의 분자는 다음과 같이 쓸 수 있다.

$$\oint_{\Delta S}\bar{E}_0^*\times\bar{H}\cdot d\bar{s} \simeq \oint_{\Delta S}\bar{E}_0^*\times\bar{H}_0\cdot d\bar{s} = -j\omega_0\int_{\Delta V}(\epsilon|\bar{E}_0|^2 - \mu|\bar{H}_0|^2)dv. \qquad (6.106)$$

식 (6.106)의 마지막 항은 σ와 $\bar{J}_s$, $\bar{M}_s$를 영으로 놓고 구한 식 (1.87)의 공액 복소량으로부터 유도한 것과 같이, 에너지 보존성을 의미한다. 식 (6.106)에 이 결과를 적용하면 공진주파수의 부분적 변화에 따른 식을 구할 수 있다.

$$\frac{\omega-\omega_0}{\omega_0} \simeq \frac{\int_{V_0}(\mu|\bar{H}_0|^2 - \epsilon|\bar{E}_0|^2)dv}{\int_{V_0}(\mu|\bar{H}_0|^2 + \epsilon|\bar{E}_0|^2)dv}. \qquad (6.107)$$

여기서 섭동된 공동기 내에 축적된 총 에너지를 뜻하는 식 (6.105)의 분모는 본래의 공동기 내에 축적된 에너지와 대략적으로 같다고 가정하였다.

식 (6.107)를 축적된 에너지에 대한 식으로 나타내면

$$\frac{\omega-\omega_0}{\omega_0} = \frac{\Delta W_m - \Delta W_e}{W_m + W_e} \qquad (6.108)$$

가 되며, ΔW_m과 ΔW_e는 각각 섭동 이후에 공동기 내에 축적된 자기적인 에너지와 전기적인 에너지의 변화량을 뜻하며 W_m+W_e는 공동기 내에 축적된 총 에너지이다. 이러한 결과로부터 공동기 내의 섭동이 발생되는 위치에 따라서 그리고 공동기 체적 내에서 증가하는

가 또는 감소하는가에 따라서, 공진주파수는 증가 또는 감소할 수 있음을 나타낸다.

예제 6.8 직사각형 공동기의 외형 섭동

그림 6.26에 나타낸 바와 같이 반경이 r_0이고 길이가 ℓ인 나사를 TE_{101} 모드로 동작하는 직사각형 도파관 공동기 상측 중앙에 삽입시켰다. 공동기의 내부가 공기로 채워져 있을 경우 식 (6.102)를 사용하여 섭동되지 않은 공동기에서 공진주파수 변화에 대한 식을 유도하라.

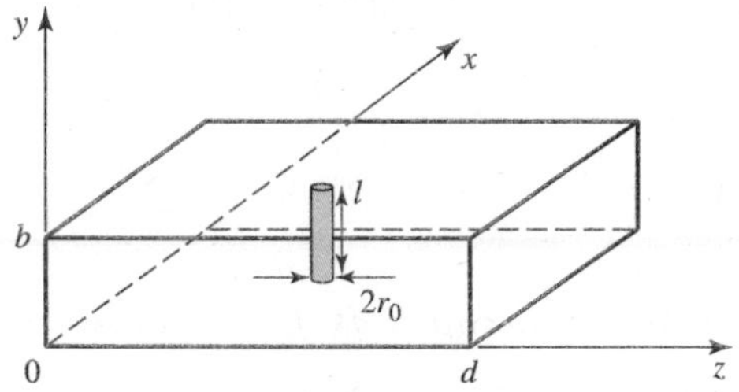

그림 6.26 상측 벽의 중앙에 놓인 조정나사에 의해 섭동된 직사각형 공동기

☞ 풀이

식 (6.42a-c)로부터 섭동되지 않은 TE_{101} 모드 공동기의 전자계는

$$E_y = A \sin \frac{\pi x}{a} \sin \frac{\pi z}{d}$$

$$H_x = \frac{-jA}{Z_{TE}} \sin \frac{\pi x}{a} \cos \frac{\pi z}{d}$$

$$H_z = \frac{j\pi A}{k\eta a} \cos \frac{\pi x}{a} \sin \frac{\pi z}{d}$$

로 쓸 수 있다.

나사가 얇다고 가정하면, 나사가 있는 단면에서의 전자계는 일정하다고 할 수 있으며 $x = a/2$, $z = d/2$인 점에서 전자계들은 다음 식으로 나타낼 수 있다.

$$E_y\left(x = \frac{a}{2}, y, z = \frac{d}{2}\right) = A$$

$$H_x\left(x = \frac{a}{2}, y, z = \frac{d}{2}\right) = 0$$

$$H_z\left(x = \frac{a}{2}, y, z = \frac{d}{2}\right) = 0.$$

그러면 식 (6.107)의 분자는

$$\int_{\Delta V} (\mu|\bar{H}_0|^2 - \epsilon|\bar{E}_0|^2) dv = -\epsilon_0 \int_{\Delta V} A^2 dv = -\epsilon_0 A^2 \Delta V$$

로 나타낼 수 있으며, 여기서 $\Delta V = \pi\ell r_0^2$은 나사의 체적을 의미한다. 식 (6.107)의 분모는 식

(6.43)으로부터

$$\int_{V_0} (\mu|\bar{H}_0|^2 + \epsilon|\bar{E}_0|^2) dv = \frac{abd\epsilon_0 A^2}{2} = \frac{V_0\epsilon_0 A^2}{2}$$

이고, 여기서 $V = abd$는 섭동되지 않은 공동기의 체적이다. 그러면 식 (6.107)는

$$\frac{\omega - \omega_0}{\omega_0} = \frac{-2\ell\pi r_0^2}{abd} = \frac{-2\Delta V}{V_0}$$

로 주어지며 공진주파수를 낮추고 있음을 나타낸다. ◀

참고문헌

[1] R. E. Collin, *Foundations for Microwave Engineering*, 2nd edition, Wiley-IEEE Press, Hoboken, N. J., 2001.

[2] S. B. Cohn, "Microwave Bandpass Filters Containing High-*Q* Dielectric Resonators," *IEEE Trans. Microwave Theory and Techniques*, vol. MTT-16, pp. 218-227, April 1968.

[3] M. W. Pospieszalski, "Cylindrical Dielectric Resonators and Their Applications in TEM Line Microwave Circuits," *IEEE Transactions Microwave Theory and Techniques*, vol. MTT-27, pp. 233-238, March 1979.

[4] R. E. Collin, *Field Theory of Guided Waves*, McGraw-Hill, N. Y., 1960.

연습문제

6.1 부하가 연결된 직렬 *RLC* 공진기가 아래 그림에 나타나있다. 공진주파수, 무부하시 *Q*, 부하시 *Q*값을 구하라.

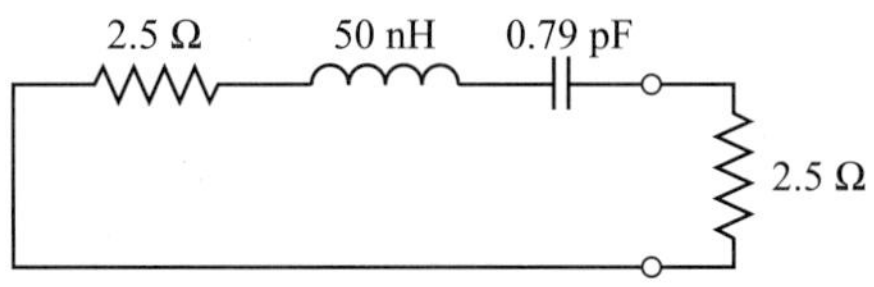

6.2 길이가 1λ인 단락된 전송선로로 구성된 전송선로 공진기의 *Q*값을 구하라.

6.3 길이가 λ/4인 개방 전송선로로 만들어진 전송선로 공진기가 있다. 선로의 전파상수가 $\alpha + j\beta$일 때 이 공진기의 *Q*값을 구하라.

6.4 다음 그림에 나타낸 바와 같이 양쪽이 단락되어 있는 길이가 λ/2인 무손실 공진기를 생각하자.

선로상의 임의의 점 z에서 양 끝을 들여다본 임피던스 Z_L과 Z_R을 계산하고 $Z_L = Z_R^*$임을 증명하라(이 조건은 어떤 무손실 전송선로인 경우에도 적용되며 3.9절에서 논의된 횡단면 공진 기법에 근거된다).

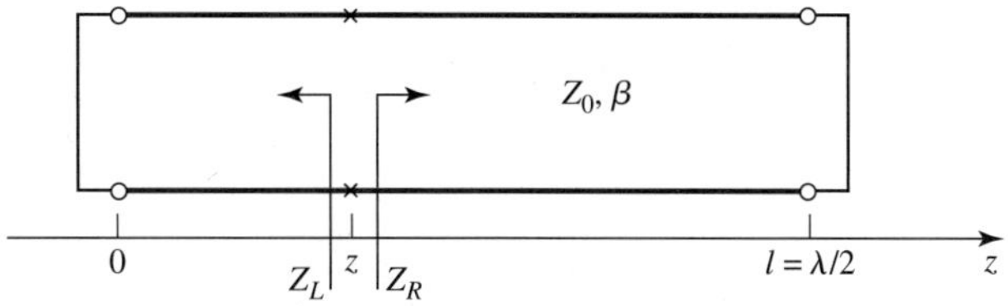

6.5 그림에 나타낸 바와 같이 한쪽은 단락되어 있고 다른 한쪽은 커패시터가 부착되어 있는 길이가 3 cm이고 특성 임피던스가 100 Ω인 공기로 채워진 동축 케이블 공진기를 구성하였다. **(a)** 가장 낮은 차수의 공진이 6 GHz에서 일어나도록 하기 위한 커패시터 용량을 구하고, **(b)** 커패시터와 병렬로 10,000 Ω 저항을 연결하였을 때 나타나는 손실을 고려하여 Q값을 구하라.

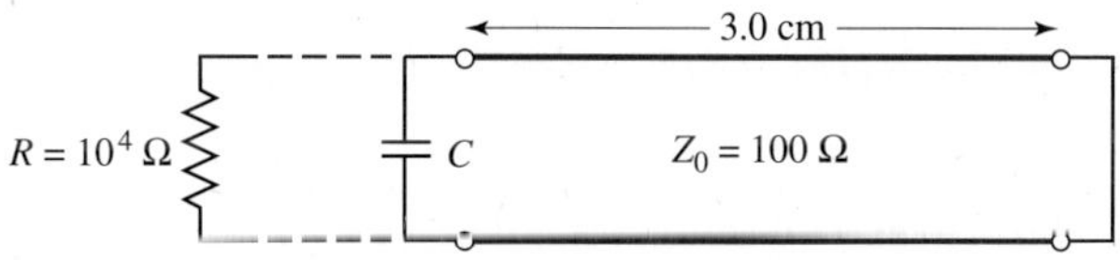

6.6 특성 임피던스 $Z_0 = 100\,\Omega$이고 길이가 ℓ인 무손실 전송선로로 만들어진 전송선로 공진기가 있다. 그림에 나타낸 바와 같이 선로의 양단이 종단되어졌다면, 첫 번째 공진을 위한 ℓ/λ와 공진기의 Q값을 구하라.

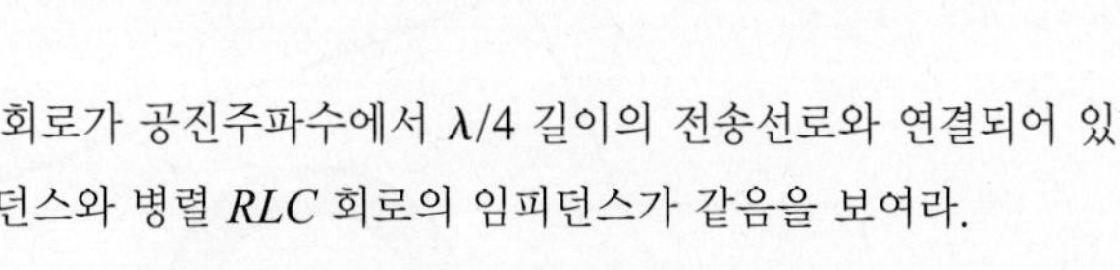

6.7 $\lambda/2$ 단락 회로 동축선로 공진기의 $\bar{E}$와 $\bar{H}$를 구하고 시간평균 축적 전계와 자계의 에너지가 같음을 보여라.

6.8 직렬 RLC 공진회로가 공진주파수에서 $\lambda/4$ 길이의 전송선로와 연결되어 있다. 공진주파수 부근에서 입력 임피던스와 병렬 RLC 회로의 임피던스가 같음을 보여라.

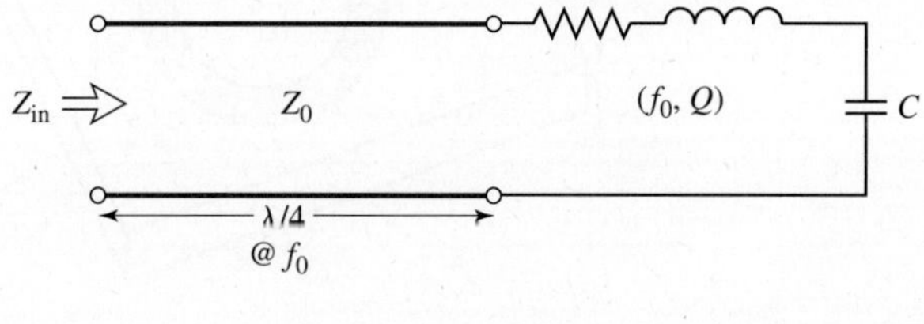

6.9 직사각형 공동 공진기가 길이가 2.0 cm인 알루미늄 X-대역 직사각형 도파관으로 구성 되어 있다. 이 공동기는 공기로 채워져 있다. 공진주파수와 TE_{101}과 TE_{102} 모드에 대한 Q값을 구하라.

6.10 도체벽은 손실을 갖고 있으며 유전체는 무손실이라고 가정하고, 직사각형 도파관 공동기 내의 TM_{111} 모드의 Q에 대한 식을 유도하라.

6.11 그림과 같이 직사각형 도파관형 공동 공진기 일부가 유천체로 채워져 있다. TE_{10} 모드에서 공기와 유전체로 채워진 영역의 전자계식을 이용하고 $z = 0$, $d - t$, d에서의 경계조건을 추가하여 기본 모드의 공진주파수에 대한 식을 유도하라.

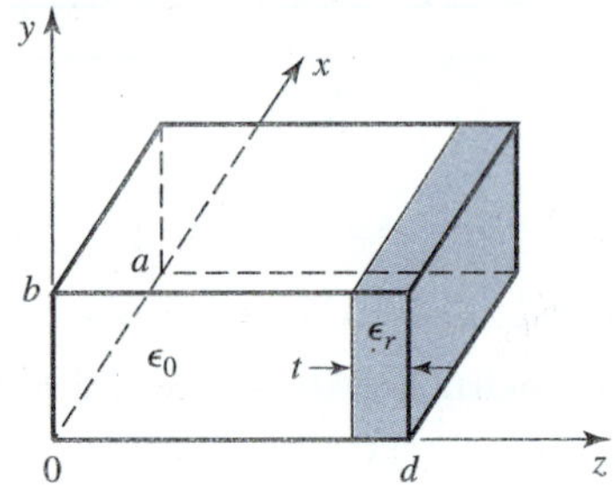

6.12 공동기 내의 E_z(TM 모드의 경우)와 H_z(TE 모드의 경우)에 대하여 적절한 경계조건을 부가하여 변수분리법으로 파동방정식을 구한 후 직사각형 도파관 공동기의 공진주파수를 구하라(해의 형식을 $X(x)Y(y)Z(z)$로 가정하시오).

6.13 도체와 유전체 손실을 고려하여 원통형 공동기의 TE_{nm0} 모드에 대한 Q값을 구하라.

6.14 $f = 6$ GHz에서 최대의 무부하 Q값을 갖는 TE_{111} 모드로 동작하기 위한 원형 공동기를 설계하라. 공동기는 금도금되어져 있으며, $\epsilon_r = 1.5$, $\tan\delta = 0.0005$인 유전체로 채워져 있다. 공동기의 치수와 Q값을 구하라.

6.15 공기로 채워진 직사각형 도파관 공동 공진기가 처음 3개의 공진모드들이 각각 5.2 GHz, 6.5 GHz, 7.2 GHz의 공진주파수를 갖고 있을 때 공동기의 크기를 구하라.

6.16 아래 그림과 같은 마이크로스트립 고리형 공진기가 있다. 유전체의 실효유전율이 ϵ_e일 때 첫 번째 공진주파수에 대한 방정식을 구하고, 이 공진기에 결합시키는 방법들을 제시하라.

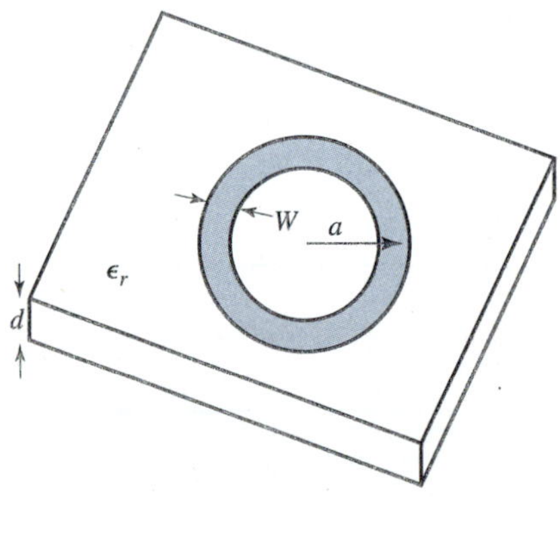

6.17 다음 그림과 같은 원형 디스크 공진기가 있다. $\rho = a$에서 $H_\varphi = 0$인 자계벽 근사식을 사용하여 이 구조의 TM_{nm0} 모드에 대한 파동방정식을 구하되, 만일 후린징 필드(fringing field)들을 무

시한다고 가정하고, 기본 모드에 대한 공진주파수가 다음 식으로 나타내어짐을 보여라.

$$f_{110} = \frac{1.841c}{2\pi a\sqrt{\epsilon_r}}$$

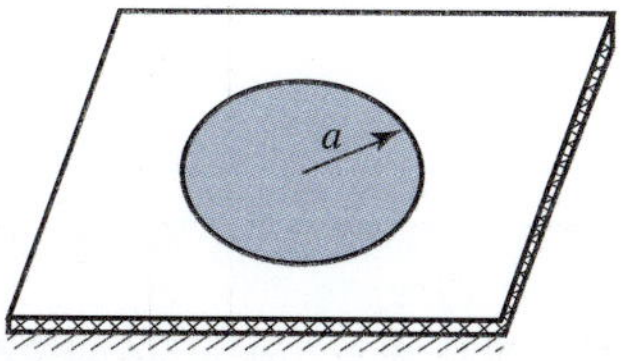

6.18 $\epsilon_r = 36.2$, $2a = 7.99$ mm, $L = 2.14$ mm인 원통형 유전체 공진기의 공진주파수를 구하라.

6.19 6.5절의 분석방법을 확장하여 원통형 유전체 공진기의 2차 공진모드의 공진주파수에 대한 초월방정식을 유도하라(H_z는 z에 대한 기함수이다).

6.20 아래 그림과 같은 직육면체 유천체 공진기가 있다. 공동기의 끝부분에는 자계벽 경계조건을 적용하고 유전체로부터 멀어지는 $\pm z$방향으로의 전자계는 6.5절에서 분석한 것과 유사한 축퇴 전자계라 하자. 공진주파수에 대한 초월방정식을 유도하라.

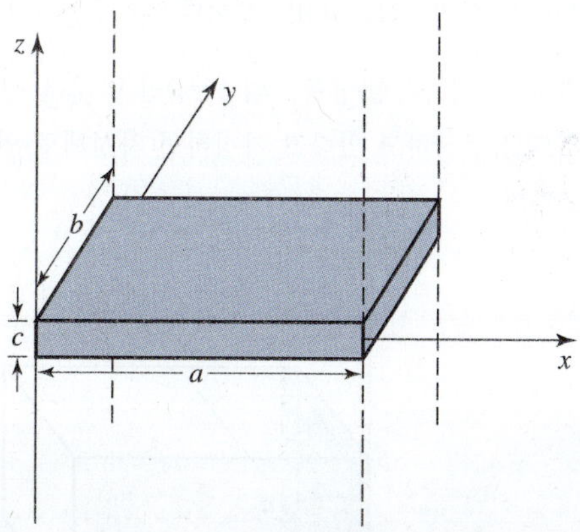

6.21 미리미터파 주파수에서 유용한 높은 Q값을 갖는 공진기는 두 개의 평행 금속판(아래 그림 참조)으로 되어 있는 Fabry-Perot 공진기이다. 평판들 사이로 수직 입사된 평면파는 평판 사이의 간격이 $\lambda/2$의 정수배일 경우에 공진할 것이다. **(a)** 평판 간격이 d이고 모드수가 ℓ인 Fabry-Perot 공진기의 공진주파수에 대한 식을 유도하라. **(b)** 만일 평판의 도전율이 σ일 경우에 공진기의 Q값에 대한 식을 유도하라. **(c)** 이들 결과를 사용하여 $d = 4.0$ cm인 구리판으로 되어 있으며 모드수 $\ell = 25$를 갖는 Fabry-Perot 공진기의 공진주파수와 Q을 구하라.

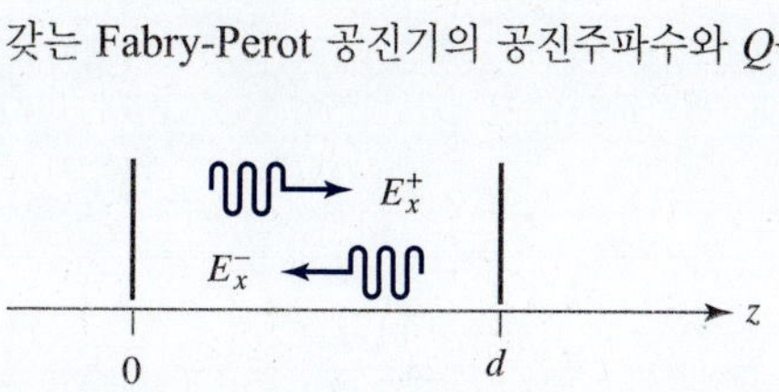

6.22 아래 그림과 같이 $R = 1000\,\Omega$, $L = 1.26\,\text{nH}$, $C = 0.804\,\text{pF}$인 RLC 병렬회로와 용량이 C_0인 직렬 커패시턴스를 사용하여 $50\,\Omega$ 전송선로와 연결되어 있다. 임계결합을 일으키기 위한 정전용량 C_0를 구하라. 이 회로의 공진주파수를 얼마인가?

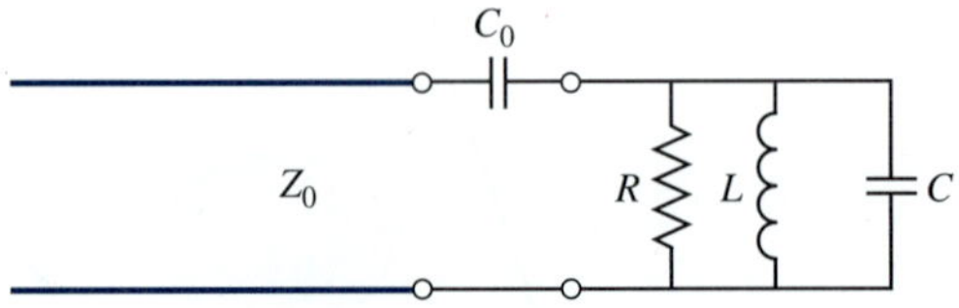

6.23 개구결합 직사각형 도파관 공동기의 공진주파수가 9.0 GHz이고 Q값은 11,000이다. 도파관의 크기가 $a = 2.5\,\text{cm}$, $\text{b} = 1.25\,\text{cm}$일 때 임계결합을 위한 정규화 개구 리액턴스 값을 구하라.

6.24 마이크로파 공진기가 1포트 회로망에 접속되어 있으며, 주파수변화에 대한 반사손실(return loss) 값을 측정한다. 공진점에서 반사손실은 14 dB인 반면에 주파수 2.9985 GHz, 3.0015 GHz에서 반사손실은 11 dB(전력이 반으로 되는 점)이다. 직렬 공진기와 병렬공진기에 무부하 Q값들을 결정하라.

6.25 그림 6.21에 나타낸 바와 같은 2포트 구조에서 마이크로파 공진기를 측정한다. 최소 삽입손실(insertion loss) 값이 주파수 3.000 GHz에서 1.94 dB 측정되어졌다. 주파수 2.9925 GHz와 3.0075 GHz에서 삽입손실은 4.95 dB이다. 이 공진기의 무부하 Q값은 얼마인가?

6.26 아래 그림과 같이 직사각형 공동기의 $z = 0$인 벽에 얇은 자성체 판이 삽입되어져 있다. 공동기가 TE_{101} 모드로 동작하고 있다고 가정하면 자성체로 인하여 생긴 공진주파수 변화에 대한 섭동식을 유도하라.

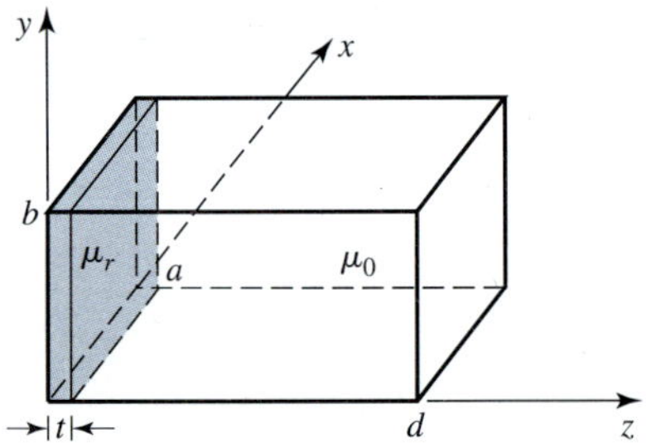

6.27 예제 6.8과 같이 나사로 조정되는 직사각형 공동기 내에 H_x는 최대이고 E_y가 최소가되는 위치 $x = a/2$, $z = 0$인 곳에 조정나사가 위치하고 있을 경우에 공진주파수 변화에 대한 식을 유도하라.

제 7 장

전력 분배기와 방향성 결합기

전력 분배기와 방향성 결합기(power dividers and directional couplers)는 그림 7.1에 나타낸 바와 같이, 전력을 분배하거나 결합하는 데 사용되는 수동 마이크로파 소자이다. 전력 결합은 두 개 이상의 입력 신호를 받아들여 출력으로 더해 주는 반면에, 전력분배에서는 하나의 입력 신호가 결합기에 의해 보다 작은 전력을 가진 두 개 혹은 그 이상의 신호로 나누어지게 된다. 전력 결합기는 그림 7.1에서와 같이 유손실 또는 무손실의 3포트 소자일 수도 있고, 4포트 소자 또는 그 이상일 수도 있다. 3포트 회로는 T-접합형과 기타 전력 분배기형이 되고, 반면에 4포트 회로는 방향성 결합기와 하이브리드형이 된다. 전력 분배기는 주로 2등분(3 dB)이지만 비2등분형도 가능하다. 하이브리드 접합에서는 출력 포트 간에 90° 위상 변위(쿼드러춰) 또는 180° 위상 변위(매직-T)가 있다.

여러 가지 도파관 전력 결합기나 전력 분배기가 1940년대에 MIT 전파연구소에서 발명되고 해석되었다. 그 중에는 *E*/*H*면 도파관 T-접합, 베테 홀(Bethe hole) 결합기, 도파관 매직-T, 그리고 동축 프로브를 사용한 여러 가지 결합기가 있다. 1950년대 중반부터 1960년대에는 스트립 선로나 마이크로스트립 기술을 이용한 여러 가지 전력 결합기와 전력 분배기가 개발되었다. 평면형 선로의 이용이 증가함에 따라 Wilkinson 분배기, 브랜치 선로 하이브리드 그리고 결합 선로 방향성 결합기와 같은 새로운 형태의 전력 결합기와 전력 분배기가 개발되었다.

이 장에서는 3포트와 4포트 회로의 일반적 성질을 설명하고, 가장 일반적 전력 분배기와 전력 결합기 그리고 하이브리드의 해석과 설계에 관해 다룬다.

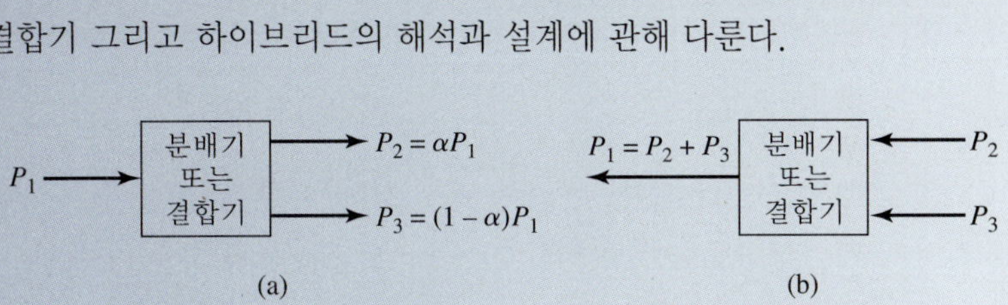

그림 7.1 전력 분배 및 합성. (a) 전력 분배, (b) 전력 합성

7.1 전력 분배기와 전력 결합기의 기본 성질

이 절에서는 4.3절의 산란 매트릭스 이론을 이용하여 3포트와 4포트 회로의 몇 가지 기본 성질을 유도한다. 그런 다음 결합기와 하이브리드를 설명하는 데 유용한 양인 분리도(isolation), 결합도(coupling), 방향성(directivity)의 용어를 정의한다.

3포트 회로(T-접합)

가장 간단한 전력 분배기는 T-접합인데, 이것은 두 개의 입력과 하나의 출력으로 된 3포트 회로이다. 3포트 회로의 산란 매트릭스는 9개의 독립된 매트릭스 요소를 가진다.

$$[S] = \begin{bmatrix} S_{11} & S_{12} & S_{13} \\ S_{21} & S_{22} & S_{23} \\ S_{31} & S_{32} & S_{33} \end{bmatrix}. \tag{7.1}$$

소자가 수동소자이고 등방성 물질로 되어 있으면 그 소자는 가역적이고 그의 산란 매트릭스 $[S]$는 대칭적이다($S_{ij} = S_{ji}$). 일반적으로 전력 손실을 없게 하려면 접합(junction)은 무손실이고 접합의 모든 포트는 임피던스 정합이 되어야 한다. 그러나 모든 포트가 정합된 3포트 무손실 가역 회로를 구성하는 것이 불가능함은 쉽게 증명할 수 있다.

3포트 모두가 정합된 경우 $S_{ii} = 0$이고 회로가 가역적이면 식 (7.1)의 산란 매트릭스는

$$[S] = \begin{bmatrix} 0 & S_{12} & S_{13} \\ S_{12} & 0 & S_{23} \\ S_{13} & S_{23} & 0 \end{bmatrix} \tag{7.2}$$

으로 된다. 또한 회로가 무손실이면 에너지 보존(4.53)을 위해 산란 매트릭스는 단위(unitary) 매트릭스이어야 하므로 다음과 같은 조건이 된다[1], [2]:

$$|S_{12}|^2 + |S_{13}|^2 = 1 \tag{7.3a}$$

$$|S_{12}|^2 + |S_{23}|^2 = 1 \tag{7.3b}$$

$$|S_{13}|^2 + |S_{23}|^2 = 1 \tag{7.3c}$$

$$S_{13}^* S_{23} = 0 \tag{7.3d}$$

$$S_{23}^* S_{12} = 0 \tag{7.3e}$$

$$S_{12}^* S_{13} = 0. \tag{7.3f}$$

식 (7.3d-f)는 세 파라메터(S_{12}, S_{13}, S_{23}) 중 적어도 2개는 0이어야 함을 나타낸다. 그러나 이 조건식은 식 (7.3a-c) 중 하나와 항상 일치하지 않으므로 이것은 3포트 회로가 무손실이 될 수 없고, 가역적일 수도 없으므로 각 포트에서 정합되지도 않음을 의미한다. 이들 세 가지 조건 중 어느 하나를 해제하면 실제로 실현가능한 3포트 소자를 얻을 수 있다.

3포트 회로가 비가역적일 때 $S_{ij} \neq S_{ji}$이고 3포트 모두가 정합되고 에너지 보존성이 성립

된다. 이와 같은 소자를 **써큘레이터**(circulator)라 하며, 비가역성 역할을 얻기 위해 페라이트(ferrite)와 같은 비등방성 물질을 이용한다. 페라이트 써큘레이터는 9장에서 자세히 설명하겠지만 여기서는 모든 정합 무손실 3포트 회로가 비가역적 이여야 하고, 따라서 써큘레이터가 되어야 함을 증명할 수 있다. 정합 3포트 회로의 $[S]$ 매트릭스는 다음과 같다.

$$[S] = \begin{bmatrix} 0 & S_{12} & S_{13} \\ S_{21} & 0 & S_{23} \\ S_{31} & S_{32} & 0 \end{bmatrix}. \tag{7.4}$$

이때 회로가 무손실이면 $[S]$는 단위이어야 하고 이것은 다음과 같은 의미를 가진다.

$$S_{31}^* S_{32} = 0 \tag{7.5a}$$

$$S_{21}^* S_{23} = 0 \tag{7.5b}$$

$$S_{12}^* S_{13} = 0 \tag{7.5c}$$

$$|S_{12}|^2 + |S_{13}|^2 = 1 \tag{7.5d}$$

$$|S_{21}|^2 + |S_{23}|^2 = 1 \tag{7.5e}$$

$$|S_{31}|^2 + |S_{32}|^2 = 1. \tag{7.5f}$$

이들 식은 다음 두 식 중 하나를 만족할 수 있다.

$$S_{12} = S_{23} = S_{31} = 0, \qquad |S_{21}| = |S_{32}| = |S_{13}| = 1 \tag{7.6a}$$

또는

$$S_{21} = S_{32} = S_{13} = 0, \qquad |S_{12}| = |S_{23}| = |S_{31}| = 1. \tag{7.6b}$$

이 결과는 $i \neq j$일 때 $S_{ij} \neq S_{ji}$ 즉, 소자가 비가역적이여야 함을 의미한다. 식 (7.6)의 두 해에 관한 $[S]$ 매트릭스는 그림 7.2에 두 가지 가능한 써큘레이터의 기호와 함께 나타내었다. 차이점은 오직 포트 간에 전력흐름의 방향이 다른 점이다. 따라서 식 (7.6a)는 포트 1에서 2, 포트 2에서 3, 포트 3에서 1로 전력이 흐르는 써큘레이터에 해당되고, 식 (7.6b)는 그 반대 방향으로 전력이 흐르는 써큘레이터에 해당된다.

또한 3포트 중 2포트만 정합될 때 무손실 가역회로는 실현할 수 있다[1]. 포트 1과 2가 정합될 경우 $[S]$ 매트릭스는

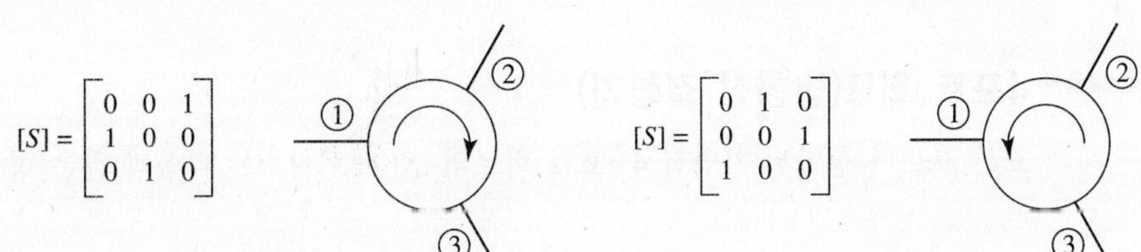

(a) (b)

그림 7.2 두 가지 형의 써큘레이터와 S 매트릭스(포트의 위상기준은 임의로 할 수 있다). (a) 시계 방향의 써큘레이션, (b) 반시계 방향의 써큘레이션

$$[S] = \begin{bmatrix} 0 & e^{j\theta} & 0 \\ e^{j\theta} & 0 & 0 \\ 0 & 0 & e^{j\phi} \end{bmatrix}$$

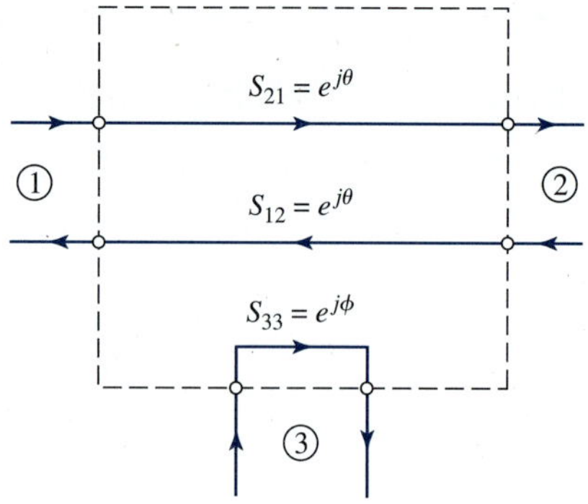

그림 7.3 가역적이고 손실이 없이 포트 1, 2에서 정합된 3포트 회로망

$$[S] = \begin{bmatrix} 0 & S_{12} & S_{13} \\ S_{12} & 0 & S_{23} \\ S_{13} & S_{23} & S_{33} \end{bmatrix} \tag{7.7}$$

로 쓸 수 있다. 3포트 회로가 무손실이면 다음의 단위 매트릭스 조건이 성립되어야 한다.

$$S_{13}^* S_{23} = 0 \tag{7.8a}$$

$$S_{12}^* S_{13} + S_{23}^* S_{33} = 0 \tag{7.8b}$$

$$S_{23}^* S_{12} + S_{33}^* S_{13} = 0 \tag{7.8c}$$

$$|S_{12}|^2 + |S_{13}|^2 = 1 \tag{7.8d}$$

$$|S_{12}|^2 + |S_{23}|^2 = 1 \tag{7.8e}$$

$$|S_{13}|^2 + |S_{23}|^2 + |S_{33}|^2 = 1. \tag{7.8f}$$

식 (7.8d-e)는 $|S_{13}| = |S_{23}|$임을 나타내므로 식 (7.8a)는 $S_{13} = S_{23} = 0$이라는 결론을 짓게 한다. 따라서 $|S_{12}| = |S_{33}| = 1$이 된다. 이 회로에 대한 산란 매트릭스와 신호 흐름도(signal flow graph)는 그림 7.3이고 그림에서 회로는 두 개의 별도 부분으로 구성되어 있다. 하나는 정합된 2포트 선로이고 다른 하나는 완전 부정합된 1포트이다.

끝으로 3포트 회로에 손실을 허용할 경우 그 회로는 가역적이고 3포트 모두 정합이 가능하다. 이것이 저항성 분배기의 경우이다. 7.2절에서 설명된다. 또한 손실이 있는 3포트 회로는 출력 포트가 전기적으로 분리되도록 할 수 있다(예를 들면, $S_{23} = S_{32} = 0$).

4포트 회로(방향성 결합기)

모든 포트가 정합된 가역적 4-포트 회로의 [S] 매트릭스는 다음과 같은 형을 갖는다.

$$[S] = \begin{bmatrix} 0 & S_{12} & S_{13} & S_{14} \\ S_{12} & 0 & S_{23} & S_{24} \\ S_{13} & S_{23} & 0 & S_{34} \\ S_{14} & S_{24} & S_{34} & 0 \end{bmatrix}. \tag{7.9}$$

이 회로가 무손실이면 단위 매트릭스, 또는 에너지 보존 법칙으로부터 10개의 방정식이 얻어진다[1, 2]. 1행과 2행을 곱하고, 4행과 3행을 곱하면

$$S_{13}^* S_{23} + S_{14}^* S_{24} = 0 \tag{7.10a}$$

$$S_{14}^* S_{13} + S_{24}^* S_{23} = 0 \tag{7.10b}$$

이 된다. 그리고 식 (7.10a)에 S_{24}^*를 곱하고 식 (7.10b)에 S_{13}^*를 곱하여 이들 간의 차를 구하면

$$S_{14}^*(|S_{13}|^2 - |S_{24}|^2) = 0 \tag{7.11}$$

이다. 마찬가지로 1행과 3행을 곱하고 4행과 2행을 곱하면

$$S_{12}^* S_{23} + S_{14}^* S_{34} = 0 \tag{7.12a}$$

$$S_{14}^* S_{12} + S_{34}^* S_{23} = 0 \tag{7.12b}$$

이다. 식 (7.12a)에 S_{12}, 식 (7.12b)에 S_{34}를 곱하여 이들 간의 차를 구하면

$$S_{23}(|S_{12}|^2 - |S_{34}|^2) = 0 \tag{7.13}$$

이다.

$S_{14} = S_{23} = 0$이면 방향성 결합기가 된다. 식 (7.9)의 단위 [S] 매트릭스의 각 행을 제곱하면 다음 식을 얻는다.

$$|S_{12}|^2 + |S_{13}|^2 = 1 \tag{7.14a}$$

$$|S_{12}|^2 + |S_{24}|^2 = 1 \tag{7.14b}$$

$$|S_{13}|^2 + |S_{34}|^2 = 1 \tag{7.14c}$$

$$|S_{24}|^2 + |S_{34}|^2 = 1. \tag{7.14d}$$

식 (7.14a)와 (7.14b)에서 $|S_{13}| = |S_{24}|$, 식 (7.14b)와 (7.14d)에서 $|S_{14}| = |S_{34}|$ 임을 알 수 있다.

네 개의 포트 중에서 세 개의 위상기준을 정하면 보다 간단히 설명할 수 있다. 따라서 $S_{12} = S_{34} = \alpha$, $S_{13} = \beta e^{j\theta}$, $S_{24} = \beta e^{j\phi}$로 정한다. 여기서 α와 β는 실수이고, θ와 ϕ는 구해야 할 위상 상수이다(이들 중 하나는 임의로 정한다). 식 (7.9)의 2행과 3행을 곱하면

$$S_{12}^* S_{13} + S_{24}^* S_{34} = 0 \tag{7.15}$$

이 되고, 이로부터 θ와 ϕ 간에는

$$\theta + \phi = \pi \pm 2n\pi \tag{7.16}$$

의 관계가 성립된다. 2π를 무시하면 식 (7.16)이 성립되는 조건은 다음 두 가지 경우를 흔히 생각할 수 있다.

1. 대칭 결합기: $\theta + \phi = \pi/2$. 진폭 β를 가진 항들의 위상을 같게 놓는다. 이때 산란 매트릭스는

$$[S] = \begin{bmatrix} 0 & \alpha & j\beta & 0 \\ \alpha & 0 & 0 & j\beta \\ j\beta & 0 & 0 & \alpha \\ 0 & j\beta & \alpha & 0 \end{bmatrix} \tag{7.17}$$

과 같이 된다.

2. **비대칭 결합기**: $\theta = 0$, $\phi = \pi$. 진폭 β를 가진 항들의 위상차를 180°로 정한다. 이때 산란 매트릭스는

$$[S] = \begin{bmatrix} 0 & \alpha & \beta & 0 \\ \alpha & 0 & 0 & -\beta \\ \beta & 0 & 0 & \alpha \\ 0 & -\beta & \alpha & 0 \end{bmatrix} \tag{7.18}$$

으로 된다.

위의 두 결합기는 기준 위상면의 선택에만 차이가 있다. 또한 진폭 α와 β는 식 (7.14a)로부터

$$\alpha^2 + \beta^2 = 1 \tag{7.19}$$

의 관계가 있으므로 서로 무관하지 않다. 따라서 기준 위상면을 고려하지 않으면 이상적 4-포트 방향성 결합기는 선택의 여지가 하나 뿐이고 두 개의 가능한 구조를 이끌게 된다.

식 (7.11)과 (7.13)이 만족되는 또다른 경우는 $|S_{13}| = |S_{24}|$이고, $|S_{12}| = |S_{34}|$일 때이다. 그러나 $S_{13} = S_{24} = \alpha$, $S_{12} = S_{34} = j\beta$(이것은 식 7.16을 만족)가 되도록 위상 기준을 정하면 식 (7.10a)는 $\alpha(S_{23} + S_{14}^*) = 0$이 되고 식 (7.12a)는 $\beta(S_{14}^* - S_{23}) = 0$이 된다. 이들 두 식은 두 가지 해를 갖는다. 첫 번째 해는 $S_{14} = S_{23} = 0$으로서, 이것은 방향성 결합기에 대한 앞의 해와 같다. 또다른 해는 $S_{12} = S_{13} = S_{24} = S_{34} = 0$이며 이것은 $\alpha = \beta = 0$인 경우에 나타난다. 두 번째 해는 분리된 두 개의 2포트 회로(포트 1–4와 포트 2–3 간에)의 경우인데, 중요하지 않으므로 이후로는 고려하지 않는다. 따라서 모든 가역적, 무손실 정합 4포트 회로는 방향성 결합기라 결론짓는다.

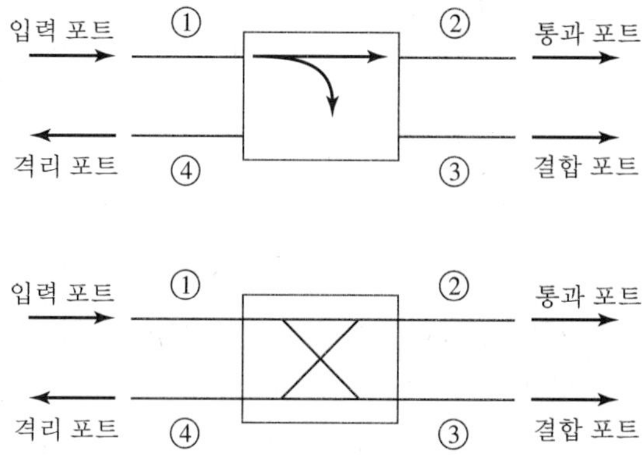

그림 7.4 방향성 결합기에 사용되는 2가지 기호와 전력흐름의 표시법

방향성 결합기의 기본 동작은 그림 7.4의 도움으로 설명할 수 있으며 이 그림은 방향성 결합기에 흔히 사용되는 두 가지 표시법과 포트의 정의를 나타내고 있다. 포트 1에 공급된 전력이 결합도 $|S_{13}|^2 = \beta^2$으로 포트 3(결합 포트)에 전달되고 나머지 입력 전력은 계수 $|S_{12}2|^2 = \alpha^2 = 1 - \beta^2$으로 포트 2에 전달된다. 이상적 방향성 결합기에서 격리 포트 4에는 전력전달이 전혀 없다.

방향성 결합기는 일반적으로 다음의 세 가지 양으로 그 특성을 나타낸다.

$$\text{결합도(Coupling)} = C = 10\log\frac{P_1}{P_3} = -20\log\beta \text{ dB}, \tag{7.20a}$$

$$\text{방향성(Directirity)} = D = 10\log\frac{P_3}{P_4} = 20\log\frac{\beta}{|S_{14}|} \text{ dB}, \tag{7.20b}$$

$$\text{분리도(Isolation)} = I = 10\log\frac{P_1}{P_4} = -20\log|S_{14}| \text{ dB}. \tag{7.20c}$$

$$\text{삽인손실(Insertion Loss)} = L = 10\log\frac{P_1}{P_2} = -20\log|S_{12}| \text{ dB}. \tag{7.20d}$$

결합도는 출력 포트에 결합되는 입력 전력의 비율을 나타낸다. **방향성**은 순방향파와 역방향파를 분리할 수 있는 방향성 결합기의 성능이며, **분리도(isolation)**는 결합되지 않은 포트로 전달되는 전력의 척도가 된다. 이들 양 사이에는

$$I = D + C \text{ dB} \tag{7.21}$$

의 관계가 있다. **삽입 손실(insertion loss)**은 입력 전력에 대해 결합포트와 격리포트로 일부 전달되어 사라지고 그 외 대부분 남은 전력이 통과포트로 들어가는 양을 말하게 된다. 이상적 방향성 결합기는 방향성과 분리도가 무한대이다($S_{14} = 0$). 이때, α와 β는 결합도 C로부터 구할 수 있다.

하이브리드 결합기는 방향성 결합기의 특수한 경우로서 결합도가 3 dB이며 이것은 $\alpha = \beta = 1/\sqrt{2}$임을 의미한다. 하이브리드 결합기는 2가지 종류가 있다. **쿼드러춰 하이브리드(quadrature hybrid)**는 포트 1에 급전할 때 포트 2와 3 간에 90° 위상차가 나고($\theta = \phi = \pi/2$) 대칭 결합기의 한 예이다. 하이브리드 결합기의 $[S]$ 매트릭스는

$$[S] = \frac{1}{\sqrt{2}}\begin{bmatrix} 0 & 1 & j & 0 \\ 1 & 0 & 0 & j \\ j & 0 & 0 & 1 \\ 0 & j & 1 & 0 \end{bmatrix} \tag{7.22}$$

으로 된다. **매직-T 하이브리드** 또는 **랫-레이스(rat-race) 하이브리드**는 포트 4에 급전할 때 포트 2와 3 간에 180° 위상차를 가지며 비대칭 결합기의 한 예이다. 매직-T 하이브리드의 $[S]$ 매트릭스는

$$[S] = \frac{1}{\sqrt{2}}\begin{bmatrix} 0 & 1 & 1 & 0 \\ 1 & 0 & 0 & -1 \\ 1 & 0 & 0 & 1 \\ 0 & -1 & 1 & 0 \end{bmatrix} \tag{7.23}$$

의 형태로 된다.

관심사항: 결합기 방향성 측정

방향성 결합기의 방향성은 순방향파와 역방향파를 분리할 수 있는 결합기 기능의 척도로서 35 dB 이상인 고방향성을 필요로 하는 경우가 있다. 방향성 결합기의 방향성이 나쁘면 반사율 측정기의 정확도에 영향을 미치고, 주전송 선로 상에 미소한 부정합이 있을 경우에도 결합되는 전력의 크기에 변화가 생길 수 있다.

결합기의 방향성은 일반적으로 직접 측정되지 않는다. 그 이유는 스루 암(through arm) 상의 반사파로부터 결합되는 전력으로 인해 차단될 수 있는 소신호를 포함하고 있기 때문에 그렇다. 예를 들어 결합기의 C가 20 dB, D가 35 dB 그리고 RL이 30 dB인 부하가 연결된 경우 방향성 경로(directivity path)를 통하는 신호 크기는 입력 전력보다 $D + C = 55$ dB 낮으나 결합 암(coupled arm)을 통과하는 반사 전력은 입력 전력보다 $RL + C = 50$ dB만 낮아진다.

결합기의 방향성을 측정하는 한 방법으로 다음과 같이 슬라이딩 정합 부하를 사용하는 방법이 있다. 우선 결합기를 아래의 좌측 그림에서와 같이 신호원과 정합 부하에 연결하고 결합된 출력 전력을 측정한다. 입력 전력을 P_i라 하면 결합전력은 $P_c = C^2P_i$이다. 여기서 $C = 10^{(-C\,\mathrm{dB})/20}$은 결합기의 전압 결합도(dB 단위가 아닌)이다[$-C$ dB $= 20\log_{10}C$]. 이제 결합기의 위치를 아래의 오른쪽 그림과 같이 바꾸고, 슬라이딩 부하로 통선(through line)을 종단한다.

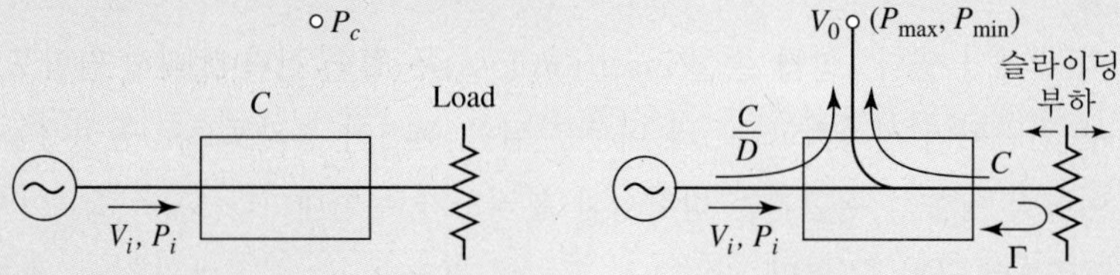

슬라이딩 부하의 위치를 변화시키면 부하에서 반사되어 출력 포트에 결합되는 신호에 위상 변위를 튜닝할 수 있다. 따라서 출력 포트에서의 전압은

$$V_0 = V_i\left(\frac{C}{D} + C|\Gamma|e^{-j\theta}\right)$$

로 쓸 수 있으며, 여기서 V_i는 입력 전압, $D = 10^{(D\,\mathrm{dB})/20} \geq 1$은 방향성(dB 단위가 아닌), $|\Gamma|$는 부하점의 반사계수의 크기 그리고 θ는 방향성과 반사신호 간의 경로차이다. 슬라이딩 부하를 이동시키면 θ가 변하므로 아래 그림에서와 같이 두 신호가 합해져 원궤적을 그린다.

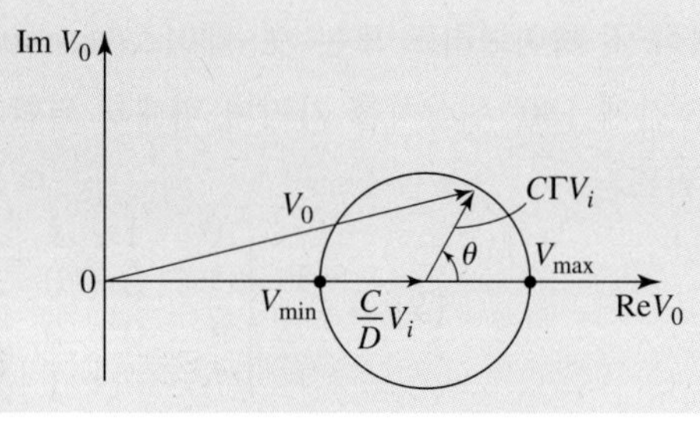

최소 출력 전력과 최대 출력 전력은

$$P_{\min} = P_i\left(\frac{C}{D} - C|\Gamma|\right)^2, \qquad P_{\max} = P_i\left(\frac{C}{D} + C|\Gamma|\right)^2$$

이다. M과 m을 P_c, $P_{\max}$, $P_{\min}$으로 다음과 같이 정의한다.

$$M = \frac{P_c}{P_{\max}} = \left(\frac{D}{1+|\Gamma|D}\right)^2, \qquad m = \frac{P_{\max}}{P_{\min}} = \left(\frac{1+|\Gamma|D}{1-|\Gamma|D}\right)^2.$$

M과 m은 신호원과 결합기 사이에 가변 감쇠기를 사용하여 직접 정확히 측정할 수 있다. 이때 방향성(dB 단위가 아닌)은

$$D = M\left(\frac{2m}{m+1}\right)$$

으로 구할 수 있다. 이 방법은 $|\Gamma| < 1/D$ 또는 dB 단위로는 $RL > D$의 조건을 요한다.

참고문헌: M. Sucherand J. Fox, editors, *Handbook of Microwave Measurements*, third edition, volume Ⅱ, Polytechnic Press, New York, 1963.

7.2 T-접합 전력 분배기

T-접합 전력 분배기는 전력 분배 또는 전력 결합용으로 사용되는 간단한 3포트 회로이고 모든 전송선로로 실현이 가능하다. 그림 7.5는 도파관과 마이크로스트립 또는 스트립

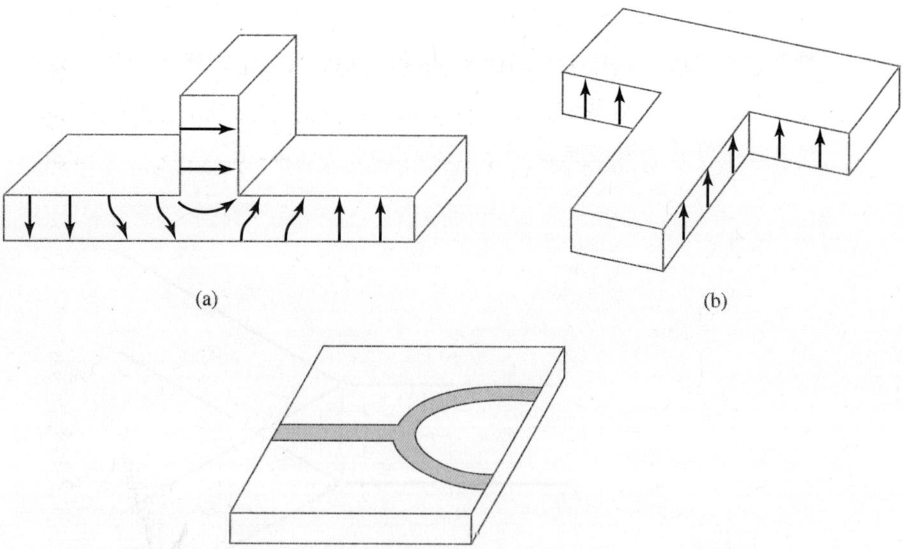

그림 7.5 여러 가지 T-접합 전력 분배기. (a) E면 도파관 T, (b) H면 도파관 T (c) 마이크로스트립 T-접합

선로로 된 T-접합을 나타낸 것이다. 여기서 접합은 선로 손실이 없는 경우, 무손실 접합이다. 따라서 앞 절에서 설명한 바와 같이 이러한 무손실 접합에서는 모든 포트가 동시에 접합될 수 없다. 그림 7.5의 접합을 설명한 다음 모든 포트가 정합은 되나 유손실인 저항성 분배기를 다루기로 한다.

무손실 전력 분배기

그림 7.5의 무손실 T-접합은 그림 7.6에 나타낸 바와 같이 세 개의 전송선로의 접합으로 모델링할 수 있다[3]. 일반적으로 접합과 같은 선로의 불연속에 관련된 후린징(fringing)계나 고차 모드 때문에 나타나는 축적 에너지는 서셉턴스 B로 표현할 수 있다. 분배기가 특성 임피던스 Z_0인 입력 선로에 정합될 조건은

$$Y_{\text{in}} = jB + \frac{1}{Z_1} + \frac{1}{Z_2} = \frac{1}{Z_0} \tag{7.24}$$

이다. 선로가 무손실(또는 아주 저손실)이면 특성 임피던스가 실수이다. 또한 $B = 0$이라 하면 식 (7.24)는 다음과 같다.

$$\frac{1}{Z_1} + \frac{1}{Z_2} = \frac{1}{Z_0}. \tag{7.25}$$

실제로 B는 무시할 수 없으므로 아주 좁은 주파수 대역에서도 이 서셉턴스를 상쇄시키기 위해 분배기에 유도성 튜닝 소자를 부가한다.

다음에 전력 분배비율에 따라 출력 선로 임피던스 Z_1과 Z_2를 정한다. 따라서 50 Ω 입력 선로의 경우 3 dB(2등분) 전력 분배기는 두 개의 100 Ω 출력 선로로 구성할 수 있다. 필요하면 출력 선로 임피던스를 원하는 값으로 환원시키기 위해 λ/4 임피던스 변환기를 사용할 수 있다. 출력 선로들이 정합되면 입력 선로는 정합되나 두 출력 포트들 사이는 완전히 분리되지 않고 출력 포트들 쪽으로 부정합이 생긴다.

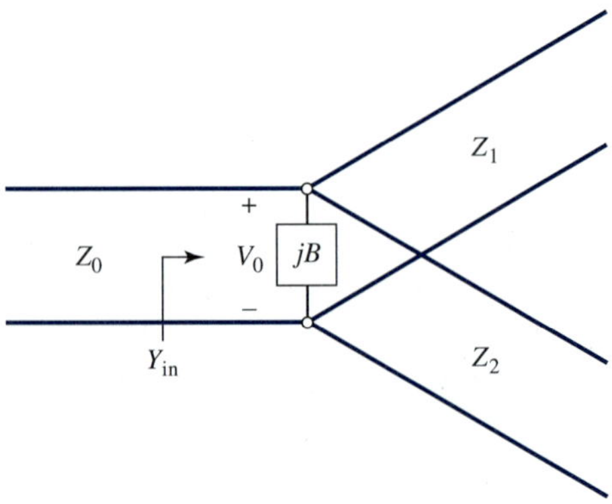

그림 7.6 무손실 T-접합 전력 분배기

예제 7.1 T-접합 전력 분배기

무손실 T-접합 전력 분배기의 신호원 임피던스는 50 Ω이다. 입력 전력이 2:1로 분배되기 위한 출력 선로의 특성 임피던스를 구하라. 출력 포트를 바라본 반사계수를 구하라.

☞ 풀이

그림 7.6에서와 같이 접합에서의 전압이 V_0라 하면 정합된 분배기의 입력 전력은

$$P_{\text{in}} = \frac{1}{2}\frac{V_0^2}{Z_0}$$

이고, 출력 전력은

$$P_1 = \frac{1}{2}\frac{V_0^2}{Z_1} = \frac{1}{3}P_{\text{in}}$$

$$P_2 = \frac{1}{2}\frac{V_0^2}{Z_2} = \frac{2}{3}P_{\text{in}}$$

이다. 따라서

$$Z_1 = 3Z_0 = 150\,\Omega$$

$$Z_2 = \frac{3Z_0}{2} = 75\,\Omega$$

이다. 이때 접합의 입력 임피던스는

$$Z_{\text{in}} = 75 \| 150 = 50\,\Omega$$

이므로 접합의 입력측은 50 Ω 신호와 임피던스에 접합된다.

150 Ω 출력 선로를 바라본 임피던스는 $50\|75 = 30\,\Omega$이고 75 Ω 출력 선로에서 바라본 임피던스는 $50\|150 = 37.5\,\Omega$이다. 따라서 이들 포트를 바라본 반사계수는

$$\Gamma_1 = \frac{30 - 150}{30 + 150} = -0.666$$

$$\Gamma_2 = \frac{37.5 - 75}{37.5 + 75} = -0.333$$

이다. ◀

저항성 전력 분배기

3포트 전력 분배기가 손실 성분을 가지면 두 출력 포트가 분리되지 않더라도 모든 포트에서 정합될 수 있다[3]. 이와 같은 전력 분배기는 그림 7.7에서와 같이 집중 정수소자인 저항을 사용하여 구성할 수 있다. 그림 7.7에는 2등분 전력 분배기(−3 dB)가 그려져 있으나 비2등분 전력 분배기도 가능하다.

회로 이론을 사용하여 그림 7.7의 저항성 전력 분배기를 쉽게 해석할 수 있다. 모든 포트가 특성 임피던스 Z_0로 종단되어 있을 때, $Z_0/3$ 저항과 출력 선로를 바라본 임피던스 Z는

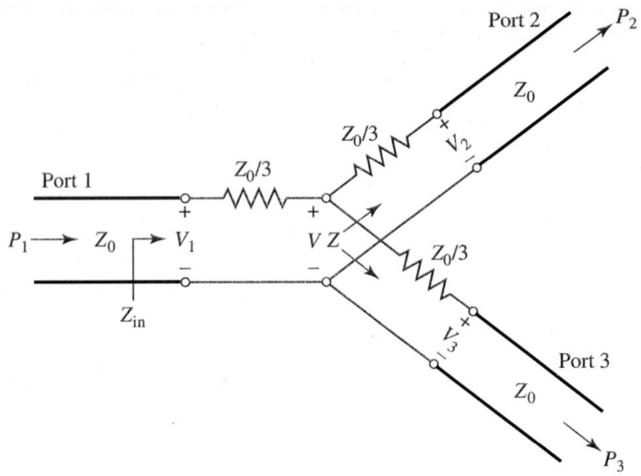

그림 7.7 등분배 3포트 저항 전력 분배기

$$Z = \frac{Z_0}{3} + Z_0 = \frac{4Z_0}{3} \tag{7.26}$$

이다. 이때 전력 분배기의 입력 임피던스는

$$Z_{\text{in}} = \frac{Z_0}{3} + \frac{2Z_0}{3} = Z_0 \tag{7.27}$$

이므로, 입력이 급전선에 정합됨을 알 수 있다. 3포트 모두에서 회로가 대칭이므로 출력 포트도 정합된다. 따라서 $S_{11} = S_{22} = S_{33} = 0$이다.

포트 1에서 전압이 V_1이면 접합의 중심에서의 전압 V는 전압 분배법칙에 의해

$$V = V_1 \frac{2Z_0/3}{Z_0/3 + 2Z_0/3} = \frac{2}{3} V_1 \tag{7.28}$$

이고, 출력전압도 전압 분배법칙에 의해

$$V_2 = V_3 = V \frac{Z_0}{Z_0 + Z_0/3} = \frac{3}{4} V = \frac{1}{2} V_1 \tag{7.29}$$

이다. 따라서 $S_{21} = S_{31} = S_{23} = 1/2$이며, 출력전력은 입력 전력보다 6 dB 낮음을 의미한다. 회로가 가역적이므로 산란 매트릭스도 대칭이 되어

$$[S] = \frac{1}{2} \begin{bmatrix} 0 & 1 & 1 \\ 1 & 0 & 1 \\ 1 & 1 & 0 \end{bmatrix} \tag{7.30}$$

으로 쓸 수 있다. 이 매트릭스가 단위 매트릭스가 아님을 독자 스스로 증명할 수 있다.

전력 분배기 입력에 전달된 전력은

$$P_{\text{in}} = \frac{1}{2}\frac{V_1^2}{Z_0} \tag{7.31}$$

이고, 출력전력은

$$P_2 = P_3 = \frac{1}{2}\frac{(1/2V_1)^2}{Z_0} = \frac{1}{8}\frac{V_1^2}{Z_0} = \frac{1}{4}P_{\text{in}} \tag{7.32}$$

이므로, 분배기에 공급된 전력의 절반이 분배기 내에서 저항들에 의해 소진됨을 알 수 있다.

7.3 Wilkinson 전력 분배기

무손실 T-접합 전력 분배기는 모든 포트가 정합되지 않고 출력 포트 사이를 완전히 분리하지 못하는 문제점을 가지고 있다. 저항성 전력 분배기는 모든 포트를 정합시킬 수는 있으나 손실을 가지면서도 완전 분리되지 않는 문제점이 있다. 그러나 7.1절의 설명에서 유손실 3포트 회로는 출력 포트 간에 분리가 된 상태에서 모든 포트를 정합시킬 수 있음을 알고 있다. 이와 같은 전력 분배기가 Wilkinson 전력 분배기[4]로서 이 절에서 다룬다. 이 분배기는 출력 포트가 정합되어 있을 때, 무손실이 되는 특성, 즉 반사파 전력만 소비되는 유용한 특성을 가진다.

Wilkinson 전력 분배기는 임의의 비율로 비2등분 전력 분배가 가능하지만 우선 2등분(3 dB) 전력 분배의 경우를 다룬다. 이 분배기는 그림 7.8a와 같이 마이크로스트립 또는 스트립 선로로 구성할 수 있으며, 등가 회로는 그림 7.8b와 같다. 이 회로를 출력 포트에서 대칭 신호원과 비대칭 신호원으로 구동되는 두 개의 회로로 나누어 해석한다. 이와 같이 우수-기수 모드(even-odd mode) 해석법[5]은 다음 절에서 해석될 다른 회로에도 유용하다.

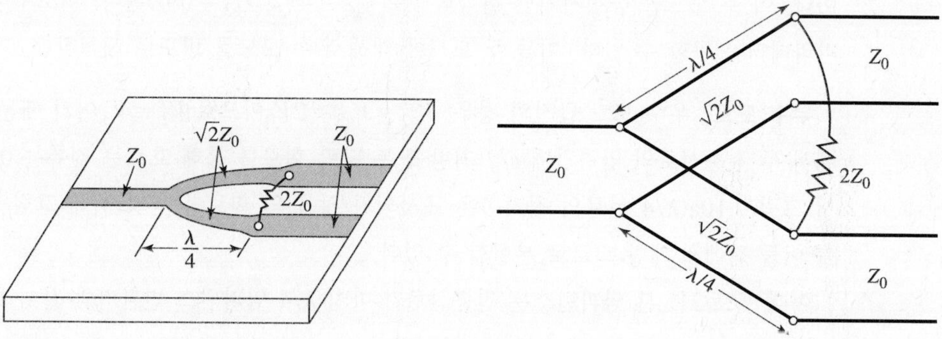

그림 7.8 Wilkinson 전력 분배기. (a) 마이크로스트립형 등분배 Wilkinson 전력 분배기, (b) 등가 전송회로

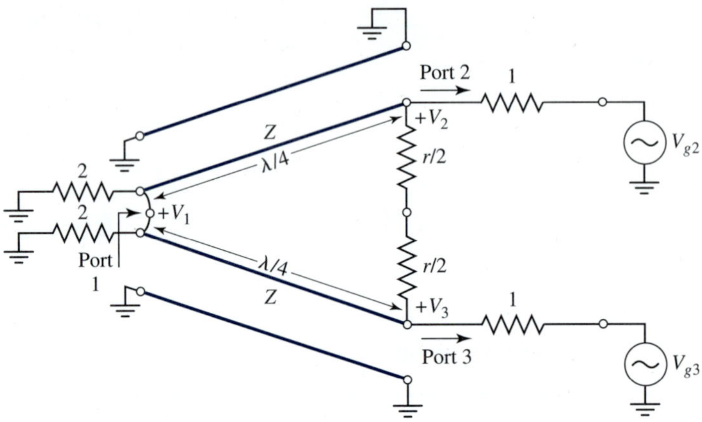

그림 7.9 정규화된 대칭형 Wilkinson 전력 분배기 회로

우수-기수 모드 해석

간단히 하기 위해 모든 임피던스를 특성 임피던스 Z_0로 정규화하고 그림 7.8b의 회로를 그림 7.9에서와 같이 출력 포트에 전압원을 연결하여 다시 그린다. 이 회로는 중앙면에 대해 대칭으로 그려져 있다. 즉 정규화 값이 2인 두 개의 신호원 저항이 병렬로 합해져 정규화 값이 1인 하나의 저항으로 되는데, 이것은 정합된 신호원의 임피던스를 나타낸다. λ/4 선로는 정규화 특성 임피던스가 Z이며 병렬저항은 정규화값 r를 가진다. 2등분 전력 분배기에서 이들 값은 그림 7.8에서와 같이 $Z=\sqrt{2}$이고 $r=2$임을 증명한다.

그림 7.9의 회로에서 두 개의 급전 모드는 다음과 같이 정의한다.

$$V_{g2}=V_{g3}=2V_0\text{이면 우수 모드}$$
$$V_{g2}=-V_{g3}=2V_0\text{이면 기수 모드}$$

이다. 이 두 모드를 중첩시키면 결과적으로 $V_{g2}=4V_0$, $V_{g3}=0$이 된다. 이로부터 회로의 S 파라메터를 구할 수 있다. 이들 두 모드에 대해 우수 모드를 별도로 해석한다.

우수 모드. 우수 모드 급전의 경우, $V_{g2}=V_{g3}=2V_0$이므로 $V_2^e=V_3^e$이기 때문에, 포트 1에서 두 전송선로의 입력간에 $r/2$ 저항 또는 단락 회로를 통해 흐르는 전류는 0이다. 따라서 그림 7.10a(λ/4 선로의 접지측은 표시되지 않음)의 회로를 얻기 위해 그림 7.9의 회로를 이들 점에서 개방 회로로 분할할 수 있다.

이때 포트 2를 본 임피던스는 전송선로가 마치 λ/4 임피던스 변환기와 같이 보이므로

$$Z_{\rm in}^e=\frac{Z^2}{2} \tag{7.33}$$

이다. 따라서 $Z=\sqrt{2}$이면 포트 2는 우수 모드 급전시 정합된다. 이때 $Z_{\rm in}^e=1$이므로 $Z_2^e=V_0$

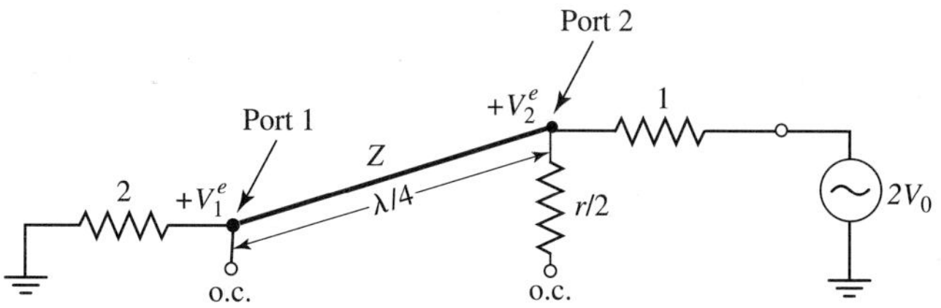

(a)

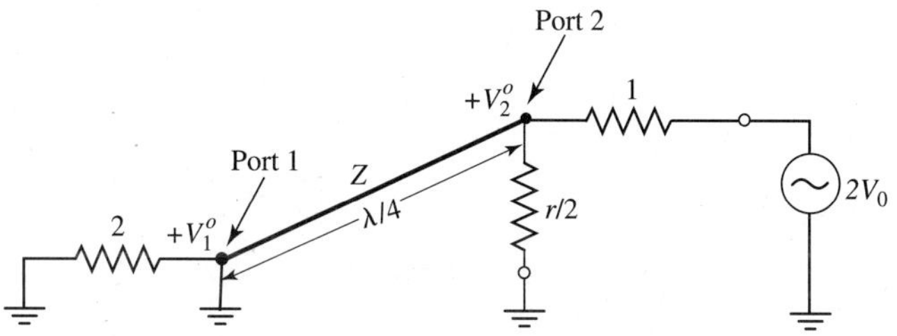

(b)

그림 7.10 회로의 분할. (a) 우수 모드 급전, (b) 기수 모드 급전

이다. 한쪽 끝이 개방되어 있으므로 이 경우 $r/2$ 저항은 무용지물이다. 다음에 전송선로 방정식으로부터 V_1^e를 구한다. 포트 1을 $x = 0$, 포트 2를 $x = -\lambda/4$로 놓으면 전송선로 상의 전압은 다음과 같이 쓸 수 있는데,

$$V(x) = V^+(e^{-j\beta x} + \Gamma e^{j\beta x})$$

로 쓸 수 있으므로,

$$V_2^e = V(-\lambda/4) = jV^+(1 - \Gamma) = V_0 \tag{7.34a}$$

$$V_1^e = V(0) = V^+(1 + \Gamma) = jV_0\frac{\Gamma + 1}{\Gamma - 1} \tag{7.34b}$$

이다. 반사계수 Γ는 포트 1에서 정규화 저항값이 2인 저항을 볼 때의 것으로

$$\Gamma = \frac{2 - \sqrt{2}}{2 + \sqrt{2}}$$

이고

$$V_1^e = -jV_0\sqrt{2} \tag{7.35}$$

이다.

기수 모드. 기수 모드 급전에서는 $V_{g2} = -V_{g3} = 2V_0$이므로 $V_2^o = -V_3^o$이기 때문에 그림 7.9와 같은 회로의 중심선을 따라 0전위가 생긴다. 따라서 이 회로의 중간면 상의 두 점에서 접지시켜 회로를 2등분하면 그림 7.10b와 같이 된다. 포트 2를 볼 때 병렬연결된 전송선로 길이가 $\lambda/4$이고 포트 1에서 단락되어 포트 2에서는 마치 개방회로처럼 보이므로 임피던스가 $r/2$로 된다. 따라서 $r = 2$로 택하면 포트 2는 정합된다. 이때, $V_2^o = V_0$이고, $V_1^o = 0$이다. 기수 모드로 급전할 때 모든 전력은 $r/2$ 저항에 전달되고 포트 1에는 전달되지 않는다.

마지막으로 포트 2와 3이 정합부하로 종단될 때, Wilkinson 전력 분배기의 포트 1에서

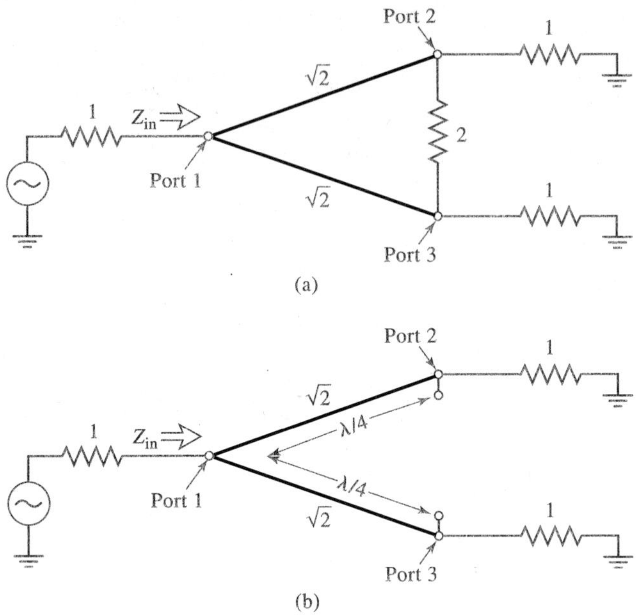

그림 7.11 S_{11}을 구하기 위한 Wilkinson 전력 분배기 해석. (a) 부하로 종단된 Wilkinson 분배기, (b) (a)에 있는 회로의 분할

입력 임피던스를 구해야 한다. 이를 위한 회로는 그림 7.11a와 같으며 이것은 $V_2 = V_3$이므로 우수 모드 급전과 비슷함을 알 수 있다. 따라서 정규화 저항값이 2인 저항을 통해 흐르는 전류는 0이므로 그 저항을 제거하면 그림 7.11b의 회로가 된다. 정규화 저항의 크기가 1인 부하로 종단된 두 개의 $\lambda/4$ 변환기를 병렬로 연결한다. 이때 입력 임피던스는

$$Z_{in} = \frac{1}{2}(\sqrt{2})^2 = 1 \tag{7.36}$$

이다.

요약하면 Wilkinson 전력 분배기의 S 파라메터는 다음과 같은 성질을 가진다.

$S_{11} = 0$	(포트 1에서 $Z_{in} = 1$)
$S_{22} = S_{33} = 0$	(우수-기수 모드에서 포트 2와 3이 정합됨)
$S_{12} = S_{21} = \dfrac{V_1^e + V_1^o}{V_2^e + V_2^o} = -j/\sqrt{2}$	(가역성에 의한 대칭성)
$S_{13} = S_{31} = -j/\sqrt{2}$	(포트 2와 3에서 대칭)
$S_{23} = S_{32} = 0$	(2등분할 때 단락 또는 개방에 의한)

모든 포트가 정합부하로 종단되면 정합되기 때문에 S_{12}에 관한 앞의 공식을 적용한다. 분배기가 포트 1에서 급전되고 출력 포트가 모두 정합되면 저항에서 전력손실이 없다. 따라서 분배기는 출력 포트가 모두 정합되면 무손실이다. 포트 2 또는 포트 3으로부터 반사전

력은 저항에서 소비된다. $S_{23} = S_{32} = 0$이므로 포트 2와 3은 분리되어 있다.

예제 7.2 Wilkinson 전력 분배기의 설계와 특성

중심주파수 f_0에서 50 Ω 시스템용 2등분 Wilkinson 전력 분배기를 설계하고 주파수 $0.5f_0$에서 $1.5f_0$까지 주파수에 따른 반사손(S_{11}), 삽입손($S_{21} = S_{31}$) 그리고 분리도($S_{23} = S_{32}$) 특성을 그려라.

☞ 풀이

그림 7.8과 앞의 유도과정에서 전력 분배기의 λ/4 전송선로의 특성 임피던스는

$$Z = \sqrt{2}Z_0 = 70.7\,\Omega$$

이고, 병렬 저항은

$$R = 2Z_0 = 100\,\Omega$$

이어야 한다. 전송선로는 중심주파수 f_0에서 길이가 λ/4이다. 마이크로파 회로 해석용 CAD 프로그램을 사용하여 분배기의 S 파라메터를 계산하면 그림 7.12와 같다. ◀

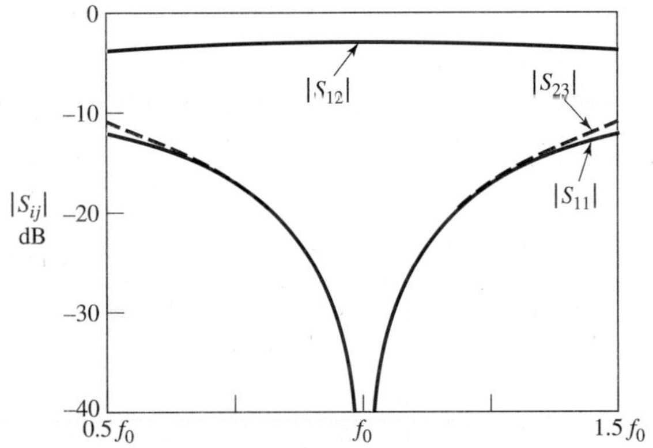

그림 7.12 2등분 Wilkinson 전력 분배기의 주파수 응답. 포트 1은 입력 포트이고 포트 2, 3은 출력 포트이다.

비등분 전력 분배기와 *N*등분 Wilkinson 전력 분배기

Wilkinson 전력 분배기는 전력 분배를 다르게 할 수도 있다. 마이크로스트립형 Wilkinson 분배기를 그림 7.13에 나타내었다. 포트 2와 3 사이에 전력비를 $K^2 = P_3/P_2$로 하려면 다음의 설계방정식을 사용한다.

$$Z_{03} = Z_0\sqrt{\frac{1+K^2}{K^3}} \tag{7.37a}$$

$$Z_{02} = K^2 Z_{03} = Z_0\sqrt{K(1+K^2)} \tag{7.37b}$$

$$R = Z_0\left(K + \frac{1}{K}\right). \tag{7.37c}$$

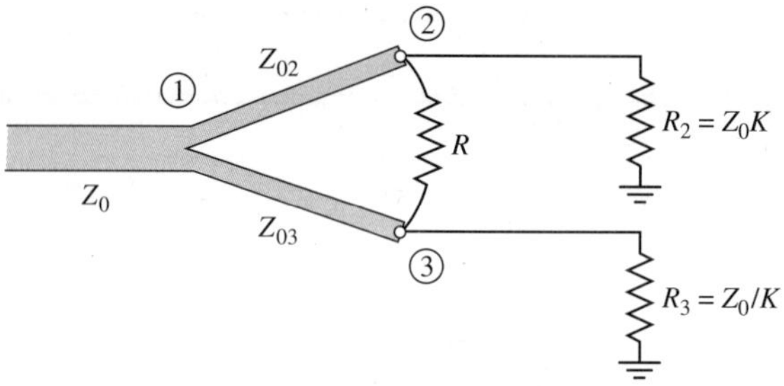

그림 7.13 비균등 분배 마이크로스트립형 Wilkinson 전력 분배기

식 (7.37)에 $K = 1$을 대입하면 2등분 전력 분배기가 된다. 또한 출력 선로들은 Z_0 대신에 $R_2 = Z_0K$, $R_3 = Z_0/K$로 임피던스 정합을 시킨다. 이들 출력 임피던스를 변환하기 위하여 정합 변환기를 사용할 수 있다.

Wilkinson 분배기는 그림 7.14와 같이 N분기 분배기 또는 결합기로도 할 수 있다[4]. 이 회로는 모든 포트를 정합시킬 수 있고, 각 포트 간의 격리가 가능하다. 그러나 $N \geq 3$인 경우 분배기에 저항 연결을 위한 교차선(crossover)을 필요로 하여, 평면형 분배기 제작을 어렵게 하는 단점이 있다. Wilkinson 분배기의 대역폭을 증가시키기 위해 계단식 다단형(stepped multiple section)으로 할 수도 있다. 그림 7.15는 Wilkinson 분배기의 사진이다.

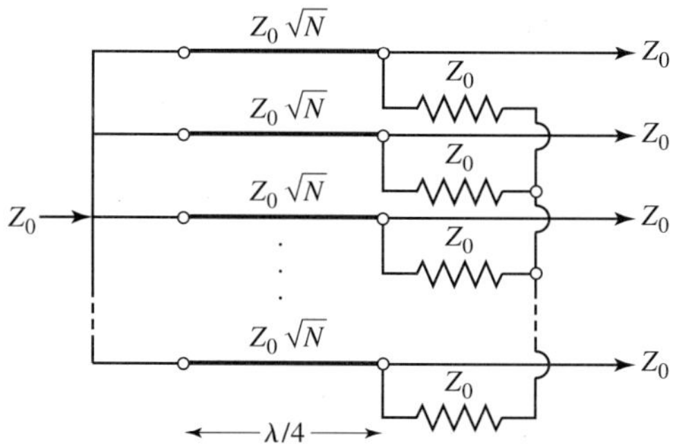

그림 7.14 N분기 등분배 Wilkinson 전력 분배기

7.4 도파관 방향성 결합기

이제 7.1절에서 설명한 특성을 가진 4포트 소자인 방향성 결합기를 생각해 보자. 기본 동작 원리를 성명하기 위해 그림 7.4의 방향성 결합기에 표시된 표기를 이용한다. 포트 1에 입사된 전력은 포트 2(통과 포트, through port)와 포트 3(결합 포트, coupledport)에 전달되지만 포트 4(격리 포트, isolated port)에는 전달되지 않는다. 마찬가지로 포트 2로 입사된 전력은 포트 1과 포트 4에 전달되지만 포트 3에는 전달되지 않는다. 따라서 포트

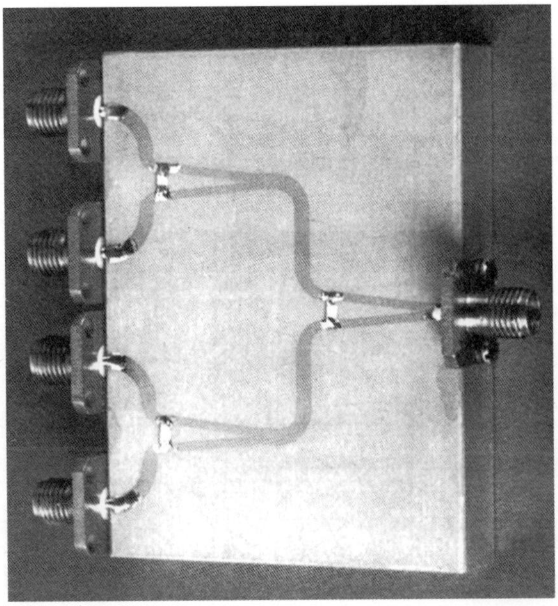

그림 7.15 3개의 마이크로스트립 Wilkinson 전력 분배기를 이용한 4분기 전력 분배기의 사진. 아이솔레이션(isolation)을 위한 칩(chip)형 저항을 유념하여 보라.

1과 4는 포트 2와 3의 관계와 마찬가지로 결합되지 않는다. 포트 1에서 3으로 결합된 전력비는 식 (7.20a)에 정의된 결합도(coupling) C로 나타낸다. 그리고 포트 1에서 4로 누설되는 전력은 식 (7.20c)로 정의된 분리도(isolation) I로 나타낸다. 결합기의 특성을 나타내는 또다른 양은 방향성(directivity) D로서 $D = I - C$(dB)는 결합 포트에 전달된 전력과 격리 포트에 전달된 전력의 비이다. 이상적 결합기는 분리도와 방향성이 무한대이므로 결합도만으로도 특성 표현이 가능하다. 그리고 이상적 결합기는 무손실이고 모든 포트가 정합되어 있다.

방향성 결합기는 여러 가지 형태가 있다. 우선 도파관 결합기를 설명하고 다음에 하이브리드 접합(hybrid junction)에 관해 설명하기로 한다. 하이브리드 접합은 방향성 결합기의 특별한 경우로 결합도가 3 dB(2등분)이고 출력 포트 간의 위상차는 90°(쿼드러춰 하이브리드)또는 180°(매직-T 또는 랫-래이스 하이브리드)이다. 다음에 결합 전송선로로 구성된 방향성 결합기에 관해 설명한다.

베테 홀(Bethe hole) 결합기

모든 방향성 결합기가 방향성을 가지는 것은 결합 포트에서는 두 파가 동위상으로 합해지고 격리 포트에서는 역위상으로 상쇄되는 성질 때문이다. 방향성 결합기를 구성하는 가장 간단한 방법 중 하나는 두 도파관의 넓은 면을 공통 면으로하여 이 공통 면에 작은 구멍을 내어 두 도파관을 결합시키는 것이다. 이와 같은 결합기를 베테 홀(Bethe hole) 결합기

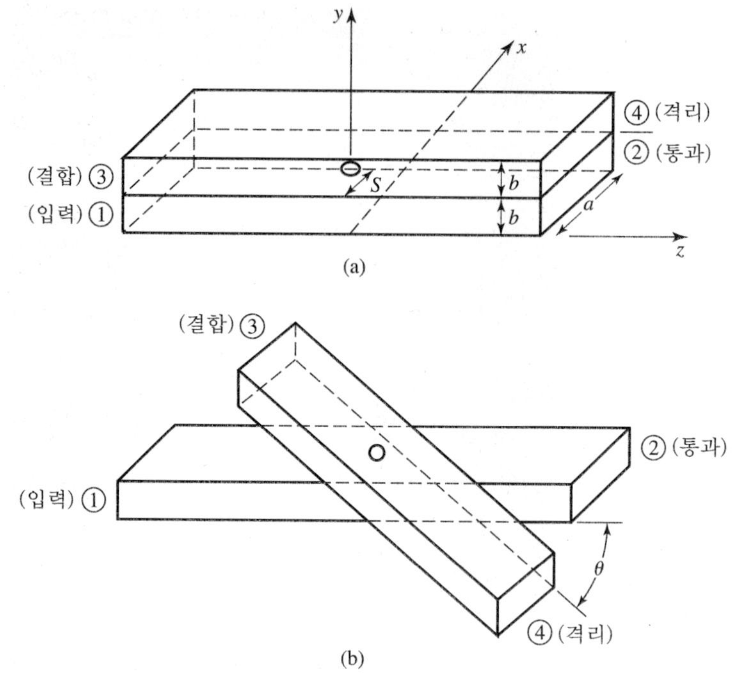

그림 7.16 베테 홀 방향성 결합기의 두 가지 형. (a) 평행 도파관형, (b) 엇갈린 도파관형

라 하며 베테 홀 결합기의 두 가지 종류가 그림 7.16에 그려져 있다. 4.8절의 소개구면 결합 이론(small-aperturecoupling theory)으로부터 개구면은 등가 전기쌍극자 모멘트와 등가 자기쌍극자 모멘트로 구성된 등가 전자계원으로 대치할 수 있다[6]. 수직 전기쌍극자 모멘트와 축 방향 자기쌍극자 모멘트는 피결합 도파관 내에 우대칭적으로 방사를 하지만, 횡 방향 자기쌍극자 모멘트는 기대칭으로 방사한다. 따라서 이들 두 등가 전자계원의 상대적 크기를 조절하면 격리 포트 쪽으로의 방사는 상쇄시키고 결합 포트 쪽으로의 방사는 증가시킬 수 있다. 그림 7.16은 이들 파의 크기를 조절할 수 있는 두 가지 방법을 나타낸 것이다. 그림 7.16a의 결합기에서 두 도파관은 평행이고 결합의 크기는 도파관의 측면에서 개구면까지의 거리 s에 의해 조절된다. 그림 7.16b의 결합기에서는 두 도파관 사이의 각도 θ에 의해, 피결합 도파관의 결합 포트와 격리 포트로 결합되고 파의 크기가 조절된다.

TE_{10} 모드가 포트 1에 입사되는 그림 7.16a를 생각한다. 이것들은 다음과 같이 쓸 수 있다.

$$E_y = A \sin \frac{\pi x}{a} e^{-j\beta z} \tag{7.38a}$$

$$H_x = \frac{-A}{Z_{10}} \sin \frac{\pi x}{a} e^{-j\beta z} \tag{7.38b}$$

$$H_z = \frac{j\pi A}{\beta a Z_{10}} \cos \frac{\pi x}{a} e^{-j\beta z}. \tag{7.38c}$$

여기서 $Z_{10} = k_0\eta_0/\beta$는 TE_{10} 모드의 모든 임피던스(wave impedance)이다. 따라서 식

(4.124)와 (4.125)로부터 이 입사파의 개구면($x = s, y = b, z = 0$)에서 다음과 같은 등가 분극 전류를 발생한다.

$$\bar{P}_e = \epsilon_0 \alpha_e \hat{y} A \sin \frac{\pi s}{a} \delta(x - s)\delta(y - b)\delta(z) \tag{7.39a}$$

$$\bar{P}_m = -\alpha_m A \left[\frac{-\hat{x}}{Z_{10}} \sin \frac{\pi s}{a} + \hat{z} \frac{j\pi}{\beta a Z_{10}} \cos \frac{\pi s}{a} \right] \delta(x - s)\delta(y - b)\delta(z). \tag{7.39b}$$

$\bar{P}_e$와 $\bar{P}_m$이 $\bar{J}$와 $\bar{M}$에 관계되는 식 (4.128a, b)를 이용하고, 식 (4.118), (4.120), (4.122) 그리고 (4.123)을 이용하여 바닥에 있는 도파관 내의 전진파와 후진파의 크기를 구하면 다음과 같다.

$$\begin{aligned} A_{10}^{+} &= \frac{-1}{P_{10}} \int_v \bar{E}_{10}^{-} \cdot \bar{J}\, dv + \frac{1}{P_{10}} \int_v \bar{H}_{10}^{-} \cdot \bar{M}\, dv \\ &= \frac{-j\omega A}{P_{10}} \left[\epsilon_0 \alpha_e \sin^2 \frac{\pi s}{a} - \frac{\mu_0 \alpha_m}{Z_{10}^2} \left(\sin^2 \frac{\pi s}{a} + \frac{\pi^2}{\beta^2 a^2} \cos^2 \frac{\pi s}{a} \right) \right] \end{aligned} \tag{7.40a}$$

$$\begin{aligned} A_{10}^{-} &= \frac{-1}{P_{10}} \int_v \bar{E}_{10}^{+} \cdot \bar{J}\, dv + \frac{1}{P_{10}} \int_v H_{10}^{+} \cdot \bar{M}\, dv \\ &= \frac{-j\omega A}{P_{10}} \left[\epsilon_0 \alpha_e \sin^2 \frac{\pi s}{a} + \frac{\mu_0 \alpha_m}{Z_{10}^2} \left(\sin^2 \frac{\pi s}{a} - \frac{\pi^2}{\beta^2 a^2} \cos^2 \frac{\pi s}{a} \right) \right]. \end{aligned} \tag{7.40b}$$

여기서 $P_{10} = ab/Z_{10}$는 전력 정규화 상수이다. 식 (7.40a, b)에서 포트 4를 향하여 급전되는 파의 크기 (A_{10}^{+})는 포트 3을 향해 급전되는 파의 크기 (A_{10}^{-})와 다르므로 ($H_x^{+} = -H_x^{-}$이기 때문에), $A_{10}^{+} = 0$으로 놓으면 포트 4에 전달되는 전력을 상쇄할 수 있음을 유의하기 바란다. 개구면의 반경이 r_0일 때, 표 4.3으로부터 분극도는 $\alpha_e = 2r_0^3/3$, $\alpha_m = 4r_0^3/3$이다. 따라서 식 (7.40a)로부터 $A_{10}^{+} = 0$에 대하여 다음 조건식을 구할 수 있다.

$$\left(2\epsilon_0 - \frac{4\mu_0}{Z_{10}^2} \right) \sin^2 \frac{\pi s}{a} - \frac{4\pi^2 \mu_0}{\beta^2 a^2 Z_{10}^2} \cos^2 \frac{\pi s}{a} = 0$$

$$(k_0^2 - 2\beta^2) \sin^2 \frac{\pi s}{a} = \frac{2\pi^2}{a^2} \cos^2 \frac{\pi s}{a}$$

$$\left(\frac{4\pi^2}{a^2} - k_0^2 \right) \sin^2 \frac{\pi s}{a} = \frac{2\pi^2}{a^2}$$

또는

$$\sin \frac{\pi s}{a} = \pi \sqrt{\frac{2}{4\pi^2 - k_0^2 a^2}} = \frac{\lambda_0}{\sqrt{2(\lambda_0^2 - a^2)}}. \tag{7.41}$$

이때, 결합도는

$$C = 20 \log \left| \frac{A}{A_{10}^{-}} \right| \text{ dB} \tag{7.42a}$$

이고 방향성은

$$D = 20 \log \left| \frac{A_{10}^{-}}{A_{10}^{+}} \right| \text{ dB} \tag{7.42b}$$

이다. 따라서 그림 7.16a와 같은 베테 홀 결합기는 원하는 결합도에 맞추어 먼저, 식 (7.41)을 사용하여 개구면 위치 s를 결정하고, 식 (7.42a)를 이용하여 개구면 반경 r_0를 결정하여 설계할 수 있다.

그림 7.16b와 같이 두 도파관이 엇갈리게 결합된 베테 홀 방향성 결합기에서는 결합 개구면의 중심은 $s = a/2$로 하고 엇갈림각(skew angle) θ를 튜닝하여 포트 4의 전력을 상쇄시킬 수 있다. 이 경우 결합 개구면의 수직 전계는 θ에 따라 변하지 않으나 수평 자계성분은 $\cos\theta$만큼 감소된다. 따라서, 그림 7.16a와 같이 두 평행 도파관으로 구성된 베테 홀 방향성 결합기에서 구한 $\alpha_m = 4r_0^3/3$ 대신, $\alpha_m \cos\theta$를 사용해야 한다. 이때, $s = a/2$에서 식 (7.40a, b)는

$$A_{10}^{+} = \frac{-j\omega A}{P_{10}} \left(\epsilon_0 \alpha_e - \frac{\mu_0 \alpha_m}{Z_{10}^2} \cos\theta \right) \tag{7.43a}$$

$$A_{10}^{-} = \frac{-j\omega A}{P_{10}} \left(\epsilon_0 \alpha_e + \frac{\mu_0 \alpha_m}{Z_{10}^2} \cos\theta \right) \tag{7.43b}$$

이다.

$A_{10}^{+} = 0$으로 놓으면 엇갈림각 θ는 다음 관계식으로부터 구할 수 있다.

$$2\epsilon_0 - \frac{4\mu_0}{Z_{10}^2} \cos\theta = 0$$

또는,

$$\cos\theta = \frac{k_0^2}{2\beta^2}. \tag{7.44}$$

이때, 결합도는

$$C = 20 \log \left| \frac{A}{A_{10}^{-}} \right| = -20 \log \frac{4k_0^2 r_0^3}{3ab\beta} \text{ dB} \tag{7.45}$$

로 간단히 된다.

엇갈린 베테 홀 방향성 결합기의 각도 구조는 제작과 응용에 있어 종종 단점으로 여겨진다. 또한 평형 베테 홀 결합기와 엇갈린 베테 홀 결합기는 설계 주파수에서만 제대로 동작하고 이 주파수에서 벗어나면 다음 예제에서와 같이 결합도와 방향성이 달라진다.

예제 7.3 베테 홀 결합기 설계와 특성

9 GHz에서 결합도 20 dB인 X-대역 도파관으로 된 그림 7.16a와 같은 베테 홀 결합기를 설계하

라. 그리고 7에서 11 GHz까지의 주파수 대역에서 결합도와 방향성을 계산하여 도시하라. 개구 결합면은 원이다.

☞ 풀이

9 GHz에서 X-대역 도파관에 관한 사항은 다음과 같다.

$$a = 0.02286\,\text{m}$$
$$b = 0.01016\,\text{m}$$
$$\lambda_0 = 0.0333\,\text{m}$$
$$k_0 = 188.5\,\text{m}^{-1}$$
$$\beta = 129.0\,\text{m}^{-1}$$
$$Z_{10} = 550.9\,\Omega$$
$$P_{10} = 4.22 \times 10^{-7}\,\text{m}^2/\Omega.$$

이때, 식 (7.41)을 이용하여 결합 개구면의 위치 s를 다음과 같이 구할 수 있다.

$$\sin\frac{\pi s}{a} = \frac{\lambda_0}{\sqrt{2\left(\lambda_0^2 - a^2\right)}} = 0.972$$

$$s = \frac{a}{\pi}\sin^{-1} 0.972 = 0.424a = 9.69\,\text{mm}.$$

결합도가 20 dB이므로, 즉

$$C = 20\,\text{dB} = 20\log\left|\frac{A}{A_{10}^-}\right|$$

$$\left|\frac{A}{A_{10}^-}\right| = 10^{20/20} = 10$$

이므로 $|A_{10}^-/A| = 1/10$이다. 이제 식 (7.40b)를 이용하여 개구 결합면의 반경 r_0를 다음과 같이 구한다.

$$\left|\frac{A_{10}^-}{A}\right| = \frac{1}{10} = \frac{\omega}{P_{10}}\left[\left(\epsilon_0\alpha_e + \frac{\mu_0\alpha_m}{Z_{10}^2}\right)(0.944) - \frac{\pi^2\mu_0\alpha_m}{\beta^2a^2Z_{10}^2}(0.056)\right].$$

여기서, $\alpha_e = 2r_0^3/3$이고, $\alpha_m = 4r_0^3/3$이므로

$$0.1 = 1.44 \times 10^6 r_0^3$$

또는

$$r_0 = 4.15\,\text{mm}$$

이다.

이로써 베테 홀 결합기가 설계되었다. 결합도와 방향성의 주파수 특성을 구하기 위해 A_{10}^-와 A_{10}^+에 관한 식 (7.40a)와 (7.40b)를 이용하여 식 (7.42a)와 (7.42b)를 계산한나. 이를 식에서 결합 개구면의 위치와 반경은 각각 $s = 9.69\,\text{mm}$와 $r_0 = 4.15\,\text{mm}$로 고정되고 주파수는 변화한다. 컴퓨터 프로그램에 의한 계산 결과는 그림 7.17과 같다. 이 그림에서 결합도의 변동 범위는 전주파수 대역(7~11 GHz)에서 1dB 이하이다. 설계 주파수에서 방향성은 아주 크지만(> 60dB) 대역폭 양단

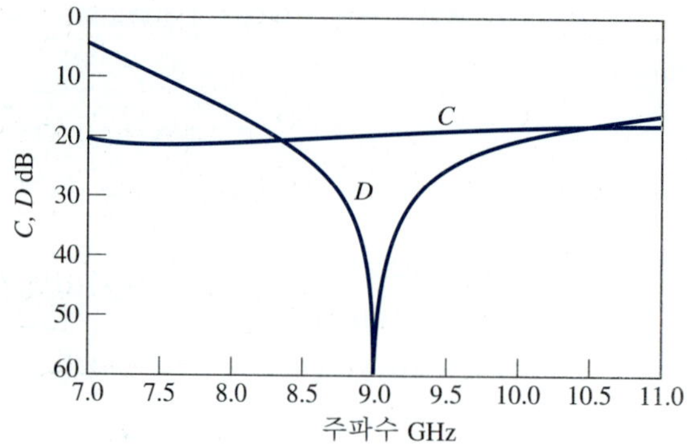

그림 7.17 예제 7.3의 베테 홀 결합기에 대한 결합도와 방향성의 주파수 특성

에서는 15~20 dB로 감소한다. 방향성은 두 파의 상쇄 여부에 달려 있기 때문에 주파수에 아주 민감한 함수이다. ◀

멀티홀(multihole) 결합기 설계

예제 7.3에서 아는 바와 같이 단일 개구 결합기는 최소한 그것의 방향성의 관점에서 보면 비교적 대역폭이 좁다. 그러나 결합기에 여러 개의 결합 개구를 두면 대역폭을 개선할 수 있다. **멀티홀 도파관 결합기**의 동작 원리와 설계는 다단정합 변환기와 아주 비슷하다.

우선 그림 7.18과 같은 쌍홀 결합기의 동작을 생각해 보자. 그림 7.18은 넓은 면을 공통으로 하는 두 평행 도파관으로 되어 있으나, 같은 구조의 방향성 결합기를 마이크로스트립이나 스트립 선로로 만들 수도 있다. 작은 두 개의 결합 개구면이 $\lambda_g/4$ 간격으로 배치되어 두 도파관을 결합한다. 포트 1로 들어간 파는 대부분 포트 2로 전송되지만, 그 일부 전력은 두 개의 결합 개구면을 통해 결합된다. 위상 기준을 첫 번째 결합 개구면으로 하면, 두 번째 결합 개구면에 도달되는 파의 위상은 $-90°$가 된다. 각 결합 개구면에서 상부 도파관 내로 전진파와 후진파를 방사한다. 일반적으로 전진파와 후진파의 크기는 같지 않다. 포트

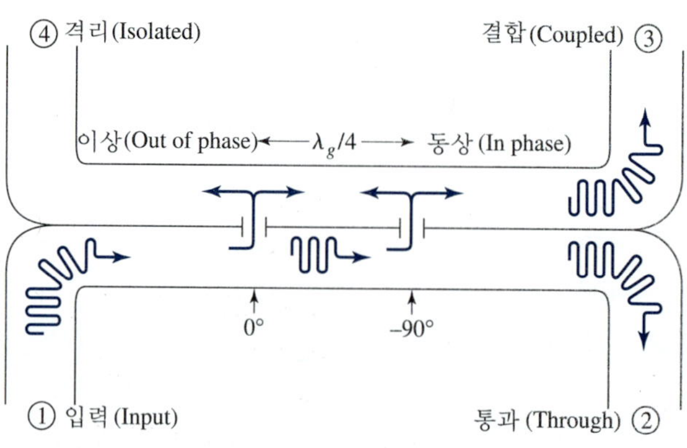

그림 7.18 두 개의 홀을 갖고 있는 방향성 결합기의 기본 동작

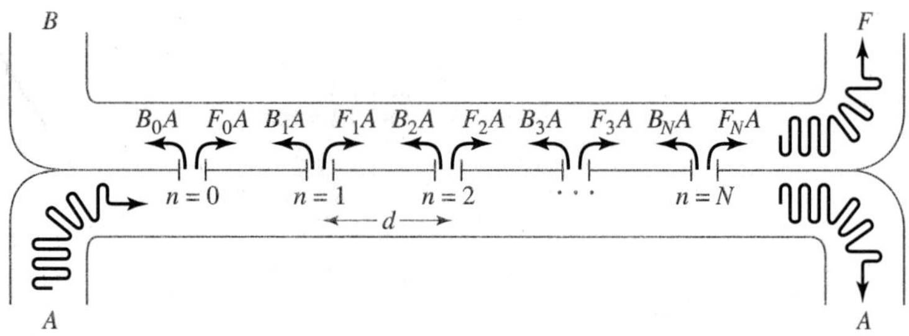

그림 7.19 $N+1$개의 홀을 갖고 있는 방향성 결합기의 구조

3으로 향하는 두 파는 모두 경로가 $\lambda_g/4$로서 동위상이다. 그러나 포트 4 방향으로 향하는 두 파는 경로차가 $\lambda_g/2$이므로 상쇄된다. 분명히 이와 같은 상쇄는 주파수에 민감하여 결합기의 방향성이 주파수의 영향은 민감하게 받는다. 포트 1에서 3으로 향하는 두 파의 경로 길이는 항상 같기 때문에 결합도는 주파수의 영향을 적게 받는다.

이제 그림 7.19와 같이 등간격 $N+1$개의 결합 개구로 두 개의 평행 도파관을 결합시킨 멀티홀 방향성 결합기를 생각한다. 하부 도파관 좌측에서 입사되는 파의 크기는 A이고 결합 개구면이 작은 경우 하부 도파관 우측에 전달된 파이 크기도 A이다. 예를 들어 20 dB 결합기의 전력 결합도는 $10^{-20/10} = 0.01$이므로 하부 도파관을 통해 전송된 전력은 입사 전력비 $1 - 0.01 = 0.99$배(상부 도파관으로 1%의 전력이 결합됨)가 된다. 도파관 A에서 전압(전계) 강하는 $\sqrt{0.99} = 0.995$ 또는 0.5%이다. 따라서 각 결합 개구면에 입사되는 파의 크기는 같다고 가정해도 무리가 없다. 물론 각 결합 개구면마다 위상차는 있다.

앞 절의 베테 홀 결합기에서 본 바와 같이, 개구 결합면에서는 일반적으로 크기가 다른 전진파와 후진파가 급전된다. 따라서 F_n은 n번째 결합 개구면에서 전진파의 결합계수라 하고 B_n은 후진파의 결합계수라 하자. 이때 전진파의 크기는 모든 전진파가 같은 길이의 통로를 가지므로

$$F = Ae^{-j\beta Nd}\sum_{n=0}^{N} F_n \tag{7.46}$$

으로 쓸 수 있다. n번째 결합 개구면으로부터 후진파의 통로 길이는 $2\beta nd$이다. 여기서 d는 결합 개구면 사이의 간격이므로 후진파의 크기는

$$B = A\sum_{n=0}^{N} B_n e^{-2j\beta nd} \tag{7.47}$$

이다. 식 (7.46)과 (7.47)에서 위상 기준은 0번째 결합 개구이다.

식 (7.20a)와 (7.20b)의 정의로부터 결합도와 방향성은

$$C = -20\log\left|\frac{F}{A}\right| = -20\log\left|\sum_{n=0}^{N} F_n\right| \text{ dB} \tag{7.48}$$

$$D = -20 \log \left| \frac{B}{F} \right| = -20 \log \left| \frac{\sum_{n=0}^{N} B_n e^{-2j\beta nd}}{\sum_{n=0}^{N} F_n} \right|$$

$$= -C - 20 \log \left| \sum_{n=0}^{N} B_n e^{-2j\beta nd} \right| \text{ dB} \tag{7.49}$$

로 계산할 수 있다.

이제 개구면의 위치는 모두 도파관 측면으로부터 s의 거리에 있고 n번째 결합 개구의 반경을 r_n이라 하자. 이때 4.8절과 앞 절로부터 결합계수는 결합 개구의 분극도 α_e와 α_m에 비례하고, r_n^3에 비례한다. 따라서

$$F_n = K_f r_n^3 \tag{7.50a}$$

$$B_n = K_b r_n^3 \tag{7.50b}$$

으로 쓸 수 있으며, 여기서 K_f와 K_b는 전진파와 후진파의 결합계수에 관한 상수로서 모든 개구면에서 같으나 주파수의 함수이다. 이때 식 (7.48)과 (7.49)는

$$C = -20 \log |K_f| - 20 \log \sum_{n=0}^{N} r_n^3 \text{ dB} \tag{7.51}$$

$$D = -C - 20 \log |K_b| - 20 \log \left| \sum_{n=0}^{N} r_n^3 e^{-2j\beta nd} \right|$$

$$= -C - 20 \log |K_b| - 20 \log S \text{ dB} \tag{7.52}$$

로 된다.

식 (7.51)에서 두 번째 항은 주파수에 무관하다. 첫 항은 r_n에 무관하지만 비교적 주파수에 따라 크게 변하지 않는다. 마찬가지로 식 (7.52)에서 첫 번째 두 항은 주파수에 따라 크게 변하지 않으며 단일 개구의 방향성을 나타내지만 마지막 항 (S)는 Σ에서 위상 상태로 인해 주파수에 민감한 함수이다. 따라서 방향성의 주파수 특성은 r_n을 이용하여 합성할 수 있는 반면에 결합도는 비교적 주파수에 대하여 일정하게 유지해야 한다.

식 (7.52)의 마지막 항

$$S = \left| \sum_{n=0}^{N} r_n^3 e^{-2j\beta nd} \right| \tag{7.53}$$

는 다단 $\lambda/4$ 정합 변환기에 관한 5.5절의 식과 아주 비슷하다. 그 경우와 마찬가지로 방향성이 이항 계수(maximally flat) 또는 체비셰브(이퀄 리플) 특성을 갖도록 설계하는 방법을 설명하고자 한다. 식 (7.53)의 또다른 설명은 이 식이 소자 가중치를 r_n^3으로 한 $N+1$ 소자 배열의 어레이 패턴 계수와 같음을 기본 안테나 이론을 배운 학생은 인식할 수 있다. 안테나 배열에서도 어레이 패턴은 이항 계수 또는 최대 평탄(Chebyshev) 다항식으로 합성할 수 있다.

이항 계수 특성. 이항 계수 다단 $\lambda/4$ 정합 변환기의 경우에서와 같이 결합계수를 이항 계수에 비례하도록 하면 멀티홀 결합기의 방향성이 이항 계수 또는 최대 평탄 특성을 얻을 수 있다. 따라서

$$r_n^3 = kC_n^N. \tag{7.54}$$

여기서 k는 구해야 할 상수이고 C_n^N은 식 (5.51)의 이항 계수이다. k를 구하기 위해 식 (7.51)을 사용하여 결합도를 나타내면

$$C = -20\log|K_f| - 20\log k - 20\log\sum_{n=0}^{N} C_n^N \text{ dB} \tag{7.55}$$

이다. K_f와 N 그리고 C를 알기 때문에 k를 구할 수 있으므로 식 (7.54)를 이용하여 필요한 결합 개구면의 반경을 구할 수 있다. 결합 개구간의 간격d는 중심주파수에서 $\lambda_g/4$로 해야 한다.

체비셰브(Chebyshev) 특성. 우선 N이 우수(결합 개구수는 기수)이고 결합기가 대칭이어서 $r_0 = r_N$, $r_1 = r_{N-1}$, …인 경우를 생각한다. 이때 식 (7.53)으로부터 S는

$$S = \left|\sum_{n=0}^{N} r_n^3 e^{-2jn\theta}\right| = 2\sum_{n=0}^{N/2} r_n^3 \cos(N-2n)\theta$$

이다. 여기서 $\theta = \beta d$로 쓸 수 있다. 체비셰브 특성을 얻기 위해 S를 N차 체비셰브 다항식과 같게 놓으면

$$S = 2\sum_{n=0}^{N/2} r_n^3 \cos(N-2n)\theta = k|T_N(\sec\theta_m\cos\theta)|. \tag{7.56}$$

여기서 k와 θ_m은 구해야 할 상수이다. 식 (7.53)과 (7.56)으로부터 $\theta = 0$인 경우, $S = \sum_{n=0}^{N} r_n^3 = k|T_N(\sec\theta_m)|$ 임을 알 수 있다. 이 결과를 식 (7.51)에 대입하면 결합도는

$$\begin{aligned} C &= -20\log|K_f| - 20\log S\Big|_{\theta=0} \\ &= -20\log|K_f| - 20\log k - 20\log|T_N(\sec\theta_m)| \text{ dB} \end{aligned} \tag{7.57}$$

로 된다. 식 (7.52)로부터 방향성은

$$\begin{aligned} D &= -C - 20\log|K_b| - 20\log S \\ &= 20\log\frac{K_f}{K_b} + 20\log\frac{T_N(\sec\theta_m)}{T_N(\sec\theta_m\cos\theta)} \text{ dB} \end{aligned} \tag{7.58}$$

이다. $\log K_f/K_b$항은 주파수 함수이므로 D는 정확한 체비셰브 특성이 아니나 그 오차가 작다. 따라서 $|T_N(\sec\theta_m)| \geq |T_N(\sec\theta_m\cos\theta)|$이므로 $T_N(\sec\theta_m\cos\theta) = 1$일 때, D가 최소로 됨을 알 수 있다. 따라서 $D_{\min}$을 통과대역 내에서 정해진 최소 방향성이라 하면 θ_m은

$$D_{\min} = 20\log T_N(\sec\theta_m)\ \text{dB} \tag{7.59}$$

인 관계식으로부터 구할 수 있다. 역으로 θ_m과 $D_{\min}$을 주면 대역폭을 정할 수 있다. 어떤 경우든 식 (7.57)은 k를 구하는 데 사용되고 식 (7.56)은 반경 r_n을 구하는 데 사용된다.

N이 기수(결합 개구수는 짝수)인 경우에도 식 (7.57), (7.58) 그리고 (7.59)의 C, D 그리고 $D_{\min}$의 결과를 적용할 수 있으나, 결합 개구 반경을 구하는 데는 식 (7.56) 대신에 다음 식을 사용한다.

$$S = 2\sum_{n=0}^{(N-1)/2} r_n^3\cos(N-2n)\theta = k|T_N(\sec\theta_m\cos\theta)|. \tag{7.60}$$

예제 7.4 멀티홀 도파관 방향성 결합기 설계

$s=a/4$에 4개의 원형 결합 개구를 가진 X-대역 도파관으로 4공 체비셰브(four-hole Chebyshev) 결합기를 설계하라. 중심주파수는 9 GHz이고 결합도는 20 dB이며, 최소 방향성은 40 dB이다. 7~11 GHz까지의 주파수 대역에서 방향성 특성을 도시하라.

☞ 풀이

9 GHz에서 X-대역 도파관에 관한 사항은 다음과 같다.

$$a = 0.02286\ \text{m}$$
$$b = 0.01016\ \text{m}$$
$$\lambda_0 = 0.0333\ \text{m}$$
$$k_0 = 188.5\ \text{m}^{-1}$$
$$\beta = 129.0\ \text{m}^{-1}$$
$$Z_{10} = 550.9\ \Omega$$
$$P_{10} = 4.22\times10^{-7}\ \text{m}^2/\Omega.$$

식 (7.40a)와 (7.40b)로부터 $s=a/4$에 있는 결합 개구의 $|K_f|$와 $|K_b|$는 다음과 같다.

$$|K_f| = \frac{2k_0}{3\eta_0 P_{10}}\left[\sin^2\frac{\pi s}{a} - \frac{2\beta^2}{k_0^2}\left(\sin^2\frac{\pi s}{a} + \frac{\pi^2}{\beta^2 a^2}\cos^2\frac{\pi s}{a}\right)\right] = 3.953\times10^5$$

$$|K_b| = \frac{2k_0}{3\eta_0 P_{10}}\left[\sin^2\frac{\pi s}{a} + \frac{2\beta^2}{k_0^2}\left(\sin^2\frac{\pi s}{a} - \frac{\pi^2}{\beta^2 a^2}\cos^2\frac{\pi s}{a}\right)\right] = 3.454\times10^5.$$

4공 결합기(four-hole coupler)에서 $N=3$이므로 식 (7.59)는

$$40 = 20\log T_3(\sec\theta_m)\ \text{dB},$$
$$100 = T_3(\sec\theta_m) = \cosh(3\cosh^{-1}(\sec\theta_m)),$$
$$\sec\theta_m = 3.01$$

이며, 여기서 체비셰브 함수는 식 (5.58b)를 사용하였다. 따라서 대역의 양끝에서 θ_m은 70.6°와 109.4°이다. 이때 식 (7.57)로부터 k를 구할 수 있다.

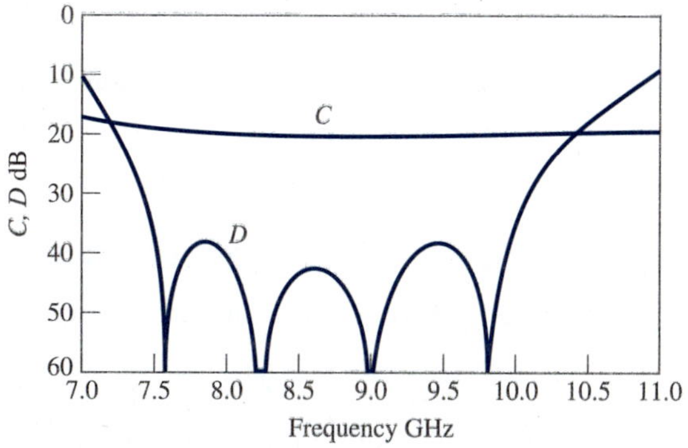

그림 7.20 예제 7.4의 네 개의 홀을 갖는 결합기에 대한 결합도와 방향성의 주파수 특성

$$C = 20 = -20\log(3.953 \times 10^5) - 20\log k - 40\text{ dB}$$
$$20\log k = -171.94$$
$$k = 2.53 \times 10^{-9}.$$

마지막으로 식 (7.60)과 T_3에 관한 식 (5.60c)로부터 반경은 다음과 같이 구할 수 있다.

$$S = 2\left[r_0^3 \cos 3\theta + r_1^3 \cos\theta\right] = k[\sec^3\theta_m(\cos 3\theta + 3\cos\theta) - 3\sec\theta_m \cos\theta]$$
$$2r_0^3 = k\sec^3\theta_m \quad \Rightarrow \quad r_0 = r_3 = 3.26\text{ mm}$$
$$2r_1^3 = 3k(\sec^3\theta_m - \sec\theta_m) \quad \Rightarrow \quad r_1 = r_2 = 4.51\text{ mm}.$$

결합도와 방향성을 계산하여 도시하면 그림 7.20과 같다. 이 그림에서 예제 7.3의 베테 홀 결합기에 비해 지향성의 대역폭이 증가됨을 알 수 있다. ◀

7.5 쿼드러춰(90°) 하이브리드

쿼드러춰 하이브리드는 통과 포트와 결합 포트의 출력 간에 90° 위상차가 생기는 3 dB 방향성 결합기이다. 이와 같은 하이브리드는 그림 7.21과 같이 마이크로스티립 또는 스트립 선로로 구성할 수 있다. 이를 브랜치 선로(branch line) 하이브리드라고도 한다. 결합

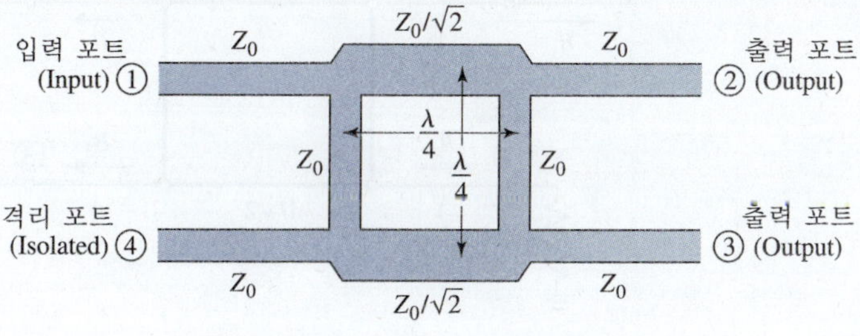

그림 7.21 브랜치 선로 결합기의 구조

선로 방향성 결합기 또는 Lange 결합기와 같은 3 dB 결합기도 쿼드러춰 결합기로 사용되며 이들은 다음 절에서 설명한다. 여기서는 Wilkinson 전력 분배기의 설명에 사용된 것과 비슷한 우수-기수 모드 분해법을 사용하여 쿼드러춰 하이브리드의 동작 원리를 해석한다.

그림 7.21을 대상으로 한 브랜치 선로 결합기의 기본 동작은 다음과 같다. 모든 포트를 정합시켰을 때, 포트 1에 들어간 전력은 포트 2와 3으로 90° 위상차를 가지고 2등분 된다. 포트 4(격리 포트)에는 전력이 결합되지 않는다. 따라서 [S] 매트릭스는 다음의 형태로 된다.

$$[S] = \frac{-1}{\sqrt{2}}\begin{bmatrix} 0 & j & 1 & 0 \\ j & 0 & 0 & 1 \\ 1 & 0 & 0 & j \\ 0 & 1 & j & 0 \end{bmatrix}. \qquad (7.61)$$

브랜치 선로 하이브리드는 모든 포트를 입력 포트로 사용할 수 있기 때문에 대칭성이 아주 좋다. 출력 포트는 입력 포트로부터 정합(junction)의 반대편에 있고, 격리 포트는 입력 포트와 같은 편의 나머지 포트에 있다. 이와 같은 대칭성 때문에 산란 매트릭스에서 각 열은 첫 열을 전치시켜 얻는다.

우수-기수 모드 해석

우선 그림 7.22와 같이 정규화된 브랜치 선로 결합기의 회로를 정규화된 형태로 그렸다. 여기서 각 선은 Z_0로 정규화된 특성 임피던스를 갖는 전송선을 나타낸다. 각 전송선로용 공통 접지선은 나타내지 않았다. 포트 1에 단위진폭 $A_1 = 1$인 파가 입사된다고 가정한다.

그림 7.22의 회로를 그림 7.23과 같이 우수 모드 급전과 기수 모드 급전으로 분해할 수 있다 [5]. 두 급전을 합성하면 그림 7.22의 본래의 상태로 되고 회로가 선형이므로 실제 응답 특성은 (산란파) 우수 모드 급전에 대한 응답 특성과 기수 모드 급전에 대한 응답 특성의 합이다.

급전의 대칭성 또는 비대칭성 때문에 4포트 회로는 그림 7.23과 같이 두 개의 분리된 2포트 회로로 나눌 수 있다. 이들 2포트의 입사파 크기는 ±1/2이므로 브랜치 선로 하이브리드

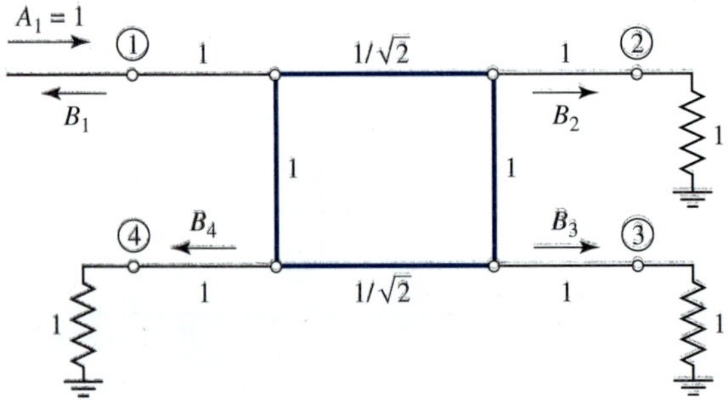

그림 7.22 정규화된 브랜치 선로 하이브리드 결합기 회로

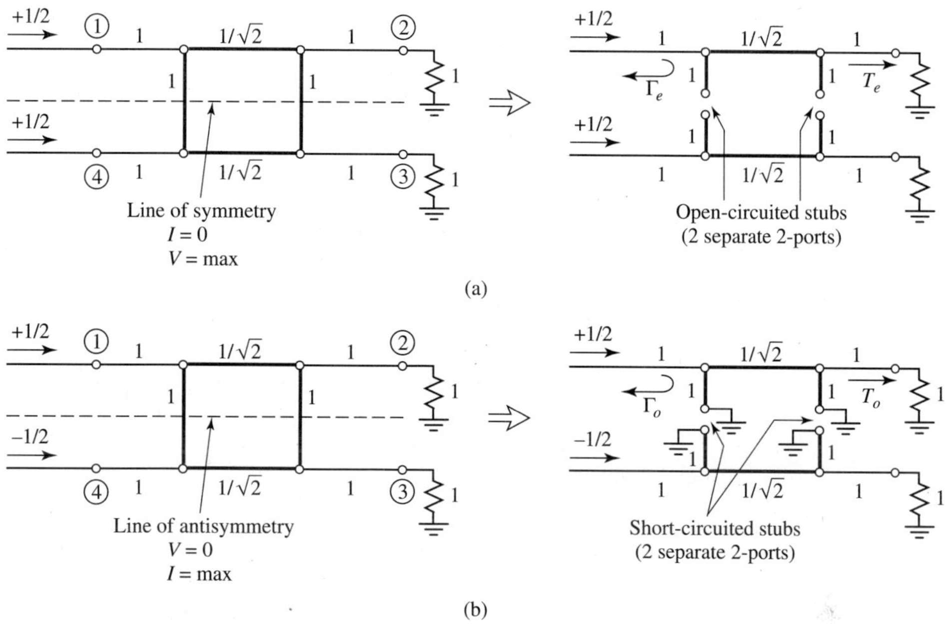

그림 7.23 브랜치 라인 결합기의 분해. (a) 우수 모드 급전, (b) 기수 모드 급전

의 각 포트에서 나오는 파의 크기는 다음과 같이 쓸 수 있다.

$$B_1 = \frac{1}{2}\Gamma_e + \frac{1}{2}\Gamma_o \tag{7.62a}$$

$$B_2 = \frac{1}{2}T_e + \frac{1}{2}T_o \tag{7.62b}$$

$$B_3 = \frac{1}{2}T_e - \frac{1}{2}T_o \tag{7.62c}$$

$$B_4 = \frac{1}{2}\Gamma_e - \frac{1}{2}\Gamma_o. \tag{7.62d}$$

여기서 $\Gamma_{e,o}$와 $T_{e,o}$는 그림 7.23의 2포트 회로에서 우수-기수 모드의 반사계수와 전송계수이다. 우선, 우수 모드 2포트 회로에서 Γ_e와 T_e를 계산한다. 회로의 각 부분의 *ABCD* 매트릭스를 곱하면 다음과 같이 된다.

$$\begin{bmatrix} A & B \\ C & D \end{bmatrix}_e = \underbrace{\begin{bmatrix} 1 & 0 \\ j & 1 \end{bmatrix}}_{\substack{\text{분기} \\ Y=j}} \underbrace{\begin{bmatrix} 0 & j/\sqrt{2} \\ j\sqrt{2} & 0 \end{bmatrix}}_{\substack{\lambda/4 \\ \text{전송선로}}} \underbrace{\begin{bmatrix} 1 & 0 \\ j & 1 \end{bmatrix}}_{\substack{\text{분기} \\ Y=j}} = \frac{1}{\sqrt{2}}\begin{bmatrix} -1 & j \\ j & -1 \end{bmatrix}. \tag{7.63}$$

여기서 각 매트릭스는 표 4.1에서 구할 수 있고, 병렬 개방회로 λ/8 스텁의 어드미턴스는 $Y = j\tan\beta\ell = j$이다. 그리고 표 4.2를 이용하여 *ABCD* 파라미터($Z_o = 1$로 정의된)를 *S* 파

라미터로 변환할 수 있으며, 이들은 반사계수(S_{11})에 해당된다. 따라서

$$\Gamma_e = \frac{A+B-C-D}{A+B+C+D} = \frac{(-1+j-j+1)/\sqrt{2}}{(-1+j+j-1)/\sqrt{2}} = 0 \tag{7.64a}$$

$$T_e = \frac{2}{A+B+C+D} = \frac{2}{(-1+j+j-1)/\sqrt{2}} = \frac{-1}{\sqrt{2}}(1+j) \tag{7.64b}$$

이다. 마찬가지로 기수 모드 급전의 경우

$$\begin{bmatrix} A & B \\ C & D \end{bmatrix}_o = \frac{1}{\sqrt{2}}\begin{bmatrix} 1 & j \\ j & 1 \end{bmatrix} \tag{7.65}$$

이므로, 반사계수와 투과계수는

$$\Gamma_o = 0, \tag{7.66a}$$

$$T_o = \frac{1}{\sqrt{2}}(1-j) \tag{7.66b}$$

로 된다. 이때, 식 (7.64)와 (7.66)을 식 (7.62)에 대입하면 다음과 같다.

$B_1 = 0$ 포트 1은 정합 (7.67a)

$B_2 = -\dfrac{j}{\sqrt{2}}$ 전력의 절반이 전달되고, 포트 1에서 2로의 −90° 위상 이동 (7.67b)

$B_3 = -\dfrac{1}{\sqrt{2}}$ 전력의 절반이 전달되고, 포트 1에서 3으로의 −180° 위상 이동 (7.67c)

$B_4 = 0$ 포트 4로는 전력전달이 없음 (7.67d)

이들 결과는 식 (7.61)로 주어지는 [S] 매트릭스의 1행 및 1열과 같고 나머지 요소는 전치(transposition)하여 쉽게 구할 수 있다.

실제로는 $\lambda/4$ 길이의 필수조건 때문에 브랜치 선로 하이브리드의 대역폭은 10~20% 이내이다. 그러나 다단정합 변환기나 멀티홀(다공) 방향성 결합기와 같이 브랜치 선로 하이브리드도 다단으로 연결하면 대역폭을 10배까지 증가시킬 수 있다. 그림 7.24는 쿼드러쳐 하이브리드의 사진이다. 그런데 쿼드러쳐 하이브리드는 3 dB 분배기 대신, 비등분(불균등) 전력 분배기로도 변형할 수 있고 출력 포트의 특성 임피던스도 다르게 할 수 있다. 또 한 가지 실제로 유의할 점은 브랜치 선로 결합기의 접합부에서 불연속성 때문에 병렬 암(shunt arms)의 길이를 10° 내지 20° 증가시켜야 한다는 것이다.

예제 7.5 쿼드러쳐(90°) 하이브리드 설계와 특성

50Ω인 브랜치 선로 90° 하이브리드를 설계하고, $0.5f_0$에서 $1.5f_0$까지의 주파수 대역에서 S 파라

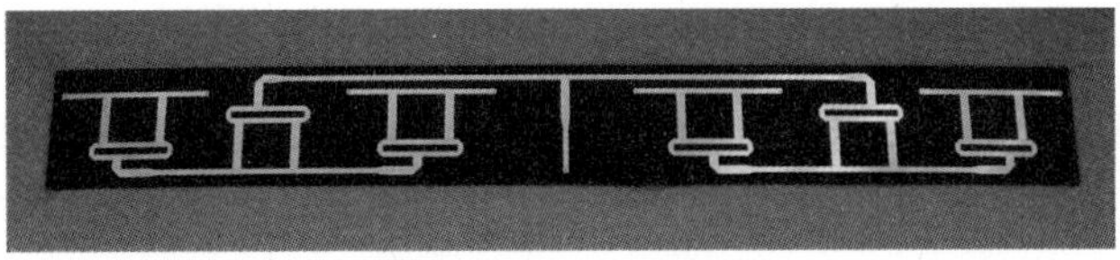

그림 7.24 1.26 GHz 배열 안테나 급전회로망에 사용되는 8-분배 마이크로스트립 전력분배기의 사진. 이 회로는 비등분 전력분배를 위한 베일리(Bailey)구조에서 6개의 90° 하이브리드를 사용한다.(문제 7.33을 보라)

미터의 크기를 도시하라. 여기서 f_0는 설계주파수(중심 주파수)이다.

☞ **풀이**

앞서 해석한 결과에 따라 쿼드러춰 하이브리드의 설계는 아주 쉽다. 각 선로의 길이는 설계주파수 f_0에서 $\lambda/4$이고, 브랜치 선로 임피던스는

$$\frac{Z_0}{\sqrt{2}} = \frac{50}{\sqrt{2}} = 35.4\,\Omega$$

이다. 브랜치 선로 결합기의 특성을 해석한 결과는 그림 7.25와 같다. 설계주파수 f_0에서 포트 2와 3 사이에 완벽한 3 dB(2등분) 전력 분배가 이루어지고, 포트 4는 완전히 고립되며 포트 1은 완전히 반사손이 없음을 유의하라. 그러나 이들 특성은 주파수 f_0에서 멀어질수록 급격히 나빠진다. ◀

7.6 결합선로 방향성 결합기

차폐되지 않는 두 개의 전송선로를 서로 근접시키면 각 선로의 전자계의 상호 결합으로 두 선로 사이에 전력 결합이 생긴다. 이와 같은 두 선로를 **결합전송선로**라 하며 세 개 이상의 도체로도 가능하지만 일반적으로 세 개의 도체를 근접시켜 구성한다.

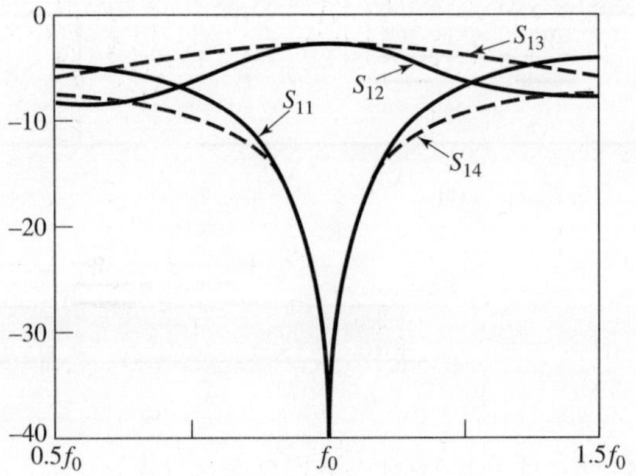

그림 7.25 예제 7.5의 브랜치 선로 커플러에 대한 S 파라미터의 주파수 특성

그림 7.26은 몇 가지 결합선로의 예를 나타낸 것이다. 결합전송선로는 일반적으로 TEM 모드로 동작한다고 본다. 이 가정은 스트립선로에서는 정확하고 마이크로스트립 선로에서는 근사적이다. 일반적으로 그림 7.26의 경우와 같이 3선식 결합선로(three wire line)에서는 두 가지 전파모드가 전송된다. 이와 같은 성질을 이용하여 방향성 결합기, 하이브리드 그리고 여파기를 실현할 수 있다.

그림 7.26에서 보이는 결합선로는 대칭적이고 이것은 두 개의 도체 스트립이 접지 대비 동일한 폭과 방향을 가지는 것을 의미한다. 즉 이렇게 둠으로 동작을 간단하게 분석할 수 있다. 우선 결합선로 이론을 설명하고 결합 스트립 선로와 결합 마이크로스트립 선로의 몇 가지 설계 데이터를 보여주겠다. 그런 다음, 1단 방향성 결합기의 동작 특성을 해석하고 그결과를 다단 결합기 설계에 적용한다.

결합선로 이론

그림 7.26의 결합선로나 기타 다른 3선식 결합선로는 그림 7.27과 같은 구조로 표현할 수 있다. TEM 모드가 전송된다고 할 때, 결합선로의 전기적 특성은 선로 간의 실효 정전용량과 선로 상의 전파속도로서 완벽하게 구할 수 있다. 그림 7.27에 나타난 바와 같이 C_{12}는 접지 도체가 없을 때, 두 스트립 선로 간의 정전용량 C_{11}은 도선 2가 없을 때 접지와 도선 1 간의 정전용량이고 C_{22}는 도선 1이 없을 때 접지와 도선 2 사이의 정전용량이다. 두 스트립 선로의 크기가 같고 접지면에 대한 거리가 같으면 $C_{11} = C_{22}$이다. 대부분의 경우 스트립 선로나 마이크로스트립 회로에서 제3의 도선은 접지면이기 때문에 별다른 문제가 없다면 제3의 도선을 접지로 정하는 것이 편리하다.

이제 결합선로의 두 가지 급전 모드를 생각해 보자. 그 하나는 두 스트립 선로의 전류의 크기와 방향이 같은 우수모드(even mode) 급전이고, 다른 하나는 두 스트립 도선의 전류

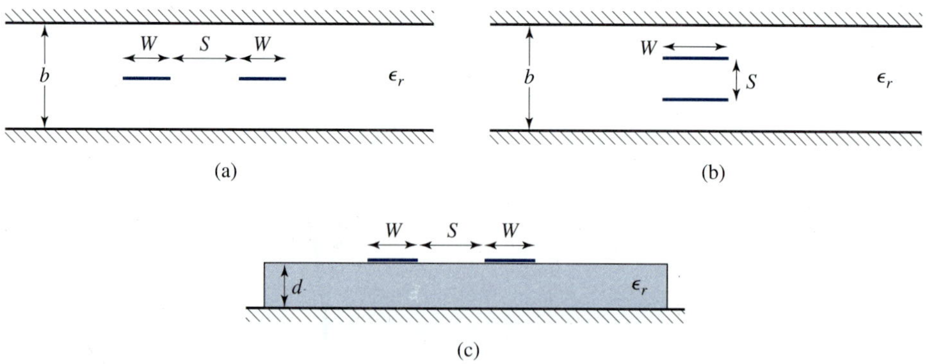

그림 7.26 결합된 전송선로의 여러 가지 구조. (a) 결합된 스트립 선로(평면형 또는 엣지 결합형), (b) 결합된 스트립 선로(스태킹형 또는 브로드사이드 결합형), (c) 결합된 마이크로스트립

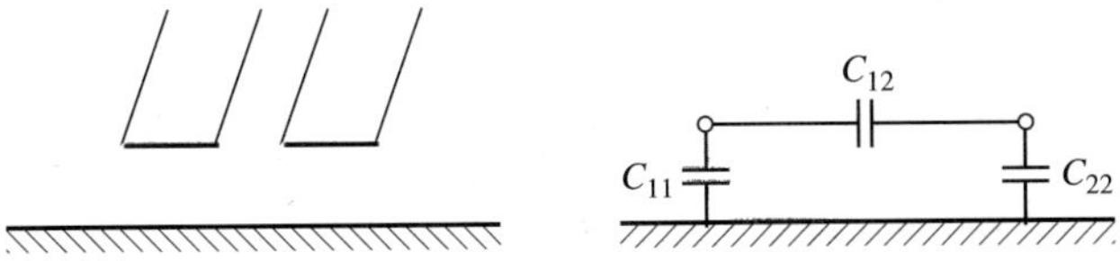

그림 7.27 3선식 결합 전송선로와 그외 등가 커패시턴스 회로망

크기는 같으나 방향이 다른 기수모드(odd mode) 급전이다. 이들 두 급전 모드의 경우 전기력선 분포는 그림 7.28과 같다. 이 선로는 TEM 모드이기 때문에, 전파상수와 위상 속도는 이들 두 모드에 대해 동일하다: $\beta = \omega/v_p$ 그리고 $v_p = c/\sqrt{\epsilon_r}$, 여기서 ϵ_r는 TEM 선로의 비 유전율이다.

우수모드 급전의 경우 전계는 중심선에 대칭이고, 두 스트립 선로 간에 전류가 흐르지 않는다. 따라서 그림 7.28a의 등가 회로에 나타낸 바와 같이 C_{12}는 결과적으로 개방회로가 된다. 두 스트립 도선의 크기와 거리가 같으면 우수모드에서 접지와 두 선로 간의 정전용량은

$$C_e = C_{11} = C_{22} \tag{7.68}$$

이고, 특성 임피던스는

$$Z_{0e} = \sqrt{\frac{L}{C_e}} = \frac{\sqrt{LC_e}}{C_e} = \frac{1}{v_p C_e} \tag{7.69}$$

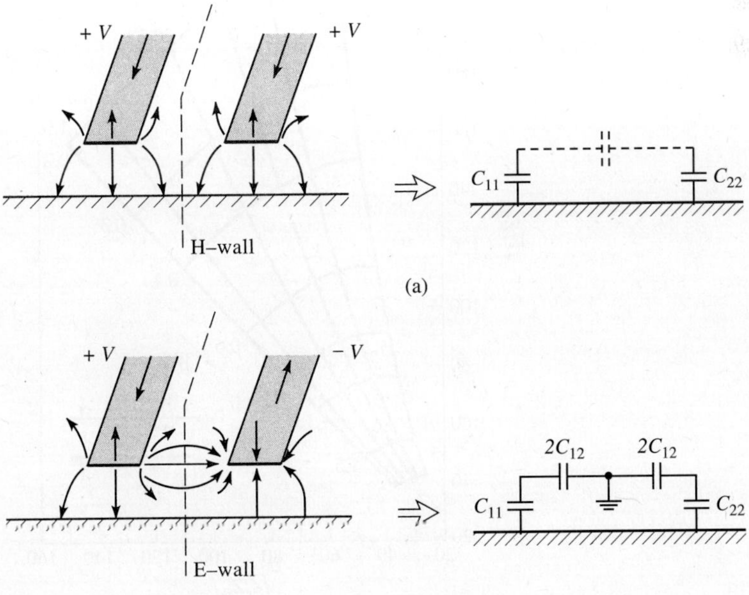

그림 7.28 우수–기수 모드 급전 및 등가 커패시턴스 회로망. (a) 우수모드 급전, (b) 기수모드 급전

로 된다. 여기서 $v_p = c/\sqrt{\epsilon_r} = 1/\sqrt{L_eC_e} = 1/\sqrt{L_oC_o}$는 선로 상에서 파의 위성 속도를 의미한다.

기수모드 급전에서 전기력 선은 중심선에 기대칭(odd symmetry)이고 두 스트립 선로 사이에 전압값 영(null)이 존재한다. 이를 C_{12}의 중앙을 지나가는 접지면으로 생각할 수 있다. 따라서 그림 7.28b와 같은 등가 회로를 그릴 수 있다. 이 경우 스트립 선로와 접지면 사이의 실효 정전용량은

$$C_o = C_{11} + 2C_{12} = C_{22} + 2C_{12} \tag{7.70}$$

이고, 특성 임피던스는

$$Z_{0o} = \sqrt{\frac{L_o}{C_o}} = \frac{\sqrt{L_oC_o}}{C_o} = \frac{1}{v_pC_o}. \tag{7.71}$$

이다.

말로 설명하면 $Z_{0e}(Z_{0o})$는 결합선로가 우수(기수) 모드로 동작할 때, 스트립 선로의 특성 임피던스이다. 결합선로의 임의의 급전은 적당한 크기의 우수모드와 기수모드의 중첩으로 볼 수 있다.

결합선로에는 동축선로, 평행판 또는 스트립 선로와 같이 순수한 TEM파가 전송되므로,

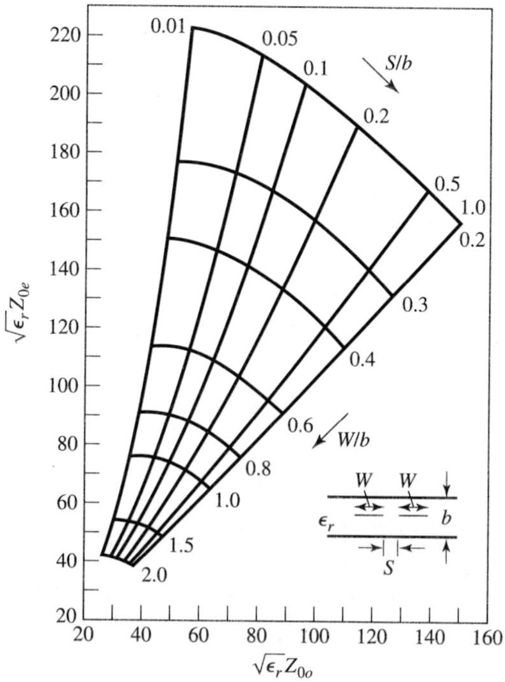

그림 7.29 엣지결합 스트립 선로에 대한 우수 및 기수 모드의 정규화된 특성 임피던스의 설계 데이터

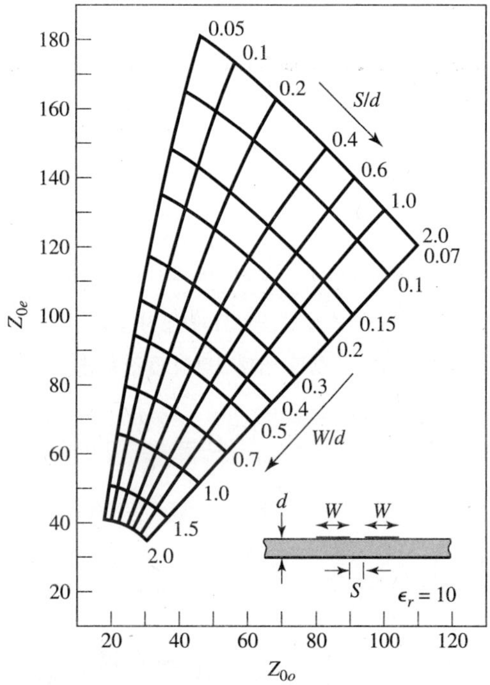

그림 7.30 결합 마이크로스트립 선로에 대한 우수 및 기수 모드 특성 임피던스의 설계 데이터

등각 사상법[7]과 같은 해석법으로 단위 길이당 정전용량을 계산할 수 있고, 이를 이용하여 우수모드와 기수모드의 특성 임피던스를 구할 수 있다. 마이크로스트립과 같은 준TEM 선로에서는 수치해법이나 근사적 준정 자계법으로 결합선로의 정전용량과 특성 임피던스를 구할 수 있다[8]. 어느 경우든 이와 같은 계산은 고려할 사항이 다수의 전파 상용 CAD 상품들로부터 여러 종류의 결합선로에 대한 설계 자료를 제공받을 수 있다. 여기에서는, 결합선로에 대한 두 가지 설계 데이터의 예만 제시하겠다.

그림 7.26a의 대칭결합 선로에서 그림 7.29의 설계 그래프를 이용하여 주어진 우수-기수 모드 특성 임피던스(Z_{0e}와 Z_{0o})와 유전율로부터 결합선로의 폭과 간격을 구할 수 있다. 이 그래프는 대부분 실제 설계에 필요한 모든 파라메터의 범위를 포함해야 하고, 스트립선로가 순수한 TEM 모드를 전송하므로 모든 유전율에서 사용할 수 있다.

결합 마이크로스트립 라인의 경우, 이들 결과는 유전율에 따라 일정한 비율로 가늠(scale)이 되지 않으므로 설계 그래프는 각 유전율마다 작성되어야 한다. 그림 7.30은 $\epsilon_r = 10$인 기판상의 결합 마이크로스트립 선로에 대한 설계 그래프이다. 마이크로스트립 결합선로에서 또 하나의 어려운 점은 우수모드와 기수모드의 공기와 유전체 경계면 부근에서 전자계 분포가 다르기 때문에 두 모드의 전파속도가 다른 점이다. 이와 같은 성질은 결합기의 방향성을 나쁘게 한다.

예제 7.6 간단한 결합선로의 임피던스

그림 7.26b 결합 스트립 선로에서 $W \gg S$이고 $W \gg b$이므로 후린징 필드(fringing field)는 무시할 수 있다. 우수-기수 모드의 특성 임피던스를 구하라.

☞ 풀이

우선, 등가 회로 정전용량 C_{11}과 C_{12}를 구한다. (결합선로가 대칭이므로 $C_{22} = C_{11}$이다) C_{11}은 스트립 선로 2가 없을 때, 스트립 선로 1과 접지 간의 정전용량이다.

간격 d, 판의 면적 A인 평행판 커패시터의 정전용량은

$$\bar{C} = \frac{\epsilon W}{d} \text{ F/m},$$

이고, 여기서 ϵ은 두 판 사이에 있는 유전체의 유전율이다. 이 공식은 후린징 필드(fringing field)를 무시한 것이다.

C_{11}은 스트립 선로 1과 두 개의 접지면 간의 두 커패시터의 병렬합으로 단위길이당 정전용량은

$$\bar{C}_{11} = \frac{2\epsilon_r \epsilon_0 W}{b - s} \text{ F/m}.$$

이다.

두 스트립 선로 간의 단위길이당 정전용량은

$$\bar{C}_{12} = \frac{\epsilon_r \epsilon_0 W}{S} \text{ F/m}.$$

이고, 식 (7.68)과 (7.70)으로부터 우수-기수 모드 정전용량은

$$\bar{C}_e = \bar{C}_{11} = \frac{2\epsilon_r \epsilon_0 W}{b - S} \text{ F/m},$$

$$\bar{C}_o = \bar{C}_{11} + 2\bar{C}_{12} = 2\epsilon_r \epsilon_0 W \left(\frac{1}{b - S} + \frac{1}{S} \right) \text{ F/m}.$$

이다. 선로 상의 위상속도는

$$vp = 1/\sqrt{\epsilon_r \epsilon_0 \mu_0} = c/\sqrt{\epsilon_r}$$

이므로, 특성 임피던스는

$$Z_{0e} = \frac{1}{v_p \bar{C}_e} = \eta_0 \frac{b - S}{2W\sqrt{\epsilon_r}}$$

$$Z_{0o} = \frac{1}{v_p \bar{C}_o} = \eta_0 \frac{1}{2W\sqrt{\epsilon_r}[1/(b - S) + 1/S]}$$

이다. ◀

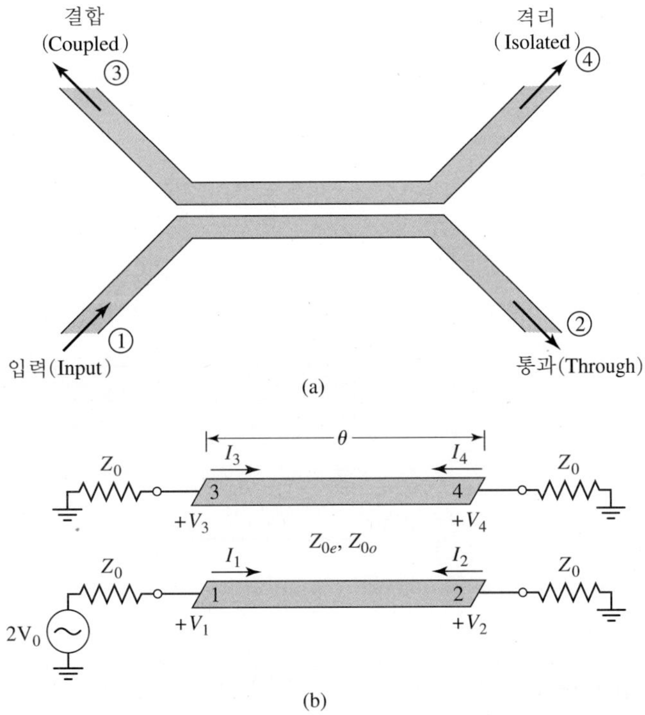

그림 7.31 싱글 섹션 결합선로형 결합기. (a) 기하학적 구조와 포트 표시, (b) 회로도

결합선로 방향성 결합기 설계

앞에서 정의한 우수-기수 모드 특성 임피던스를 이용하여 우수-기수 모드 해석법을 일정 길이의 결합선로에 적용하면, 1단 결합선로 방향성 결합기의 설계식을 도출할 수 있다. 일정 길이의 결합선로는 그림 7.31에 나타내었다. 이와 같은 4포트 회로에서 3포트는 임피던스 Z_0로 중단되고 $2V_0$의 신호원으로 급전된다. 방향성 결합기가 입력 포트(포트 1)는 정합되고 포트 4는 고립되고 임의의 결합도를 갖게 할 수 있음을 증명한다. 포트 2는 통과포트(throughport)이고 포트 3은 결합포트이다. 그림 7.31에서 두 스트립 선로의 접지선은 공통인 것으로 이해한다.

이 문제에서는 선로의 반사계수와 투과계수 대신에 선로의 입력 임피던스를 구하는 데 우수-기수 모드 해석법을 적용한다. 중첩의 원리에 의하여 그림 7.31에서 포트 1의 급전은 그림 7.32에서와 같이 우수모드 급전과 기수모드 급전의 합으로 다룰 수 있다.

대칭성으로부터 우수모드에서는 $I_1^e = I_3^e$, $I_4^e = I_2^e$, $V_1^e = V_3^e$, $V_4^e = V_2^e$이고, 기수모드에서는 $I_1^o = -I_3^o$, $I_4^o = -I_2^o$, $V_1^o = -V_3^o$, $V_4^o = -V_2^o$이다.

따라서 그림 7.31의 결합기의 포트 1에서 입력 임피던스는

$$Z_{in} = \frac{V_1}{I_1} = \frac{V_1^e + V_1^o}{I_1^e + I_1^o} \tag{7.72}$$

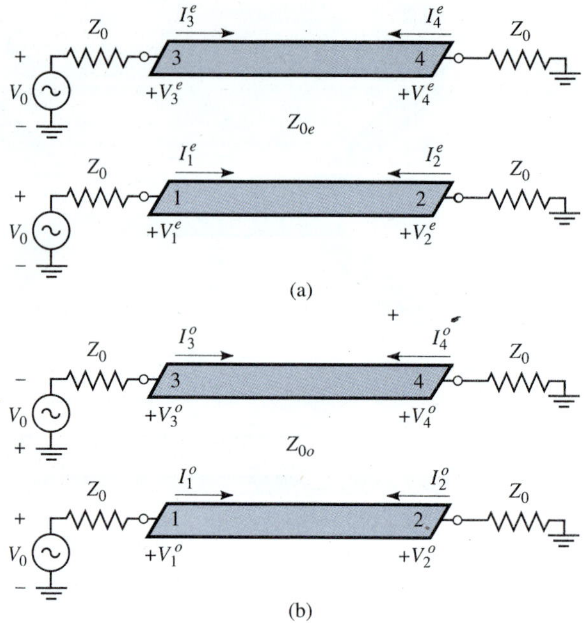

그림 7.32 우수-기수 모드 급전으로 그림 7.31의 결합선로 결합기 회로를 분리시킨 것. (a) 우수모드, (b) 기수모드

로 쓸 수 있다. 이제 포트 1의 우수모드 입력 임피던스를 Z_{in}^e라 하고 기수모드 임피던스를 Z_{in}^o라 하면 각 모드는 특성 임피던스 Z_{0e} 또는 Z_{0o}인 선로가 부하 임피던스 Z_0로 종단된 것으로 볼 수 있으므로

$$Z_{in}^e = Z_{0e} \frac{Z_0 + jZ_{0e} \tan\theta}{Z_{0e} + jZ_0 \tan\theta} \tag{7.73a}$$

$$Z_{in}^o = Z_{0o} \frac{Z_0 + jZ_{0o} \tan\theta}{Z_{0o} + jZ_0 \tan\theta} \tag{7.73b}$$

이다. 그리고 전압 분배법칙에 의해

$$V_1^o = V_0 \frac{Z_{in}^o}{Z_{in}^o + Z_0} \tag{7.74a}$$

$$V_1^e = V_0 \frac{Z_{in}^e}{Z_{in}^e + Z_0} \tag{7.74b}$$

$$I_1^o = \frac{V_0}{Z_{in}^o + Z_0} \tag{7.75a}$$

$$I_1^e = \frac{V_0}{Z_{in}^e + Z_0} \tag{7.75b}$$

이다. 식 (7.72)에 이 결과들을 대입하면

$$Z_{\text{in}} = \frac{Z^o_{\text{in}}\left(Z^e_{\text{in}} + Z_0\right) + Z^e_{\text{in}}\left(Z^o_{\text{in}} + Z_0\right)}{Z^e_{\text{in}} + Z^o_{\text{in}} + 2Z_0} = Z_0 + \frac{2\left(Z^o_{\text{in}} Z^e_{\text{in}} - Z_0^2\right)}{Z^e_{\text{in}} + Z^o_{\text{in}} + 2Z_0} \tag{7.76}$$

이다. 이제

$$Z_0 = \sqrt{Z_{0e} Z_{0o}} \tag{7.77}$$

로 놓으면 식 (7.73a, b)는

$$Z^e_{\text{in}} = Z_{0e}\frac{\sqrt{Z_{0o}} + j\sqrt{Z_{0e}}\tan\theta}{\sqrt{Z_{0e}} + j\sqrt{Z_{0o}}\tan\theta}$$

$$Z^o_{\text{in}} = Z_{0o}\frac{\sqrt{Z_{0e}} + j\sqrt{Z_{0o}}\tan\theta}{\sqrt{Z_{0o}} + j\sqrt{Z_{0e}}\tan\theta}$$

이므로 $Z^e_{\text{in}} Z^o_{\text{in}} = Z_{0e} Z_{0o} = Z_0^2$이고, 식 (7.76)은

$$Z_{\text{in}} = Z_0 \tag{7.78}$$

이다. 따라서 식 (7.77)이 만족되면 포트 1(대칭성에 의해 모든 다른 포트도)이 정합된다.

식 (7.77)이 성립되어 $Z_{\text{in}} = Z_0$이면 전압 분배법칙에 의해 $V_1 = V_0$가 된다. 포트 3의 전압은 식 (7.74)를 이용하여 식 (7.73)과 (7.77)로부터

$$V_3 = V^e_3 + V^o_3 = V^e_1 - V^o_1 = V_0\left[\frac{Z^e_{\text{in}}}{Z^e_{\text{in}} + Z_0} - \frac{Z^o_{\text{in}}}{Z^o_{\text{in}} + Z_0}\right] \tag{7.79}$$

이다. 식 (7.73)과 (7.77)로부터

$$\frac{Z^e_{\text{in}}}{Z^e_{\text{in}} + Z_0} = \frac{Z_0 + jZ_{0e}\tan\theta}{2Z_0 + j(Z_{0e} + Z_{0o})\tan\theta}$$

$$\frac{Z^o_{\text{in}}}{Z^o_{\text{in}} + Z_0} = \frac{Z_0 + jZ_{0o}\tan\theta}{2Z_0 + j(Z_{0e} + Z_{0o})\tan\theta}$$

임을 입증할 수 있으므로 식 (7.79)는

$$V_3 = V_0\frac{j(Z_{0e} - Z_{0o})\tan\theta}{2Z_0 + j(Z_{0e} + Z_{0o})\tan\theta} \tag{7.80}$$

로 된다. 이제 결합계수인 C를

$$C = \frac{Z_{0e} - Z_{0o}}{Z_{0e} + Z_{0o}} \tag{7.81}$$

로 정의하면, 이는 대역 중심에서의 전압 결합계수 V_3/V_0임을 알게 된다. 이때

$$\sqrt{1 - C^2} = \frac{2Z_0}{Z_{0e} + Z_{0o}}$$

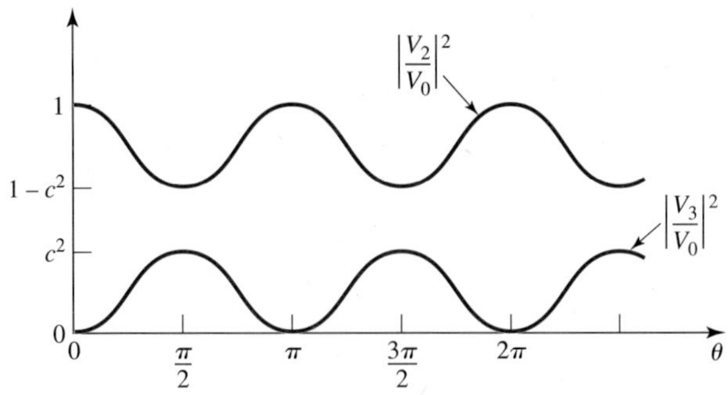

그림 7.33 그림 7.31의 결합선로 결합기에 대한 결합포트와 통과포트의 주파수 특성

이므로

$$V_3 = V_0 \frac{jC\tan\theta}{\sqrt{1-C^2}+j\tan\theta} \tag{7.82}$$

이다. 마찬가지로

$$V_4 = V_4^e + V_4^o = V_2^e - V_2^o = 0 \tag{7.83}$$

이고,

$$V_2 = V_2^e + V_2^o = V_0 \frac{\sqrt{1-C^2}}{\sqrt{1-C^2}\cos\theta + j\sin\theta} \tag{7.84}$$

이다.

식 (7.82)와 (7.84)를 이용하여 통과포트 전압과 결합포트 전압의 주파수 특성을 도시하면 그림 7.33과 같다. 아주 낮은 주파수($\theta \ll \pi/2$)에서는 거의 모든 전력이 포트 2에 전달되고 포트 3에는 결합되지 않는다. $\theta = \pi/2$에서 포트 3에 결합되는 전력이 최대이므로 가장 작은 크기와 최소의 손실을 가지는 결합기로 동작한다. 주파수 특성이 주기적이므로 $\theta = \pi/2$ 대신 $3\pi/2$에서도 V_3는 최대가 되어 결합기로 사용할 수 있다.

$\theta = \pi/2$에서 결합기 길이는 $\lambda/4$이고 식 (7.82)와 (7.84)는 다음과 같다.

$$\frac{V_3}{V_0} = C \tag{7.85}$$

$$\frac{V_2}{V_0} = -j\sqrt{1-C^2}. \tag{7.86}$$

여기서 $C < 1$은 설계주파수 즉 $\theta = \pi/2$에서 전압 결합계수이다. 이들 식에서 입력 전력 $P_{in} = (1/2)|V_0|^2/Z_0$이고, 출력 전력 $P_2 = (1/2)|V_2|^2/Z_0 = (1/2)(1 - C^2)|V_0|^2/Z_0$, $P_3 = (1/2)|C|^2|V_0|^2/Z_0$, $P_4 = 0$이므로 $P_{in} = P_2 + P_3 + P_4$가 되므로 전력 보존법칙이 성립된다. 또한 두 개의 출력 포트 전압이 90° 위상차를 가지므로 이와 같은 결합기는 쿼드러춰 하이브리드(quadrature hybrid)로 사용할 수 있다. 그리고 식 (7.77)이 성립되는 한 결합기는 중심주파수에서 입력 포트는 정합되고 완벽하게 분리된다.

끝으로 특성 임피던스 Z_0와 전압 결합계수 C가 정해지면 이에 필요한 우수–기수 모드 특성 임피던스를 구하는 식은 식 (7.77)과 (7.81)로부터 다음과 같이 된다.

$$Z_{0e} = Z_0\sqrt{\frac{1+C}{1-C}} \tag{7.87a}$$

$$Z_{0o} = Z_0\sqrt{\frac{1-C}{1+C}}. \tag{7.87b}$$

위의 해석에서 우수–기수 모드의 전파 속도는 같다고 가정했으므로 우수–기수 모드의 전기적 길이도 같다. 결합 마이크로스트립 선로나 기타 비TEM 선로에서 이 조건은 성립되지 않고 따라서 결합기의 방향성도 나빠지게 된다. 마이크로스트립 결합선로에서 우수–기수 모드의 위상 속도가 다르다는 사실은 우수모드가 기수모드보다 공기 중에서 후린징 필드(fringing field)가 작음을 나타내는 그림 7.28의 전력선 분포를 생각함으로써 직관적으로 설명될 수 있다. 따라서 우수모드에서 마이크로스트립 결합선로의 실효 유전율은 커지는데, 이는 우수모드의 위상 속도가 작음을 의미한다. 마이크로스트립 결합선로에서 우수–기수 모드의 위상 속도가 같도록 보상하기 위해 유전체 덮개(overlays)나 이방성 기판을 사용하는 방법이 있다.

이와 같은 결합기는 소결합에서 가장 적합하다. 타이트한 결합에서는 두 선로 사이가 너무 밀착되거나 기수모드 및 우수모드 특성 임피던스가 실현 불가능한 값을 갖기 때문이다.

예제 7.7 1단 결합기 설계와 특성

접지면과의 간격이 0.32 cm, 유전율이 2.2, 특성 임피던스가 50 Ω인 스트립 선로로 3 GHz용 20 dB 1단 결합기를 설계하고, 1에서 5 GHz 범위에서 결합도와 방향성의 주파수 특성을 도시하라.

☞ 풀이

전압 결합계수는

$$C = 10^{-20/20} = 0.1$$

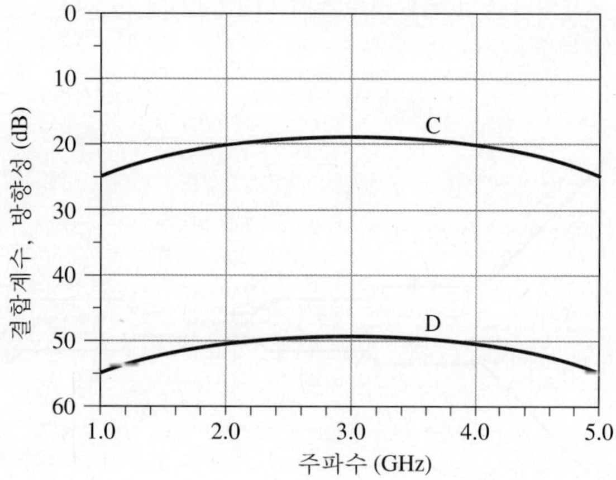

그림 7.34 예제 7.7의 1단 결합기에 대한 결합도의 주파수 특성

이고, 식 (7.87)로부터 우수-기수 모드 특성 임피던스는

$$Z_{0e} = Z_0\sqrt{\frac{1+C}{1-C}} = 55.28\,\Omega$$

$$Z_{0o} = Z_0\sqrt{\frac{1-C}{1+C}} = 45.23\,\Omega$$

이다. 그림 7.29를 이용하면

$$\sqrt{\epsilon_r}Z_{0e} = 82.0$$

$$\sqrt{\epsilon_r}Z_{0o} = 67.1$$

이므로, $W/b = 0.809$, $S/b = 0.306$이다. 이로써 스트립 선로의 폭은

$$W = 0.259\,\text{cm}$$

이고, 두 스트립 선로 간의 간격은

$$S = 0.098\,\text{cm}$$

이다. 이 간격은 너무 좁아 제작하기 어려울 수 있다.

결합도와 방향성은 그림 7.34에 도시되어 있다. ◀

다단 결합선로 결합기 설계

그림 7.33에서와 같이 1단 결합선로 결합기는 $\lambda/4$ 길이인 조건 때문에 대역폭이 제한된다. $\lambda/4$ 정합 변환기와 도파관 결합기에서와 같이 다단(multi sections)으로 하면 대역폭을 증가시킬 수 있다. 실제로 다단 결합선로 결합기와 다단 $\lambda/4$ 변환기 사이에는 아주 밀접한 관계가 있다[9].

일반적으로 위상 특성이 보다 좋기 때문에 그림 7.35와 같이 다단 결합선로 결합기는 홀수단으로 한다. 즉 N은 홀수이다. 그리고 결합도는 $C \geq 10\,\text{dB}$로서 소결합으로 하고 각 단은 중심주파수에서 $\lambda/4$ 길이($\theta = \pi/2$)로 한다.

이제 $C \ll 1$인 1단의 결합선로에서 식 (7.82)와 (7.84)는

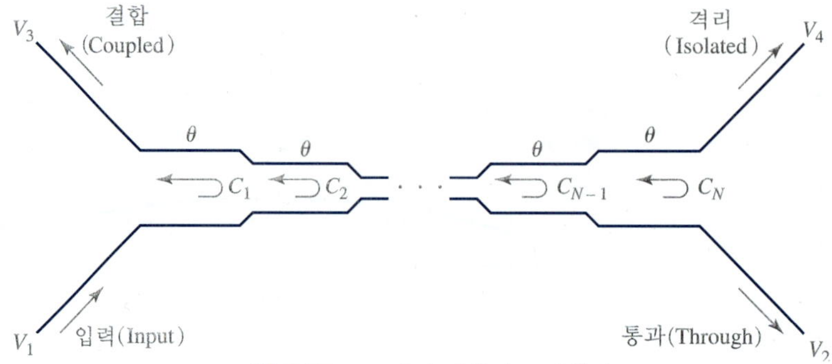

그림 7.35 N-섹션 결합선로 결합기

$$\frac{V_3}{V_1} = \frac{jC\tan\theta}{\sqrt{1-C^2}+j\tan\theta} \simeq \frac{jC\tan\theta}{1+j\tan\theta} = jC\sin\theta e^{-j\theta} \tag{7.88a}$$

$$\frac{V_2}{V_1} = \frac{\sqrt{1-C^2}}{\sqrt{1-C^2}\cos\theta + j\sin\theta} \simeq e^{-j\theta} \tag{7.88b}$$

로 간단히 된다. $\theta = \pi/2$인 경우, $V_3/V_1 = C$이고, $V_2/V_1 = -j$이다. 근사식 (7.88)은 한 단에서 다음 단까지의 통과 경로(through path)를 따라서는 전력 손실이 없는 것으로 가정하는 것과 같으며, 이는 다단 도파관 결합기 해석에서도 비슷하다.

식 (7.88)은 전력 보존법칙에는 어긋나지만 C가 작으면 타당하다.

이 결과를 이용하여 그림 7.35의 다단 결합기는 결합 포트(포트 3)에 나타나는 총 전압이 다음과 같다.

$$\begin{aligned} V_3 &= (jC_1\sin\theta e^{-j\theta})V_1 + (jC_2\sin\theta e^{-j\theta})V_1 e^{-2j\theta} \\ &\quad + \cdots + (jC_N\sin\theta e^{-j\theta})V_1 e^{-2j(N-1)\theta}. \end{aligned} \tag{7.89}$$

여기서 C_n은 n단의 전압 결합계수이다. 결합기가 대칭적이면 $C_1 = C_N$, $C_2 = C_{N-1}$ 이므로 식 (7.89)는

$$\begin{aligned} V_3 &= jV_1\sin\theta e^{-j\theta}\left[C_1\left(1+e^{-2j(N-1)\theta}\right) + C_2\left(e^{-2j\theta}+e^{-2j(N-2)\theta}\right) + \cdots + C_M e^{-j(N-1)\theta}\right] \\ &= 2jV_1\sin\theta e^{-jN\theta}\left[C_1\cos(N-1)\theta + C_2\cos(N-3)\theta + \cdots + \frac{1}{2}C_M\right] \end{aligned} \tag{7.90}$$

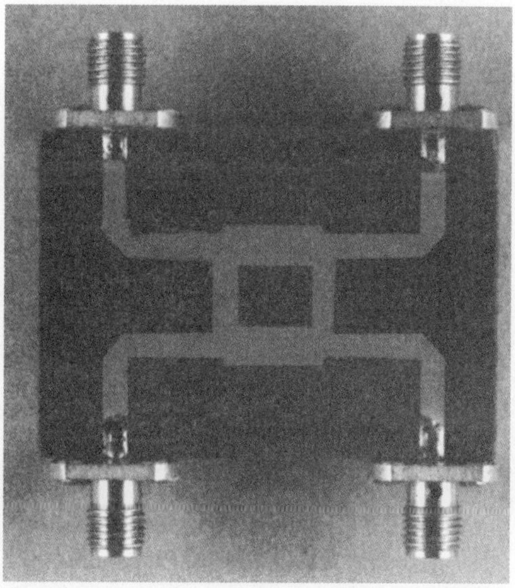

그림 7.36 단일 섹션 마이크로스트립 결합선로 결합기의 사진
Courtesy of M. D. Abouzahra, MIT Lincoln Laboratory, Lexington, Mass.

으로 된다. 여기서 $M=\frac{N+1}{2}$이다.

중심주파수에서 전압 결합률(C_0)은

$$C_0=\left|\frac{V_3}{V_1}\right|_{\theta=\pi/2} \tag{7.91}$$

로 정의한다.

식 (7.90)은 주파수 함수로서 결합에 관한 푸리에 급수 형태이다. 따라서 결합계수 C_n을 적당히 선택하여 원하는 결합 특성을 합성할 수 있다. 이 경우에는 결합 특성을 합성하는 것인 한편, 멀티홀 도파관 결합기에서는 방향 특성을 합성하는 것임을 유의하기 바란다. 이는 다단 결합선로 결합기의 비결합 암(uncoupled arm)에 대한 통로가 순방향이고 따라서 역방향에 있는 결합 암(coupled arm)의 통로보다 주파수에 따른 변화가 작기 때문이다. 즉 멀티홀 도파관 결합기와 반대인 경우이다.

이와 같은 다단 결합기는 10배 정도의 대역폭을 얻을 수 있으나 결합 정도는 낮아진다. 1단 결합기보다 전기적 길이가 길어지기 때문에 우수-기수 모드의 위상 속도를 같도록 하는 것이 더욱 중요하다. 때문에 다단 결합선로 결합기에는 스트립 선로가 유리하다. 우수-기수 모드의 위상 속도가 달라지면 결합기의 방향성이 나빠지며 접속 불연속, 부하 부정합 그리고 제작 오차도 성능을 떨어뜨린다. 그림 7.36은 결합선로 결합기의 사진이다.

예제 7.8 다단 결합기의 설계와 특성

이항 계수(binomial 또는 maximally flat) 응답 특성을 갖는 시스템 임피던스 50 Ω, 중심주파수 3 GHz인 3단 20 dB 결합기를 설계하라. 1에서 5 GHz 주파수 범위에서 결합도와 방향성 특성을 도시하라.

☞ 풀이

3단($N=3$) 결합기에서 최대 평탄 특성(maximally flat)을 얻기 위해서는

$$n=1,2\text{일 때}\quad \left.\frac{d^n}{d\theta^n}C(\theta)\right|_{\theta=\pi/2}=0$$

이어야 한다.

식 (7.90)으로부터

$$\begin{aligned}C=\left|\frac{V_3}{V_1}\right|&=2\sin\theta\left[C_1\cos 2\theta+\frac{1}{2}C_2\right]\\&=C_1(\sin 3\theta-\sin\theta)+C_2\sin\theta\\&=C_1\sin 3\theta+(C_2-C_1)\sin\theta\end{aligned}$$

이므로,

$$\frac{dC}{d\theta}=\left.[3C_1\cos 3\theta+(C_2-C_1)\cos\theta]\right|_{\pi/2}=0$$

$$\frac{d^2C}{d\theta^2}=\left.[-9C_1\sin 3\theta-(C_2-C_1)\sin\theta]\right|_{\pi/2}=10C_1-C_2=0$$

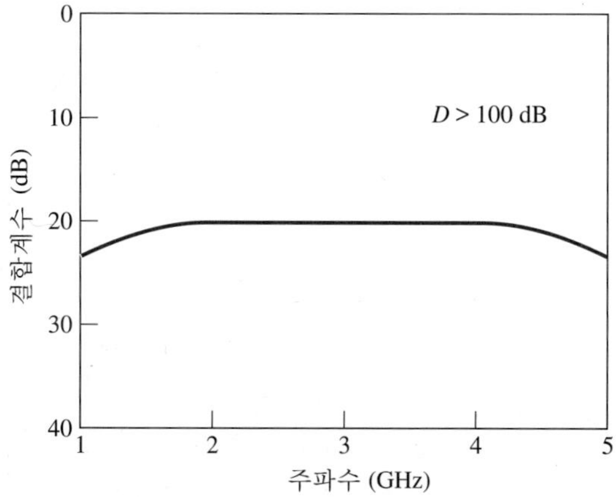

그림 7.37 예제 7.8 3단 이항 계수 결합기에 대한 결합도의 주파수 특성

이다. 중심주파수에서 $\theta = \pi/2$이고, $C_0 = 20\,\text{dB}$이므로 $C = 10^{-20/20} = 0.1 = C_2 - 2C_1$이다. 이들 두 식을 C_1과 C_2에 관해 풀면

$$C_1 = C_3 = 0.0125$$
$$C_2 = 0.125$$

이다. 이때 식 (7.87)로부터 각 단의 우수–기수 모드 특성 임피던스는

$$Z_{0e}^1 = Z_{0e}^3 = 50\sqrt{\frac{1.0125}{0.9875}} = 50.63\,\Omega$$

$$Z_{0o}^1 = Z_{0o}^3 = 50\sqrt{\frac{0.9875}{1.0125}} = 49.38\,\Omega$$

$$Z_{0e}^2 = 50\sqrt{\frac{1.125}{0.875}} = 56.69\,\Omega$$

$$Z_{0o}^2 = 50\sqrt{\frac{0.875}{1.125}} = 44.10\,\Omega$$

이다. 이 결합기의 결합도와 방향성의 주파수 특성은 그림 7.37과 같다 ◀

7.7 Lange 결합기

일반적으로 결합선로 결합기의 결합도는 너무 작아서 3 dB 또는 6 dB의 결합도도 얻지 못한다. 엣지결합 선로(edge-coupled lines) 간의 결합도를 증가시키는 한 방법으로 서로 평행으로 여러 개의 선로를 결합시켜 결합선로의 양 끝의 후린징 필드(fringing field)를 결합에 이용하는 방법이 있다. 이 방법을 가장 잘 이용한 것이 그림 7.38a에 나타낸 Lange 결합기[10]이다. 여기서는 4개의 결합선로가 서로 연결되어 결합도를 크게 한다.

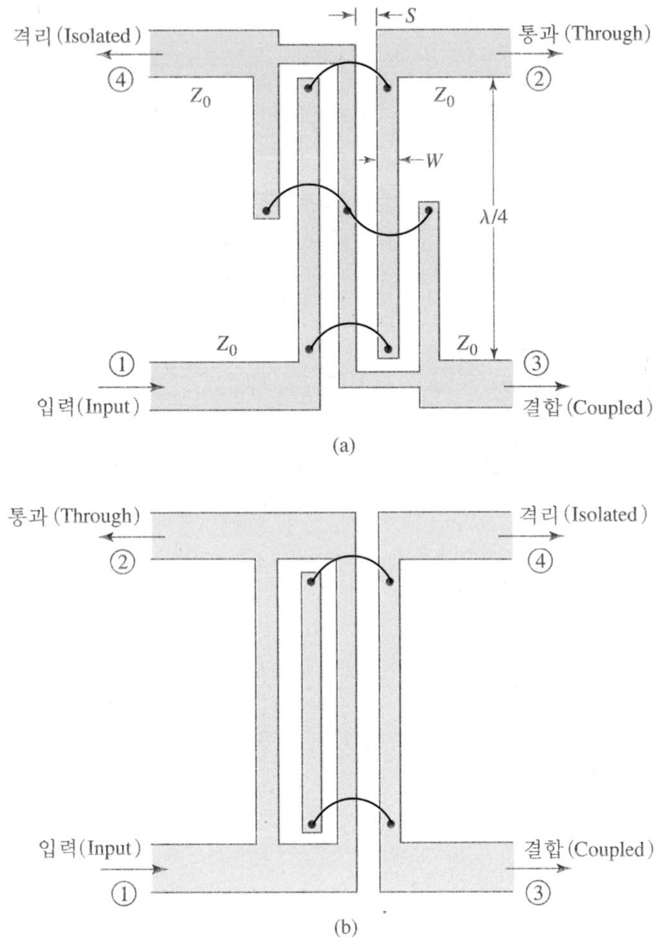

그림 7.38 Lange 결합기. (a) 마이크로스트립형의 구조, (b) 접히지 않은 Lange 결합기

이 결합기는 1옥타브 또는 그 이상의 대역폭에서 3 dB 결합도를 쉽게 얻을 수 있다. 우수-기수 모드의 위상 속도가 달라지는 것을 보상하여 같도록 설계하면 대역폭도 개선된다. 출력 선로(포트 2와 3) 사이에는 쿼드러춰 위상차가 있으므로 Lange 결합기는 쿼드러춰 결합기(quadrature coupler)이다. Lange 결합기의 중대한 단점은 결합선로 간의 간격이 너무 좁고 결합선로를 가로질러 연결하는 연결선(bonding wires)이 필요해서 제작하기가 어려운 점이다. Lange 결합기의 결합선로 구조는 깍지낀 구조(interdigitated)로서 이와 같은 구조는 여파기 회로에도 사용된다.

그림 7.38b와 같이 깍지끼지 않은 Lange 결합기(unfolded lange coupler)[11]는 본래의 Lange 결합기와 같은 방법으로 동작하지만 등가 회로로 설계하기가 쉽다. 이와 같은 등가 회로는 그림 7.39a와 같은 4선 결합선로 구조를 가진다. 모든 선로는 폭과 간격이 같다. 각 선로는 가장 가까운 선로 사이만 결합되고 그 외의 선로와 결합을 무시하면 그림 7.39b와 같이 2선 결합선로 모델로 근사화시킬 수 있다. 이때 그림 7.39a의 4선 결합선로 모델

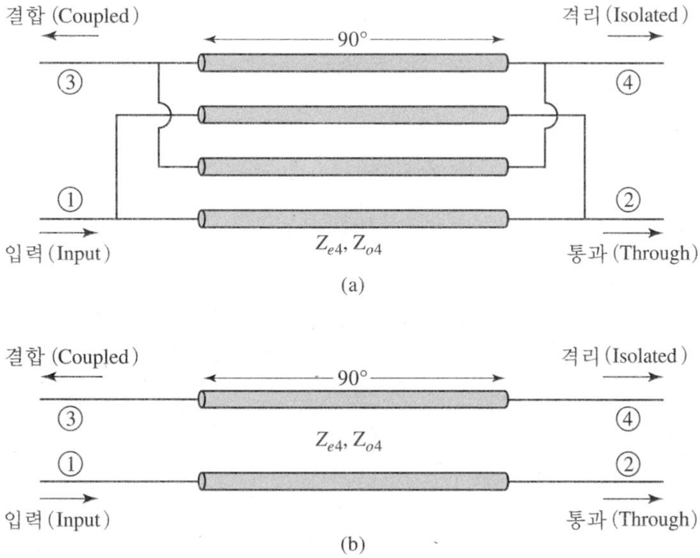

그림 7.39 짝지끼지 않은 Lange 결합기의 등가 회로. (a) 4선 결합선로 모델, (b) 근사화한 2선 결합선로 모델

의 우수-기수 모드 특성 임피던스 Z_{e4}와 Z_{o4}를 한쌍의 임의의 인접 선로의 우수-기수 모드 특성 임피던스인 Z_{0e}와 Z_{0o}로 표현할 수 있으면 Lange 결합기 해석에 7.6절의 결합선로 결합기 해석법을 적용할 수 있다.

그림 7.40a는 그림 7.39a의 4선 결합선로의 도선 간의 실효 정전용량을 나타낸 것이다. 7.6절의 2선 결합기의 경우와 달리 접지와 4선 간의 정전용량이 그 선이 바깥쪽(1과 4)에 있느냐 아니면 안쪽(2와 3)에 있느냐에 따라 다르다.

이들 정전용량 간의 근사적 관계식은[12]

$$C_{\text{in}} = C_{\text{ex}} - \frac{C_{\text{ex}} C_m}{C_{\text{ex}} + C_m} \tag{7.92}$$

이다.

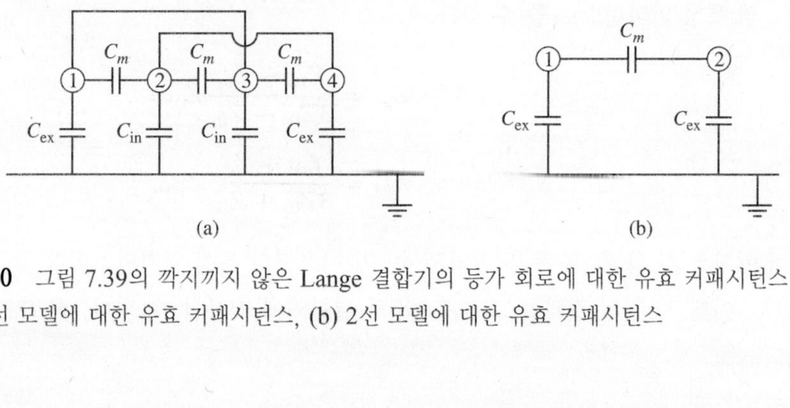

그림 7.40 그림 7.39의 짝지끼지 않은 Lange 결합기의 등가 회로에 대한 유효 커패시턴스 회로망. (a) 4선 모델에 대한 유효 커패시턴스, (b) 2선 모델에 대한 유효 커패시턴스

우수모드 급전의 경우 그림 7.40a에서 4개의 도선은 전위가 같으므로 $C_m = 0$이고 접지와 임의의 도선 간의 총 정전용량은

$$C_{e4} = C_{\text{ex}} + C_{\text{in}} \tag{7.93a}$$

이다. 기수모드 급전에서는 각 C_m의 중간을 가로질러 전기벽이 존재하는 효과를 가지므로 접지와 임의의 도선 간 정전용량은

$$C_{o4} = C_{\text{ex}} + C_{\text{in}} + 6C_m \tag{7.93b}$$

이다. 이때 우수-기수 모드의 특성 임피던스는

$$Z_{e4} = \frac{1}{v_p C_{e4}} \tag{7.94a}$$

$$Z_{o4} = \frac{1}{v_p C_{o4}} \tag{7.94b}$$

이고, 여기서 v_p는 선로 상의 전파 속도이다.

이제 4선 모델에서 분리된(isolated) 임의 한쌍의 인접 도선을 생각해 보자. 실효 정전용량은 그림 7.40b와 같고, 우수-기수 모드의 정전용량은

$$C_e = C_{\text{ex}} \tag{7.95a}$$

$$C_o = C_{\text{ex}} + 2C_m \tag{7.95b}$$

이다. 식 (7.95)에서 C_{ex}와 C_m을 구하고 이를 식 (7.92)를 이용하여 식 (7.93)에 대입하면 다음과 같이 4선 결합선로의 우수-기수 모드 정전용량을 2선 결합선로의 정전용량으로 나타낼 수 있다.

$$C_{e4} = \frac{C_e(3C_e + C_o)}{C_e + C_o} \tag{7.96a}$$

$$C_{o4} = \frac{C_o(3C_o + C_e)}{C_e + C_o}. \tag{7.96b}$$

특성 임피던스는 정전용량과 $Z_0 = 1/v_p C$의 관계가 있으므로 식 (7.96)은 다음과 같이 Lange 결합기의 우수-기수 모드의 특성 임피던스를 결합기 내의 모든 한 쌍의 인접 선로의 특성 임피던스로 쓸 수 있다.

$$Z_{e4} = \frac{Z_{0o} + Z_{0e}}{3Z_{0o} + Z_{0e}} Z_{0e} \tag{7.97a}$$

$$Z_{o4} = \frac{Z_{0o} + Z_{0e}}{3Z_{0e} + Z_{0o}} Z_{0o}. \tag{7.97b}$$

여기서 Z_{0e}와 Z_{0o}는 두 도선의 우수-기수 모드의 특성 임피던스이다.

이제 7.6절의 결과를 그림 7.39b의 결합기에 적용할 수 있다. 식 (7.77)로부터 특성 임

피던스는

$$Z_0 = \sqrt{Z_{e4}Z_{o4}} = \sqrt{\frac{Z_{0e}Z_{0o}(Z_{0o}+Z_{0e})^2}{(3Z_{0o}+Z_{0e})(3Z_{0e}+Z_{0o})}} \tag{7.98}$$

이며, 식 (7.81)로부터 식 (7.97)을 이용하여 전압 결합계수를 구하면

$$C = \frac{Z_{e4}-Z_{o4}}{Z_{e4}+Z_{o4}} = \frac{3\left(Z_{0e}^2 - Z_{0o}^2\right)}{3\left(Z_{0e}^2+Z_{0o}^2\right)+2Z_{0e}Z_{0o}} \tag{7.99}$$

이다. 결합기를 설계하려면 주어진 특성 임피던스와 결합계수로부터 이에 필요한 우수-기수 모드 임피던스를 다음과 같이 역으로 구하면 된다.

$$Z_{0e} = \frac{4C-3+\sqrt{9-8C^2}}{2C\sqrt{(1-C)/(1+C)}}Z_0 \tag{7.100a}$$

$$Z_{0o} = \frac{4C+3-\sqrt{9-8C^2}}{2C\sqrt{(1+C)/(1-C)}}Z_0. \tag{7.100b}$$

이들 결과는 2선로 특성 임피던스를 4선 회로에 적용할 때, 단순화 과정을 거쳤고, 우수-기수 모드 위상 속도가 같다는 가정에서 구해진 식이므로 근사적 결과이다. 하지만 이들 식은 일반적으로 상당히 정확하다. 필요하면 참고문헌 [13]에서와 같이 4선 회로의 Z_{e4}와 Z_{o4}를 직접 구하면 보다 완벽한 해석을 할 수 있다.

7.8 180° 하이브리드

180° 하이브리드는 두 출력 포트 사이에 180° 위상차를 가지는 4포트 회로이다. 또한 180° 하이브리드는 두 출력이 동위상이 되도록 동작할 수도 있다. 그림 7.41의 하이브리드의 표기에 따라 설명할 때, 포트 1에 인가된 신호는 포트 2와 3에 동위상으로 나뉘어 나타나고 포트 4에는 나타나지 않는다(isolated). 그리고 포트 4에 신호가 인가되면 포트 2와 3에 두 입력 신호를 인가하여 합성기(combiner)로 동작할 때는 두 입력의 합이 포트 1에 나타나고 차는 포트 4에 나타난다. 따라서 포트 1과 4는 각각 합(sum) 포트와 차(difference) 포트로 된다. 이상적 3dB 하이브리드의 산란 매트릭스는 다음과 같다.

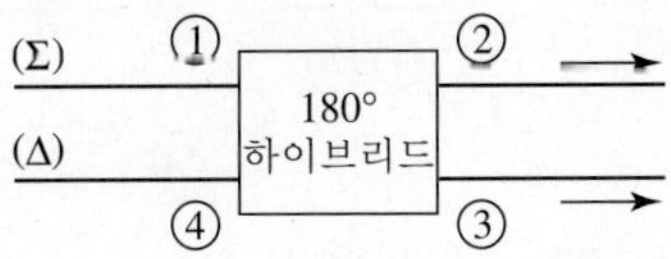

그림 7.41 180° 하이브리드 접합에 대한 기호

$$[S] = \frac{-j}{\sqrt{2}} \begin{bmatrix} 0 & 1 & 1 & 0 \\ 1 & 0 & 0 & -1 \\ 1 & 0 & 0 & 1 \\ 0 & -1 & 1 & 0 \end{bmatrix}. \tag{7.101}$$

이 매트릭스가 단위 매트릭스이고 대칭임을 독자 스스로 증명할 수 있다.

180° 하이브리드는 여러 가지 형태로 제작할 수 있다. 그림 7.42a와 7.43의 링(ring) 하이브리드와 랫-레이스(rat race)는 도파관으로 제작할 수 있지만 평면형(마이크로스트립 또는 스트립 선로)으로도 쉽게 구성할 수 있다. 또다른 형태의 평면형 180° 하이브리드는 그림 7.42b와 같이 테이퍼형(tapered) 정합선로와 결합선로로 구성할 수 있다. 그 밖에도 그림 7.42c와 같은 하이브리드 도파관 접합 또는 매직(magic)-T가 있다. 우선 브랜치 선로 하이브리드 해석법과 비슷한 우수-기수 모드 해석법을 사용하여 링 하이브리드를 해석하고 이와 비슷한 방법을 테이퍼형 선로 하이브리드 해석에도 사용한다. 이어서 도파관 매직-T의 동작원리를 정성적(qualitatively)으로 설명한다.

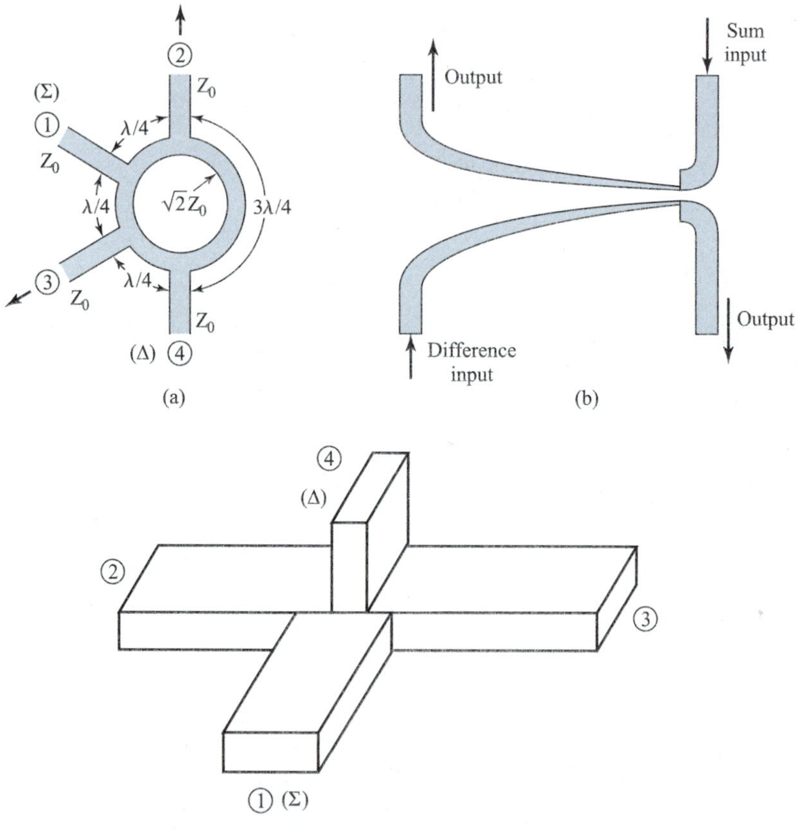

그림 7.42 하이브리드 접합. (a) 링 하이브리드 또는 렛-레이스, 마이크로스트립 또는 스트립 선로형, (b) 테이퍼형 결합선로 하이브리드, (c) 도파관 하이브리드 접합, 일명 매직-T

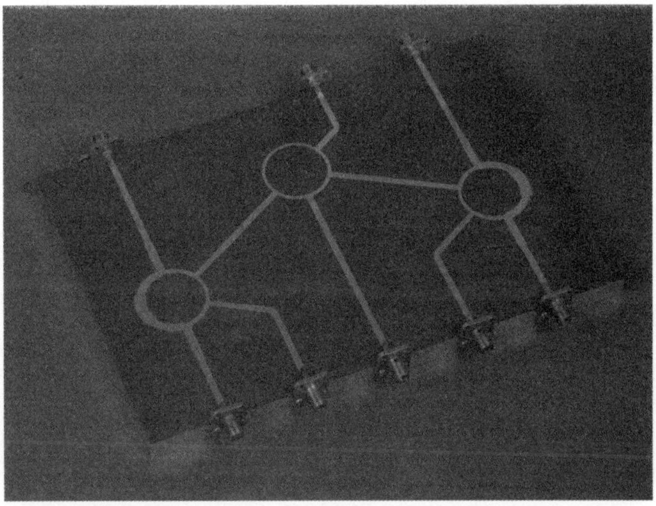

그림 7.43 3개 링 하이브리드를 이용한 마이크로스트립 전력 분배기 사진
Courtesy of M. D. Abouzahra, MIT Lincoln Laboratory, Lexington, Mass.

링 하이브리드의 우수-기수 모드 해석

우선 그림 7.42a의 링 하이브리드의 포트 1에 크기가 1인 입사파가 인가되는 경우를 생각한다. 링 정합부에서 이 파는 둘로 나뉘어 포트 2와 3에는 동위상, 포트 4에는 180° 위상차로 도달한다. 우수-기수 모드 해석법[5]을 사용하면 이 링 하이브리드를 그림 7.44에

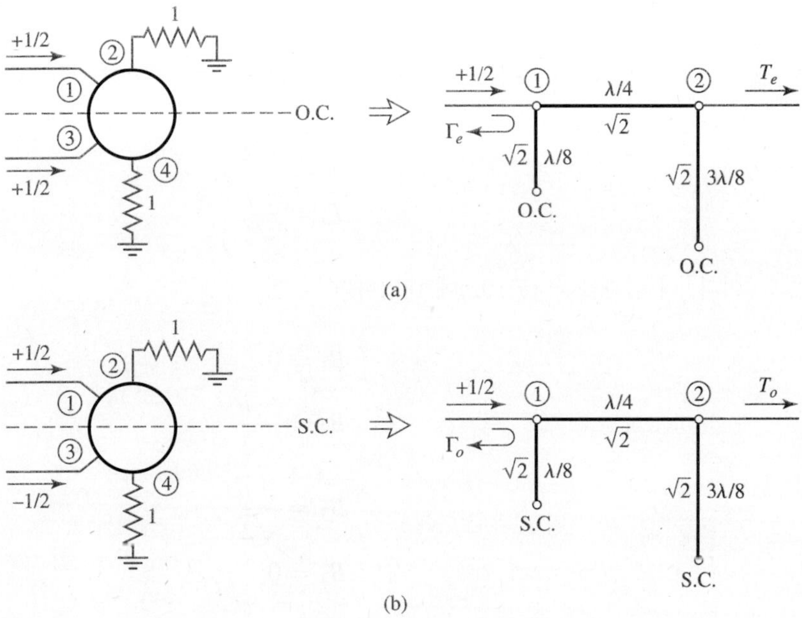

그림 7.44 포트 1에 크기 1인 파가 입사될 때 링 하이브리드를 우수모드와 기수모드로 분해한 회로. (a) 우수모드, (b) 기수모드

서와 같이 두 개의 우수-기수 모드 급전의 중첩으로 분해할 수 있다.

이때 링 하이브리드의 산란파 크기는

$$B_1 = \frac{1}{2}\Gamma_e + \frac{1}{2}\Gamma_o \tag{7.102a}$$

$$B_2 = \frac{1}{2}T_e + \frac{1}{2}T_o \tag{7.102b}$$

$$B_3 = \frac{1}{2}\Gamma_e - \frac{1}{2}\Gamma_o \tag{7.102c}$$

$$B_4 = \frac{1}{2}T_e - \frac{1}{2}T_o \tag{7.102d}$$

이다.

그림 7.44의 우수-기수 모드 2포트 회로의 $ABCD$ 매트릭스를 사용하여 그림 7.44에 정의된 반사계수와 투과계수를 구할 수 있으며 그 결과는

$$\begin{bmatrix} A & B \\ C & D \end{bmatrix}_e = \begin{bmatrix} 1 & j\sqrt{2} \\ j\sqrt{2} & -1 \end{bmatrix} \tag{7.103a}$$

$$\begin{bmatrix} A & B \\ C & D \end{bmatrix}_o = \begin{bmatrix} -1 & j\sqrt{2} \\ j\sqrt{2} & 1 \end{bmatrix} \tag{7.103b}$$

이다. 표 4.2를 이용하면

$$\Gamma_e = \frac{-j}{\sqrt{2}} \tag{7.104a}$$

$$T_e = \frac{-j}{\sqrt{2}} \tag{7.104b}$$

$$\Gamma_o = \frac{j}{\sqrt{2}} \tag{7.104c}$$

$$T_o = \frac{-j}{\sqrt{2}} \tag{7.104d}$$

이다. 이 결과를 식 (7.102)에 대입하면

$$B_1 = 0 \tag{7.105a}$$

$$B_2 = \frac{-j}{\sqrt{2}} \tag{7.105b}$$

$$B_3 = \frac{-j}{\sqrt{2}} \tag{7.105c}$$

$$B_4 = 0 \tag{7.105d}$$

이 되는데, 이는 입력포트는 정합되고 포트 4는 분리(isolated)되어, 결국 포트 1의 입력전력과 포트 2와 3은 동위상으로 나뉘어 나타나고 포트 4에는 나타나지 않음을 의미한다. 이

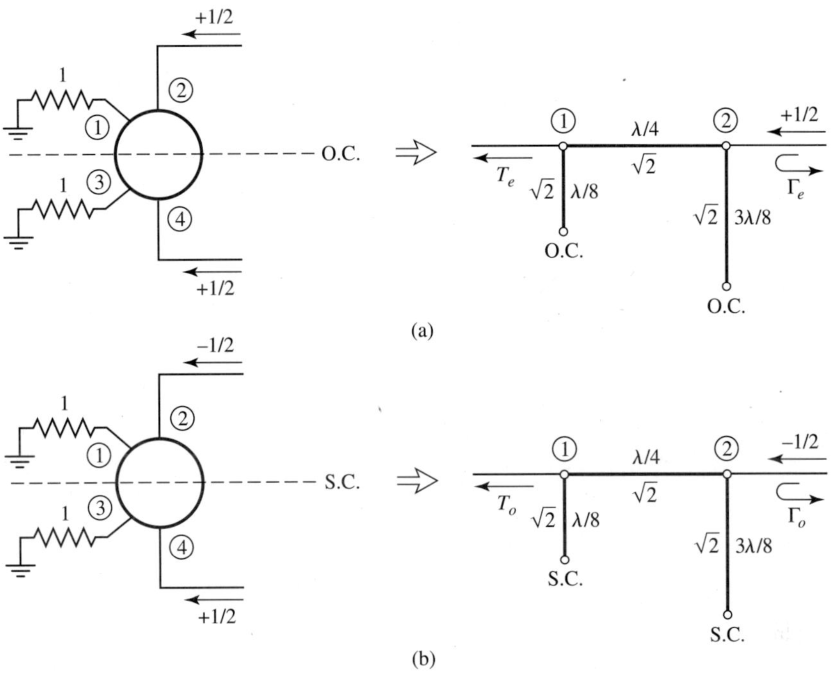

그림 7.45 포트 4에 크기 1인 파가 입사될 때 링 하이브리드를 우수모드와 기수모드로 분해한 회로. (a) 우수모드, (b) 기수모드

결과는 식 (7.101)의 산란 매트릭스의 첫 행이 된다.

이제 그림 7.42a의 링 하이브리드의 포트 4(차 포트)에 크기가 1인 입사파가 인가되는 경우를 생각해 보자. 이 경우 링 상의 두 파는 포트 2와 3에 동위상으로 나타나고 포트 1에는 역위상으로 나타난다(포트 2와 3 간의 전기적 통로차는 $\lambda/2$이므로 이에 상응하는 위상차(net phase difference)는 180° 이다). 이 경우 링 하이브리드를 그림 7.45와 같이 두 개의 우수-기수 모드의 중첩으로 분해할 수 있다. 이때 산란파의 크기는

$$B_1 = \frac{1}{2}T_e - \frac{1}{2}T_o \tag{7.106a}$$

$$B_2 = \frac{1}{2}\Gamma_e - \frac{1}{2}\Gamma_o \tag{7.106b}$$

$$B_3 = \frac{1}{2}T_e + \frac{1}{2}T_o \tag{7.106c}$$

$$B_4 = \frac{1}{2}\Gamma_e + \frac{1}{2}\Gamma_o \tag{7.106d}$$

이다.

그림 7.45의 우수-기수 모드 등가 회로에 대한 *ABCD* 매트릭스는

$$\begin{bmatrix} A & B \\ C & D \end{bmatrix}_e = \begin{bmatrix} -1 & j\sqrt{2} \\ j\sqrt{2} & 1 \end{bmatrix} \tag{7.107a}$$

$$\begin{bmatrix} A & B \\ C & D \end{bmatrix}_o = \begin{bmatrix} 1 & j\sqrt{2} \\ j\sqrt{2} & -1 \end{bmatrix} \tag{7.107b}$$

이다. 표 4.2를 이용하면 반사계수와 투과계수는

$$\Gamma_e = \frac{j}{\sqrt{2}} \tag{7.108a}$$

$$T_e = \frac{-j}{\sqrt{2}} \tag{7.108b}$$

$$\Gamma_o = \frac{-j}{\sqrt{2}} \tag{7.108c}$$

$$T_o = \frac{-j}{\sqrt{2}} \tag{7.108d}$$

이다. 이 결과를 식 (7.106)에 대입하면

$$B_1 = 0 \tag{7.109a}$$

$$B_2 = \frac{j}{\sqrt{2}} \tag{7.109b}$$

$$B_3 = \frac{-j}{\sqrt{2}} \tag{7.109c}$$

$$B_4 = 0 \tag{7.109d}$$

이 되는데, 이는 입력포트가 정합되고 포트 1은 분리되어, 결국 포트 4의 입력전력이 포트 2와 3에 180° 위상차로 나뉘어짐을 의미한다. 이 결과는 식 (7.101)의 산란 매트릭스의 4번째 매트릭스에 해당된다. 이 매트릭스의 나머지 요소는 회로의 대칭성을 고려하여 구할 수 있다.

링 하이브리드의 대역폭은 링 길이의 주파수 의존성 때문에 제한을 받으며 일반적으로 20~30% 정도이다. 다단 연결이나 참고문헌 [14]에서 제안한 대칭형 링 회로를 사용하면 대역폭을 더욱 증가시킬 수 있다.

예제 7.9 링 하이브리드의 설계와 특성

입 · 출력 임피던스가 50 Ω인 180° 링 하이브리드를 설계하고 중심 주파수를 f_0라 할 때, $0.5f_0$에서 $1.5f_0$까지의 주파수 대역에서 S 파라메터 (S_{1j})의 크기의 변화를 도시하라.

☞ 풀이

그림 7.42a에서 링 전송선로의 특성 임피던스는

$$\sqrt{2}Z_0 = 70.7\ \Omega$$

이고, 급전선로 임피던스는 50 Ω이다. S 파라메터의 주파수 특성은 그림 7.46과 같다. ◀

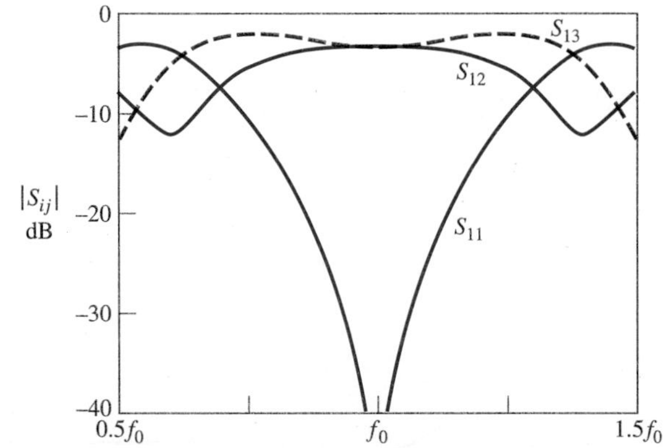

그림 7.46 예제 7.9의 링 하이브리드에 대한 S 파라메터의 크기와 주파수 특성

테이퍼형 결합선로 하이브리드의 우수-기수 모드 해석

그림 7.42b와 같은 테이퍼된 결합선로 하이브리드는 대역폭을 10배 이상으로 할 수 있고 전력 분배도 임의의 비율로 할 수 있다. 이와 같은 하이브리드는 **비대칭 테이퍼형 결합선로 결합기**라고도 한다.

이 결합기의 구성도는 그림 7.47과 같다. 이 구성도에서 포트 번호는 그림 7.41과 7.42의 180° 하이브리드의 포트와 같은 기능을 가지도록 정하였다. 이 결합기는 길이 $0 < z < L$에서 테이퍼형 특성 임피던스 분포를 가지는 두 개의 결합선로로 구성되어 있다(여기서

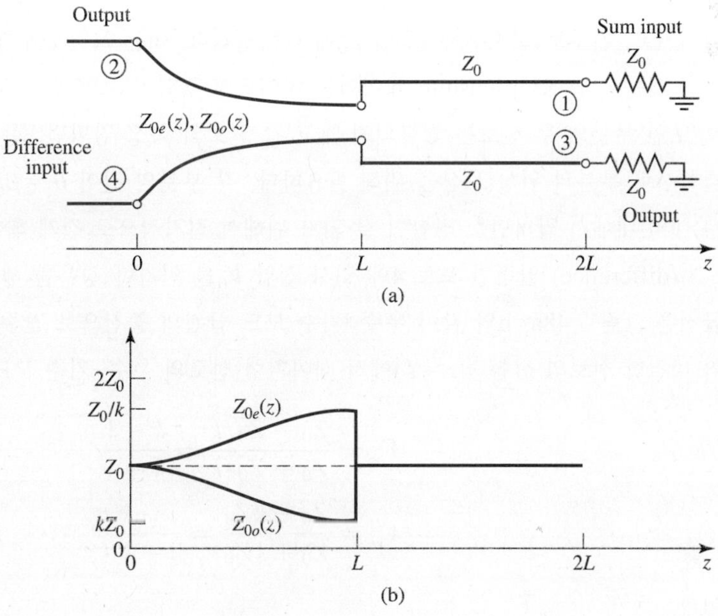

그림 7.47 (a) 테이퍼형 결합선로 하이브리드의 개략도, (b) 특성 임피던스의 변화

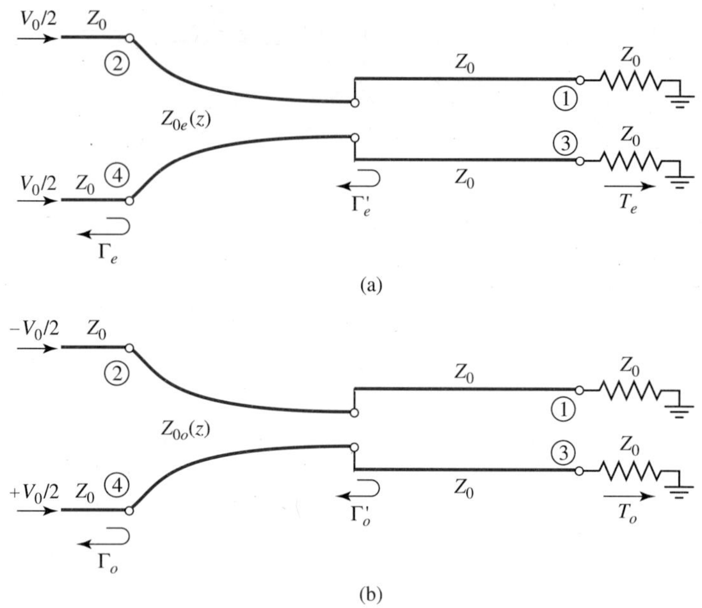

그림 7.48 테이퍼형 결합선로 하이브리드의 급전. (a) 우수모드 급전, (b) 기수모드 급전

테이퍼형(tapered) 특성 임피던스 분포란 길이에 따라 특성 임피던스가 연속적으로 증가 또는 연속적으로 감소되는 분포로 이 부분에서는 임피던스 부정합에 의한 반사가 일어나지 않는다). $z = 0$에서 선로는 결합이 아주 작아 $Z_{0e}(0) = Z_{0o}(0) = Z_0$이지만 $z = L$에서는 결합이 $Z_{0e}(L) = Z_0/k$, $Z_{0o}(L) = kZ_0$로 된다. 여기서 $0 \le k \le 1$은 전압 결합계수와 관계되는 결합도이다. 따라서 결합선로의 우수모드는 부하 임피던스 $Z_0/k(z = L$에서)를 Z_0에 정합시키고, 기수모드는 부하 kZ_0를 Z_0에 정합시킨다. 이는 모든 z에 대해 $Z_{0e}(z)\, Z_{0o}(z) = Z_0^2$이기 때문이다. Klopfenstein 테이퍼는 테이퍼형 정합 선로에 일반적으로 사용된다. $L < z < 2L$인 부분의 두 선로는 결합되지 않고 각 선로의 특성 임피던스는 Z_0이다. 이들 선로는 결합선로 부분의 위상 보상을 위해 필요하다. 각 부분의 길이 $\theta = \beta L$은 같아야 하고 원하는 대역 내에서 임피던스 정합이 잘 되기 위해서 전기적으로 길게 해야 한다.

차(difference) 입력인 포트 4에 입사 전압 V_0를 인가한 경우를 생각해 보자. 이와 같은 급전은 그림 7.48a, b와 같이 우수-기수 모드 급전의 중첩으로 간주할 수 있다. 결합선로와 비결합 선로의 접합점($z = L$)에서 테이퍼형 선로의 우수-기수 모드 반사계수는

$$\Gamma_e' = \frac{Z_0 - Z_0/k}{Z_0 + Z_0/k} = \frac{k-1}{k+1} \tag{7.110a}$$

$$\Gamma_o' = \frac{Z_0 - kZ_0}{Z_0 + kZ_0} = \frac{1-k}{1+k} \tag{7.110b}$$

이다.

$z = 0$일 때에는 반사계수가

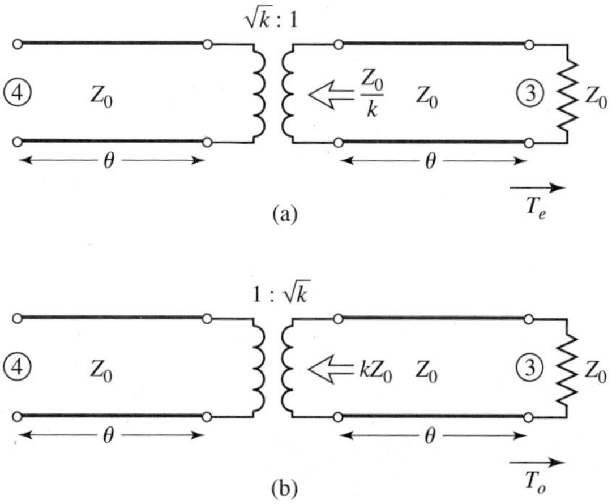

그림 7.49 포트 4에서 포트 3으로 전송할 때 테이퍼형 결합선로 하이브리드에 대한 등가회로. (a) 우수모드의 경우, (b) 기수모드의 경우

$$\Gamma_e = \frac{k-1}{k+1}e^{-2j\theta} \tag{7.111a}$$

$$\Gamma_o = \frac{1-k}{1+k}e^{-2j\theta} \tag{7.111b}$$

이다. 포트 2와 4의 산란 파라메터를 중첩시키면

$$S_{44} = \frac{1}{2}(\Gamma_e + \Gamma_o) = 0 \tag{7.112a}$$

$$S_{24} = \frac{1}{2}(\Gamma_e - \Gamma_o) = \frac{k-1}{k+1}e^{-2j\theta} \tag{7.112b}$$

이다. 대칭성에 의해 $S_{22} = 0$이고 $S_{42} = S_{24}$이다.

포트 1과 3의 투과계수를 구하기 위해 그림 7.49의 등가회로의 *ABCD* 파라메터를 사용한다. 여기서 테이퍼형 정합 부분은 이상적이라 가정하여 변압기로 대치한다. 전송선로-변압기-전송선로의 *ABCD* 매트릭스는 이들 세 부분의 각각의 *ABCD* 매트릭스를 곱하여 구할수 있으나 전송선로 부분은 투과계수에 위상만 변화시키는 사실을 이용하면 쉽게 구할 수있다. 변압기의 *ABCD* 매트릭스는

$$\text{우수모드의 경우} \quad \begin{bmatrix} \sqrt{k} & 0 \\ 0 & 1/\sqrt{k} \end{bmatrix}$$

이고,

$$\text{기수모드에서는} \quad \begin{bmatrix} 1/\sqrt{k} & 0 \\ 0 & \sqrt{k} \end{bmatrix}$$

이다.

우수-기수 모드의 투과계수는 $T = 2/(A + B/Z_0 + CZ_0 + D) = 2\sqrt{k}/(k+1)$이고 $e^{-2j\theta}$는 두 전송선로 부분에서 위상지연을 고려한 것이므로 우수-기수 모드의 투과계수는

$$T_e = T_o = \frac{2\sqrt{k}}{k+1}e^{-2j\theta} \tag{7.113}$$

이다. 그러면 S 파라메터는 다음과 같이 구해진다.

$$S_{34} = \frac{1}{2}(T_e + T_o) = \frac{2\sqrt{k}}{k+1}e^{-2j\theta} \tag{7.114a}$$

$$S_{14} = \frac{1}{2}(T_e - T_o) = 0. \tag{7.114b}$$

포트 4에서 포트 3으로의 전압 결합계수는

$$\beta = |S_{34}| = \frac{2\sqrt{k}}{k+1} \qquad 0 < \beta < 1 \tag{7.115a}$$

이고, 포트 4에서 포트 2로의 전압 결합계수는

$$\alpha = |S_{24}| = -\frac{k-1}{k+1} \qquad 0 < \alpha < 1 \tag{7.115b}$$

이다.

$$|S_{24}|^2 + |S_{34}|^2 = \alpha^2 + \beta^2 = 1$$

로부터 전력 보존법칙이 증명된다.

포트 1과 3에 우수-기수 모드 급전으로 중첩시켜 포트 1에 입사 전압파가 생기게 하면 나머지 산란 파라메터를 유도할 수 있다. 입력포트에 위상 기준을 정하면 포트 1의 우수-기수 모드 반사계수는

$$\Gamma_e = \frac{1-k}{1+k}e^{-2j\theta} \tag{7.116a}$$

$$\Gamma_o = \frac{k-1}{k+1}e^{-2j\theta} \tag{7.116b}$$

이다. 이때 S 파라메터는 다음과 같이 된다.

$$S_{11} = \frac{1}{2}(\Gamma_e + \Gamma_o) = 0 \tag{7.117a}$$

$$S_{31} = \frac{1}{2}(\Gamma_e - \Gamma_o) = \frac{1-k}{1+k}e^{-2j\theta} = \alpha e^{-2j\theta}. \tag{7.117b}$$

대칭성에 의해 $S_{33} = 0$이고 $S_{13} = S_{31}$이다. 그리고 $S_{14} = S_{32}$, $S_{12} = S_{34}$이다. 따라서 테이퍼형 결합선로 180° 하이브리드는 다음과 같은 산란 매트릭스를 가진다.

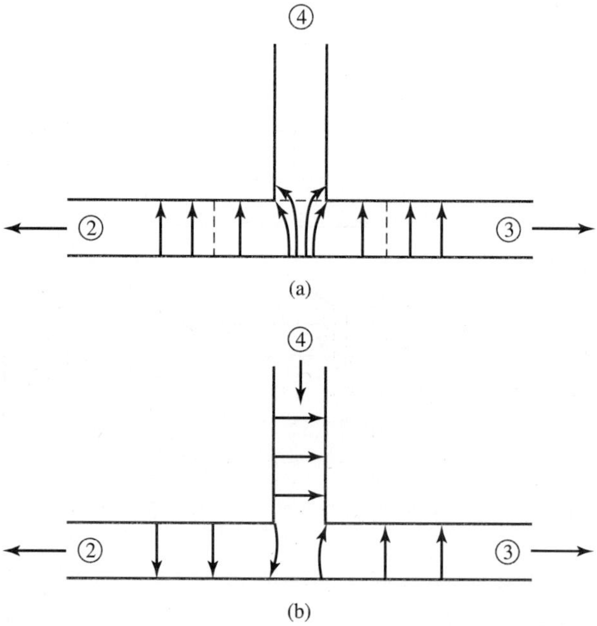

그림 7.50 도파관형 하이브리드 접합의 전기력선. (a) 포트 1에 파가 입사되는 경우, (b) 포트 4에 파가 입사되는 경우

$$[S] = \begin{bmatrix} 0 & \beta & \alpha & 0 \\ \beta & 0 & 0 & -\alpha \\ \alpha & 0 & 0 & \beta \\ 0 & -\alpha & \beta & 0 \end{bmatrix} e^{-2j\theta}. \quad (7.118)$$

도파관 매직-T

그림 7.42c의 도파관 매직-T 하이브리드는 링 하이브리드와 단자 특성이 비슷하고 식 (7.101)과 비슷한 산란 매트릭스를 갖는다. 이 하이브리드의 정확한 해석은 너무 복잡하여 여기서 다룰 수는 없으나 합 포트와 차 포트에서 급전에 대한 전기력선 분포를 고려하여 정성적으로 그 동작을 설명할 수 있다.

우선 포트 1에 TE_{10} 모드가 입사한다고 생각하자. 이때 생기는 E_y 전기력선은 그림 7.50a와 같이 되며, 여기서 도파관 4에 관해 기대칭이 있음을 알 수 있다. 도파관 4 내의 TE_{10} 모드의 전기력선은 우대칭이 될 수도 있으므로 포트 1과 4 사이에 결합은 일어나지 않는다. 그러나 포트 1로부터 포트 2와 3 사이에는 동일한 결합이 있으며 동위상의 2등분 전력 분배가 일어난다.

포드 4에 TE_{10} 모드가 입사하는 경우 전기력선 분포는 그림 7.50b와 같다. 여기서도 대칭성(또는 가역성) 때문에 포트 1과 4는 결합되지 않는다. 포트 2와 3은 포트 1의 입사파에 의해 동일하게 급전되나 위상은 180° 차이가 난다.

실제로는 정합용 튜닝봉(tunings posts)이나 아이리스(irises)를 매직-T 내에 사용한다. 그

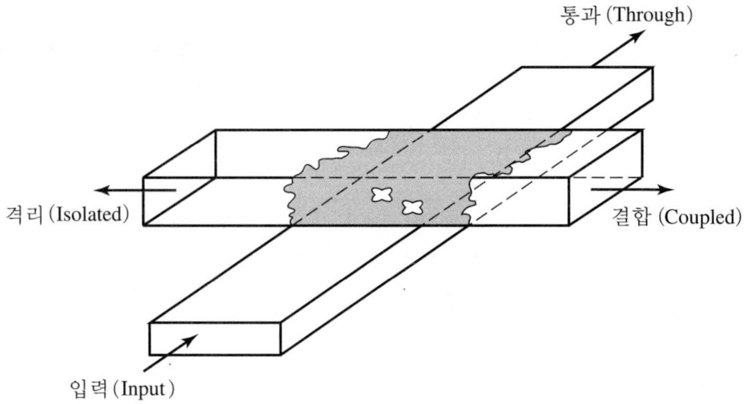

그림 7.51 Moreno 십자 도파관 결합기

이유는 하이브리드가 올바로 동작하기 위해서는 구조가 완전히 대칭적이어야 하기 때문이다.

7.9 기타 결합기

지금까지 결합기의 일반적 특성을 설명하고, 가장 흔히 사용되는 결합기들을 해석하고, 설계 공식을 유도하였으나 아직도 자세히 설명하지 못한 기타 여러 가지 결합기가 있다. 이 절에서는 이들에 관해 간단히 설명한다.

Moreno 십자 도파관 결합기(Moreno crossed-guide coupler). 이 결합기는 그림 7.51과 같이 두 도파관이 십자형으로 교차된 것으로 두 도파관의 넓은 쪽 공통벽에 두 개의 개구(apertures)를 만들어 결합시키는 도파관 방향성 결합기이다.

이 결합기가 올바로 설계되면[16], 이들 결합 개구면에 의해 여기된 두 개의 파가 역방

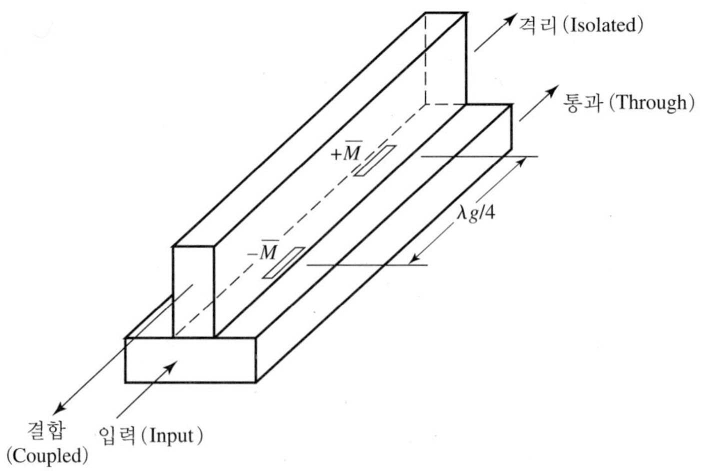

그림 7.52 Schwinger 역위상 결합기

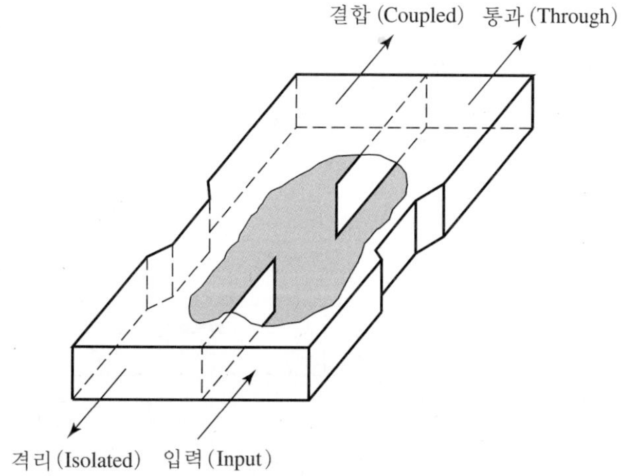

그림 7.53 Riblet 소형 슬랏 결합기

향에서 상쇄되도록 할 수 있다. 일반적으로 결합 개구면은 두 도파관의 전자계를 잘 결합시키기 위해 십자형 슬랏으로 만든다.

Schwinger 역위상 결합기. 이 도파관 결합기는 두 결합 개구로부터 비결합 포트가지의 전기적 통로를 같게 하여 방향성이 주파수에 무관하도록 설계된다. 그림 7.52에서와 같이 도파관 벽의 중심선을 기준으로 서로 반대쪽에 슬랏을 두면 이들 슬랏은 서로 180° 위상차를 가진 자기쌍극자에 결합되어 비결합 포트로의 결합이 상쇄된다. 두 슬랏 간의 간격이 $\lambda g/4$이면 결합(역방향) 포트에서 동위상 결합이 된다. 이 결합은 주파수에 따라 크게 변한다. 이것은 7.4절에서 설명한 멀티홀(다공) 도파관 결합기와 반대로 결합기의 주파수 대역폭이 좁다.

Riblet 소형 슬랏(short-slot) 결합기. 그림 7.53은 이 결합기를 나타낸 것으로 측면을 공통으로 하는 두 개의 도파관으로 구성되어 있다. 공통벽의 일부가 제거된 슬랏에서 결합이 일어난다. 이 슬랏 영역 내에 TE_{10}(우수모드) 모드와 TE_{20}(기수모드) 모드가 모두 여기되는데, 설계를 잘하면 비결합 포트에서는 두 모드가 서로 상쇄되고 결합 포트에서는 합해지도록 할 수 있다. 슬랏의 폭은 불필요한 TE_{30} 모드의 전파를 막기 위해 일반적으로 작게 해야 한다. 이 결합기는 다른 도파관 결합기보다 일반적으로 작게 만들 수 있다.

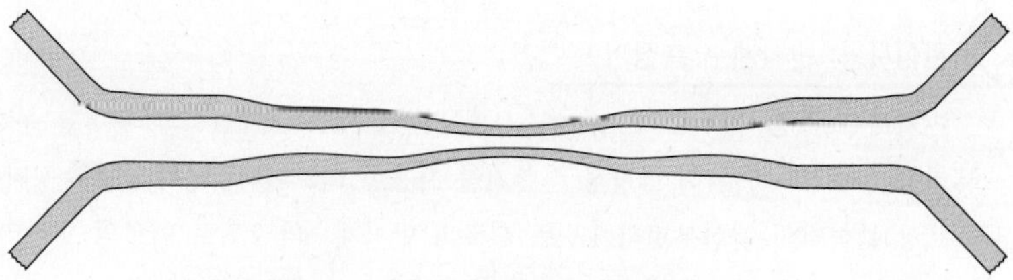

그림 7.54 대칭적 테이퍼된 결합선로 결합기

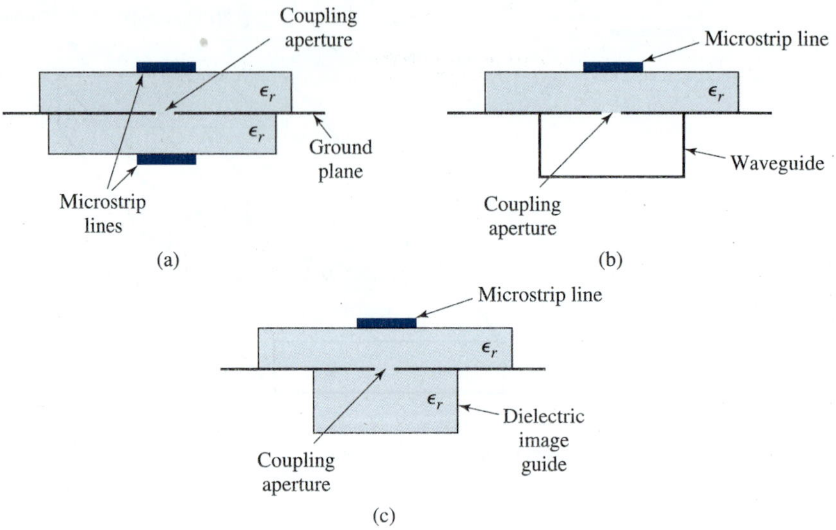

그림 7.55 여러 가지 개구결합 평면 선로형 결합기. (a) 마이크로스트립-마이크로스트립 결합기, (b) 마이크로스트립-도파관 결합기, (c) 마이크로스트립-유전체 영상 선로형 결합기

대칭적 테이퍼된 결합선로 결합기(symmeteric tapered coupled line coupler). 연속 테이퍼형 전송선로 정합 변환기는 다단 정합변환기의 일종임을 알고 있다. 마찬가지로 다단 결합선로 결합기를 개량하여 테이퍼형 결합선로 결합기로 만들어 결합기 대역폭을 증가시킬 수 있다. 이와 같은 테이퍼형 결합선로 결합기를 그림 7.54에 나타내었다. 일반적으로 스트립 도선의 폭과 간격을 튜닝하여 원하는 결합도와 방향성을 얻을 수 있다. 이와 같은 결합기를 설계하는 한 방법으로 연속 테이퍼형 구조를 다단으로 된 계단구조로 근사화하여 컴퓨터 모의실험을 통해 최적화하는 방법이 있다[17]. 이 결합기는 두 출력 포트 간에 90° 위상차를 가진다.

평면형 선로상의 개구를 이용한 결합기(couplers with apertures in planar lines). 앞에서 설명한 여러 가지 도파관 결합기는 마이크로스트립, 스트립 선로, 유전체 선로, 기타 평면형 선로를 이용해서 만들 수도 있다. 이와 같은 결합기의 여러 가지 예를 그림 7.55에 나타내었다. 근본적으로 이와 같은 결합기는 이 장에서 사용된 개구결합 이론과 해석 방법을 사용하여 설계할 수 있다. 그러나 평면형 선로의 전자계 분포를 구하기는 직사각형 도파관의 경우보다 훨씬 복잡하다.

관심사항: 반사계수 측정기

반사계수 측정기(reflectometer)는 부정합 부하에 입사전력과 부정합 부하로부터 반사전력을 분리하고 측정하기 위해 방향성 결합기를 사용한 회로이다. 반사계수 측정기는 스칼라 또는 벡터 회로망 분석기의 핵심부로서 1포트 회로의 반사계수와 2포트 회로의 S 파라메터를 측정하는 데 사용된다. 또한 SWR 측정기 또는 전력 감시계로도 사용할 수 있다.

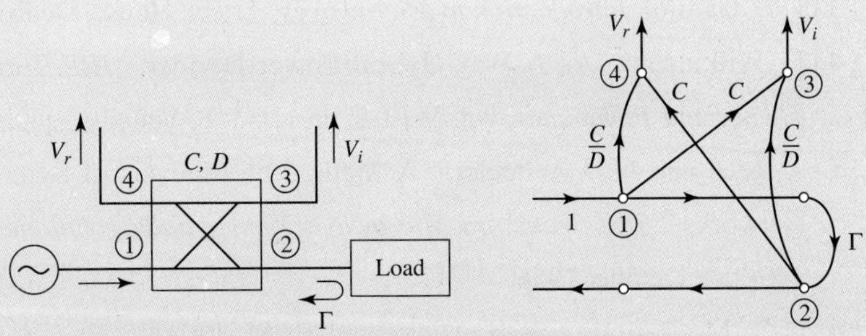

위 그림에 나타낸 기본 반사계수 측정기 회로는 미지의 부하에 의한 반사계수를 측정하는 데 사용된다.

결합도가 아주 작은($C \ll 1$) 잘 정합된 결합기에서 $\sqrt{1-C^2} \simeq 1$이면 이 반사계수 측정기 회로는 왼쪽 그림과 같은 신호 흐름도로 나타낼 수 있다. 동작을 설명하자면 방향성 결합기는 입사파 전압 V_i와 반사파 전압 V_r을 검출한다. 적당히 교정된 눈금을 가진 환산기(ratiometer)로 이들 전압을 측정하여 반사계수 또는 SWR을 지시한다.

그러나 실제 방향성 결합기는 방향성이 무한대가 아니므로 입사파 전력과 반사파 전력을 완전히 분리하지 못하여 V_i와 V_r에 오차가 생긴다. 신호원으로부터 단위크기의 입사파가 입사되는 경우 신호 흐름도로부터 V_i와 V_r은 다음과 같이 된다.

$$V_i = C + \frac{C}{D}\Gamma e^{j\theta}$$

$$V_r = \frac{C}{D} + C\Gamma e^{j\phi}.$$

여기서 Γ는 부하의 반사계수, $D = 10^{(D\,\mathrm{dB}/20)}$은 결합기의 수치적 방향성(dB 단위가 아닌) 그리고 θ, ϕ는 회로를 통해 일어나는 미지의 위상지연이다. 이때 V_r/V_i의 최대값과 최소값은

$$\left|\frac{V_r}{V_i}\right|_{\substack{\max\\ \min}} = \frac{|\Gamma| \pm \frac{1}{D}}{1 \mp \frac{|\Gamma|}{D}}$$

로 쓸 수 있다.

방향성이 무한대인 결합기에서 이 식은 $|\Gamma|$로 된다. 방향성이 무한대가 아니면 대략 $\pm 1/D$의 측정오차가 생긴다. 따라서 측정 정밀도가 좋으려면 방향성 결합기의 방향성이 40 dB 이상으로 커져야 한다.

참고문헌

[**1**] A. E. Bailey, Ed., *Microwave Measurement*, Peter Peregrinus, London, 1985.

[**2**] R. E. collin, *Foundations for microwave Engineering*, 2nd Edition, Wiley-IEEE Press, Hoboken, N.J., 2001.

[**3**] F. E. Gardiol, *Introduction to Microwaves*, Artech House, Dedham, Mass., 1984.

[**4**] E. Wilkinson, "An *N*-Way Hybrid Power Divider," *IRE Trans. on Microwave Theory and Techniques*, vol. MTT-8, pp.116-118, January 1960.

[**5**] J, Reed and G. J. Wheeler, "A Method of Analysis of Symmetrical Four-Port Networks," *IRE Trans. on Microwave Theory and Techniques*, vol. MTT-4 pp. 246-252, October 1956.

[**6**] C.G. Montgomery, R.H. Dicke,and E. M. Purcell, *Principles of Microwave Circuits*, MIT Radiation Laboratory Series, vol. 8, McGrw-Hill, N. Y., 1948.

[**7**] H. Howe, *Stripline Circuit Design*, Artech House, Dedham, Mass., 1974.

[**8**] K.C. Gupta R. Garg, and I.J. Bahl, *Microstirp Lines and Slot Lines*, Artech House, Dedham, Mass., 1979.

[**9**] L. Young, "The Analytical Equivalence of the TEM-Mode Directional Couplers and Transmission Line Stepped Impedance Filters," *Proc. IEEE*, vol. 110, pp. 275-281, February 1963.

[**10**] J. Lange, "Interdigitated Stirpline Quadrature Hybrid," *IEEE Trans. Microwave Theory and Techniques*, vol. MTT-17, pp. 1150-1151, November 1969.

[**11**] R.Waugh and D. LaCombe, "Unfolding the Lange Coupler," *IEEE Trans. Microwave Theory and Techniques*, vol MTT-20, pp. 777-779, November 1972.

[**12**] W. P. Ou, "Design Equations for an Interdigitated Directional Coupler," *IEEE Trans. Microwave Theory and Techniques*, vol. MTT-23, pp. 253-255, February 1973.

[**13**] D. paolino, "Design More Accurate Interdigitated Coupler," *Microwave*, vol. 15, pp. 34-38, May 1976.

[**14**] J. Hughes and K. Wilson, "High Power Multiple IMPATT Amplifiers," in: Proceedings of the 4th *European Microwave Conference*, Montreux, Switzerland, pp. 118-122, 1974.

[**15**] R. H. DuHamel and M. E. Armstrong, "The Tapered-Line Magic-T," *Abstracts of 15th Annual Symposium of the USAF Antenna Research and Development Program*, Monticello, I11., October 12-14, 1965.

[**16**] T. N. Andeson, "Directional Coupler Design Nomograms," *Microwave Journal*, vol. 2, pp. 34-38, May 1959.

[17] D. W. Kammler, "The Design of Discrete *N*-Section and Continuously Tapered Symmetrical TEM Directional Couplers," *IEEE Trans. on Microwave Theory and Techniques*, vol. MTT-17, pp. 577-590, August 1969.

연습문제

7.1 식 (7.20)에 정의된 결합기 파라미터, C, D, I 그리고 L에 대해 비이상적 대칭 하이브리드 결합기의 산란매트릭스를 유도하라. 비이상적 비대칭 하이브리드 결합기도 반복하라. 이 결합기는 모든 포트에서 정합되어 있다고 가정한다.

7.2 20dBm 신호발생기를 C=20dB, D=35dB, 삽입손실 0.5dB인 방향성 결합기 입력측에 연결시킨다. 통과포트(through port), 결합포트(coupled port) 그리고 격리포트(isolated port)에서 출력 전력(dBm 단위)을 구하라. 모든 포트가 정합되어 있다고 가정한다.

7.3 방향성 결합기의 산란 매트릭스가 다음과 같다. 다른 포트가 정합부하로 종단되었을 때 입력 포트에서 방향성, 결합도, 분리도 그리고 반사손실을 구하라.

$$[S] = \begin{bmatrix} 0.1\angle 40^\circ & 0.944\angle 90^\circ & 0.178\angle 180^\circ & 0.0056\angle 90^\circ \\ 0.944\angle 90^\circ & 0.1\angle 40^\circ & 0.0056\angle 90^\circ & 0.178\angle 180^\circ \\ 0.178\angle 180^\circ & 0.0056\angle 90^\circ & 0.1\angle 40^\circ & 0.944\angle 90^\circ \\ 0.0056\angle 90^\circ & 0.178\angle 180^\circ & 0.944\angle 90^\circ & 0.1\angle 40^\circ \end{bmatrix}$$

7.4 $C = 8.34\,\text{dB}$인 똑같은 90° 결합기 2개가 나음 그림과 같이 연결되어 있다. 포트 1을 기준으로 했을 때 포트 2′와 3′에서 위상과 크기를 구하라.

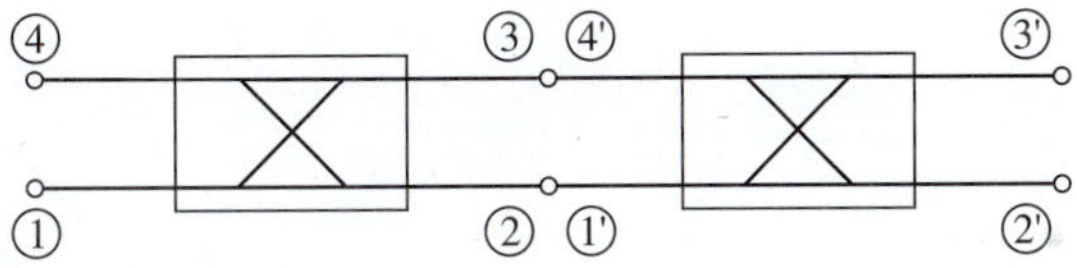

7.5 아래 그림에서 보는 바와 같이 특성임피던스 Z_1, Z_2, Z_3인 세 선로의 T−접속(T−junction)에서 접속을 향해 바라볼 때 세 선로가 정합이 불가능함을 입증하라.

7.6 전력 분배기가 3:1로 되는 30 Ω 신호와 임피던스를 가지는 무손실 T−접합 분배기를 설계하라. 이 분배기의 출력신호 임피던스를 30 Ω으로 변화하는 λ/4 임피던스 변환기를 설계하라. 특성 임피던스를 30 Ω로 하여 이 분배기의 S 파라메터의 크기를 구하라.

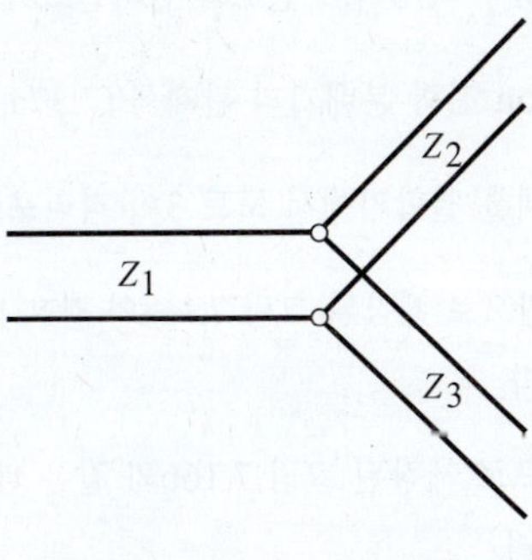

7.7 다음 그림과 같은 T와 π형 저항 감쇠기(저항으로 구성된 감쇠기)에서 입력과 출력은 Z_0에 정합되어 있고 입력전압 대 출력전압의 비는 α라 할 때, 각 회로의 R_1과 R_2를 구하는 식을 유도하라.

$Z_0 = 50\,\Omega$로 하고 각 감쇠기에서 3dB, 10dB 그리고 20dB 감쇠에 필요한 R_1과 R_2를 구하라.

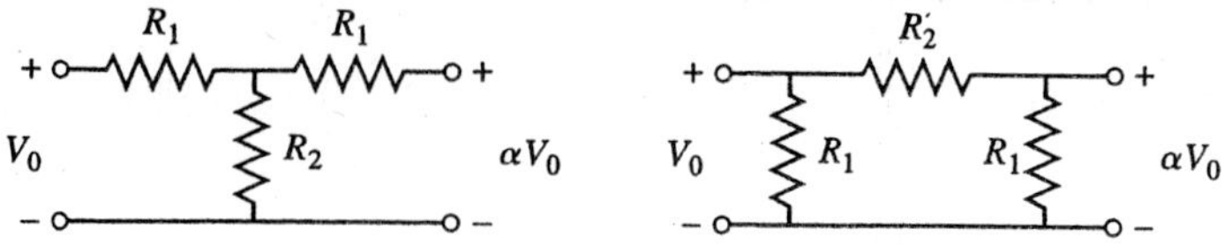

7.8 입·출력 임피던스가 100 Ω인 2등분 전력 분배용 3포트 저항 분배기(저항으로 구성된 분배기)를 설계하라. 포트 3은 정합되어 있다 하고 포트 2를 정합부하에 연결한 경우와 반사계수 0.3인 부정합 부하에 연결한 경우에 대한 포트 3의 출력 변화를 dB로 계산하라.

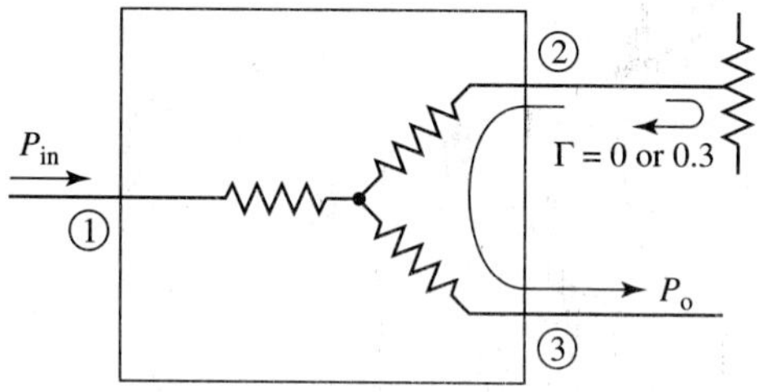

7.9 다음 그림과 같은 분배기에서 입력 신호원의 임피던스는 Z_0이고 출력 특성 임피던스는 Z_{o2}, Z_{o3}이다. 모든 포트가 정합되어 있다고 하고 전력 분배비가 $\alpha = P_2/P_3$로 될 때, 저항 R_1, R_2, R_3을 구하는 식을 유도하라.

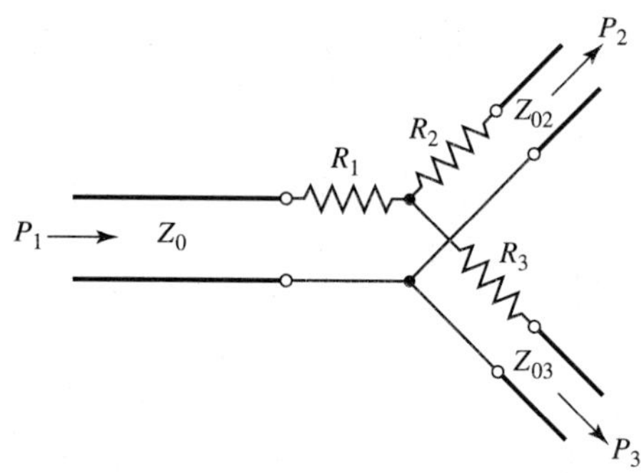

7.10 전력 분배비가 $P_3/P_2 = 1/3$이고 신호와 임피던스가 50 Ω인 Wilkinson 전력 분배기를 설계하라.

7.11 비2등분 Wilkinson 전력 분배기의 관계식 (7.37a, b, c)를 유도하라.

7.12 그림 7.16a의 베테홀 결합기에서 포트 3이 격리포트(isolated port)가 되는 s값을 구하라.

7.13 Ku-대역의 도파관으로 제작된 그림 7.16a와 같은 베테홀 결합기의 결합도가 11GHz에서 20dB이 되도록 설계하라.

7.14 Ku-대역 도파관으로 제작된 그림 7.16b와 같은 베테홀 결합기의 결합도가 17GHz에서 30dB이 되도록 설계하라.

7.15 방향성의 주파수 특성이 이항계수 분포 특성(binomial response)이 되는 5공(five holes) 방향

성 결합기를 Ku-대역 도파관으로 설계하라. 중심주파수는 17.5 GHz이고 결합도는 20 dB이다. 5공 결합기에 사용될 개구는 도파관 넓은 쪽 벽의 중심에 있는 원형 개구면으로 한다.

7.16 방향성의 최소값이 30 dB이고 방향성의 주파수 특성이 체비셰브 분포를 갖는 문제 7.14의 결합기를 설계하라.

7.17 다음 그림과 같이 두 도파관의 공통 측면에 개구면을 가진 2개구 방향성 결합기(two-hole directional coupler)를 설계하는 데 필요한 식들을 유도하라.

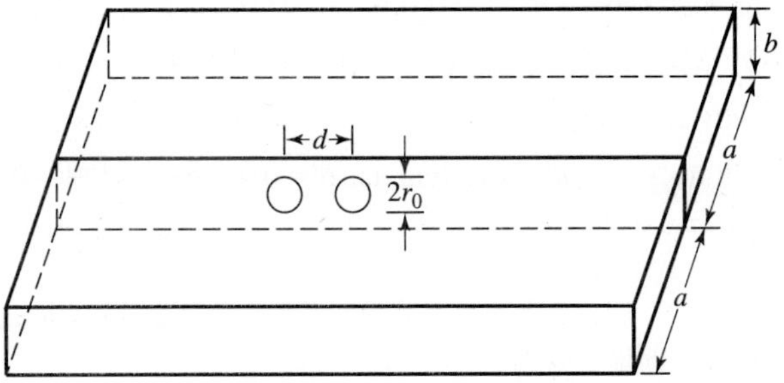

7.18 다음 그림과 같이 병렬 암(arm)의 특성 임피던스는 Z_a, 직렬 암의 특성 임피던스는 Z_b인 일반적 브랜치(branch) 선로 방향성 결합기가 있다. 우수-기수 모드 해석법을 사용하여 입력포트(포트 1)가 정합되고 전력 분배비가 $\alpha = P_2/P_3$인 90° 하이브리드 결합기의 설계식을 유도하라. 모든 암(arm)의 길이는 $\lambda/4$이다. 일반적으로 포트 4는 분리(isolated)되는가?

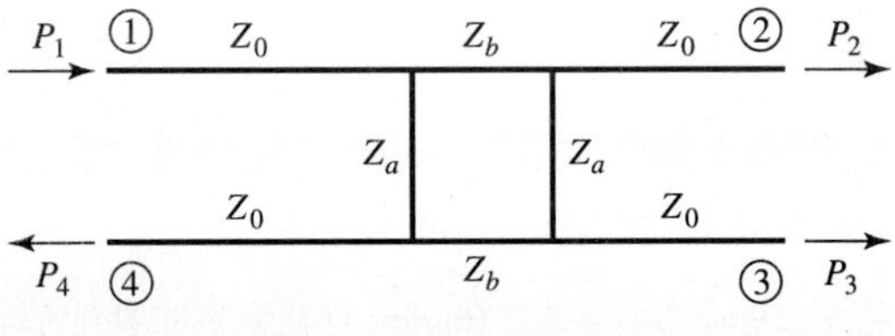

7.19 접지면과의 간격이 2.0mm이고 비유전율이 4.2, 스트립 폭은 0.6mm, 각 스트립 가장자리 간의 분리 간격은 0.2mm인 엣지 결합 스트립 선로가 있다. 그림7.29의 그래프를 이용해서 엣지 결합 스트립 선로의 우수모드 및 기수 모드 특성 임피던스를 구하라. 가능하다면 마이크로웨이브 CAD로부터 얻은 결과와 비교하라.

7.20 기판 두께가 2.0mm이고 유전율이 10.0인 결합 마이크로스트립 선로가 있다. 우수 모드 및 기수 모드의 특성 임피던스가 각각 133Ω과 71.5Ω되도록 설계가 요구된다. 그림7.30의 그래프를 이용하여 선로 폭과 간격을 설계하라. 가능하다면 마이크로웨이브 CAD로부터 얻은 결과와 비교하라.

7.21 전압, 전류 대신 반사계수와 투과계수를 사용하여 1단 결합선로 결합기의 설계식을 7.6절과 같이 유도하라.

7.22 입·출력 임피던스가 60Ω, 중심주파수가 8GHz, 결합도가 19.1dB인 1단 결합선로 결합기를 설계하라. 이 결합기를 $\epsilon_r = 2.2$, $b = 0.32$cm인 평행결합 스트립 선로로 만들려 할 때, 스트립 선로의 폭과 간격을 구하라.

7.23 결합도를 5dB로 하여 문제 7.22를 반복하라. 이것은 실제 제작 가능한 설계인가?

7.24 식 (7.83)과 (7.84)를 유도하라.

7.25 중심주파수 3 GHz와 특성 임피던스 $Z_0 = 50\ \Omega$에서 최대 평탄결합 특성(maximally flat coupling response)을 가진 20dB 3단 결합선로 결합기이다.

(a) 각 단의 Z_{0e}와 Z_{0o}를 구하고 결합기를 설계하라. CAD를 사용하여 1~5 GHz의 결합도(dB)를 그려라.

(b) FR4($\epsilon_r = 4.2$, $d = 0.158$cm, $\tan\delta = 0.02$, 동판 두께 = 0.5mil) 기판 위에 설계된 결합기를 구현하고 주파수에 대한 삽입손실을 CAD를 이용하여 그려라.

7.26 통과대역 내에서 결합도가 이퀄리플 결합 특성(equal-ripple coupling response)을 가진 결합기에 대해 문제 7.25의 풀이를 반복하라.

7.27 Lange 결합기에서 식 (7.98)과 (7.99)로부터 Z_{0e}와 Z_{0o}에 관한 식 (7.100)을 유도하라.

7.28 5GHz에서 동작하는 3dB Lange 결합기를 설계하라. 이 결합기를 $\epsilon_r = 10$, $d = 1.0$mm인 알루미나 기판으로 된 마이크로스트립 선로로 만들 때, 두 인접 선로 간의 Z_{0e}와 Z_{0o}를 계산하고 이에 필요한 마이크로스트립 선로 간의 간격과 폭을 구하라.

7.29 180° 하이브리드 합-포트에 입력신호 V_1을 가하고 차-포트에 또다른 신호 V_4를 가할 때, 출력신호는 얼마인가?

7.30 특성 임피던스가 50Ω, 결합도가 3dB인 테이퍼형 결합선로 180° 하이브리드 결합기의 우수-기수 모드 특성 임피던스를 계산하라.

7.31 다음 왼쪽 그림과 같은 4포트 Bagley 다각형 전력 분배기의 S 파라메터를 구하라.

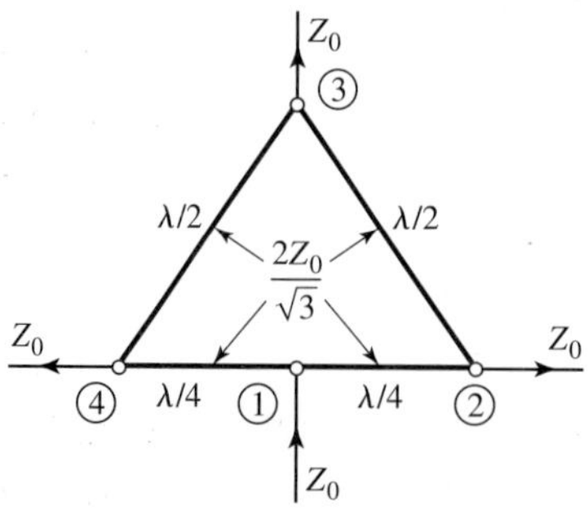

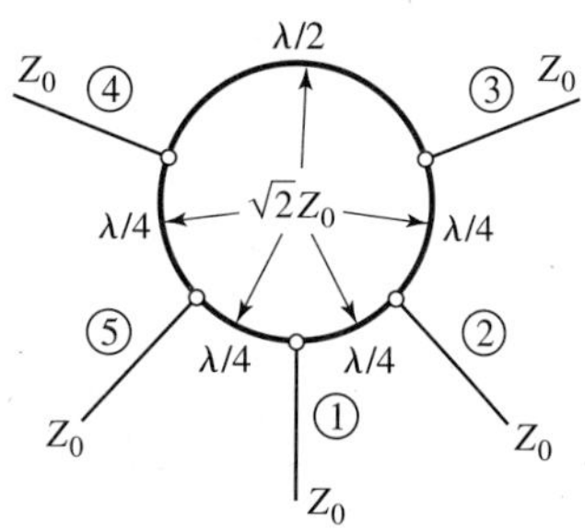

7.32 위의 오른쪽 그림과 같은 대칭 하이브리드에서 포트 1에 입사파 $1\angle 0$ V가 급전될 때, 각 포트의 출력전압을 구하라. 각 출력포트는 정합되어 있다고 가정한다.

7.33 다음 그림은 T-접합과 90° 하이브리드 결합기를 사용한 Bailey 비2등분 전력 분배기이다. 전

력 분배율은 하이브리드의 포트 1과 4의 전송선로 길이 b에 따라 피드 위치 a를 조정함에 따라 조절되어진다. $\lambda/4$ 변환기의 임피던스 $Z_0/\sqrt{2}$는 분배기의 입력 매칭을 위해 사용된다.

(a) $b = \lambda/4$일 때, 출력전력 분배율은 $P_3/P_2 = \tan^2(\pi a/2b)$가 됨을 증명하라.

(b) $Z_0 = 50\,\Omega$인 브랜치 선로 하이브리드를 사용하여 $P_3/P_2 = 0.5$의 전력 분배율을 가진 전력 분배기를 설계하고 주파수에 대한 전송계수와 입력 반사계수를 도시하라.

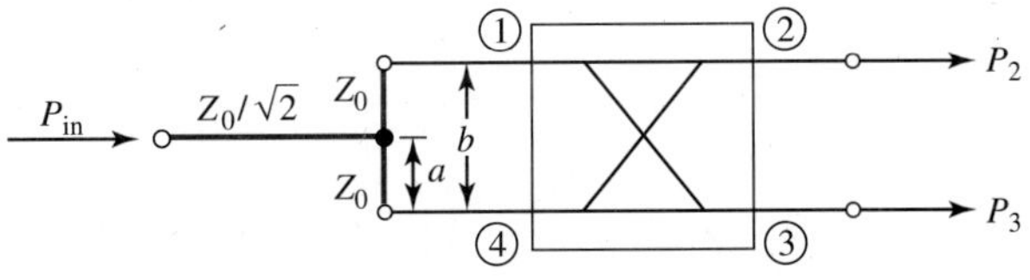

제 8 장

마이크로파 여파기

마이크로파 여파기란 여파기의 통과대역 내의 주파수는 전송하고 차단대역의 주파수는 감쇠시킴으로써, 마이크로파 시스템의 어떤 위치에서 주파수 응답을 제어하는 데 사용되는 2포트 회로망이다. 전형적인 주파수 응답에는 저역통과, 고역통과, 대역통과 그리고 대역 저지 특성이 포함된다. 이에 대한 응용은 실제 마이크로파 통신이나 레이다 또는 시험 시스템과 측정 시스템에서 찾아볼 수 있다.

마이크로파 여파기의 이론과 실용화는 제2차 세계대전이 발발하기 수년 전에 Mason, Sykes, Darlington, Fano, Lawson 그리고 Richards와 같은 선구자들에 의해 시작되었다. 여파기 설계의 영상 파라미터법(image parameter method)은 1930년대 후반에 개발되어 라디오나 전화의 저주파 여파기로써 유용하게 사용되었다. 1950년대 초에 G. Matthaei, L. Young, E. Jones, S. Cohn 등이 참여하는 Stanford Research Institute의 한 그룹에 의하여 여파기와 결합기의 개발이 매우 활발하게 이루어졌다. 이 연구 결과로서 여파기와 결합기에 대한 수많은 저서들이 출간되어 가치 있는 참고서적으로 남아 있다[1]. 오늘날, 대부분의 마이크로파 여파기의 설계는 **삽입손실법**(insertion loss method)에 기반을 둔, 정교한 **컴퓨터를 이용한 설계**(CAD)에 의해 수행된다. 분산소자들을 이용한 회로망 합성의 꾸준한 발전과 저온 초전도체의 사용 그리고 여파기 회로에 능동소자들이 결합됨에 따라, 마이크로파 여파기 설계는 아직도 여전히 활발한 연구 영역으로 남아 있다.

우선 리액티브 소자가 주기적으로 장하(loaded)된, 전송선로나 도파관으로 이루어진 주기 구조의 주파수 특성들로써 여파기 이론과 설계법을 설명한다. 이 구조는 **저속파 부품들**(slow wave components)과 진행파 증폭기 설계에 응용되고, 또한 여파기 설계의 영상 파라미터법을 유도하기 위한 기본적 통과-저지 대역 응답을 나타내기 때문에 흥미롭다.

영상 파라미터법을 사용하여 설계한 여파기는 원하는 차단주파수와 감쇠 특성을 얻기 위하여 간단한 2포트 여파기들의 종속 연결로 구성되지만, 동작 범위 전체에 걸친 상세한 주파수 응답을 고려할 수 없다. 따라서 비록 설계 과정은 비교적 간단하지만, 영상 파라미터법에 의하여 여파기를 설계할 때는 원하는 결과를 얻기 위해서 수차례 반복 계산이 이루어져야 하는 경우도 있다.

삽입손실법이라 불리는 좀더 새로운 설계 과정은, 완벽하게 규정된 주파수 응답을 갖는 여파기를 설계하기 위하여 회로망 합성 기술을 사용한다. 임피던스 및 주파수로 정규화된 저역통과 여파기 원형으로부터 시작함으로써 설계가 간단하게 된다. 그런 다음 원형 설계를 원하는 주파수 범위와 임피던스 레벨로 바꾸기 위한 변환이 이루어진다.

영상 파라미터법이나 삽입손실법에 의해 설계된 여파기는 집중소자 회로이다. 마이크로파에 응용하기 위해서는 이러한 설계 결과를 전송선로 토막들로 구성되는 분포정수 소자를 사용하여 실현할 수 있도록 수정하여야 한다. Richard의 변환과 Kuroda 공식들로 이 과정을 행할 수 있다. 계단형 임피던스와 결합선로를 사용한 전송선로 여파기에 대해서도 논의할 것이며, 결합 공진기를 사용한 여파기에 대해서도 간단히 다룰 것이다.

마이크로파 여파기 분야는, 실제 시스템에서의 이러한 부품들의 중요성과 가능한 구현의 다양함 때문에 매우 광범위하다. 여기서는 다만 기본적 원리와 보다 일반적 여파기 설계법들에 대해서만 다룰 것이므로, 더 심도 있는 내용을 원하는 독자들은 참고문헌 [1], [2], [3], [4]를 참조하기 바란다.

8.1 주기 구조

리액티브 소자가 주기적으로 장하(loaded)된 무한 전송선로나 도파관을 **주기 구조**라 한다. 그림 8.1에서 보는 바와 같이, 주기적 구조는 사용된 전송선로 매체에 따라 다양한 형태가 될 수 있다. 때로는 장하 소자들이 선로상의 불연속을 형성하지만, 어떤 경우라도 그림 8.2에서와 같이 전송선로에 병렬로 연결된 집중 리액턴스들로 모형화할 수 있다. 주기적 구조는 저속파[무장하(unloaded) 선로의 위상 속도보다 느린 파]를 전파시키고, 여파기의 특성과 유사한 통과대역과 저지대역 특성을 갖는다. 이러한 구조들은 진행파 관이나

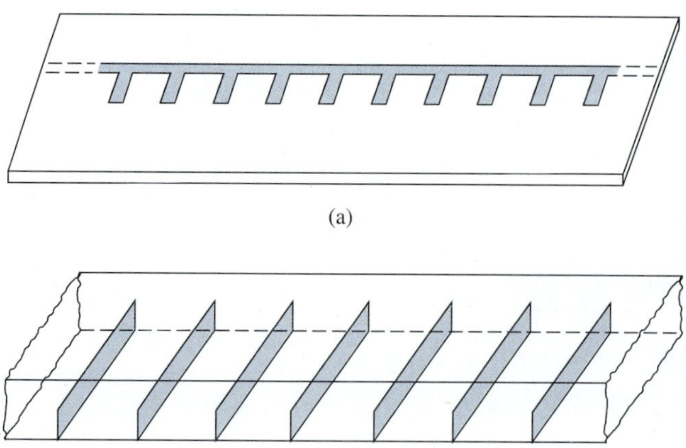

(a)

(b)

그림 8.1 주기 구조의 예. (a) 마이크로스트립 선로상 주기적 스텁, (b) 도파관에서의 주기적 격판

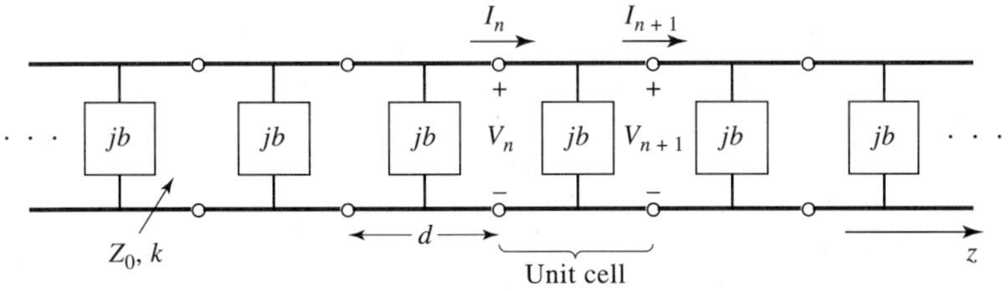

그림 8.2 주기적으로 장하(loaded)된 전송선로의 등가회로. 무장하(unloaded) 선로는 특성 임피던스 Z_0와 전파상수 k를 갖는다.

메이저(maser), 위상 변환기(phase shifter) 그리고 안테나 등에 응용된다.

무한 주기 구조의 해석

그림 8.2와 같은 무한 길이의 장하된 선로의 전파 특성에 대한 고찰로부터 시작한다. 이 선로의 각 단위 셀은 선로의 중간 지점에 병렬 서셉턴스(susceptance)를 갖는 길이 d의 전송선로로 구성된다. 서셉턴스 b는 특성 임피던스 Z_0로서 정규화되어 있다. 만약 무한 선로가 동일한 2회로망의 종속 연결로 구성되었다고 하면, n번째 단위 셀의 양측에서의 전압과 전류 관계를 $ABCD$ 매트릭스를 사용하여 나타낼 수 있다. 즉,

$$\begin{bmatrix} V_n \\ I_n \end{bmatrix} = \begin{bmatrix} A & B \\ C & D \end{bmatrix} \begin{bmatrix} V_{n+1} \\ I_{n+1} \end{bmatrix} \tag{8.1}$$

이다. 여기서 A, B, C, D는 길이 $d/2$의 종속 연결 전송 선로단과, 병렬 서셉턴스 b 그리고 길이 $d/2$인 또 다른 전송 선로단에 대한 매트릭스 파라미터이다. 표 4.1로부터 정규화된 형태로

$$\begin{aligned}\begin{bmatrix} A & B \\ C & D \end{bmatrix} &= \begin{bmatrix} \cos\frac{\theta}{2} & j\sin\frac{\theta}{2} \\ j\sin\frac{\theta}{2} & \cos\frac{\theta}{2} \end{bmatrix} \begin{bmatrix} 1 & 0 \\ jb & 1 \end{bmatrix} \begin{bmatrix} \cos\frac{\theta}{2} & j\sin\frac{\theta}{2} \\ j\sin\frac{\theta}{2} & \cos\frac{\theta}{2} \end{bmatrix} \\ &= \begin{bmatrix} \left(\cos\theta - \frac{b}{2}\sin\theta\right) & j\left(\sin\theta + \frac{b}{2}\cos\theta - \frac{b}{2}\right) \\ j\left(\sin\theta + \frac{b}{2}\cos\theta + \frac{b}{2}\right) & \left(\cos\theta - \frac{b}{2}\sin\theta\right) \end{bmatrix}\end{aligned} \tag{8.2}$$

를 얻는다. 여기서 $\theta = kd$이고 k는 무장하 선로의 전파상수이다. 가역 회로에서 요구되는 $AD - BC = 1$임을 쉽게 증명할 수 있다. $z = 0$을 위상 기준으로 할 때, $+z$방향으로의 진행파는

$$V(z) = V(0)e^{-\gamma z} \tag{8.3a}$$

$$I(z) = I(0)e^{-\gamma z} \tag{8.3b}$$

가 되어야 한다. 구조가 무한히 길기 때문에, n번째 포트에서의 전압과 전류는 $(n+1)$번째 포트에서의 전압, 전류와 오직 전파 요소 $e^{-\gamma d}$만 다를 수 있다. 따라서,

$$V_{n+1} = V_n e^{-\gamma d} \tag{8.4a}$$
$$I_{n+1} = I_n e^{-\gamma d} \tag{8.4b}$$

이다. 이 결과를 식 (8.1)에 대입하면 다음 식을 얻는다.

$$\begin{bmatrix} V_n \\ I_n \end{bmatrix} = \begin{bmatrix} A & B \\ C & D \end{bmatrix} \begin{bmatrix} V_{n+1} \\ I_{n+1} \end{bmatrix} = \begin{bmatrix} V_{n+1}e^{\gamma d} \\ I_{n+1}e^{\gamma d} \end{bmatrix}$$

또는

$$\begin{bmatrix} A - e^{\gamma d} & B \\ C & D - e^{\gamma d} \end{bmatrix} \begin{bmatrix} V_{n+1} \\ I_{n+1} \end{bmatrix} = 0. \tag{8.5}$$

의미가 있는 해를 갖기 위해서 위 매트릭스의 행렬식이 영이 되어야 한다. 즉

$$AD + e^{2\gamma d} - (A + D)e^{\gamma d} - BC = 0 \tag{8.6}$$

또는, $AD - BC = 1$이므로,

$$1 + e^{2\gamma d} - (A + D)e^{\gamma d} = 0$$
$$e^{-\gamma d} + e^{\gamma d} = A + D$$
$$\cosh \gamma d = \frac{A + D}{2} = \cos\theta - \frac{b}{2}\sin\theta \tag{8.7}$$

이어야 한다. 여기서 A와 D값에 식 (8.2)가 사용되었다. 이제, $\gamma = \alpha + j\beta$라 하면

$$\cosh \gamma d = \cosh \alpha d \cos \beta d + j \sinh \alpha d \sin \beta d = \cos\theta - \frac{b}{2}\sin\theta \tag{8.8}$$

를 얻는다. 식 (8.8)의 우변은 실수부만 있으므로, $\alpha = 0$이거나 $\beta = 0$이 되어야 한다.

경우 1: $\alpha = 0$, $\beta \neq 0$. 이 경우는 주기적 구조 선로상의 무감쇠 진행파에 해당하며, 주기적 구조 선로의 통과대역을 정의하게 된다. 그러면, 식 (8.8)은

$$\cos \beta d = \cos\theta - \frac{b}{2}\sin\theta \tag{8.9a}$$

로 간단하게 된다. 만일 우변의 크기가 1보다 작거나 같으면, 이 식을 풀어서 β를 구할 수 있다. 식 (8.9a)을 만족시키는 β값이 무수히 많음에 주목하라.

경우 2: $\alpha \neq 0$, $\beta = 0, \pi$. 이 경우는 파가 전파되지 않고 선로를 따라 감쇠된다. 즉 이것은 구조의 저지대역을 정의한다. 무손실 선로이므로 전력은 소모되지 않으나 선로의 입력 쪽으로 반사된다. 식 (8.8)의 크기는

$$\cosh \alpha d = \left| \cos\theta - \frac{b}{2}\sin\theta \right| \geq 1 \tag{8.9b}$$

로 간소화된다. 이 식은 +방향의 진행파에 대하여 오직 하나의 해($\alpha > 0$)를 갖는다. 그리고 −방향의 진행파에 대해서는 $\alpha > 0$이 적용된다.

만일 $\cos\theta - (b/2)\sin\theta \leq -1$이면, 식 (8.9b)는 식 (8.8)에서 $\beta = \pi$로 놓음으로써 얻을 수 있다. 그러면 선로 상의 모든 집중부하 소자는 $\lambda/2$만큼씩 떨어져 있게 되고, $\beta = 0$인 때와 동일한 입력 임피던스를 갖게 된다.

이와 같이 주기적인 장하 선로는 주파수나 정규화된 서셉턴스값에 따라 통과대역 또는 저지대역을 나타내며, 따라서 여파기의 한 형태로 간주될 수 있다. 식 (8.3)과 (8.4)에서 정의된 전압과 전류파들은 단위 셀들의 종단에서 측정될 때만 의미가 있고, 단위 셀 내에 존재할 수 있는 전압과 전류에는 적용할 수 없다는 점에 주의하라. 이들 파는 주기적 결정 격자를 통하여 전파되는 탄성파와 비슷하기 때문에 간혹 Bloch파라 한다.

주기적인 장하 선로 상의 전파의 전파상수 이외에, 이들 파의 특성 임피던스에 대해서도 살펴보자.

V_{n+1}과 I_{n+1}이 정규화된 양이므로, 단위 셀의 종단에서 특성 임피던스를

$$Z_B = Z_0 \frac{V_{n+1}}{I_{n+1}} \tag{8.10}$$

로 정의할 수 있다. 이 임피던스는 Bloch 임피던스라고도 한다. 식 (8.5)로부터

$$(A - e^{\gamma d})V_{n+1} + BI_{n+1} = 0$$

을 얻게 되고, 따라서 식 (8.10)은

$$Z_B = \frac{-BZ_0}{A - e^{\gamma d}}$$

가 된다. 식 (8.6)으로부터 $e^{\gamma d}$를 A와 D로서 풀면, 다음 식이 얻어진다.

$$e^{\gamma d} = \frac{(A+D) \pm \sqrt{(A+D)^2 - 4}}{2}.$$

그러면, Bloch 임피던스는

$$Z_B^{\pm} = \frac{-2BZ_0}{A - D \mp \sqrt{(A+D)^2 - 4}} \tag{8.11}$$

로 주어지는 2개의 해를 갖는다. 대칭 단위 셀(그림 8.2에서 가정된 것처럼)일 때는, 항상 $A = D$이다. 이 경우 식 (8.11)은

$$Z_B^{\pm} = \frac{\pm BZ_0}{\sqrt{A^2 - 1}} \tag{8.12}$$

로 간단하게 된다. ±해는 각각 양과 음의 방향으로 진행하는 파에 대한 특성 임피던스에 해당한다. 대칭 회로인 경우 이들 임피던스는 부호를 제외하면 같다. 음의 방향으로 진행하는 파의 특성 임피던스는 그림 8.2에서 I_n을 항상 양의 방향으로 정의했으므로 음수가 된다.

식 (8.2)으로부터 B는 항상 순허수임을 알 수 있다. $\alpha = 0$, $\beta \neq 0$(통과대역)이면 식 (8.7)에서 $\cosh \gamma d = A \leq 1$이고, 식 (8.12)로부터 Z_B가 실수임을 알 수 있다. $\alpha \neq 0$, $\beta = 0$(저지대역)이면 식 (8.7)은 $\cosh \gamma d = A \geq 1$이고, 식 (8.12)는 Z_B가 허수임을 보여준다. 이러한 상황은 전파 모드에서는 실수이고, 차단 또는 소멸 모드에서는 허수인 도파관의 파동 임피던스의 경우와 비슷하다.

종단된 주기 구조

다음으로 그림 8.3과 같이 부하 임피던스 Z_L로 종단된 주기 구조의 선로를 생각해 보자. 임의의 단위 셀의 종단에서 입사 및 반사되는 전압과 전류파는

$$V_n = V_0^+ e^{-j\beta nd} + V_0^- e^{j\beta nd} \tag{8.13a}$$

$$I_n = I_0^+ e^{-j\beta nd} + I_0^- e^{j\beta nd} = \frac{V_0^+}{Z_B^+} e^{-j\beta nd} + \frac{V_0^-}{Z_B^-} e^{j\beta nd} \tag{8.13b}$$

와 같이 쓸 수 있다(통과대역에서 동작한다고 가정할 때). 여기서 우리는 오직 종단값에만 관심이 있으므로 식 (8.3)에서 γz를 $j\beta nd$로 대치하였다.

이제 n번째 단위 셀에서의 입사 및 반사 전압을 다음과 같이 정의한다.

$$V_n^+ = V_0^+ e^{-j\beta nd} \tag{8.14a}$$

$$V_n^- = V_0^- e^{j\beta nd}. \tag{8.14b}$$

그러면 식 (8.13)은

$$V_n = V_n^+ + V_n^- \tag{8.15a}$$

$$I_n = \frac{V_n^+}{Z_B^+} + \frac{V_n^-}{Z_B^-} \tag{8.15b}$$

로 쓸 수 있다. 부하에서, 즉 $n = N$일 때,

$$V_N = V_N^+ + V_N^- = Z_L I_N = Z_L \left(\frac{V_N^+}{Z_B^+} + \frac{V_N^-}{Z_B^-} \right) \tag{8.16}$$

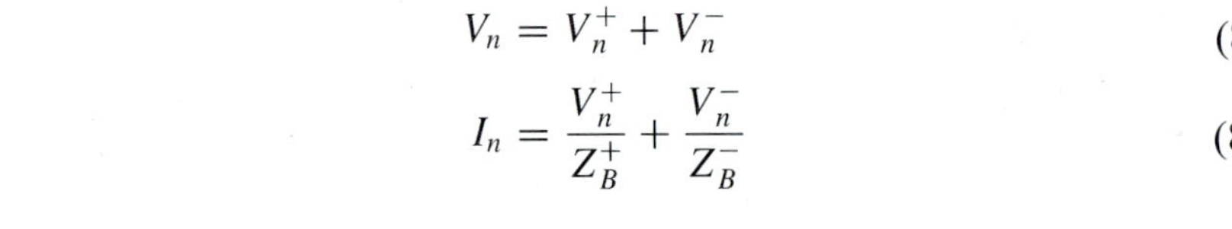

그림 8.3 정규화된 부하 임피던스 Z_L로 종단된 주기적 구조 선로

를 얻는다. 그러므로 부하에서의 반사계수는

$$\Gamma = \frac{V_N^-}{V_N^+} = -\frac{Z_L/Z_B^+ - 1}{Z_L/Z_B^- - 1} \tag{8.17}$$

과 같이 구할 수 있다. 단위 셀 회로가 대칭($A = D$)이면, $Z_B^+ = -Z_B^- = Z_B$이므로 식 (8.17)은 다음과 같이 잘 알려져 있는 형식으로 간단하게 표현된다.

$$\Gamma = \frac{Z_L - Z_B}{Z_L + Z_B}. \tag{8.18}$$

따라서 종단된 주기적 구조 선로에서의 반사를 피하기 위해서는, $Z_L = Z_B$가 되어야 한다. 통과대역에서 동작하는 무손실 구조에 있어서 Z_B는 실수이다. 필요하다면 주기적으로 장하된 선로와 부하 사이에 1/4 파장 변환기를 사용할 수도 있다.

k-β 다이어그램과 전파속도

주기 구조 선로의 통과대역과 저지대역 특성을 연구할 때, 전파상수 β에 대한 무장하 선로의 전파상수 k(또는 ω)의 그래프를 그리면 편리하다. 이러한 그래프를 k-β 다이어그램 또는 Brillouin 다이어그램(주기적 결정구조에서의 전파 전파를 연구한 물리학자인 L. Brillouin의 이름을 따서)이라 한다.

k-β 다이어그램은 식 (8.9a)로부터 그려질 수 있다. 식 (8.9a)는 일반적 주기적 구조 선로에 대한 분산 관계식이다. 실제로 k-β 다이어그램은 많은 종류의 마이크로파 부품들과 전송선로의 분산 특성을 연구하는 데 사용될 수 있다. 예로써, 다음과 같은 도파관 모드에 대한 분산 관계식을 생각해 보자.

$$\beta = \sqrt{k^2 - k_c^2}$$

또는

$$k = \sqrt{\beta^2 + k_c^2}. \tag{8.19}$$

여기서 k_c는 모드의 차단파수, k는 자유공간의 파수 그리고 β는 모드의 전파상수이다. 식 (8.19)의 관계를 그리면 그림 8.4의 k-β 다이어그램과 같다. $k < k_c$인 경우에는 β에 대한 실수해가 존재하지 않고, 따라서 모드는 전파되지 않는다. $k > k_c$인 경우에는 모드는 전파하고 큰 β값에 대하여 k는 β에 접근한다(TEM 전파).

k-β 다이어그램은 또한 분산 구조에 관련된 다양한 전파속도를 해석하는 데 유용하다. 위상속도는

$$v_p = \frac{\omega}{\beta} = c\frac{k}{\beta} \tag{8.20}$$

로서, 이는 k-β 다이어그램 상의 원점에서 동작점까지의 직선 기울기의 c(광속도)배와 같음을 알 수 있다. 군속도(group velocity)는

$$v_g = \frac{d\omega}{d\beta} = c\frac{dk}{d\beta} \tag{8.21}$$

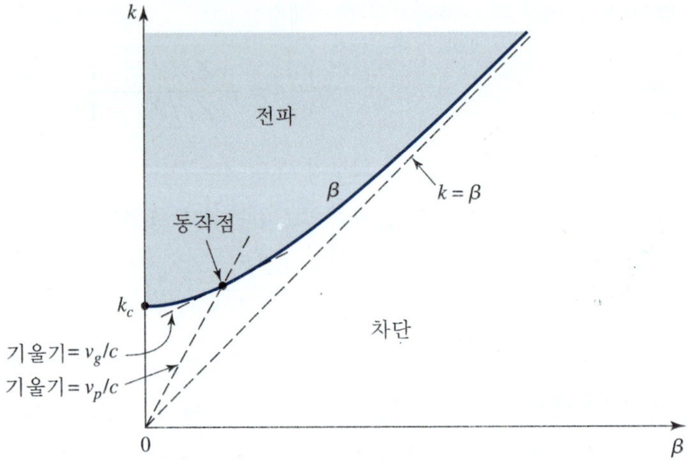

그림 8.4 도파관 모드의 k-β 다이어그램

로서, 이는 동작점에서의 k-β 곡선의 기울기이다. 따라서 그림 8.4로부터, 전파하는 도파관 모드에 대한 위상속도는 차단 영역에서는 무한대이고, k가 증가함에 따라 c(위로부터)에 접근함을 알 수 있다. 하지만 군속도는 차단 영역에서 0이고, k가 증가함에 따라 c(아래로부터)에 접근한다. 용량성 부하 선로의 실제 예를 들면서 주기적 구조에 대한 설명을 마친다.

예제 8.1 주기적 구조의 해석

그림 8.5(이러한 선로는 단락 용량성 스터브로 그림 8.1과 같이 구현할 수 있다)와 같은 주기 용량성 장하 선로를 생각한다. $Z_0 = 50\,\Omega$, $d = 1.0\,\text{cm}$, $C_0 = 2.666\,\text{pF}$일 때 k-β 다이어그램을 그리고, $f = 3.0\,\text{GHz}$에서의 전파상수와 위상속도 그리고 Bloch 임피던스를 구하라. $k = k_0$로 가정한다.

☞ 풀이

식 (8.9a)의 분산 관계를 다음과 같이 쓸 수 있다.

$$\cos \beta d = \cos k_0 d - \left(\frac{C_0 Z_0 c}{2d}\right) k_0 d \sin k_0 d.$$

그러면,

$$\frac{C_0 Z_0 c}{2d} = \frac{(2.666 \times 10^{-12})(50)(3 \times 10^8)}{2(0.01)} = 2.0$$

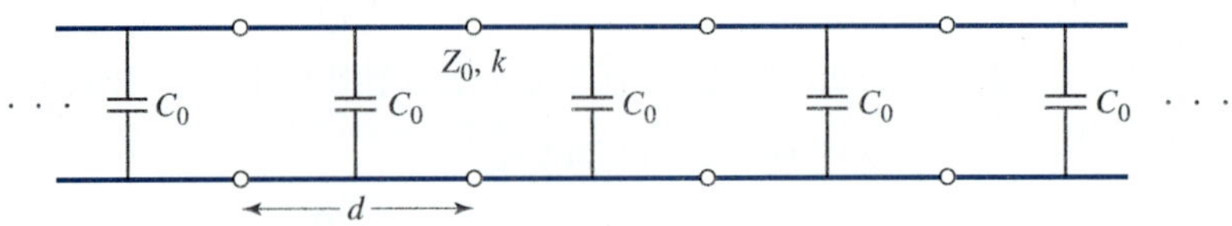

그림 8.5 용량성으로 장하된 선로

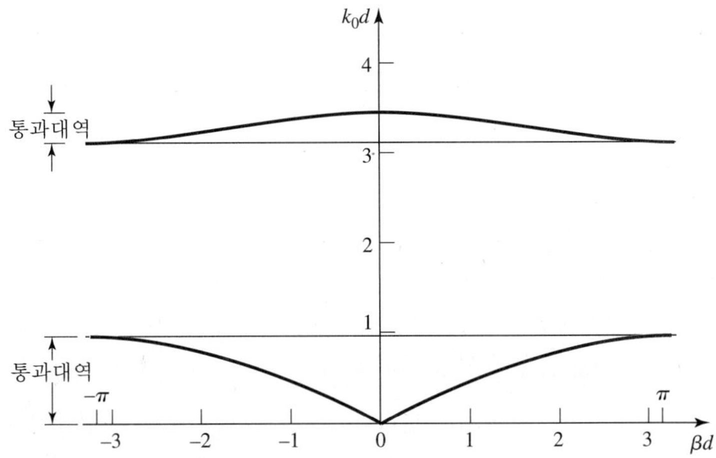

그림 8.6 예제 8.1에 대한 k-β 다이어그램

이고, 따라서

$$\cos\beta d = \cos k_0 d - 2k_0 d \sin k_0 d$$

를 얻는다. 이 시점에서 풀이를 계속하기 위한 가장 간단한 방법은 k_0d값을 0으로 놓고 시작하여, k_0d의 값들에 대해 윗식의 우변을 수치적으로 계산하는 것이다. 우변 항의 크기가 1보다 작거나 같으면 통과대역을 갖으며, βd에 대한 해를 구할 수 있다. 그렇지 않으면 저지대역을 갖는다. 계산 결과로부터 첫 번째 통과대역은 $0 \le k_0d \le 0.96$ 사이에 존재한다는 것을 알 수 있다. 두 번째 통과대역은 $k_0d = \pi$에서 $\sin k_0d$ 항의 부호가 바뀔때까지는 나타나지 않는다. k_0d가 증가함에 따라 무한히 많은 수의 통과대역이 가능하나, 이들은 점차 더 좁아진다. 그림 8.6은 처음 두 개의 통과대역에 대한 k-β 다이어그램을 보인 것이다.

3.0 GHz에서

$$k_0 d = \frac{2\pi(3\times10^9)}{3\times10^8}(0.01) = 0.6283 = 36^\circ$$

이다. 따라서 $\beta d = 1.5$이고, 전파상수 $\beta = 150\text{rad/m}$이다. 위상속도는

$$v_p = \frac{k_0 c}{\beta} = \frac{0.6283}{1.5}c = 0.42c$$

이다. 이 값은 광속보다 매우 작다. 이는 저속파 구조임을 나타낸다.

Bloch 임피던스를 구하기 위하여 식 (8.2)와 (8.12)를 사용하면,

$$\frac{b}{2} = \frac{\omega C_0 Z_0}{2} = 1.256$$

$$\theta = k_0 d = 36^\circ$$

$$A = \cos\theta - \frac{b}{2}\sin\theta = 0.0707$$

$$B = j\left(\sin\theta + \frac{b}{2}\cos\theta - \frac{b}{2}\right) = j0.3479.$$

이므로,

$$Z_B = \frac{BZ_0}{\sqrt{A^2-1}} = \frac{(j0.3479)(50)}{j\sqrt{1-(0.0707)^2}} = 17.4\ \Omega. \blacktriangleleft$$

8.2 영상 파라미터에 의한 여파기 설계

여파기 설계에서 영상 파라미터법은 종속 접속 2포트 회로망에 대한 통과대역과 저지대역 특성에 대한 규정을 포함하며, 따라서 8.1절에서 살펴본 주기적 구조와 개념적으로 유사하다. 이 방법은 비교적 간단하나 임의의 주파수 응답이 설계에 반영될 수 없다는 단점을 갖는다. 이러한 관점에서 다음 절의 주제인 삽입손실법과 대조적이다. 그럼에도 불구하고 영상 파라미터법은 간단한 여파기 설계에 유용하며 무한한 주기적 구조 선로와 실제 여파기 설계와의 연관성을 제공한다. 영상 파라미터법은 고체 진행파 증폭기의 설계에도 응용되고 있다.

2포트 회로망에 대한 영상 임피던스와 전달함수

임의의 가역 2포트 회로망에 대한 영상 임피던스와 전압 전달함수의 정의를 먼저 살펴보자. 영상 파라미터법에 의한 여파기의 해석과 설계에 이 결과들이 필요하다.

그림 8.7과 같은, *ABCD* 파라미터로 특징지어진 임의의 2포트 회로망을 생각해 보자. 포트 2에서의 전류의 기준 방향이 *ABCD* 파라미터에 대한 관례에 따라 지정되었음을 주목하라. 이 회로에서 영상 임피던스 Z_{i1}과 Z_{i2}는 다음과 같이 정의된다.

Z_{i1} = 포트 2가 Z_{i2}로 종단될 때 포트 1의 입력 임피던스

Z_{i2} = 포트 1이 Z_{i1}으로 종단될 때 포트 2의 입력 임피던스

양쪽 포트는 그들의 영상 임피던스로 종단될 때 정합된다. 이제 영상 임피던스를 회로망의 *ABCD* 파라미터들로 표현되도록 유도하자.

포트 전압과 전류의 관계는

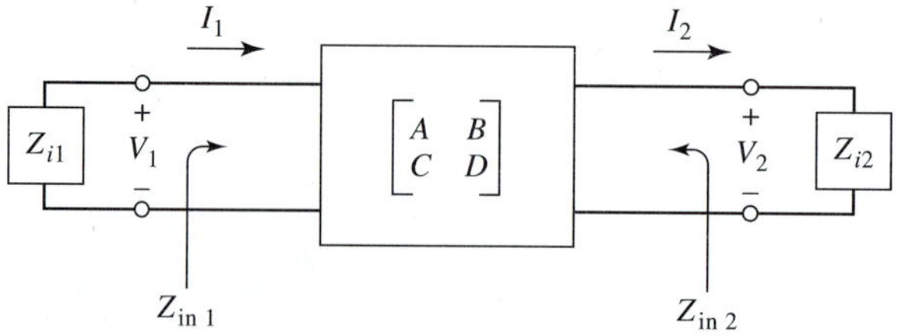

그림 8.7 자신의 영상 임피던스로 종단된 2포트 회로

$$V_1 = AV_2 + BI_2 \tag{8.22a}$$

$$I_1 = CV_2 + DI_2 \tag{8.22b}$$

이다. 포트 2가 Z_{i2}로 종단되면 $V_2 = Z_{i2}I_2$이므로, 포트 1에서의 입력 임피던스는

$$Z_{\text{in1}} = \frac{V_1}{I_1} = \frac{AV_2 + BI_2}{CV_2 + DI_2} = \frac{AZ_{i2} + B}{CZ_{i2} + D} \tag{8.23}$$

이다.

이제 $ABCD$ 매트릭스를 역변환하여 식 (8.22)를 V_2, I_2에 대하여 풀어보자. 가역회로에 대하여 $AD - BC = 1$이므로

$$V_2 = DV_1 - BI_1 \tag{8.24a}$$

$$I_2 = -CV_1 + AI_1 \tag{8.24b}$$

을 얻는다. 그러면 포트 1이 Z_{i1}으로 종단되었을 때, 포트 2에서의 입력 임피던스는 $V_1 = -Z_{i1}I_1$(그림 8.7의 회로)이므로

$$Z_{\text{in2}} = \frac{-V_2}{I_2} = -\frac{DV_1 - BI_1}{-CV_1 + AI_1} = \frac{DZ_{i1} + B}{CZ_{i1} + A} \tag{8.25}$$

와 같이 구할 수 있다.

$Z_{\text{in1}} = Z_{i1}$, $Z_{\text{in2}} = Z_{i2}$로 되어야 하므로, 식 (8.23)과 (8.25)는 영상 임피던스에 대한 다음 두 식을 나타낸다.

$$Z_{i1}(CZ_{i2} + D) = AZ_{i2} + B \tag{8.26a}$$

$$Z_{i1}D - B = Z_{i2}(A - CZ_{i1}). \tag{8.26b}$$

Z_{i1}과 Z_{i2}에 대한 풀이를 구하면

$$Z_{i1} = \sqrt{\frac{AB}{CD}} \tag{8.27a}$$

$$Z_{i2} = \sqrt{\frac{BD}{AC}} \tag{8.27b}$$

가 얻어지고, $Z_{i2} = DZ_{i1}/A$이다. 회로망이 대칭이면, 예상할 수 있듯이 $A = D$이고 $Z_{i1} = Z_{i2}$이다.

이제는 자신의 영상 임피던스로 종단된 2포트 회로망의 전압 전달함수를 생각해 보자. 그림 8.8과 식 (8.24a)를 참조하면 포트 2에서의 출력전압은

$$V_2 = DV_1 - BI_1 = \left(D - \frac{B}{Z_{i1}}\right)V_1 \tag{8.28}$$

으로 표현될 수 있고($V_1 = I_1Z_{i1}$이므로), 또한 전압비는

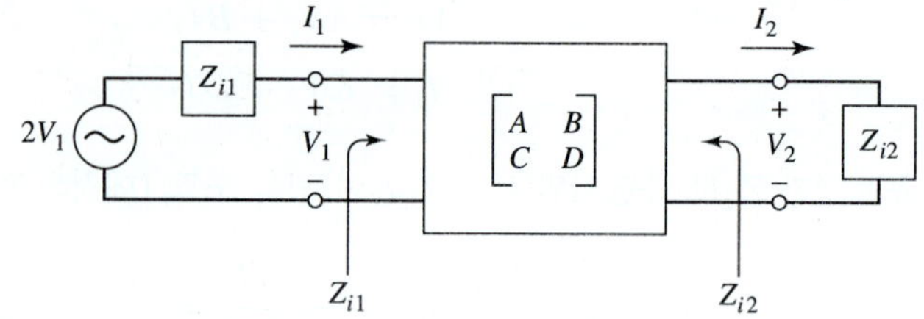

그림 8.8 영상 임피던스로 종단되고 전압 발생기로 구동된 2포트 회로망

$$\frac{V_2}{V_1} = D - \frac{B}{Z_{i1}} = D - B\sqrt{\frac{CD}{AB}} = \sqrt{\frac{D}{A}}(\sqrt{AD} - \sqrt{BC}) \tag{8.29a}$$

이다. 마찬가지로 전류비는

$$\frac{I_2}{I_1} = -C\frac{V_1}{I_1} + A = -CZ_{i1} + A = \sqrt{\frac{A}{D}}(\sqrt{AD} - \sqrt{BC}) \tag{8.29b}$$

이다. 인자 $\sqrt{D/A}$는 식 (8.29a)와 (8.29b)의 가역 위치에서 발생하며, 따라서 변환기의 권선비로 해석될 수 있다. 이 인자와는 별개로, 회로에 대한 전파인자를

$$e^{-\gamma} = \sqrt{AD} - \sqrt{BC} \tag{8.30}$$

로 정의할 수 있다. 통상적으로 $\gamma = \alpha + j\beta$이다. $e^{\gamma} = 1/(\sqrt{AD} - \sqrt{BC}) = (AD - BC)/(\sqrt{AD} - \sqrt{BC}) = \sqrt{AD} + \sqrt{BC}$이고, $\cosh\gamma = (e^{\gamma} + e^{-\gamma})/2$이므로,

$$\cosh\gamma = \sqrt{AD} \tag{8.31}$$

를 얻는다.

중요한 2포트 회로망의 두 유형으로 T와 π 회로가 있다. 이들은 대칭 형태로 만들 수 있다. 표 8.1에는 이들 두 회로망에 대한 영상 임피던스와 전파인자를 다른 유용한 파라미터들과 함께 나타내었다.

상수-*k* 여파기 토막

이제 저역통과와 고역통과 여파기 토막을 살펴본다. 먼저 그림 8.9와 같은 T 회로를 생각한다. 직관적으로 직렬 인덕터들과 병렬 커패시터가 고주파 신호를 차단하고, 반면에 저주파 신호는 통과시키기 때문에 이 회로가 저역통과 여파기 회로망이라는 것을 알 수 있다. 표 8.1에 주어진 결과와 비교해 보면 $Z_1 = j\omega L$, $Z_2 = 1/j\omega C$이므로, 영상 임피던스는

$$Z_{iT} = \sqrt{\frac{L}{C}}\sqrt{1 - \frac{\omega^2 LC}{4}} \tag{8.32}$$

이다. 만약 차단주파수 ω_c를

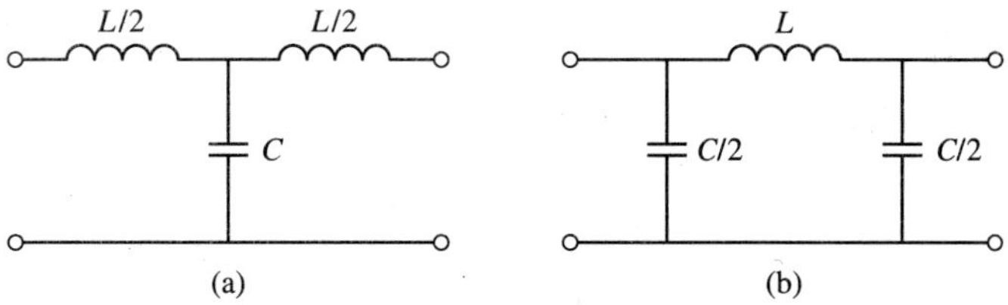

그림 8.9 T와 π 형태에서의 저역통과 상수-k 여파기. (a) T회로부, (b) π회로부

$$\omega_c = \frac{2}{\sqrt{LC}} \tag{8.33}$$

로, 특성 임피던스 R_0를

$$R_0 = \sqrt{\frac{L}{C}} = k \tag{8.34}$$

라 정의하면(k는 상수), 식 (8.32)는

$$Z_{iT} = R_0\sqrt{1 - \frac{\omega^2}{\omega_c^2}} \tag{8.35}$$

표 8.1 T 및 π 회로망의 영상 파라미터

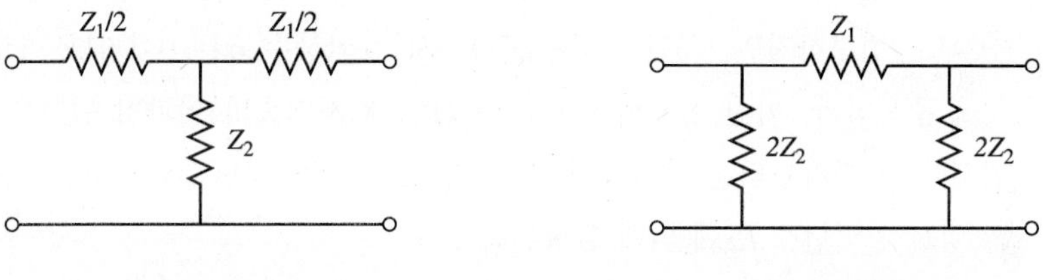

T Network	π Network
ABCD 파라미터:	***ABCD*** 파라미터:
$A = 1 + Z_1/2Z_2$	$A = 1 + Z_1/2Z_2$
$B = Z_1 + Z_1^2/4Z_2$	$B = Z_1$
$C = 1/Z_2$	$C = 1/Z_2 + Z_1/4Z_2^2$
$D = 1 + Z_1/2Z_2$	$D = 1 + Z_1/2Z_2$
Z 파라미터:	***Y*** 파라미터:
$Z_{11} = Z_{22} = Z_2 + Z_1/2$	$Y_{11} = Y_{22} = 1/Z_1 + 1/2Z_2$
$Z_{12} = Z_{21} = Z_2$	$Y_{12} = Y_{21} = 1/Z_1$
영상 임피던스:	영상 임피던스:
$Z_{iT} = \sqrt{Z_1Z_2}\sqrt{1 + Z_1/4Z_2}$	$Z_{i\pi} = \sqrt{Z_1Z_2}/\sqrt{1 + Z_1/4Z_2} = Z_1Z_2/Z_{iT}$
전파상수:	전파상수:
$e^{\gamma} = 1 + Z_1/2Z_2 + \sqrt{Z_1/Z_2 + Z_1^2/4Z_2^2}$	$e^{\gamma} = 1 + Z_1/2Z_2 + \sqrt{Z_1/Z_2 + Z_1^2/4Z_2^2}$

으로 다시 쓸 수 있다. 그러면 $\omega = 0$일 때 $Z_{iT} = R_0$이다.

또한 표 8.1로부터 전파인자는

$$e^{\gamma} = 1 - \frac{2\omega^2}{\omega_c^2} + \frac{2\omega}{\omega_c}\sqrt{\frac{\omega^2}{\omega_c^2} - 1} \tag{8.36}$$

이다.

이제 두 개의 주파수 영역을 생각해 보자.

1. $\omega < \omega_c$**인 경우**: 이것은 여파기의 통과대역이다. $\omega^2/\omega_c^2 - 1$이 음수이고 $|e^{\gamma}| = 1$, 즉

$$|e^{\gamma}|^2 = \left(1 - \frac{2\omega^2}{\omega_c^2}\right)^2 + \frac{4\omega^2}{\omega_c^2}\left(1 - \frac{\omega^2}{\omega_c^2}\right) = 1$$

이므로, 식 (8.35)로부터 Z_{iT}가 실수이고, 식 (8.36)으로부터 γ가 허수임을 알 수 있다.

2. $\omega > \omega_c$**인 경우**: 이것은 여파기의 저지 대역이다. e^{γ}가 실수이고 $-1 < e^{\gamma} < 0$($\omega \to \omega_c$ 그리고 $\omega \to \infty$로의 극한에서 알 수 있는 것과 같이)이므로, 식 (8.35)로부터 Z_{iT}가 허수이고, 식 (8.36)으로부터 γ가 실수임을 알 수 있다. $\omega \gg \omega_c$에 대하여 감쇠상수는 40 dB/decade이다.

전형적인 위상 정수와 감쇠상수를 그림 8.10에 나타내었다. $\omega \to \infty$로 접근함에 따라 $\alpha \to \infty$로 접근하지만, 차단주파수 근처에서 감쇠상수 α는 0이거나 비교적 작은 값이라는 것을 주목하라. 이런 형태의 여파기는 **상수-k** 저역통과 여파기 원형으로 알려져 있다. 선택해야 할 파라미터는 다만 2개(L과 C)로서 이들은 차단주파수 ω_c와 영(zero) 주파수에서의 영상 임피던스 R_0에 의해 결정된다.

위의 결과는 여파기의 양단이 자신의 영상 임피던스로 종단되었을 경우에만 유효하다. 이것이 설계상의 주요한 약점이다. 그 이유로는 영상 임피던스가 주파수의 함수로써 주어

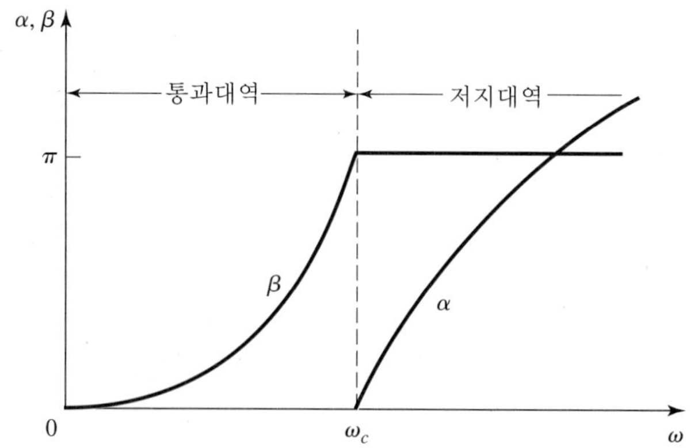

그림 8.10 그림 8.9에 대한 저역통과 상수-k 여파기의 전형적인 통과대역과 저지대역 특성

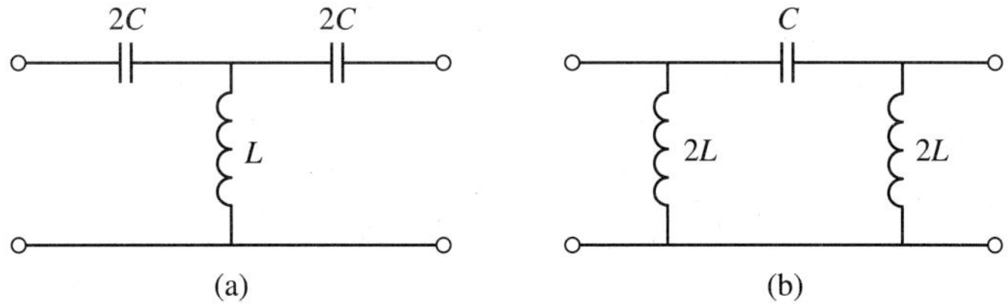

그림 8.11 T형과 π형의 고역통과 상수-k 여파기 토막. (a) T형, (b) π형

진 소스나 부하 임피던스에 잘 정합되지 않기 때문이다. 이러한 단점은 차단주파수 근처에서의 감쇠가 비교적 작다는 사실과 더불어, 간단히 언급될 수정된 m-구동 여파기로써 교정할 수 있다.

그림 8.9의 저역통과 π회로망의 경우에, $Z_1 = j\omega L$, $Z_2 = 1/j\omega C$이므로, 전파인자는 저역통과 T회로의 경우와 같다. 차단 주파수 ω_c와 정규화 특성 임피던스 R_0는 식 (8.33)과 (8.34)에 주어진 것과 같이 T회로에 대한 값들과 동일하다. $\omega = 0$에서 $Z_{iT} = Z_{i\pi} = R_0$를 얻게 된다. 여기서 $Z_{i\pi}$는 저역통과 π회로망의 영상 임피던스이다. 그러나 Z_{iT}와 $Z_{i\pi}$는 일반적으로 다른 주파수에서는 같지 않다.

고역통과 상수-k 여파기가 그림 8.11에 나타나 있다. 인덕터와 커패시터의 위치가 저역통과 원형과는 반대임을 알 수 있다. 설계식은 다음과 같이 쉽게 구해진다.

$$R_0 = \sqrt{\frac{L}{C}} \tag{8.37}$$

$$\omega_c = \frac{1}{2\sqrt{LC}}. \tag{8.38}$$

m-구동 여파기 토막

상수-k 여파기는 차단주파수를 지난 후의 감쇠속도가 비교적 느리고 영상 임피던스가 일정하지 않은 단점이 있음을 살펴보았다. **m-구동** 여파기는 이러한 문제를 극복하기 위하여 설계된 상수-k 여파기의 변형이다. 그림 8.12a, b와 같이 상수-k T형 회로에서의 임피던스 Z_1과 Z_2를 Z_1'과 Z_2'으로 대치하고,

$$Z_1' = mZ_1 \tag{8.39}$$

이라 놓는다. 다음에 상수-k 여파기에서와 같은 값의 Z_{iT}를 갖도록 Z_2'을 선택한다. 표 8.1로부터

$$Z_{iT} = \sqrt{Z_1 Z_2 + \frac{Z_1^2}{4}} = \sqrt{Z_1' Z_2' + \frac{Z_1'^2}{4}} = \sqrt{mZ_1 Z_2' + \frac{m^2 Z_1^2}{4}} \tag{8.40}$$

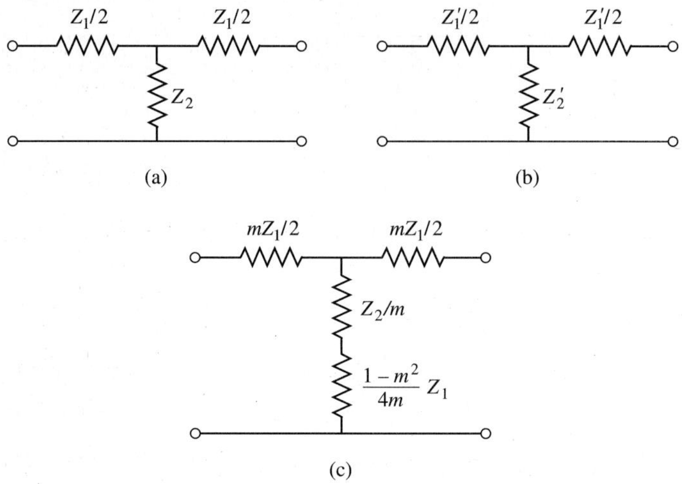

그림 8.12 상수-k 여파기로부터 m-구동 여파기로의 변환. (a) 상수-k 여파기, (b) 일반적인 m-구동 여파기, (c) 최종 m-구동 여파기

이다. 이 식을 풀어

$$Z_2' = \frac{Z_2}{m} + \frac{Z_1}{4m} - \frac{mZ_1}{4} = \frac{Z_2}{m} + \frac{(1-m^2)}{4m}Z_1 \tag{8.41}$$

이 얻어진다. 임피던스 Z_1, Z_2는 리액턴스 소자를 나타내므로, Z_2'은 그림 8.12c에서 보여주듯이 직렬로 연결된 2개의 소자를 뜻한다. $m = 1$이면, 원래의 상수-k 여파기로 환원됨을 주목하라.

저역통과 여파기에 대하여 $Z_1 = j\omega L$이고 $Z_2 = 1/j\omega C$로 된다. 그러면 식 (8.39)와 (8.41)에서 다음과 같은 m-구동 소자값이 얻어진다.

$$Z_1' = j\omega Lm \tag{8.42a}$$

$$Z_2' = \frac{1}{j\omega Cm} + \frac{(1-m^2)}{4m}j\omega L. \tag{8.42b}$$

이 결과가 그림 8.13의 회로이다. 이제 m-구동부에 대한 전파인자를 생각한다.

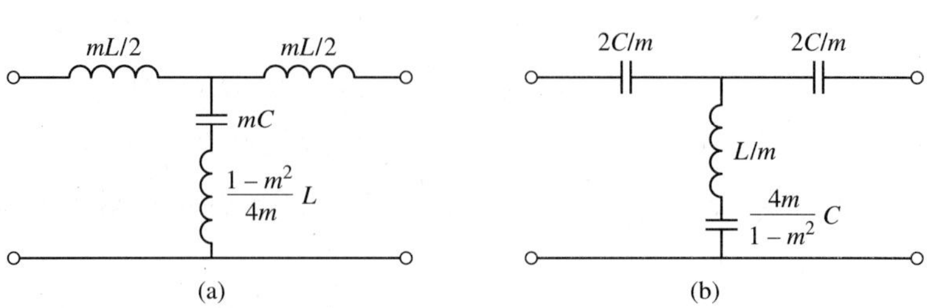

그림 8.13 m-구동 여파기. (a) 저역통과 T형 여파기, (b) 고역통과 T형 여파기

표 8.1로부터

$$e^{\gamma} = 1 + \frac{Z_1'}{2Z_2'} + \sqrt{\frac{Z_1'}{Z_2'}\left(1 + \frac{Z_1'}{4Z_2'}\right)} \tag{8.43}$$

이다. 저역통과 m-구동 여파기에 대하여

$$\frac{Z_1'}{Z_2'} = \frac{j\omega Lm}{(1/j\omega Cm) + j\omega L(1-m^2)/4m} = \frac{-(2\omega m/\omega_c)^2}{1-(1-m^2)(\omega/\omega_c)^2}$$

이다. 여기서 ω_c는 앞에서와 같이 $2/\sqrt{LC}$이다. 그러면

$$1 + \frac{Z_1'}{4Z_2'} = \frac{1-(\omega/\omega_c)^2}{1-(1-m^2)(\omega/\omega_c)^2}$$

이다. 만약 $0 < m < 1$로 제한하면, 이 결과들로부터 $\omega > \omega_c$에 대하여 e^{γ}가 실수이고 $|e^{\gamma}| > 1$이라는 것을 알 수 있다. 따라서 저지대역은 상수-k 토막에서와 같이 $\omega = \omega_c$에서 시작된다. 하지만 $\omega = \omega_\infty$일 때,

$$\omega_\infty = \frac{\omega_c}{\sqrt{1-m^2}}. \tag{8.44}$$

분모는 0이 되며 e^{γ}는 무한대가 된다. 즉, 무한감쇠를 뜻한다. 물리적으로, 감쇠 특성상의 이 극점은 T회로의 병렬 선로에 있는 직렬 LC 공진기의 공진에 의한 것으로, 이는 LC 공진기의 공진주파수가 ω_∞임을 보임으로써 쉽게 증명할 수 있다. 식 (8.44)로써 $\omega_\infty > \omega_c$이고, 따라서 무한감쇠는 그림 8.14에 보인 것과 같이 차단주파수 ω_c 이후에 일어난다. ω_∞에서의 극점의 위치는 m의 값으로 튜닝할 수 있다.

이로써 매우 예리한 차단 응답을 얻게 되었지만, m-구동 토막이 갖는 문제점의 하나는 $\omega > \omega_\infty$의 경우에 감쇠 정도가 감소한다는 것이다. 종종 $\omega \to \infty$일 때 무한감쇠를 갖는

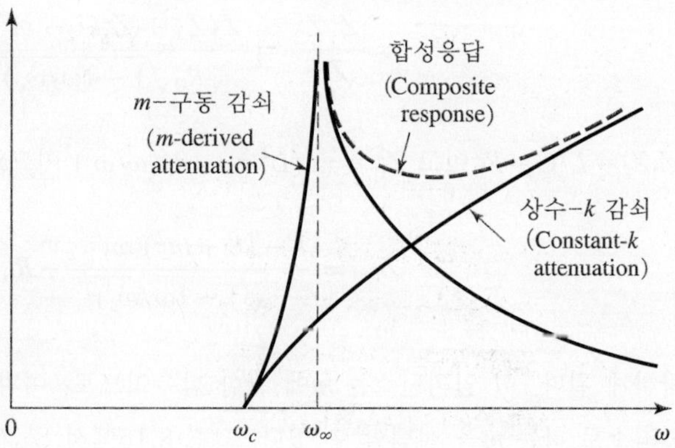

그림 8.14 상수-k, m-구동 그리고 합성 여파기에 대한 전형적인 감쇠 응답

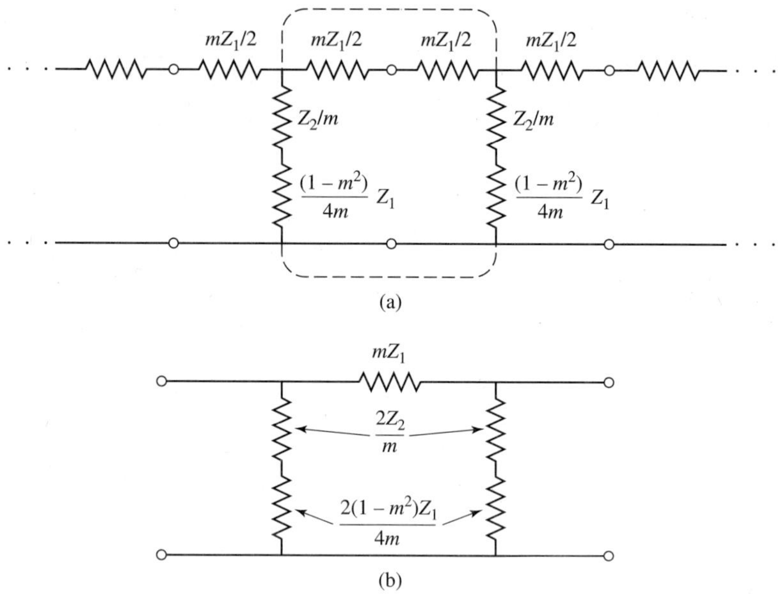

그림 8.15 m–구동 π 토막의 전개. (a) m–구동 T 토막의 무한종속 연결, (b) π–등가 회로

것이 요구되므로, m–구동 토막은 그림 8.14에서와 같이 혼합감쇠 응답이 되도록 상수–k 단과 종속 연결할 수 있다.

m–구동 T 토막은 영상 임피던스가 상수–k 토막(m에 독립인)의 영상 임피던스와 같도록 설계된다. 그러므로 아직 영상 임피던스가 일정하지 않다는 문제가 남아 있다. 그러나 π–등가 회로의 영상 임피던스는 m에 의존하므로, 이러한 잉여 자유도는 최적의 정합단을 설계하는 데 사용될 수 있다.

이에 상응하는 π 토막을 얻는 가장 쉬운 방법은, 그림 8.15a, b에서처럼 그것을 무한종속 연결된 m–구동 T 토막들의 일부로 생각하는 것이다. 따라서 표 8.1과 식 (8.35)의 결과를 사용하여 이 회로의 영상 임피던스를 구하면,

$$Z_{i\pi} = \frac{Z_1' Z_2'}{Z_{iT}} = \frac{Z_1 Z_2 + Z_1^2(1 - m^2)/4}{R_0\sqrt{1 - (\omega/\omega_c)^2}} \tag{8.45}$$

이다. $Z_1 Z_2 = L/C = R_0^2$이고 $Z_1^2 = -\omega^2 L^2 = -4R_0^2(\omega/\omega_c)^2$이므로, 식 (8.45)는

$$Z_{i\pi} = \frac{1 - (1 - m^2)(\omega/\omega_c)^2}{\sqrt{1 - (\omega/\omega_c)^2}} R_0 \tag{8.46}$$

로 간략하게 된다. 이 임피던스는 m에 관한 함수이므로, 여파기의 통과대역에 걸쳐 $Z_{i\pi}$의 변화를 최소로 하는 m을 선택할 수 있다. 그림 8.16에서 몇 개의 m값에 대한 주파수에 따른 이 임피던스의 변화를 볼 수 있다. 일반적으로 $m = 0.6$에서 최상의 결과가 나타난다.

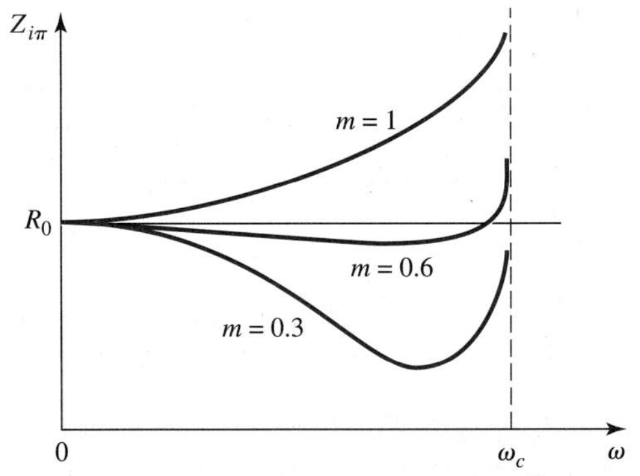

그림 8.16 m값에 따른 저역통과 m-구동 토막의 통과대역에서의 $Z_{i\pi}$ 변화

이러한 m-구동 토막은 R_0와 거의 일정한 임피던스 정합이 이루어지도록 하기 위해 여파기의 입출력에 사용될 수 있다. 그러나 상수-k와 m-구동 T 토막의 영상 임피던스 Z_{iT}는 $Z_{i\pi}$와 정합되지 않는다. 이는 그림 8.17과 같이 π 토막을 이분함으로써 해결할 수 있다. 이 회로의 영상 임피던스 $Z_{i1} = Z_{iT}$이고 $Z_{i2} = Z_{i\pi}$이며, 이것은 $ABCD$ 파라미터로부터 구할 수 있다. 즉

$$A = 1 + \frac{Z_1'}{4Z_2'} \tag{8.47a}$$

$$B = \frac{Z_1'}{2} \tag{8.47b}$$

$$C = \frac{1}{2Z_2'} \tag{8.47c}$$

$$D = 1 \tag{8.47d}$$

이다. 그리고 Z_{i1}과 Z_{i2}에 대하여 식 (8.27)을 사용하면

$$Z_{i1} = \sqrt{Z_1' Z_2' + \frac{Z_1'^2}{4}} = Z_{iT} \tag{8.48a}$$

$$Z_{i2} = \sqrt{\frac{Z_1' Z_2'}{1 + Z_1'/4Z_2'}} = \frac{Z_1' Z_2'}{Z_{iT}} = Z_{i\pi} \tag{8.48b}$$

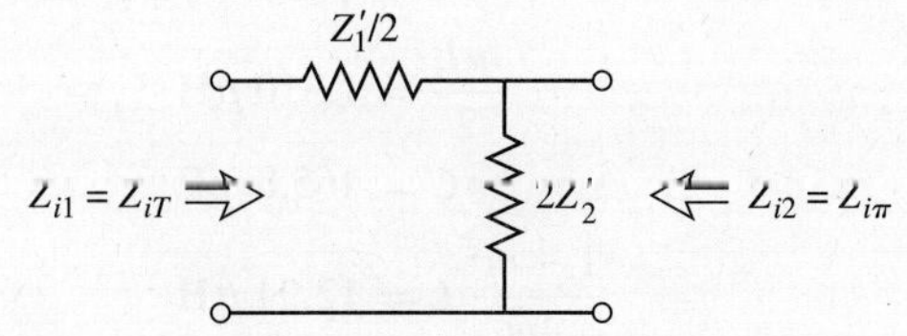

그림 8.17 $Z_{i\pi}$를 Z_{iT}에 정합하기 위해 사용된 이분된 π 토막

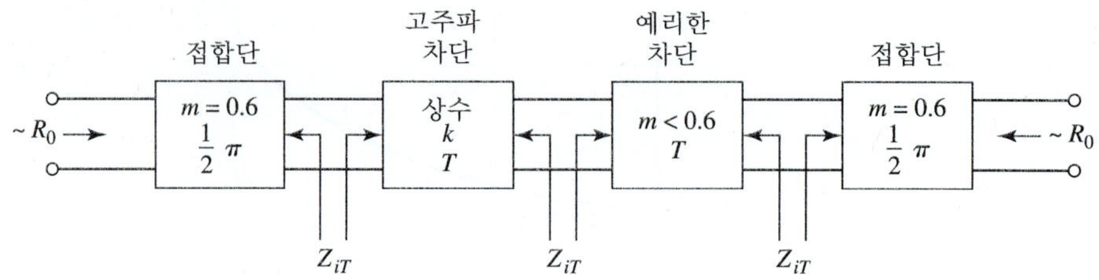

그림 8.18 최종 4단 합성여파기

로 된다. 여기서 Z_{iT}에 대하여 식 (8.40)이 사용되었다.

합성여파기

상수-k 여파기와 예리한 차단 특성의 m-구동 여파기 그리고 m-구동 정합단을 종속 연결함으로써 원하는 감쇠 및 정합 특성을 갖는 여파기를 구현할 수 있다. 이러한 형태의 여파기를 **합성여파기**라 하며 그림 8.18에 나타내었다. $m < 0.6$인 예리한 차단 구간에 의해 예리한 감쇠 응답을 가져오는 차단주파수 근처의 감쇠 극점이 위치하게 되고, 상수-k 토막으로써 저지대역에서의 높은 감쇠 특성을 얻게 된다. 여파기 종단의 이분된 π단은 명목상의 소스 및 부하 임피던스 R_0를 상수-k 및 m-구동 토막의 내부 영상 임피던스 Z_{iT}에 정합시킨다. 표 8.2에 저역 및 고역 통과 합성여파기에 대한 설계식들이 요약되어 있다. 차단주파수와 임피던스가 한번 결정되면 여파기 응답을 제어하는데, 오직 하나의 자유도(예리한 차단 특성에 대한 m값)만 갖는다는 것에 주목하라. 다음의 예는 설계과정을 보여준다.

예제 8.2 저역통과 합성 여파기 설계

차단주파수가 2 MHz이고, 임피던스가 75 Ω인 저역통과 합성여파기를 설계하라. 무한감쇠 극점은 2.05 MHz에 위치하도록 하고, 0에서 4 MHz 범위의 주파수 응답 파형을 그려라.

☞ 풀이

모든 부품들의 값은 표 8.2로부터 얻을 수 있다. 상수-k단에 대하여

$$L = \frac{2R_0}{\omega_c} = 11.94\ \mu\text{H}, \qquad C = \frac{2}{R_0\omega_c} = 2.122\ \text{nF}$$

이고, 예리한 차단 특성의 m-구동 여파기 토막에 대하여,

$$m = \sqrt{1 - \left(\frac{f_c}{f_\infty}\right)^2} = 0.2195$$

$$\frac{mL}{2} = 1.310\ \mu\text{H}$$

$$mC = 465.8\ \text{pF}$$

$$\frac{1-m^2}{4m}L = 12.94\ \mu\text{H}$$

이다. 그리고 $m = 0.6$ 정합 토막에 대하여는

표 8.2 합성여파기 설계의 요약

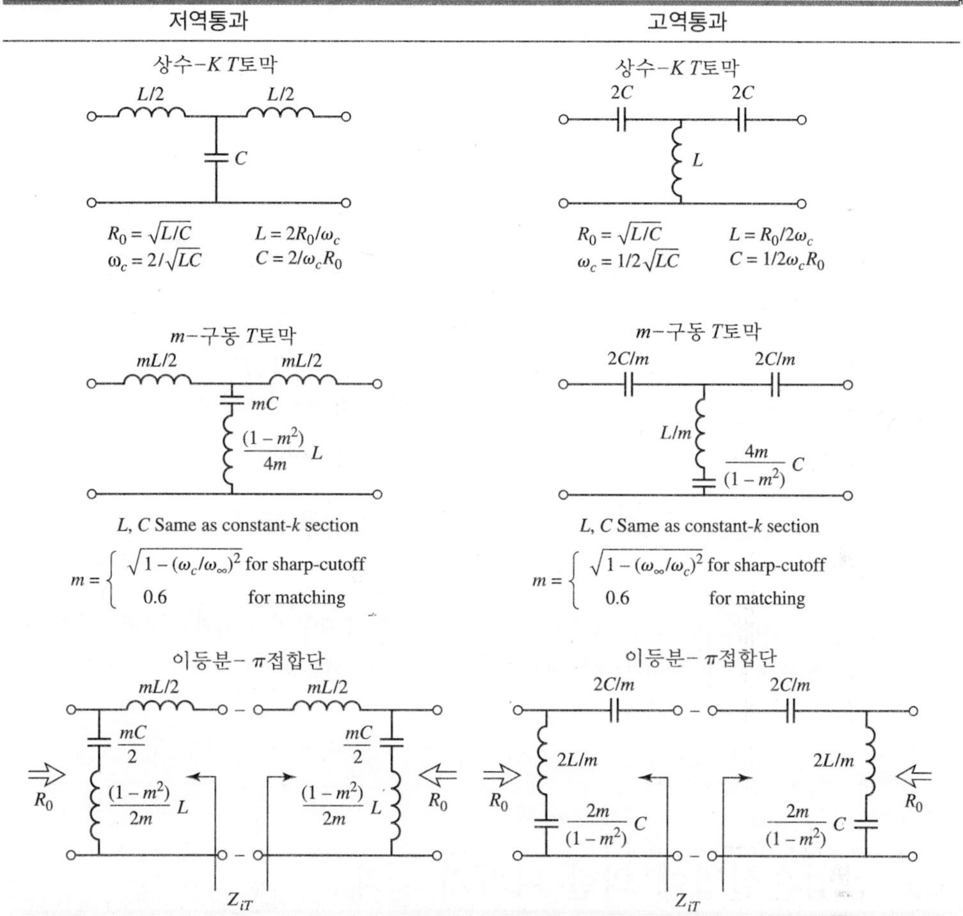

$$\frac{mL}{2} = 3.582\ \mu\text{H}$$

$$\frac{mC}{2} = 636.5\ \text{pF}$$

$$\frac{1-m^2}{2m} L = 6.368\ \mu\text{H}$$

이다. 완성된 여파기 회로를 그림 8.19에 나타내었다. 토막과 토막 사이에 있는 직렬쌍의 인덕터

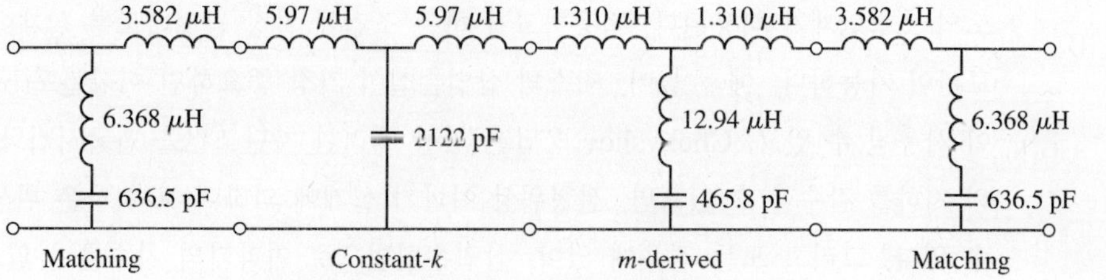

그림 8.19 예제 8.2의 저역통과 합성여파기

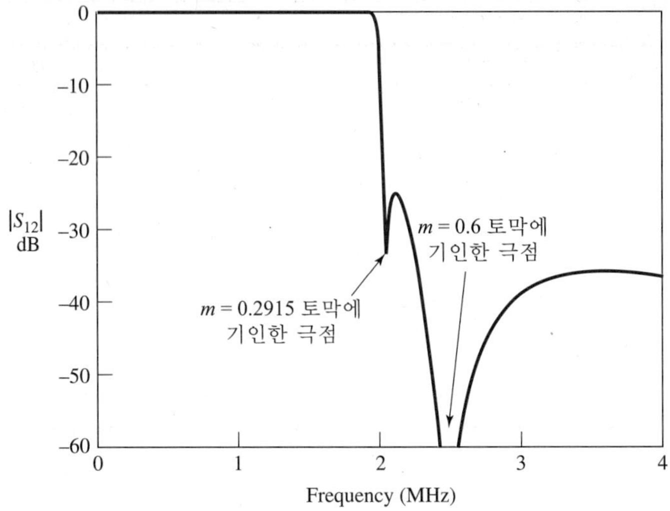

그림 8.20 예제 8.2의 저역통과 여파기에 대한 주파수 응답

들은 조합할 수 있다. 그림 8.20은 $|S_{12}|$에 대한 주파수 응답 결과를 보인 것이다. m = 0.2195단에 의해 f = 2.05 MHz에서 예리한 하강점이 나타나며, m = 0.6 정합단에 의해 2.50 MHz에 극점이 위치함을 주목하라. ◀

8.3 삽입손실법에 의한 여파기 설계

완벽한 여파기는 통과대역에서는 삽입손실이 0이고, 선형 위상응답(신호 왜곡을 피하기 위하여)을 가지며, 저지대역에서는 무한감쇠가 일어난다. 물론 그러한 여파기는 실제로 존재하지 않으므로, 이 특성들 간의 절충이 이루어져야 한다. 어떻게 절충하느냐 따라서 여파기 설계가 좌우된다.

앞 절의 영상 파라미터법으로 사용 가능한 여파기 응답을 얻을 수도 있지만, 그렇지 못할 경우 설계 결과를 개선하기 위한 뚜렷한 방법이 없다. 하지만 체계적으로 원하는 결과를 합성하는 삽입손실법에서는 통과대역 및 저지대역의 진폭과 위상 특성 전반에 걸쳐 고도의 조정단계가 허용된다. 적용하고자 하는 조건에 가장 근접하도록 설계에 필요한 상호보완이 가능하다. 예를 들어, 최소의 삽입손실이 가장 중요하면 이항분포(binomial) 응답이 사용될 수 있고, Chebyshev 응답은 가장 예리한 차단조건을 만족시킨다. 만일 감쇠비의 저하를 감수할 수 있으면, 선형위상 여파기 설계에 의하여 보다 나은 위상 응답을 얻을 수 있다. 그리고 모든 경우에 있어, 삽입손실법으로 여파기의 차수를 높임으로써 간단히 성능을 개선할 수 있다. 앞으로 논의될 여파기의 기본형에 있어서, 여파기의 차수는 리액

티브 소자의 수와 같다.

전력 손실비에 의한 특성 표현

삽입손실법에서 여파기 응답은 여파기의 삽입손실 또는 **전력 손실비** P_{LR}에 의해 정의된다. 즉,

$$P_{\mathrm{LR}} = \frac{\text{전원으로부터 얻을 수 있는 전력}}{\text{부하에 전달된 전력}} = \frac{P_{\mathrm{inc}}}{P_{\mathrm{load}}} = \frac{1}{1 - |\Gamma(\omega)|^2} \tag{8.49}$$

이다. 이 값은 전원과 부하가 모두 정합된 경우, $|S_{12}|^2$의 역수임에 주목하라. dB로 표시된 삽입손실(IL)은

$$\mathrm{IL} = 10 \log P_{\mathrm{LR}} \tag{8.50}$$

이다.

4.1절에서 우리는 $|\Gamma(\omega)|^2$이 ω에 대하여 우함수이고, 따라서 ω^2의 다항식으로 표현될 수 있음을 알고 있다. 따라서

$$|\Gamma(\omega)|^2 = \frac{M(\omega^2)}{M(\omega^2) + N(\omega^2)} \tag{8.51}$$

으로 쓸 수 있다. 여기서 M과 N은 ω^2의 실수 다항식이다. 이 식을 식 (8.49)에 대입하면 다음의 식을 얻는다.

$$P_{\mathrm{LR}} = 1 + \frac{M(\omega^2)}{N(\omega^2)}. \tag{8.52}$$

따라서, 실제로 구현 가능한 필터의 전력 손실비는 식 (8.52)의 형태이어야만 한다. 전력 손실비가 규정되면 동시에 반사계수 $\Gamma(\omega)$도 정해진다는 점에 주목하라. 이제는 몇 개의 실제적 여파기 응답에 대해 논의하자.

최대 평탄. 이 특성은 **이항분포** 또는 **Butterworth 응답**이라 하고, 주어진 여파기의 복잡도, 혹은 차수에 대하여 가장 평탄한 통과대역 특성을 갖는다는 점에서 최적이다. 저역통과 여파기에 대해서, 그 특성은

$$P_{\mathrm{LR}} = 1 + k^2 \left(\frac{\omega}{\omega_c}\right)^{2N} \tag{8.53}$$

으로 기술된다. 여기서 N은 여파기의 차수이며, ω_c는 차단주파수이다. 통과대역은 $\omega = 0$에서부터 $\omega = \omega_c$까지이고 대역 끝단에서의 전력 손실비는 $1 + k^2$이다. 보통 관례대로 이를 -3 dB점으로 잡으면 $k = 1$이 된다. 앞으로는 이 가정을 적용한다. $\omega > \omega_c$에 대해, 감쇠는 그림 8.21에서처럼 주파수에 따라 한결같이 증가한다. $\omega \gg \omega_c$인 경우에는 $P_{\mathrm{LR}} \simeq k^2(\omega/\omega_c)^{2N}$이며, 이것으로 삽입손실이 $20N$ dB/decade로 증가함을 알 수 있다. 다단 1/4 파장

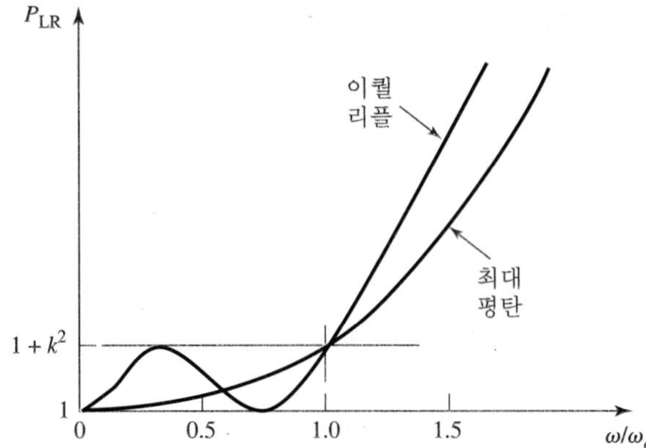

그림 8.21 최대 평탄 및 이퀄 리플 저역통과 여파기의 응답(N=3)

정합 변환기의 이항분포 응답과 같이, 식 (8.53)의 처음 $(2N-1)$차까지의 미분값은 $\omega=0$에서 0이 된다.

이퀄 리플. 체비셰프 다항식을 이용하여 N차 저역통과 여파기의 삽입손실을

$$P_{LR} = 1 + k^2 T_N^2 \left(\frac{\omega}{\omega_c}\right) \tag{8.54}$$

로 규정하면, $T_N(x)$가 $|x|^2 \le 1$에 대하여 ± 1 사이를 진동하므로, 비록 통과대역 응답이 그림 8.21에서와 같이 진폭 $1+k^2$의 리플을 갖게 되나 더 예리한 차단 특성을 갖는다. 이와 같이 k^2은 통과대역의 리플 크기를 결정한다. 큰 x값에 대하여 $T_N(x) \simeq \frac{1}{2}(2x)^N$이므로, $\omega \gg \omega_c$인 경우 삽입손실은

$$P_{LR} \simeq \frac{k^2}{4}\left(\frac{2\omega}{\omega_c}\right)^{2N}$$

이 되며, 이는 또한 $20N$ dB/decade로 증가한다. 그러나 $\omega \gg \omega_c$인 임의의 주파수에서 Chebyshev 경우의 삽입손실이 이항분포 응답에서보다 $(2^{2N})/4$만큼 더 크다.

타원 함수. 최대 평탄과 이퀄 리플 응답은 모두 저지대역에서 감쇠가 한결같이 증가한다. 대부분의 응용에서 최소 저지대역 감쇠를 설정하는 것이 적절하다. 이 경우에는 보다 나은 차단비를 얻을 수 있다. 이러한 여파기를 **타원 함수 여파기**라 하고[3], 그림 8.22에서와 같이 통과대역뿐 아니라 저지대역에서도 이퀄 리플 응답을 갖는다. 통과대역의 최대 감쇠 A_{max}를 정할 수 있고, 마찬가지로 저지대역에서 최소 감쇠 A_{min}도 설정할 수 있다. 타원 함수 여파기는 합성하기가 어려우므로 이에 대해서는 더 이상 언급하지 않겠다. 관심이 있는 독자는 참고문헌 [3]을 참조하라.

선형 위상. 지금까지의 여파기에서는 진폭 응답을 설정하였으나, 일부 응용 분야(통신 시스

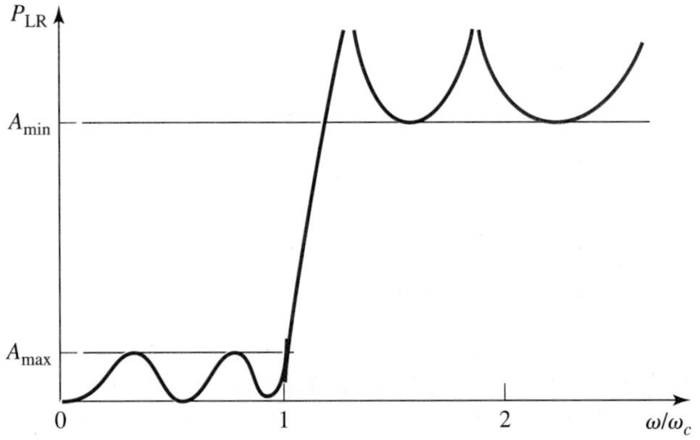

그림 8.22 타원 함수 저역통과 여파기 응답

템에서의 멀티플렉싱 여파기 같은)에서는 신호 왜곡을 피하기 위하여 통과대역에서 선형 위상 응답을 갖게 하는 것도 중요하다. 예리한 차단 특성 응답은 일반적으로 좋은 위상 응답과 상반되는 것으로 판명되었으므로, 여파기의 위상 응답은 의도적으로 합성되어야 한다. 따라서 진폭 차단 특성은 거의가 나빠진다. 선형 위상 특성은 다음의 위상 응답으로 얻을 수 있다.

$$\phi(\omega) = A\omega\left[1 + p\left(\frac{\omega}{\omega_c}\right)^{2N}\right]. \tag{8.55}$$

여기서 $\phi(\omega)$는 여파기의 전압 전달함수의 위상이고, p는 상수이다. 이와 연관된 물리량은 **군지연**(group delay)으로서 다음과 같이 정의된다.

$$\tau_d = \frac{d\phi}{d\omega} = A\left[1 + p(2N+1)\left(\frac{\omega}{\omega_c}\right)^{2N}\right]. \tag{8.56}$$

이는 선형 위상 여파기의 군지연이 최대 평탄 함수임을 보이고 있다.

보다 일반적으로 여파기 특성이 얻어질 수 있지만, 위의 경우들이 가장 일반적이다. 이제 임피던스와 주파수로써 정규화된 **저역통과 여파기 기본형**의 설계에 대해 논의하기로 한다. 이러한 정규화로 임의의 주파수와 임피던스 그리고 임의의 기능(저역통과, 고역통과, 대역통과 또는 대역저지)을 갖는 여파기의 설계를 간단하게 할 수 있다. 그 다음 저역통과 기본형들을 원하는 주파수와 임피던스로 튜닝하고, 집중소자 성분들은 마이크로파 주파수에서 구현될 수 있도록 분포 정수회로 소자들로 대치한다. 이 설계 과정을 그림 8.23에 나타내었다.

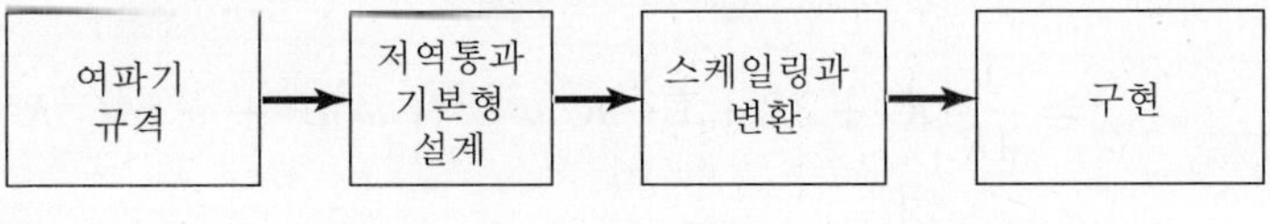

그림 8.23 삽입손실법에 의한 여파기 설계 과정

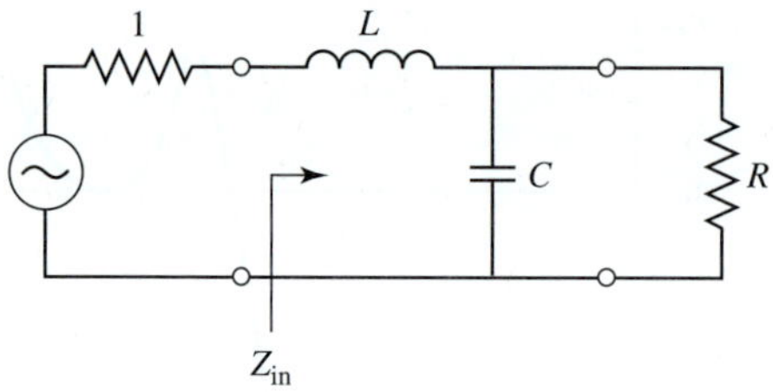

그림 8.24 저역통과 여파기 기본형, $N=2$

최대 평단 저역통과 여파기 기본형

그림 8.24에서와 같은 2소자 저역통과 여파기의 기본형을 생각하나. 최대 평탄 응답 특성을 얻기 위하여, 정규화된 소자값 L과 C를 구한다. 전원 임피던스는 1 Ω이고 차단주파수는 $\omega_c=1$로 가정한다. 식 (8.53)으로부터 $N=2$일 때, 요구되는 전력 손실비는

$$P_{\text{LR}} = 1 + \omega^4 \tag{8.57}$$

이다. 이 여파기의 입력 임피던스는

$$Z_{\text{in}} = j\omega L + \frac{R(1 - j\omega RC)}{1 + \omega^2 R^2 C^2} \tag{8.58}$$

이다.

$$\Gamma = \frac{Z_{\text{in}} - 1}{Z_{\text{in}} + 1}$$

이므로, 전력 손실비는

$$P_{\text{LR}} = \frac{1}{1 - |\Gamma|^2} = \frac{1}{1 - [(Z_{\text{in}} - 1)/(Z_{\text{in}} + 1)][(Z_{\text{in}}^* - 1)/(Z_{\text{in}}^* + 1)]} = \frac{|Z_{\text{in}} + 1|^2}{2(Z_{\text{in}} + Z_{\text{in}}^*)} \tag{8.59}$$

으로 쓸 수 있다. 또한

$$Z_{\text{in}} + Z_{\text{in}}^* = \frac{2R}{1 + \omega^2 R^2 C^2}$$

이고,

$$|Z_{\text{in}} + 1|^2 = \left(\frac{R}{1 + \omega^2 R^2 C^2} + 1\right)^2 + \left(\omega L - \frac{\omega C R^2}{1 + \omega^2 R^2 C^2}\right)^2$$

이므로, 식 (8.59)는

$$\begin{aligned} P_{\text{LR}} &= \frac{1 + \omega^2 R^2 C^2}{4R}\left[\left(\frac{R}{1 + \omega^2 R^2 C^2} + 1\right)^2 + \left(\omega L - \frac{\omega C R^2}{1 + \omega^2 R^2 C^2}\right)^2\right] \\ &= \frac{1}{4R}(R^2 + 2R + 1 + R^2\omega^2 C^2 + \omega^2 L^2 + \omega^4 L^2 C^2 R^2 - 2\omega^2 LCR^2) \\ &= 1 + \frac{1}{4R}[(1 - R)^2 + (R^2C^2 + L^2 - 2LCR^2)\omega^2 + L^2C^2R^2\omega^4] \end{aligned} \tag{8.60}$$

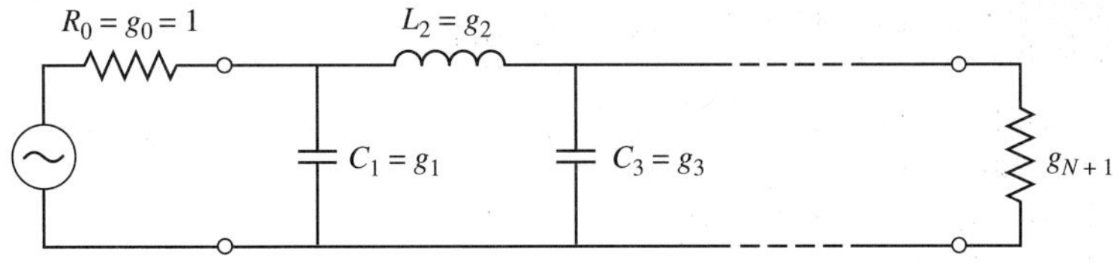

(a)

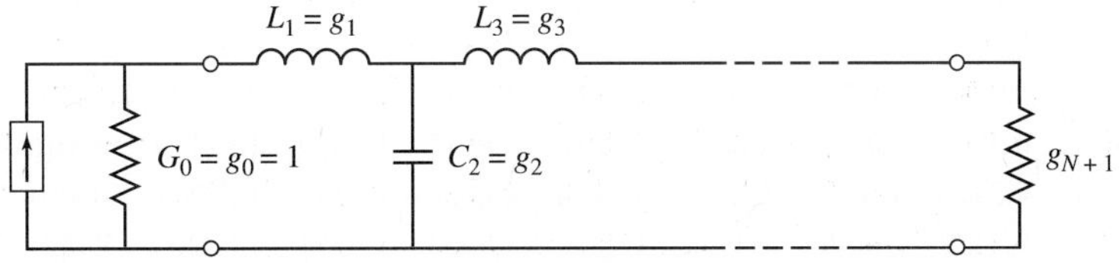

(b)

그림 8.25 저역통과 여파기 기본형에 대한 사다리꼴 회로와 소자의 정의. (a) 병렬 소자로 시작되는 기본형, (b) 직렬 소자로 시작되는 기본형

이 된다.

위 식은 ω^2에 대한 다항식임을 주목하라. 식 (8.57)의 응답과 맞추어 보면, $\omega = 0$일 때 $P_{LR} = 1$이므로 $R = 1$임을 알 수 있다. 또한 ω^2의 계수는 없어져야 한다. 따라서,

$$C^2 + L^2 - 2LC = (C - L)^2 = 0$$

또는 $L = C$이다. 따라서 ω^4의 계수는 1이 되므로

$$\frac{1}{4}L^2C^2 = \frac{1}{4}L^4 = 1$$

즉,

$$L = C = \sqrt{2}$$

이어야 한다.

원칙적으로 이 과정을 확장하여 임의의 소자수 N을 갖는 여파기의 소자값을 구할 수 있으나 N이 크면 실용적이 아니다. 그러나 전원 임피던스가 1Ω이고 차단주파수 $\omega_c = 1$인 정규화된 저역통과 여파기의 설계를 위한 그림 8.25의 사다리꼴 회로의 소자값들을 표로 만들 수 있다[1]. 표 8.3에 $N = 1 \sim 10$에 대한 최대 평탄 저역통과 여파기 기본형의 소자값을 나타내었다($N = 2$에 대한 값이 위의 해석적 풀이와 같음을 주목하라). 이 수치는 그림 8.25의 사다리꼴 회로 중 하나에 다음과 같은 방법으로 사용된다. 여파기가 N개의 리액티브 소자를 가지고 있으므로, 소자값들에 전원 임피던스 g_0부터 부하 임피던스 g_{N+1}까지 번호를 붙인다. 소자들은 교대로 직렬과 병렬로 연결되고, g_k는 다음과 같이 정의된다.

$$g_0 = \begin{cases} \text{제너레이터 저항(그림 8.25a 회로)} \\ \text{제너레이터 컨덕턴스(그림 8.25b 회로)} \end{cases}$$

표 8.3 최대 평탄 저역통과 여파기 기본형의 소자값($g_0 = 1, \omega_c = 1, N = 1 \sim 10$)

N	g_1	g_2	g_3	g_4	g_5	g_6	g_7	g_8	g_9	g_{10}	g_{11}
1	2.0000	1.0000									
2	1.4142	1.4142	1.0000								
3	1.0000	2.0000	1.0000	1.0000							
4	0.7654	1.8478	1.8478	0.7654	1.0000						
5	0.6180	1.6180	2.0000	1.6180	0.6180	1.0000					
6	0.5176	1.4142	1.9318	1.9318	1.4142	0.5176	1.0000				
7	0.4450	1.2470	1.8019	2.0000	1.8019	1.2470	0.4450	1.0000			
8	0.3902	1.1111	1.6629	1.9615	1.9615	1.6629	1.1111	0.3902	1.0000		
9	0.3473	1.0000	1.5321	1.8794	2.0000	1.8794	1.5321	1.0000	0.3473	1.0000	
10	0.3129	0.9080	1.4142	1.7820	1.9754	1.9754	1.7820	1.4142	0.9080	0.3129	1.0000

Source: Reprinted from G. L. Matthaei, L. Young, and E. M. T. Jones, *Microwave Filters, Impedance-Matching Networks, and Coupling Structures* (Dedham, Mass.: Artech House, 1980) with permission.

$$g_k = \begin{cases} \text{직렬 인덕터에 대한 인덕턴스} \\ \text{병렬 커패시터에 의한 커패시턴스 } (k = 1\text{에서 } N\text{까지}) \end{cases}$$

$$g_{N+1} = \begin{cases} g_N\text{이 병렬 커패시터이면 부하 저항} \\ g_N\text{이 직렬 인덕터이면 부하 컨덕턴스} \end{cases}$$

그러면 그림 8.25의 회로들은 서로 쌍으로 생각할 수 있으며, 따라서 둘 다 같은 응답을 나타낸다.

끝으로 실제 설계 과정의 문제로서 여파기의 크기나 차수를 결정할 필요가 있다. 이는 주로 여파기의 저지대역 내에 있는 주파수에 대한 삽입손실을 설정함으로써 이루어진다. 그림 8.26에 정규화된 주파수에 따른 다양한 N값에 대한 감쇠 특성이 나타나 있다. $N > 10$인 여파기가 필요한 경우, 보통 낮은 차수의 2개 여파기를 종속으로 연결하여 좋은 결과를 얻을 수 있다.

이퀄 리플 저역통과 여파기 기본형

차단주파수 $\omega_c = 1$인 이퀄 리플 저역통과 여파기의 전력 손실비는 식 (8.54)로부터

$$P_{\text{LR}} = 1 + k^2 T_N^2(\omega) \tag{8.61}$$

이다. 여기서 $1 + k^2$은 통과대역에서 리플의 크기이다. Chebyshev 다항식은

$$T_N(0) = \begin{cases} 0 & (N\text{이 홀수일 때}) \\ 1 & (N\text{이 짝수일 때}) \end{cases}$$

인 성질을 가지고 있으므로, 식 (8.61)로부터 N이 홀수인 경우 $\omega = 0$에서 여파기의 전력 손실비가 1임을 알 수 있다. 그러나 N이 짝수인 경우에는 $\omega = 0$에서의 전력 손실비는 $1 + k^2$이다. 그러므로 N의 값에 따라 두 가지 경우를 고려해야 한다.

그림 8.24의 2소자 여파기에 대하여, 전력 손실비는 식 (8.60)에 들어 있는 소자의 값들로

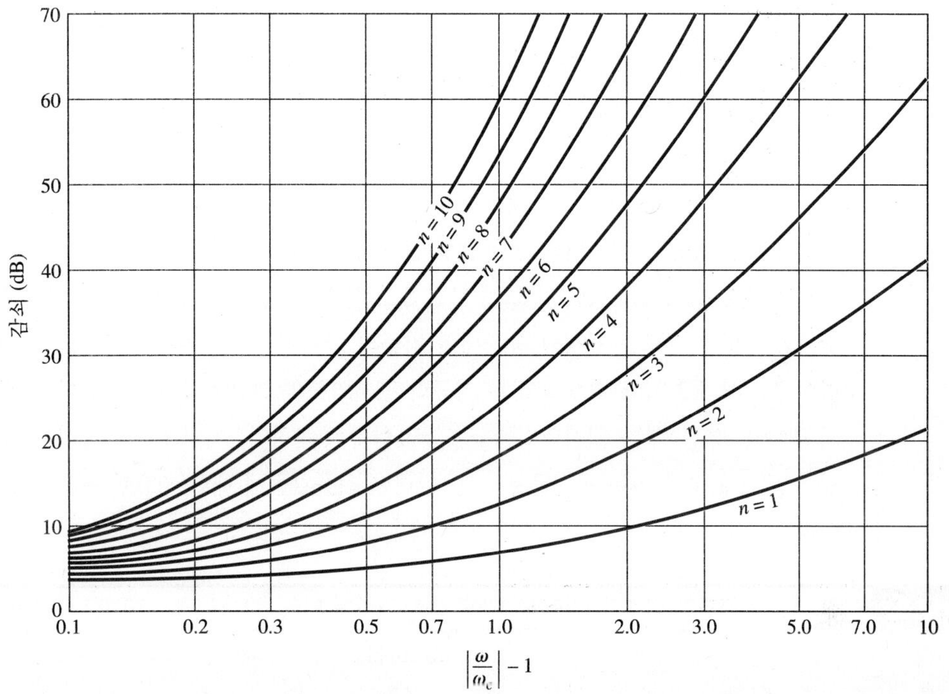

그림 8.26 최대 평탄 여파기 기본형에 대한 정규화된 주파수 대 감쇠. *Microwave Filters, Impedance-Matching Network, and Coupling Structures*, G.L.Matthaei, L.Young, and E.M.T. Jones(Dedham, Mass.: Artech House, 1980)에서 인용함.

주어진다. 식 (5.56b)로부터 $T_2(x) = 2x^2 - 1$이므로, 식 (8.61)을 식 (8.60)과 같게 놓으면

$$1 + k^2(4\omega^4 - 4\omega^2 + 1) = 1 + \frac{1}{4R}[(1 - R)^2 + (R^2C^2 + L^2 - 2LCR^2)\omega^2 + L^2C^2R^2\omega^4] \tag{8.62}$$

이 된다. 이 식은 리플의 크기(k^2에 의해 결정되는)가 주어지면 R, L, C에 대하여 풀 수 있다. 따라서, $\omega = 0$에서

$$k^2 = \frac{(1 - R)^2}{4R}$$

또는

$$R = 1 + 2k^2 \pm 2k\sqrt{1 + k^2} \quad (N\text{이 짝수일 때}) \tag{8.63}$$

을 얻게 된다. ω^2 및 ω^4의 계수들을 같게 놓아

$$4k^2 = \frac{1}{4R}L^2C^2R^2$$
$$-4k^2 = \frac{1}{4R}(R^2C^2 + L^2 - 2LCR^2)$$

의 관계를 얻는다. 이를 이용하여 L과 C를 구할 수 있다. 식 (8.63)으로써 R은 1이 아닌 값을 갖고, 따라서 부하가 실제로 단위(정규화된) 임피던스를 갖게 되면 임피던스 부정합이 발생함을 주목하라. 이것은 1/4 파장 변환기나 N을 홀수로 만드는 부가적 여파기 소자를 추가하여 교정될 수 있다. N이 홀수이면 $R=1$임을 알 수 있다(이것은 N이 홀수이면 $\omega=0$일 때의 전력 손실비가 1이기 때문이다).

정규화된 전원의 임피던스와 차단주파수($\omega_c' = 1$ rad/sec)의 이퀄 리플 저역통과 여파기 설계를 위한 표가 있다[1]. 이 표는 그림 8.25의 두 사다리꼴 회로의 어느 것에나 적용될 수 있다. 이 설계 자료는 규정된 통과대역 리플의 크기에 의존한다. 표 8.4에 $N=1\sim10$에 대하여 0.5 dB과 3.0 dB 리플을 갖는 정규화된 저역통과 기본형의 소자값들이 주어져 있다. N이 짝수인 경우, 부하 임피던스는 $g_{N+1} \neq 1$임을 주목하라. 저지대역의 감쇠가 정해지면, 그림 8.27의 a, b에 있는 곡선들로부터, 이러한 리플값들에 대한 필요한 N의 값을 결정할 수 있다.

표 8.4 이퀄 리플 저역통과 여파기 기본형에 대한 소자값($g_0=1$, $\omega_c=1$, $N=1\sim10$, 0.5 dB과 3.0 dB 리플)

0.5 dB Ripple

N	g_1	g_2	g_3	g_4	g_5	g_6	g_7	g_8	g_9	g_{10}	g_{11}
1	0.6986	1.0000									
2	1.4029	0.7071	1.9841								
3	1.5963	1.0967	1.5963	1.0000							
4	1.6703	1.1926	2.3661	0.8419	1.9841						
5	1.7058	1.2296	2.5408	1.2296	1.7058	1.0000					
6	1.7254	1.2479	2.6064	1.3137	2.4758	0.8696	1.9841				
7	1.7372	1.2583	2.6381	1.3444	2.6381	1.2583	1.7372	1.0000			
8	1.7451	1.2647	2.6564	1.3590	2.6964	1.3389	2.5093	0.8796	1.9841		
9	1.7504	1.2690	2.6678	1.3673	2.7239	1.3673	2.6678	1.2690	1.7504	1.0000	
10	1.7543	1.2721	2.6754	1.3725	2.7392	1.3806	2.7231	1.3485	2.5239	0.8842	1.9841

3.0 dB Ripple

N	g_1	g_2	g_3	g_4	g_5	g_6	g_7	g_8	g_9	g_{10}	g_{11}
1	1.9953	1.0000									
2	3.1013	0.5339	5.8095								
3	3.3487	0.7117	3.3487	1.0000							
4	3.4389	0.7483	4.3471	0.5920	5.8095						
5	3.4817	0.7618	4.5381	0.7618	3.4817	1.0000					
6	3.5045	0.7685	4.6061	0.7929	4.4641	0.6033	5.8095				
7	3.5182	0.7723	4.6386	0.8039	4.6386	0.7723	3.5182	1.0000			
8	3.5277	0.7745	4.6575	0.8089	4.6990	0.8018	4.4990	0.6073	5.8095		
9	3.5340	0.7760	4.6692	0.8118	4.7272	0.8118	4.6692	0.7760	3.5340	1.0000	
10	3.5384	0.7771	4.6768	0.8136	4.7425	0.8164	4.7260	0.8051	4.5142	0.6091	5.8095

자료원: *Microwave Filters, Impedance-Matching Network, and Coupling Structures*, G.L.Matthaei, L.Young, and E.M.T. Jones(Dedhan, Mass: Artech House, 1980)

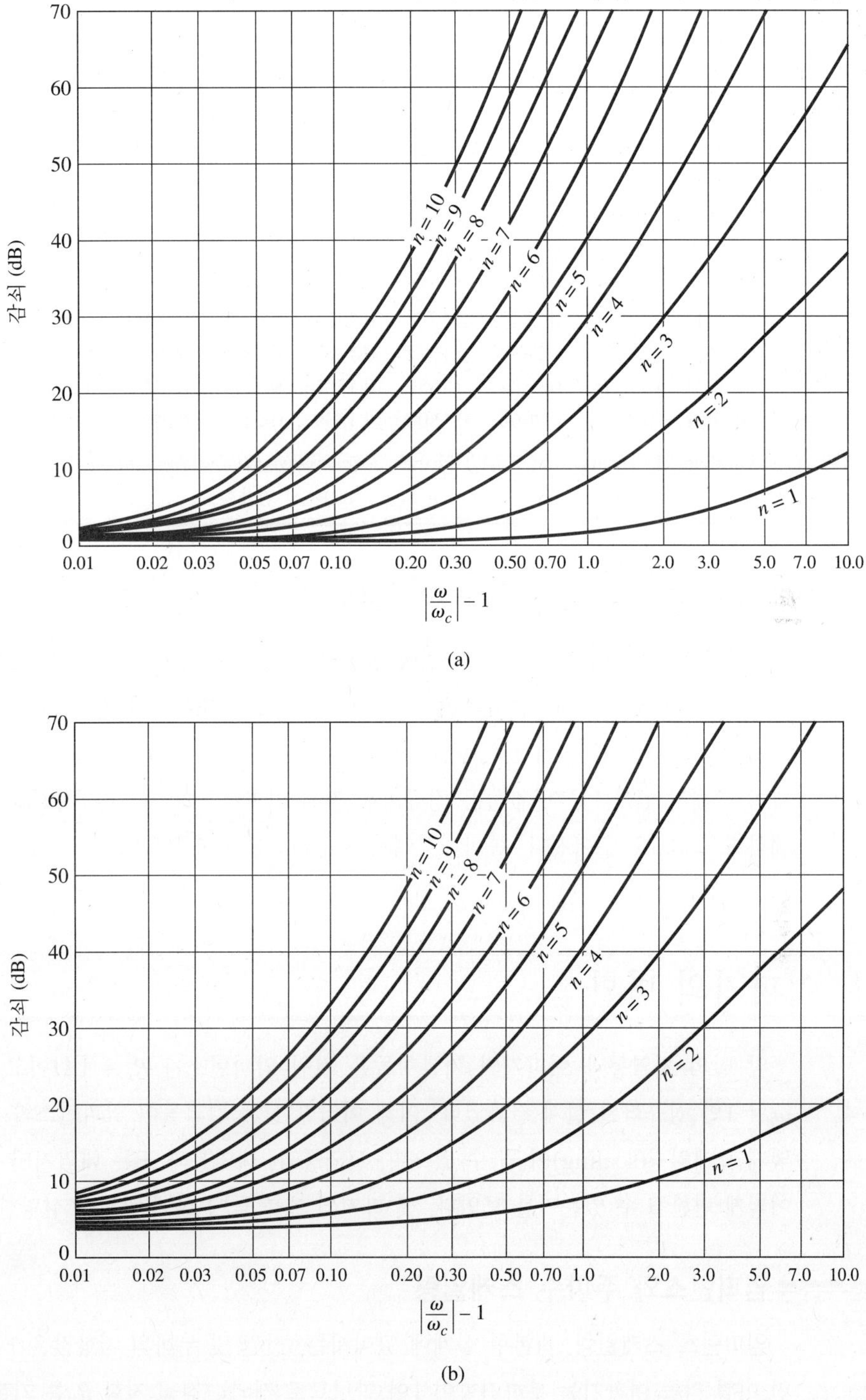

그림 8.27 이퀄 리플 여파기 기본형의 감쇠 대 정규화된 주파수. (a) 0.5 dB 리플, (b) 3.0 dB 리플. *Microwave Filters, Impedance-Matching Network, and Coupling Structures*, G.L.Matthaei, L.Young, and E.M.T. Jones(Dedham, Mass.: Artech House, 1980)에서 인용함.

표 8.5 최대 평탄 시간지연 저역통과 여파기의 기본형에 대한 소자값($g_0 = 1$, $\omega_c = 1$, $N = 1 \sim 10$)

N	g_1	g_2	g_3	g_4	g_5	g_6	g_7	g_8	g_9	g_{10}	g_{11}
1	2.0000	1.0000									
2	1.5774	0.4226	1.0000								
3	1.2550	0.5528	0.1922	1.0000							
4	1.0598	0.5116	0.3181	0.1104	1.0000						
5	0.9303	0.4577	0.3312	0.2090	0.0718	1.0000					
6	0.8377	0.4116	0.3158	0.2364	0.1480	0.0505	1.0000				
7	0.7677	0.3744	0.2944	0.2378	0.1778	0.1104	0.0375	1.0000			
8	0.7125	0.3446	0.2735	0.2297	0.1867	0.1387	0.0855	0.0289	1.0000		
9	0.6678	0.3203	0.2547	0.2184	0.1859	0.1506	0.1111	0.0682	0.0230	1.0000	
10	0.6305	0.3002	0.2384	0.2066	0.1808	0.1539	0.1240	0.0911	0.0557	0.0187	1.0000

자료원: G.L.Matthaei, L.Young, and E.M.T. Jones, *Microwave Filters, Impedance-Matching Network, and Coupling Structures*, (Dedham, Mass.: Artech House, 1980)에서 인용함.

선형 위상 저역통과 여파기 기본형

최대 평탄 지연시간 또는 선형 위상 응답을 갖는 여파기도 같은 방법으로 설계할 수 있으나, 전압 전달함수의 위상은 진폭과 같이 간단하게 표현되지 않기 때문에 사정은 좀더 복잡해진다. 하지만 이러한 여파기들에 대한 설계값이 그림 8.25의 사다리꼴 회로들에 대하여 구해져 있다[1]. 이 값들은 정규화된 전원 임피던스와 차단주파수($\omega_c' = 1$ rad/sec)에 대하여 표 8.5로 주어진다. 통과대역에서의 군지연은 결과적으로 $\tau_d = 1/\omega_c' = 1$이다.

8.4 여파기의 변환

앞 절의 저역통과 여파기의 기본형들은 전원 임피던스가 $R_s = 1\ \Omega$이고 차단주파수가 $\omega_c = 1$인 정규화된 설계 결과였다. 이제 이러한 설계 결과들이 임피던스와 주파수로써 어떻게 스케일링(scaling)이 될 수 있으며, 고역통과, 대역통과 또는 대역저지 특성을 갖도록 어떻게 변환될 수 있는가를 보인다. 몇 가지의 예를 들어 설계 과정을 설명한다.

임피던스와 주파수 스케일링

임피던스 스케일링. 기본형 설계에 있어서는, 전원 및 부하의 저항값은 1이다(N이 짝수인 이퀄 리플 여파기는 부하저항이 1이 아니므로 제외). 전원 저항 R_0는 기본형 설계의 임피던스에 R_0를 곱하여 얻을 수 있다. 그리고 임피던스로 스케일링이 된 양들을 (′)으로 나타내면, 새로운 여파기 소자값들은

$$L' = R_0 L \tag{8.64a}$$

$$C' = \frac{C}{R_0} \tag{8.64b}$$

$$R'_s = R_0 \tag{8.64c}$$

$$R'_L = R_0 R_L \tag{8.64d}$$

로 주어진다. 여기서 L, C 및 R_L은 기본형의 소자값들이다.

저역통과 여파기를 위한 주파수 스케일링. 저역통과 기본형의 차단주파수를 1에서 ω_c로 변환하기 위해서는, 그 여파기의 주파수 의존성을 인수 $1/\omega_c$로 스케일링해야 하며, 이는 다음과 같이 ω를 ω/ω_c로 대치하면 된다.

$$\omega \leftarrow \frac{\omega}{\omega_c}. \tag{8.65}$$

그러면 새로운 전력 손실비는

$$P'_{\text{LR}}(\omega) = P_{\text{LR}}\left(\frac{\omega}{\omega_c}\right)$$

가 된다. 여기서 ω_c는 새로운 차단주파수이며, 차단은 $\omega/\omega_c = 1$ 또는 $\omega = \omega_c$일 때 일어난다. 이 변환은 그림 8.28a,b에 보인 바와 같이 원래의 통과대역을 확장(expansion)시킨 것으로 볼 수 있다.

새로운 소자값들은 기본형 여파기의 직렬 리액턴스 $j\omega L_k$와 병렬 서셉턴스 $j\omega C_k$에 식 (8.65)를 적용함으로써 결정될 수 있다. 즉,

$$jX_k = j\frac{\omega}{\omega_c}L_k = j\omega L'_k$$

$$jB_k = j\frac{\omega}{\omega_c}C_k = j\omega C'_k$$

이 되며, 이 식들로부터 새로운 소자값들은 다음과 같이 주어진다.

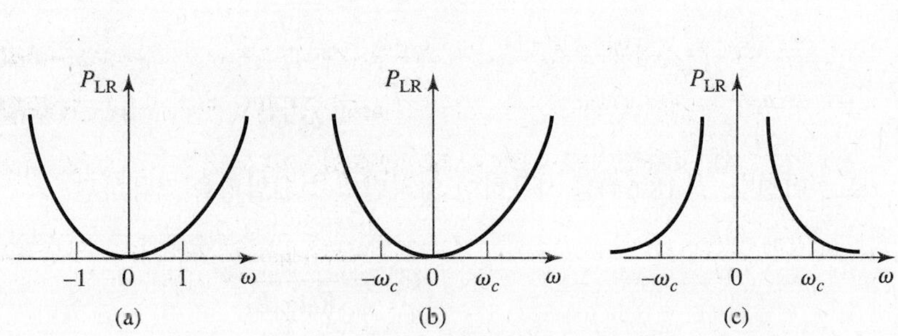

그림 8.28 저역통과 여파기의 주파수 스케일링과 고역통과 응답으로의 변환. (a) $\omega_c = 1$ rad/sec인 저역통과 여파기 기본형 응답, (b) 저역통과 응답을 위한 주파수 스케일링, (c) 고역통과 응답으로의 변환.

$$L'_k = \frac{L_k}{\omega_c} \tag{8.66a}$$

$$C'_k = \frac{C_k}{\omega_c}. \tag{8.66b}$$

임피던스와 주파수 스케일링이 모두 필요한 경우는, 식 (8.64)와 식 (8.66)를 결합하여

$$L'_k = \frac{R_0 L_k}{\omega_c} \tag{8.67a}$$

$$C'_k = \frac{C_k}{R_0 \omega_c} \tag{8.67a}$$

를 얻을 수 있다.

저역통과로부터 고역통과로의 변환. 주파수 치환을

$$\omega \leftarrow -\frac{\omega_c}{\omega} \tag{8.68}$$

와 같이 함으로써, 그림 8.28c에 보인 바와 같이 저역통과 응답을 고역통과 응답으로 변환할 수 있다. 이 치환으로 $\omega = 0$이 $\omega = \pm\infty$로 사상되고, 역으로도 사상되어, 차단은 $\omega = \pm\omega_c$일 때 일어난다. 음의 부호는 인덕터(및 커패시터)를 구현 가능한 커패시터(및 인덕터)로 변환하는데 필요하다. 기본형 여파기의 직렬 리액턴스 $j\omega L_k$와 병렬 서셉턴스 $j\omega C_k$에 식 (8.68)을 적용하면

$$jX_k = -j\frac{\omega_c}{\omega}L_k = \frac{1}{j\omega C'_k}$$

$$jB_k = -j\frac{\omega_c}{\omega}C_k = \frac{1}{j\omega L'_k}$$

이 얻어진다. 이로부터 직렬 인덕터 L_k는 커패시터 C'_k으로, 병렬 커패시터 C_k는 인덕터 L'_k으로 대치되어야 함을 알 수 있다. 새로운 소자값들은

$$C'_k = \frac{1}{\omega_c L_k} \tag{8.69a}$$

$$L'_k = \frac{1}{\omega_c C_k} \tag{8.69b}$$

로 주어진다. 식 (8.64)를 사용하여 임피던스 스케일링을 적용하면

$$C'_k = \frac{1}{R_0 \omega_c L_k} \tag{8.70a}$$

$$L'_k = \frac{R_0}{\omega_c C_k} \tag{8.70b}$$

가 된다.

예제 8.3 저역통과 여파기 설계의 장단점

2 GHz의 차단주파수와 50 Ω의 임피던스 그리고 3 GHz에서 최소한 15 dB의 삽입손실을 갖는 최대 평탄 저역통과 여파기를 설계하라. $f = 0$에서 4 GHz까지에 대한 진폭응답과 군지연을 계산하여 도시하고, 같은 차수를 갖는 이퀄 리플(3.0 dB 리플) 경우 및 선형위상 여파기의 경우와 비교하라.

☞ 풀이

먼저 3 GHz에서의 삽입손실을 만족하는 최대 평탄 여파기의 차수를 구한다. 여기서 $|\omega/\omega_c| - 1 = 0.5$이므로, 그림 8.26으로부터 $N = 5$이면 충분함을 알 수 있다. 따라서 표 8.3으로부터 기본형의 소자값들은

$$g_1 = 0.618$$
$$g_2 = 1.618$$
$$g_3 = 2.000$$
$$g_4 = 1.618$$
$$g_5 = 0.618$$

로 구해진다. 그러면 식 (8.67)를 사용하여 변환된 소자값을 얻을 수 있다.

$$\begin{aligned} C_1' &= 0.984 \text{ pF} \\ L_2' &= 6.438 \text{ nH} \\ C_3' &= 3.183 \text{ pF} \\ L_4' &= 6.438 \text{ nH} \\ C_5' &= 0.984 \text{ pF}. \end{aligned}$$

최종의 여파기 회로는 그림 8.29와 같다. 여기서는 그림 8.25a의 사다리꼴 회로를 사용하였으나, 그림 8.25b의 회로도 역시 사용할 수 있다.

$N = 5$일 때의 이퀄 리플 여파기와 선형위상 여파기의 소자값들은 표 8.4와 8.5로부터 구할 수 있다. 이들 3가지 여파기의 진폭과 군지연 결과를 그림 8.30에 나타내었다. 이 결과들로부터 세 종류의 여파기들 간에 절충이 이루어져야 한다는 것을 분명하게 알 수 있다. 이퀄 리플 응답은 가장 예리한 차단 특성을 갖지만 가장 나쁜 군지연 특성을 갖는다. 최대 평탄 응답은 통과대역에서 더 평탄한 감쇠 특성을 보이나 조금 더 낮은 차단비를 갖는다. 선형위상 여파기는 차단비가 가장 나쁘지만 매우 좋은 군지연 특성을 갖는다. ◀

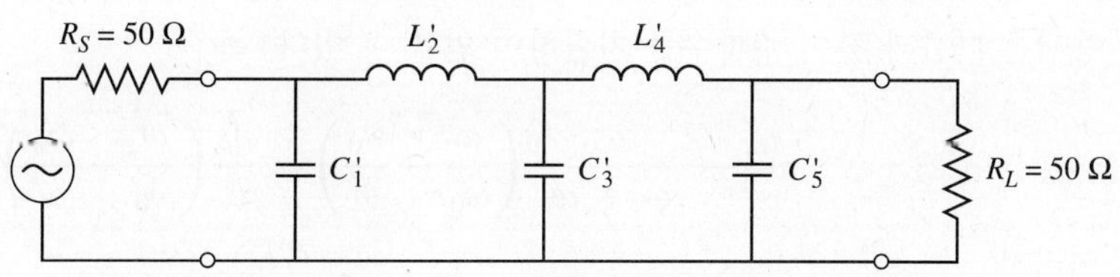

그림 8.29 예제 8.3에 대한 저역통과 최대 평탄 여파기 회로

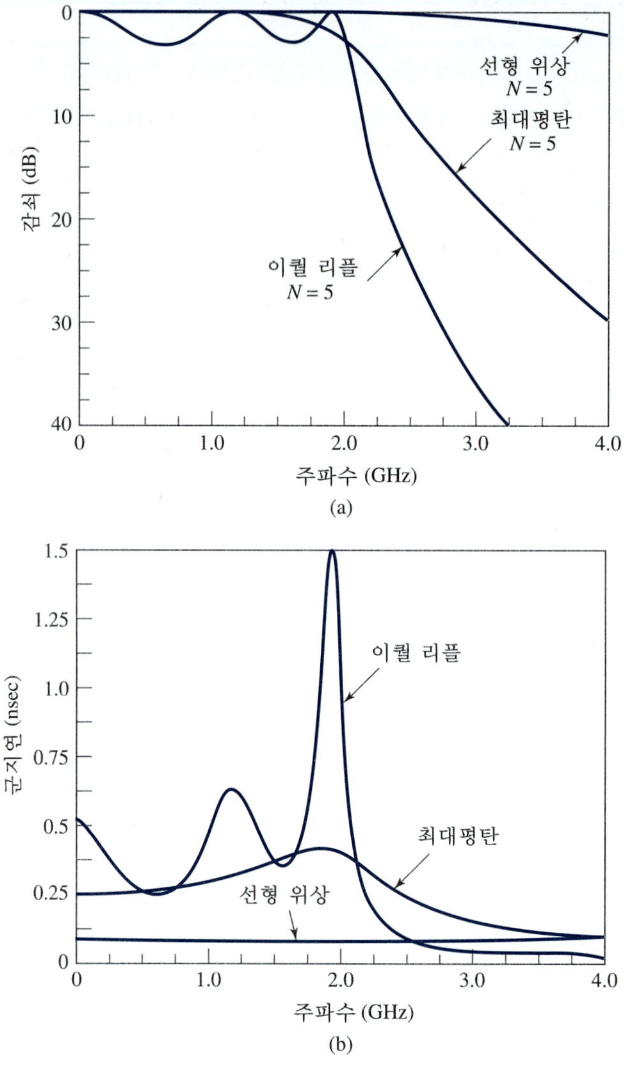

그림 8.30 예제 8.3에서 설계된 여파기의 주파수 응답. (a) 진폭응답, (b) 군지연 응답

대역통과와 대역저지 변환

저역통과 기본형 여파기 설계는 그림 8.31에 나타낸 바와 같이 대역통과 또는 대역저지 응답을 갖도록 변환될 수도 있다. 만약 ω_1과 ω_2가 통과대역의 끝을 나타낸다면, 대역통과 응답은 다음과 같이 주파수를 치환하여 얻을 수 있다. 즉,

$$\omega \longleftarrow \frac{\omega_0}{\omega_2 - \omega_1}\left(\frac{\omega}{\omega_0} - \frac{\omega_0}{\omega}\right) = \frac{1}{\Delta}\left(\frac{\omega}{\omega_0} - \frac{\omega_0}{\omega}\right). \tag{8.71}$$

여기서

$$\Delta = \frac{\omega_2 - \omega_1}{\omega_0} \tag{8.72}$$

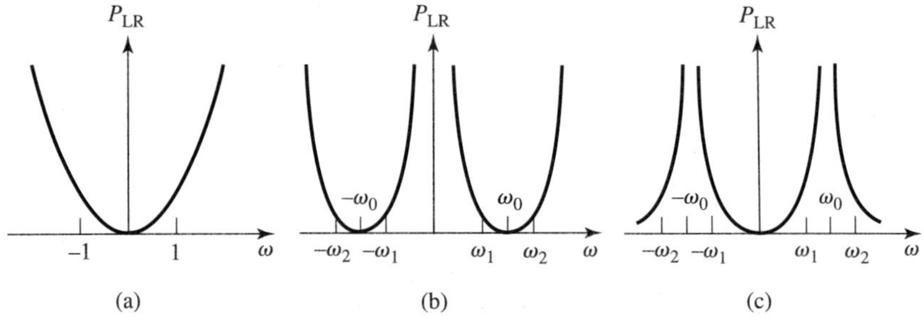

그림 8.31 대역통과와 대역저지 주파수 변환. (a) $\omega_c = 1$일 때 저역통과 여파기 기본형 응답, (b) 대역통과 응답으로의 변환, (c) 대역저지 응답으로의 변환

은 통과대역의 비(fractional)대역폭이다. 중심주파수 ω_0를 ω_1과 ω_2의 산술 평균값으로 선택할 수 있으나, 다음과 같은 기하 평균값으로 선택하면 식들이 더 간단해진다.

$$\omega_0 = \sqrt{\omega_1 \omega_2}. \tag{8.73}$$

그러면, 식 (8.71)의 변환으로부터 다음과 같이 그림 8.31b의 대역통과 특성이 그림 8.31a의 저역통과 응답에 사상된다.

$$\omega = \omega_0\text{일 때} \qquad \frac{1}{\Delta}\left(\frac{\omega}{\omega_0} - \frac{\omega_0}{\omega}\right) = 0$$

$$\omega = \omega_1\text{일 때} \qquad \frac{1}{\Delta}\left(\frac{\omega}{\omega_0} - \frac{\omega_0}{\omega}\right) = \frac{1}{\Delta}\left(\frac{\omega_1^2 - \omega_0^2}{\omega_0\omega_1}\right) = -1$$

$$\omega = \omega_2\text{일 때} \qquad \frac{1}{\Delta}\left(\frac{\omega}{\omega_0} - \frac{\omega_0}{\omega}\right) = \frac{1}{\Delta}\left(\frac{\omega_2^2 - \omega_0^2}{\omega_0\omega_2}\right) = 1.$$

직렬 리액턴스와 병렬 서셉턴스에 대한 표현식에 식 (8.71)을 사용하면 새로운 여파기 소자들이 결정된다. 따라서,

$$jX_k = \frac{j}{\Delta}\left(\frac{\omega}{\omega_0} - \frac{\omega_0}{\omega}\right) L_k = j\frac{\omega L_k}{\Delta\omega_0} - j\frac{\omega_0 L_k}{\Delta\omega} = j\omega L_k' - j\frac{1}{\omega C_k'}$$

이 되며, 여기서 직렬 인덕터 L_k가 다음의 소자값을 가진 직렬 LC 회로로 변환됨을 알 수 있다.

$$L_k' = \frac{L_k}{\Delta\omega_0} \tag{8.74a}$$

$$C_k' = \frac{\Delta}{\omega_0 L_k}. \tag{8.74b}$$

유사한 방법으로,

$$jB_k = \frac{j}{\Delta}\left(\frac{\omega}{\omega_0} - \frac{\omega_0}{\omega}\right) C_k = j\frac{\omega C_k}{\Delta\omega_0} - j\frac{\omega_0 C_k}{\Delta\omega} = j\omega C_k' - j\frac{1}{\omega L_k'}$$

이 되며, 여기서 병렬 커패시터 C_k가 다음의 소자값을 갖는 병렬 LC 회로로 변환됨을 알 수 있다.

$$L'_k = \frac{\Delta}{\omega_0 C_k} \tag{8.74c}$$

$$C'_k = \frac{C_k}{\Delta\omega_0}. \tag{8.74d}$$

이와 같이 저역통과 여파기 소자들은 직렬 선로에서 직렬 공진회로(공진시 낮은 임피던스)로 변환되며, 병렬 선로에서는 병렬 공진회로(공진시 높은 임피던스)로 변환된다. 직렬과 병렬 공진소자들 모두 공진주파수가 ω_0인 점에 주목하라.

역변환을 이용하면 대역저지 응답을 얻을 수 있다. 즉,

$$\omega \longleftarrow \Delta\left(\frac{\omega}{\omega_0} - \frac{\omega_0}{\omega}\right)^{-1} \tag{8.75}$$

이며, 여기서 Δ와 ω_0에 대한 정의는 식 (8.72)와 (8.73)에서와 같다. 그러면 저역통과 기본형의 직렬 인덕터들은 다음의 소자값을 가진 병렬 LC 회로로 변환된다.

$$L'_k = \frac{\Delta L_k}{\omega_0} \tag{8.76a}$$

$$C'_k = \frac{1}{\omega_0 \Delta L_k}. \tag{8.76b}$$

저역통과 기본형의 병렬 커패시터들은 다음의 소자값을 가진 직렬 LC 회로로 변환된다.

$$L'_k = \frac{1}{\omega_0 \Delta C_k} \tag{8.76c}$$

$$C'_k = \frac{\Delta C_k}{\omega_0}. \tag{8.76d}$$

저역통과 기본형으로부터 고역통과, 대역통과 또는 대역저지 여파기로의 소자 변환들이 표 8.6에 요약되어 있다. 이 결과들에는 임피던스 스케일링이 포함되지 않았다. 임피던스 스케일링은 식 (8.64)를 사용하여 수행할 수 있다.

예제 8.4 대역통과 여파기 설계

0.5 dB 이퀄 리플 응답을 갖는, $N = 3$인 대역통과 여파기를 설계하라. 중심주파수는 1 GHz, 대역폭은 10%, 그리고 임피던스는 50 Ω이다.

☞ 풀이

표 8.4로부터 그림 8.25b의 저역통과 기본형 회로의 소자값들은 다음과 같이 주어진다.

$$g_1 = 1.5963 = L_1$$
$$g_2 = 1.0967 = C_2$$

표 8.6 기본형 여파기 변환의 요약 $\left(\Delta = \frac{\omega_2 - \omega_1}{\omega_0}\right)$

저역통과	고역통과	대역통과	대역저지

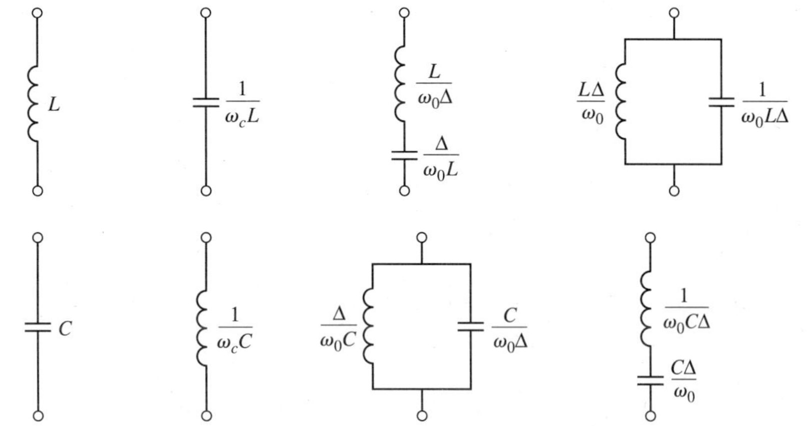

$$g_3 = 1.5963 = L_3$$
$$g_4 = 1.000 = R_L.$$

그러면, 식 (8.64)와 (8.74)로부터 그림 8.32의 회로를 위한 임피던스 스케일링과 주파수 변환된 소자값들이 다음과 같이 주어진다.

$$L_1' = \frac{L_1 R_0}{\omega_0 \Delta} = 127.0 \text{ nH},$$
$$C_1' = \frac{\Delta}{\omega_0 L_1 R_0} = 0.199 \text{ pF},$$
$$L_2' = \frac{\Delta R_0}{\omega_0 C_2} = 0.726 \text{ nH},$$
$$C_2' = \frac{C_2}{\omega_0 \Delta R_0} = 34.91 \text{ pF},$$
$$L_3' = \frac{L_3 R_0}{\omega_0 \Delta} = 127.0 \text{ nH},$$
$$C_3' = \frac{\Delta}{\omega_0 L_3 R_0} = 0.199 \text{ pF}.$$

진폭응답 결과를 그림 8.33에 나타냈다. ◀

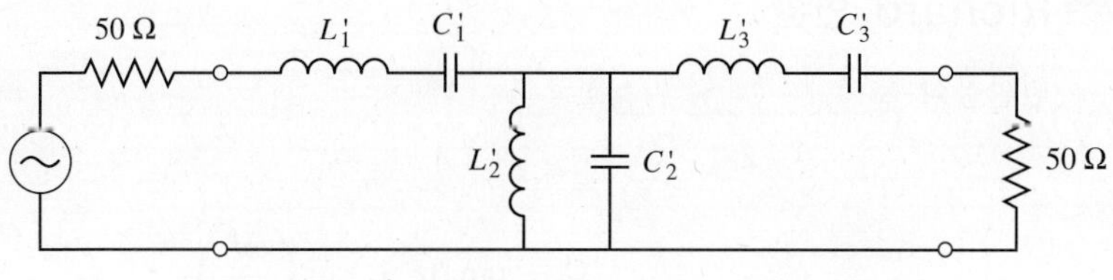

그림 8.32 예제 8.4를 위한 대역통과 여파기 회로

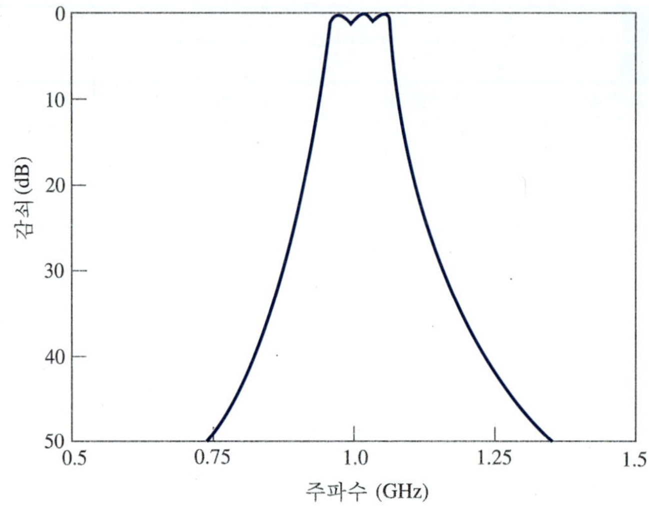

그림 8.33 예제 8.4의 대역통과 여파기 진폭응답

8.5 여파기의 구현

앞 절에서 논의된 집중소자 설계방식은 일반적으로 낮은 주파수에서는 잘 동작하나, 고주파의 RF 및 마이크로파대역에서는 두 가지 문제가 발생한다. 첫째는 인덕터와 커패시터 같은 집중소자들은 일반적으로 제한된 범위의 값들에 대해서만 유용하고, 마이크로파 주파수대에서는 구현하기 어려우므로, 근사적으로 분포 정수소자로 구현해야 한다. 더욱이, 마이크로파 주파수대에서는 여파기의 소자들 간의 거리를 무시할 수 없다. 개방 혹은 단락된 전송선로 스터브와 같은 분포소자은 종종 이상적인 집중회로처럼 사용될 수 있다. **Richard 변환**은 집중 소자들을 전송선로로 변환하는 데 사용된다. 반면에 **Kuroda 공식**은 전송선로를 사용하여 여파기 소자들을 분리하는 데 사용될 수 있다. 이러한 부가적 전송선로들은 여파기 응답에 영향을 미치지 않기 때문에, 이러한 유형의 설계를 **용장**(冗長, redundant) **여파기 합성**이라 한다. 여파기 응답을 개선시키기 위하여, 이 전송선로 소자들의 장점을 살린 마이크로파 여파기를 설계할 수 있다. 이러한 **비용장**(非冗長, nonredundant) 합성에 대응할 만한 집중소자 합성법은 없다.

Richard 변환

변환공식

$$\Omega = \tan \beta\ell = \tan\left(\frac{\omega\ell}{v_p}\right) \tag{8.77}$$

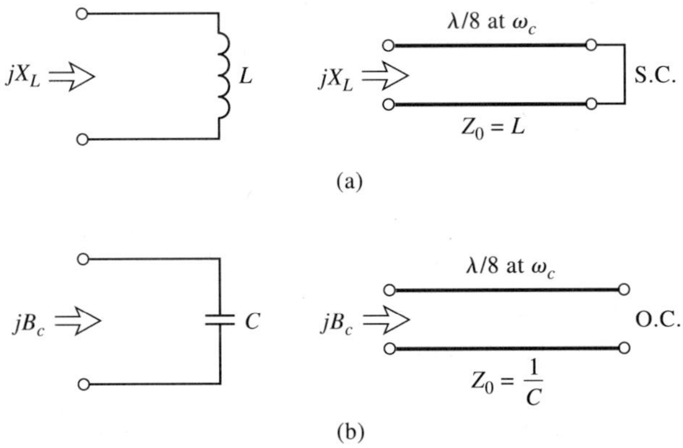

그림 8.34 Richard 변환. (a) 인덕터를 단락회로 스터브으로, (b) 커패시터를 개방회로 스터브으로 변환한다.

로부터 ω 평면이 Ω 평면으로 사상되는데, 이는 $\omega\ell/v_p = 2\pi$의 주기로 반복한다. 이 변환은 개방 및 단락된 전송선로를 사용한 LC 회로망을 합성하기 위하여 P. Richard[6]에 의해 도입되었다. 따라서 주파수 변수 ω를 Ω로 대치하면, 인덕터의 리액턴스는

$$jX_L = j\,\Omega L = jL\tan\beta\ell \tag{8.78a}$$

로 쓸 수 있고, 커패시터의 서셉턴스는

$$jB_C = j\,\Omega C = jC\tan\beta\ell \tag{8.78b}$$

로 쓸 수 있다. 이 결과들로부터 인덕터는 길이가 $\beta\ell$이고 특성 임피던스가 L인 단락회로 스터브로 대체할 수 있고, 커패시터는 길이가 $\beta\ell$이고 특성 임피던스가 $1/C$인 개방회로 스터브로 대체될 수 있음을 알 수 있다. 여파기 임피던스는 1이라 가정한다.

저역통과 여파기의 기본형에서 차단은 주파수가 1인 곳에서 발생한다. Richard 변환 여파기에서 같은 차단주파수를 얻기 위해서는, 식 (8.77)로부터

$$\Omega = 1 = \tan\beta\ell$$

이 됨을 알 수 있으며, 스터브의 길이는 $\ell = \lambda/8$가 된다. 여기서 λ는 차단주파수 ω_c에서 선로의 파장이다. 주파수 $\omega_0 = 2\,\omega_c$에서 선로의 길이는 $\lambda/4$가 되며 감쇠극점이 발생한다. ω_c로부터 멀리 떨어진 주파수에서는 스터브의 임피던스가 원래의 집중소자 임피던스에 더 이상 정합되지 않으므로, 여파기 응답은 원하는 기본형 응답과 다르게 된다. 또한 그 주파수 응답은 매 $4\omega_c$마다 주기적으로 반복된다.

따라서, 원칙적으로는 집중소자 여파기 설계에서의 인덕터와 커패시터는 그림 8.34에 보인 바와 같이 단락과 개방 회로 스터브로 대신할 수 있다. 모든 스터브의 길이는 같으므로(ω_c에서 $\lambda/8$), 이러한 선로를 **등장**(commensurate) 선로라 부른다.

표 8.7 4개 Kuroda의 동일성 관계식($n^2 = 1 + Z_2/Z_1$)

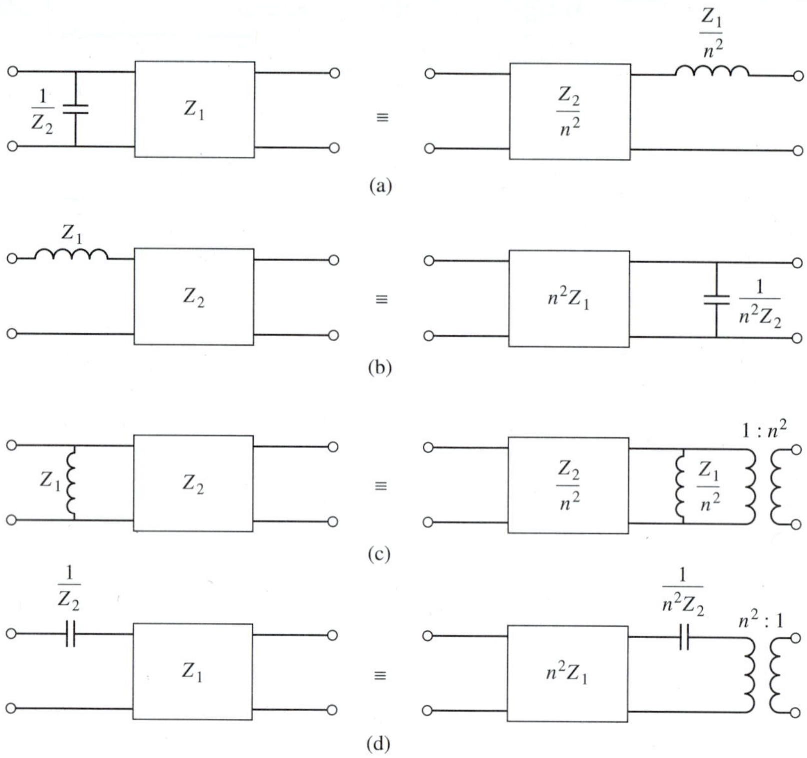

Kuroda 공식(Kuroda's identities)

4개의 Kuroda 공식은 다음의 과정들 중 하나를 수행하여, 보다 실제적인 마이크로파 여파기를 구현하기 위해 부가적 전송선로 토막(section)을 사용한다.

- 전송선로 스터브의 물리적인 분리
- 직렬 스터브를 병렬 스터브로, 또는 그 반대로의 변환
- 비실제적인 특성 임피던스를 보다 구현 가능한 임피던스로의 변환

부가적인 전송선로의 토막을 **단위소자**라 하며, 길이는 ω_c에서 $\lambda/8$이다. 단위소자는 기본형 설계에서의 인덕터와 커패시터 구현에 사용된 스터브와 같은 길이이다.

표 8.7에 4개의 공식이 나타나 있다. 여기서 각각의 네모는 표기된 특성 임피던스와 길이(ω_c에서 $\lambda/8$)를 갖는 단위소자 혹은 전송선로를 나타낸다. 인덕터와 커패시터는 각각 단락회로와 개방회로 스터브를 나타낸다. 여기서 첫 번째 경우의 등가성에 대하여 증명하고, 예제 8.5에서 이들 공식이 어떻게 사용되는가를 살펴보기로 한다.

표 8.7에서 공식 (a)의 두 회로는 그림 8.35와 같이 다시 그릴 수 있다. 이들의 *ABCD* 매트릭스가 동일함을 보임으로써 두 회로망이 등가임을 밝히기로 한다. 표 4.1로부터 특성

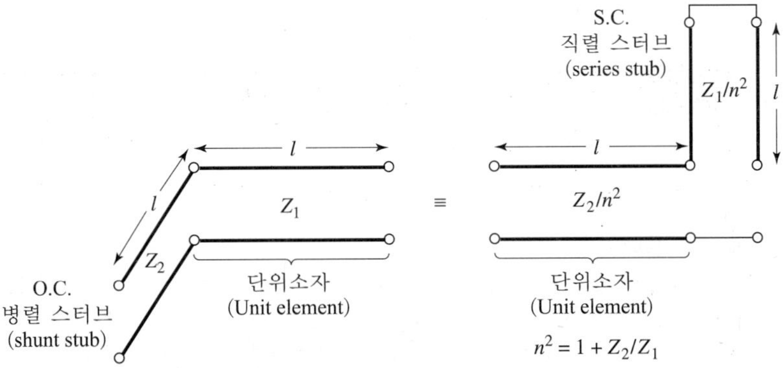

그림 8.35 표 8.7의 Kuroda 동일성 관계식 (a)를 설명하는 등가회로

임피던스가 Z_1이고 길이가 ℓ인 전송선로의 $ABCD$ 매트릭스는

$$\begin{bmatrix} A & B \\ C & D \end{bmatrix} = \begin{bmatrix} \cos\beta\ell & jZ_1\sin\beta\ell \\ \dfrac{j}{Z_1}\sin\beta\ell & \cos\beta\ell \end{bmatrix} = \frac{1}{\sqrt{1+\Omega^2}}\begin{bmatrix} 1 & j\Omega Z_1 \\ \dfrac{j\Omega}{Z_1} & 1 \end{bmatrix} \tag{8.79}$$

이며, 여기서 $\Omega = \tan\beta\ell$이다. 그림 8.35에서 첫 번째 회로의 개방회로 병렬 스터브는 $-jZ_2\cot\beta\ell = -jZ_2/\Omega$의 임피던스를 가지므로, 전체 회로의 $ABCD$ 매트릭스는

$$\begin{bmatrix} A & B \\ C & D \end{bmatrix}_L = \begin{bmatrix} 1 & 0 \\ \dfrac{j\Omega}{Z_2} & 1 \end{bmatrix}\begin{bmatrix} 1 & j\Omega Z_1 \\ \dfrac{j\Omega}{Z_1} & 1 \end{bmatrix}\frac{1}{\sqrt{1+\Omega^2}}$$

$$= \frac{1}{\sqrt{1+\Omega^2}}\begin{bmatrix} 1 & j\Omega Z_1 \\ j\Omega\left(\dfrac{1}{Z_1}+\dfrac{1}{Z_2}\right) & 1-\Omega^2\dfrac{Z_1}{Z_2} \end{bmatrix} \tag{8.80a}$$

이다.

그림 8.35의 두 번째 회로에서, 단락회로 직렬 스터브의 임피던스는 $j(Z_1/n^2)\tan\beta\ell = j(\Omega Z_1/n^2)$이므로, 전체 회로의 $ABCD$ 매트릭스는

$$\begin{bmatrix} A & B \\ C & D \end{bmatrix}_R = \begin{bmatrix} 1 & j\dfrac{\Omega Z_2}{n^2} \\ \dfrac{j\Omega n^2}{Z_2} & 1 \end{bmatrix}\begin{bmatrix} 1 & \dfrac{j\Omega Z_1}{n^2} \\ 0 & 1 \end{bmatrix}\frac{1}{\sqrt{1+\Omega^2}}$$

$$= \frac{1}{\sqrt{1+\Omega^2}}\begin{bmatrix} 1 & \dfrac{j\Omega}{n^2}(Z_1+Z_2) \\ \dfrac{j\Omega n^2}{Z_2} & 1-\Omega^2\dfrac{Z_1}{Z_2} \end{bmatrix} \tag{8.80b}$$

이다. 식 (8.80a)와 (8.80b)의 결과는 $n^2 = 1 + Z_2/Z_1$일 때 동일하다. 표 8.7의 다른 동일

성 관계들도 같은 방법으로 증명할 수 있다.

예제 8.5 스터브를 이용한 저역통과 여파기 설계

마이크로스트립 선로를 사용하여 구현할 수 있도록 저역통과 여파기를 설계하라. 규격은 차단주파수가 4 GHz, 3차이며, 임피던스는 50 Ω 그리고 3 dB 이퀄 리플 특성을 갖도록 한다.

☞ 풀이

표 8.4로부터, 그림 8.36a와 같은 집중소자 회로로 구성된 정규화된 저역통과 기본형의 소자값들은

$$g_1 = 3.3487 = L_1$$
$$g_2 = 0.7117 = C_2$$
$$g_3 = 3.3487 = L_3$$
$$g_4 = 1.0000 = R_L$$

이다. 두 번째 단계로 Richard 변환을 사용하여 직렬 인덕터를 직렬 스터브로, 그리고 병렬 커패시터를 병렬 스터브로 그림 8.36b와 같이 변환한다. 식 (8.78)에 의하여, 직렬 스터브(인덕터)의

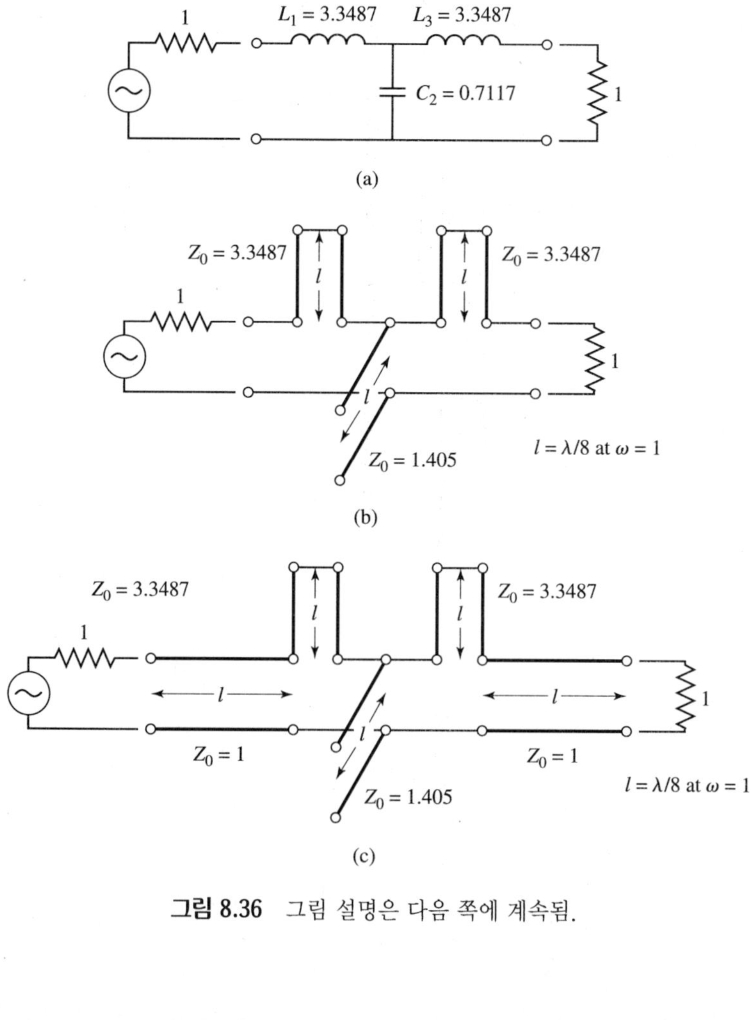

그림 8.36 그림 설명은 다음 쪽에 계속됨.

특성 임피던스는 L이고, 병렬 스터브(커패시터)의 특성 임피던스는 $1/C$이다. 등장선로 합성을 위하여, 모든 스터브의 길이는 $\omega = \omega_c$에서 $\lambda/8$이다. (일반적으로 설계의 최종 단계까지는 정규화된 값을 가지고 작업하는 것이 가장 편리한 방법이다).

그림 8.36b의 직렬 스터브를 마이크로스트립으로 구현하기는 매우 어려우므로, Kuroda 공식 중의 하나를 사용하여 이들을 병렬 스터브로 변환한다. 먼저, 그림 8.36c에서 보는 바와 같이, 여파기의 양 끝단에 단위소자를 추가하여야 한다. 이 추가 소자들은 전원과 부하임피던스($Z_0 = 1$)에 정합되어 있으므로 여파기 성능에 아무런 영향을 미치지 않는다. 그런가 하면 표 8.7의 Kuroda 공식 (b)를 여파기의 양 끝단에 적용할 수도 있다. 두 경우 모두에서

$$n^2 = 1 + \frac{Z_2}{Z_1} = 1 + \frac{1}{3.3487} = 1.299$$

가 얻어진다. 이 결과는 그림 8.36d에서 보이고 있다.

끝으로, 회로의 임피던스와 주파수를 스케일링 한다. 이것은 정규화된 특성 임피던스에 50Ω을 곱하고 선택된 선로와 스터브의 길이를 4 GHz에서 $\lambda/8$로 함으로써 간단하게 이루어진다. 그림

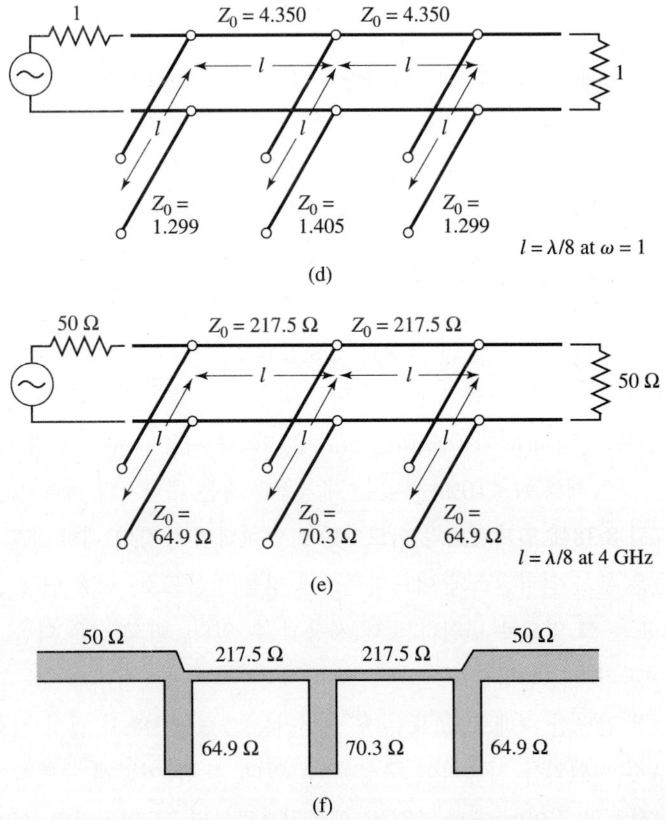

그림 8.36 예제 8.5의 여파기 설계 과정. (a) 집중소자 저역통과 여파기 기본형, (b) Richard 변환을 사용하여 인덕터와 커패시터를 직렬과 병렬 스터브로 바꾼 결과, (c) 여파기 종단에 단위소자를 첨가한 결과, (d) 두 번째 Kuroda 공식을 적용한 결과, (e) 임피던스 및 주파수 스케일링한 결과, (f) 최종 여파기의 마이크로스트립 구현

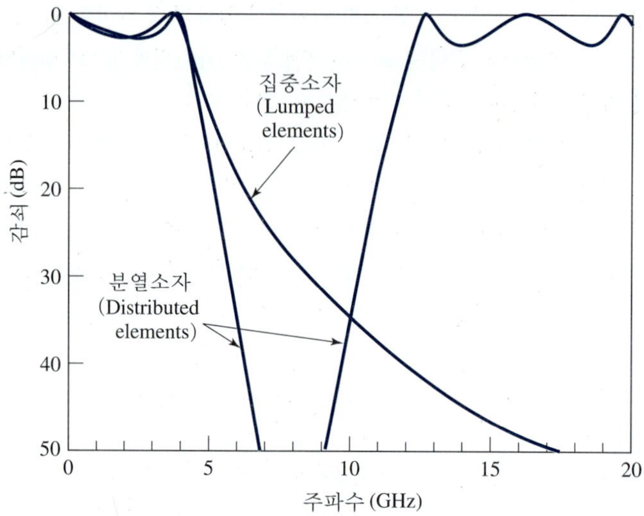

그림 8.37 예제 8.5의 집중소자 및 분포된 소자 저역통과 여파기의 진폭 특성

8.36e는 최종 회로를 나타내며, 그림 8.36f는 이를 마이크로스트립으로 구현한 것이다.

이 설계에 대한 계산된 진폭응답이 집중소자로 구성된 회로의 응답과 함께 그림 8.37에 그려져 있다. 통과대역 특성은 4 GHz에 이르기까지는 거의 비슷하나, 분포 정수소자 여파기가보다 예리한 차단 특성을 보이는 점에 주목된다. 또한 Richard 변환의 주기성에 따라 분포 정수소자 여파기는 매 16 GHz마다 반복되는 응답을 가진다는 점에 주목하라. ◀

임피던스 및 어드미턴스 인버터(inverters)

이미 살펴본 바와 같이 특정한 전송선로로 여파기를 구현할 때, 때로는 직렬 소자만을 또는 병렬 소자만을 사용하는 것이 바람직하다. 이러한 형태의 변환에 Kuroda 공식을 이용할 수 있지만, 임피(K)와 어드미턴스(J) 인버터를 사용할 수도 있다.[1],[4],[7]. 이러한 인버터들은 좁은 대역폭(<10%)을 갖는 대역통과 혹은 대역저지 여파기에 특히 유용하다.

그림 8.38에 임피던스와 어드미턴스 인버터의 동작에 대한 개념이 나타나 있다. 이 인버터들은 부하 임피던스와 어드미턴스의 역을 만들므로, 직렬 연결 소자들을 병렬 연결 소자로, 또는 그 역으로 변환하는 데 사용될 수 있다. 이 과정은 다음 절의 대역통과와 대역저지 여파기에서 설명한다.

가장 간단한 형태로, J 또는 K 인버터는 그림 8.38b와 같이 적절한 특성 임피던스를 갖는 $\lambda/4$ 변환기를 사용하여 구성할 수 있다. 또한 이렇게 구현함으로써, 표 4.1에 주어진 전송선로의 길이에 대한 $ABCD$ 매트릭스로부터 그 인버터의 $ABCD$ 매트릭스를 쉽게 구할 수 있다. 그림 8.38c에 보인 것과 같이 많은 다른 종류의 회로들이 J 또는 K 인버터로써 사용될 수 있다. 이런 유형의 인버터들은 8.8절의 결합 공진여파기의 모델링에 유용하다. 일반적으로 이 형태의 인버터에 있어서 $\theta/2$인 전송선로의 길이는 음수가 요구되나, 이

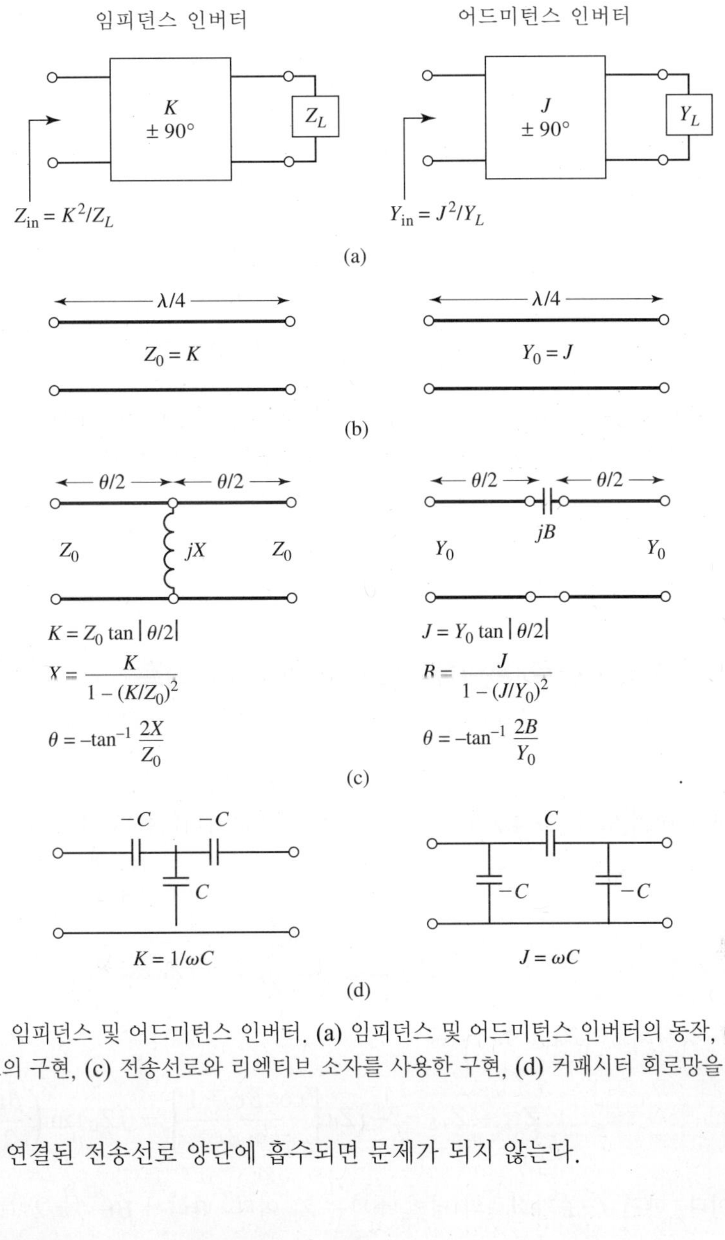

그림 8.38 임피던스 및 어드미턴스 인버터. (a) 임피던스 및 어드미턴스 인버터의 동작, (b) 1/4 파장 변환기로의 구현, (c) 전송선로와 리엑티브 소자를 사용한 구현, (d) 커패시터 회로망을 사용한 구현

들 선로가 연결된 전송선로 양단에 흡수되면 문제가 되지 않는다.

8.6 계단형 임피던스 저역통과 여파기

마이크로스트립 또는 스트립 선로를 사용하여 저역통과 여파기를 구현하는 비교적 쉬운 방법은 매우 높은 특성 임피던스를 갖는 선로 토막과 매우 낮은 특성 임피던스 선로 토막을 교대로 사용하는 것이다. 이러한 여파기를 보통 **계단형 임피던스** 또는 **hi-Z, low-Z 여파기**라 한다. 설계가 쉽고 스터브를 사용한 저역통과 여파기보다 적은 공간을 차지하기 때문에 널리 사용되고 있다. 그러나 근사화 과정을 포함하기 때문에 전기적 성능이 좋지 않

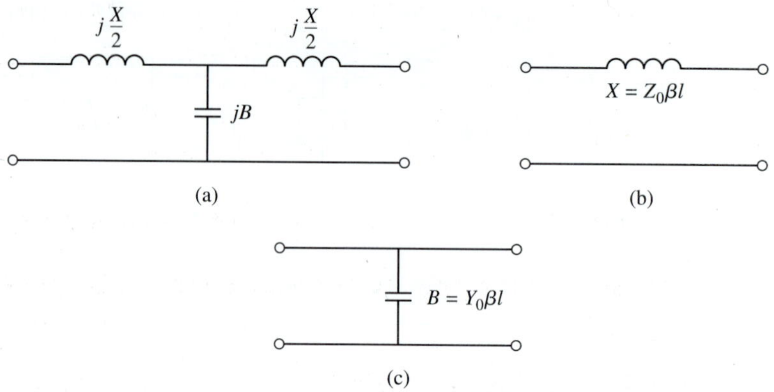

그림 8.39 짧은 전송선로 토막에 대한 근사 등가회로. (a) $\beta\ell \ll \pi/2$를 갖는 전송선로 토막의 T–등가회로, (b) 작은 $\beta\ell$과 큰 Z_0에 대한 등가회로, (c) 작은 $\beta\ell$과 작은 Z_0에 대한 등가회로

다. 따라서 이러한 여파기는 보통 예리한 차단 특성이 요구되지 않는(예를 들면, 대역 밖의 믹서 출력을 제거하는 데) 응용분야로 제한된다.

짧은 전송선로 토막에 대한 근사적 등가회로

우선 매우 크거나 작은 특성 임피던스를 갖는 짧은 길이의 전송선로에 대한 근사적 등가회로를 구한다. 특성 임피던스 Z_0를 갖는 길이 ℓ의 선로에 대한 $ABCD$ 파라미터가 표 4.1에 주어져 있다. 표 4.2의 변환을 이용하여 Z 파라미터를 구하면 다음과 같다.

$$Z_{11} = Z_{22} = \frac{A}{C} = -jZ_0 \cot \beta\ell \tag{8.81a}$$

$$Z_{12} = Z_{21} = \frac{1}{C} = -jZ_0 \csc \beta\ell. \tag{8.81b}$$

T–등가회로의 직렬 소자들은

$$Z_{11} - Z_{12} = -jZ_0 \left[\frac{\cos \beta\ell - 1}{\sin \beta\ell}\right] = jZ_0 \tan\left(\frac{\beta\ell}{2}\right) \tag{8.82}$$

이다. 한편 T–등가회로의 병렬 소자는 Z_{12}이다. 따라서 $\beta\ell < \pi/2$이면, 직렬 소자들은 양의 리액턴스(인덕터)를 갖고, 병렬 소자들은 음의 리액턴스(커패시터)를 갖는다. 그림 8.39a에 등가회로를 나타내었다. 여기서

$$\frac{X}{2} = Z_0 \tan\left(\frac{\beta\ell}{2}\right) \tag{8.83a}$$

$$B = \frac{1}{Z_0} \sin \beta\ell \tag{8.83b}$$

이다.

이제 짧은 길이의 선로($\beta\ell < \pi/4$)와 큰 특성 임피던스를 생각한다. 그러면 식 (8.83)은

근사적으로

$$X \simeq Z_0\beta\ell \tag{8.84a}$$

$$B \simeq 0 \tag{8.84b}$$

이 된다. 이는 그림 8.39b의 등가회로(직렬 인덕터)를 의미한다. 짧은 길이의 선로와 작은 특성 임피던스에 대하여 식 (8.83)은 근사적으로

$$X \simeq 0 \tag{8.85a}$$

$$B \simeq Y_0\beta\ell \tag{8.85b}$$

이 되는데, 이는 그림 8.39c의 등가회로(병렬 커패시터)를 의미한다. 따라서 저역통과 기본형의 직렬 인덕터들은 고임피던스 선로 토막($Z_0 = Z_h$)들로 대체될 수 있으며, 병렬 커패시터들은 저임피던스 선로 토막($Z_0 = Z_\ell$)들로 대체될 수 있다. Z_h/Z_ℓ의 비는 가능한 한 커야하고, 따라서 Z_h와 Z_ℓ의 실제 값들은 보통 구현이 가능한 최대 및 최저의 특성 임피던스로 취한다. 선로의 길이는 식 (8.84)와 (8.85)로부터 결정될 수 있다. 차단주파수 근처에서 최상의 응답을 얻기 위하여, $\omega = \omega_c$에서 이들 길이를 계산하여야 한다. 식 (8.84) 및 (8.85)의 결과를 식 (8.67)의 스케일링식과 결합하면, 인덕터 토막의 전기적 길이는

$$\beta\ell = \frac{LR_0}{Z_h} \qquad \text{(인덕터)} \tag{8.86a}$$

로, 커패시터 토막의 전기적 길이는

$$\beta\ell = \frac{CZ_\ell}{R_0} \qquad \text{(커패시터)} \tag{8.86b}$$

로 계산될 수 있다. 여기서, R_0는 여파기 임피던스이고, L과 C는 저역통과 기본형의 정규화된 소자값(g_k)이다.

예제 8.6 계단형 임피던스 여파기 설계

최대 평탄 응답과 2.5 GHz의 차단주파수를 갖는 계단형 임피던스 저역통과 여파기를 설계하라. 4.0 GHz에서 20 dB 이상의 삽입손실이 필요하다. 여파기의 임피던스는 50 Ω이다. 구현 가능한 선로의 최고 임피던스는 120 Ω이고 최저는 20 Ω이다. 이 여파기를 $d = 0.158$ cm, $\epsilon_r = 4.2$, $\tan\delta = 0.02$이고 구리(copper) 스트립 도체의 두께는 0.5 mil인 마이크로스트립 기판을 사용하여 구현할 경우 손실의 효과를 고려하라.

☞ 풀이

그림 8.26을 사용하여 계산하면

$$\frac{\omega}{\omega_c} - 1 = \frac{4.0}{2.5} - 1 = 0.6$$

이므로, 그림에서 $N = 6$일 때 4.0 GHz에서의 요구되는 감쇠를 얻을 수 있음을 알 수 있다. 표 8.3

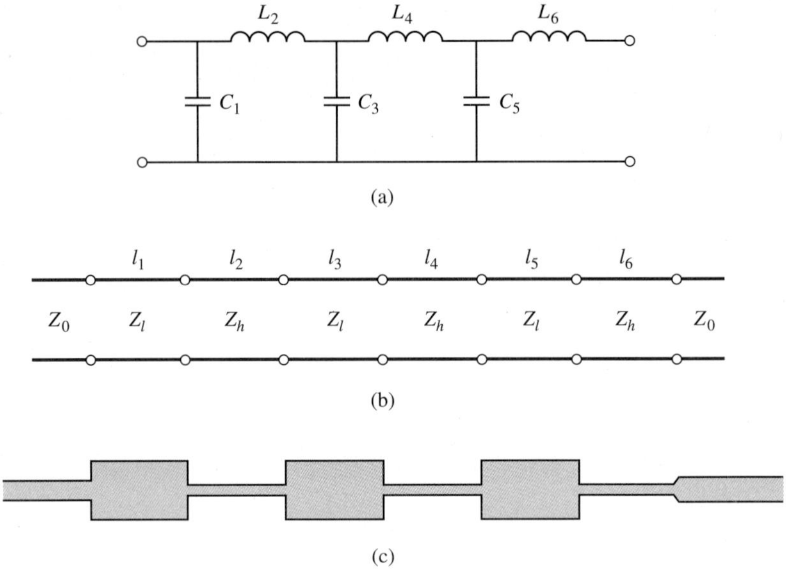

그림 8.40 예제 8.6에서 설계된 여파기. (a) 저역통과 기본형 회로, (b) 계단형 임피던스 구현, (c) 최종 여파기의 마이크로스트립 배치도

으로부터 저역통과 기본형의 값들은

$$g_1 = 0.517 = C_1$$
$$g_2 = 1.414 = L_2$$
$$g_3 = 1.932 = C_3$$
$$g_4 = 1.932 = L_4$$
$$g_5 = 1.414 = C_5$$
$$g_6 = 0.517 = L_6$$

로 주어진다. 저역통과 기본형 회로를 그림 8.40a에 나타내었다.

다음으로 식 (8.86a, b)를 사용하여 직렬 인덕터와 병렬 커패시터를 대신할 저임피던스와 고임피던스 전송선로 토막의 전기적인 길이 $\beta\ell_i$를 구하면 다음 표와 같다. 여기에 해당 마이크로스트립 선로 폭 W_i와 길이 ℓ_i를 함께 나타내었다.

구간	$Z_i = Z_\ell$ 또는 Z_h (Ω)	$\beta\ell_i$ (deg)	W_i (mm)	ℓ_i (mm)
1	20	11.8°	11.3	2.05
2	120	33.8°	0.428	6.63
3	20	44.3°	11.3	7.69
4	120	46.1°	0.428	9.04
5	20	32.4°	11.3	5.63
6	120	12.3°	0.428	2.41

최종 여파기 회로를 그림 8.40b에 나타내었다. 여기서 $Z_\ell = 20\,\Omega$이고 $Z_h = 120\,\Omega$이다. 하나의 토막을 제외하고 다른 모든 경우에 있어서 $\beta\ell < 45°$ 임을 주목하라. 그림 8.40c는 마이크로스트립 여파기의 배치도이다.

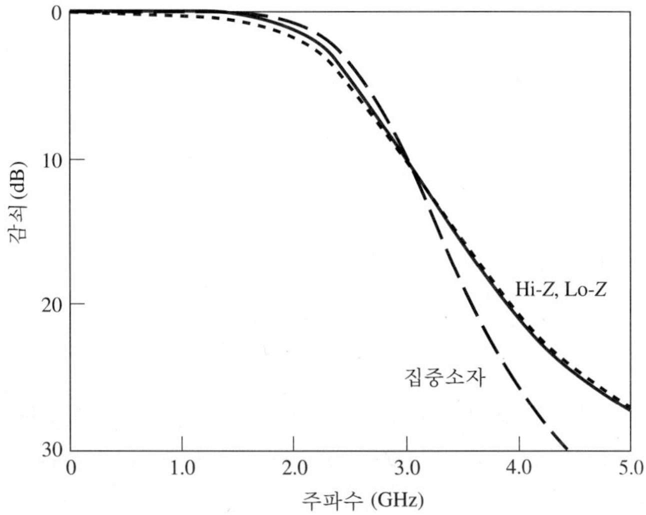

그림 8.41 예제 8.6의 계단형 임피던스 저역통과 여파기의 진폭응답(손실을 고려한 경우(점선)와 고려하지 않은 경우(실선))과 대응하는 집중소자 여파기의 응답

그림 8.41은 손실을 고려한 경우와 고려하지 않은 경우에 대해 계산된 진폭응답을 보인 것이다. 손실이 존재하면 2 GHz에서 약 1 dB의 통과대역 감쇠를 초래한다. 그림 8.41에 그에 대응되는 집중소자 여파기의 응답도 보이고 있다. 통과대역 특성은 계단형 임피던스 여파기의 경우와 비슷하지만, 그보다 높은 주파수에서는 집중소자 여파기가 더 많은 감쇠를 준다. 이는 보다 높은 주파수에서 계단형 임피던스 여파기 소자들이 집중소자 값들과 크게 달라지기 때문이다. 계단형 임피던스 여파기는 보다 높은 주파수에서 또다른 통과대역을 갖지만, 선로들의 길이가 동일하지 않으므로 그 응답은 완전한 주기적 특성을 갖지 않는다. ◀

8.7 결합선로 여파기

7.6절에서 논의한 방향성 결합기에 대한 평행결합 전송선로를 이용하여 여러 종류의 여파기를 구현할 수 있다. 약 20% 이내의 대역폭을 갖는 다단 대역통과나 대역저지 결합선로 여파기는 특히 마이크로스트립이나 스트립 선로 형태로 구현하는 것이 용이하다. 더 넓은 대역폭의 여파기는 일반적으로 매우 밀접하게(tightly) 결합된 결합선로가 요구되어 제작하기가 어렵다. 우선 단일 $\lambda/4$ 결합선로 토막의 여파기 특성을 살펴보고, 이 선로들이 대역통과 여파기를 설계하는 데 어떻게 사용될 수 있는가를 살펴본다[7]. 결합선로를 사용하는 다른 여파기 설계법들은 참고문헌 [1]에서 찾아볼 수 있다.

결합선로 토막의 여파기 성질

포트 전압과 전류의 정의와 함께 병렬 결합선로 토막을 그림 8.42a에 나타내었다. 그림

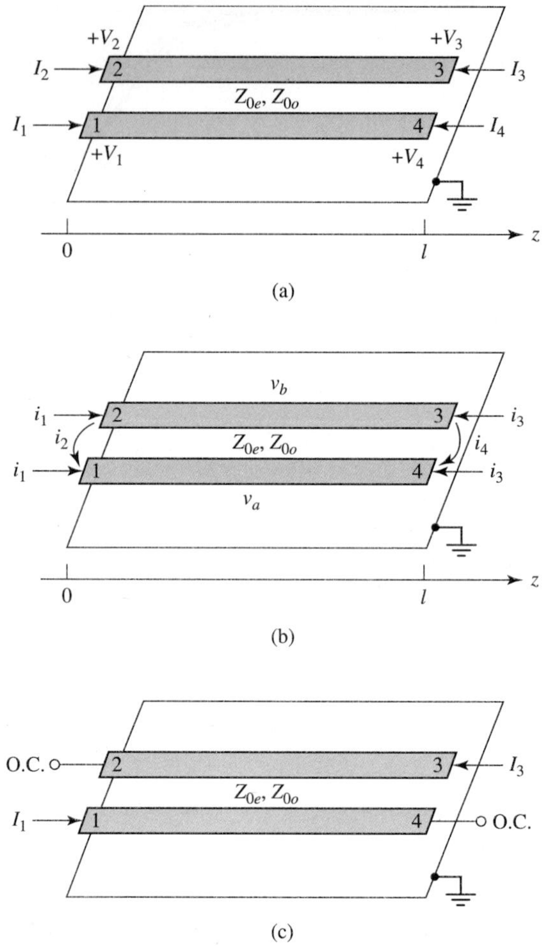

그림 8.42 결합선로 여파기 토막에 관계되는 정의. (a) 평행 결합선로 토막의 포트 전압과 전류 정의, (b) 우수모드와 기수모드 전류원을 가진 평행 결합선로 토막, (c) 대역통과 응답을 갖는 2포트 결합선로 토막

8.42b와 같이 우수모드 구동과 기수모드 구동의 중첩을 고려하여[8], 4포트 회로망에 대한 개방회로 임피던스 매트릭스를 유도한다. 전류원 i_1과 i_3가 선로를 우수모드로 구동하고, 반면에 i_2와 i_4는 기수모드로 선로를 구동한다. 중첩에 의해, 전체 포트 전류 I_i는

$$I_1 = i_1 + i_2 \tag{8.87a}$$

$$I_2 = i_1 - i_2 \tag{8.87b}$$

$$I_3 = i_3 - i_4 \tag{8.87c}$$

$$I_4 = i_3 + i_4 \tag{8.87d}$$

와 같이 우수모드와 기수모드 전류 항으로 표현될 수 있다.

먼저 전류원 i_1에 의하여 우수모드로 구동되는 선로를 생각한다. 만일 다른 포트들이 개

방되어 있다면, 포트 1 또는 2에서의 임피던스는

$$Z_{\text{in}}^e = -jZ_{0e}\cot\beta\ell \tag{8.88}$$

이다. 양 도체상의 전압은

$$\begin{aligned} v_a^1(z) = v_b^1(z) &= V_e^+[e^{-j\beta(z-\ell)} + e^{j\beta(z-\ell)}] \\ &= 2V_e^+\cos\beta(\ell - z) \end{aligned} \tag{8.89}$$

로 표현할 수 있고, 따라서 포트 1 또는 2에서의 전압은

$$v_a^1(0) = v_b^1(0) = 2V_e^+\cos\beta\ell = i_1 Z_{\text{in}}^e$$

이다. 이 결과와 식 (8.88)을 이용하여, 식 (8.89)를 다음과 같이 i_1의 항으로 다시 표현할 수 있다.

$$v_a^1(z) = v_b^1(z) = -jZ_{0e}\frac{\cos\beta(\ell - z)}{\sin\beta\ell}i_1. \tag{8.90}$$

비슷한 방법으로 선로를 우수모드로 구동하는 전류원 i_3에 의한 전압은 다음과 같다.

$$v_a^3(z) = v_b^3(z) = -jZ_{0e}\frac{\cos\beta z}{\sin\beta\ell}i_3. \tag{8.91}$$

이번에는 전류 i_2에 의해 기수모드로 구동되는 선로를 생각한다. 만일 다른 포트는 개방되어 있으면, 포트 1 또는 2에서의 임피던스는

$$Z_{\text{in}}^o = -jZ_{0o}\cot\beta\ell \tag{8.92}$$

이다. 양 도체상의 전압은

$$v_a^2(z) = -v_b^2(z) = V_0^+\left[e^{-j\beta(z-\ell)} + e^{j\beta(z-\ell)}\right] = 2V_0^+\cos\beta(\ell - z) \tag{8.93}$$

로 표현될 수 있다. 그러므로 포트 1 또는 2에서의 전압은

$$v_a^2(0) = -v_b^2(0) = 2V_0^+\cos\beta\ell = i_2 Z_{\text{in}}^o$$

이다. 이 결과와 식 (8.92)를 이용하여 식 (8.93)을 다음과 같이 i_2의 항으로 다시 표현할 수 있다.

$$v_a^2(z) = -v_b^2(z) = -jZ_{0o}\frac{\cos\beta(\ell - z)}{\sin\beta\ell}i_2. \tag{8.94}$$

비슷한 방법으로, 선로를 기수모드로 구동하는 전류 i_4에 의한 전압은 다음과 같다.

$$v_a^4(z) = -v_b^4(z) = -jZ_{0o}\frac{\cos\beta z}{\sin\beta\ell}i_4. \tag{8.95}$$

이제, 포트 1에서의 전체 전압은

$$\begin{aligned} V_1 &= v_a^1(0) + v_a^2(0) + v_a^3(0) + v_a^4(0) \\ &= -j(Z_{0e}i_1 + Z_{0o}i_2)\cot\theta - j(Z_{0e}i_3 + Z_{0o}i_4)\csc\theta \end{aligned} \tag{8.96}$$

이다. 여기서 식 (8.90), (8.91), (8.94), (8.95)의 결과가 사용되었으며, $\theta = \beta\ell$이다. 다음으로 i_j에 대하여 식 (8.87)을 I_S의 항으로 풀면

$$i_1 = \frac{1}{2}(I_1 + I_2) \tag{8.97a}$$

$$i_2 = \frac{1}{2}(I_1 - I_2) \tag{8.97b}$$

$$i_3 = \frac{1}{2}(I_3 + I_4) \tag{8.97c}$$

$$i_4 = \frac{1}{2}(I_4 - I_3) \tag{8.97d}$$

이다. 그리고 이 결과를 식 (8.96)에 대입하면

$$\begin{aligned} V_1 = &\frac{-j}{2}(Z_{0e}I_1 + Z_{0e}I_2 + Z_{0o}I_1 - Z_{0o}I_2)\cot\theta \\ &\frac{-j}{2}(Z_{0e}I_3 + Z_{0e}I_4 + Z_{0o}I_4 - Z_{0o}I_3)\csc\theta \end{aligned} \tag{8.98}$$

가 된다. 이 결과는 결합선로 토막을 묘사하는 개방회로 임피던스 매트릭스 [Z]의 맨 윗행이 된다. 대칭성으로부터, 첫째 행이 구해지면 매트릭스의 다른 모든 원소들을 구할 수 있다. 따라서, 매트릭스의 원소들은

$$Z_{11} = Z_{22} = Z_{33} = Z_{44} = \frac{-j}{2}(Z_{0e} + Z_{0o})\cot\theta \tag{8.99a}$$

$$Z_{12} = Z_{21} = Z_{34} = Z_{43} = \frac{-j}{2}(Z_{0e} - Z_{0o})\cot\theta \tag{8.99b}$$

$$Z_{13} = Z_{31} = Z_{24} = Z_{42} = \frac{-j}{2}(Z_{0e} - Z_{0o})\csc\theta \tag{8.99c}$$

$$Z_{14} = Z_{41} = Z_{23} = Z_{32} = \frac{-j}{2}(Z_{0e} + Z_{0o})\csc\theta \tag{8.99d}$$

이다.

2포트 회로망은 결합선로 토막을 갖고 네 개의 포트 중에서 두 개를 개방회로나 단락회로로 종단함으로써 만들 수 있다. 여기에는 표 8.8에 보인 것과 같이 10개의 가능한 조합이 있다. 이 표에 나타낸 바와 같이, 저역통과, 대역통과, 모두 통과 및 모두 저지를 포함한 서로 다른 주파수 응답을 가진 다양한 회로들이 있다. 대역통과 여파기의 경우, 개방회로가 단락회로보다 제작이 쉬우므로 그림 8.42c의 경우가 가장 관심을 끈다. 이 경우, $I_2 = I_4 = 0$이므로 4포트 임피던스 행렬방정식은

$$V_1 = Z_{11}I_1 + Z_{13}I_3 \tag{8.100a}$$

$$V_3 = Z_{31}I_1 + Z_{33}I_3 \tag{8.100b}$$

로 간단히 된다. 여기서 Z_{ij}는 식 (8.99)로 주어진다.

영상 임피던스(이것은 포트 1과 3에서 같다)와 전파상수를 계산함으로써, 이 회로의 여

표 8.8 10개의 전형적인 결합선로 회로

회로	영상 임피던스	응답
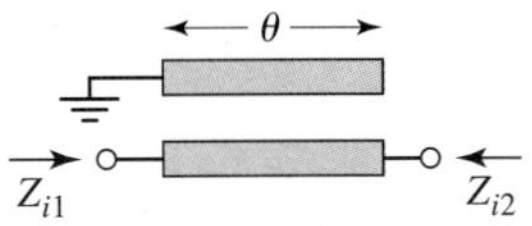	$Z_{i1} = \dfrac{2Z_{0e}Z_{0o}\cos\theta}{\sqrt{(Z_{0e}+Z_{0o})^2\cos^2\theta-(Z_{0e}-Z_{0o})^2}}$ $Z_{i2} = \dfrac{Z_{0e}Z_{0o}}{Z_{i1}}$	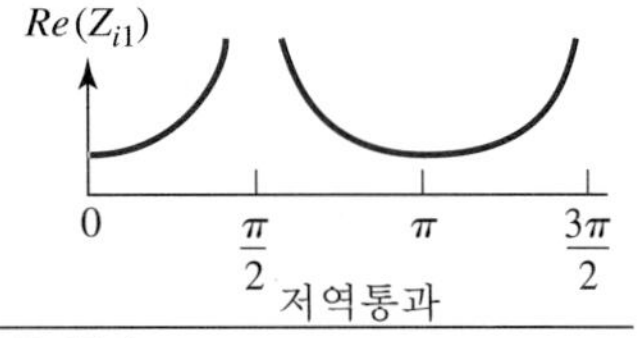
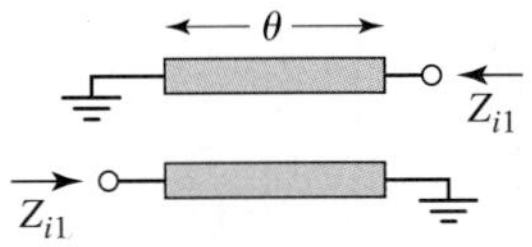	$Z_{i1} = \dfrac{2Z_{0e}Z_{0o}\sin\theta}{\sqrt{(Z_{0e}-Z_{0o})^2-(Z_{0e}+Z_{0o})^2\cos^2\theta}}$	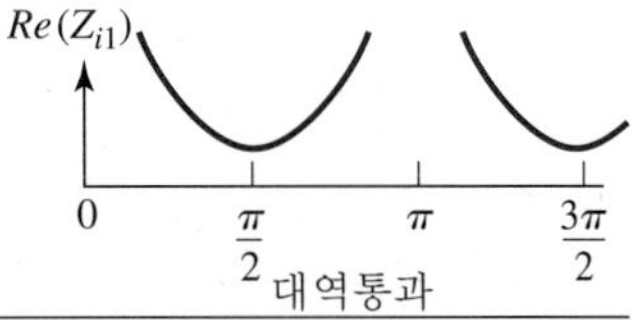
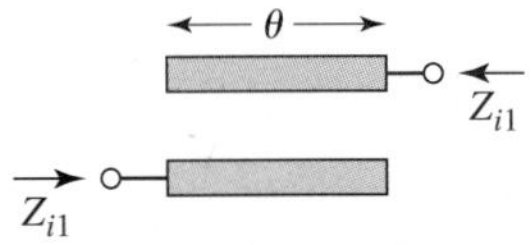	$Z_{i1} = \dfrac{\sqrt{(Z_{0e}-Z_{0o})^2-(Z_{0e}+Z_{0o})^2\cos^2\theta}}{2\sin\theta}$	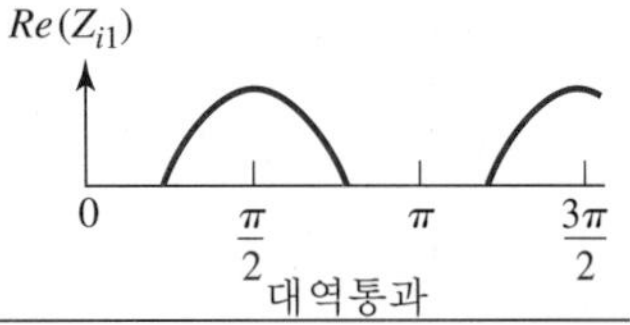
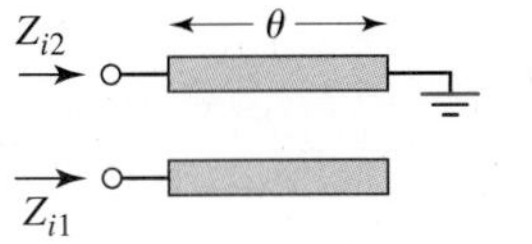	$Z_{i1} = \dfrac{\sqrt{Z_{0e}Z_{0o}}\,\sqrt{(Z_{0e}-Z_{0o})^2-(Z_{0e}+Z_{0o})^2\cos^2\theta}}{(Z_{0e}+Z_{0o})\sin\theta}$ $Z_{i2} = \dfrac{Z_{0e}Z_{0o}}{Z_{i1}}$	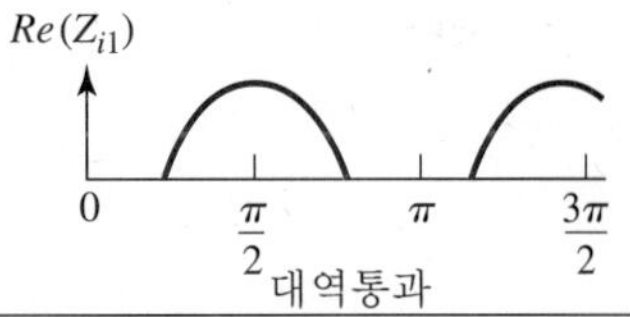
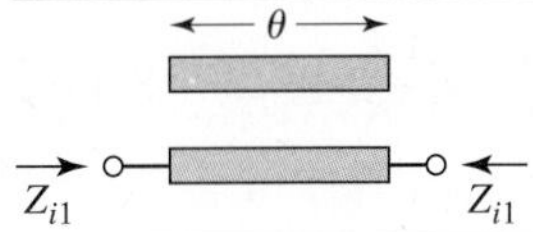	$Z_{i1} = \dfrac{Z_{0e}+Z_{0o}}{2}$	전 통과(All pass)
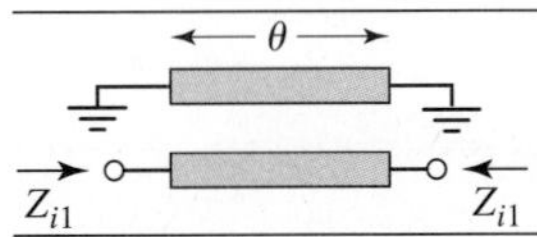	$Z_{i1} = \dfrac{2Z_{0e}Z_{0o}}{Z_{0e}+Z_{0o}}$	전 통과(All pass)
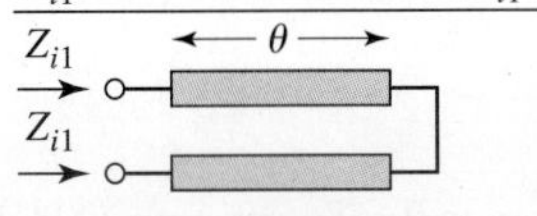	$Z_{i1} = \sqrt{Z_{0e}Z_{0o}}$	전 통과(All pass)
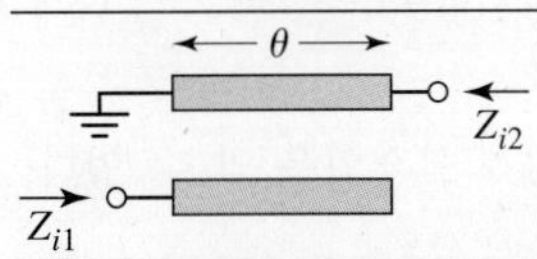	$Z_{i1} = -j\dfrac{2Z_{0e}Z_{0o}}{Z_{0e}+Z_{0o}}\cot\theta$ $Z_{i2} = \dfrac{Z_{0e}Z_{0o}}{Z_{i1}}$	완전 차단(All stop)
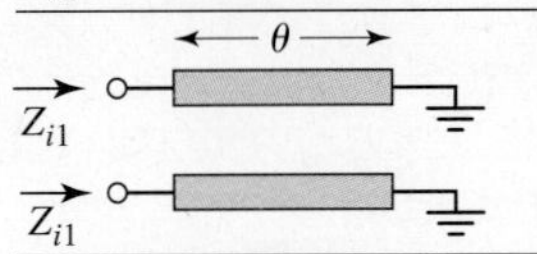	$Z_{i1} = j\sqrt{Z_{0e}Z_{0o}}\tan\theta$	완전 차단(All stop)
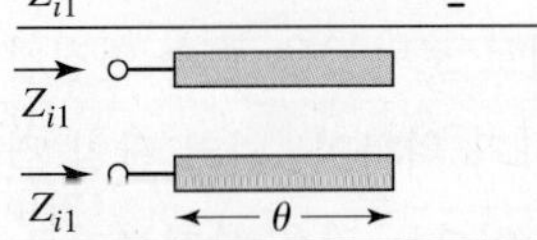	$Z_{i1} = -j\sqrt{Z_{0e}Z_{0o}}\cot\theta$	완전 차단(All stop)

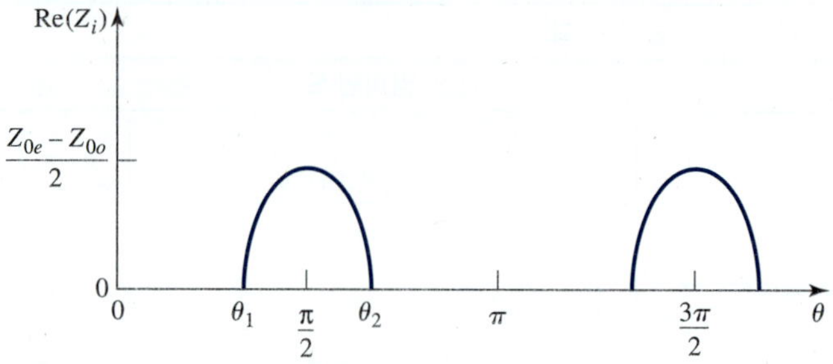

그림 8.43 그림 8.42c의 대역통과 회로망의 영상 임피던스 실수부

파기 특성을 해석할 수 있다. 표 8.1로부터 Z-파라미터로 표현되는 영상 임피던스는

$$Z_i = \sqrt{Z_{11}^2 - \frac{Z_{11}Z_{13}^2}{Z_{33}}}$$
$$= \frac{1}{2}\sqrt{(Z_{0e} - Z_{0o})^2 \csc^2\theta - (Z_{0e} + Z_{0o})^2 \cot^2\theta} \tag{8.101}$$

이다. 결합선로 토막의 길이가 $\lambda/4(\theta = \pi/2)$이면, 영상 임피던스는

$$Z_i = \frac{1}{2}(Z_{0e} - Z_{0o}) \tag{8.102}$$

로 간단하게 된다. 이 값은 $Z_{0e} > Z_{0o}$이므로, 실수이며 양수이다. 그러나 $\theta \to 0$ 또는 π이면 $Z_i \to \pm j\infty$가 되고, 저지대역을 의미한다. 영상 임피던스의 실수부는 그림 8.43에 도시되어 있다. 여기서 차단주파수는 식 (8.101)로부터

$$\cos\theta_1 = -\cos\theta_2 = \frac{Z_{0e} - Z_{0o}}{Z_{0e} + Z_{0o}}$$

로 구할 수 있다.

전파상수는 표 8.1의 결과로부터

$$\cos\beta = \sqrt{\frac{Z_{11}Z_{33}}{Z_{13}^2}} = \frac{Z_{11}}{Z_{13}} = \frac{Z_{0e} + Z_{0o}}{Z_{0e} - Z_{0o}}\cos\theta \tag{8.103}$$

와 같이 계산될 수 있다. 이로써 $\theta_1 < \theta < \theta_2 = \pi - \theta_1$인 경우 β가 실수임을 알 수 있다. 여기서 $\cos\theta_1 = (Z_{0e} - Z_{0o})/(Z_{0e} + Z_{0o})$이다.

결합선로 대역통과 여파기의 설계

협대역 대역통과 여파기는 그림 8.42c에 보인 형태의 결합선로 토막들을 종속 연결하여 구성할 수 있다. 이 형태의 여파기에 대한 설계방정식을 유도하기 위하여, 먼저 단일 결합선로 토막을 그림 8.44에 보인 근사적 등가회로로 모형화할 수 있다는 것을 살펴보기로 한다. 이를 위해 그 등가회로의 영상 임피던스와 전파상수를 계산하고, 이 값들은 대역통과 응답의 중간주파수에 해당하는 $\theta = \pi/2$인 결합선로 토막의 값들과 근사적으로 같게 됨을

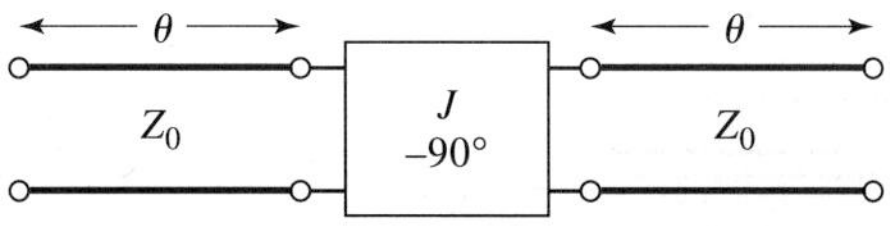

그림 8.44 그림 8.42c의 결합선로 토막 등가회로

보인다.

등가회로의 *ABCD* 파라미터는 표 4.1의 전송선로의 *ABCD* 매트릭스를 사용하여 다음과 같이 계산할 수 있다.

$$\begin{aligned}\begin{bmatrix} A & B \\ C & D \end{bmatrix} &= \begin{bmatrix} \cos\theta & jZ_0\sin\theta \\ \dfrac{j\sin\theta}{Z_0} & \cos\theta \end{bmatrix}\begin{bmatrix} 0 & -j/J \\ -jJ & 0 \end{bmatrix}\begin{bmatrix} \cos\theta & jZ_0\sin\theta \\ \dfrac{j\sin\theta}{Z_0} & \cos\theta \end{bmatrix} \\ &= \begin{bmatrix} \left(JZ_0 + \dfrac{1}{JZ_0}\right)\sin\theta\cos\theta & j\left(JZ_0^2\sin^2\theta - \dfrac{\cos^2\theta}{J}\right) \\ j\left(\dfrac{1}{JZ_0^2}\sin^2\theta - J\cos^2\theta\right) & \left(JZ_0 + \dfrac{1}{JZ_0}\right)\sin\theta\cos\theta \end{bmatrix}. \end{aligned} \tag{8.104}$$

어드미턴스 인버터의 *ABCD* 파라미터들은, 이것을 특성 임피던스 $1/J$인 $\lambda/4$ 길이의 전송선로로 간주하여 구할 수 있다. 식 (8.27)로부터 등가회로의 영상 임피던스는

$$Z_i = \sqrt{\frac{B}{C}} = \sqrt{\frac{JZ_0^2\sin^2\theta - (1/J)\cos^2\theta}{(1/JZ_0^2)\sin^2\theta - J\cos^2\theta}} \tag{8.105}$$

이다. 이는 중심주파수 $\theta = \pi/2$에서 다음과 같이 간단하게 표현된다.

$$Z_i = JZ_0^2. \tag{8.106}$$

식 (8.31)로부터 전파상수는

$$\cos\beta = A = \left(JZ_0 + \frac{1}{JZ_0}\right)\sin\theta\cos\theta \tag{8.107}$$

이다. 식 (8.102)와 (8.106)의 영상 임피던스들을, 그리고 식 (8.103), 식 (8.107)의 전파상수들을 각각 같다고 놓으면

$$\frac{1}{2}(Z_{0e} - Z_{0o}) = JZ_0^2$$

$$\frac{Z_{0e} + Z_{0o}}{Z_{0e} - Z_{0o}} - JZ_0 + \frac{1}{JZ_0}$$

과 같이 된다. 여기서 θ가 대략 $\pi/2$일 때 $\sin\theta \simeq 1$로 가정하였다. 이 방정식들을 우수모드와 기수모드 선로 임피던스에 대하여 풀면

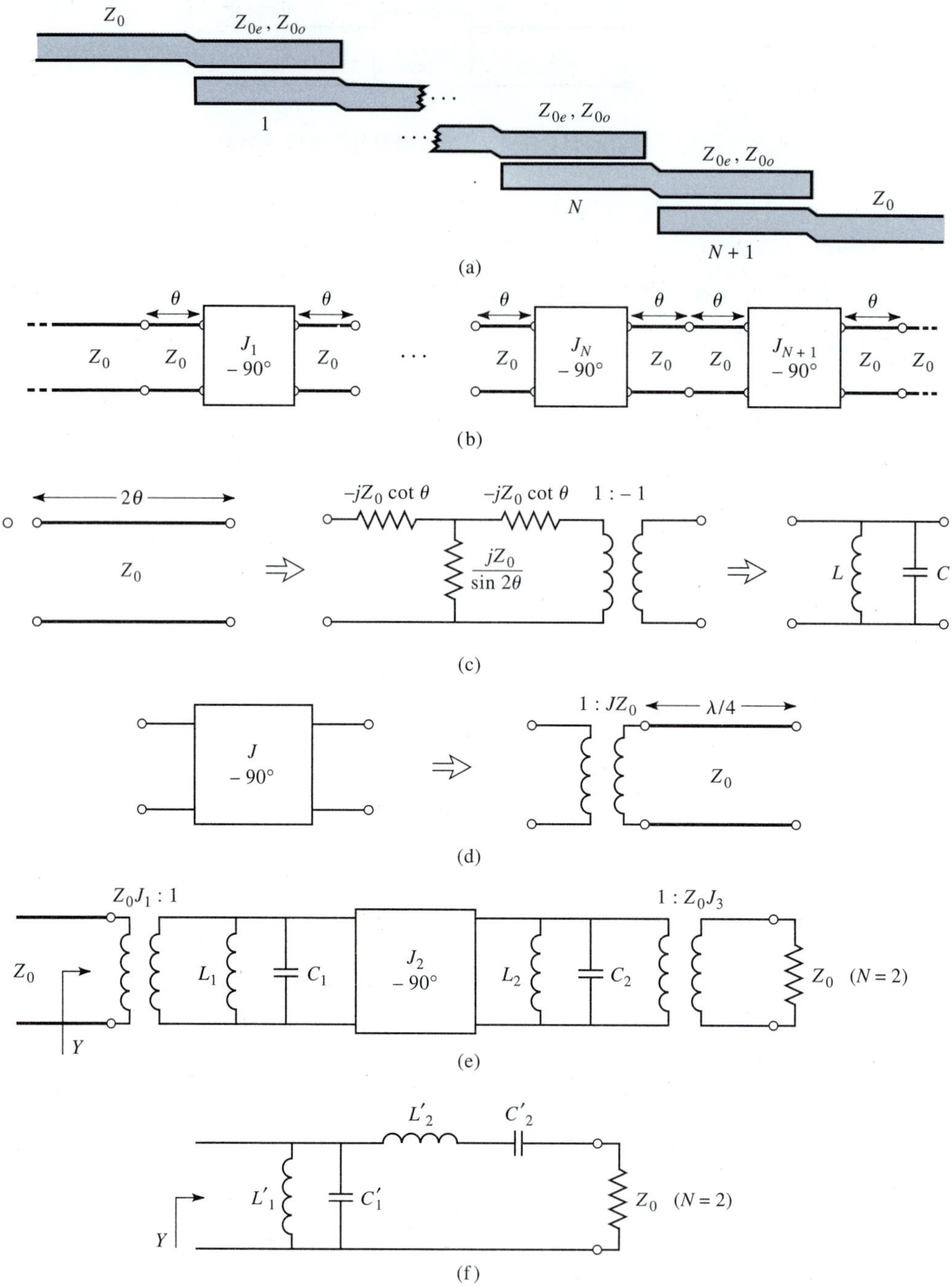

그림 8.45 결합선로 대역통과 여파기의 설계식 유도를 위한 등가회로 설정 과정. (a) $N+1$단 결합선로 대역통과 여파기의 설계도, (b) 각 결합선로부에 대한 그림 8.44의 등가회로 적용, (c) 길이 2θ인 전송선로에 대한 등가회로, (d) 어드미턴스 인버터의 등가회로, (e) $N=2$인 경우에 대한 (c)와 (d)의 결과 적용, (f) $N=2$인 대역통과 여파기의 집중소자 회로

$$Z_{0e} = Z_0[1 + JZ_0 + (JZ_0)^2] \tag{8.108a}$$

$$Z_{0o} = Z_0[1 - JZ_0 + (JZ_0)^2] \tag{8.108b}$$

이 얻어진다.

이제는 그림 8.45a에 보인 바와 같이 $N+1$개의 결합선로 토막들의 종속 연결로 구성된 대역통과 여파기를 생각해 보자. 우측에 부하를 두고 왼쪽으로부터 오른쪽으로 각 토막에 번호를 부여하였다. 그러나 반대로 하여도 여파기의 응답에 영향을 주지 않는다. 각 결합선로 토막은 그림 8.44에 보인 형태의 등가회로를 가지고 있으므로 종속 연결에 대한 등가회로는 그림 8.45b와 같다. 연속되는 두 인버터 사이에 유효길이가 2θ인 전송선로 토막이 있다. 여파기의 대역통과 영역 부근에서 이 선로의 길이는 약 $\lambda/2$이며, 그림 8.45c와 같이 평행한 병렬 LC 공진기로 구성된 근사적 등가회로를 갖는다.

이 등가성을 입증하는 첫 단계는, 그림 8.45c의 T-등가회로 및 이상적 변환기 회로(정확하게 등가인 회로)에 대한 파라미터들을 구하는 것이다. T-회로와 이상적 변환기에 대하여 표 4.1의 결과를 이용하면 이 회로에 대한 $ABCD$ 매트릭스를 계산할 수 있다.

$$\begin{bmatrix} A & B \\ C & D \end{bmatrix} = \begin{bmatrix} \dfrac{Z_{11}}{Z_{12}} & \dfrac{Z_{11}^2 - Z_{12}^2}{Z_{12}} \\ \dfrac{1}{Z_{12}} & \dfrac{Z_{11}}{Z_{12}} \end{bmatrix} \begin{bmatrix} -1 & 0 \\ 0 & -1 \end{bmatrix} = \begin{bmatrix} \dfrac{-Z_{11}}{Z_{12}} & \dfrac{Z_{12}^2 - Z_{11}^2}{Z_{12}} \\ \dfrac{-1}{Z_{12}} & \dfrac{-Z_{11}}{Z_{12}} \end{bmatrix}. \tag{8.109}$$

이 결과를 길이 2θ이고 특성 임피던스가 Z_0인 전송선로의 $ABCD$ 파라미터와 같게 놓으면, 등가회로의 파라미터들은

$$Z_{12} = \frac{-1}{C} = \frac{jZ_0}{\sin 2\theta} \tag{8.110a}$$

$$Z_{11} = Z_{22} = -Z_{12}A = -jZ_0 \cot 2\theta \tag{8.110b}$$

로 된다. 그러면 직렬 암(arm) 임피던스는

$$Z_{11} - Z_{12} = -jZ_0 \frac{\cos 2\theta + 1}{\sin 2\theta} = -jZ_0 \cot\theta \tag{8.111}$$

이다. 1:-1 변환기는 180°의 위상차를 제공한다. 이것은 T-회로만으로 얻을 수 없다. 즉 이것은 여파기의 진폭응답에 영향을 주지 않으므로 무시될 수 있다. $\theta \sim \pi/2$에 대하여 식 (8.111)의 직렬 암 임피던스들은 거의 0이고 또한 무시될 수 있다. 그러나 병렬 임피던스 Z_{12}는 $\theta \sim \pi/2$에 대하여 병렬 공진회로의 임피던스처럼 보인다. 중심주파수 ω_0에서 $\theta \sim \pi/2$일 때, $\omega = \omega_0 + \Delta\omega$라 하면 $2\theta = \beta\ell = \omega\ell/v_p = (\omega_0 + \Delta\omega)\pi/\omega_0 = \pi(1+\Delta\omega/\omega_0)$가 된다. 그러므로 작은 $\Delta\omega$에 대하여, 식 (8.110a)를

$$Z_{12} = \frac{jZ_0}{\sin\pi(1 + \Delta\omega/\omega_0)} \simeq \frac{-jZ_0\omega_0}{\pi(\omega - \omega_0)} \tag{8.112}$$

로 쓸 수 있다. 6.1절로부터 병렬 LC 회로의 공진 근처에서 임피던스는

$$Z = \frac{-jL\omega_0^2}{2(\omega - \omega_0)} \tag{8.113}$$

이다. 여기서 $\omega^2 = 1/LC$이다. 이 식을 식 (8.112)와 같다고 놓으면 등가 인덕터와 커패시터값들은

$$L = \frac{2Z_0}{\pi\omega_0} \tag{8.114a}$$

$$C = \frac{1}{\omega_0^2 L} = \frac{\pi}{2Z_0\omega_0} \tag{8.114b}$$

로 주어진다.

그림 8.45b 회로의 양 끝단(end section)들을 다루는 데는 다른 방법이 필요하다. 여파기 양 끝단에서 길이 θ의 선로는 Z_0와 정합되므로 무시할 수 있다. 양 끝단의 인버터 J_1과 J_{N+1}들은 각각 그림 8.45d와 같이 뒤에 $\lambda/4$ 선로부가 연결된 변압기로 표현될 수 있다. $\lambda/4$ 선로가 종속으로 연결된 권선비 N인 변압기의 $ABCD$ 매트릭스는

$$\begin{bmatrix} A & B \\ C & D \end{bmatrix} = \begin{bmatrix} \dfrac{1}{N} & 0 \\ 0 & N \end{bmatrix} \begin{bmatrix} 0 & -jZ_0 \\ \dfrac{-j}{Z_0} & 0 \end{bmatrix} = \begin{bmatrix} 0 & \dfrac{-jZ_0}{N} \\ \dfrac{-jN}{Z_0} & 0 \end{bmatrix} \tag{8.115}$$

이다. 이 식과 어드미턴스 인버터의 $ABCD$ 매트릭스[식 (8.104)의 일부]를 비교하면 필요한 권선비가 $N = JZ_0$임을 알 수 있다. $\lambda/4$ 선로는 단순히 위상천이만 가져오므로 무시할 수 있다.

내부와 양 끝단에 대한 이 결과들을 이용하면, 그림 8.45b의 회로를 그림 8.45e의 회로로 변환할 수 있다. 여기서는 $N = 2$인 특별한 경우이다. 각 결합선로 섹션의 쌍은 등가의 병렬 LC 공진기로 표현되며, 각 LC 공진기 쌍의 사이에 어드미턴스 인버터가 위치함을 알 수 있다. 다음으로 어드미턴스 인버터는 병렬 LC 공진기를 직렬 LC 공진기로 변환시키는 효과를 가지고 있어서 그림 8.45f($N = 2$인 경우에 대한)의 최종 등가회로가 유도됨을 보인다. 그렇게 함으로써 저역통과 기본형의 소자값들로부터 어드미턴스 인버터 상수 J_n이 결정된다. $N = 2$인 경우에 대하여 이를 증명하고자 한다.

그림 8.45e를 참조하면, 변압기는 부하 어드미턴스를 권선비의 제곱으로 변환하므로 J_2 인버터의 바로 오른쪽에 있는 어드미턴스는

$$j\omega C_2 + \frac{1}{j\omega L_2} + Z_0 J_3^2 = j\sqrt{\frac{C_2}{L_2}}\left(\frac{\omega}{\omega_0} - \frac{\omega_0}{\omega}\right) + Z_0 J_3^2$$

이다. 그러면 여파기의 입력측에서의 그 어드미턴스는

$$Y = \frac{1}{J_1^2 Z_0^2}\left\{ j\omega C_1 + \frac{1}{j\omega L_1} + \frac{J_2^2}{j\sqrt{C_2/L_2}\,[(\omega/\omega_0) - (\omega_0/\omega)] + Z_0 J_3^2} \right\}$$

$$= \frac{1}{J_1^2 Z_0^2}\left\{ j\sqrt{\frac{C_1}{L_1}}\left(\frac{\omega}{\omega_0} - \frac{\omega_0}{\omega}\right) + \frac{J_2^2}{j\sqrt{C_2/L_2}\,[(\omega/\omega_0) - (\omega_0/\omega)] + Z_0 J_3^2} \right\} \quad (8.116)$$

이다.

이들 결과는, 식 (8.114)로부터 모든 LC 공진기에 대하여 $L_n C_n = 1/\omega_0^2$이라는 점을 이용한 것이다. 이제 그림 8.45f의 회로를 들여다본 어드미턴스는

$$Y = j\omega C_1' + \frac{1}{j\omega L_1'} + \frac{1}{j\omega L_2' + 1/j\omega C_2' + Z_0}$$

$$= j\sqrt{\frac{C_1'}{L_1'}}\left(\frac{\omega}{\omega_0} - \frac{\omega_0}{\omega}\right) + \frac{1}{j\sqrt{L_2'/C_2'}\,[(\omega/\omega_0) - (\omega_0/\omega)] + Z_0} \quad (8.117)$$

이다. 이는 식 (8.116)의 형태와 일치한다. 따라서 다음의 조건들을 만족하면 두 회로는 등가가 될 것이다.

$$\frac{1}{J_1^2 Z_0^2}\sqrt{\frac{C_1}{L_1}} = \sqrt{\frac{C_1'}{L_1'}} \quad (8.118a)$$

$$\frac{J_1^2 Z_0^2}{J_2^2}\sqrt{\frac{C_2}{L_2}} = \sqrt{\frac{L_2'}{C_2'}} \quad (8.118b)$$

$$\frac{J_1^2 Z_0^3 J_3^2}{J_2^2} = Z_0. \quad (8.118c)$$

식 (8.114)로부터 L_n과 C_n을 알고 있으므로, L_n'과 C_n'은 임피던스 스케일링과 대역통과 여파기로의 주파수 변환을 거친 집중소자형 저역통과 기본형 소자값들로부터 구해진다. 표 8.6의 결과와 식 (8.64)의 임피던스 스케일링 공식을 이용하면 L_n'과 C_n'의 값을 다음과 같이 쓸 수 있다.

$$L_1' = \frac{\Delta Z_0}{\omega_0 g_1} \quad (8.119a)$$

$$C_1' = \frac{g_1}{\Delta\omega_0 Z_0} \quad (8.119b)$$

$$L_2' = \frac{g_2 Z_0}{\Delta\omega_0} \quad (8.119c)$$

$$C_2' = \frac{\Delta}{\omega_0 g_2 Z_0}. \quad (8.119d)$$

여기서, $\Delta = (\omega_2 - \omega_1)/\omega_0$는 여파기의 비대역폭이다. 그리고 식 (8.118)을 인버터 상수에

대하여 풀면, 다음의 결과($N=2$인 경우)를 얻을 수 있다.

$$J_1Z_0 = \left(\frac{C_1L_1'}{L_1C_1'}\right)^{1/4} = \sqrt{\frac{\pi\Delta}{2g_1}} \tag{8.120a}$$

$$J_2Z_0 = J_1Z_0^2\left(\frac{C_2C_2'}{L_2L_2'}\right)^{1/4} = \frac{\pi\Delta}{2\sqrt{g_1g_2}} \tag{8.120b}$$

$$J_3Z_0 = \frac{J_2}{J_1} = \sqrt{\frac{\pi\Delta}{2g_2}}. \tag{8.120c}$$

J_n값들을 구한 다음, 각 결합선로 섹션에 대한 Z_{0e}와 Z_{0o}를 식 (8.108)로부터 계산할 수 있다.

위의 결과들은 $N=2$인 특별한 경우(3개의 결합선로 토막)에 대하여 유도한 것이지만, 여러 개의 결합선로 토막이나 $Z_L \neq Z_0$(또는 N이 짝수인 이퀄 리플 응답의 경우에서와 같이 $g_{N+1} \neq 1$)인 경우에 대하여 보다 일반적 결과를 유도할 수 있다. 그러므로 $N+1$개의 결합선로부를 갖는 대역통과 여파기에 대한 설계방정식은

$$Z_0J_1 = \sqrt{\frac{\pi\Delta}{2g_1}} \tag{8.121a}$$

$$Z_0J_n = \frac{\pi\Delta}{2\sqrt{g_{n-1}g_n}} \qquad (n = 2, 3, \ldots, N) \tag{8.121b}$$

$$Z_0J_{N+1} = \sqrt{\frac{\pi\Delta}{2g_Ng_{N+1}}} \tag{8.121c}$$

이다. 각 결합부의 우수모드 및 기수모드 특성 임피던스는 식 (8.108)으로부터 구할 수 있다.

예제 8.7 결합선로 대역통과 여파기 설계

$N=3$이고 0.5 dB의 이퀄 리플 응답을 갖는 결합선로 대역통과 여파기를 설계하라. 중심주파수는 2.0 GHz이고, 대역폭은 10%이며, $Z_0=50\,\Omega$이다. 1.8 GHz에서의 감쇠는 얼마인가?

☞ 풀이

비대역폭은 $\Delta=0.1$이다. 그림 8.27a를 사용하여 1.8 GHz에서의 감쇠를 구할 수 있으나, 먼저 이 주파수를 정규화된 저역통과 형태($\omega_c=1$)로 변환하기 위하여 식 (8.71)을 사용해야 한다.

$$\omega \leftarrow \frac{1}{\Delta}\left(\frac{\omega}{\omega_0} - \frac{\omega_0}{\omega}\right) = \frac{1}{0.1}\left(\frac{1.8}{2.0} - \frac{2.0}{1.8}\right) = -2.11.$$

그러면 그림 8.27a의 수평축에서의 값은

$$\left|\frac{\omega}{\omega_c}\right| - 1 = |-2.11| - 1 = 1.11$$

이다. 이것은 $N=3$일 때 약 20 dB의 감쇠를 나타낸다.

저역통과 기본형의 값, g_n은 표 8.4에 주어져 있다. 그러면 식 (8.121)을 사용하여 어드미턴스

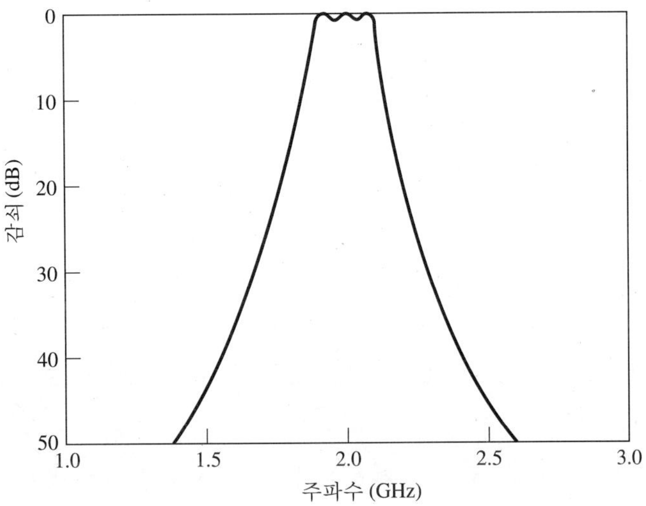

그림 8.46 예제 8.7의 결합선로 대역통과 여파기의 진폭응답

인버터 상수, J_n을 계산할 수 있다. 결국, 우수모드 및 기수모드 특성 임피던스들은 식 (8.108)로부터 구할 수 있다. 이 결과들을 요약하면 다음 표와 같다.

n	g_n	$Z_0 J_n$	$Z_{0e}(\Omega)$	$Z_{0o}(\Omega)$
1	1.5963	0.3137	70.61	39.24
2	1.0967	0.1187	56.64	44.77
3	1.5963	0.1187	56.64	44.77
4	1.0000	0.3137	70.61	39.24

여파기의 결합선로 토막들은 중앙점에 대하여 대칭임을 주목하라. 계산된 이 여파기의 응답을 그림 8.46에 보였다. 통과대역들 또한 6 GHz, 10 GHz 등에서도 발생한다. ◀

결합선로 토막을 사용하여 많은 다른 종류의 여파기들을 구성할 수 있다. 이들 대부분은 대역통과 또는 대역저지의 유형들이다. 특히 간편한 설계로는 결합선로 여파기의 중앙점에서 선로를 구부려 얻을 수 있는 깍지형(interdigitated) 여파기가 있다. 상세한 것은 [1]과 [3]을 참조하라.

8.8 결합공진기를 사용한 여파기

대역통과와 대역저지 여파기에 직렬 또는 병렬 회로와 같이 동작하는 소자가 필요함을 알았다. 앞 절의 결합선로 대역통과 여파기들이 이러한 종류이다. 여기서는 전송선로나 캐버티 공진기를 사용한 몇 가지 다른 종류의 마이크로파 여파기를 생각해 보기로 한다.

1/4 파장 공진기를 사용한 대역저지 및 대역통과 여파기

6장에서 1/4 파장 개방회로나 단락회로 전송선로 스터브는 각각 직렬 또는 병렬 공진회로

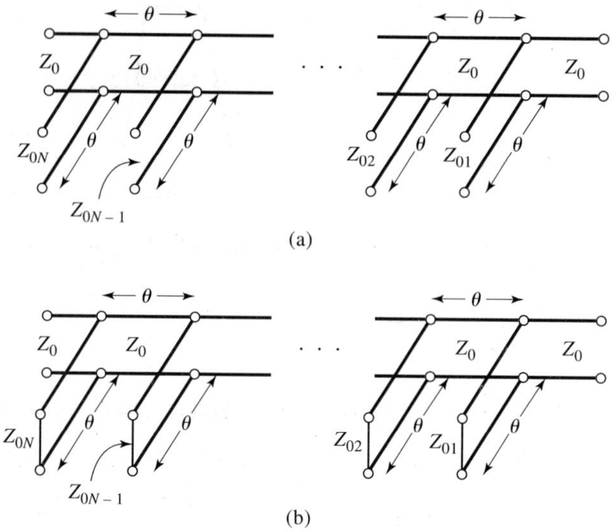

그림 8.47 병렬 전송선로 공진기(중심주파수에서 $\theta = \pi/2$)를 사용한 대역저지와 대역통과 여파기. (a) 대역저지 여파기, (b) 대역통과 여파기

처럼 보인다는 것을 알았다. 따라서 그림 8.47에서와 같이 대역통과나 대역저지 여파기를 구현하기 위하여 전송선로를 따라 이러한 스터브들을 병렬 접속하여 사용할 수 있다. 스터브 사이에 있는 $\lambda/4$ 선로부는 병렬 공진기를 하나씩 걸러 직렬 공진기로 효과적으로 변환하는 어드미턴스 인버터로 동작한다. 스터브와 전송 선로부의 길이는 중심주파수 ω_0에서 $\lambda/4$이다.

협대역 폭의 경우, N개의 스터브를 사용한 그러한 여파기의 응답은 $N+1$개의 결합 선로부를 갖는 여파기의 응답과 본질적으로 같다. 스터브 여파기의 내부 임피던스는 Z_0인 반면에 결합선로 여파기의 경우에는 양 끝단에서 임피던스 레벨의 변환이 필요하다. 이 때문에 스터브 여파기가 보다 간단하고 쉽게 설계될 수 있다. 그러나 스터브 공진기를 사용한 여파기는 가끔 실제로 구현하기 어려운 특성 임피던스가 요구된다는 단점이 있다.

먼저 그림 8.47a와 같이 N개의 개방회로 스터브를 이용한 대역저지 여파기를 생각해 보자. 요구되는 스터브의 특성 임피던스 Z_{0n}에 대한 설계방정식은 등가회로를 이용한 저역통과 기본형의 소자값들로부터 유도된다. 단락회로 스터브를 사용한 대역통과 여파기의 해석은 같은 과정으로 이루어지므로, 자세한 유도 과정은 생략하고 설계방정식을 제시한다.

그림 8.48a에 나타낸 바와 같이, 그 길이가 90°에 가까우면 개방회로 스터브는 직렬 LC 공진기로 근사될 수 있다. 특성 임피던스가 Z_{0n}인 개방회로 전송선로의 입력 임피던스는

$$Z = -jZ_{0n}\cot\theta$$

이다. 여기서 $\omega = \omega_0$에 대하여 $\theta = \pi/2$이다. $\Delta\omega \ll \omega_0$일 때 $\omega = \omega_0 + \Delta\omega$라 하면 $\theta = (\pi/2)(1 + \Delta\omega/\omega_0)$이고, 이 임피던스는 중심주파수 ω_0 근처의 주파수에서

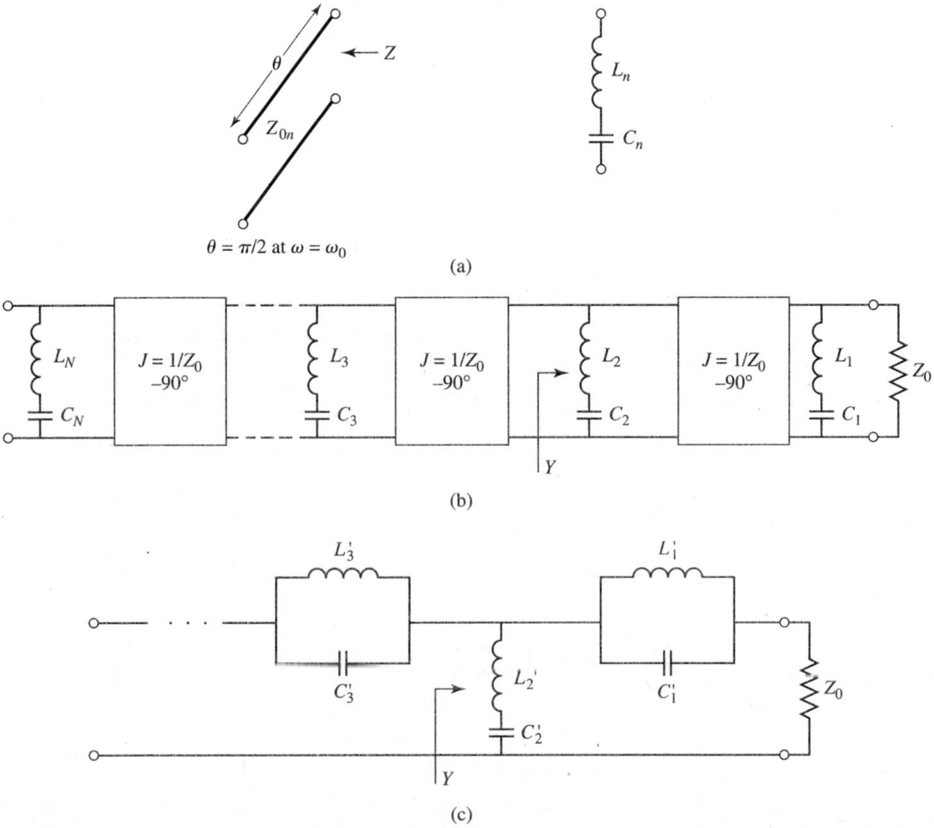

그림 8.48 그림 8.47a의 대역저지 여파기의 등가회로. (a) θ가 $\pi/2$ 근방일 때의 개방회로 스텁의 등가회로, (b) 공진기와 어드미턴스 인버터를 사용한 등가 여파기 회로, (c) 등가 집중정수 소자 대역저지 여파기

$$Z = jZ_{0n}\tan\frac{\pi\,\Delta\omega}{2\omega_0} \simeq \frac{jZ_{0n}\pi(\omega-\omega_0)}{2\omega_0} \tag{8.122}$$

로 근사화될 수 있다. 직렬 LC 회로의 임피던스는

$$Z = j\omega L_n + \frac{1}{j\omega C_n} = j\sqrt{\frac{L_n}{C_n}}\left(\frac{\omega}{\omega_0} - \frac{\omega_0}{\omega}\right) \simeq 2j\sqrt{\frac{L_n}{C_n}}\frac{\omega-\omega_0}{\omega_0} \simeq 2jL_n(\omega-\omega_0) \tag{8.123}$$

이며, 여기서 $L_nC_n = 1/\omega_0^2$이다. 식 (8.122)와 (8.123)을 같다고 놓으면, 공진기 파라미터 항으로 나타낸 스터브의 특성 임피던스는

$$Z_{0n} = \frac{4\omega_0 L_n}{\pi}. \tag{8.124}$$

으로 주어진다.

스터브들 사이의 $\lambda/4$ 선로부를 이상적 어드미턴스 인버터라 하면, 그림 8.47의 대역저지 여파기를 그림 8.48b의 등가회로로 나타낼 수 있다. 다음으로 이 등가회로의 회로 소자들

을 그림 8.48c의 집중소자 대역저지 여파기 기본형의 회로 소자들과 관련지을 수 있다.

그림 8.48b를 참고하면, L_2C_2 공진기를 향하여 들여다본 어드미턴스 Y는

$$Y = \frac{1}{j\omega L_2 + (1/j\omega C_2)} + \frac{1}{Z_0^2}\left[\frac{1}{j\omega L_1 + 1/j\omega C_1} + \frac{1}{Z_0}\right]^{-1}$$
$$= \frac{1}{j\sqrt{L_2/C_2}\,[(\omega/\omega_0) - (\omega_0/\omega)]}$$
$$+ \frac{1}{Z_0}\left\{\frac{1}{j\sqrt{L_1/C_1}\,[(\omega/\omega_0) - (\omega_0/\omega)]} + \frac{1}{Z_0}\right\} \tag{8.125}$$

이다. 그림 8.48c 회로에서 대응되는 지점에서의 어드미턴스는

$$Y = \frac{1}{j\omega L_2' + 1/j\omega C_2'} + \left[\frac{1}{j\omega C_1' + 1/j\omega L_1'} + Z_0\right]^{-1}$$
$$= \frac{1}{j\sqrt{L_2'/C_2'}\,[(\omega/\omega_0) - (\omega_0/\omega)]}$$
$$+ \left\{\frac{1}{j\sqrt{C_1'/L_1'}\,[(\omega/\omega_0) - (\omega_0/\omega)]} + Z_0\right\}^{-1} \tag{8.126}$$

이다. 다음의 조건들이 만족된다면 이들 두 결과는 등가이다.

$$\frac{1}{Z_0^2}\sqrt{\frac{L_1}{C_1}} = \sqrt{\frac{C_1'}{L_1'}} \tag{8.127a}$$

$$\sqrt{\frac{L_2}{C_2}} = \sqrt{\frac{L_2'}{C_2'}}. \tag{8.127b}$$

$L_nC_n = L_n'\ C_n' \ = 1/\omega_0^2$이므로, L_n에 대하여 이 식들을 풀면

$$L_1 = \frac{Z_0^2}{\omega_0^2 L_1'} \tag{8.128a}$$

$$L_2 = L_2' \tag{8.128b}$$

이다. 그리고 식 (8.124)와 표 8.6에서 임피던스 스케일링된 대역저지 여파기 소자들을 이용하면 스터브의 특성 임피던스는

$$Z_{01} = \frac{4Z_0^2}{\pi\omega_0 L_1'} = \frac{4Z_0}{\pi g_1\Delta} \tag{8.129a}$$

$$Z_{02} = \frac{4\omega_0 L_2'}{\pi} = \frac{4Z_0}{\pi g_2\Delta} \tag{8.129b}$$

로 주어진다. 여기서, $\Delta = (\omega_2 - \omega_1)/\omega_0$는 여파기의 비대역폭이다. 대역저지 여파기의 특

성 임피던스에 대한 일반적 결과가

$$Z_{0n} = \frac{4Z_0}{\pi g_n \Delta} \tag{8.130}$$

임을 쉽게 보일 수 있다. 단락회로 스터브 공진기를 사용한 대역통과 여파기에 대한 결과는

$$Z_{0n} = \frac{\pi Z_0 \Delta}{4g_n}. \tag{8.131}$$

이다. 이들 결과는 오직 입력 및 출력 임피던스가 Z_0인 여파기에 대해서만 적용되므로, N이 짝수인 이퀄 리플 여파기에서는 사용될 수 없다.

예제 8.8 대역저지 여파기 설계

3/4λ 개방회로 스터브를 사용하여 대역저지 여파기를 설계하라. 중심주파수가 2.0 GHz, 대역폭은 15%, 그리고 임피던스는 50 Ω이다. 0.5 dB 리플 수준을 갖는 이퀄 리플 응답을 사용하라.

☞ 풀이

비대역폭은 $\Delta = 0.15$이다. $N = 3$일 때 저역통과 기본형의 값 g_n은 표 8.4에 주어져 있다. 따라서, 스터브의 특성 임피던스는 식 (8.130)으로부터 구할 수 있다. 결과는 다음 표와 같다.

n	g_n	Z_{0n}
1	1.5963	265.9 Ω
2	1.0967	387.0 Ω
3	1.5963	265.9 Ω

2.0 GHz에서 모든 스터브와 전송선로 토막의 길이가 λ/4인 여파기 회로는 그림 8.47a에 도시

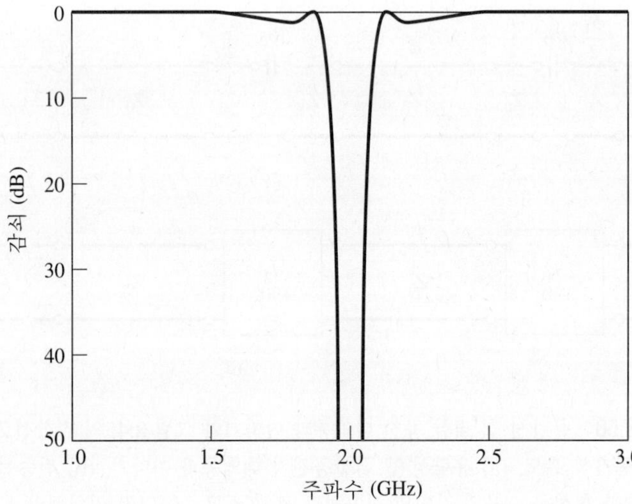

그림 8.49 예제 8.8의 대역저지 여파기의 진폭응답

되어 있다. 이 여파기의 계산된 감쇠를 그림 8.49에 보였다. 설계방정식을 유도함에 있어서 근사화가 포함되었으므로 통과대역에서의 리플은 0.5 dB보다 약간 크다. ◀

상호 연결선로의 특성 임피던스를 변화시킴으로써 $\lambda/4$ 파장 공진여파기의 성능을 향상시킬 수 있다. 그러면 결합선로 대역통과 혹은 대역저지 여파기와의 정확한 대응성을 입증할 수 있다. 이 경우에 대한 상세한 설계는 참고문헌 [1]에서 찾아볼 수 있다.

용량성 결합 직렬공진기를 사용한 대역통과 여파기

마이크로스트립이나 스트립 선로 형태로 편리하게 제작될 수 있는 대역통과 여파기의 또다른 유형으로 그림 8.50과 같은 용량성 갭(capacitive-gap) 결합공진기 여파기가 있다. 이 형태의 N차 여파기는, 그들 사이에 $N+1$개의 용량성 갭을 가진 N개의 전송선로 공진부들을 이용한다. 이 갭들은 직렬 커패시터로 근사될 수 있다. 정전용량과, 갭의 크기 및

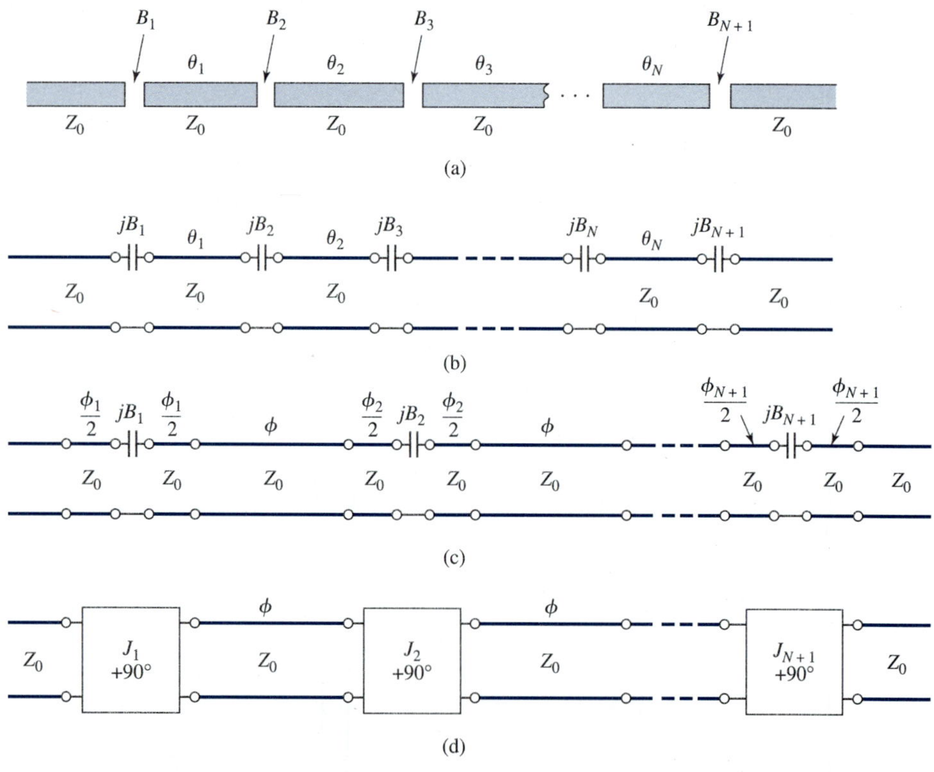

그림 8.50 용량성 갭 결합 공진 대역통과 여파기와 그림 8.45의 결합선로 대역통과 여파기의 등가회로 등가성 유도. (a) 용량성 갭 결합공진기 대역통과 여파기, (b) 전송선로 모델, (c) 어드미턴스 인버터를 형성하는 음의 길이의 전송선로 모델($\phi_i/2 < 0$), (d) 인버터와 $\lambda/2$ 공진기(ω_0에서 $\phi = \pi$)를 사용한 등가회로. 이 회로는 그림 8.45b의 결합선로 대역통과 여파기 등가회로와 동일한 형태이다.

전송선로 파라미터들 사이의 관계에 대한 설계 데이터는 참고문헌 [1]에 그림의 형태로 주어져 있다. 여파기는 그림 8.50b와 같이 모형화될 수 있다. 공진기의 길이는 중심주파수 ω_0에서 대략 $\lambda/2$이다.

다음에는 직렬 커패시터 양쪽에 음의 길이의 전송 선로부를 갖는 그림 8.50b의 등가회로를 다시 그려보자. 길이 ϕ인 선로는 ω_0에서 $\lambda/2$ 길이이므로 그림 8.50a,b에서 i번째 선로부의 전기적 길이, θ_i는

$$\theta_i = \pi + \frac{1}{2}\phi_i + \frac{1}{2}\phi_{i+1}, \quad (i = 1, 2, \ldots, N) \tag{8.132}$$

이다. 여기서 $\phi_i < 0$이다. 이렇게 하는 이유는 그림 8.38c에서와 같이 직렬 커패시터와 음의 길이를 갖는 전송선로의 조합이 어드미턴스 인버터의 등가회로이기 때문이다. 이러한 등가성이 성립되려면 선로의 전기적 길이와 용량성 서셉턴스 사이에 다음의 관계가 유지되어야 한다. 즉

$$\phi_i = -\tan^{-1}(2Z_0 B_i). \tag{8.133}$$

그러면 인버터 상수는 결과적으로

$$B_i = \frac{J_i}{1 - (Z_0 J_i)^2} \tag{8.134}$$

와 같이 용량성 서셉턴스와 관련지을 수 있다(이들 결과가 그림 8.38에 주어졌다. 그리고 이들 식의 유도는 연습문제 8.15로 남겨 놓는다).

용량성 갭 결합 여파기는 그림 8.50d와 같이 모형화될 수 있다. 이제는 그림 8.45b에 보인, 결합선로 대역통과 여파기에 대한 등가회로를 생각해 보자. 이들 두 회로는 동일(중심주파수에서 $\phi = 2\theta = \pi$이므로)하므로, 결합선로 여파기 해석의 결과를 이용하여 이 문제를 완결시킬 수 있다. 식 (8.121)을 사용하여 저역통과 기본형 값들(g_i)과 부분 대역폭(Δ)으로부터 어드미턴스 인버터 상수, J_i를 구할 수 있다. 결합선로 여파기의 경우에서와 같이, N차 여파기에 대한 $N+1$ 인버터 상수가 존재한다. 그러면 식 (8.134)를 사용하여 i번째 결합 갭에 대한 서셉턴스 B_i를 구할 수 있다. 결국, 공진부의 전기적 길이는 식 (8.132)와 (8.133)으로부터

$$\theta_i = \pi - \frac{1}{2}[\tan^{-1}(2Z_0 B_i) + \tan^{-1}(2Z_0 B_{i+1})] \tag{8.135}$$

로 구할 수 있다.

예제 8.9 용량성 결합 직렬공진기 대역통과 여파기 설계

용량성 결합 직렬공진기를 상용하여 0.5 dB 이퀄 리플 통과대역 특성을 갖는 대역통과 여파기를 설계하라. 중심주파수는 2.0 GHz, 대역폭은 10%, 그리고 임피던스는 50 Ω이다. 2.2 GHz에서 적어도 20 dB의 감쇠가 요구된다.

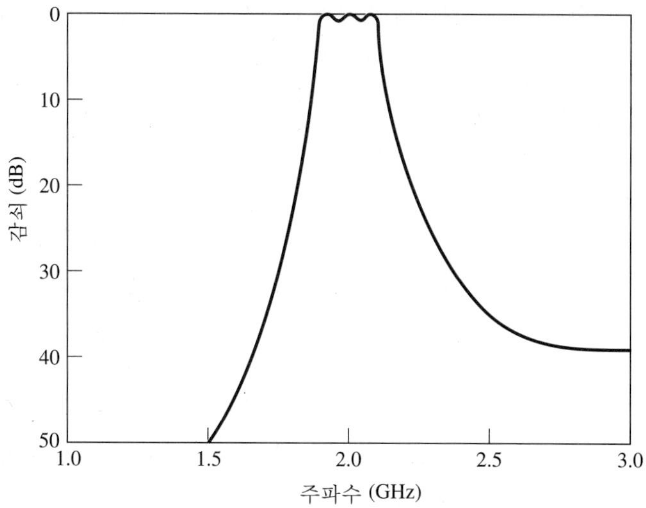

그림 8.51 예제 8.9의 용량성 갭 결합 직렬공진기 대역통과 여파기의 진폭응답

☞ 풀이

먼저 2.2 GHz에서의 감쇠 사양을 만족하는 여파기의 차수를 결정해야 한다. 정규화된 주파수를 변환하기 위하여 식 (8.71)을 사용하면

$$\omega \leftarrow \frac{1}{\Delta}\left(\frac{\omega}{\omega_0}-\frac{\omega_0}{\omega}\right)=\frac{1}{0.1}\left(\frac{2.2}{2.0}-\frac{2.0}{2.2}\right)=1.91$$

이 주어진다. 그러므로,

$$\left|\frac{\omega}{\omega_c}\right|-1=1.91-1.0=0.91$$

이다. 그림 8.27a로부터 $N=3$일 때 2.2 GHz에서의 감쇠 사양을 만족하는 것을 알 수 있다. 저역통과 기본형 값들이 표 8.4에 주어져 있고, 이들로부터 식 (8.121)을 사용하여 인버터 상수들을 계산할 수 있다. 결합 서셉턴스는 식 (8.134)으로부터 구할 수 있으며, 결합 커패시터 값들은

$$C_n=\frac{B_n}{\omega_0}$$

이다. 끝으로, 공진기의 길이는 식 (8.135)로부터 계산될 수 있다. 다음 표에 이들 결과를 요약해 놓았다.

n	g_n	Z_0J_n	B_n	C_n	θ_n
1	1.5963	0.3137	6.96×10^{-3}	0.554 pF	155.8°
2	1.0967	0.1187	2.41×10^{-3}	0.192 pF	166.5°
3	1.5963	0.1187	2.41×10^{-3}	0.192 pF	155.8°
4	1.0000	0.3137	6.96×10^{-3}	0.554 pF	—

계산된 진폭 특성을 그림 8.51에 그렸다. 이 여파기의 규격은 예제 8.8의 결합선로 대역통과 여파기와 같다. 그리고 그림 8.51과 8.46의 결과를 비교해 보면 응답이 통과대역 부근에서 일치함을 알 수 있다. ◀

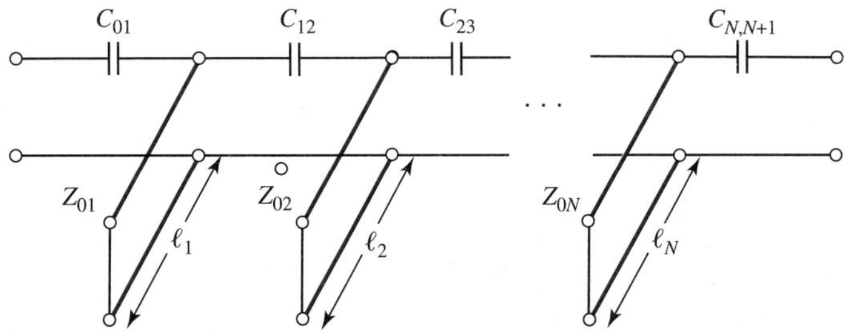

그림 8.52 용량성 결합 병렬스텁 공진기를 사용한 대역통과 여파기

용량성 결합 병렬공진기를 사용한 대역통과 여파기

단락회로 병렬공진기가 직렬 커패시터와 용량성 결합된 형태의 대역통과 여파기를 그림 8.52에 보였다. N차 여파기는 중간주파수에서 $\lambda/4$보다 조금 짧은 N개의 스터브를 사용하게 된다. 단락회로 스터브 공진기는 매우 높은 유전상수와 낮은 손실을 갖는 **세라믹 재질**을 사용한 동축 선로부로 구성될 수 있음으로써, UHF 주파수대에서 매우 작게 설계될 수 있다[9]. 그러한 여파기를 종종 **세라믹 공진기형 여파기**라고 부르며, 오늘날 휴대용 무선 시스템에서 사용하는 RF 대역통과 여파기 중 가장 많이 사용하는 형태이다. 대부분의 핸드폰, GPS 수신기 그리고 다른 무선 장비들은 이러한 형태의 여과기를 2개 이상 사용하고 있다.

이 여파기의 동작과 설계를 이해하기 위해, 우선 그림 8.53a의 일반적인 대역통과 여파기 회로를 생각한다. 이 그림에서 병렬 LC 공진기가 어드미턴스 인버터와 번갈아 구성되어 있음을 알 수 있다. 앞에서 설명한 결합 공진기형 대역통과 및 대역저지 여파기의 경우와 마찬가지로, 어드미턴스 인버터의 기능은 병렬공진기를 직렬공진기로 변환해 주는 것이다. 그리고 끝단에 위치한 여분의 인버터는 여파기의 임피던스 크기를 실제 수준의 크기로 스케일링하는 역할을 한다. 대역저지 여파기에 대한 해석과 유사한 해석 방법을 사용하면, 어드미턴스 인버터 상수는

$$Z_0 J_{01} = \sqrt{\frac{\pi\Delta}{4g_1}} \tag{8.136a}$$

$$Z_0 J_{n,n+1} = \frac{\pi\Delta}{4\sqrt{g_n g_{n+1}}} \tag{8.136b}$$

$$Z_0 J_{N,N+1} = \sqrt{\frac{\pi\Delta}{4g_N g_{N+1}}} \tag{8.136c}$$

와 같이 유도될 수 있다. 이와 유사하게 결합 커패시터 값은

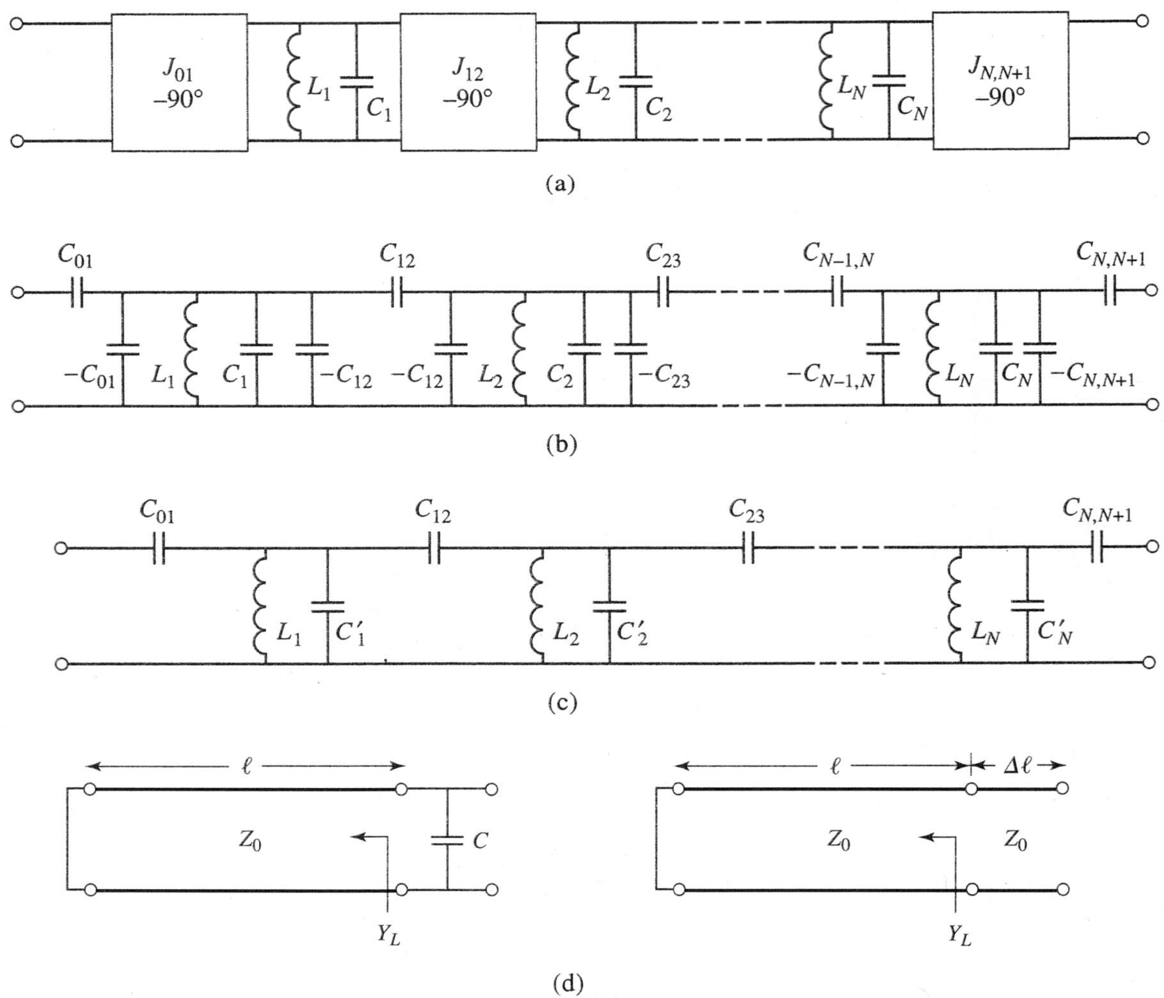

그림 8.53 그림 8.52의 대역통과 여파기를 위한 등가회로. (a) 어드미턴스 인버터를 갖는 병렬공진기를 사용한 일반적인 대역통과 여파기 회로, (b) 어드미턴스 인버터를 그림 8.38d의 회로로 대치, (c) 병렬 커패시터 소자들을 합한 후의 등가회로, (d) 병렬 커패시터에 의한 공진 스텁 길이의 변경

$$C_{01} = \frac{J_{01}}{\omega_0\sqrt{1-(Z_0J_{01})^2}} \tag{8.137a}$$

$$C_{n,n+1} = \frac{J_{n,n+1}}{\omega_0} \tag{8.137b}$$

$$C_{N,N+1} = \frac{J_{N,N+1}}{\omega_0\sqrt{1-(Z_0J_{N,N+1})^2}} \tag{8.137c}$$

과 같이 구해진다. 양 끝단의 커패시터들은 내부 소자와는 달리 취급됨을 주목하라.

이제 그림 8.53a의 어드미턴스 인버터를 그림 8.38d의 등가 π회로망으로 대치하면, 그림 8.53b에 보인 등가 집중소자 회로가 된다. 어드미턴스 인버터 회로의 병렬 커패시터들은 음수임을 주목하라. 그러나 이 소자들은 LC 공진기의 더 큰 커패시터와 병렬로 결합되어 양의 정전용량 값을 만들어 낸다. 그 결과는 그림 8.53c의 회로와 같으며, 유효 공진기 커패시터 값은

$$C_n' = C_n + \Delta C_n = C_n - C_{n-1,n} - C_{n,n+1} \tag{8.138}$$

로 주어진다. 여기서 $\Delta C_n = -C_{n-1,n} - C_{n,n+1}$이며, 이는 병렬로 더해진 인버터 소자에 의한 공진기 정전용량의 변화량을 의미한다.

최종적으로, 그림 8.53c의 병렬 LC 공진기는 그림 8.52의 회로에서처럼 단락회로 전송선로 스터브로 대치된다. 그 스터브 공진기의 공진주파수는 이제 ω_0가 아님을 주목하라. 왜냐하면 공진기 커패시터 값은 ΔC_n에 의해 수정되었기 때문이다. 이는 공진기의 길이가 여파기의 중간주파수인 ω_0에서 $\lambda/4$보다 작음을 의미한다. 정전용량의 변화를 설명하기 위해 스터브 길이 변환을 그림 8.53d에 도시하였다. 입력부에서 병렬로 연결된 커패시터를 갖는 단락선로는

$$Y = Y_L + j\omega_0 C \tag{8.139a}$$

의 입력 임피던스를 갖고, 여기서 $Y_L = \dfrac{-j\cot\beta\ell}{Z_0}$이다.

만약 커패시터가 짧은 길이 $\Delta\ell$을 갖는 전송선로로 대치되면 입력 어드미턴스는 다음과 같이 될 것이다.

$$Y = \frac{1}{Z_0}\frac{Y_L + j\dfrac{1}{Z_0}\tan\beta\Delta\ell}{\dfrac{1}{Z_0} + jY_L\tan\beta\Delta\ell} \cong Y_L + j\frac{\beta\Delta\ell}{Z_0}. \tag{8.139b}$$

위 식에서 근사적 표현은 $\beta\Delta\ell \ll 1$의 경우이며, 이런 유형의 여파기에서 실제로 성립된다. 식 (8.139b)를 식 (8.139a)와 비교하면 스터브 길이의 변화는 다음과 같이 커패시터

값의 항으로 표현된다.

$$\Delta\ell = \frac{Z_0\omega_0 C}{\beta} = \left(\frac{Z_0\omega_0 C}{2\pi}\right)\lambda. \tag{8.140}$$

만약 $C < 0$이면, $\Delta\ell < 0$이 되어 스터브 길이가 짧아진다. 따라서 총 스터브 길이는

$$\ell_n = \frac{\lambda}{4} + \left(\frac{Z_0\omega_0 \Delta C_n}{2\pi}\right)\lambda \tag{8.141}$$

로 주어지며, 여기서 ΔC_n은 식 (8.138)과 같이 정의된다. 스터브 공진기의 특성 임피던스는 Z_0이다.

유전체 성질은 세라믹 공진기를 사용한 여파기의 성능에 결정적 역할을 한다. 무선 응용 분야에서 주로 사용하는 주파수대에서 소형화를 이루려면 높은 유전상수를 갖는 물질이 요구된다. 높은 Q를 갖는 공진기를 구현하기 위해서는 손실이 작아야하며, 이렇게 되면 통과대역 삽입손실이 낮아지고, 저지대역에서 감쇠가 최대로 된다. 그리고 유전상수는 여파기의 통과대역이 정상적인 동작 조건을 벗어남이 없도록 온도 변화에 안정적이어야 한다. 유전체 공진기형 여파기에 주로 사용되는 대다수 유전체는 바륨(barium), 4티탄산염, 아연/스트론튬 티탄산염(zinc/strontium titanate), 다양한 종류의 산화티타늄과 같은 세라믹들이다. 예를 들면 아연/스트론튬 티탄산염 세라믹 물질은 유전 상수가 36이며, Q값은 4 GHz에서 10,000이고, 유전상수 온도계수는 −7 ppm/C°이다.

예제 8.10 용량성 결합 병렬공진기 대역통과 여파기 설계

용량성 결합 단락회로 병렬 스터브 공진기를 사용하여 0.5 dB 이퀄 리플 응답을 갖는 3차 대역 통과 여파기를 설계하라. 중심주파수는 2.5 GHz이며, 대역폭은 10%이다. 임피던스는 50 Ω이다. 3.0 GHz에서 감쇠의 결과값은 무엇인가?

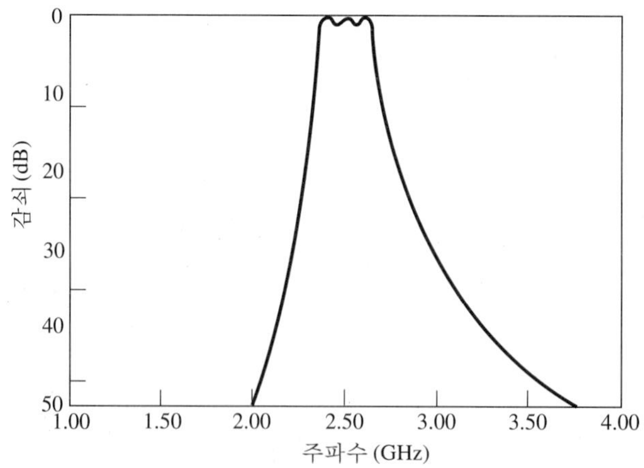

그림 8.54 예제 8.10의 용량성 결합 병렬공진기 대역통과 여파기의 진폭응답

☞ 풀이

우선 3.0 GHz에서 감쇠를 계산해 보자. 식 (8.71)을 사용하여 3.0 GHz를 정규화된 저역통과 형태로 변환하면

$$\omega \leftarrow \frac{1}{\Delta}\left(\frac{\omega}{\omega_0} - \frac{\omega_0}{\omega}\right) = \frac{1}{0.1}\left(\frac{3.0}{2.5} - \frac{2.5}{3.0}\right) = 3.667$$

이 된다. 그리고 그림 8.27a로부터 수평축 상의 값은

$$\left|\frac{\omega}{\omega_c}\right| - 1 = |-3.667| - 1 = 2.667$$

이 되고, 이로부터 35 dB의 감쇠가 됨을 알 수 있다.

다음으로 식 (8.136)과 식 (8.137)을 사용하여 어드미턴스 인버터 상수와 결합 커패시터 값을 계산하면 다음과 같다.

n	g_n	$Z_0 J_{n-1,n}$	$C_{n-1,n}$ (pF)
1	1.5963	$Z_0 J_{01} = 0.2218$	$C_{01} = 0.2896$
2	1.0967	$Z_0 J_{12} = 0.0594$	$C_{12} = 0.0756$
3	1.5963	$Z_0 J_{23} = 0.0594$	$C_{23} = 0.0756$
4	1.0000	$Z_0 J_{34} = 0.2218$	$C_{34} = 0.2896$

따라서 식 (8.138), (8.140), (8.141)을 사용하여 요구되는 공진기 길이를 구하면 다음과 같다.

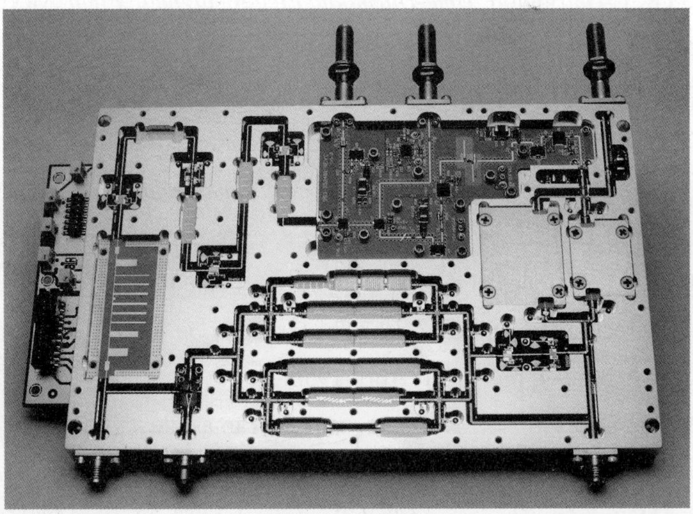

그림 8.55 광대역 하향 주파수 변환기(wideband down converter). 10MHz에서 27GHz까지의 주파수 범위를 수용하기 위해 다수의 핀 다이오드 스위치, 여파기 뱅크, 증폭기 그리고 믹스가 사용된다. 스터브 여파기, 결합선로 여파기 그리고 스텝 임피던스 여파기와 같은 몇 개의 여파기 형태를 볼 수 있다. 왼쪽에 있는 마이크로스트립 스터브 여파기는 5.4GHz 차단 주파수를 가지며 5.8GHz에서 9.0GHz까지 75dB 이상 차단하는 21-극점 저역 통과 여파기이다.

n	ΔC_n (pF)	$\Delta \ell_n(\lambda)$	ℓ
1	−0.3652	−0.04565	73.6°
2	−0.1512	−0.0189	83.2°
3	−0.3652	−0.04565	73.6°

공진기 길이가 90°(λ/4)보다 조금 작음을 주목하라. 설계된 여파기의 진폭응답 계산값을 그림 8.54에 보였다. 높은 주파수대에서 저지대역 차단 특성은 낮은 주파수대보다 좋지 않다. 그리고 3GHz에서 감쇠는 약 30dB인 반면에, 기본 집중소자 대역통과 여파기의 계산값은 35dB이다. ◀

참고문헌

[1] G. L. Matthaei, L. Young, and E. M. T. Jones, *Microwave Filters, Impedance-Matching Networks, and Coupling Structures*, Artech House, Dedham, Mass., 1980.

[2] R. E. Collin, *Foundations for Microwave Engineering*,2nd Edition, Wiley-IEEE Press, Hoboken, N.J., 2001.

[3] J. A. G. Malherbe, *Microwave Transmission Line Filters*, Artech House, Dedham, Mass,. 1979.

[4] W. A. Davis, *Microwave Semiconductor Circuit Design*, Van Nostrand Reinhold, N. Y., 1984.

[5] R. F. Harrington, *Time-Harmonic Electromagnetic Field*, McGraw-Hill, N. Y., 1961

[6] P. I. Richards, "Resistor-Transmission Line Circuits," *Proc. of the IRE*, vol. 36, pp. 217-220, February 1948.

[7] S. B. Cohn, "Parallel-Coupled Transmission-Line-Resonator Filters," *IRE Transactions on Microwave Theory and Techniques*, vol. MTT-6, pp. 223-231, April 1958.

[8] E. M. T. Jones and J. T. Bolljahn, "Coupled-Strip-Transmission Line Filters and Directional Couplers," *IRE Transactions on Microwave Theory and Techniques*, vol. MTT-4, pp. 78-81, April 1956.

[9] M. Sagawa, M. Makimoto, and S. Yamashita, "A Design Method of Bandpass Filters Using Dielectric-Filled Coaxial Resonators," *IEEE Transactions on Microwave Theory and Techniques*, vol. MTT-33, pp. 152-157, February 1985.

연습문제

8.1 아래에 보인 무한 주기 구조에 대한 k-β 다이어그램을 그려라. $Z_0 = 75\,\Omega$, $d = 1.0\,\text{cm}$, $k = k_0$, 그리고 $L_0 = 1.25\,\text{nH}$로 가정한다.

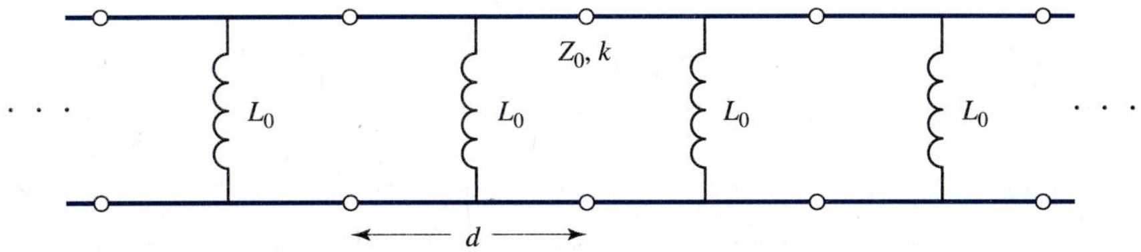

8.2 표 8.1에 주어진 π 회로의 영상 임피던스에 대한 표현식을 증명하라.

8.3 아래 회로망에 대한 영상 임피던스와 전파상수를 계산하라.

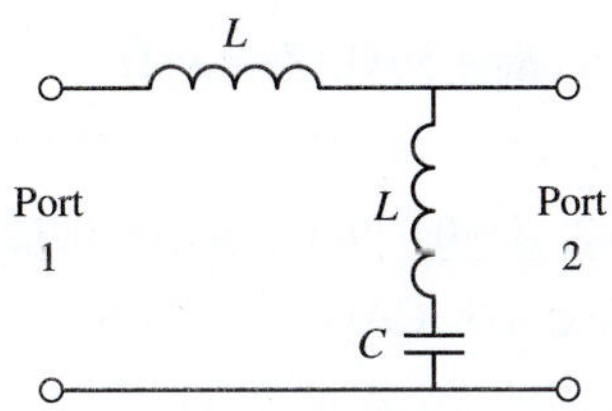

8.4 영상 파라미터법을 사용하여 $R_0 = 50\,\Omega$, $f_c = 50\,\text{MHz}$, $f_\infty = 52\,\text{MHz}$의 규격을 갖는 합성 저역통과 여파기를 설계하라. CAD를 이용하여 주파수에 따른 삽입손실을 그려라.

8.5 영상 파라미터법을 사용하여 $R_0 = 75\,\Omega$, $f_c = 50\,\text{MHz}$, $f_\infty = 48\,\text{MHz}$의 규격을 갖는 합성 고역통과 여파기를 설계하라. CAD를 이용하여 주파수에 따른 삽입손실을 그려라.

8.6 리플 규격이 1.0 dB인 경우에, $N = 2$인 이퀄 리플 여파기의 소자들에 대하여 8.3절의 설계방정식을 풀어라.

8.7 통과대역이 0~2GHz이고, 3.4 GHz에서 20 dB의 감쇠를 갖는 저역통과 최대 평탄 집중소자 여파기를 설계하라. 특성 임피던스는 50 Ω이다. CAD를 이용하여 주파수에 따른 삽입손실을 그려라.

8.8 3 dB 이퀄 리플 응답, 3 GHz의 차단주파수 그리고 2.0 GHz에서 최소 30 dB 삽입손실을 갖는 고역통과 집중소자 여파기를 설계하라. 특성 임피던스는 75 Ω이다. 주파수에 따른 삽입손실을 도시할 때 CAD를 이용하라.

8.9 최대 평탄 군지연 응답을 갖는 4단 대역통과 집중소자 여파기를 설계하라. 중심주파수는 2 GHz이고, 대역폭은 5%이어야 한다. 임피던스는 50 Ω이다. CAD를 이용하여 주파수에 따른 삽입손실을 그려라.

8.10 0.5 dB 이퀄 리플 응답, 중심주파수 3 GHz, 대역폭 10% 그리고 임피던스가 75 Ω인 3단 대역저지 집중소자 여파기를 설계하라. 3.1 GHz에서의 감쇠는 얼마인가? CAD를 이용하여 주파

수에 따른 삽입손실을 그려라.

8.11 표 8.7의 두 번째 Kuroda의 동일성 관계를 두 회로에 대한 *ABCD* 매트릭스를 계산하여 증명하라.

8.12 직렬 스터브만을 사용하여 저역통과 3차 최대 평탄 여파기를 설계하라. 차단주파수는 6 GHz이고, 임피던스는 50 Ω이다. CAD를 이용하여 주파수에 따른 삽입손실을 그려라.

8.13 병렬 스터브만을 사용하여 저역통과 4차 최대 평탄 여파기를 설계하라. 차단주파수는 8 GHz이고 임피던스는 50 Ω이다. CAD를 이용하여 주파수에 따른 삽입손실을 그려라.

8.14 그림 8.38c의 어드미턴스 인버터의 동작을, 그의 *ABCD* 매트릭스를 계산하여 $\lambda/4$ 선로로부터 만들어진 어드미턴스 인버터의 *ABCD* 매트릭스를 비교함으로써 확인하라.

8.15 짧은 길이의 전송선로에 대한 π 등가 회로가, 각기 큰 특성 임피던스와 작은 특성 임피던스에 대하여 그림 8.39b와 c 회로와 동일한 등가회로가 됨을 보여라.

8.16 차단주파수가 3 GHz이고, 5차이며, 0.5 dB 이퀄 리플 응답을 갖는 계단형 임피던스 저역통과 여파기를 설계하라. $R_0 = 50\,\Omega$, $Z_\ell = 15\,\Omega$, 그리고 $Z_h = 120\,\Omega$라 가정한다. **(a)** 5단 중 각 단의 전기적 길이를 구하고, CAD를 이용하여 0부터 6 GHz까지의 삽입손실을 그려라. **(b)** 그 여파기를 $\epsilon_r = 4.2$, $d = 0.079$ cm, $\tan\delta = 0.02$이고, 동박 두께가 0.5 mil인 FR4 마이크로스트립 기판 상에 구현하라. CAD를 이용하여 그 여파기의 통과대역 내의 주파수에 따른 삽입손실을 그리고, 무손실의 경우와 비교하라.

8.17 그림 8.39a의 정확한 전송선로 등가회로를 사용하여 $f_c = 2.0$ GHz, $R_0 = 50\,\Omega$인 계단형 임피던스 저역통과 여파기를 설계하라. $N = 5$, 그리고 최대 평탄 응답으로 가정하여, $Z_\ell = 10\,\Omega$, $Z_h = 150\,\Omega$일 때 필요한 선로 길이와 임피던스를 구하라. CAD를 이용하여 주파수에 따른 삽입손실의 변화를 그려라.

8.18 이퀄 리플 응답이 0.5 dB인 4단 결합선로 대역통과 여파기를 설계하라. 중심주파수는 2.45 GHz이고, 대역폭은 10%이며, 임피던스는 50 Ω이다. **(a)** 결합 선로부들의 우수 및 기수 모드 임피던스를 구하고, 2.1 GHz에서의 감쇠를 계산하라. CAD를 이용하여 1.55 GHz부터 3.35 GHz까지의 삽입손실 변화를 그려라. **(b)** 그 여파기를 $\epsilon_r = 4.2$, $d = 0.158$ cm, $\tan\delta = 0.01$이고, 동박 두께가 0.5 mil인 FR4 마이크로스트립 기판 상에 구현하라. CAD를 이용하여 그 여파기의 통과대역 내의 주파수에 따른 삽입손실을 그리고, 무손실의 경우와 비교하라.

8.19 아래 그림에서 보는 바와 같이 Schiffman 위상 천이기(phase shifter)는 비교적으로 넓은 주파수 범위에 걸쳐 90° 차동 위상 변화(differential phase shift)를 발생시킬 수 있다. 이것은 길이 θ의 결합선로 영역 그리고 중간 대역에서 길이 $3\theta; \theta = \pi/2$의 전송선로 영역으로 구성된다. 전송선로의 특성 임피던스는 $Z_0 = \sqrt{Z_{0e}Z_{0o}}$이며, Z_{0e}와 Z_{0o}는 결합선로의 우수와 기수 모드 임피던스를 의미한다. 8.7절의 분석을 이용하여 결합선로영역을 통하여 위상변화를 찾고, 그 다음 두 출력 사이에서 차동 위상 변화를 찾아라. $Z_{0e}/Z_{0o} = 2.7$인 경우 $\theta = 0$에서 π까지 차동 위상 변화를 그려라 그리고 위상 변화가 $90° \pm 2.5°$ 인 것에 대해 대역폭을 결정하라.

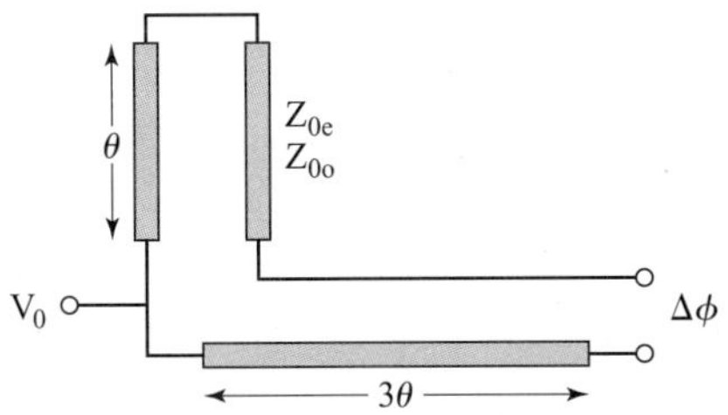

8.20 4개의 개방회로 $\lambda/4$ 스터브 공진기를 사용하여 최대 평탄 대역저지 여파기를 설계하라. 중심주파수는 3 GHz, 대역폭은 15%이며, 임피던스는 40 Ω이다. CAD를 이용하여 주파수에 따른 삽입손실의 변화를 그려라.

8.21 3/4 파장 단락회로 스터브 공진기를 사용하여 대역통과 여파기를 설계하라. 여파기는 0.5 dB 이퀄 리플 응답을 가지며, 중심주파수는 3 GHz, 대역폭은 20%, 그리고 임피던스는 100 Ω이어야 한다.

(a) 그 공진기들의 특성 임피던스를 구하고, CAD를 이용하여 1 GHz부터 5 GHz까지의 주파수에 따른 삽입손실의 변화를 그려라.

(b) 그 여파기를 $\epsilon_r = 4.2$, $d = 0.079$ cm, $\tan\delta = 0.02$이고, 동박 두께가 0.5 mil인 FR4 마이크로스트립 기판 상에 구현하라. CAD를 이용하여 그 여파기의 통과대역 내의 주파수에 따른 삽입손실을 그리고, 무손실의 경우와 비교하라.

8.22 $\lambda/4$ 단락 스터브 공진기를 사용한 대역통과 여파기에 대하여 식 (8.131)의 설계방정식을 유도하라.

8.23 용량성 갭 결합공진기를 사용하여 대역통과 여파기를 설계하라. 응답은 4 GHz의 중심주파수와 12%의 대역폭 그리고 3.6 GHz에서 적어도 12 dB 감쇠를 갖는 최대 평탄 응답이어야 한다. 특성 임피던스는 50 Ω이다. 선로들의 전기적 길이와 결합 커패시터 값들을 구하라. CAD를 이용하여 주파수에 따른 삽입손실의 변화를 그려라.

8.24 어떤 대역통과 여파기를 824-849 MHz 대역에서 동작하는 PCS 수신기에 사용하려고 한다. 그 여파기는 송신주파수 대역(869-894 MHz) 중 가장 낮은 주파수에서 적어도 30 dB의 격리도(isolation)를 가져야 한다. 이러한 조건들을 만족시키면서 1 dB의 이퀄 리플을 갖는 대역통과 여파기를, 용량성 결합 단락회로 병렬 스터브 공진기들을 사용하여 설계하라. 임피던스는 50 Ω이라 가정한다.

8.25 용량성 결합 병렬스터브 공진기를 사용한 대역통과 여파기에 대하여 식 (8.136)과 식 (8.137)의 설계방정식을 유도하라.

제 9 장

훼리자성 소자의 이론과 설계

지금까지 논의된 소자와 회로망들은 모두 가역적인 것들이었다. 즉, 어떤 소자의 임의의 두 포트 i와 j 사이의 응답은 신호흐름의 방향에 무관하였다(따라서, $S_{ij} = S_{ji}$). 소자가 수동적이고 등방성인 물질로 구성되는 경우는 항상 그러하지만, 만일 비등방성(방향에 따라 성질이 다른) 물질들이 사용된다면, 비가역적 성능을 얻을 수 있다. 비가역적인 몇몇 다른 경우들은 부수적인 성질인 반면 몇몇 비가역적인 경우는 좋은 성질이 된다.

1장에서 전기적 비등방성(텐서 유전율)과 자기적 비등방성(텐서 투자율)을 갖는 물질들에 대하여 논의하였다. 마이크로파에 응용되는 가장 실용적 비등방성 물질은 **훼리자성(ferrimagnetic) 화합물**인데, 그 종류로는 YIG(yttrium iron garnet)와, 산화철에 알루미늄(aluminium), 코발트, 망간, 니켈(nickel)과 같은 여러 가지 다른 종류의 원소를 혼합한 **훼라이트(ferrite)** 등이 있다. 강자성(ferromagnetic) 물질(예를 들면 철, 강철)들과는 대조적으로, 훼리자성 화합물들은 마이크로파 주파수에서 큰 저항과 큰 비등방성 특성을 갖는다. 앞으로 논의되겠지만, 훼리자성 물질의 자기적 비등방성은 DC 자계 바이어스를 인가함으로써 유도된다. 이 자계로 인하여 훼라이트 물질 내에 자기쌍극자들이 정렬되어 0이 아닌 순(net) 자기쌍극자 모멘트가 생성되며, 자기쌍극자들은 그 자계 바이어스의 세기에 의해 제어되는 주파수에서 세차운동(precession)을 하게 된다. 이러한 세차운동과 같은 방향으로 원편파된 마이크로파 신호는 쌍극자 모멘트들과 함께 강하게 상호작용하며, 반대 방향으로 편파된 신호는 상대적으로 약하게 상호작용한다. 주어진 회전 방향에 대해서, 전파 방향에 따라 편파방향이 달라지므로, 마이크로파 신호는 훼라이트를 통과할 때, 방향이 다르면 서로 다르게 전파해 나갈 것이다. 이 효과를 이용하여 아이솔레이터(isolator), 써큘레이터(circulator), 자이레이터(gyrator)와 같은 방향성 소자를 제작할 수 있다. 훼리자성 물질들의 또다른 유용한 특성은, 바이어스 자계의 세기를 조절함으로써 인가된 마이크로파 신호와의 상호작용을 제어할 수 있다는 점이다. 이 효과를 이용하여 이상기(phase shifter), 스위치, 그리고 가변공진기 및 여파기 같은 다양한 제어소자들을 만들 수 있다.

강자성 물질과 **상유전** 물질을 비교하게 되면 흥미롭고, 상유전 물질은 강자성 물질들의 거의 쌍대성이라 할 수 있다. 니오브산 리튬과 타이타늄산바륨 같은 세라믹 화합물은 유전율이 DC 바이어스(bias) 전기장에 적용되어 조절되는 성질을 가지고 있다. 그러므로 상유전 물질은 가변적인 이상기 다른 제어 소자로 사용 가능하다. 강자성 물질과 달리, 상유전 물질은 등방적이므로 상유전 소자는 가역적 성질을 가진다. 상유전 물질은 벌크 형태로 사용되면 전형적으로 높은 유전 상수와 손실 탄젠트를 가진다. 그래서 현대식 응용기술은 일반적으로 기판 층으로 강유전 물질의 얇은 필름을 사용한다. 훼라이트 소자 보다 상유전 소자의 중요한 이점은 크고 무거운 자석과 바이어스 코일이 필요 없다는 것이다.

먼저 훼리자성 물질의 미시적 성질과 마이크로파 신호와의 상호작용에 대하여 고찰함으로써 투자율 텐서를 유도하기로 한다. 이렇게 유도된 물질에 대한 거시적 표현식과 Maxwell 방정식을 사용하면, 무한 훼라이트 매질 내에서 그리고 훼라이트가 삽입된 도파관 내에서의 전파의 전파를 해석할 수 있다. 이러한 기본적 문제들로 패러데이(Faraday) 회전과 복굴절(birefringence) 효과들을 포함하는 훼리자성 물질들의 비가역적 전파 특성들을 설명하고, 또 이후의 절들에서 도파관 이상기와 아이솔레이터의 동작과 설계를 살펴보는 데에 이들을 사용하게 된다.

9.1 훼리자성 물질의 기본 특성

이 절에서는 원자에 대한 비교적 단순한 미시적 관점으로부터, 어떻게 훼리자성 물질의 투자율 텐서를 이끌어 낼 수 있는가를 살펴본다. 또한, 손실이 투자율 텐서에 미치는 영향과 유한 크기의 훼라이트 조각 내부의 소자화(demagetization) 계에 대해 논의한다.

투자율 텐서

물질의 자기적 성질들은, 전자의 스핀에 의해 주로 발생하는 자기쌍극자 모멘트(magnetic dipole moment)들의 존재에 기인한다. 양자역학적 고찰[1]로부터, 전자스핀에 기인한 전자의 자기쌍극자 모멘트는

$$m = \frac{q\hbar}{2m_e} = 9.27 \times 10^{-24} \text{ A-m}^2 \tag{9.1}$$

으로 주어진다. 여기서 $\hbar$는 2π로 나눈 Planck 상수, q는 전자의 전하량이고 m_e는 전자의 질량이다. 핵 주위 궤도상의 전자는 유효 전류루프(effective current loop)를 발생시키며, 따라서 추가적 자기모멘트를 발생시키는 근원이기는 하지만, 이 효과는 일반적으로 스핀에 기인한 자기모멘트와 비교해 볼 때 그리 중요하지 않다. Lande 인자 g는 궤도모멘트와 스핀모멘트의 총 자기모멘트에 대한 상대적 기여의 척도이다. 모멘트가 궤도 운동에만 기인

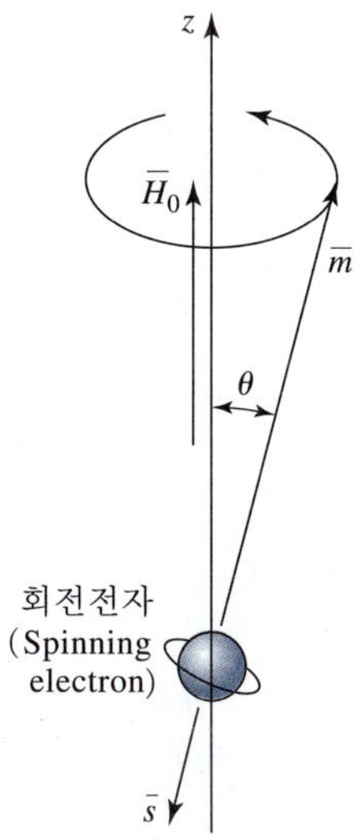

그림 9.1 돌고 있는 전자에 대한 스핀 자기쌍극자 모멘트와 각운동량 벡터

할 때 $g = 1$이고, 스핀에만 기인할 때 $g = 2$이다. 대부분의 마이크로파용 훼라이트 물질에 대해 g는 1.98에서 2.01까지의 범위 내에 있으므로, $g = 2$는 양호한 근사값이다.

대부분의 고체에서, 전자의 스핀은 서로 반대의 부호를 가진 쌍으로 발생하기 때문에 총 자기모멘트는 무시할 수 있다. 그러나 자기물질 내에서는, 대부분의 전자스핀들은 쌍을 이루지 않는다(좌회전 스핀이 우회전 스핀보다 크거나, 혹은 그 반대). 하지만 그들은 일반적으로 임의의 방향으로 향하고 있기 때문에 순 자기모멘트는 여전히 작은 값이 된다. 그러나 외부 자계로 인하여 쌍극자 모멘트들은 같은 방향으로 정렬되어, 총 자기모멘트가 크게 될 수 있다. 교환력(exchange force)이 있는 경우에는 외부 자계가 제거된 후에도 인접한 전자스핀들을 정렬된 채로 유지시킬 수 있으며, 이때 물질은 영구히 자화되었다고 말한다.

전자는 참고문헌 [1], [2]와 같이 Planck 상수로 주어진 스핀 각운동량(spin angular moment)을 갖는다. 즉

$$s = \frac{\hbar}{2} \tag{9.2}$$

이다. 그림 9.1에 나타낸 바와 같이, 이 운동량의 벡터 방향은 스핀 자기쌍극자 모멘트의 방향과 반대이다. 스핀 자기모멘트와 스핀 각운동량과의 비는 **회전 자기비**(gyromagnetic ratio)라 하는 상수로서

$$\gamma = \frac{m}{s} = \frac{q}{m_e} = 1.759 \times 10^{11}\ \text{C/Kg} \tag{9.3}$$

이다. 여기서 식 (9.1)과 (9.2)를 사용하였다. 그러면 자기모멘트와 각운동량 사이의 벡터 관계를

$$\bar{m} = -\gamma \bar{s} \tag{9.4}$$

와 같이 쓸 수 있다. 여기서 음의 부호는 이 벡터들이 서로 반대 방향으로 향하고 있음을 의미한다.

자계 바이어스 $\bar{H}_0 = \hat{z}H_0$가 존재하면, 자기쌍극자에 다음의 회전력(torque)이 가해진다.

$$\bar{T} = \bar{m} \times \bar{B}_0 = \mu_0 \bar{m} \times \bar{H}_0 = -\mu_0 \gamma \bar{s} \times \bar{H}_0. \tag{9.5}$$

회전력은 각운동량의 시간 변화율이므로

$$\frac{d\bar{s}}{dt} = \frac{-1}{\gamma}\frac{d\bar{m}}{dt} = \bar{T} = \mu_0 \bar{m} \times \bar{H}_0,$$

또는

$$\frac{d\bar{m}}{dt} = -\mu_0 \gamma \bar{m} \times \bar{H}_0 \tag{9.6}$$

이다. 이는 자기쌍극자 모멘트 $\bar{m}$에 대한 운동방정식이다. 회전 꼭대기(spinning top)가 수직축 주위를 세차운동하는 것과 같이, 자기쌍극자가 H_0 벡터 주위를 세차운동한다는 것을 살펴보기 위해 이 방정식을 풀어보자.

식 (9.6)을 3개의 벡터 성분항으로 쓰면

$$\frac{dm_x}{dt} = -\mu_0 \gamma m_y H_0 \tag{9.7a}$$

$$\frac{dm_y}{dt} = \mu_0 \gamma m_x H_0 \tag{9.7b}$$

$$\frac{dm_z}{dt} = 0 \tag{9.7c}$$

이 된다. 이제 식 (9.7a,b)를 이용하면, m_x와 m_y에 대한 두 방정식

$$\frac{d^2 m_x}{dt^2} + \omega_0^2 m_x = 0 \tag{9.8a}$$

$$\frac{d^2 m_y}{dt^2} + \omega_0^2 m_y = 0 \tag{9.8b}$$

을 얻을 수 있다. 여기서

$$\omega_0 = \mu_0 \gamma H_0 \tag{9.9}$$

를 Larmor(혹은 **세차운동**) **주파수**라 한다. 식 (9.7a,b)와 양립할 수 있는 식 (9.8)에 대한 한 가지 해는

$$m_x = A \cos \omega_0 t \tag{9.10a}$$

$$m_y = A \sin \omega_0 t \tag{9.10b}$$

로 주어진다. 식 (9.7c)로부터 m_z는 상수이고, 식 (9.1)로부터 $\bar{m}$의 크기 역시 상수임을 알 수 있으므로, 다음과 같은 관계를 얻을 수 있다.

$$|\bar{m}|^2 = \left(\frac{q\hbar}{2m_e}\right)^2 = m_x^2 + m_y^2 + m_z^2 = A^2 + m_z^2. \tag{9.11}$$

따라서, $\bar{m}$와 $\bar{H}_0$ (x축) 사이의 세차각 θ는 다음과 같이 주어진다.

$$\sin\theta = \frac{\sqrt{m_x^2 + m_y^2}}{|\bar{m}|} = \frac{A}{|\bar{m}|}. \tag{9.12}$$

$\bar{m}$의 xy 평면으로의 투영(projection)은 식 (9.10)으로 주어진다. 이로써 $\bar{m}$이 평면에서 원의 경로(circular path)를 그리게 됨을 알 수 있다. 시간 t에서 투영의 위치는 $\phi = \omega_0 t$로 주어지므로, 회전 각속도는 세차운동 주파수 $d\phi/dt = \omega_0$가 된다. 감쇠력(damping force)이 없으면, 실제 세차 운동각은 자기쌍극자의 초기 위치에 의해 결정되며, 쌍극자는 이 각도로 $\bar{H}_0$ 주위를 무한히 세차운동할 것이다(자유 세차운동). 그러나 실제로는 감쇠력으로 인하여, $\bar{m}$가 $\bar{H}_0$ 방향으로 정렬될 때($\theta = 0$)까지 자기쌍극자 모멘트는 초기각으로부터 안쪽으로 나선을 그리게 된다.

이제, 단위 부피당 N개의 불평형 전자스핀(자기쌍극자)들이 있다고 가정한다. 그러면 총 자화(magnetization)는

$$\bar{M} = N\bar{m} \tag{9.13}$$

이고, 식 (9.6)에서 운동방정식은

$$\frac{d\bar{M}}{dt} = -\mu_0 \gamma \bar{M} \times \bar{H} \tag{9.14}$$

가 된다. 여기서, $\bar{H}$는 내부 인가 자계이다. (주의: 1장에서는 $\bar{P}_m$을 자화(magnetization), $\bar{M}$는 자계전류(magnetic current)로 사용하였지만, 여기서는 훼리자성체의 연구에서 통상적으로 사용되는 것과 같이 $\bar{M}$를 자화로 사용한다. 이 장에서는 자계전류를 사용하지 않으므로 혼란은 없으리라 본다) 바이어스 자계 $\bar{H}_0$가 증가함에 따라 모든 자기쌍극자 모멘트가 정렬

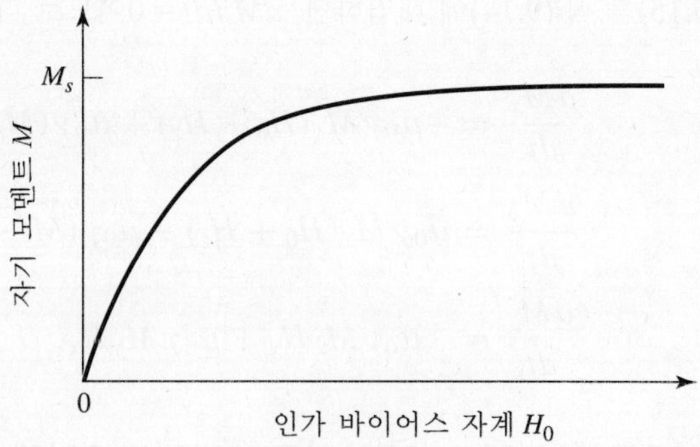

그림 9.2 바이어스 자계 H_0에 대한 훼리자성 물질의 자기모멘트

될 때까지는, 더 많은 자기쌍극자 모멘트가 $\bar{H}_0$에 따라 정렬하게 되고, 그림 9.2와 같이 $\bar{M}$는 상위 극한에 도달한다. 이때 그 물질은 자기적으로 포화되었다고 하고, $\bar{M}_s$는 **포화자화**(saturation magnetization)를 나타낸다. 그러므로 $\bar{M}_s$는 훼라이트 물질의 물리적 특성이며, 전형적으로 $4\pi M_s = 300$에서 5,000 gauss까지의 범위를 갖는다(부록 H는 몇 가지 마이크로파 훼라이트 물질의 포화자화와 기타 물리적 특성들을 제시하고 있다). 포화되기 전의 상태에서, 훼라이트 물질들은 마이크로파 주파수에서 매우 손실이 많고, RF 상호작용이 줄어들게 된다. 따라서 훼라이트들은 대개 포화상태에서 동작시키며, 이러한 가정은 이 장의 나머지 부분에서도 적용된다.

물질의 포화자화는 온도 의존성이 강하여, 온도가 증가할수록 감소한다. 이러한 효과는 온도가 증가하면 원자의 진동에너지가 증가되어, 모든 자기쌍극자를 정렬시키는 것이 더욱 어려워진다는 사실로부터 이해될 수 있다. 충분히 높은 온도에서는 열에너지가 내부자계에 의해 공급되는 에너지보다 크고, 따라서 순자화(net magnetization)가 0으로 된다. 이 온도를 Curie 온도 T_C라 부른다.

이제 자기적으로 포화상태에 있는 훼라이트 물질과 작은 AC(마이크로파) 자계와의 상호작용을 생각해 보자. 그러한 자계는 AC 동기 모터와 아주 흡사하게, 쌍극자 모멘트가 인가된 AC 자계의 주파수로 $\bar{H}_0(\hat{z})$축 주위를 강제세차운동하게 한다. 관심의 대상인 모든 훼라이트 소자들에 소신호 근사가 적용되지만, 유용한 비선형 효과를 얻기 위하여 대전력 신호가 이용되는 경우도 있다.

만일, $\bar{H}$를 인가된 AC 자계라 하면, 전체 자계는

$$\bar{H}_t = H_0\hat{z} + \bar{H} \tag{9.15}$$

이며, 여기서 $|\bar{H}| \ll H_0$라 가정한다. 이 자계는 훼라이트 물질 내에서 다음과 같은 총 자화를 발생시킨다.

$$\bar{M}_t = M_s\hat{z} + \bar{M}. \tag{9.16}$$

여기서, M_s는 (DC)포화자화이고, $\bar{M}$는 $\bar{H}$에 의한 추가적 (AC)자화(xy 평면에서)이다. 식 (9.16)과 (9.15)를 식 (9.14)에 대입하면, $dM_s/dt = 0$이므로 다음의 운동방정식들을 얻는다.

$$\frac{dM_x}{dt} = -\mu_0\gamma M_y(H_0 + H_z) + \mu_0\gamma(M_s + M_z)H_y \tag{9.17a}$$

$$\frac{dM_y}{dt} = \mu_0\gamma M_x(H_0 + H_z) - \mu_0\gamma(M_s + M_z)H_x \tag{9.17b}$$

$$\frac{dM_z}{dt} = -\mu_0\gamma M_x H_y + \mu_0\gamma M_y H_x. \tag{9.17c}$$

$|\bar{H}| \ll H_0$이므로, $|\bar{M}||\bar{H}| \ll |\bar{M}|H_0$이고 $|\bar{M}||\bar{H}| \ll M_s|\bar{H}|$이다. 따라서 MH 곱을 무시할 수 있다. 그러면 식 (9.17)은

$$\frac{dM_x}{dt} = -\omega_0 M_y + \omega_m H_y \tag{9.18a}$$

$$\frac{dM_y}{dt} = \omega_0 M_x - \omega_m H_x \tag{9.18b}$$

$$\frac{dM_z}{dt} = 0 \tag{9.18c}$$

으로 간략하게 된다. 여기서, $\omega_0 = \mu_0 \gamma H_0$이고 $\omega_m = \mu_0 \gamma M_s$이다. 식 (9.18a,b)를 M_x와 M_y에 대해 풀면, 다음의 방정식들을 얻게 된다.

$$\frac{d^2 M_x}{dt^2} + \omega_0^2 M_x = \omega_m \frac{dH_y}{dt} + \omega_0 \omega_m H_x \tag{9.19a}$$

$$\frac{d^2 M_y}{dt^2} + \omega_0^2 M_y = -\omega_m \frac{dH_x}{dt} + \omega_0 \omega_m H_y. \tag{9.19b}$$

이들은 소신호 조건을 가정할 경우의 자기쌍극자의 강제 세차운동에 대한 운동방정식들이다. 이제 훼라이트에 대한 투자율 텐서를 쉽게 구할 수 있으므로 투자율 텐서를 구한 다음, 원편파 AC 자계를 고려함으로써 자기적 상호작용의 과정에 관해 물리적으로 통찰해 보고자 한다.

만일 AC 자계 $\bar{H}$가 $e^{j\omega t}$로 시간에 따라 변하면, AC 정상상태 표현식 (9.19)는

$$\left(\omega_0^2 - \omega^2\right) M_x = \omega_0 \omega_m H_x + j\omega \omega_m H_y \tag{9.20a}$$

$$\left(\omega_0^2 - \omega^2\right) M_y = -j\omega \omega_m H_x + \omega_0 \omega_m H_y \tag{9.20b}$$

와 같은 페이저 방정식으로 간략하게 된다. 이 식들로부터 $\bar{H}$와 $\bar{M}$ 사이의 선형적 관계를 알 수 있다. 식 (1.24)에서처럼, 식 (9.20)은 $\bar{H}$와 $\bar{M}$의 관계를 위해 텐서 자화율 $[\chi]$로 쓰여질 수 있다.

$$\bar{M} = [\chi]\bar{H} = \begin{bmatrix} \chi_{xx} & \chi_{xy} & 0 \\ \chi_{yx} & \chi_{yy} & 0 \\ 0 & 0 & 0 \end{bmatrix} \bar{H}. \tag{9.21}$$

여기서, $[\chi]$의 원소들은 다음과 같이 주어진다.

$$\chi_{xx} = \chi_{yy} = \frac{\omega_0 \omega_m}{\omega_0^2 - \omega^2} \tag{9.22a}$$

$$\chi_{xy} = -\chi_{yx} = \frac{j\omega \omega_m}{\omega_0^2 - \omega^2}. \tag{9.22b}$$

위와 같은 가정하에서, $\bar{H}$의 $\hat{z}$ 성분은 그 물질의 자기모멘트에 영향을 미치지 않는다. $\bar{B}$와 $\bar{H}$의 관계는, 식 (1.23)으로부터

$$\bar{B} = \mu_0(\bar{M} + \bar{H}) = [\mu]\bar{H} \tag{9.23}$$

가 된다. 여기서 텐서 투자율 $[\mu]$는

$$[\mu] = \mu_0([U] + [\chi]) = \begin{bmatrix} \mu & j\kappa & 0 \\ -j\kappa & \mu & 0 \\ 0 & 0 & \mu_0 \end{bmatrix} \quad (\hat{z}\text{ 바이어스}) \tag{9.24}$$

로 주어진다. 그러면 투자율 텐서의 원소들은

$$\mu = \mu_0(1 + \chi_{xx}) = \mu_0(1 + \chi_{yy}) = \mu_0\left(1 + \frac{\omega_0\omega_m}{\omega_0^2 - \omega^2}\right) \tag{9.25a}$$

$$\kappa = -j\mu_0\chi_{xy} = j\mu_0\chi_{yx} = \mu_0\frac{\omega\omega_m}{\omega_0^2 - \omega^2} \tag{9.25b}$$

이 된다. 이러한 형태의 투자율 텐서를 갖는 물질을 **자이로트로픽**(gyrotropic) **물질**이라 부른다. $\bar{B}$의 $\hat{x}$(혹은 $\hat{y}$) 성분은 $\bar{H}$의 $\hat{x}$와 $\hat{y}$ 성분 모두를 발생시키며, 이들 두 성분은 서로 90° 위상차를 가짐을 주목하라.

만약 바이어스의 방향이 반대로 되면 H_0와 M_s 모두 부호가 바뀌게 되며, 따라서 ω_0와 ω_m도 부호가 바뀌게 된다. 그러면 식 (9.25)로부터 μ는 변하지 않으나, k는 부호가 바뀜을 알 수 있다. 만일 바이어스 자계가 갑자기 제거되면($H_0 = 0$), 훼라이트는 일반적으로 자화된 상태를 유지한다($0 < |M| < M_s$). 따라서 훼라이트를 소자화시킴으로써만(예를 들어, 감소하는 AC 바이어스 자계로) $M = 0$을 얻을 수 있다. 식 (9.22)와 (9.25)는 포화된 훼라이트 샘플을 가정하고 있기 때문에, 바이어스되지 않은 상태에서 소자화된 경우에 대해서는 M_s와 H_0 모두를 0으로 하여야 한다. 그러면 $\omega_0 = \omega_m = 0$이고, 식 (9.25)로부터 비자성 물질에서 예상되는 것처럼 $\mu = \mu_0$이고 $k = 0$임을 알 수 있다.

식 (9.24)의 텐서는 $\hat{z}$ 방향으로의 바이어스를 가정하여 구한 것이다. 훼라이트가 다른 방향으로 바이어스되면, 투자율 텐서는 좌표변화에 따라 변환될 것이다. 따라서, $\bar{H}_0 = \hat{x}H_0$이면 투자율 텐서는

$$[\mu] = \begin{bmatrix} \mu_0 & 0 & 0 \\ 0 & \mu & j\kappa \\ 0 & -j\kappa & \mu \end{bmatrix} \quad (\hat{x}\text{ 바이어스}) \tag{9.26}$$

가 되며, $\bar{H}_0 = \hat{y}H_0$이면 투자율 텐서는

$$[\mu] = \begin{bmatrix} \mu & 0 & -j\kappa \\ 0 & \mu_0 & 0 \\ j\kappa & 0 & \mu \end{bmatrix} \quad (\hat{y}\text{ 바이어스}) \tag{9.27}$$

가 된다.

단위에 대한 설명도 있어야 할 것 같다. 자기학에서 대부분은 전통적으로 CGS 단위 즉, gauss(1 gauss [G] = 10^{-4} weber/m^2)로 측정된 자화, 그리고 oersted($4\pi \times 10^{-3}$ oersted [Oe] = 1 A/m)로 측정된 자계의 세기를 사용하고 있다. 따라서, CGS 단위로 $\mu_0 = 1$ G/Oe이며, 이는 비자성 물질 내에서는 B와 H가 동일한 수치값을 갖는다는 것을 의미한다. 포화자화는

보통 $4\pi M_s$ gauss로 표현되고, 이에 대응되는 MKS값은 $\mu_0 M_s$ weber/m^2 = $10^{-4}(4\pi M_s$ gauss)이다. CGS 단위로, Larmor 주파수는 $f_0 = \omega_0/2\pi = \mu_0\gamma H_0/2\pi = (2.8\text{MHz/Oe})\cdot(H_0$ oersted)이며, 그리고 $f_m = \omega_m/2\pi = \mu_0\gamma M_s/2\pi = (2.8\text{ MHz/Oe})\cdot(4\pi M_s$ gauss)로 나타낼 수 있다. 실제로 이 단위들은 편리하기도 하고 사용하기도 쉽다.

원편파 계(circularly polarized fields)

포화된 훼리자성 물질과 AC 신호의 상호작용에 대한 물리적 이해를 돕기 위해 원편파 계를 고찰한다. 1.5절에서 논의된 것처럼 우수계 원편파(RHCP: right-handed circularly polarized) 자계는 페이저 형태로

$$\bar{H}^+ = H^+(\hat{x} - j\hat{y}) \tag{9.28a}$$

이고, 시간영역(time-domain)의 형태로는

$$\bar{\mathcal{H}}^+ = \text{Re}\{\bar{H}^+e^{j\omega t}\} = H^+(\hat{x}\cos\omega t + \hat{y}\sin\omega t) \tag{9.28b}$$

와 같이 표현할 수 있다. 여기서 진폭 H^+는 실수로 가정하였다. 후자의 표현으로부터 $\bar{\mathcal{H}}^+$는 시간에 따라 회전하는 벡터임을 알 수 있다. 즉, 어떤 시간 t에서 $\bar{\mathcal{H}}^+$가 x축과 ωt의 각을 갖게 되고, 따라서 각속도는 ω이다. (또한 $|\bar{\mathcal{H}}^+| = H^+ \neq |\bar{H}^+|$임을 주의하라) 식 (9.28a)의 RHCP 계를 식 (9.20)에 적용하면 다음과 같이 자화의 성분들을 얻게 된다.

$$M_x^+ = \frac{\omega_m}{\omega_0 - \omega}H^+$$

$$M_y^+ = \frac{-j\omega_m}{\omega_0 - \omega}H^+.$$

따라서, $\bar{H}^+$로부터 비롯되는 자화벡터는 다음과 같이 표현할 수 있다.

$$\bar{M}^+ = M_x^+\hat{x} + M_y^+\hat{y} = \frac{\omega_m}{\omega_0 - \omega}H^+(\hat{x} - j\hat{y}). \tag{9.29}$$

이로부터 자화 또한 RHCP이며, 따라서 구동 자계 $\bar{H}^+$와 동기되어 각속도 ω로 회전함을 알 수 있다. $\bar{M}^+$와 $\bar{H}^+$가 같은 방향의 벡터들이므로, $\bar{B}^+ = \mu_0(\bar{M}^+ + \bar{H}^+) = \mu^+\bar{H}^+$로 쓸 수 있으며, μ^+는

$$\mu^+ = \mu_0\left(1 + \frac{\omega_m}{\omega_0 - \omega}\right) = \mu + \kappa. \tag{9.30}$$

으로 주어지는 RHCP파에 대한 **유효투자율**(effective permeability)이다.

M^+와 z축 사이의 각도 θ_M은

$$\tan\theta_M = \frac{|\bar{\mathcal{M}}^+|}{M_s} = \frac{\omega_m H^+}{(\omega_0 - \omega)M_s} = \frac{\omega_0 H^+}{(\omega_0 - \omega)H_0} \tag{9.31}$$

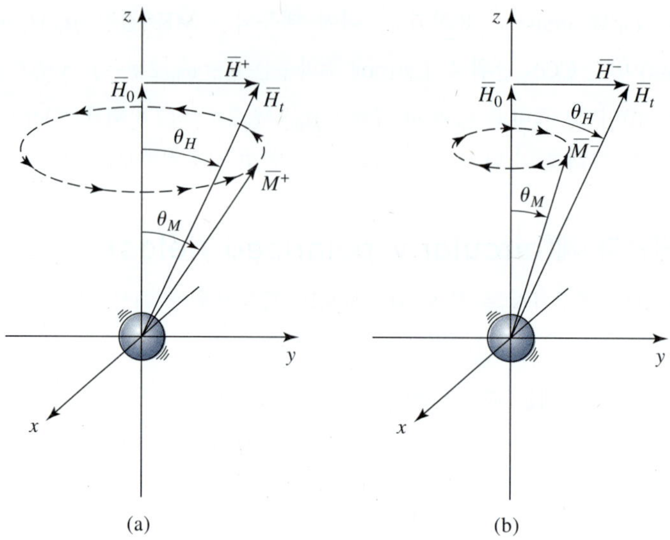

그림 9.3 원편파 자계에 의한 자기쌍극자의 강제 세차운동. (a) RHCP, $\theta_M > \theta_H$, (b) LHCP, $\theta_M < \theta_H$

로 주어지는 반면, $\bar{H}^+$와 z축 사이의 각도 θ_H는

$$\tan\theta_H = \frac{|\bar{\mathcal{H}}^+|}{H_0} = \frac{H^+}{H_0} \tag{9.32}$$

로 주어진다. $\omega < 2\omega_0$인 주파수의 경우 식 (9.31)과 (9.32)로부터, 그림 9.3a에서 볼 수 있는 것처럼, $\theta_M > \theta_H$임을 알 수 있다. 이때 자기쌍극자는 $\bar{H}^+$가 없이 자유세차운동할 때와 동일한 방향으로 세차운동하고 있다.

다음에는 페이저 형태로는

$$\bar{H}^- = H^-(\hat{x} + j\hat{y}) \tag{9.33a}$$

이고, 시간영역의 형태로는

$$\bar{\mathcal{H}}^- = \text{Re}\{\bar{H}^- e^{j\omega t}\} = H^-(\hat{x}\cos\omega t - \hat{y}\sin\omega t) \tag{9.33b}$$

로 표현되는 좌선회 원편파(LHCP: left-handed circulary polarized) 자계를 생각해 본다. 식 (9.33b)는 $\bar{\mathcal{H}}^-$가 $-\omega$ (왼손)방향으로 회전하는 벡터임을 보여준다. 식 (9.33a)의 LHCP 계를 식 (9.20)에 적용하면 다음과 같은 자화의 성분들을 얻는다.

$$M_x^- = \frac{\omega_m}{\omega_0 + \omega} H^-$$

$$M_y^- = \frac{j\omega_m}{\omega_0 + \omega} H^-.$$

따라서, 벡터자화는

$$\bar{M}^- = M_x^-\hat{x} + M_y^-\hat{y} = \frac{\omega_m}{\omega_0 + \omega} H^-(\hat{x} + j\hat{y}) \tag{9.34}$$

으로 쓸 수 있다. 이로부터 자화는 LHCP이고, $\bar{H}^-$에 동기되어 회전하고 있음을 알 수 있다. $\bar{B}^- = \mu_0(\bar{M}^- + \bar{H}^-) = \mu^- \bar{H}^-$로 놓으면

$$\mu^- = \mu_0 \left(1 + \frac{\omega_m}{\omega_0 + \omega}\right) = \mu - \kappa. \tag{9.35}$$

과 같은 LHCP파에 대한 유효투자율을 얻는다.

$\bar{M}^-$와 z축 사이의 각도 θ_M은

$$\tan\theta_M = \frac{|\bar{\mathcal{M}}^-|}{M_s} = \frac{\omega_m H^-}{(\omega_0 + \omega)M_s} = \frac{\omega_0 H^-}{(\omega_0 + \omega)H_0} \tag{9.36}$$

로 주어지고, 그림 9.3b에 보인 것처럼 식 (9.32)의 θ_H보다 작음을 알 수 있다. 이 경우 자기쌍극자는 자유세차운동 방향과 반대 방향으로 세차운동한다.

따라서 바이어스된 훼라이트와 원편파 파동의 상호작용은 편파의 방향(RHCP 혹은 LHCP)에 따라 달라짐을 알 수 있다. 이는 바이어스 자계가 RHCP파에 대해서는 강제세차운동 방향과 일치하는 방향으로 설정되지만, LHCP파에 대해서는 그와 반대 방향으로 설정되기 때문이다. 9.2절에서 배우게 되겠지만, 이 효과에 의하여 비가역적 전파 특성을 갖게 된다.

손실 효과

식 (9.22)와 (9.25)로부터 주파수 ω가 Larmor 주파수 ω_0와 같을 때 자화율 혹은 투자율 텐서의 원소들은 무한대로 됨을 알 수 있다. 이러한 효과는 **회전자기 공진**(gyromagnetic resonance)으로 알려져 있으며, 강제 세차운동 주파수가 자유 세차운동 주파수와 같을 때 발생한다. *LC* 공진회로의 응답이 공진주파수와 같은 주파수의 AC 신호로 구동될 때 무한한 것처럼, 손실이 없으면 응답이 무한하게 될 수 있다. 그러나 실제의 모든 훼라이트 물질들은 그러한 특이성들을 감소시키는 다양한 자기손실 메커니즘을 갖고 있다.

다른 공진 씨스템에서와 같이, 손실은 공진주파수를 복소수로 취함으로써 설명될 수 있다. 즉

$$\omega_0 \longleftarrow \omega_0 + j\alpha\omega. \tag{9.37}$$

여기서, α는 감쇠인자(damping factor)이다. 식 (9.37)을 식 (9.22)에 대입하면 자화율은 복소수로

$$\chi_{xx} = \chi'_{xx} - j\chi''_{xx} \tag{9.38a}$$

$$\chi_{xy} = \chi''_{xy} + j\chi'_{xy} \tag{9.38b}$$

로 된다. 여기서 실수부와 허수부는

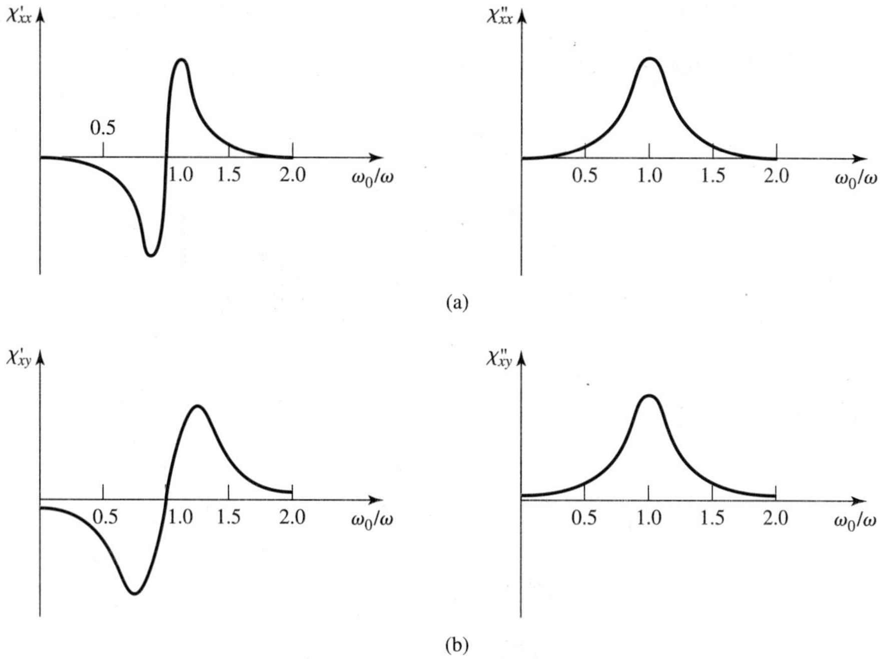

그림 9.4 전형적인 훼라이트에 대한 복소 자화율. (a) χ_{xx}의 실수부와 허수부, (b) χ_{xy}의 실수부와 허수부

$$\chi'_{xx} = \frac{\omega_0\omega_m\left(\omega_0^2 - \omega^2\right) + \omega_0\omega_m\omega^2\alpha^2}{\left[\omega_0^2 - \omega^2(1+\alpha^2)\right]^2 + 4\omega_0^2\omega^2\alpha^2} \tag{9.39a}$$

$$\chi''_{xx} = \frac{\alpha\omega\omega_m\left[\omega_0^2 + \omega^2(1+\alpha^2)\right]}{\left[\omega_0^2 - \omega^2(1+\alpha^2)\right]^2 + 4\omega_0^2\omega^2\alpha^2} \tag{9.39b}$$

$$\chi'_{xy} = \frac{\omega\omega_m\left[\omega_0^2 - \omega^2(1+\alpha^2)\right]}{\left[\omega_0^2 - \omega^2(1+\alpha^2)\right]^2 + 4\omega_0^2\omega^2\alpha^2} \tag{9.39c}$$

$$\chi''_{xy} = \frac{2\omega_0\omega_m\omega^2\alpha}{\left[\omega_0^2 - \omega^2(1+\alpha^2)\right]^2 + 4\omega_0^2\omega^2\alpha^2} \tag{9.39d}$$

로 주어진다. 또한 식 (9.37)을 식 (9.25)에 적용하여 복소수 $\mu = \mu' - j\mu''$과 $k = k' - jk''$을 얻을 수 있다. 그렇기 때문에 $\chi_{xy} = jk/\mu_0$처럼, 역으로 χ'_{xy}와 χ''_{xy}를 정의하기 위하여 식 (9.38b)를 나타낸 것이다. 대부분의 훼라이트 물질에 대해서 손실은 작아서, $\alpha \ll 1$이므로 식 (9.39)에서 $(1 + \alpha^2)$항은 1로 근사화될 수 있다. 그림 9.4는 대표적 훼라이트에 대해서 식 (9.39)의 실수부와 허수부를 나타낸 것이다.

감쇠인자 α는 공진 근처의 자화율 곡선의 선폭(linewidth) ΔH와 관련이 있다. 그림 9.5와 같이 바이어스 자계 H_0에 대한 χ''_{xx}의 그래프를 생각해 보자. 고정 주파수 ω에 대해서 $H_0 = H_r$일 때 공진이 일어나며, 따라서 $\omega_0 = \mu_0\gamma H_r$이다. 선폭 ΔH는 χ''_{xx}이 첨두값의 절

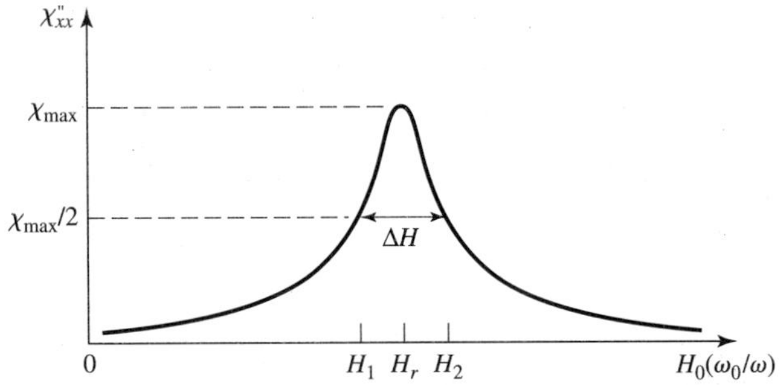

그림 9.5 회전자기 공진의 선폭 ΔH의 정의

반까지 감소되는 H_0에 대한 χ''_{xx} 곡선의 폭으로 정의된다. 만일 $(1 + \alpha^2) \simeq 1$이라 가정하면, 식 (9.39b)로부터 χ''_{xx}의 최대값은 $\omega_m/2\alpha\omega$이고, $\omega = \omega_0$일 때 발생함을 알 수 있다. 이제 ω_{02}를 $H_0 = H_2$가 되는 Larmor 주파수라 하면, χ''_{xx}은 최대값의 절반까지 줄어든다. 따라서 식 (9.39b)를 다음과 같이 ω_{02}항의 형태로 α에 대해 풀 수 있다.

$$\frac{\alpha\omega\omega_m\left(\omega_{02}^2 + \omega^2\right)}{\left(\omega_{02}^2 - \omega^2\right)^2 + 4\omega_{02}^2\omega^2\alpha^2} = \frac{\omega_m}{4\alpha\omega}$$

$$4\alpha^2\omega^4 = \left(\omega_{02}^2 - \omega^2\right)^2$$

$$\omega_{02} = \omega\sqrt{1 + 2\alpha} \simeq \omega(1 + \alpha).$$

따라서 $\Delta\omega_0 = 2(\omega_{02} - \omega_0) \simeq 2[\omega(1 + \alpha) - \omega] = 2\alpha\omega$이고, 식 (9.9)를 사용하여 다음과 같은 선폭을 얻는다.

$$\Delta H = \frac{\Delta\omega_0}{\mu_0\gamma} = \frac{2\alpha\omega}{\mu_0\gamma}. \tag{9.40}$$

대표적 선폭은 100 Oe(YIG, yttrium iron garnet의 경우)보다 작은 값에서부터 100~500 Oe(훼라이트의 경우) 정도까지의 값을 갖는다. 단결정 YIG는 0.3 Oe 정도의 작은 선폭을

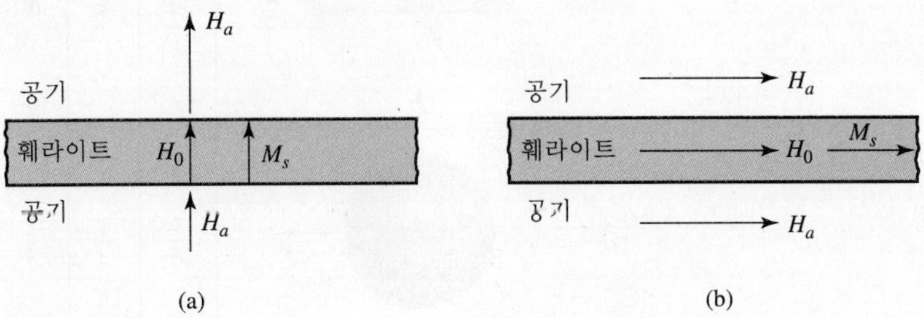

그림 9.6 얇은 훼라이트 판에 대한 내부 및 외부 자계. (a) 법선방향 바이어스, (b) 접선방향 바이어스

가질 수 있다. 이 손실은 훼리자성 물질이 가질 수 있는 유전체 손실과는 구별되어야 함을 주의해야 한다.

소자화 인자

훼라이트 표면에서의 경계조건 때문에, 훼라이트 샘플 내부의 DC 바이어스 자계 H_0는 외부에서 인가된 자계 H_a와는 일반적으로 다르다. 이 효과를 설명하기 위해서 그림 9.6에 보인 것처럼 얇은 훼라이트 판을 생각해 보자. 인가된 자계가 판과 수직일 때, 그 판의 표면에서 B_n의 연속성은

$$B_n = \mu_0 H_a = \mu_0(M_s + H_0)$$

로 주어진다. 따라서 내부 바이어스 자계는

$$H_0 = H_a - M_s$$

이다. 이로부터 내부자계가 인가자계보다 포화자화와 같은 양만큼 작다는 것을 알 수 있다. 인가자계가 훼라이트 판과 평행할 때는, 그 판의 표면에서의 H_t의 연속성은

$$H_t = H_a = H_0$$

로 주어진다. 이 경우에는 내부자계가 감소되지 않는다. 일반적으로 내부자계(AC 혹은 DC) $\bar{H}$는 훼라이트 샘플의 모양과 외부자계 $\bar{H}_e$에 대한 방향에 영향을 받으며, 다음과 같

표 9.1 몇 가지 단순한 모양에 대한 소자화 인자

형 상		N_x	N_y	N_z
얇은 디스크 또는 평판	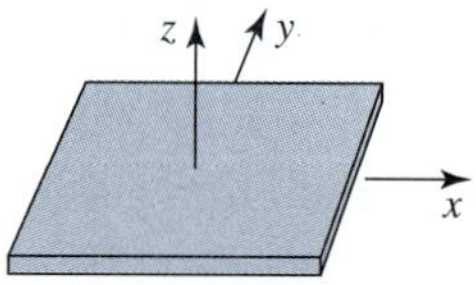	0	0	1
가는 봉	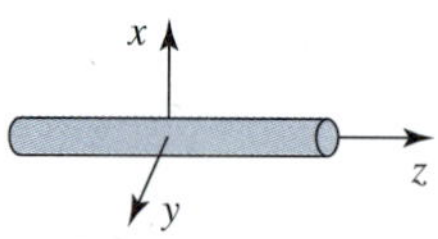	$\frac{1}{2}$	$\frac{1}{2}$	0
구	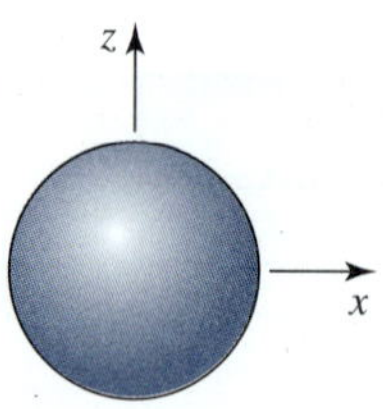	$\frac{1}{3}$	$\frac{1}{3}$	$\frac{1}{3}$

이 표현될 수 있다.

$$\bar{H} = \bar{H}_e - N\bar{M}. \tag{9.41}$$

여기서, $N = N_x$, N_y 또는 N_z이며 외부자계의 방향에 대한 **소자화 인자**(demagnetization factor)라고 한다. 형태가 다르면 다른 소자화 인자들을 가지며, 인가자계의 방향에 따라 달라진다. 표 9.1은 몇 가지 단순한 모양에 대한 소자화 인자들을 나타내고 있다. 소자화 인자는 $N_x + N_y + N_z = 1$이 되도록 정의된다.

소자화 인자는 훼라이트 샘플의 경계 근처에서 내부와 외부의 RF계들의 관계 설정을 위해서도 사용될 수 있다. 횡(transverse) RF계를 갖는 z방향으로 바이어스된 훼라이트에 대해 식 (9.41)은

$$H_x = H_{xe} - N_x M_x \tag{9.42a}$$
$$H_y = H_{ye} - N_y M_y \tag{9.42b}$$
$$H_z = H_a - N_z M_s \tag{9.42c}$$

로 간략하게 된다. 여기서 H_{xe}, H_{ye}는 훼라이트 외부의 RF 자계이며, H_a는 외부에서 인가된 바이어스 자계이다. 식 (9.21)은 내부의 횡 RF 자계와 자화를 다음과 같이 관련짓고 있다.

$$M_x = \chi_{xx} H_x + \chi_{xy} H_y$$
$$M_y = \chi_{yx} H_x + \chi_{yy} H_y.$$

식 (9.42a,b)를 사용하여 H_x와 H_y를 소거하면,

$$M_x = \chi_{xx} H_{xe} + \chi_{xy} H_{ye} - \chi_{xx} N_x M_x - \chi_{xy} N_y M_y$$
$$M_y = \chi_{yx} H_{xe} + \chi_{yy} H_{ye} - \chi_{yx} N_x M_x - \chi_{yy} N_y M_y$$

가 된다. 위 식들을 M_x, M_y에 관하여 풀면

$$M_x = \frac{\chi_{xx}(1 + \chi_{yy} N_y) - \chi_{xy}\chi_{yx} N_y}{D} H_{xe} + \frac{\chi_{xy}}{D} H_{ye} \tag{9.43a}$$

$$M_y = \frac{\chi_{yx}}{D} H_{xe} + \frac{\chi_{yy}(1 + \chi_{xx} N_x) - \chi_{yx}\chi_{xy} N_x}{D} H_{ye} \tag{9.43b}$$

가 된다. 여기서

$$D = (1 + \chi_{xx} N_x)(1 + \chi_{yy} N_y) - \chi_{yx}\chi_{xy} N_x N_y \tag{9.44}$$

이다. 이 결과는 $\bar{M} = [\chi_e]\bar{H}$의 형태이며, 식 (9.43)에서 H_{xe}와 H_{ye}의 계수는 자화와 외부 RF 자계를 연관시키기 때문에 '외부' 자화율로 정의할 수 있다.

무한한 크기의 훼라이트 매질에 있어서, 회전자기 공진은 식 (9.22)의 자화율의 분모가 없어지는, 즉 $\omega_r = \omega = \omega_0$에서 발생한다. 그러나 유한 크기의 훼라이트 샘플에 있어서는 회전자기 공진주파수는 소자화 인자에 의해 달라지며, 식 (9.43)에서 $D = 0$인 조건에 의해 주어진다. 식 (9.44)의 자화율에 대하여 식 (9.22)의 표현을 사용하고, 그 결과를 0으로 놓으면

$$\left(1+\frac{\omega_0\omega_m N_x}{\omega_0^2-\omega^2}\right)\left(1+\frac{\omega_0\omega_m N_y}{\omega_0^2-\omega^2}\right)-\frac{\omega^2\omega_m^2}{\left(\omega_0^2-\omega^2\right)^2}N_xN_y=0$$

이 된다. 약간의 대수 계산을 거치면, 공진주파수 ω_r을 다음과 같이 얻을 수 있다.

$$\omega_r=\omega=\sqrt{(\omega_0+\omega_m N_x)(\omega_0+\omega_m N_y)}. \tag{9.45}$$

$\omega_0=\mu_0\gamma H_0=\mu_0\gamma(H_a-N_zM_s)$이고, $\omega_m=\mu_0\gamma M_s$이므로 식 (9.45)는 인가 바이어스 계의 세기와 포화자화의 항으로 다음과 같이 다시 쓸 수 있다.

$$\omega_r=\mu_0\gamma\sqrt{[H_a+(N_x-N_z)M_s][H_a+(N_y-N_z)M_s]}. \tag{9.46}$$

이 결과는 **Kittel 방정식**[4]으로 알려져 있다.

관심사항: 영구자석

일반적으로 아이솔레이터(isolator), 자이레이터(gyrator) 그리고 써큘레이터(circulator)와 같은 훼라이트 소자들은, 필요한 DC 바이어스 자계를 공급하기 위하여 영구자석을 사용하기 때문에, 영구자석의 중요한 특징들 몇 가지를 언급하기로 한다.

영구자석은, 자성 물질을 강한 자기장 내에 놓아 두었다가 그 자기장을 제거하여, 자화된 물질이 잔류 상태에 있도록 함으로써 만들어진다. 자석 모양이 폐경로(toroid와 같이)를 형성하지 않는다면, 자석 양 끝단에서의 소자화 인자로 인하여 자석 내에 약간의 부성의 자계 H가 유도된다. 따라서 영구자석의 '동작점'은 자석 재료에 대한 B-H 자기 이력곡선의 2사분면에 있게 된다. 이러한 곡선 부분을 **소자화 곡선**이라 부른다. 하나의 대표적 예가 다음 그림에 나타나 있다.

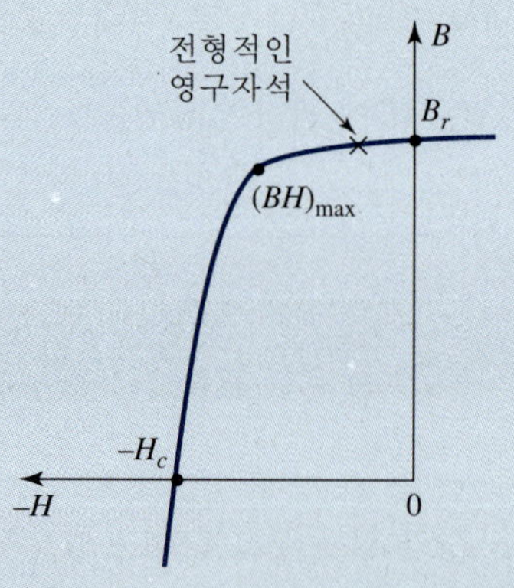

$H=0$일 때의 잉여(residual) 자화를 그 물질의 **잔류자기**(remanence) B_r라 부른다. 이 양으로 자석의 세기가 특징지어지며, 일반적으로 자석 재료는 큰 잔류자기를 갖는 것으로 선택한다. 다른 중요한 파라미터는 자화가 0으로 줄어들도록 하는 음의 H값인 **보자성**(coercivity) H_c이다. 좋은 영구자석은 자화 손실의 원인이 되는 진동, 온도 변화, 외부 자계의 효과를 줄이기 위하여 큰 보자성을 갖도록 한다. 영구자석에 대한 종합적 지수는 소자화 곡선 위에서 BH곱의 최대값인 $(BH)_{max}$로 주어지기도 한다. 이 양은 본래 자석에 의해 저장될 수 있는 최대 자기에너지 밀도이

며, 전자 기계적 응용 분야에 유용하게 사용될 수 있다. 다음 표는 가장 일반적인 몇 가지 영구자석 재료에 대한 잔류자기, 보자성 및 $(BH)_{max}$를 나타내고 있다.

물질명	구조식	B_r (Oe)	H_c (G)	$(BH)_{max}$ (G-Oe) $\times 10^6$
ALNICO 5	Al, Ni, Co, Cu	12,000	720	5.0
ALNICO 8	Al, Ni, Co, Cu, T_i	7,100	2,000	5.5
ALNICO 9	Al, Ni, Co, Cu, T_i	10,400	1,600	8.5
Remalloy	Mo, Co, Fe	10,500	250	1.1
Platinum Cobalt	Pt, Co	6,450	4,300	9.5
Ceramic	$BaO_6Fe_2O_3$	3,950	2,400	3.5
Cobalt Samarium	Co, Sm	8,400	7,000	16.0

9.2 훼라이트 매질 내에서 평면파의 전파

앞 절에서는 식 (9.24) [혹은 바이어스 방향에 따라 식 (9.26) 또는 (9.27)]의 형태로 주어지는 텐서 투자율을 갖도록 바이어스된 훼라이트 물질 내부에서 발생하는 미시적 현상을 설명하였다. 훼라이트 물질에 대한 거시적 특성에 대한 설명을 이해함으로써, 훼라이트 물질을 포함하는 다양한 기하학적 구조 내에서의 전파의 전파에 대한 Maxwell 방정식을 풀 수 있게 된다. 무한 크기의 훼라이트 매질 내에서, 바이어스의 방향으로 전파하는, 또는 바이어스 자계에 횡방향으로 전파하는 평면파의 전파로부터 시작하기로 한다. 이 문제들을 해석함으로써 훼러데이 회전이나 복굴절과 같은 중요한 효과를 설명할 수 있다.

바이어스 방향으로의 전파(훼러데이 회전)

$\bar{H}_0 = \hat{z}H_0$인 DC 바이어스 자계와 식 (9.24)의 텐서 투자율 $[\mu]$를 갖는, 훼라이트로 채워진 무한 영역을 생각해 보자. Maxwell 방정식은 다음과 같이 쓸 수 있다.

$$\nabla \times \bar{E} = -j\omega[\mu]\bar{H} \tag{9.47a}$$

$$\nabla \times \bar{H} = j\omega\epsilon\bar{E} \tag{9.47b}$$

$$\nabla \cdot \bar{D} = 0 \tag{9.47c}$$

$$\nabla \cdot \bar{B} = 0. \tag{9.47d}$$

이제 평면파가 $\partial/\partial x = \partial/\partial y = 0$이면서, z방향으로 전파한다고 가정한다. 그러면 전계와 자계는 다음의 형태를 가질 것이다.

$$\bar{E} = \bar{E}_0 e^{-j\beta z} \tag{9.48a}$$

$$\bar{H} = \bar{H}_0 e^{-j\beta z}. \tag{9.48b}$$

식 (9.47a,b)의 두 회전방정식은 식 (9.24)를 사용하면 다음과 같이 간단하게 정리된다.

$$j\beta E_y = -j\omega(\mu H_x + j\kappa H_y) \tag{9.49a}$$

$$-j\beta E_x = -j\omega(-j\kappa H_x + \mu H_y) \tag{9.49b}$$

$$0 = -j\omega\mu_0 H_z \tag{9.49c}$$

$$j\beta H_y = j\omega\epsilon E_x \tag{9.49d}$$

$$-j\beta H_x = j\omega\epsilon E_y \tag{9.49e}$$

$$0 = j\omega\epsilon E_z. \tag{9.49f}$$

식 (9.49c)와 (9.49f)로부터, TEM 평면파에서와 같이 $E_z = H_z = 0$임을 보여 주었다. 그러면 $\partial/\partial x = \partial/\partial y = 0$이므로, 또한 $\nabla \cdot \bar{D} = \nabla \cdot \bar{B} = 0$이 된다. 식 (9.49d,e)는 다음과 같은 횡방향 전자계 성분 사이의 관계를 나타내고 있다.

$$Y = \frac{H_y}{E_x} = \frac{-H_x}{E_y} = \frac{\omega\epsilon}{\beta}. \tag{9.50}$$

여기서, Y는 파동 어드미턴스(wave admittance)이다. H_x와 H_y를 소거하기 위해 식 (9.49a)와 (9.49b)에 식 (9.50)을 사용하면 다음의 결과를 얻게 된다.

$$j\omega^2\epsilon\kappa E_x + (\beta^2 - \omega^2\mu\epsilon)E_y = 0 \tag{9.51a}$$

$$(\beta^2 - \omega^2\mu\epsilon)E_x - j\omega^2\epsilon\kappa E_y = 0. \tag{9.51b}$$

E_x와 E_y에 관한 의미 있는 해를 얻기 위해서는, 이 연립방정식의 행렬식이 0이어야 한다. 즉

$$\omega^4\epsilon^2\kappa^2 - (\beta^2 - \omega^2\mu\epsilon)^2 = 0$$

혹은

$$\beta_\pm = \omega\sqrt{\epsilon(\mu \pm \kappa)} \tag{9.52}$$

가 된다. 따라서 두 개의 가능한 전파상수 β_+와 β_-가 존재한다.

먼저 β_+에 관련된 계를 생각해 보자. 이것은 식 (9.51a) 혹은 (9.51b)에 β_+를 대입하여 얻을 수 있다. 즉

$$j\omega^2\epsilon\kappa E_x + \omega^2\epsilon\kappa E_y = 0$$

혹은

$$E_y = -jE_x$$

이다. 그러면 식 (9.48a)의 전계는

$$\bar{E}_+ = E_0(\hat{x} - j\hat{y})e^{-j\beta_+ z} \tag{9.53a}$$

의 형태를 가져야 하는데, 이 평면파는 우수계 원편파임을 알 수 있다. 식 (9.50)을 사용하면

$$\bar{H}_+ = E_0 Y_+(j\hat{x} + \hat{y})e^{-j\beta_+ z} \tag{9.53b}$$

와 같은 관련 자계를 얻는다. 여기서, Y_+는 이 전파에 대한 파동 어드미턴스로써 다음과 같다.

$$Y_+ = \frac{\omega\epsilon}{\beta_+} = \sqrt{\frac{\epsilon}{\mu + \kappa}}. \tag{9.53c}$$

같은 요령으로 β_-에 관련된 계는 좌수계 원편파로써

$$\bar{E}_- = E_0(\hat{x} + j\hat{y})e^{-j\beta_- z} \tag{9.54a}$$

$$\bar{H}_- = E_0 Y_-(-j\hat{x} + \hat{y})e^{-j\beta_- z} \tag{9.54b}$$

로 표현된다. 여기서, Y_-는 이 전파에 대한 파동 어드미턴스로 다음과 같다.

$$Y_- = \frac{\omega\epsilon}{\beta_-} = \sqrt{\frac{\epsilon}{\mu - \kappa}}. \tag{9.54c}$$

그러므로, RHCP와 LHCP 평면파는 $\hat{z}$ 방향으로 바이어스된 훼라이트 매질의 무원천(source-free) 모드이며, 이 전파들은 서로 다른 전파상수로 훼라이트 매질을 통해 전파한다. 앞 절에서 논의된 바와 같이 이러한 효과를 물리적으로 설명하면, 자계 바이어스가 자기쌍극자의 세차운동 방향을 선택하게 될 경우, 원편파 중의 하나는 그 선택된 방향으로 세차 운동을 유발하는 반면, 다른 편파는 반대 방향으로 세차운동을 유발한다는 것이다. 또한, RHCP파에 대하여 훼라이트 물질의 유효투자율은 $\mu + \kappa$이고, LHCP파에 대한 유효투자율은 $\mu - \kappa$임을 유의하기 바란다. 수학적 용어로 $(\mu + \kappa)$와 $(\mu - \kappa)$, 혹은 β_+와 β_-는 식 (9.51)에 표현된 방정식 체계(system)에 대한 **고유값**이며, $\bar{E}_+$와 E_-는 그 **고유벡터**라 할 수 있다. 손실이 있을 때는 RHCP와 LHCP파의 감쇠상수 역시 서로 다르다.

이제, $z = 0$에서 RHCP와 LHCP 전파의 합으로 표현되는 선형편파 전계를 생각해 보자. 즉,

$$\bar{E}|_{z=0} = \hat{x}E_0 = \frac{E_0}{2}(\hat{x} - j\hat{y}) + \frac{E_0}{2}(\hat{x} + j\hat{y}) \tag{9.55}$$

이다. RHCP 성분은 $e^{-j\beta_+ z}$로, LHCP 성분은 $e^{-j\beta_- z}$로 z방향으로 전파하므로, 식 (9.55)의 전체 전계는

$$\begin{aligned}\bar{E} &= \frac{E_0}{2}(\hat{x} - j\hat{y})e^{-j\beta_+ z} + \frac{E_0}{2}(\hat{x} + j\hat{y})e^{-j\beta_- z} \\ &= \frac{E_0}{2}\hat{x}(e^{-j\beta_+ z} + e^{-j\beta_- z}) - j\frac{E_0}{2}\hat{y}(e^{-j\beta_+ z} - e^{-j\beta_- z}) \\ &= E_0\left[\hat{x}\cos\left(\frac{\beta_+ - \beta_-}{2}\right)z - \hat{y}\sin\left(\frac{\beta_+ - \beta_-}{2}\right)z\right]e^{-j(\beta_+ + \beta_-)z/2}\end{aligned} \tag{9.56}$$

와 같이 전파된다. 이는 여전히 선형편파이지만, z축을 따라 전파함에 따라 편파가 회전하게 된다. z축 상의 주어진 한 점에서, x축으로부터 측정된 편파 방향은

$$\phi = \tan^{-1}\frac{E_y}{E_x} = \tan^{-1}\left[-\tan\left(\frac{\beta_+ - \beta_-}{2}\right)z\right] = -\left(\frac{\beta_+ - \beta_-}{2}\right)z \tag{9.57}$$

로 주어진다. 이 효과를 **훼러데이 회전**(Faraday rotation)이라 부르는데, 이는 자기적 성질을 갖는 액체를 통과하는 빛의 전파에 대해 연구하는 동안 이러한 현상을 최초로 관측한 Michael Faraday의 이름을 딴 것이다. z축 상의 고정점에서, 편파가 시간에 따라 회전하는 원편파의 경우와는 달리 편파각은 고정된다.

$\omega < \omega_0$일 때 μ와 κ는 양의 값이고 $\mu > \kappa$이다. 그러면 $\beta_+ > \beta_-$이고, 식 (9.57)로부터 z가 증가할수록 ϕ는 더욱 음의 값이 됨을 알 수 있다. 이는 $+z$ 방향에서 볼 때 편파($\bar{E}$의 방향)가 반시계 방향으로 회전함을 의미한다. 바이어스 방향(H_0와 M_s의 부호)이 반대로 되면, κ의 부호가 바뀌고, 회전 방향이 시계방향으로 바뀐다. 마찬가지로, $+z$ 방향의 바이어스에 대해 $-z$ 방향으로 진행하는 파동은, 전파 방향($-z$)에서 볼 때 편파는 시계방향으로 회전할 것이다. 그러나, 만약 $+z$ 방향에서 보았다면, 회전 방향은 반시계 방향이 될 것이다($+z$ 방향으로 전파하는 전파와 동일). 따라서, $z = 0$에서 $z = L$까지 진행했다가 다시 $z = 0$으로 되돌아오는 전파는 총 2ϕ만큼의 편파 회전을 겪는다. 여기서, ϕ는 식 (9.57)에서 $z = L$로 하여 구할 수 있다. 그러므로 나사못이 나무토막으로 들어간 후, 다시 빠져나오는 상황과는 달리, 편파는 전파 방향이 반대로 바뀌어도 풀리지 않는다. 따라서, 훼러데이 회전은 비가역 효과임을 알 수 있다.

예제 9.1 훼라이트 매질 내에서 평면파의 전파

$4\pi M_s = 1{,}800$ gauss, $\Delta H = 75$ oersted, $\epsilon_r = 14$ 그리고 $\tan\delta = 0.001$을 갖는 무한 크기의 훼라이트 매질을 생각한다. 바이어스 자계의 세기가 $H_0 = 3{,}570$ oersted일 때, RHCP와 LHCP 평면파에 대해서 $f = 0$에서 20 GHz까지의 주파수에 대한 위상상수와 감쇠상수를 계산하고 도시하라.

☞ 풀이

Larmor 세차운동 주파수는

$$f_0 = \frac{\omega_0}{2\pi} = (2.8\ \text{MHz/oersted})(3570\ \text{oersted}) = 10.0\ \text{GHz}$$

이고,

$$f_m = \frac{\omega_m}{2\pi} = (2.8\ \text{MHz/oersted})\ (1800\ \text{gauss}) = 5.04\ \text{GHz}$$

이다. 각각의 주파수에서 복소 전파상수를 계산하면

$$\gamma_\pm = \alpha_\pm + j\beta_\pm = j\omega\sqrt{\epsilon(\mu \pm \kappa)}$$

이다. 여기서 $\epsilon = \epsilon_0\epsilon_r(1 - j\tan\delta)$는 복소 유전율이고, μ와 κ는 식 (9.25)에 의해 주어진다. ω_0를 다음과 같이 치환하여 훼리자성 손실을 설명할 수 있다.

$$\omega_0 \longleftarrow \omega_0 + j\frac{\mu_0\gamma\,\Delta H}{2}$$

또는

$$f_0 \longleftarrow f_0 + j\frac{(2.8\ \text{MHz/Oe})(75\ \text{Oe})}{2} = (10. + j0.105)\ \text{GHz}$$

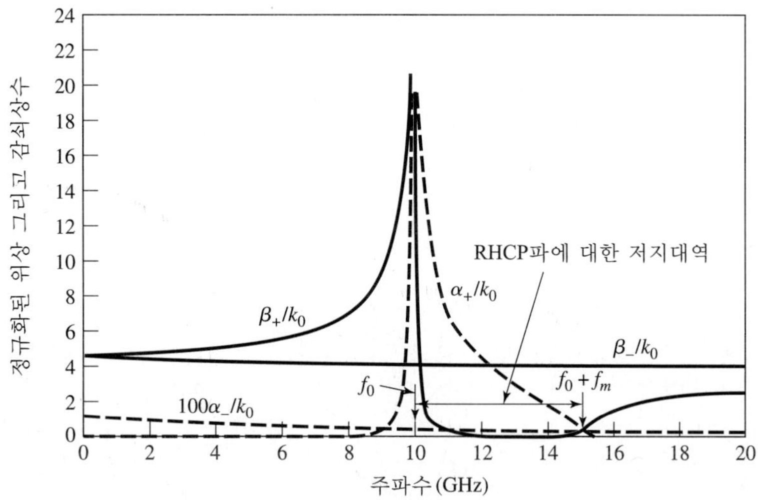

그림 9.7 예제 9.1의 훼라이트 매질 내에서 원편파된 평면파의 정규화 위상상수 및 감쇠상수

이다. 이것은 식 (9.37)과 (9.40)으로부터 유도된다. 식 (9.25)를 사용하여 $(\mu \pm \kappa)$를 다음과 같이 간단하게 표현할 수 있다.

$$\mu + \kappa = \mu_0 \left(1 + \frac{\omega_m}{\omega_0 - \omega}\right),$$

$$\mu - \kappa = \mu_0 \left(1 + \frac{\omega_m}{\omega_0 + \omega}\right).$$

위상 및 감쇠 상수를 자유공간 파수 k_0로 정규화하여 그림 9.7에 보였다.

β_+와 α_+(RHCP파에 대한)는 $f = f_0 = 10$ GHz 부근에서 공진이 나타난다. 그러나 β_-와 α_-(LHCP파에 대한)는, μ와 κ에서의 특이성들이 γ_-에 포함된 $(\mu - \kappa)$항에서 상쇄되기 때문에 공진이 나타나지 않는다. 또한 그림 9.7로부터 RHCP파는, f_0와 $f_0 + f_m$(ω_0와 $\omega_0 + \omega_m$) 사이의 주파수에서 저지대역 (0에 가까운 β_+, 큰 α_+)이 존재한다는 것을 알 수 있다. 이 주파수 영역에서는, $(\mu + \kappa)$에 대한 위의 표현식으로부터, 이 양은 음의 값이며, $\beta_+ = 0$(손실이 없을 때)이므로, 이러한 훼라이트 매질에 입사하는 RHCP파는 모두 반사됨을 알 수 있다. ◀

바이어스에 횡방향으로의 전파(복굴절)

그 다음 전파 방향에 수직인 $\hat{x}$ 방향으로 바이어스가 걸린 무한 크기의 훼라이트 영역에서 생각해 보자. 투자율 텐서는 식 (9.26)으로 주어진다. 식 (9.48) 형태의 평면파에 대하여, Maxwell의 회전방정식은

$$j\beta E_y = -j\omega\mu_0 H_x \tag{9.58a}$$

$$-j\beta E_x = -j\omega(\mu H_y + j\kappa H_z) \tag{9.58b}$$

$$0 = -j\omega(-j\kappa H_y + \mu H_z) \tag{9.58c}$$

$$j\beta H_y = j\omega\epsilon E_x \tag{9.58d}$$

$$-j\beta H_x = j\omega\epsilon E_y \tag{9.58e}$$

$$0 = j\omega\epsilon E_z \tag{9.58f}$$

로 정리된다. 그러면 $E_z = 0$이고, $\partial/\partial x = \partial/\partial y = 0$이므로 $\nabla \cdot \bar{D} = 0$이다. 식 (9.58 d,e)로부터 횡자계 성분들 사이의 어드미턴스 관계를 다음과 같이 구할 수 있다.

$$Y = \frac{H_y}{E_x} = \frac{-H_x}{E_y} = \frac{\omega\epsilon}{\beta}. \tag{9.59}$$

H_x와 H_y를 소거하기 위해 식 (9.58a,b)에 식 (9.59)를 사용하고, H_z를 소거하기 위해 식 (9.58b)에 식 (9.58c)를 사용하면 다음의 결과를 얻는다.

$$\beta^2 E_y = \omega^2 \mu_0 \epsilon E_y \tag{9.60a}$$

$$\mu(\beta^2 - \omega^2\mu\epsilon)E_x = -\omega^2\epsilon\kappa^2 E_x. \tag{9.60b}$$

식 (9.60)에 대한 하나의 해는 $E_x = 0$일 때

$$\beta_o = \omega\sqrt{\mu_0\epsilon} \tag{9.61}$$

로 나타난다. 이때 식 (9.59)로부터 $E_x = 0$일 때 $H_y = 0$이고, 식 (9.58c)로부터 $H_y = 0$일 때 $H_z = 0$이므로, 완전한 계는

$$\bar{E}_o = \hat{y} E_0 e^{-j\beta_o z} \tag{9.62a}$$

$$\bar{H}_o = -\hat{x} E_0 Y_o e^{-j\beta_o z} \tag{9.62b}$$

로 표현된다. 어드미턴스는

$$Y_o = \frac{\omega\epsilon}{\beta_o} = \sqrt{\frac{\epsilon}{\mu_0}} \tag{9.63}$$

이다. 이러한 파를 **정상파**(ordinary wave)라 한다. 그 이유는 훼라이트의 자화에 의해 영향을 받지 않기 때문이다. 이 파는 바이어스 방향에 수직인 자계 성분이 영($H_y = H_z = 0$)일 때면 언제든지 발생한다. 이때 전파는 H_0와 무관한 똑같은 전파상수를 가지고 $+z$나 $-z$ 방향으로 전파한다.

식 (9.60)에 대한 또다른 해는 $E_y = 0$일 때

$$\beta_e = \omega\sqrt{\mu_e\epsilon} \tag{9.64}$$

으로 나타난다. 여기서, μ_e는

$$\mu_e = \frac{\mu^2 - \kappa^2}{\mu} \tag{9.65}$$

으로 주어지는 유효 투자율이다. 이러한 파를 **이상파**(extraodinary wave)라 하며, 훼라이트 자화에 의해 영향을 받는다. ω 중 어떤 값 ω_0에 대해서 유효 투자율이 음의 값이 될 수 있음을 주의하라. 그 전계는

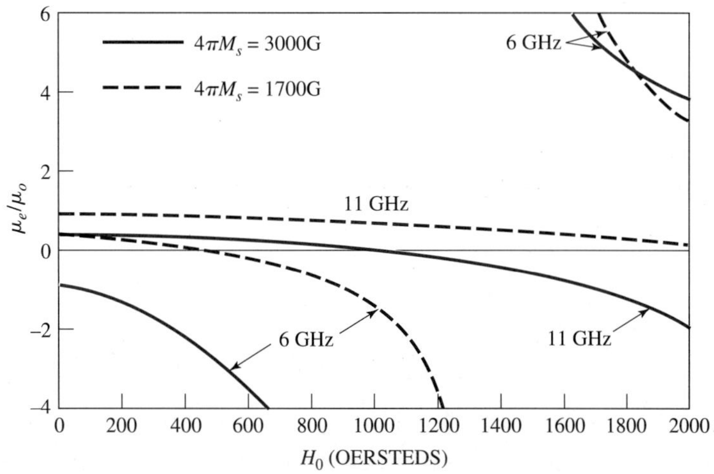

그림 9.8 포화자화와 주파수에 따른, 바이어스 자계 H_0에 대한 유효투자율 μ_e

$$\bar{E}_e = \hat{x} E_0 e^{-j\beta_e z} \tag{9.66a}$$

이다. $E_y = 0$이므로, 식 (9.58e)으로부터 $H_x = 0$임을 알 수 있다. H_y는 식 (9.58d)로부터, H_z는 식 (9.58c)로부터 구할 수 있다. 따라서 완전한 자계는

$$\bar{H}_e = E_0 Y_e \left(\hat{y} + \hat{z} \frac{j\kappa}{\mu} \right) e^{-j\beta_e z} \tag{9.66b}$$

가 된다. 여기서

$$Y_e = \frac{\omega\epsilon}{\beta_e} = \sqrt{\frac{\epsilon}{\mu_e}} \tag{9.67}$$

이다. 이들 전자계는 선형편파를 형성한다. 그러나 자계는 전파 방향의 성분을 갖는다는 점에 주의하라. H_z의 존재를 제외하고, 이상파의 전계와 자계는 정상파의 전계와 자계에 대해 각각 수직하다. 그러므로, y방향으로 편파된 파는 전파상수 β_o(정상파)를 갖게 되나, x방향으로 편파된 파는 전파상수 β_e(이상파)를 갖게 될 것이다. 전파상수가 편파 방향에 의존하는 이러한 효과를 복굴절(birefringence)이라 한다[2]. 복굴절은 광학 연구에서 자주 등장한다. 편파에 따라 굴절률이 다를 수 있다. 방해석(calcite) 결정을 통해 보게 되는 이중영상은 이 효과의 한 예이다.

식 (9.65)로부터 $\kappa^2 > \mu^2$이면, 이상파에 대한 유효투자율 μ_e가 음의 값이 될 수 있음을 알 수 있다. 이 조건은 ω, ω_0와 ω_m 또는 f, H_0와 M_s의 값에 의존한다. 그러나 주파수와 포화자화가 고정된 경우에는 $\mu_e < 0$(무시할 수 있는 손실)인 바이어스 계이 어떤 범위가 항상 있게 된다. 이때는 식 (9.64)에서 볼 수 있는 것처럼 β_e가 허수로 된다. 이는 전파가 차단 또는 소멸됨을 의미한다. 이러한 훼라이트 영역의 경계면으로 입사하는 $\hat{x}$ 방향으로 편파된 평면파는 전반사될 것이다. 몇몇 주파수와 포화자화에 대하여 바이어스의 세기에 따

른 유효투자율을 그림 9.8에 나타내었다.

9.3 훼라이트가 장하된 직사각형 도파관에서의 전파

앞 절에서는 무한 크기의 훼라이트 매질에서 평면파의 전파를 고려함으로써, 전자파에 대한 훼라이트 물질의 효과를 소개하였다. 그러나 실제로 대부분의 훼라이트 소자들은 훼라이트 물질이 장하된 도파관이나 다른 형태들의 전송선로를 사용한다. 이러한 많은 기하학적 구조들은 복잡한 수치해석 사용 없이는 다루기 매우 어려우나, 훼라이트가 삽입된 직사각형 도파관을 포함한 몇가지 간단한 구조에 대해 해석하는 것이 가능하다. 실제적인 몇가지 유형의 훼라이트 소자들의 동작 원리와 설계에 대한 정량적 설명이 가능할 것이다.

단일 훼라이트 판을 갖는 도파관의 TE_{m0} 모드

먼저 그림 9.9와 같은 구조를 생각한다. 직사각형 도파관 내부에 훼라이트 판(slab)이 수직으로 삽입되어 있고, $\hat{y}$ 방향으로 바이어스가 걸려 있다. 이 기하학적 구조와 그에 대한 해석은 공진 아이솔레이터(resonance isolator), 계변위 아이솔레이터(field-displacement isolator)와 잔류자기(비가역적인) 이상기(remanent phase shifter)의 동작과 설계를 다루기 위해서 다음의 절들에서 사용된다.

훼라이트 판에서 Maxwell 방정식을 다음과 같이 표현할 수 있다.

$$\nabla \times \bar{E} = -j\omega[\mu]\bar{H} \tag{9.68a}$$

$$\nabla \times \bar{H} = j\omega\epsilon\bar{E}. \tag{9.68b}$$

여기서, $[\mu]$는 식 (9.27)에서 주어진 바와 같이, $\hat{y}$ 바이어스에 대한 투자율 텐서이다. 이때 $\bar{E}(x, y, z) = [\bar{e}(x, y) + \hat{z}e_z(x, y)]e^{-j\beta z}$와 $\bar{H}(x, y, z) = [\bar{h}(x, y) + \hat{z}h_z(x, y)]e^{-j\beta z}$로 두면 식

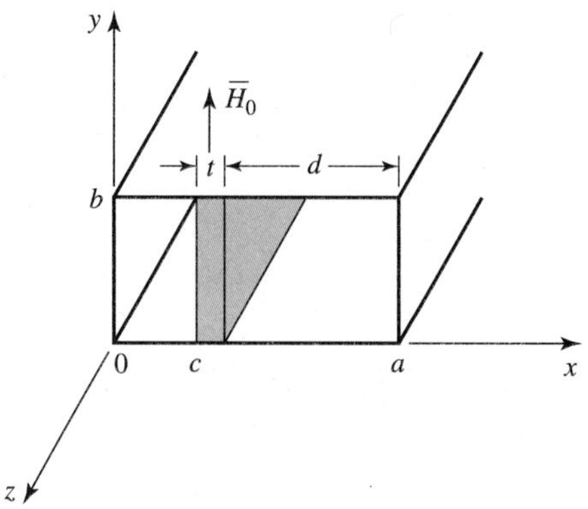

그림 9.9 횡방향으로 바이어스된 훼라이트 판이 삽입된 직사각형 도파관의 구조

(9.68)은

$$\frac{\partial e_z}{\partial y} + j\beta e_y = -j\omega(\mu h_x - j\kappa h_z) \tag{9.69a}$$

$$-j\beta e_x - \frac{\partial e_z}{\partial x} = -j\omega\mu_0 h_y \tag{9.69b}$$

$$\frac{\partial e_y}{\partial x} - \frac{\partial e_x}{\partial y} = -j\omega(j\kappa h_x + \mu h_z) \tag{9.69c}$$

$$\frac{\partial h_z}{\partial y} + j\beta h_y = j\omega\epsilon e_x \tag{9.69d}$$

$$-j\beta h_x - \frac{\partial h_z}{\partial x} = j\omega\epsilon e_y \tag{9.69e}$$

$$\frac{\partial h_y}{\partial x} - \frac{\partial h_x}{\partial y} = j\omega\epsilon e_z \tag{9.69f}$$

로 간략하게 된다.

TE_{m0} 모드에 대해서 $E_z = 0$이고 $\partial/\partial y = 0$임을 알고 있다. 그러면 식 (9.69b)와 (9.69d)로부터 $e_x = h_y = 0$(도파관 모드에 대해 $\beta^2 \neq \omega^2\mu_0\epsilon$이기 때문에)이므로, 식 (9.69)는 다음 3개의 방정식으로 정리된다.

$$j\beta e_y = -j\omega(\mu h_x - j\kappa h_z) \tag{9.70a}$$

$$\frac{\partial e_y}{\partial x} = -j\omega(j\kappa h_x + \mu h_z) \tag{9.70b}$$

$$j\omega\epsilon e_y = -j\beta h_x - \frac{\partial h_z}{\partial x}. \tag{9.70c}$$

식 (9.70a,b)를 h_x와 h_z에 대하여 다음과 같은 방법으로 풀 수 있다. 식 (9.70a)에 μ를 곱하고, 식 (9.70b)에 $j\kappa$를 곱한 다음 더하면,

$$h_x = \frac{1}{\omega\mu\mu_e}\left(-\mu\beta e_y - \kappa\frac{\partial e_y}{\partial x}\right) \tag{9.71a}$$

를 얻는다. 그리고 식 (9.70a)에 $j\kappa$를 곱하고, 식 (9.71a)에 μ를 곱한 다음 더하면,

$$h_z = \frac{j}{\omega\mu\mu_e}\left(\kappa\beta e_y + \mu\frac{\partial e_y}{\partial x}\right) \tag{9.71b}$$

를 얻게 된다. 여기서 $\mu_e = (\mu^2 - \kappa^2)/\mu$이다. 식 (9.71)을 식 (9.70c)에 대입하면 다음과 같이 e_y에 대한 파동방정식을 얻는다.

$$j\omega\epsilon e_y = \frac{-j\beta}{\omega\mu\mu_e}\left(-\mu\beta e_y - \kappa\frac{\partial e_y}{\partial x}\right) - \frac{j}{\omega\mu\mu_e}\left(\kappa\beta\frac{\partial e_y}{\partial x} + \mu\frac{\partial^2 e_y}{\partial x^2}\right)$$

또는

$$\left(\frac{\partial^2}{\partial x^2} + k_f^2\right)e_y = 0. \tag{9.72}$$

여기서, k_f는 훼라이트에 대한 차단파수로써 다음과 같이 정의된다.

$$k_f^2 = \omega^2 \mu_e \epsilon - \beta^2. \tag{9.73}$$

공기 영역(air region)에서는, $\mu = \mu_0$, $\kappa = 0$ 그리고 $\epsilon_r = 1$로 놓음으로써,

$$\left(\frac{\partial^2}{\partial x^2} + k_a^2 \right) e_y = 0 \tag{9.74}$$

의 대응되는 결과를 얻을 수 있다. 여기서, k_a는 공기 영역에 대한 차단파수이다. 즉,

$$k_a^2 = k_0^2 - \beta^2. \tag{9.75}$$

공기 영역에서의 자계는 다음과 같이 주어진다.

$$h_x = \frac{-\beta}{\omega\mu_0} e_y = \frac{-1}{Z_w} e_y \tag{9.76a}$$

$$h_z = \frac{j}{\omega\mu_0} \frac{\partial e_y}{\partial x}. \tag{9.76b}$$

도파관의 공기-훼라이트-공기 영역에서 e_y에 대한 해는

$$e_y = \begin{cases} A \sin k_a x, & (0 < x < c) \\ B \sin k_f (x - c) + C \sin k_f (c + t - x), & (c < x < c + t) \\ D \sin k_a (a - x), & (c + t < x < a) \end{cases} \tag{9.77a}$$

이며, $x = 0$, c, $c + t$ 그리고 a에서 경계조건의 설정이 용이하도록 구성된 것이다[3]. 또한 h_z가 필요하다. 이는 식 (9.77a), (9.71b) 그리고 (9.76b)로부터 다음과 같이 구할 수 있다.

$$h_z = \begin{cases} (jk_a A/\omega\mu_o) \cos k_a x, & (0 < x < c) \\ (j/\omega\mu\mu_e)\{\kappa\beta[B \sin k_f (x - c) + C \sin k_f (c + t - x)] & \\ \qquad + \mu k_f [B \cos k_f (x - c) - C \cos k_f (c + t - x)]\}, & (c < x < c + t) \\ (-jk_a D/\omega\mu_o) \cos k_a (a - x), & (c + t < x < a). \end{cases} \tag{9.77b}$$

$x = c$ 와 $x = c + t = a - d$ 에서 e_y와 h_z가 연속이 되도록 함으로써, 상수 A, B, C, D에 대한 다음 네 개의 방정식을 얻는다.

$$A \sin k_a c = C \sin k_f t, \tag{9.78a}$$

$$B \sin k_f t = D \sin k_a d, \tag{9.78b}$$

$$A \frac{k_a}{\mu_o} \cos k_a c = B \frac{k_f}{\mu_e} - C \frac{1}{\mu\mu_e} (-\kappa\beta \sin k_f t + \mu k_f \cos k_f t), \tag{9.78c}$$

$$B \frac{1}{\mu\mu_e} (\kappa\beta \sin k_f t + \mu k_f \cos k_f t) - C \frac{k_f}{\mu_e} = -D \frac{k_a}{\mu_o} \cos k_a d. \tag{9.78d}$$

식 (9.78a)와 (9.78b)를 C와 D에 대해 풀어서 식 (9.78c)와 (9.78d)에 대입한 다음, A 또는 B를 소거하면 다음과 같이 전파상수 β에 대한 초월방정식을 얻는다.

$$\left(\frac{k_f}{\mu_e}\right)^2+\left(\frac{\kappa\beta}{\mu\mu_e}\right)^2-k_a\cot k_a c\left(\frac{k_f}{\mu_o\mu_e}\cot k_f t+\frac{\kappa\beta}{\mu_o\mu\mu_e}\right)-\left(\frac{k_a}{\mu_o}\right)^2$$
$$\times\cot k_a c\cot k_a d-k_a\cot k_a d\left(\frac{k_f}{\mu_o\mu_e}\cot k_f t-\frac{\kappa\beta}{\mu_o\mu\mu_e}\right)=0. \tag{9.79}$$

식 (9.73)과 (9.75)를 사용하여 차단파수 k_f와 k_a를 β로 표현하면, 식 (9.79)를 수치적으로 풀 수 있다. 식 (9.79)가 $\kappa\beta$의 홀수항들로 짜여져 있다는 사실로부터 전자파의 전파가 비가역적일 것이라는 사실을 알 수 있다. 왜냐하면, 바이어스 계의 방향이 변화(이것은 전파 방향의 변화와 등가이다)되면 κ의 부호가 바뀌게 되고, 이로써 β에 대한 해가 다르게 된다. 양의 바이어스 상태에서 $+z$ 방향으로의(양의 κ) 또는 $-z$ 방향으로의(음의 κ) 전파에 대한 이들 두 해를 각각 β_+와 β_-로 구별하기로 한다. 식 (9.37)에서와 같이 ω_o가 복소수가 되도록 하면 자기 손실효과는 쉽게 포함시킬 수 있다.

다음의 절들에서도 식 (9.77a)에 주어진 것처럼 도파관 내의 전계를 계산할 필요가 있을 것이다. 임의의 진폭상수로 A를 선정한다면, B, C 그리고 D는 식 (9.78a), (9.78b), (9.78c)를 사용함으로써 A의 항으로 구할 수 있다. 식 (9.75)로부터 $\beta > k_o$이면 k_a는 허수가 되는 점에 주의하라. 이 경우 식 (9.77a)의 $\sin k_a x$ 함수는 $j\sinh|k_a|x$가 되며, 이것은 계의 분포가 거의 지수적으로 변화함을 의미한다.

식 (9.79)의 β를 $t=0$의 부근에서 Taylor 급수 전개하면, 차동(differential) 위상 변위 $\beta_+-\beta_-$에 대한 유용한 근사 결과를 얻을 수 있다. 이것은 식 (9.73)과 (9.75)를 이용하여 k_f와 k_a를 β의 항으로 표현한 다음, 절대 미분함으로써 얻을 수 있다[4]. 그 결과는

$$\beta_+-\beta_-\simeq\frac{2k_c t\kappa}{a\mu}\sin 2k_c c=2k_c\frac{\kappa}{\mu}\frac{\Delta S}{S}\sin 2k_c c \tag{9.80}$$

이다. 여기서, $k_c=\pi/a$는 빈 도파관의 차단주파수이고, $\Delta S/S=t/a$는 충만비(filling factor) 즉, 판의 단면적과 도파관의 단면적의 비율이다. 따라서, 훼라이트 모양에 따라 적절한 소자화 인자가 요구될 수 있으나, 작은 훼라이트 스트립이나 봉(rod)이 삽입된 도파관 같은 다른 형태의 기하구조에도 이 공식을 적용할 수 있다. 그러나 식 (9.80)의 결과는 매우 작은 훼라이트 단면적에 대해서만 정확하다. 대표적으로 $\Delta S/S<0.01$인 경우이다.

이와 같은 방법으로 식 (9.39)에서 정의된 자화율의 허수 부분의 항으로써 다음과 같이 순방향과 역방향의 감쇠상수에 대한 근사 표현식을 얻을 수 있다.

$$\alpha_\pm\simeq\frac{\Delta S}{S\beta_o}\left(\beta_o^2\chi''_{xx}\sin^2 k_c x+k_c^2\chi''_{zz}\cos^2 k_c x\mp\chi''_{xy}k_c\beta_o\sin 2k_c x\right). \tag{9.81}$$

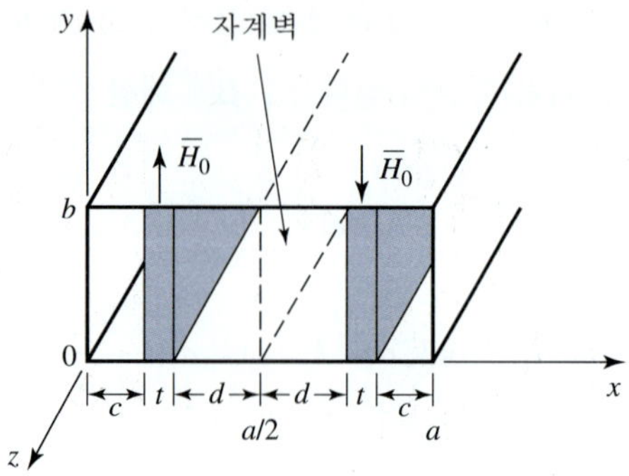

그림 9.10 두 개의 대칭 훼라이트 판이 삽입된 직사각형 도파관의 구조

여기서, $\beta_0 = \sqrt{k_0^2 - k_c^2}$ 은 빈 도파관의 전파상수이다. 이 결과를 이용하여 공진 아이솔레이터를 설계할 수 있다. 식 (9.80)과 (9.81) 둘 모두 빈 도파관에 대해서 **섭동법**을 사용하여 [4] 유도될 수도 있다.

두 개의 대칭 훼라이트 판을 갖는 도파관의 TE$_{m0}$ 모드

이와 관계되는 기하학적 구조는 그림 9.10에 보인 것처럼 두 개의 훼라이트 판이 대칭적으로 삽입된 직사각형 도파관이다. 두 훼라이트 판에 크기는 같고 방향이 반대인 $\hat{y}$ 방향의 바이어스를 가하는 이러한 구성은 9.5절에서 논의될 비가역 잔류자기 이상기에 대한 유용한 모델을 제공한다. 이에 대한 해석은 단일 판이 삽입된 기하구조에 대한 해석과 매우 흡사하다.

h_y와 h_z(자계 바이어스 포함하여)는 $x = a/2$인 도파관의 중간 평면에 대해 비대칭이므로 이 지점은 자계벽(magnetic wall)이 형성되어 있다. 따라서 $0 < x < a/2$인 영역에 대해서만 생각하면 된다. 이 영역에서 전계는

$$e_y = \begin{cases} A \sin k_a x, & 0 < x < c \\ B \sin k_f(x-c) + C \sin k_f(c+t-x), & c < x < c+t \\ D \cos k_a(a/2 - x), & c+t < x < a/2 \end{cases} \tag{9.82a}$$

로 쓸 수 있다. 이는 $c + t < x < a/2$인 영역에서 $x = a/2$에서 최대값을 갖도록(왜냐하면, h_z는 $x = a/2$에서 0이 되어야 한다) 표현되었다는 점을 제외하면, 식 (9.77a)의 형태와 비슷하다. 차단파수 k_f와 k_a는 식 (9.73)과 (9.75)에서 정의되었다.

식 (9.71)과 (9.76)을 이용하여 h_z를 구하면 다음과 같다.

$$h_z = \begin{cases} (jk_a A/\omega\mu_o) \cos k_a x, & 0 < x < c \\ (j/\omega\mu\mu_e)\{-\kappa\beta[B \sin k_f(x-c) + C \sin k_f(c+t-x)] & \\ \qquad + \mu k_f[B \cos k_f(x-c) - C \cos k_f(c+t-x)]\}, & c < x < c+t \\ (jk_a D/\omega\mu_o) \sin k_a(a/2 - x), & c+t < x < a/2. \end{cases} \tag{9.82b}$$

e_y와 h_z가 $x = c$와 $x = c + t = a/2 - d$에서 연속이 되도록 하면, 상수 A, B, C, D에 대한 다음의 네 개의 방정식을 얻는다.

$$A \sin k_a c = C \sin k_f t \tag{9.83a}$$

$$B \sin k_f t = D \cos k_a d \tag{9.83b}$$

$$A \frac{k_a}{\mu_o} \cos k_a c = B \frac{k_f}{\mu_e} - C \frac{1}{\mu \mu_e}(-\kappa\beta \sin k_f t + \mu k_f \cos k_f t) \tag{9.83c}$$

$$\frac{B}{\mu\mu_e}(\kappa\beta \sin k_f t + \mu k_f \cos k_f t) - C \frac{k_f}{\mu_e} = D \frac{k_a}{\mu_o} \sin k_a d. \tag{9.83d}$$

이 결과들을 간략하게 정리하면, 전파상수 β에 대한 다음과 같은 초월방정식을 얻을 수 있다.

$$\left(\frac{k_f}{\mu_e}\right)^2 + \left(\frac{\kappa\beta}{\mu\mu_e}\right)^2 - k_a \cot k_a c \left(\frac{k_f}{\mu_o\mu_e} \cot k_f t + \frac{\kappa\beta}{\mu_o\mu\mu_e}\right) + \left(\frac{k_a}{\mu_o}\right)^2$$
$$\times \cot k_a c \tan k_a d + k_a \tan k_a d \left(\frac{k_f}{\mu_o\mu_e} \cot k_f t - \frac{\kappa\beta}{\mu_o\mu\mu_e}\right) = 0. \tag{9.84}$$

이 방정식은 β에 대해 수치적으로 풀 수 있다. 단일 판의 경우에 대한 식 (9.79)에서와 같이, 식 (9.84)의 κ와 β는 $\kappa\beta$, κ^2 혹은 β^2의 형태로만 나타난다. 이것은 κ(또는 바이어스 계)의 부호가 변화하면, 똑같은 근에 대한 β(전파 방향)의 부호 변화를 동반하기 때문에 비가역적으로 전파됨을 암시한다. 언뜻 보기에 도파관, 판의 크기 및 파라미터들이 같을 때 판이 두 개이면 하나일 때보다 두 배의 위상 변위를 가져올 것으로 보이지만, 전자계가 훼라이트 영역에 강하게 집중되기 때문에 일반적으로 그렇지는 않다.

9.4 훼라이트 아이솔레이터

아이솔레이터는 가장 유용한 마이크로파 훼라이트 소자 중 하나이며, 단방향 전송특성을 지닌 2포트 소자이다. 이상적 아이솔레이터에 대한 S 매트릭스는

$$[S] = \begin{bmatrix} 0 & 0 \\ 1 & 0 \end{bmatrix} \tag{9.85}$$

의 형태를 가지며, 이는 양쪽 포트가 모두 정합되고, 포트 1에서 2로의 방향으로만 전송이 이루어짐을 의미한다. $[S]$가 단위행렬이 아니기 때문에 아이솔레이터는 손실이 있다. 그리고 물론 아이솔레이터는 비가역 소자이기 때문에 $[S]$는 비대칭이다.

전원을 손상시킬 수도 있는 반사를 막기 위해, 고전력원과 부하 사이에 일반적으로 아이솔레이터를 사용한다. 아이솔레이터는 정합회로나 동조회로에 사용될 수 있으나, 부하로부터 반사되어 오는 어떠한 전력도 정합회로에서처럼 부하로 되반사되지 않고, 아이솔레

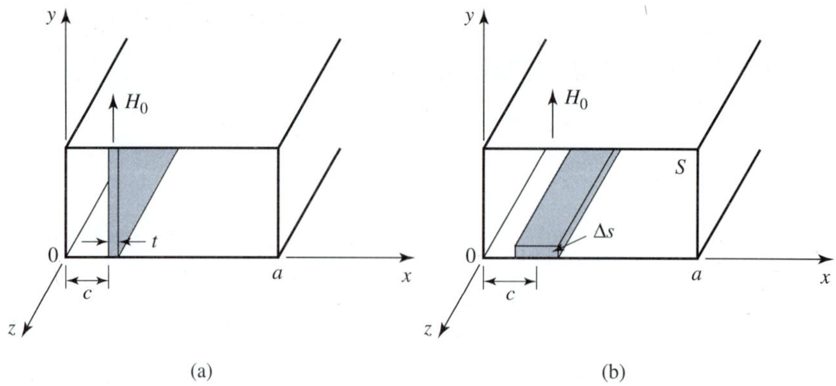

그림 9.11 두 개의 공진 아이솔레이터 구조. (a) 전체 높이의 E-면 판, (b) H-면 판

이터에 의해 흡수된다는 것을 이해하여야 한다.

여러 가지 형태의 훼라이트 아이솔레이터가 있지만, 공진 아이솔레이터와 계 변위 아이솔레이터를 중점적으로 살펴보기로 한다. 이들은 실제로 중요한 소자이며, 앞 절의 훼라이트 판이 삽입된 도파관에 대한 결과들을 이용하여 해석하고 설계할 수 있다.

공진 아이솔레이터(resonance isolator)

세차운동하는 훼라이트 매질의 자기쌍극자들과 같은 방향으로 회전하는 원편파 평면파는 그 물질과 강한 상호작용을 하는 반면, 반대 방향으로 회전하는 원편파는 보다 약한 상호작용을 한다는 것을 알았다. 이 결과는 예제 9.1에 설명되어 있다. 즉, 원편파의 감쇠는 훼라이트의 회전자기 공진 근처에서 매우 큰 반면, 반대 방향으로 전파하는 전파의 감쇠는 매우 작다. 이 효과는 아이솔레이터를 구성하는 데 이용될 수 있다. 이러한 아이솔레이터는 회전자기 공진 근처에서 동작시켜야 하므로 **공진 아이솔레이터**라 부른다. 공진 아이솔레이터는 보통 도파관 내의 어떤 한 점에 삽입된 훼라이트 판이나 스트립으로 구성된다. 이제 그림 9.11에 보인 두 개의 아이솔레이터 구조에 대해 살펴보고자 한다.

이상적으로 말하면 훼라이트 물질 내부에서 RF파는 원편파이어야 한다. 빈 직사각형 도파관에서 TE_{10} 모드의 자계는 다음과 같이 쓰여질 수 있다.

$$H_x = \frac{j\beta_o}{k_c} A \sin k_c x e^{-j\beta_o z}$$

$$H_z = A \cos k_c x e^{-j\beta_o z}.$$

여기서, $k_c = \pi/a$는 차단파수이고, $\beta_0 = \sqrt{k_0^2 - k_c^2}$는 빈 도파관의 전파상수이다. 원편파 전파는 $H_x/H_z = \pm j$인 조건을 만족해야 하므로, 빈 도파관의 CP의 위치 x는 다음과 같이 주어진다.

$$\tan k_c x = \pm \frac{k_c}{\beta_o}. \tag{9.86}$$

그러나, 훼라이트가 삽입되면 전자계가 흐트러지기 때문에, 식 (9.86)이 실제의 최적 위치를 나타내지 못하거나, 어떤 위치에 대해서도 내부 전자계가 원편파를 구성하지 못할 수도 있다.

먼저 그림 9.11a와 같이 전체 높이를 메우는 E−면(E-plane) 판으로 구성된 구조를 생각하자. 앞 절의 정확한 결과를 이용하여 이 경우를 분석할 수 있다. 또 하나의 방법으로는 식 (9.81)의 섭동 결과를 사용할 수 있으나, 이를 위해서는 h_x에 대한 소자화 인자가 필요하게 되고 정확도가 떨어진다. 따라서 주어진 파라미터들에 대해, 식 (9.79)를 수치적으로 풀어서, 훼라이트가 삽입된 도파관의 순방향과 역방향의 복소 전파상수들을 구할 수 있다. 자기 손실효과를 포함시킬 필요도 있는데, 이는 식 (9.37)의 복소 공진주파수 ω_0를 이용하여 μ와 κ를 표현함으로써 이루어진다. ω_0의 허수 부분은 식 (9.40)을 이용하여 훼라이트의 선폭 ΔH와 연관지을 수 있다. 보통 도파관의 폭 a, 주파수 ω, 그리고 훼라이트 파라미터 $4\pi M_s$와 ϵ_r은 고정되며, 최적 설계가 이루어질 수 있도록 자계 바이어스와 판의 위치 및 두께를 결정하게 된다.

이상적으로 말하면 순방향 감쇠상수(α_+)는 0이며, 역방향 감쇠상수 (α_-)는 0이 아니다. 그러나 E−면 훼라이트 판이 있는 경우, 계가 훼라이트에서 원형으로 극성을 받게 되는 위치 $x = c$는 존재하지 않는다(이것은 소자화 인자가 $N_x \simeq 1$이기 때문이다[4]). 그러므로 순방향과 역방향 전파 모두 RHCP 성분과 LHCP 성분을 포함함으로써 이상적 감쇠 특성을 얻을 수 없다. 따라서 일반적으로 최적 설계는 순방향 감쇠를 최소화하는 판의 위치를 결정하는 것이다. 한편으로는 역방향과 순방향 감쇠의 비율이 최대가 되도록 설계할 필요가 있을 수도 있다. 일반적으로 최대 역방향 감쇠가, 최소 순방향 감쇠가 일어나는 판의 위치와 동일한 위치에서 발생하지 않기 때문에, 그러한 설계는 순방향 손실과의 적절한 절충이 필요하게 된다.

길고 얇은 판의 경우, 소자화 인자는 얇은 원판에 대한 인자와 거의 같아서 $N_x \simeq 1$, $N_y = N_z = 0$이 된다. 따라서 식 (9.45)의 Kittel 방정식을 통하여 판의 회전자기 공진주파수가

$$\omega = \sqrt{\omega_0(\omega_0 + \omega_m)} \tag{9.87}$$

과 같이 주어진다는 것을 알 수 있다. 이 식으로부터 동작 주파수와 포화자화가 주어지면 H_0가 결정된다. 이는 근사적 결과이다. 식 (9.79)의 초월방정식이 소자화를 정확히 나타내고 있으므로, 식 (9.87)에 주어진 근사값 부근의 H_0에 대한 감쇠상수에 관하여 식 (9.79)의 수치해를 구함으로써 실제 내부 바이어스 계 H_0를 얻을 수 있다.

일단, 판의 위치 c와 바이어스 계 H_o가 알려지면, 판의 길이 L은 원하는 총 역방향 감쇠(또는 아이솔레이션)가 $(\alpha\ )L$이 되도록 선택할 수 있다. 판의 두께 또한 이 값을 조절하는데 사용될 수 있다. 대표적 수치 결과를 예제 9.2에 보이고 있다.

이 구조의 한 가지 장점은, 전체 높이를 메우는 E−면 판은 C형 영구자석으로 외부에서 바이어스를 걸어주기가 쉽다는 점이다. 그러나 다음과 같은 몇 가지 단점을 감수하여야 한다.

- 내부자계가 실제로 원편파가 아니기 때문에 0의 순방향 감쇠를 얻지 못한다.
- 아이솔레이터의 대역폭은 본질적으로 훼라이트의 선폭 ΔH에 의해 결정되므로 상대적으로 좁다.
- 이 구조는 판 중간으로부터의 열전달이 약하기 때문에 고전력용으로는 적합하지 않고, 온도 증가는 M_s의 변화를 초래하여 성능을 떨어뜨리게 된다.

처음 두 문제는 유전체 장하판을 추가하여 상당한 정도로 개선할 수 있다. 자세한 것은 참고문헌 [5]를 참조하기 바란다.

예제 9.2 훼라이트 공진 아이솔레이터 설계

최소 순방향 삽입손실과 30 dB 역방향 감쇠를 갖고 10 GHz에서 동작하도록, X-대역 도파관에서 E-면 공진 아이솔레이터를 설계하라. $4\pi M_s = 1700$ G, $\Delta H = 200$ Oe 및 $\epsilon_r = 13$이고, 두께가 0.5 mm인 훼라이트 판을 사용하라. 역방향 감쇠가 적어도 27 dB이 되는 대역폭을 결정하라.

☞ 풀이

식 (9.79)의 복소근은 Newton-Raphson 반복법에 의한 구간 2분법 루틴(interval-halving routine)을 사용해서 수치적으로 구할 수 있다. 식 (9.87)에 의해 주어진 근사 바이어스 자계 H_0는 2,820 Oe이지만, 수치적 결과로는 10 GHz 공진에 대해서 2,840 Oe에 근접하는 실제의 자계를 얻

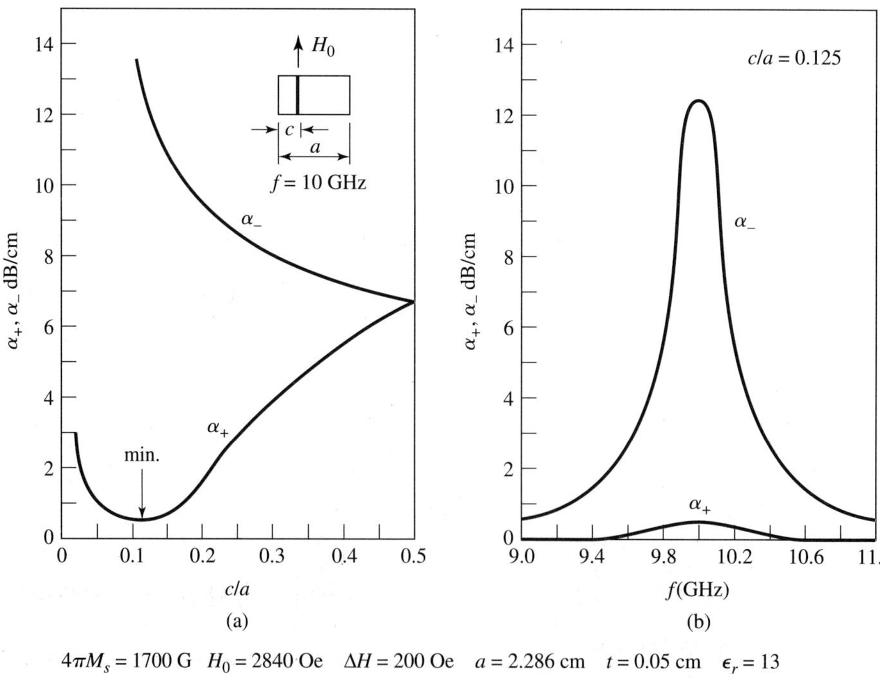

그림 9.12 예제 9.2의 공진 아이솔레이터에 대한 순방향 및 역방향 감쇠상수. (a) 판의 위치에 대해, (b) 주파수에 대해

을 수 있다. 그림 9.12a는 판의 위치에 따른, 10 GHz에서 계산된 순방향 (α_+)과 역방향 (α_-) 감쇠상수를 보인 것으로, 최소 순방향 감쇠가 $c/a = 0.125$일 때 발생하고, 이 지점에서 역방향 감쇠는 $\alpha_- = 12.4$ dB/cm이다. 이 판 위치에서 감쇠상수와 주파수와의 관계를 그림 9.12b에서 보이고 있다. 20 dB의 총 역방향 감쇠를 얻기 위한 판의 길이는

$$L = \frac{30\ \text{dB}}{12.4\ \text{dB/cm}} = 2.4\ \text{cm}$$

이다. 총 역방향 감쇠가 적어도 27 dB이 되도록 하려면

$$\alpha_- > \frac{27\ \text{dB}}{2.4\ \text{cm}} = 11.3\ \text{dB/cm}$$

가 되어야 한다. 따라서 위의 정의에 따른 대역폭은, 그림 9.12b의 데이터로부터 2% 미만이다. 더 길거나 더 두꺼운 판과, 그리고 더 큰 순방향 감쇠를 감수한다면, 이 값은 더 큰 선폭을 갖는 훼라이트를 사용함으로써 개선할 수 있다. ◀

다음에는 그림 9.11b의 H-면 판 구조를 이용하는 공진 아이솔레이터를 생각해 보자. 만일 판의 두께가 폭보다 매우 얇으면 소자화 인자는 거의 $N_x = N_z = 0$, $N_y = 1$이 된다. 이는 y방향으로 내부자계 H_0를 생성하기 위해서 더 강한 바이어스가 필요함을 의미한다. 그러나 RF 자계성분 h_x와 h_z는, $N_x = N_z = 0$이기 때문에 공기-훼라이트 경계에 의해 아무런 영향을 받지 않으며, 식 (9.86)에 주어진 빈 도파관의 CP점에 판이 위치할 때 훼라이트 내부에 완전한 원편파가 존재하게 된다. 이러한 기하구조의 또다른 장점은 E-면 방식보다 더 좋은 열특성을 갖는다는 점이다. 왜냐하면, 열 소모를 위해 훼라이트 판이 도파관 벽과 접촉하는 면적이 더 크기 때문이다.

전체 높이를 메우는 E-면 판의 경우와는 달리, 그림 9.11b의 H-면 기하구조는 정확하게 해석할 수 없다. 그러나, 판이 도파관의 총 단면적의 매우 작은 부분만 점유하면($\Delta S/S \ll 1$, 여기서 ΔS와 S는 각각 판과 도파관의 단면적이다), 식 (9.81)에서 α_+에 대한 섭동 결과를 사용하여 합리적인 결과를 얻을 수 있다. 이 표현식은 식 (9.22)에서와 비슷한 방법으로 $\hat{y}$-바이어스된 훼라이트에 대해 정의된 것처럼, 자화율은 $\chi_{xx} = \chi'_{xx} - j\chi''_{xx}$, $\chi_{zz} = \chi'_{zz} - j\chi''_{zz}$, 그리고 $\chi_{xy} = \chi''_{xy} + j\chi'_{xy}$의 형태로 주어진다. 얇은 H-면 판과는 다른 훼라이트 모양에 대해서는, 이 자화율들은 식 (9.43)에서처럼 적절한 소자화 인자로 수정되어야 한다[4].

식 (9.22)의 자화율 표현식으로부터 알 수 있는 것처럼 이 기하구조에 대한 회전자기 공진은 $\omega = \omega_0$일 때 일어나며, 이로부터 내부 바이어스 계 H_0가 결정된다. 판의 중심은 식 (9.86)에 주어진 것처럼 빈 도파관의 원편파점에 위치한다. 따라서 순방향 감쇠 상수는 거의 0이 되어야 한다. 총 역방향 감쇠 또는 아이솔레이션은 훼라이트 판의 길이 L이나 단면적 ΔS로 조절할 수 있다. 왜냐하면, 식 (9.81)로부터 $\alpha_\pm$가 $\Delta S/S$에 비례하기 때문이다.

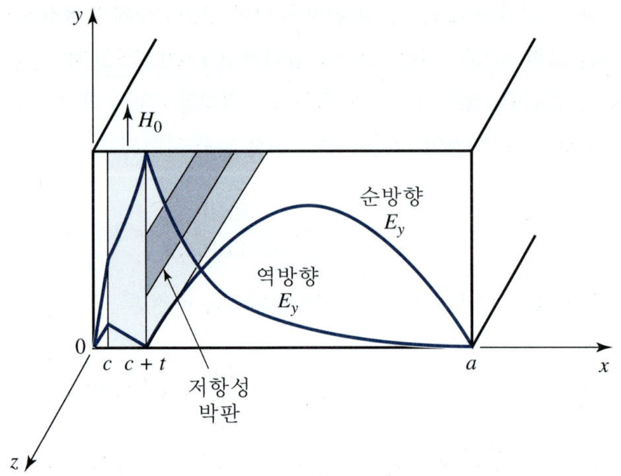

그림 9.13 계 변위 아이솔레이터의 구조와 전계

그러나 만약 $\Delta S/S$가 너무 크면, 판 단면상에서 원편파의 순도는 떨어져서 순방향 손실이 증가하게 된다. 한 가지 실질적 대안으로 도파관의 윗벽에 또 하나의 동일한 훼라이트 판을 사용하여, 편파 순도를 크게 낮추지 않고도 $\Delta S/S$를 두 배로 하는 방법이 있다.

계 변위 아이솔레이터(field displacement isolator)

아이솔레이터의 또다른 형태는 훼라이트 판이 삽입된 도파관에서 순방향과 역방향 파동의 전계 분포가 크게 달라질 수 있다는 사실을 이용하는 것이다. 그림 9.13에 나타낸 바와 같이, 훼라이트 판 옆 $x = c + t$에서 순방향 전파의 전계는 사라지고, 반면에 역방향 전파의 전계는 이 점에서 매우 큰 값을 갖도록 할 수 있다. 그런 다음 이 위치에 저항성 박판(thin resistive sheet)을 놓아 두면 순방향 전파는 아무런 영향을 받지 않는 반면에, 역방향 전파는 감쇠된다. 이러한 아이솔레이터를 **계 변위 아이솔레이터**라 부르며, 비교적 간단한 소자로 10% 정도의 대역폭을 갖는 높은 아이솔레이션을 얻을 수 있다. 공진 아이솔레이터와 비교하여 계 변위 아이솔레이터가 갖는 또다른 장점은, 회전자기의 공전(gyromagnetic resonance) 이하에서 동작하므로 훨씬 작은 바이어스 자계가 요구된다는 점이다.

계 변위 아이솔레이터의 설계상 주요 문제는 그림 9.13에서 보인 바와 같은 계 분포를 생성하는 설계 파라미터들을 결정하는 것이다. 전계의 일반적 형태는 훼라이트 판이 삽입된 도파관의 해석으로부터 식 (9.77a)로 주어진다. 이로부터 순방향 전파의 전계가 $c + t < x < a$에서는 정현적으로 변화하고 $x = c + t$에서는 사라지도록 하기 위하여, 차단주파수 k_a^+는 실수가 되어야 하는 동시에 다음 조건을 만족하여야 함을 알 수 있다.

$$k_a^+ = \frac{\pi}{d}. \tag{9.88}$$

여기서, $d = a - c - t$이다. 또한 역방향 파동의 전계는 $c + t < x < a$에서 쌍곡선 형태의 변화를 가져야 한다. 이는 k_a^-가 반드시 허수이어야 함을 의미한다. 식 (9.75)로부터 $k_a^2 = k_0^2 - \beta^2$이기 때문에, 위의 조건들은 $\beta^+ < k_0$와 $\beta^- > k_0$임을 의미한다. 여기서, $k_0 = \omega\sqrt{\mu_0\epsilon_0}$이다. $\beta_\pm$에 대한 이 조건들은 판의 위치에 따라 민감하게 변화하는데, 이는 전파상수에 대한 식 (9.79)의 수치적 해를 구하여 결정하여야 한다. 판의 두께 역시 이 결과에 영향을 미치기는 하나 덜 민감하고, 보통 $t = a/10$ 정도이다.

또한, 식 (9.88)을 만족하고 $x = c + t$에서 $E_y = 0$으로 하기 위해서는 $\mu_e = (\mu^2 - \kappa^2)/\mu$는 음의 값이 되어야 한다. 이러한 조건은 $c + t < x < a$ 영역에서의 도파관 모드를 두 개의 비스듬히 진행하는 평면파의 중첩으로 생각하면 직관적으로 이해할 수 있다. 이 전파들의 자계 성분 H_x와 H_z는 모두 다 바이어스 자계와 수직이다. 이는 9.2절에서 논의된 이상(extraordinary) 평면파와 비슷한 상황으로, $\mu_e < 0$이면 전파되지 않음을 알 수 있었다. 훼라이트가 삽입된 도파관에 이 차단조건을 적용하면, 순방향 전파에 대하여 $x = c + t$에서 E_y가 0이 되도록 할 수 있다.

μ_e가 음의 값이 되는 조건은 주파수, 포화자화, 바이어스 자계에 따라 달라진다. 그림 9.8은 몇몇 주파수와 포화자화에서 μ_e의 바이어스 계에 대한 의존성을 보이고 있다. 이러한 데이터는 설계주파수에서 $\mu_e < 0$이 되도록 하는 포화자화와 바이어스 자계를 결정하는 데 사용될 수 있다. 주파수가 높아질수록 더 큰 포화자화를 갖는 훼라이트와 큰 바이어스 자계가 요구되나, $\sqrt{\omega_0(\omega_0+\omega_m)}$에서의 μ_e의 공진 이전에 항상 $\mu_e < 0$이 발생함을 관찰하라. 더 자세한 설계에 대해서는 다음 예제에서 보게 될 것이다.

예제 9.3 계 변위 아이솔레이터 설계

X-대역 도파관에서 11 GHz에서 작동하는 계 변위 아이솔레이터를 설계하라. 훼라이트는 $4\pi M_s = 3{,}000$ G이고, $\epsilon_r = 13$을 갖는다. 훼라이트 손실은 무시할 수 있다.

☞ 풀이

먼저 $\mu_e < 0$이 되도록 내부자계 H_0를 결정한다. 이를 위해 그림 9.8에서 11 GHz에서 $4\pi M_s = 3{,}000$ G일 때의 μ_e/μ_0에 대한 H_0를 찾아볼 수 있다. $H_0 = 1{,}200$ Oe이면 충분함을 알 수 있다. 또한 이 그림으로부터 작은 포화자화를 갖는 훼라이트가 더욱 큰 바이어스를 요구함에 주목하라.

다음으로 c/a의 함수로써 전파상수 $\beta_\pm$에 대한 식 (9.79)를 수치적으로 구함으로써 판의 위치 c/a를 결정한다. 판의 두께는 $t = 0.25$ cm로 놓았으며, 거의 $a/10$이다. 그림 9.14a는 β_+와 c/a가 식 (9.88)의 조건을 만족하는 점들의 궤적뿐만 아니라, 전파상수의 결과들도 나타내고 있다. 이 궤적과 β_+의 교점에서 순방향 파동에 대해 $x = c + t$에서 확실하게 $E_y = 0$이 된다. 이 교점은 판의 위치 $c/a = 0.028$에서 발생한다. 이때의 전파상수는 $\beta_+ = 0.724k_0 < k_0$와 $\beta_- = 1.607k_0 > k_0$이다.

그림 9.14b는 전계를 나타낸 것이다. 훼라이트 판의 면에서 순방향 전파는 0을 갖는 반면, 역방향 전파는 피크값(이들 전계의 상대 진폭은 임의의 값이다)을 갖는다는 점에 주목하라. 이때 역방향 전파를 감쇠시키기 위하여 이 지점에 저항성 박판(thin resistive sheet)을 놓을 수 있다. 실제의

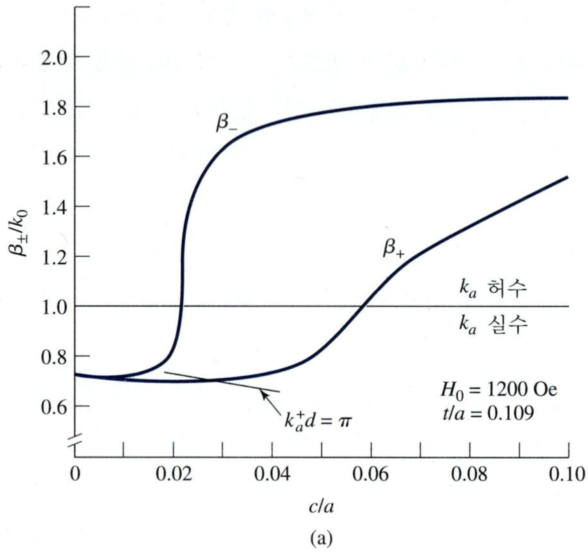

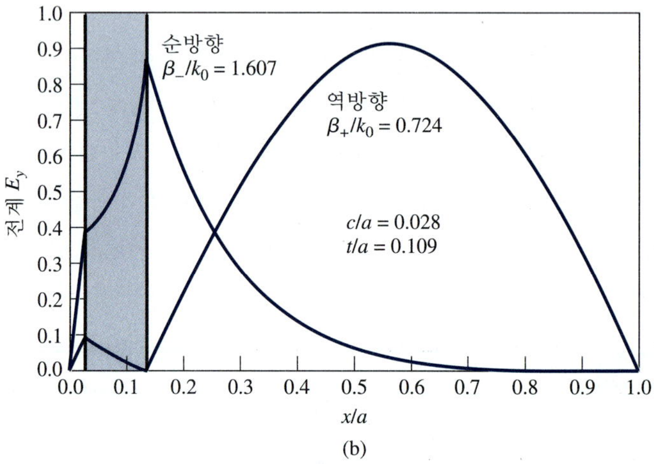

그림 9.14 예제 9.3의 계 변위 아이솔레이터에 대한 전파상수와 전계 분포. (a) 판의 위치에 따른 순방향 및 역방향 전파상수, (b) 순방향 및 역방향 전파에 대한 전계의 진폭

아이솔레이션은 이 박판의 저항률에 의존한다. 보통 단위 면적당 75 Ω이다. ◀

9.5 훼라이트 이상기(Ferrite Phase Shifters)

훼라이트 물질의 또다른 중요한 응용 분야로 **이상기**(phase shifter)가 있다. 이것은 훼라이트의 바이어스 계를 변화시킴으로써 가변 이상을 얻을 수 있는 2포트 소자이다(마이크로파 다이오드나 FET 역시 이상기를 구현하는 데 사용될 수 있다. 10.3절 참조). 이상기는 검사나 측정 씨스팀에 사용되기도 하지만, 가장 중요한 이용 분야로는, 전자적으로 제

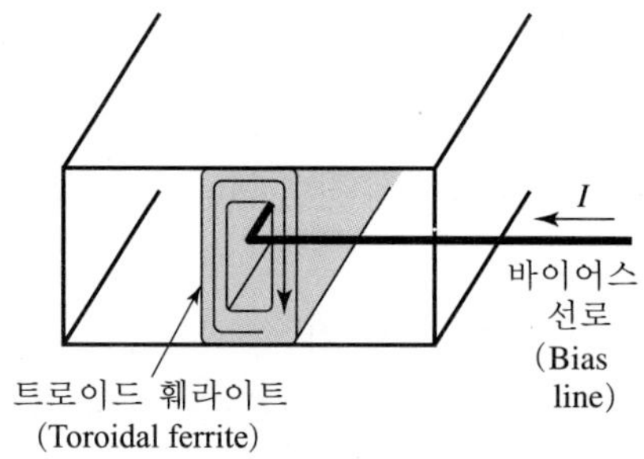

그림 9.15 토로이드형 훼라이트를 사용한 비가역 래칭 이상기의 구조

어되는 이상기에 의해 안테나 빔을 공간적으로 제어(steering)할 수 있는 위상배열 안테나를 들 수 있다. 이러한 요구 때문에 수많은 형태의 이상기들이, 가역(양 방향에 대해 동일한 이상)과 비가역 [2], [6]의 두 형태로 개발되어 왔다. 가장 유용한 설계 중의 하나는 직사각형 도파관 내에 훼라이트 토로이드를 사용하는 래칭(latching, 또는 잔류자기) 비가역 이상기 설계이다. 9.3절에서 논의된 이중 훼라이트 판 구조를 사용하여, 어느 정도 합리적 근사값으로 이 구조를 해석할 수 있다. 다음으로 이와 다른 몇 가지 유형의 이상기들의 동작을 정성적으로 논의하기로 한다.

비가역 래칭 이상기

래칭 이상기의 구조를 그림 9.15에 보이고 있다. 이것은 도파관 내에 대칭적으로 위치한 토로이드(toroid) 훼라이트 코어로 이루어져 있으며, 바이어스 선이 토로이드의 중앙을 통과하고 있다. 훼라이트가 자화되면, 토로이드 양쪽 벽면에서의 자화 방향은 서로 반대이며, RF계의 원편파 면에 수직이 된다. 원편파의 형태 또한 도파관의 반대 면에서 서로 반대이기 때문에 RF계와 훼라이트 간의 강한 상호작용을 얻을 수 있다. 물론 훼라이트가 존재함으로써 도파관 내 전자계 분포를 흐트러뜨리게 되고(계는 훼라이트로 모이게 된다), 따라서 원편파 점은 빈 도파관에서처럼 $\tan k_c x = k_c/\beta_0$에서 발생하지 않는다.

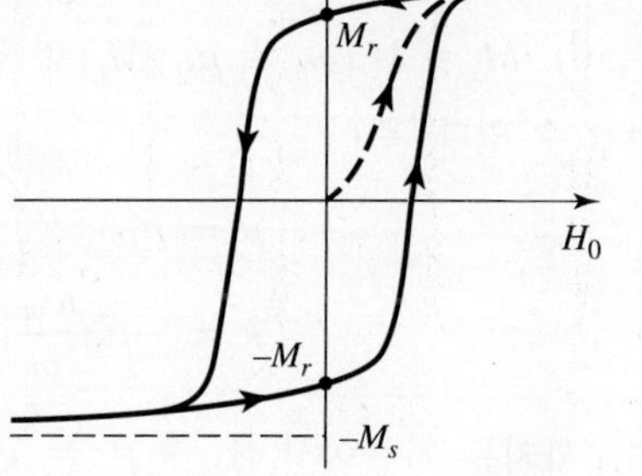

그림 9.16 토로이드형 훼라이트의 자기 이력곡선

원리상으로, 이러한 구조를 사용하면 바이어스 전류를 가변함으로써 연속적으로 변화하는(아날로그) 이상을 얻을 수 있다. 그러나 두 값(디지털) 사이에서 변환될 수 있는 이상을 얻기 위하여 훼라이트의 자기이력(magnetic hysteresis)을 이용하는 더 유용한 기술도 있다. 그림 9.16은 대표적 이력곡선으로, 바이어스 자계 H_0에 따른 자화 M의 변화를 보여주고 있다. 초기에 훼라이트의 자화가 소거되어 있고 바이어스 자계가 차단되어 있을 때, M과 H_0는 둘 다 0이다. 바이어스 자계가 증가함에 따라, 훼라이트가 자기적으로 $M = M_s$로 포화될 때까지, 자화는 점선 경로를 따라 증가한다. 이제 바이어스가 0까지 감소되면, 자화는 잔류 자기조건(영구자석과 같이)까지 감소하게 되고, 이때 $M = M_r$이다. 반대 방향의 바이어스 자계를 가하면 훼라이트는 $M = -M_s$로 포화되고, 그런 다음 바이어스를 제거하면 훼라이트는 $M = -M_r$인 잔류자기 상태로 남아 있게 된다. 따라서 디지털 이상을 가져오는 $M = \pm M_r$인 두 상태 중의 하나로 훼라이트 자화를 '묶어(latch)' 둘 수 있다. 이 두 가지 상태 간의 차동이상의 양은 훼라이트 토로이드의 길이에 의해서 조절될 수 있다. 실제로 개별적 바이어스 선을 가지며 길이가 점점 감소하는 몇 개의 구역들을 직렬로 연결하여, 요구되는 해상도까지 180°, 90°, 45° 등의 이진 차동이상을 얻을 수 있다. 래칭 모드 동작의 중요한 장점은 바이어스 전류를 계속적으로 공급하지 않아도 되며, 잔류 자기의 자화 극성을 하나의 극에서 다른 극으로 바꾸어 주기만 하면 된다는 점이다. 그 스위칭 속도는 수 마이크로 초 단위로 할 수 있다. 바이어스 도선은 섭동효과를 무시할 수 있도록 도파관의 전계에 수직으로 배치할 수 있다. 훼라이트 토로이드의 위와 아래 벽은, 자화가 원편파 면과 수직하지 않고 위와 아래에서의 자화가 서로 반대 방향이기 때문에, RF계와 자기적 상호작용은 거의 없다. 따라서 이 벽들은 주로 유전체 장하 효과만을 미치게 된다. 9.3절의 더 간단한 이중 훼라이트 판의 기하구조를 살펴봄으로써 잔류자기 이상기의 본질적 동작 특징들을 구할 수 있다.

주어진 동작 주파수와 도파관 크기에 대하여, 원하는 이상을 갖는 잔류자기 이중판 이상기(remanent dual slab phase shifter)를 설계하기 위해서는 주로 판의 두께 t, 판 사이의 간격 $s = 2d = a - 2c - 2t$(그림 9.10 참조), 그리고 판의 길이를 결정해야 한다. 이를 위해서 식 (9.84)의 초월방정식으로부터 수치적으로 계산될 수 있는, 2중판 기하구조에 대한 전파상수 $\beta_\pm$가 필요하다. 이 방정식을 풀기 위해서는 μ와 κ에 대한 값이 필요하다. 이 값들은 $H_0 = 0(\omega_0 = 0)$, $M_s = M_r(\omega_m = \mu_0 \gamma M_r)$로 놓음으로써 잔류자기 상태에 대한 식 (9.25)로부터 결정될 수 있다. 즉

$$\mu = \mu_0 \tag{9.89a}$$

$$\kappa = -\mu_0 \frac{\omega_m}{\omega}. \tag{9.89b}$$

κ/μ_0가 약 0.5 정도까지는 차동이상 $\beta_+ - \beta_-$는 κ에 선형적으로 비례한다. 따라서, 식 (9.89b)에서처럼 κ는 M_r에 비례하기 때문에, 더 높은 잔류자화를 갖는 훼라이트를 이용한

다면 주어진 이상을 얻기 위해서 더 짧은 훼라이트를 사용할 수 있다. 이상기의 삽입 손실은 길이에 따라 감소하나, 훼라이트 선폭 ΔH의 함수이다. 이상의 특성을 설명하는 데 일반적으로 사용되는 성능 지수는 이상과 삽입손실의 비율로서, 단위는 degrees/dB이다.

예제 9.4 잔류자기 이상기 설계

X-대역 도파관을 사용하여 $4\pi M_r = 1{,}786\,\text{G}$와 $\epsilon_r = 13$을 갖는 훼라이트로 10 GHz에서 동작하는 이중판 잔류자기 이상기를 설계하라. 훼라이트 판들의 간격은 1 mm라 가정한다. 최대 차동이상을 얻기 위한 판의 두께와, 180° 및 90° 이상기 단에 대한 판의 길이를 결정하라.

☞ 풀이

식 (9.89)로부터

$$\frac{\mu}{\mu_0} = 1$$

$$\frac{\kappa}{\mu_0} = \pm\frac{\omega_m}{\omega} = \pm\frac{(2.8\text{ MHz/Oe})(1786\text{ G})}{10{,}000\text{ MHz}} = \pm 0.5$$

가 된다. 구간 반분법과 같은 수치적 방법으로 근을 구하면, 양과 음의 κ값을 이용하여 전파상수 β_+와 β_-에 대해 식 (9.84)를 풀 수 있다. 그림 9.17은 몇 개의 판 간격에 대해, 판의 두께 t에 대한 차동이상 $(\beta_+ - \beta_-)/k_0$를 나타낸 것이다. 판 사이의 간격 s가 감소할수록, 그리고 t/a가 약 0.12 정도가 될 때까지 판의 두께가 증가할수록 이상이 증가함을 관찰하라.

그림 9.17의 곡선으로부터, $s = 1$ mm일 때 최대 이상을 위한 최적의 판 두께는 $t/a = 0.12$ 또는 $t = 2.74$ mm임을 알 수 있다. 왜냐하면, X-대역 도파관에 대해 $a = 2{,}286$ cm이기 때문이다. 대응

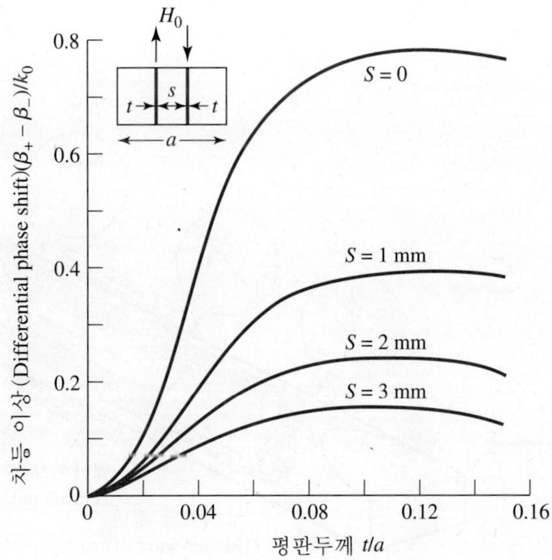

그림 9.17 예제 9.4의 이중판 잔류자기 이상기에 대한 차동이상

하는 정규화 차동이상은 0.40이며, 따라서

$$\beta_+ - \beta_- = 0.4k_0 = 0.4\left(\frac{2.09\ \text{rad}}{\text{cm}}\right)$$
$$= 0.836\ \text{rad/cm} = 48^\circ/\text{cm}$$

이다. 그리고 180°의 이상 단에 요구되는 훼라이트 길이는

$$L = \frac{180^\circ}{48^\circ/\text{cm}} = 3.75\ \text{cm}$$

인 반면에, 90°단에 요구되는 길이는

$$L = \frac{90^\circ}{48^\circ/\text{cm}} = 1.88\ \text{cm}$$

이다. ◀

다른 형태의 훼라이트 이상기

직사각형 또는 원형 도파관, 횡방향 또는 종방향 바이어스, 래치 또는 연속 위상변화 그리고 가역 또는 비가역 동작 등 다양한 조합으로 허다한 형태의 훼라이트 이상기들이 개발되어 왔다. 또한 인쇄된 전송선로를 사용한 이상기도 제안되었다. 훼라이트 소자에 비해 PIN 다이오드와 FET 회로는 부피가 더 작고 집적이 가능하긴 하지만, 훼라이트 이상기는 가격, 전력 조작용량 그리고 소요전력 등에서 장점을 갖고 있다. 하지만 여전히 저가의 소형 이상기가 절실히 요구되고 있다.

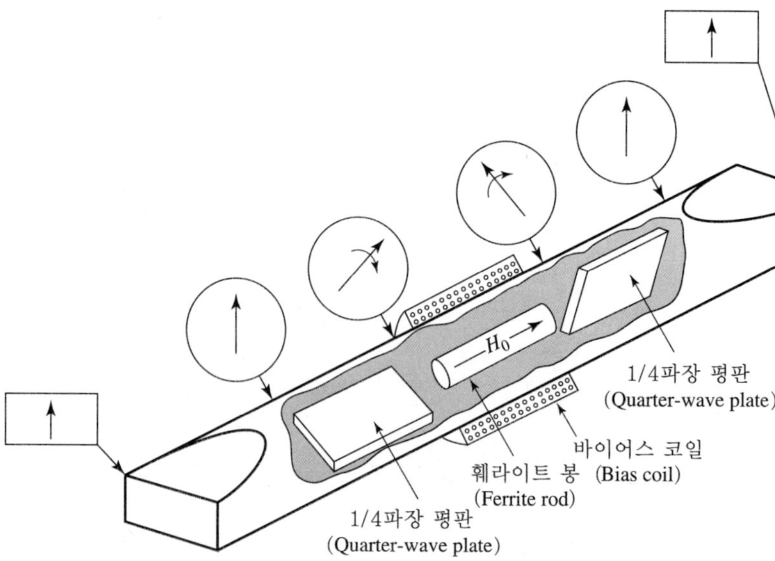

그림 9.18 비가역 훼러데이 회전 이상기

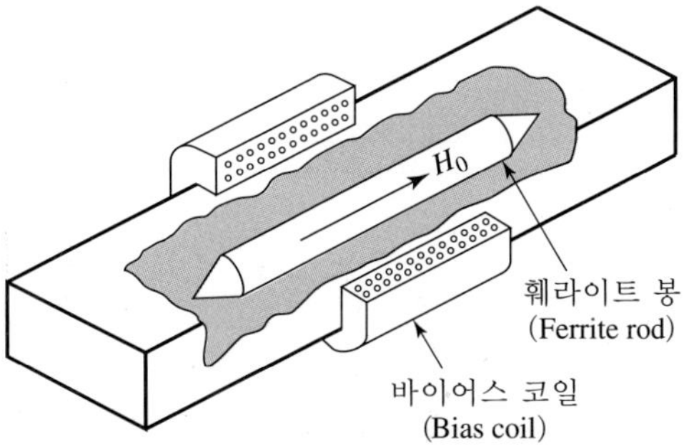

그림 9.19 Reggia-Spencer 가역 이상기

그림 9.18에 보인 바와 같은 비가역 훼러데이 회전 이상기로부터 몇 가지 도파관 이상기를 설계할 수 있다. 동작을 살펴보면, 좌측에서 들어가는 직사각형 도파관의 TE_{10} 모드는 짧은 천이 구역에서 TE_{11}의 원형 도파관 모드로 변환된다. 그런 다음, 전계 벡터에 45°로 향하고 있는 1/4 파장 유전체 판에 의해, 그 판에 평행한 전계 성분과 수직인 전계 성분들 사이에 위상차가 90°가 됨으로써, 전파가 RHCP파로 변환된다. 훼라이트가 삽입된 영역에서의 위상지연은 $\beta_{+}z$이고, 이 값은 바이어스 자계의 세기로 조절할 수 있다. 두 번째 1/4 파장 유전체 판에 의해 전파는 다시 선형 편파로 변환된다. 우측에서 들어가는 전파에 대해서는, 위상지연이 $\beta_{-}z$라는 점을 제외하고는 그 동작이 비슷하며, 따라서 이상은 비가역적이다. 훼라이트 봉은 쏠레노이드 코일을 사용하여 길이 방향 즉, 전파 방향으로 바이어스된다. 이런 유형의 이상기는, 각 전파 방향에 대하여 선형 편파를 동일한 원편파로 변환하기 위해 비가역 1/4 파장 판을 사용함으로써 가역적으로 만들 수 있다.

그림 9.19는 Reggia-Spencer 이상기를 보인 것으로, 널리 사용되고 있는 가역 이상기이다. 직사각형이나 원형 도파관의 중앙에, 길이 방향으로 바이어스가 걸린 훼라이트 봉이 있다. 봉의 직경이 어떤 임계값보다 더 크게 되면, 계는 훼라이트에 강하게 구속되며 원편파로 된다. 비록 이상이 주파수에 민감하기는 하지만, 비교적 짧은 길이로 큰 가역 이상을 얻을 수 있다.

자이레이터(gyrator)

자이레이터는 중요한 비가역적 부품으로, 180°의 차동이상을 갖는 2포트 소자이다. 자이레이터를 표시하는 기호는 그림 9.20과 같으며, 이상적 자이레이터에 대한 S 매트릭스는

$$[S] = \begin{bmatrix} 0 & 1 \\ -1 & 0 \end{bmatrix} \tag{9.90}$$

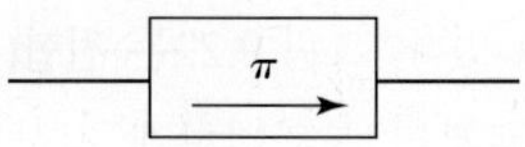

그림 9.20 180°의 차동이상을 갖는 자이레이터의 기호

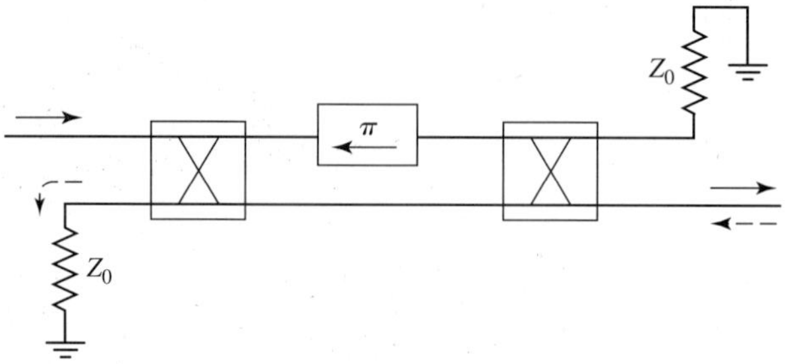

그림 9.21 한 개의 자이레이터와 두 개의 90° 하이브리드로 구성된 아이솔레이터. 순방향파(→)는 통과하고, 반면에 역방향파(←)는 첫 번째 하이브리드의 정합부하에 의해 흡수된다.

이다. 이로부터 무손실이고, 정합이 된 비가역 소자임을 알 수 있다. 기본적 비가역 빌딩블록(building block)으로서의 이러한 자이레이터를, 가역 분배기(divider) 및 결합기(coupler)와 조합하여 사용하면 아이솔레이터나 써큘레이터와 같은 비가역 소자에 대한 유용한 등가회로를 이끌어 낼 수 있다. 예를 들면, 그림 9.21은 한 개의 자이레이터와 두 개의 90° 하이브리드(quadature hybrid)를 사용하여 아이솔레이터에 대한 등가회로를 나타낸 것이다.

자이레이터는 180°의 차동이상을 갖는 이상기처럼 구현할 수 있다. 바이어스를 영구자석으로 할 수만 있다면, 자이레이터를 수동소자로 만들 수도 있다.

9.6 훼라이트 써큘레이터

7.1절에서 논의한 바와 같이 **써큘레이터**는 손실이 없고 모든 포트에서 정합을 이루는 3포트 소자이다. 산란 매트릭스의 유니터리 특성을 이용하여 이러한 소자가 어떻게 비가역인가를 보일 수 있다. 이상적인 써큘레이터에 대한 산란 매트릭스는 다음의 형태를 갖는다.

$$[S] = \begin{bmatrix} 0 & 0 & 1 \\ 1 & 0 & 0 \\ 0 & 1 & 0 \end{bmatrix}. \tag{9.91}$$

이것은 전력의 흐름이 포트 1에서 2, 2에서 3, 3에서 1로 이어지지만 역방향으로는 일어날 수 없음을 보여주고 있다. 포트의 순서를 바꾸어 놓음으로써, 반대의 순환성(circularity)을 얻을 수 있다. 실제로 이 결과는 훼라이트 바이어스 자계의 극성을 변화시킴으로써 얻을 수 있다. 대부분의 써큘레이터는 바이어스를 위해 영구자석을 사용하는데, 만일 전자석을 사용한다면 써큘레이터를 단극 이접점(SPDT: single-pole double-throw) 스위치로써 래칭(잔류자기) 모드로 동작시킬 수 있다. 또한 써큘레이터는 하나의 포트를 정합부하로 종단시킴으로써 아이솔레이터로 사용될 수도 있다. 그림 9.22는 접합(junction) 써큘레이터를 나타낸 것이다.

우선 산란 매트릭스로부터 불완전하게 정합된 써큘레이터의 특성들을 논의한 다음에, 스트립 선로 접합 써큘레이터의 동작을 분석하기로 한다. 원리상으로 도파관 써큘레이터

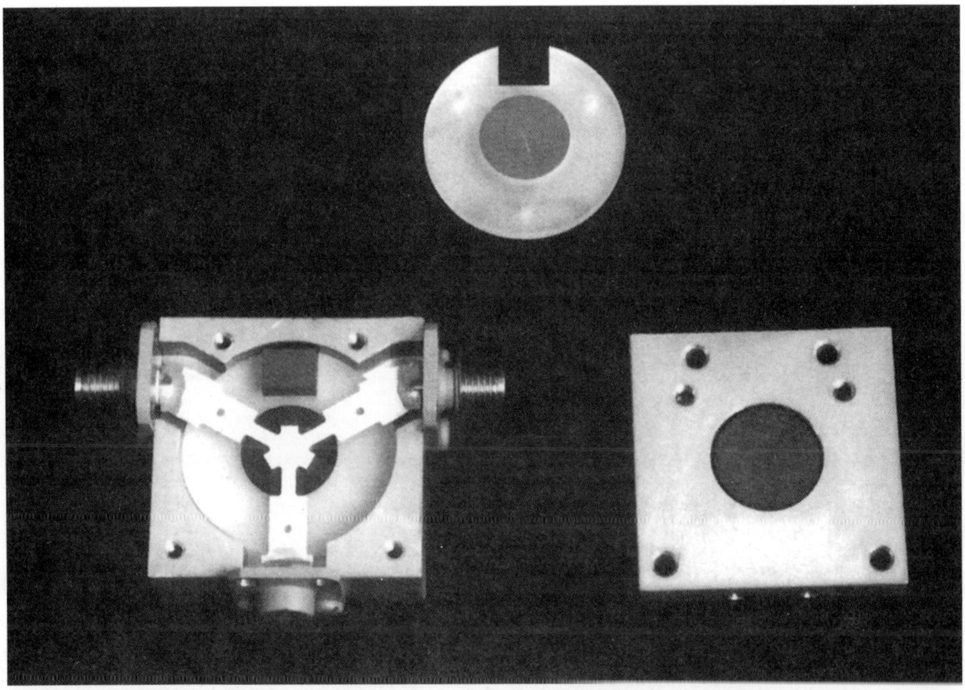

그림 9.22 분리된 훼라이트 접합 써큘레이터의 사진으로 스트립 선로 도체, 훼라이트 원판, 그리고 바이어스 자석을 볼 수 있다. 써큘레이터의 중앙 포트를 정합부하로 종단하여 실질적으로는 아이솔레이터와 같은 구조이다. 훼라이트와 주위의 플라스틱 물질과의 서로 다른 유전율 상수로 인하여 스트립 선로 도체의 폭이 변화함을 주목하라.

의 동작도 비슷하다.

부정합된 써큘레이터의 특성

만일 써큘레이터가 세 개의 포트에 대해서 원 대칭이면서 손실은 없으나 완전한 정합을 이루지 못하다고 가정하면, 써큘레이터의 산란 매트릭스는 다음과 같이 나타낼 수 있다.

$$[S] = \begin{bmatrix} \Gamma & \beta & \alpha \\ \alpha & \Gamma & \beta \\ \beta & \alpha & \Gamma \end{bmatrix}. \tag{9.92}$$

써큘레이터가 손실이 없다고 가정하였으므로 $[S]$는 유니터리이며, 이것은 다음 두 가지 조건을 의미한다.

$$|\Gamma|^2 + |\beta|^2 + |\alpha|^2 = 1 \tag{9.93a}$$

$$\Gamma\beta^* + \alpha\Gamma^* + \beta\alpha^* = 0. \tag{9.93b}$$

만일 써큘레이터가 정합되어 있으면($\Gamma = 0$), 식 (9.93)으로부터 $\alpha = 0$과 $|\beta| = 1$, 또는 $\beta = 0$과 $|\alpha| = 1$임을 알 수 있다. 이것은 두 개의 가능한 순환 상태를 갖는 이상적인 써큘레이터임을 의미한다. 이 조건은 손실이 없고 정합된 소자에 대해서만 성립함을 주의하라.

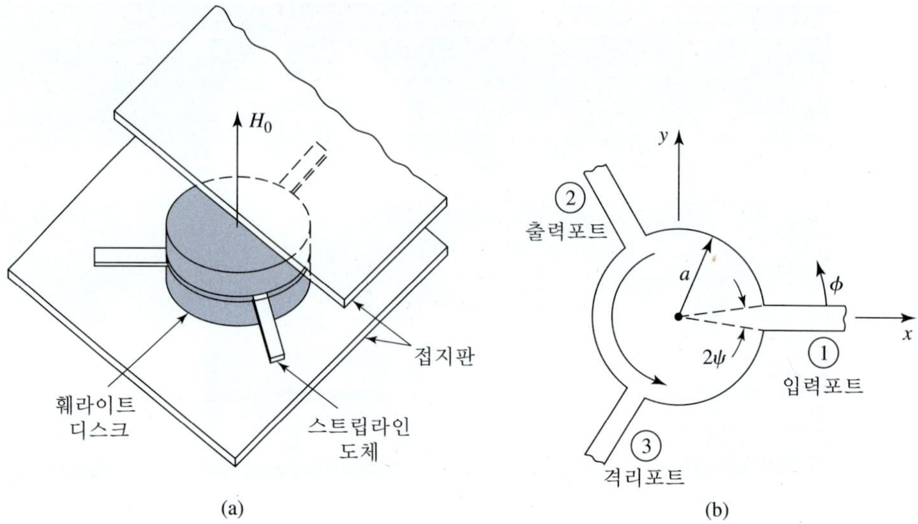

그림 9.23 스트립 선로 접합 써큘레이터. (a) 보기 그림, (b) 기하구조

약간의 불완전성 즉, $|\Gamma| \ll 1$이라 가정한다. 분명히 하기 위해 전력이 1-2-3 방향으로 흐르는 순환 상태를 생각하면, $|\alpha|$는 1에 가깝고 $|\beta|$는 작게 된다. 그러면 $\beta\Gamma \sim 0$이고, 식 (9.93b)로부터 $\alpha\Gamma^* + \beta\alpha^* \simeq 0$임을 알 수 있다. 따라서 $|\Gamma| \simeq |\beta|$이다. 그러면 식 (9.93a)으로부터 $|\alpha|^2 \simeq 1 - 2|\beta|^2 \simeq 1 - 2|\Gamma|^2$ 또는 $|\alpha| \simeq 1 - |\Gamma|^2$이다. 따라서 위상 인자는 무시하고 식 (9.92)의 산란 매트릭스는 다음과 같이 쓸 수 있다.

$$[S] = \begin{bmatrix} \Gamma & \Gamma & 1-\Gamma^2 \\ 1-\Gamma^2 & \Gamma & \Gamma \\ \Gamma & 1-\Gamma^2 & \Gamma \end{bmatrix}. \tag{9.94}$$

이 결과로부터, 입력 포트들이 정합되지 않으면 써큘레이터의 아이솔레이션(isolation) $\beta \simeq \Gamma$와 전달(transmission) $\alpha \simeq 1 - \Gamma^2$은 모두 저하됨을 알 수 있다.

접합(junction) 써큘레이터

스트립 선로 접합 써큘레이터의 기하구조를 그림 9.23과 그림 9.22의 사진으로 나타내었다. 중앙의 금속 원판과 스트립의 접지판 사이가 두 개의 훼라이트 원판으로 채워져 있다. 세 개의 스트립은 120° 간격으로 중앙의 원판 둘레에 붙어 있으며, 이들이 써큘레이터의 세 개의 포트를 형성한다. DC 바이어스는 접지판에 수직으로 인가된다.

동작을 살펴보면, 훼라이트 원판은 공진 공동(resonant cavity)을 형성하고, 바이어스가 없을 때 이 공동은 $\cos\phi$(혹은 $\sin\phi$) 함수 형태의 단일 최저차 공진모드를 갖는다. 훼라이트에 바이어스가 걸리면 이 모드는 약간 다른 공진주파수를 갖는 두 개의 공진모드로 나눠어진다. 그러면 이들 두 모드가 출력 포트에서 더해지고 격리되는 포트에서는 상쇄되도록 써큘레이터의 동작주파수가 선택될 수 있다.

이러한 접합 써큘레이터는, 위와 아래에 전기벽을 갖고 옆 면에 근사적 자기벽을 갖는 얇은 공동 공진기로 간주하여 해석할 수 있다. 그러면 $E_\rho = E_\phi \simeq 0$이며 $\partial/\partial z = 0$이 되어서 TM 모드를 갖는다. 중앙의 도체 원판 중 한 옆면에서 E_z는 비대칭이므로 훼라이트 원판 중 하나에 대한 해만을 고려하면 된다[7].

먼저, 식 (9.23) 즉, $\bar{B} = [\mu]\,\bar{H}$를 직각좌표계에서 원통좌표계로 변환하면

$$
\begin{aligned}
B_\rho &= B_x \cos\phi + B_y \sin\phi \\
&= (\mu H_x + j\kappa H_y)\cos\phi + (-j\kappa H_x + \mu H_y)\sin\phi \\
&= \mu H_\rho + j\kappa H_\phi \qquad (9.95a)\\
B_\phi &= -B_x \sin\phi + B_y \cos\phi \\
&= -(\mu H_x + j\kappa H_y)\sin\phi + (-j\kappa H_x + \mu H_y)\cos\phi \\
&= -j\kappa H_\rho + \mu H_\phi \qquad (9.95b)
\end{aligned}
$$

가 된다. 따라서 다음 식을 얻을 수 있다.

$$
\begin{bmatrix} B_\rho \\ B_\phi \\ B_z \end{bmatrix} = [\mu] \begin{bmatrix} H_\rho \\ H_\phi \\ H_z \end{bmatrix}. \qquad (9.96)
$$

여기서 $[\mu]$는 식 (9.24)에서 주어지듯이 직각좌표계에서와 같은 매트릭스이다.

원통좌표계에서는 $\partial/\partial z = 0$이므로, Maxwell의 회전방정식은 다음과 같이 간단하게 된다.

$$
\frac{1}{\rho}\frac{\partial E_z}{\partial \phi} = -j\omega(\mu H_\rho + j\kappa H_\phi) \qquad (9.97a)
$$

$$
-\frac{\partial E_z}{\partial \rho} = -j\omega(-j\kappa H_\rho + \mu H_\phi) \qquad (9.97b)
$$

$$
\frac{1}{\rho}\left[\frac{\partial(\rho H_\phi)}{\partial \rho} - \frac{\partial H_\rho}{\partial \phi}\right] = j\omega\epsilon E_z. \qquad (9.97c)
$$

식 (9.97a,b)를 H_ρ와 H_ϕ에 대하여 E_z항으로 풀면

$$
H_\rho = \frac{jY}{k\mu}\left(\frac{\mu}{\rho}\frac{\partial E_z}{\partial \phi} + j\kappa\frac{\partial E_z}{\partial \rho}\right) \qquad (9.98a)
$$

$$
H_\phi = \frac{-jY}{k\mu}\left(\frac{-j\kappa}{\rho}\frac{\partial E_z}{\partial \phi} + \mu\frac{\partial E_z}{\partial \rho}\right) \qquad (9.98b)
$$

가 된다. 여기서 $k^2 = \omega^2\epsilon(\mu^2 - \kappa^2)/\mu = \omega^2\epsilon\mu_e$는 실효파수이고, $Y = \sqrt{\epsilon/\mu_e}$는 실효 어드미턴스이다. 식 (9.98)을 사용하여 식 (9.97c)에서 H_ρ와 H_ϕ를 소거하면 다음의 E_z에 대한 파동방정식을 얻는다.

$$\frac{\partial^2 E_z}{\partial \rho^2} + \frac{1}{\rho}\frac{\partial E_z}{\partial \rho} + \frac{1}{\rho^2}\frac{\partial^2 E_z}{\partial \phi^2} + k^2 E_z = 0. \tag{9.99}$$

이 방정식은 원형 도파관의 TM 모드에서 E_z에 대한 방정식의 형태와 동일하다. 따라서 일반해는 다음과 같이 쓸 수 있다.

$$E_{zn} = \left[A_{+n}e^{jn\phi} + A_{-n}e^{-jn\phi}\right] J_n(k\rho). \tag{9.100a}$$

여기서 E_z가 $\rho = 0$일 때 유한해야 하므로, $Y_n(k\rho)$를 포함하는 해는 배제하였다. 또한 식 (9.98b)를 사용하여 다음과 같이 필요한 $H_{\phi n}$을 구할 수 있다.

$$H_{\phi n} = -jY\left\{A_{+n}e^{jn\phi}\left[J_n'(k\rho) + \frac{n\kappa}{k\rho\mu}J_n(k\rho)\right]\right.$$
$$\left. + A_{-n}e^{-jn\phi}\left[J_n'(k\rho) - \frac{n\kappa}{k\rho\mu}J_n(k\rho)\right]\right\}. \tag{9.100b}$$

이제 공진모드는 $\rho = a$에서 $H_\phi = 0$인 경계조건을 이용하여 구할 수 있다.

만일 훼라이트가 자화되어 있지 않으면 $H_0 = M_s = 0$이고, $\omega_0 = \omega_m = 0$이므로 $\kappa = 0$이며 $\mu = \mu_e = \mu_o$가 된다. 따라서 공진은

$$J_n'(ka) = 0$$

일 때, 또는 $ka = x_0 = p'_{11} = 1.841$일 때 발생한다. 이 주파수를 $\omega_0(\omega_0 = \gamma\mu_0 H_0$와 혼동하면 안됨)로 정의한다.

$$\omega_0 = \frac{x_0}{a\sqrt{\epsilon\mu_e}} = \frac{1.841}{a\sqrt{\epsilon\mu_o}}. \tag{9.101}$$

훼라이트가 자화되면, n의 각 값에 대하여 $e^{jn\phi}$ 변화나 $e^{-jn\phi}$ 변화 중 어느 하나에 관련되는 두 개의 가능한 공진모드가 존재한다. 두 개의 $n = 1$인 모드에 대한 공진조건은

$$\frac{\kappa}{\mu x}J_1(x) \pm J_1'(x) = 0 \tag{9.102}$$

이며, 여기서 $x = ka$이다. 이 결과로부터 써큘레이터의 비가역 특성을 알 수 있다. 왜냐하면 식 (9.102)에서 κ의 부호(바이어스의 극성)가 바뀌면 근이 달라지고 ϕ에서 반대 방향으로 전파하게 되기 때문이다.

만약 x_+와 x_-를 식 (9.102)의 두 근이라 하면, $n = 1$에 대한 이들 두 모드의 공진주파수는

$$\omega_\pm = \frac{x_\pm}{a\sqrt{\epsilon\mu_e}} \tag{9.103}$$

로 표현될 수 있다.

만일 κ/μ가 작아서 $\omega_\pm$가 식 (9.101)의 ω_0에 가까우면, $\omega_\pm$에 대한 근사적인 결과를 구

할 수 있다. $J_1'(x_0) = 0$이므로, 식 (9.102)에서 두 항에 대해 x_0 근방에서의 Taylor 급수를 사용하면 다음 결과를 얻는다.

$$J_1(x) \simeq J_1(x_0) + (x - x_0)J_1'(x_0) = J_1(x_0)$$
$$J_1'(x) \simeq J_1'(x_0) + (x - x_0)J_1''(x_0)$$
$$= -(x - x_0)\left(1 - \frac{1}{x_0^2}\right) J_1(x_0).$$

따라서 x_0 =1.841이므로 식 (9.102)는

$$\frac{\kappa}{\mu x_0} \mp (x_\pm - x_0)\left(1 - \frac{1}{x_0^2}\right) = 0$$

혹은

$$x_\pm \simeq x_0\left(1 \pm 0.418\frac{\kappa}{\mu}\right) \tag{9.104}$$

가 된다. 이 결과로부터 다음과 같은 공진주파수를 얻는다.

$$\omega_\pm \simeq \omega_0\left(1 \pm 0.418\frac{\kappa}{\mu}\right). \tag{9.105}$$

$\kappa \to 0$일 때 $\omega_\pm$는 ω_0에 접근하며,

$$\omega_- \le \omega_0 \le \omega_+$$

가 됨을 주목하라.

이제는 이들 두 모드를 사용하여 써큘레이터를 설계할 수 있다. 이 모드들의 진폭은 입력과 출력 포트를 결합케 하는 것과 격리 포트에서 상쇄되도록 하는 두 개의 자유도를 제공한다. ω_0는 $\omega_\pm$ 모드들의 공진 사이의 동작주파수이다. 따라서 $\omega \neq \omega_\pm$이므로 훼라이트 원판 주위에서 $H_\phi \neq 0$이다. 그림 9.23에서처럼 포트 1을 입력, 포트 2를 출력, 포트 3을 고립된 포트로 선택하면, $\rho = a$에서 포트들의 E_z를 다음과 같이 가정할 수 있다.

$$E_z(\rho = a, \phi) = \begin{cases} E_0, & [\phi = 0 \quad (\text{포트 } 1)] \\ -E_0, & [\phi = 120^\circ \ (\text{포트 } 2)] \\ 0, & [\phi = 240^\circ \ (\text{포트 } 3)]. \end{cases} \tag{9.106a}$$

급전선(feedline)의 폭이 좁으면, E_z는 그 폭 방향으로는 비교적 일정하게 될 것이다. 대응하는 H_ϕ는

$$H_\phi(\rho = a, \phi) = \begin{cases} H_0, & [-\psi < \phi < \psi] \\ H_0, & [120^\circ - \psi < \phi < 120^\circ + \psi] \\ 0, & \text{그 밖의 범위} \end{cases} \tag{9.106b}$$

이어야 한다. 식 (9.106a)와 (9.100a)의 E_z를 같다고 놓으면 다음과 같은 모드 진폭상수를 얻는다.

$$A_{+1} = \frac{E_0(1 + j/\sqrt{3})}{2J_1(ka)} \tag{9.107a}$$

$$A_{-1} = \frac{E_0(1 - j/\sqrt{3})}{2J_1(ka)}. \tag{9.107b}$$

따라서, 식 (9.100a,b)를 정리하면 다음과 같은 전계와 자계를 얻을 수 있다.

$$\begin{aligned} E_{z1} &= \frac{E_0 J_1(k\rho)}{2J_1(ka)}\left[\left(1+\frac{j}{\sqrt{3}}\right)e^{j\phi} + \left(1-\frac{j}{\sqrt{3}}\right)e^{-j\phi}\right] \\ &= \frac{E_0 J_1(k\rho)}{J_1(ka)}\left(\cos\phi - \frac{\sin\phi}{\sqrt{3}}\right) \end{aligned} \tag{9.108a}$$

$$\begin{aligned} H_{\phi 1} &= \frac{-jYE_0}{2J_1(ka)}\left\{\left(1+\frac{j}{\sqrt{3}}\right)\left[J_1'(k\rho) + \frac{\kappa}{k\rho\mu}J_1(k\rho)\right]e^{j\phi}\right. \\ &\quad \left. + \left(1-\frac{j}{\sqrt{3}}\right)\left[J_1'(k\rho) - \frac{\kappa}{k\rho\mu}J_1(k\rho)\right]e^{-j\phi}\right\}. \end{aligned} \tag{9.108b}$$

H_ϕ를 푸리에 급수로 전개하여, $H_{\phi 1}$을 식 (9.106b)의 H_ϕ와 근사적으로 같다고 놓으면

$$\begin{aligned} H_\phi(\rho = a, \phi) &= \sum_{n=-\infty}^{\infty} C_n e^{jn\phi} = \frac{2H_0\psi}{\pi} \\ &\quad + \frac{H_0}{\pi}\sum_{n=1}^{\infty}\left[(1+e^{-j2\pi n/3})e^{jn\phi} + (1+e^{j2\pi n/3})e^{-jn\phi}\right] \\ &\quad \times \frac{\sin n\psi}{n} \end{aligned} \tag{9.109}$$

가 된다. 이 결과의 $n = 1$항은

$$H_{\phi 1}(\rho = a, \phi) = \frac{-j\sqrt{3}H_0\sin\psi}{2\pi}\left[\left(1+\frac{j}{\sqrt{3}}\right)e^{j\phi} - \left(1-\frac{j}{\sqrt{3}}\right)e^{-j\phi}\right]$$

이며, $\rho = a$에 대하여 이 식을 식 (9.108b)와 같다고 놓을 수 있다. 만약

$$J_1'(ka) = 0$$

이고

$$\frac{YE_0\kappa}{ka\mu} = \frac{\sqrt{3}H_0\sin\psi}{\pi}$$

의 두 조건이 성립되면 등가이다.

첫 번째 조건은 바이어스가 없을 때의 공진에 대한 조건과 같고, 이는 식 (9.101)에 주어

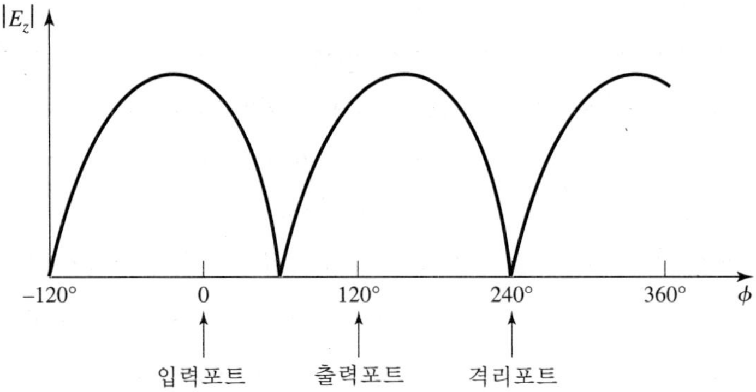

그림 9.24 접합 써큘레이터 주변 둘레에서의 전계 크기

진 것처럼 동작주파수가 ω_0임을 의미한다. 그러면 주어진 동작주파수에 대해서 식 (9.101)을 이용하여 원판의 반경 a를 구할 수 있다. 두 번째 조건은 포트 1 또는 2에서 파동 임피던스와 관련 지울 수 있다. 즉, $\sqrt{3}ka/\pi = \sqrt{3}(1.841)/\pi \simeq 1.0$이므로

$$Z_w = \frac{E_0}{H_0} = \frac{\sqrt{3}ka\mu \sin\psi}{\pi Y \kappa} \simeq \frac{\mu \sin\psi}{\kappa Y} \tag{9.110}$$

이다. 따라서, 바이어스 자계로 κ/μ를 조절함으로써 임피던스 정합이 이루어지도록 Z_w를 제어할 수 있다.

3개의 포트에서 전력의 흐름은 다음과 같이 계산할 수 있다.

$$P_{\text{in}} = P_1 = -\hat{\rho} \cdot \bar{E} \times \bar{H}^* = E_z H_\phi \Big|_{\phi=0} = \frac{E_0 H_0 \sin\psi}{\pi} = \frac{E_0^2 \kappa Y}{\pi \mu} \tag{9.111a}$$

$$P_{\text{out}} = P_2 = \hat{\rho} \cdot \bar{E} \times \bar{H}^* = -E_z H_\phi \Big|_{\phi=120^\circ} = \frac{E_0 H_0 \sin\psi}{\pi} = \frac{E_0^2 \kappa Y}{\pi \mu} \tag{9.111b}$$

$$P_{\text{iso}} = P_3 = \hat{\rho} \cdot \bar{E} \times \bar{H}^* = -E_z H_\phi \Big|_{\phi=240^\circ} = 0. \tag{9.111c}$$

이로부터 포트 1에서 2로는 전력의 흐름이 있으나, 1에서 3으로는 없음을 알 수 있다. 이것은 또한 써큘레이터의 방위대칭(azimuthal symmetry)에 의해 전력이 포트 2에서 3으로, 또는 포트 3에서 1로는 결합될 수 있으나, 그 역방향으로는 그렇지 못함을 의미한다.

그림 9.24는 써큘레이터의 주변을 따라 식 (9.108a)의 전계를 그린 것으로, $e^{\pm j\phi}$ 모드의 진폭과 위상은 그들의 중첩이 압력과 출력 포트에서 같은 전압을 가지며 격리된 포트에서는 0인을 볼 수 있다. 이 결과는 입력과 출력 선로의 부하 효과를 무시한 것으로, 이것이 고려되면 전계가 그림 9.24에서 보인 것으로부터 왜곡될 것이다. 이 설계는 협대역의 경우이나, 대역폭은 유전체를 장하시키면 개선될 수 있다. 이때의 해석에서는 고차 모드가 고려되어야 한다.

참고문헌

[1] R. F. Soohoo, *Microwave Magnetics*, Harper and Row, N.Y., 1985.

[2] A. J. Baden Fuller, *Ferrites at Microwave Frequencies*, Peter Peregrinus, London, 1987.

[3] R. E. Collin, *Field Theory of Guided Waves*, McGraw-Hill, N. Y., 1960

[4] B. Lax and K. J. Button, *Microwave Ferrites and Ferrimagnetics*, McGraw-Hill, N. Y., 1962

[5] F. E. Gardiol and A. S. Vander Vorst, "Computer Analysis of E-plane Resonance Isolators," *IEEE Transactions on Microwave Theory and Techniques*, vol. MTT-19, pp. 315-322, March 1971.

[6] G. P. Rodrigue, "A Generation of Mocrowave Ferrite Devices," *Proc. of the IEEE*, vol. 76, pp. 121-137, February 1988.

[7] C. E. Fay and R. L. Comstock, "Operation of the Ferrite Junction Circulator," *IEEE Transactions on Microwave Theory and Techniques*, vol. MTT-13, pp. 15-27, January 1965.

연습문제

9.1 $\bar{H} = (0.5\hat{x} + j0.5\hat{y})\ A/m$의 LHCP RF 자계가 $4\pi M_s = 900$ G의 포화자화값을 갖는 CVG(calcium vanadium garnet) 훼라이트 자계에 가해진다. 손실을 무시할 경우 다음의 두 경우에 대하여 f = 2 GHz에서 자속밀도 $\bar{B}$를 계산하라. **(a)** 바이어스 자계가 없고 훼라이트는 소자화되었을 때($M_s = H_0 = 0$)와 **(b)** 800 Oe 인 바이어스 자계가 z방향으로 가해졌을 때.

9.2 직각좌표계의 성분으로부터 원형 편파 성분으로의 다음과 같은 계 변환(field transformation)을 생각한다.

$$B^+ = (B_x + jB_y)/2, \qquad H^+ = (H_x + jH_y)/2 \quad \text{(RHCP)}$$
$$B^- = (B_x - jB_y)/2, \qquad H^- = (H_x - jH_y)/2 \quad \text{(LHCP)}$$
$$B_z = B_z, \qquad H_z = H_z.$$

z 방향으로 바이어스된 훼라이트 매질에 대해서 $\bar{B}$와 $\bar{H}$ 사이의 관계가 다음과 같은 대각선 텐서 투자율의 형태로 표현될 수 있음을 보여라.

$$\begin{bmatrix} B^+ \\ B^- \\ B_z \end{bmatrix} = \begin{bmatrix} (\mu+\kappa) & 0 & 0 \\ 0 & (\mu-\kappa) & 0 \\ 0 & 0 & \mu_o \end{bmatrix} \begin{bmatrix} H^+ \\ H^- \\ H_z \end{bmatrix}.$$

9.3 $4\pi M_s = 1{,}780$ G인 YIG 구를 이용하는 가변 신호발생기(tunable oscillator)는 구 내부에 700

Oe의 바이어스 자계가 요구된다. 내부 필드를 생성하기 위한 외부 자계강도는 얼마인가?

9.4 얇은 봉이 $H_a = 1{,}000\,\text{Oe}$인 외부자계에 의하여 축방향으로 바이어스되어 있다. $4\pi M_s = 800\,\text{G}$일 때, 봉에 대한 회전자기 공진주파수를 계산하라.

9.5 포화자화가 $4\pi M_s = 1{,}200\,\text{G}$이고 유전상수가 10인 무한한 무손실 훼라이트 매질이 500 oersted의 자계 강도로 바이어스되어 있다. 8 GHz에서 바이어스 방향으로 전파되는 RHCP와 LHCP 사이의 단위 미터당 차동 위상변위를 구하라. 만일 이 매질 속을 선형 편파된 파가 전파된다면 편파가 90° 회전하기 위해서는 얼마의 거리를 진행해야 하는가?

9.6 포화자화 $4\pi M_s = 1{,}780\,\text{G}$이고 유전상수가 13인 무한한 무손실 훼라이트 매질이 2,000 oersted의 자계 강도로 x방향으로 바이어스되어 있다. 5 GHz에서, 두 평면파가 $+z$ 방향으로 전파되는데, 하나는 x방향으로 선형 편파되어 있고 다른 하나는 y방향으로 선형 편파되어 있다. 이들 사이의 차동 위상변위가 180°가 되려면, 두 파가 얼마의 거리를 진행해야 하는가?

9.7 다음 그림에서와 같이 원형 편파된 평면파가 무한한 훼라이트 매질에 수직으로 입사된다. RHCP (Γ^+, T^+)와 LHCP (Γ^-, T^-) 입사파에 대한 각각의 반사계수 및 투과계수를 구하라.(힌트: 투과파는 입사파와 같은 편파가 되고, 반사파는 반대의 편파가 된다)

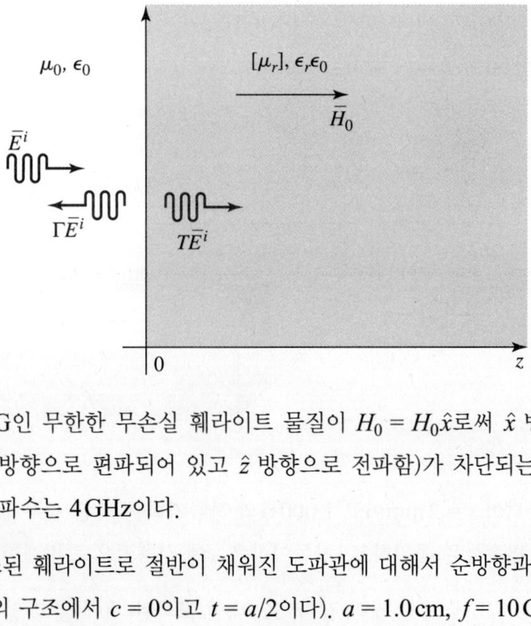

9.8 $4\pi M_s = 1{,}200\,\text{G}$인 무한한 무손실 훼라이트 물질이 $H_0 = H_0\hat{x}$로써 $\hat{x}$ 방향으로 바이어스되어 있다. 이상파($\hat{x}$ 방향으로 편파되어 있고 $\hat{z}$ 방향으로 전파함)가 차단되는 H_0의 범위를 oersted로 결정하라. 주파수는 4 GHz이다.

9.9 횡방향 바이어스된 훼라이트로 절반이 채워진 도파관에 대해서 순방향과 역방향 전파상수를 구하라(그림 9.10의 구조에서 $c = 0$이고 $t = a/2$이다). $a = 1.0\,\text{cm}$, $f = 10\,\text{GHz}$, $4\pi M_s = 1{,}700\,\text{G}$, 그리고 $\epsilon_r = 13$으로 가정한다. $H_0 = 0$에서 1,500 Oe까지에 대한 그래프를 그려라. 손실을 무시하고 작은 H_0에서 훼라이트는 포화되지 않을 수도 있다는 점도 무시한다.

9.10 서로 반대로 바이어스된 두 조각의 훼라이트로 채워진 도파관에 대해서 순방향과 역방향 전파상수를 구하라(그림 9.10에서 $c = 0$ 이고 $t = a/2$인 구조이다). $a = 1.0\,\text{cm}$, $f = 10\,\text{GHz}$, $4\pi M_s = 1{,}700\,\text{G}$, 그리고 $\epsilon_r = 13$으로 가정한다. $H_0 = 0$에서 1,500 Oe까지의 그래프를 그려라. 손실을 무시하고 작은 H_0에서 훼라이트는 포화되지 않을 수도 있다는 점도 무시한다.

9.11 그림 9.11b와 같이 X-대역 직사각형 도파관에 넓고 얇은 훼라이트 판이 놓여 있다. $f = 10$ GHz, $4\pi M_s = 1{,}700$ G, $c = a/4$, $\Delta S = 2\ \text{mm}^2$이라 할 때, 식 (9.80)의 섭동공식을 이용하여 $H_0 = 0$에서 1,200 Oe까지의 바이어스 자계에 대한 차동 위상변위$(\beta_+ - \beta_-)/k_0$를 그려라. 손실은 무시한다.

9.12 $4\pi M_s = 1{,}500$ G의 포화자화를 갖는 훼라이트를 이용하여, 그림 9.11a와 같은 E-평면 공진 아이솔레이터를 8 GHz에서 동작하도록 설계하고자 한다.

(a) 공진에 필요한 바이어스 자계 H_0는 대략 얼마인가?

(b) 그림 9.11b의 H-평면 구조가 사용된다면 필요한 바이어스 자계는 얼마인가?

9.13 그림 9.11b의 X-대역 도파관 내의 훼라이트 판 구조를 이용하여 공진 아이솔레이터를 설계하라. 아이솔레이터는 최소 순방향 삽입손실과 10 GHz에서 30 dB의 역방향 감쇠를 갖도록 한다. $\Delta S/S = 0.01$, $4\pi M_s = 1{,}700$ G, 그리고 $\Delta H = 200$ Oe인 훼라이트 판을 사용하라.

9.14 $k_0 = k_c$에서 $2k_c$까지에 대하여, 빈 직사각형 도파관의 TE_{10} 모드의 자계가 원형 편파가 되는, 두 정규화 위치 x/a를 계산하고 그림을 그려라.

9.15 다음 그림에 보인 바와 같은 래칭 훼라이트 이상기는 복굴절 효과를 이용하고 있다. 상태 1에서, 훼라이트는 자화되어 $H_0 = 0$, $\bar{M} = M_r\,\hat{x}$가 된다. 상태 2에서, 훼라이트는 자화되어 $H_0 = 0, \bar{M} = M_r\hat{y}$가 된다. 만일, $f = 10$ GHz, $\epsilon_r = 12$, $4\pi M_s = 1{,}500$ G, 90°의 차동이상을 얻기 위해 필요한 길이 L을 구하라. 각 상태 모두 입력 평면파는 $\hat{x}$ 방향으로 편파되어 있다고 가정하고 반사는 무시하라.

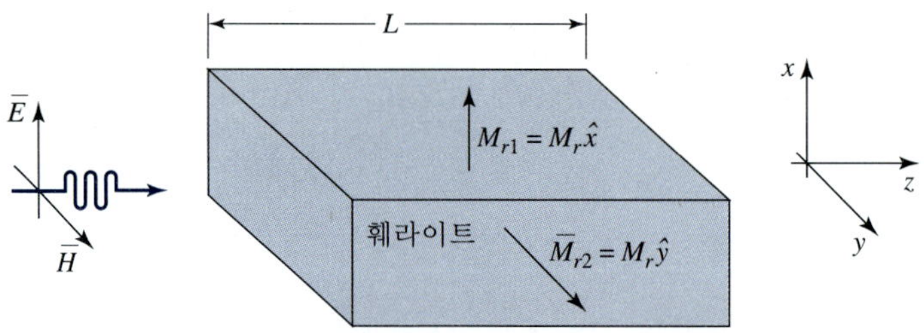

9.16 판 간격이 $s = 2$ mm이고 1,000 G의 잔류자화를 갖는 경우에 대해 예제 9.4를 반복하라. (모든 다른 변수들은 동일하고, 차동이상은 κ에 선형적으로 비례한다고 가정한다)

9.17 그림 9.11b에 보인 것과 같이, X-대역 도파관 내에 넓고 얇은 H-평면 훼라이트 판으로 구성된 래칭 이상기가 있다. $f = 9$ GHz, $4\pi M_s = 1{,}200$ G, $c = a/4$, 그리고 $\Delta S = 2\ \text{mm}^2$일 때, 식 (9.80)의 섭동공식을 이용하여 22.5°의 차동이상을 얻기 위해 필요한 길이를 구하라.

9.18 다음 그림처럼 두 개의 같은 H-평면 훼라이트 판을 사용한 자이레이터를 설계하라. 주파수는 9.0 GHz이고 포화자화는 $4\pi M_s = 1{,}700$ G이다. 각 판의 단면적은 $3.0\ \text{mm}^2$이고 도파관은 X-대역 도파관이다. 영구자석은 $H_a = 4{,}000$ Oe의 자계 강도를 갖는다. 훼라이트 내의 자계 H_0를 구하고, 식 (9.80)의 섭동공식을 이용하여 180° 차동이상을 얻기 위한 판의 최적한 위치와 길

이 L을 구하라.

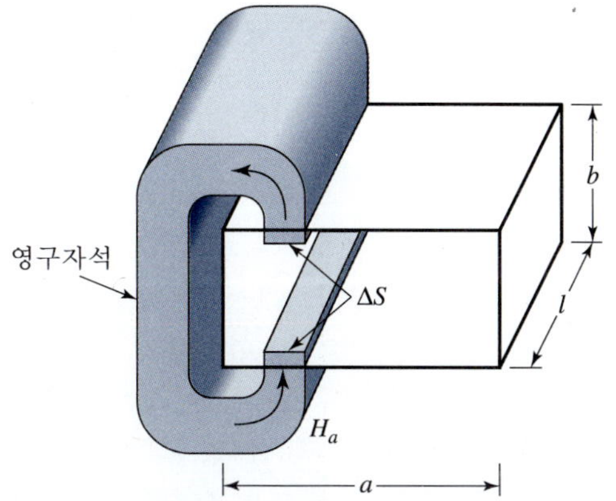

9.19 한 개의 자이레이터와 두 개의 결합기(coupler)를 사용하여 써큘레이터의 등가회로를 그려라.

9.20 어떤 무손실 써큘레이터가 10 dB의 반사손실을 갖는다. 아이솔레이션은 얼마인가? 반사손실이 20 dB이면 아이솔레이션은 얼마인가?

제 10 장

잡음과 비선형 왜곡

레이더 및 원격 감지시스템 등 다양한 RF 및 마이크로파 통신에서 잡음특성은 시스템의 수신감도를 결정하므로 통신 시스템에 매우 중요한 영향을 미친다. 수신기에서의 잡음 전력은 안테나를 통하여 수신되는 외부 환경에서 발생하는 잡음과 수신기 자체의 회로 및 시스템에서 내부적으로 발생되는 잡음을 생각할 수 있다. 이 장에서는 RF/마이크로파 시스템에서의 잡음원(noise source)과 임피던스 부정합의 영향을 포함한 잡음온도(noise temperature) 및 잡음지수(noise figure)로 표현되는 다양한 마이크로파대 부품의 특성에 대한 내용을 다룬다. 증폭기의 잡음지수, 주파수 발전기의 위상잡음, 안테나의 잡음온도등과 같은 부수적인 잡음 관련 주제도 12~14장에서 다룰 것이다.

또한 다이오드나 트랜지스터와 같은 비선형 소자를 사용하는 주파수 혼합기 증폭기 등에 대신호가 인가리어 발생되는 출력신호 제한 영향인, 이득압축(gain compression), 고조파 왜곡, 상호변조, 동작범위(Dynamic range)등에 대한 내용도 다루어질 것이다.

10.1 마이크로파 회로에서의 잡음

잡음전력은 진공관 또는 반도체 소자 내의 전하 또는 정공의 흐름, 전리층 또는 기타 전리된 기체를 통한 전파, 절대온도 0도 이상의 소자 내에서 격자의 열적 진동과 같은 랜덤 프로세서에 의해 발생된다. 잡음은 외부로부터 마이크로파 시스템에 유입되기도 하고, 통신 시스템 내부에서 발생되기도 한다. 어떤 경우든 시스템의 잡음은, 잡음이 존재하는 환경에서 검출될 수 있는 최소의 신호 크기를 갖는다. 그러므로 최상의 성능을 위해서는 레이더나 무선 수신기의 잔류잡음 레벨을 최소화해야 한다. 방사계(radiometer)나 전파 천문 시스템(radio astronomy system)과 같은 시스템에서 원하는 신호는 사실상 안테나가 수신한 잡음 전력이므로(신호가 감쇠되어 무시할 전도로 아주 작으므로) 안테나가 수신한 잡음 전력과 수신기 자체 내에서 발생하는 잡음을 구별할 필요가 있다.

동작 범위와 잡음원

앞 장에서는 모든 부품이 선형(linear)이고 결정적(deterministic)이라고 가정하였다. 선형이란 말은 출력이 입력에 비례함을 의미하고, "결정적"의 의미는 입력으로부터 출력을 예측할 수 있음을 의미한다. 실제로는 어떤 부품도 입출력 신호의 크기에 상관없이 선형이고 결정적일 수는 없다. 그러나 대부분의 부품에서 입출력 신호가 선형이고 결정적인 관계를 가지는 범위가 있으며 이 범위를 부품의 **동작범위**(dynamic range)라 한다.

한 예로 그림 10.1과 같이 이득이 G인 실제 마이크로파 트랜지스터 증폭기의 경우를 보자. 이상적인 증폭기에서, 출력 전력과 입력 전력은

$$P_{\text{out}} = GP_{\text{in}}$$

의 관계가 있고, 이는 모든 값의 P_{in}에 대해서 성립된다. 따라서 $P_{\text{in}} = 0$이면 $P_{\text{out}} = 0$이고, $P_{\text{in}} = 10^6\,\text{W}$이고 $G = 10\text{dB}$이면 $P_{\text{out}} = 10^7\,\text{W}$가 될 것이다. 분명히 이와 같은 조건이 실제로는 성립되지 않는다. 증폭기 자체의 잡음과 외부로부터 증폭기에 유입된 잡음 때문에 증폭기의 입력전력이 영(0)인 경우에도 증폭기 출력에는 잡음 출력이 나타난다. 입력전력이 아주 크면 증폭기는 포화 또는 파손된다. 이와 같이 실제 증폭기의 입출력 관계는 그림 10.1과 같이 된다.

입력전력이 아주 작으면 증폭기의 출력은 거의 대부분 잡음전력이다. 이와 같은 잡음전력을 부품 또는 시스템의 **바닥잡음** 또는 **기저잡음**(noise floor)이라 하며 그 크기는 시스템 대역폭 내에서 $-80\,\text{dBm}$ 내지 $-140\,\text{dBm}$ 정도이다. 이 경우 낮은 잡음 출력은 부품을 냉각시키면 얻을 수 있다. 입력전력이 기저잡음 이상이 되면 증폭기는 $P_{\text{out}} = GP_{\text{in}}$의 관계가 성립되는 범위를 가지며 이 범위가 증폭기의 **동작범위**(dynamic range)이다. 동작범위의 상한에서는 출력이 포화되기 시작한다. 이는 입력전력이 계속 증가하더라도 출력전력은 더 이상 증가되지 않음을 의미한다. 과대 입력전력은 증폭기의 고장을 일으킬 것이다.

장치 또는 부품내에서 내부적으로 발생한 잡음은 대개 장치나 재료에서 전하나 반송전하의 불규칙 운동(random motion)에 의해 발생된다.

이와 같은 운동은 다양한 방법으로 일어나며 다음과 같은 잡음의 원인이 된다.

- **열잡음**(thermal noise)은 가장 기본적 잡음으로 고정 전하의 열적 진동으로 발생되며 **Johnson** 또는 **Nyquist** 잡음이라고도 한다.
- **산탄잡음**(shot noise)은 진공관 또는 반도체 소자 내에서 전하 반송자의 불규칙변화(randomfluctuations)에 의해 발생된다.
- **플리커**(flicker)**잡음**은 반도체 소자나 진공관 내에서 발생하며 잡음전력 분포가 주파수에 반 비례하므로 $1/f$ 잡음이라고 한다.
- **플라즈마**(plasma)**잡음**은 플라즈마, 전리층 또는 방전이 일어나는 전기 접촉부와 같이 이온화된 기체 내에서 전하의 불규칙한 운동에 의해 발생된다.
- **양자잡음**(quantum noise)은 전하 반송자와 광자(photon)가 양자화되는 현상 때문에

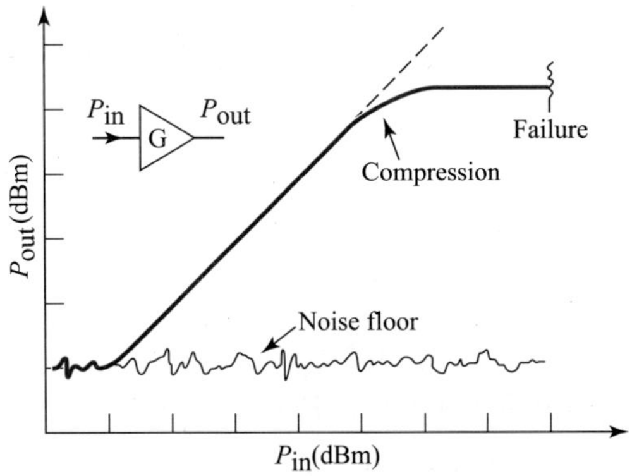

그림 10.1 실제 증폭기의 동작범위 예

생기며 이는 다른 잡음에 비해 영향이 적은 편이다.

수신안테나나 전자계 결합에 의해 시스템에 외부잡음이 유입되고, 이러한 외부잡음의 일반적인 소스는 다음과 같다.

- 복사열에 의한 열잡음
- 우주배경(Cosmic background) 잡음
- 태양을 포함한 행성으로부터의 잡음
- 번개
- 가스 방출 램프
- 라디오, TV 및 무선기지국
- 무선기기
- 전자레인지
- 고의적인 전자파 왜란 장치

잡음온도와 잡음지수로써 RF/마이크로파 시스템의 잡음 영향을 특성화하는 것은 시스템 동작 주파수 대역에서 균일한 전력 밀도를 갖는 잡음(**백색잡음**)원의 모든 잡음 특성에 적용할 수 있다.

잡음전력과 등가잡음 온도

그림 10.2에 나타낸 바와 같이 절대온도 T(K)에 있는 저항을 살펴보자. 이 저항 내에 있는 전자들은 온도 T에 비례하는 운동에너지로 불규칙 운동을 하며, 이 때문에 그림 10.2에 나타낸 바와 같이 저항 양단에 잡음전압 $V(t)$가 발생된다. 이 잡음전압은 평균값이 영(0)이지만 Planck의 흑체방사 법칙(blackbody radiation law)에 의하면 그의 실효값은 다음과 같다.

$$V_n = \sqrt{\frac{4hf\,BR}{e^{hf/kT} - 1}} \tag{10.1}$$

여기서

$h = 6.626 \times 10^{-34}$J-sec는 Planck 상수

$k = 1.380 \times 10^{-23}$J/K는 Boltzmann 상수

T는 절대온도로 단위는 kelvin(K)

B는 시스템의 대역폭이며 단위는 Hz

f는 중심주파수이며 단위는 Hz

R는 저항으로 단위는 Ω.

이 식은 양자역학적으로 구한 결과이며 모든 주파수에서 성립된다. 마이크로파 주파수에서 식 (10.1)은 $hf \ll kT$임을 이용하면 간단히 할 수 있다(한 예로 $f = 100$GHz, $T = 100$K 이면 $hf = 6.6 \times 10^{-23} \ll kT = 1.4 \times 10^{-21}$이다). 식 (10.1)의 지수함수를 Taylor 급수로 전개하여 처음 두 항만 취하면

$$e^{hf/kt} - 1 \simeq \frac{hf}{kT}$$

이므로, 식 (10.1)은

$$V_n = \sqrt{4kT\,BR} \tag{10.2}$$

로 된다.

이 식을 **Rayleigh-Jeans 근사식**이라 하며 마이크로파 공학에서 가장 흔히 사용하는 공식이다[1]. 그러나 아주 높은 주파수나 아주 낮은 주파수에서는 이 근사식이 성립되지 않는데, 이 경우에는 식 (10.1)을 사용해야 한다. 잡음전력은 주파수에 무관하며, 잡음 발생기는 잡음전력 스펙트럼 밀도가 주파수에 따라 일정하므로 백색잡음 발생기(white

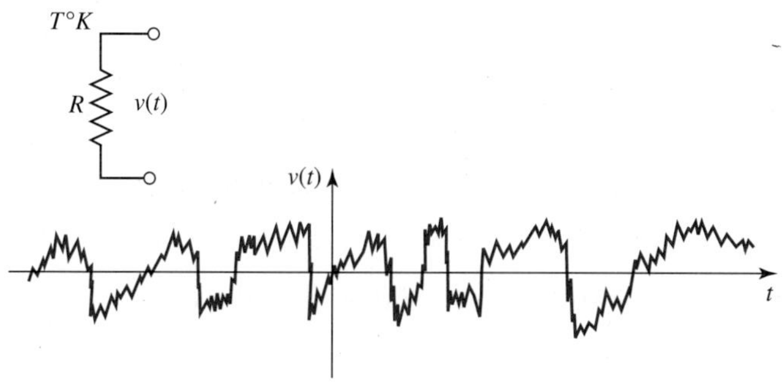

그림 10.2 잡음저항에 의해서 발생된 랜덤 잡음전압

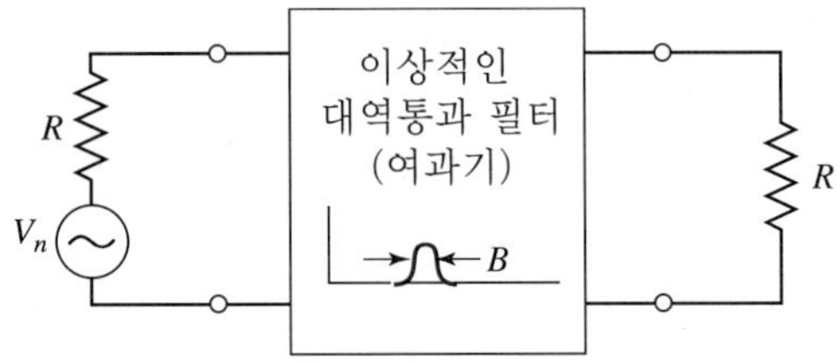

그림 10.3 잡음저항으로부터 대역폭이 B인 부하에 전달되는 최대전력 전달 등가회로

noise source)라 한다. 백색잡음 발생기의 잡음전력은 대역폭에 비례하지만 실제로는 마이크로파 시스템 대역폭에 제한을 받는다. 독립된 백색 잡음원(또는 백색잡음 발생기)은 가우시안 분포이므로 잡음전력(무작위 변수의 variances에 해당)은 가산적(additive)이다.

그림 10.2의 잡음 저항기는 그림 10.2과 같이 식 (10.2)의 잡음 전압원과 무잡음 저항기로 된 테브닌 등가회로로 내체할 수 있다. 부하저항 R을 연결하면 잡음 저항기로부터 최대 전력 전달이 되며 대역폭 B 내에서 부하에 전달된 잡음전력은 V_n이 실효값 전압이므로

$$P_n = \left(\frac{V_n}{2R}\right)^2 R = \frac{V_n^2}{4R} = kTB \tag{10.3}$$

이다. 이는 온도 T에서 잡음 저항기로부터 발생되는 최대 가용 잡음전력(maximum available noise power)이며 다음과 같은 성질이 있다.

- $B \to 0$이면 $P_n \to 0$이다. 이는 시스템 대역폭이 작을수록 잡음전력이 작음을 의미한다.
- $T \to 0$이면 $P_n \to 0$이다. 이는 소자나 부품 또는 시스템을 냉각시키면 잡음전력이 작아짐을 의미한다.
- $B \to \infty$이면 $P_n \to \infty$이다. 이는 **자외선 피해**(ultraviolet catastrophe)라 하며, f 또는 B가 무한대이면 식 (10.2)와 (10.3)은 성립되지 않고, 이 경우에는 식 (10.1)을 사용하므로 자외선 피해는 실제로 일어나지 않는다.

임의의 잡음원(열잡음원 또는 기타 잡음원)이 백색 잡음원이기 때문에 잡음전력이 주파수에 크게 좌우되지 않으며 이 등가 열잡음원으로 모델링할 수 있고 등가 잡음온도로 특성을 나타낼 수 있다. 그러므로 그림 10.4와 같이 구동점(driving point) 임피던스가 R이고 잡음전력 N_o를 부하저항 R에 공급하는 임의의 백색잡음 발생기를 생각한다. 이 잡음 발생기는 온도 T_e에서 저항 R인 잡음 저항기로 대치할 수 있으며 T_e는 **등가 잡음온도**로 동일한 잡음전력이 부하에 전달될 때의 온도

$$T_e = \frac{N_o}{kB} \tag{10.4}$$

이다.

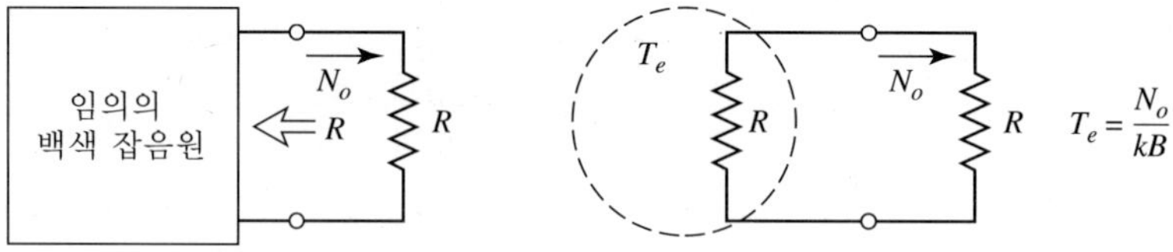

그림 10.4 임의의 백색 잡음원의 등가 잡음온도 T_e

이때 부품과 시스템은 등가 잡음온도 T_e로 그 특성을 나타낼 수 있다. 등가 잡음온도를 정의할 때, 대역폭은 일반적으로 부품 또는 시스템의 대역폭을 말한다.

예를 들어 대역폭이 B이고 이득이 G인 잡음이 존재하는 증폭기를 생각하자. 그림 10.5와 같이 증폭기는 무잡음 신호원 저항과 무잡음 부하저항에 정합되어 있고, 신호원 저항의 온도가 $T_s = 0\,K$라 하면 증폭기 입력전력은 $N_i = 0$이 되고, 출력 잡음전력 N_o는 다만 증폭기 자체에서 생기는 잡음 때문에 발생된다. 다음의 등가잡음온도를 갖는 저항과 함께

$$T_e = \frac{N_o}{GkB} \tag{10.5}$$

이상적인 무잡음 증폭기에 의해 구동되는 부하잡음 전력을 구할 수 있고, 이때 모든 경우의 출력전력은 $N_o = GkT_eB$가 되며 T_e를 증폭기의 등가 잡음온도라 한다.

능동 잡음 발생기는 교정된 잡음전력을 얻기 위해 보통 다이오드나 트랜지스터, 진공관을 사용한다. 잡음 발생기는 등가 잡음온도로 그 특성을 나타낼 수 있으나 잡음 발생기의 잡음전력의 일반적 척도는 **초과 잡음비**(ENR: excess noise ratio)이며

$$\text{ENR(dB)} = 10\log\frac{N_g - N_o}{N_o} = 10\log\frac{T_g - T_0}{T_0} \tag{10.6}$$

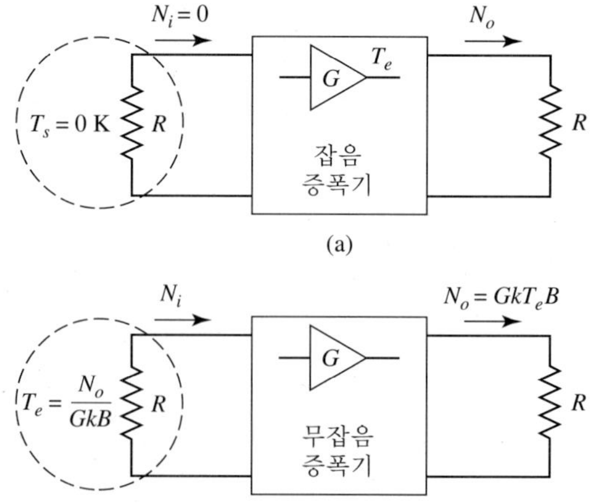

그림 10.5 잡음 증폭기의 등가 잡음온도 정의. (a) 잡음 증폭기, (b) 무잡음 증폭기

로 정의된다. 여기서 N_g와 T_g는 잡음 발생기의 잡음전력과 등가 잡음온도이고 N_o와 T_0는 상온 수동 잡음 발생기의 잡음전력과 등가 잡음온도이다. 반도체 잡음 발생기의 ENR은 보통 20~40 dB이다.

잡음온도 측정

원칙적으로 부품의 등가 잡음온도는 0 K의 정합부하를 부품의 입력에 연결시키고, 출력전력을 측정하여 구할 수 있다. 물론 실제로 0 K의 잡음원 온도를 얻을 수 없으므로 다른 방법을 사용해야 한다. 그러므로 두 개의 잡음원(저항, 잡음 발생기)에 가능하면 온도차를 크게 두어 **Y계수법**(*Y*-factor method)을 적용할 수 있다.

Y 계수법은 그림 10.6에 나타내었으며, 피측정 증폭기(또는 다른 부품)를 온도가 다른 두 정합부하(잡음원 발생기) 중 하나와 연결하고 각각의 출력전력을 측정한다. T_1은 고온부하의 온도이고, T_2는 저온 부하의 온도($T_1 > T_2$)이며, N_1과 N_2는 각 경우의 증폭기 출력 잡음전력이다. 출력잡음전력은 증폭기에 의해 발생된 잡음전력과 잡음 발생기 저항에서 생긴 잡음전력의 합으로 표현된다. 따라서

$$N_1 = GkT_1B + GkT_eB \tag{10.7a}$$

$$N_2 = GkT_2B + GkT_eB \tag{10.7b}$$

이며, 여기서 T_e와 GB(증폭기의 이득 대역폭)가 미지수이다. *Y* 계수를

$$Y = \frac{N_1}{N_2} = \frac{T_1 + T_e}{T_2 + T_e} > 1 \tag{10.8}$$

로 정의하면 *Y*는 P_1과 P_2의 측정으로 구해진다. 이때 등가 잡음온도를 구하기 위해 식 (10.7)을 풀면

$$T_e = \frac{T_1 - YT_2}{Y - 1} \tag{10.9}$$

이다. 즉 부하온도와 *Y* 계수로부터 등가 잡음온도를 구할 수 있다.

Y 계수법으로 등가 잡음온도를 정확히 측정하려면 두 잡음저항의 온도(부하온도)를 비슷하게 설정하는것을 피해야한다. N_1과 N_2가 유사한 값을 가지면 $Y \approx 1$이므로 식 (10.9)의

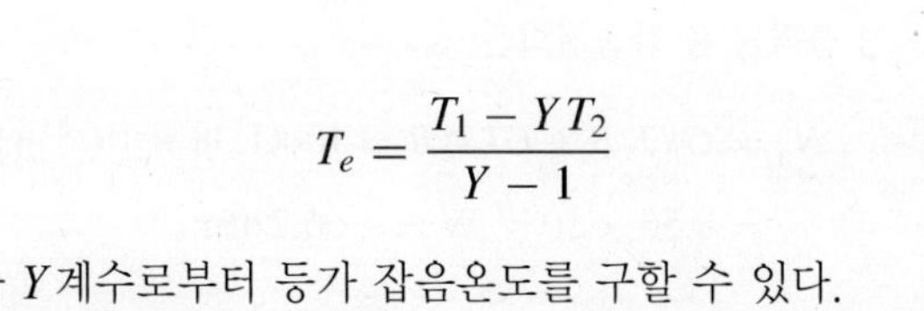

그림 10.6 증폭기의 등가 잡음온도 측정을 위한 *Y* 계수법

값은 비결정적이 된다. 실제로 한 잡음원은 상온($T_0 = 290$ K)의 부하저항이고, 다른 잡음원은 T_e와 T_0의 상대적 크기에 따라 이보다 고온이거나 저온으로 한다. 보통 능동 잡음원은 고온잡음원으로 사용하는 데 반해, 저온잡음원은 부하저항을 액체 질소($T = 77$K) 또는 액체 헬륨($T = 4$K) 내에 넣어 저온환경을 구현하여 사용한다.

예제 10.1 열잡음 측정

X-대역 증폭기의 이득은 20dB이고 대역폭은 1GHz이다. Y계수법으로 이 증폭기의 등가 잡음온도를 측정하는 과정에서 다음의 데이터를 얻었다.

$$T_1 = 290\text{ K 일 때,}\quad N_1 = -62.0\text{ dBm.}$$
$$T_2 = 77\text{ K 일 때,}\quad N_2 = -64.7\text{ dBm.}$$

이 증폭기의 등가 잡음온도를 구하라. 등가 잡음온도 $T_s = 450$K인 잡음 발생기를 이 증폭기 입력에 가할 때, 증폭기 출력잡음 전력은 몇 dBm인가?

☞ 풀이

식 (10.8)로부터 dB 단위의 Y계수는

$$Y = (N_1 - N_2)\text{ dB} = (-62.0) - (-64.7) = 2.7\text{ dB}$$

이고, 이것을 실수로 계산하면 $Y = 1.86$이다. 이때 식 (10.9)를 이용하면 등가 잡음온도는

$$T_e = \frac{T_1 - YT_2}{Y - 1} = \frac{290 - (1.86)(77)}{1.86 - 1} = 170\text{ K}$$

이다.

등가 잡음온도 $T_s = 450$K인 잡음 발생기가 증폭기를 구동할 때, 증폭기 입력 잡음전력은 kT_sB이다. 증폭기 출력의 총 잡음전력은

$$N_o = GkT_sB + GkT_eB = 100(1.38 \times 10^{-23})(10^9)(450 + 170)$$
$$= 8.56 \times 10^{-10}\text{ W} = -60.7\text{ dBm}$$

이다. ◀

10.2 잡음지수

잡음지수의 정의

잡음이 있는 마이크로파 부품이나 시스템은 등가 잡음온도로 그 잡음 특성을 나타낼 수 있음을 알았다. 잡음 특성을 나타내는 또다른 방법으로 부품의 **잡음지수(noise figure)**가

있다. 이는 부품의 입력과 출력 간에 신호 대 잡음비(SNR: signal to noise ratio)의 비를 나타낸다. SNR은 신호전력과 잡음전력의 비이므로 신호전력에 관계된다. 잡음과 신호가 무잡음 회로의 입력에 동시에 가해지면, 잡음과 신호는 같은 비율로 감쇠하거나 증폭되므로 SNR은 변화가 없다. 그러나 잡음 회로에서는 출력 잡음전력이 출력 신호전력보다 더 많이 증가하므로 출력 SNR이 감소하게 된다. 잡음지수 F는 부품의 입출력 간에 SNR의 감소하는 정도를 나타내는 척도로서

$$F = \frac{S_i/N_i}{S_o/N_o} \geq 1 \tag{10.10}$$

로 정의된다. 여기서 S_i와 N_i는 입력 신호전력과 입력 잡음전력이고, S_o와 N_o는 출력 신호전력과 출력 잡음전력이다. 정의에 의하면 입력전력은 $T_0 = 290\,\text{K}$의 정합저항(잡음 저항)으로부터 발생된 잡음전력, 즉 $N_i = kT_0B$이다.

그림 10.7에서 잡음전력 N_i와 신호전력 S_i가 손실 2포트 회로에 인가된다고 하자. 이 회로의 이득은 G이고 대역폭은 B이며 등가 잡음온도는 T_e이다. 입력 잡음전력은 $N_i = kT_0B$이고, 출력 잡음전력은 증폭기 입력잡음이 증폭된 것과 증폭기 내부에서 발생된 잡음의 합이므로 $N_o = kGB(T_0 + T_e)$이다. 출력 신호전력은 $S_o = GS_i$이다. 식 (10.10)에 대입하면 잡음지수는

$$F = \frac{S_i}{kT_0B}\frac{kGB(T_0+T_e)}{GS_i} = 1 + \frac{T_e}{T_0} \geq 1 \tag{10.11}$$

로 된다. dB로 표현하면 $F = 10\log(1 + T_e/T_0)\ \text{dB} \geq 0$이다. 무잡음 회로에서 T_e는 영이고 $F = 1$ 또는 0 dB이다. 식 (10.11)을 T_e에 관해 풀면

$$T_e = (F - 1)T_0 \tag{10.12}$$

이다.

잡음지수의 정의에 관해 두 가지를 유의해야 한다. 잡음지수는 입력 신호원이 정합되고, 잡음원이 $T_0 = 290\,\text{K}$의 저항으로 된 경우에 정의된다. 잡음지수와 등가 잡음온도는 부품의 잡음 특성을 나타내는 성능지표이다.

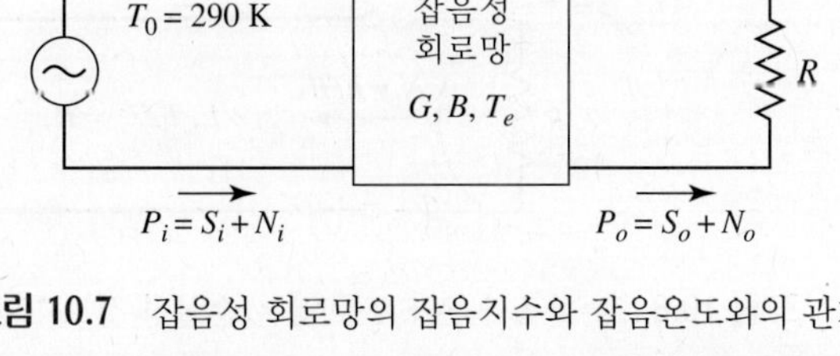

그림 10.7 잡음성 회로망의 잡음지수와 잡음온도와의 관계

2포트 회로가 감쇠기나 손실 전송선로와 같이 수동 손실 부품일 때, 온도 T에서 중요한 현상이 일어난다. 그림 10.8에서와 같이, 온도 T에서, 정합된 신호원 저항이 연결된 2포트 회로(손실 선로 또는 감쇠기)를 생각해 보자. 이 회로의 이득 G는 1보다 작고 손실 L은 $L = 1/G > 1$로 정의된다. 전체 시스템이 열평형 상태에 있고 구동점 임피던스가 R이므로 출력 잡음전력은 $N_o = kTB$이어야 한다. 그러나 이 출력 잡음전력은 신호원 저항으로부터 발생된 잡음이 손실 선로를 통과해 온 것과 손실 선로 자체에서 발생된 잡음의 합으로 구성된다. 따라서

$$N_o = kTB = GkTB + GN_{\text{added}}. \tag{10.13}$$

여기서 N_{added}는 손실 선로에서 발생된 잡음이며, 이것은 손실 선로의 입력단에 의해서 발생한 것으로 간주한 것이다. 식 (10.13)에서 N_{added}를 구하면

$$N_{\text{added}} = \frac{1-G}{G}kTB = (L-1)kTB \tag{10.14}$$

이다. 손실 선로에서 발생된 잡음전력 N_{added}에 해당된 등가 잡음온도(선로의 입력에서 본)는 식 (10.4)의 정의식으로부터

$$T_e = \frac{1-G}{G}T = (L-1)T \tag{10.15}$$

이다. 이때, 식 (10.11)부터 잡음지수는

$$F = 1 + (L-1)\frac{T}{T_0} \tag{10.16}$$

가 된다. 이 선로가 온도 T_0에 있으면 $F = L$이 된다. 즉, 손실 선로의 잡음지수가 손실계수와 같게 된다. 예를 들면 상온에서 6dB 감쇠기의 잡음지수는 6dB이 된다.

직결 시스템의 잡음지수

일반적 마이크로파 시스템에서 입력신호는 종속 연결된(직결) 여러 개의 서로 다른 부품을 통해 전달되며 각 부품은 SNR을 저하시킬 수 있다. 각 단의 잡음지수(또는 잡음온도)를 각각 구해보면 다단 연결에서 첫 단의 잡음 성능이 가장 중요하며, 실제로 첫 단의 잡음

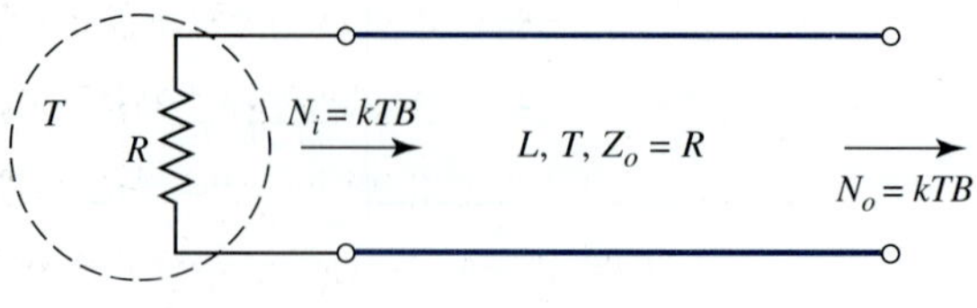

그림 10.8 손실 L과 온도 T를 갖는 손실성 선로 또는 감쇠기의 잡음지수

지수가 시스템 전체의 잡음지수에 미치는 영향은 대단히 크다.

그림 10.9에서와 같이 이득 G_1, G_2, 잡음지수 F_1, F_2, 잡음온도 T_{e1}, T_{e2}를 가진 두 부품이 종속 연결된 경우를 생각해 보자. 두 부품을 묶어서 하나의 부품으로 볼 때, 전체 잡음지수와 잡음온도를 구하고자 한다. 전체 이득은 G_1G_2이다.

잡음온도를 사용하여 첫 단(첫 부품)의 출력 잡음전력은 $N_i = kT_0B$이므로

$$N_1 = G_1kT_0B + G_1kT_{e1}B \tag{10.17}$$

이고, 둘째 단(두 번째 부품)의 출력 잡음전력은

$$\begin{aligned} N_o &= G_2N_1 + G_2kT_{e2}B \\ &= G_1G_2kB\left(T_0 + T_{e1} + \frac{1}{G_1}T_{e2}\right) \end{aligned} \tag{10.18}$$

이다. 두 부품을 하나로 본 등가 시스템의 출력 잡음전력은

$$N_o = G_1G_2kB(T_{\text{cas}} + T_0) \tag{10.19}$$

이므로, 식 (10.18)과 비교하면 종속연결 시스템의 잡음온도는

$$T_{\text{cas}} = T_{e1} + \frac{1}{G_1}T_{e2} \tag{10.20}$$

이다. 식 (10.20)의 잡음온도를 잡음지수로 바꾸기 위해 식 (10.12)를 이용하면 종속접속된 시스템의 잡음지수는

$$F_{\text{cas}} = F_1 + \frac{1}{G_1}(F_2 - 1). \tag{10.21}$$

식 (10.20)과 (10.21)로부터 종속연결 시스템의 잡음 특성은 두 번째 단의 잡음지수는 첫 단의 이득에 의해 감소되므로 첫 단의 잡음 특성의 지배를 크게 받음을 알 수 있다. 따

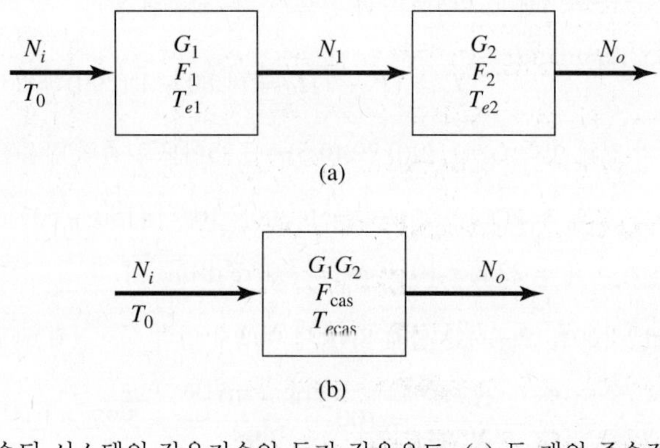

그림 10.9 종속접속된 시스템의 잡음지수와 등가 잡음온도. (a) 두 개의 종속접속 회로망, (b) 등가 회로망

라서 전체 시스템의 잡음 특성을 좋게 하기 위해서 첫 번째 단은 우수한 잡음특성과 적절한 이득을 갖게 설계하는 것이 중요하다. 후속 단들은 전체 잡음 성능에 크게 영향을 주지 않으므로 첫 단의 설계에 비용과 노력을 많이 투자해야 한다.

식 (10.20)과 (10.21)을 여러 단으로 종속 연결된 시스템에 적용하면, 다음과 같은 일반식으로 된다.

$$T_{\text{cas}} = T_{e1} + \frac{T_{e2}}{G_1} + \frac{T_{e3}}{G_1 G_2} + \cdots, \tag{10.22}$$

$$F_{\text{cas}} = F_1 + \frac{F_2 - 1}{G_1} + \frac{F_3 - 1}{G_1 G_2} + \cdots. \tag{10.23}$$

예제 10.2 무선 수신기의 잡음 성능 분석

무선 수신기의 전치부(front end)에 대한 구성도를 그림 10.10에 나타내었다. 이 전치부의 전체 잡음지수를 계산하라. 만약 수신 안테나로부터 주어지는 전치부의 입력 잡음전력이 $T_A = 150\,\text{K}$에 $N_i = kT_A B$로 주어질 때, dBm 단위로 출력 잡음전력을 구하라. 만약 수신기의 출력단에서 필요한 최소의 SNR이 20 dB일 때 수신기의 입력단에 가해질 수 있는 최소의 신호전압은 얼마인가? 시스템은 상온인 T_0에서 동작하며 특성 임피던스는 50 Ω이고, IF 대역폭은 10 MHz라고 가정한다.

☞ 풀이

우선 dB값들을 수치로 바꾸면 다음과 같다.

$$G_a = 10\text{ dB} = 10 \qquad G_f = -1.0\text{ dB} = 0.79 \qquad G_m = -3.0\text{ dB} = 0.5$$
$$F_a = 2\text{ dB} = 1.58 \qquad F_f = 1\text{ dB} = 1.26 \qquad F_m = 4\text{ dB} = 2.51$$

시스템의 전체 잡음지수를 알기 위해 식 (10.23)을 이용하여

$$F = F_a + \frac{F_f - 1}{G_a} + \frac{F_m - 1}{G_a G_f} = 1.58 + \frac{(1.26-1)}{10} + \frac{(2.51-1)}{(10)(0.79)}$$
$$= 1.80 = 2.55\text{ dB}$$

을 구할 수 있다. 출력 잡음전력을 계산하는 가장 좋은 방법은 잡음온도를 사용하는 것이다. 식 (10.12)로부터 전체 시스템의 등가 잡음온도는 다음과 같다.

$$T_e = (F-1)T_0 = (1.80-1)(290) = 232\text{ K}.$$

시스템의 전체 이득 $G = (10)(0.79)(0.5) = 3.95$이므로 출력 잡음전력을 계산하면

$$N_o = k(T_A + T_e)BG = (1.38 \times 10^{-23})(150 + 232)(10 \times 10^6)(3.95)$$
$$= 2.08 \times 10^{-13}\text{ W} = -96.8\text{ dBm}.$$

20 dBm = 100을 요구하는 출력 SNR에 대해서 입력 신호전력을 구하면

$$S_i = \frac{S_o}{G} = \frac{S_o}{N_o}\frac{N_o}{G} = 100\frac{2.08 \times 10^{-13}}{3.95} = 5.27 \times 10^{-12}\text{ W} = -82.8\text{ dBm}$$

이고, 50 Ω 임피던스 시스템에 대한 입력 신호전압은 다음과 같다.

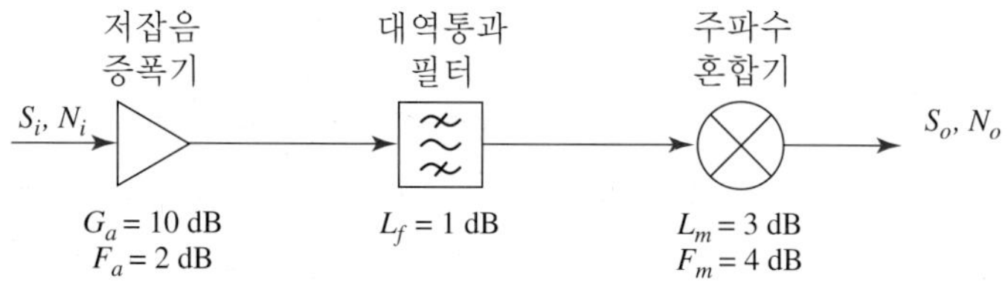

그림 10.10 예제 10.2를 위한 무선 수신기의 전치부(front end) 구성도

$$V_i = \sqrt{Z_o S_i} = \sqrt{(50)(5.27 \times 10^{-12})} = 1.62 \times 10^{-5}\ \text{V} = 16.2\ \mu\text{V (rms)}.$$

참고사항: 잡음지수의 정의로부터 출력 잡음전력을 다음과 같이 구할 수도 있다.

$$N_o = N_i F \left(\frac{S_o}{S_i}\right) = N_i FG = kT_A BFG$$

$$= (1.38 \times 10^{-23})(150)(10 \times 10^6)(1.8)(3.95) = 1.47 \times 10^{-13}\ \text{W}.$$

이것은 **잘못된** 결과이다! 이전에 구한 결과와 다른 이유는 잡음지수의 정의에서는 kT_0B를 입력 잡음으로 하였지만, 이 문제에서 입력 잡음전력은 kT_AB(여기서 T_A는 150 K)로 했기 때문이다. 이것은 일반적 오류이고, 절대적 잡음전력을 계산할 때 이러한 혼란을 피하기 위해 잡음온도를 사용하는 것이 더 정확하다. ◀

수동 2 포트 회로망의 잡음지수

우리는 앞 절에서 열역학적 논의를 통하여 정합된 손실 전송선로나 감쇠기에 대한 잡음지수를 유도했다. 여기서는 일반적 수동 회로(열잡음이 발생하지 않는 다이오드나 트랜지스터와 같은 능동소자를 포함하지 않는 회로망)의 잡음지수를 구하기 위해서 열역학적인 방법을 고려한다. 또한 이 방법은 소자의 입력이나 출력에서 부정합이 있을 때 잡음지수의 변화를 구할 수 있다. 일반적으로 능동소자인 다이오드나 트랜지스터의 잡음 특성을 기본 원리로부터 계산하는 것보다 직접 측정하면 좀더 정확하고 쉽게 파악할 수 있다.

그림 10.11은 포트 1에 신호원이, 포트 2에 부하가 연결되어 있는 일반적 수동 2 포트 회로망을 보여준다. 이 회로망은 S 파라미터 매트릭스[S]로 그 특성을 나타낼 수 있으므로,

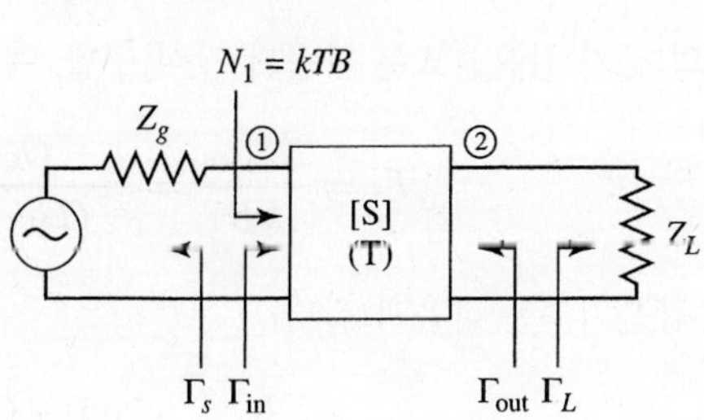

그림 10.11 부정합된 임피던스를 갖는 수동 2 포트 회로망. 회로망의 온도는 T이다.

다음에 주어진 반사계수는 이러한 부정합에 대한 정의이다.

Γ_s은 신호원 쪽에 대한 반사계수
Γ_{in}은 회로망의 포트 1쪽에 대한 반사계수
Γ_{out}은 회로망의 포트 2쪽에 대한 반사계수
Γ_L은 부하에 대한 반사계수

만약 온도 T에서 동작하고 $N_1 = kTB$의 입력 잡음전력이 이 회로망의 입력에 가해진다면 포트 2에서 가용출력 잡음전력은 다음과 같이 표현된다.

$$N_2 = G_{21}kTB + G_{21}N_{\text{added}}. \tag{10.24}$$

여기서 N_{added}는 회로망(포트 1을 기준으로)에 의해 내부에서 발생하는 잡음전력이고, G_{21}은 포트 1에 대한 포트 2의 **가용 전력이득**이다. 가용 전력이득은 회로망의 S 파라미터와 포트의 부정합으로 표현할 수 있다(11.1장 참조)

$$G_{21} = \frac{\text{회로망으로부터의 가용 전력}}{\text{전원으로부터의 가용 전력}} = \frac{|S_{21}|^2(1-|\Gamma_S|^2)}{|1-S_{11}\Gamma_S|^2(1-|\Gamma_{\text{out}}|^2)}. \tag{10.25}$$

또한 출력 부정합은 다음과 같이 표현된다.

$$\Gamma_{\text{out}} = S_{22} + \frac{S_{12}S_{21}\Gamma_S}{1-S_{11}\Gamma_S}. \tag{10.26}$$

$\Gamma_s = 0$ 및 $S_{22} = 0$이 되도록 회로망에 부가회로를 이용하여 정합한다면 $\Gamma_{\text{out}} = 0$이고 $G_{21} = |S_{21}|^2$이 되는데, 이는 정합되었을 때 회로망이 갖는 이득과 동일하다. 그리고 회로망의 가용 전력이득은 부하 부정합 Γ_L과 상관없음을 알 수 있다. 이것은 가용 전력이득이 회로망으로부터 이용 가능한 최대전력으로 정의되고, 또한 부하 임피던스가 회로망의 출력 임피던스에서 공액정합 되는 경우이기 때문이다.

입력잡음은 kTB이고 회로망의 온도는 T이므로 회로망은 열역학적 평행상태에 있고, 따라서 가용출력 잡음전력은 $N_2 = kTB$가 되어야 한다. 따라서 N_{added}에 대해서 식 (10.24)을 풀면 다음과 같다.

$$N_{\text{added}} = \frac{1-G_{21}}{G_{21}}kTB. \tag{10.27}$$

따라서 회로망의 등가 잡음온도는 다음과 같이 구할 수 있다.

$$T_e = \frac{N_{\text{added}}}{kB} = \frac{1-G_{21}}{G_{21}}T. \tag{10.28}$$

또한 회로망의 잡음지수는 다음과 같다.

$$F = 1 + \frac{T_e}{T_0} = 1 + \frac{1-G_{21}}{G_{21}}\frac{T}{T_0}. \tag{10.29}$$

손실선로에 대한 식 (10.27)−(10.29)의 결과와 식 (10.14)−(10.16)의 유사성을 유의하기 바란다. 즉 이 둘의 근본적 차이는 여기서 우리가 회로망의 가용 전력이득을 사용하여 회로망과 외부회로 사이의 임피던스 부정합을 고려한다는 점이다. 이제 이 결과를 실제 문제에 적용하여 그 결과의 이용법을 설명하고자 한다.

부정합 손실선로의 잡음지수

앞 절까지는 입력과 출력이 정합되었다는 가정 아래 손실이 있는 전송선로의 잡음지수를 구했다. 여기서는 선로가 입력부분에서 부정합되어 있는 경우를 생각한다. 그림 10.12는 전력 손실인자 $L = 1/G$이고, 온도 T이고 전송선로와 전원 사이의 임피던스가 부정합되어 있는 길이 ℓ인 전송선로를 나타내고 있다. 따라서 $Z_g \neq Z_0$이므로 전원 쪽으로 본 반사계수는 다음과 같이 된다.

$$\Gamma_s = \frac{Z_g - Z_0}{Z_g + Z_0} \neq 0.$$

특성 임피던스는 Z_0이고 손실이 있는 전송선로의 산란 행렬은 다음과 같다.

$$[S] = \begin{bmatrix} 0 & 1 \\ 1 & 0 \end{bmatrix} \frac{e^{-j\beta\ell}}{\sqrt{L}}. \tag{10.30}$$

여기서 β는 선로의 전파상수이다. 식 (10.26)을 이용하여 포트 2쪽으로의 반사계수는 다음과 같이 주어진다.

$$\Gamma_{\text{out}} = S_{22} + \frac{S_{12}S_{21}\Gamma_s}{1 - S_{11}\Gamma_s} = \frac{\Gamma_s}{L}e^{-2j\beta\ell}. \tag{10.31}$$

그리고 가용이득은 식 (10.25)로부터 다음과 같이 된다.

$$G_{21} = \frac{\frac{1}{L}(1 - |\Gamma_s|^2)}{1 - |\Gamma_{\text{out}}|^2} = \frac{L(1 - |\Gamma_s|^2)}{L^2 - |\Gamma_s|^2}. \tag{10.32}$$

식 (10.32)의 두 가지 극한적 경우를 확인할 수 있다. 즉, $L = 1$일 때 $G_{21} = 1$이 되고, $\Gamma_s =$

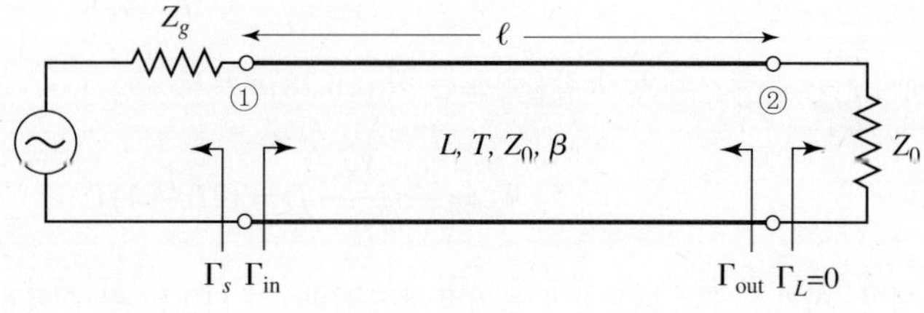

그림 10.12 온도 T에서 입력 포트에서 임피던스 부정합과 손실이 있는 전송선로

0일 때 $G_{21} = 1/L$로 된다. 식 (10.28)에 식 (10.32)를 대입하여 얻어진 부정합된 손실선로의 등가 잡음온도는 다음과 같다.

$$T_e = \frac{1 - G_{21}}{G_{21}} T = \frac{(L - 1)(L + |\Gamma_s|^2)}{L(1 - |\Gamma_s|^2)} T. \tag{10.33}$$

이에 상응하는 잡음지수는 식 (10.11)을 이용하여 구할수 있다. 전송선로가 정합되었을 때 $\Gamma_s = 0$이고, 식 (10.33)은 $T_e = (L - 1)T$로 되어, 식 (10.15)에 의해 얻은 정합된 손실이 있는 선로에 대한 결과와 일치함을 관찰하기 바란다. 선로가 손실이 없다면 $L = 1$이고 식 (10.33)은 예상했듯이 부정합과 관계없이 $T_e = 0$이 된다. 그러나 전송선로가 손실이 있고 부정합되었다면, $L > 1$, $|\Gamma_s| > 0$이 되어 식 (10.33)에 의해 주어진 잡음온도는 정합된 손실이 있는 잡음온도 $T_e = (L - 1)T$보다 큰 값을 갖는다. 이러한 증가 이유는 손실이 있는 전송선로는 실제로 각 포트로 잡음전력을 전달하겠지만, 입력단이 정합되지 않으면 포트 1에서의 가용한 잡음전력의 일부가 신호원으로부터 반사되어 다시 포트 1로 들어가 포트 2에 나타나기 때문이다. 신호원인 포트 1에 정합되면 포트 1의 가용전력은 전송선로로 다시 반사되지 않으므로 포트 2에서의 가용 잡음전력은 최소가 된다.

예제 10.3 윌킨슨 전력 분배기의 잡음지수

출력 쪽의 부하가 정합된 윌킨슨 전력 분배기의 잡음지수를 계산하라. L은 포트 1에서 2로 또는 3으로 전력이 전달될 때 일어나는 삽입 전력손실이라고 하겠다.

☞ 풀이

7장에서 윌킨슨 분배기의 산란 매트릭스가 다음과 같이 주어졌다.

$$[S] = \frac{-j}{\sqrt{2L}} \begin{bmatrix} 0 & 1 & 1 \\ 1 & 0 & 0 \\ 1 & 0 & 0 \end{bmatrix}.$$

$L \geq 1$이라고 할 때 포트 1에서 2로 또는 3으로 전력이 전달될 때 일어나는 삽입손실이다. 윌킨슨 분배기의 잡음지수를 계산하기 위해 먼저 정합부하로 포트 3을 종단시킨다. 즉, 3포트 소자가 2포트 소자가 된다. 포트 1에서 신호원이 정합되었다고 가정하면 $\Gamma_s = 0$이다. 식 (10.26)으로부터 $\Gamma_s = S_{22} = 0$이 된다. 따라서 가용이득은 식 (10.25)로부터 다음과 같이 계산된다.

$$G_{21} = |S_{21}|^2 = \frac{1}{2L}.$$

이때 윌킨슨 분배기의 등가 잡음온도는 식 (10.28)로부터

$$T_e = \frac{1 - G_{21}}{G_{21}} T = (2L - 1)T$$

가 되며, 여기서 T는 분배기의 물리적 온도이다. 식 (10.11)을 이용하면 잡음지수는 다음과 같이 표현된다.

$$F = 1 + \frac{T_e}{T_0} = 1 + (2L - 1)\frac{T}{T_0}.$$

윌킨슨 전력 분배기에서 상온의 온도인 $T = T_0$이면 $F = 2L$로 되고, 만일 손실이 없다면 $F = 2 = 3$ dB을 얻는다. 이런 경우 잡음 전력원은 격리저항(isolation resistor)이 된다.

회로의 입력과 출력이 정합되었으면 열역학적 측면으로부터도 쉽게 결과를 얻을 수 있다. 즉, kTB에 의한 입력 잡음전력을 온도 T에서 정합된 윌킨슨 분배기의 포트 1에 인가한 열적 평형상태인 시스템의 출력 잡음전력은 kTB가 될 것이다. 출력 잡음전력은 입력전력과 분배기의 이득을 곱한 것과 분배기 자체에서 발생하는 잡음전력(분배기의 입력을 기준으로) N_{added}의 합으로 표현할 수 있다.

$$kTB = \frac{kTB}{2L} + \frac{N_{added}}{2L}.$$

N_{added}에 대해 풀면 $N_{added} = kTB(2L - 1)$을 얻는다. 따라서 등가 잡음온도는

$$T_e = \frac{N_{added}}{kB} = (2L - 1)T$$

와 일치한다. ◀

부정합된 증폭기의 잡음지수

마지막으로 입력단의 임피던스 부정합이 증폭기의 잡음지수에 미치는 영향을 살펴보자. 그림 10.13에 나타낸 증폭기는 정합조건에서 이득 G, 잡음지수 F와 대역폭 B를 갖는다. 이 증폭기의 출력단은 정합되어 있고, 입력단은 $\Gamma > 0$으로 부정합 되어있다. 앞에서 수동회로의 부정합이 잡음지수에 미치는 영향을 식 (10.20)에 나타내었으나, 이 결과는 증폭기의 경우에 바로 적용할 수 없다.

증폭기의 입력잡음전력을 $N_i = kT_0B$라 하자. 이때 입력 성분에 대한 증폭기의 출력잡음전력은 다음과 같이 주어진다.

$$N_o = kT_0GB\left(1 - |\Gamma|^2\right) + kT_0\,(F - 1)\,GB \tag{10.34}$$

이 식에서 첫 번째 항은 일벽잡음전력에 의한 증폭기의 출력잡음전력성분이고, 이 성분은 입력단에서 입력잡음전력의 반사성분 만큼 줄어든다. 두 번째항은 식 (10.12)로 주어지는 등가잡음온도에 의한 증폭기 자체에서 발생되는 잡음전력이다. 입력신호성분 Si 대한

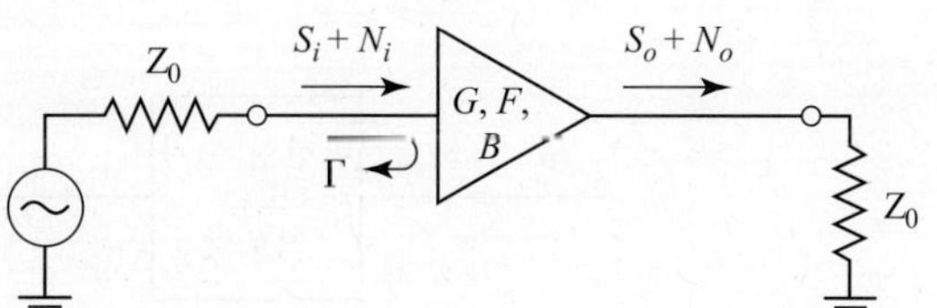

그림 10.13 입력단에서 임피던스 부정합된 잡음 증폭기

출력전력은

$$S_o = G\left(1 - |\Gamma|^2\right)S_i. \tag{10.35}$$

이고, 부정합된 증폭기의 전체 잡음지수 F_m은 식 (10.10)으로부터 다음과 같이 표현된다.

$$F_m = \frac{S_i N_o}{S_o N_i} = 1 + \frac{F - 1}{1 - |\Gamma|^2}. \tag{10.36}$$

식(10.36)을 살펴보면, $|\Gamma| = 0$(정합된 경우)일 때 $F_m = F$이 되며, 반사계수가 커질 수록 F_m은 증가하므로 정합된 경우에 증폭기의 최소잡음지수를 구현할 수 있게 된다. 다시 말해, 증폭기의 잡음지수를 최소화하기 위해서는 반드시 양호한 증폭기 입출력단의 정합을 유지하는 것이 중요하다. 일반적으로 증폭기 출력단의 정합특성은 입력단의 정합특성에 영향을 미치므로 입력단 정합뿐만 아니라 출력단의 정합특성도 증폭기 잡음지수 특성에 영향을 줄 수 있다.

10.3 비선형 왜곡

열잡음은 소자의 손실에 기인하므로 현실적으로 모든 소자들은 적어도 작은 손실이 있어서 열잡음이 발생되나, 이상적 선형소자 또는 회로망은 항상 입력신호에 정확하게 비례하여 출력신호가 주어지게 되므로, 이러한 의미에서는 사실상 열잡음이 존재하지 않는다. 따라서 실제 소자들은 잡음의 영향으로 매우 낮은 전력에서는 비선형적일 수밖에 없다. 또한 모든 소자들은 높은 전력에서 비선형 특성을 갖는다. 이것은 궁극적으로 매우 높은 전력에서 소자의 갑작스런 파괴가 일어나는 결과를 가져오며, 다이오드나 트랜지스터와 같은 능동소자의 경우에는 이득감소 또는 소자의 비선형성으로 인하여 불요파(spurios) 신호가 발생하게 된다. 즉, 소자나 회로망이 원하는 상태에서 동작하게 되는 **동작범위**(dynamic range)가 설정된다. 이 절에서 동작범위와 일반적 비선형 소자의 응답을 살펴보고자 하는데, 이 내용들은 뒷부분에서 논의될 증폭기(12장), 주파수혼합기(13장), 무선수신기 설계(14장)에 유용하다.

다이오드나 트랜지스터와 같은 소자들은 비선형 소자이므로 이러한 특성은 증폭, 검파, 주파수 변환과 같은 기능에 대단히 유용하다[2]. 그러나 비선형 소자의 특성은 또한 이득감쇠나

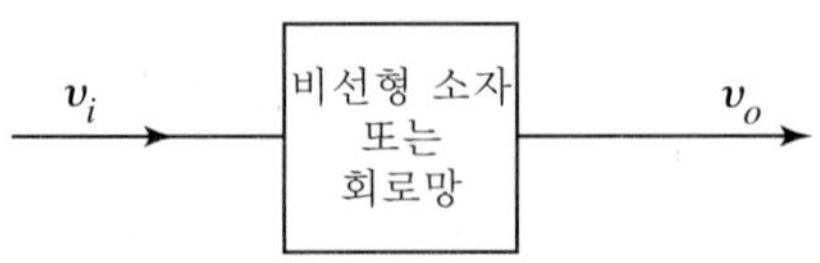

그림 10.14 일반적 비선형 소자 또는 회로망

불요파 신호 발생과 같은 원하지 않는 반응이 나타나기도 한다. 이러한 비선형성의 영향으로 손실의 증가, 신호의 왜곡, 다른 무선채널 또는 서비스에 대한 방해가 될 수도 있다.

RF/마이크로파회로의 비선형성의 주요 영향은 다음과 같다.[3]

- 고조파 발생(기본파 신호의 체배)
- 포화(증폭기의 이득 감소)
- 상호변조 왜곡(주파수가 서로 다른 입력신호의 곱)
- 혼 변조(한 신호의 변조가 다른 신호로 전달되는 현상)
- AM-PM 변환(진폭변조에 의한 위상천이)
- 주파수 재생성(근접한 다수의 신호 간의 상호 변조)

그림 10.14은 입력전압 v_i, 출력전압 v_o인 일반적 비선형 회로망을 보여준다. 대부분의 경우 비선형 회로의 출력응답을 입력신호의 전압항에 대한 Taylor 급수로 모델링할 수 있다.

$$v_o = a_0 + a_1 v_i + a_2 v_i^2 + a_3 v_i^3 + \cdots. \tag{10.37}$$

여기서 Taylor 계수는 다음과 같이 정의된다.

$$a_0 = v_o(0) \qquad \text{(DC 출력)} \tag{10.38a}$$

$$a_1 = \left.\frac{dv_o}{dv_i}\right|_{v_i=0} \qquad \text{(선형 출력)} \tag{10.38b}$$

$$a_2 = \left.\frac{d^2 v_o}{dv_i^2}\right|_{v_i=0} \qquad \text{(2차 출력)} \tag{10.38c}$$

따라서 전개식에 나타나는 지배적 항에 따라 여러 가지 기능이 비선형 회로망으로부터 얻어질 수 있다. a_0가 식 (10.37)에서 유일하게 0이 아닌 계수라면, 회로망은 정류기로서 교류신호를 직류신호로 변환하는 기능을 갖는다.

a_1이 0이 아닌 유일한 계수라면, 선형적 감쇠기($a_1 < 1$) 또는 증폭기($a_1 > 1$)이다.

a_2가 0이 아닌 유일한 계수라면, 주파수 혼합이나 다른 주파수로의 변환기능을 갖는다.

그러나 대부분 실제 쓰이고 있는 소자들은 많은 항이 1이 아닌 급수로 전개되며 이러한 몇 개의 항들의 혼합으로 불필요한 신호가 발생하게 된다. 몇 가지 중요하고 특별한 경우를 살펴보자.

이득압축(gain compression)

우선 같은 단일 주파수 신호로 정현파를 증폭기와 같은 일반적인 비선형 회로망의 입력에 인가한 경우를 생각하자. 입력신호는 다음과 같다.

$$v_i = V_0 \cos \omega_0 t. \tag{10.39}$$

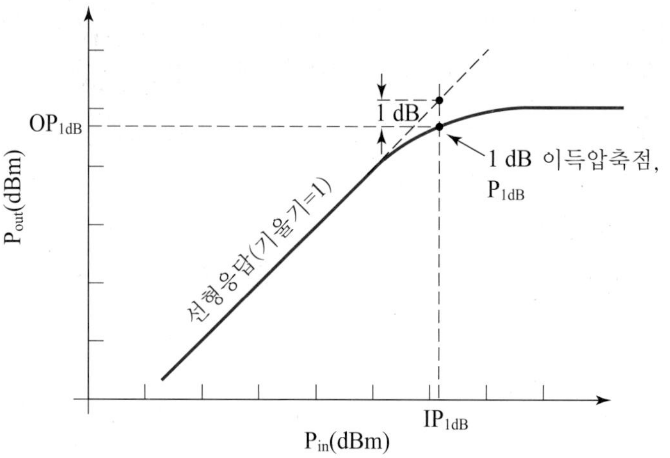

그림 10.15 비선형 증폭기의 1 dB 압축점의 정의

그러면, 식 (10.37)로부터 출력전압은 다음과 같이 된다.

$$\begin{aligned} v_o &= a_0 + a_1 V_0 \cos\omega_0 t + a_2 V_0^2 \cos^2\omega_0 t + a_3 V_0^3 \cos^3\omega_0 t + \cdots \\ &= \left(a_0 + \tfrac{1}{2} a_2 V_0^2\right) + \left(a_1 V_0 + \tfrac{3}{4} a_3 V_0^3\right)\cos\omega_0 t + \tfrac{1}{2} a_2 V_0^2 \cos 2\omega_0 t \\ &\quad + \tfrac{1}{4} a_3 V_0^3 \cos 3\omega_0 t + \cdots . \end{aligned} \tag{10.40}$$

이 결과로부터 주파수 ω_0에 대한 신호 소자의 전압이득은 다음과 같다.

$$G_v = \frac{v_o^{(\omega_0)}}{v_i^{(\omega_0)}} = \frac{a_1 V_0 + \frac{3}{4} a_3 V_0^3}{V_0} = a_1 + \tfrac{3}{4} a_3 V_0^2. \tag{10.41}$$

여기서는 3차 항까지만 계산한 것이다.

식 (10.41)의 결과는 전압이득은 예상했던 a_1 계수와 같으나, 입력전압 크기와 제곱에 비례하는 항이 추가되었다. 일반적 증폭기에서 a_3는 대부분 음의 값이므로 증폭기의 이득은 입력신호 크기 V_0가 커지면 감소하게 된다. 이런 효과를 **이득압축** 또는 **포화**라고 한다. 물리적으로 이 현상은 증폭기의 순간적 출력전압이 능동소자의 바이어스로 사용한 전원전압에 의해 제한되기 때문에 발생한다. a_3가 작을수록 출력전압은 커진다.

증폭기의 일반적 응답특성을 그림 10.15에 나타내었다. 이상적 선형 증폭기의 경우에 출력전력 대 입력전력은 일정한 기울기를 갖는 일직선으로 나타나고, 증폭기의 응답은 제한된 영역에서 이상적이나, 포화가 시작되면서 이득이 제한됨을 알 수 있다. 증폭기의 선형적 동작영역을 정량화하기 위해 출력전력이 이상적인 경우에 비해 1 dB 감쇠하는 전력 수치를 1 dB **압축점**이라고 정의한다. 이러한 전력수치는 보통 P_{1dB}으로 표시하며 입력전력 또는 출력전력에 대하여 표시한다. 일반적으로 증폭기에서 P_{1dB}은 출력전력에서 정하고, 주파수혼합기에서 P_{1dB}은 입력전력에서 정한다. 입출력신호에 대한 각 압축점 사이의 관계는 $OP_{1dB} = IP_{1dB} + G - 1$ dB로 주어진다.[4,5]

고조파 및 상호변조 왜곡(Harmonic and intermodulation distortion)

식 (10.40)의 급수 전개식에서 보는 바와 같이 주파수 ω_0인 입력신호의 일부분이 다른 주파수 성분으로 변환된다. 예를 들어, 식 (10.40)의 첫 번째 항은 직류전압을 의미하는데, 그것은 정류기에서 유용한 답이 된다. $2\omega_0$나 $3\omega_0$ 주파수에 대한 전압은 주파수 체배기 회로에서 유용하다. 그러나 증폭기에서 다른 주파수 성분은 증폭기의 통과대역 내에서 신호왜곡을 일으킨다.

입력신호로 주어지는 단일 주파수 또는 신호 ω_0에 대하여 출력은 일반적으로 $n\omega_0$ ($n = 0, 1, 2...$) 형태인 입력주파수의 배수의 성분이 나타난다. 보통 이러한 배수의 신호는 증폭기의 통과대역 밖에 있으므로 주파수 ω_0에서 원하는 신호에 대한 간섭은 없다. 그러나 입력신호가 두 개의 주파수를 갖고, 두 주파수가 인접한 경우에 상황은 달라진다.

인접한 주파수 ω_1과 ω_2로 주어지는 두 신호의 입력전압은

$$v_i = V_0 (\cos\omega_1 t + \cos\omega_2 t) \tag{10.42}$$

와 같이 나타낼 수 있으며, 식 (10.37)로부터 출력은 다음과 같다.

$$\begin{aligned} v_o &= a_0 + a_1 V_0(\cos\omega_1 t + \cos\omega_2 t) + a_2 V_0^2(\cos\omega_1 t + \cos\omega_2 t)^2 \\ &\quad + a_3 V_0^3(\cos\omega_1 t + \cos\omega_2 t)^3 + \cdots \\ &= a_0 + a_1 V_0\cos\omega_1 t + a_1 V_0 \cos\omega_2 t + \tfrac{1}{2}a_2 V_0^2(1+\cos 2\omega_1 t) + \tfrac{1}{2}a_2 V_0^2(1+\cos 2\omega_2 t) \\ &\quad + a_2 V_0^2\cos(\omega_1-\omega_2)t + a_2 V_0^2\cos(\omega_1+\omega_2)t + \\ &\quad + a_3 V_0^3\left(\tfrac{3}{4}\cos\omega_1 t + \tfrac{1}{4}\cos 3\omega_1 t\right) + a_3 V_0^3\left(\tfrac{3}{4}\cos\omega_2 t + \tfrac{1}{4}\cos 3\omega_2 t\right) + \\ &\quad + a_3 V_0^3\left[\tfrac{3}{2}\cos\omega_2 t + \tfrac{3}{4}\cos(2\omega_1-\omega_2)t + \tfrac{3}{4}\cos(2\omega_1+\omega_2)t\right] + \\ &\quad + a_3 V_0^3\left[\tfrac{3}{2}\cos\omega_1 t + \tfrac{3}{4}\cos(2\omega_2-\omega_1)t + \tfrac{3}{4}\cos(2\omega_2+\omega_1)t\right] + \cdots. \end{aligned} \tag{10.43}$$

여기서 기본적인 삼각함수 항등식이 본래의 식을 전개하기 위해서 사용되었다. 출력 스펙트럼은 다음과 같은 배수 형태로 구성된다.

$$m\omega_1 + n\omega_2. \tag{10.44}$$

여기서 $m, n = 0, \pm1, \pm2, \pm3,...$이다. 이러한 두 가지 입력주파수의 조합을 **상호변조항**(intermodulation products)이라고 하며, 변조적의 차수는 $|m| + |n|$으로 정의된다. 예를 들어, 식 (10.43)의 제곱 항은 다음과 같은 네 개의 2차 상호변조적으로 주어진다.

$2\omega_1$	(ω_1의 제2 고조파)	$m = 2$	$n = 0$	차수 $= 2$
$2\omega_2$	(ω_2이 제2 고조파)	$m = 0$	$n = 2$	차수 $= 2$
$\omega_1 - \omega_2$	(차주파수)	$m = 1$	$n = -1$	차수 $= 2$
$\omega_1 + \omega_2$	(합주파수)	$m = 1$	$n = 1$	차수 $= 2$.

모든 2차 상호변조적들은 증폭기에서는 바람직하지 않으나 믹서에서는 주파수의 합이나

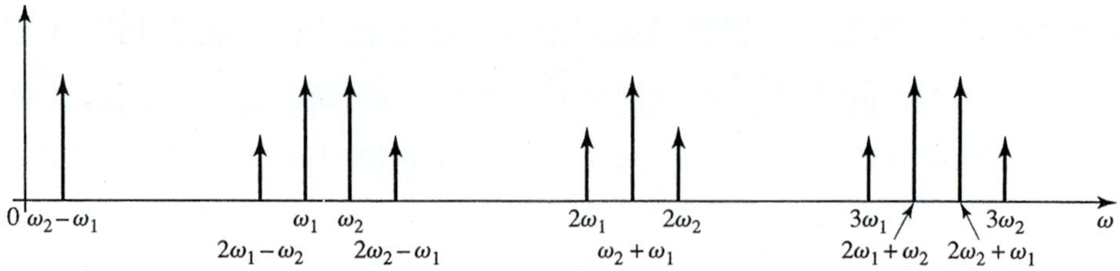

그림 10.16 2차, 3차 두 신호 상호변조적에 대한 출력 스펙트럼. $\omega_1 < \omega_2$로 가정

차가 원하는 결과로 된다. 두 가지 어느 경우에나 두 주파수 ω_1과 ω_2가 인접에 있으면 2차 변조적은 ω_1 또는 ω_2로부터 멀리 떨어지기 때문에 출력성분은 여파기(통과 또는 저지)를 사용하여 쉽게 분리할 수 있다.

식 (10.43)으로부터 3차항은 6개의 상호 변조항이 존재한다. 즉 $3\omega_1$, $3\omega_2$, $2\omega_1+\omega_2$, $2\omega_2+\omega_1$, $2\omega_1-\omega_2$, $2\omega_2-\omega_1$이다. 여기서 첫 번째 네 개 항은 ω_1 및 ω_2로부터 멀리 떨어져 있으므로 일반적으로 통과대역 밖에 있다. 그러나 나머지 두 개의 다른 항은 원래의 입력신호 ω_1과 ω_2 근처에 위치하게 된다. 따라서 증폭기의 통과대역 내에 있게 되어 쉽게 여과되지 않는다. 그림 10.16는 2차, 3차인 두 신호 상호변조적에 대한 스펙트럼을 보여준다. 다양한 진폭과 위상을 가진 많은 주파수로 구성되어 있는 임의의 입력신호는 상호변조적이 통과대역 내에 존재하게 되므로 출력신호에 왜곡을 초래하게 된다. 이런 효과를 **3차 상호변조 왜곡**이라 한다. 식 (10.43)에서 3차 상호변조항 $2\omega_1-\omega_2$(혹은 $2\omega_2-\omega_1$)의 크기와 3차 고조파 성분 $3\omega_1$(혹은 $3\omega_2$)의 크기는 3배 차이나며, 따라서 3차 고조파성분의 전력은 3차 상호변조항의 전력과 비교하여 9.45 dB 작다.

3차 교차점(third-order intercept point)

식 (10.43)으로부터 입력전압 V_0가 증가함에 따라 3차 상호변조항에 관련된 전압은 V_0^3으로 증가함을 알 수 있다. 전력은 전압의 제곱에 비례하기 때문에 3차 상호변조항에 의한 출력전력은 입력전력의 3승에 비례하게 된다. 입력전력이 작을 때 3차 상호변조항은 매우 작으나, 입력전력이 증가함에 따라 급격히 증가할 것이다. 이러한 영향은 1차 및 3차 항에 관한 입력전력 대 출력전력을 대수 눈금(log-log scale)으로 도시한 그림 10.17으로부터 알 수 있다.

1차 항에 대한 선형의 출력전력은 입력전력에 비례하므로, 이 응답을 나타내는 직선의 기울기는(압축이 시작되기 전까지는) 1이다. 3차 상호변조항에 대한 출력전력은 기울기가 3이 된다. (2차 상호변조항은 기울기가 2이나, 2차 상호변조항의 주파수들은 보통 소자의 통과대역 밖에 있으므로 그림 10.17에서 제외하였다). 선형과 3차 상호변조항 둘 다 높은 입력전력에서는 압축됨을 보여주는데, 점선은 이상적인 경우에 대하여 확장한 것을 보여준 것 이다. 두 개의 선은 서로 다른 기울기를 가지기 때문에 교차하게 되지만, 그림에서

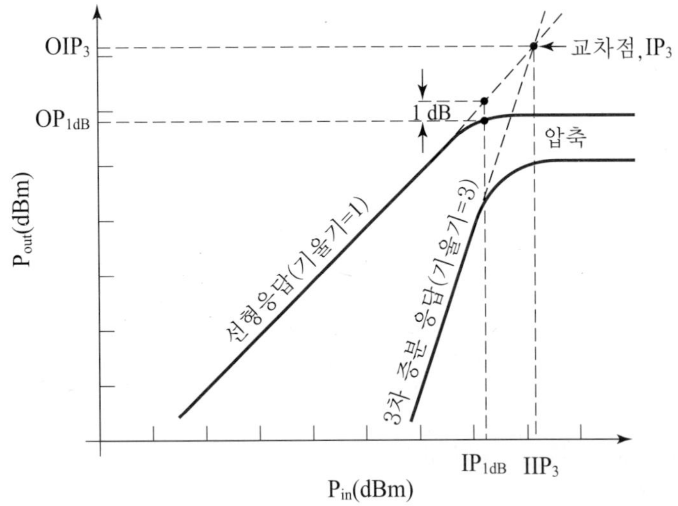

그림 10.17 비선형 성분의 3차 교차점

보는 바와 같이 대개는 압축이 일어나기 시작하는 바로 위에서 만난다. 이러한 가설적 교차점에서는 1차와 3차 항의 전력이 같으면 3차 **교차점**(third-order intercept point)이라 하는데, IP_3로 표기하며 입력전력(IIP_3) 또는 출력전력(OIP_3)에 준하여 명시한다. OIP_3와 IIP_3의 관계는 단순히 $OIP_3 = G(IIP_3)$이다. 보통 IP_3에 대한 표현은 증폭기인 경우에는 출력전력을, 믹서는 입력전력을 기준으로 한다.

그림 10.17에 도시한 바와 같이 IP_3는 보통 1 dB 압축점 $P_{1\text{dB}}$보다 더 높은 전력일 때 일반적으로 발생한다. 실제 많은 소자들은 이러한 전력이 같은 점을 기준으로 하면 IP_3는 $P_{1\text{dB}}$보다 10~15 dB 더 높다는 근사법칙을 따른다.

식 (10.43)의 급수에서 IP_3를 Taylor 계수의 항으로 다음과 같이 표현할 수 있다. $P_{\omega 1}$을 주파수 ω_1에서 원하는 신호의 출력전력으로 정의한다. 그러면 식 (10.43)으로부터 다음 식을 얻는다.

$$P_{\omega_1} = \tfrac{1}{2} a_1^2 V_0^2. \tag{10.45}$$

유사하게 $P_{2\omega 1-\omega 2}$를 주파수 $2\omega_1 - \omega_2$에 대한 상호변조항의 출력전력으로 정의한다. 그러면 식 (10.43)으로부터 다음 식을 얻는다.

$$P_{2\omega_1-\omega_2} = \tfrac{1}{2}\left(\tfrac{3}{4} a_3 V_0^3\right)^2 = \tfrac{9}{32} a_3^2 V_0^6. \tag{10.46}$$

정의에 의하면 위의 두 전력은 3차 교차점에서 같아야 한다. 만약 V_{IP}를 교차점에서의 입력 신호전압으로 정의하면 식 (10.45)와 식 (10.46)은

$$\tfrac{1}{2} a_1^2 V_{IP}^2 = \tfrac{9}{32} a_3^2 V_{IP}^6$$

이 되며, V_{IP}에 대하여 풀면 다음과 같다.

$$V_{IP} = \sqrt{\frac{4a_1}{3a_3}}. \tag{10.47}$$

OIP_3는 교차점에서 $P_{\omega 1}$에 대하여 선형응답이기 때문에 식 (10.45)와 식 (10.47)로부터

$$OIP_3 = P_{\omega_1}\big|_{V_0=V_{IP}} = \frac{1}{2}a_1^2 V_{IP}^2 = \frac{2a_1^3}{3a_3}, \tag{10.48}$$

이 되며, 여기서 IP_3는 출력포트에 대한 것이다. 이 표현은 다음 소절에서 유용하게 쓰일 것이다.

직결시스템의 교차점

잡음지수의 경우처럼 소자의 직결(Cascade)접속은 3차 교차점을 저하시킨다. 잡음전력과는 달리, 직결접속된 시스템에서 상호변조항들은 결정적이고 각 단에서 상호변조항의 위상은 간섭성(Coherence)을 가질 수 있다. 이 경우 전력성분을 단순히 더할 수 없고, 전압의 항으로 상호변조항을 다루어야 한다.

그림 10.18을 참조하여 G_1과 OIP_3'를 각각 첫째 단의 전력이득과 출력 3차 교차점이라고 하면, 둘째 단의 전력이득과 출력 3차 교차점은 각각 G_2와 OIP_3''이 된다. $P_{\omega 1}'$을 주파수 ω_1을 갖는 신호성분에 대한 첫 번째 단에서의 출력전력이라 하고, $P_{2\omega 1-\omega 2}'$를 3차 첫 번째 단의 상호변조항의 출력전력이라 하자. 식 (10.46)으로부터 $P_{2\omega 1-\omega 2}'$은 $P_{\omega 1}'$과 OIP_3'로 표현될 수 있고, 식 (10.45)와 (10.48)을 이용하여 다음과 같은 식을 유도할 수 있다.

$$P_{2\omega_1-\omega_2}' = \frac{9a_3^2V_0^6}{32} = \frac{\frac{1}{8}a_1^6V_0^6}{\frac{4a_1^6}{9a_3^2}} = \frac{(P_{\omega_1}')^3}{(OIP_3')^2}. \tag{10.49}$$

위의 전력에 해당되는 첫 번째 단의 출력전압은

$$V_{2\omega_1-\omega_2}' = \sqrt{P_{2\omega_1-\omega_2}'Z_0} = \frac{\sqrt{(P_{\omega_1}')^3 Z_0}}{OIP_3'}, \tag{10.50}$$

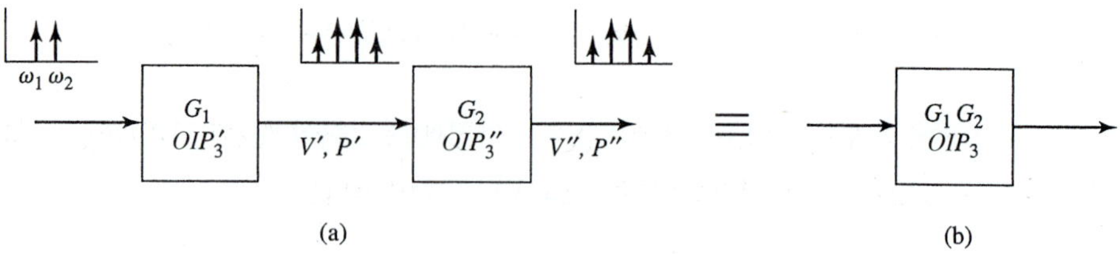

그림 10.18 종속 접속된 시스템의 3차 교차점. (a) 두 개의 종속 접속된 회로, (b) 등가회로

이고, 여기서 Z_0는 시스템의 임피던스이다.

둘째 단 출력 측에 나타나는 3차 왜곡 총 전압은 위 전압에다 둘째 단에 전압이득을 곱한 것과 둘째 단에서 발생된 왜곡전압을 합한 것이다. 이는 종속 접속된 소자에서 발생되는 잡음전력(상호 연관성이 없는)과는 달리 이 전압들이 결정적이고 위상에 관련되어있기 때문이다. 부분적으로 상쇄될 수 있는 각 단에서의 위상지연이 일어날 수 있으므로 이 전압들을 합하면 왜곡이 가장 심하게 나타난다. 따라서 최악의 상태에서 둘째 단 출력의 총 왜곡전압을 다음과 같이 쓸 수 있다.

$$V''_{2\omega_1-\omega_2} = \frac{\sqrt{G_2(P'_{\omega_1})^3 Z_0}}{OIP'_3} + \frac{\sqrt{(P''_{\omega_1})^3 Z_0}}{OIP''_3}.$$

$P''_{\omega 1} = G_2 P'_{\omega 1}$이므로, 다음 식을 얻는다.

$$V''_{2\omega_1-\omega_2} = \left(\frac{1}{G_2(OIP'_3)} + \frac{1}{OIP''_3}\right)\sqrt{(P''_{\omega_1})^3 Z_0}. \tag{10.51}$$

그러면 출력 왜곡전력은

$$P''_{2\omega_1-\omega_2} = \frac{\left(V''_{2\omega_1-\omega_2}\right)^2}{Z_0} = \left(\frac{1}{G_2(OIP'_3)} + \frac{1}{OIP''_3}\right)^2 (P''_{\omega_1})^3 = \frac{(P''_{\omega_1})^3}{(OIP_3)^2}. \tag{10.52}$$

이 된다. 따라서 종속 접속된 시스템의 3차 교차점은 다음과 같다.

$$OIP_3 = \left(\frac{1}{G_2(OIP'_3)} + \frac{1}{OIP''_3}\right)^{-1}. \tag{10.53}$$

제한적인 경우로서 둘째 단에 3차 왜곡이 없으면 $OIP''_3 \to \infty$가 되어, $OIP_3 = G_2(OIP'_3)$가 된다.

상호변조항들이 기본파 신호성분과 충분한 이격을 가질 때, 각 단의 상호변조항이 랜덤 위상을 갖는데, 이 경우 전체 상호변호 항의 전력은 각 단의 상호변조항의 영향을 개별적으로 더해서 다음과 같이 구할 수 있다.

$$OIP_3 = \left(\frac{1}{G_2^2(OIP'_3)^2} + \frac{1}{(OIP''_3)^2}\right)^{-1/2}. \tag{10.54}$$

예제 10.4 종속 접속한 교차점이 계산

그림 10.19에 저잡음 증폭기와 주파수 혼합기가 있다. 저잡음 증폭기는 20 dB의 이득과 22 dBm(출력단 기준)의 3차 교차점을 갖고, 주파수 혼합기는 6 dB의 변환손실과 13 dBm(입력단 기준)의 3차 교차점을 갖는다. 종속 접속된 회로망의 교차점을 구하라.

☞ 풀이

먼저 믹서의 IP_3 기준을 입력단에서 출력단으로 변환하면

$$OIP_3'' = (IIP_3'')\,G_2 = 13\,\text{dBm} - 6\,\text{dB} = 7\,\text{dBm}(\text{출력단 기준}).$$

dB값을 수치로 변환하면

$$OIP_3' = 22\,\text{dBm} = 158\,\text{mW} \quad (\text{증폭기})$$
$$OIP_3'' = 7\,\text{dBm} = 5\,\text{mW} \quad (\text{주파수 혼합기})$$
$$G_2 = -6\,\text{dB} = 0.25 \quad (\text{주파수 혼합기})$$

이다. 식 (10.53)로부터 종속 접속된 경우의 교차점은

$$OIP_3 = \left(\frac{1}{G_2\left(OIP_3'\right)} + \frac{1}{OIP_3''}\right)^{-1} = \left(\frac{1}{(0.25)(158)} + \frac{1}{5}\right)^{-1}$$

$$= 4.4\ \text{mW} = 6.4\ \text{dBm},$$

이다. 식

$$OIP_3 = \left(\frac{1}{G_2^2\left(OIP_3'\right)^2} + \frac{1}{\left(OIP_3''\right)^2}\right)^{-1/2} = \left(\frac{1}{(0.25)^2\,(158)^2} + \frac{1}{(5)^2}\right)^{-1/2}$$

$$= 4.96\ \text{mW} = 6.9\ \text{dBm}.$$

이 되어, 각 소자의 IP_3 값보다 훨씬 작음을 알 수 있다. ◀

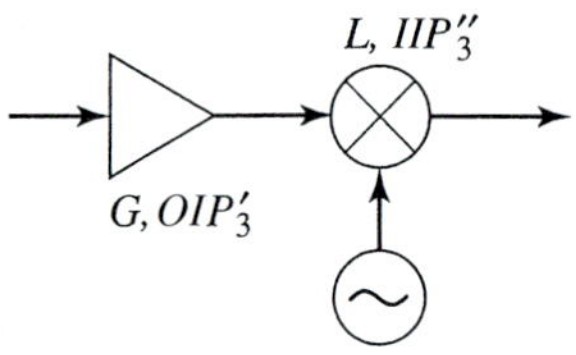

그림 10.19 예제 10.4의 시스템

수동소자의 상호변조(passive intermodulation)

지금까지는 상호변조 왜곡을 다이오드, 트랜지스터와 같은 능동소자의 경우에 대하여 다루었으나 커넥터, 케이블, 안테나 등이나 금속과 금속 접합이 있는 모든 수동소자 등에서의 비선형 특성에 의해서도 상호변조 성분이 발생할 수 있다. 이러한 영향을 **수동 상호변조**(passsive intermodulation)라 하며, 증폭기나 주파수혼합기에서와 같이 두 개 또는 그 이상의 주파수가 근접해 있으면 혼합에 의하여 불요파 신호가 발생한다.

수동 상호변조는 여러 가지 요인으로 발생할 수 있는데, 기계적 접촉 불량, 철을 함유하고 있는 금속 접합부의 산화, RF 접합부의 도체면 오염, 탄소섬유 혼합물이나 강자성체와 같은 비선형 물질의 사용 등을 들 수 있다. 또한 고전력일 경우에는 열에 의해 접합부의 전반적 비선형성이 증가하기도 한다. 이론적으로 수동 상호변조성분의 크기를 예측하기가

매우 어렵기 때문에 보통은 측정을 통하여 파악한다.

3차 상호변조항은 입력전력의 세 제곱에 비례하기 때문에 수동 상호변조성분은 입력 신호전력이 상대적으로 매우 큰 경우에 중요하게 된다. 많은 RF 채널들이 인접해 있고 30~40 dBm의 전력을 방사하는 이동통신시스템의 기지국 송신기와 같은 경우가 대표적인 예가 된다. 기지국 시스템에서는 두 40 dBm 출력신호에 대한 수동 상호변조성분이 −125 dBm 이하로 유지되는 것이 바람직하다. 이는 매우 큰 동작범위이므로 케이블, 커넥터, 안테나를 포함하여 송신기에서의 고전력 부분에 사용되는 소자들은 신중히 선택해야 한다. 이들 대부분의 소자들은 외부에 노출되어 산화, 햇빛에 의한 열화 등이 진행되기 때문에 세심한 운용보수 계획이 필요하다. 수동 상호변조는 일반적으로 매우 낮은 신호를 다루기 때문에 수신기에서는 문제를 야기하지 않는다.

10.4 동작범위

선형 및 무불요파 동작범위

일반적인 의미에서 **동작범위**(Dynamic Range)는 소자나 시스템이 정상적으로 동작하는 입출력 신호의 전력수준을 의미한다. 증폭기의 경우 동작범위는 잡음전력으로 제한되는 하한의 전력수준에서 압축점으로 상한 제한되는 출력전력범위가 될 수 있다. 이것은 증폭기의 선형동작 범위를 나타내며, **선형동작범위**(LDR: Linear Dynamic Range)라 한다. 저잡음 증폭기나 주파수 혼합기의 경우, 동작범위의 하한은 잡음으로 제한되고, 상한은 상호변조

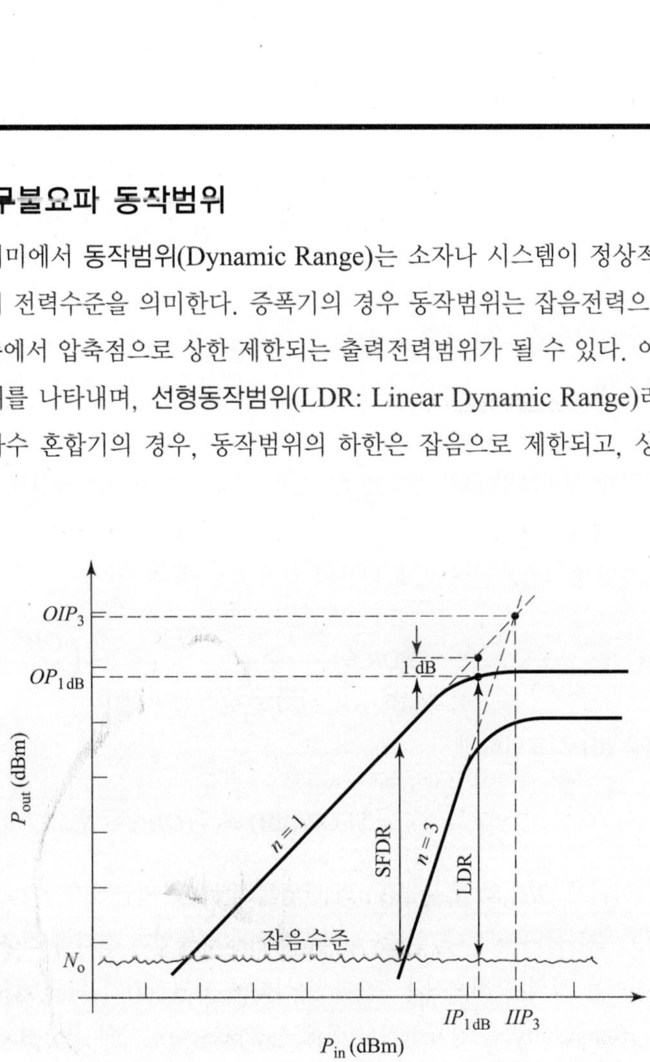

그림 10.20 선형 동작범위(LDR)와 무불요파 동작범위(SFDR)

왜곡을 수용할 수 없는 최대전력으로 제한된다. 이는 불요파 응답이 최소가 되는 동작범위가 되면, **무불요파 동작범위**(SFDR:Spurious-Free Dynamic Range)라 한다.

선형동작범위 LDR은 그림 10.20에 나타낸 바와 같이 1 dB 이득 압축점 P_{1dB}와 소자의 잡음수준의 비로 구할 수 있다. 출력전력의 성분으로 표현하면

$$\text{LDR (dB)} = OP_{1\text{dB}} - N_o, \tag{10.55}$$

여기서 OP_{1dB}와 N_o는 dBm의 단위를 갖는다. 경우에 따라서 선형동작범위를 최소 수신 가능한 전력(감도, Sensitivity)으로 정의하기도 한다. 이것은 필터, 증폭기, 주파수 혼합기 등과 같은 개별 소자보다는 변조방법, 시스템에서 요구되는 최소 SNR, 오류복원코딩의 영향 등의 요소가 중요시되는 수신기 관점에서 적합한 정의가 된다.

그림 10.20에 나타낸 무불요파동작범위는 3차 상호변조성분이 소자의 잡음 수준과 같아질 때의 최대 출력신호의 전력을 출력잡음전력으로 나눈 형태로 정의된다. $P_{\omega 1}$을 $\omega 1$을 주파수에서 신호의 출력전력이라 하고, $P_{2\omega 1-\omega 2}$를 3차 상호변조항의 출력전력이라 하면, 이때 무불요파동작범위는 다음과 같이 표현된다.

$$\text{SFDR} = \frac{P_{\omega_1}}{P_{2\omega_1-\omega_2}}, \tag{10.56}$$

여기서 $P_{2\omega 1-\omega 2}$는 소자의 잡음수준과 동일하다. 식 (10.49)처럼, $P_{2\omega 1-\omega 2}$는 OIP_3와 $P_{\omega 1}$을 사용하여 다음과 같이 표현할 수 있다.

$$P_{2\omega_1-\omega_2} = \frac{(P_{\omega_1})^3}{(OIP_3)^2}. \tag{10.57}$$

이 결과를 살펴보면, 3차 상호변조성분은 입력신호의 전력 증분에 대해 3제곱의 비로 증가한다. 식 (10.57)을 $P_{\omega 1}$와 식 (10.56)의 결과를 적용하여 풀면, 무불요파동작영역을 OIP_3와 소자의 출력잡음전력 N_o로 다음과 같이 표현할 수 있다.

$$\text{SFDR} = \left.\frac{P_{\omega_1}}{P_{2\omega_1-\omega_2}}\right|_{P_{2\omega_1-\omega_2}=N_o} = \left(\frac{OIP_3}{N_o}\right)^{2/3}. \tag{10.58}$$

이 식을 dB로 표현하면,

$$\text{SFDR (dB)} = \frac{2}{3}(OIP_3 - N_o), \tag{10.59}$$

이고, 여기서 OIP_3와 N_o는 dBm의 단위를 갖는다. 지금까지는 $2\omega 1-\omega 2$의 3차 상호변조항에 대한 결과를 구했으나, $2\omega 2-\omega 1$의 경우에도 동일한 결과를 적용할 수 있다.

수신기는 정의된 최소신호수준을 수신하여 복원시키기 위해 요구되는 최소감지신호수준(감도, Sensitivity)을 감지하거나 이에 상응하는 수신기의 최소 SNR을 만족시켜야만 한다. 이것은 수신기에서 잡음수준 이상의 입력신호 전력이 필요함을 의미하며, 식 (10.59)의

SFDR은 불요신호의 전력수준이 잡음전력과 같으므로 결국 수신기의 동작범위는 요구되는 최소 SNR만큼 줄어듦을 의미한다. 따라서, 수신기의 무불요파동작영역은 다음과 같이 표현되어야한다[5.6].

$$\text{SFDR (dB)} = \frac{2}{3}(OIP_3 - N_o) - \text{SNR}. \tag{10.60}$$

예제 10.5 동작범위(dynamic range)

잡음지수가 7dB, 1dB 압축점이 25dBm(출력단 기준), 이득이 40dB, 3차 교차점이 35dBm(출력단 기준)인 수신기가 있다. 잡음온도가 $T_A = 150\,\text{K}$인 안테나에 수신기가 연결되었고, 원하는 출력 SNR이 10dB일 때, 선형 동작범위와 무불요파 동작범위를 구하라. 수신대역폭은 100MHz이다.

☞ 풀이

수신기의 출력 잡음전력은 다음과 같이 계산된다.

$$\begin{aligned} N_o &= GkB[T_A + (F-1)T_0] = 10^4(1.38 \times 10^{-23})(10^8)[150 + (4.01)(290)] \\ &= 1.8 \times 10^{-8}\ \text{W} = -47.4\ \text{dBm}. \end{aligned}$$

선형 동작범위를 dB로 계산하면

$$\text{LDR} = OP_{1\text{dB}} - N_o = 25\ \text{dBm} + 47.4\ \text{dBm} = 72.4\ \text{dB}$$

이 되며, 식 (10.55)로부터 무불요파 동작범위는

$$\text{SFDR} = \frac{2}{3}(OIP_3 - N_o) - \text{SNR} = \frac{2}{3}(35 + 47.4) - 10 = 44.9\ \text{dB}$$

이 된다. 여기서 SFDR ≪ LDR. ◀

참고문헌

[1] F. T. Ulaby, R. K.Moore, and A. K. Fung, *Microwave Remote Sensing: Active and Passive, Volume I, Microwave Remote Sensing, Fundamentals and Radiometry.* Addison-Wesley, Reading, Mass., 1981.

[2] M. E. Hines, "The Virtues of Nonlinearity-Detection, Frequency Conversion, Parametric Amplification and Harmonic Generation," *IEEE Transactions on Microwave Theory and Techniques,* vol. MTT-32, pp. 1097-1104, September 1984.

[3] S. A. Maas, *Nonlinear Microwave and RF Circuits*, 2nd ed., Artech House, Norwood, Mass., 2003.

[4] K. Chang, *RF and Microwave Wireless Systems*, John Wiley & Sons, New York, 2000.

[5] W. Egan, *Practical RF System Design*, John Wiley & Sons, Hoboken, N.J., 2003.
[6] M. Steer, *Microwave and RF Design: A Systems Approach*, SciTech, Raleigh, N.C., 2010.

연습문제

10.1 마이크로파 수신기 종단의 잡음지수를 측정하기 위해 Y-계수법으로 측정하였다. ENR = 22 dB을 갖는 잡음원이, T = 77 K인 액화질소로 냉각된 부하를 가질 때, 측정된 Y계수 비율이 15.83 dB이라면 수신기의 잡음지수는 얼마인가?

10.2 Y-계수법에서 측정오차 때문에 Y 측정 시 ΔY의 불확실성이 발생한다. 등가 잡음온도의 정규화 오차 $\Delta T_e/T_e$를 $\Delta Y/Y$와 온도 T_1, T_2, 그리고 T_e에 관한 식으로 유도하라. 오차가 최소가 되도록 T_1과T_2로 표현되는 T_e를 구하라.

10.3 손실 전송선로가 온도 $T_0 = 290\,\text{K}$에서 F_0의 잡음지수를 갖는다. $F_0 = 1\,\text{dB}$과 $F_0 = 3\,\text{dB}$의 경우에 대하여 $T = 0\,\text{K}$부터, 1,000 K의 온도범위에서 온도의 함수로써 이 전송선로의 잡음지수를 계산하고 도식하시오.

10.4 이득 12 dB, 대역폭 150 MHz 그리고 잡음지수가 4 dB인 증폭기가 잡음온도 900 K인 수신기에 연결될 때, 전체 시스템의 잡음 지수를 구하시오.

10.5 다음 그림은 이동통신 전화기의 수신기 종단부이다. 동작주파수는 1805~1880 MHz이고, 시스템의 동작온도는 300 K이고, 수신기 입력에 잡음원 $N_i = -95\,\text{dBm}$을 인가된다.

(a) 전체 동작주파수 대역에서 신호원의 등가 잡음온도는 얼마인가?

(b) 증폭기의 잡음지수(dB)는 얼마인가?

(c) 직결된 전송선로와 증폭기의 잡음지수(dB)는 얼마인가?

(d) 수신기 출력 단에서 전체 동작주파수 대역에 대한 전체 잡음전력(dBm)을 구하시오.

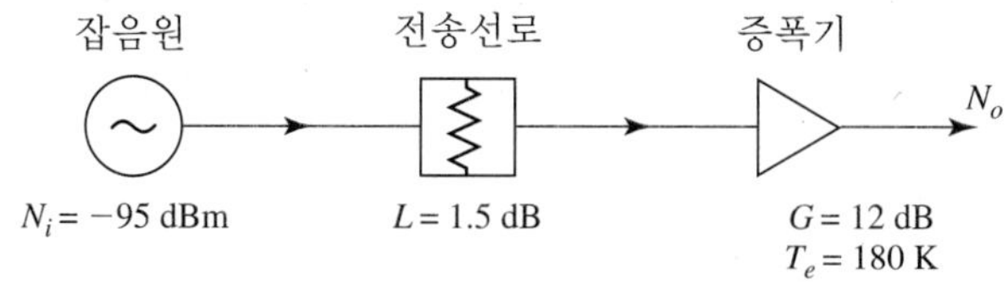

10.6 다음 그림은 중심주파수가 2.4 GHz이고, 대역폭이 100 MHz인 대역통과 필터를 갖는 무선 WLAN 수신기의 종단부를 나타낸다. 상온에서의 전체 시스템 잡음지수는 얼마인가? 이 시스템의 입력 신호전력이 −90 dBm일 때 출력단에서의 신호대 잡음비(SNR)은 얼마인가? 부품들을 재배열하여 전체시스템의 잡음지수를 개선할 수 있는가?

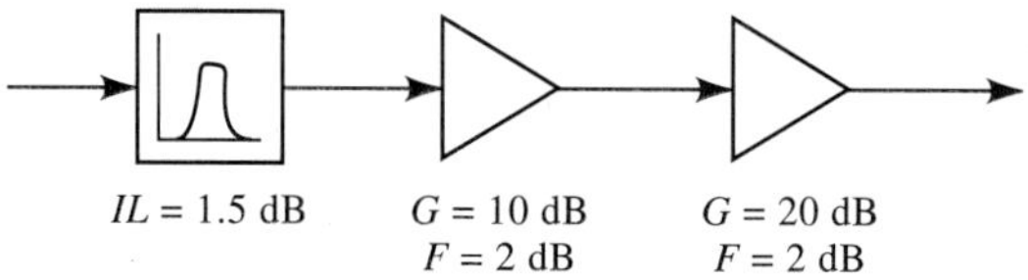

10.7 다음 그림과 같이 2-분기 전력분배기의 한 출력포트는 정합부하로 종단되어 있다. 이 전력분배기가 **(a)** 등분 2분기 저항성 분배기, **(b)** 2분기 윌킨슨 분배기, **(c)** 3 dB 90° 하이브리드 회로인 경우 전체 2포트 회로의 등가 잡음온도를 구하라. 가각의 경우 분배기는 상온에서 정합되어 있다고 가정한다.

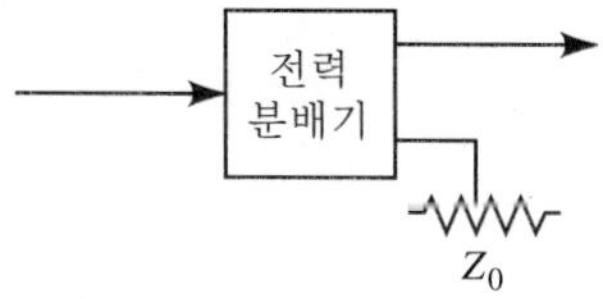

10.8 고정된 손실 $L>1$에 대하여 식 (10.33)에 주어진 부정합된 손실선로의 등가 잡음온도는 $|\Gamma_s| = 0$일 때 최소가 됨을 증명하여라.

10.9 그림 10.13의 부정합된 증폭기가 입력단이 정합이 되었을 경우 잡음지수 F를 갖는다고 하자. $F = 1, 3, 10$ dB의 경우에 대하여 입력반사계수의 크기 $|\Gamma|$가 0에서 0.9까지 변할 때 잡음지수를 계산하고 도식하시오.

10.10 온도 T에서 손실성의 선로가 잡음지수 F를 가지는 증폭기에 다음 그림처럼 접속되어 있다. 만약 임피던스 부정합 Γ가 증폭기의 입력단에 주어진다면, 시스템의 전체 잡음지수는 얼마인가?

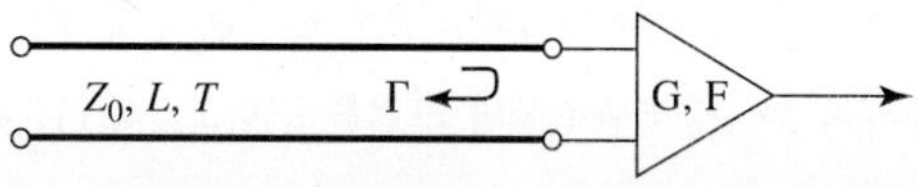

10.11 다음 그림에 나타낸 평형 증폭기회로의 동일한 두 증폭기는 모두 전력이득 G와 잡음지수 F를 갖는다. 삽입손실은 $L > 1$(3 dB 전력분배 요소 제외)인 동일한 두 개의 90° 하이브리드 분배기가 입출력단에 연결되어 있다. 평형 증폭기의 전체 잡음지수를 구하시오. 또한 하이브리드 분배기가 무손실 인 경우의 잡음지수는 어떻게 달라지는가?

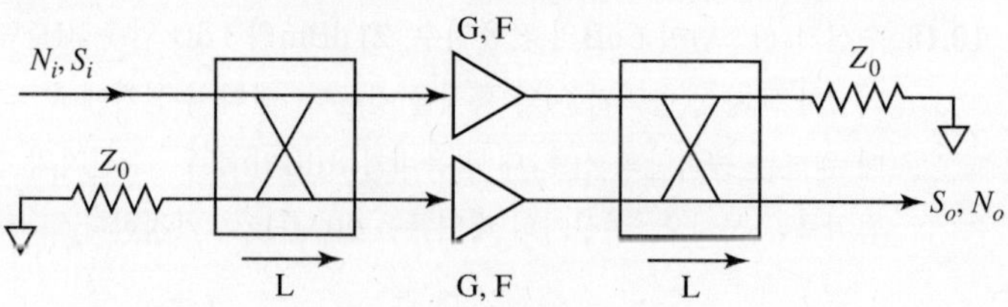

10.12 다음의 2-포트 비선형 회로의 3차 교차점의 관계식이 유효함을 증명하시오. $P^i_{\omega 1}$과 $P^o_{\omega 1}$는 비선형 회로의 인가된 2-톤 신호에 대한 입 · 출력 전력레벨이고, $P^i_{2\omega 1-\omega 2}$과 $P^o_{2\omega 1-\omega 2}$는 비선형

회로 입 · 출력단의 3차 상호변조항의 전력레벨이다.

$$\frac{OIP_3 - P^o_{\omega_1}}{IIP_3 - P^i_{\omega_1}} = 1, \qquad \frac{OIP_3 - P^o_{2\omega_1-\omega_2}}{IIP_3 - P^i_{2\omega_1-\omega_2}} = 3.$$

10.13 실제, 3차 교차점은 IP_3보다 낮은 입력전력 레벨에서 측정된 비선형 출력 측정치로 부터 유추한다. 스펙트럼 분석기의 측정치가 아래 그림과 같고 ΔP는 $P_{\omega 1}$과 $P_{2\omega 1-\omega 2}$의 전력 차이일 때, 3차 교차점 $OIP_3 = P_{\omega 1}+(1/2)\Delta P$가 됨을 증명하라. $P_{\omega 1} = 5\,\text{dBm}$, $P_{2\omega 1-\omega 2} = -27\,\text{dBm}$, $P_{\text{in}} = -4\,\text{dBm}$ 일 때, 입력 및 출력 3차 교차점을 계산하시오.

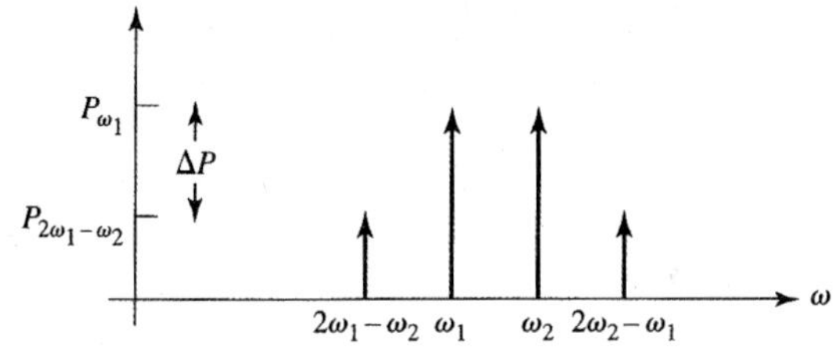

10.14 신호의 전력 차이가 6dB인 2-톤 신호 입력이 비선형 소자에 인가된다. 이때 발생되는 두 개의 3차 상호변조항 출력 $2_{\omega 1}-_{\omega 2}$와 $2_{\omega 2}-_{\omega 1}$의 상대 전력비는 얼마인가? 단, $_{\omega 1}$과 $_{\omega 2}$는 근접한 두 주파수임.

10.15 예제 10.4의 증폭기와 주파수 혼합기의 위치가 바뀔 때, 3차 교차점을 구하시오.

10.16 1dB 이득 압축점과 3차 교차점과의 관계를 근사화할 수 있다. 식 (10.40)사용하여 1-톤 입력에 대한 기본파와 3차 고조파의 크기를 구하시오, 이때 $a3$의 부호는 $a1$와 반대 부호이다. V_0를 1차 항의 크기에 해당하는 전력이 3차 항과 비교하여 1dB줄어드는 입력 신호 전압이라고 할 때, 이 V_0를 $|a3/a1|$의 항으로 구하시오. 2-톤 입력신호에 대하여 식 (10.43)을 사용하여 3차 상호변조항의 크기를 구하고, 식 (10.48)을 이용하여 $OP_{1\text{dB}}$와 OIP_3의 관계식을 유도하시오.

10.17 1GHz 대역폭의 증폭기가 15dB의 이득과 250K의 잡음온도를 갖는다. 이 증폭기의 출력 전력 레벨이 5dBm일 때 1dB 이득 압축이 일어난다고 하면, 이 증폭기의 선형 동작범위를 얼마인가?

10.18 수신기 시스템이 6dB의 잡음지수, 21dBm의 1dB 압축점(출력기준), 30dB의 이득, 33dBm의 3차 교차점(출력기준)의 특성을 갖는다. 만약 수신기에 $N_i = -105\,\text{dBm}$의 잡음원이 인가될 때 원하는 출력단의 신호 대 잡음비가 8dB인 경우, 수신기의 선형 동작범위와 무불요파 동작범위를 구하시오. 수신기의 대역폭을 20MHz로 가정한다.

제 11 장

능동 RF/마이크로파 소자

신호의 검지, 주파수 혼합, 증폭, 주파수 채배와 스위칭, RF/마이크로파 신호원 등의 구현에 사용되는 되는 능동소자로는 다이오드, 트랜지스터와 전자관 등이 포함된다.본 장에서는 이러한 RF/마이크로파 능동소자의 기본 특성에 대해 고찰하고, 본 교재에서는 이러한 능동소자들에 대하여 등가회로를 활용한 입출력 포트에서의 전류 전압특성, 혹은 산란 파라미터 정도만이 요구되므로 상세한 물리적 특성에 대한 설명은 생략한다.(참고문헌 [1]-[5] 참조) 또한 본교재에서는 이러한 능동소자의 모델링 결과들은 기본적인 다이오드 검파기와 제어회로에 적용에 대한 내용을 다루고, 다음 장들에서는 다이오드와 트랜지스터를 사용한 증폭기, 주파수 혼합기, 발진기 회로의 설계에 대한 내용을 다룰 것이다.

역사적으로, 유용한 RF/마이크로파 능동소자의 개발은 길고도 험한 과정이었다. 최초의 검파기에 사용된 다이오드는 아마도 초기의 라디오 수신기에 사용된 크리스탈 검파기(cat-whisker crystal detector)이다. 검파기와 증폭기에 진공관이 사용되면서 대부분의 라디오 수신기에서 크리스탈 다이오드는 사라졌으나, 그 당시 진공관 검파기는 아주 높은 주파수에서 동작할 수 없었기 때문에 1930년대에 Southworth는 그의 실험에서 도파관과 함께 크리스탈 다이오드를 사용했다. Bell 연구소에서 A. P King과 R. S. Ohl을 포함한 Southworth의 공동 연구원들은 보다 개선된 재료와 견고한 카트리지 패키지 방식을 사용해서 크리스탈 검파기의 성능을 크게 개선하였다. 또한 1920년대에 주파수 변환과 헤테로다인 기술이 라디오용으로 처음 개발되었다. 이와 같은 기술은 그 후 2차대전 중 MIT 전파연구소에서 크리스탈 다이오드를 믹서로 사용하여 마이크로파 레이더 수신기 설계에 적용하였다[1]. 그러나 마이크로파 고체 소자는 1960년대까지도 크게 발전하지 못하였다. 1952년에 Shockley는 전계효과 트랜지스터(FET)의 기본 원리를 발표하고 첫 FET가 실리콘 상에 제작되었으며, 최초의 마이크로파 GaAs FET는 1960년대 말에 개발되었다[2].

마이크로파 회로의 발전 추세는 전송선로, 능동소자 그리고 기타 부품들을 하나의 반도체 기판 상에 집적시켜 고주파 단일 직접회로(MMIC : monolithic microwave integrated circuit)화 하는 것이다. 최초의 단일 기능 MMIC는 1960년대 말에 개발되었으며 다단

FET 증폭기, 3 혹은 4-bit 위상천이기(phase shifter), 완전한 송수신 레이더 모듈, 그리고 기타 회로와 같은 보다 복잡하고 다기능을 가진 회로가 MMIC로 제작되고 있다[2]. 현재 추세는 보다 고성능이면서 가격이 저렴한 다기능적인 MMIC를 개발하는 것이다.

11.1 다이오드와 다이오드 회로

먼저 RF/마이크로파 회로에 사용되는 능동소자로서의 주요 다이오드의 종류를 살펴본다. 다이오드는 비전형적인 V–I 특성을 갖는 2–단자 반도체 소자로서, 다이오드의 비선형 특성은 신호의 검출, 복조, 스위칭, 주파수 채배, 그리고 발진 특성 구현에 이용된다. RF/마이크로파대역의 다이오드는 액셜리드(Axial-Lead)나 빔리드(Beam Lead)형태, 혹은 표면실장형(SMD: Surface Mountable Device)으로 패키지 되어 사용되거나, 단일 반도체 기판 상에 다른 소자들과 함께 비결성적으로 집적화되기도 한다. 먼저, 검파용 다이오드와 검파회로에 대한 내용을 다루고, 이후 PIN 다이오드와 제어회로, 배랙터 다이오드를 다루고 기타 다이오드에 대한 내용을 요약하여 다루도록 하겠다.

쇼트키 다이오드와 검파기

비교적 큰 접합 커패시턴스를 갖는 일반적인 pn 접합다이오드는 고주파 회로 응용에 적합하지 않기 때문에 주로 저주파 응용에 활용된다. 하지만, 쇼트키 다이오드(Schottky barrier Diode)는 반도체–금속 접합에 의한 작은 커패시턴스로 인하여 높은 동작 주파수 특성을 갖는다. 상용 마이크로파대 쇼트키 다이오드는 일반적으로 n–형 갈륨 비소(GaAs) 화합물을 사용하고, 반면 저주파대역 응용을 위한 경우에는 n–형 실리콘을 사용하여 구현된다. 쇼트키 다이오드는 주로 낮은 DC 순방향 전류로 바이어스 구현하여 사용하나, 몇몇 응용에서는 바이어스 없이 사용될 수도 있다

쇼트키 다이오드의 주된 응용분야는 입력신호의 주파수 변환에 사용된다. 그림 11.1에 **정류**(입력신호의 DC 변환), **검파**(진폭변조된 신호의 복조)와 **주파수 혼합**(주파수 천이)의 3가지 기본 주파수 변환 동작을 나타내었다.

접합 다이오드는 비선형 저항소자로 모델링 할 수 있는데, 소신호 V–I 관계를 다음과 같이 표현 할 수 있다.

$$I(V) = I_s(e^{\alpha V} - 1) \tag{11.1}$$

여기서 $\alpha = q/nkT$이고, q는 전자의 전하량, k는 볼츠만 상수, 그리고 T는 온도, n은 이상계수(ideal factor), I_s는 포화전류이다. I_s의 일반적인 값은 10^{-6}~10^{-15}A 정도이고, $\alpha = q/nkT$는 $T = 290\,\text{K}$에서 약 1/(25 mV)이다. 이상계수 n은 다이오드 구조에 관계되며, 쇼트

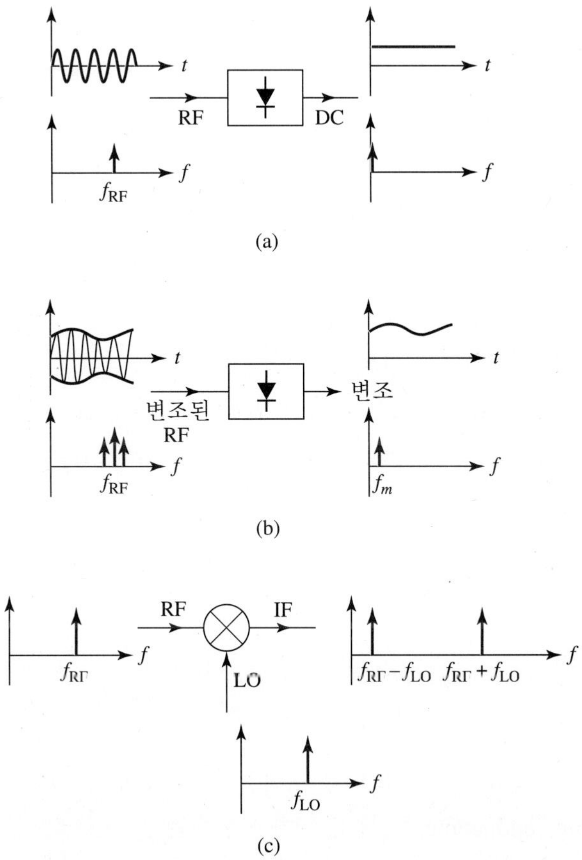

그림 11.1 정류기, 검파기, 믹서의 주파수 변환 특성. (a) 다이오드 정류기, (b) 다이오드 검파기, (c) 믹서

키 다이오드의 경우 1.2, 점접촉 실리콘 다이오드의 경우 2.0 사이의 값을 가진다. 그림 11.2는 쇼트키 다이오드의 일반적인 다이오드 V–I 특성을 나타낸 것이다.

소신호 근사(small-signal approximation): 다이오드 전압을

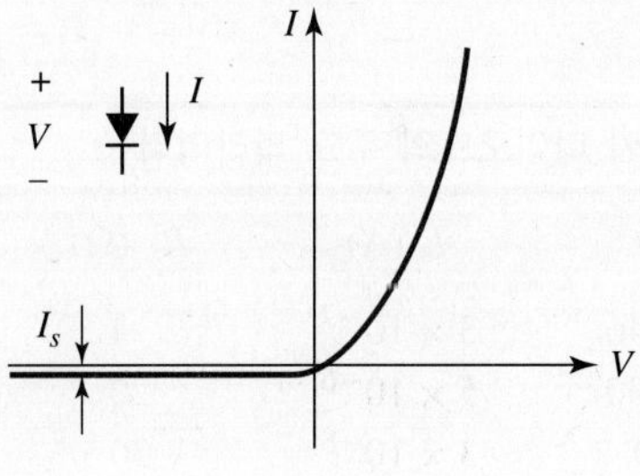

그림 11.2 Schottky 다이오드의 V–I 특성

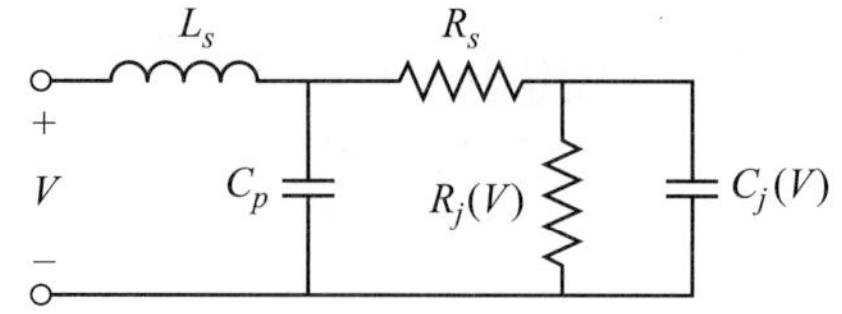

그림 11.3 Schottky 다이오드에의 AC 등가회로 모델

$$V = V_0 + v \tag{11.2}$$

라고 두고, 여기서 V_0는 DC 바이어스 전압, v는 소신호 교류 전압이다. 식 (11.1)은 V_0에 대한 Taylor 급수로 다음과 같이 전개된다.

$$I(V) = I_0 + v\left.\frac{dI}{dV}\right|_{V_0} + \frac{1}{2}v^2\left.\frac{d^2I}{dV^2}\right|_{V_0} + \cdots. \tag{11.3}$$

여기서 $I_0 = I(V_0)$는 직류 바이어스 전류이다.

$I(V)$의 1차 도함수는

$$\left.\frac{dI}{dV}\right|_{V_0} = \alpha I_s e^{\alpha V_0} = \alpha(I_0 + I_s) = G_d = \frac{1}{R_j} \tag{11.4}$$

이며, 여기서 R_j는 다이오드의 접합저항이고 $Gd = 1/R_j$은 다이오드의 동적 컨덕턴스(dynamic conductance)라 한다. 2차 도함수는

$$\left.\frac{d^2I}{dV^2}\right|_{V_0} = \left.\frac{dG_d}{dV}\right|_{V_0} = \alpha^2 I_s e^{\alpha V_0} = \alpha^2(I_0 + I_s) = \alpha G_d = G'_d \tag{11.5}$$

이다. 따라서 식 (11.3)은 직류 바이어스 전류 I_0와 교류전류 i의 합으로 다음과 같이 쓸 수 있다.

$$I(V) = I_0 + i = I_0 + vG_d + \frac{v^2}{2}G'_d + \cdots . \tag{11.6}$$

식 (11.6)에서 다이오드 전류를 첫 세 항까지만 근사치를 취하면, 이것을 **소신호 근사식**(small-signal approximation)이라 하며, 이 근사식은 다이오드의 전류식으로 적합하다.

소신호 근사는 식 (11.1)에 나와 있는 DC 전압-전류 관계에서 도출되며, 대부분의 경우

표 11.1 상용 쇼트키 다이오드의 주요 파라미터

Schottky 다이오드	I_s (A)	R_s (Ω)	C_j (pF)	L_s (nH)	C_p (pF)
Skyworks SMS1546	3×10^{-7}	4	0.38	1.0	0.07
Skyworks SMS7630	5×10^{-6}	20	0.14	0.05	0.005
Avago HSMS2800	3×10^{-8}	30	1.6	—	—
Macom MA4E2054	3×10^{-8}	11	0.1	—	0.11

다이오드의 등가회로는 비선형성 저항을 포함한다. 그러나 실제적으론, 다이오드의 AC특성은 다이오드의 적합구조와 패키지영향으로 인한 리액티브효과도 포함되어야한다. 일반적인 RF 다이오드의 등가회로가 그림 11.3에 나타나 있다. 다이오드 패키지의 도선 그리고 접촉은 직렬 인덕턴스 L_s와 병렬 커패시턴스 C_p로 모델링 되고, 직렬저항 R_s는 접촉에 의한 저항성분과 전류확산저항으로 설명된다. 또한 C_j와 R_j는 각각 접합 커패시턴스 및 저항으로 바이어스 조건에 따라 결정된다. 표 11.1에 상용 쇼트키 다이오드의 주요 파라미터를 나타내었다.

다이오드 정류기와 검파기: 정류기 응용에 있어서 다이오드는 RF 입력신호의 일부를 DC 전력으로 변환하는 데 사용된다. 정류는 가장 일반적 기능으로 전력 감지, 자동이득제어회로(AGC) 그리고 신호검출기에 사용된다. 다이오드 전압이 DC 바이어스 전압과 소신호 RF 전압으로

$$V = V_0 + v_0 \cos \omega_0 t \tag{11.7}$$

가 될 때, 식 (11.6)로부터 다이오드 전류는

$$\begin{aligned} I &= I_0 + v_0 G_d \cos \omega_0 t + \frac{v_0^2}{2} G'_d \cos^2 \omega_0 t \\ &= I_0 + \frac{v_0^2}{4} G'_d + v_0 G_d \cos \omega_0 t + \frac{v_0^2}{4} G'_d \cos 2\omega_0 t \end{aligned} \tag{11.8}$$

이다. I_0는 바이어스 전류이고 $v_0^2 G'_d/4$는 정류된 DC 전류이다. 그리고 다이오드 출력에는 ω_0와 $2\omega_0$(그리고 보다 고차의 고조파)인 교류 신호도 포함되어 있으며, 이것은 간단한 저역통과 여파기로 제거할 수 있다. **전류 감도** β_i는 RF 입력전력에 대한 DC 출력전류의 변화율로 정의된다. 식 (11.6)로부터 RF 입력전력은 $v_0^2 G_d/2$(첫 항만 사용)이고, 식 (11.8)에서 DC 전류의 변화량은 $v_0^2 G'_d/4$이므로 전류 감도는

$$\beta_i = \frac{\Delta I_{\mathrm{dc}}}{P_{\mathrm{in}}} = \frac{G'_d}{2G_d} \text{ A/W} \tag{11.9}$$

이다. 개방회로 **전압 감도** β_v는 다이오드가 개방되어 있을 때, 접합저항 양단의 전압 강하로 정의할 수 있다. 따라서

$$\beta_v = \beta_i R_j \tag{11.10}$$

이다. RF 다이오드의 전압 감도는 보통 400~1,500 mV/mW이다.

검파기에서 다이오드의 비선형을 이용하여 진폭 변조된 RF 반송파를 복조시킨다.

이 경우 다이오드 전압은

$$v(t) = v_0(1 + m \cos \omega_m t) \cos \omega_0 t \tag{11.11}$$

로 쓸 수 있으며, 여기서 ω_m은 변조 주파수, ω_0는 RF 반송파 주파수 ($\omega_0 \gg \omega_m$) 그리고 m은 **변조도**($0 \le m \le 1$)이다. 식 (11.11)를 식 (11.6)에 대입하면, 다이오드 전류는

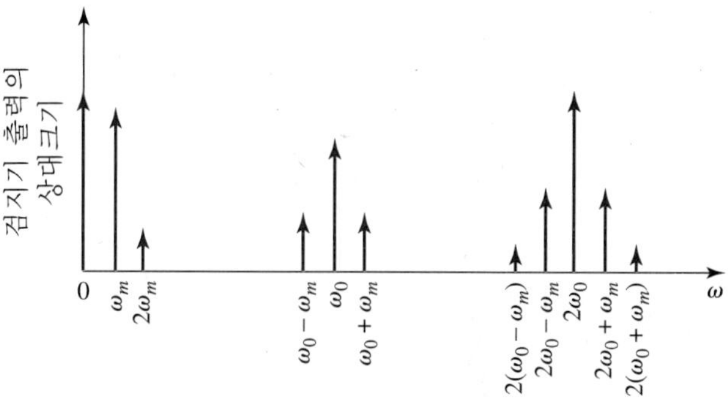

그림 11.4 검파된 AM 신호의 출력 스펙트럼

$$
\begin{aligned}
i(t) &= v_0 G_d(1 + m\cos\omega_m t)\cos\omega_0 t + \frac{v_0^2}{2} G_d'(1 + m\cos\omega_m t)^2 \cos^2\omega_0 t \\
&= v_0 G_d\left[\cos\omega_0 t + \frac{m}{2}\cos(\omega_0 + \omega_m)t + \frac{m}{2}\cos(\omega_0 - \omega_m)t\right] \\
&\quad + \frac{v_0^2}{4} G_d'\left[1 + \frac{m^2}{2} + 2m\cos\omega_m t + \frac{m^2}{2}\cos 2\omega_m t + \cos 2\omega_0 t\right. \\
&\quad + m\cos(2\omega_0 + \omega_m)t + m\cos(2\omega_0 - \omega_m)t + \frac{m^2}{2}\cos 2\omega_0 t \\
&\quad \left. + \frac{m^2}{4}\cos 2(\omega_0 + \omega_m)t + \frac{m^2}{4}\cos 2(\omega_0 - \omega_m)t\right] \qquad (10.66)
\end{aligned}
$$

이다.

이 출력전류의 주파수 스펙트럼은 그림 11.4와 같다. 다이오드 전압에 비례하는 출력 전류항($v_0 G_d$가 곱해지는 항)의 주파수는 ω_0와 $\omega_0 \pm \omega_m$인데 반해, 다이오드 전압의 제곱에 비례하는 출력 전류항($v_0^2 G_d'/2$가 곱해지는 항)은 표 11.2에 수록된 주파수와 크기를 갖는다.

저역통과 여파기를 이용하여 불필요한 스펙트럼 성분으로부터 필요한 검파 출력 ω_m 성분만 뽑아낼 수 있다. 주파수 ω_m인 전류의 크기는 $mv_0^2 G_d'/2$이며, 이것은 입력 신호전력에 비례한다. 이와 같은 **제곱 특성**(square-law)은 검파용 다이오드의 일반적 동작 조건이지

표 11.2 제곱 검파된 AM 신호의 주파수와 상대적 크기

주파수	상대 크기
0	$1 + m^2/2$
ω_m	$2m$
$2\omega_m$	$m^2/2$
$2\omega_0$	$1 + m^2/2$
$2\omega_0 \pm \omega_m$	m
$2(\omega_0 \pm \omega_m)$	$m^2/4$

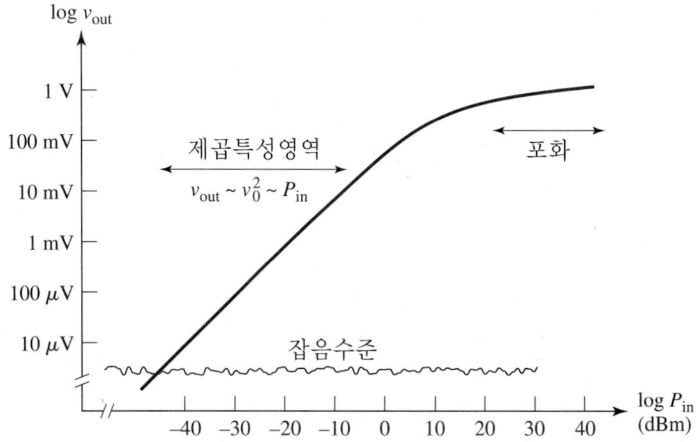

그림 11.5 대표적인 다이오드 검파기에 대한 제곱(square-law) 영역

만 제한된 입력전력의 범위에서만 성립된다. 입력전력이 너무 크면 소신호 조건(선형 조건)은 적용되지 않고 출력은 포화되며, 일정한 P(전력)대 i(전류) 특성이 선형에서 비선형으로 바뀐다.

아주 작은 신호에서는 입력신호가 소자의 기저잡음(noise floor)에 묻히게 된다. 그림 11.5는 일반적인 입력전력(P_{in})대 출력전압(v_{out})특성을 나타낸 것으로, 출력전압은 다이오드와 직렬로 연결된 저항 양단의 전압 강하를 나타낸다. 다이오드 전류가 전압의 제곱에 비례하는 제곱 동작(square-law operation)은 정재파 검출기(SWR indicators)와 신호세기 검출기(signal level indicators)와 같이 검파 전압의 크기로 전력의 크기를 정할 때 특히 중요하다. 검파기는 최대 감도(sensitivity)가 되는 동작점에 다이오드의 DC 바이어스를 구현하면 된다.

관심사항: 스펙트럼 분석기

스펙트럼 분석기(spectrum analyzer)는 주파수축 상에서 신호의 주파수에 대한 평균 전력밀도를 제공하여 준다. 따라서 그 기능은 오실로스코프 즉, 신호를 시간축 상에서 표현하는 것과 쌍대(dual) 관계에 있다. 스펙트럼 분석기는 기본적으로 특정한 주파수 대역에 걸쳐서 튜닝하고, 좁은 대역에서 신호전력에 비례하는 화상 출력을 내보내는 민감한 수신기라고 볼 수 있다. 스펙트럼 분석기는 변조 부산물, 고조파와 상호변조 왜곡, 잡음 그리고 간섭효과를 측정하는 데 매우 귀중한 것이다.

아래 그림에는 스펙트럼 분석기의 간단한 구조도를 나타내었다. 마이크로파 스펙트럼 분석기는 전형적으로 수백 MHz로부터 수십 GHz까지 주파수를 망라하여 취급할 수 있다. 스위프 발생기(sweep generator)는 국부 발신주파수를 맞춤으로서 원하는 주파수 대역에 걸쳐 수신기를 반복적으로 스캐닝하며 수평편향을 제공해 주기 위해서 사용된다. 현재의 스펙트럼 분석기에서 중요한 부분으로는 혼합기로 입력되는 YIG 튜닝 대역통과 여파기이다. 이 여파기는 국부 발진기와 함께 튜닝 되며 원치 않는 상호변조를 줄이기 위해 앞단에 놓여진다. 일반적으로, IF 대수증폭기

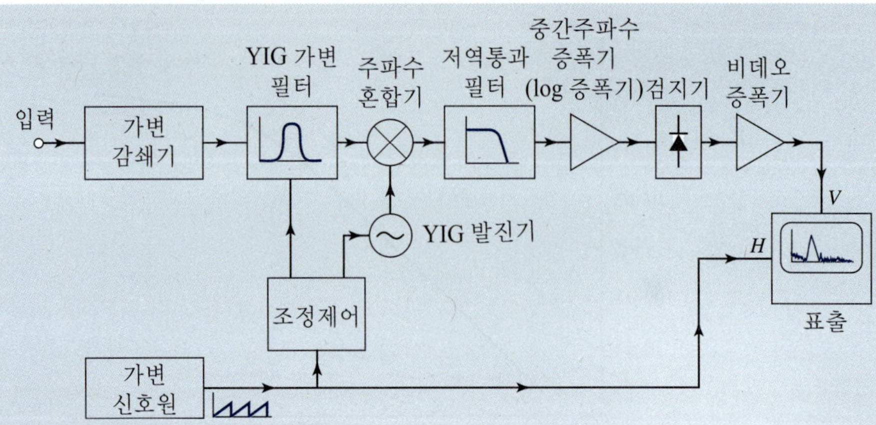

가 넓은 동적 영역을 얻기 위해 사용된다. 물론, 현재 많은 측정 장비에서와 같이 첨단의 스펙트럼 분석기에서도 시스템과 측정과정을 제어하기 위하여 마이크로프로세서를 포함하고 있다. 이것은 성능을 향상시키고 분석기에 효율성을 제공하기는 하지만, 컴퓨터가 측정에 대한 물리적 생동감으로부터 사용자를 멀게 할 수도 있다는 단점이 있다.

PIN 다이오드 제어 회로

스위치는 마이크로파 시스템에서 부품과 부품 간에 신호 또는 전력의 흐름을 제어하는데 주로 사용된다. 스위치를 이용하여 위상변위기(또는 위상천이기)나 감쇠기와 같은 기타 다른 종류의 제어 회로를 구성할 수도 있다. 기계적 스위치는 도파관이나 동축선로로 만들 수 있고 사용전력이 크지만, 부피가 크고 스위칭 속도가 느리다. 그러나 PIN 다이오드를 이용하면 평면 회로에 집적화가 용이하고, 고속 스위칭 작용을 하는 전자적 스위칭 회로를 쉽게 구성할 수 있다. 보통 스위칭 속도는 1~10μs 범위이고, 다이오드 구동회로를 잘 설계하면 20ns 정도의 스위칭 속도도 구현 가능하다. PIN 다이오드는 전력제한회로, 변조기와 가변감쇄기에도 적용된다.

PIN 다이오드 특성. PIN 다이오드는 p와 n형 반도체층 사이에 도핑된 진성층(약하게 도핑한)을 포함하고 있다. 역바이어스가 인가되면, 작은 직렬 접합 커패시턴스로 인하

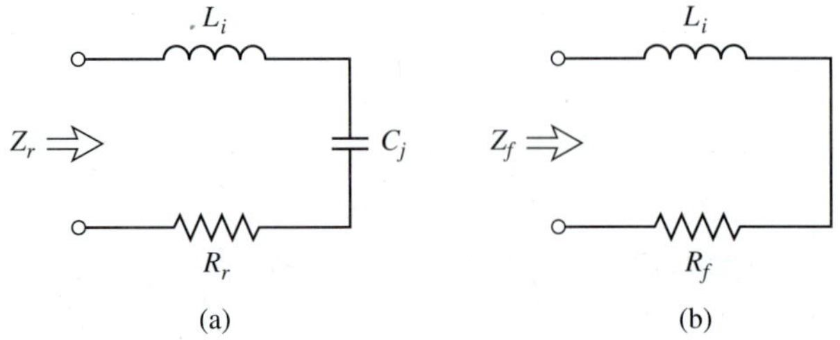

그림 11.6 PIN 다이오드의 On/Off 상태에 따른 등가회로. (a) 역바이어스 상태(OFF), (b) 순바이어스 상태(ON)

표 11.3 상용 PIN 다이오드 등가회로 파라미터

PIN Diode	R_f (Ω)	C_j (pF)
ASI 8001	3.0	0.03
Skyworks DSG9500	4.0	0.025
Infineon BA592	0.36	1.4
Microsemi UM9605	1.5	0.5

여 다이오드는 큰 임피던스를 갖게되고, 반면 순바이어스가 인가되면, 이 접합 커패시턴스는 매우 작아져 다이오드는 작은 임피던스를 갖게된다[3,4]. 이러한 이유로 PIN 다이오드는 RF스위칭 소자로 적합한 특성을 갖는다. 순바이어스와 역바이어스 상태에서의 등가회로는 그림 11.6과 같다. 기생인덕턴스인 L_i는 보통 1 nH보다 작으며, 역저항성분 R_r은 보통 접합 기패시턴스에 의힌 직렬 리액딘스 싱분과 비교하어 작으므로 그 영향을 무시한다. 순방향 바이어스 전류는 10~30 mA이고, 역바이어스 전압은 10~60 V이다. 바이어스 신호는 RF 신호와 분리시키기 위해 RF 초크(chokes)와 DC 블록(blocks)을 경유하여 다이오드에 인가해야 한다. 표 11.3은 상용 PIN 다이오드들의 등가회로 파라미터를 나타내었다.

단극 PIN 다이오드 스위치. PIN 다이오드는 SPST(single-pole/single throw) RF 스위치 작용을 하기 위해 직렬 또는 병렬로 구성할 수 있다. 이들 회로는 그림 11.7과 같으며, 바이어스 회로도 포함되어 있다. 그림 11.7a의 직렬 회로에서는 다이오드가 순바이어스일 때 스위치가 켜지고, 병렬 회로에서는 다이오드가 역바이어스일 때 스위치가 켜진다. 두 경우 모두 스위치가 꺼질 때, 입력전력이 반사된다. DC 블록은 RF 동작주파수에서 아주 낮은 임피던스를 가져야 하고, RF 초크 인덕터는 아주 높은 RF 임피던스를 가져야 한다. 어떤 설계에서는 RF 저지(blocking)를 위해 초크 대신 고임피던스의 λ/4 선로를 사용하는 경우도 있다.

이상적 스위치는 On 상태에서 삽입손실이 0이고, Off 상태에서는 무한대이다. 실제 스

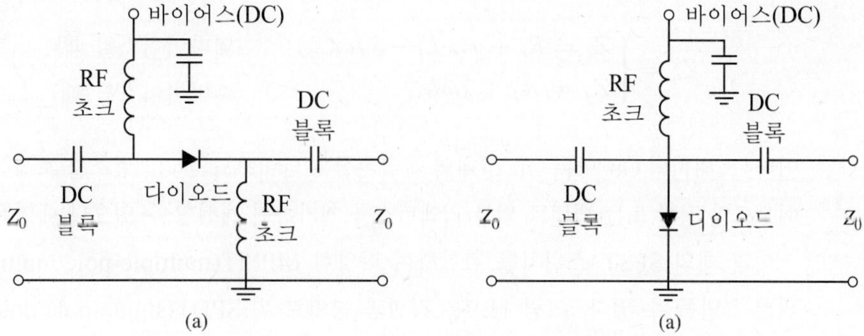

그림 11.7 단극 PIN 다이오드 스위치. (a) 직렬구성, (b) 병렬구성

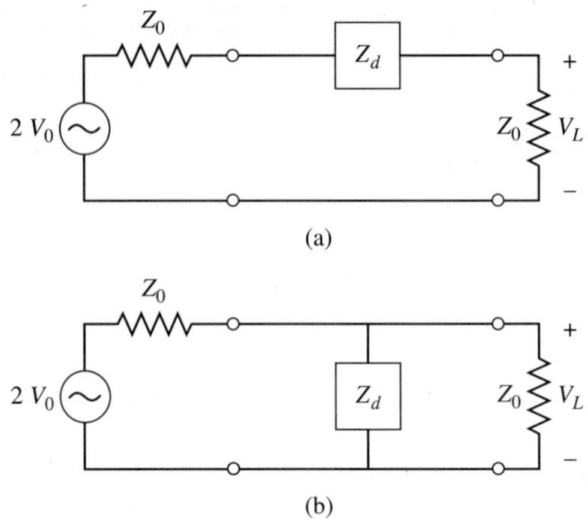

그림 11.8 직렬/병렬 단극 PIN 다이오드 스위치에 대한 등가회로. (a) 직렬 스위치, (b) 병렬 스위치

위칭 소자는 물론 On 상태에서 약간의 삽입손실이 있고, Off 상태에서 유한의 감쇄가 있다. 그림 11.6의 등가회로에서 다이오드 파라미터를 알면, 직렬 스위치와 병렬 스위치의 On, Off 상태에서 삽입손실을 계산할 수 있다. 그림 11.8과 같이 간단히 그린 스위치 회로에서 삽입손실을 실제 부하전압 V_L과 스위치(Z_d)가 없을 때 나타나는 부하전압 V_0로 다음과 같이 정의할 수 있다.

$$\text{IL} = -20\log\left|\frac{V_L}{V_0}\right|. \qquad (11.13)$$

그림 11.8의 두 가지 경우에 간단한 회로 해석을 적용하면 다음과 같이 된다.

$$\text{IL} = -20\log\left|\frac{2Z_0}{2Z_0 + Z_d}\right| \quad (\text{직렬 스위치}) \qquad (11.14\text{a})$$

$$\text{IL} = -20\log\left|\frac{2Z_d}{2Z_d + Z_0}\right| \quad (\text{병렬 스위치}). \qquad (11.14\text{b})$$

두 가지 경우 모두 Z_d는 순 또는 역 바이어스에서 다이오드 임피던스이다. 따라서

$$Z_d = \begin{cases} Z_r = R_r + j(\omega L_i - 1/\omega C_j) & (\text{역바이어스일 때}) \\ Z_f = R_f + j\omega L_i & (\text{순바이어스일 때}) \end{cases} \qquad (11.15)$$

이다. 스위치의 On 또는 Off 상태의 삽입손실은 다이오드의 리액턴스를 보상해 주기 위해 다이오드와 직렬 또는 병렬로 외부 리액턴스를 첨가하면 개선할 수 있으나 대역폭은 감소한다.

여러 개의 SPST 스위치를 결합하여 다양한 MPMT(multiple-pole/multiple-throw) 스위치를 만들 수 있다. 그림 11.9은 직렬과 병렬로 된 SPDT(single-pole/double throw) 스위치를 나타낸 것이다. 이와 같은 스위치는 적어도 2개의 스위칭 소자가 필요하다. 동작을

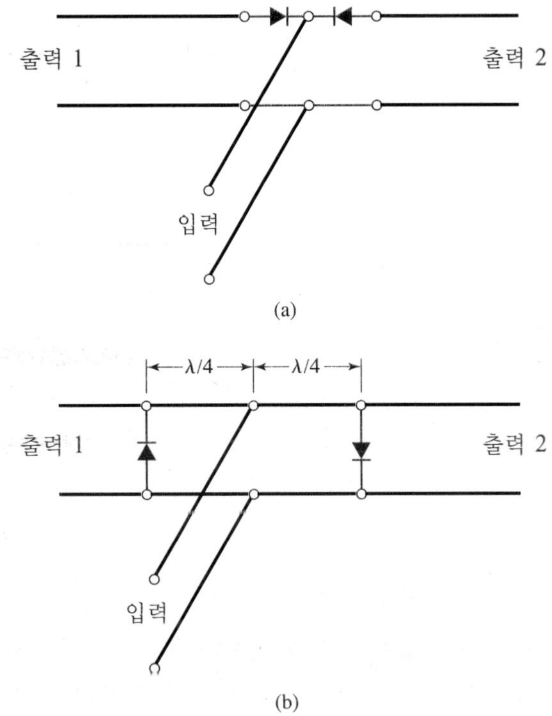

그림 11.9 단극 double-throw PIN 다이오드 스위치. (a) 직렬, (b) 병렬

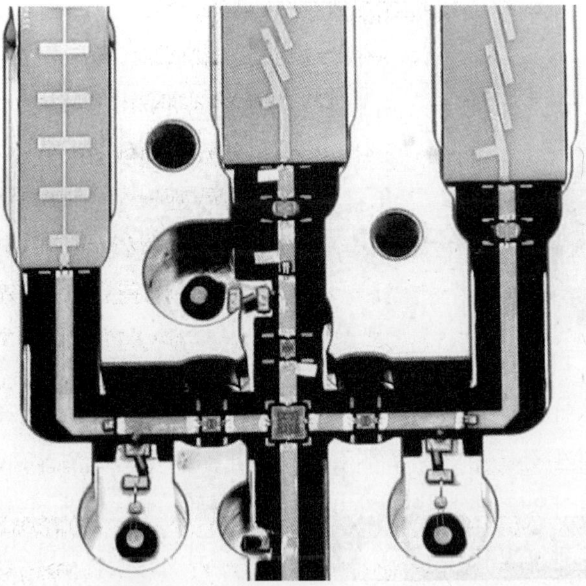

그림 11.10 6~27 GHz의 동작주파수 특성을 갖는 SP3T(Single Pole Tripple Throw) GaAs PIN 다이오드 스위치. 다이오드 칩은 15mm^{2}의 면적을 갖는다.
Courtesy of LNX Coporation, Salem, N.H.

설명하면, 하나의 다이오드가 낮은 임피던스 상태로 바이어스될 때, 다른 다이오드는 높은 임피던스 상태로 바이어스된다. 입력신호는 하나의 출력과 다른 역방향 다이오드 상태에 의해 바뀐다. 병렬 회로의 $\lambda/4$ 선로 때문에 이 스위칭 회로의 대역폭이 제한을 받는다.

그림 11.10은 PIN 다이오드 SP3T 스위치 사진을 나타낸다.

예제 11.1 단극 PIN 다이오드 스위치

Microsemi사의 UM 9605 PIN 다이오드($C_j = 0.5$pF, $R = 1.5\Omega$)를 사용하여 1.8GHz에서 단극스위치를 구현하였다. Off 대 On 감쇠비가 가장 큰 스위치회로(직렬 혹은 병렬) 구조는? 여기서 $L_i = 0.5nH$, $R_r = 2.0\Omega$ 그리고 $Z_0 = 50\Omega$임을 가정하시오.

☞ 풀이

우선 식 (11.15)를 사용하여 역방향 바이어스와 순방향 바이어스에서 다이오드 임피던스를 계산한다.

$$Z_d = \begin{cases} Z_r = R_r + j(\omega L_i - 1/\omega C_j) & = 2.0 - j171.2\ \Omega \\ Z_f = R_f + j\omega L_i & = 1.5 + j5.6\ \Omega. \end{cases}$$

그리고 식 (11.14)를 사용하여 직렬 스위치와 병렬 스위치의 On, Off 상태에서 삽입손실을 다음과 같이 계산한다.

직렬 회로에서

$$\mathrm{IL_{on}} = -20\log\left|\frac{2Z_0}{2Z_0 + Z_f}\right| = 0.14\ \mathrm{dB},$$

$$\mathrm{IL_{off}} = -20\log\left|\frac{2Z_0}{2Z_0 + Z_r}\right| = 6.0\ \mathrm{dB}.$$

병렬 회로에서

$$\mathrm{IL_{on}} = -20\log\left|\frac{2Z_r}{2Z_r + Z_0}\right| = 0.11\ \mathrm{dB},$$

$$\mathrm{IL_{off}} = -20\log\left|\frac{2Z_f}{2Z_f + Z_0}\right| = 13.3\ \mathrm{dB}.$$

따라서 병렬 스위치가 On, Off 상태 간의 감쇠량 차이가 가장 크고, On 상태의 삽입손실이 가장 적다. ◀

PIN 다이오드 위상천이기. 여러 가지 마이크로파 위상천이기를 PIN 다이오드 스위칭 소자를 이용하여 구성할 수 있다. 페라이트 위상천이기에 비교할 때, 다이오드 위상천이기는 크기가 작고 평면 회로에 집적 회로화할 수 있고 스위칭 속도가 고속인 이점이 있다. 그러나 다이오드 위상천이기가 바이어스 전류가 계속 흘러 전력 소모가 적은 것에 비하면 페라이트 위상천이기는 펄스 전류에 의해 스위칭되므로 전력소모가 큰 단점이 있다. PIN 다이오드 위상천이기는 세 가지 종류가 있다. **전환 선로형**(switched line type), **부하 선로형**(loaded line type) 그리고 **반사형**(reflection type)이다.

전환 선로형 위상천이기는 가장 직접적인 유형으로, 길이가 다른 두 선로 사이에 신호

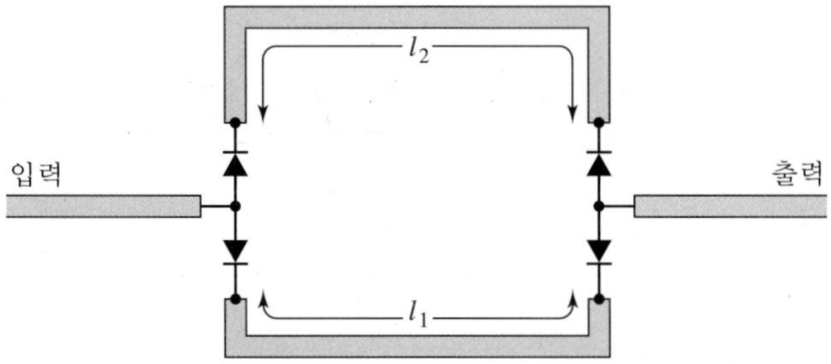

그림 11.11 전환 선로형(switched-line) 위상천이기

흐름을 제어하는 두 개의 SPDT 스위치를 사용한 것이다. 그림 11.11를 보면, 두 선로간 위상차는 다음과 같다.

$$\Delta\phi = \beta(\ell_2 - \ell_1). \tag{11.16}$$

여기서 β는 선로의 위상 정수이다. 선로가 TEM 선로(또는 마이크로스트립과 같이 준 TEM 선로)인 경우, 이 위상변위는 주파수의 선형함수로 이는 입력과 출력 포트 사이에 시간 지연이 있음을 의미한다. 이와 같은 선형성은 왜곡을 최소로 하기 때문에 광대역 시스템에 유용한 성질이다. 또한, 이와 같은 종류의 위상천이기는 가역적이고 송 · 수신기에 모두 사용할 수 있다. 전환 선로형 위상천이기의 삽입손실은 SPDT 스위치의 손실과 선로 손실을 합친 것과 같다.

다른 종류의 위상천이기와 같이 전환 선로형 위상천이기는 일반적으로 $\Delta\phi$ = 180°, 90°, 45° 등의 2진 위상변위가 되도록 설계된다. 위상천이기의 문제점은 OFF 선로의 길이가 $\lambda/2$의 정수배 부근에 있을 때, 공진이 일어날 수 있는 점이다. 역방향 바이어스된 다이오드의 직렬 접합용량 때문에 공진주파수가 약간 변화하므로 길이 ℓ_1과 ℓ_2는 그 효과를 고려하여 정해야 한다.

45° 이하 소량의 위상변위에 적합한 위상천이기는 부하 선로형(loaded line) 위상천이기이다. 이와 같은 종류의 위상천이기의 기본 원리는 그림 11.12a의 회로로 설명할 수 있다. 그림 11.12a는 병렬 서셉턴스 jB가 부하로 걸린 전송선로를 나타낸 것이다. 반사계수와 투과계수는

$$\Gamma = \frac{1-(1+jb)}{1+(1+jb)} = \frac{-jb}{2+jb} \tag{11.17a}$$

$$T = 1 + \Gamma = \frac{2}{2+jb} \tag{11.17b}$$

로 쓸 수 있으며, 여기서 $b = BZ_0$는 정규화된 서셉턴스이다. 따라서 병렬 서셉턴스로 부하가 걸린 상태에서 전달파의 위상변위는

$$\Delta\phi = \tan^{-1}\frac{b}{2} \tag{11.18}$$

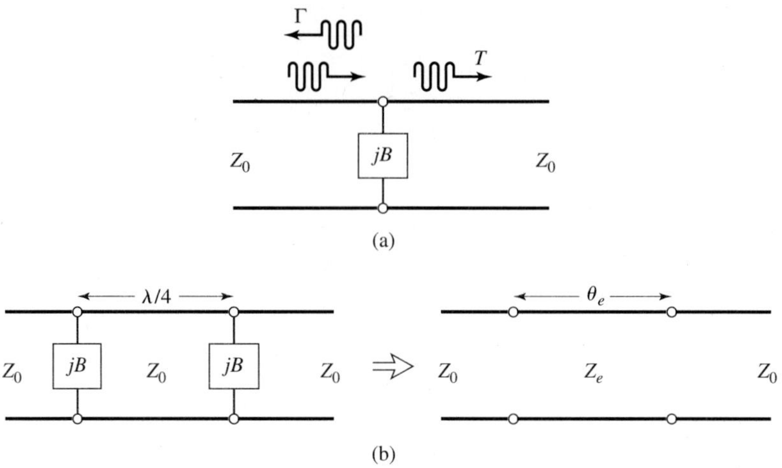

그림 11.12 부하 선로형(Loaded-line) 위상천이기. (a) 기본 회로도, (b) 실제적인 부하 선로형 (loaded line) 위상천이기와 등가회로

이며, 이것은 b의 부호에 따라 양 또는 음이 된다. 이와 같은 위상천이기의 단점은 병렬 부하에서 반사로 인한 삽입손실이다. 그리고 $\Delta\phi$를 크게 하기 위해 b를 증가시키면 식 (10.17b)에서와 같이 삽입손실이 증가한다.

병렬 서셉턴스의 반사는 그림 11.12b와 같이 간단히 할 수 있다. 이때 두 개의 병렬 부하를 λ/4 간격을 두고 설치한다. 이때 두 번째 부하에서 반사된 파는 첫 번째 부하에서 반사된 파와 180° 위상차가 생겨 상쇄된다. 이 회로의 $ABCD$ 매트릭스를 계산하고 이를 길이가 θ_e, 특성 임피던스가 Z_e인 등가선로의 $ABCD$ 매트릭스와 비교하여 해석할 수 있다. 따라서 부하 선로에서

$$\begin{bmatrix} A & B \\ C & D \end{bmatrix} = \begin{bmatrix} 1 & 0 \\ jB & 1 \end{bmatrix} \begin{bmatrix} 0 & jZ_0 \\ j/Z_0 & 0 \end{bmatrix} \begin{bmatrix} 1 & 0 \\ jB & 1 \end{bmatrix}$$

$$= \begin{bmatrix} -BZ_0 & jZ_0 \\ j(1/Z_0 - B^2 Z_0) & -BZ_0 \end{bmatrix} \tag{11.19a}$$

이고, 등가 전송선로에서 $ABCD$ 매트릭스는

$$\begin{bmatrix} A & B \\ C & D \end{bmatrix} = \begin{bmatrix} \cos\theta_e & jZ_e \sin\theta_e \\ j\sin\theta_e / Z_e & \cos\theta_e \end{bmatrix} \tag{11.19b}$$

이다. 따라서

$$\cos\theta_e = -BZ_0 = -b \tag{11.20a}$$

$$Z_e = Z_0 \cos\theta_e = \frac{Z_0}{\sqrt{1-b^2}} \tag{11.20b}$$

가 된다. b가 작으면 θ_e는 $\pi/2$에 가깝고, 이 결과에 따르면

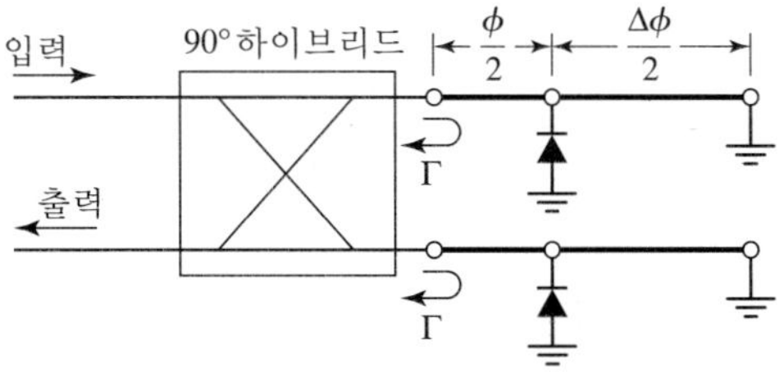

그림 11.13 90° 하이브리드를 사용한 반사형(reflection) 위상천이기

$$\theta_e \simeq \frac{\pi}{2} + b \tag{11.21a}$$

$$Z_e \simeq Z_0\left(1 + \frac{b}{2}\right) \tag{11.21b}$$

이다. 서셉턴스 B는 집중소자인 인덕터나 커패시터, 또는 스텁으로 구현할 수 있고, SPST 다이오드 스위치로 ON, OFF 사이를 스위칭할 수 있다.

세 번째 종류의 PIN 다이오드 위상천이기는 반사형 위상천이기로 이것은 반사파의 통로 길이를 제어하기 위해 SPST 스위치를 사용한다. 이와 같은 목적에 사용될 수 있는 2 포트 회로는 다른 종류의 하이브리드나 서큘레이터를 사용할 수 있지만, 주로 90° 하이브리드(quadrature hybrid)가 사용된다.

그림 11.13은 90° 하이브리드를 사용한 반사형 위상천이기를 나타낸 것이다. 이것의 동작원리를 설명하면, 입력신호가 하이브리드 우측의 두 포트에 2등분된다. 두 다이오드는 같은 상태로 바이어스된다(모두 순방향 또는 모두 역방향). 따라서 그림에 표시된 바와 같이 단자에서 반사된 파는 출력포트에서 동위상으로 더해진다. 다이오드를 ON 또는 OFF 시키면 두 반사파의 전체 통로길이가 $\Delta\phi$만큼 변하여 출력에서 $\Delta\phi$의 위상변이를 일으킨다. 이상적인 상태에서 다이오드는 ON 상태일 때 단락되고, OFF 상태일 때 개방되어 하이브리드 우측에서의 반사계수는 다이오드가 ON일 때 $\Gamma = e^{-j(\phi+\pi)}$ OFF일 때 $\Gamma = e^{-j(\phi+\Delta\phi)}$로 쓸 수 있다. 원하는 $\Delta\phi$를 얻을 수 있는 선로길이는 무수히 많이 있지만(즉, ϕ의 값은 임의로 정할 수 있다), ON과 OFF 상태의 반사계수의 위상이 공액이 될 때, 대역폭이 최대임을 증명할 수 있다. 따라서 $\Delta\phi = 90°$이면 최대 대역폭은 $\phi = 45°$일 때 얻어진다.

반사형 위상천이기의 입력 측을 잘 정합시켜야 다이오드가 정합된다. 하이브리드의 손실과 다이오드의 순방향 및 역방향 저항 때문에 삽입손실이 영향을 받는다. 삽입손실을 개선하기 위해 임피던스 정합부를 둔다.

버렉터 다이오드

PIN 다이오드는 바이어스 전압에 따라 다이오드의 상태를 On 혹은 Off 스위치동작 특성을 띠게끔하는 접합커패시턴스를 가짐을 알았다. 이러한 효과를 극대화하기 위해 다이

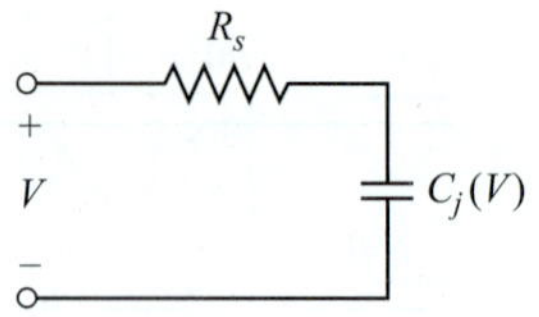

그림 11.14 역방향 바이어스된 버렉터 다이오드

오드의 진성층의 치수와 도핑정도를 조절하여 역바이어스 인가상태에서 원하는 접합커패시턴스대 접합부전압(C vs V)의 특성을 구현할 수 있다. 이러한 소자를 버렉터 다이오드라 하고, 전기적으로 조정이 가능한 리액티브회로 소자의 구현이 가능하게 하는 전압제어 커패시턴스 기능을 갖는다. 버렉터 다이오드의 가장 일반적인 용도는 다채널 수신기, 예를 들어 무선 전화기나 지역간 무선 연결 및 텔레비전 수신부의 국부 발진기단 주파수 튜닝의 제공이며, 트랜지스터 발진기의 공진 회로단에 버렉터 다이오드를 사용하거나, 다이오드의 DC 바이어스 전압을 변화시키므로 이뤄질 수 있다. 버렉터 다이오드의 비선형성은 주파수 곱셈기에서 매우 유용하게 이용될 수 있는데, (13장에서 그 내용을 더 자세히 다루기로 한다), 대부분 실리콘이나 GaAs 반도체로 만들어진다.

그림 11.14에 역방향 바이어스된 버렉터 다이오드에 관한 간단한 등가회로를 나타내었다. 접합 커패시턴스는 음의 방향의 바이어스 전압(V)에 따라 달라지며, 다음과 같다.

$$C_j(V) = \frac{C_0}{(1 - V/V_0)^\gamma}. \tag{11.22}$$

여기서 C_0는 바이어스가 인가되지 않은 상태에서의 접합 커패시턴스이고, 실리콘 다이오드의 경우 V_0 = 0.5V, GaAs 다이오드의 경우 V_0 = 1.3V이다. 지수 γ는 다이오드의 진성층의 도핑 농도에 따라서 결정되며, 이상적인 버렉터 다이오드의 경우 γ = 0.5 일반적인 상용 다이오드의 경우 γ = 0.47 이나, 일부 다이오드 경우 1.5 또는 2.0의 높은 값을 갖도록 도핑 농도를 조정할 수 있다. 등가회로에서 R_s는 직렬 접합과 접촉 저항 성분이며, 보통 수 오옴의 값을 갖는다. 일반적인 GaAs 버렉터 다이오드는 C_0 = 0.5~2.0 pF의 값을 갖고, −20~0V 범위의 바이어스 전압에 대하여 0.1~2.0 pF정도의 접합 커패시턴스의 가변특성을 나타낸다. 실제 설계에 있어서는 패키지영향에 의한 기생리액턴스 성분도 실제 설계에서는 반영되어야 한다.

그 밖의 다이오드

그럼 여기서 마이크로파 회로에 사용되는 또 다른 다이오드들의 특성에 대해 요약해 보기로 한다. 다이오드소자는 고주파 3-단자 소자(접합/전계효과 트랜지스터)보다 먼저 개발되어 오랫동안 전자관 대신에 고출력 마이크로파 신호 발생기나 증폭기를 구현하는데 사용되었다. 요즘은 RF/마이크로파 대역에서 우수한 특성과 설계 편이를 제공하는 다양한

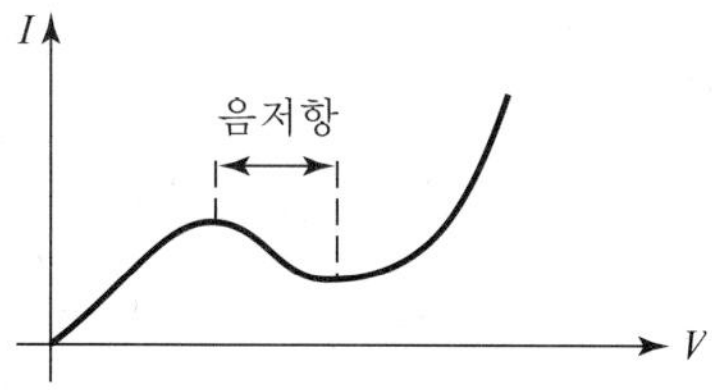

그림 11.15 음저항 구간을 나타내는 Guun 다이오드의 DC $I-V$ 특성. IMPATT 다이오드 터널 다이오드 등 음의 저항을 갖는 다이오드들도 유사한 $I-V$ 특성을 갖는다.

트랜지스터로 인하여, 다이오드소자는 주로 밀리미터파 대역의 회로 구현에 유용하게 사용된다. 다이오드소자에 대한 더욱 자세한 내용은 참고문헌을 참조하라.

GUNN 다이오드. n형 갈륨 · 비소(GaAs)화합물이나 인듐 · 인(InP)화합물에 문지방 값을 넘어서는 직류 전계를 가하면 전도대에서 볼 수 있는 에너지 준위의 축퇴현상이 발생하여 상이한 이동도를 가진 캐리어가 집군(도메인이라고 한다)을 형성하여 전자가 이동하는 효과(건 효과: Gunn effect, 1963년 J. B. Gunn에 의해 발견)로 인한 마이크로파 신호가 발생한다. **Guun 다이오드**는 이러한 현상을 이용한 GaAs 혹은 InP화합물 반도 소자로 적당히 인가된 DC 바이어스의 조건에 따라 RF 신호를 발생 시킬 수 있는 음 저항성분을 띄는 $I-V$(음의 기울기) 특성을 갖는다. 그림 11.15에 Guun 다이오드의 DC $I-V$특성에서 Guun 다이오드의 동작점에 해당되는 음 저항(음 기울기)구간을 나타내었다. Guun 다이오드는 1~200GHz의 주파수 영역에서 5~15%의 효율(DC to RF 변환효율)로 수백 mW RF CW(Continuous Wave) 출력을 낼 수 있다. Guun 다이오드로 발진기를 구현하는 경우 높은 품질계수의 공진기가 필요하고, 경우에 따라 기계적으로 발진주파수의 조정이 가능한 Cavity구조의 공진기가 사용된다. 전기적으로 발진주파수를 조정하는 경우, 그 조정범위는 발진주파수의 1% 안팎의 범위이고, 경우에 따라 조정범위를 넓히고자 하는 경우 버렉터 다이오가 사용되기도 한다. Guun 다이오드를 이용한 발진기는 주로 교통정보감지 레이더, 동작감지 센서 및 측정용 센서 등과 같은 저가 응용환경에 주로 이용된다.

IMPATT 다이오드. IMPATT(impact avalanche and transit time)다이오드는 PIN 다이오드와 유사한 물리적 구조를 갖고, 역바이어스 애벌런치 항복전류를 발생시키도록 비

그림 11.16 W-대역 Guun 다이오드 발진기. 출력전력 16 dBm, 발진 주파수의 조정범위 4 GHz. Courtesy of Millitech, Inc., Northampton, Mass.

교적 높은 전압(70-100V)으로 동작한다. IMPATT 다이오드는 준밀리미터파 대역까지의 넓은 주파수 범위(10~300GHz)에서 음저항의 특성을 가지며 DC 전압을 RF 신호로 직접 변환시킬 수 있다. GUNN 다이오드 발진기와 비교하여 IMPATT 다이오드 발진기의 잡음 특성은 좋지 않으나, 더 높은 출력전력, 우수한 DC-to-RF 변환효율(15%이상 향상), 그리고 우수한 온도 안전성 특성을 갖는다. IMPATT 소자는 100GHz이상에서 기본파 성분을 생성하는 용도의 상용 반도체 소자로 주파수 채배기나 증폭기로 주로 사용된다.

실리콘 IMPATT 다이오드는 10%미만의 DC-to-RF 변환효율 범위에서 10GHz에서 10W의 CW출력과 94GHz에서 1W정도의 CW출력 범위를 낼 수 있다. GaAs IMPATT 다이오드는 10GHz에서 20W의 CW출력과 130GHz에서 5mW정도의 CW출력 범위를 낼 수 있다. 반면 펄스 동작은 보통 CW동작과 비교하여 고효율의 고출력 특성을 나타낸다. IMPATT 다이오드의 낮은 효율로 인하여, CW 및 펄스 동작에 있어서 발열 현상은 매우 심각한 제한요소가 된다. IMPATT 발진기는 기계적으로나 전기적으로 모두 발진주파수를 조절할 수 있으나, 다른 발진기와 비교하여 AM잡음 성능이 떨어지는 단점이 있다.

Tunnel 다이오드. 1957년 L. Esaki가 개발한 Tunnel 다이오드는 고주파 영역에서 음저항 특성이 나타나도록 좁은 에너지 밴드갭을 전자가 통과할 수 있는 정도로 도핑한 pn 접합 다이오드이다. Tunnel 다이오드는 다른 음저항 특성을 갖는 다이오드와 마찬가지로 발진기 및 증폭기 설계 및 구현에 사용될 수 있다. 고주파 트랜지스터가 상용화되기 전에는 이 Tunnel 다이오드가 고주파대역의 증폭기에 적용할 수 있는 유일한 반도체 소자였다. 증폭기 응용으로 Tunnel 다이오드는 음저항 특성을 이용하여 반사파의 크기가 입사파보다 크게 증폭되는 반사계수를 갖는 1-포트 반사형 증폭기의 구조로 구현되었다. 이러한 1-포트 증폭기는 발진 가능성이 매우 높고 이득제어에 어려움이 있어 RF/마이크로파대역용 증폭기 구조로 거의 사용되고 있지 않으나, Tunnel 다이오드는 몇몇 응용에 아직까지 사용되고 있다.

BARITT 다이오드. BARITT(BARrier Injection Transit Time) 다이오드는 베이스 연결이 없는 접합 트랜지스터와 유사한 구조를 갖는다. IMPATT 다이오드와 유사한 정도의 전송시간특성을 가지며, IMPATT 다이오드와 비교하여 낮은 전력정격을 가지나 우수한 AM 잡음 특성을 갖는 장점이 있다. 우수한 잡음 특성으로 인하여 94GHz 이상의 대역에서 국부발진기 구현에 적합하며, 검지기와 주파수 혼합기 회로에도 유용하게 사용된다.

전력 결합(Power Combining)

많은 응용 사례에서 요구되는 RF 전력은 주파수가 높아질수록(특히 밀리미터파대역에서) 단일 반도체 신호원의 출력전력 범위를 대부분 넘어선다. 정격전력이 상대적으로 높은 전자관과 비교하여 반도체 신호원의 많은 장점(소형, 저가화, 직접도 등)을 활용하기 위하여, 반도체 소자를 이용한 신호원의 출력전력을 높이는 방안으로 다양한 전력결합 기술에 대한 많은 노력이 이루어져 왔다. 즉, 두 개 이상의 신호원 출력의 결합은 개별 신호원의 출력에 사용된 신호원의 개수만큼 곱한 출력을 얻을 수 있음을 의미한다. 결합하고자 하는 개별 신호원들은 가간섭적(Coherent)이고 동위상이어야 함은 신호원 출력의 결합에 있어 매우 중요하다. 원칙적으로는 이와 같은 방법으로 무한한 RF전력의 결합이 가능하나, 실제로는 고차모드 및 결합손실의 제한으로 인해 10~20dB 정도의 범위에서 전력 체배를 하는 것이 일반적이다.

전력결합은 부품 레벨 혹은 회로 레벨에서의 결합을 통해 가능하며, 레이더 시스템의 경우에는 독립적인 신호원(Injection-locked 발진기 등으로 구현된 위상이 가간섭적인 신호원)으로 구동되는 방사소자로 구성된 배열 안테나들에 의해 공간적으로 전력이 결합된다. 부품 레벨에서의 전력결합은 다이오드나 트랜지스터 접합을 병렬로 연결하여 하나의 출력에 여러 입력단을 구성하여 전력을 결합하나, 그 접합 개수에는 손실, 위상 간섭성 등으로 인한 제한이 있다. 회로 레벨에서의 전력 결합은 보통 N-way 전력결합기(윌킨슨 전력결합기, 방향성 결합기, 하이브리드 결합기 등의 평면인쇄회로)를 사용하여 N개의 부품에서 출력되는 신호를 결합한다. 독립적인 신호원들의 위상을 자기동조시킬 수 있는 캐비티(Cavity) 공진기도 전력 결합회로로 사용될 수 있다. 이러한 다양한 전력 결합 방법은 효율, 대역폭, 격리 특성, 구현 복잡성 및 비용 등에 있어서 각각 방법마다 서로 다른 장단점을 갖는다.

11.2 양극성 접합 트랜지스터(BJT: Bipolar Junction Transistor)

트랜지스터는 3단자 반도체 부품이고, **접합 트랜지스터**와 **전계효과 트랜지스터**로 분류할 수 있다[3-6]. 접합 트랜지스터는 보통 실리콘과 같은 단일 반도체 물질을 사용하는 **양극성 접합 트랜지스터**(BJTs)와 화합물 반도체 기술을 사용하여 구현하는 **헤테로 접합 양극성 트랜지스터**(HBT: Heterojunction Bipolar Transistor) 구분할 수 있다. 두 접합 트랜지스터는 모두 npn과 pnp접합구조의 구현이 가능하며, RF응용에서는 고주파대역에서 전자의 높은 이동도로 인하여 보통 npn형이 사용된다.

양극성 접합 트랜지스터

RF 양극성 접합 트랜지스터는 보통 실리콘을 사용하여 제작하고, 저가격, 넓은 동작 주파수 대역, 우수한 전력 및 잡음 특성으로 적합한 능동 RF부품 중 하나이다. 실리콘 접합 트랜지스터는 2-10GHz의 주파수 영역에서 증폭기 응용과 20GHz까지의 주파수 영역에서 발진기 응용에 유용하게 적용된다. 양극성 접합 트랜지스터는 매우 낮은 1/f 잡음 특성으로 인하

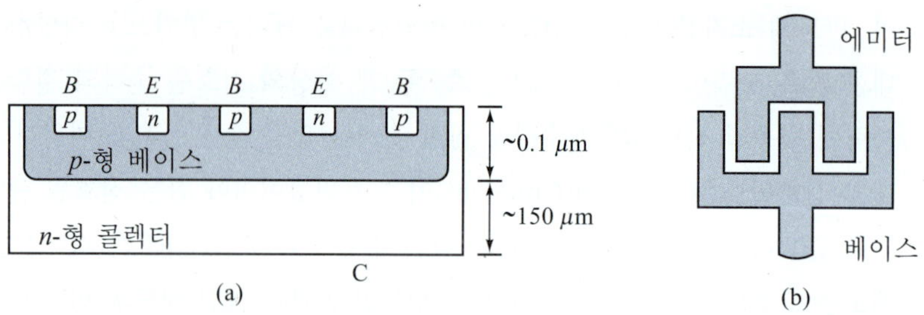

그림 11.17 (a) 마이크로파대 양극성 접합 트랜지스터의 단면도, (b) 베이스와 에미터 접촉 구조를 보여주는 상측도

여 우수한 위상잡음 특성이 요구되는 발진기 응용에 특히 적합하다.

양극성 접합 트랜지스터는 2~4GHz대역에서 높은 이득과 낮은 가격, 그리고 단일 바이어스 회로 구현 가능성 등으로 일부 응용에서 FET보다 선호도가 높으나, 일반적으로 산탄잡음(Shot noise)과 열잡음 효과로 인하여, FET와 비교하여 잡음지수가 다소 큰 단점이 있다. 그림 11.17은 일반적인 실리콘 양극성 접합 트랜지스터 구조를 나타낸다. BJT는 베이스 단의 전류가 컬렉터의 DC전류를 변조하여 출력전류를 구동한다. 양극성 접합 트랜지스터의 상한 주파수는 보통 0.1μm정도의 치수를 갖는 베이스 길이에 의해 주로 결정된다.

RF양극성 접합 트랜지스터의 에미터 공통 구조에 대한 소신호 등가회로(하이브리드-π형 모델)를 그림 11.18에 나타내었다. 이 하이브리드-π형 모델은 회로 망 해석에서의 활용성 때문에 FET의 등가회로에도 유사하게 적용된다. 이 모델은 베이스와 에미터 연결선(lead)에 의한 기생저항 성분과 인덕턴스 성분은 포함하고 있지 않다. 이러한 기생성분들을 포함하는 등가회로나 Gummel-Poon모델과[6] 같은 조금 더 복잡한 등가회로들은 SPICE와 같은 CAD 프로그램을 이용하여 회로를 설계하는 경우나 넓은 주파수 대역에 걸친 BJT의 모델링에 장점을 제공 할 수 있다.대부분의 경우에 하이브리드-π형 모델에서 베이스와 콜렉터 단 사이의 커패시턴스 C_c는 그 값이 다른 등가회로 파라미터와 비교하여 상대적으로 작아 회로 해석을 단순화하기 위해 무시할 수 있고, 이로 인해 트랜지스터의 출력단(포트 2)에서 입력단(포트 1)으로의 전력 및 신호의 궤환을 제한하는 **단방향**(unilateral) 특성, 즉 $S_{12} = 0$의 효과를 회로 해석상에서 기대할 수 있다.

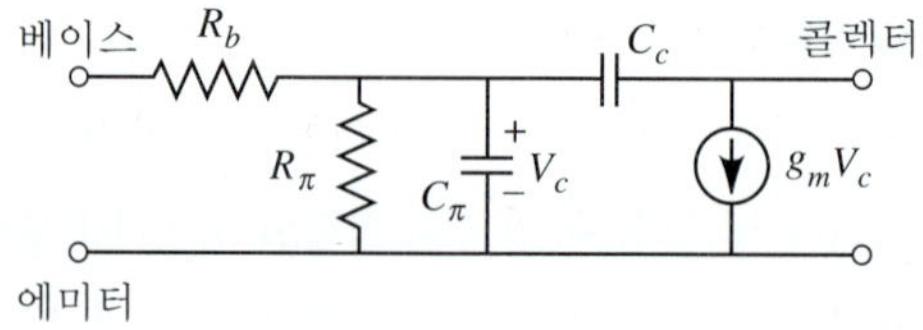

그림 11.18 간략화된 에미터 공통 구조의 마이크로파대 양극성 접합 트랜지스터의 하이브리드-π형 등가회로

하이브리드-π형 모델은 접합 트랜지스터의 물리적 특성을 바탕으로 하여, 넓은 바이어스 동작 영역, 주파수 범위, 부하조건 (소신호 조건)에서 등가회로 파라미터가 일정한 균일한 경우에 유용하게 사용할 수 있다. 이와 같은 소신호 조건을 만족하지 않는 설계 및 동작환경(대신호 환경)에서는 등가회로 파라미터는 바이어스 조건, 부하조건 및 주파수에 따라 달라져 하이브리드-π형 모델을 회로설계나 해석에 사용할 수 없게 된다. 이러한 경우에는 주어진 트랜지스터 구조(베이스 공통, 에미터 공통, 콜렉터 공통)의 특정 바이어스 상태에서 부하조건과 동작주파수에 대하여 트랜지스터의 2-포트 파라미터를 추출하고, 트랜지스터를 2-포트 회로로 모델링하여 회로 설계나 해석에 활용하는 것이 일반적이다. 이러한 2-포트 파라미터로 주어진 동작조건에서 트랜지스터의 S-파라미터를 측정하여 활용하는데, 보통 트랜지스터의 제조사에서 이러한 파라미터를 제공한다. 표 11.4에 에미터 공통 구조의 RF 실리콘 접합 트랜지스터의 S-파라미터를 나타내었다. 표에 나타낸 S_{11}과 S_{22}을 살펴보면, 그 크기가 매우 커 입력단(베이스 단, 포트 1)과 출력단(콜렉터 단, 포트 2)에서 50Ω을 기준으로 임피던스 부정합이 매우 큰 것을 알 수 있고, 이득($|S_{21}|$) 또한 주파수가 증가하면서 급격히 감소함을 알 수 있다. 그리고 BJT의 단방향 특성을 나타내는$|S_{12}|$가 특히 낮은 주파수에서 다른 계수와 비교하여 상대적으로 매우 작음을 알 수 있다. 그림 11.18의 등가회로는 트랜지스터의 단락회로 전류이득이 1이 되는 동작주파수의 최대치로 정의되는 한계주파수(Threshold Frequency), f_T까지의 주파수 영역에서 적용될 수 있다. 베이스단의 입력전류를 I_{in}이라 하고, 직렬 베이스 저항 R_b(보통 매우 작음)와 병렬저항 R_π(매우 큼)는 무시하면, 커패시터 C_π양단에 인가되는 전압은 $V_\pi = I_{\text{in}}/j\omega C_\pi$로 주어진다. 콜렉터단에서 출력 단락회로 전류는 $I_{\text{out}} = g_m V_\pi$이고, 따라서 단락회로 전류이득은 $G_I^{SC} = |I_{\text{out}}/I_{\text{in}}| = g_m/\omega C_\pi$가 된다. 주파수 증가에 따른 전류이득의 감소를 감안하면, 단락회로 전류이득이 1이 되는 한계주파수 f_T는 다음 식과 같다.

$$f_T = \frac{g_m}{2\pi C_\pi}. \tag{11.23}$$

그림 11.19(a)는 BJT의 일반적인 DC동작특성을 나타낸다. 트랜지스터의 동작점(Biasing point)은 소자의 유형과 응용에 따라 달라지고, 일반적으로 잡음지수 특성을 우선

표 11.4 NPN 실리콘 BJT의 S-파라미터(NEC사의 NE58219, V_{ce} = 5.0V, I_C = 5.0mA, 에미터 공통)

주파수 (GHz)	S_{11}	S_{12}	S_{21}	S_{22}
0.1	$0.78\angle-33°$	$0.03\angle71°$	$12.7\angle155°$	$0.93\angle-17°$
0.5	$0.46\angle-113°$	$0.08\angle52°$	$6.3\angle104°$	$0.53\angle-38°$
1.0	$0.38\angle-158°$	$0.11\angle54°$	$3.5\angle80°$	$0.40\angle-43°$
2.0	$0.40\angle157°$	$0.19\angle56°$	$1.9\angle52°$	$0.33\angle-63°$
4.0	$0.52\angle117°$	$0.38\angle45°$	$1.1\angle14°$	$0.33\angle-127°$

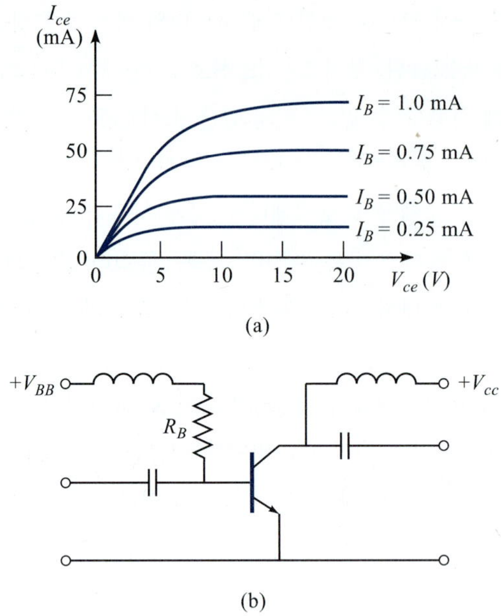

그림 11.19 (a) npn BJT의 DC특성, (b) npn BJT의 바이어스 회로와 단절회로

적으로 감안하면 콜렉터 전류가 작은 동작점을 선택하는 것이 유리하고, 전력이득을 우선적으로 고려하는 경우에는 콜렉터 전류가 큰 동작점을 선택하는 것이 유리하다. 그림 11.19(b)는 에미터 공통구조 BJT의 일반적인 바이어스 회로와 RF입출력단과의 격리를 위한 분리회로(Decoupling circuit)를 나타낸다.

헤테로 접합 양극성 트랜지스터

헤테로 접합 양극성 트랜지스터(HBT)는 기본적으로 BJT의 동작 특성과 동일하나, HBT는 GaAs, InP, 혹은 SiGe과 같은 화합물 반도체 물질로 베이스-에미터 접합을 구현하거나 종종 알루미늄과 같은 얇은 결합층으로 사용하기도 한다. 이러한 구조는 고주파 특성을 획기적으로 향상시킨다. 몇몇 HBT는 100GHz이상의 주파수 대역에서도 동작할 수 있으며, 최근 SiGe기반의 HBT는 60GHz이상의 매우 높은 주파수 대역에서 동작하는 저가의 다양한

표 11.5 SiGe HBT의 S-파라미터(Infineon사의 BFP640F, V_{CE} = 2.0V, I_C = 1.2mA, 에미터 공통)

주파수 (GHz)	S_{11}	S_{12}	S_{21}	S_{22}
1.0	0.91∠−44°	0.06∠68°	3.92∠149°	0.93∠−17°
2.0	0.75∠−86°	0.10∠46°	3.39∠120°	0.79∠−31°
4.0	0.59∠−144°	0.11∠29°	2.18∠82°	0.64∠−43°
6.0	0.54∠176°	0.11∠34°	1.64∠57°	0.58∠−53°

고주파 회로를 구현하는데 활용된다.

BJT의 구조와 동작 방식 측면에서 유사성으로 인하여 그림 11.18에 나타낸 등가회로 모델은 HBT에도 적용될 수 있으며, BJT의 경우와 마찬가지로 등가회로 모델은 동작조건의 범위 내에서만 HBT를 모델링하는 것으로 제한되며, 따라서 회로 해석 및 설계에 적용된 특정 바이어스 조건에서 측정된 S-파라미터가 등가회로 모델보다 경우에 따라서 더욱 유용할 수 있다. 표 11.5는 상용 마이크로파대 HBT에 대한 몇몇 주파수에서의 S-파라미터를 나타낸다. HBT의 이득, $|S_{21}|$은 표 11.4에 나타낸 BJT의 경우와 비교하여 주파수가 증가하면서 덜 급격히 감소함을 알 수 있다. 또한 단방향 특성을 나타내는 $|S_{12}|$도 BJT의 경우와 비교하여 상대적으로 작음을 알 수 있다. SiGe HBT를 사용한 모노리식 고집적회로의 저가격화 및 대량생산성으로 인하여, SiGe HBT 기술은 군용 및 상용의 다양한 고주파 회로 및 시스템 기술에 폭넓게 적용되고 있다.

11.3 전계효과 트랜지스터(FET: Field Effect Transistor)

BJT와는 대조적으로 전계효과 트랜지스터(FET: Field Effect Transistor)는 전류의 흐름에 하나의 캐리어 (전공 혹은 전자)만이 기여하는 **단극성**(monopolar) 반도체 소자이다. n-채널 FET의 경우에는 전자가 캐리어의 역할을 하고, p-채널 FET의 경우에는 전공이 캐리어의 역할을 한다. 또한 BJT는 전류제어 소자인 반면, FET는 소스-드레인 특성이 전압제어 가변 저항 특성과 유사한 전압제어 반도체 소자이다.

전계효과 트랜지스터는 **MESFET**(MEtal Semiconductor FET), **MOSFET**(Metal Oxide Semiconductor FET), **HEMT**(High Electron Mobility Transistor), **PHEMT**(Pseudomorphic HEMT) 등 다양한 유형이 있다. FET기술은 50년 이상 지속적으로 개발되어 왔고, 첫 번째 접합 FET는 1950년도에 개발되었다. 반면 HEMT는 1980년대 초반 처음으로 제안되었다. 60GHz대역 혹은 이상의 마이크로파 및 밀리미터파대 응용에

표 11.6 마이크로파 트랜지스터의 성능특성

소자 반도체기술	BJT Si	HBT SiGe	CMOS Si	MESFET GaAs	HEMT GaAs	HEMT GaN
주파수영역(GHz)	10	30	20	60	100	10
이득(dB)	10–15	10–15	10–20	5–20	10–20	10–15
잡음(dB)	2.0	0.6	1.0	1.0	0.5	1.6
(주파수, GHz)	(2)	(8)	(4)	(10)	(12)	(6)
최대전력입력	High	Medium	Low	Medium	Medium	High
가격	Low	Medium	Low	Medium	High	Medium
단극 DC 바이어스	Yes	Yes	Yes	No	No	No

GaAs MESFET가 주로 사용되고 있으며, 더 높은 주파수 대역의 응용에는 GaAs HEMT가 사용된다. 특히 GaAs MESFET과 HEMT는 다른 유형의 트랜지스터와 비교하여 잡음지수 특성이 우수하므로 저잡음 증폭기(Low Noise Amplifier)에 유리하다. 최근에는 GaN HEMT기술이 개발되었고 출력의 RF 및 마이크로파대 증폭기 응용에 사용되고 있다. 상용 무선통신용 RF 집적회로에 적용하기 위한 CMOS FET기술은 가격 경쟁력 제고를 위한 고집적화와 저전력화 기술 등 지속적인 기술개발과 더불어 꾸준히 사용되고 있다. 표 11.6에 마이크로파대역에서 사용할 수 있는 대표적인 트랜지스터 특성을 요약하였다.

금속 반도체 전계효과 트랜지스터(MESFET)

마이크로파 기술에서 중요한 개발 사례 중 하나는 레이더, 위성항법장치(GPS), 원격검지, 무선통신 시스템용 마이크로파대 증폭기, 발진기, 주파수 혼합기 등의 구현에 사용되는 최초의 상용화 반도체 소자 기술인 GaAs 금속 반도체 전계효과 트랜지스터(MESFET; MEtal Semiconductor FET)이다. GaAs MESFET는 밀리미터파대역의 영역에서도 높은 이득과 저잡음 특성을 제공하며 사용될 수 있을 뿐만 아니라, 10GHz이상의 주파수 대역에서 사용되는 하이브리드 및 모노리식 집적회로의 반소체 소자로 종종 사용된다.

그림 11.20은 전형적인 n-채널 GaAs MESFET의 단면도를 나타낸다. 게이트 접합은 쇼트키 배리어 형태로 구성되어 있으며, 실리콘과 비교한 GaAs의 높은 전자의 이동도와 산탄잡음이 없는 물성특성으로 인하여 n-채널 GaAs MESFET의 우수한 이득 및 잡음 특성을 제공하게 된다. 보통 드레인과 소스 사이에는 V_{ds}로 그리고 게이트와 소스 사이에는 V_{gs}로 바이어스되어, 동작점에서 $+V_{ds}$공급전압에 의해 소스에서 드레인으로 전자가 이동하게 된다. 이때 게이트단에 인가된 신호전압은 다수 케리어인 전자의 흐름을 변조(전압제어 전류원 혹은 전압제어 가변저항)시키고 이로 인해 입력전압에 의해 변조된 전류가 부하저항에 전달되어 출력전압이 증폭된 현상이 발생하게 된다. 최대 동작 주파수는 게이트의 길이에 의해 제한된다; 현재 FET의 게이트 길이는 0.2~0.6μm수준으로 대응되는 최대 동작주파수는 100~50GHz(게이트 길이가 길어지면 최대동작 주파수는 낮아짐) 정도이다.

소스 공통 구조의 마이크로파대 MESFET의 소신호 등가회로는 그림 11.21에 나타내었다. 이 모델의 전형적인 등가회로 파라미터 값은 다음과 같다.

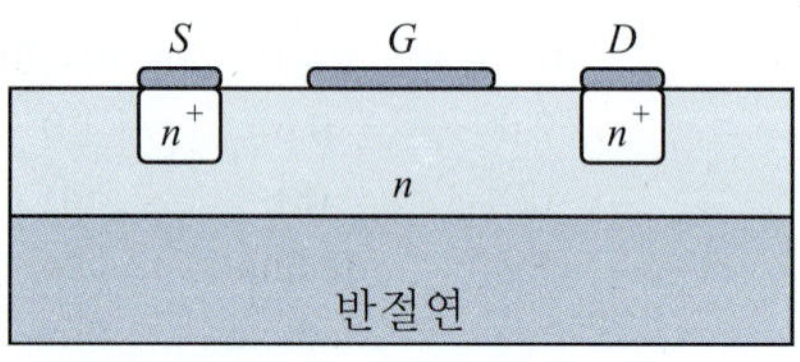

그림 11.20 n-채널 GaAs MESFET의 단면

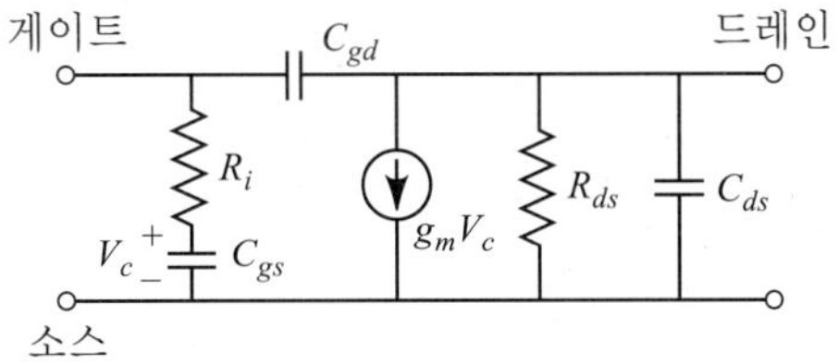

그림 11.21 소스 공통 구조의 마이크로파대 MESFET의 소신호 등가회로

R_i (직렬 게이트 저항)	$= 7\,\Omega$
R_{ds} (드레인 소스 간 저항)	$= 400\,\Omega$
C_{gs} (게이트 소스 간 정전용량)	$= 0.3\,\text{pF}$
C_{ds} (드레인 소스 간 정전용량)	$= 0.12\,\text{pF}$
C_{gd} (게이트 드레인 간 정전용량)	$= 0.01\,\text{pF}$
g_m (트랜스컨덕턴스)	$= 40\,\text{mS}$

이 모델은 패키지 구현 시 발생되는 저항성 접촉과 본딩 와이어에 의한 비교적 작은 직렬저항과 인덕턴스 성분들과 같은 기생성분들을 포함하고 있지는 않다. 게이트-소스 커패시턴스 C_{gs}에 인가되는 전압에 의해 제어되는 종속 전류원 g_mV_c는 정상적인 동작조건(포트 1이 게이트이고, 포트 2가 드레인인 경우)에서 $|S_{21}|>1$ 이 되게끔 한다. S_{12}, 즉 반대의 신호경로는 게이트 드레인 커패시턴스 C_{gd}에 기인하는데, 위의 데이터에 나와 있듯이 이 값은 실제 응용에서는 무시할 수 있을 만큼 매우 작다. 일반적인 GaAs MESFET의 S-파라미터를 표 11.7에 나타내었다.

BJT의 경우와 마찬가지로, 그림 11.21의 등가회로를 사용하여 MESFET의 최대 동작 주파수를 유도할 수 있다. FET의 단락회로 전류이득 G_I^{SC}는 출력단을 단락시키고 드레인 전류와 게이트 전류의 비로 정의할 수 있다. 단방향(unilateral, $C_{gd} = 0$) 경우에 대하여, 단락전류 이득은

$$G_i^{sc} = \left|\frac{I_d}{I_g}\right| = \left|\frac{g_m V_c}{I_g}\right| = \frac{g_m}{\omega C_{gs}}.$$

이다.

표 11.7 n-채널 GaAs MESFET의 S-파라미터(NEC사의 NE76184A, V_{DS} = 3.0V, ID = 10.0mA, 소스 공통)

Frequency (GHz)	S_{11}	S_{12}	S_{21}	S_{22}
1.0	$0.97\angle -28°$	$0.04\angle 72°$	$3.82\angle 154°$	$0.70\angle -19°$
2.0	$0.90\angle -55°$	$0.08\angle 54°$	$3.56\angle 129°$	$0.65\angle -37°$
4.0	$0.72\angle -103°$	$0.12\angle 28°$	$2.91\angle 86°$	$0.53\angle -68°$
8.0	$0.52\angle 179°$	$0.14\angle -1°$	$2.0\angle 20°$	$0.42\angle -129°$
12.0	$0.49\angle 103°$	$0.17\angle -19°$	$1.5\angle -38°$	$0.44\angle 170°$

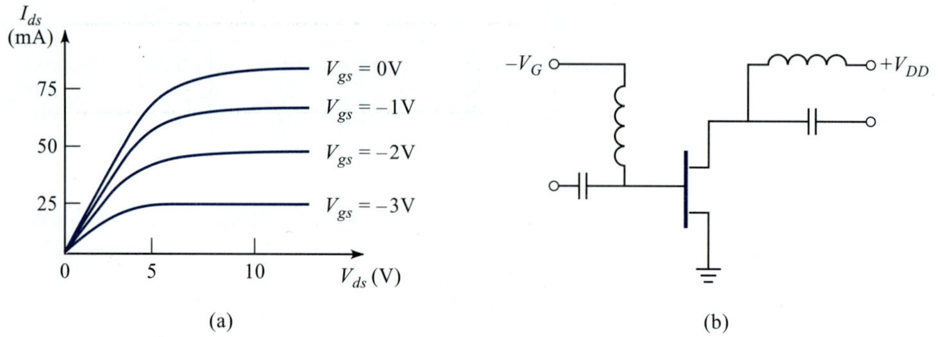

그림 11.22 (a) n−채널 GaAs MESFET의 DC특성, (b) 바이어스 및 단전회로

단락회로 전류이득이 1이 되는 한계주파수 f_T는 다음 식과 같다.

$$f_T = \frac{g_m}{2\pi C_{gs}}. \tag{11.24}$$

이 결과는 식 (11.23)에 나타낸 양극성 접합 트랜지스터의 한계주파수와 동일하다.

정상적인 동작을 위해서는 트랜지스터는 적절한 동작점으로 바이어스 되어야 한다. 이 동작점은 응용(저잡음, 고이득, 고전력 등), 즉 증폭기 종류(A급, AB급, B급 등)와 트랜지스터 종류에 따라 달라진다. 그림 11.22(a)에 GaAs MESFET의 전형적인 직류전류 I_{ds} 대 V_{ds}의 특성을 나타내었다. 저잡음 설계의 경우에는 드레인 전류는 보통 I_{dss}(드레인-소스 사이의 포화전류)의 15%정도로 동작점을 결정하고, 고전력 설계의 경우에는 매우 큰 드레인 전류로 트랜지스터를 동작시킬 수 있도록 동작점을 결정한다. DC 바이어스는 게이트와 드레인 사이에 RF 신호경로에 대한 간섭 없이 인가되어야 하는데, 이는 보통 그림 11.22(b)에 나타낸 바와 같이 양극 공급전압에 의한 바이어스와 RF−DC 단전(Decoupling)회로를 사용하여 구현한다. RF초크(인덕터)는 매우 낮은 DC저항값을 갖고, RF주파수 신호에 대해서는 매우 높은 임피던스를 갖는데 이러한 특성을 이용하여 동작전압 공급을 위한 DC회로로 부터 RF신호 경로를 격리 시킬 수 있다. 유사하게 입출력단의 단전 커패시터는 입출력단의 선로로부터 DC성분을 격리시키고, RF신호는 트랜지스터의 입출력으로 연결시키는 특성을 제공한다. 온도변화와 소자의 특성 변화를 보상하고, 단극 공급 전압원으로 트랜지스터를 동작시킬 수 있는 다양한 유형의 바이어스 회로들도 있다.

금속 산화물 반도체 전계효과 트랜지스터(MOSFET)

실리콘 금속 산화물 반도체 전계 효과 트랜지스터(MOSFET)는 가장 일반적인 FET의 형태로, 다양한 아날로그 및 디지털 집적 회로에 광범위하게 사용된다. 그림 11.23에 n채널 MOSFET의 단면도를 나타내었다. 도핑된 P형 기판에 MESFET과는 다르게 게이트 접합면과 채널영역 사이에 얇은 절연층(SiO_2)을 갖는 구조로 구성되어있고, 게이트 단자가 이

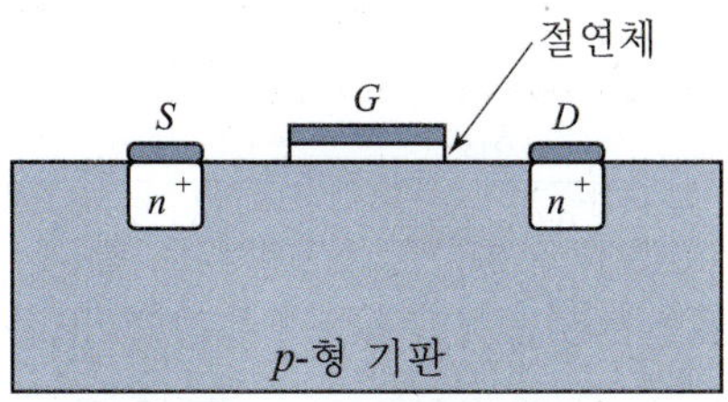

그림 11.23 n-채널 MOSFET의 단면

절연층으로 절연되어 있기 때문에 DC바이어스 전류가 흐르지 않는 특징이 있다.

MOSFET은 UHF의 주파수 대역에서 여러 개의 MOSFET소자를 병렬 연결로 구성하여 수백 와트의 동작전력을 갖는 단일 패키지의 고전력 부품을 구현할 수도 있다. 대표적인 마이크로파 대역(UHF대역)의 고출력 MOSFET소자로는 소스단자가 접지되어 있는 LDMOS(Laterally Defused MOSfet)를 들을 수 있고, 900~1900 MHz대역의 휴대전화 기지국의 고출력 송신기 시스템용 전력 증폭기 응용에 주로 사용된다.

고집적도의 집적회로들은 일반적으로 n-채널 및 p-채널 소자 두 개 모두 사용되는 CMOS(Complementary MOS)를 사용한다. CMOS 기술은 저전력 응용분야에서 매우 낮은 단가의 반도체 회로를 대규모로 공급할 수 있기 때문에 가장 많이 사용하는 반도체 기술이다. 대부분의 RF/마이크로파대의 고출력 응용에서는 GaN이 저전력 응용에서는 전자의 빠른 이동도로 인하여 n-채널 MOSFET이 주로 사용한다.

MOSFET의 소신호 등가 회로는 그림 11.21에 나타낸 MESFET의 소신호 등가회로와 동일하고, S-파라미터는 대부분의 nMOS소자의 고주파 대역 응용에 사용할 수 있다.

고 전자이동도 트랜지스터(HEMT)

고 전자이동도 트랜지스터(HEMT)는 헤테로접합 FET으로, 단결정 반도체 물질을 사용하는 대신, 여러 층의 화합물 반도체로 구성되는 특징을 갖는다. 주로 사용되는 화합물로는 GaAlAs, GaAs, GaInAs 등의 금속과 3-5족 화물물이 주로 사용된다. 이러한 구조의 화합물 반도체 트랜지스터는 일반적인 MESFET과 비교하여 약 두 배 정도 높은 캐리어 이동도를 가지며, GaAs HEMT의 경우 100GHz이상의 주파수 대역에서도 동작할 수 있다.

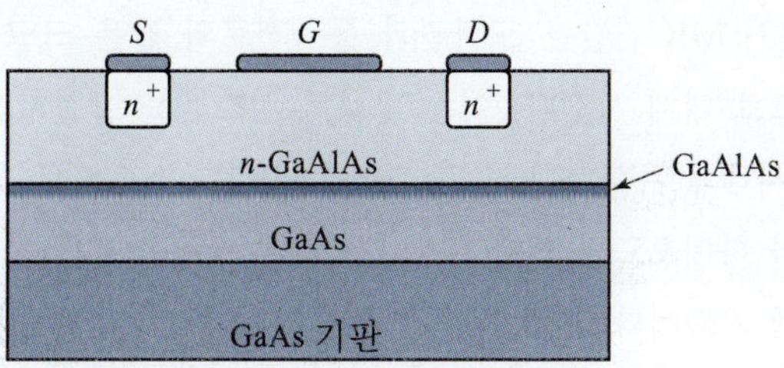

그림 11.24 n-채널 HEMT의 단면

표 11.8 GaN HEMT의 S-파라미터(Cree사의 CGH21120, V_{DD} =328V, ID=500mA, 소스 공통)

Frequency (GHz)	S_{11}	S_{12}	S_{21}	S_{22}
0.5	$0.96\angle 180°$	$0.007\angle -16°$	$3.67\angle 68°$	$0.72\angle -174°$
1.0	$0.95\angle 172°$	$0.008\angle -35°$	$2.03\angle 44°$	$0.78\angle -172°$
2.0	$0.78\angle 153°$	$0.014\angle -83°$	$2.09\angle -17°$	$0.91\angle -174°$
4.0	$0.88\angle -51°$	$0.008\angle 79°$	$0.84\angle 88°$	$0.88\angle 171°$

그림 11.24에 HEMT의 단면도를 나타내었고, 이 구조는 반절연된 GaAs기판 위에 도핑되지 않은 GaAs층과 매우 얇은 GaA1As층을 증착하고, 그 위에 n-도핑 GaA1As층을 증착하여 구성한다. 열응력(thermal stress)과 기계적응력(mechanical stress)을 줄이기 위한 정합된 결정격자 구조를 갖는다. 층간의 격자 불일치를 사용한 다양한 화합물 반도체 및 부정형(pseudomorphic) HEMT등 다양한 구성이 가능하다. 상대적으로 복잡한 구조의 HEMT는 매우 복잡하고 정교한 제조 기술이 요구되며, 이는 상대적으로 높은 소자 및 부품 단가로 이어진다.

비교적 새로운 형태의 HEMT는 실리콘이나 실리콘 카바이드(SiC)기판 위에 GaN나 A1GaN 사용한다. GaN HEMT는 20~40V 드레인 접압 범위에서 작동하며 비교적 낮은 마이크로파 주파수 대역에서 100W정도의 전력전송이 가능하고, 고출력의 무선 송신기 응용에 주로 사용된다.

그림 11.21에 나타낸 MESFET의 소신호 등가회로는 HEMT의 소신호 등가회로에도 적용 가능하고, HEMT의 DC바이어스 특성 역시 MESFET과 유사하다. 표 11.8에 중간전력의 특성을 갖는 일반적인 상용 GaN HEMT의 S-파라미터를 나타낸다.

11.4 마이크로파 집적회로(MIC: Microwave Integrated Circuit)

전자공학 기술의 경향은 소형화, 경량화, 저전력화, 대량생산에 기반을 둔 저 가격화, 복합한 회로 및 기능의 고 집적화를 지향하고 있다. 마이크로파 기술은 과거 10~30년 동안 마이크로파 집적회로(MICs; Microwave Integrated Circuits) 개발을 지향하며 발전하였다.[2] MIC기술은 도파관과 동축선로와 같은 크고 값비싼 부품을 작고 값싼 평면회로 부품으로 대체 시켰다. 이는 컴퓨터 시스템을 발전시킨 디지털 IC기술의 발전 방향 및 동향의 사례와 유다하다 할 수 있다. MIC는 전송선로, 저항, 캐패시터, 인덕터와 같은 수동소자와 다이오드나 트랜지스터와 같은 능동소자를 하나의 기판 상에 집적시키는 회로 및 시스템 기술이다. MIC기술은 수신기 전치부와 레이더의 송·수신 모듈과 같은 마이크로파 시스템을 수 mm^{2}의 면적을 갖는 칩에 집적시킬 수 있을 정도로 발전하였다.

MIC는 두 가지의 형태로 구분할 수 있는데, 하이브리드 MIC는 다양한 집중정수소자(저항, 커패시터, 집적화된 회로, 트랜지스터, 다이오드 등)을 기판에 연결할 수 있는 전송선로 및 접지를 위한 금속층의 구조로 구성된다. 박막(thin film)형 하이브리드 MIC에서는 일부 간단한 부품들은 기판상에서 증착되어 직접 제작되기도 한다. 하이브리드 MIC기술은 1960년대에 처음 개발되어, 마이크로파 회로 구현에 있어 다양하고 가격경쟁력이 높은 회로솔루션을 제공하고 있다. MMIC(monolithic MIC)기술은 하이브리드 MIC기술 대비 최근 기술로 반도체 기술을 이용하여 다양한 능동소자와 수동소자를 금속, 유전체 및 저항성 박막으로 구성된 여러 층으로 반도체 기판 상에 동시에 제작하는 기술이다. 다음 내용에서는 하이브리드 MIC와 MMIC에서 요구되는 재료 및 제조과정과 각 기술의 상대적 장점을 간단히 다룬다.

하이브리드 마이크로파 집적회로(HMIC)

하이브리드 집적회로의 설계 및 구현에 있어서 사용되는 재료의 전기 전도도, 유전상수, 손실 탄젠트, 열전도 특성, 기계적 강도, 제조 적합성 등의 특성은 매우 중요하게 고려하여야 할 요소이고, 일반적으로 기판의 재료의 전기적 특성 고려가 우선 시 된다. 하이브리드 회로의 경우, 알루미나, 수정(quartz) 그리고 테프론(tefron)이 기판으로 가장 많이 사용된다. 세라믹과 유사한 알루미나(ALO)의 경우 유전상수는 9~10정도이고, 유전상수가 큰 경우 회로의 크기가 작아지므로 저주파 회로 응용에 적합하다. 고주파 회로 응용에서는 방사손실과 불요파 효과를 줄이기 위하여 기판의 두께를 얇게 하여야 한다. 그러나 기판의 두께가 얇아지면 마이크로스트립, 슬롯 선로(slot line), CPW(coplanar wave guide) 등과 같은 전송선로의 선폭이 너무 좁아져 구현이 어려워진다. 수정(quartz)은 유전상수가 대략 4정도이고 역시 단단하며 20GHz이상의 높은 주파수에서 유용하다. 테프론과 이와 비슷한 연질의 플라스틱 기판은 유전상수는 2~10정도이고 강도와 열전도율이 좋지 않은 반면, 면적 대비 가격이 싼 장점이 있고, 전송선로의 신호선로용 도체는 일반적으로 구리나 금을 사용한다.

CAD(Computer-aided design)소프트웨어가 MIC설계, 최적화, 레이아웃, 마스크 생성 등에 다양하게 활용된다. 이러한 소프트웨어 패키지로는 CADENCE(Cadence Design Systems 社), ADS(Agilent Technologies 社), Microwave Office(Applied Wave Research 社), 그리고 SERENADE나 DESIGNER(Ansoft 社)등이 있다. 마스크는 정확도를 위해 2배, 5배, 10배 등으로 확대하여 루비리스(부드러운 Mylar 필름) 필름 상에 만든다. 이후 실제 크기의 마스크를 얇은 유리판이나 수정판에 만든다. 동판이 입혀진 기판 위에 PR(photoresist)을 고르게 도포하고 마스크를 덮은 다음 광원에 노출시킨 다음, 불필요한 동판 부분을 부식시켜 제거하고, 비아 홀 (Plate through나 via hole)은 기판에 판공하여 형성한 관통 원형 틈 내에 금속을 증착(evaporating)시켜 제작한다. 마지막으로 각각의 부품들을 땜(soldering)이나 본딩(bonding)으로 전송선로 상의 신호선 및 접지면의 도체와 연결시킨 후, 그 성능을 측정한다. 이러한 작업들은 초기 수공으로 작업을 하였으나, 오늘날에는 대부분의 부품들은 컴퓨터로 제어되는 자동화 시설을 활용하여 표면실장하고 있다. 미세조정이 가능한 스텁(stubs)을 사용하여 실장된 소자의 값이나 회로의 특성 변화로 인한 오차를 보정할 수 있도록 MIC는 미세조정부를 포함하기도 한다. 이는 회로의 생산성을 높이지만, 고도로 숙련된 노동력을 필요로 하므로 생산비가 증가한다. 그림 11.25에 제작된 하이브리드 MIC모듈의 사진을 나타내었다.

모노리식 마이크로파 집적회로(MMIC)

1970년대 후반, GaAs와 관련 반도체 제조 및 소자기술의 발전으로, 반도체 기술기반으로 한 회로 내에 필요한 모든 수동소자와 능동소자를 동일 기판 상에 구현하는 제작기술 가능해서, MMIC(monolithic microwave integrated circuits)의 상용화가 가능하게 되었다. MMIC는 하이브리드 MIC제작에 필요한 수작업이 필요하지 않고, 게다가 하나의 웨이퍼(wafer) 내에 수많은 소자 및 회로를 포함하며 단일 공정으로 모든 회로를 동시에 제작하여 잠재적으로 저비용 대량생산의 가능성을 제공하였다.

MMIC의 기판은 능동소자와 수동소자를 같은 기판 상에 동시에 제작해야 하므로 반도체 기판을 사용해야 하며, 능동소자의 종류와 사용주파수 범위에 따라 기판의 재료가 결정된다. GaAs MESFET는 용도가 다양한 소자로 저잡음 증폭기, 고이득 증폭기, 광대역 증폭기, 혼합기, 발진기, 위상천이기, 스위치 등에 사용된다. 따라서 GaAs는 MMIC용으

그림 11.25 Raytheon 社의 지상 레이다 시스템 송수신기용 하이브리드 MIC 모듈. 이 X-대역 모듈은 위상천이기, 증폭기, 스위치, 결합기, 페라이트 써큘레이터, 제어 및 바이어스 회로를 포함하고 있다.

Courtesy of Raytheon Company, Waltham, Mass.

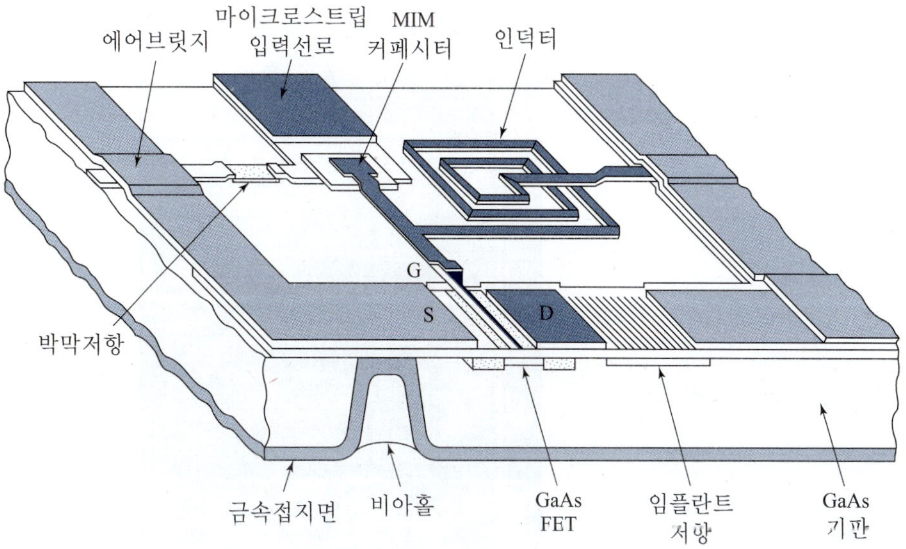

그림 11.26 MMIC 레이아웃

로 가장 일반적인 반도체 기판이나, 실리콘, SoS(silicon-on-sapphire), InP도 사용되기도 한다.

전송선로와 기타 도체 부분은 주로 금으로 제작한다. 기판 상에 금의 접착력을 증가시키기 위해 크롬이나 티타늄 박막을 증착시키고, 이들 금속의 비교적 큰 손실 특성을 보상하기 위하여 적어도 표피두께 수배의 두께로 금 층을 기 제작된 금속 층위에 증착시킨다. 커패시터와 다층구조의 선로는 SiO, SiO_2, Si_2N_4 그리고 Ta_2O_5와 같은 절연 유전층을 필요로 한다. 이러한 절연 유전층의 재질은 고유전율, 저손실이어야 하고 IC공정이 가능해야 한다. 저항은 NiCr, Ta, Ti, 또는 도핑된 GaAs등과 같은 손실 박막의 증착을 통해 구현한다.

MMIC 설계, 최적화, 마스크 생성 등에 CAD소프트웨어가 필요하다. MMIC가 일단 제작되고 나면 회로조정이 불가능하므로 회로설계에서 부품 변동과 허용오차를 고려하여 신중하게 설계해야 한다. 따라서 전송선로의 불연속부, 바이어스 회로, 스퓨어리스 신호의 결합, 패키지 공진 등을 고려해야 한다.

회로설계가 끝나면 마스크를 생성할 수 있고, 각 제조공정에는 하나 또는 그 이상의 마스크가 요구된다. 제조공정은 능동소자를 위한 반도체 기판 상에 이온주입이나 에픽텍셜 성장기법을 통한 활성층(active layer)을 형성하는 것으로 시작된다. 그 다음에 능동소자 영역을 에칭법이나 또 한 차례의 이온주법으로 분리(isolated)시켜 능동소자용 메사(mesa)를 만든다. 다음에 저항접촉(ohmic contacts)을 만들기 위해 금 또는 금/게르마늄 층을 기판 상에 합금시켜 능동소자에 연결시킨다. 그런 다음, 소스와 드레인 영역 사이에 티타늄/플라티늄/금 합금을 적층시켜 FET게이트를 만든다. 이로써 능동소자 공정은 완료되는데, 이때 웨이퍼를 중간 검사를 하기도 하고, 웨이퍼 검사가 성공적이면, 다음 단계로 접촉부,

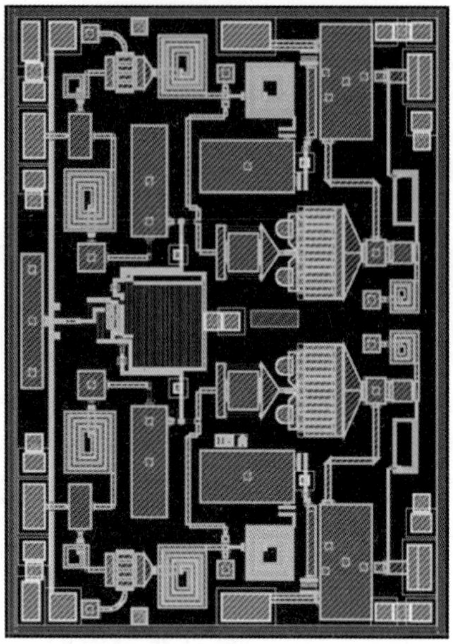

그림 11.27 일반적인 GaAs X-대역 MMIC 2단 증폭기 사진

전송선로, 인덕터, 그리고 기타 도체부분을 이루는 첫 금속 층을 증착시킨다. 그 다음에 저항성 필름을 증착시켜 저항을 만들고, 커패시터와 상부연결선에 필요한 유전체 막을 적층시킨다. 커패시터와 나머지 모든 연결선 제조공정이 끝나면 두 번째 금속층이 완성된다. 마지막 공정은 기판의 뒷면 처리이다. 기판 뒷면처리의 첫 과정은 원하는 두께로 연마시키고 난 다음, 에칭과 도금을 이용해서 비아 홀(via hole)을 만든다. 비아 홀은 기판 윗면의 회로를 아랫면의 접지에 연결시키고, 능동소자와 접지면을 연결시켜 능동소자의 열방출 경로를 제공한다. 모든 공정이 끝나면 각각의 회로를 웨이퍼에서 잘라내어 시험을 한다. 그림 11.26은 일반적인 MMIC의 구조와 그림 11.27는 X-대역 GaAs MMIC증폭기 사진을 나타내었다.

MMIC는 하이브리드 MIC나 기타 회로와 비교하여 볼 때, 물론 단점도 가지고 있다. 우선 MMIC는 전송선로와 하이브리드 부품들을 제조하기 위하여 비교적 값비싼 반도체 기판을 사용해야 한다. 또한 MMIC의 제조공정과 허용오차가 아주 엄격하므로 종종 제품 수율이 낮아지기도 한다. 이 때문에 수백 개 이하의 소량 생산에서는 MMIC제조가격은 매우 비싸진다. MMIC는 부품의 허용오차, 불연속, 그리고 제조된 후의 디버깅과 미세조정이 어려운 점 등을 감안하여 아주 신중하게 설계해야 한다. 작은 회로의 경우 열 방출 성능의 한계로 인하여 MMIC는 대전력 응용에 어려움이 있다. 그리고 품질계수가 높은 공진기와 필터는 MMIC재질의 큰 저항성 손실로 인하여 MMIC로 구현하기 어렵다.

소형, 경량의 명확한 이점 외에도, MMIC는 다른 종류의 회로와 비료하여 많은 장점을 가지고 있다. MMIC설계에서 FET를 추가하여 제작하는 것이 쉽기 때문에 별도의 추가비용 없이 회로 성능 개선과 다양한 형태의 회로를 제작할 수 있다. 또한 MMIC는 단품으로 패키지된 부품과 비교하여 기생 리액턴스가 적으므로, 이러한 단품 패키지 소자를 사용하는 하이브리드 MIC의 경우와 비교하여 넓은 대역폭 특성을 구현할 수 있다. 그리고 MMIC는 동일 웨이퍼 상에서 같은 특성을 갖는 회로를 대량으로 제작할 수 있게 한다.

관심사항: RF MEMS 스위치 기술

마이크로파 공진기, 안테나 및 스위치 등에 사용되는 실리콘 회로기판 내의 정적 혹은 동적인 구조형성을 위한 미세가공기술의 흥미로운 새로운 분야를 소개하고자 한다. 기계적인 접촉이 가능한 미세가공 RF스위치는 아주 작은 소자를 반도체 공정 기술로 구현하는 실리콘의 독특한 특성을 이용하여 레버, 기어, 모터 및 구동장치 등을 가공하는 MEMS(micro electro-mechanical system)의 기술의 한 사례이다.

RF MEMS스위치 기술은 매우 전망 좋은 새로운 기술 분야로 신호 경로(용량성 혹은 직접 접촉 방식), 구동 방식(정전계, 자계, 열구동 방식), 풀백(Pull-Back)방식(스프링 혹은 능동방식) 및 구조(캔틸레버, 브릿지, 레버암, 로터리 방식) 등에 따라 다양한 가공기술로 제작된다. 마이크로파대역용 스위치 구조의 일반적인 형태를 아래 그림에 나타내었으며, 이 스위치는 직류 제어전압을 통해 매우 얇고 유연한 전도성 판막을 움직임으로써 신호 경로의 커패시턴스를 작은 값의 상태에서 큰 값 상태 사이를 스위칭 시킨다.

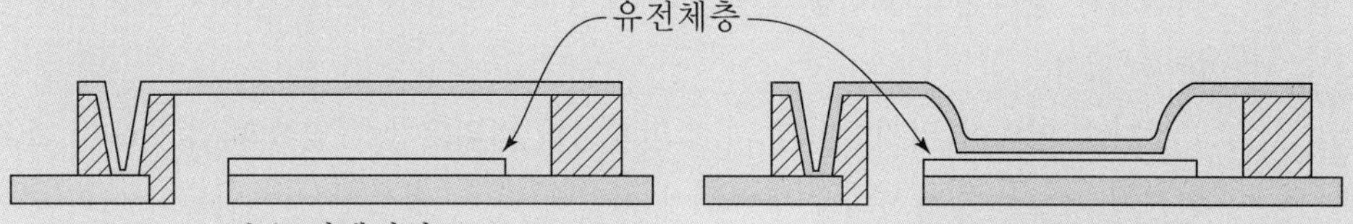

MEMS 스위치는 매우 뛰어나 저 손실 특성, 저 전력소모 특성과 우수한 광대역 특성을 가지며 다이오드나 트랜지스터 스위치에 발생하는 상호변조 왜곡 및 소자의 비선형 특성 영향이 매우 작은 장점을 갖는다. 아래 표에 10~20GHz 대의 주파수 영역에서 일반적인 반도체 소자 스위치와 MEMS 스위치의 주요 성능 파라미터를 비교하였다.

스위치 기술	삽인손실[dB]	격리도[dB]	스위칭 전력	DC 전압[V]	스위칭 속도
PIN Diode	0.1–0.8	25–45	1–5 mW	1–10	1–5 nS
FET	0.5–1.0	20–50	1–5 mW	1–10	2–10 nS
MEMS	0.1–1.0	25–60	1 μW	10–20	>30 μS

RF MEMS스위치의 가장 눈에 띄는 단점은 느린 스위칭 시간과 (제품)수명이 비교적 짧은것인데, 이 두 요인은 소자의 기계적인 성질에 기인한다. 가장 중요한 MEMS스위치 이용 분야 중 하나는 위상배열 안테나에 많은 수가 사용되는 위상천이기 응용으로, 선로의 길이를 스위치로 제어하여 위상을 변화시키는 저가형 위상천이기가 대표적이다.

11.5 마이크로파 튜브

반도체 기술을 이용한 RF 및 마이크로파 대역의 신호원은 치수와 무게, 소모전력, 비용 등의 측면에서 유리하나 지난 수십 년 동안 RF 및 마이크로파 주파수대역에서 사용할 수 있는 고출력의 최초 상용 신호원은 전자관(electron tube)을 이용한 신호원이었다. 오늘날 반도체 다이오드 또는 트랜지스터 신호원들은 주로 RF나 마이크로파대 응용에 사용 되며, 반도체 기술의 발전은 반도체 신호원의 주파수 대 전력 성능을 지속적으로 향상시키고 있다. 그럼에도 불구하고, 아직까지 일부 마이크로파/밀리미터파대 고출력 응용시스템에서는 전자관이 사용되고 있다.

1-10kW정도의 높은 고출력의 고주파 신호원은 레이더 시스템의 송신시스템(국부발진기로서 하나 이상의 저전력 신호원이 송신기 주파수 상향변환기 및 수신기 주파수 하향변환기를 포함하여)에 사용된다. 레이더 송신기는 주로 펄스모드로 동작되며, 이때 송출 가능한 최대 전력은 시스템에 장착된 신호원의 출력 가능한 연속전력 역율 보다 훨씬 더 크다. 전자전(Electronic warfare) 시스템에서는 조정 가능한 넓은 대역폭을 갖는 100W에서 1kW의 고출력 신호원들이 사용한다. 마이크로파 응용 중 가장 잘 알려진 전자레인지의 경우에는 700W정도의 단일 주파수 고전력 신호원이 사용된다. 전자관은 이러한 응용 시스템의 출력전력 요건을 충족하는 일반적이고 범용적인 고주파 신호원 구현 방법이라 할 수 있다.

주파수 영역이 밀리미터와 서브 밀리미터 범위로 높아짐에 따라 반도체 소자로는 응용 환경에 적합한 출력전력을 구현하기 어렵게 되며, 튜브형 신호원들이 이러한 높은 주파수 대역의 응용환경에 더 유용해진다. 일반적으로, 낮은 주파수에서 중간정도의 주파수 영역과 저전력에서 중간 전력응용에서는 반도체 신호원이, 고주파대역의 고출력 응용에서는

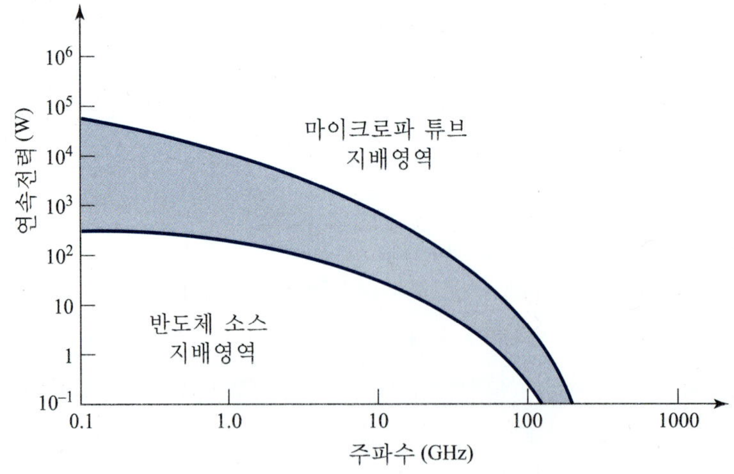

그림 11.28 반도체 신호원과 마이크로파 튜브의 전력 대 주파수 특성

튜브형 신호원이 사용된다. 그림 11.28에 반도체 신호원과 튜브형 신호원의 동작전력 대 가용 주파수 성능을 나타내었다. 반도체 신호원들은 작은 크기, 내구성, 낮은 가격, 마이크로파 집적회로들과의 호환성 등의 장점들을 가지며 적절한 동작전력과 주파수 요구 조건을 충족시킨다. 반도체 신호원의 전력과 주파수 성능이 향상됨에도 매우 높은 출력 전력이 요구되는 마이크로파대 응용 시스템에서는 마이크로파 튜브형 소자들이 지배적이며 이러한 마이크로파 튜브형 소자들은 쉽게 사라지지 않을 것으로 기대된다.

최초의 마이크로파 신호원은 1930년대 영국에서 개발된 **마그네트론 튜브**(magnetron tube)였다. 이후, 2차 세계대전 당시 마이크로파 레이더를 개발하는데 결정적인 역할을 하였으며, 다양한 종류의 마이크로파 튜브가 고출력의 고주파 신호의 생성과 증폭을 위해 개발되었다. 최근에는 반도체가 다양한 이점을 가지며 마이크로파 튜브소자의 역할을 대신하고 있으나, 마이크로파 튜브는 매우 높은 전력(10kW이상)과 매우 높은 밀리미터파장의 주파수 대역(100GHz이상) 신호를 필요로 하는 시스템에서 현재까지도 필수적으로 사용된다. 가장 일반적인 마이크로파 튜브에 대한 간략한 설명과 기본적인 특징에 대해 살펴보자. 다양한 마이크로파 튜브는 자체적으로 신호원 보다는 고출력 증폭기 역할을 한다. 이러한 튜브는 낮은 전력의 신호원 함께 사용될 수 있고(반도체 신호원과 같은), 이때 이러한 시스템을 마이크로파 전력 모듈(MPM ; Microwave Power Module)이라 한다.

마이크로파 튜브의 구조와 동작원리는 다양하지만 모든 마이크로파 튜브는 공통적인 특징들을 가지고 있다. 첫째로, 유리나 금속 진공 덮개로 구성된 내부 구조를 갖는 모든 튜브는 전자장과 상호작용을 하는 전자 빔을 포함하고 있으며, RF 에너지가 덮개 바깥쪽으로 결합될 수 있는 신호 결합 경로(포트)가 있어야 한다. 이 결합 포트는 보통 세라믹 혹은 유리 계열의 얇은 절연 막이나 동축선로 형태의 결합 프로브나 루프로 구현한다. 다음으로, 열음극(hot cathode)은 열이온 방출에 의한 전자의 흐름을 발생하는 데 사용된다. 음극은 보통 금속 표면으로 덮여지거나 산화바륨으로 코팅된 텅스텐과 같은 금속으로 제작된다. 전자의 흐름은 높은 전압 바이어스를 가진 양극(anode)에 의해서 좁은 빔으로 투사되거나, 전자석에 의해 전자빔으로 투사되기도 한다. 펄스 동작에서는, 빔으로 변환되는 전자는 음극과 양극 사이에 존재한다. 순방향 바이어스 전압은 음극으로부터 전자를 끌어당겨, 빔을 'ON' 시키고, 반면에 역방향 바이어스는 빔을 'OFF' 시킨다. 전자빔이 상호작용이 일어나는 진공관의 영역을 지나고 난 후에, 컬렉터 전극은 음극 전력 공급 후 전류 통로를 제공하는데 이용된다. 음극, 투사(focusing) 양극, 변조 전극의 조합을 **전자총**(electron gun)이라 하며, 일반적으로 마이크로파 튜브는 강한 진공상태가 필요하고 많은 양의 열 방산이 필요하기 때문에 부피가 비교적 크다. 튜브는 부피가 크고, 강하게 바이어스된 자석 및 높은 전압의 전력공급을 필요로 하며, 튜브를 선택할 때 고려해야 할 요소로는 출력 전력, 주파수, 대역폭, 조정범위, 잡음 성능 등이 있다.

마이크로파 튜브는 전자빔-필드의 상호작용 형태에 따라 두 종류로 구분할 수 있다. **선**

형 빔이나 "O"형태의 튜브에서 전자빔은 튜브의 길이를 횡단하고, 전자장에 평행하게 된다. **교차장(Crossed field)** 발생기나 "m"형태의 튜브에서 투사되는 장은 가속 전자장에 수직하게 된다. 마이크로파 튜브는 발진기나 증폭기의 형태로 분류될 수 있다.

클라이스트론(klystron)은 발진기와 증폭기에서 널리 이용되는 선형 빔 튜브이다. 클라이스트론 증폭기에서 전자빔은 둘 이상의 도파관 공진기를 관통하며, 첫 번째 도파관 공진기는 RF 입력을 받아들이고 일정한 밀도를 갖는 전자빔을 주기적으로 고밀도와 저밀도를 갖도록 변환한다. 여기서 모아진 빔은 이러한 효과를 증대하기 위해 다음 도파관 공진기로 이동하며, 마지막 도파관 공진기에서는 증폭된 RF전력을 얻을 수 있다. 두 개의 도파관 공진기를 이용하면 20dB이상의 이득을 얻을 수 있고, 네 개의 도파관 공진기를 이용하는 경우 (실제 응용에서 최대 임) 80-90dB의 이득을 얻을 수 있다. 클라이스트론은 30-50%의 RF출력/DC입력 전력 변환효율을 가지고 최대 출력 전력은 MW급까지도 가능하다.

반사형 클라이스트론(reflex klystron)은 전자빔을 통해 양궤환을 걸어주기 위해서 금속 캐비티 다음 단에 반사 전극을 이용함으로써 발진기처럼 작동하는 단일 금속 공진기 클라이스트론 튜브이다. 클라이스트론은 기계적으로 캐비티의 크기를 조절함으로써 미세 조정할 수 있다. 클라이스트론은 전자를 모으기 위해 높은 품질계수의 캐비티 공진기를 사용함으로 대역폭이 좁은 단점을 가지고 있는 반면, 매우 낮은 AM과 FM잡음 레벨을 가지고 있는 특징이 있다.

좁은 대역폭을 갖는 클라이스트론의 단점은 **진행파 튜브(TWT ; traveling wave tube)**로서 극복된다. TWT는 상호작용 영역을 통해서 전자 빔을 가속하기 위해 투사용 자석과 전자총을 이용하는 선형-빔 증폭기이다. 보통 상호작용 영역은 전자총 종단에 RF입력이 인가되고, 컬렉터 종단에 RF출력이 인가되는 저속파(slow wave) 나선형 구조로 구성되어 있다. 나선형 구조는 RF파동이 전파되는 것을 느리게 하여 상호영역을 따라 진행하는 파동과 빔의 속도와 같은 속도로 진행하게 하여 RF파동의 증폭을 구현되고, 이 증폭 신호는 나선의 끝에서 결합된다. TWT는 30~120%정도의 넓은 대역폭 특성을 가지며 넓은 대역에 걸쳐 높은 고 출력을 필요로 하는 전자전 시스템에 유용하게 사용된다. 일반적으로 수백 와트급의 출력범위에서 사용되나 여러 개의 캐비티를 연결하여 하나의 조합으로 상호작용 영역을 사용하면 수 kW까지 출력이 가능하지만 대역폭은 줄어들게 된다. TWT의 효율은 보통 20~40%로 다른 튜브와 비교하여 상대적으로 낮다.

TWT 구조를 변화시켜 **반사파 발진기(BWO ; backward wave oscillator)**로도 사용할 수 있다. BWO는 RF파동이 빔을 집중하는 콜렉터로부터 전자총까지 나선을 따라 이동한다는 것이 TWT와의 차이이고, 집중된 전자빔에 의해 신호의 증폭과 발진이 발생한다. BWO의 유용한 특징은 출력 주파수가 음극과 나선 사이의 DC전압을 변화시켜서 조절하는 것으로 8배 혹은 그 이상의 범위 내에서 조절할 수 있다. 그러나 BWO의 출력 전력은 비교적 낮은 편이어서, 반도체 신호원으로 대체되고 있는 추세이다.(일반적으로 1W보다

낮다)

또 다른 선형 빔 발진기 튜브로는 EIO(extended interaction oscillator)가 있다. EIO는 클라이스트론과 매우 유사하며, 발진을 구현하기 위한 정궤환 구조로 여러 개의 금속 캐비티들을 결합시킨 상호작용 영역을 이용한다. 매우 좁은 미세조정 대역과 보통의 효율 특성을 지니고 있지만, 수백 GHz대의 고주파 대역에서 높은 출력전력의 신호를 발생 시킬 수 있다. 자이로트론(gyratron)만이 EIO보다 높은 전력을 공급할 수 있다.

Crossed-field튜브는 **마그네트론**, **교차장 증폭기**와 **자이로트론**으로 구성된다. 앞서 언급한 바와 같이, 마그네트론은 초기의 고전력 마이크로파 신호원으로, 원통형 음극을 원통형의 양극과 도파관 공진 발진기들이 감싸고 있는 구조를 가지고 있다. 바이어스 자계는 음극-양극 축에 병렬로 인가되며, 동작 시 상호작용 영역에서 음극 주위를 매도는 전자 층이 형성된다. 선형 빔 소자들과 같이, 전자 층이 나타나고, 에너지는 전자빔으로부터 RF파로 전환된다. RF전력은 프로브, 루프, 혹은 도파관 공진기와 함께 튜브 외부로 결합될 수 있다.

마그네트론은 수 kW급의 매우 큰 출력 전력을 수용할 수 있다. 또한 마그네트론은 80%이상의 효율을 지닌다. 마그네트론의 단점은 잡음이 매우 심하다는 것과 펄스화된 모드에서 동작 시 주파수와 위상 간섭을 유지하지 못한다는 것이다. 이와 같은 단점들은 고성능 펄스형 레이더에서 되돌아온 펄스에 대한 처리과정을 작동시키는 데 매우 중요한 작용을 한다. (이러한 종류의 현대 레이더들은 보통 전력 증폭을 위한 TWT에 따른 안정한 저 잡음/반도체 신호원을 사용한다.) 최근 마그네트론은 전자레인지 정도에 그 이용이 국

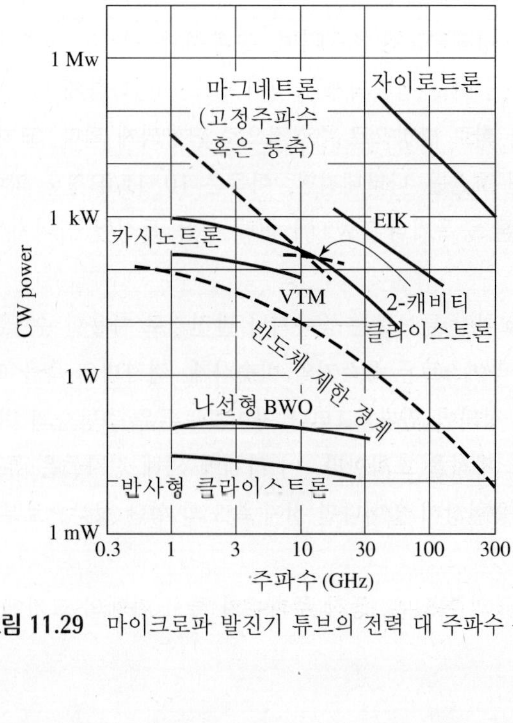

그림 11.29 마이크로파 발진기 튜브의 전력 대 주파수 특성

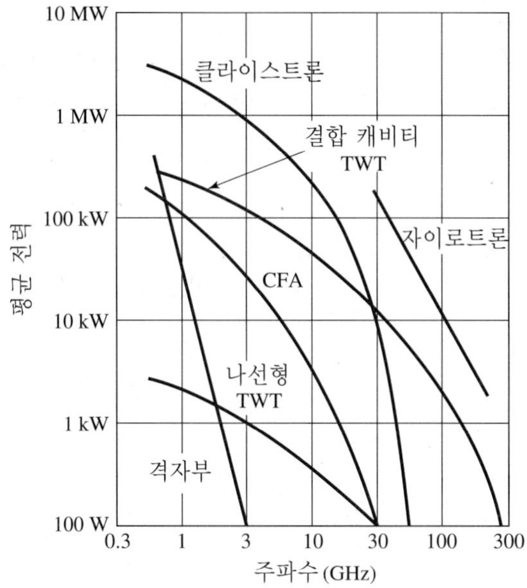

그림 11.30 마이크로파 증폭기 튜브의 전력 대 주파수 특성

한되어 있다.

교차장 증폭기(CFA: crossed-field amplifier)는 TWT와 기하학적으로 유사하며 마그네트론과 비슷한 crossed-field 상호작용을 사용한다. RF입력이 CFA의 상호작용 영역의 저속파 구조에 적용되나, 전자빔이 저속파 구조에 대해 수직이 되도록 만드는 음극으로 바이어스된 전극에 의해 편향된다. 또한 자계 바이어스는 전계에 수직으로 인가되며, 자계는 바닥 층의 계의 방향과 반대로 전자빔을 집중화한다. RF입력이 없을 때, 전자계는 전자빔이 서로 상쇄되도록 조정되며, 이때 빔은 저속파 구조에 평행하게 된다. RF신호를 인가하면 빔들이 서로 집중되게끔 빔의 속도가 변화하게 된다. 빔은 증폭된 신호를 발생시키면서 저속파 회로 방향으로 주기적으로 편향되게 된다. 교차장 증폭기들은 80%에 달하는 매우 우수한 효율을 나타내지만, 이득은 10-15dB정도 밖에 되지 않는다. 또한, CFA는 클라이스트론 증폭기나 TWT에 비해 잡음 특성이 떨어지며, 대역폭은 40%정도에 달한다.

또 다른 교차장 튜브로는 증폭기나 발진기로 사용할 수 있는 자이로트론(gyratron)이 있다. 이는 클라이스트론 증폭기와 비슷하게, 전자빔의 축을 따라 입/출력 캐비티와 함께 전자총으로 구성되어 있다. 그러나 자이로트론은 축방향의 자계를 구현하기 위한 솔레노이드 바이어스 자석을 포함한다. 이 자석에 의해 전자들은 튜브의 나선에 걸쳐 주회하게 된다. 빔의 집중현상이 일어나면 전자 속도의 횡단 성분으로부터 에너지는 RF전자계로 결합하게 된다.

자이로트론의 특징은, 동작 주파수가 튜브 자체의 크기에 정해지는 것이 아니라 바이어스 자계의 세기와 전자 속도에 의해 정해진다는 것이다. 이것은 밀리미터파 주파수에서 자이로트론이 유용하게 사용되는 이유이다; 10–100kW에 달하는 최고 출력을 해당 주파수에서 제공한다. 자이로트론은 새로운 형태의 마이크로파 튜브이지만 밀리미터파대 전력 신호원으로써 반사 클라이스트론과 EIO와 같은 튜브로 빠르게 교체되고 있다.

그림 11.29과 11.30에 다양한 마이크로파 튜브 발진기와 증폭기의 출력 전력 대 주파수 특성을 요약하였다.

참고문헌

[**1**] M. E. Hines, "The Virtues of Nonlinearity-Detection, Frequency Conversion, Parametric Amplification and Harmonic Generation," *IEEE Transactions on Microwave Theory and Techniques*, vol. MTT-32, pp. 1097-1104, September 1984.

[**2**] D. N. McQuiddy, Jr., J. W. Wassel, J. B. Lagrange, and W. R. Wisseman, "Monolithic Microwave Integrated Circuits: An Historical Perspective," *IEEE Transactions on Microwave Theory and Techniques*, vol. MTT-32, pp. 997-1008, September 1984.

[**3**] S. Yngvesson, *Microwave Semiconductor Devices*, Kluwer, Norwell, Mass., 1991.

[**4**] R. Ludwig and P. Bretchko, *RF Circuit Design: Theory and Applications*, Prentice-Hall, Upper Saddle River, N.J., 2000.

[**5**] S. A. Maas, *Nonlinear Microwave and RF Circuits*, 2nd edition, Artech House, Norwood, Mass., 2003.

[**6**] M. Steer, *Microwave and RF Design: A Systems Approach*, SciTech, Raleigh, N.C., 2010.

연습문제

11.1 Skyworks社의 SMS1546쇼트키 다이오드의 파라미터는 다음과 같다; C_j =0.38pF, R_s = 4Ω I_s = 0.3μA, $L_p = C_p \simeq$ 0.10 GHz에서 I_0 = 0, 20, 50μA일 때 개방회로 전압 감도를 구하시오. 이때 α = 1/(25mV)이고 접합커패시턴스에 인가되는 바이어스 전류의 영향은 무시한다.

11.2 Infineon社의 PIN 다이오드를 병렬 구조로 사용한 SPST(single-pole, single-throw)스위치의 동작주파수는 4GHz, Z_0 = 50Ω이고 다이오드 파라미터는 C_j = 1.4pF, R_r = 0.5Ω, R_f = 0.36Ω, L_i = 0.5nH이다. 스위치가 ON상태일 때, 삽입 손실을 최소로 하기 위한 다이오드 양

단의 개방된 병렬 스터브의 전기적 길이를 구하시오. 또한 ON상태와 OFF상태에서 삽입손실을 구하시오.

11.3 다음 그림과 같이 동일한 두 PIN 다이오드를 사용하여 SPST스위치를 구성하였다. ON상태에서 직렬 다이오드가 순방향 바이어스, 병렬 다이오드는 역방향 바이어스로 되며, OFF상태에서는 그 반대로 바이어스 된다. 동작주파수와 다이오드 파라미터가 다음과 같을 때; f = 6GHz, Z_0 = 50Ω, C_j = 0.1pF, R_r = 0.5Ω, R_f = 0.3Ω, L_i = 0.4nH, ON상태와 OFF상태에서의 삽입손실을 구하시오.

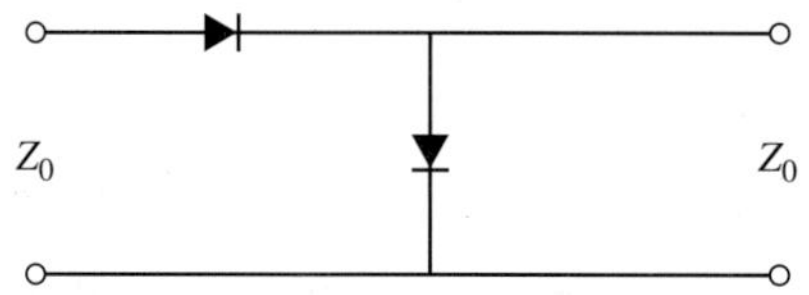

11.4 다음 그림과 같은 선로형 부하 위상천이기(loaded-line phase shifter)에 대하여, Z_0 = 50Ω일 때 위상 변위가 45° 인 경우 요구되는 스터브의 길이와 이 때의 위상천이기의 삽입손실을 구하시오. 모든 선로는 무손실이고 다이오드는 이상적으로 단락, 개방된다고 가정한다.

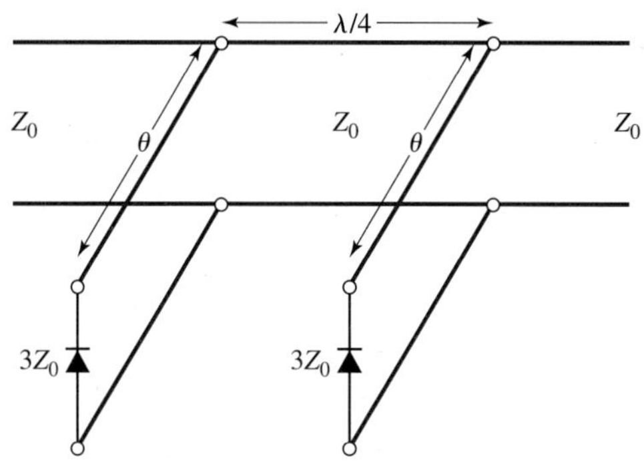

11.5 그림 11.17의 등가회로를 사용하여 양극성 트랜지스터의 단락회로의 이득을 구하시오. 단, 트랜지스터는 단방향(unilateral)이며 C_c = 0이라 가정하시오.

11.6 단방향 FET의 S-파라미터가 그림 11.21의 등가회로 파라미터와 다음과 같은 관계가 있음을 증명하시오.

$$S_{11} = \frac{Z_{11} - Z_0}{Z_{11} + Z_0}, \quad S_{12} = 0, \quad S_{21} = \frac{2jZ_0 g_m/\omega C_{gs}}{(Z_{11} + Z_0)(Z_{22} + Z_0)}, \quad S_{22} = \frac{Z_{22} - Z_0}{Z_{22} + Z_0},$$

여기서 $Z_{11} = R_i - j/\omega C_{gs}$이고 $Z_{22} = (1/R_{ds} + j\omega C_{ds})^{-1}$이다.

11.7 그림 11.21의 등가회로 파라미터를 S-파라미터로 표현하시오. 이 결과를 이용하여, 표 11.7에 주어진 HEMT의 S-파라미터로부터 2GHz에서 등가회로 파라미터를 구하시오. 단 S_{12} = 0(단방향 소자)라 가정하시오.

제 12 장

마이크로파 증폭기 설계

신호 증폭은 현대 RF 및 마이크로파 시스템의 가장 기본적이고 일반적인 회로 기능 중 하나이다. 초기의 마이크로파 증폭기는 클라이스트론, TWT와 같은 튜브나 음저항을 갖는 터널다이오드나 버랙터다이오드를 이용한 반사형 반도체증폭기가 주를 이루었다. 그러나 1970년대 이후 트랜지스터 등의 반도체를 이용한 제조기술의 급격한 발전과 혁신으로 인해, 오늘날 대부분의 마이크로파 및 RF 증폭기에는 GaAs FET, 실리콘이나 SiGe 바이폴라 트랜지스터, HBT 그리고 HEMT와 같은 트랜지스터가 사용된다[1]-[5]. 마이크로파 트랜지스터 증폭기는 견고하고 저가이며, 신뢰성이 높고 하이브리드와 모놀리딕(monolithic) 집적회로의 형태로 쉽게 집적화될 수 있다. 마이크로파 트랜지스터 증폭기는 작은 치수, 저잡음 지수, 광대역, 그리고 낮은 전력용량에서부터 중간 전력용량까지 필요로 하는 광범위한 적용분야에 100 GHz에 이르는 주파수에까지 이용되고 있다. 매우 높은 전력과 아주 높은 주파수가 필요한 경우에는 아직도 마이크로파 진공관 증폭기가 사용되고 있지만, 마이크로파 트랜지스터의 성능에 끊임없는 개선에 힘입어 마이크로파 진공관의 필요성이 점차 줄어들고 있다.

이 장의 목적은 소자 자체의 물리적 특성보다는 트랜지스터의 단자 특성을 이용한 회로 설계이므로, S 파라미터나 등가회로 모델을 이용하여 트랜지스터의 소자 특성을 다루기로 한다. 다음으로 S 파라미터를 이용하여 2 포트 회로망의 전력이득과 안정도에 관한 일반적 정의들을 다루고, 이를 바탕으로 최대이득 설계, 특정이득 설계, 저잡음 설계를 포함하여 1단 트랜지스터 증폭기를 설계한다. 광대역 평형 증폭기와 분포정수 증폭기는 12.4절에서 다룰것이며, 트랜지스터 전력 증폭기에 대한 간략한 언급으로 이 장을 마칠 것이다.

12.1 2 포트 전력이득

이 절에서는 트랜지스터의 S 파라미터로 일반적인 2 포트 증폭기 회로의 이득과 안정도에 대한 여러 수식을 유도하고, 그 결과를 다음 절의 증폭기 설계 및 13장의 발진기 설계에도 이용할 것이다.

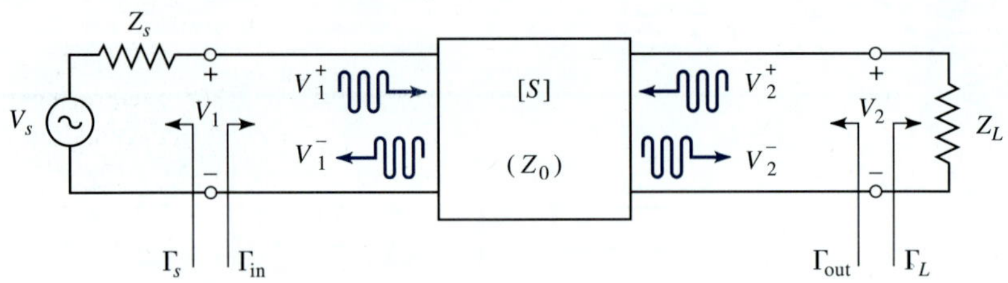

그림 12.1 일반적인 전원 및 부하 임피던스를 갖는 2 포트 회로망

2 포트 전력이득의 정의

그림 12.1에 나타낸 Z_S와 Z_L의 소스와 부하임피던스로 종단되고 산란행렬[S]로 모델링된 임의의 2-포트 회로에 대하여 소스와 부하에서의 반사계수 Γ_S와 Γ_L 그리고 이 2-포트 회로망의 S-파라미터로 3가지 유형의 전력이득에 대한 표현식을 정의하고 유도한다.

- **전력이득**(power gain) = $G = P_L/P_{in}$은 2 포트 회로의 입력에 전달된 전력과 부하 Z_L에서 소비되는 전력의 비이다. 이 이득은 일반적으로 Z_S에 독립적이나, 일부 능동소자의 경우 Z_S에 의존할 수 있다.
- **가용 전력이득**(available power gain) = $G_A = P_{avn}/P_{avs}$는 2 포트 회로망으로부터의 가용전력과 전원으로부터의 가용전력의 비이다. 이것은 전원과 부하 모두 공액 정합된 것으로 가정한 것이며, Z_L이 아니라 Z_S에 의존한다.
- **변환 전력이득**(transducer power gain) = $G_T = P_L/P_{avs}$는 전원으로부터의 가용전력과 부하 Z_L에 전달되는 전력의 비이며 Z_S와 Z_L에 모두 의존한다.

이러한 정의들은 주로 전원과 부하가 2 포트 소자에 정합된 방법에 따라 차이가 있다. 예를 들어, 입력과 출력 모두 2 포트 소자에 공액 정합된 경우 이득은 최대이고, $G = G_A = G_T$이다.

그림 12.1에서 부하 쪽으로 들여다본 반사계수는

$$\Gamma_L = \frac{Z_L - Z_0}{Z_L + Z_0} \tag{12.1a}$$

이고, 전원 쪽으로 들여다본 반사계수는

$$\Gamma_S = \frac{Z_S - Z_0}{Z_S + Z_0} \tag{12.1b}$$

이다. 여기서 Z_0는 2 포트 회로의 S 파라미터의 기준이 되는 특성 임피던스이다.

일반적으로, 2 포트 회로의 입력 임피던스는 부정합 상태이고, 이때 반사계수 Γ_{in}은 신호흐름도(예제 4.7 참조)나 다음의 해석법을 사용하여 구할 수 있다. $V_2^+ = \Gamma_L V_2^-$와 S 파라미터 정의로부터

$$V_1^- = S_{11}V_1^+ + S_{12}V_2^+ = S_{11}V_1^+ + S_{12}\Gamma_L V_2^- \tag{12.2a}$$

$$V_2^- = S_{21}V_1^+ + S_{22}V_2^+ = S_{21}V_1^+ + S_{22}\Gamma_L V_2^- \tag{12.2b}$$

가 된다. 식 (12.2a)로부터 V_2^-를 소거하고 V_1^-/V_1^+를 구하면

$$\Gamma_{\text{in}} = \frac{V_1^-}{V_1^+} = S_{11} + \frac{S_{12}S_{21}\Gamma_L}{1 - S_{22}\Gamma_L} = \frac{Z_{\text{in}} - Z_0}{Z_{\text{in}} + Z_0} \tag{12.3a}$$

가 되며, 여기서 Z_{in}는 포트 2가 Z_L로 종단된 회로의 포트 1을 바라본 임피던스이다. 같은 방법으로 포트 1이 Z_S로 종단된 회로의 포트 2를 바라본 반사계수는

$$\Gamma_{\text{out}} = \frac{V_2^-}{V_2^+} = S_{22} + \frac{S_{12}S_{21}\Gamma_S}{1 - S_{11}\Gamma_S} \tag{12.3b}$$

이다. 전압 분배법칙에 적용하여

$$V_1 = V_S \frac{Z_{\text{in}}}{Z_S + Z_{\text{in}}} = V_1^+ + V_1^- = V_1^+(1 + \Gamma_{\text{in}})$$

이다. 식 (12.3a)에서 $Z_{\text{in}} = Z_0(1 + \Gamma_{\text{in}})/(1 - \Gamma_{\text{in}})$의 관계를 이용하여 V_1^+를 V_S에 관해 풀면

$$V_1^+ = \frac{V_S}{2}\frac{(1 - \Gamma_S)}{(1 - \Gamma_S\Gamma_{\text{in}})} \tag{12.4}$$

이다. 여기서 모든 전압을 첨두값(peak values)으로 가정하고, 식 (12.4)을 이용하여 회로망에 공급되는 평균전력을 구하면

$$P_{\text{in}} = \frac{1}{2Z_0}\left|V_1^+\right|^2\left(1 - |\Gamma_{\text{in}}|^2\right) = \frac{|V_S|^2}{8Z_0}\frac{|1 - \Gamma_S|^2}{|1 - \Gamma_S\Gamma_{\text{in}}|^2}\left(1 - |\Gamma_{\text{in}}|^2\right) \tag{12.5}$$

이다. 부하에 전달된 전력은

$$P_L = \frac{\left|V_2^-\right|^2}{2Z_0}\left(1 - |\Gamma_L|^2\right). \tag{12.6}$$

식 (12.2b)로부터 V_2^-를 구하여 식 (12.6)에 대입하고, 식 (12.4)을 이용하면

$$P_L = \frac{\left|V_1^+\right|^2}{2Z_0}\frac{|S_{21}|^2\left(1 - |\Gamma_L|^2\right)}{|1 - S_{22}\Gamma_L|^2} = \frac{|V_S|^2}{8Z_0}\frac{|S_{21}|^2\left(1 - |\Gamma_L|^2\right)|1 - \Gamma_S|^2}{|1 - S_{22}\Gamma_L|^2\,|1 - \Gamma_S\Gamma_{\text{in}}|^2} \tag{12.7}$$

이 된다. 이때 전력이득은

$$G = \frac{P_L}{P_{\text{in}}} = \frac{|S_{21}|^2\left(1 - |\Gamma_L|^2\right)}{\left(1 - |\Gamma_{\text{in}}|^2\right)|1 - S_{22}\Gamma_L|^2} \tag{12.8}$$

로 나타낼 수 있다.

전원으로부터의 가용전력 P_{avs}는 회로에 공급될 수 있는 최대전력이다. 가용전력은 종단된 회로의 입력 임피던스와 신호원 임피던스가 2.6절에서 설명한 바와 같이 공액 정합되는

경우에 발생된다. 따라서 식 (12.5)로부터

$$P_{avs} = P_{in}\Big|_{\Gamma_{in}=\Gamma_S^*} = \frac{|V_S|^2}{8Z_0}\frac{|1-\Gamma_S|^2}{\left(1-|\Gamma_S|^2\right)} \tag{12.9}$$

이 된다. 같은 방법으로 가용전력 P_{avn}은 회로에서 부하에 전달될 수 있는 최대전력이므로, 식 (12.7)으로부터

$$P_{avn} = P_L\Big|_{\Gamma_L=\Gamma_{out}^*} = \frac{|V_S|^2}{8Z_0}\frac{|S_{21}|^2\left(1-|\Gamma_{out}|^2\right)|1-\Gamma_S|^2}{\left|1-S_{22}\Gamma_{out}^*\right|^2|1-\Gamma_S\Gamma_{in}|^2}\Bigg|_{\Gamma_L=\Gamma_{out}^*} \tag{12.10}$$

이다. 식 (12.10)에서 Γ_{in}은 $\Gamma_L = \Gamma_{out}^*$인 상태에서 계산되어야 한다. 식 (12.3a)로부터

$$|1-\Gamma_S\Gamma_{in}|^2\Bigg|_{\Gamma_L=\Gamma_{out}^*} = \frac{|1-S_{11}\Gamma_S|^2\left(1-|\Gamma_{out}|^2\right)^2}{\left|1-S_{22}\Gamma_{out}^*\right|^2}$$

임을 증명할 수 있고, 이것을 이용하면 식 (12.10)은

$$P_{avn} = \frac{|V_S|^2}{8Z_0}\frac{|S_{21}|^2|1-\Gamma_S|^2}{|1-S_{11}\Gamma_S|^2\left(1-|\Gamma_{out}|^2\right)} \tag{12.11}$$

이 된다. P_{avs}와 P_{avn}은 신호원 전압 V_S로 표현되며, V_S는 입력 임피던스 또는 부하 임피던스와 무관하다. V_1^+는 P_L, P_{avs}, P_{avn}에 대하여 모두 다르므로 P_{avs}와 P_{avn}을 V_1^+로 표현하는것은 바람직하지 않다.

식 (12.11)와 (12.9)를 이용하여 가용 전력이득을 구하면

$$G_A = \frac{P_{avn}}{P_{avs}} = \frac{|S_{21}|^2\left(1-|\Gamma_S|^2\right)}{|1-S_{11}\Gamma_S|^2\left(1-|\Gamma_{out}|^2\right)} \tag{12.12}$$

이다. 식 (12.7)과 (12.9)로부터의 변환 전력이득은

$$G_T = \frac{P_L}{P_{avs}} = \frac{|S_{21}|^2\left(1-|\Gamma_S|^2\right)\left(1-|\Gamma_L|^2\right)}{|1-\Gamma_S\Gamma_{in}|^2|1-S_{22}\Gamma_L|^2} \tag{12.13}$$

이다. 입력과 출력이 모두 정합되어 반사가 0일 때(공액 정합과는 다르게), 다음과 같은 변환 전력이득이 얻어진다. 이때 $\Gamma_L = \Gamma_S = 0$이므로 식 (12.13)은

$$G_T = |S_{21}|^2 \tag{12.14}$$

이 된다.

또 다른 경우는 **단방향 변환 전력이득**(unilateral transducer gain) G_{TU}이다. 이 경우는 $S_{12} = 0$(또는 무시할 정도로 작다)이다. 이와 같은 비가역성(또는 단방향성)은 대부분의 실제 증폭기에서 공통적인 특성이다. 식 (12.3a)로부터 $S_{12} = 0$일 때 $\Gamma_{in} = S_{11}$이므로, 식

(12.13)은 다음과 같은 단방향 변환이득이 된다.

$$G_{TU} = \frac{|S_{21}|^2 \left(1 - |\Gamma_S|^2\right)\left(1 - |\Gamma_L|^2\right)}{|1 - S_{11}\Gamma_S|^2 \, |1 - S_{22}\Gamma_L|^2}. \tag{12.15}$$

예제 12.1 전력이득 정의의 비교

실리콘 양극성 접합 트랜지스터가 1.0 GHz에서 50 Ω기준 임피던스에 대해 다음과 같은 S 파라미터를 가진다.

$$\begin{aligned} S_{11} &= 0.38\angle{-158^\circ} \\ S_{12} &= 0.11\angle 54^\circ \\ S_{21} &= 3.50\angle 80^\circ \\ S_{22} &= 0.40\angle{-43^\circ} \end{aligned}$$

신호원 임피던스 $Z_S = 25\,\Omega$, 부하 임피던스 $Z_L = 40\,\Omega$일 때, 전력이득, 가용 전력이득 그리고 변환 전력이득을 구하라.

☞ 풀이

식 (12.1a,b)로부터 신호원과 부하에서의 반사계수는

$$\Gamma_S = \frac{Z_S - Z_0}{Z_S + Z_0} = \frac{25 - 50}{25 + 50} = -0.333,$$

$$\Gamma_L = \frac{Z_L - Z_0}{Z_L + Z_0} = \frac{40 - 50}{40 + 50} = -0.111.$$

이고, 식 (12.3a,b)로부터 입력단과 출력단의 반사계수는

$$\Gamma_{\text{in}} = S_{11} + \frac{S_{12}S_{21}\Gamma_L}{1 - S_{22}\Gamma_L} = 0.365\angle - 152^\circ,$$

$$\Gamma_{\text{out}} = S_{22} + \frac{S_{12}S_{21}\Gamma_S}{1 - S_{11}\Gamma_S} = 0.545\angle - 43^\circ.$$

이다. 식 (12.8)로부터 전력이득은

$$G = \frac{|S_{21}|^2 \left(1 - |\Gamma_L|^2\right)}{\left(1 - |\Gamma_{\text{in}}|^2\right)|1 - S_{22}\Gamma_L|^2} = 13.1.$$

이다. 식 (12.12)로부터 가용 전력이득은

$$G_A = \frac{|S_{21}|^2 \left(1 - |\Gamma_S|^2\right)}{|1 - S_{11}\Gamma_S|^2 \left(1 - |\Gamma_{\text{out}}|^2\right)} = 19.8.$$

이다. 식 (12.13)으로부터 변환 전력이득은

$$G_T = \frac{|S_{21}|^2\left(1-|\Gamma_S|^2\right)\left(1-|\Gamma_L|^2\right)}{|1-\Gamma_S\Gamma_{\text{in}}|^2\,|1-S_{22}\Gamma_L|^2} = 12.6.$$

이다. ◀

2 포트 전력이득에 관한 추가 논의

1단 마이크로파 트랜지스터 증폭기는 그림 12.2와 같이 모델링할 수 있으며, 트랜지스터 양단에는 입-출력 임피던스 Z_0를 신호원 임피던스 Z_S와 부하 임피던스 Z_L로 변환하는 정합회로가 있다. 증폭기 설계에서 가장 유용한 이득은 신호원과 부하의 부정합을 모두 고려해서 정의된 식 (12.13)의 변환 전력이득이다. 따라서 식 (12.13)으로부터 입력(신호원) 정합회로, 트랜지스터, 출력(부하) 정합회로 부분에 대한 각각의 실효이득을 다음과 같이 정의한다.

$$G_S = \frac{1-|\Gamma_S|^2}{|1-\Gamma_{\text{in}}\Gamma_S|^2} \tag{12.16a}$$

$$G_0 = |S_{21}|^2 \tag{12.16b}$$

$$G_L = \frac{1-|\Gamma_L|^2}{|1-S_{22}\Gamma_L|^2}. \tag{12.16c}$$

이때 전체 변환이득은 $G_T = G_S G_0 G_L$이다. 실효이득 G_S와 G_L은 트랜지스터가 Z_0에 정합될 때의 이득이다.

트랜지스터가 단방향성이어서 S_{12}는 0이거나 무시할 정도로 작으며, 식 (12.3)에서 $\Gamma_{\text{in}} = S_{11}$, $\Gamma_{\text{out}} = S_{22}$로 되고, 단방향 변환이득은 $G_{TU} = G_S G_0 G_L$이다. 여기서

$$G_S = \frac{1-|\Gamma_S|^2}{|1-S_{11}\Gamma_S|^2} \tag{12.17a}$$

$$G_0 = |S_{21}|^2 \tag{12.17b}$$

$$G_L = \frac{1-|\Gamma_L|^2}{|1-S_{22}\Gamma_L|^2} \tag{12.17c}$$

이다.

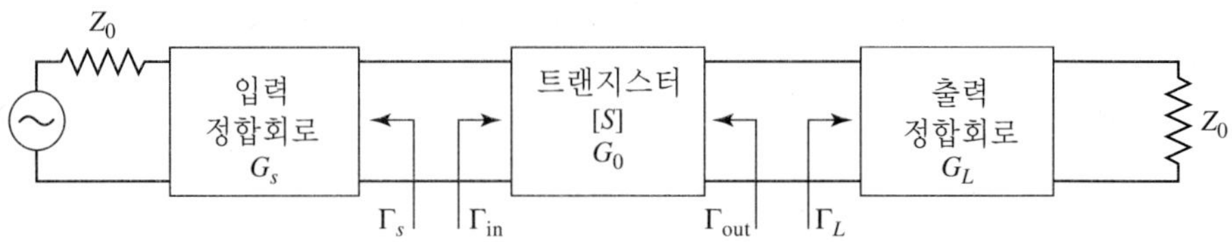

그림 12.2 일반적인 트랜지스터 증폭기 회로

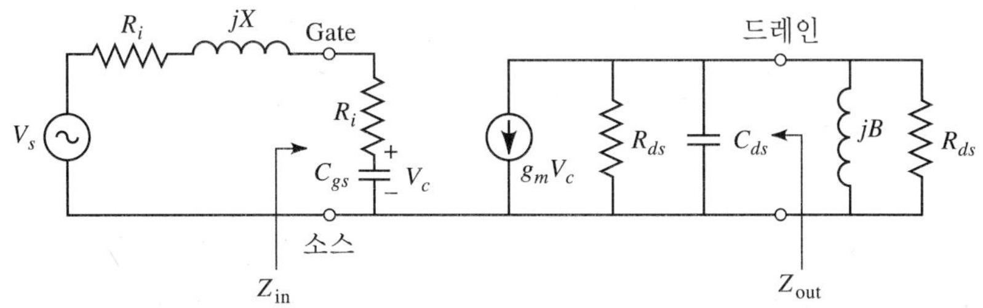

그림 12.3 단방향 변환 전력이득을 계산하기 위한 단방향 FET 등가회로와 전원 및 부하 종단

위 결과들은 트랜지스터의 S 파라미터들을 이용하여 유도하였지만, 트랜지스터의 등가회로 파라미터들을 이용해서도 이득에 관한 표현식을 유도할 수 있다. 한 예로 그림 11.21의 등가회로에서 $C_{gd} = 0$으로 하고, 공액 정합된 GaAs FET의 단방향 변환이득을 구해 보자. 트랜지스터를 공액정합 시키기 위해 신호원 임피던스와 부하 임피던스는 그림 12.3과 같이 정한다. 신호원의 직렬 유도성 리액턴스 X를 $X = 1/(\omega C_{gs})$라 하면, $Z_{in} = Z_S^*$가 된다. 그리고 부하의 병렬 유도성 서셉턴스(susceptance) B를 $B = -\omega C_{ds}$라 하면, $Z_{out} = Z_L^*$이 된다. 이와 같이 정해주면 FET 등가회로에서 유도성 소자가 제거된다. 전압 분배 법칙 $V_C = V_S/(2j\omega R_i C_{gs})$을 이용하여 이득을 구하면

$$G_{TU} = \frac{P_L}{P_{avs}} = \frac{\frac{1}{8}|g_m V_c|^2 R_{ds}}{\frac{1}{8}|V_S|^2/R_i} = \frac{g_m^2 R_{ds}}{4\omega^2 R_i C_{gs}^2} = \frac{R_{ds}}{4R_i}\left(\frac{f_T}{f}\right)^2 \tag{12.18}$$

이 된다. 식 (12.18)의 마지막 항은 식 (11.24)의 차단주파수 f_T로 나타내었다. 이 결과로

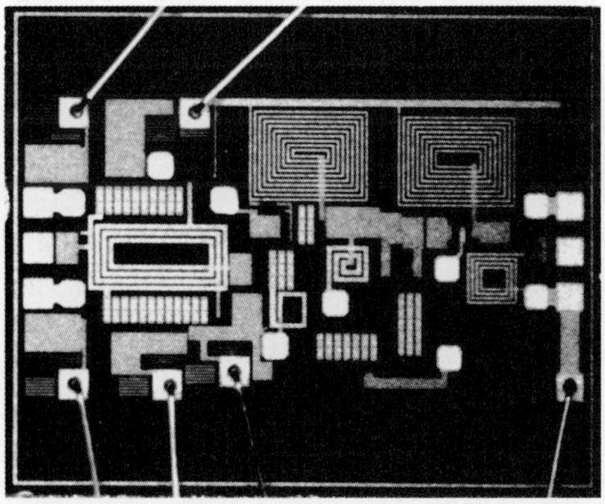

그림 12.4 2.4, 3.6, 5.8 GHz 대역의 스위칭 저잡음 MMIC 증폭기. 제환구조를 갖는 소스 공통판 다음에 소스 인덕턴스를 갖는 케스코드 구조의 pHEMT 증폭기로 각 대역에서 약 13 dB정도의 이득을 갖는다. 칩의 치수는 1.85 × 1 mm이다.

Courtesy of J.Shatzman and R. W. Jackson of the University of Massachusetts-Amherst, and H. Yu of TriQuint, Lowell, Mass.

부터 공액 정합된 FET 증폭기의 이득은 $1/f^2$의 비에 따라 혹은 주파수가 2배 커질때 6 dB 씩 감소됨을 알 수 있다. 그림 12.4는 MMIC 저잡음 증폭기를 나타낸다.

12.2 안정도

12.2절에서는 트랜지스터 증폭기 회로의 안정도에 관하여 살펴 본다. 그림 12.2의 회로에서 입력포트 임피던스나 출력포트 임피던스가 음의 실수부를 갖게 되면 발진이 일어날 수 있다. 이때 $|\Gamma_{in}| > 1$이거나 $|\Gamma_{out}| > 1$이 된다. Γ_{in}과 Γ_{out}은 신호원과 부하의 정합회로에 따라 변하기 때문에, 증폭기의 안정도는 입·출력단의 정합회로에 의한 반사계수 Γ_S와 Γ_L의 상태에 따라 결정된다. 따라서 두 가지 형태의 안정도를 정의하면;

- 무조건적 안정(unconditional stability): 모든 신호원 내부 임피던스와 부하임피던스에 대해 $|\Gamma_{in}| < 1$이고 $|\Gamma_{out}| < 1$.(즉, $|\Gamma_S| < 1$, $|\Gamma_L| < 1$일 때)이면, 무조건적 안정이다.
- 조건부 안정(conditional stability): 특정범위의 신호원 내부 임피던스와 부하 임피던스에 대해 $|\Gamma_{in}| < 1$이고 $|\Gamma_{out}| < 1$이면 조건부 안정이다. 이 경우는 **잠정적 불안정**(potentially unstable)이라고도 한다.

입력 및 출력 정합회로망의 특성이 주파수에 따라 대체로 변하기 때문에 회로망의 안정조건은 주파수에 따라 달라진다. 따라서 증폭기가 설계주파수에서는 안정적이지만 다른 주파수들에서는 불안정할 수도 있다. 이러한 가능성을 고려하여 증폭기 설계가 이루어져야 한다. 다음에 살펴볼 안정도는 그림 12.2에 나타낸 2-포트 증폭기 회로에 제한적이고 이 증폭기 회로에 포함된 능동소자의 S 파라미터는 관심주파수 영역에서 발진없이 측정된다. 안정도의 정확한 판단은 S 파라미터(혹은 다른 네트워크 파라미터)의 1, 4 사분면에 허수 주파수 영역에 극점들이 없고, $|\Gamma_{in}| < 1$과 $|\Gamma_{out}| < 1$ [6]라는 조건을 가져야 한다. 실제 이러한 안정도 판단은 매우 어려우나, 여기서 논의하고자 하는 특별한 경우, 즉 S 파라미터가 극점이 없는 경우에는 다음의 안정조건은 적절하게 적용할 수 있다.

안정도 원(stability circles)

식 (12.3)에 무조건적 안정 조건을 적용하여 증폭기가 무조건적 안정이 되려면, Γ_S와 Γ_L로 표현되는 다음의 조건이 성립되어야 한다.

$$|\Gamma_{in}| = \left| S_{11} + \frac{S_{12}S_{21}\Gamma_L}{1 - S_{22}\Gamma_L} \right| < 1 \tag{12.19a}$$

$$|\Gamma_{out}| = \left| S_{22} + \frac{S_{12}S_{21}\Gamma_S}{1 - S_{11}\Gamma_S} \right| < 1. \tag{12.19b}$$

소자가 단방향성($S_{12} = 0$)이면 식 (12.19)의 무조건적 안정 조건은 $|S_{11}| < 1$, $|S_{22}| < 1$로 간단히 된다. 소자가 단방향성이 아닌 경우($S_{12} \neq 0$), 식 (12.19)의 부등식으로부터 증폭기가 안정하게 되는 Γ_S와 Γ_L 값의 범위를 정할 수 있다. Γ_S와 Γ_L의 안정 범위는 스미스 도표(Smith chart)에 입-출력 **안정도 원**(stability circles)을 그림으로써 구할 수 있다, 안정도 원은 $|\Gamma_{in}| = 1$(또는 $|\Gamma_{out}| = 1$)이 되는 Γ_L(또는 Γ_S) 평면에서의 궤적이다. 따라서 안정도 원은 Γ_S와 Γ_L의 안정 영역과 잠정적 불안정 영역의 경계선이 된다. Γ_S와 Γ_L은 스미스 도표 상에 있어야 한다(수동 정합회로에서 $|\Gamma_S| < 1$이고 $|\Gamma_L| < 1$이므로).

다음과 같이 출력 안정도 원의 방정식을 유도할 수 있다. 먼저 식 (12.19a)를 사용해서 $|\Gamma_{in}| = 1$의 조건은

$$\left| S_{11} + \frac{S_{12}S_{21}\Gamma_L}{1 - S_{22}\Gamma_L} \right| = 1 \tag{12.20}$$

또는,

$$|S_{11}(1 - S_{22}\Gamma_L) + S_{12}S_{21}\Gamma_L| = |1 - S_{22}\Gamma_L|$$

로 나타낸다. Δ는 산란 행렬의 행렬식으로;

$$\Delta = S_{11}S_{22} - S_{12}S_{21} \tag{12.21}$$

이다. Δ를 이용하여 식 (12.20)을 다시 쓰면

$$|S_{11} - \Delta\Gamma_L| = |1 - S_{22}\Gamma_L| \tag{12.22}$$

이다. 양변을 제곱하여 간단히 하면

$$|S_{11}|^2 + |\Delta|^2|\Gamma_L|^2 - (\Delta\Gamma_L S_{11}^* + \Delta^*\Gamma_L^* S_{11}) = 1 + |S_{22}|^2|\Gamma_L|^2 - (S_{22}^*\Gamma_L^* + S_{22}\Gamma_L)$$

$$(|S_{22}|^2 - |\Delta|^2)\Gamma_L\Gamma_L^* - (S_{22} - \Delta S_{11}^*)\Gamma_L - (S_{22}^* - \Delta^* S_{11})\Gamma_L^* = |S_{11}|^2 - 1$$

$$\Gamma_L\Gamma_L^* - \frac{(S_{22} - \Delta S_{11}^*)\Gamma_L + (S_{22}^* - \Delta^* S_{11})\Gamma_L^*}{|S_{22}|^2 - |\Delta|^2} = \frac{|S_{11}|^2 - 1}{|S_{22}|^2 - |\Delta|^2} \tag{12.23}$$

이다. 다음으로 양변에 $|S_{22} - \Delta S_{11}^*|^2/(|S_{22}|^2 - |\Delta|^2)^2$을 더하여 다음과 같이 전체를 제곱형으로 바꾸면

$$\left| \Gamma_L - \frac{(S_{22} - \Delta S_{11}^*)^*}{|S_{22}|^2 - |\Delta|^2} \right|^2 = \frac{|S_{11}|^2 - 1}{|S_{22}|^2 - |\Delta|^2} + \frac{|S_{22} - \Delta S_{11}^*|^2}{(|S_{22}|^2 - |\Delta|^2)^2},$$

또는

$$\left| \Gamma_L - \frac{(S_{22} - \Delta S_{11}^*)^*}{|S_{22}|^2 - |\Delta|^2} \right| = \left| \frac{S_{12}S_{21}}{|S_{22}|^2 - |\Delta|^2} \right| \tag{12.24}$$

이 된다. 복소 Γ 평면에서 $|\Gamma - C| = R$과 같은 식은 중심이 C(복소수)에 있고 반지름이 R(실수)인 원을 나타낸다. 따라서 식 (12.24)는 중심이 C_L이고 반지름 R_L인 출력 안정도

원이 되며, 여기서

$$C_L = \frac{(S_{22} - \Delta S_{11}^*)^*}{|S_{22}|^2 - |\Delta|^2} \qquad \text{(중심)} \tag{12.25a}$$

$$R_L = \left| \frac{S_{12}S_{21}}{|S_{22}|^2 - |\Delta|^2} \right| \qquad \text{(반지름)} \tag{12.25b}$$

이다. S_{11}과 S_{22}를 서로 교환하면 입력 안정도 원에 대해서도 유사한 결과를 얻을 수 있다.

$$C_S = \frac{(S_{11} - \Delta S_{22}^*)^*}{|S_{11}|^2 - |\Delta|^2} \qquad \text{(중심)} \tag{12.26a}$$

$$R_S = \left| \frac{S_{12}S_{21}}{|S_{11}|^2 - |\Delta|^2} \right| \qquad \text{(반지름).} \tag{12.26b}$$

트랜지스터의 S 파라미터가 주어지면 $|\Gamma_{in}| = 1$과 $|\Gamma_{out}| = 1$이 되는 입력 안정도 원과 출력 안정도 원을 그릴 수 있다. 입력 안정도 원의 한 영역은 $|\Gamma_{out}| < 1$이고, 다른 영역은 $|\Gamma_{out}| > 1$이다. 마찬가지로 출력 안정도 원의 한 영역은 $|\Gamma_{in}| < 1$이고, 다른 쪽은 $|\Gamma_{in}| > 1$이다. 따라서 스미스 도표의 어느 영역이 $|\Gamma_{in}| < 1$이고 $|\Gamma_{out}| < 1$이 되는 안정 영역에 해당되는지 결정하여야 한다.

그림 12.5에 나타낸 $|S_{11}| < 1$인 경우와 $|S_{11}| > 1$인 경우, Γ_L 평면에 그려진 출력 안정도 원을 고려하자. $Z_L = Z_0$로 정하면 $\Gamma_L = 0$이고, 식 (12.19a)에서 $|\Gamma_{in}| = |S_{11}|$이 된다. 이제 $|S_{11}| < 1$이면 $|\Gamma_{in}| < 1$이므로, $\Gamma_L = 0$은 안정 영역에 있어야 한다. 이것은 스미스 도표의 중심($\Gamma_L = 0$)이 안정 영역에 있음을 의미하므로, 안정도 원 외부가 되는 스미스 도표 영역 ($|\Gamma_L| < 1$)은 Γ_L에 대해 안정 영역이 된다. 이 영역은 그림 12.5a의 색이 칠해진 영역이다. 그와 반대로 $Z_L = Z_0$이고, $|S_{11}| > 1$이면, $\Gamma_L = 0$일 때 $|\Gamma_{in}| > 1$이고, 스미스 도표의 중심은

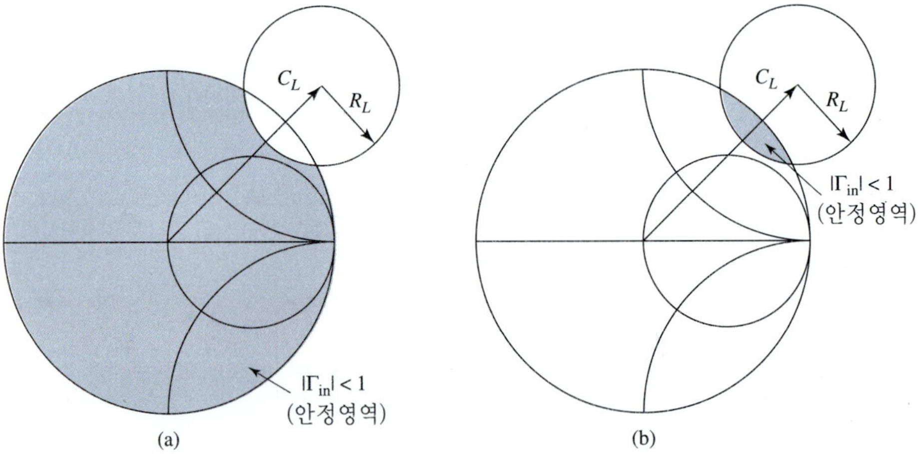

그림 12.5 조건부 안정인 소자에 대한 출력 안정도 원. (a) $|S_{11}| < 1$, (b) $|S_{11}| > 1$

불안정 영역에 있어야 한다. 이 경우 안정 영역은 그림 12.5b에 나타낸 바와 같이 안정도 원과 스미스 도표가 중첩되는 영역이다. 입력 안정도 원에 대해서도 출력 안정도 원과 유사한 결과가 된다.

소자가 무조건적 안정이면 안정도 원은 스미스 도표를 완전히 둘러싼다. 이것을 수학적으로 표현하면

$$||C_L| - R_L| > 1, \qquad (|S_{11}| < 1) \tag{12.27a}$$

$$||C_S| - R_S| > 1, \qquad (|S_{22}| < 1) \tag{12.27b}$$

이다. $|S_{11}| > 1$ 또는 $|S_{22}| > 1$이면, $\Gamma_S = 0$ 또는 $\Gamma_L = 0$이 되게 하는, 즉 $|\Gamma_{in}| > 1$이거나 $|\Gamma_{out}| > 1$이 되는 신호원 또는 부하 임피던스 Z_0를 항상 가질 수 있기 때문에, 증폭기는 무조건적 안정이 될 수 없다. 소자가 오직 조건부 안정일 경우 Γ_S와 Γ_L의 동작점은 안정 영역에 있어야 하며, 설계주파수 부근의 주파수에서 안정도를 확인하는 것이 좋다. 또한 트랜지스터의 S 파라미터는 바이어스 조건에 따라 다르므로, 안정도 역시 바이어스 조건에 따라 변화함을 알아야한다. 최대이득 이내로 설계하는 것이 허용되면, 저항성 부하를 사용하여 트랜지스터를 무조건적 안정 상태에서 동작시킬 수 있다.

무조건적 안정 테스트

앞서 논의한 안정도 원들을 이용하여 증폭기 회로가 조건부 안정이 되는 Γ_S와 Γ_L의 영역을 결정할 수도 있지만, 더 간단한 테스트를 이용하여 무조건적 안정인지를 결정할 수 있다. 이러한 테스트 중 하나가 $K - \Delta$ 테스트인데, 이것은 다음과 같이 정의되는 Rollet의 조건

$$K = \frac{1 - |S_{11}|^2 - |S_{22}|^2 + |\Delta|^2}{2|S_{12}S_{21}|} > 1 \tag{12.28}$$

과 보조조건

$$|\Delta| = |S_{11}S_{22} - S_{12}S_{21}| < 1 \tag{12.29}$$

을 동시에 만족하면 소자가 무조건적 안정임을 나타낸다. 이 두 조건들은 무조건적 안정이기 위한 필요충분조건으로서, 쉽게 계산할 수 있다. 소자의 S 파라미터가 $K - \Delta$ 테스트를 만족하지 않는다면 소자는 무조건적 안정이 아니며, 안정도 원을 이용하여 소자가 조건부 안정이 되는 Γ_S와 Γ_L의 값들이 존재하는지를 결정하여야 한다. 또한 앞에서 설명한 바와 같이 소자가 무조건적 안정이기 위해서는 $|S_{11}| < 1$과 $|S_{22}| < 1$이어야 한다.

식 (12.28)과 (12.29)의 $K - \Delta$ 안정도 테스트는 수학적으로 정확한 무조건적 안정 조건이지만, $K - \Delta$ 안정도 테스트는 두 개의 파라미터에 제한되므로 두 개 또는 그 이상의 소자의 상대 안정도를 비교하는 데 사용할 수 없다. 그러나 최초에 $K - \Delta$ 파라미터를 한수의 오직 하나의 파라미터 μ만 포함하는 새로운 판별법이 개발되었다[7].

$$\mu = \frac{1 - |S_{11}|^2}{|S_{22} - \Delta S_{11}^*| + |S_{12}S_{21}|} > 1. \tag{12.30}$$

따라서 $\mu > 1$이면 소자는 무조건적 안정이다. 그리고 μ가 클수록 더 안정함을 의미한다.

Γ_{out}에 관한 식 (12.3b)의 표현식으로부터 식 (12.30)의 μ-테스트 식을 유도할 수 있다.

$$\Gamma_{out} = S_{22} + \frac{S_{12}S_{21}\Gamma_S}{1 - S_{11}\Gamma_S} = \frac{S_{22} - \Delta\Gamma_S}{1 - S_{11}\Gamma_S}. \tag{12.31}$$

여기서 Δ는 식 (12.21)에 정의된 S 행렬의 행렬식이다. 무조건적 안정이란 어떠한 신호원의 종단수동소자, Γ_S에 대해서도 $|\Gamma_{out}| < 1$임을 의미한다. 수동인 전원 임피던스에 대한 반사계수는 스미스 도표의 단위 원 내에 존재해야 하고, 이 원의 경계는 $\Gamma_S = e^{j\phi}$로 나타낼 수 있다. 식 (12.31)로 주어지는 표현식으로, 이 원은 Γ_{out} 평면의 또 다른 원으로 나타내진다. 식 (12.31)에 $\Gamma_S = e^{j\phi}$를 대입하고 $e^{j\phi}$에 대하여 풀면

$$e^{j\phi} = \frac{S_{22} - \Gamma_{out}}{\Delta - S_{11}\Gamma_{out}}.$$

양변의 크기를 구하면

$$\left|\frac{S_{22} - \Gamma_{out}}{\Delta - S_{11}\Gamma_{out}}\right| = 1$$

이 되고, 양변을 제곱하여 전개하면

$$|\Gamma_{out}|^2\left(1 - |S_{11}|^2\right) + \Gamma_{out}(\Delta^* S_{11} - S_{22}^*) + \Gamma_{out}^*(\Delta S_{11}^* - S_{22}) = |\Delta|^2 - |S_{22}|^2$$

이 되는데, 다시 $1 - |S_{11}|^2$으로 나누면 다음 식을 얻게 된다.

$$|\Gamma_{out}|^2 + \frac{(\Delta^* S_{11} - S_{22}^*)\Gamma_{out} + (\Delta S_{11}^* - S_{22})\Gamma_{out}^*}{1 - |S_{11}|^2} = \frac{|\Delta|^2 - |S_{22}|^2}{1 - |S_{11}|^2}.$$

이제, 양변에 $|\Delta^* S_{11} - S_{22}^*|^2/(1 - |S_{11}|^2)^2$을 더하여 완전 제곱형으로 만들면,

$$\left|\Gamma_{out} + \frac{\Delta S_{11}^* - S_{22}}{1 - |S_{11}|^2}\right|^2 = \frac{|\Delta|^2 - |S_{22}|^2}{1 - |S_{11}|^2} + \frac{|\Delta^* S_{11} - S_{22}^*|^2}{\left(1 - |S_{11}|^2\right)^2} = \frac{|S_{12}S_{21}|^2}{\left(1 - |S_{11}|^2\right)^2}. \tag{12.32}$$

이 방정식은 $|\Gamma_{out} - C| = R$의 형태로, Γ_{out} 평면에서 중심이 C이고 반경이 R인 원을 나타낸다. 따라서 $|\Gamma_S| = 1$인 원의 중심과 반경은 다음과 같이 된다.

$$C = \frac{S_{22} - \Delta S_{11}^*}{1 - |S_{11}|^2} \tag{12.33a}$$

$$R = \frac{|S_{12}S_{21}|}{1 - |S_{11}|^2} \tag{12.33b}$$

이 원 내부의 점들이 $|\Gamma_{out}| < 1$을 만족하려면

$$|C| + R < 1 \tag{12.34}$$

이어야 한다. 식 (12.33)에 식 (12.34)을 대입하면

$$|S_{22} - \Delta S_{11}^*| + |S_{12}S_{21}| < 1 - |S_{11}|^2$$

을 얻을 수 있는데, 이것을 정리하면 식 (12.30)의 μ-테스트가 된다.

$$\frac{1 - |S_{11}|^2}{|S_{22} - \Delta S_{11}^*| + |S_{12}S_{21}|} > 1.$$

식 (12.28), (12.29)의 $K-\Delta$ 테스트도 이와 유사하게 유도할 수 있고, 식 (12.30)의 μ-테스트를 이용하면 더 간단하게 유도할 수 있다. 식 (12.30)을 다시 정리하여 제곱형으로 만들면

$$|S_{22} - \Delta S_{11}^*|^2 < \left(1 - |S_{11}|^2 - |S_{12}S_{21}|\right)^2 \tag{11.35}$$

이 된다. 직접 전개함으로써

$$|S_{22} - \Delta S_{11}^*|^2 = |S_{12}S_{21}|^2 + \left(1 - |S_{11}|^2\right)\left(|S_{22}|^2 - |\Delta|^2\right)$$

과 같이 되는 것을 알 수 있으므로, 식 (12.35)를 전개하면

$$|S_{12}S_{21}|^2 + \left(1 - |S_{11}|^2\right)\left(|S_{22}|^2 - |\Delta|^2\right) < \left(1 - |S_{11}|^2\right)\left(1 - |S_{11}|^2 - 2|S_{12}S_{21}|\right) + |S_{12}S_{21}|^2$$

이 되고, 이를 간단히 하면

$$|S_{22}|^2 - |\Delta|^2 < 1 - |S_{11}|^2 - 2|S_{12}S_{21}|$$

을 얻을 수 있는데, 이 식을 정리하면 식 (12.28)의 Rollet의 조건이 된다.

$$\frac{1 - |S_{11}|^2 - |S_{22}|^2 + |\Delta|^2}{2|S_{12}S_{21}|} = K > 1.$$

식 (12.28)뿐만 아니라, $K-\Delta$ 테스트가 무조건적 안정을 보장하기 위해서는 역시 보조조건이 필요하다. μ-테스트의 필요충분한 결과로부터 Rollet의 조건을 유도하였지만, 식 (12.35)의 제곱을 취하는 과정에서 우변의 부호가 불확실하게 되므로 부가적인 조건이 필요하게 된다. 이 조건은 식 (12.35)를 제곱하기 전에 우변이 양(+)이 되도록 함으로써 유도될 수 있다. 즉

$$|S_{12}S_{21}| < 1 - |S_{11}|^2.$$

회로의 입력단에서도 유사한 조건을 유도할 수 있으므로, S_{11}과 S_{22}를 서로 교환하여

$$|S_{12}S_{21}| < 1 - |S_{22}|^2$$

과 같은 유사한 식을 얻게 되고, 이 두 부등식을 더하면

$$2|S_{12}S_{21}| < 2 - |S_{11}|^2 - |S_{22}|^2$$

이 되는데, 삼각부등식으로부터

$$|\Delta| = |S_{11}S_{22} - S_{12}S_{21}| \le |S_{11}S_{22}| + |S_{12}S_{21}|$$

이므로

$$|\Delta| < |S_{11}||S_{22}| + 1 - \frac{1}{2}|S_{11}|^2 - \frac{1}{2}|S_{22}|^2 < 1 - \frac{1}{2}\left(|S_{11}|^2 - |S_{22}|^2\right) < 1$$

을 얻을 수 있다. 그런데 이 식은 식 (12.29)와 동일하다.

예제 12.2 트랜지스터 안정도

Triquint사의 GaN HEMT인 T1G6000528의 S 파라미터가 $f = 1.9$ GHz($Z_0 = 50\,\Omega$)에서 다음과 같다.

$$\begin{aligned} S_{11} &= 0.869\angle{-159^\circ}, \\ S_{12} &= 0.031\angle{-9^\circ}, \\ S_{21} &= 4.250\angle{61^\circ}, \\ S_{22} &= 0.507\angle{-117^\circ}. \end{aligned}$$

$K - \Delta$ 테스트와 μ 테스트를 사용하여 이 트랜지스터의 안정도를 결정하고 안정도 원을 도시하라.

☞ 풀이

식 (12.28)과 (12.29)로부터 K와 $|\Delta|$는

$$|\Delta| = |S_{11}S_{22} - S_{12}S_{21}| = 0.336,$$

$$K = \frac{1 - |S_{11}|^2 - |S_{22}|^2 + |\Delta|^2}{2|S_{12}S_{21}|} = 0.383.$$

으로, $|\Delta| < 1$이고 $K < 1$이므로 (12.28)과 (12.29)의 무조건 안정 조건을 만족하지 못한다. 따라서 이 트랜지스터는 잠정적 불안정이다. 식 (12.30)의 μ 테스트로 소자의 안정도를 판정하므로 $\mu = 0.678$로 역시 잠정적 불안정을 나타낸다.

식 (12.25)와 (12.26)으로 주어지는 안정도 원의 중심과 반지름은

$$C_L = \frac{\left(S_{22} - \Delta S_{11}^*\right)^*}{|S_{22}|^2 - |\Delta|^2} = 1.59\angle 132^\circ,$$

$$R_L = \frac{|S_{12}S_{21}|}{|S_{22}|^2 - |\Delta|^2} = 0.915,$$

$$C_S = \frac{\left(S_{11} - \Delta S_{22}^*\right)^*}{|S_{11}|^2 - |\Delta|^2} = 1.09\angle 162^\circ,$$

$$R_S = \frac{|S_{12}S_{21}|}{|S_{11}|^2 - |\Delta|^2} = 0.205.$$

이 데이터를 이용하여 그림 12.6과 같이 입력 안정도 원과 출력 안정도 원을 그릴 수 있다. $|S_{11}| < 1$이고 $|S_{22}| < 1$이므로 스미스 도표의 중심부는 Γ_S와 Γ_L에 대하여 안정된 동작영역이 된다. 그림에서 칠해진 영역이 불안정 영역이다. ◀

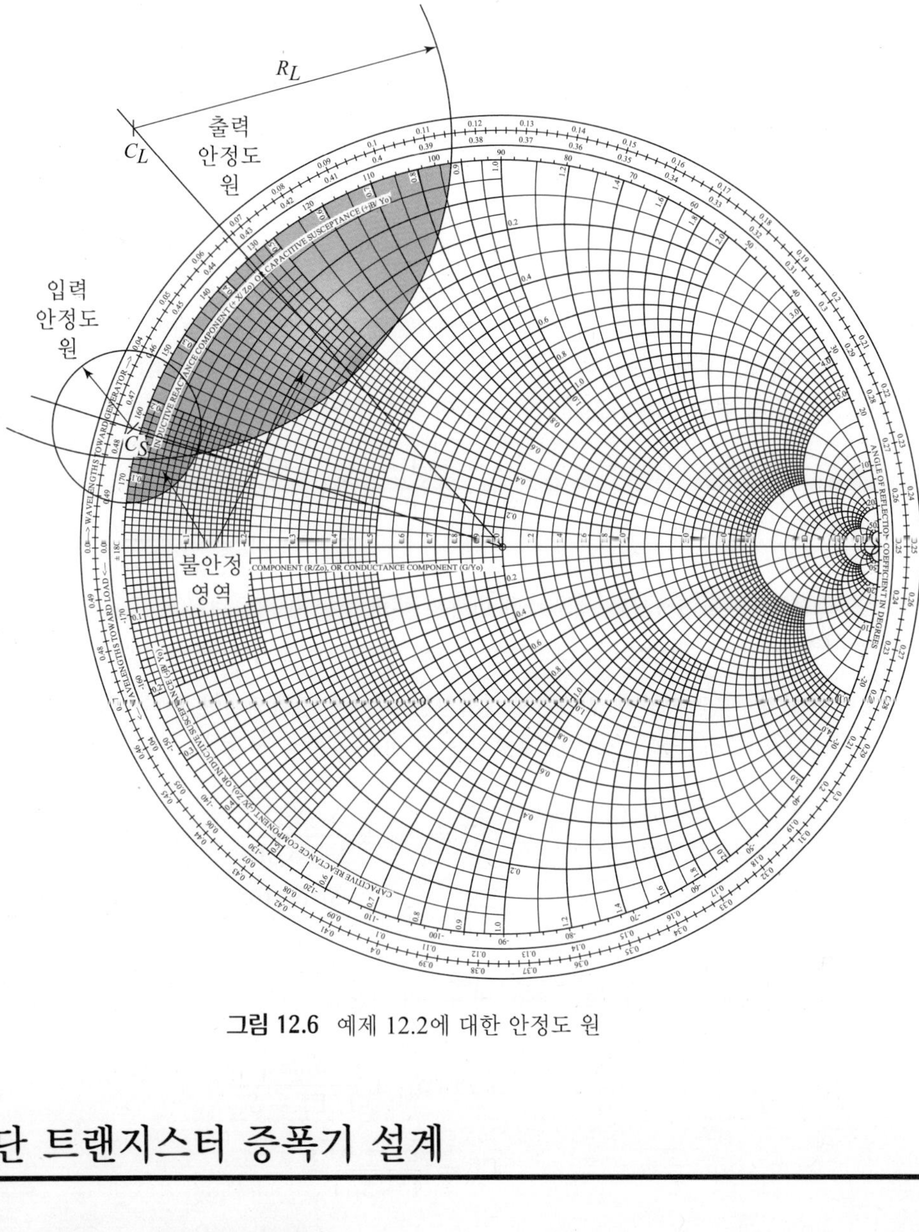

그림 12.6 예제 12.2에 대한 안정도 원

12.3 1단 트랜지스터 증폭기 설계

최대이득 설계(공액정합)

트랜지스터의 안정도가 결정되고 Γ_S와 Γ_L에 대한 안정 영역을 스미스 도표 상에 설정하고 나면, 입력 정합부와 출력 정합부를 설계할 수 있다. 식 (12.16b)의 G_0는 트랜지스터가 결정되면 일정하게 주어지므로, 증폭기의 전체 변환이득(transducer)은 정합부의 이득 G_S와 G_L에 의해 결정된다. 최대이득은 입-출력 정합부가 증폭기 신호원과 부하 임피던스와 트랜지스터 간에 공액정합이 될 때 얻어진다. 대부분의 트랜지스터는 임피던스 부정합이 크므로 ($|S_{11}|$과 $|S_{22}|$ 큼), 이득의 주파수 특성이 협대역이다. 다음 절에서 이득은 최대이득보다 작지만 대역폭이 개선된 증폭기 설계방법을 설명하고 광대역 증폭기 설계는 12.4절에서 다

룬다.

그림 11.2와 공액 임피던스 정합에 관한 2.6절의 논의를 참고로 하면, 입력 정합회로에서 트랜지스터로의 최대 전력전달은

$$\Gamma_{\text{in}} = \Gamma_S^* \tag{12.36a}$$

일 때 일어나고, 트랜지스터에서 출력 정합회로로 최대 전력전달은

$$\Gamma_{\text{out}} = \Gamma_L^* \tag{12.36b}$$

일 때 일어남을 알고 있다. 따라서 정합회로가 무손실이라면 식 (12.36)의 조건이 성립될 때, 전체 변환이득(transducer gain)이 최대가 된다. 식 (12.13)으로부터 최대 변환이득은

$$G_{T_{\max}} = \frac{1}{1-|\Gamma_S|^2}|S_{21}|^2\frac{1-|\Gamma_L|^2}{|1-S_{22}\Gamma_L|^2} \tag{12.37}$$

이다.

무손실 공액 정합부로 증폭기의 입출력 포트는 Z_0에 정합된다.

일반적으로 **양극성** 트랜지스터($S12 \neq 0$)에서 Γ_{in}은 Γ_{out}에 영향을 받고, Γ_{out}은 Γ_{in}에 영향을 받는다. 따라서 입-출력 정합부는 동시에 정합되어야 한다. 식 (12.3)을 (12.36)에 대입하면, 다음과 같은 임피던스 정합에 필요한 식을 얻을 수 있다.

$$\Gamma_S^* = S_{11} + \frac{S_{12}S_{21}\Gamma_L}{1-S_{22}\Gamma_L} \tag{12.38a}$$

$$\Gamma_L^* = S_{22} + \frac{S_{12}S_{21}\Gamma_S}{1-S_{11}\Gamma_S}. \tag{12.38b}$$

식 (12.38a)로부터 Γ_S를 구하여 정리하면 다음과 같다.

$$\Gamma_S = S_{11}^* + \frac{S_{12}^*S_{21}^*}{1/\Gamma_L^* - S_{22}^*}$$

$$\Gamma_L^* = \frac{S_{22}-\Delta\Gamma_S}{1-S_{11}\Gamma_S}.$$

여기서 $\Delta = S_{11}S_{22} - S_{12}S_{21}$이다. Γ_L^*에 관한 이 식을 Γ_S 식에 대입하면

$$\begin{aligned}\Gamma_S\big(1-|S_{22}|^2\big) + \Gamma_S^2(\Delta S_{22}^* - S_{11}) &= \Gamma_S\big(\Delta S_{11}^*S_{22}^* - |S_{11}|^2 - \Delta S_{12}^*S_{21}^*\big)\\ &\quad + S_{11}^*\big(1-|S_{22}|^2\big) + S_{12}^*S_{21}^*S_{22}\end{aligned}$$

와 같이 전개된다. $\Delta(S_{11}^*S_{22}^* - S_{12}^*S_{21}^*) = |\Delta|^2$의 관계를 이용하면, 이 식은 다음과 같은 Γ_S에 관한 2차 방정식으로 쓸 수 있다.

$$(S_{11} - \Delta S_{22}^*)\Gamma_S^2 + \big(|\Delta|^2 - |S_{11}|^2 + |S_{22}|^2 - 1\big)\Gamma_S + (S_{11}^* - \Delta^* S_{22}) = 0. \tag{12.39}$$

이 식의 근은

$$\Gamma_S = \frac{B_1 \pm \sqrt{B_1^2 - 4|C_1|^2}}{2C_1} \tag{12.40a}$$

이다. 마찬가지 방법으로 Γ_L에 관한 근을 구하면

$$\Gamma_L = \frac{B_2 \pm \sqrt{B_2^2 - 4|C_2|^2}}{2C_2} \tag{12.40b}$$

과 같이 쓸 수 있는데, 여기서 변수 B_1, C_1, B_2, C_2는 다음과 같이 정의된다.

$$B_1 = 1 + |S_{11}|^2 - |S_{22}|^2 - |\Delta|^2 \tag{12.41a}$$

$$B_2 = 1 + |S_{22}|^2 - |S_{11}|^2 - |\Delta|^2 \tag{12.41b}$$

$$C_1 = S_{11} - \Delta S_{22}^* \tag{12.41c}$$

$$C_2 = S_{22} - \Delta S_{11}^*. \tag{12.41d}$$

식 (12.40)의 근은 제곱근 안의 값이 양(+)일 때만 가능하고, 이것은 $K > 1$임을 의미한다. 따라서 무조건적 안정인 소자는 항상 최대이득을 위한 공액정합이 가능하고, 잠재적으로 불안정한 소자는 $K > 1$이고 $|\Delta| < 1$일 때만 공액정합이 가능하다. 단방향의 경우에는 훨씬 간단하다. $S_{12} = 0$일 때, 식 (12.38)은 $\Gamma_S = S_{11}^*$이고 $\Gamma_L = S_{22}^*$로 되며 식 (12.37)의 최대 변환이득

$$G_{TU_{\max}} = \frac{1}{1 - |S_{11}|^2}|S_{21}|^2 \frac{1}{1 - |S_{22}|^2} \tag{12.42}$$

이 된다.

식 (12.37)으로 주어지는 최대 변환 전력이득은 식 (12.36)의 조건으로 주어진 것과 같이, 전원과 부하가 트랜지스터에 공액정합 되었을 때 발생한다. 트랜지스터가 무조건적 안정이면 $K > 1$이고, 식 (12.37)의 최대 변환 전력이득은

$$G_{T_{\max}} = \frac{|S_{21}|}{|S_{12}|}\left(K - \sqrt{K^2 - 1}\right) \tag{12.43}$$

과 같이 간단히 표현될 수 있다.

Γ_S와 Γ_L에 대한 식 (12.40)과 (12.41)을 식 (12.37)에 대입하여 정리하면, 이 결과를 얻을 수 있다. 최대 변환 전력이득을 때로는 **정합이득**이라고 하는데, $K < 1$이면 전원과 부하에 동시 공액정합이 불가능하기 때문에, 소자가 조건부 안정일 때 최대이득으로부터 의미있는 결과를 얻을 수 없다(연습문제 12.8 참조). 이 경우 유용한 장점지수는 $K = 1$일 때 식 (12.43)의 최대 변환 전력이득으로 정의되는 **최대 안정이득**(maximum stable gain)이다.

$$G_{msg} = \frac{|S_{21}|}{|S_{12}|}. \tag{12.44}$$

따라서 최대 안정이득은 계산이 쉽고, 안정 동작 조건에서 여러 소자들의 이득을 비교할 수 있는 편리한 방법이다.

예제 12.3 공액정합된 증폭기 설계

단일 스텁 정합회로를 사용하여 4.0 GHz에서 최대이득을 가지는 증폭기를 설계하라. 3 GHz부터 5 GHz까지의 주파수 대역에서 증폭기의 입력 반사손실과 이득을 계산하고 도시하라. GaAs MESFET의 S 파라미터는 다음과 같다($Z_0 = 50\,\Omega$).

f(GHz)	S_{11}	S_{12}	S_{21}	S_{22}
3.0	$0.80\angle{-89°}$	$0.03\angle{56°}$	$2.86\angle{99°}$	$0.76\angle{-41°}$
4.0	$0.72\angle{-116°}$	$0.03\angle{57°}$	$2.60\angle{76°}$	$0.73\angle{-54°}$
5.0	$0.66\angle{-142°}$	$0.03\angle{62°}$	$2.39\angle{54°}$	$0.72\angle{-68°}$

☞ 풀이

실제 트랜지스터 제조사는 넓은 주파수 대역에 걸쳐 트랜지스터의 S 파라미터를 제공하고, 이로부터 전 주파수대역의 안정도를 확인하여야한다. 본 예제에서는 불필요한 계산을 제외시키기 위하여 3주파수의 S 파라미터만을 제시하였고, 식 (12.28)과 식 (12.29)를 이용하며 주어진 S 파라미터로부터 K와 Δ를 계산한다.

f(GHz)	K	Δ
3.0	0.77	0.592
4.0	1.19	0.487
5.0	1.53	0.418

4 GHz와 5 GHz에서 $K > 1$이고 $|\Delta| < 1$임을 알 수 있고, 따라서 이 두 주파수에서는 트랜지스터는 무조건 안정인 반면, 3 GHz에서는 조건부 안정임을 알 수 있다. 4 GHz에서 증폭기를 설계하여 얻은 정합회로(Γ_S와 Γ_L을 결정)에 대하여. 3 GHz에서의 안정도를 확인한다. 최대이득을 얻으려면 트랜지스터에 공액정합되는 정합회로를 설계해야 한다. 따라서 $\Gamma_S = \Gamma_{in}^*$이고 $\Gamma_S = \Gamma_{out}^*$이며, Γ_S와 Γ_S은 식 (12.40)으로부터 결합할 수 있다;

$$\Gamma_S = \frac{B_1 \pm \sqrt{B_1^2 - 4|C_1|^2}}{2C_1} = 0.872\underline{/123°}$$

$$\Gamma_L = \frac{B_2 \pm \sqrt{B_2^2 - 4|C_2|^2}}{2C_2} = 0.876\underline{/61°}.$$

이때, 식 (12.16)의 유효 이득지수를 계산하면

$$G_S = \frac{1}{1 - |\Gamma_S|^2} = 4.17 = 6.20\text{ dB}$$

$$G_0 = |S_{21}|^2 = 6.76 = 8.30\text{ dB}$$

$$G_L = \frac{1 - |\Gamma_L|^2}{|1 - S_{22}\Gamma_L|^2} = 1.67 = 2.22\text{ dB}$$

이다. 따라서 전체 변환이득은

$$G_{T_{\max}} = 6.20 + 8.30 + 2.22 = 16.7 \text{ dB}$$

이다.

정합회로는 스미스 도표를 이용하여 쉽게 구할 수 있다. 입력 정합회로 설계를 위해서 우선 그림 12.7a에서와 같이 Γ_S를 그린다. 이 반사계수로서 표현되는 임피던스 Z_S는 전원 임피던스 Z_0를 향하여 정합회로를 들여다본 임피던스이다. 따라서 정합단은 Z_0를 임피던스 Z_S로 변환하여야 한다. 몇 가지 방법으로 이를 수행할 수 있지만, 라인의 길이에 따라 개방회로로 되어진 병렬 스텁을 사용할 것이다. 따라서 정규화 어드미턴스 y_S로 변환하고 스미스 도표의 부하 쪽으로 이동하여 $1 + jb$ 원에 이르는 0.120λ의 선로 길이를 구현할 수 있다. 다음으로 필요한 스텁 어드미턴스가 $+j3.5$이므로 개방회로 스텁의 길이로는 0.206λ임을 알 수 있다. 유사한 과정으로 출력 정합회로를 위한 선로의 길이는 0.206λ이고, 스텁의 길이도 0.206λ임을 알게 된다.

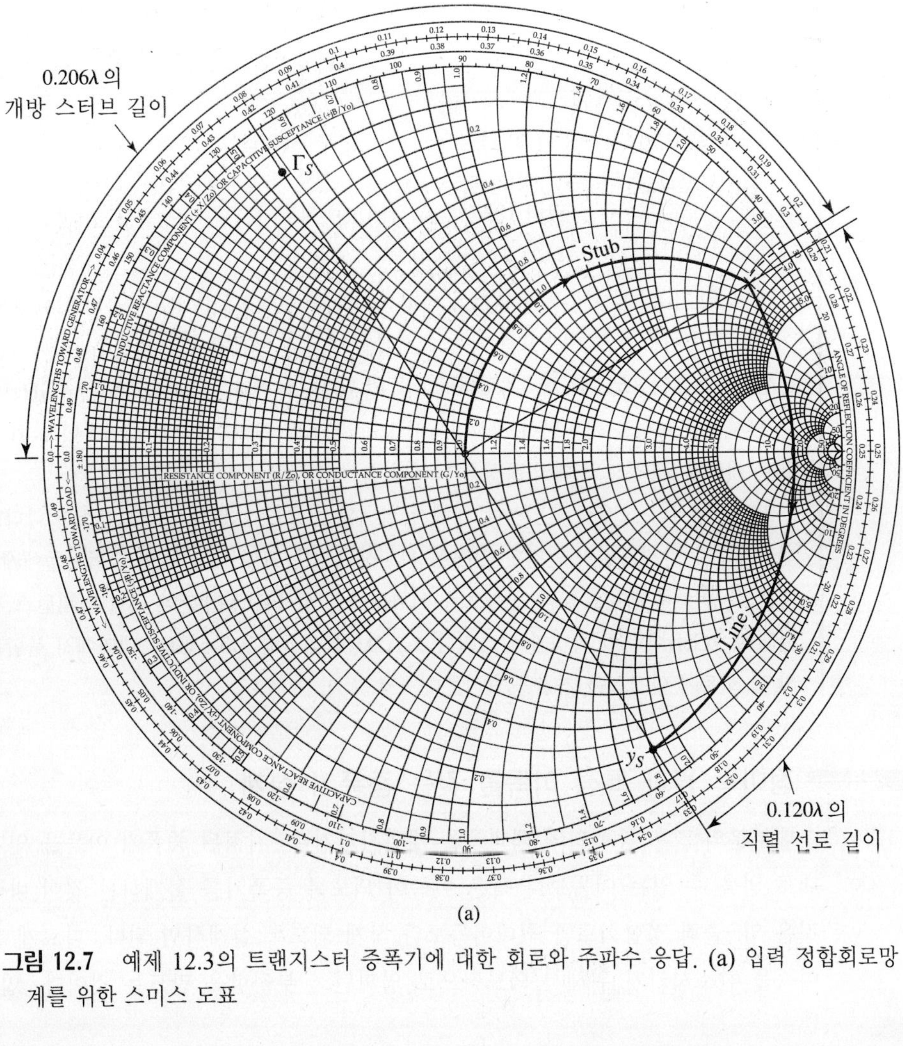

(a)

그림 12.7 예제 12.3의 트랜지스터 증폭기에 대한 회로와 주파수 응답. (a) 입력 정합회로망 설계를 위한 스미스 도표

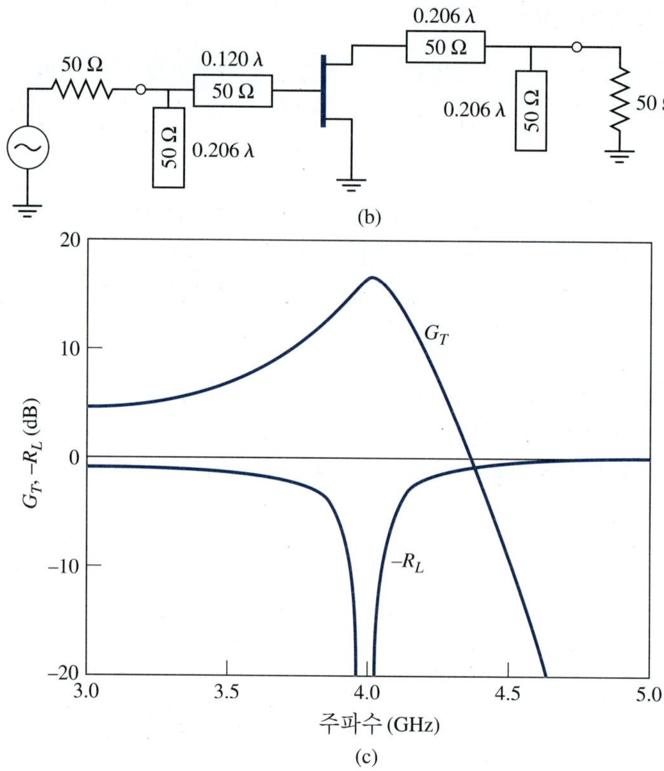

그림 12.7(계속) (b) RF 회로, (c) 주파수 응답

그림 12.7b는 최종 증폭기 회로를 나타낸 것이다. 이 회로는 RF 부품만을 나타낸 것으로 증폭기에는 바이어스 회로가 필요하다. 반사손실과 이득은 예제에서 주어진 S 파라미터들을 이용하여, CAD 소프트웨어로 계산할 수 있다. 그림 12.7c는 그 결과를 그린 것으로, 4 GHz에서 매우 훌륭한 반사손실 특성을 가지면서 예상이득이 16.7 dB임을 보여주고 있다. 이득이 1 dB 감소하는 대역폭은 대략 2.5%정도의 대역 특성을 나타낸다.

3 GHz에서의 잠재적 불안정에 대해서 설계된 신호원과 부하의 임피던스를 나타내는 정합부의 반사계수가 안정도원의 안정한 영역에 위치하고 있는지에 대한 확인은 독자들에게 남긴다. 정합부의 특성은 주파수에 따라 변하므로 4 GHz에서 설계된 정합부의 입력 임피던스 및 반사계수는 분명히 3 GHz에서의 특성과 달라진다. CAD시뮬레이션은 3-5 GHz 대역에서 불안정성을 보이지 않고, 회로가 안정성을 가짐을 보여준다. ◀

정이득 원과 특정 이득을 갖는 증폭기 설계

대부분의 경우 증폭기의 대역폭을 개선시키거나, 지정된 증폭기 이득을 얻기 위해서 최대로 얻을 수 있는 이득보다 작은 이득이 되도록 증폭기를 설계하는 것이 바람직하다. 이것은 입-출력 정합회로를 최대이득보다 작게 되도록 설계하면 된다. 다르게 말하면, 전체 이득을 감소시키기 위해서 의도적으로 임피던스 부정합을 만드는 것이다. 입력단과 출력단이 정해진 이득(G_S와 G_L)을 갖게 하는 Γ_S와 Γ_L의 궤적을 나타내기 위해 스미스 도표 상에 **정이득 원**(constant gain circles)을 그리면 설계를 간편하게 할 수 있다. 여기서는 논의를 간단히 하기 위해서 단방향성 소자만 다룰 것이다. 일반적으로 실제의 경우 양방향의 소자를 고려하여야하며, 관련내용은 참고문헌[1-2]에서 다루고 있다.

대부분 트랜지스터의 경우 $|S_{12}|$는 작아서 무시되고 소자는 단방향성 소자로 간주된다. 이렇게 되면 설계가 아주 간단해진다. $|S_{12}|$를 영으로 근사화함에 따라 발생하는 변환이득 오차는 G_T/G_{TU}의 비로 주어지고,이 비율은

$$\frac{1}{(1+U)^2} < \frac{G_T}{G_{TU}} < \frac{1}{(1-U)^2} \tag{12.45}$$

인 범위 내에 있고 여기서 **단방향성 성능지수**(unilateral figure of merit) U는

$$U = \frac{|S_{12}||S_{21}||S_{11}||S_{22}|}{\left(1-|S_{11}|^2\right)\left(1-|S_{22}|^2\right)} \tag{12.46}$$

이다. 일반적으로 수십 분의 1 dB이하의 오차는 소자의 단방향성 가정을 타당하게 한다.

단방향성 소자의 경우 G_S와 G_L에 관한 식은 식 (12.17a)와 (12.17c)로 주어진다.

$$G_S = \frac{1-|\Gamma_S|^2}{|1-S_{11}\Gamma_S|^2}$$

$$G_L = \frac{1-|\Gamma_L|^2}{|1-S_{22}\Gamma_L|^2}.$$

이 이득은 $\Gamma_S = S_{11}^*$이고 $\Gamma_L = S_{22}^*$일 때, 최대이며 그 최대값은

$$G_{S_{\max}} = \frac{1}{1-|S_{11}|^2} \tag{12.47a}$$

$$G_{L_{\max}} = \frac{1}{1-|S_{22}|^2} \tag{12.47b}$$

이다. 정규화 이득지수 g_S와 g_L은

$$g_S = \frac{G_S}{G_{S_{\max}}} = \frac{1-|\Gamma_S|^2}{|1-S_{11}\Gamma_S|^2}\left(1-|S_{11}|^2\right) \tag{12.48a}$$

$$g_L = \frac{G_L}{G_{L_{\max}}} = \frac{1-|\Gamma_L|^2}{|1-S_{22}\Gamma_L|^2}\left(1-|S_{22}|^2\right) \tag{12.48b}$$

으로 정의한다. 이때 $0 \le g_S \le 1$이고 $0 \le g_L \le 1$이다.

g_S와 g_L을 고정시키면, 식 (12.48)는 Γ_S이나 Γ_L 평면에서 원을 나타낸다. 이것을 증명하기 위해 식 (12.48a)를 다음과 같이 전개할 수 있다.

$$g_S|1 - S_{11}\Gamma_S|^2 = \left(1 - |\Gamma_S|^2\right)\left(1 - |S_{11}|^2\right)$$

$$\left(g_S|S_{11}|^2 + 1 - |S_{11}|^2\right)|\Gamma_S|^2 - g_S(S_{11}\Gamma_S + S_{11}^*\Gamma_S^*) = 1 - |S_{11}|^2 - g_S$$

$$\Gamma_S\Gamma_S^* - \frac{g_S(S_{11}\Gamma_S + S_{11}^*\Gamma_S^*)}{1-(1-g_S)|S_{11}|^2} = \frac{1-|S_{11}|^2 - g_S}{1-(1-g_S)|S_{11}|^2}. \tag{12.49}$$

이제 양변에 $(g_S^2|S_{11}|^2)/[1-(1-g_S)|S_{11}|^2]^2$을 더하여 완전 제곱형으로 하면

$$\left|\Gamma_S - \frac{g_S S_{11}^*}{1-(1-g_S)|S_{11}|^2}\right|^2 = \frac{\left(1-|S_{11}|^2 - g_S\right)\left[1-(1-g_S)|S_{11}|^2\right] + g_S^2|S_{11}|^2}{\left[1-(1-g_S)|S_{11}|^2\right]^2}$$

이다. 이를 간단히 하면

$$\left|\Gamma_S - \frac{g_S S_{11}^*}{1-(1-g_S)|S_{11}|^2}\right| = \frac{\sqrt{1-g_S}\left(1-|S_{11}|^2\right)}{1-(1-g_S)|S_{11}|^2} \tag{12.50}$$

이 되는데, 이것은

$$C_S = \frac{g_S S_{11}^*}{1-(1-g_S)|S_{11}|^2} \tag{12.51a}$$

$$R_S = \frac{\sqrt{1-g_S}\left(1-|S_{11}|^2\right)}{1-(1-g_S)|S_{11}|^2} \tag{12.51b}$$

로 주어지는 중심과 반경을 가진 원의 방정식이다. 마찬가지 방법으로 출력 정합회로의 정이득 원을 구하면 그 중심과 반지름은

$$C_L = \frac{g_L S_{22}^*}{1-(1-g_L)|S_{22}|^2} \tag{12.52a}$$

$$R_L = \frac{\sqrt{1-g_L}\left(1-|S_{22}|^2\right)}{1-(1-g_L)|S_{22}|^2} \tag{12.52b}$$

임을 증명할 수 있다. 정이득 원들의 중심들은 S_{11}^* 또는 S_{22}^*의 각으로 주어지는 직선 상에 위치한다. g_S(또는 g_L) = 1(최대이득)일 때, 예상되는 바와 같이 반지름이 R_S(또는 $R_L = 0$)이고, 중심은 S_{11}^*(또는 S_{22}^*)로 된다. 또한 0 dB 이득원($G_S = 1$ 또는 $G_L = 1$)들은 항상 스미스 도표 중심을 통과한다. 이들 결과를 이용하여 입력 정합회로와 출력 정합회로에 대한 정이득 원 무리를 그리는 데 사용할 수 있다. 이때 Γ_S와 Γ_L은 원하는 이득을 얻을 수 있는 정이득 원상에 정하면 된다. Γ_S와 Γ_L의 위치 선정은 특별히 정해진 방법은 없고, 부정합을 최소화하고 대역폭이 최대가 되도록 하기 위해 스미스 도표 중심에 가까운 점을 선택하면 된다. Γ_S와 Γ_L의 위치 선정의 또다른 방법으로, 다음 절에서 배우게 되겠지만, 증폭기 입력회로는 저잡음 증폭기를 설계하기 위해 부정합이 되도록 입력회로를 정할 수 있다.

예제 12.4 지정된 이득을 가지는 증폭기 설계

4.0 GHz에서 11 dB의 이득을 가지는 증폭기를 설계하라. $G_S = 2$ dB과 3 dB, $G_L = 0$ dB과 1 dB일 때의 정이득 원을 그려라. 3~5 GHz 주파수 대역에서 전체 증폭기 이득과 입력 반사손실을 계산하고 도시하라. FET의 S 파라미터는 다음과 같다($Z_0 = 50\,\Omega$).

f (GHz)	S_{11}	S_{21}	S_{12}	S_{22}
3	$0.80\angle -90°$	$2.8\angle 100°$	0	$0.66\angle -50°$
4	$0.75\angle -120°$	$2.5\angle 80°$	0	$0.60\angle -70°$
5	$0.71\angle -140°$	$2.3\angle 60°$	0	$0.58\angle -85°$

☞ 풀이

$S_{12} = 0$이고 $|S_{11}| < 1$, $|S_{22}| < 1$이므로 트랜지스터는 단방향성이고 무조건적 안정이다.
식 (12.47)로부터 최대 정합회로의 이득은

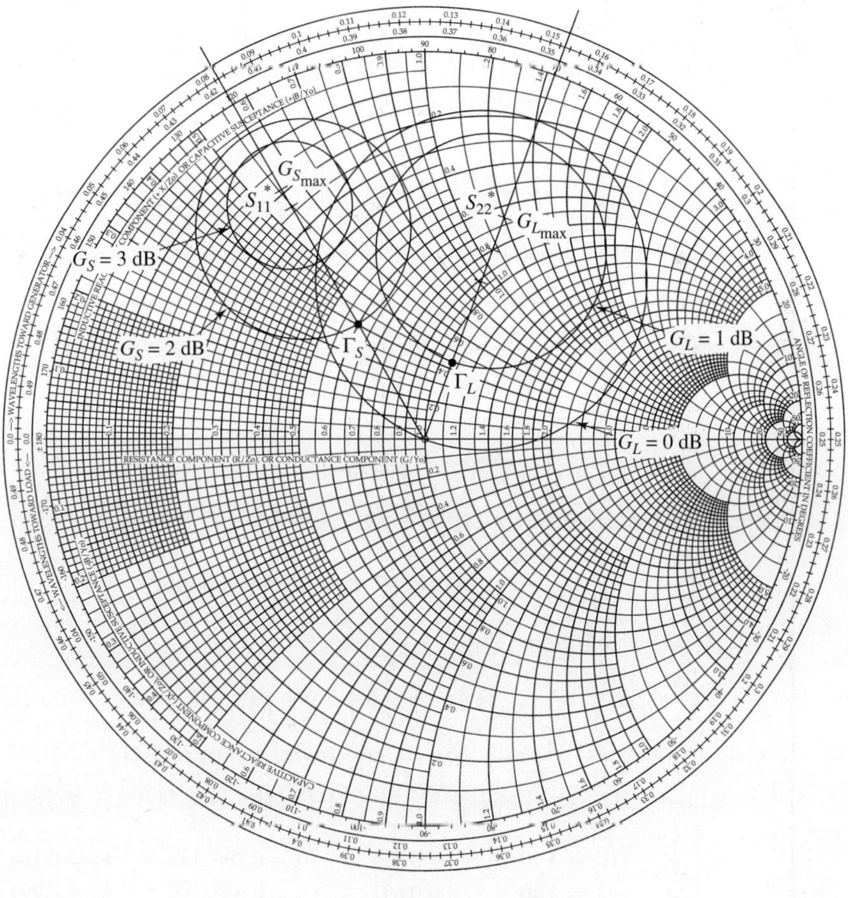

(a)

그림 12.8 예제 12.4의 트랜지스터 증폭기에 대한 회로와 주파수 응답. (a) 정이득 원들

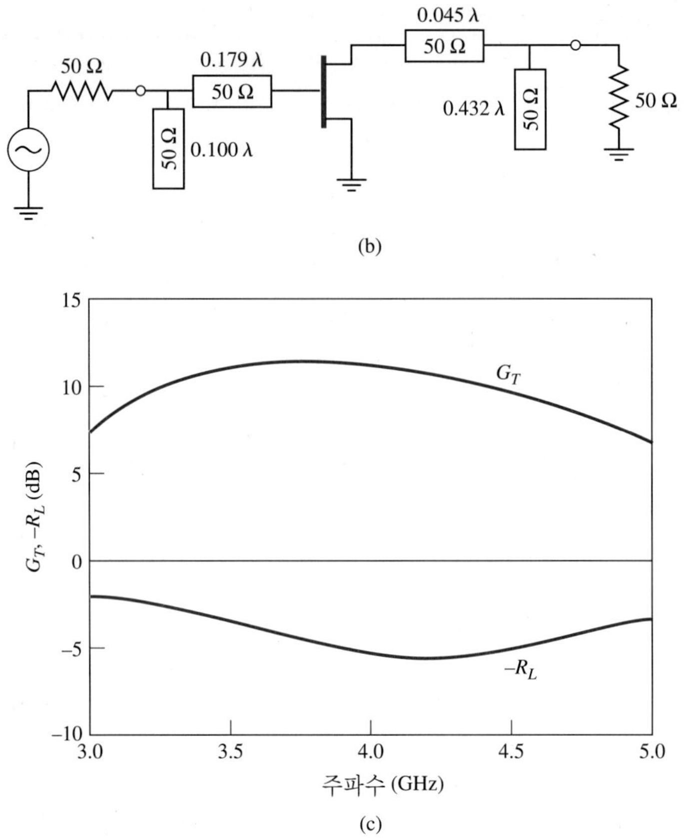

그림 12.8(계속) (b) RF 회로, (c) 주파수에 따른 전달이득과 반사손실

$$G_{S_{\max}} = \frac{1}{1 - |S_{11}|^2} = 2.29 = 3.6 \text{ dB}$$

$$G_{L_{\max}} = \frac{1}{1 - |S_{22}|^2} = 1.56 = 1.9 \text{ dB}$$

이고, 부정합된 트랜지스터의 이득은

$$G_o = |S_{21}|^2 = 6.25 = 8.0 \text{ dB}$$

이므로, 최대 단방향 변환이득은

$$G_{TU_{\max}} = 3.6 + 1.9 + 8.0 = 13.5 \text{ dB}$$

이다. 따라서 설계하고자 하는 가용 이득(11 dB)보다 2.5 dB 더 높다.

식 (12.48), (12.51), (12.52)를 이용하여 정이득 원에 관한 데이터를 계산하면 다음과 같다.

$G_S = 3$ dB	$g_S = 0.875$	$C_S = 0.706\angle 120^\circ$	$R_S = 0.166$
$G_S = 2$ dB	$g_S = 0.691$	$C_S = 0.627\angle 120^\circ$	$R_S = 0.294$
$G_L = 1$ dB	$g_L = 0.806$	$C_L = 0.520\angle 70^\circ$	$R_L = 0.303$
$G_L = 0$ dB	$g_L = 0.640$	$C_L = 0.440\angle 70^\circ$	$R_L = 0.440$

그림 12.8a는 정이득 원을 나타낸다. 증폭기 전체 이득이 11 dB이 되기 위해 G_S = 2 dB이고 G_L = 1 dB로 택한다. 그런 다음에 그림에서와 같이 스미스 도표의 중심에서 거리가 최소가 되도록 정이득 원상에 Γ_S와 Γ_L을 정한다(이것은 Γ_S를 120° 방향의 방사상의 선상에, Γ_L은 70° 방향의 방사상의 선상에 각각 배치). 따라서 $\Gamma_S = 0.33\angle 120°$이고 $\Gamma_L = 0.22\angle 70°$인 정합회로는 예제 12.3에서처럼 병렬 스터브를 사용하여 설계할 수 있다.

그림 12.8b는 최종 설계된 증폭기 회로이다. 주어진 S 파라미터 데이터를 CAD 소프트웨어를 사용하여 증폭기 특성을 계산한 결과는 그림 12.18c와 같으며, 여기서 4.0 GHz의 이득이 11 dB이 됨을 알 수 있다. 이득이 ±1 dB 이내로 변화하는 대역폭은 약 25%이며 이것은 예제 12.3의 최대 이득을 얻도록 설계된 증폭기 대역폭보다 훨씬 높다. 특정 이득을 구현하기위해 정합회로부에 부정합을 인가함으로써 반사손실 특성은 설계주파수에서 약 5 dB로 좋지않은 성능을 나타낸다 ◀

저잡음 증폭기의 설계

마이크로파 증폭기 설계에서 안정도와 이득 이외에 고려해야 할 사항은 잡음지수이다. 특히 수신기에서는 10장에서 본 바와 같이 수신기 첫 단이 전체 시스템의 잡음 특성에 중대한 영향을 주므로, 전치 증폭기(preamplifier)의 잡음지수는 가급적 낮게 해야 한다. 일반적으로 증폭기의 최저 잡음지수와 최대이득을 동시에 얻을 수 없기 때문에 얼마간 절충이 이루어져야 한다. 이것은 잡음지수와 이득 간에 사용 가능한 절충을 택하기 위해 정이득원과 **정잡음지수 원**을 사용하여 절충할 수 있다. 여기서는 정잡음지수 원에 관한 방정식을 유도하고, 이것이 트랜지스터 증폭기 설계에 어떻게 사용되는지를 설명한다.

참고문헌 [1]와 [2]에서 유도된 바에 의하면 2 포트 증폭기의 잡음지수는

$$F = F_{\min} + \frac{R_N}{G_S}|Y_S - Y_{\text{opt}}|^2 \tag{11.53}$$

으로 쓸 수 있는데, 여기서

$Y_S = G_S + jB_S$는 트랜지스터를 향하는 신호원 어드미턴스
Y_{opt}는 잡음지수가 최소가 되게 하는 최적 신호원 어드미턴스
$F_{\min}$은 트랜지스터의 최소 잡음지수로서, $Y_S = Y_{\text{opt}}$일 때 얻어짐
R_N은 트랜지스터의 등가 잡음저항
G_S는 신호원 어드미턴스의 실수부.

어드미턴스 Y_S와 Y_{opt} 대신 반사계수 Γ_S와 Γ_{opt}를 사용할 수 있다. 여기서

$$Y_S = \frac{1}{Z_0}\frac{1-\Gamma_S}{1+\Gamma_S} \tag{12.54a}$$

$$Y_{\text{opt}} = \frac{1}{Z_0}\frac{1-\Gamma_{\text{opt}}}{1+\Gamma_{\text{opt}}} \tag{12.54b}$$

이다. Γ_S는 그림 12.1에서 정의된 신호원 반사계수이다. $F_{\min}$, Γ_{opt} 그리고 R_N은 사용되고

있는 트랜지스터의 특성으로 **잡음 파라미터**라 하며, 이 값들은 트랜지스터 제조 회사에서 측정 데이터를 제공한다.

식 (12.54)를 사용하면, $|Y_S - Y_{\text{opt}}|^2$은 다음과 같이 Γ_S와 Γ_{opt}로 표현할 수 있다.

$$|Y_S - Y_{\text{opt}}|^2 = \frac{4}{Z_0^2}\frac{|\Gamma_S - \Gamma_{\text{opt}}|^2}{|1+\Gamma_S|^2|1+\Gamma_{\text{opt}}|^2} \tag{12.55}$$

이고

$$G_S = \text{Re}\{Y_S\} = \frac{1}{2Z_0}\left(\frac{1-\Gamma_S}{1+\Gamma_S} + \frac{1-\Gamma_S^*}{1+\Gamma_S^*}\right) = \frac{1}{Z_0}\frac{1-|\Gamma_S|^2}{|1+\Gamma_S|^2} \tag{12.56}$$

이다. 이들을 식 (12.53)에 대입하면 잡음지수는

$$F = F_{\min} + \frac{4R_N}{Z_0}\frac{|\Gamma_S - \Gamma_{\text{opt}}|^2}{(1-|\Gamma_S|^2)|1+\Gamma_{\text{opt}}|^2} \tag{12.57}$$

이 된다.

잡음지수 F를 고정시키면, 식 (12.57)은 Γ_S 평면에서 원이 됨을 증명할 수 있다. 우선 **잡음지수 파라미터** N을

$$N = \frac{|\Gamma_S - \Gamma_{\text{opt}}|^2}{1-|\Gamma_S|^2} = \frac{F - F_{\min}}{4R_N/Z_0}|1+\Gamma_{\text{opt}}|^2 \tag{12.58}$$

으로 정하면, N은 잡음지수와 잡음 파라미터가 주어질 때 일정한 값을 가지게 된다. 그리고 식 (12.58)을

$$(\Gamma_S - \Gamma_{\text{opt}})(\Gamma_S^* - \Gamma_{\text{opt}}^*) = N\big(1-|\Gamma_S|^2\big)$$

$$\Gamma_S\Gamma_S^* - (\Gamma_S\Gamma_{\text{opt}}^* + \Gamma_S^*\Gamma_{\text{opt}}) + \Gamma_{\text{opt}}\Gamma_{\text{opt}}^* = N - N|\Gamma_S|^2$$

$$\Gamma_S\Gamma_S^* - \frac{(\Gamma_S\Gamma_{\text{opt}}^* + \Gamma_S^*\Gamma_{\text{opt}})}{N+1} = \frac{N - |\Gamma_{\text{opt}}|^2}{N+1}$$

으로 고친 후, 양변에 $|\Gamma_{\text{opt}}|^2/(N+1)^2$을 더하여 완전 제곱형으로 만들면

$$\left|\Gamma_S - \frac{\Gamma_{\text{opt}}}{N+1}\right| = \frac{\sqrt{N\big(N+1-|\Gamma_{\text{opt}}|^2\big)}}{(N+1)} \tag{12.59}$$

이 된다. 이 식으로부터 정잡음지수의 중심(C_F)과 반지름(R_F)은

$$C_F = \frac{\Gamma_{\text{opt}}}{N+1} \tag{12.60a}$$

이고,

$$R_F = \frac{\sqrt{N\left(N+1-|\Gamma_{opt}|^2\right)}}{N+1} \tag{12.60b}$$

이 된다.

예제 12.5 저잡음 증폭기 설계

GaAs MESFET에 최소 잡음지수가 되도록 바이어스가 인가되고, 4 GHz($Z_0 = 50\,\Omega$)에서 다음과 같은 S 파라미터와 잡음 파라미터를 가진다. $S_{11} = 0.6\,\angle{-60^\circ}$, $S_{21} = 1.9\,\angle{81^\circ}$, $S_{12} = 0.05\,\angle{26^\circ}$, $S_{22} = 0.5\,\angle{-60^\circ}$, $F_{min} = 1.6\,\text{dB}$, $\Gamma_{opt} = 0.62\,\angle{100^\circ}$, $R_N = 20\,\Omega$. 소자는 단방향성이라고 가정하고, 이 가정 하에서 나타나는 G_T의 최대오차를 계산하라. 이 2.0 dB인 잡음지수에서 최고 이득을 가지는 증폭기를 설계하라.

☞ 풀이

먼저 증폭기의 안정도를 판별하기위하여 $K = 2.78$과 $\Delta = 0.37$을 계산하라. FET는 단방향 가정없이도 무조건 안정이다.

다음으로, 식 (12.46)으로부터 단방향 성능지수를 계산한다.

$$U = \frac{|S_{12}S_{21}S_{11}S_{22}|}{\left(1-|S_{11}|^2\right)\left(1-|S_{22}|^2\right)} = 0.059.$$

이때, 식 (12.45)으로부터 비율 G_T/G_{TU}의 범위는

$$\frac{1}{(1+U)^2} < \frac{G_T}{G_{TU}} < \frac{1}{(1-U)^2}$$

또는

$$0.891 < \frac{G_T}{G_{TU}} < 1.130$$

이고, dB로 표현하면

$$-0.50 < G_T - G_{TU} < 0.53\ \text{dB}$$

이다. 여기서 G_T와 G_{TU}는 dB 단위이다. 따라서 예상되는 이득의 오차는 약 ±0.5 dB 이내가 된다.

이제, 식 (12.58)과 (12.60)을 사용하여, 2 dB 잡음지수 원의 중심과 반지름을 구하면,

$$N = \frac{F - F_{min}}{4R_N/Z_0}|1+\Gamma_{opt}|^2 = \frac{1.58 - 1.445}{4(20/50)}|1 + 0.62\angle{100^\circ}|^2$$
$$= 0.0986$$
$$C_F = \frac{\Gamma_{opt}}{N+1} = 0.56\angle{100^\circ}$$
$$R_F = \frac{\sqrt{N\left(N+1-|\Gamma_{opt}|^2\right)}}{N+1} = 0.24$$

이 잡음지수 원은 그림 12.9a에 나타내었다. 최소 잡음지수($F_{min} = 1.6\,\text{dB}$)는 $\Gamma_S = \Gamma_{opt} = 0.62\,\angle{100^\circ}$일 때 얻어진다.

그 다음에 입력단의 정이득 원들에 대한 데이터들을 계산하면, 식 (12.51)로부터 다음의 결과를 얻는다.

G_S(dB)	g_S	C_S	R_S
1.0	0.805	$0.52\angle 60°$	0.300
1.5	0.904	$0.56\angle 60°$	0.205
1.7	0.946	$0.58\angle 60°$	0.150

이 정잡음지수 원들도 그림 12.9a에 나타나 있다. $G_S = 1.7\,\text{dB}$ 이득원은 2 dB 잡음지수 원과 한 점에서 교차하고, 이득이 크면 잡음지수가 나빠짐을 알 수 있다. 스미스 도표로부터 최적의 해는 $\Gamma_S = 0.53\angle 75°$이며, 이때 $G_S = 1.7\,\text{dB}$이고 $F = 2.0\,\text{dB}$이다.

출력단에 대해서는 최대 G_L을 얻도록 $\Gamma_L = S_{22}^* = 0.5\angle 60°$를 선택한다. 이때

$$G_L = \frac{1}{1-|S_{22}|^2} = 1.33 = 1.25\text{ dB}$$

이고, 트랜지스터 이득은

$$G_0 = |S_{21}|^2 = 3.61 = 5.58\text{ dB}$$

이므로, 전체 변환이득은

$$G_{TU} = G_S + G_0 + G_L = 8.53\text{ dB}$$

이다. 정합회로에 개방회로 병렬 스터브를 사용한 증폭기의 전체 AC 회로는 그림 12.9b와 같다. 이 회로를 CAD 소프트웨어로 해석한 이득은 8.36 dB이었다. ◀

저잡음 MOSFET 증폭기

MOSFET의 비교적 낮은 AC 입력저항은 RF/마이크로파대역의 응용에서 입력정합을 어렵게 한다. 임피던스 정합을 위해서 MOSFET의 게이트에 외부저항을 직렬로 연결하는 방법을 생각할 수 있지만, 이는 잡음전력을 증가시키고 효율저하를 초래한다. MOSFET의 소스의 직렬 인덕터를 연결하여 잡음전력을 증가시키는 저항성분 없이 입력임피던스를 증가시킬 수 있다. 이러한 방법을 **인덕티브 신호원 축중**(Inductive source degeneration) 기법이라 하고, MOSFET의 경우와 유사하게 MESFET이나 다른 트랜지스터에도 적용될 수 있다. 그림 12.10a에 나타낸 소자의 소스에 인덕터 L_s가 직렬 연결된 증폭기 개념회로와 그림 12.10b에 나타낸 증폭기의 등가회로를 살펴보자. 먼저 트랜지스터를 단방향이라 가정하고, 트랜지스터의 등가모델의 R_i, R_{ds},와 C_{ds}는 무시하였다. 트랜지스터의 게이트에서의 입력전류 I와 커패시터 전압의 관계식은 $V_c = I/j\omega C_{gs}$이고, 접지에 대한 게이트 전압은,

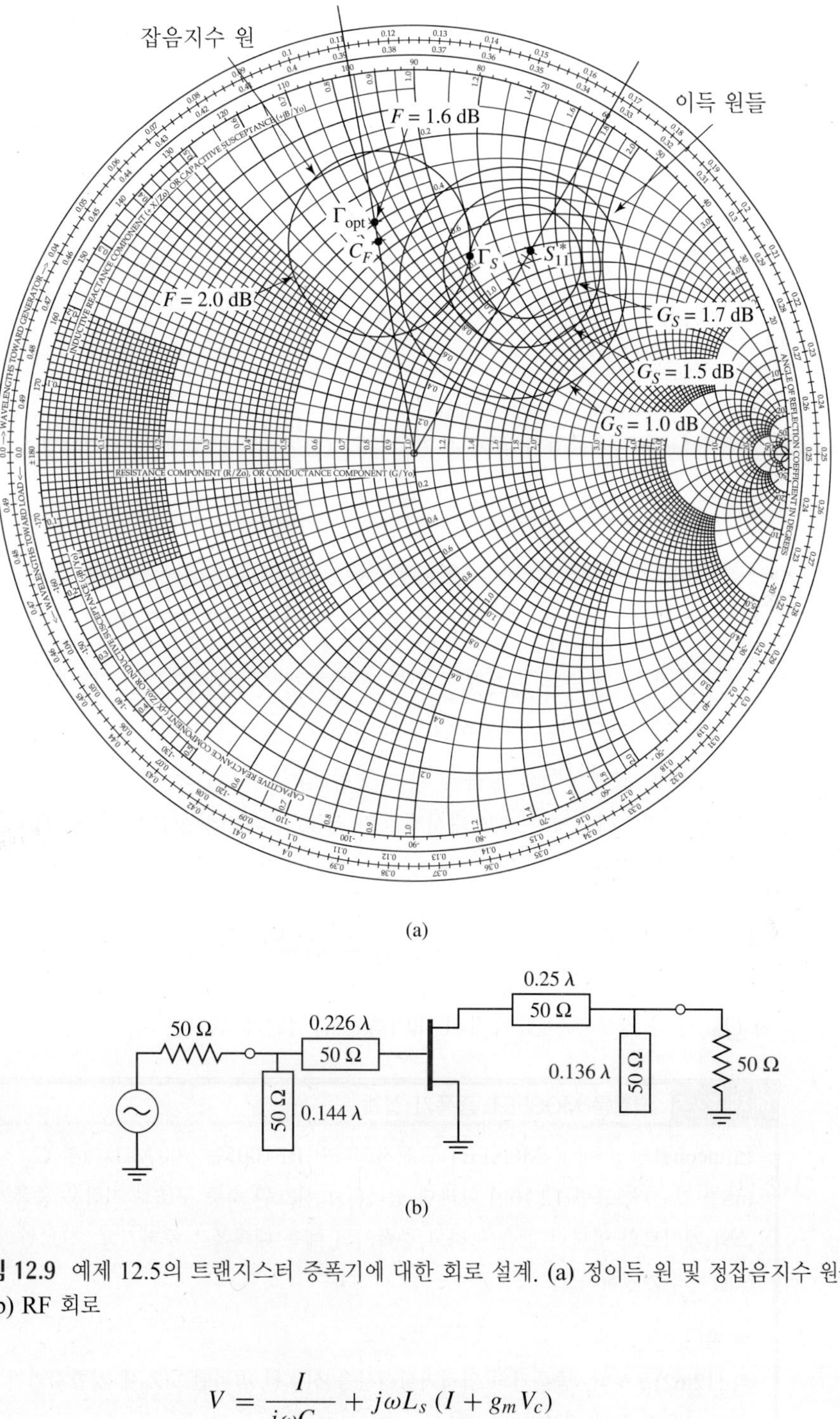

그림 12.9 예제 12.5의 트랜지스터 증폭기에 대한 회로 설계. (a) 정이득 원 및 정잡음지수 원들, (b) RF 회로

$$
\begin{aligned}
V &= \frac{I}{j\omega C_{gs}} + j\omega L_s\,(I + g_m V_c) \\
&= I\left(\frac{1}{j\omega C_{gs}} + j\omega L_s + \frac{g_m L_s}{C_{gs}}\right).
\end{aligned} \tag{12.61}
$$

로 주어진다. 이때 게이트에서의 입력임피던스는

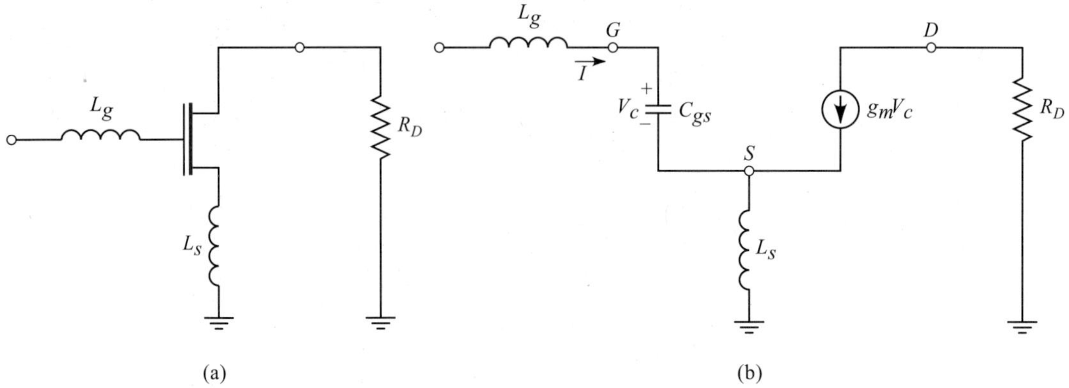

그림 12.10 저잡음 MOSFET 증폭기 (a) 기본 AC 회로. (b) 간략화된 단방향 FET 모델을 사용한 증폭기 등가회로

$$Z = \frac{V}{I} = \frac{g_m L_s}{C_{gs}} + j\left(\omega L_s - \frac{1}{\omega C_{gs}}\right), \tag{12.62}$$

로 주어지며, 이결과는 $g_m L_s/C_{gs}$의 입력 저항성분이 생성됨을 나타낸다. 직렬 인덕터 L_s를 증폭기의 입력저항성분이 신호원 임피던스 Z_0에 정합되도록 선택할 수 있다. 게이트 인덕터 L_g는 보통 커패시턴스 성분을 갖는 잔류 입력 서셉턴스 성분을 상쇄시키도록 선택된다. 직렬 정합 인덕터, 게이트 커패시턴스와 유효 입력저항성분은 직렬 RLC공진회로를 구성하고, 이 공진기의 품질계수 Q는 다음과 같다.

$$Q = \frac{\omega L_g C_{gs}}{g_m L_s}. \tag{12.63}$$

이 Q값이 큰 경우에는 증폭기의 대역폭은 줄어들게 된다.

예제 12.6 저잡음 MOSFET 증폭기 설계

Infineon社의 n-채널 MOSFET 트랜지스터인 BF1005는 900 MHz에서 C_{gs} = 2.1 pF, g_m = 24 mS를 갖는다. 그림 12.10에 나타낸 인덕티브 신호원 축중 구조로 저잡음 증폭기를 설계할 때, 소스와 게이트의 인덕터 값을 구하고 증폭기의 예측 대역폭을 구하시오. 신호원의 임피던스를 Z_0 = 50Ω이라 가정하시오.

☞ 풀이

식 (12.62)로부터, 증폭기의 입력저항성분을 신호원 임피던스 Z_0에 정합시키기 위한 소스 인덕터 값을 다음과 같이 계산한다.

$$L_s = \frac{Z_0 C_{gs}}{g_m} = \frac{(50)(2.1 \times 10^{-12})}{0.024} = 4.37 \text{ nH}.$$

입력단의 전체 리액턴스는 $jX = j\left(\omega L_s - \frac{1}{\omega C_{gs}}\right) = -j59.5\ \Omega$이고, 따라서 정합에 요구되는 직렬 인덕턴스는

$$L_g = \frac{-X}{\omega} = \frac{59.5}{2\pi\left(900 \times 10^6\right)} = 10.5\ \text{nH}.$$

이다.

식 (12.63)으로부터 Q값을 계산하면

$$Q = \frac{\omega L_g C_{gs}}{g_m L_s} = 1.2,$$

이고, 증폭기의 대역폭은 80%정도로 산출된다. 이 예측 결과는 트랜지스터의 간략화 모델을 사용하여 해석 결과로 실제의 경우와 비교하여 다소 과도한 대역폭 예측치로 산출되었다. ◀

12.4 광대역 트랜지스터 증폭기 설계

이상적인 마이크로파 증폭기는 원하는 주파수 대역(설계주파수 대역) 내에서 이득이 일정하고, 입력 임피던스 특성이 우수해야 한다. 12.3절의 예제에서와 같이 공액 정합을 시키면 비교적 좁은 대역에서만 최대이득이 얻어지고, 최대이득보다 다소 낮게 설계하면 대역폭은 증가하지만 증폭기의 입-출력 정합이 나빠진다. 이러한 문제는 마이크로파 증폭기가 50Ω에 잘 정합되지 않고, 임피던스 부정합이 큰 경우에는 5장에서 설명한 Bode-Fano 이득 대역 판별식이 적용된다. 또다른 문제는 본 장의 앞부분에서 언급한 바와 같이 $|S_{21}|$이 주파수에 따라 6 dB/octave의 비율로 감소한다. 이러한 이유로 광대역 증폭기 설계에는 다음과 같은 특별한 접근방법들이 고려 될 수 있다. 다음의 방법은 증폭기의 이득을 줄이거나, 복잡한 구조를 사용하거나 혹은 이와 유사한 다양한 기법들로 증폭기의 대역폭특성을 개선한다.

- **보상 정합회로**: 주파수 증가에 따른 $|S_{21}|$의 감소를 보상하는 입-출력단의 정합회로 설계가 가능하다. 그러나 일반적으로 입-출력 정합특성이 저하된다.
- **저항성 정합회로**: 저항성 정합회로를 사용하면 입-출력 정합이 좋아지긴 하나, 저항성 소자의 사용에 따른 이득감소와 잡음지수의 증가가 초래된다.
- **부궤환(negative feedback)**: 부궤환은 트랜지스터 이득 특성을 평탄하게 하고(대역폭 개선), 입-출력 정합특성과 소자의 안정도를 개선하는 데 사용된다. 이 방법을 사용하면 이득 감소와 잡음지수 증가 등의 문제점은 있으나,decade 내역(10배)이상의 증폭기 대역폭을 얻을 수 있다.
- **평형 증폭기(balanced amplifiers)**: 입-출력에 90° 결합기를 가진 두 개의 증폭기는 옥타브(octave) 대역이상에서 훌륭한 정합특성을 제공한다. 평형 증폭기의 이득은

사용된 하나의 증폭기의 이득과 같으나, 두 개의 트랜지스터와 두 배의 공급전력(DC 전력)을 필요로 한다.

- **분포정수 증폭기(distributed amplifiers)**: 여러 개의 트랜지스터가 전송 선로를 따라 다단으로 연결되어 있으며, 광대역에 걸쳐 이득, 정합 그리고 잡음지수 특성이 양호하다. 회로의 치수가 크고, 사용된 증폭기 단수 만큼 전체 증폭기의 이득이 증가하지 않는다.
- **차동 증폭기(differential amplifiers)**: 서로 극성이 반대인 두 입력신호로 두개의 소자를 차동모드로 구동시키면 각 소자의 커패시턴스가 직렬로 연결되는 효과가 발생되며, 이로인해 f_T가 두배 정도 증가하게 된다. 차동 증폭기는 단일 종단 증폭기와 비교하여 큰 출력전압진폭을 제공하며, 공통모드 잡음이 제거되는 장점을 갖는다.

다음에 평형 증폭기와 분배 증폭기의 자세한 동작 원리를 설명한다.

평형 증폭기

예제 12.4절에서 살펴 본 바와 같이, 증폭기 이득의 최대치보다 낮추어 설계하면, 평탄한 이득 특성을 얻을 수 있으나, 입-출력 정합 상태는 나빠지게 된다. 이와 같은 문제는 두 개의 동일한 증폭기로부터의 입-출력 반사를 상쇄시키는 두 개의 90° 결합기를 사용한 평형 증폭기로 해결할 수 있다. 평형 증폭기의 기본 구조는 그림 12.11에 나타내었다. 첫 번째 90° 하이브리드 결합기는 입력 신호를 크기가 같고 위상차가 90°가 되게끔 두 개의 신호로 나누어 각각 두 증폭기를 구동시킨다. 두 번째 결합기는 분리되었던 증폭기 출력을 다시 결합시킨다. 하이브리드 결합기의 위상 특성 때문에 증폭기 입력단에서의 반사와는 하이브리드 입력에서 상쇄되어 임피던스 정합을 개선시킨다. 이와 같은 결과는 평형 증폭기 출력에서도 일어난다. 이득 대역폭은 개별 증폭기의 이득 대역폭보다는 개선되지 않는다. 이와 같은 평형 증폭기는 두 개의 하이브리드 결합기와 증폭기가 필요하므로 단일 증폭기보다 회로가 복잡하지만, 다음과 같은 여러 가지 장점을 가지고 있다.

- 각 증폭기는 입-출력 정합특성에 상관없이 이득 평탄성(대역폭) 또는 잡음지수를 최

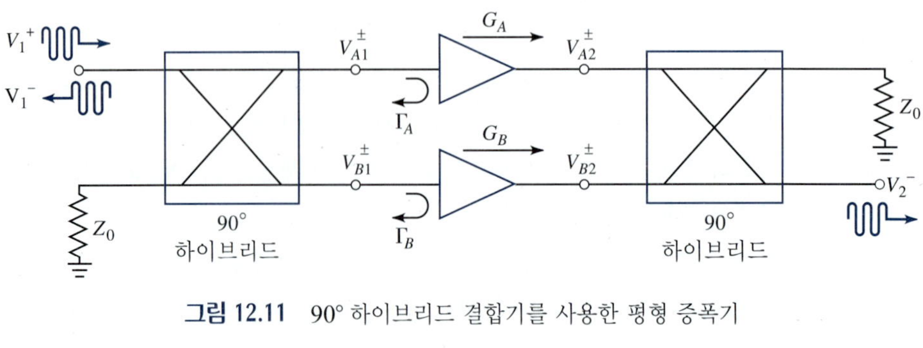

그림 12.11 90° 하이브리드 결합기를 사용한 평형 증폭기

적화할 수 있다.

- 반사는 결합기 종단에서 흡수되어 각 증폭기의 안정도와 입-출력 정합특성이 개선된다.
- 평형 증폭기의 두 증폭기 중 하나가 동작하지 않는 경우에도 6dB 정도의 이득만 감소한다.
- 평형 증폭기의 대역폭은 결합기의 대역폭에 의해 제한되며 옥타브 또는 그 이상의 대역 특성을 제공한다.

실제로 평형 MMIC 증폭기는 광대역이고 아주 소형인 Lange 결합기를 사용하는 경우도 있다. 90° 하이브리드나 윌킨스 전력 분배기(한쪽 출력포트에 별도 90° 선로를 가짐)도 사용할 수 있다.

이상적인 하이브리드 결합기라면, 그림 12.11에서 증폭기 입사전압은

$$V_{A1}^{+} = \frac{1}{\sqrt{2}} V_1^{+} \tag{12.64a}$$

$$V_{B1}^{+} = \frac{-j}{\sqrt{2}} V_1^{+} \tag{12.64b}$$

로 표현되며, 여기서 V_1^{+}는 입사 입력전압이다. 출력전압은 식 (12.64)을 사용하여 구하면

$$V_2^{-} = \frac{-j}{\sqrt{2}} V_{A2}^{+} + \frac{1}{\sqrt{2}} V_{B2}^{+} = \frac{-j}{\sqrt{2}} G_A V_{A1}^{+} + \frac{1}{\sqrt{2}} G_B V_{B1}^{+} = \frac{-j}{2} V_1^{+} (G_A + G_B) \tag{12.65}$$

가 되고, G_A와 G_B는 각 증폭기의 전압이득이다. 이때 S_{21}은

$$S_{21} = \frac{V_2^{-}}{V_1^{+}} = \frac{-j}{2} (G_A + G_B) \tag{12.66}$$

로 표현되고, 이것은 평형 증폭기의 전체 이득이 각 증폭기의 전압 이득의 평균임을 나타낸다.

입력에서 총 반사전압은

$$V_1^{-} = \frac{1}{\sqrt{2}} V_{A1}^{-} + \frac{-j}{\sqrt{2}} V_{B1}^{-} = \frac{1}{\sqrt{2}} \Gamma_A V_{A1}^{+} + \frac{-j}{\sqrt{2}} \Gamma_B V_{B1}^{+} = \frac{1}{2} V_1^{+} (\Gamma_A - \Gamma_B) \tag{12.67}$$

로 쓸 수 있다. 그러면 S_{11}은

$$S_{11} = \frac{V_1^{-}}{V_1^{+}} = \frac{1}{2} (\Gamma_A - \Gamma_B) \tag{12.68}$$

로 표현된다. 두 증폭기가 같다면 $G_A = G_B$, $\Gamma_A = \Gamma_B$이고 식 (12.68)에서 $S_{11} = 0$, 식 (12.66)은 평형 증폭기 이득이 각 증폭기의 이득과 같음을 나타낸다. 한 증폭기가 작동하지 않는다면, 전체 이득은 6dB 감소하며 나머지 전력은 결합기 종단부에서 소비된다. 또

한 평형 증폭기의 잡음지수가 $F = (F_A + F_B)/2$임을 알 수 있으며, 여기서 F_A와 F_B는 각 증폭기의 잡음지수이다.

예제 12.7 평형 증폭기의 성능과 최적화

예제 12.4의 증폭기를 3~5GHz 대역에서 동작하는 평형 증폭기에 사용하라. 90° 하이브리드를 사용하고, 이 주파수 대역에서 평형 증폭기의 이득과 반사손실을 도시하여라. 마이크로파 CAD 소프트웨어를 사용하여 이 주파수에서 10dB 이득을 얻도록 증폭기 정합회로를 최적화하라.

☞ 풀이

예제 12.4의 증폭기는 4GHz에서 11dB의 이득을 갖도록 설계되었다. 그림 12.8c에서와 같이 3~5GHz 대역 내에서 이득은 몇 dB 범위 내에서 변화하며, 반사손실은 5dB 정도이다. 7장에서 논의한 바와 같이 중심주파수 4GHz를 가지는 90° 하이브리드를 설계할 수 있다. 그러면 그림 12.11의 평형 증폭기를 마이크로파 CAD 프로그램으로 해석할 수 있으며, 그 결과는 그림 12.12와 같다. 그림 12.8c의 기존 증폭기와 비교해 보면 대역 내에서 반사손실 특성이 훨씬 개선되었음을 알 수 있다. 결합기의 중심주파수가 4GHz이기 때문에 4GHz에서 입력 정합이 가장 좋다. 대역폭이 보다 개선된 결합기를 사용하면, 대역폭 양단에서 정합 특성이 개선된다. 또한 4GHz에서 이득은 여전히 11dB이고, 대역폭 양단에서 몇 dB 감소됨을 알 수 있다.

대부분의 현대 마이크로파 CAD 소프트웨어는 몇 개의 설계 변수를 가변시켜 원하는 특성을 얻도록 하는 최적화 기능을 가지고 있다. 이 예제에서 설계 희망 이득은 10dB로 하고, CAD 소프트웨어는 그림 12.8b의 증폭기회로에서 4개의 전송 선로 스터브와 선로 길이를 조절하여, 3~5GHz 주파수 범위에서 이득이 10dB에 가장 근접하도록 최적화한다. 평형 증폭기에서 두 증폭기가 같으면 입력 정합이 개선됨을 알 수 있다.

최적화 결과는 그림 12.12와 같고, 여기서 이득은 동작주파수 대역에서 훨씬 평탄함을 알 수 있다. 입력 정합은 동작주파수 부근에서 가장 좋고, 낮은 주파수 부근에서 약간 나쁘다. 증폭기 정합

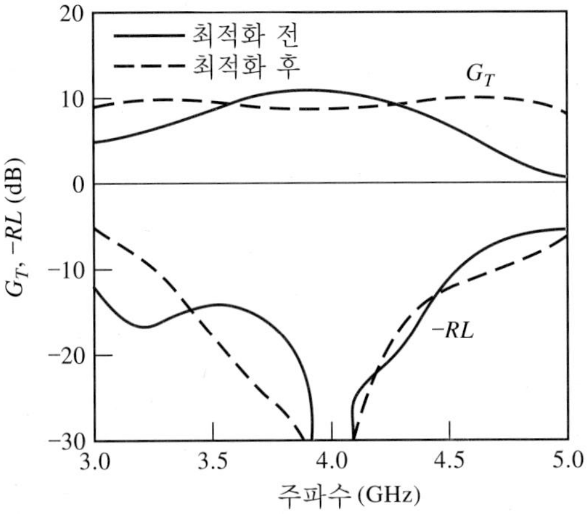

그림 12.12 예제 12.7 평형 증폭기의 최적화 전, 후의 이득과 반사손실

회로에 사용된 스텁과 선로 길이의 최적값은 다음과 같다.

정합회로 파라미터	최적화 전	최적화 후
입력부의 스터브 길이	0.100λ	0.109λ
입력부의 선로 길이	0.179λ	0.113λ
출력부의 선로 길이	0.045λ	0.134λ
출력부의 스터브 길이	0.432λ	0.461λ

최적화 후의 파라미터 값은 최적화 전의 파라미터 값에서 아주 조금 변화됨을 알 수 있다. ◀

분포 증폭기

분포 증폭기(distributed amplifiers)의 개념은 1940년대부터, 광대역 진공관 증폭기 설계에 사용되었다. 최근의 마이크로파 집적회로와 소자 제조 기술의 발전으로 분포 증폭기는 광대역 마이크로파 증폭기 분야에서 새로 사용하게 되었는데, 우수한 입-출력 정합상태에서 10배(decade) 이상의 대역폭이 가능해졌다. 분포 증폭기는 매우 우수한 이득 특성과 잡음지수 특성을 제공하기 어렵고, 일반적으로 협대역의 유사한 이득을 갖는 증폭기 보다 그 치수가 크다.

마이크로파 분포 증폭기의 기본 회로는 그림 12.13와 같다. 다단으로 연결된 N개의 동일한 FET의 게이트는 특성 임피던스가 Z_g인 전송 선로에 간격 ℓ_g마다 연결되고, 드레인은 특성 임피던스 Z_d인 전송 선로에 간격 ℓ_d마다 연결되어 있다. 분포 증폭기의 동작 원리는 7.4절에서 설명한 멀티홀 도파관 결합기의 동작 원리와 매우 유사하다. 입력신호는 게이트 선로를 따라 전파하며, 각 FET에 약간의 전력이 입력된다. FET로부터 증폭된 출력신호는 드레인 선로 상에 진행파를 형성한다. 각 게이트와 드레인의 전파상수와 선로의 길이는 각 출력신호의 위상이 같게 되도록 정하고, 선로의 종단 임피던스는 역방향으로 진행하는 파를 흡수하는 역할을 한다. FET의 게이트 용량과 드레인 용량은 게이트 선로와 드레인 선로의 일부가 되는 데 반해, 게이트 저항과 드레인 저항은 게이트 선로와 드레인 선로에서 손실의 원인이 된다. 이와 같은 회로를 **진행파 증폭기**(traveling wave amplifier)라고 한다.

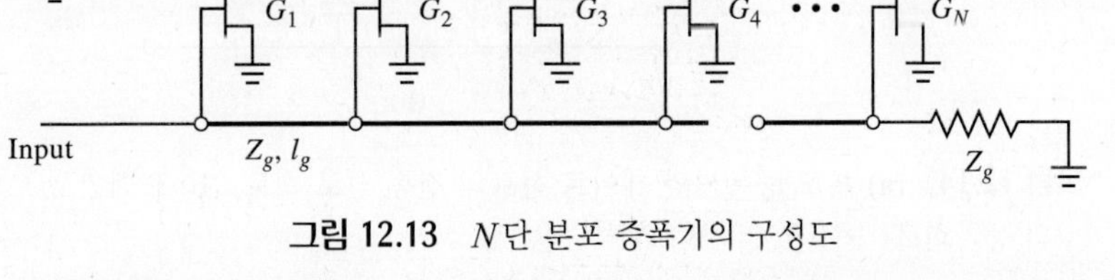

그림 12.13 N단 분포 증폭기의 구성도

영상 파라미터 개념[9] 또는 CAD 소프트웨어를 사용한 간단한 모델로 분포 증폭기를 해석할 수도 있으나, 여기서는 부하로 종단된 게이트 선로와 드레인 선로[8]로 분포 증폭기를 해석하기로 한다. 해석적 방법은 증폭기의 동작 원리를 이해하는데 이점이 있으나, 보다 정확한 해석 결과와 최적화 설계를 위해서는 수치해석 CAD프로그램을 활용하는것이 권장된다.

분포 증폭기 해석의 첫 단계는 게이트 부하 선로와 드레인 부하 선로로 분리시키기 위해, 그림 12.13의 FET 등가회로에서 단방향성($C_{gd} = 0$) 등가회로를 사용하는 것이다. 이것들은 그림 12.14과 12.15에 나타내었다. 게이트 전송 선로와 드레인 전송 선로는 일반적으로 마이크로스트립이다. 그림 11.12에서 접지도선은 나타내지 않았으나 그림 12.14과 12.15에는 나타내었다.

게이트 선로와 드레인 선로는 종속 전류원($I_{dn} = g_m V_{cn}$)을 통한 결합을 제외하고는 분리되어 있고, 양끝이 정합부하로 종단되어 있다. 그림 12.14b와 12.15b는 각각 게이트 선로와 드레인 선로의 단위 셀(unit cell)의 등가회로이다. L_g와 C_g는 게이트 선로의 단위 길이당 인덕턴스와 커패시턴스이고, $R_i \ell_g$와 C_{gs}/ℓ_g는 FET 입력저항 R_i와 게이트-소스 간 정전 용량 C_{gs}에 기인한 단위 길이 부하에 대한 등가저항과 등가 정전용량이다. 이와 같은 정의는 드레인 선로에서 L_d, C_d, $R_{ds}\ell_d$, C_{ds}/ℓ_d에 마찬가지로 적용한다. 따라서 각 FET에 집중 부하(lumped loading)를 두고, 각 단위 셀의 전송 선로 상에서 FET 회로 파라미터를 분포시킨다. 이와 같은 근사화는 단위 셀의 전기적 길이가 작은 경우에는 일반적으로 타당하다.

이제 게이트 선로와 드레인 선로의 실효 특성 임피던스와 전파상수를 구하는 데 전송 선

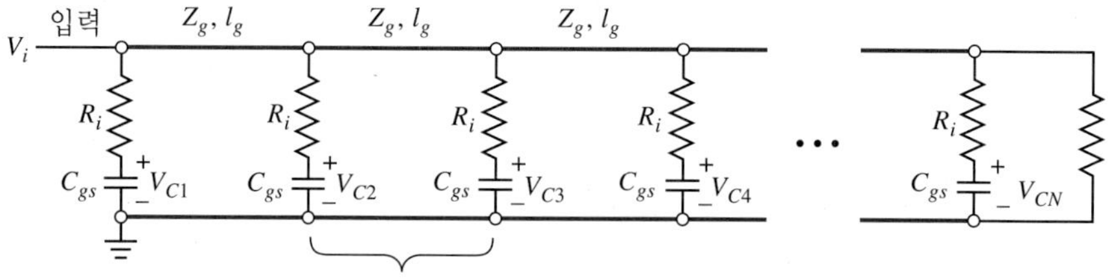

(a)

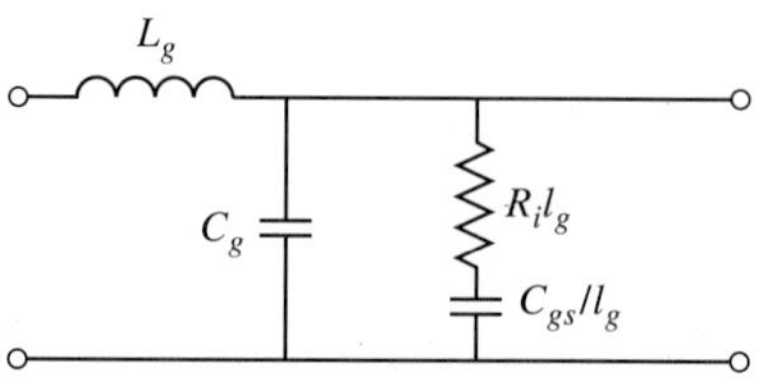

(b)

그림 12.14 (a) 분포 증폭기의 게이트 선로의 전송 선로 회로, (b) 드레인 선로의 단위 셀(unit cell)의 등가회로

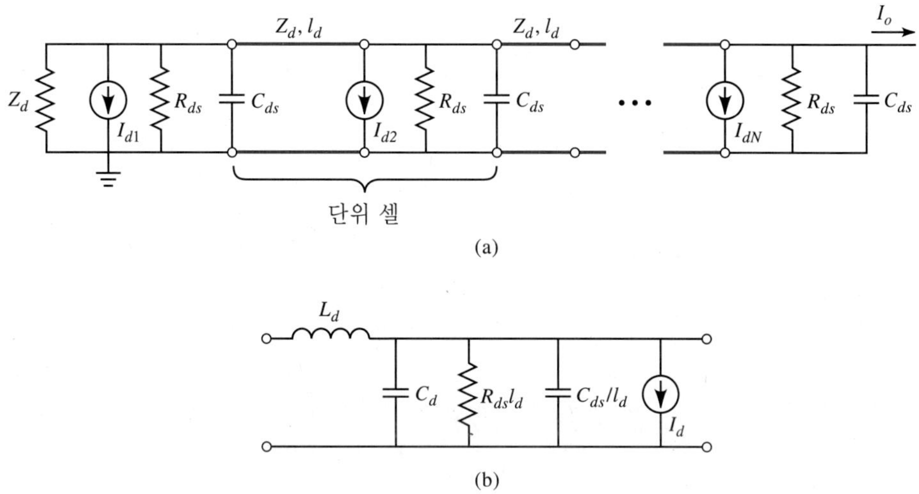

그림 12.15 (a) 분배 증폭기의 드레인 선로의 전송 선로 회로, (b) 드레인 선로의 단위 셀 (unit cell)의 등가회로

로 이론을 사용한다. 게이트 선로에서 단위 길이당 직렬 임피던스와 병렬 어드미턴스는

$$Z = j\omega L_g \tag{12.69a}$$

$$Y = j\omega C_g + \frac{j\omega C_{gs}/\ell_g}{1 + j\omega R_i C_{gs}} \tag{12.69b}$$

로 표현 할 수 있다. 2.7절에서 설명한 바와 같이 특성 임피던스 계산에서 손실은 무시된다고 하면

$$Z_g = \sqrt{\frac{Z}{Y}} = \sqrt{\frac{L_g}{C_g + C_{gs}/\ell_g}} \tag{12.70}$$

이다. 감쇠의 요인이 되는 저항 성분을 포함시켜 계산된 전파상수는

$$\gamma_g = \alpha_g + j\beta_g = \sqrt{ZY} = \sqrt{j\omega L_g \left[j\omega C_g + \frac{j\omega C_{gs}/\ell_g}{1 + j\omega R_i C_{gs}} \right]}$$

이다. $\omega R_i C_{gs} \ll 1$ 정도로 약간의 손실이 있다고 하면, 위의 결과는 다음과 같이 간단히 된다.

$$\begin{aligned} \gamma_g = \alpha_g + j\beta_g &\cong \sqrt{-\omega^2 L_g \left[C_g + C_{gs}\left(1 - j\omega R_i C_{gs}\right)/\ell_g \right]} \\ &\cong \frac{\omega^2 R_i C_{gs}^2 Z_g}{2\ell_g} + j\omega\sqrt{L_g\left(C_g + C_{gs}/\ell_g\right)}. \end{aligned} \tag{12.71}$$

드레인 선로에서 단위 길이당 직렬 임피던스와 병렬 어드미턴스는

$$Z = j\omega L_d \tag{12.72a}$$

$$Y = \frac{1}{R_{ds}\ell_d} + j\omega(C_d + C_{ds}/\ell_d) \tag{12.72b}$$

이고, 드레인 선로의 특성 임피던스는

$$Z_d = \sqrt{\frac{Z}{Y}} = \sqrt{\frac{L_d}{C_d + C_{ds}/\ell_d}} \tag{12.73}$$

가 되며, 전파상수는 저손실 근사법을 사용하여 간단히 하면

$$\begin{aligned}\gamma_d &= \alpha_d + j\beta_d = \sqrt{ZY} = \sqrt{j\omega L_d\left[\frac{1}{R_{ds}\ell_d} + j\omega(C_d + C_{ds}/\ell_d)\right]} \\ &\cong \frac{Z_d}{2R_{ds}\ell_d} + j\omega\sqrt{L_d(C_d + C_{ds}/\ell_d)}\end{aligned} \tag{12.74}$$

로 된다.

입사 입력전압 V_i가 주어졌을 때, n번째 FET의 게이트-드레인 정전용량 양단 전압은 첫 FET를 위상 기준으로 하여 나타내면

$$V_{cn} = V_i e^{-(n-1)\gamma_g\ell_g}\left(\frac{1}{1 + j\omega R_i C_{gs}}\right) \tag{12.75}$$

로 쓸 수 있다. 식 (12.75)에서 괄호 안의 인수는 R_i와 C_{gs} 간의 전압 분배를 고려한 것이고, 일반 FET에서 $\omega R_i C_{gs} \ll 1$이므로 증폭기 대역폭 내에서 거의 1이 된다. 드레인 선로상의 출력전류는 각 전류원이 양방향으로 $-(I_{dn}e^{\pm\gamma_d z})/2$ 형태의 파를 발생시킨다는 것을 알면 구할 수 있다. $I_{dn} = g_m V_{cn}$이므로 드레인 선로의 N번째 단자에서 총 출력전류는

$$I_o = -\frac{1}{2}\sum_{n=1}^{n} I_{dn}e^{-(N-n)\gamma_d\ell_d} = -\frac{g_m V_i}{2}e^{-N\gamma_d\ell_d}e^{\gamma_g\ell_g}\sum_{n=1}^{N} e^{-n(\gamma_g\ell_g - \gamma_d\ell_d)} \tag{12.76}$$

이다. Σ 내의 항들은 $\beta_g\ell_g = \beta_d\ell_d$일 때만 동위상으로 더해지므로, 게이트 선로와 드레인 선로 상의 위상지연은 같다. 드레인 선로 상에는 반사파 성분도 있으나, 각 FET 드레인으로부터의 반사파는 동위상이 아니므로 상쇄되지 않고, 남는 성분은 종단부하 Z_d에 흡수된다. 합의 공식

$$\sum_{n=1}^{N} x^n = \frac{x^{N+1} - x}{x - 1}$$

를 이용하면, 식 (11.76)은 다음과 같이 간단히 된다.

$$I_o = -\frac{g_m V_i}{2}\frac{e^{\gamma_d\ell_d}\left[e^{-N\gamma_g\ell_g} - e^{-N\gamma_d\ell_d}\right]}{e^{-(\gamma_g\ell_g - \gamma_d\ell_d)} - 1} = -\frac{g_m V_i}{2}\frac{e^{-N\gamma_g\ell_g} - e^{-N\gamma_d\ell_d}}{e^{-\gamma_g\ell_g} - e^{-\gamma_d\ell_d}}. \tag{12.77}$$

입-출력 포트가 정합된 경우 증폭기의 이득은

$$G=\frac{P_{\text{out}}}{P_{\text{in}}}=\frac{\frac{1}{2}|I_o|^2 Z_d}{\frac{1}{2}|V_i|^2/Z_g}=\frac{g_m^2 Z_d Z_g}{4}\left|\frac{e^{-N\gamma_g\ell_g}-e^{-N\gamma_d\ell_d}}{e^{-\gamma_g\ell_g}-e^{-\gamma_d\ell_d}}\right|^2 \tag{12.78}$$

으로 계산할 수 있다. $\beta_g\ell_g=\beta_d\ell_d$의 위상 동기 조건을 적용하면,

$$G=\frac{g_m^2 Z_d Z_g}{4}\frac{\left(e^{-N\alpha_g\ell_g}-e^{-N\alpha_d\ell_d}\right)^2}{\left(e^{-\alpha_g\ell_g}-e^{-\alpha_d\ell_d}\right)^2} \tag{12.79}$$

으로 더욱 간단히 된다. 손실이 작은 경우, 식 (12.79)의 분모는 $(\alpha_g\ell_g - \alpha_d\ell_d)$로 근사화된다. 식 (12.79)의 이득에 관한 식으로부터 분포 증폭기의 몇 가지 중요한 점을 알 수 있다. 이상적 무손실 증폭기의 경우 이득은

$$G=\frac{g_m^2 Z_d Z_g N^2}{4}$$

이므로, 이득이 N^2에 비례함을 알 수 있다. 이것은 N 증폭기의 이득이 $(G_0)^N$에 비례하는 것과 차이가 난다. 손실이 있을 때, 식 (12.79)으로부터 $N\to\infty$로 감에 따라 분포 증폭기의 이득이 영이 됨을 알 수 있다. 이와 같은 놀라운 사실은 손실이 있는 경우, 게이트 선로상의 입력전압이 지수함수적으로 감소하여 증폭기의 입력에서 FET들이 입력신호를 받지 못하기 때문이다. 마찬가지로 분포 증폭기의 입력단 가까이에 있는 FET들로부터 증폭된 신호는 드레인 선로를 따라 진행하면서 감쇠된다. N의 증가에 따른 이득이 N의 제곱에 비례하여 증가한다 해도 N이 큰 경우, 이득의 지수함수적 감쇠를 보상하기에 충분하지 못하다. 이것은 FET 파라미터가 주어졌을 때, 분포 증폭기의 이득이 최대가 되는 최적의 N의 값이 있음을 의미한다. 식 (12.79)을 N에 관해 미분하여 그 결과를 0으로 놓으면

$$N_{\text{opt}}=\frac{\ln(\alpha_g\ell_g/\alpha_d\ell_d)}{\alpha_g\ell_g-\alpha_d\ell_d} \tag{12.80}$$

가 된다. 이 결과는 주파수, FET 파라미터 그리고 식 (12.71)과 (12.74)에 주어진 감쇠정수와 선로 길이에 관계된다.

예제 12.8 분포 증폭기 특성

$N=2, 4, 8$과 16인 분배 증폭기의 이득을 1~18 GHz 대역 내에서 식 (12.79)을 사용하여 계산하라. $Z_d=Z_g=Z_0=50\,\Omega$이고 FET 파라미터는 다음과 같다. $R_i=5\,\Omega$, $R_{ds}=250\,\Omega$, $C_{gs}=0.30\,\text{pF}$ 그리고 $g_m=30\,\text{mS}$이다. 16 GHz에서 최대이득이 되는 최적의 N값을 구하라.

☞ 풀이

식 (12.71)과 (12.74)를 사용하여 감쇠정수 α_g와 α_d를 구한다. 그런 다음 식 (12.79)을 이용하여 N과 주파수 대 이득 특성을 계산한다. $\alpha_g\ell_g$와 $\alpha_d\ell_d$는 다음과 같이 ℓ_g와 ℓ_d에 무관하다.

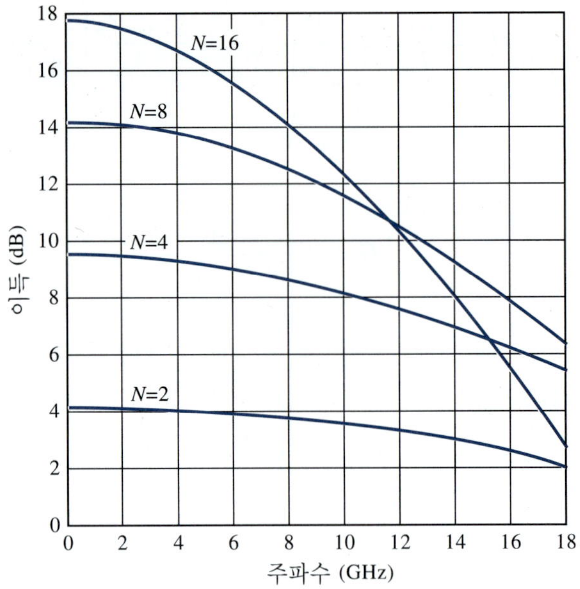

그림 11.15 예제 11.7의 분배 증폭기에서의 주파수 이득 특성

$$\alpha_g \ell_g = \frac{\omega^2 R_i C_{gs}^2 Z_0}{2}$$

$$\alpha_d \ell_d = \frac{Z_0}{2R_{ds}}.$$

이 결과는 그림 12.16에 나타내었다. 그림에서 N이 증가하면 주파수에 따른 이득 감소가 빨라지고, 고주파에서 $N = 16$일 때의 이득은 보다 작은 N에서 이득보다 작음을 알 수 있다. 16 GHz에서 최대 이득을 얻는 최적의 N값은 식 (12.80)을 사용하여 계산할 수 있다.

16 GHz에서 $\alpha_g \ell_g = 0.100$이고 $\alpha_d \ell_d = 0.114$이다. 이때 최적의 N값은

$$N_{\text{opt}} = \frac{\ln(\alpha_g \ell_g / \alpha_d \ell_d)}{\alpha_g \ell_g - \alpha_d \ell_d} = \frac{\ln(0.100/0.114)}{0.100 - 0.114} = 9.4,$$

즉, 8이다. 마지막으로 18 GHz에서 $\omega R_i C_{gs} = 0.17$이므로 식 (12.75)의 전압 분배 계수를 1로 근사화해도 무방하다. ◀

차동 증폭기

지금까지의 증폭기는 입력신호와 출력신호가 하나의 접지를 공유하는 **단일종단**(single-ended, "싱글앤드" 혹은 "싱글앤디드"라고도 함) 회로구조였다. 대조적으로 **차동 증폭기**는 입출력 각 포트에 극성을 달리하는 두 신호선로의 평형(balanced) 입출력 신호를 갖는다. 그림 12.17에 범용으로 사용되는 단일종단 증폭기와 차동 증폭기의 대표도형을 나타내었다. 차동회로는 입출력단의 신호선로와 접지선로에 발생되는 **왜란**("동상왜란",

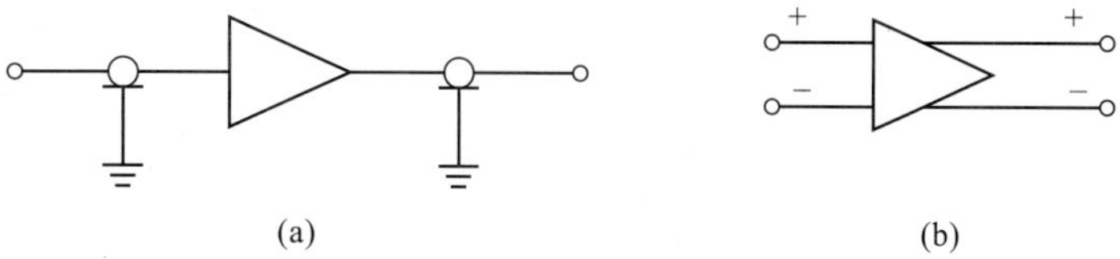

그림 12.17 (a) 불평형 입출력 선로의 기호로 표현된 단일 종단 증폭기 (b) 평형 입출력선로를 갖는 차동 증폭기

common mode interference, "공통모드왜란"이라고도 함)의 상쇄를 포함하여, 단일 종단 회로와 비교하여 다양한 장점을 갖는다. 공통모드왜란은 고집적된 수신기에서 감도 저하의 문제를 발생하고, 따라서 현대 RFIC에서는 이러한 왜란을 최소화하기 위해 보통 차동 구조로 회로를 설계하고 구현한다. 또 차동 증폭기는 단일종단 증폭기에서 얻을 수 있는 전압 진폭과 비교하여 약 두 배의 전압진폭을 제공하는 장점을 갖는다. 반면, 차동 증폭기는 단일종단 증폭기와 비교하여 대략 두 배의 소자수가 필요하고, 공급 DC 전력 또한 증가하는 단점을 갖는다.

차동 증폭기는 두 개의 단일종단 증폭기를 두 개의 180° 하이브리드 회로를 사용하여 두 증폭기의 입력단에서 신호를 분리하고 출력단에서 신호를 결합(12.4절의 90° 하이브리드를 사용하여 구현한 평형증폭기와 유사함)하여 구현할 수 있다. 이 경우는 하이브리드 회로의 초기 입력과 최종 출력단은 하나의 접지로 단일종단되어 있다. 이러한 증폭기를 증폭기의 입출력단의 신호가 모두 평형신호인 차동증폭기와 구별하여 **의사차동**(pseudo differential) 증폭기[5]라고도 한다. 일반적으로 불평형(unbalanced)신호를 평형신호로 변환 혹은 그 반대로의 변환을 위해 **발룬**(balun: balanced-to-unbalanced)회로가 사용된다. 저주파대역에서 그림 12.18(a)에 나타낸 단순 트랜스포머를 발룬으로 사용할 수 있다. 고주파대역에서는 180° 하이브리드 회로를 발룬으로 사용할 수 있는데, 하이브리드의 차동입력포트를 불평형 신호 포트로 하면, 이 때 두 출력포트는 평형신호 포트가 된다. 다양한 형태의 결합선로회로가 발룬의 기능을 제공할 수 있는데, 가장 대표적인 결합선로 발룬은 그림 12.18(b)에 나타낸 **Marchand 발룬**이다.

그림 12.19는 두 개의 FET를 사용한 차동 증폭기의 AC 회로를 나타낸다. 평형 입력신

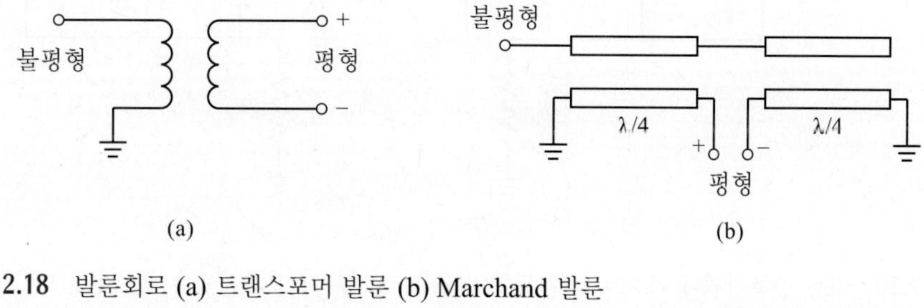

그림 12.18 발룬회로 (a) 트랜스포머 발룬 (b) Marchand 발룬

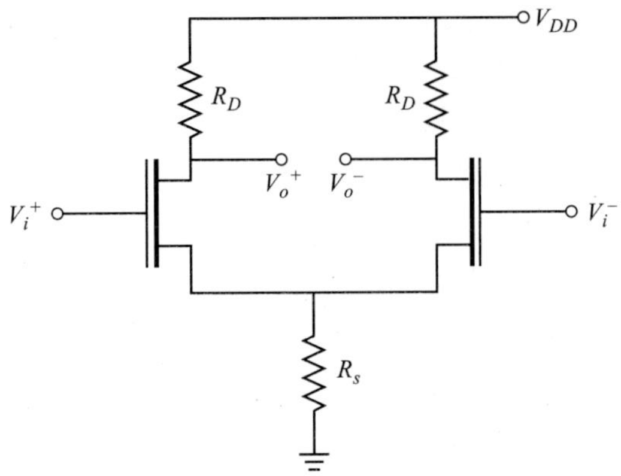

그림 12.19 소스저항 R_s로 전류원을 모델링한 두 개의 FET를 사용한 차동 증폭기.

호는 두 소자의 게이트에 인가되고, 평형 출력신호는 두 소자의 드레인 전압의 차로 나타나게 된다. 실제의 경우에는 이 차동 증폭기에 저항 Rs로 표현되는 전류원을 제공하기 위하여 종종 소스단에 별도의 소자를 추가하기도 한다. 보통 차동 증폭기의 가장 바람직한 입력은 두 소자의 게이트에서 두 신호의 진폭이 동일하고 정반대의 극성을 띄는 기-모드(odd-mode) 여기를 형성하는 것이다. 그러나 입력단에 우-모드(even-mode)여기를 형성하는 진폭과 극성이 동일한 왜란 입력신호가 발생하고, 이러한 모드의 신호를 각각 **차동**

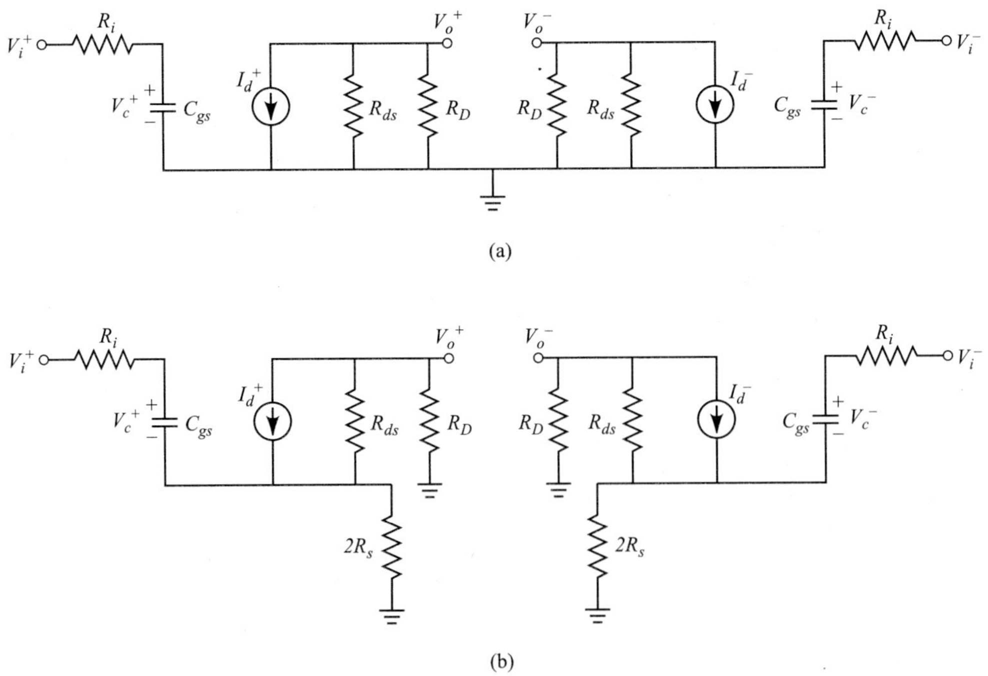

그림 12.20 차동 증폭기의 등가회로 (a)차동(기, odd)모드 등가회로 (b) 공통(우, even)모드 등가회로

모드(differential mode), 공통 모드(common mode)라 한다. 90° 하이브리드 회로나 기타 대칭형 회로의 해석 시 적용한 기-모드, 우-모드 해석법을 차동 증폭기에 적용하여 임의의 입력신호를 우-모드와 기-모드로 구분하여 해석한다.

증폭기의 통상적인 동작모드인 차동(기,odd) 모드를 먼저 살펴보자. 단방향 FET 모델이 적용된 그림 12.20(a)의 등가회로에서 입력신호는 $V_i^+ = V_i$와 $V_i^- = -V_i$이고, 이러한 입력신호의 비대칭성은 입력단 및 회로의 대칭부에 영 전위를 형성하게 되고, 따라서 소스단자에 가상접지(virtual ground)가 형성되고 저항 R_s가 제거된다. 커패시터의 전압은

$$V_c^{\pm} = \frac{\pm V_i}{1 + j\omega R_i C_{gs}}, \tag{12.81}$$

이고, 드레인에서의 출력전압은

$$V_o^{\pm} = -I_d^{\pm} \frac{R_D R_{ds}}{R_D + R_{ds}} = \mp V_i \frac{g_m R_D R_{ds}}{(1 + j\omega R_i C_{gs})(R_D + R_{ds})}. \tag{12.82}$$

이 된다.

따라서 차동(기,odd) 모드의 전압이득은

$$A_d = \frac{V_o^+ - V_o^-}{V_i^+ - V_i^-} = \frac{-g_m R_D R_{ds}}{(1 + j\omega R_i C_{ds})(R_D + R_{ds})}. \tag{12.83}$$

으로 표현된다.

그림 12.20(b)의 등가회로에 나타낸 공통(우, even) 모드에 대하여 입력신호는 $V_i^+ = V_i^- = V_i$가 되고, 이러한 입력신호의 대칭성으로 인하여 두 소자의 소스 사이의 전류는 흐르지 않게 되고, 따라서 이 두 회로는 등가회로와 같이 이 등분되어 저항 R_s는 $2R_s$로 분리된다. 이 때 커패시터의 전압은

$$V_c^{\pm} = \frac{V_i}{1 + j\omega C_{gs}(R_i + 2R_s)}. \tag{12.84}$$

이고, 각 전류원에 인가되는 전압은

$$V_I = -I_d \frac{R_{ds}(R_D + 2R_s)}{R_{ds} + R_D + 2R_s},$$

으로 드레인에 인가되는 출력전압은

$$\begin{aligned} V_o^{\pm} &= V_I \frac{R_D}{R_D + 2R_s} = -I_d \frac{R_{ds} R_D}{R_{ds} + R_D + 2R_s} \\ &= -V_i \frac{g_m R_{ds} R_D}{[1 + j\omega C_{gs}(R_i + 2R_s)](R_{ds} + R_D + 2R_s)}. \end{aligned} \tag{12.85}$$

가 된다.

따라서 공통(우, even) 모드의 전압이득은

$$A_c = \frac{V_o^+ + V_o^-}{V_i^+ + V_i^-} = \frac{-g_m R_{ds} R_D}{[1 + j\omega C_{gs}(R_i + 2R_s)](R_{ds} + R_D + 2R_s)}. \tag{12.86}$$

으로 표현된다.

차동증폭기의 **동상제거비**(CMRR; common mode rejection ratio)는 차동모드 전압이득과 공통모드 전압이득의 비로 정의되고, 차동 증폭기가 동상왜란(공통모드왜란)을 얼마나 잘 제거하는지의 성능지표를 나타낸다. 여기서 살펴본 차동 증폭기의 동상제거비는

$$\begin{aligned}\text{CMRR} = \frac{A_d}{A_c} &= \frac{(R_{ds} + R_D + 2R_s)}{(R_{ds} + R_D)} \frac{1 + j\omega C_{gs}(R_i + 2R_s)}{1 + j\omega C_{gs} R_i} \\ &= \left(1 + \frac{2R_s}{R_{ds} + R_D}\right)\left(1 + \frac{2j\omega C_{gs} R_s}{1 + j\omega C_{gs} R_i}\right).\end{aligned} \tag{12.87}$$

이다.

이 결과로부터 $R_s = 0$인 경우 CMRR = 1이고, 이는 동상왜란이 제거되지 않음을 의미하며, 그림 12.20에 나타낸 두 등가회로가 동일함을 의미한다. 반면 $R_s \to \infty$인 경우(FET 소스단에 인가되는 전류원이 이상적인 경우) CMRR → ∞이 되고, 동상신호가 완벽하게 제거됨을 의미한다.

12.5 전력 증폭기

방사전력 레벨을 증가시키기 위하여 무선 송신기의 최종단에 전력 증폭기가 사용된다. 일반적인 RF 출력전력 범위는 이동통신이나 데이터 통신의 경우 100~500 mW수준이고, 데이터나 고정 라디오 시스템의 경우 1~100 W의 수준이다. RF 마이크로파 전력 증폭기에 관한 주요 고려사항은 증폭기의 효율, 이득, 상호변조 왜곡, 열 효과이다. 전력 증폭기용 트랜지스터는 UHF 주파수에서 보통 10~100 W까지의 출력전력을 제공 할 수 있지만, 더 높은 주파수에서는 일반적으로 출력전력이 10 W 정도로 제한된다. 더 높은 출력전력이 요구되는 경우에는 다수의 트랜지스터를 연결하여 사용하는 다양한 전력 결합 기술을 이용할 수 있다.

지금까지는 입력 신호전력이 충분히 작아서 트랜지스터가 선형적으로 동작한다고 가정할 수 있는 **소신호 증폭기**(small-signal amplifier)만을 살펴보았다. 선형 소자들의 S파라미터는 잘 정의되고, 입력전력 레벨이나 출력부하 임피던스에 영향을 받지 않기 때문에, 정해진 이득과 저잡음의 증폭기 설계를 아주 간단하게 할 수 있다. 입력전력이 높을 경우(예를 들어, 1 dB 압축점 또는 3차 교차점 범위 내에서)에는 트랜지스터가 선형적으로 동작하지 않는다. 이 경우 트랜지스터의 입력과 출력에서 본 임피던스는 입력 전력레벨에 따

라 변하게 되어, 전력 증폭기의 설계가 대단히 복잡해진다.

전압 증폭기의 특징과 증폭기 유형

대부분의 휴대용 무선기기들의 DC 전력 소모는 주로 전력 증폭기에서 발생하므로, 증폭기의 효율은 대단히 중요한 고려사항이다. 증폭기 효율의 측정은 보통 RF출력전력과 DC 입력전력의 비로 구한다.

$$\eta = \frac{P_{\text{out}}}{P_{\text{DC}}}. \tag{12.88}$$

이 효율은 가끔 **드레인 효율**(혹은 **콜렉터 효율**)이라고도 한다. 이 정의의 단점은 증폭기의 입력으로 전달된 RF 전력을 고려하지 않고 있다는 것이다. 대부분의 전력 증폭기들은 비교적 이득이 낮기 때문에, 식 (12.88)의 효율은 실제 효율보다 더 높게 되는 경향이 있다. 입력전력의 효과를 포함한 효율은 **전력 부가효율**(power added efficiency)로

$$\eta_{PAE} = PAE = \frac{P_{\text{out}} - P_{\text{in}}}{P_{\text{DC}}} = \left(1 - \frac{1}{G}\right)\frac{P_{\text{out}}}{P_{\text{DC}}} = \left(1 - \frac{1}{G}\right)\eta \tag{12.89}$$

인데, 여기서 G는 증폭기의 전력이득이다. 800−900 MHz 대역에서 실리콘 트랜지스터 증폭기의 전력 부가효율은 80%대이지만, 주파수가 증가함에 따라 효율은 급격하게 떨어진다. 가능한 최대 이득보다 낮은 이득을 얻게 될지라도, 최대 효율을 얻을 수 있도록 전력 증폭을 설계하는 경우도 있다.

전력 증폭기에 대한 또다른 유용한 파라미터로는 1dB 압축접에서의 증폭기의 이득으로 정의되는 **압축이득**(compressed gain) G_1이 있다. G_0가 소신호 전압이득이라 하면,

$$G_1(\text{dB}) = G_0(\text{dB}) - 1. \tag{12.90}$$

10장에서 살펴보았듯이, 비선형성에 의해 불요 주파수와 상호변조 왜곡이 발생될 수 있는데, 이는 무선 송신기, 특히 가상신호 인접채널에 나타나게 되는 다중 반송파 시스템에서는 심각한 문제가 된다. ASK, QAM 방식과 같은, 일정하지 않는 진폭 변조에 대해서도 선현성은 결정적으로 작용한다.

A급 증폭기는 입력신호 주기의 전 영역에서 통전이 되도록 트랜지스터에 바이어스가 인가되는 본질적 선형회로이다. 그렇기 때문에 A급 증폭기는 이론상 최대 효율이 50% 이다. 대부분의 소신호 및 저잡음 증폭기들이 A급으로 동작한다. 이와 대조적으로 B급 증폭기의 트랜지스터는 입력신호 주기의 절반 동안만 통전되도록 바이어스가 인가된다. 전 주기 동안 증폭이 이루어질 수 있도록 보통 두 개의 상보적 트랜지스터가 B급 push-pull 증폭기로 동작한다. 이론상 B급 증폭기의 효율은 78%이다. C급 증폭기는 입력 신호주기의 절반 이상 트랜지스터가 거의 차단상태로 동작하며, 보통 기본 신호를 복원하기 위한 출력단의 공진회로에 사용된다. C급 증폭기는 거의 100%에 가까운 효율을 얻을 수 있지만,

균일 포락선 변조의 경우에만 사용이 가능하다. D, E, F 및 S급과 같은 중상급 증폭기들은 트랜지스터의 공진 탱크회로에 신호를 주입하는 스위치로 사용하며 매우 높은 효율을 얻을 수 있다. UHF 또는 그 이상의 주파수에서 동작하는 대부분의 무선 송신기들은 낮은 왜곡을 요구하기 때문에 A, AB 또는 B급인 전력 증폭기를 사용한다.

트랜지스터의 대신호 특성

신호 전력이 1 dB 압축점(IP_1)보다 충분히 작은 경우에 트랜지스터는 선형으로 동작하므로, 소신호 S 파라미터들은 입력 신호레벨이나 출력 종단 임피던스에 무관하여야 한다. 하지만 IP_1과 비슷하거나 더 큰 전력레벨의 경우에는 트랜지스터의 비선형성이 나타나게 되고, 측정에 의한 S 파라미터는 입력 전력레벨과 출력 종단 임피던스(주파수, 바이어스 조건, 온도뿐만 아니라)에 영향을 받게 된다. 따라서 대신호 S 파라미터는 유일하게 정의되지도 않고, 선형성을 만족하지도 않으며, 소신호 파라미터 대신 사용할 수도 없다(그러나 소자의 안정성을 계산할 때는 소신호 S 파라미터를 이용하면 좋은 결과를 얻을 수 있다).

대신호 동작 조건에서 트랜지스터의 특성을 규정하는 보다 유용한 방법은, 전원과 부하 임피던스의 함수로써 이득과 출력전력을 측정하는 것이다. 이를 시행하는 하나의 방법은, 주파수에 따라서, 그리고 특정 출력전력(보통 $OP_{1\,dB}$으로 한다)에 대하여 전력이득이 최대가 되도록 대신호 전원 및 부하 반사계수 Γ_{SP}와 Γ_{LP}(혹은 임피던스, Z_{SP}와 Z_{LP})를 결정하는 것이다. 표 12.1은 전형적 *npn* 실리콘 바이폴라 전력 트랜지스터의 대신호 전원 및 부하 반사계수를 소신호 S 파라미터와 함께 나타낸 것이다.

트랜지스터의 대신호 동작 특성을 규정하는 또다른 방법으로는, 트랜지스터의 입력단과 공액정합한 상태에서 스미스 도표 상에 일정한 출력전력의 궤적을 부하 반사계수 Γ_{LP}의 함수로써 그리는 것이다. 이 궤적들을 load-pull contour라 하는데, 컴퓨터로 제어되는 전기 기계적 스텁 튜너를 장착한 자동 측정장치를 이용하여 얻을 수 있다. 그림 12.21은 이러한 load-pull contour들을 나타낸 것이다. load-pull contour는 그 기능에 있어서 12.3절의 정이득원과 비슷하지만, 소자의 비선형 때문에 완전한 원이 되지는 않는다.

비선형 등가회로 모델을 만들어 FET와 BJT의 대신호 성능을 예측하는 데 사용할 수 있다[10]. 마이크로파 FET에 대한 지배적 비선형 파라미터는 C_{gs}, g_m, C_{gd}, R_d이다. 대신호 트랜지스터를 모델링하는 데 있어 중요하게 고려할 점은 대부분의 파라미터들이 소자의

표 12.1 소신호 S 파라미터 및 대신호 반사계수(실리콘 양극성 접합 전력 트랜지스터)

f(MHz)	S_{11}	S_{12}	S_{21}	S_{22}	Γ_{SP}	Γ_{LP}	G_P(dB)
800	$0.76\angle 176°$	$4.10\angle 76°$	$0.065\angle 49°$	$0.35\angle -163°$	$0.856\angle -167°$	$0.455\angle 129°$	13.5
900	$0.76\angle 172°$	$3.42\angle 72°$	$0.073\angle 52°$	$0.35\angle -167°$	$0.747\angle -177°$	$0.478\angle 161°$	12.0
1000	$0.76\angle 169°$	$3.08\angle 69°$	$0.079\angle 53°$	$0.36\angle -169°$	$0.797\angle -187°$	$0.491\angle 185°$	10.0

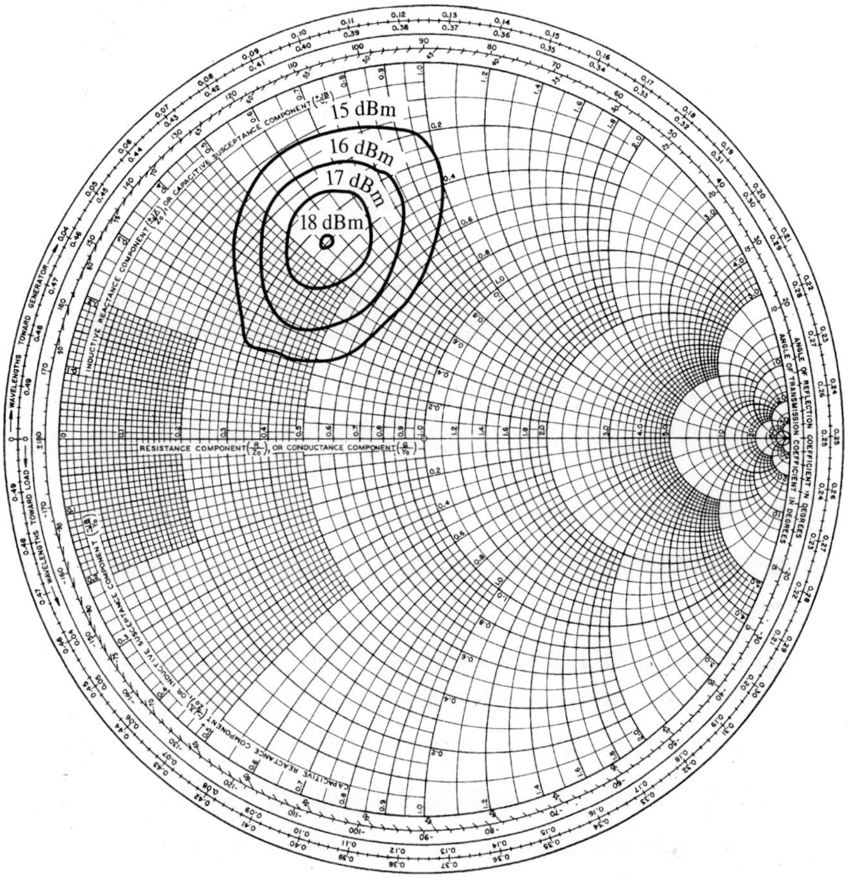

그림 12.21 전형적인 전력 FET에 대한 부하 임피던스에 따른 정출력 궤적들

온도에 따라 변한다는 점인데, 이 온도는 물론 출력전력에 따라 증가한다. 등가회로 모델은 소프트웨어와 함께 매우 유용하게 사용될 수 있다.

A급 전력 증폭기 설계

이 절에서는 대신호 파라미터들을 이용하여 A급 증폭기를 설계하는 방법에 관하여 논의한다. 이상적인 A급 증폭기는 선형이므로, 때로는 소신호 *S* 파라미터들을 이용하여 설계할 수도 있지만, 보통 대신호 파라미터들을 이용하는 것이 더 나은 결과를 얻을 수 있다. 소신호 증폭기 설계와 같이, 첫 단계는 소자의 안정도를 점검하는 것이다. 불안정성은 낮은 신호레벨에서 시작하므로, 소신호 *S* 파라미터는 이러한 목적을 위해서 사용될 수 있다. 고전력의 발진으로 인하여 능동소자와 관련회로가 장애를 입게 될 수 있으므로, 전력 증폭기에서 안정도는 특히 중요하다.

트랜지스터는 주파수 대역과 출력전력을 기준으로 선택되는데, 설계에서 요구되는 전력 용량보다 20% 정도 더 높게 하는 것이 이상적이다. 수 GHz까지의 주파수에서 실리콘 바이

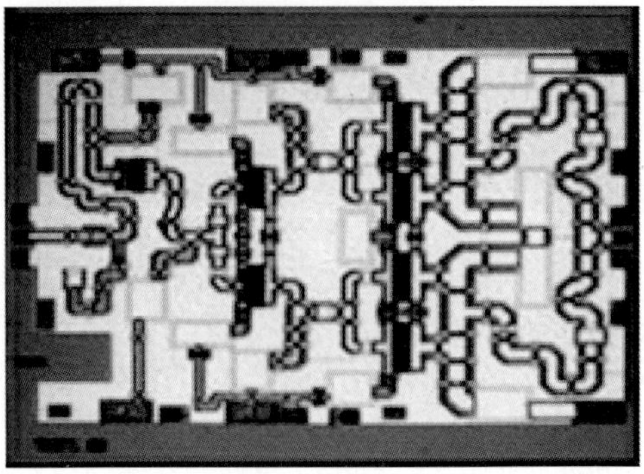

그림 12.22 Ku-대역 3단 GaN MMIC 증폭기
Courtesy of Raytheon Company. Waltham, Mass.

폴라 트랜지스터가 GaAs FET보다 더 높은 출력전력을 얻을 수 있으며, 일반적으로 좀더 저렴하다. 출력전력이 수백 mW 이상인 어떤 증폭기에서도 트랜지스터 패키지와 열판 사이의 충분한 열 접촉은 필수적이다. 일반적으로 입력 정합회로망은 최대 전력전달(공액정합)을 목표로 하는 반면, 출력 정합회로망은 최대 출력전력(Γ_{LP}로부터 유도되는)을 얻을 수 있도록 설계한다. 전원과 부하 반사계수의 최적 값들은 식 (12.40)을 통하여 소신호 S 파라미터로부터 구한 값들과 다르다. 양호한 효율을 얻기 위해서는 저손실의 정합 소자들이 중요하다. 전류가 최대로 흐르는 출력단에서 특히 그렇다. 때로는 내부적으로 정합된 칩 트랜지스터를 사용할 수도 있다. 이렇게 하면 기생 패키지 리액턴스의 영향을 줄일 수 있는 장점이 있어서 효율과 대역폭을 개선할 수 있다. 그림 12.22는 제작된 GaN 전력증폭기 칩을 나타낸다.

예제 12.9 A급 전력 증폭기의 설계

Nitronex社의 GaN HEMT인 NPT25100 트랜지스터를 사용하여 2.3 GHz에서 출력 전력 10 W를 갖는 전력 증폭기를 설계하시오. V_{DS} = 28 V와 I_D = 600 mA에서 S-파라미터는: $S11$ = 0.593∠178°, $S12$ = 0.009∠−127°, $S21$ = 1.77∠−106°, $S22$ = 0.958∠175°이고, 최적 대신호 소스와 부하 임피던스는 각각 Z_{SP} = 10 − j3Ω과 Z_{LP} = 2.5 − j2.3Ω이다. 10 W의 출력전력에서 전력이득은 16.4 dB이고 드레인 효율은 26%이다. 트랜지스터의 입출력 정합부를 설계하고, 요구되는 입력전력 수준을 결정하며, 요구되는 DC 드레인 전류와 전력부가효율을 구하시오.

☞ 풀이

먼저 소자의 안정도를 판정한다. 소신호 S-파라미터를 사용하여 식 (12.28)과 식 (12.29)로부터

$$|\Delta| = |S_{11}S_{22} - S_{12}S_{21}| = 0.579 < 1,$$

$$K = \frac{1 - |S_{11}|^2 - |S_{22}|^2 + |\Delta|^2}{2|S_{12}S_{21}|} = 2.08 > 1,$$

를 구하고, 이결과는 소자의 무조건 안정성을 의미한다.

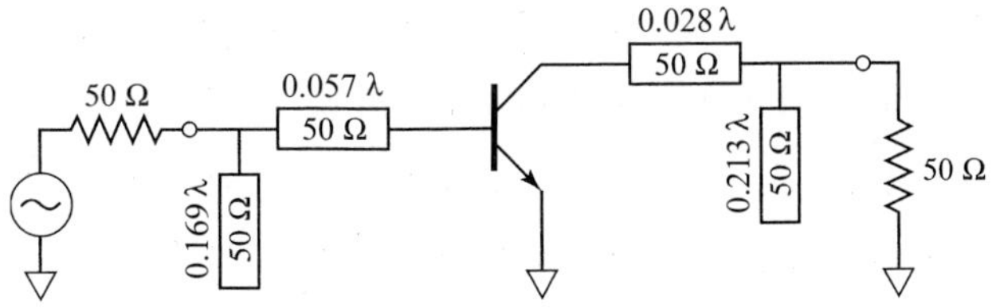

그림 12.23 예제 12.9 증폭기의 RF 회로

다음으로 대신호 소스와 부하 임피던스를 반사계수로 변환하면,

$$\Gamma_{SP} = 0.668\angle 187°,$$
$$\Gamma_{LP} = 0.905\angle -175°.$$

이 된다. 공액정합을 위한 소스와 부하의 반계계수를 찾기 위하여 식 (12.40)에 소신호 S-파라미터를 대입하면,

$$\Gamma_S = \frac{B_1 \pm \sqrt{B_1^2 - 4|C_1|^2}}{2C_1} = 0.508\angle 166°,$$
$$\Gamma_L = \frac{B_2 \pm \sqrt{B_2^2 - 4|C_2|^2}}{2C_2} = 0.954\angle -176°.$$

를 얻는다.

이 두 반사계수의 결과를 비교하면, 대신호 반사계수 Γ_{SP}와 Γ_{LP}는 똑같지는 않지만 어느 정도 소신호 반사계수 Γ_S와 Γ_L와 유사한 값을 가짐을 알 수 있다. 전력 증폭기 설계에는 반드시 대신호 반사계수를 사용하여 입출력 정합회로를 설계하여야 한다. 결과로서 그림 12.23에 전력증폭기의 AC 회로를 나타내었다.

10 W의 출력전력에 대하여 요구되는 입력 구동 전력은

$$P_{\text{in}} = P_{\text{out}}(\text{dBm}) - G(\text{dB}) = 10\log(10{,}000) - 16.4 = 23.6\ \text{dBm} = 229\ \text{mW}.$$

이고, DC 입력전력은 드레인 효율 관계식을 이용하여 $P_{DC} = P_{out}/\eta = 38.5$ W를 구할 수 있고, 따라서 DC 드레인 전류는 $I_D = P_{DC}/V_{DS} = 1.37$ A가 된다. 식 (12.89)로부터 전력 증폭기의 전력부가효율은

$$\eta_{PAE} = \frac{P_{\text{out}} - P_{\text{in}}}{P_{\text{DC}}} = \frac{10.0 - 0.229}{38.5} = 25\%.$$

이다. ◀

참고문헌

[1] G. D. Vendelin, A. M. Pavio, and U. L. Rohde, *Microwave Circuit Design Using Linear and Nonlinear Techniques*, John Wiley & Sons, N. Y., 1990.

[2] G. Gonzalez, *Microwave Transistor Amplifiers: Analysis and Design*, 2nd edition, Prentice Hall, Upper Saddle River, N. J., 1997.

[3] R. Ludwig and P. Bretchko, *RF Circuit Design: Theory and Applications*, Prentice-Hall, Upper Saddle River, N.J., 2000.

[4] T. H. Lee, *The Design of CMOS Radio-Frequency Integrated Circuits*, 2nd edition, Cambridge University Press, Cambridge, 2004.

[5] M. Steer, *Microwave and RF Design: A Systems Approach*, SciTech, Raleigh, N.C., 2010.

[6] M. Ohtomo, "Proviso on the Unconditional Stability Criteria for Linear Twoports," *IEEE Trans. Microwave Theory and Techniques*, vol. MTT-43, pp. 1197-1200, May 1995.

[7] M. L. Edwards and J. H. Sinksy, "A New Criteria for Linear 2-Port Stability Using a Single Geometrically Derived Parameter," *IEEE Trans. Microwave Theory and Techniques*, vol. MTT-40, pp. 2803-2811, December 1992.

[8] Y. Ayasli, R. L. Mozzi, J. L. Vorhous, L. D. Reynolds, and R. A. Pucel, "A Monolithic GaAs 1-13 GHz Traveling-Wave Amplifier," *IEEE Trans. Microwave Theory and Techniques*, vol. MTT-30, pp. 976-981, July 1982.

[9] J. B. Beyer, S. N. Prasad, R. C. Becker, J. E. Nordman, and G. K. Hohenwarter, "MESFET Distributed Amplifier Design Guideline," *IEEE Trans. Microwave Theory and Techniques*, vol. MTT-32, pp. 268-275, March 1984.

[10] W. R. Curtice and M. Ettenberg, "A Nonlinear GaAs FET Model for Use in the Design of Output Circuits for Power Amplifiers," *IEEE Trans. Microwave Theory and Techniques*, vol. MTT-33, pp. 1383-1394, December 1985.

연습문제

12.1 50Ω 전원 임피던스, 3dB 정합 감쇠기 그리고 50Ω 부하 임피던스로 구성된 회로망에 대해서

(a) 가용 전력이득(available power gain), 변환 전력이득 그리고 실제 전력이득을 계산하라.

(b) 부하가 25Ω으로 변하면 이 이득은 어떻게 달라지는가?

(c) 25Ω으로 입력 임피던스를 바꾸었을 때 이득이 어떻게 달라지는가?

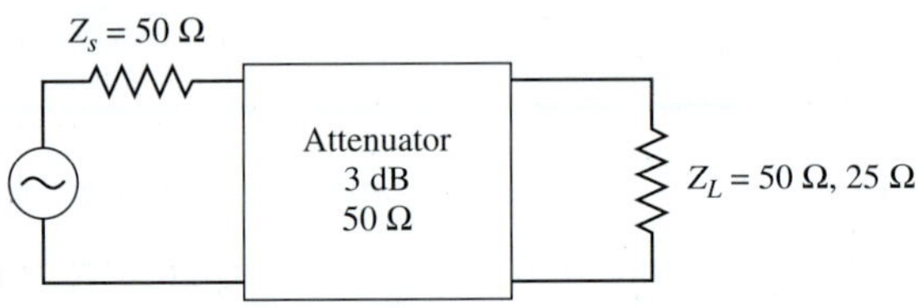

12.2 Infineon의 BFP640F SiGe HBT는 1.0 GHz에서 다음의 S 파라미터를 갖는다($Z_0 = 50\,\Omega$). $S_{11} = 0.91\ \angle -44°$, $S_{12} = 0.06\ \angle 68°$, $S_{21} = 3.92\ \angle 149°$, $S_{22} = 0.93\ \angle -17°$. 트랜지스터는 그림 12.1과 같이 임피던스 정합회로 없이 구성되었다.

(a) $Z_s = Z_L = 50\Omega$일 때, 전력이득, 가용이득, 변환이득을 구하라.

(b) 각 이득이 가장 높은 Z_s와 Z_L(또는 Γ_s, Γ_L을 구하라(이 경우, 소자는 단방향성이고 $S_{12} = 0$이라고 가정한다).

12.3 다음의 S 파라미터를 갖는 트랜지스터가 증폭기에 사용된다. ($Z_0 = 50\,\Omega$): $S_{11} = 0.61\ \angle -170°$, $S_{12} = 0.06\ \angle 70°$, $S_{21} = 2.3\ \angle 80°$, $S_{22} = 0.72\ \angle -25°$. 트랜지스터의 입력은 $V_s = 2$ V(peak)와 $Z_s = 25\,\Omega$의 특성을 가지는 전압원과 연결되어 있고 트랜지스터의 출력은 $Z_L = 100\,\Omega$이다.

(a) 전력이득, 가용이득, 변환 전력이득, 단방향 변환 전력이득은 얼마인가?

(b) 입력단에서 가용 전력과 부하에 전달되는 전력을 구하라.

12.4 SiGe HBT디바이스가 2.0 GHz에서 다음의 S 파라미터를 갖을때, $S_{11} = 0.880\ \angle -115°$, $S_{21} = 9.40\ \angle 110°$, $S_{12} = 0.029\ \angle 31°$, $S_{22} = 0.328\ \angle -67°$이다. 소자의 안정도를 판별하고, 잠정적 불안정일 경우 안정도 원을 그려라.

12.5 주파수에 따른 GaN HEMT소자의 S 파라미터는 표 11.8에 나타내었다. $K - \Delta$를 통해 각 주파수에 따른 트랜지스터의 안정도를 결정하라.

12.6 μ-파라미터 테스트를 이용하여, 다음의 소자들 중 어떤 것들이 무조건적 안정인지를 판별하고, 또 그들 중에서 어떤 것이 최대의 안정도를 갖는지 판별하라.

소자	S_{11}	S_{12}	S_{21}	S_{22}
A	$0.34\ \angle -170°$	$0.06\ \angle 70°$	$4.3\ \angle 80°$	$0.45\ \angle -25°$
B	$0.75\ \angle -60°$	$0.2\ \angle 70°$	$5.0\ \angle 90°$	$0.51\ \angle 60°$
C	$0.65\ \angle -140°$	$0.04\ \angle 60°$	$2.4\ \angle 50°$	$0.70\ \angle -65°$

12.7 $S_{12} = 0$인 단방향성 트랜지스터의 경우, 식 (12.30)의 μ-파라미터 테스트가 무조건적 안정이 되려면, $|S_{11}| < 1$이고 $|S_{22}| < 1$임을 의미한다는 것을 보여라.

12.8 식 12.40a의 판별식이 양(+)일 조건, 즉 $B_1^2 > 4\,|C_1|^2$은 $K^2 > 1$일 조건과 등가라는 것을 증명하라.

12.9 표 11.7에 주어진 GaAs MESFET의 S 파라미터를 사용하여 8.0 GHz에서 최대이득을 갖는 증폭기를 설계하라. 개방회로 병렬 스텁을 이용하여 정합회로를 설계하고 이득을 계산하라. CAD 모델링을 통해 1-12 GHz 범위에서 다수 개의 주파수를 선택하여 안정도 원을 그리고 안정도를 확인한다.

12.10 아래 왼쪽 그림은 포트 2의 부하 $Z_L(\Gamma_L)$이 포트 1의 소스 임피던스 Z_0와 일치하는 임피던스 정합네트워크를 보인다. 포트 1이 Z_0와 연결된 $Z = Z_L^*$의 임피던스 정합네트워크는 아래 오른쪽 그림에 나타내었다. 정합 네트워크는 역수이고 무손실로 가정한다. 이런 관계를 통해 제

5장의 임피던스 미세조정 기술이 증폭기의 입/출력 정합회로 구현에 사용됨을 보여라.

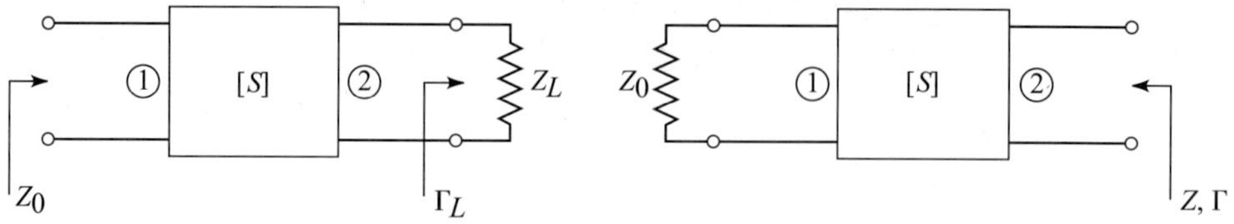

12.11 6.0 GHz에서 다음의 S 파라미터를 갖는 트랜지스터를 이용하여 최대 G_{TU}를 얻을 수 있는 증폭기를 설계하라($Z_0 = 50\,\Omega$). $S_{11} = 0.61\ \angle -170°$, $S_{21} = 2.24\ \angle 32°$, $S_{12} = 0$, $S_{22} = 0.72\ \angle -83°$ 집중소자를 사용하여 L형 정합회로를 설계하라.

12.12 다음의 S 파라미터를 갖는 트랜지스터를 이용하여 6.0 GHz에서 10 dB 이득을 가지는 증폭기를 설계하라($Z_0 = 50\,\Omega$). $S_{11} = 0.61\ \angle -170°$, $S_{21} = 2.24\ \angle 32°$, $S_{12} = 0$, $S_{22} = 0.72\ \angle -83°$, $G_S = 1$ dB인 정이득 원과 $G_L = 2$ dB인 정이득 원을 도시하고 이를 이용해서 개방회로 병렬 스텁을 사용한 정합회로를 설계하라.

12.13 문제 12.4에 사용된 트랜지스터의 단방향 성능지수(unilateral figure of merit)를 계산하라. 이 트랜지스터가 단방향성이라 가정하고 증폭기를 설계한 경우 변환이득의 최대 오차는 얼마인가?

12.14 식 (12.51)로 정의된 $G_S = 0$ dB인 이득원 $G_S = 1$과 스미스 도표의 중심을 통과함을 증명하라.

12.15 어떤 GaAs FET가 8 GHz에서 다음과 같은 S 파라미터와 잡음 파라미터를 갖는다($Z_0 = 50\,\Omega$). $S_{11} = 0.7\ \angle -110°$, $S_{12} = 0.02\ \angle 60°$, $S_{21} = 3.5\ \angle 60°$, $S_{22} = 0.8\ \angle -70°$, $F_{\min} = 2.5$ dB, $\Gamma_{\text{opt}} = 0.70\ \angle 120°$, $R_N = 15\,\Omega$. 최소 잡음지수를 유지하면서 최대이득을 가지는 증폭기를 설계하라. 개방회로 병렬 스텁을 이용하여 정합회로를 구성하라.

12.16 어떤 GaAs FET가 6 GHz에서 다음과 같은 S 파라미터와 잡음 파라미터를 갖는다($Z_0 = 50\,\Omega$). $S_{11} = 0.6\ \angle -60°$, $S_{21} = 2.0\ \angle 81°$, $S_{12} = 0$, $S_{22} = 0.7\ \angle -60°$, $F_{\min} = 2.0$ dB, $\Gamma_{\text{opt}} = 0.62\ \angle 100°$, $R_N = 20\,\Omega$. 6 dB 이득을 갖고, 이 이득에서 가능한 최소 잡음지수를 나타내도록 증폭기를 설계하라. 개방회로 병렬 스텁을 이용하여 정합회로를 구성하라.

12.17 문제 12.16를 다시 풀어라. 다만, 잡음지수가 2.5 dB이고, 이 잡음지수로써 얻을 수 있는 최대이득을 갖도록 증폭기를 설계하라.

12.18 예제 11.6의 3 dB 결합선로 하이브리드 커플러를 사용하여 평형 증폭기 분석을 반복하라. 3~5 GHz에서 안정된 10 dB 이득을 갖는 증폭기의 입력과 출력의 정합회로를 최적화시키기 위해 CAD 소프트웨어를 이용하고 쿼드러춰 하이브리드를 사용하여 얻은 결과와 비교해 보라.

12.19 평형 증폭기의 특정 증폭기 단에 출력 포트에서 Γ_A와 Γ_B가 부정합되어 있다. 평형 증폭기에서 $S_{22} = (\Gamma_A - \Gamma_B)/2$일 때 출력의 부정합을 보여라.

12.20 식 (12.80)에 주어진 분배 증폭기에서 최적의 크기를 유도하라.

12.21 GaAs MESFET를 사용하는 분배 증폭기는 다음 파라미터를 따른다. $R_i = 5\,\Omega$, $R_{ds} = 200\,\Omega$,

$C_{gs} = 0.35\,\text{pF}$, $g_m = 40\,\text{mS}$. $N = 4$와 $N = 16$일 때 2~20 GHz 범위에서 이득을 구하고 그래프로 나타내어라. 18 GHz에서 최대이득이 존재할 때 N의 최적 값을 찾아라.

12.22 표 12.1에 주어진 트랜지스터 데이터를 이용하여, 1 GHz에서 1 W의 출력을 갖는 전력 증폭기를 설계하라. 입력과 출력 정합회로는 주어진 대신호 반사계수들을 이용하여 설계하라. 요구되는 입력 전력레벨을 계산하라.

제 13 장

발진기와 주파수 혼합기

RF, 마이크로파 발진기는 현대 모든 무선통신 시스템과 레이더 및 원격검지시스템의 주파수 변환과 반송파 발생을 위한 신호원 제공에 사용되고 있다. 반도체소자 발진기는 DC를 정상상태의 RF신호로 변환하기 위하여 비선형소자인 다이오드와 트랜지스터 및 수동회로를 사용한다. 주로 낮은 주파수 대역에서 사용되는 기본적인 트랜지스터 발진기 회로는 주로 크리스탈 공진기를 사용하는데, 이는 주파수 안정성과 낮은 잡음 특성을 얻기 위함이다. 100GHz 이상의 고주파를 발진시키기 위해, 도파관 공진기, 전송선로 또는 유전체 공진기 등 부성저항을 사용하여 바이어스된 다이오드나 트랜지스터와 함께 사용한다. 다른 방법으로는 주파수 체배기를 사용하여 밀리미터파 대역의 주파수를 발진시킬 수 있다. 능동 소자의 비선현성으로 인하여, 발진기 회로의 정밀한 설계가 매우 어려워 CAD 툴을 사용한다.

이번 장에서 살펴볼 내용은 다음과 같다. 일반적으로 잘 알려진 하틀리 콜피츠 발진기, 크리스탈 제어 발진기를 포함한 저주파 트랜지스터 발진기 회로와, 부성저항 소자와 높은 Q값을 가지는 공진기를 사용하기 때문에 저주파용 발진기와는 기본적으로 상이한 마이크로파 대역에서 사용되는 발진기에 대해 논한다. 또한 공진기의 중요한 요소인 위상잡음에 대해서도 논의할 것이다. 다음으로, 주파수 체배 기법과 이와 관련된 요소로 주파수 변환, **주파수 혼합** 등이 있는데 주파수 상향 변환과 하향 변환에 대한 기본적인 동작 또한 포함된다. 다이오드와 FET 소자를 사용한 검파기와 단일 출력 혼합기는 몇 가지 혼합기 회로와 함께 소개할 것이다.

RF 및 마이크로파 시스템에서 사용되는 발진기에 대해서 고려해야 할 사항들은 다음과 같다.

- 동조 범위(전압 제어 발진기에서 MHz/V로 기술)
- 주파수 안정성(PPM/°C로 기술)
- AM과 FM 잡음(반송파를 기준으로 반송파 이하의 주파수에서 dBc/Hz로 기술)
- 고조파(반송파 이하의 주파수에서 dBc로 기술)

일반적으로 온도에 따른 주파수 안정도의 요구 범위는 2 PPM/°C에서 0.5PPM/°C이며, 위상잡음의 요구범위는 반송파로부터 10 kHz의 차이가 나는 경우, −80 dBc/Hz에서 −110dBc/Hz이다.

트랜지스터 발진기는 다이오드(tunnel, Gunn 혹은 IMPATT 다이오드) 신호원과 비교하여 낮은 동작 주파수와 출력전력 정격 특성을 제공하지만, 다양한 장점을 제공한다. 우선 트랜지스터 발진기는 다이오드 발진기와 비교하여 트랜지스터 증폭기 및 주파수 혼합기와 용이한 집적화가 가능하여 모노리식 집적회로에 적합하다. 다이오드의 부성저항 발진 방식은 소자 자체의 물성적 특성에 의해 결정되고 제한되나, 트랜지스터의 경우 트랜지스터의 동작점과 소스와 부하 임피던스에 따라 부성저항의 효과가 커지도록 조절이 가능한 장점을 갖는다. 트랜지스터 발진기는 발진 주파수, 온도 안정도와 출력 잡음에 대한 조절이 다이오드 발진기보다 용이하다. 또한 트랜지스터 발진기는 주파수 미세조정, 위상 혹은 주입신호 동기(injection locking) 및 다양한 변조방식에 적합하다. 트랜지스터 신호원은 출력신호의 전력수준이 높지 않으나 효율 측면에서는 다소 장점을 갖는다.

주파수 조정이 가능한 신호원은 주파수 천이방식의 레이다 및 통신시스템이 요구되는 다양한 전자전 시스템 및 측정시스템에 필수적으로 사용된다. 트랜지스터 발진기는 부하의 공진주파수를 조정하기 위한 배랙터 다이오드 혹은 자기 바이어스된 YIG 구 등과 같은 소자를 부하에 사용하여 주파수의 조정을 가능하게 할 수 있다. 전압제어발진기(VCO; Voltage-Controlled Oscillator)는 트랜지스터 발진기 회로에 역 바이어스된 배랙터 다이오드를 사용하여 구현할 수 있다. YIG-조정 발진기(YTO: YIG-Tunned Oscillator)의 경우, 단결정 YIG 구(single-crystal YIG sphere)가 발진기 회로에서 부하 코일의 인덕턴스를 제어하기 위하여 사용된다, YIG는 외부 DC 바이어스 자계에 의해 유효 투자율이 조정되는 강자성물질이다. YIG 발진기의 주파수 조정범위는 10배 혹은 그 이상의 대역폭을 가지며, 반면 배랙터-조정 발진기의 경우에는 두배 정도의 주파수 조정범위를 갖는다. 그러나, YIG 발진기는 배랙터 발진기와 비교하여 주파수 조정시간이 느린 단점을 갖는다.

13.1 RF 발진기

일반적인 의미에서 발진기는 DC 전력을 AC 파형으로 변환해주는 비선형성 회로이다. 대부분의 RF 발진기는 고조파와 잡음 측대파를 최소화한 정현파를 출력한다. 그림 13.1의

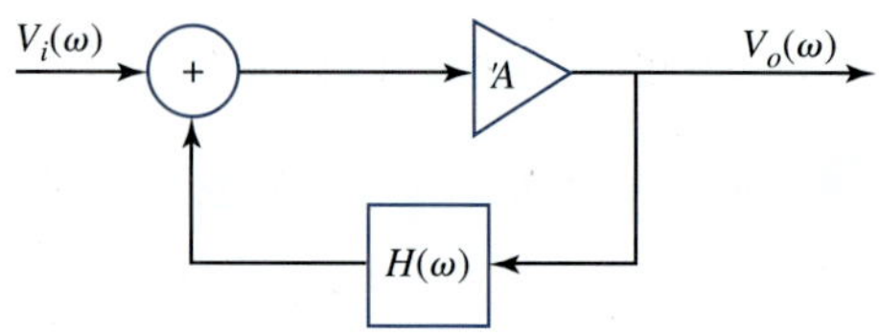

그림 13.1 주파수 종속 궤환 경로를 갖는 증폭기를 사용한 정현파 발진기 블록도

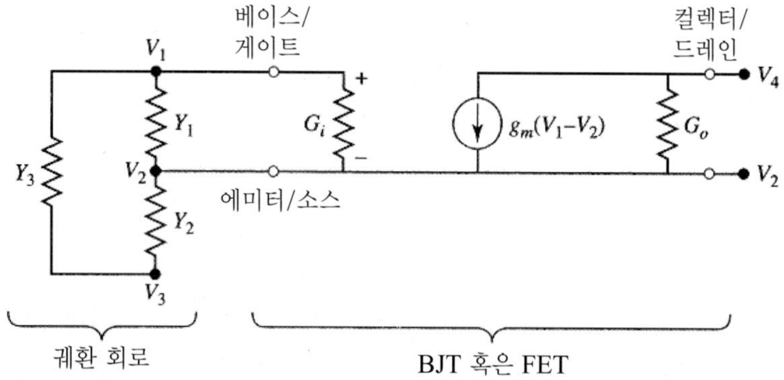

그림 13.2 트랜지스터 발진기의 일반적인 회로도. 트랜지스터는 BJT 혹은 FET이다. 공통 에미터/소스, 베이스/게이트, 컬렉터/드레인에 V_1, V_2, V_4를 접지시켜서 사용한다. V_3, V_4를 연결함으로써 궤환 회로를 구현할 수 있다.

선형 궤환 회로를 통해 정현파 발진기의 기본 동작을 살펴보자. 증폭기의 전압 이득 A에 의한 출력전압 V_o는 주파수 전달함수 $H(\omega)$가 포함된 궤환 회로를 통과하여 회로의 입력 전압 V_i에 더해진다. 그러므로 출력전압은 다음과 같이 표현된다.

$$V_o(\omega) = AV_i(\omega) + H(\omega)AV_o(\omega). \tag{13.1}$$

위의 식을 통해 출력전압을 입력전압에 관한 식으로 풀이하면

$$V_o(\omega) = \frac{A}{1 - AH(\omega)} V_i(\omega) \tag{13.2}$$

와 같이 나타낼 수 있다. 식 (13.2)의 분모가 특정 주파수에서 0이 되면, 0인 입력전압에 대해 0이 아닌 출력전압을 얻을 가능성이 있는 발진기의 형태를 갖춘다. 이는 **나이키스트 판별법** 또는 **바르크하우젠 판별법**으로 알려져 있다. 최소한 조건부 안정 조건으로 설계하는 증폭기와 대조적으로 발진기의 설계는 불안정한 회로에 의존한다.

그림 13.1 발진기 회로는 개념상으로 유용하지만 실제 트랜지스터 설계에는 별로 도움이 되지 못한다. 그러므로 다음 절에 나오는 트랜지스터 발진기 회로의 일반적인 분석이 필요하다.

일반적 해석

공통 에미터/소스 , 베이스/게이트, 컬렉터/드레인으로 구성된 BJT나 FET를 사용하여 수많은 RF 발진기 회로를 구현할 수 있다. 잘 알려진 **하틀리**(Hartley), **콜피츠**(Colpitts), **클랩**(Clapp), **피얼스**(Pierce) 발진기 회로는 다양한 궤환 회로의 차이로 구분된다[1]–[3]. 이러한 궤환회로의 다양성은 그림 13.2의 일반적인 발진기 회로형태로 나타낼 수 있다.

그림 13.2의 우측의 회로는 BJT나 FET의 등가회로이다. 10장에서 논의한 것처럼, 실제로 양호한 근사 특성을 갖는 단방향성 트랜지스터를 가정하였다. 트랜지스터의 트랜스

컨덕턴스 g_m, 입력과 출력 어드미턴스 G_i, G_o가 실수라고 가정하여 간단히 해석할 수 있다. 회로 좌측의 궤환 회로는 세 개의 어드미턴스로 구성된 브릿지-T 구조이다. 이 구성요소들은 높은 Q값을 가지는 주파수 선택성 전달함수를 제공하기 위해 보통 리액티브 소자(커패시터나 인덕터)를 사용한다. $V_2 = 0$이면 공통 에미터/소스 구조가 되고, $V_1 = 0$이나 $V_4 = 0$이 되면 공통 베이스/게이트나 공통 컬렉터/드레인 구조가 된다. 그림 13.2의 회로에서 V_3와 V_4를 연결하면 궤환 회로를 포함하지 않게 된다.

그림 13.2에 주어진 회로에서 4개의 노드 전압을 Kirchhoff의 법칙을 이용하여 행렬식으로 표현하면 다음과 같다.

$$\begin{bmatrix} (Y_1+Y_3+G_i) & -(Y_1+G_i) & -Y_3 & 0 \\ -(Y_1+G_i+g_m) & (Y_1+Y_2+G_i+G_o+g_m) & -Y_2 & -G_o \\ -Y_3 & -Y_2 & (Y_2+Y_3) & 0 \\ g_m & -(G_o+g_m) & 0 & G_o \end{bmatrix} \begin{bmatrix} V_1 \\ V_2 \\ V_3 \\ V_4 \end{bmatrix} = 0. \tag{13.3}$$

회로의 i번째 노드는 접지상태라 가정($V_i = 0$)하면, 식 (13.3)의 매트릭스는 i번째 열과 행이 제거되고 매트릭스의 차수가 줄어들게 된다. 만약 두 노드가 연결되면 대응하는 열과 행을 추가시켜 매트릭스는 수정된다.

공통 에미터 BJT를 이용한 발진기

한 예로, 공통 에미터 구조를 이용한 발진기에 대해 고찰해 보자. 이 경우, $V_2 = 0$이며 컬렉터에서 베이스로 궤환이 걸려 있으므로, $V_3 = V_4$이다. 또한, 출력 트랜지스터의 출력 어드미턴스는 무시되므로, G_o는 0이다. 식 (13.3)에 위 조건을 적용하면 다음과 같이 표현된다.

$$\begin{bmatrix} (Y_1+Y_3+G_i) & -Y_3 \\ (g_m-Y_3) & (Y_2+Y_3) \end{bmatrix} \begin{bmatrix} V_1 \\ V \end{bmatrix} = 0. \tag{13.4}$$

여기서 $V = V_3 = V_4$이다. 회로가 발진기로 동작하기 위해서는, 식 (13.4)의 V_1과 V는 0이 될 수 없으므로, 매트릭스의 판별식은 0이 되어야 한다. 또한 궤환 회로가 손실이 없는 커패시터와 인덕터로만 구성되어 있다면, Y_1, Y_2 그리고 Y_3는 순허수이므로, $Y_1 = jB_1$, $Y_2 = jB_2$, $Y_3 = jB_3$으로 둘 수 있다. 이와 같은 가정으로 g_m과 G_i는 실수가 된다. 이때 식 (13.4)의 판별식은 다음과 같이 간단해진다.

$$\begin{vmatrix} G_i + j(B_1+B_3) & -jB_3 \\ g_m - jB_3 & j(B_2+B_3) \end{vmatrix} = 0. \tag{13.5}$$

매트릭스의 실수 부분과 허수 부분을 모두 0으로 두고 정리하면 다음과 같은 두 식이 나온다.

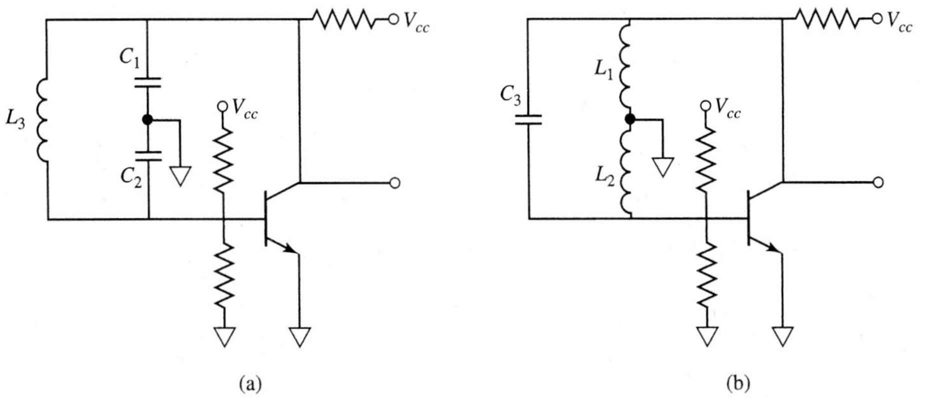

그림 13.3 공통 에미터 BJT를 이용한 트랜지스터 발진기 회로도. (a) 콜피츠 발진기, (b) 하틀리 발진기

$$\frac{1}{B_1} + \frac{1}{B_2} + \frac{1}{B_3} = 0 \tag{13.6a}$$

$$\frac{1}{B_3} + \left(1 + \frac{g_m}{G_i}\right)\frac{1}{B_2} = 0. \tag{13.6b}$$

서셉턴스를 리액턴스로 변화하면, $X_1 = 1/B_1$, $X_2 = 1/B_2$, $X_3 = 1/B_3$가 되며 식 (13.6a)는 다음과 같이 정리된다.

$$X_1 + X_2 + X_3 = 0. \tag{13.7a}$$

식 (13.6a)를 이용하여 (13.6b)에서 B_3를 제거하고 정리하면 X_1은 다음과 같다.

$$X_1 = \frac{g_m}{G_i} X_2. \tag{13.7b}$$

식 (13.7b)는 g_m, G_i가 양수이므로 X_1과 X_2가 같은 부호를 가지며, 이는 두 소자가 같은 (커패시터나 인덕터) 형태의 소자라는 것을 의미한다. 식 (13.7a)로부터, X_3는 X_1, X_2와 부호가 다르며, 이는 X_3가 X_1, X_2와는 다른 소자라는 의미이다.

위의 두 가지 경우는 가장 일반적인 형태의 발진기이다. 만약 이 회로에서 X_1과 X_2가 커패시터이고, X_3가 인덕터라면, 이 회로는 콜피츠 발진기가 된다. $X_1 = -1/\omega_0 C_1$, $X_2 = -1/\omega_0 C_2$, 그리고 $X_3 = \omega_0 L_3$로 두면, 식 (13.7a)는

$$\frac{-1}{\omega_0}\left(\frac{1}{C_1} + \frac{1}{C_2}\right) + \omega_0 L_3 = 0$$

과 같이 되며, 발진주파수 ω_0에 대해 풀면

$$\omega_0 = \sqrt{\frac{1}{C_3(L_1 + L_2)}} \tag{13.8}$$

과 같이 된다. 위 식을 식 (13.7b)에 대입하면 콜피츠 발진기의 발진 조건인

$$\frac{C_2}{C_1} = \frac{g_m}{G_i} \tag{13.9}$$

가 된다. 에미터 공통 콜피츠 발진기 회로는 그림 13.3a에 도시하였다.

만약 X_1과 X_2가 인덕터이고 X_3가 커패시터라면, 이 회로는 하틀리 발진기가 된다. 이때 $X_1 = \omega_0 L_1$, $X_2 = \omega_0 L_2$, $X_3 = -1/\omega_0 C_3$이라면, 식 (13.7a)은

$$\omega_0(L_1 + L_2) - \frac{1}{\omega_0 C_3} = 0$$

이 된다.

위의 식을 ω_0에 대해 풀면

$$\omega_0 = \sqrt{\frac{1}{L_3}\left(\frac{C_1 + C_2}{C_1 C_2}\right)} \tag{13.10}$$

이다. 위 식을 식 (13.7b)에 대입하면

$$\frac{L_1}{L_2} = \frac{g_m}{G_i} \tag{13.11}$$

인 하틀리 발진기의 발진 조건을 구할 수 있다. 공통 에미터 하틀리 발진기는 그림 13.3b에 도시하였다.

공통 게이트 FET를 이용한 발진기

다음으로 공통 게이트 FET를 이용한 발진기에 대해 알아보자. 이때 $V_1 = 0$으로 두고, V_3와 V_4 노드를 연결함으로써 궤환 회로를 구성한다. 트랜지스터의 입력 어드미턴스 G_i는 무시할 수 있으므로 0으로 두면, 식 (13.3)의 매트릭스의 차수가 줄어들어 다음과 같은 식이 된다.

$$\begin{bmatrix} (Y_1 + Y_2 + g_m + G_o) & -(Y_2 + G_o) \\ -(G_o + g_m + Y_2) & (Y_2 + Y_3 + G_o) \end{bmatrix} \begin{bmatrix} V_2 \\ V \end{bmatrix} = 0. \tag{13.12}$$

여기서 $V = V_3 = V_4$이다. 여기서도, 궤환 회로는 무손실 리액티브 소자로 구성된다고 가정하면, Y_1, Y_2, 그리고 Y_3는 서셉턴스로 나타낼 수 있다. 식 (13.12)의 판별식을 0으로 두면 다음과 같이 표현할 수 있다.

$$\begin{vmatrix} (g_m + G_o) + j(B_1 + B_2) & -G_o - jB_2 \\ -(G_o + g_m) - jB_2 & G_o + j(B_2 + B_3) \end{vmatrix} = 0. \tag{13.13}$$

실수부와 허수부는 각각 0이 되므로, 아래와 같은 두 개의 방정식을 구할 수 있다.

$$\frac{1}{B_1} + \frac{1}{B_2} + \frac{1}{B_3} = 0 \tag{13.14a}$$

$$\frac{G_o}{B_3} + \frac{g_m}{B_1} + \frac{G_o}{B_1} = 0. \tag{13.14b}$$

공통 에미터 BJT에서와 같이 X_1, X_2, X_3를 각각의 리액턴스로 두면 (13.14a)는 아래 식과 같이 표현된다.

$$X_1 + X_2 + X_3 = 0. \tag{13.15a}$$

식 (13.14a)를 이용하여 (13.14b)에서 B_3를 제거하고 정리하면

$$\frac{X_2}{X_1} = \frac{g_m}{G_o} \tag{13.15b}$$

으로 나타낼 수 있다. g_m과 G_o가 양수이므로, 식 (13.15b)의 X_1, X_2는 같은 부호인 반면 X_3는 반대의 부호를 가진다. 만약 X_1과 X_2가 음의 값이라면, 이 두 소자는 커패시터이고 X_3는 인덕터이다. 이는 콜피츠 발진기와 같다. 식 (13.15a)는 식 (13.7a)와 같으므로, 공통 게이트 콜피츠 발진기의 공진주파수는 식 (13.8)의 공통 에미트 콜피츠 발진기의 공진주파수와 같은

$$\omega_0 = \sqrt{\frac{1}{L_3}\left(\frac{C_1 + C_2}{C_1 C_2}\right)} \tag{13.16}$$

이 된다. 궤환 회로에 의한 공진주파수가 동일하기 때문에 같은 공진주파수를 가진다. 식 (13.15b)에 의한 발진 조건은 다음과 같이 정리된다.

$$\frac{C_1}{C_2} = \frac{g_m}{G_o}. \tag{13.17}$$

만약 X_1과 X_2가 양수(인덕터)라면, X_3는 커패시터가 된다. 이 회로는 하틀리 발진기로 공진주파수는 다음과 같다.

$$\omega_0 = \sqrt{\frac{1}{C_3(L_1 + L_2)}}. \tag{13.18}$$

이는 식 (13.10)의 공통 에미터 하틀리 발진기의 공진주파수와 동일하다. 식 (13.15b)의 방정식을 풀면

$$\frac{L_2}{L_1} = \frac{g_m}{G_o} \tag{13.19}$$

이다. 그림 13.3에서 BJT를 FET 소자로 대체하더라도 공통 게이트 콜피츠와 하틀리 발진기의 회로가 된다.

고려 사항

위의 회로 해석은 매우 이상적인 가정을 기본으로 하는 것이고, 실제 발진기 설계에서는 입력과 출력 트랜지스터 포트와 관련된 리액턴스의 관계, 온도와 바이어스 및 비결합 회로에 따른 트랜지스터의 특성의 변화, 그리고 인덕턴스의 손실에 의한 영향 등과 같은 요소가 고려되어야 한다. 이런 이유로 CAD 소프트웨어가 설계에 널리 이용된다.

직렬 저항 성분을 가지는 인덕터가 사용되는, 보다 현실적인 궤환 회로가 위의 분석에 적용되어야 한다. 인덕터의 임피던스가 $Z_3 = 1/Y_3 = R + j\omega L_3$인 공통 에미터 BJT 콜피츠 발진기의 예를 들어보자. 식 (13.4)에 위 조건을 대입하고, 행렬식의 실수와 허수부를 0으로 두면, 다음과 같은 공진주파수를 구할 수 있다.

$$\omega_0 = \sqrt{\frac{1}{L_3}\left(\frac{1}{C_1} + \frac{1}{C_2} + \frac{G_i R}{C_1}\right)} = \sqrt{\frac{1}{L_3}\left(\frac{1}{C_1'} + \frac{1}{C_2}\right)}. \tag{13.20}$$

이 식은 C_1'을 제외하면 식 (13.8)의 무손실 인덕터와 같다. C_1'은 다음과 같이 정의된다.

$$C_1' = \frac{C_1}{1 + RG_i}. \tag{13.21}$$

발진 조건은

$$\frac{R}{G_i} = \frac{1 + g_m/G_i}{\omega_0^2 C_1 C_2} - \frac{L_3}{L_1} \tag{13.22}$$

이다. 이 결과를 이용해 직렬 저항 R의 최대값을 결정할 수 있다. 일반적으로 안정적인 발진을 위해 식 (13.22)의 좌변이 우변보다 작아야 한다.

예제 13.1 콜피츠 발진기 설계

공통 에미터 형태의 트랜지스터를 이용하여 50MHz에서 동작하는 콜피츠 발진기를 설계하라. $\beta = g_m/G_i = 30$, 트랜지스터의 입력 저항 $R_i = 1/G_i = 1200\,\Omega$이다. 인덕터는 Q값이 100인 $L_3 = 0.10\,\mu$H를 사용하라. 발진이 지속될 수 있는 인덕터의 최소 Q값은 얼마인가?

☞ 풀이

식 (13.20)으로부터 C_1'과 C_2의 적절한 값을 구할 수 있다.

$$\frac{C_1' C_2}{C_1' + C_2} = \frac{1}{\omega_0^2 L_3} = \frac{1}{(2\pi)^2(50 \times 10^6)^2(0.1 \times 10^{-6})} = 100\text{ pF}.$$

C_1'과 C_2는 여러 값을 가질 수 있으나, 여기서는 $C_1' = C_2 = 200$pF을 사용하도록 하겠다.

6장에서 살펴본 바와 같이, 인덕터의 Q값은 직렬저항 R과 $Q_0 = \omega L/R$인 관계를 가진다. 따라서 $0.1\,\mu$H의 직렬저항은 아래와 같은 값을 가진다.

$$R = \frac{\omega_0 L_3}{Q_0} = \frac{(2\pi)(50 \times 10^6)(0.1 \times 10^{-6})}{100} = 0.31\ \Omega.$$

식 (13.21)에 위의 값을 대입하면

$$C_1 = C_1'(1 + RG_i) = (200\text{ pF})\left(1 + \frac{0.31}{1200}\right) = 200\text{ pF}$$

이 된다. 그리고 인덕터의 손실을 무시함으로써 얻어지는 값과 거의 동일하다는 것을 알 수 있다. 위의 값과 식 (13.22)를 이용하면

$$\frac{R}{G_i} = \frac{1+\beta}{\omega_0^2 C_1 C_2} - \frac{L_3}{C_1}$$

$$(0.31)(1200) < \frac{1+30}{(2\pi)^2(50 \times 10^6)^2(200 \times 10^{-12})^2} - \frac{0.1 \times 10^{-6}}{200 \times 10^{-12}}$$

$$372 < 7852 - 500 = 7352$$

가 되며, 이는 안정적인 발진 상태를 나타낸다. 여기서 최대 직렬 저항값을 구하면 발진 조건이 성립하는 인덕터의 최소 Q값을 구할 수 있다.

$$R_{\max} = \frac{1}{R_i}\left(\frac{1+\beta}{\omega_0^2 C_1 C_2} - \frac{L_3}{C_1}\right) = \frac{7352}{1200} = 6.13\ \Omega.$$

따라서 Q의 최소값은

$$Q_{\min} = \frac{\omega_0 L_3}{R_{\max}} = \frac{(2\pi)(50 \times 10^6)(0.1 \times 10^{-6})}{6.13} = 5.1$$

이 된다. ◀

크리스탈 발진기

앞에서 살펴본 바와 같이 발진기의 공진주파수는 트랜지스터의 입력과 출력 사이에 180° 위상 천이의 조건으로부터 결정된다. 만약 공진 궤환 회로가 높은 Q값을 가져 주파수에 대한 위상변위가 매우 빠르다면, 발진기의 주파수 안정도는 높아질 것이다. 일반적인 LC 공진기로는 수백 이상의 Q값을 가질 수 없어, 위의 조건을 만족시키기 위해 크리스탈 공진기(주로, 수백 MHz 미만의 주파수 대역에서)가 사용된다. 크리스탈은 Q_{unloaded}값이 100,000 이상이고 온도에 따른 변화가 0.001%/C° 미만이다. 그러므로 크리스탈 제어 발진기는 RF 시스템에서 안정적인 주파수 공급원으로 광범위하게 사용된다. 게다가 크리스탈의 온도를 조절함으로써 안정성을 얻을 수 있다.

크리스탈 공진기는 두 개의 금속 평판 사이에 작은 석영 조각이 실장된 형태로 이루어져 있다. 크리스탈은 압전 물질로서 압전 효과에 의해 기계적인 발진을 하게 된다. 석영 크리스탈의 등가회로는 그림 13.4와 같다. 이 회로는 직렬 및 병렬 공진주파수 ω_s와 ω_p를 가지

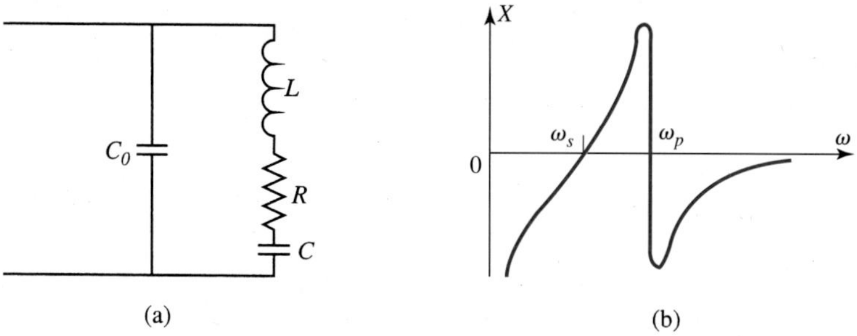

그림 13.4 (a) 크리스탈 공진기의 등가회로, (b) 크리스탈 공진기의 입력 리액턴스

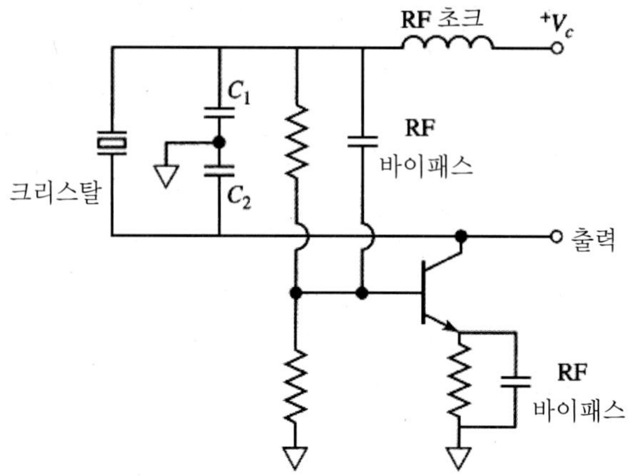

그림 13.5 피어스 크리스탈 발진기 회로

며 다음과 같다.

$$\omega_s = \frac{1}{\sqrt{LC}} \tag{13.23a}$$

$$\omega_p = \frac{1}{\sqrt{L\left(\dfrac{C_0 C}{C_0 + C}\right)}}. \tag{13.23b}$$

그림 13.4a 회로의 리액턴스가 그림 13.4b에 도시되어 있으며, 직렬 공진주파수와 병렬 공진주파수 사이의 구간에서는 리액턴스가 인덕티브인 것을 알 수 있다. 이 범위는 크리스탈의 통상적인 동작범위이며, 콜피츠나 피어스 발진기에 인덕터를 대신하여 사용된다. 그림 13.5는 크리스탈 발진기 회로를 나타낸 그림이다.

13.2 마이크로파 발진기

이 절의 주제는 마이크로파 대역에서 널리 사용하는, 부성저항을 소자로 포함하는 발진기 회로이다.

그림 13.6은 능동소자의 입력 임피던스가 $Z_{in} = R_{in} + jX_{in}$인 1 포트 부성 저항 발진기의 전형적인 회로이다. 일반적으로 Z_{in}은 주파수뿐만 아니라, 전류(또는 전압)에 따라 변하므로 $Z_{in}(I, j\omega) = R_{in}(I, j\omega) + jX_{in}(I, j\omega)$으로 나타낼 수 있다. 발진기는 $Z_L = R_L + jX_L$인 수동소자로 종단되어 있다. Kirchhoff의 전압법칙을 적용하면 다음 식을 구할 수 있다.

$$(Z_L + Z_{in})I = 0. \tag{13.24}$$

만약 RF 전류 I가 0이 아니라서 발진이 발생 된다면 아래와 같은 조건을 만족한다.

$$R_L + R_{in} = 0 \tag{13.25a}$$

$$X_L + X_{in} = 0. \tag{13.25b}$$

부하가 수동소자이기 때문에 R_L이 0보다 크므로, 식 (13.25a)의 R_{in}은 0보다 작다. 따라서 정(+)의 저항이 에너지를 소비한다면, 부(−)의 저항은 에너지원이 됨을 의미한다. 이때 식 (13.25b)는 발진주파수를 조정할 수 있음을 의미한다. 정상상태 발진을 위한 식 (13.24)의 조건 $Z_L = -Z_{in}$은, 반사계수 Γ_L과 Γ_{in}의 관계가 다음과 같음을 의미한다.

$$\Gamma_L = \frac{Z_L - Z_0}{Z_L + Z_0} = \frac{-Z_{in} - Z_0}{-Z_{in} + Z_0} = \frac{Z_{in} + Z_0}{Z_{in} - Z_0} = \frac{1}{\Gamma_{in}}. \tag{13.26}$$

발진 과정은 Z_{in}의 비선형 특성에 다음과 같은 관계가 있다. 초기에는 전체 회로가 어느 한 주파수에서 불안정해야 한다. 즉 $R_{in}(I, j\omega) + R_L < 0$이다. 그런 이후 순간적인 자극이나 잡음이 어떤 주파수 ω로 발진하게 된다. 전류 I가 증가함에 따라 부성저항 $R_{in}(I, j\omega)$는 I_0가 $R_{in}(I_0, j\omega_0) + R_L = 0$과 $X_{in}(I_0, j\omega_0) + X_L(j\omega_0) = 0$을 만족할 때까지 작아진다. 위 조건

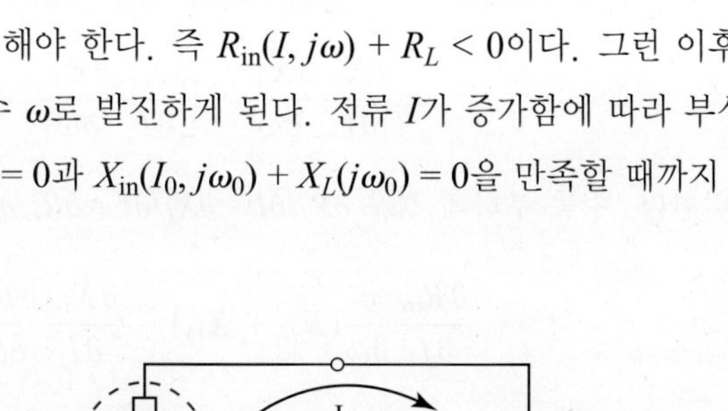

그림 13.6 1 포트 부성저항 발진기의 회로도

을 만족하는 순간 발진기는 정상상태로 동작하게 된다. X_{in}은 전류에 대한 함수이고, 안정화된 주파수 ω_0는 일반적으로 초기 발진주파수와 차이가 나게 되므로, $X_{in}(I, j\omega) \neq X_{in}(I_0, j\omega_0)$이다.

따라서, 식 (13.25)의 조건은 발진기의 정상상태를 보장할 수 없다. 특히 발진 안정도를 유지하려면 전류 또는 주파수의 변화에 영향을 적게 받도록 하여 발진기가 본래의 발진 상태를 유지할 수 있게 하여야 한다. 이 안정 조건은 전류의 미소 변화와 복소 주파수 $s = \alpha + j\omega$의 미세변화에 따른 영향을 고려하여 정량화할 수 있다. 만약 $Z_T(I, s) = Z_{in}(I, s) + Z_L(s)$라 두면, $Z_T(I, s)$를 동작점 I_0, ω_0에 대하여 Taylor 급수로 다음과 같이 전개할 수 있다.

$$Z_T(I, s) = Z_T(I_0, s_0) + \left.\frac{\partial Z_T}{\partial s}\right|_{s_0, I_0} \delta s + \left.\frac{\partial Z_T}{\partial I}\right|_{s_0, I_0} \delta I = 0. \tag{13.27}$$

발진이 일어난다면 $Z_T(I, s)$는 0이어야 한다. 식 (13.27)에서 $s_0 = j\omega_0$는 본래의 동작점에서의 복소 주파수이다. 이제 $\delta s = \delta\alpha + j\delta\omega$라 놓고, $Z_T(I_0, s_0) = 0$과 $(\partial Z_T/\partial s) = -j(\partial Z_T/\partial\omega)$를 이용하여 식 (13.27)을 풀면

$$\delta s = \delta\alpha + j\delta\omega = \left.\frac{-\partial Z_T/\partial I}{\partial Z_T/\partial s}\right|_{s_0, I_0} \delta I = \frac{-j(\partial Z_T/\partial I)(\partial Z_T^*/\partial\omega)}{|\partial Z_T/\partial\omega|^2}\delta I \tag{13.28}$$

가 된다. 이때 δI와 $\delta\omega$에 의한 과도상태가 감소하려면, $\delta I > 0$일 때 $\delta\alpha < 0$이어야 한다. 그러면 식 (13.28)은

$$I_m\left\{\frac{\partial Z_T}{\partial I}\frac{\partial Z_T^*}{\partial\omega}\right\} < 0$$

또는

$$\frac{\partial R_T}{\partial I}\frac{\partial X_T}{\partial\omega} - \frac{\partial X_T}{\partial I}\frac{\partial R_T}{\partial\omega} > 0 \tag{13.29}$$

임을 의미한다. 수동 부하의 경우 $\partial R_L/\partial I = \partial X_L/\partial I = \partial R_L/\partial\omega$이므로, 식 (13.29)는

$$\frac{\partial R_{in}}{\partial I}\frac{\partial}{\partial\omega}(X_L + X_{in}) - \frac{\partial X_{in}}{\partial I}\frac{\partial R_{in}}{\partial\omega} > 0 \tag{13.30}$$

과 같이 나타낼 수 있다. 앞에서 설명한 바와 같이 일반적으로 $\partial R_{in}/\partial I$는 0보다 크다. 따라서 식 (13.30)은 $\partial(X_L + X_{in})/\partial\omega \gg 0$일 때 성립하며, 이것은 Q값이 큰 회로가 발진기의 안정도가 높다는 것을 의미한다. 도파관 공진기와 유전체 공진기가 높은 Q값을 얻기 위해 사용된다.

효과적인 발진기를 설계하려면 안정된 동작점의 선택, 최대 발진출력, 발진주파수 변화(frequency-pulling: 발진기 임피던스 부정합에 따른 주파수 변화), 대신호 효과, 잡음 특성과 같은 몇 가지 추가적인 고려 사항이 필요하다. 이들에 대한 자세한 사항은 참고문헌 [4, 5]를 참조하기 바란다.

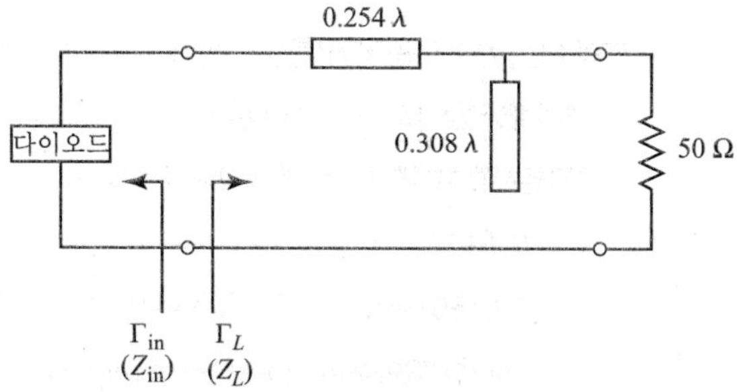

그림 13.7 예제 13.2의 1포트 발진기 회로에서의 부하 정합

예제 13.2 부성저항 발진기 설계

부성저항 다이오드를 사용한 1포트 발진기의 특성이 f=6GHz의 동작점에서 $\Gamma_{in} = 1.25\ \angle 40°(Z_0 = 50\,\Omega)$인 부성저항 다이오드를 사용한다. 50Ω 부하 임피던스에 대한 부하 정합 회로를 설계하라.

☞ 풀이

Smith 도표를 이용하거나(문제 13.5 참조), 계산을 하여 다이오드의 입력 임피던스를 구하면,

$$Z_{in} = Z_0 \frac{1 + \Gamma_{in}}{1 - \Gamma_{in}} = -44 + j123\ \Omega$$

이다. 그리고 식 (13.25)에 의하면 부하 임피던스는

$$Z_L = -Z_{in} = 44 - j123\ \Omega$$

이어야 한다. 그림 13.7에서와 같이 병렬 스텁과 직렬 선로를 사용하여 50Ω을 Z_L로 변환 할 수 있다. ◀

트랜지스터 발진기

트랜지스터 발진기에서 1포트 부성저항은 트랜지스터를 불안정 영역에서 동작하는 임피던스 종단을 하여 발생시킨다. 이 회로의 모델은 그림 13.8에 나타내었다. 실제로는 출

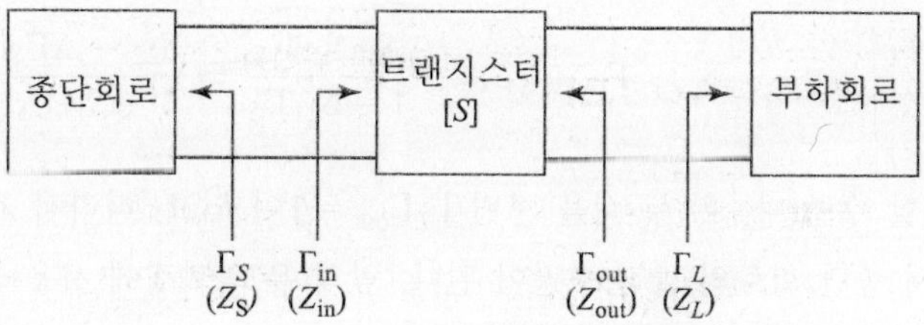

그림 13.8 2포트 트랜지스터 발진기에 대한 회로도

력 포트를 트랜지스터의 어느 쪽에 두어도 된다. 증폭기의 경우, 소자의 안정도는 클수록(이상적으로는 무조건 안정된 소자) 좋다. 그러나 발진기의 경우, 증폭기에 사용되는 소자와는 달리 불안정도가 큰 소자를 필요로 한다. 보통 공통 소스 또는 공통 게이트 FET 회로(바이폴라 소자의 경우는 공통 에미터 또는 공통 베이스가 사용됨)에 소자의 불안정도를 증가시키기 위해 정궤환을 걸어주기도 한다.

트랜지스터의 공통구조를 선택한 후, Γ_T 평면에 출력 안정도 원을 그리고, 트랜지스터의 입력단이 큰 부성저항을 가지도록 Γ_T을 선택한다. 그 다음 Z_{in}에 정합을 이루는 종단 임피던스 $Z_S = R_S + jX_S$를 정한다. 이와 같은 설계방식은 소신호 S 파라미터를 R_{in}이 부성저항 값을 띄면서 발진출력전력이 발생하므로 $R_S + R_{\text{in}} < 0$이 되도록 R_s을 정할 필요가 있다. RF전력의 증가에 따라 R_{in}이 증가하여 $R_S + R_{\text{in}} > 0$이 되는 경우 발진은 멈추게 된다. 실제로

$$R_S = \frac{-R_{\text{in}}}{3} \tag{13.31a}$$

의 값이 일반적으로 사용된다. Z_S의 허수부는 발진회로를 공린시키기위하여

$$X_S = -X_{\text{in}} \tag{13.31b}$$

로 선택된다.

종단 회로와 트랜지스터 간에 발진이 일어났을 때 발진은 출력 포트도 동시에 일어나며, 이것은 다음과 같이 증명할 수 있다. 입력 포트에서 정상상태 발진이 되려면 식 (13.26)에서 유도한 바와 같이 $\Gamma_S\Gamma_{\text{in}} = 1$이어야 한다. 그러면 식 (12.3a)로부터

$$\frac{1}{\Gamma_S} = \Gamma_{\text{in}} = S_{11} + \frac{S_{12}S_{21}\Gamma_L}{1 - S_{22}\Gamma_L} = \frac{S_{11} - \Delta\Gamma_L}{1 - S_{22}\Gamma_L} \tag{13.32}$$

가 되며, $\Delta = S_{11}S_{22} - S_{12}S_{21}$이다. 이 식을 Γ_T에 관해 풀면

$$\Gamma_L = \frac{1 - S_{11}\Gamma_S}{S_{22} - \Delta\Gamma_S} \tag{13.33}$$

이다. 식 (12.3b)로부터

$$\Gamma_{\text{out}} = S_{22} + \frac{S_{12}S_{21}\Gamma_S}{1 - S_{11}\Gamma_S} = \frac{S_{22} - \Delta\Gamma_S}{1 - S_{11}\Gamma_S} \tag{13.34}$$

을 구할 수 있다. 위 두 식을 보면 $\Gamma_L\Gamma_{\text{out}} = 1$이 되고, 따라서 $Z_L = -Z_{\text{out}}$임을 알 수 있다. 따라서 종단 회로의 발진 조건이 된다. 앞의 유도 과정에 사용되는 S 파라미터는 일반적으로 트랜지스터의 대신호 파라미터이다.

예제 13.3 트랜지스터 발진기 설계

공통 게이트 GaAs FET를 사용하여 4 GHz에서 발진하는 트랜지스터 발진기를 설계하라. 불안정도를 증가시키기 위해 게이트에 직렬로 5 nH 인덕터를 연결한다. 50 Ω 부하에 정합하는 종단 회로와 적당한 튜닝 네트워크를 선택하라. 공통 소스 트랜지스터의 S 파라미터는 다음과 같다($Z_0 = 50\,\Omega$).

$$S_{11} = 0.72\ \angle -116°, S_{12} = 0.03\ \angle 57°, S_{21} = 2.60\ \angle 76°, S_{22} = 0.73\ \angle -54°.$$

☞ 풀이

첫 단계로 공통 소스 S 파라미터를 그림 13.9a와 같이 직렬 인덕터가 있는 공통 게이트 트랜지스터의 S 파라미터로 변환해야 한다. 이것은 마이크로파 CAD 패키지를 사용하면 쉽게 구해진다. 이와 같이 구한 S 파라미터는 다음과 같다.

$$\begin{aligned} S'_{11} &= 2.18\angle -35°, \\ S'_{12} &= 1.26\angle 18°, \\ S'_{21} &= 2.75\angle 96°, \\ S'_{22} &= 0.52\angle 155°. \end{aligned}$$

$|S'_{11}|$은 $|S_{11}|$보다 매우 크며, 이것은 그림 13.9a의 구조가 공통 소스보다 더욱 불안정함을 암시한다. 식 (11.25)로부터 출력 안정도 원(Γ_L 평면)을 계산하면

$$C_L = \frac{(S'_{22} - \Delta' S'^*_{11})^*}{|S'_{22}|^2 - |\Delta'|^2} = 1.08\angle 33°,$$

$$R_L = \left| \frac{S'_{12} S'_{21}}{|S'_{22}|^2 - |\Delta'|^2} \right| = 0.665$$

이다. $|S'_{11}| = 2.18 > 1$이므로 그림 13.9b의 Smith 도표에 나타낸 바와 같이 이 원의 내부가 안정 영역이 된다.

많은 Γ_L 중 하나의 값을 선택해야 하는데, 그 중 한 가지 고려 사항은 $|\Gamma_{in}|$을 크게 하는 것이다. 따라서 안정도 원으로부터 Smith 도표의 반대편에 위치한 여러 개의 Γ_L 중 $\Gamma_L = 0.59\ \angle -104°$로 정했다. 그런 다음 그림 13.9a와 같이 50 Ω 부하를 $Z_L = 20 - j35\,\Omega$으로 변환하는 단일 스텁 정합 회로로 설계한다.

Γ_L이 정해지면 Γ_{in}을 구할 수 있는데,

$$\Gamma_{in} = S'_{11} + \frac{S'_{12} S'_{21} \Gamma_L}{1 - S'_{22}\Gamma_L} = 3.96\angle -2.4°$$

와 같이 계산되고 Z_{in}은 $-84 - j1.9\,\Omega$으로 계산된다. 그리면 식 (13.31)으로부터 Z_S는

$$Z_S = \frac{-R_{in}}{3} - jX_{in} = 28 + j1.9\ \Omega.$$

이 됨을 알 수 있다. $R_{in}/3$의 관계식 S를 이용하면 발진을 일으킬 만큼 회로를 충분하게 불안정하게

만들 수 있다. 임피던스 Z_S을 구현하는 가장 쉬운 방법은 그림에서와 같이 90 Ω 부하에 직렬로 짧은 선로를 연결하는 것이다. 트랜지스터 파라미터의 비선형성 때문에 정상상태 발진주파수는 4 GHz에서 벗어날 수 있다. ◀

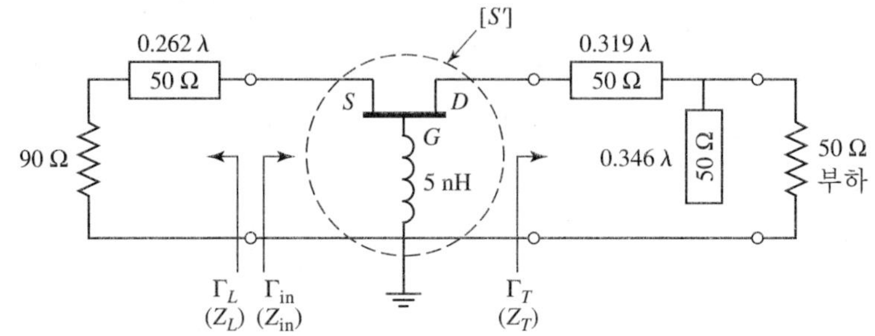

(a)

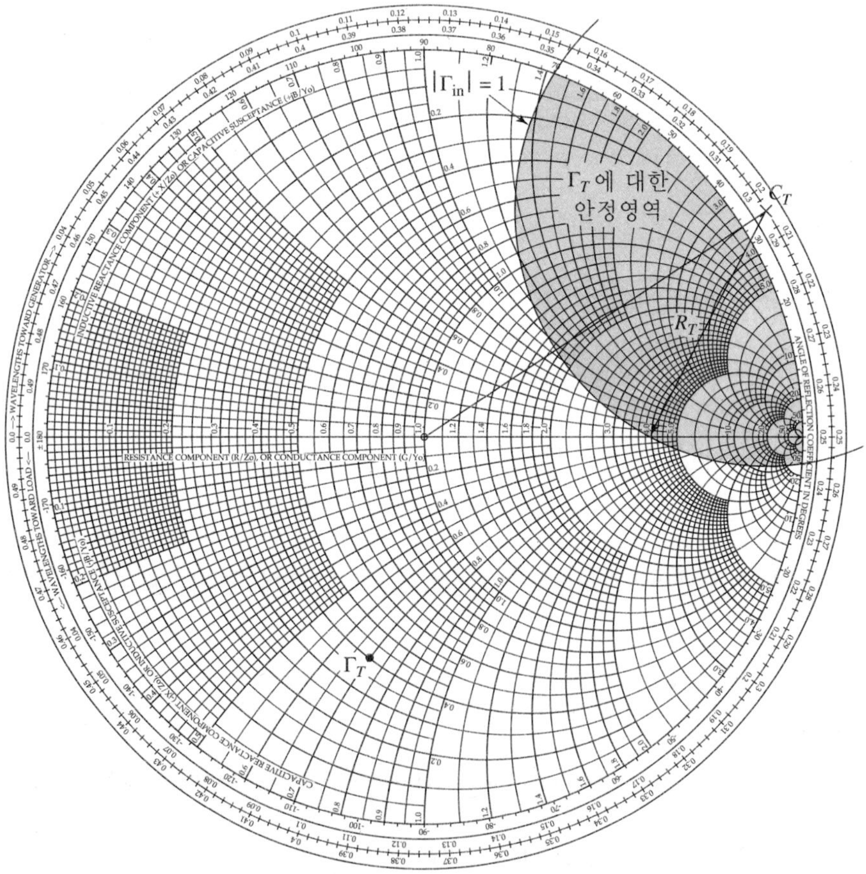

(b)

그림 13.9 예제 13.3의 트랜지스터 발진기에 대한 회로 설계. (a) 발진기 회로도, (b) Γ_L를 구하기 위한 Smith 도표

유전체 공진 발진기(dielectric resonance oscillator)

식 (13.30)의 결과로부터, 발진기의 안정도는 높은 Q값의 미세조정 회로를 사용하면 개선점을 알 수 있다. 집중 정수 소자나 마이크로스트립 선로와 스터브를 사용한 공진 회로의 무부하 Q값은 일반적으로 수백 이하이다(6장 참조). 반면에 도파관 캐비티 공진기는 무부하 Q값이 수만 이상이지만 집적회로로 구현하기가 힘들다. 금속 캐비티(Cavity) 공진기의 또다른 단점은 온도 변화로 인한 캐비티 공진기 크기의 변화로 심각한 공진주파수의 천이가 생기는 것이다. 6.5절에서 설명한 유전체 캐비티 공진기는 무부하 Q가 수천 정도로 크고, 소형이며 직접화가 용이하다는 점에서 위에서 언급된 단점들을 해결할 수 있다. 또한, 온도 안정도가 우수한 세라믹으로 만들 수 있어, 온도에 따른 문제점도 해결 가능하다. 이런 이유로 트랜지스터 **유전체 공진 발진기**(DROs)는 마이크로파 및 밀리미터파 주파수 대역에서 널리 사용되고 있다.

유전체 공진기는 그림 13.10a에서와 같이 마이크로스트립 선로에 근접 배치시켜 발진기 회로와 결합시킨다. 공진기는 $TE_{01\delta}$ 상태로 동작하며 마이크로스트립 선로의 누설 자계와 결합한다. 결합의 강도는 공진기와 마이크로스트립 선로 간의 간격 d에 따라 결정된다. 결합이 자계에 의해 이루어지므로 공진기는 그림 13.10b의 등가회로에서와 같이 마이크로스트립 선로 상의 직렬 부하로 나타난다. 공진기는 RLC 병렬 회로로 모델링되고, 급전선에 대한 결합도는 변압기의 회전율인 N으로 모델링된다. 병렬 RLC 공진기의 임피던스로 식 (6.19)의 결과를 이용하면, 마이크로스트립 선로에서 본 등가 직렬 임피던스 Z는

$$Z = \frac{N^2 R}{1 + j2Q_0 \Delta\omega/\omega_0} \tag{13.35}$$

로 쓸 수 있으며, 여기서 $Q_0 = R/\omega_0 L$은 공진기의 무부하Q이고, $\omega_0 = 1/\sqrt{LC}$은 공진주파수 그리고 $\Delta\omega = \omega - \omega_0$이다. 식 (6.76)으로 정의된 공진기와 급전 선로 간의 결합도(coupling factor)는 무부하Q에 대한 외부 Q(external Q)의 비로

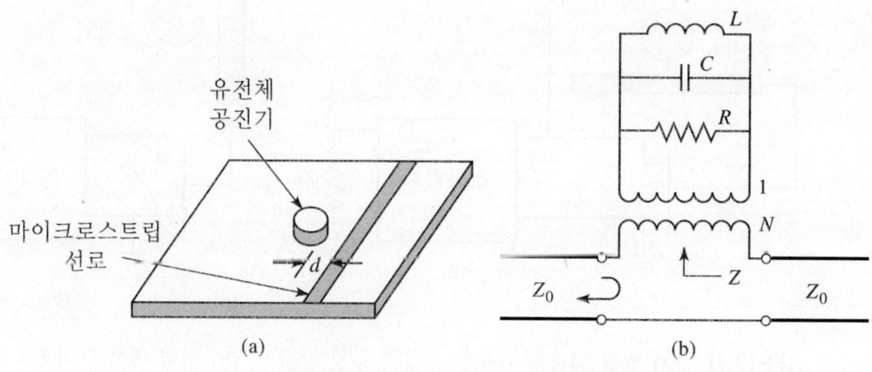

그림 13.10 (a) 마이크로스트립 선로에 결합된 유전체 공진기의 구조, (b) 등가회로

$$g = \frac{Q_0}{Q_e} = \frac{R/\omega_0 L}{R_L/N^2\omega_0 L} = \frac{N^2 R}{2Z_0} \tag{13.36}$$

로 표현 할 수 있으며, 여기서 $R_L = 2Z_0$는 신호원 저항과 종단 저항이 Z_0인 급전선로의 부하 저항이다. 어떤 경우에는 공진기의 위치에서 자계를 최대로 하기 위해 급전선로를 공진기로부터 $\lambda/4$ 거리에 개방회로로 종단시킨다. 이 경우 $R_L = Z_0$이고 결합도는 식 (13.36)의 2배이다.

종단된 마이크로스트립 선로에서 공진기를 바라본 반사계수는

$$\Gamma = \frac{(Z_0 + N^2R) - Z_0}{(Z_0 + N^2R) + Z_0} = \frac{N^2R}{2Z_0 + N^2R} = \frac{g}{1+g} \tag{13.37}$$

로 쓸 수 있다. 이 방법으로부터 공진기 반사계수 Γ를 측정한 다음, $g = \Gamma/(1 - \Gamma)$의 관계식을 이용하여 결합계수를 구할 수 있다. 공진주파수와 Q값도 측정하여 구할 수 있다. 또한 공진주파수와 Q값은 근사적 해석법[6]을 사용하여 계산할 수 있다. N^2R의 항 값만이 유일하게 결정되면 되므로 N과 R의 결정은 자유도가 존재한다.

FET(또는 바이폴라 트랜지스터)의 결합방식인 공통 소스(에미터), 공통 게이트(베이스), 공통 드레인(컬렉터)과 소자의 사용에 따라 다양한 발진기 구조가 존재할 수 있다. 게다가 발진기의 불안정도를 증가시키기 위해 직렬 또는 병렬 소자들을 사용하기도 한다[4]–[5]. 유전체 공진기는 주파수 안정도 향상을 위해 그림 13.11a의 병렬 궤환이나 그림 13.11b의 직렬 궤환 회로에 사용된다. 병렬 구조에서는 두 개의 마이크로스트립 선로에 결합된 공진기를 사용하는데, 이 공진기는 트랜지스터 출력의 일부를 트랜지스터 입력에 궤환시키는 높은 Q값을 가지는 대역통과 여파기 역할을 한다.

결합도는 두 마이크로스트립 선로와 유전체 공진기 간의 거리에 따라 변화되고, 위상은 선로의 길이에 따라 조정할 수 있다. 그림 13.11b의 직렬 궤환 회로는 하나의 마이크로스

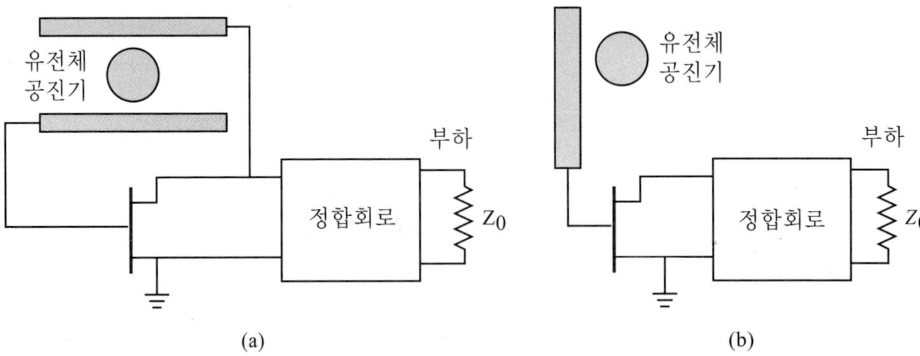

그림 13.11 (a) 병렬 궤환을 이용한 유전체 공진 발진기, (b) 직렬 궤환을 이용한 유전체 공진 발진기

트립 선로만 사용하므로 간단하지만, 일반적으로 병렬 궤환의 경우보다 미세조정의 범위가 넓지 못하다. 병렬 궤환을 사용한 발진기 설계는 마이크로파 CAD 소프트웨어를 사용하여 쉽게 할 수 있고, 직렬 궤환을 사용한 유전체 공진 발진기는 앞 절에서 설명한 2 포트 발진기의 설계 방법을 사용하여 설계할 수 있다.

예제 13.4 유전체 공진 발진기 설계

무선 LAN용으로 2.4 GHz에 동작하는 국부 발진기가 요구된다. 그림 13.11b의 직렬 궤환회로를 사용하며 유전체 공진기 발진기를 설계하라. 바이폴라 트랜지스터의 S 파라미터는 다음과 같다(Z_0 = 50 Ω): S_{11} = 1.8 ∠130°, S_{12} = 0.4 ∠45°, S_{21} = 3.8 ∠36°, S_{22} = 0.7 ∠−63°. 유전체 공진기의 결합계수와 부하에 대한 마이크로스트립 정합 회로를 구하라. 공진기의 무부하 Q가 1,000이라고 가정하여 설계치에 대한 주파수 미세변화 $\Delta f/f_0$에 대한 Γ_{out}의 크기를 도시하라.

풀이

유전체 공진 발진기 회로는 그림 13.12a에 나타내었다. 유전체 공진기는 마이크로스트립 선로의 개방 단으로부터 $\lambda/4$되는 곳에 배치한다. 선로 길이 ℓ_r을 미세조정하여 요구되는 Γ_S의 위상을

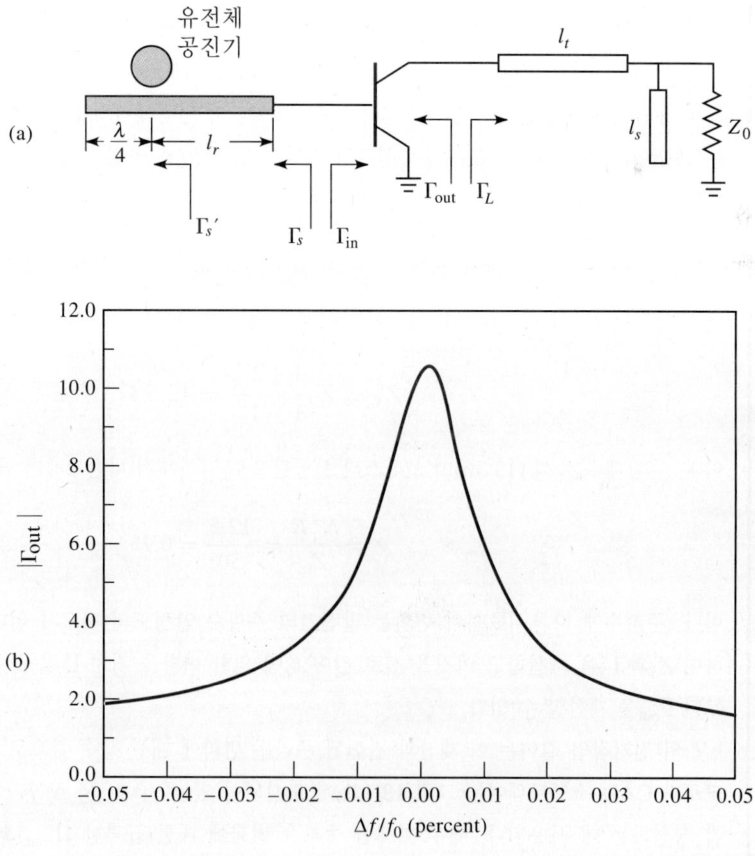

그림 13.12 (a) 예제 13.4의 유전체 공진기 회로, (b) 예제 13.4의 주파수 대 $|\Gamma_{out}|$

정합시킬 수 있다. 예제 13.3의 발진기와는 달리 이 회로의 출력 부하 임피던스는 종단 회로의 일부이다. 필요에 따라 트랜지스터의 부하측 안정도 원과 종단측 안정도 원을 그릴 수 있으나, 큰 $|\Gamma_{out}|$을 얻을 수 있는 Γ_S을 선정하여 설계를 시작하기 때문에 필요하지 않다. 식 (13.34)로부터

$$\Gamma_{out} = S_{22} + \frac{S_{12}S_{21}\Gamma_S}{1 - S_{11}\Gamma_S},$$

이며, 이는 $1 - S_{11}\Gamma_S$을 영에 근접시키면 Γ_{out}이 최대가 됨을 의미한다. 따라서 $\Gamma_S = 0.6\ \angle -130°$로 택하면, $\Gamma_{out} = 10.7\ \angle 132°$가 된다. 이에 해당한 임피던스는

$$Z_{out} = Z_0\frac{1+\Gamma_{out}}{1-\Gamma_{out}} = 50\frac{1+10.7\angle 132°}{1-10.7\angle 132°} = -43.7 + j6.1\ \Omega.$$

이다.

종단 측에서 식 (13.31)과 유사한 발진 조건을 적용하면

$$Z_L = \frac{-R_{out}}{3} - jX_{out} = 5.5 - j6.1\ \Omega$$

이 된다. 종단 정합 회로는 Smith 도표를 이용하여 설계할 수 있다. 부하 임피던스 Z_0에 정합되는 임피던스 Z_L를 위한 최단의 전송 선로길이는 $\ell_t = 0.481\lambda$이고 정합용 개방회로 스터브의 길이는 $\ell_s = 0.307\lambda$이다.

다음으로 Γ_S을 공진기 회로에 정합시킨다. 식 (13.35)로부터 마이크로스트립에서 보이는 공진기의 등가 임피던스는 공진주파수에서 실수이므로, 이 지점에서의 Γ'_S 반사계수의 위상각은 0° 또는 180°이다. 외부 부하 혹은 전송선로와 결합된 병렬 *RLC* 공진기에서 $R < Z_0$이므로 180°가 적당한 각이며, 이 각은 선로 길이 ℓ_r을 변화시켜 얻을 수 있다. 반사계수의 크기는 변하지 않으므로

$$\Gamma'_S = \Gamma_S e^{2j\beta\ell_r} = (0.6\angle -130°)e^{2j\beta\ell_r} = 0.6\angle 180°,$$

의 관계식으로부터 $\ell_r = 0.431\lambda$가 된다. 이때, 공진점에서의 공진기 등가 임피던스는

$$Z'_S = Z_0\frac{1+\Gamma'_S}{1-\Gamma'_S} = 12.5\ \Omega.$$

이다. 결합계수는 식 (13.36)에 $\lambda/4$ 스터브 종단으로 계산해서 나온 2배를 곱하여 구하면

$$g = \frac{N^2R}{Z_0} = \frac{12.5}{50} = 0.25$$

이다. 주파수에 따른 $|\Gamma_{out}|$의 변화는 발진기의 주파수 안정도의 척도가 된다. 식 (13.35)를 이용하여 Z'_S과 Γ'_S을 계산하고 이것을 선로 길이 ℓ_r에 의한 변환을 거쳐 Γ_S을 구한 다음, 식 (13.34)로부터 Γ_{out}을 계산할 수 있다.

ℓ_r의 전기적인 길이는 이 계산과 관련된 주파수 변화에 대한 상수 값으로 근사할 수 있다. 마이크로파 CAD 소프트웨어는 그림 13.12b에 도시되어 있는 $-0.01 < \Delta f/f_0 < 0.01$에 대한 데이터를 생성하는 데 사용된다. 매우 미세한 주파수 변화에 대한 급격한 $|\Gamma_{out}|$의 변화는 유전체 공진기에 의한 매우 우수한 주파수 선택도 때문임을 알아두자. ◀

13.3 발진기 위상잡음

신호원 또는 발진기에 의해서 발생되는 잡음은 레이더나 무선 시스템의 성능을 저하시킬 수 있기 때문에 상당히 중요하다. 이런 잡음은 수신기의 잡음레벨을 증가시키는 영향 외에도 잡음이 있는 국부 발진기는 원하지 않는 인접한 신호의 하향변환을 초래한다. 따라서 수신기의 선택성을 제한하고 인접한 채널 간의 간격에 제한을 주게 된다. **위상잡음**(Phase noise)은 발진기 출력 주파수(또는 위상)의 짧은 불규칙적인 변동을 의미한다. 위상잡음은 디지털 변조 신호 검파를 어렵게 한다.

이상적인 발진기는 동작 주파수에서 한 개의 델타 함수로 구성된 주파수 스펙트럼을 가진다. 하지만 실제 발진기는 그림 13.13에 나타낸 바와 같은 스펙트럼 형태를 가진다. 발진기의 고조파나 혼합기의 곱 성분 때문에 불요파 신호는 스펙트럼 상에서 이산 스파이크로 나타난다. 그리고 열과 다른 잡음원에 의한 불규칙적 변동 때문에 위상잡음은 출력신호 주변에 연속적인 분포로 넓게 나타난다. 위상잡음은 신호 주파수로부터 오프셋 f_m이 주어질 때, 하나의 위상 변조 측대파(sideband)에서의 전력과 단위 대역폭(1 Hz)당 총 신호전력의 비로 정의되고, $\mathcal{L}(f_m)$으로 표시한다. 일반적으로 대역폭의 Hz당 반송파 전력에 비례하는 dB로 나타낸다(dBc/Hz). 예를 들면, 일반적인 FM 셀룰러 라디오에 대한 발진기의 위상잡음 규격은 반송파로부터 약 25 kHz일 때 −110 dBc/Hz 정도가 된다. 다음 소절에서는 FM 셀룰러 라디오에 대한 발진기 위상잡음이 어떻게 나타나는가를 보이고, 발진기의 위상잡음을 특성화하기 위해 널리 사용되는 모델을 소개한다.

위상잡음의 표현

일반적으로 발진기나 합성기의 출력 전압은 다음과 같이 표현된다.

$$v_o(t) = V_o[1 + A(t)]\cos[\omega_o t + \theta(t)]. \tag{13.38}$$

여기서 $A(t)$는 출력 파동의 진폭 변동을 나타내고, $\theta(t)$는 출력 파형의 위상변화를 나타낸다. 이들 가운데 진폭 변화는 일반적으로 잘 제어될 수 있으나, 시스템의 성능에는 별다른 영향을 미치지 않는다. 위상 변화는 이산적일 수 있으나(불요파 신호의 합성 또는 고조파

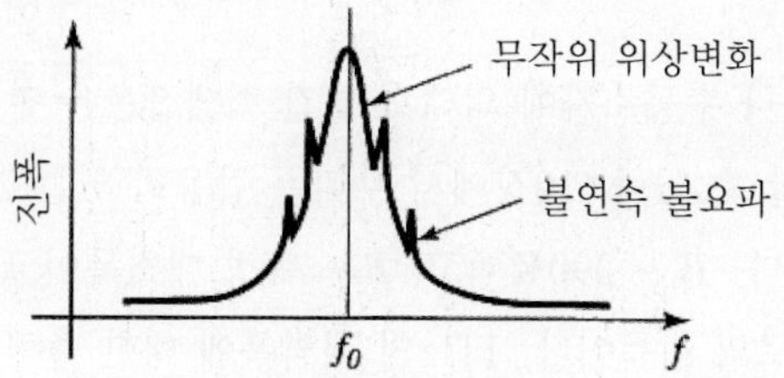

그림 13.13 일반적인 RF 발진기에 대한 출력 파형

때문에), 본질적으로 랜덤하다(온도 또는 다른 랜덤한 잡음원 때문에). 순간적인 위상 변화는 주파수의 변화와 구분할 수 없다는 것을 식 (13.38)에서 알 수 있다.

발진주파수의 작은 변화는 반송파의 주파수 변조로써 나타낼 수 있고, 이를 표기하면 다음과 같다.

$$\theta(t) = \frac{\Delta f}{f_m} \sin \omega_m t = \theta_p \sin \omega_m t. \tag{13.39}$$

여기서 $f_m = \omega_m/2\pi$는 변조 주파수이다. **변조지수**는 $\theta_p = \Delta f/f_m$이다. 식 (12.38)에 식 (13.39)를 대입하고 전개하면 다음과 같다.

$$v_o(t) = V_o[\cos \omega_o t \cos(\theta_p \sin \omega_m t) - \sin \omega_o t \sin(\theta_p \sin \omega_m t)]. \tag{13.40}$$

여기서 진폭 변동을 무시하여 $A(t) = 0$으로 놓고, 위상 편차가 작다고 가정하면 $\theta_p \ll 1$이 되고, $\sin x \simeq x$와 $\cos x \simeq 1$이 되어, 이를 식 (13.40)에 적용하여 간단히 하면 다음과 같다.

$$\begin{aligned} v_o(t) &= V_o[\cos \omega_o t - \theta_p \sin \omega_m t \sin \omega_o t] \\ &= V_o \left\{ \cos \omega_o t - \frac{\theta_p}{2}[\cos(\omega_o + \omega_m)t - \cos(\omega_o - \omega_m)t] \right\}. \end{aligned} \tag{13.41}$$

이 표현은 발진기의 출력에서의 주파수나 작은 위상의 편차는 반송파 신호 ω_o의 어느 한쪽 편에 위치한 $\omega_o \pm \omega_m$의 변조 측대파로 나타남을 알 수 있다. 이러한 편차가 온도의 불규칙적 변화나 소자 잡음에 의해 나타날 때, 발진기의 출력 스펙트럼은 그림 13.13처럼 보일 것이다. 단 위상잡음을 반송파 전력과 단일 측대파에서의 잡음전력의 비로 정의함에 따라, 식 (13.41)의 파형은 다음 식에 대응하는 위상잡음을 가진다.

$$\mathcal{L}(f) = \frac{P_n}{P_c} = \frac{\frac{1}{2}\left(\frac{V_o \theta_p}{2}\right)^2}{\frac{1}{2}V_o^2} = \frac{\theta_p^2}{4} = \frac{\theta_{rms}^2}{2}. \tag{13.42}$$

여기서 $\theta_{rms} = \theta_p/\sqrt{2}$는 위상 편차의 rms값이다. 위상잡음과 결합한 두 면의 전력밀도 스펙트럼은 모든 측대파에서의 전력을 포함하므로, 아래 식과 같다.

$$S_\theta(f_m) = 2\mathcal{L}(f_m) = \frac{\theta_p^2}{2} = \theta_{rms}^2. \tag{13.43}$$

능동소자나 수동소자에 의해서 생긴 백색잡음은 같은 정의를 사용하여 위상잡음의 개념으로 해석할 수 있다. 10장에서 우리는 잡음이 있는 2 포트 회로의 출력에서의 잡음전력은 kT_0BFG이다. $T_0 = 290\,\text{K}$이고, B는 측정 대역폭이고, F는 그 회로의 잡음지수이다. 그리고 G는 회로의 이득이다. 1 Hz의 대역폭에 대한 출력잡음 전력밀도와 출력신호 전력의 비는 다음과 같은 전력밀도 스펙트럼을 가지고 있다.

$$S_\theta(f_m) = \frac{kT_0F}{P_c}. \tag{13.44}$$

여기서 P_c는 입력신호(반송파), 전력이다. 이 식에서는 잡음 신호의 이득은 상쇄되어 있다.

발진기의 위상잡음에 대한 리슨(Leeson) 법칙

이 절에서 우리는 발진기 위상잡음의 전력밀도 스펙트럼의 특성을 설명하기 위해서 Leeson의 모델을 소개한다[2],[7]. 13.1절에서와 같이, 발진기를 그림 13.14에서 나타낸 것처럼 궤환 회로를 가진 증폭기로 모델링할 것이다.

증폭기의 전압이득이 궤환 전달함수 $H(\omega)$에 포함된다면, 발진기 회로의 전달함수는 아래 식과 같다.

$$V_o(\omega) = \frac{V_i(\omega)}{1 - H(\omega)}. \tag{13.45}$$

궤환 루프에 높은 Q값의 공진회로를 이용하는 발진기를 사용하면(예를 들어, 콜피츠, 하틀리, 클랩 및 유사 발진기), $H(\omega)$는 병렬 RLC 공진기의 전압전달 함수로 다음과 같이 설명될 수 있다.

$$H(\omega) = \frac{1}{1 + jQ_0\left(\dfrac{\omega}{\omega_0} - \dfrac{\omega_0}{\omega}\right)} = \frac{1}{1 + 2jQ_0\Delta\omega/\omega_0}, \tag{13.46}$$

여기서 ω_0는 발진기의 공진주파수이고, $\Delta\omega = \omega - \omega_0$는 공진주파수로부터의 오프셋이다. 입출력 전력 스펙트럼이 전압전달 함수의 크기의 제곱값과 관련이 있기 때문에 식 (13.45)–(13.46)을 다음과 같이 나타낼 수 있다[8].

$$\begin{aligned} S_\phi(\omega) &= \left|\frac{1}{1 - H(\omega)}\right|^2 S_\theta(\omega) = \frac{1 + 4Q_0^2\Delta\omega^2/\omega_0^2}{4Q_0^2\Delta\omega^2/\omega_0^2} S_\theta(\omega) \\ &= \left(1 + \frac{\omega_0^2}{4Q_0^2\Delta\omega_0^2}\right) S_\theta(\omega) = \left(1 + \frac{\omega_h^2}{\Delta\omega_0^2}\right) S_\theta(\omega), \end{aligned} \tag{13.47}$$

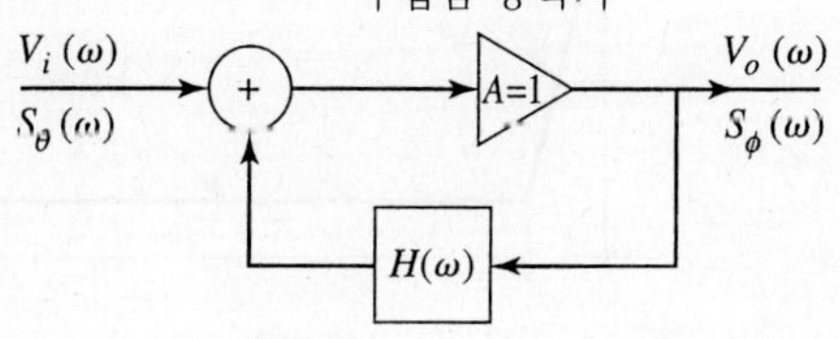

그림 13.14 발진기의 잡음 특성화하기 위한 궤환 증폭기

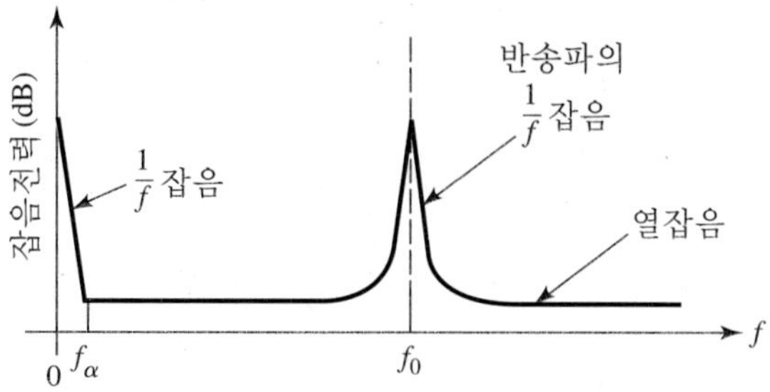

그림 13.15 입력신호를 갖는 증폭기에서의 주파수에 대한 잡음전력

여기서 $S_\theta(\omega)$는 입력 전력밀도 스펙트럼이고 $S_\phi(\omega)$는 출력 전력밀도 스펙트럼이다. 식 (13.47)에서 $\omega_h = \omega_0/2Q_0$가 공진기의 3 dB 대역폭($\frac{1}{2}$ 전력)으로 정의된다.

주파수 f_0인 정현파 신호가 입력되는 트랜지스터 증폭기의 잡음 스펙트럼은 그림 13.15와 같다. kTB 열잡음 외에도 f_α 미만의 주파수 대역에서, 주파수에 반비례하는 잡음이 생성됨을 알 수 있다. 이 $1/f$ 또는 flicker **잡음**은 능동소자에서 반송파 밀도의 불규칙한 변동에 의해 초래된다. 트랜지스터의 비선형성으로 인해 $1/f$ 잡음은 f_0에서 인가된 신호를 변조시키며, f_0 근처에서 $1/f$ 잡음 측대파로 나타난다. $1/f$ 잡음 성분은 반송파에 가까운 주파수에서 위상 잡음전력보다 우세하게 나타나므로 모델링에 반드시 포함시켜야 한다. 그러므로 입력전력의 스펙트럼 밀도는 그림 13.16과 같다. 그림 13.16에서 $K/\Delta f$는 반송파 주변의 $1/f$ 잡음성분을 나타내고, kT_0F/P_0는 열잡음을 나타낸다.

따라서 발진기에 입력되는 전력밀도 스펙트럼은 다음과 같다.

$$S_\theta(\omega) = \frac{kTF}{P_0}\left(1 + \frac{K\omega_\alpha}{\Delta\omega}\right). \tag{13.48}$$

식 13.48에서 K는 $1/f$ 잡음의 세기를 나타내는 상수이고, ω_α $(= 2\pi f_\alpha)$는 $1/f$ 잡음의 **경계 주파수**(coner frequency)이다. 경계 주파수는 주로 발진기에 사용되는 트랜지스터의 종류에 의존한다. 예를 들어 일반적으로 실리콘 접합 FET의 경계주파수 범위는 50 Hz – 100

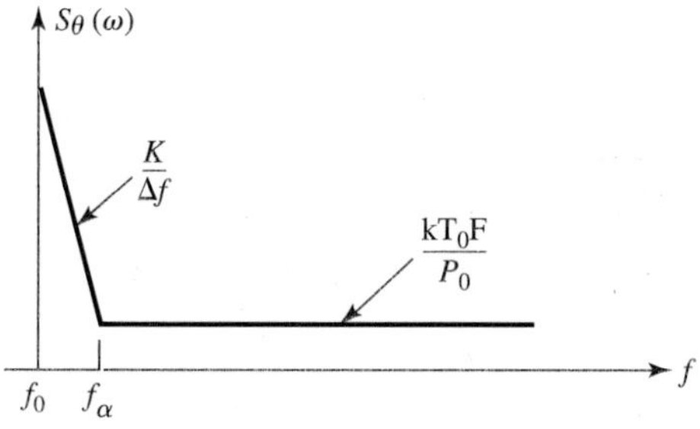

그림 13.16 $1/f$와 열 성분을 포함하는 증폭기 잡음의 이상적인 전력밀도 스펙트럼

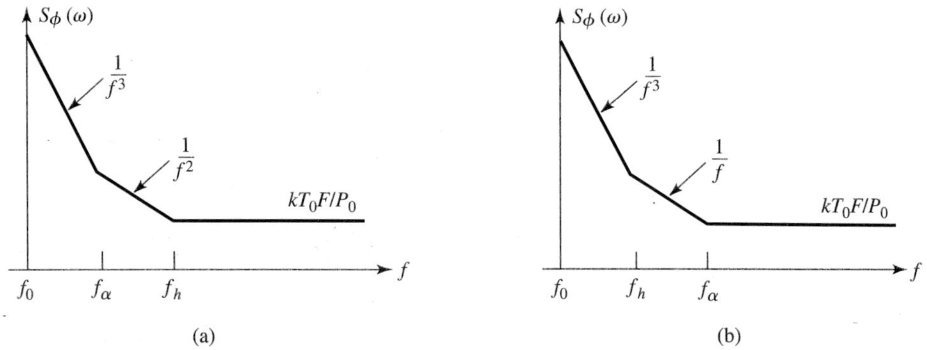

그림 13.17 발진기의 출력 위상잡음의 전력밀도 스펙트럼. (a) $f_h > f_\alpha$(낮은 Q값)에 대한 응답, (b) $f_h < f_\alpha$(높은 Q값)에 대한 응답

Hz 이며, GaAs MESFETs의 경계 주파수는 2 MHz에서 10 MHz 범위를 갖는다. 또한 BJT는 5~50 kHz 범위의 코너 주파수를 갖는다. 식 (13.48)을 식 (13.47)에 대입하면 출력 위상잡음의 전력밀도 스펙트럼이 된다.

$$
\begin{aligned}
S_\phi(\omega) &= \frac{kT_0F}{P_0}\left(\frac{K\omega_0^2\omega_\alpha}{4Q_0^2\Delta\omega^3} + \frac{\omega_0^2}{4Q_0^2\Delta\omega^2} + \frac{K\omega_\alpha}{\Delta\omega} + 1\right) \\
&= \frac{kT_0F}{P_0}\left(\frac{K\omega_\alpha\omega_h^2}{\Delta\omega^3} + \frac{\omega_h^2}{\Delta\omega^2} + \frac{K\omega_\alpha}{\Delta\omega} + 1\right).
\end{aligned}
\tag{13.49}
$$

그 결과는 그림 13.17에 나타내었다. 식 (13.49)의 중간 두 항 중에서 어느 것이 더 중요하냐에 따라서 두 경우로 나눠진다. 두 경우 모두, 반송파 f_0에 근접한 주파수에서의 잡음전력은 $1/f^3$ 혹은 −18 dB/octave로 감소한다. 공진기가 상대적으로 낮은 Q값을 가진다면, 3 dB 대역폭 $f_h > f_\alpha$가 된다. f_α와 f_h 사이의 주파수에 대해서 잡음전력은 $1/f^2$이나 −12 dB/octave로 감소된다. 만약 공진기가 상대적으로 높은 Q값($f_h < f_\alpha$)을 가져 3 dB 대역폭 $f_h < f_\alpha$이면 f_h와 f_α 사이의 주파수에 대해서 잡음전력은 $1/f$ 나 −6 dB/octave로 떨어진다.

더 높은 주파수에서는 열잡음이 중요한 요소로서 작용하고, 주파수에 대해 일정한 상수값을 가지며, 증폭기의 잡음지수에 비례한다. $F = 1$(0 dB)인 잡음이 없는 증폭기는 $kT_0 =$ −174 dBm/Hz의 최소한의 잡음 층을 생성한다. 그림 13.13은 반송파에 가까운 주파수일수록 잡음전력이 더 높음을 나타낸다. 하지만, 식 (13.49)은 $1/f^3$이 $1/Q_0^2$에 비례함을 보여준다. 이는 반송파에 가까울수록 위상잡음 특성이 좋다는 것을 의미한다. 마지막으로 SSB(single-sideband) 위상잡음은 식 (13.49)이 전력밀도 스펙트럼의 절반이 될 것이라는 것을 식 (13.43)에서 상기해 보자. 이 결과는 발진기 위상잡음에 대한 적합한 모델을 제공하고, 반송파로부터 오프셋 주파수를 갖는 잡음전력의 롤 오프를 정량적으로 설명한다.

수신기에서 위상잡음은 신호 대 잡음비(또는 bit error rate)와 선택성 모두를 악화시킨다

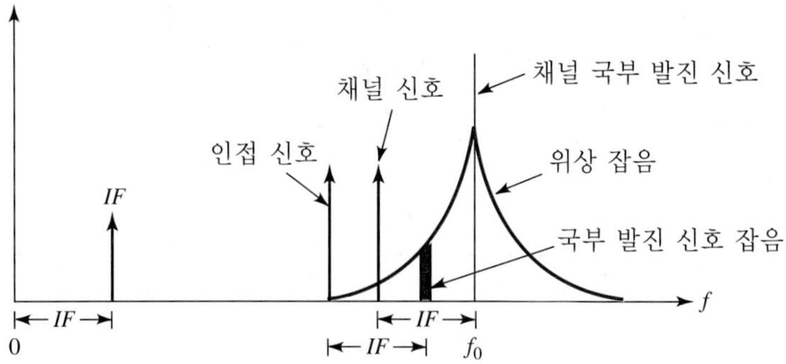

그림 13.18 원하는 신호에 인접한, 원하지 않는 신호들을 LO 위상잡음이 어떻게 수용하는가를 나타낸다.

[9]. 일반적으로 선택도에 가장 큰 영향을 끼친다. 위상잡음은 원하는 주파수 근방의 신호까지 하향 변환 시킴으로써 수신부의 선택도를 떨어뜨린다. 이 과정은 그림 13.18에 도시되어 있다. 주파수 f_0에서 사용되는 국부 발진기는 원하는 신호를 IF 주파수로 변환하는데 이용된다. 그러나 위상잡음 때문에 f_0 근처의 원치 않았던 신호가 국부 발진기의 위상잡음 스펙트럼에 의해 IF 주파수로 변환될 수 있다. 이 변환을 일으키는 위상잡음은 원치 않았던 신호에서 발생한 IF 주파수와 같은 반송파에 의해 상쇄된다. 이러한 과정은 **상호 혼합**(reciprocal mixing)이라 불린다. 이 도표에서, S dB($S \geq 0$)의 인접 채널 감쇠를 위한 최대 허용 위상잡음을 볼 수 있다.

$$\mathcal{L}(f_m) = C\ (\text{dBm}) - S\ (\text{dB}) - I\ (\text{dBm}) - 10\log(B),\ (\text{dBc/Hz}). \tag{13.50}$$

여기서, C는 원했던 신호레벨(dBm)이고, I는 원하지 않았던(간섭) 신호의 레벨(dBm)이며, B는 IF 필터의 대역폭(Hz)이다.

예제 13.5 GSM 위상잡음 요구조건

GSM 셀룰러 표준은 −99 dBm의 반송파 레벨에 대하여, 그 반송파의 3 MHz 떨어진 곳에 −23 dBm, 1.6 MHz에 −33 dBm, 0.6 MHz에 −43 dBm의 간섭신호 레벨을 9 dB 이상 제거할 것을 요구한다. 이 반송파 주파수 오프셋에서 국부 발진기에서 요구되는 위상잡음을 결정하라. 대역폭은 200 kHz이다.

☞ 풀이

식 (13.50)에서

$$\begin{aligned}\mathcal{L}(f_m) &= C\ (\text{dBm}) - S\ (\text{dB}) - I\ (\text{dBm}) - 10\log(B)\\ &= -99\ \text{dBm} - 9\ \text{dB} - I\ (\text{dBm}) - 10\log(2\times 10^5).\end{aligned}$$

아래 표는 위 표현에서 계산된 필요한 LO 위상잡음을 나타낸다.

오프셋 주파수 f_m (MHz)	간접신호 레벨 (dBm)	$\mathcal{L}(f_m)$ dBc/Hz
3.0	−23	−138
1.6	−33	−128
0.6	−43	−118

이 표의 위상잡음 레벨은 위상 고정 합성기를 사용해야 한다. GSM 시스템에서의 비트의 에러는 보통 상호 변환 효과에 의한 반면, 안테나와 수신부의 열잡음에 의한 에러는 무시되는 경우가 대부분이다. ◀

13.4 주파수 체배기

주파수가 밀리미터파로 증가함에 따라 전력, 안정도, 잡음특성이 좋은 기본 주파수 발진기를 만드는 것은 더욱 더 어렵게 되었다. 그에 따른 대안은 **주파수 체배기**를 이용하여 더 낮은 주파수 발진기를 사용하는 것이다. 10.3절 내용과 같이 소자의 비선형적인 요소로 인해 입력 사인파 신호에서 많은 고조파가 발생된다. 주파수 체배 현상은 다이오드와 트랜지스터를 사용하는 회로에서는 필연적으로 발생하게 된다. 그러므로 알맞은 주파수 체배기를 설계하는 것은 비선형성에 대한 분석, 복합 주파수에서의 정합, 안정도 분석, 온도 등을 고려해야 하므로 어려운 일이다. 우리는 일반 작동 원리와 다이오드 및 트랜지스터 주파수 체배기의 특성에 대해서 토론하고, 더욱 실질적이고 상세한 문헌들에 대해 살펴보고자 한다[5].

주파수 체배기는 **리액티브 다이오드 체배기, 저항성 다이오드 체배기, 트랜지스터 체배기**로 분류된다. 리액티브 다이오드 체배기는 비선형적인 접합 커패시터를 나타내기 위하여 바이어스가 인가된 버렉터(varactor) 다이오드나 스텝-회복 다이오드(step-recovery diode)를 이용하게 된다. 다이오드의 손실이 적기 때문에 변환효율(원하는 고조파로 변환된 RF 입력전압의 일부분)은 비교적 높아질 수 있다. 사실상 이상적인(손실이 없는) 리액티브 체배기는 이론상 100%의 변환효율을 나타낼 수 있다. 버렉터(varactor) 다이오드는 낮은 고조파 변환에서 가장 많이 사용된다(2배에서 4배 사이의 체배수). 반면에 스텝-회복(step-recovery) 다이오드는 더 높은 고조파에서 더 큰 전력을 일으킬 수 있다.

저항성 체배기는 순방향 바이어스된 쇼트키 배리어(Schottky barrier) 검파 다이오드의 비선형 I–V 특성을 이용한다. 저항성 체배기는 고조파의 제곱수로 감소하는 변환효율을 가지며, 이러한 체배기는 단지 낮은 체배수에 관해서만 유용하다. 트랜지스터 체배기는 BJT와 FET 소자 모두를 사용할 수 있으며, 변환이득을 제공할 수 있다. 그러나 트랜지스터 체배기는 차단주파수에 제한을 받기 때문에 일반적으로 아주 높은 주파수에서는 사용하지 않는다.

주파수 체배기의 단점은 잡음 레벨이 체배수에 의해서 증가된다는 것이다. 이것은 주파수 체배과정이 위상 체배과정과 같기 때문이다. 그래서 위상잡음 변위는 주파수가 체배 되는 방법과 같은 방법으로 체배된다. 잡음 레벨에서의 증가는 $20\log n$의 형태로 주어지는데, 여기서 n은 체배수이다.

더욱이 주파수 체배기(doubler)는 기본 발진기 잡음 레벨을 최소한 6 dB까지 증가시킬 것이다. 반면에 주파수 3체배기(tripler)는 최소한 9.5 dB로 증가할 것이다. 버렉터(varactor) 다이오드와 스텝-회복(step-recovery) 다이오드는 매우 작은 직렬저항 성분들을 가지고 있기 때문에, 리액티브 다이오드는 자체적인 아주 작은 잡음이 추가되지만, 저항성 다이오드 체배기는 상당히 큰 잡음전력을 추가시킬 수 있다.

리액티브 다이오드 체배기(Manley-Rowe 관계)

비선형 리액티브 요소[10]에서의 주파수 변환과 관련된 전압 보존에 관한 매우 일반적인 분석으로부터 알려진, Manley-Rowe 관계에 대해 논의할 것이다. 그림 13.19의 회로를 보면, 주파수 ω_1과 ω_2의 두 소스는 비선형 커패시터 C를 이끌어 낸다. 또한 그 회로는 $n\omega_1 + m\omega_2$ 형태의 모든 고조파 전력들을 격리시키기 위한 이상적인 대역통과 여파기를 보여준다. 커패시터가 비선형적이기 때문에, 전하 Q는 커패시터 전압 v에 대한 거듭제곱 급수 형태로 표현될 수 있다.

$$Q = a_0 + a_1 v + a_2 v^2 + a_3 v^3 + \cdots.$$

10.3절에 의하면, 비선형적 관계는 $n\omega_1 + m\omega_2$ 형태의 모든 주파수 발생을 의미한다. 따라서 우리는 커패시터 전압을 푸리에 급수 형태로 나타낼 수 있다.

$$v(t) = \sum_{n=-\infty}^{\infty} \sum_{m=-\infty}^{\infty} V_{nm} e^{j(n\omega_1 + m\omega_2)t}. \tag{13.51}$$

유사하게 커패시터 전하와 전류도 다음과 같이 나타낼 수 있다.

$$Q(t) = \sum_{n=-\infty}^{\infty} \sum_{m=-\infty}^{\infty} Q_{nm} e^{j(n\omega_1 + m\omega_2)t} \tag{13.52}$$

$$i(t) = \frac{dQ}{dt} = \sum_{n=-\infty}^{\infty} \sum_{m=-\infty}^{\infty} j(n\omega_1 + m\omega_2) Q_{nm} e^{j(n\omega_1 + m\omega_2)t} = \sum_{n=-\infty}^{\infty} \sum_{m=-\infty}^{\infty} I_{nm} e^{j(n\omega_1 + m\omega_2)t}. \tag{13.53}$$

$v(t)$와 $i(t)$가 실수이기 때문에, $V_{-n,-m} = V_{nm}^*$이고 $Q_{-n,-m} = Q_{nm}^*$이다.

무손실 커패시터에 의한 전력의 감쇠는 없다. ω_1와 ω_2가 상호간 체배가 아니라면, 상호작용 고조파 때문에 평균전력은 존재할 수 없다. 그러면 주파수 $\pm|n\omega_1 + m\omega_2|$에서의 평균

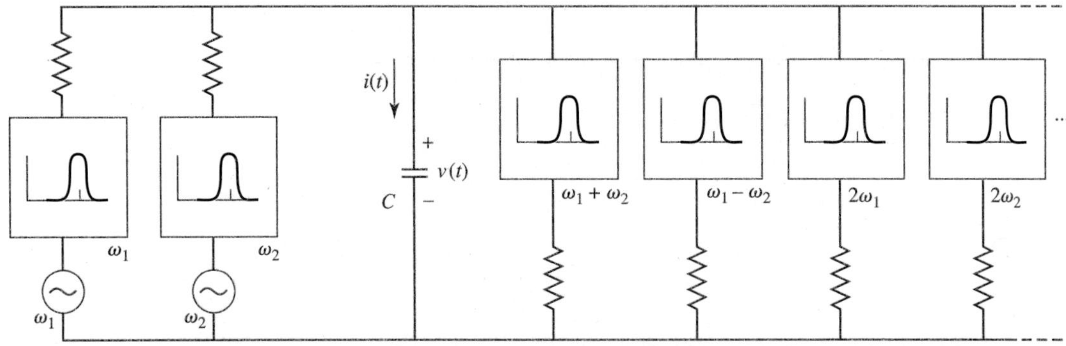

그림 13.19 Manley-Rowe의 관계를 유도하기 위한 회로의 개념도

전력은(네 번째 인자를 무시하면) 다음과 같이 나타낼 수 있다.

$$P_{nm} = 2\,\mathrm{Re}\{V_{nm} I_{nm}^*\} = V_{nm} I_{nm}^* + V_{nm}^* I_{nm} = V_{nm} I_{nm}^* + V_{-n,-m} I_{-n,-m}^* = P_{-n,-m}. \tag{13.54}$$

전력 보존은 다음과 같이 표현된다.

$$\sum_{n=-\infty}^{\infty} \sum_{m=-\infty}^{\infty} P_{nm} = 0. \tag{13.55}$$

식 (13.55)에 $(n\omega_1 + m\omega_2)/(n\omega_1 + m\omega_2)$을 곱하면,

$$\omega_1 \sum_{n=-\infty}^{\infty} \sum_{m=-\infty}^{\infty} \frac{nP_{nm}}{n\omega_1 + m\omega_2} + \omega_2 \sum_{n=-\infty}^{\infty} \sum_{m=-\infty}^{\infty} \frac{mP_{nm}}{n\omega_1 + m\omega_2} = 0. \tag{13.56}$$

식 (13.54)와 $I_{nm} = j(n\omega_1 + m\omega_2)Q_{nm}$을 이용하면,

$$\begin{aligned} &\omega_1 \sum_{n=-\infty}^{\infty} \sum_{m=-\infty}^{\infty} n(-jV_{nm} Q_{nm}^* - jV_{-n,-m} Q_{-n,-m}^*) \\ &+ \omega_2 \sum_{n=-\infty}^{\infty} \sum_{m=-\infty}^{\infty} m(-jV_{nm} Q_{nm}^* - jV_{-n,-m} Q_{-n,-m}^*) = 0. \end{aligned} \tag{13.57}$$

식 (13.57)에 두 덧셈 항은 언제든지 외부 회로를 조정할 수 있고 커패시터 전하는 직접적으로 전압에 의존하므로 모든 V_{nm}은 상수이고, Q_{nm}도 상수이기 때문에, ω_1이나 ω_2에 의존하지 않는다. 식 (13.56)에서 각각의 합은 똑같이 0이다.

$$\sum_{n=-\infty}^{\infty} \sum_{m=-\infty}^{\infty} \frac{nP_{nm}}{n\omega_1 + m\omega_2} = 0 \tag{13.58a}$$

$$\sum_{n=-\infty}^{\infty} \sum_{m=-\infty}^{\infty} \frac{mP_{nm}}{n\omega_1 + m\omega_2} = 0. \tag{13.58b}$$

$P_{-n,-m} = P_{nm}$을 이용해서 합산된 항으로부터 부정지수 항을 없앰으로써 단순화할 수 있다. 예를 들어, 식 (13.58a)로부터, 아래 식을 얻을 수 있다.

$$\sum_{n=-\infty}^{\infty}\sum_{m=-\infty}^{\infty}\frac{nP_{nm}}{n\omega_1+m\omega_2}=\sum_{n=0}^{\infty}\sum_{m=-\infty}^{\infty}\frac{nP_{nm}}{n\omega_1+m\omega_2}+\sum_{n=0}^{\infty}\sum_{m=-\infty}^{\infty}\frac{-nP_{-n,-m}}{-n\omega_1-m\omega_2}$$
$$=2\sum_{n=0}^{\infty}\sum_{m=-\infty}^{\infty}\frac{nP_{nm}}{n\omega_1+m\omega_2}=0.$$

Manley-Rowe 관계에 대한 일반적인 형태에서의 결과값은

$$\sum_{n=0}^{\infty}\sum_{m=-\infty}^{\infty}\frac{nP_{nm}}{n\omega_1+m\omega_2}=0 \tag{13.59a}$$

$$\sum_{n=-\infty}^{\infty}\sum_{m=0}^{\infty}\frac{mP_{nm}}{n\omega_1+m\omega_2}=0 \tag{13.59b}$$

이 된다. Manley-Rowe 관계는 어떠한 무손실 비선형성 리액턴스에 대한 전력 보존을 나타내고, 최대 유효전력 이득과 변환효율을 예측하기 위한 RF, 마이크로파, 광 주파수에서의 고조파 발생기, 매개변수 증폭기, 주파수 변환기에 사용될 수 있다.

리액티브 주파수 체배기는 오직 단일 소스에서만 사용되기 때문에 Manley-Rowe 관계에서 특별한 경우에서만 사용한다. 주파수 ω_1에서의 소스로 가정하고, 식 (13.59a)에 $m = 0$을 대입하면,

$$\sum_{n=1}^{\infty}P_{n0}=0$$

또는

$$\sum_{n=2}^{\infty}P_{n0}=-P_{10} \tag{13.60}$$

이다. 여기서 P_{n0}는 n번째 고조파와 관련된 전력을 나타낸다($n = 0$에 대한 DC 조건은 0이다). 실질적으로, 소스로부터 전력이 유도되기 때문에 $P_{10} > 0$다. 식 (13.60)에서의 합은 비선형 커패시터에 의해서 발생됐던 것처럼 모든 고조파의 입력신호를 포함한 총 전력을 나타낸다. n번째를 제외한 모든 고조파가 비손실성 리액티브 부하로 끝난다면 식 (13.60)의 전력 비율을 다음과 같이 줄일 수 있다.

$$\left|\frac{P_{n0}}{P_{10}}\right|=1. \tag{13.61}$$

식 12.61은 이론적으로 어떤 고조파에 대한 100% 변환효율을 얻는 것이 가능하다는 것을

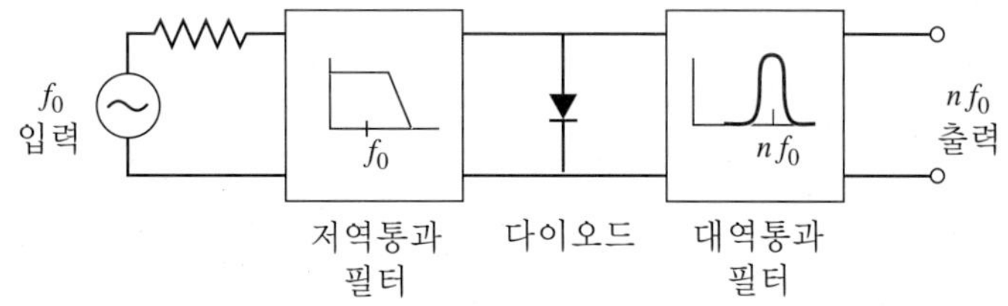

그림 13.20 다이오드 주파수 체배기의 블록 다이어그램

나타낸다. 물론 실질적으로는 다이오드와 정합회로에서 손실이 존재하기 때문에 효율이 100%는 아니다.

그림 13.20은 다이오드 주파수 체배기의 블록 다이어그램이다. 주파수 f_0의 입력신호는 필요로 하는 고조파 성분인 nf_0를 제외한 모든 주파수에서 리액티브 부하와 함께 연결된 다이오드로 인가된다. 다이오드 접합 커패시터가 제곱법칙 I–V 특성을 가지고 있는 경우, 2차 고조파 성분보다 더 높은 고조파가 발생한다면, 단락 회로를 사용하여 원하지 않은 고조파들을 제거하는 것이 필요하다. 이는 더 낮은 고조파 전류가 흐르지 않으면 더 높은 고조파의 전압을 일으킬 수 없기 때문이다. 이 전류를 일반적으로 idler **전류**라고 부른다. 예를 들면, 버렉터 트리플러는 $2f_0$에서 idler 전류를 발생시키기 위해 단락이 되어야 한다. 버렉터 체배기의 일반적인 변환효율은 50 GHz의 주파수 대역에서 더블러와 트리플러로 사용될 때 50~80%이다. 주로 높은 주파수 제한은 직렬저항과 동적 접합 커패시턴스에 따라 다이오드의 차단주파수 f_c에 의해 조절된다. 가변용량 다이오드 차단주파수는 1000 GHz를 넘을 수 있지만, 효과적인 주파수 체배는 $nf_0 \ll f_c$ 조건을 요구한다.

저항성 다이오드 체배기

저항성 체배기는 비선형적인 I–V 특성을 얻기 위해서 순방향 바이어스가 인가된 쇼트키 배리어 다이오드 검파기를 이용한다. 저항성 체배기들은 높은 고조파 성분에서 효율이 낮기 때문에 저항성 체배기들보다 사용빈도가 낮다. 그러나 저항성 체배기는 리액티브 체배기보다 더 넓은 대역폭과 안정적인 동작을 제공한다. 더욱이 높은 밀리미터 파동 주파수에서의 버렉터 다이오드는 최고의 성능을 가지고 있다 하더라도 저항 특성을 보이기도 한다. 저항성 주파수 체배기는 비손실성 소자가 아니기 때문에 Manley-Rowe의 법칙에 적용되지 못한다. 그러나 비선형 저항기에 대해 유사한 관계들을 이끌어 낼 수 있고, 비선형 저항기를 사용하면 주파수 변환을 위한 중요한 결과를 보여줄 수 있다.

그림 13.21에서 보여주는 저항성 체배기 회로를 보자. 하나의 소스 주파수를 고려한 주파수 체배기 경우를 가정함으로써 분석을 단순화하였다. 두 주파수 소스의 보다 일반적인 경우는 참고문헌 [11]에서 다루었다. 단일 주파수 소스 ω에 대해서 비선형성 저항은 $n\omega$ 형태의 고조파를 일으킨다. 그래서 저항기의 전압과 전류는 푸리에 급수로 쓰여질 수 있다.

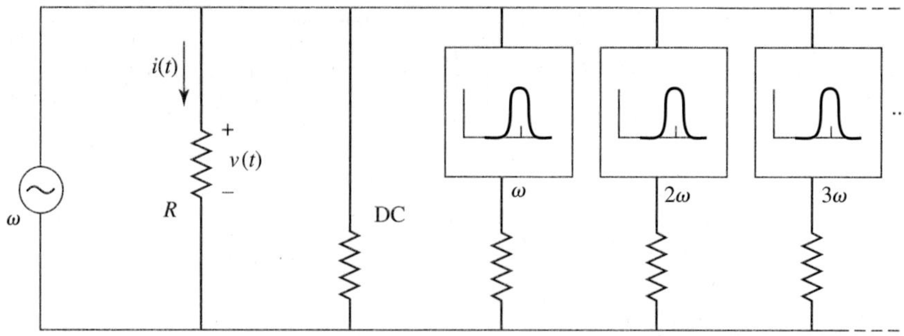

그림 13.21 저항성 주파수 체배기의 전력관계를 유도하기 위한 회로의 개념도

$$v(t) = \sum_{m=-\infty}^{\infty} V_m e^{jm\omega t} \tag{13.62a}$$

$$i(t) = \sum_{m=-\infty}^{\infty} I_m e^{jm\omega t}. \tag{13.62b}$$

푸리에 계수는 다음과 같이 정의된다.

$$V_m = \frac{1}{T}\int_{t=0}^{T} v(t)e^{-jm\omega t}dt \tag{13.63a}$$

$$I_m = \frac{1}{T}\int_{t=0}^{T} i(t)e^{-jm\omega t}dt. \tag{13.63b}$$

따라서 $v(t)$와 $i(t)$는 실함수이기 때문에 $V_m = V^*_{-m}$과 $I_m = I^*_{-m}$이다. m번째 고조파와 조합된 전력은 (4번째 인자를 무시할 때)

$$P_m = 2\,\mathrm{Re}\{V_m I_m^*\} = V_m I_m^* + V_m^* I_m. \tag{13.64}$$

식 (13.63a)의 V_m에 $-m^2 I_m^*$을 곱하고 더하면,

$$-\sum_{m=-\infty}^{\infty} m^2 V_m I_m^* = \frac{-1}{T}\int_{t=0}^{T} v(t)\sum_{m=-\infty}^{\infty} m^2 I_m^* e^{-jm\omega t}dt. \tag{13.65}$$

그 결과를 이용하면,

$$\frac{\partial^2 i(t)}{\partial t^2} = -\sum_{m=-\infty}^{\infty} m^2\omega^2 I_m e^{jm\omega t} = -\sum_{m=-\infty}^{\infty} m^2\omega^2 I_m^* e^{-jm\omega t}$$

가 되므로, 식 (13.65)를 다음과 같이 쓸 수 있다.

$$-\sum_{m=-\infty}^{\infty} m^2 V_m I_m^* = \frac{1}{\omega^2 T}\int_{t=0}^{T} v(t)\frac{\partial^2 i(t)}{\partial t^2}dt$$

$$= \frac{1}{2\pi\omega}v(t)\frac{\partial i(t)}{\partial t}\bigg|_{t=0}^{T} - \frac{1}{2\pi\omega}\int_{t=0}^{T}\frac{\partial v(t)}{\partial t}\frac{\partial i(t)}{\partial t}dt. \tag{13.66}$$

따라서 $v(t)$와 $i(t)$는 주기함수(주기 T)이기 때문에, $v(0) = v(T)$이고 $i(0) = i(T)$이다. $i(t)$의 미분계수는 같은 주기를 갖는다. 그러므로 식 (13.66)에서 마지막 항의 두 번째 항은 없어진다. 부연하면, 다음과 같이 쓸 수 있다.

$$\frac{\partial v(t)}{\partial t}\frac{\partial i(t)}{\partial t} = \frac{\partial v(t)}{\partial t}\frac{\partial i}{\partial v}\frac{\partial v(t)}{\partial t} = \frac{\partial i}{\partial v}\left(\frac{\partial v(t)}{\partial t}\right)^2.$$

따라서 식 (13.66)은 다음과 같이 간소화된다.

$$\sum_{m=-\infty}^{\infty} m^2 V_m I_m^* = \frac{1}{2\pi\omega}\int_{t=0}^{T}\frac{\partial i}{\partial v}\left(\frac{\partial v(t)}{\partial t}\right)^2 dt = \sum_{m=0}^{\infty} m^2(V_m I_m^* + V_m^* I_m) = \sum_{m=0}^{\infty} m^2 P_m$$

$$\sum_{m=0}^{\infty} m^2 P_m = \frac{1}{2\pi\omega}\int_{t=0}^{T}\frac{\partial i}{\partial v}\left(\frac{\partial v(t)}{\partial t}\right)^2 dt. \tag{13.67}$$

양적 비선형성 저항기에 대하여(기울기가 항상 양의 부호의 I–V 곡선을 가지는), 식 (13.67)의 적분은 항상 양수라는 것이다. 그래서 식 (13.67)을 줄이면,

$$\sum_{m=0}^{\infty} m^2 P_m \geq 0. \tag{13.68}$$

만약 모든 고조파가 ω(기본)와 $m\omega$(원했던 고조파) 없이 역(reactive) 부하로 한정된다면, 식 (12.68)은 $P_1 + m^2 P_m > 0$으로 줄어든다. 전력 $P_1 > 0$은 소스에 의해 나오고, $P_m < 0$은 소자에 의해 급전된 고조파 전력을 나타낸다. 이론적으로 가장 큰 변화효율은 아래식과 같다.

$$\left|\frac{P_m}{P_1}\right| \leq \frac{1}{m^2}. \tag{13.69}$$

이 결과는 저항 주파수 체배기의 효율이 곱셈인자의 제곱으로 감소한다.

종종 다이오드 주파수 체배기의 동작은 잘 배치된 두 다이오드를 사용함으로써 향상될 수 있다. 이것은 출력전압, 임피던스 특성, 특별한(모든 짝수 혹은 모든 홀수) 고조파 신호 제거에 좋은 영향을 미칠 수 있다. 여기서 두 다이오드는 90° 하이브리드를 사용하거나 혹은 (연속적으로 역 극성으로 연결된) **역평행형**(antiparllel) 형태로 구성될 수 있다. 역평행형 형태의 다이오드 체배기는 입력 주파수의 모든 짝수 항 고조파를 제거할 수 있다.

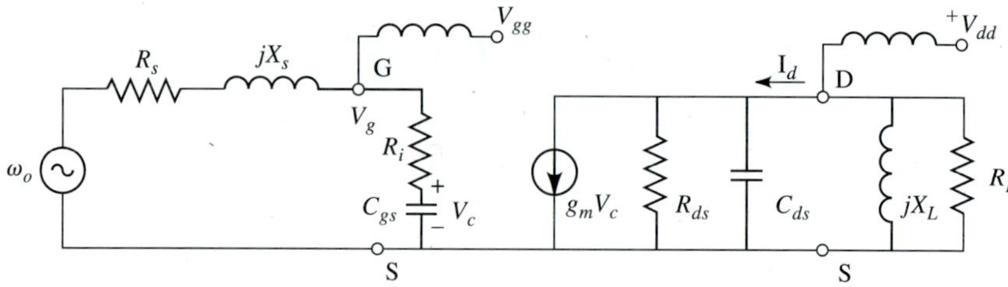

그림 13.22 FET 주파수 체배기의 회로 다이어그램. 트랜지스터는 단방향 등가회로를 사용함으로써 모델링 된다.

트랜지스터 체배기

다이오드 주파수 체배기와 비교해 볼 때, 트랜지스터 체배기는 더 넓은 대역폭과 100% 이상 향상된 변환효율(변환이득)을 제공한다. 또한 FET 체배기는 다이오드 체배기보다 낮은 입력과 DC 전력을 필요로 한다. 반도체를 이용한 증폭기가 밀리미터파 주파수 대역에서 사용되기 이전에는 높은 전력 다이오드 체배기가 밀리미터 파동 전력을 만드는 몇 안되는 방법 중에 하나였다. 그러나 오늘날에는 적은 전력을 이용하여 필요한 주파수를 생성할 수 있으며, 트랜지스터 체배기를 이용하여 원하는 전력 레벨로 신호를 증폭하는 것이 가능하게 되었다. 이러한 접근 방식은 향상된 효율과 적은 DC 전력을 필요로 하게 되었고, 신호 발생과 증폭함수의 각각에 대한 최적화를 이루게 하였다. 이러한 적용에 적합한 예가 바로 트랜지스터 체배기이다.

고조파 발생에 사용될 수 있는 몇몇 FET 소자에서는 비선형성이 존재한다: 핀치오프(pinch-off) 주위에서의 상호컨덕턴스(transconductance)와 출력컨덕턴스, 쇼트키 다이오드의 게이트에서 정류 특성, 게이트와 드레인에서 버렉터 같은 커패시터. 이때 주파수 더블러 동작을 위해서 가장 유용하게 사용되는 것은 FET 동작 특성에서 입력신호 파형의 정부호 동안 동작하기 위해 바이아스가 인가된 정류 특성이다. 이것은 B급 증폭기와 유사한 동작특성을 가지고, 60~100 GHz의 주파수에서 저전력 출력(일반적으로 10 dBm보다 적은)에 유용한 체배기 회로에 사용된다. 또한 양방향 트랜지스터는 필요한 비선형성을 가지는 컬렉터-베이스 접합의 커패시턴스가 주파수 체배에 사용될 수 있다.

B급 FET 주파수 체배기의 기본 회로는 그림 13.22에 나타내어져 있다. 이때 간단한 분석을 하기 위해 단일 소자를 사용하였다. 소스는 주파수 ω_0(주기 $T = 2\pi/\omega_0$)에서의 발생원이고, 소스 임피던스 $R_s + jX_s$를 가진 FET와 정합된다. FET 드레인은 원하는 고조파 주파수 $n\omega_0$에 C_{ds}와 병렬 RLC 공진기와 같은 모양을 가진 부하 임피던스 $R_L + jX_L$로 종단된다. 게이트 전압은 드레인 전압이 $V_{dd} > 0$에서 바이아스가 인가된 동안 $V_{gg} < 0$의 DC 전압에서 바이아스가 인가된다.

FET 체배기의 동작은 그림 13.23에서 보여지는 파형을 살펴봄으로써 이해될 수 있다.

그림 13.23a에서 보여지는 것처럼, FET는 turn-on 전압 V_t에 따라서 바이어스가 결정되고, 따라서 트랜지스터는 게이트 전압이 V_t를 넘을 때까지 동작하지 않는다. 동작에 기인하는 드레인 전류를 그림 13.23b에서 나타내었으며, 게이트 전압의 반파 정류된 형태와 유사하게 보여진다. 이 파형은 고조파 성분이 많으므로 드레인 공진기가 기본 주파수와 원하지 않는 고조파에서는 단락회로로 설계될 수 있고, 원하는 고조파에서는 개방회로로 설계될 수 있다. $n = 2$에 대한 드레인 전압의 결과는 그림 13.23c에 나타내었다.

푸리에 급수의 관점에서 드레인 전류를 나타냄으로써 FET 체배기의 대략적인 분석을 할 수 있다. 만약 드레인 전류 파형이 반파코사인(half-cosine) 함수의 형태라고 가정한다면,

$$i_d(t) = \begin{cases} I_{\max} \cos \dfrac{\pi t}{\tau} & (|t| < \tau/2) \\ 0 & (\tau/2 < |t| < T/2). \end{cases} \tag{13.70}$$

여기서 τ는 드레인 전류 파형의 지속시간이다. 푸리에 급수로 나타내면,

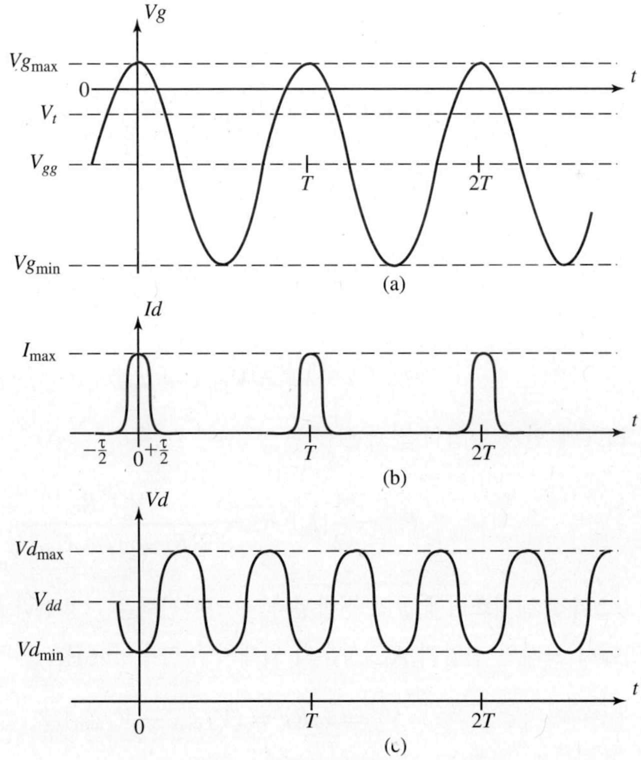

그림 13.23 그림 13.22의 FET 체배기 회로의 전압과 전류. (a) 핀치-오프일 때 바이어스가 인가된 트랜지스터의 게이트 전압, (b) 게이트 전압이 문턱전압(threshold voltage)일 때의 드레인 전류, (c) 로드 공진기에 2번째 고조파가 인가되었을 때의 드레인 전압

$$i_d(t) = \sum_{n=0}^{\infty} I_n \cos \frac{2\pi nt}{T}. \tag{13.71}$$

그에 따라 주어진 푸리에 계수를 표현하면,

$$I_0 = I_{\max} \frac{2\tau}{\pi T} \tag{13.72a}$$

이고,

$$I_n = I_{\max} \frac{4\tau}{\pi T} \frac{\cos(n\pi\tau/T)}{1-(2n\tau/T)^2} \qquad (n > 0). \tag{13.72b}$$

계수 I_n은 고조파 주파수 $n\omega_0$의 드레인 전류를 나타낸다. 따라서 체배기의 효율을 최대로 하기 위해서는 계수 I_n을 최대로 해야 한다는 것을 의미한다. 식 (13.72b)는 I_n의 최대값이 n에 의해 감소된다는 것을 보여준다. 이러한 형태의 회로는 일반적으로 주파수 체배기나 3 체배기(tripler)로 제한된다. 주어진 n의 값에 대하여, $I_n/I_{\max}$의 최대치는 τ/T의 비율에 의존한다. $n = 2$에 대한 최적의 조건은 $\tau/T = 0.35$로부터 형성되고, $n = 3$에 대해서는 $\tau/T = 0.22$로부터 형성된다. 소자나 바이어스의 제약 때문에 설계자는 펄스 너비 τ를 매우 세밀하게 제어해야 한다. τ/T의 실제 값은 통상 최적치보다 나은 값이다. 그림 13.23a의 예는 일반 파동 지속시간이 게이트 전압 V_t, $V_{g\min}$, $V_{g\max}$에 관련되어 있다는 것을 보여준다.

$$\cos \frac{\pi\tau}{T} = \frac{2V_t - V_{g\max} - V_{g\min}}{V_{g\max} - V_{g\min}}. \tag{13.73}$$

게이트 바이어스 전압은 다음 관계를 만족시킨다.

$$V_{gg} = (V_{g\max} - V_{g\min})/2. \tag{13.74}$$

게이트 전압의 AC 성분의 최대치(주파수 ω_0)는

$$V_g = V_{g\max} - V_{gg} \tag{13.75}$$

이고, FET에 인가된 입력 전력은

$$P_{in} = \frac{1}{2}|I_g|^2 R_i = \frac{|V_g|^2 R_i}{2|R_i - j/\omega_0 C_{gs}|^2}. \tag{13.76}$$

만약 소스가 트랜지스터에 공액 정합된다면, 입력전력은 허용전력 P_{avail}과 같아질 것이다. 부하면에서 드레인 전압의 AC 성분의 최대치(주파수 $n\omega_0$)는

$$V_L = I_n R_L = (V_{d\max} - V_{d\min})/2. \tag{13.77}$$

그리고, X_L과 C_{ds}가 공진임을 가정하여 다음과 같이 가장 적합한 부하저항을 가진다.

$$R_L = \frac{V_{d\max} - V_{d\min}}{2I_n}. \tag{13.78}$$

고조파 $n\omega_0$의 출력 전력은

$$P_n = \frac{1}{2}|I_n|^2 R_L \tag{13.79}$$

이며, 최종적인 변환이득은

$$G_c = \frac{P_n}{P_{avail}}. \tag{13.80}$$

예제 13.6 FET 주파수 체배기 설계

12–24 GHz 주파수 체배기는 다음의 요소들을 이용하여 설계되어진다: $V_t = -2.0\,\text{V}$, $R_i = 10\,\Omega$, $C_{gs} = 0.20\,\text{pF}$, $C_{ds} = 0.15\,\text{pF}$, $R_{ds} = 40\,\Omega$. 트랜지스터는 $V_{g\max} = 0.2\,\text{V}$, $V_{g\min} = -6.0\,\text{V}$, $V_{d\max} = 5.0\,\text{V}$, $V_{d\min} = 1.0\,\text{V}$, $I_{\max} = 80\,\text{mA}$에서 동작된다고 가정하자. 체배기의 변환이득을 구하라.

☞ 풀이

우선 우리는 AC 입력전압의 최대치를 구하기 위해서 식 (13.74)와 (13.75)를 이용한다. 게이트 바이어스 전압은

$$V_{gg} = (V_{g\max} - V_{g\min})/2 = (0.2 - 6.0)/2 = -2.9\text{ V}$$

이고, 최고 AC 입력전압을

$$V_g = V_{g\max} - V_{gg} = 0.2 + 2.9 = 3.1\text{ V}$$

라 하면, 입력 전력은 식 (13.76)에 의해서 주어진다.

$$P_{in} = \frac{|V_g|^2 R_i}{2|R_i - j/\omega_0 C_{gs}|^2} = \frac{(3.1)^2(10)}{2[(10)^2 + (1/2\pi(12\times10^9)(0.2\times10^{-12}))^2]}$$
$$= 10.7\text{ mW}.$$

식 (13.73)으로부터 펄스 폭을 구하면, $\frac{\tau}{T} = 0.406$일 때

$$\cos\frac{\pi\tau}{T} = \frac{2V_t - V_{g\max} - V_{g\min}}{V_{g\max} - V_{g\min}} = \frac{2(-2.0) - 0.2 + 6.0}{0.2 + 6.0} = 0.29.$$

두 번째 고조파에 대한 부하전류는 식 (13.72b)에서 구할 수 있다.

$$I_2 = I_{\max}\frac{4\tau}{\pi T}\frac{\cos(2\pi\tau/T)}{1-(4\tau/T)^2} = 0.262 I_{\max} = 21.0\text{ mA}.$$

트랜지스터의 정합을 위해서 요구되는 부하저항은 식 (13.78)에서 얻을 수 있다.

$$R_L = \frac{V_{d\max} - V_{d\min}}{2I_2} = \frac{5-1}{2(0.021)} = 95.2\,\Omega.$$

24 GHz에서의 출력 전력은 식 (13.79)에 의해 주어진다.

$$P_2 = \frac{1}{2}|I_2|^2 R_L = \frac{1}{2}(0.021)^2(95.2) = 21.0\ \text{mW}.$$

마지막으로 변환이득은 입력이 공액 복소수 정합됐다고 가정하면,

$$G_c = \frac{P_2}{P_{avail}} = \frac{21.0}{10.7} = 2.9\ \text{dB}.$$

두 번째 고조파를 공진하는 데 필요한 부하저항은 $X_L = 1/2\omega_0 C_{ds} = 44.2\ \Omega$이고, 0.293 nH의 인덕턴스와 같다. ◀

13.5 주파수 혼합기(Mixer)

주파수 혼합기(mixer: 신호주파수 혼합기, 이하 '주파수 혼합기'라 함)는 주파수의 변환을 위한 비선형 및 시변 특성들을 이용한 3포트 소자이다. 11.1절에 소개된 바와 같이, 이상적인 주파수 혼합기는 2개의 포트에 입력된 입력주파수들의 합과 차의 출력신호를 내보내는 것이다. 실제 주파수 혼합기의 동작은 통상 다이오드나 트랜지스터의 비선형성에 기초한 것이다. 앞에서 살펴보았듯이 비선형 소자의 고조파 외에 또다른 주파수의 형성으로 인해 사용자가 원하는 주파수를 선별해 내는 것이 필요하다.

근래의 마이크로파 시스템들은 실제로 몇 개의 주파수 혼합기와 여파기들을 사용함으로써 기저대역 신호와 RF 신호단의 반송파 주파수의 상향 변환 및 하향 변환을 이루어 낸다.

먼저 주파수 혼합기의 영상 주파수, 변환과정에서의 손실, 잡음 특성, 상호변조 왜곡 등과 같은 주요 기능 및 특징에 대해 논의해 보기로 한다. 다음으로 단일 다이오드 및 FET와 같은 비선형 소자를 이용한, 싱글 엔디드(single-ended) 주파수 혼합기의 동작에 대해 논의하고, 그 외의 평형 다이오드 주파수 혼합기 회로에 대해 알아보기로 한다.

주파수 혼합기의 특성

그림 13.24는 주파수 혼합기의 기호 및 기능도를 나타낸 것이다. 주파수 혼합기의 기호는 출력신호가 두 입력신호의 곱에 비례하다는 것을 의미하는 것으로, 이상적인 주파수 혼합기의 모습을 보여주고 있다. 실제로는 주파수 혼합기의 비선형성으로 인하여 다수의 고조파들과 원하지 않는 신호들이 부가적으로 형성된다. 그림 13.24a에서는 주파수 **상향 변환**의 기능을 담고 있는 송신기를 도시하였다. 상대적으로 높은 주파수인 국부 발진기의 신호가 두 입력포트 중 한쪽에 입력될 것이며, 국부 발진기의 신호는 다음과 같이 표현할 수 있다.

$$v_{\text{LO}}(t) = \cos 2\pi f_{\text{LO}} t. \tag{13.81}$$

저주파 기저대역 신호나 중간주파수(IF) 신호가 또다른 입력포트에 인가되는데, 이 신호들이 바로 송신될 정보나 데이터들을 담고 있는 것이다. 이 신호들은 아래와 같이 표현할 수

있다.

$$v_{IF}(t) = \cos 2\pi f_{IF} t. \tag{13.82}$$

이상적인 동작을 하는 주파수 혼합기들의 출력값은 국부 발진기와 IF 신호의 곱으로 결정되며 다음 식과 같다.

$$\begin{aligned} v_{RF}(t) &= K v_{LO}(t) v_{IF}(t) = K \cos 2\pi f_{LO} t \cos 2\pi f_{IF} t \\ &= \frac{K}{2}[\cos 2\pi (f_{LO} - f_{IF})t + \cos 2\pi (f_{LO} + f_{IF})t], \end{aligned} \tag{13.83}$$

로 주어진다. 여기서 K는 전압 변환과정의 손실을 고려한 상수이다. RF 출력값은 입력신호 주파수의 합과 차로 구성됨을 알 수 있다.

$$f_{RF} = f_{LO} \pm f_{IF}. \tag{13.84}$$

그림 13.24a는 입출력 주파수의 스펙트럼을 나타낸 것으로, 국부 발진기 신호와 IF 신호의 변조과정이 주파수 혼합기에서 이루어진다는 것을 알 수 있다. 국부 발진기 주파수와 IF의 합과 차로 표현된 주파수는 바로 반송파 주파수의 **측대파**로 표현될 수 있다.

여기서 합으로 표현된 주파수인 $f_{LO} + f_{IF}$는 **상측대파**(upper sideband); USB, 그리고 차로 표현된 $f_{LO} - f_{IF}$는 **하측대파**(lower sideband); LSB라 하며, 이 두 상태를 모두 포함한 영역을 **양측대파**(double sideband); DSB라고 하고, **단측대파**는 여파기를 이용하거나 또는 단측대파 주파수 혼합기(single ended mixer); SSB를 이용한 여파과정을 거침으로써 선별해 낼 수 있다.

그림 13.24b는 수신단의 **주파수 하향 변환**을 나타낸 것으로, RF 입력신호의 표현식은

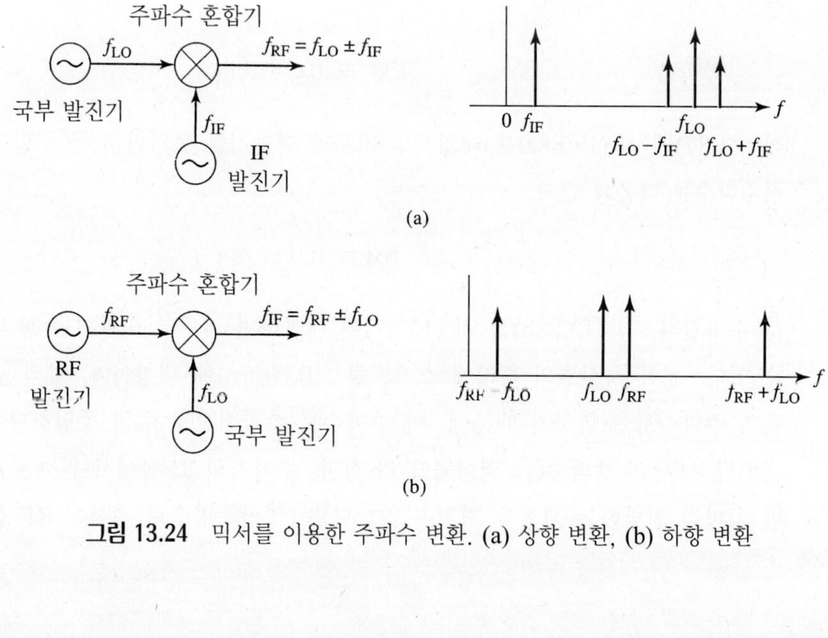

그림 13.24 믹서를 이용한 주파수 변환. (a) 상향 변환, (b) 하향 변환

아래와 같이 나타낼 수 있다.

$$v_{RF}(t) = \cos 2\pi f_{RF} t \tag{13.85}$$

국부 발진기 신호(식 13.81)와 함께 RF 신호가 주파수 혼합기의 입력 단자에 인가된다. 주파수 혼합기의 출력값은

$$\begin{aligned} v_{IF}(t) &= K v_{RF}(t) v_{LO}(t) = K \cos 2\pi f_{RF} t \cos 2\pi f_{LO} t \\ &= \frac{K}{2}[\cos 2\pi(f_{RF} - f_{LO})t + \cos 2\pi(f_{RF} + f_{LO})t]. \end{aligned} \tag{13.86}$$

이다. 따라서 주파수 혼합기의 출력주파수는 입력주파수들의 합과 차로 구성된다. 그림 13.24b는 신호들의 스펙트럼을 나타낸 것이다. 실제로는 RF 신호단의 주파수와 국부 발진기 주파수가 근접해 있으므로 주파수의 합은 RF 신호단의 주파수의 2배가 되고, 주파수의 차는 f_{RF}보다 훨씬 작다. 수신기에서 필요한 주파수 대역은 두 입력 주파수의 차이므로, 저주파 여파기(LPF)를 사용하여 쉽게 선별해 낼 수 있다.

$$f_{IF} = f_{RF} - f_{LO}. \tag{13.87}$$

지금까지의 설명은 입력신호의 곱으로 발생하는 합과 차의 출력만을 고려한 것이다. 실제 주파수 혼합기에서는 다이오드나 트랜지스터의 복잡한 비선형성으로 인하여 훨씬 더 많은 출력들이 발생한다. 이 출력들은 보통 불필요한 것들이고, 저주파 여파기를 이용하여 쉽게 제거할 수 있다.

영상주파수. 수신단에서 RF 주파수 대역의 입력신호는 일반적으로 광대역 안테나를 통해 유입된다. 국부 발진기 주파수(f_{LO})와 IF 주파수(f_{IF})를 갖는 수신기의 RF 입력주파수는 다음과 같이 주어진다.

$$f_{RF} = f_{LO} + f_{IF}, \tag{13.88a}$$

식 (13.87)에 식 (13.88a)를 대입하면 저주파 여파기를 통과한 f_{IF}를 구할 수 있다. RF 입력주파수는 다음과 같다.

$$f_{IM} = f_{LO} - f_{IF}. \tag{13.88b}$$

로 주어진다. 식 (13.88b)를 식 (13.87)에 대입하면 저주파 여파기를 통과한 $-f_{IF}$를 구할 수 있다. 실함수 신호의 푸리에 스펙트럼은 0 주파수에 대칭이며, 양의 주파수뿐 아니라 음의 주파수도 포함하기 때문에, 이 주파수는 수학적으로 f_{IF}와 동일하다. 식 (13.88b)로 정의된 RF단의 주파수는 '영상응답'라 한다. 수신기의 RF단에서 원하는 RF 주파수 대역만을 미리 선별하는 과정을 거치지 않는다면, 영상주파수로 수신된 RF 신호는 IF단에서

원하는 신호와 구별이 되지 않으므로 영상응답은 수신기 설계에 있어 중요하다.

식 (13.88)에서 국부발진기가 원하는 RF 주파수보다 높거나 낮은가에 따라, 원하는 RF 주파수와 영상응답이 결정된다. 두 주파수 간의 차이를 아는 또다른 방법은 식 (13.88)의 결과가 음의 값이 될 수 있는가를 살펴보는 것이다. 식 (13.88a)와 (13.88b)를 통해 두 주파수 간의 영상주파수는 $2f_{\text{IF}}$만큼 차이가 남을 알 수 있다.

식 (13.87)과 IF가 음이 될 수 있다는 것은 RF와 IF의 합과 차로 표현된 두 개의 국부발진기 주파수가 존재할 수 있다는 것을 의미한다.

$$f_{\text{LO}} = f_{\text{RF}} \pm f_{\text{IF}} \tag{13.89}$$

이 두 국부발진기 주파수들과 f_{RF}와의 차인 주파수를 구하면 $\pm f_{\text{IF}}$가 얻어진다. 이 두 주파수는 주파수 혼합기가 상향 변환기로 동작할 때는 상측대파 및 하측대파에 해당한다. 실제의 대부분의 수신기에서는 주어진 주파수 대역에서의 RF 주파수 선별과정에서 보다 작은 국부 발진기의 동조 비율을 요구하기 때문에 상향 측대파를 사용하고 있다.

변환손실. 주파수 혼합기 설계에는 3포트 간의 임피던스 정합이 필요한데, 상호 연관된 다른 주파수들이나 고조파들이 포함되어 있기 때문에 매우 복잡하다. 주파수 혼합기 내의 입/출력 포트는 각 포트의 특정 주파수(RF, LO 또는 IF)에 대해 정합하고, 불필요한 주파수는 저항성 부하에 의해 흡수하거나 역방향성 종단 소자를 이용해 차단시키는 것이 이상적이다. 그러나 저항성 부하는 주파수 혼합기 내부의 손실을 증가시키며, 주파수에 매우 민감하고, 주파수 변환과정에서 생겨나는 고조파와 원하지 않는 주파수 때문에 자체적으로도 손실이 있게 된다. 따라서 중요한 주파수 혼합기의 성능지수로 **변환손실**이 있는데, 변환손실은 RF단의 입력 전력과 IF단의 출력 전력의 비로 표현하며, 단위는 dB이다.

$$L_c = 10\log\frac{\text{가용 RF 입력 전력}}{\text{가용 IF 출력 전력}} \geq 0\,\text{dB}. \tag{13.90}$$

변환손실은 주파수 혼합기 내부의 저항으로 인한 손실과 RF/IF 단에서의 주파수 손실을 모두 고려해야 하며, 상/하향 변환 시에 모두 일어난다. 수신부에서 이용되는 전력은 송신부에서의 전력보다 매우 적기 때문에, 수신기의 잡음지수를 최소화하기 위해서는 RF 단의 전력손실을 최소로 하는 것이 중요하기 때문에 최소 변환손실은 더욱 중요하다.

실제 다이오드 주파수 혼합기에서는 변환손실이 1~10 GHz 범위 내에서 4~7 dB 사이이다. 트랜지스터 주파수 혼합기는 이보다 더 적은 변환손실을 나타내며, 경우에 따라 몇 dB 정도의 **변환이득**을 나타내기도 한다. 변환손실에 기인하는 요인들 중에 가장 큰 영향을 미치는 것이 국부 발진기의 전력인데, 보통 국부 발진기의 전력이 0~10 dBm일 때 최소 변환손실을 얻을 수 있다. 이 전력레벨은 주파수 혼합기의 성능을 정확하게 규정하기 위해 비선형 해석이 필요하다.

잡음지수. 주파수 혼합기 내부에서 일어나는 잡음은 다이오드나 트랜지스터 소자의 특성과 저항 성분에 의한 열손실 때문에 일어난다. 실제로 다이오드 주파수 혼합기의 잡음지수는 약 1~5dB인데, 보통 트랜지스터 주파수 혼합기에서의 잡음지수보다 낮다. 변환과정에서 일어나는 잡음은 단측대파 또는 양측대파의 입력신호에 의존하게 되는데, 이것은 주파수 혼합기의 공통된 IF를 가지는 대역 간의 하향변환 잡음 때문에 생긴다. 여기서 단측대파(SSB)의 전력은 양측대파(DSB)가 가지는 전력의 절반이다.

두 대역에서의 잡음지수 관계를 유도하기 위해, 먼저 다음과 같은 형태의 양측대파 입력신호를 생각한다.

$$v_{\text{DSB}}(t) = A[\cos(\omega_{\text{LO}} - \omega_{\text{IF}})t + \cos(\omega_{\text{LO}} + \omega_{\text{IF}})t]. \tag{13.91}$$

국부 발진기의 신호인 $\cos\omega_{\text{LO}}t$와 혼합하고 저주파 여파기를 거치게 되면, 하향 변환된 IF 신호는

$$v_{\text{IF}}(t) = \frac{AK}{2}\cos(\omega_{\text{IF}}t) + \frac{AK}{2}\cos(-\omega_{\text{IF}}t) = AK\cos\omega_{\text{IF}}t, \tag{13.92}$$

가 된다. 여기서 K는 두 대역의 변환손실을 나타내는 상수인데, 양측대파의 입력 전력은

$$S_i = \frac{A^2}{2} + \frac{A^2}{2} = A^2$$

이고, IF 신호의 출력 전력은

$$S_o = \frac{A^2K^2}{2}$$

이다. 잡음지수를 구하기 위해, 인가된 잡음전력 $Ni = kT_0B$이라 정의한다. 여기서 $T_0 = 240\,\text{K}$이고 B는 IF 대역폭이다. 출력단에서의 잡음전력은 입력단에서의 잡음전력에 주파수 혼합기에 의해 생긴 N_{added}를 더한 것을 변환손실로 나눈 것이다(주파수 혼합기 입력을 기준으로 가정하여).

$$N_o = \frac{(KT_0B + N_{\text{added}})}{L_c}.$$

잡음지수의 정의를 이용하면 양측대파의 잡음지수는 다음과 같다.

$$F_{\text{DSB}} = \frac{S_iN_o}{S_oN_i} = \frac{2}{K^2L_c}\left(1 + \frac{N_{\text{added}}}{kT_0B}\right). \tag{12.93}$$

단측대파 경우의 해석을 위하여 단측대파 입력신호를

$$v_{\mathrm{SSB}}(t) = A\cos(\omega_{\mathrm{LO}} - \omega_{\mathrm{IF}})t. \tag{13.94}$$

의 형태로 취하여, 국부 발진기의 신호 $\cos\omega_{\mathrm{LO}}t$와 저주파 여파기를 거치면 하향 변환된 IF 신호는

$$v_{\mathrm{IF}}(t) = \frac{AK}{2}\cos(\omega_{\mathrm{IF}}t). \tag{13.95}$$

가 된다. 단측대파 입력신호의 전력은

$$S_i = \frac{A^2}{2}$$

이고, IF 신호의 출력 전력은

$$S_o = \frac{A^2K^2}{8}$$

이다. 입력과 출력의 잡음전력은 양측대파의 경우와 같으므로, 단측대파의 잡음지수는

$$F_{\mathrm{SSB}} = \frac{S_iN_o}{S_oN_i} = \frac{4}{K^2L_c}\left(1 + \frac{N_{\mathrm{added}}}{kT_0B}\right). \tag{13.96}$$

이다. 식 (13.93)과 비교하면, 단측대파 경우의 잡음지수가 양측대파의 잡음지수에 2배가 됨을 알 수 있다.

$$F_{\mathrm{SSB}} = 2F_{\mathrm{DSB}}. \tag{13.97}$$

기타 주파수 혼합기 특성. 주파수 혼합기들은 비선형성에 바탕을 둔 소자이기 때문에 상호변조가 생길 수 있다. 일반적으로 주파수 혼합기의 IIP_3 값의 범위는 15~30 dBm이다. 주파수 혼합기의 또다른 중요한 특성중 하나가 RF 포트와 LO 포트 사이의 격리인데, 가장 이상적인 것은 두 단자가 완전히 비결합을 하는 것이지만, 보통 내부의 임피던스 비정합과 결합 특성의 한계 등으로 인해 두 단자간 결합이 생겨버린다. 이것이 수신부에서 안테나로부터 RF 포트의 직접적인 연결을 방해하는 성분이 되는데, 이는 변환과정을 거친 국부 발진기 전력이 RF 포트와 접합되어 생겨난 신호가 안테나를 통해 전파되기 때문이다. 이와 같은 신호들이 다른 서비스나 사용자들을 혼란시킬 수 있기 때문에, FCC는 수신부에서 방사되는 전력에 대한 규제를 마련하였다. 주파수 혼합기와 안테나 사이에 주파수 여파기를 사용하거나, RF 증폭기를 주파수 혼합기 전방에 설치함으로써, 이 문제는 개선할 수 있다. 국부 발진기와 RF 단자 간의 격리 문제는 결합기의 입력신호 조정 여부에 따라 매우 다르게 나타날 수 있으나 보통 20~40 dB 정도로 나타난다.

예제 13.7 영상주파수

수신 신호 대역폭이 869-894 MHz인 IS-54 디지털 셀룰러 전화 시스템이 있다. 첫 번째 IF가 87 MHz이고, 채널 대역폭이 30 KHz이다. 여기서 두 개의 국부 발진주파수의 범위를 구하라. 상향 국부 발진주파수가 사용되었다면, 영상주파수의 범위를 구하라. 영상신호의 주파수의 수신 통과 대역 내에 있는지 판별하라.

☞ 풀이

식 (13.89)로부터, 가능한 두 개의 국부 발진주파수의 범위는

$$f_{LO} = f_{RF} \pm f_{IF} = (869 \sim 894) \pm 87 = \begin{cases} 956 - 981 \text{ MHz} \\ 782 - 807 \text{ MHz.} \end{cases}$$

이다. 956-981 MHz의 국부 발진주파수를 사용하면, 식 (13.87)로부터 IF는

$$f_{IF} = f_{RF} - f_{LO} = (869 \sim 894) - (956 \sim 981) = -87 \text{ MHz},$$

이므로, 식 (13.88b)로부터 RF 영상주파수 범위는

$$f_{IM} = f_{LO} - f_{IF} = (956 \sim 981) + 87 = 1043 \sim 1068 \text{ MHz},$$

가 되며, 수신기 통과대역에서 멀리 떨어진 바깥쪽에 있다. ◀

위 식으로부터 주파수 혼합기에 대한 분석은 출력값이 입력값에 비례한다는 가정 하에 이상적으로 구해질 수 있고, 인가된 사인 파형 신호에 대한 합/차 주파수 연산이 가능하다. 이제 실제적인 주파수 혼합기들을 분석해 보고, 출력 변수들이 입력값들뿐만 아니라 또다른 변수들에도 비례한다는 것을 알아보기로 한다.

싱글 엔디드 다이오드 주파수 혼합기(single-eneded diode mixer)

그림 13.25a는 기본 다이오드 주파수 혼합기 회로를 나타낸 것이다. 이런 유형의 주파수 혼합기는 하나의 다이오드를 사용하기 때문에 **싱글 엔디드 주파수 혼합기**라고 한다. **다이플렉서**에서 RF/LO 입력신호들이 혼합되는데, 여기서 두 입력 전압이 중첩되어 다이오드를 구동한다.

다이플렉서는 방향성 결합기나 하이브리드 접합을 사용함으로써 두 입력 단자의 격리를 형성함과 동시에 합칠 수 있게 해준다. RF 신호와 격리된 DC 바이어스 신호로 다이오드를 바이어싱하고, 격리시키기 위해 다이오드 쌍방에 직류 차단 커패시터를 이용하고, RF 초크를 다이오드와 바이어스 전압 소스 사이에 인가시킨다. 그리고 AC 출력신호가 저주파 여파기를 거쳐서 원하는 IF 출력전압을 얻게 된다. 이것은 하향 변환과정에서 사용되는 회로이나 입/출력 포트처럼 상호변환이 가능하므로 동일한 주파수 혼합기를 하향 변환과정뿐만 아니라 상향 변환과정에도 사용할 수 있다.

그림 13.25b는 주파수 혼합기에 대한 AC 등가회로를 보여주고 있다. 여기서 RF와 LO의 입력전압은 두 개의 직렬 연결된 전압원으로 표현되어 있다. 코사인 파형을 가지는 RF

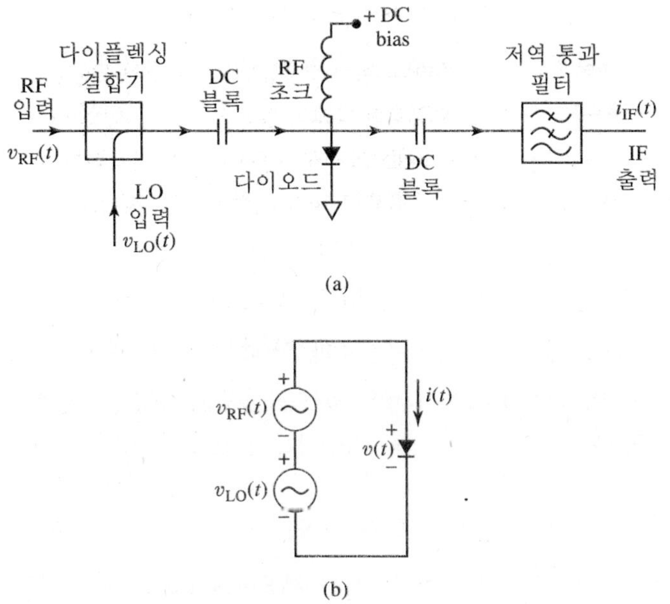

그림 13.25 (a) 싱글 엔디드 다이오드 주파수 혼합기의 회로, (b) 이상적인 싱글 엔디드 다이오드 주파수 혼합기의 등가회로

신호 인가시, 주파수를 ω_{RF}라 하면

$$v_{RF}(t) = V_{RF}\cos\omega_{RF}t, \tag{13.98}$$

이고, 코사인 파형을 가지는 국부 발진단의 주파수를 ω_{LO}라 하면

$$v_{LO}(t) = V_{LO}\cos\omega_{LO}t. \tag{13.99}$$

이다. 식 (11.6)의 소신호 접근방식을 이용하면 총 다이오드의 전류는

$$i(t) = I_0 + G_d[v_{RF}(t) + v_{LO}(t)] + \frac{G_d'}{2}[v_{RF}(t) + v_{LO}(t)]^2 + \cdots. \tag{13.100}$$

으로 된다.

식 (13.100)의 첫 번째 변수는 DC 바이어스 전류이고, 이것은 IF단에 있는 직류 차단 커패시터에 의해 차단된다. 두 번째 항은 RF/LO 입력신호에 대한 응답 파형을 나타낸 것이며, 저주파 여파기에 의해 선별된다. 세 번째 항은 삼각공식을 이용하여

$$\begin{aligned} i(t) &= \frac{G_d'}{2}(V_{RF}\cos\omega_{RF}t + V_{LO}\cos\omega_{LO}t)^2 \\ &= \frac{G_d'}{2}\left(V_{RF}^2\cos^2\omega_{RF}t + 2V_{RF}V_{LO}\cos\omega_{RF}t\cos\omega_{LO}t + V_{LO}^2\cos^2\omega_{LO}t\right) \\ &= \frac{G_d'}{4}\big[V_{RF}^2(1+\cos 2\omega_{RF}t) + V_{LO}^2(1+\cos 2\omega_{LO}t) + 2V_{RF}V_{LO}\cos(\omega_{RF}-\omega_{LO})t \\ &\quad + 2V_{RF}V_{LO}\cos(\omega_{RF}+\omega_{LO})t\big]. \end{aligned}$$

와 같이 나타낼 수 있다. 이 결과들로부터 몇 개의 새로운 신호 성분을 포함하고 있지만, 원하는 출력은 IF 신호의 차이에 의해 발생한다는 것을 알 수 있다. 두 DC 신호들은 다음으로 나타나는 차단 커패시터에 의해 차단될 것이며, 고주파 대역에 생성된 신호인 $2\omega_{RF}$, $2\omega_{LO}$, $\omega_{RF} + \omega_{LO}$들은 저주파 여파기에 의해 차단된다. 이와 같은 과정을 거쳐 생성된 IF 출력 전류는 다음과 같이 표현된다.

$$i_{IF}(t) = \frac{G_d'}{2} V_{RF} V_{LO} \cos \omega_{IF} t, \tag{13.101}$$

여기서 $\omega_{IF} = \omega_{RF} - \omega_{LO}$는 중간주파수이다. 따라서 다른 주파수 혼합기의 스펙트럼 분석 결과 특성은 그림 13.24b에 나와 있는 이상적인 주파수 혼합기의 특성과 동일하다는 것을 알 수 있다.

싱글 엔디드 FET 주파수 혼합기

변환과정에 이용되는 비선형성을 제공하는 FET 파라미터들이 몇 가지 존재하지만, FET가 역방향 게이트 바이어스에서의 공통소스 형태가 되었을 때 트랜스컨덕턴스는 g_m이 가장 큰 영향을 끼친다. 그림 13.26은 일반적인 FET의 게이트 바이어스에 의해 나타나는 트랜스컨덕턴스의 변화를 보여준다. 증폭기로서 동작을 할 때, 게이트 인가전압은 거의 0이거나 양의 값이 되는데, 이는 트랜스컨덕턴스가 최대치와 가까워지게 하고, 트랜지스터가 선형 소자처럼 동작한다. 트랜스컨덕턴스가 0에 가까워지는, 즉 게이트 인가전압이 **핀치-오프**(pinch-off) 영역에 가까운 경우, 이때 약간의 게이트 전압의 변화가 트랜스컨덕턴스에 큰 영향을 미치게 되며, 이것이 비선형적인 응답을 나타낸다. 따라서 FET의 게이트에 국부발진 접압을 인가하면 트랜스컨덕턴스가 높은 상태와 낮은 상태로 FET를 스위칭할 수 있어서, 주파수 혼합기를 올바르게 동작시킬 수 있는 상태를 제공해 준다.

그림 13.27은 싱글 엔디드 FET 주파수 혼합기 회로를 나타낸 것이다. 다이플렉싱 커플러(Diplexing coupler)는 FET 게이트 단자에 위치한 RF와 LO 신호들을 합하는 데 사용된다. 일반적으로 입력 임피던스가 매우 낮기때문에 입력과 FET 사이에 임피던스 정합회로가 필요하다. 핀치-오프 구간의 음극 전압을 게이트단에 인가하고, 드레인단에 양극 전

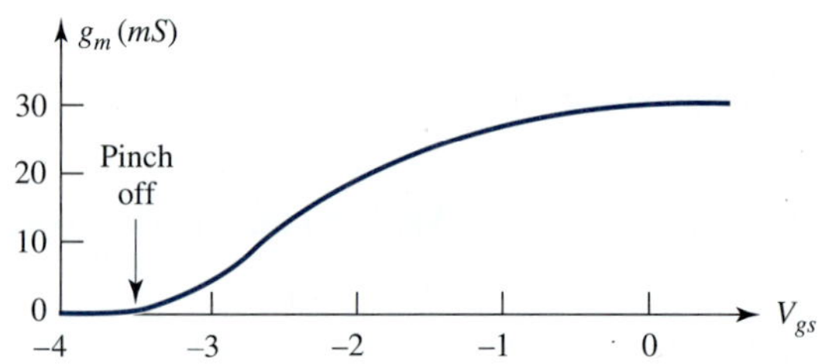

그림 13.26 게이트-소스 전압 대 FET 트랜스컨덕턴스의 변화

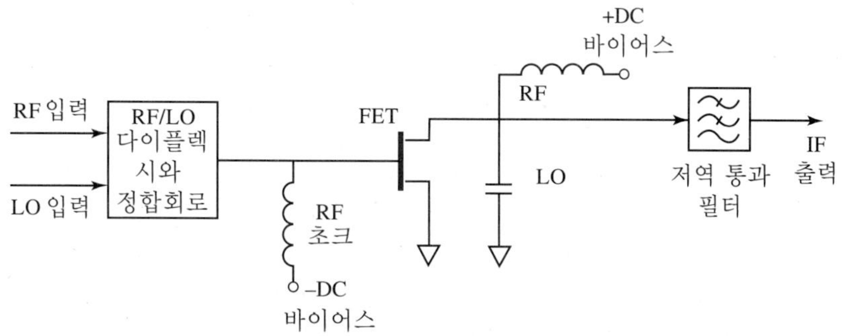

그림 13.27 싱글 엔디드 FET 주파수 혼합기에 대한 회로

압을 인가하기 위해 RF초크가 사용된다. 드레인단에 위치한 바이패스 커패시터가 LO 신호의 궤환루프를 제공하고, 저주파 여파기가 원하는 IF단 출력신호를 얻기 위해 사용된다.

그림 13.27에 있는 주파수 혼합기에 대한 분석은 참조문헌[12]에 기술되어 있다. 이에 대한 간단한 등가회로가 그림 13.28에 나타나 있으며, 11.3절에서 소개된 바 있는 FET의 등가회로에 기초한 것이다. RF와 LO의 입력전압은 식 (13.98)과 식 (13.99)에 기술되어 있다. $Z_g = R_g + jX_g$를 RF 입력단의 테브난 임피던스라고 하고, $Z_L = R_L + jX_L$을 IF 출력단의 테브난 임피던스라고 하자. 이 임피던스들은 입/출력 단자에서의 최대출력 전달을 얻기 위한 공액 복소수 정합 형태로 만든다. 국부 발진부의 단자에서는 최대출력 전달과는 무관하므로, 국부 발진기 포트는 Z_0의 실수 부분을 임피던스로 갖는다. FET의 트랜스컨덕턴스는 국부 발진부의 신호에 의해 결정되므로, 그것의 시변수는 국부 발진기 신호 중 고조파의 푸리에 급수로 나타내면

$$g(t) = g_0 + 2\sum_{n=1}^{\infty} g_n \cos n\omega_0 t \tag{13.102}$$

이다. 트랜스컨덕턴스에 대한 명확한 공식이 없으므로, 식 (13.102)에 대한 정확한 푸리에 급수의 값을 구하지는 못하지만, 다음의 3가지 측정한 값으로 구할 수 있다. 원하는 하향 변환결과는 푸리에 급수의 $n = 1$인 항 하나에 의해서만 발생하므로, 필요한 것은 오직 계수 g_1이다. 일반적인 측정에 의한 g_1의 값은 10 mS 내외이다.

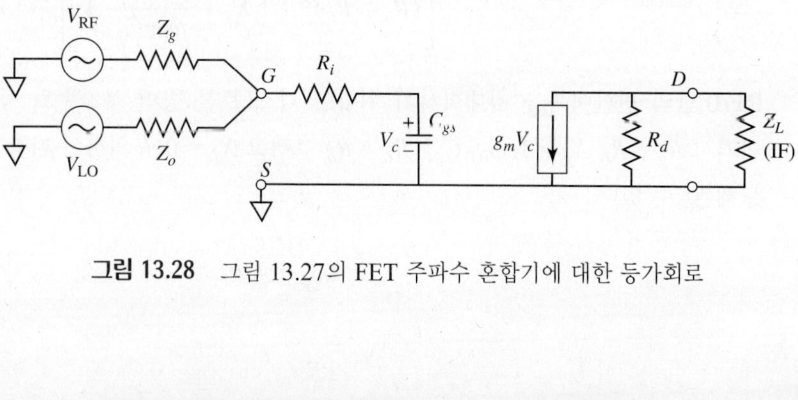

그림 13.28 그림 13.27의 FET 주파수 혼합기에 대한 등가회로

FET 주파수 혼합기에서의 변환이득은 다음과 같다.

$$G_c = \frac{P_{\text{IF-avail}}}{P_{\text{RF-avail}}} = \frac{\dfrac{\left|V_D^{\text{IF}}\right|^2 R_L}{|Z_L|^2}}{\dfrac{|V_{\text{RF}}|^2}{4R_g}} = \frac{4R_g R_L}{|Z_L|^2}\left|\frac{V_D^{\text{IF}}}{V_{\text{RF}}}\right|^2, \tag{13.103}$$

여기서 V_D^{IF}는 IF 드레인 전압이며, 임피던스 Z_g와 Z_L은 RF/IF 포트의 최대전력 전송을 위한 값으로 선택되어진다.

게이트-소스 커패시터 양단의 페이저 전압의 RF 성분들은 Z_g, R_i, C_{gs} 간의 전압분배에 의하여 아래와 같이 나타낸다.

$$V_c^{\text{RF}} = \frac{V_{\text{RF}}}{j\omega_{\text{RF}}C_{gs}\left[(R_i + Z_g) - \dfrac{j}{\omega_{\text{RF}}C_{gs}}\right]} = \frac{V_{\text{RF}}}{1 + j\omega_{\text{RF}}C_{gs}(R_i + Z_g)}. \tag{13.104}$$

식 (13.102)의 트랜스컨덕턴스를 $v_c^{\text{RF}}(t) = V_c^{\text{RF}}\cos\omega_{\text{RF}}t$의 양변에 곱하면 아래와 같다.

$$g_m(t)v_c^{\text{RF}}(t) = g_0 V_c^{\text{RF}}\cos\omega_{\text{RF}}t + 2g_1 V_c^{\text{RF}}\cos\omega_{\text{RF}}t\cos\omega_{\text{LO}}t + \cdots. \tag{13.105}$$

삼각함수를 이용하여 두 번째 변수로 이루어진 식 (13.105)에서 하향 변환된 IF를 다음과 같이 구할 수 있다.

$$g_m(t)v_c^{\text{RF}}(t)\Big|_{\omega_{\text{IF}}} = g_1 V_c^{\text{RF}}\cos\omega_{\text{IF}}t, \tag{13.106}$$

여기서 ω_{IF}는 $\omega_{\text{RF}} - \omega_{\text{LO}}$이다. 그러면, 페이저 형식의 드레인 전압의 IF 성분을 다음과 같이 구할 수 있다.

$$V_D^{\text{IF}} = -g_1 V_c^{\text{RF}}\left(\frac{R_d Z_L}{R_d + Z_L}\right) = \frac{-g_1 V_{\text{RF}}}{1 + j\omega_{\text{RF}}C_{gs}(R_i + Z_g)}\left(\frac{R_d Z_L}{R_d + Z_L}\right), \tag{13.107}$$

이때 식 (13.104)를 이용하였다. 여기서 얻은 결과를 식 (13.103)에 대입함으로써 변환이득의(공액 복소수 정합 이전의) 표현식을 다음과 같이 얻을 수 있다.

$$G_c\Big|_{\substack{\text{not}\\ \text{matched}}} = \left(\frac{2g_1 R_d}{\omega_{\text{RF}}C_{gs}}\right)^2 \frac{R_g}{\left[(R_i + R_g)^2 + \left(X_g - \dfrac{1}{\omega_{\text{RF}}C_{gs}}\right)^2\right]}\frac{R_L}{\left[(R_d + R_L)^2 + X_L^2\right]}.$$

RF/IF단의 변환이득을 최대화하기 위하여 각 포트를 공액 복소수로 공액정합해야 한다. 여기서 $R_g = R_i$, $X_g = 1/\omega_{\text{RF}}C_{gs}$, $R_L = R_d$ 그리고 $X_L = 0$에 의하여 다음과 같은 결과를 유도해 낼 수 있다.

$$G_c = \frac{g_1^2 R_d}{4\omega_{\text{RF}}^2 C_{gs}^2 R_i}. \tag{13.108}$$

여기서 g_1, R_d, R_i 그리고 C_{gs}는 모두 FET의 파라미터들이다. 실제적인 주파수 혼합기 회로는 FET의 RF/IF/LO 포트 임피던스를 50Ω으로 정합시키기 위해 정합회로를 구현한다.

예제 13.8 주파수 혼합기 변환이득

2.4GHz의 주파수에서 동작하는 싱글 엔디드 FET 주파수 혼합기를 무선 네트워크 수신단에 사용하려고 한다. FET의 파라미터가 $R_d = 300\,\Omega$, $Ri = 10\,\Omega$, $C_{gs} = 0.3\,\text{pF}$, $g_1 = 10\,\text{mS}$이다. 변환이득의 최대값을 구하라.

☞ 풀이

식 (13.108)을 이용하여 변환이득 공식을 적용하면 아래와 같다.

$$G_c = \frac{g_1^2 R_d}{4\omega_{\text{RF}}^2 C_{gs}^2 R_i} = \frac{(10 \times 10^{-3})^2(300)}{4(2\pi)^2(2.4 \times 10^9)^2(10)} = 36.6 = 15.6\ \text{dB}.$$

이 변수들은 임피던스 정합으로 인해 영향을 받는 부분은 고려하지 않았다는 것을 유념하라. ◀

평형 주파수 혼합기

RF 입력정합과 RF–LO 간의 격리는 두 개의 싱글 엔디드 주파수 혼합기를 이용한 평형(balanced) 주파수 혼합기와 하이브리드 결합을 연결함으로써 보다 향상된 결과를 얻을 수 있다. 그림 13.29는 기본적인 설계를 보여주고 있다. 90° 하이브리드는 그림 13.29a, 180° 하이브리드는 그림 13.29b에서 보여준다. 90° 하이브리드 결합을 사용한 평형 주파수 혼합기는 이론적으론 넓은 주파수 대역에서 입력 임피던스 정합을 완벽하게 이루어 낸다. 또한

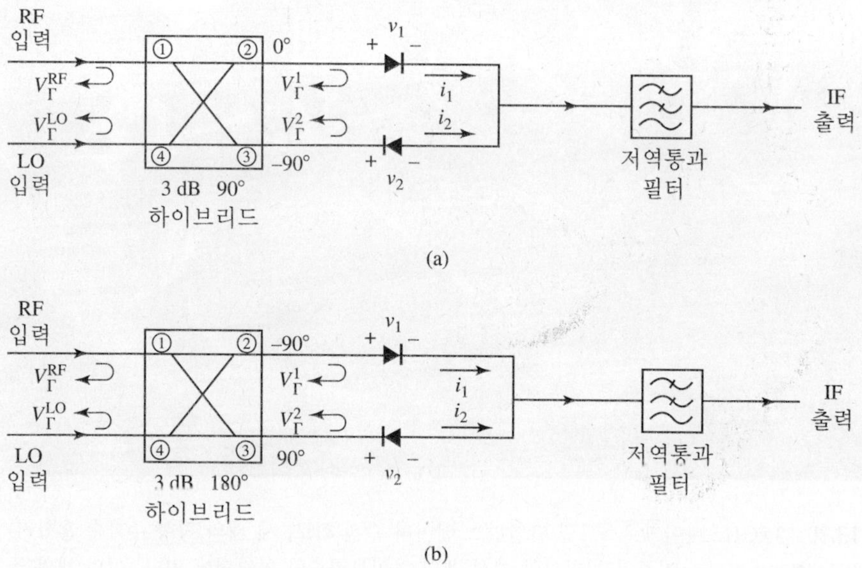

그림 13.29 평형 주파수 혼합기 회로. (a) 90° 하이브리드 형태, (b) 180° 하이브리드 형태

180° 하이브리드 결합은 광대역 주파수 범위에서 RF/LO 신호 간의 격리를 완벽하게 이룬다. 더불어 이 두 주파수 혼합기는 상호변조 결과 생기는 짝수 차 항들을 모두 제거할 수 있다. 그림 13.30에는 평형 주파수 혼합기를 내포하고 있는 마이크로스트립 회로의 사진을 보여준다.

여기서 싱글 엔디드 주파수 혼합기에서 사용되었던 소신호 분석 방법을 이용함으로써 평형 주파수 혼합기에 대한 분석을 할 수 있다. 먼저 90° 하이브리드 주파수 혼합기에 대한 분석을 하겠다. 앞서 정의된 바와 같이, RF/LO 인가전압들은 다음과 같이 정의된다.

$$v_{\mathrm{RF}}(t) = V_{\mathrm{RF}} \cos \omega_{\mathrm{RF}} t, \tag{13.109}$$

$$v_{\mathrm{LO}}(t) = V_{\mathrm{LO}} \cos \omega_{\mathrm{LO}} t. \tag{13.110}$$

7.5절에서 90° 하이브리드 결합에 대한 산란 매트릭스를 다음과 같이 표현하였었다.

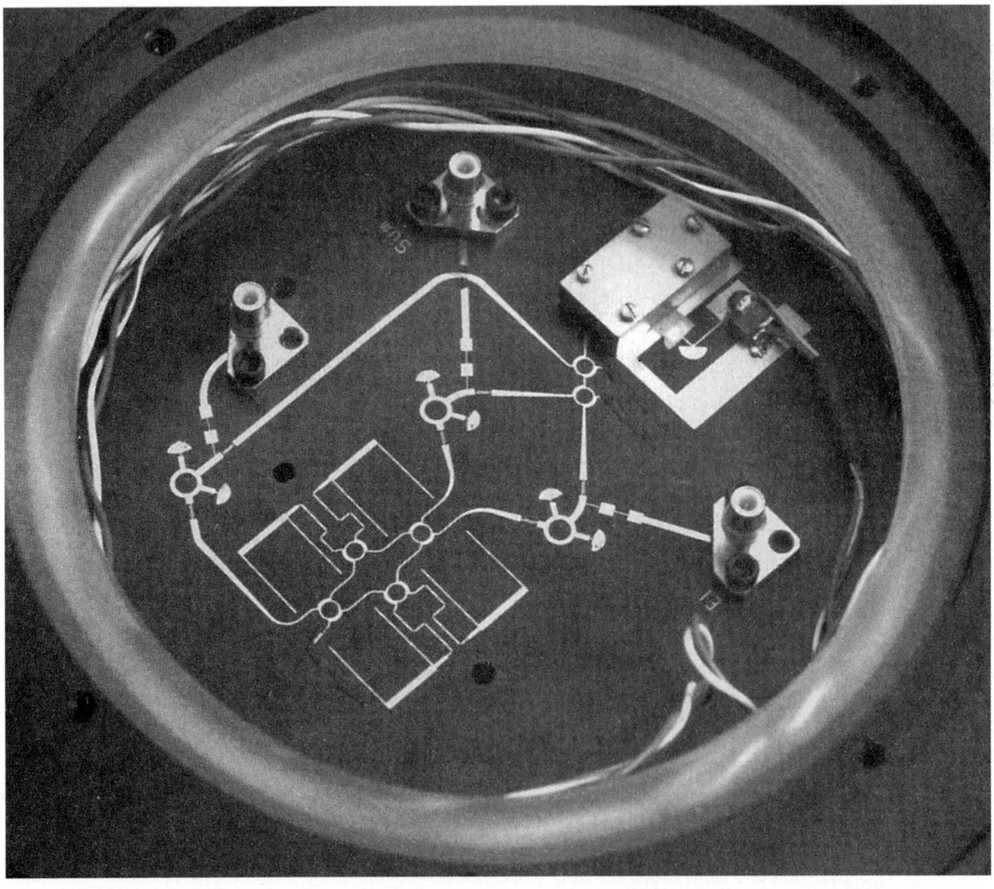

그림 13.30 35 GHz 마이크로스트립 단일펄스 레이더 수신 회로. 세 개의 평형 주파수 혼합기가 링 하이브리드 형태로 삼단 임피던스 저주파 여파기와 여섯 개의 하이브리드와 연결되어 있다. 여덟 개의 급전선들이 반대편의 마이크로스트립 안테나에 부분 결합되어 있으며, 국부 발진기에 건(Gunn) 다이오드가 포함되어 있다.

$$[S] = \frac{-1}{\sqrt{2}}\begin{bmatrix} 0 & j & 1 & 0 \\ j & 0 & 0 & 1 \\ 1 & 0 & 0 & j \\ 0 & 1 & j & 0 \end{bmatrix}. \tag{13.111}$$

여기서 각 포트단의 번호는 그림 13.29a를 참조한다.

총 RF/LO 인가전압들은 두 다이오드에 적용되며, 수식으로 나타내면 다음과 같다.

$$\begin{aligned} v_1(t) &= \frac{1}{\sqrt{2}}\left[V_{RF}\cos\left(\omega_{RF}t - 90°\right) + V_{LO}\cos\left(\omega_{LO}t - 180°\right)\right] \\ &= \frac{1}{\sqrt{2}}\left(V_{RF}\sin\omega_{RF}t - V_{LO}\cos\omega_{LO}t\right), \end{aligned} \tag{13.112a}$$

$$\begin{aligned} v_2(t) &= \frac{1}{\sqrt{2}}\left[V_{RF}\cos\left(\omega_{RF}t - 180°\right) + V_{LO}\cos\left(\omega_{LO}t - 90°\right)\right] \\ &= \frac{1}{\sqrt{2}}\left(-V_{RF}\cos\omega_{RF}t + V_{LO}\sin\omega_{LO}t\right). \end{aligned} \tag{13.112.b}$$

소신호 다이오드의 근사값은 식 (11.6)으로부터 2차 항만을 이용한다는 가정하에 표현할 수 있고, 또한 다이오드 전류를 다음과 같이 표현할 수 있다.

$$i_1(t) = Kv_1^2 = \frac{K}{2}\left(V_{RF}^2\sin^2\omega_{RF}t - 2V_{RF}V_{LO}\sin\omega_{RF}\cos\omega_{LO}t + V_{LO}^2\cos^2\omega_{LO}t\right), \tag{13.113a}$$

$$i_2(t) = -Kv_2^2 = \frac{-K}{2}\left(V_{RF}^2\cos^2\omega_{RF}t - 2V_{RF}V_{LO}\cos\omega_{RF}\sin\omega_{LO}t + V_{LO}^2\sin^2\omega_{LO}t\right), \tag{13.113b}$$

여기서 i_2의 음부호는 다이오드의 반대 방향 극성을 나타낸다. 그리고 K는 다이오드 응답 특성에서 2차항을 고려한 상수이다. 두 전류값을 저주파 여파기에 인가하면 삼각함수에 의해 다음과 같은 수식을 얻게 된다.

$$i_1(t) + i_2(t) = \frac{-K}{2}\left(V_{RF}^2\cos 2\omega_{RF}t + 2V_{RF}V_{LO}\sin\omega_{IF}t - V_{LO}^2\cos 2\omega_{LO}t\right),$$

위 식에서 DC 성분은 변환과정에서 상쇄된다. 그러면 저주파 여파과정을 거친 후의 IF 출력단의 원하는 전류는 다음과 같이 표현된다.

$$i_{IF}(t) = -KV_{RF}V_{LO}\sin\omega_{IF}t, \tag{13.114}$$

그리고 RF 포트에서의 입력신호 정합과 RF/LO 포트 간의 결합도 역시 계산할 수 있다. 다이오드 간의 정합이 이루어져, 각각이 RF 주파수에서 전압 반사계수 Γ를 가진다면, 다이오드에서의 RF 반사 전압에 대한 페이저 표현식은 아래와 같다.

$$V_{\Gamma_1} = \Gamma V_1 = \frac{-j\Gamma V_{RF}}{\sqrt{2}}, \quad (13.115a)$$

$$V_{\Gamma_2} = \Gamma V_2 = \frac{-\Gamma V_{RF}}{\sqrt{2}}. \quad (13.115b)$$

그리고 이 반사된 전압들은 두 번째와 세 번째의 하이브리드 포트단에서 나타나며, 다음과 같은 RF/LO 포트의 출력 형태를 따르게 된다.

$$V_\Gamma^{RF} = \frac{-jV_{\Gamma_1}}{\sqrt{2}} - \frac{V_{\Gamma_2}}{\sqrt{2}} = -\frac{1}{2}\Gamma V_{RF} + \frac{1}{2}\Gamma V_{RF} = 0, \quad (13.116a)$$

$$V_\Gamma^{LO} = \frac{-V_{\Gamma_2}}{\sqrt{2}} - j\frac{V_{\Gamma_1}}{\sqrt{2}} = \frac{1}{2}j\Gamma V_{RF} + \frac{1}{2}j\Gamma V_{RF} = j\Gamma V_{RF}. \quad (13.116b)$$

따라서 90° 하이브리드의 위상 특성에 의해 RF 포트에서의 완벽한 격리 특성이 나타나는 것을 알 수 있다. 그러나 RF와 LO 포트들 사이의 분리도는 다이오드의 정합에 의존하므로, 적당한 주파수 대역에 걸쳐서 그 값을 유지하기가 어려울 수도 있다.

영상신호 제거 주파수 혼합기(image reject mixer)

앞 절에서 2개의 RF 입력신호가 국부 발진주파수와 IF의 합/차($\omega_{RF} = \omega_{LO} \pm \omega_{IF}$)로 표현이 되었으며, 국부 발진주파수와 결합되었을 때 그것들은 하향 변환된 IF로 나타내어진다는 것을 알았다. 이 두 주파수를 양측대파에서의 상향/하향 **단측대파**(single sideband)라고 한다. IF의 값이 양이라 가정했을 때, 상향 단측대파($\omega_{LO} + \omega_{IF}$: upper side-band)와 하향 단측대파($\omega_{LO} - \omega_{IF}$: lower side-band) 중 하나를 택하여 원하는 응답형태를 얻을 수 있다. 그림 13.31에 나와 있는 **영상신호 제거 주파수 혼합기**는 출력신호를 분리하기 위해 앞서 언급한 두 개의 응답을 따로 사용한다. 또한 같은 회로로 상향변환의 기능도 해낼 수 있으며, 이때 이 회로를 **단측대파 변조기**라고 한다. 이 경우 IF 입력신호는 IF 하이

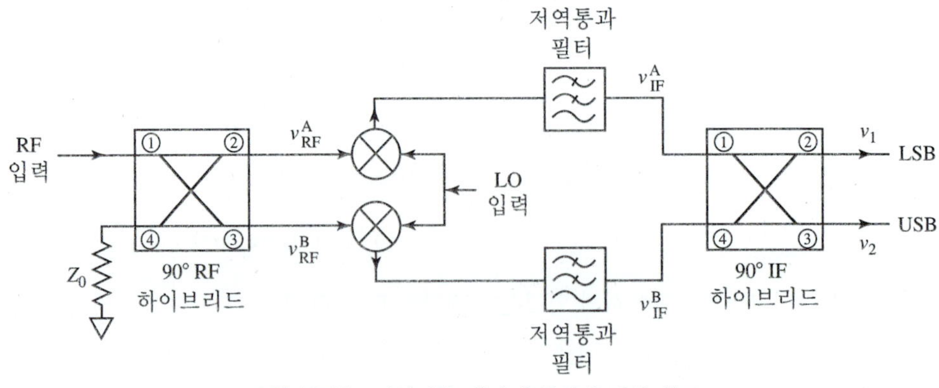

그림 13.31 영상신호 제거 혼합기에 대한 회로

브리드의 LSB 또는 USB 포트에 인가되어 혼합기의 RF 포트에서 해당하는 단측대파 신호로 만들어진다.

소신호 근사를 사용하여 영상신호 제거 주파수 혼합기에 대한 분석을 해보자. 먼저 RF 입력신호의 표현식은 다음과 같다.

$$v_{RF}(t) = V_U \cos(\omega_{LO} + \omega_{IF})t + V_L \cos(\omega_{LO} - \omega_{IF})t, \tag{13.117}$$

여기서 V_U와 V_L은 각각 상/하향 측대파 주파수의 크기를 나타낸다.

식 (13.111)에 나와 있는 산란 매트릭스를 통해 구할 수 있는 90° 하이브리드 다이오드의 RF 전압은 아래와 같다.

$$\begin{aligned} v_A(t) &= \frac{1}{\sqrt{2}}\left[V_U \cos\left(\omega_{LO}t + \omega_{RF}t - 90^\circ\right) + V_L \cos\left(\omega_{LO}t - \omega_{IF}t - 90^\circ\right)\right] \\ &= \frac{1}{\sqrt{2}}[V_U \sin(\omega_{LO} + \omega_{IF})t + V_L \sin(\omega_{LO} - \omega_{IF})t], \end{aligned} \tag{13.118a}$$

$$\begin{aligned} v_B(t) &= \frac{1}{\sqrt{2}}\left[V_U \cos\left(\omega_{LO}t + \omega_{IF}t - 180^\circ\right) + V_L \cos\left(\omega_{LO}t - \omega_{IF}t - 180^\circ\right)\right] \\ &= \frac{-1}{\sqrt{2}}[V_U \cos(\omega_{LO} + \omega_{IF})t + V_L \cos(\omega_{LO} - \omega_{IF})t]. \end{aligned} \tag{13.118b}$$

식 (13.110)에 있는 국부 발진신호와 결합시킨 후, 저주파 여파기를 거치고 나서, IF 입력신호의 IF 하이브리드를 표현한 식은 다음과 같다.

$$v_{IF}^A(t) = \frac{K V_{LO}}{2\sqrt{2}}(V_U - V_L)\sin\omega_{IF}t, \tag{13.119a}$$

$$v_{IF}^B(t) = \frac{-K V_{LO}}{2\sqrt{2}}(V_U + V_L)\cos\omega_{IF}t, \tag{13.119b}$$

여기서 K는 다이오드 응답의 2차 항을 고려한 상수이다. IF 신호의 위상 형태를 살펴보면 아래와 같다.

$$V_{IF}^A = \frac{-jK V_{LO}}{2\sqrt{2}}(V_U - V_L), \tag{13.120a}$$

$$V_{IF}^B = \frac{-K V_{LO}}{2\sqrt{2}}(V_U + V_L). \tag{13.120b}$$

IF 하이브리드 대역의 이런 전압들의 적용은 다음과 같은 결과값으로 나타난다.

$$V_1 = -j\frac{V_{IF}^A}{\sqrt{2}} - \frac{V_{IF}^B}{\sqrt{2}} = \frac{K V_{LO} V_L}{2}\ \text{(LSB)}, \tag{13.121a}$$

$$V_2 = -\frac{V_{IF}^A}{\sqrt{2}} - j\frac{V_{IF}^B}{\sqrt{2}} = \frac{-jK V_{LO} V_U}{2}\ \text{(USB)}, \tag{13.121b}$$

즉, 식 (13.117)의 하향 변환된 입력신호의 개별적인 단측대파의 신호들을 알 수 있다. 이 결과값을 시간 영역에서 표현을 하면 다음과 같다.

$$v_1(t) = \frac{K V_{\rm LO} V_L}{2} \cos \omega_{\rm IF} t, \tag{13.122a}$$

$$v_2(t) = \frac{K V_{\rm LO} V_U}{2} \sin \omega_{\rm IF} t, \tag{13.122b}$$

이것으로, 두 대역 간의 90° 위상 차이를 확실히 알 수 있다. 여기서 영상신호 제거 주파수 혼합기는 단일 신호제거 주파수 혼합기의 통상적 변환손실 이외의 다른 손실은 발생하지 않는다. 낮은 IF에서는 하이브리드 제작의 어려움으로 영상신호 제거 주파수 혼합기를 사용하기 어렵다. 손실과 잡음 특성 역시 간단한 주파수 혼합기보다 크다.

차동 FET 주파수 혼합기와 Gilbert Cell 주파수 혼합기

그림 13.32a의 주파수 혼합기는 12.4절의 차동 증폭기와 같이 두 개의 FET를 차동증폭기 회로로 구현한 것이다. LO와 IF의 발룬(Balun) 연결은 접지와 단일선로 사이의 평형하지 않은 신호를 이중선로 사이의 평형한 신호로 변환하는 역할을 한다. RF 입력은 단측파이고 아래쪽 트랜지스터에 인가된다. RF 및 국부 발진기 전압은 다음과 같이 표현된다.

$$v_{\rm RF}(t) = V_{\rm RF} \cos \omega_{\rm RF} t \tag{13.123a}$$

$$v_{\rm LO}^{\pm}(t) = \pm V_{\rm LO} \cos \omega_{\rm LO} t \tag{13.123b}$$

개념적으로, 회로는 국부 발진기 주파수의 반주기로 두 개의 FET를 스위칭 한다. 차동증폭기의 차동 상태에서 위쪽의 FET는 국부 발진기 전압에 대해 가상 접지 상태이다. 이러한 트랜지스터는 핀치오프보다 조금 높게 바이어스 되며, 따라서 각 국부 발진기 주파수의 절반보다 빨리 스위칭 된다. 좌측 상단의 FET는 $v_{\rm LO}^{+}$의 양의 반주기동안 낮은 저항과 연결되고, 음의 반주기동안 개방된다. $v_{\rm LO}^{-}$의 양의 반주기동안 우측 상단의 FET는 단락된다. 따라서 상단의 두 개의 FET 중 하나는 항상 동작한다. 하단의 FET는 포화상태로 바이어스되며 상단 스위치를 통해 전류를 제공하는 일반적인 RF 증폭기로 동작한다. 상단의 스위치를 통해 흐르는 하단 FET 드레인의 전류는 $I_{\rm RF} = g_m {\rm V}_{\rm RF}$이다. RF와 LO 포트는 임피던스 정합이 되어야 하며, IF 출력부는 국부발진신회의 귀로를 반드시 제공해 주어야 한다. 전류원 및 인덕티브 축퇴(Inductive degeneration)는 하단 FET의 소스부에 적용된다.

13.32b는 상단 FET를 이상적인 스위치로 변환한 등가회로이다. 스위치의 동작은 그림 13.32c에 나타낸 이상적인 전도전파에 대한 푸리에 급수를 사용하여 모델링된다. 푸리에 급수의 처음 몇 항은 다음과 같이 표현된다.

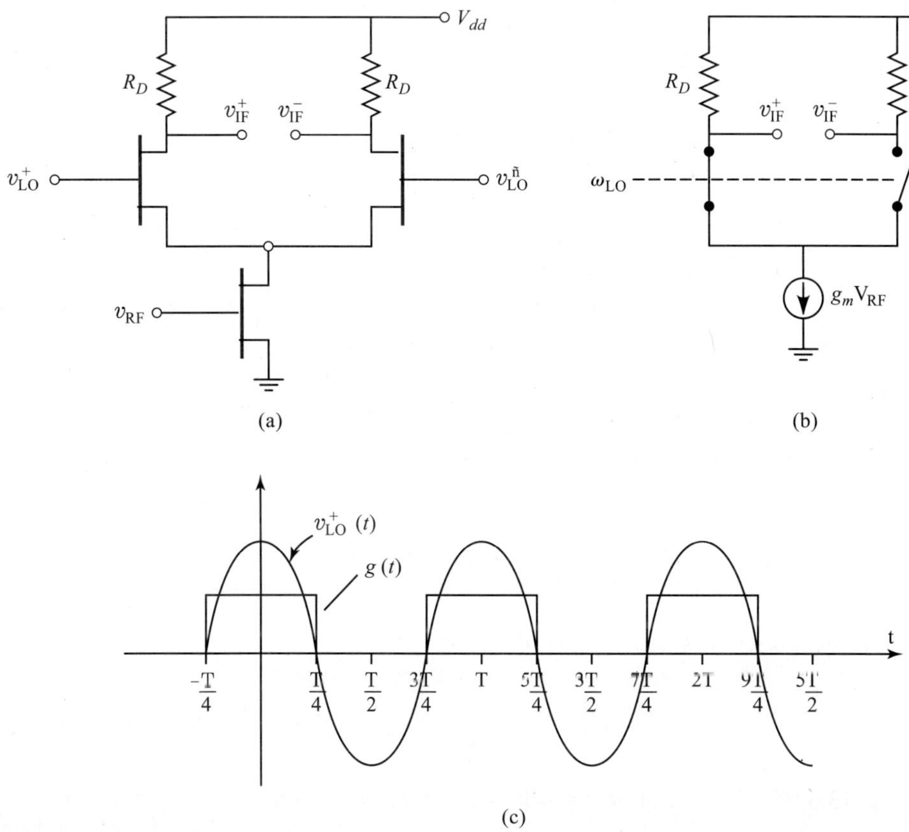

그림 13.32 (a) 단일 평형 차동 FET 주파수 혼합기 (b) 간략한 등가회로 (c) LO 전압파형과 상부왼쪽 FET의 이상적인 스위칭 파형

$$g(t) = \frac{1}{2} + \frac{2}{\pi}\cos\omega_{LO}t - \frac{2}{3\pi}\cos 3\omega_{LO}t + \cdots \tag{13.124}$$

IF단에서의 전압은 다음과 같이 표현된다.

$$v_{IF}^+(t) = -g(t)\, I_{RF} R_D = -g_m V_{RF} R_D \left(\frac{1}{2} + \frac{2}{\pi}\cos\omega_{LO}t\right)\cos\omega_{RF}t \tag{13.125a}$$

$$v_{IF}^-(t) = -[1 - g(t)]\, I_{RF} R_D = -g_m V_{RF} R_D \left(\frac{1}{2} - \frac{2}{\pi}\cos\omega_{LO}t\right)\cos\omega_{RF}t, \tag{13.125b}$$

식 (13.124)의 초기 두 항은 유지됨을 확인할 수 있다. IF 출력단의 전압은 다음과 같이 표현된다.

$$v_{IF}(t) = v_{IF}^+(t) - v_{IF}^-(t) = \frac{-4}{\pi} g_m V_{RF} R_D \cos\omega_{LO}t \cos\omega_{RF}t. \tag{13.126}$$

RF 및 LO 주파수에 해당하는 항은 필터링 없이 제거되고, $\omega_{LO} \pm \omega_{RF}$ 주파수만 남겨진다.

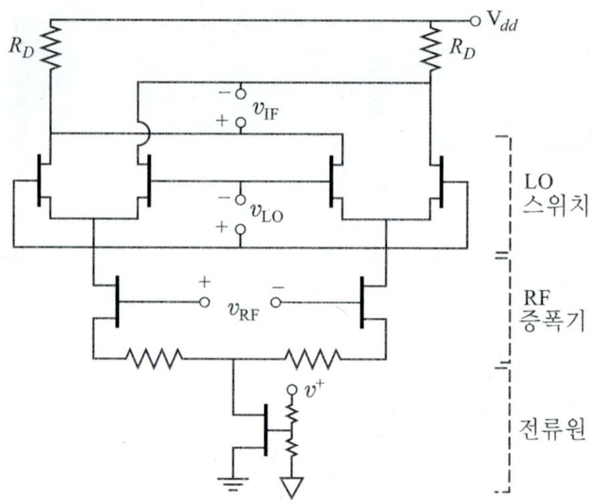

그림 13.33 길버트 셀(Gilbert Cell) 주파수 혼합기

여파기를 통과한 IF 출력은 다음과 같이 표현된다.

$$v_{\mathrm{IF}}(t)\Big|_{\mathrm{LPF}} = \frac{-2}{\pi} g_m V_{\mathrm{RF}} R_D \cos \omega_{\mathrm{IF}} t. \tag{13.127}$$

그림 13.33에 표현된 **Gilbert 셀 주파수 혼합기**는 13.32a와 같이 **이중 평형 주파수 혼합기**를 사용한다. 이것은 완전한 평형(차동) LO, RF, IF 포트를 갖는다. 이 회로의 대칭성으로 RF 신호와 LO 신호는 IF 출력포트에서 제거된다. 단일 평형 주파수 합성기와 같이 상단 네개의 FET는 LO 전압에 의해 스위치로 동작하며, 하단의 두 개의 FET는 RF 신호에 의해서 평형증폭기로 동작한다. 그림 13.33의 회로는 증폭기 FET 소스단에 전류원을 포함한다. 이러한 주파수 혼합기는 대개 무선분야를 위한 CMOS RFIC에서 사용된다.

기타 주파수 혼합기

상호변조, 고조파 생성, 대역폭 등의 면에서 볼 때 유용한 주파수 혼합기들이 존재하는데, 그림 13.34에 나와 있는 **이중 평형 주파수 혼합기**는 두 개의 하이브리드 결합이나 변압기를 사용하며, RF/LO 단의 고조파 제거 특성과 입/출력 포트 신호의 격리도가 매우 좋다. 이것은 변환손실 특성이 매우 좋다는 것을 의미한다. 그리고 싱글 엔디드 주파수 혼합기나 평형 주파수 혼합기보다 높은 3차 고조파 주파수 차단 특성을 보여준다.

그림 13.35는 부고조파로 밀리미터파 주파수 변환을 한, **반병렬 다이오드 주파수 혼합기**의 모습을 보여준다. 다이오드들이 주파수 더블러의 역할을 하고, 그러므로 일반적인 LO 주파수의 1/2를 사용한다. 즉 다이오드의 비선형성이 마치 RF단의 입력신호와 LO단의 2차 고조파를 결합하여 원하는 출력신호를 얻어내는 저항성 주파수 체배기처럼 동작을

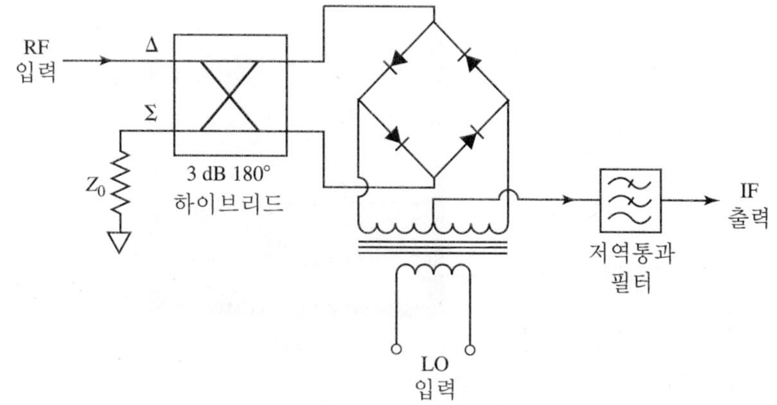

그림 13.34 이중 평형 주파수 혼합기에 대한 회로

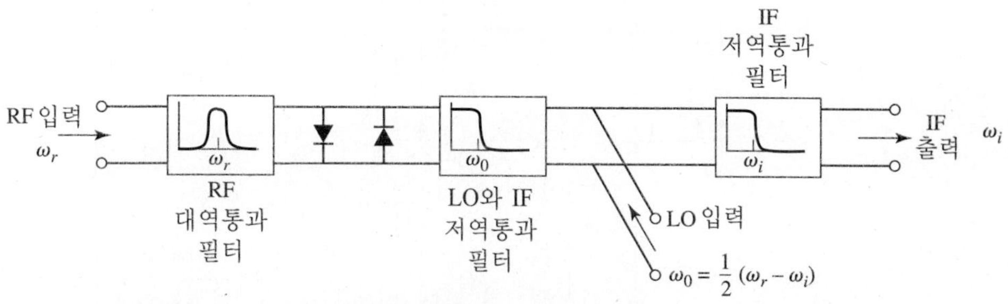

그림 13.35 반병렬 다이오드 한 쌍을 이용한 부고조파 주입 주파수 혼합기

한다. 반병렬 다이오드 쌍은 대칭적인 전류 전압특성을 가지며, 이것이 RF와 LO 간의 입력신호의 근본적인 합성을 억압하기 때문에 좋은 변환손실 특성을 가진다.

그림 13.36은 부고조파(sub-harmonic)주파수 혼합기로 사용된 SiGe MMIC를 나타낸다. 표 13.1에, 앞서 언급한 다양한 주파수 혼합기들의 특성을 정리하였다.

표 13.1 다양한 주파수 혼합기의 특성

유 형	다이오드의 수	RF 출력 정합	RF-LO 격리	변환손실	3차 교차
싱글엔디드	1	나쁨	보통	우수	나쁨
평형(90°)	2	우수	나쁨	우수	나쁨
평형(180°)	2	보통	뛰어남	우수	나쁨
이중평형	4	나쁨	뛰어남	뛰어남	뛰어남
영상제거	2 또는 4	우수	우수	우수	우수

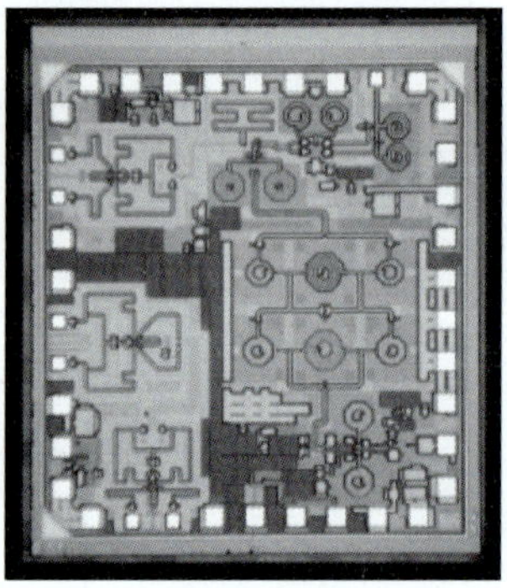

(a)

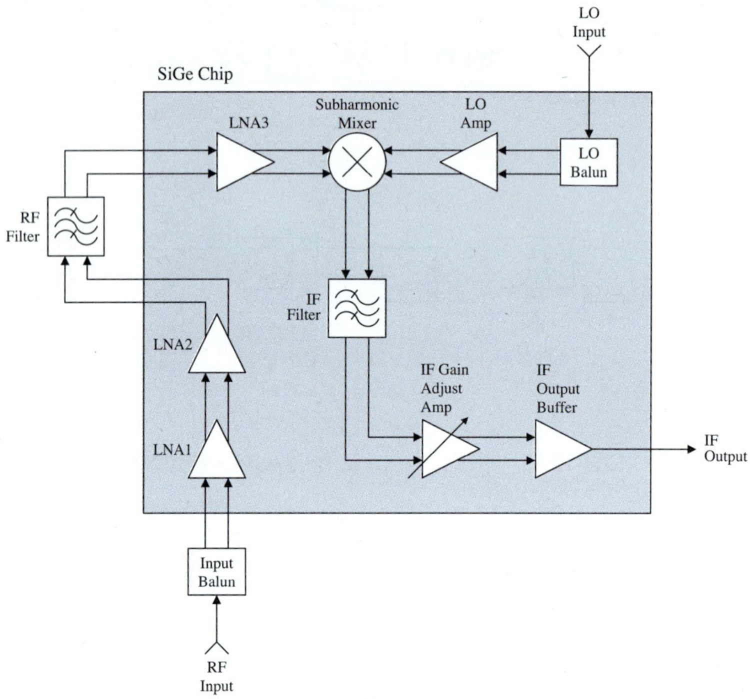

(b)

그림 13.36 (a) 실리콘 게르마늄(SiGe) 모노리식 밀리미터파 주파수 하향변환 집적회로 사진. (b) 차동 저잡음 증폭기, 국부발진기, IF 증폭기와 차동 부고조파 주파수 혼합기와 칩 외부의 RF 필터를 포함하는 블록도. 동작 주파수는 43.5 ~ 45.5 GHg, 잡음지수는 6 dB.
Courtesy of Hittite Microwave Corporation.

참고문헌

[1] L. E. Larson, *RF and Microwave Circuit Design for Wireless Communications*, Artech House, Norwood, Mass., 1996.

[2] J. R. Smith, *Modern Communication Circuits*, 2nd edition, McGraw-Hill, New York, 1998.

[3] U. L. Rohde, *Microwave and Wireless Synthesizers: Theory and Design*, Wiley-Interscience, NewYork, 1997.

[4] G. D. Vendelin, A. M. Pavio, and U. L. Rohde, *Microwave Circuit Design Using Linear and Nonlinear Techniques*, John Wiley & Sons, New York, 1990.

[5] S. A. Maas, *Nonlinear Microwave and RF Circuits*, 2nd edition, Artech House, Norwood, Mass., 2003.

[6] Y. Komatsu and Y. Murakami, "Coupling Coefficient Between Microstrip Line and Dielectric Resonator," *IEEE Transactions on Microwave Theory and Techniques*, vol. MTT-31, pp. 34-40, January1983.

[7] D. B. Leeson, "A Simple Model of Feedback Oscillator Noise Spectrum," *Proceedings of the IEEE*, vol. 54, pp. 329-330, 1966.

[8] A. Leon-Garcia, *Probability and Random Processes for Electrical Engineering*, 2nd edition, Addison-Wesley, Reading, Mass., 1994.

[9] M. K. Nezami, "Evaluate the Impact of Phase Noise on Receiver Performance," *Microwaves & RF Magazine*, pp. 1-11, June 1998.

[10] R. E. Collin, *Foundations for Microwave Engineering*, 2nd edition, Wiley-IEEE Press, Hoboken, N.J., 2001.

[11] R. H. Pantell, "General Power Relationships for Positive and Negative Resistive Elements," *Proceedings of the IRE*, pp. 1910-1913, December 1958.

[12] R. A. Pucel, D. Masse, and R. Bera, "Performance of GaAs MESFET Mixers at X Band," *IEEE Transactions on Microwave Theory and Techniques*, vol. MTT-24, pp. 351-360, June 1976.

연습문제

13.1 식 (13.3)에 나와 있는 트랜지스터 발진기의 어드미턴스 매트릭스를 유도하라.

13.2 공통 에미터 트랜지스터 및 직렬저항을 포함하는 인덕터를 사용하는 콜피츠 발진기의 결과식

인 식 (13.20)-(13.22)를 유도하라.

13.3 200 MHz에서 동작하는 인덕터 손실을 포함하는 공통 게이트 FET 콜피츠 발진기를 설계하라. BJT에서 도출된 (13.20)-(13.22)에 해당하는, 손실 인덕터 발진을 유지하는데 필요한 발진주파수 및 발진조건에 대한 방정식을 도출하라. Q가 50인 15 nH 인덕터를 사용할 때 커패시터의 값을 구하라. 트랜지스터의 $g_m = 20\,\text{mS}$, $R_o = 1/G_o = 200\,\Omega$이다. 발진값을 얻기 위한 인덕터의 최소 Q값을 구하라.

13.4 표준 Smith 도표가 부성저항에서 $1/\Gamma^*$를 도시함으로써 이용될 수 있다는 것을 증명하라. 그리고 나서 저항원에서 부성 저항값을 리액턴스 성분들은 변화가 없다는 가정하에 해석하라.

13.5 1.9 GHz에서 공통 에미터 및 드레인 단의 $50\,\Omega$ 부하 저항으로써 설정된 BJT 소자를 사용하여 트랜지스터 발진기를 설계하라. 여기서 사용된 S 파라미터 값은($Z_0 = 50\,\Omega$): $S_{11} = 0.72\ \angle 157°$, $S_{12} = 0.15\ \angle 56°$, $S_{21} = 1.9\ \angle 52°$, $S_{22} = 0.63\ \angle -63°$이다. 안정도 원을 그리고, 값을 계산하라. 그리고 $|\Gamma_{\text{in}}| \gg 1$의 Γ_L을 구하라. 부하 및 종단 연결도를 구성하라.

13.6 예제 13.4에 나왔던 발진기 설계를 $50\,\Omega$으로의 Γ_S의 정합을 이루는 단일 스텁 튜너를 이용한 유전체 공진기 및 마이크로스트립 급전을 이동시킴으로써 설계하라. 튜너와 $50\,\Omega$에서의 Q값을 구하라. 그런 다음, $|\Gamma_{\text{out}}|$에 대한 $\Delta f/f_0$ 좌표를 나타내어라. 그림 13.12b에 나와 있는 결과값을 유전체 공진기의 값과 비교하라.

13.7 예제 13.4에 있는 유전체 공진기의 설계를 파라미터 $S_{11} = 1.2\ \angle 150°$, $S_{12} = 0.2\ \angle 120°$, $S_{21} = 3.7\ \angle -72°$, $S_{22} = 1.3\ \angle -67°$를 가지는 GaAs MESFET를 사용하여 다시 설계하라.

13.8 게이트 공통 구조의 HEMT소자가 8GHz($Z_0 = 50\,\Omega$)에서 다음과 같은 S-파라미터를 갖는다.: $S_{11} = 0.46\ \angle 178°$, $S_{12} = 0.045\ \angle 73°$, $S_{21} = 1.41\ \angle -19°$, $S_{22} = 1.02\ \angle -12°$. 발진기 응용에서 불안정도를 증가시키기 위해 다음 그림과 같이 직렬 인덕터를 게이트에 연결한다. 인덕턴스 L의 범위 0 ~ 20 nH에 대한 μ-안정도인자(stability factor)를 계산하고 그리며, 최대로 불안정할 때의 인덕턴스 값을 구하라.(마이크로파 CAD툴 활용 가능함)

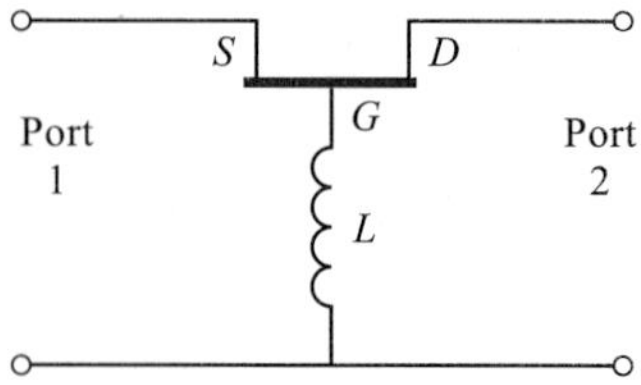

13.9 잡음지수 6 dB, $Q = 500$ 값을 가지는 증폭기를 이용한 발진기가 있다. 출력주파수 100 MHz를 가지는 출력 전력레벨은 10 dBm이다. 주파수가 $f_\alpha = 50\,\text{KHz}$일 때, 출력 잡음전력의 좌표를 나타내어라. 그리고 위상잡음(단위: dBc/Hz)을 다음의 주어진 주파수에 따라 구하라. **(a)** 반송파 주파수로부터 1 MHz, **(b)** 반송파 주파수로부터 10 KHz(여기서 $K = 1$)

13.10 예제 13.10의 문제를 $f_\alpha = 200\,\text{KHz}$라고 가정하고 같은 방식으로 풀어라.

13.11 식 (13.50)을 이용하여 수신단의 어느 한 선택도를 위해 필요한 위상잡음을 구하는 식을 유도

해 내어라.

13.12 860 MHz에서의 무선 수신단에서 80 dB의 근접 채널 제거현상을 하기 위해 30 KHz의 채널 구간이 요구되어진다. 거기에 필요한 국부 발진기의 위상잡음 특성을 구하라. 여기서 간섭채널 레벨은 원하는 레벨과 동등하다. 출력단의 IF 음성 대역폭은 12 KHz이다.

13.13 Manley-Rowe 관계식을 상향 주파수 혼합기에 이용하라. f_1(RF)와 f_2(LO)에서 비선형 상태가 되며, $f_3 = f_1 + f_2$의 주파수를 제외한 모든 주파수 범위에서 개방되는 종단회로를 가정한 상태이다. 여기서 최대 변환이득이 $-P_{11}/P_{10} = 1 + \omega_2/\omega_1$으로 표현되는 것을 보여라.

13.14 식 (13.73)에 나와 있는 펄스 구간과 게이트 인가전압 사이의 관계식을 FET 주파수 체배기에 대하여 유도하라.

13.15 $v_{RF}(t) = V_{RF}[\cos(\omega_{LO} - \omega_{IF})t + \cos(\omega_{LO} + \omega_{IF})t]$ 형태의 양측대파 신호가 $v_{LO}(t) = V_{LO}\cos\omega_{LO}t$의 LO 전압과 함께 주파수 혼합기에 인가된다. 저역통과 필터링 이후의 주파수 혼합기 출력 성분을 유도하라.

13.16 다음과 같은 전류-전압 특성을 가지는 다이오드가 있다. $i(t) = I_S(e^{3v(t)} - 1)$. 여기서 $v(t) = 0.1\cos\omega_1 t + 0.1\cos\omega_2 t$이며, $i(t)$를 전압으로의 v, v^2, v^3에 대한 거듭제곱급수로 나타내어라. $I_S = 1$ A라 가정하고 각각의 주파수에 대한 전류의 크기를 구하라.

13.17 1800 MHz에서의 RF 입력신호가 IF 주파수 87 MHz를 가지는 주파수 혼합기에서 하향 변환되었다. 여기서 측정 가능한 국부발진 주파수를 구하고, 영상주파수 응답을 구하라.

13.18 변환손실 5 dB, 잡음지수 4 dB을 가지는 다이오드 주파수 혼합기와 변환이득 3 dB, 잡음지수 8 dB를 가지는 FET 주파수 혼합기가 있다. 아래와 같이 30 dB, 그리고 잡음지수 F_A를 가지는 IF 증폭기 뒤에 위치하는 주파수 혼합기가 있다고 가정하자. 여기서 $F_A = 0$에서 10 dB로 변할 때, 증폭기-주파수 혼합기 단의 잡음지수 좌표를 구하고 계산하라.

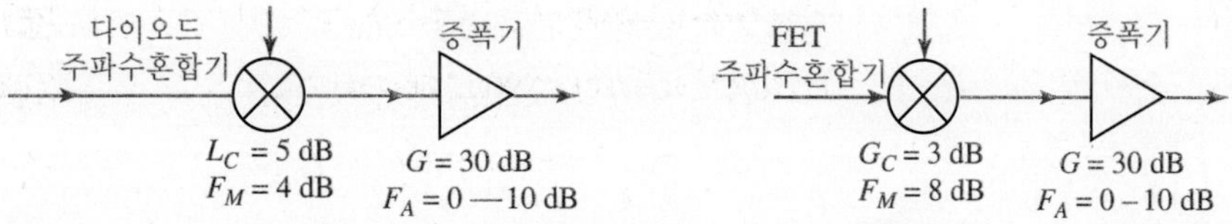

13.19 단측대파 신호가 인가되는 주파수 혼합기의 등가 잡음온도가 T_{SSB}라고 표현되며, 양측대역 신호 인가시 등가 잡음온도를 T_{DSB}라고 하자. 출력 잡음전력을 각 경우에 대해 계산하고, $T_{SSB} = 2T_{DSB}$임을 보이고, 거기에 따라 나타나는 $F_{SSB} = 2F_{DSB}$임을 보여라. 여기서 신호의 변환이득과 영상주파수 부분은 상응한다고 가정한다.

13.20 잡음지수 F(DSB)와 변환손실 L_C을 가지는 주파수 혼합기에서의 RF 입력에 잡음전력 $N_i = kTB$가 인가되었다면, IF 포트에 나타날 수 있는 잡음전력을 구하라. 여기서 주파수 혼합기 내부의 물리적 온도는 T_0라 가정하라.

13.21 두 RF 입력신호의 위상차에 비례하는 **위상 검파기**의 출력신호가 있으며, 다음과 같이 표현한다.

$$v_1 = v_0 \cos \omega t,$$
$$v_2 = v_0 \cos(\omega t + \theta).$$

만약 이 두 신호가 90° 하이브리드 방식을 가지는 단일 평형 주파수 혼합기에 인가된다면, 저주파 여파 단계를 거친 IF 출력신호들을 구하라. 여기서 입력 신호들을 다음과 같이 나타낸다.

$$i = kv_0^2 \sin \theta.$$

여기서 k는 상수이며, 만약 180° 하이브리드 방식의 주파수 혼합기를 사용한다면, 다음과 같은 출력신호가 나오는 것을 보여라.

$$i = kv_0^2 \cos \theta.$$

13.22 180° 하이브리드 방식을 이용한 평형 주파수 혼합기를 분석하라. IF 출력전류와 RF 및 LO 포트단의 입력 반사를 구하라. 여기서의 주파수 혼합기는 LO 신호의 고조파 억제효과를 나타낸다. 모든 하이브리드 포트들에 인가되는 RF 신호를 가정하고, 차등 포트에는 국부 발진신호가 인가된다고 가정하라.

12.23 영상신호 제거 주파수 혼합기가 있다. RF 하이브리드 단의 분산 입력손실 L_R을 가정하고, IF 하이브리드 단의 분산 입력손실을 L_I라 가정하자. 각각 변환손실 L_C을 가지는 단일 종단주파수 혼합기가 있다면, 영상신호 제거 주파수 혼합기 내의 모든 변환손실과 잡음지수를 유도하라.

제 14 장

마이크로파 시스템

마이크로파 시스템은 실용적인 기능을 수행하기 위해서 배치된 수동 및 능동 마이크로파 성분들로 구성된다. 대개는, 두 가지의 가장 중요한 예로 마이크로파 통신 시스템과 마이크로파 레이더 시스템이다. 그러나 많은 다른 예들도 있다. 이 장에서 우리는 마이크로파 기술응용의 일반적인 개요를 보일 수 있는 것과 이전 장의 주제가 완전한 마이크로파 시스템의 구성에 일치하는지를 보여줄 수 있는 마이크로파 시스템의 몇 가지 형태에 대한 기본적인 동작에 대해 논의할 것이다.

어떠한 레이더 또는 무선 통신 시스템에서 중요한 성분은 안테나이다. 따라서 먼저 안테나의 몇 가지 기본적인 특성들을 논의할 것이다. 그 다음으로는 RF와 마이크로파 기술의 중요한 응용으로서 무선 통신, 레이더, 복사 분석 시스템을 다룬다. 또한 전파효과, 생물학적 효과, 그리고 다른 다양한 응용분야에 대해서도 간략히 논의한다.

이러한 주제들의 모든 내용은 많은 서적이 각각의 내용에 대해서 충분히 고찰하였다. 여기서 우리의 목적은 실제적인 시스템 응용이라는 더 큰 맥락에서 위의 주제들을 소개하는 것이다. 관심 있는 독자는 더욱 완전한 이해를 위해서 이 장의 마지막에 있는 참고문헌을 참조하기 바란다.

14.1 시스템 관점에서 안테나

이 절에서는 마이크로파 통신, 레이더, 그리고 원거리 센싱 시스템(sensing systems)의 연구에 필요한 안테나의 몇 가지 기본적 특성을 기술한다. 여기서 우리는 안테나 동작의 자세한 전자계 이론(electromagnetic theory)이 아니라, 복사 패턴(radiation pattern), 지향성(directivity), 이득(gain), 효율(efficiency), 그리고 잡음 특성(noise characteristics)에 관한 안테나 동작의 시스템 관점에 대해서 더욱 흥미를 가질 것이다. 참고문헌 [1]과 [2]는 안테나 이론과 설계에 관해 흥미 있는 내용이 좀더 자세하게 설명되어 있다. 그림 14.1은 상용 무선 시스템용으로 개발된 여러 가지 형태의 안테나 중 일부를 나타낸 것이다.

송신 안테나는 전송선로 상에 도파되는 전자파를 자유공간으로 전파하는 평면파로 변환하는 장치로 볼 수 있다. 따라서 안테나는 하나의 전기회로 소자인 동시에 전파하는 평면

그림 14.1 밀리미터파 대역의 안테나들. 레이돔을 갖는 38 GHz 고이득 반사판 안테나, 주 초점 파라볼릭 안테나, 주름진 고깔모양 혼 안테나, 38 GHz 평면형 마이크로스트립 배열 안테나, Gunn 다이오드 모듈이 장착된 피라미드 모양의 혼 안테나, 다중대역 반사판 안테나(맨 위로부터 시계방향으로)

파와 인터페이스 역할도 한다. 안테나는 본래 양방향성이므로 송신용과 수신용 모두 가능하다.

그림 14.2는 송수신 안테나의 기본동작을 나타낸 것이다. 송신기는 전력 P_t를 송신 안테나에 전송하는 전압발생기와 직렬 임피던스로 구성된 Thevenin 전원으로 모델링할 수 있다. 송신 안테나는 구면파를 복사하며, 이 구면파가 아주 먼 거리에서는 평면파로 근사화될 수 있다. 수신안테나는 전파하는 전파의 일부를 수신하여 수신전력 P_r을 수신기 부하 임피던스에 전달한다.

안테나의 광범위한 다양성이 다른 응용들에 대해서 발전되어 왔으며, 다음과 같이 분

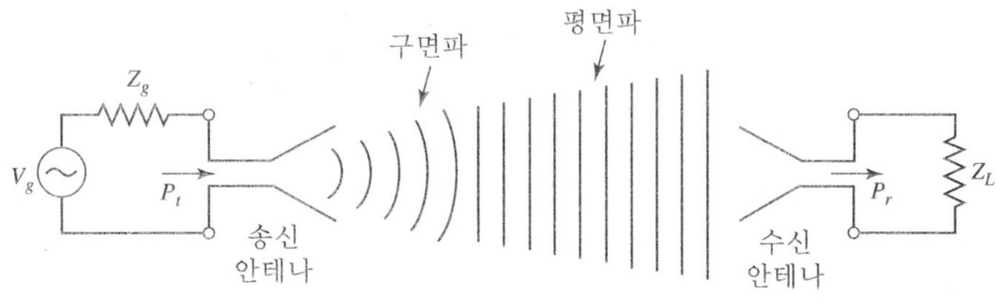

그림 14.2 송수신 안테나의 기본동작

류된다.

- 선형 안테나(wire antenna)는 다이폴(dipoles), 모노폴(monopole), 루프(loop), 슬리브 다이폴(sleeve dipole), 야기-우다 배열(Yagi-Uda array), 그리고 관련된 구조들을 포함한다. 선형 안테나는 일반적으로 낮은 이득(low gain)을 가지며, 대부분 낮은 주파수(HF~UHF)에서 사용된다. 이러한 안테나는 가볍고 제작비가 저렴하며, 설계가 쉬운 장점들을 가지고 있다.
- 개구 안테나(aperture antenna)는 개방된 도파관(open-ended waveguide), 사각형 또는 원형 혼(horns), 반사기(reflector), 렌즈(lense) 그리고 배열반사판(reflectarrays) 등을 포함한다. 개구 안테나는 대부분 마이크로파와 밀리미터파(millimeter wave) 주파수에서 이용되며 높은 이득에 적당하다.
- 기판형 안테나(printed antenna)는 기판 슬롯(printed slot), 기판형 다이폴(printed dipole), 그리고 마이크로스트립 패치 안테나(microstrip patch antenna) 등을 포함한다. 이러한 안테나들은 복사성분들과 유전체기판에서 제작된 급전회로부(feed circuitry)와 함께, 노광(photolithographic) 기술로 만들어질 수 있다. 기판형 안테나는 대부분 마이크로파와 밀리미터파 주파수에서 이용되며 높은 이득에 대해서 쉽게 배열될 수 있다.
- 배열 안테나(array antenna)는 급전부(feed network)와 함께 안테나 성분들의 규칙적인 배열로 구성되어진다. 빔 포인팅(beam pointing) 각도와 측엽(side lobe) 레벨과 같은 패턴 특성들은 배열 성분들의 진폭과 위상여기를 조절함으로써 제어될 수 있다. 배열 안테나의 중요한 형태는 위상배열(phased array)이며, 여러 이상기들(phase shifters)은 안테나의 주빔을 전자적으로 주사(scan)하기 위해 이용된다.

안테나의 복사 전자계(fields)와 복사 전력(power)

여기서는 Maxwell 방정식의 자세한 해는 필요하지 않으나, 안테나로부터 복사되는 원거리 전자계는 알아야 한다. 구좌표계의 원점에 안테나가 있다고 생각한다. 근거리 전자계가 무시되는 먼 거리에서 임의의 안테나 복사전계는

$$\bar{E}(r,\theta,\phi) = [\hat{\theta}F_\theta(\theta,\phi) + \hat{\phi}F_\phi(\theta,\phi)]\frac{e^{-jk_0 r}}{r} \text{ V/m} \tag{14.1}$$

로 쓸 수 있다. 여기서 $\bar{E}$는 전계벡터, $\hat{\theta}$와 $\hat{\phi}$는 구좌표계의 단위벡터, r은 원점으로부터의 거리, $k_0 = 2\pi/\lambda$는 자유공간 전파상수, 파장 $\lambda = c/f = 3\times10^8/f$이다. 또한 식 (14.1)에는 패턴함수 $F_\theta(\theta, \phi)$와 $F_\phi(\theta, \phi)$가 정의되어 있다. 식 (14.1)로부터 전계는 복사방향(r방향)으로 e^{-jk_0r}의 위상 변화와 $1/r$의 진폭 변화를 하면서 전파함을 알 수 있다. 전계는 $\hat{\theta}$ 또는 $\hat{\phi}$ 방향으로 편파되지만, 이것은 TEM파이기 때문에 r방향으로는 편파되지 않는다. 식 (14.1)의 전계와 관련있는 자계는 다음과 같이 식 (1.76)으로부터 알 수 있다.

$$H_\phi = \frac{E_\theta}{\eta_0} \tag{14.2a}$$

$$H_\theta = \frac{-E_\phi}{\eta_0}. \tag{14.2b}$$

여기서 $\eta_0 = 377\,\Omega$은 자유공간의 파동 임피던스이다. 자계벡터도 횡방향(θ 방향 또는 ϕ으로만 편파된다. 이러한 파(wave)에 대해서 포인팅 벡터(poynting vector)는 식 (1.90)에 의해서 다음과 같이 주어진다.

$$\bar{S} = \bar{E} \times \bar{H}^* \text{ W/m}^2 \tag{14.3}$$

이고, 시평균 포인팅 벡터(time-average poynting vector)는

$$\bar{S}_{avg} = \tfrac{1}{2}\text{Re}\{\bar{S}\} = \tfrac{1}{2}\text{Re}\{\bar{E} \times \bar{H}^*\} \text{ W/m}^2 \tag{14.4}$$

이다.

먼 거리에서는 안테나의 근계를 무시할 수 있고 복사전계는 식 (14.1)로 쓸 수 있다고 앞에서 언급하였다. 안테나로부터 복사되는 구형파 면을 등위상 면이 평면인 평면파로 간주할 수 있는 거리를 **원계거리**(far-field distance)로 정의함으로써 이 개념의 보다 분명한 의미를 알 수 있다. 이와 같은 근사화 개념을 안테나가 방사하는 개구면에 적용하면 원계거리는 안테나의 최대 크기에 관계된다. 안테나의 최대 크기를 D라 하면, 원계거리는

$$R_{ff} = \frac{2D^2}{\lambda} \text{ m} \tag{14.5}$$

로 정의된다. 이 관계식은 안테나로부터 복사된 실제 구형파 면의 위상이 안테나 최대 크기에 대해서 완전 평면파 면의 위상과 $\pi/8 = 22.5°$ 이내의 차이가 나는 조건으로부터 구한 것이다. 미소 다이폴과 미소 루프와 같이 전기적 미소 안테나에서 이 관계식으로부터 구한 원계거리는 너무 작다. 이 경우 최소 원계거리는 $R_{ff} = 2\lambda$이어야 한다.

예제 14.1 안테나의 원계거리

DBS(direct broadcast system) 수신용 파라볼라 반사기 안테나의 직경은 18 inch이고 12.4 GHz

에서 동작한다. 이 안테나의 동작파장과 원계거리를 구하라.

☞ 풀이

12.4 GHz에서 동작파장은

$$\lambda = \frac{c}{f} = \frac{3 \times 10^8}{12.4 \times 10^9} = 2.42\,\text{cm}$$

이다. 18 inch를 0.457 m로 변환한 후 식 (14.5)로부터 구한 원계거리는

$$R_{ff} = \frac{2D^2}{\lambda} = \frac{2(0.457)^2}{0.0242} = 17.3\,\text{m}$$

이다. DBS 위성에서 지구까지의 실제 거리는 약 36,000 km이므로, 수신안테나는 송신안테나의 원계 내에 있다고 할 수 있다. ◀

복사 전자계의 **복사세기**는 다음과 같이 정의한다.

$$\begin{aligned} U(\theta,\phi) &= r^2|\bar{S}_{avg}| = \frac{r^2}{2}\text{Re}\{E_\theta\hat{\theta} \times H_\phi^*\hat{\phi} + E_\phi\hat{\phi} \times H_\theta^*\hat{\theta}\} \\ &= \frac{r^2}{2\eta_0}[|E_\theta|^2 + |E_\phi|^2] = \frac{1}{2\eta_0}[|F_\theta|^2 + |F_\phi|^2]\ \text{W}. \end{aligned} \tag{14.6}$$

여기에는 식 (14.1), (14.2), (14.4)가 이용되었다. 복사세기의 단위는 복사거리에 무관하므로 Watts(W), 또는 W/sa(solid angle)이다. 복사세기는 안테나 둘레의 위치에 따른 복사전력의 변화이다. 안테나를 둘러싼 반경 r인 구 표면에 대하여 포인팅 벡터를 적분하여 안테나의 총 복사전력을 구할 수 있다. 이것은 구면에 대해 복사세기를 적분한 것과 같다.

$$P_{rad} = \int_{\phi=0}^{2\pi}\int_{\theta=0}^{\pi} \bar{S}_{avg}\cdot\hat{r}r^2\sin\theta d\theta d\phi = \int_{\phi=0}^{2\pi}\int_{\theta=0}^{\pi} U(\theta,\phi)\sin\theta d\theta d\phi. \tag{14.7}$$

안테나 패턴 특성

안테나로부터 일정한 거리에서 안테나 둘레의 위치(θ 방향과 ϕ 방향에 따라 원거리 복사전계의 크기를 도시한 것이 안테나 **복사패턴**이다. 따라서 복사패턴은 각도 θ(**수직면 패턴**의 경우) 또는 각도 ϕ(**수평면 패턴**의 경우)에 대한 패턴함수 $F_\theta(\theta, \phi)$ 또는 $F_\phi(\theta, \phi)$로부터 그릴 수 있다. 안테나 편파에 따라 F_θ 또는 F_ϕ를 도시한다.

대표적인 안테나 패턴은 그림 14.3에 보여진다. 이러한 패턴은 수직 방향에 기인한 소형의 혼 안테나(horn antenna)에 대해서, polar 형태에 대한 앙각 θ에서 나타난다.

이 그림은 최대값으로 정규화한 dB 단위의 안테나 복사전력의 상대적 변화를 그린 것이다. 패턴함수는 전압에 비례하므로 그림의 복사상 눈금은 $20\log|F(\theta, \phi)|$로 계산된다. 아니면, $10\log|U(\theta, \phi)|$의 복사세기로 계산하여 그림을 그릴 수도 있다.

패턴은 다른 방향에서 다른 최대값들과 함께, 몇 개의 구별된 **로브들**(lobes)로 존재할

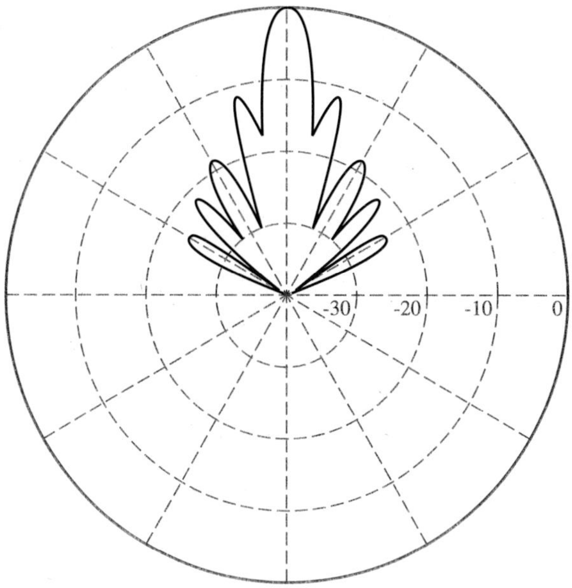

그림 14.3 작은 혼 안테나의 방사전계 패턴, 패턴은 0 dB로 정규화하였으며 각 내부원은 10 dB의 차이를 갖는다

수 있다. 최대값을 가지는 로브는 **주빔**(main bean)이라 불리며, 반면에 낮은 수준의 로브들은 **측엽**(sidelobes)이라 부른다. 그림 14.3의 패턴은 $\theta = 0$에서 하나의 주빔을 가지고 있으면서 몇 개의 측엽들이 있는데, 약 $\theta = \pm 16°$에 위치한 것이 가장 큰 측엽을 가지고 있다. 이러한 측엽들의 레벨은 주빔 레벨보다 낮은 13 dB이다. 또한 방사 패턴은 직교 형태로 그릴 수도 있으며 이는 좁은 주빔을 갖는 안테나에 특히 유용하다.

안테나의 기본 특성은 다른 방향은 제쳐놓고 어느 특정한 방향으로만 전력을 집속시키는 것이다. 따라서 넓은 주빔을 가지는 안테나는 넓은 각도로 전력을 송신(또는 수신)할 수 있는 반면, 좁은 주빔을 가진 안테나는 좁은 각도로 전력을 송신(또는 수신)할 수 있다. 이와 같이 안테나 전력집속 효과의 척도는 안테나의 3 dB **빔폭**으로서, 이것은 전력 크기가 최대전력에 3 dB 떨어지는 두 점(반전력 점) 사이의 주빔의 각도로 정의한다. 그림 14.3에 나타난 패턴의 3 dB 빔폭은 약 10°이다.

수평면에서 일정한 패턴을 가지는 안테나를 **전방향성**(omnidirectional)이라 하며, 모든 방향으로 동일하게 송수신이 되어야 하는 방송용이나 휴대용 무선기기에 유용하다. 수직면과 수평면 모두에서 비교적 좁은 주빔을 가지는 패턴을 나타내는 안테나를 **팬슬빔**(pencil beam) 안테나라 하며, 레이더와 점대점 무선 통신과 같은 경우에 유용하다.

안테나 전력 집속력의 또다른 척도는 **지향성**(directivity)이며, 모든 공간의 평균 복사세기에 대한 주빔의 최대 복사세기의 비로 정의된다.

$$D = \frac{U_{\max}}{U_{avg}} = \frac{4\pi U_{\max}}{P_{rad}} = \frac{4\pi U_{\max}}{\int_{\theta=0}^{\pi}\int_{\phi=0}^{2\pi} U(\theta,\phi)\sin\theta d\theta d\phi}. \tag{14.8}$$

여기서 복사전력을 구하는 데 식 (14.7)을 사용하였다. 지향성은 무단위의 전력비로서 $D(\mathrm{dB}) = 10\log(D)$와 같이 dB로 나타낸다.

모든 방향으로 동일하게 복사하는 안테나를 **무지향성(isotropic)** 안테나라 한다.

$$\int_{\theta=0}^{\pi}\int_{\phi=0}^{2\pi} \sin\theta d\theta d\phi = 4\pi$$

인 적분식을 $U(\theta, \phi) = 1$인 식 (14.8)의 분모에 적용하면, 무지향성 안테나의 지향성은 $D = 1$ 또는 0 dB이다. 안테나의 최소 지향성은 1이므로, 지향성은 무지향성 안테나의 지향성을 기준으로 정하기도 하며, *dBi* 단위를 사용한다.

상용으로 사용되는 안테나들의 일반적인 지향성은 다음과 같다. 선 다이폴 2.2 dB, 마이크로스트립 패치 7 dB, 도파관 혼 안테나 23 dB 파라볼라 반사기 안테나 35 dB.

빔폭과 지향성 모두는 안테나 전력 집속력의 척도이다. 좁은 주빔을 가지는 안테나 패턴은 지향성이 큰 반면, 넓은 주빔을 가지는 안테나 패턴은 지향성이 낮다. 따라서 빔폭과 지향성 사이의 직접적 관계식을 예상할 수 있으나, 실제로는 이들(빔폭과 지향성) 사이에 정확한 관계식이 없다. 이것은 빔폭은 주빔의 크기와 모양에만 관계되지만, 지향성은 전체 복사패턴을 적분하여 구하기 때문이다. 따라서 여러 가지 서로 다른 안테나 패턴들이 동일한 빔폭을 가질 수는 있으나, 측엽이 다르거나 하나 이상의 주빔이 있으면 지향성이 아주 다르게 된다. 그러나 이와 같은 사실을 염두에 두고, 여러 가지 실제 안테나에 상당히 정확하게 적용할 수 있는 빔폭과 지향성 간의 근사적 관계식을 유도할 수 있다. 펜슬빔 패턴을 가진 안테나에 잘 들어맞는 근사식 중 하나는 다음과 같다.

$$D \cong \frac{32{,}400}{\theta_1\theta_2}. \tag{14.9}$$

여기서 θ_1과 θ_2는 주빔의 수직면과 수평면 내에서의 빔폭으로 단위는 [°]이다. 이 근사식은 무지향성 패턴에는 잘 맞지 않는다. 그 이유는 무지향성 패턴에서는 오직 한 면에서만 주빔폭이 정해지기 때문이다.

예제 14.2 다이폴 안테나의 패턴 특성

z축 방향 위에 놓인 전기적 미소 선 다이폴 안테나의 원계 복사전계는

$$E_\theta(r,\theta,\phi) = V_0 \sin\theta \frac{e^{-jk_0 r}}{r}\ \mathrm{V/m}$$
$$E_\phi(r,\theta,\phi) = 0.$$

이다. 다이폴 안테나의 주빔 방향, 빔폭, 지향성을 구하라.

☞ 풀이

원계 전계의 복사세기는

$$U(\theta, \phi) = C \sin^2 \theta$$

이고, 여기서 $C = V_0^2/2\eta_0$이다. 복사패턴은 $\theta = 0$과 180°(z축 상)에 널(null), 그리고 $\theta = 90°$(수평면) 방향에 최대 빔을 가지는 도넛(donut)형이다. 복사세기가 3 dB 떨어지는 각도는

$$\sin^2 \theta = 0.5$$

인 해가 되므로, 3 dB 빔폭 또는 반전력 빔폭은 135° − 45° = 90°이다.

지향성은 식 (13.8)을 사용하여 계산한다. 이 식의 분모는

$$\int_{\theta=0}^{\pi} \int_{\phi=0}^{2\pi} U(\theta, \phi) \sin\theta d\theta d\phi = 2\pi C \int_{\theta=0}^{\pi} \sin^3 \theta d\theta = 2\pi C \left(\frac{4}{3}\right) = \frac{8\pi C}{3}$$

이다. 여기에 필요한 적분식은 부록 D에 있다. $U_{\max} = C$이므로 지향성은

$$D = \frac{3}{2} = 1.76 \, \text{dB}$$

이다. ◀

안테나 이득과 효율

불완전 금속과 유전체로 인한 저항손실은 실제로 모든 안테나에 존재한다. 이와 같은 손실 때문에 안테나에 공급된 전력과 안테나 복사전력 사이에 차이가 생긴다. 다른 전기부품들에서와 같이 안테나의 **복사효율(radiation efficiency)**은 안테나에 공급된 입력 전력에 대한 출력 복사전력의 비

$$\eta_{rad} = \frac{P_{rad}}{P_{\text{in}}} = \frac{P_{\text{in}} - P_{\text{loss}}}{P_{\text{in}}} = 1 - \frac{P_{\text{loss}}}{P_{\text{in}}} \tag{14.10}$$

로 정의할 수 있다. 여기서 P_{rad}는 안테나 복사전력, P_{in}은 안테나 입력에 공급된 전력, P_{loss}는 안테나 손실전력이다. 안테나 입력단에서 임피던스 부정합, 또는 수신 안테나와 입사전파 간의 편파 부정합 등과 같은 요인들이 전송전력의 손실을 초래한다. 그러나 이들 손실은 안테나 외부적인 문제로, 정확한 정합회로를 사용하거나, 적당한 수신 안테나를 선택하거나, 수신 안테나 방향을 올바로 정하면 제거할 수 있다. 따라서 이와 같은 손실은 일반적으로 안테나 내부의 금속 도전율과 유전체 손실에 기인한 소비성 손실(저항손실과 유전체 손실)처럼 안테나 자체 때문에 발생하는 것은 아니다.

안테나 지향성은 안테나 복사패턴 모양에만 관계되고, 안테나 자체 손실에는 무관하다. 복사효율이 1보다 작은 안테나는 입력 전력 전체를 복사할 수 없다는 사실을 고려하여, **안테나 이득(gain)**은 지향성과 복사효율의 곱으로 정의한다.

$$G = \eta_{rad} D. \tag{14.11}$$

따라서 안테나 이득은 항상 지향성과 같거나 작다. 또한 식 (14.10)의 복사효율의 정의에 의해 $P_{\text{rad}} = \eta_{\text{rad}} P_{\text{in}}$이므로, 식 (14.8)의 분모 P_{rad}를 P_{in}으로 대체하면, 이득을 직접 계산할 수 있다. 이득 $G(\text{dB}) = 10\log(G)$이며, dB로 나타낸다. 임피던스 부정합에 의한 손실이 안테나의 이득에 포함될 때 이를 **실효이득**이라고 한다 [1].

개구효율과 실효면적

여러 가지 안테나가 **개구 안테나**로 분류될 수 있다. 이것은 안테나가 복사를 일으키는 개구면적을 가지고 있음을 뜻한다. 개구 안테나에는 반사기 안테나, 혼 안테나, 렌즈 안테나, 그리고 배열 안테나가 있다. 이와 같은 안테나에서 전기적으로 큰 개구면적 A로부터 얻을 수 있는 최대 지향성은

$$D_{\max} = \frac{4\pi A}{\lambda^2} \tag{14.12}$$

임을 증명할 수 있다.

예를 들어 개구가 $2\lambda \times 3\lambda$인 직사각형 혼 안테나의 최대 지향성은 24π(또는 약 19dB)이다. 실제로 비이상적 개구전계의 크기나 위상분포 특성, 개구면 차단(aperture blockage), 또는 반사기 안테나의 경우, 급전기(feed) 패턴의 스필오버(spillover)와 같이 안테나의 최대 지향성을 감소시키는 몇 가지 요인이 있다. 이와 같은 이유로 식 (14.12)의 최대 지향성에 대한 개구 안테나의 실제 지향성의 비를 **개구효율**(aperture efficiency)로 정의할 수 있다. 이때 개구 안테나의 지향성은

$$D = \eta_{ap} \frac{4\pi A}{\lambda^2} \tag{14.13}$$

로 쓸 수 있다. 개구효율은 항상 1 이하이다.

지금까지 정의한 안테나 지향성, 복사효율, 이득은 송신 안테나를 대상으로 한 것이지만, 이는 수신 안테나에도 그대로 적용된다. 수신 안테나에서 주어진 입사 평면파에 대한 수신전력을 구하는 것도 중요하다. 이것은 식 (14.4)의 송신 안테나의 복사 전력밀도를 구하는 문제와 정반대의 문제이다.

수신전력을 계산하는 것은 다음 절에서 설명할 후리스(Friis) 무선 시스템 링크 방정식을 유도하는 데 중요하다.

수신전력은 입사파의 전력밀도 또는 포인팅 벡터에 비례한다고 할 수 있다. 포인팅 벡터의 단위는 W/m^{2}이고, 수신전력 P_r의 단위 W이므로, 수신전력과 포인팅 벡터 사이의 비례상수는 면적의 단위를 가져야 한다. 따라서

$$P_r = A_e S_{avg} \tag{14.14}$$

로 쓸 수 있고, 여기서 A_e는 수신 안테나의 **실효 개구면적**(effective aperture area)이라 정

의한다. 실효 개구면적은 단위가 m^2이고, 수신 안테나로 향하여 입사되는 전력밀도의 일부를 가로채는 수신 안테나의 가로채기 면적(capture area)이라 할 수 있다. 식 (14.14)의 P_r은 수신 안테나 단자에서 공액정합된 부하에 전달되는 가용전력(available power)이다.

안테나의 최대 실효 개구면적과 안테나 지향성 사이에는

$$A_e = \frac{D\lambda^2}{4\pi} \tag{14.15}$$

의 관계가 있고[1], [2], 여기서 λ는 안테나의 동작파장이다. 전기적으로 큰 개구 안테나에서 실효 개구면적은 실제 개구면적과 거의 같다. 그러나 다이폴이나 루프 안테나와 같은 다른 종류의 안테나(선형 안테나)에서는 안테나의 물리적 단면적과 실효 개구면적 사이에 간단한 관계식이 없다. 앞에서 정의한 최대 실효 개구면적에는 식 (14.15)의 D 대신에 안테나 이득 G로 대체할 때 고려되는 안테나의 손실은 포함되지 않는다.

주위 잡음온도와 휘도 잡음온도

손실이 있는 부품이나 능동소자에 의해 어떻게 잡음전력이 발생하는지와 잡음이 수신 안테나에 의해 무선 수신기 입력에 전달 될수 있음을 알고 있다. 안테나 잡음은 외부 환경으로부터 수신될 수도 있고, 안테나 자체의 손실에 기인한 열잡음과 같이 내부에서 발생될 수도 있다. 수신기 내부에서 발생된 잡음은 어느 정도 조절할 수 있지만(적절한 설계나 부품 선택으로), 수신 안테나에 의해 외부 환경에서 수신된 잡음은 일반적으로 조절할 수 없으며, 수신기 자체의 잡음보다 클 수도 있다. 따라서 안테나에 의해 무선 수신기에 전달되는 잡음전력을 나타내는 것이 중요하다.

그림 14.4에 나타낸 세 가지 경우를 생각하자. 그림 14.4a에서 온도 T의 저항체가 발생하는 가용 출력 잡음전력은

$$N_o = kTB \tag{14.16}$$

이며, 여기서 B는 시스템 대역폭, k는 Boltzmann 상수이다. 그림 14.4b는 온도 T의 무반

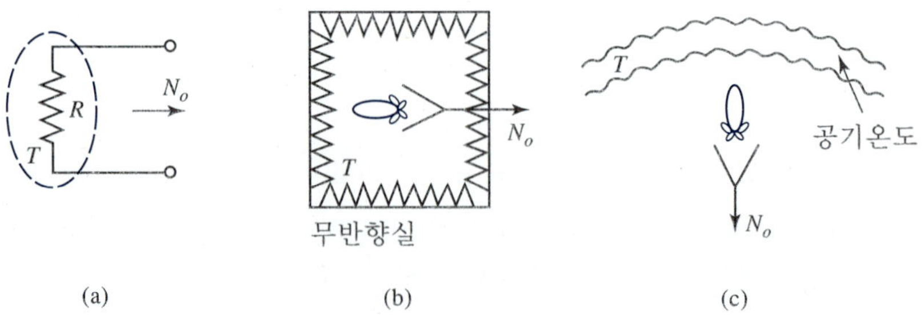

그림 14.4 주위 잡음온도에 관한 원리도. (a) 저항의 잡음온도, (b) 잡음온도 T에서의 무반사실 안의 안테나, (c) 잡음온도 T에서 하늘을 바라보고 있는 안테나

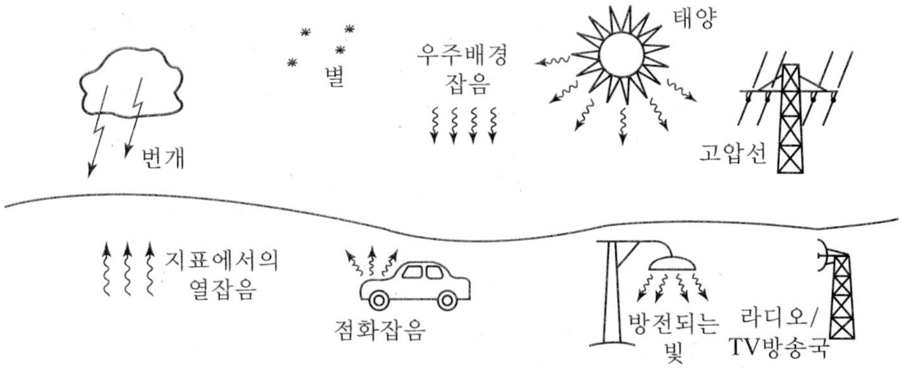

그림 14.5 주위 잡음을 생성시키는 요인들

향실(anechoic chamber)에 갇힌 안테나이다. 무반향실은 완전 흡수실로, 안테나와 열평형 상태에 있다. 따라서 안테나 단자는 그림 14.4a의 저항단자와 구별할 수 없다(임피던스 정합된 안테나에서). 그러므로 이 안테나는 그림 14.4a의 저항체와 동일한 출력 잡음전력을 발생한다. 그림 14.4c는 하늘을 향해 있는 동일한 안테나이다. 이 안테나의 주빔이 아주 좁아서 안테나가 온도 T의 균일한 영역을 비추게 되면, 안테나는 온도 T의 저항체로 볼 수 있고, 식 (14.16)의 출력 잡음전력을 발생한다.

이 사실은 안테나 온도가 또한 T로 유지되는 한, 안테나 복사효율에 관계없이 타당하다.

실제로는 안테나가 그림 14.4의 경우보다 훨씬 복잡한 환경에 직면한다. 자연 잡음원과 인공 잡음원이 발생할 수 있는 일반적 사례를 그림 14.5에 나타낸다. 여기서 비교적 넓은 주빔을 가지는 안테나가 다양한 잡음원으로부터 잡음전력을 수신할 수 있음을 알 수 있다. 그리고 잡음은 안테나 패턴의 측엽을 통해서도 수신될 수 있음을 알 수 있고, 지상 또는 여타 큰 물체로부터 반사되어 수신될 수 있다. 10장에서 임의의 백색 잡음원으로부터 잡음전력을 등가 잡음온도로 나타낸 것과 같이, 안테나가 놓여 있는 실제 환경과 동일한 잡음전력을 발생하는 데 필요한 저항체의 등가온도를 **주위 잡음온도(background noise temperature)** T_B로 정의한다. 낮은 마이크로파 주파수에 관련된 대표적 주위 잡음온도는 다음과 같다.

- 하늘(천정을 향한) 3–5 K
- 하늘(수평선을 향한) 50–100 K
- 지상 290–300 K

3–5 K의 천정(overhead sky) 주위 잡음온도는 우주 창조시 대충돌의 잔해로 생각되는 우주복사이다. 이것은 태양이나 별과 같은 고온 잡음원으로부터 멀리 떨어져, 천정을 향한 빔폭이 좁고 복사효율이 높은 안테나가 갖는 잡음온도이다. 주위 잡음온도는 안테나가 수평선 쪽으로 향함에 따라 증가하는데, 그 이유는 대기층이 두꺼워지면 안테나가 그림

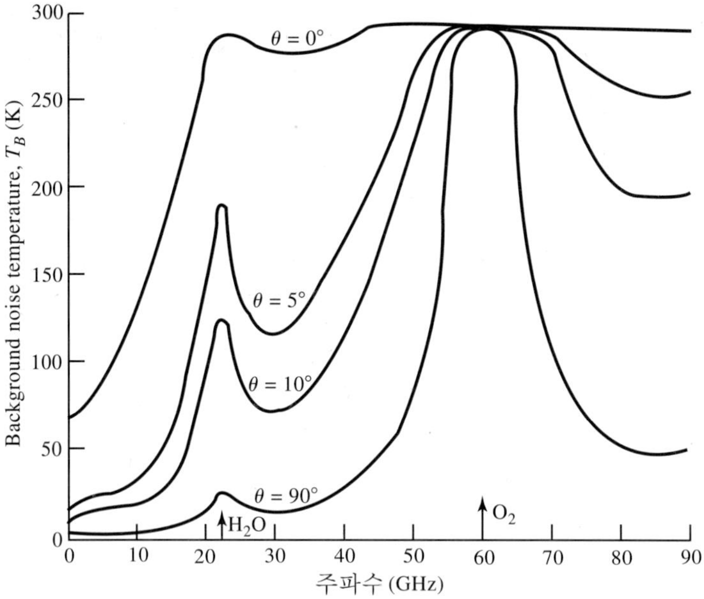

그림 14.6 주파수대역별 하늘의 주위 잡음온도 θ는 수직으로 측정된 앙각임, 표면온도가 15°C이고 수증기의 밀도가 7.5 gm/m^{3}인 바다에서 측정된 자료임

14.4b의 무반향실과 아주 비슷한 환경에 놓이기 때문이다. 안테나를 보다 지상으로 향하게 하면 실효손실이 증가하므로, 잡음온도가 증가하게 된다.

그림 14.6은 몇 개의 앙각(elevation angle)에서 주파수에 따른 T_B의 변화를 나타낸 것으로, 주위 잡음온도를 보다 완벽하게 그린 그림이다[3]. 이 그림에 나타난 잡음온도가 천정($\theta = 90°$)에서 가장 낮고, 수평선 근처의 앙각($\theta = 0°$)에서 가장 높은 점은 위에서 설명한 내용과 일치한다.

또한 주파수 22 GHz와 60 GHz에서 주위 잡음온도의 피크가 존재함을 알 수 있다. 22 GHz에서 피크는 물분자의 공진에 기인하고, 60 GHz에서 두 번째 피크는 산소분자의 공진에 기인한다. 이들 공진은 대기손실을 증가시키므로, 잡음온도를 증가시킨다. 60 GHz에서 손실은 충분히 크므로 대기를 향한 높은 이득의 안테나는 290 K에서 실효적으로 정합부하로 된다. 일반적으로 손실은 바람직하지 않지만, 이들 공진은 원격탐사용으로 유용하거나 또는 짧은 거리에서 무선 통신을 위한 전파거리(propagation distance)를 제한하기 위해 대기의 고유감쇠를 이용하는 데도 사용된다.

안테나 빔폭이 충분히 넓어 안테나 패턴의 여러 부분이 서로 다른 주위 잡음온도에 직면하게 될 때, 안테나에서 본 실효 **휘도 잡음온도**는 주위 잡음온도의 공간적 분포함수에 안테나 패턴함수를 가중시켜 구할 수 있다. 수학적으로 안테나에서 본 **휘도 잡음온도**(brightness temperature) T_b는

$$T_b = \frac{\int_{\phi=0}^{2\pi} \int_{\theta=0}^{\pi} T_B(\theta, \phi) D(\theta, \phi) \sin\theta d\theta d\phi}{\int_{\phi=0}^{2\pi} \int_{\theta=0}^{\pi} D(\theta, \phi) \sin\theta d\theta d\phi} \tag{14.17}$$

로 쓸 수 있으며, 여기서 $T_B(\theta, \phi)$는 주위 잡음온도 분포함수이고 $D(\theta, \phi)$는 안테나의 지향성(또는 전력패턴 함수)이다. 안테나 휘도 잡음온도는 안테나 단자를 기준으로 한다. T_B가 일정하면, 식 (14.17)은 $T_b = T_B$로 되며, 이것은 그림 14.3b 또는 14.4c에 나타낸 균일한 주위 잡음온도의 경우이다. 안테나 휘도 잡음온도의 이와 같은 정의는 안테나 이득이나 효율을 고려하지 않은 것으로 안테나 손실에 기인한 열잡음도 고려하지 않은 것이다.

안테나 잡음온도와 G/T

안테나가 소모성 손실에 있어 복사효율 η_{rad}이 1보다 작으면 수신 안테나 단자에서 가용 전력은 안테나가 포착한 전력에서 η_{rad}배로 감소한다(복사효율의 정의는 입력 전력 대 출력 전력의 비이다). 이와 같은 전력감소는 수신 신호전력뿐 아니라 수신 잡음전력에도 적용되어 안테나의 잡음온도는 식 (14.17)의 휘도 잡음온도에서 η_{rad}배로 감소한다.

그리고 열잡음은 안테나 내부의 저항성 손실 때문에 생기며 이것이 안테나의 잡음온도를 증가시킨다. 잡음전력의 관점에서 손실 안테나는 무손실 안테나와 전력손실률 $L = 1/\eta_{\text{rad}}$의 비로 전력 손실을 갖는 감쇠기처럼 구성될 수 있다. 감쇠기의 등가 잡음온도에 대한 식 (10.15)를 사용하면 안테나 단자에서 보이는 잡음온도는 다음과 같이 구할 수 있다.

$$T_A = \frac{T_b}{L} + \frac{(L-1)}{L} T_p = \eta_{rad} T_b + (1 - \eta_{rad}) T_p. \tag{14.18}$$

여기서 등가온도 T_A는 **안테나 잡음온도**(antenna noise temperature)라 하며 안테나에 잡힌 외부 휘도 잡음온도와 안테나에서 발생된 열잡음 합이다. 다른 등가 잡음온도와 같이, 이 온도에서 정합된 부하는 안테나와 똑같은 가용 잡음전력을 발생시킨다는 것이 T_A의 적절한 설명이다. 이 온도는 안테나 출력단자를 기준으로 한다. 즉 안테나는 2포트 회로소자가 아니므로 안테나 등가 잡음온도를 안테나 입력을 기준으로 정하는 것은 의미가 없기 때문이다.

$\eta_{\text{rad}} = 1$인 무손실 안테나의 식 (14.18)은 $T_A = T_b$로 된다. 효율이 0이면 안테나가 정합부하로 되어 어떠한 외부 주위잡음도 잡히지 않으며, 이때 식 (14.18)은 손실에 의한 열잡음 때문에 $T_A = T_p$로 된다. 안테나가 T_0와 달리, 알고 있는 주위 잡음온도 쪽을 향하면, 식 (14.18)은 복사효율을 정하는 데 사용될 수 있다.

예제 14.3 안테나 잡음온도

고이득 안테나는 그림 14.7에 나타낸 이상적 반구 수직면 패턴을 가지고 수평면에서는 회전 대칭이다. 안테나가 그림 14.7과 같이 주위온도 T_B를 가지는 영역을 향할 때 안테나의 잡음온도를 구

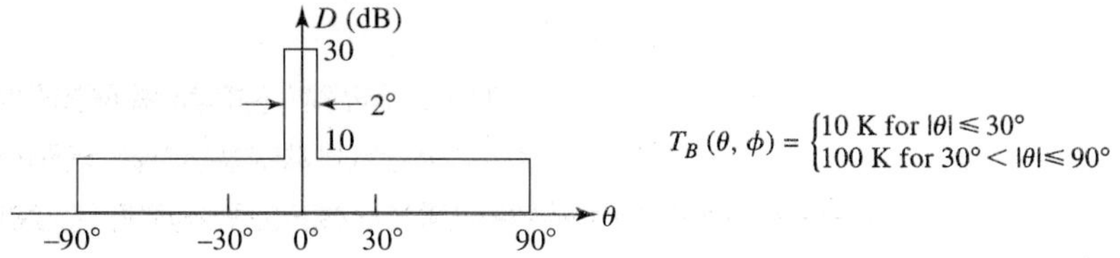

그림 14.7 예제 14.3에서 이상적인 안테나 패턴 및 주위 잡음온도

하라. 복사효율은 100%라 가정한다.

☞ 풀이

η_{rad} = 1이므로 식 (14.18)은 $T_A = T_b$로 된다. 휘도 잡음온도는 지향성을 최대값 1로 정규화한 후, 식 (14.17)로부터 계산할 수 있다.

$$T_b = \frac{\int_{\phi=0}^{2\pi}\int_{\theta=0}^{\pi} T_B(\theta,\phi)D(\theta,\phi)\sin\theta d\theta d\phi}{\int_{\phi=0}^{2\pi}\int_{\theta=0}^{\pi} D(\theta,\phi)\sin\theta d\theta d\phi} = \frac{\int_{\theta=0}^{1°} 10\sin\theta d\theta + \int_{\theta=1°}^{30°} 0.1\sin\theta d\theta + \int_{\theta=30°}^{90°} \sin\theta d\theta}{\int_{\theta=0}^{1°} \sin\theta d\theta + \int_{\theta=1°}^{90°} 0.01\sin\theta d\theta}$$

$$= \frac{-10\cos\theta|_0^{1°} - 0.1\cos\theta|_{1°}^{30°} - \cos\theta|_{30°}^{90°}}{-\cos\theta|_0^{1°} - 0.01\cos\theta|_{1°}^{90°}} = \frac{0.00152 + 0.0134 + 0.866}{0.0102} = 86.4\text{ K}.$$

이 예제에서 대부분의 잡음전력은 안테나 부엽들의 영역을 통해 집속시킨 것이다. ◀

손실이 있는 전송선로와 주위에 T_B의 잡음온도 분포를 가진 안테나를 갖는 수신기의 더욱 일반적인 문제는 그림 14.8과 같은 시스템으로 나타낼 수 있다. 안테나는 양쪽 모두 물리적 온도인 T_p에서 복사효율 η_{rad}와 전력손실이 $L \ge 1$과 같은 전송선로를 가지고 있다고 가정한다. 또한 반사계수가 Γ로 표현되는 안테나와 전송선로 사이의 임피던스 부정합도 포함한다. 전송선로의 출력단에서 본 등가 잡음온도는 세 가지의 발생 원인들로 구성되어 있는데, 한 가지는 내부의 잡음과 주위 휘도 온도로부터의 잡음전력이고, 두 번째는 진행 방향과 역방향의 손실 선로부터 생성된 잡음전력이며, 마지막은 안테나에서 수신기 쪽으

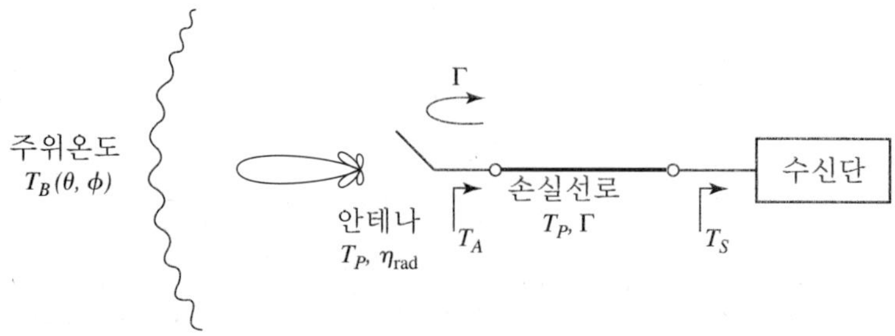

그림 14.8 손실이 있는 전송선로와 연결되어 있는 수신 안테나. 안테나와 전송선로 사이에 임피던스 부정합이 있음.

로 부정합으로 인한 반사된 잡음전력이다.

안테나로부터 발생하는 잡음은 식 (14.18)에 주어졌지만 라인의 손실요소 "$1/L$"과 반사 부정합 요소 $(1 - |\Gamma|^2)$에 의해 감소된다.

손실 선로로부터 진행하는 잡음전력은 손실 요소인 $1/L$에 의해 감소된 후 식 (10.15)로 주어진다. 전력 반사계수 $|\Gamma|^2$과 손실 요소 $1/L^2$에 의해 감소한 후 부정합된 안테나에서 반사된 손실 선로로부터 기여는 식 (10.15)에 의해 주어진다. [식 (10.15)에 의해 주어진 손실선로로부터 후방의 잡음전력에 대한 기준점은 선로의 출력단에 있기 때문이다] 즉 입력단에서 수신단으로의 전체시스템 잡음온도는 다음과 같이 주어진다.

$$\begin{aligned} T_S &= \frac{T_A}{L}(1 - |\Gamma|^2) + (L-1)\frac{T_p}{L} + (L-1)\frac{T_p}{L^2}|\Gamma|^2 \\ &= \frac{(1-|\Gamma|^2)}{L}[\eta_{rad}T_b + (1-\eta_{rad})T_p] + \frac{(L-1)}{L}\left[1 + \frac{|\Gamma|^2}{L}\right]T_p. \end{aligned} \quad (14.19)$$

손실이 없는 라인($L = 1$)에서 안테나의 부정합 효과는 성분 $(1 - |\Gamma|^2)$에 의한 시스템 잡음온도를 감소시킨다. 물론 수신된 신호의 전력은 같은 양으로 감소할 것이다. 완전 정합된 $(\Gamma = 0)$ 안테나인 경우 식 (14.19)는 다음과 같이 간소화된다.

$$T_S = \frac{1}{L}[\eta_{rad}T_b + (1-\eta_{rad})T_p] + \frac{L-1}{L}T_p. \quad (14.20)$$

마지막으로 복사효율과 개구효율 간의 차이점과 복사효율과 개구효율이 안테나 잡음온도에 미치는 영향을 이해하는 것이 중요하다. 복사효율은 저항성 손실을 포함하여 열잡음 발생을 포함하게 되지만 개구효율은 그렇지 않다. 개구면 안테나의 개구효율은 반사판, 렌즈 또는 혼에서 발생한 급전 스필오버(feed spillover)와 같은 최적화되지 않은 개구 급전(예를 들어 위상과 진폭의 비균등 분포 등)과 같은 지향성의 손실을 의미한다. 그리고 개구효율 자체는 안테나 패턴과 상관없는 잡음온도에 어떤 영향도 주지 않는다.

위에서 정의된 안테나 잡음온도는 수신 안테나의 유용한 성능지수(figure of merit)로서 그 이유는 안테나 잡음온도가 안테나에 의해 수신기 입력에 전달되는 총 잡음전력을 나타내기 때문이다. 수신 안테나에 관한 또다른 성능지수는

$$G/T(dB) = 10\log\frac{G}{T_A}\ \text{dB/K}. \quad (14.21)$$

여기서 G는 안테나 이득 T_A는 안테나 잡음온도이다. 이 잡음온도의 양은 중요하다. 왜냐하면 14.2절에서 본 것처럼 입력에서 수신기까지의 신호 대 잡음비(signal to noise ratio, SNR)는 G/T_A에 비례하기 때문이다.

비율 G/T는 안테나 이득을 증가시켜 최대화할 수 있다. 그 이유는 안테나 이득 증가가 분자를 증가시키고 낮은 앙각에서는 열 잡음원으로부터 잡음 수신을 최소로 하기 때문이

다. 물론 안테나 이득이 크려면 안테나가 커야하고 보다 더 비싸게 되어야 하는데, 고이득은 셀룰러 전화 또는 이동 데이터망과 같이 전방향 통신이 필요한 경우에는 바람직하지 않으므로 여러 면을 절충해야 하는 경우도 있다.

마지막으로 $10\log(G/T)$에 관한 식 (14.21)의 단위는 dB/K가 아니므로 이것이 G/T에 흔히 사용됨을 주목하라.

14.2 무선통신

무선통신은 직접 연결되어 있지 않은 두 지점간 정보의 전달을 포함하고 있다. 소리, 적외선, 광 또는 RF 에너지를 사용하여 이용할 수 있었지만 최근 대부분의 무선통신은 일방적으로 UHF에서 밀리미터파 주파수 영역의 마이크로파 신호 또는 RF 신호를 이용한다.

주파수 범위의 혼잡과 더 높은 데이터 전송률을 위해서 더 높은 범위의 주파수를 사용해야 한다. 그래서 오늘날의 대다수의 무선통신 시스템들은 800 MHz부터 GHz까지 주파수를 사용한다. RF와 마이크로파는 넓은 대역폭과 안개, 먼지, 수목의 잎 심지어 건물과 매개물들을 통과할 수 있는 장점을 가지고 있다.

역사적으로 RF를 이용한 무선통신을 1873-1891년에 행해진 헤르츠의 전자파 전달의 증명실험에 근거한 Maxwell의 이론으로부터 시작했고 20세기 초 Marconi와 Tesla 등 다른 사람들에 의해 실질적인 라디오 시스템의 상업적 발전을 하였다.

오늘날 무선통신은 라디오 방송, 텔레비전 방송, 셀룰러 통신 시스템 및 direct broadcast satellite(DMB) 영상 서비스, wireless local area network(WLANs), paging system, global position satellite(GPS) 서비스, 그리고 radio frequency identification(RFID) 시스템 등을 포함하고 있다[4]. 역사상 처음으로 이러한 통신시스템들은 역사상 처음으로 음성과 영상, 네트워크 통신의 전세계적 연결을 제공하였다.

무선 통신시스템을 구분하는 하나의 방법은 사용자의 성질이나 장소에 따르는 방법이다. **점대점** 라디오 시스템에서는 하나의 송신기가 하나의 수신기와 통신한다. 이런 시스템에서는 일반적으로 고정된 장소에 높은 이득의 안테나를 이용하여, 수신전력은 최대로 하고 같은 주파수 대역을 쓰고 있는 인근의 다른 통신신호에 의한 간섭을 최소화한다. 점대점 라디오는 일반적으로 공공 기업체의 전용 데이터 통신용으로 쓰이거나, 셀룰러 전화기지국과 중앙교환국을 접속하기 위한 용도로 쓰인다. **점대다지점** 시스템은 중앙국과 다수의 수신자를 접속한다. 가장 널리 쓰이는 예는 AM 및 FM 상용 라디오 방송과 TV 방송이다. 중앙 송신기는 넓은 방위각 범위에 전파를 방출하는 안테나를 이용하여 많은 청취자 및 시청자에게 신호가 도달되도록 한다. **다지점대다지점** 시스템은 가입자 개인 간의 동시 통신을 가능하게 한다(여기서 가입자는 이동할 수도 있다). 이런 시스템은 일반적으로 두 가

입자를 직접 접속하지 않고 기지국의 그리드를 이용하여 가입자 개개인과 중앙교환국을 접속한 다음에, 다른 가입자가 있는 기지국과 접속한다. 셀룰러 전화 시스템과 무선 근거리 통신망(WLAN)은 이와 같은 형태의 한 예이다.

무선 시스템을 구분하는 또다른 방법은 통신의 방향성에 의한 방법이다. **단방향** 통신 시스템에서 통신은 한 방향으로만 이루어진다. 즉, 송신기에서 수신기로 통신이 이루어진다. 단방향 통신의 예는 라디오 방송과 TV 방송이다. **반 양방향** 통신에서 통신은 양방향으로 이루어지지만 동시에 이루어지지는 않는다. 초창기 이동 라디오 시스템과 시티즌 밴드 라디오 시스템이 양방향 통신 시스템의 예로서, 일반적으로 push-to-talk 기능에 의존한다. 따라서 하나의 채널을 사용하여 시차를 두고 송수신하게 된다. 어떤 다른 무선 데이터 접속 시스템 역시 반 양방향 통신 시스템을 이용하고 있다.

전 양방향 통신 시스템은 동시에 양방향 송수신이 가능하게 한다. 셀룰러 전화와 점대점 라디오 시스템이 이에 속한다. 전 양방향 통신 시스템은 송수신에 다른 주파수 대역을 사용하거나(**주파수 분할 듀플렉싱**, FDD), 또는 송수신에 시간 간격을 두는 방법을 사용한다(**시분할 듀플렉싱**, TDD).

한편 대부분의 무선통신 시스템은 지상에서 이루어지고 있으나, 음성, 영상, 데이터 통신을 위하여 위성 시스템을 개발하는 데 관심이 더욱 커지고 있다[5]. 위성 시스템은 넓은 지역에서 많은 가입자가 통신할 수 있는 가능성을 제공한다. 아마도 지구 전체가 포함될 것이다. GEO(**지구의 자전속도와 일치하는 궤도**)에 있는 위성은 지구에서 약 36,000 km 떨어진 곳에서 24시간 궤도주기를 갖는다. GEO 위성은 적도 위에 위치할 때, **지구 정지 궤도상**에 있게 된다. 이 위성은 멀리 떨어져 있는 지구국 사이의 점대점 라디오 링크를 구성하는 데 유용하고, 범 세계적 TV 통신이나 데이터 통신을 이룩하는 데 이용되고 있다. 한때는 대륙횡단 전화서비스가 대부분 위성 통신망에 의존하고 있었으나, 해저 광케이블이 대양횡단 통신에 있어 위성망을 크게 대신하고 있다. 광케이블은 더욱 경제적이고, 지구와 위성 간의 아주 먼 왕복 경로로 인해 신호가 지연되는 것을 피할 수 있다. GEO 위성의 또다른 결점은 높은 고도로 인하여 신호의 수신강도가 크게 떨어진다는 점이다. 이는 소형 트랜시버로 양방향 통신망을 구성하는 데는 부적합하다. LEO(**저궤도**) 위성은 500~2000 km 범위의 궤도로서, 지구에 훨씬 가까운 궤도를 갖는다. 경로가 짧기 때문에 LEO 위성과 휴대용 라디오 시스템 사이에 가능하다. 하지만 지상의 한 지점에서, 20분 이내의 짧은 시간에만 위성에 접속될 수 있다. 따라서 지구 전체를 감당하려면 궤도가 다른 여러 개의 LEO 위성이 있어야 한다. LEO 위성통신 시스템의 가장 잘 알려진 예로 상용화에 실패한 Iridium 시스템을 들 수 있다.

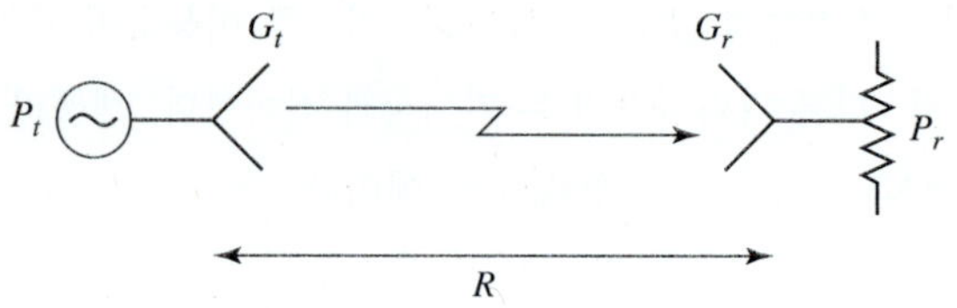

그림 14.9 기본적인 송수신 시스템

Friis 공식

그림 14.9는 일반 무선 시스템 링크를 나타낸 것으로, 송신전력은 P_t, 송신 안테나 이득은 G_t, 수신 안테나 이득은 G_r, 그리고 수신전력(정합부하에 전달되는)은 P_r이다. 송수신 안테나 간의 거리는 R이다.

식 (14.6)–(14.7)로부터, 거리 R에 대한 무지향성 안테나($D = 1 = 0\,\text{dB}$)의 복사전력밀도는

$$S_{avg} = \frac{P_t}{4\pi R^2} \quad \text{W/m}^2 \tag{14.22}$$

으로 주어진다.

이 결과는 안테나를 중심으로 반경 R인 구 표면 상에서 복사 전력밀도를 적분하면 총 복사전력을 구할수 있다는 사실에서 나온 것으로, 복사전력이 전 방향으로 균일하게 분포되고, 구의 면적이 $4\pi R^2$이므로, 식 (14.22)가 성립된다. 송신 안테나가 0 dB보다 큰 지향성을 가지는 경우, 지향성은 등가 무지향성 복사세기에 대한 실제 복사세기의 비로 정의되기 때문에, 지향성을 곱하여 복사 전력밀도를 구할 수 있다. 또한 송신 안테나가 손실이 있는 경우, 지향성을 이득으로 변화하는 효과를 가진 복사효율을 고려할 수 있다. 따라서 임의의 송신 안테나에 의한 복사 전력밀도에 관한 일반식은

$$S_{avg} = \frac{G_t P_t}{4\pi R^2} \quad \text{W/m}^2 \tag{14.23}$$

이다. 이 전력밀도가 수신 안테나에 입사할 경우 식 (14.14)에서 정의한 실효 개구면적 개념을 이용하여 수신전력을 다음과 같이 구할 수 있다.

$$P_r = A_e S_{avg} = \frac{G_t P_t A_e}{4\pi R^2} \ \text{W}.$$

그 다음, 수신 안테나의 실효 개구면적과 지향성 관계는 식 (14.15)로부터 알 수 있다. 다시 수신 안테나의 자향성 대신에 이득을 사용하여 수신 안테나의 손실을 고려할 수 있다. 따라서 수신 전력에 관한 최종 결과식은

$$P_r = \frac{G_t G_r \lambda^2}{(4\pi R)^2} P_t \ \text{W} \tag{14.24}$$

이다. 이것은 *Friis* 공식으로 무선 시스템 링크에서 수신 안테나의 수신전력을 나타내는 식이다. 실제로 식 (14.24)의 값은 실제 무선 시스템에서 수신전력을 감소시키는 여러 가지 요소가 있는 것을 감안할 때 최대 수신전력이라 볼 수 있다. 수신전력을 감소시키는 요소는 송수신 안테나 간의 편파 부정합, 감쇠 또는 편파 부정합 등을 초래하는 전파 전파현상들, 그리고 수신전계를 부분적으로 상쇄시키는 다중경로 효과 등이 있다.

식 (14.24)에서 송신기와 수신기 간의 거리가 멀어질수록 수신전력은 $1/R^2$로 감소함을 알 수 있다. 이 관계는 에너지 보존법칙의 결과이다. R이 클 때 수신전력의 $1/R^2$의 감소관계는 급격히 감소하는 것 같지만, 유선통신 링크에서 손실에 의한 수신전력 감소가 지수함수적으로 감소하는 것보다는 훨씬 덜한 편이다. 이것은 전송선로 상의 전력감쇠는 $e^{-2\alpha z}$(여기서 α는 선로의 전압감쇠 정수)로 변환하며, 먼 거리에서는 지수함수가 $1/R^2$보다 빠르게 감소하기 때문이다. 따라서 장거리 통신에서는 무선링크가 유선링크보다 유리하다. 이와 같은 결론은 동축선로, 도파관 그리고 심지어는 광섬유까지도 포함된 모든 전송선로에 적용된다. (그러나 통신 링크가 육상 또는 해상에 설치된 경우, 감쇠는 신호전력을 복구하기 위해 링크 중간중간에 중계기를 삽입할 수 있다면 앞의 결론이 적용되지 않을 수도 있다)

Friis 공식에서 알 수 있듯이 수신전력은 P_tG_t에 비례한다. 이 두 항(송신전력과 송신안테나 이득)은 송신기에 관한 값이고, 안테나 주빔 내에서 P_tG_t는 입사전력이 P_tG_t인 무지향성 안테나의 복사전력과 등가적으로 같다고 볼 수 있다. 따라서 P_tG_t를 EIRP(*effective isotropic power*)로 정의한다.

$$EIRP = P_tG_t \ \text{W}. \tag{14.25}$$

주파수, 거리, 수신 안테나 이득이 주어졌을 때, 수신전력은 송신기의 ERIP에 비례하며, ERIP를 증사시키려면 수신전력을 증가시킬 수 있다. ERIP를 증가시키려면 송신전력이나 송신 안테나 이득을 증가시키거나, 이들 모두를 증가시키면 된다.

링크 버짓과 링크 마진

식 (14.24) Friis 공식의 다양한 항들은 각각의 항들이 수신 전력에서 순수 효과에 관하여 개별적으로 고려될 수 있을 경우, 종종 **링크 버짓**의 분리된 표로 작성된다. 전선 또는 안테나에서 생기는 임피던스 부정합과 대기 감쇠 (14.5절 참고), 편파 부정합과 같은 추가적인 손실 계수 또한 링크 버짓에 추가될 수 있다. 링크 버짓에서 하나의 항인 **경로 손실**은 송수신단의 거리에 의한 신호 세기의 자유 공간 감쇠를 설명한다.

$$L_0(\text{dB}) = 20\log\left(\frac{4\pi R}{\lambda}\right) > 0. \tag{14.26}$$

경로 손실은 파장(주파수)에 의해 결정되며, 단위 거리를 정규화를 제공하는데 기여한다.

앞서 말한 경로 손실의 정의에 대해, Friis 공식의 남은 항들은 아래에 나오는 링크 버짓이 나타낸 바와 같이 쓸 수 있다.

전송 전력	P_t
전송 안테나 선로 손실	$(-)L_t$
전송 안테나 이득	G_t
경로 손실 (자유 공간)	$(-)L_0$
대기 감쇠	$(-)L_A$
수신 안테나 이득	G_r
수신 안테나 선로 손실	$(-)L_r$
수신 전력	P_r

또한 대기 감쇠와 선로 감쇠 손실 항을 포함하였다. 다음의 모든 양을 dB (또는 P_t의 경우 dBm)으로 표시할 경우, 수신 전력은 다음과 같이 표기할 수 있다.

$$P_r(\text{dBm}) = P_t - L_t + G_t - L_0 - L_A + G_r - L_r. \tag{14.27}$$

만일 송수신 안테나가 송수신단과 임피던스 정합이 되지 않았다면, 임피던스 부정합은 적절한 반사 계수를 갖는 Γ에서 $(1 - |\Gamma|^2)$ 인자에 의해 수신 전력이 감쇠하게 된다. 임피던스 부정합 손실에 의한 결과는,

$$L_{\text{imp}}(\text{dB}) = -10\log(1 - |\Gamma|^2) \geq 0, \tag{14.28}$$

수신 전력의 감쇠를 설명하기 위한 링크 버짓에 포함될 수 있다.

링크 버짓에 또 다른 가능한 항목은 송신단과 수신단 사이에 최대 전력 전송은 동상의 방식으로 편파되는 두 안테나가 필요하기 때문에 송수신 안테나의 편파 정합과 관계가 있다. 예를 들어, 만일 송신 안테나가 수직으로 편광하면 최대 전력은 오직 수직 편파 수신 안테나에서만 수신할 수 있고, 반면에 수평 편파 수신 안테나는 전력을 수신할 수 없다. 그리고 원형편파 안테나는 반절의 유효 전력을 수신하게 된다. **편파 손실 계수**의 측정은 참고문헌 [1]과 [2], [4]에서 설명되어 있다.

실제적인 통신 시스템에서는 수신 전력 레벨이 최소한의 용인되는 서비스 품질을 위해 요구되는 문턱 레벨보다 높은 것이 바람직하게 생각된다(보통 최소한의 반송파 대 잡음비 (CNR) 또는 최소한의 SNR로 표현된다). 수신 전력의 설계 허용량은 **링크 마진**으로 언급되고, 수신 전력의 설계 값과 수신 전력의 최소한의 문턱 값의 차이로 표현될 수 있다:

$$\text{Link margin (dB)} = \text{LM} = P_r - P_{r(\min)} > 0, \tag{14.29}$$

모든 양은 dB로 표현된다. 링크 마진은 양수여야 한다; 대표적인 값은 보통 3에서 20 dB 이다. 합당한 링크 마진을 갖는 것은 날씨나 모바일 사용자의 움직임, 다경로 전파 문제, 그 밖에 시스템의 성능이나 서비스 품질을 저하시킬 수 있는 예측할 수 없는 영향들에 의한 신호 소멸과 같은 변화를 계산하기 위한 시스템에서 강건 설계의 레벨을 제공한다. 페

이딩 영향을 계산하기 위해 사용되는 링크 마진은 때때로 **페이드 마진**으로 언급된다. 예를 들어, 10 GHz 주파수 위에서 동작하는 위성 경로들은 종종 큰 비가 내릴 때, 페이드 마진을 20 dB나 또는 그 이상으로 요구한다.

식(14.29)와 링크 버짓에서 보면, 주어진 통신 시스템을 위한 링크 마진은 수신 전력을 증가시켜 향상될 수 있다(송신 전력 또는 안테나 게인의 증가에 의해). 또한, 최소한의 문턱 전력을 감소시킴으로 증가 시킬 수 있다(수신단 설계 또는 변조 방식의 변화, 그 밖에 다른 방법에 의해). 그러므로 링크 마진을 증가시키는 것은 보통 가격과 복잡성을 증가시키기 때문에 과도한 링크 마진의 증가는 피한다.

예제 14.4 DBS 텔레비전 시스템의 링크분석

DBS(direct broadcast system)는 주파수 12.2~12.7 GHz, 반송파 송신전력 120 W, 송신 안테나 이득 34 dB, IF 대역폭 20 MHz, 그리고 정지위성에서 지구까지 39,000 Km의 최악의 경사각(30°) 거리에서 동작한다. 18 inch 접시형 수신안테나 이득은 33.5 dB이고, 평균 주위 휘도온도는 $T_b = 50\,\text{K}$이며, 수신기 LNB 잡음지수는 0.7 dB이다. 요구되는 최소 CNR은 15 dB이다. DBS 시스템은 그림 14.10과 같다. (a) 안테나 단자에서 수신된 반송파 전력의 링크 버짓, (b) 수신안테나와 LNB 시스템의 G/T, (c) LNB 출력에서 CNR, (d) 시스템링크 마진을 구하라.

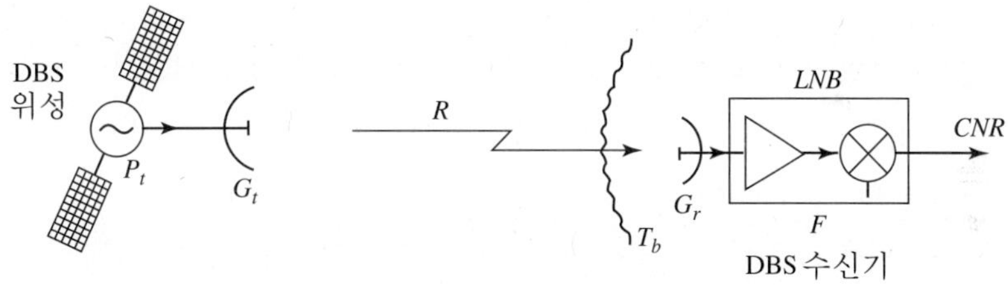

그림 14.10 예제 14.4에 대한 DBS 시스템 구조

☞ 풀이

사용된 동작 주파수는 12.45 GHz이므로, 파장의 길이는 0.0241 m이다. 식 (14.26)으로부터 시스템의 링크 마진은

$$L_0 = 20\log\left(\frac{4\pi R}{\lambda}\right) = 20\log\left(\frac{(4\pi)(39\times 10^6)}{0.0241}\right) = 206.2\ \text{dB}$$

(a) 수신 전력의 링크 버짓은

$$\begin{aligned} P_t &= 120\ \text{W} = 50.8\ \text{dBm} \\ G_t &= 34.0\ \text{dB} \\ L_0 &= (-)206.2\ \text{dB} \\ G_r &= 33.5\ \text{dB} \\ \hline P_r &= -87.9\ \text{dBm} = 1.63\times 10^{-12}\ \text{W}. \end{aligned}$$

이다.

(b) G/T를 구하기 위해 우선 LNB 입력단을 기준으로 했을 때, 안테나와 LNB 잡음온도의 합을 구하면

$$T_e = T_A + T_{\text{LNB}} = T_b + (F-1)T_0 = 50 + (1.175-1)(290) = 100.8 \text{ K}.$$

이다. 이때 안테나와 LNB의 G/T는

$$G/T\,(\text{dB}) = 10\log\frac{2239}{100.8} = 13.5 \text{ dB/K}.$$

이다.

(c) LNB 출력단에서 CNR은

$$\text{CNR} = \frac{P_r G_{\text{LNB}}}{kT_e B G_{\text{LNB}}} = \frac{1.63\times10^{-12}}{(1.38\times10^{-23})(100.8)(20\times10^6)} = 58.6 = 17.7 \text{ dB}.$$

이며, 여기서 LNB 모듈의 이득 G는 출력 CNR의 분자, 분모에 있으므로 상쇄된다. 16 dB의 CNR 값은 DBS 시스템에 사용되는 오류정정 디지털 변조를 사용하는 양질의 비디오에 적당하다.

(d) 만일 최소한으로 요구되는 CNR이 15 dB라면, 시스템 링크 마진은 2.7 dB 이다. ◀

수신기 구조

수신기는 송신전원(transmitting source), 간섭(interference) 그리고 잡음(noise)의 넓은 분포로부터 원하는 신호를 신뢰성 있게 복원을 목적으로 하는 무선통신에서 가장 중요한 요소이다. 이 소절에서는 라디오 수신 설계에서 결정적인 필요 조건들을 설명하며 수신기 구조들 대부분의 일반적인 형태들을 요약해 보기로 한다.

무선 수신기는 다음과 같은 사항들을 만족하도록 설계되어야 한다.

- 적은 전력으로 수신된 신호를 원래의 기저대역 값 근처의 레벨로 복원하기 위한 **높은 이득**(~100 dB)
- 인접 채널, 영상 주파수, 간섭을 제거하면서 원하는 신호를 수신할 수 있는 **선택도**
- 수신된 RF 주파수로부터 IF 주파수로의 **하향변환**
- 수신된 아날로그 디지털 정보의 **검파**
- 수신기의 포화를 피하기 위한 송신기로부터의 **분리**

수신 안테나의 전형적 신호전력 크기는 −100~−120 dBm 정도로 낮으므로, 수신기는 100~120 dB 정도의 높은 이득을 제공할 필요가 있다. 이러한 큰 이득은 불안정과 발진 가능성을 피하기 위하여 RF, IF, 기저대역단들에 걸쳐서 분산되어야 한다. 일반적으로 어떠한 주파수 대역에서 약 50~60 dB 이상의 이득은 피하는 것이 좋다. 주파수의 증가에 따라 증폭기의 비용이 증가하기 때문에 다른 주파수 단에서 이득을 얻는 편이 더 낫다.

원칙적으로 선택도는 수신기 RF 단에서 협대역 여파기를 사용함으로써 얻을 수 있지만,

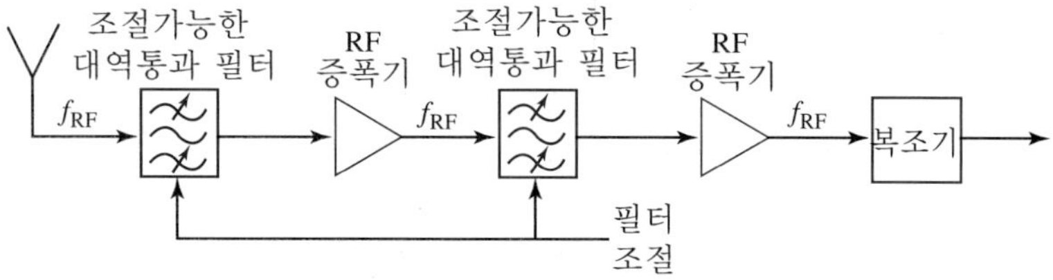

그림 14.11 동조방식 수신기의 구조

그와 같은 여파기의 대역폭과 차단 요구사항들은 RF 주파수에서 구현하기에는 일반적으로 비실용적이다. 원하는 주파수 대역만을 선택하기 위해서는 원하는 신호 주변의 상대적으로 넓은 RF 대역폭을 하향변환하고, IF 단에서 예리한 차단 대역통과 여파기를 사용하는 것이 보다 효과적이다. 게다가 많은 무선 시스템들은, 동조 국부 발진기(tuned local oscillator)를 사용하여 선택해야 하는 협대역이지만, 밀집된 다수의 채널들을 이용하는 반면 IF 통과대역은 고정되어 있다. 전자적으로 동조 가능한 극도로 협대역인 RF 여파기를 이용하는 것은 비실용적이다.

동조 라디오 주파수 수신기. 개발된 수신회로 중 가장 초기 형태의 하나는 **동조 라디오 주파수**(TRF: tuned radio frequency) 수신기이다. 그림 14.11에서 보듯이, TRF 수신기는 높은 이득과 선택도를 제공하기 위하여 동조 대역통과 여파기들과 함께 여러 단의 RF 증폭기를 사용한다. 즉, 대역통과 응답을 가지는 동조 가능한 증폭기들을 사용해서 여파와 증폭을 결합할 수 있다. 상대적으로 낮은 방송 무선 주파수에서는 예전부터, 기계적 가변 커패시터나 인덕터를 사용하여 이와 같은 여파기와 증폭기들을 튜닝하였다. 그러나 몇 개의 단들을 병렬로 튜닝해야 하기 때문에 매우 어렵고, 여파기의 통과대역이 매우 넓기 때문에 선택도도 좋지 않다. 게다가 RF 주파수에서 얻을 수 있는 TRF 수신기의 모든 이득은 발진이 일어나기 전까지의 이득으로 제한되어, 수신기의 비용과 복잡도가 증가하게 된다. 이러한 단점들 때문에 TRF 수신기는 오늘날 거의 이용되지 않으며, 보다 높은 RF나 마이크로파 주파수에 대해서는 특히 좋지 않다.

직접변환 수신기. 그림 14.12에 보인 **직접변환**(direct conversion) 수신기는 0인 IF 주파수로 하향변환하기 위해 혼합기와 국부 발진기를 사용한다. 국부 발진기를 원하는 RF 신호

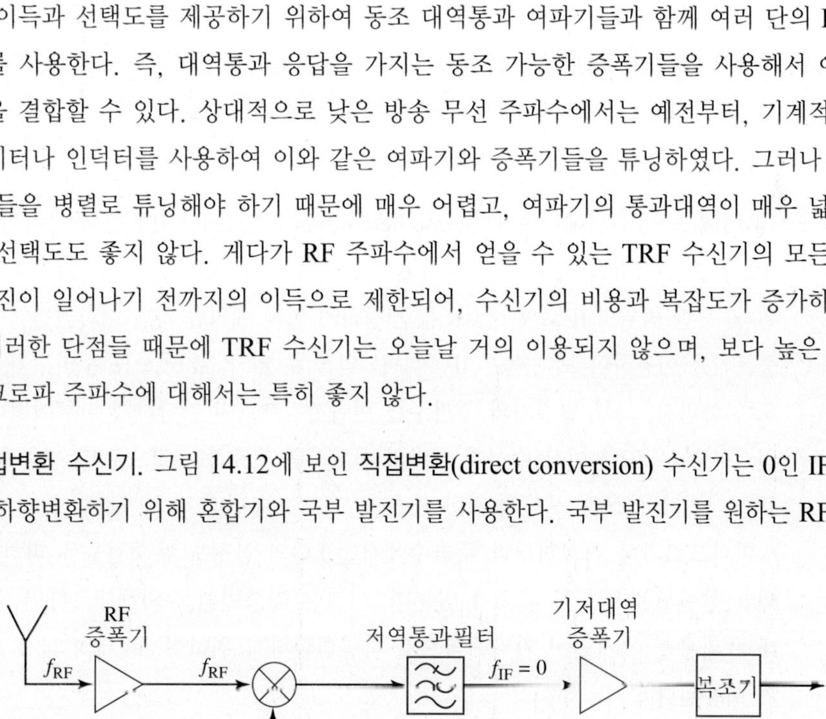

그림 14.12 직접변환 방식 수신기의 구조

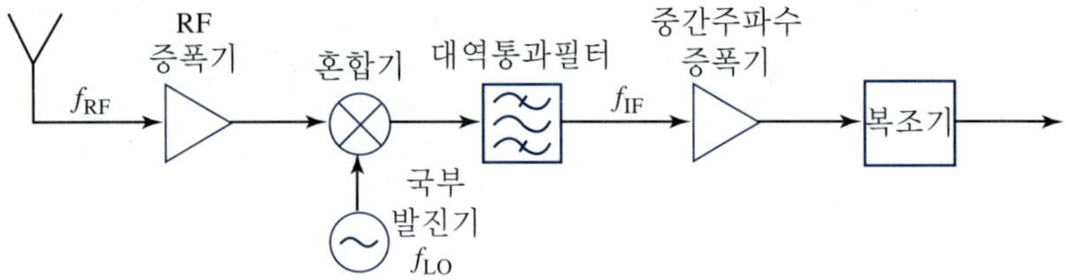

그림 14.13 단일변환 슈퍼헤테로다인 수신기의 구조

와 같은 주파수로 맞춰서 직접 기저대역으로 변환한다. 이러한 이유로 직접변환 수신기를 때때로 **호모다인**(homodyne) 수신기라 한다. AM 수신에 있어서는 수신된 기저대역 신호를 더 이상 검파할 필요가 없다. 직접변환 수신기는 TRF 수신기에 비해 선택도에서는 간단한 저역통과 여파기로 조절되고, 이득은 RF단과 기저대역단에 퍼져 분포되는 등 몇 가지 장점이 있다(비록 매우 낮은 주파수들에 대해 안정된 높은 이득을 얻는 것이 어려울지라도). 직접변환 수신기는 최종 하향변환을 위한 IF 증폭기, IF 대역통과 여파기, IF 국부 발진기가 필요 없으므로 헤테로다인 수신기보다 간단하며 값이 싸다. 직접변환의 또다른 중요한 장점은 혼합기의 차 주파수가 0이고, 합 주파수는 LO의 두 배이므로, 쉽게 제거되어 영상 주파수가 없는 점이다. 그러나 심각한 단점은, 특히 높은 RF 주파수들에서 수신된 신호 주파수가 표류하는 것을 피하기 위해서 LO가 매우 높은 정밀도와 안정도를 가져야 하는 점이다. 이러한 종류의 수신기는 송신기로부터 정확한 LO가 얻어지는 도플러 레이더에 종종 이용되며, 새로운 수많은 무선 시스템들이 이와 같은 직접변환 수신기로 설계되고 있다.

슈퍼헤테로다인 수신기. 오늘날 이용되는 수신기들 중에서 가장 널리 쓰이는 형태는 그림 14.13에 보인 슈퍼헤테로다인(superheterodyne) 회로이다. 이 블록 다이어그램은 직접변환 수신기와 유사하지만, IF 주파수가 0이 아니고, 보통 RF 주파수와 기저대역 사이에서 선택된다. 중간 범위의 IF로써 선택도를 개선하기 위해 예리한 차단 여파기를 사용할 수 있고, IF 증폭기를 이용하여 보다 높은 IF 이득을 얻을 수 있다. 튜닝은 IF 주파수가 일정하게 유지되도록 하면서, 국부 발진기의 주파수를 변화시킴으로써 간단하게 이루어진다. 슈퍼헤테로다인 수신기는 50년 이상 수신기 개발의 선두자를 대표하는 것으로서, 대다수의 라디오 방송, TV, 레이더 시스템, 셀룰러 전화 시스템, 그리고 데이터 전송 시스템 등에 이용되고 있다.

마이크로파나 미리미터파 주파수에서는 LO의 안정도 문제점들을 피하기 위해서 두 단의 하향변환을 이용할 필요가 있는데, 이같은 **이중변환** 슈퍼헤테로다인 수신기는 두 개의 IF 주파수를 가지면서 기저대역으로 하향변환하기 위하여 두 개의 국부 발진기와 혼합기가 이용된다.

마이크로파 수신기의 잡음 특성

그림 14.14와 같은 완전한 안테나-전송선로-수신전단의 잡음 특성을 분석할 수 있다.

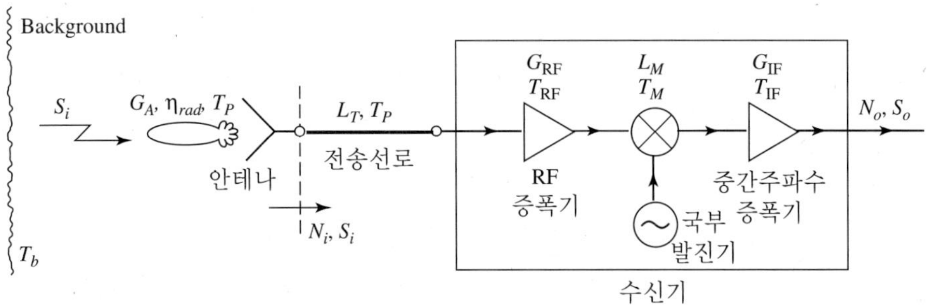

그림 14.14 안테나 및 전송선로 등의 영향을 포함한 마이크로파 수신기 앞부분의 잡음 분석

이러한 시스템에서는 수신기의 출력에서의 총 잡음전력 N_o는 안테나 패턴, 안테나의 손실, 전송선로에서의 손실 그리고 수신기 소자로부터 기인하게 된다. 이 잡음전력으로 수신기의 최저 수신 가능 신호 레벨과 주어진 송신기 출력에 대한 통신 링크의 최대 거리가 결정된다. 그림 14.14과 같이 수신 토막은 이득 G_{RF}와 잡음온도 T_{RF}를 갖는 RF 증폭기, 변환 손실 L_M과 잡음온도 T_M를 갖는 RF 신호를 IF로 변환해 주는 혼합기와 이득 G_{IF}와 잡음온도 T_{IF}를 갖는 IF 증폭기로 이루어져 있다. 전체 잡음지수는 수신 토막 첫 몇 부분의 잡음 특성에 의해 크게 좌우되기 때문에 그 뒷부분의 잡음 영향은 거의 무시할 수 있다. 부품의 잡음온도와 잡음지수와의 관계는 $T = (F - 1)T_0$로 나타낼 수 있다. 또한 식 (10.22)에서 수신 토막의 등가 잡음온도는

$$T_{REC} = T_{RF} + \frac{T_M}{G_{RF}} + \frac{T_{IF}L_M}{G_{RF}} \tag{14.27}$$

이 된다.

수신 토막과 안테나를 연결하는 전송선로의 손실을 L_T, 실제의 온도를 T_p라고 한다면, 식 (10.15)에 의해 등가 잡음온도는

$$T_{TL} = (L_T - 1)T_p \tag{14.28}$$

가 되고, 다시 식 (10.22)를 사용해 전송선로(TL)와 수신 토막이 연결됐을 때 잡음온도는

$$\begin{aligned} T_{TL+REC} &= T_{TL} + L_T T_{REC} \\ &= (L_T - 1)T_p + L_T T_{REC} \end{aligned} \tag{14.29}$$

가 된다. 이러한 잡음온도는 안테나 종단(전송선로의 입력단)에서 정의된다.

14.1절에서 설명했듯이, 전체 안테나 패턴에서 잡음전력이 접속될 수 있다. 만일 안테나가 상대적으로 낮은 레벨의 부엽을 갖고 충분한 고이득 특성을 갖는다면, 모든 잡음전력은 주빔으로 들어온다고 가정할 수 있으며, 따라서 잡음온도는 식 (14. 18)처럼 주어진다.

$$T_A = \eta_{rad}T_b + (1 - \eta_{rad})T_p. \tag{14. 30}$$

여기서 T_p는 안테나 효율이며, T는 실질적인 온도 그리고 T_b는 주빔 내의 등가적인 안테나 주위의 휘도 온도를 나타낸다(안테나 부엽이 향하는 방향이 열을 많이 받는 곳으로 향하고 있다면, 부엽에서 수신되는 잡음전력이 주빔에 의해 수신되는 잡음전력보다 커질 경우가 있으므로, 위의 가정은 유의할 필요가 있다). 안테나 출력단에서의 잡음전력은 곧바로 전송선로로 공급되는 잡음전력으로서 다음과 같은 식으로 표시된다.

$$N_i = kBT_A = kB[\eta_{rad}T_b + (1 - \eta_{rad})T_p]. \tag{14. 31}$$

여기서 B는 시스템의 대역폭이다. 만일 S_i가 안테나 단자에서의 수신 전력이라면. 안테나 단자에서의 입력신호대 잡음비는 S_i/N_i이다.

출력 신호전력은

$$S_o = \frac{S_i G_{\text{RF}} G_{\text{IF}}}{L_T L_M} = S_i G_{\text{SYS}} \tag{14. 32}$$

인데, 여기서 G_{SYS}는 전체시스템 전력이득을 나타낸다. 출력 잡음전력은

$$\begin{aligned} N_o &= [N_i + kBT_{\text{TL+REC}}]G_{\text{SYS}} \\ &= kB(T_A + T_{\text{TL+REC}})G_{\text{SYS}} \\ &= kB[\eta_{rad}T_b + (1 - \eta_{rad})T_p + (L_T - 1)T_p + L_T T_{\text{REC}}]G_{\text{SYS}} \\ &= kBT_{\text{SYS}}G_{\text{SYS}} \end{aligned} \tag{14. 33}$$

이 된다. 여기서 T_{SYS}은 전체시스템의 잡음온도이다. 따라서 출력측의 신호대 잡음비는

$$\frac{S_o}{N_o} = \frac{S_i}{kBT_{\text{SYS}}} = \frac{S_i}{kB[\eta_{rad}T_b + (1 - \eta_{rad})T_p + (L_T - 1)T_p + L_T T_{\text{REC}}]} \tag{14. 34}$$

가 된다. 다양한 신호처리 기술을 사용하여 이 신호대 잡음비를 향상시킬 수 있다. 시스템의 입출력의 신호대 잡음비의 저하를 계산하기 위해서는 전체시스템 잡음지수가 $N_i = kT_0B$에 대하여 정의되므로 상당한 주의가 필요하다. 즉, 위의 경우처럼 전력과 잡음온도를 직접 취급하는 것이 덜 혼동될 때가 있다.

예제 14.5 마이크로파 수신기의 신호대 잡음비

그림 14.14와 같은 마이크로파 수신 토막의 파라미터들이 다음과 같다.

$$\begin{aligned} f &= 4.0\text{ GHz}, & G_{\text{RF}} &= 20\text{ dB} \\ B &= 1\text{ MHz}, & F_{\text{RF}} &= 3.0\text{ dB} \\ G_A &= 26\text{ dB}, & L_M &= 6.0\text{ dB} \\ \eta_{rad} &= 0.90, & F_M &= 7.0\text{ dB} \\ T_p &= 300\text{ K}, & G_{\text{IF}} &= 30\text{ dB} \\ T_b &= 200\text{ K}, & F_{\text{IF}} &= 1.1\text{ dB} \\ L_T &= 1.5\text{ dB}. \end{aligned}$$

안테나 단자에서의 수신전력이 $S = -80\,\text{dBm}$일 때, 입력 및 출력 신호대 잡음비를 계산하라.

☞ 풀이

dB로 주어진 값들을 수치로 바꾸고, 잡음지수를 잡음온도로 환산하면 다음과 같다.

$$\begin{aligned}
G_{\text{RF}} &= 10^{20/10} = 100 \\
G_{\text{IF}} &= 10^{30/10} = 1000 \\
L_T &= 10^{1.5/10} = 1.41 \\
L_M &= 10^{6/10} = 4.0 \\
T_M &= (F_M - 1)T_0 = \left(10^{7/10} - 1\right)(290) = 1163\ \text{K} \\
T_{\text{RF}} &= (F_{\text{RF}} - 1)T_0 = \left(10^{3/10} - 1\right)(290) = 289\ \text{K} \\
T_{\text{IF}} &= (F_{\text{IF}} - 1)T_0 = \left(10^{1.1/10} - 1\right)(290) = 84\ \text{K}.
\end{aligned}$$

식 (14.27), (14.28) 및 (14.30)으로부터 수신기, 전송선로 그리고 안테나의 잡음온도는 각각 다음과 같다.

$$T_{\text{REC}} = T_{\text{RF}} + \frac{T_M}{G_{\text{RF}}} + \frac{T_{\text{IF}} L_M}{G_{\text{RF}}} = 289 + \frac{1163}{100} + \frac{84(4.0)}{100} = 304\ \text{K}$$

$$T_{\text{TL}} = (L_T - 1)T_p = (1.41 - 1)300 = 123\ \text{K}$$

$$T_A = \eta_{rad} T_b + (1 - \eta_{rad})T_p = 0.9(200) + (1 - 0.9)(300) = 210\ \text{K}.$$

그리고 식 (14.31)로부터 입력 잡음전력은

$$N_i = kBT_A = 1.38 \times 10^{-23}(10^6)(210) = 2.9 \times 10^{-15}\ \text{W} = -115\ \text{dBm}$$

이다. 따라서 입력 신호대 잡음비는

$$\frac{S_i}{N_i} = -80 + 115 = 35\ \text{dB}$$

이 되고, 식 (14.33)으로부터 전체시스템의 잡음온도는

$$T_{\text{SYS}} = T_A + T_{\text{TL}} + L_T T_{\text{REC}} = 210 + 123 + (1.41)(304) = 762\ \text{K}$$

가 된다, 위의 결과로부터 여러 소자에 의한 잡음이 신호대 잡음비에 미치는 영향을 명확히 알 수 있다. 식 (14.34)으로부터 출력 신호대 잡음비를 계산할 수 있다.

$$\frac{S_o}{N_o} = \frac{S_i}{kBT_{\text{SYS}}}$$

$$kBT_{\text{SYS}} = 1.38 \times 10^{-23}(10^6)(762) = 1.05 \times 10^{-14}\ \text{W} = -110\ \text{dBm}.$$

따라서,

$$\frac{S_o}{N_o} = -80 + 110 = 30\ \text{dB}. \quad ◀$$

디지털 변조와 비트 오차율

정보는 진폭, 주파수, 또는 위상 변조를 사용하여 정현 반송파로 표현될 수 있을지도 모

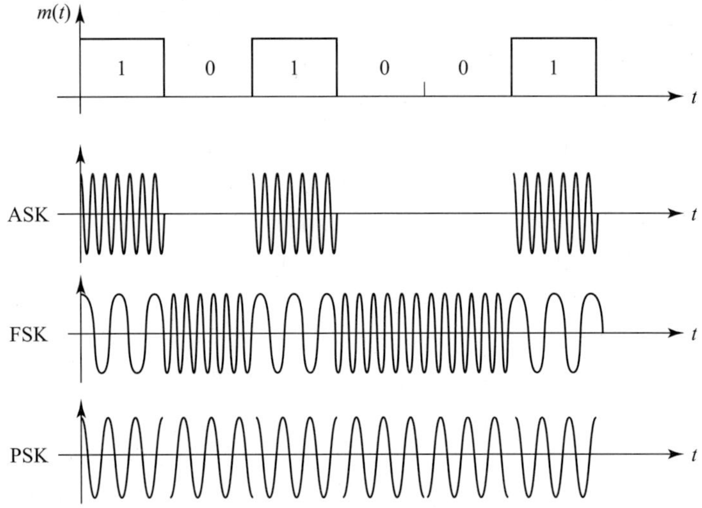

그림 14.15 이진 데이터와 진폭 편이 방식, 주파수 편이 방식, 위상 편이 방식으로 변조된 반송파 파형

른다. 만약 변조 신호가 AM 또는 FM 라디오의 경우와 같이 아날로그라면, 반송파의 진폭, 주파수 또는 위상은 연속적인 변화를 겪을 것이다. 만약 변조 신호가 이진수 형태인 디지털 데이터로 표현된다면 반송파의 진폭, 주파수, 또는 위상의 변화는 두 값으로 제한될 것이다. 이 변조들은 대개 **진폭 편이 방식**, **주파수 편이 방식**, 그리고 **위상 편이 방식**으로 불리며, 각각 ASK, FSK, 그리고 PSK로 축약되어진다. 예를 들어 ASK는 이진수 1에 대해서 on으로 되고, 이진수 0에 대해서 off으로 되는 반송파와 관련이 있을 것이다. 주파수 편이 방식은 다른 두 반송파 주파수 사이의 편이와 관련이 있고 위상 편이 방식은 이진수 데이터에 의한 반송파의 180° 위상 편이와 관련이 있다. 이진 위상 편이 방식은 또한 BPSK로 언급된다. 그림 14.15는 ASK, FSK, 그리고 PSK방식으로 변조된 반송파 파형을 보여준다.

대다수 현대 무선 시스템은 잡음과 신호 페이딩, 저전력 요구사항, 그리고 오차 정정 코드들 또는 부호 매김을 가진 데이터 전송에 대한 배터리 적합성의 존재하는 환경에서 이 변조 방식들의 우수한 성능 때문에 디지털 변조 방식들에 의존하고 있다. 위에서 언급한 기본적인 이진 변조 방식 외에도 다른 디지털 변조 방식들이 있다. 한 유명한 방식으로는 두 데이터 비트가 네 가지 위상 상태(0°, 90°, 180°, 또는 270°) 중의 하나를 선택하기 위해 사용되는 직교 위상 편이 변조(QPSK)가 있다. 더 일반적으로는, 2^m개의 위상 상태 중에서 하나가 m개의 데이터 비트로 선택되는 **m진 위상 편이 변조**를 사용한다. 진폭과 위상을 모두 동시에 변조하는 것은 **직교 진폭 변조**(QAM)를 통해 가능하다. 이런 고차 변조 방식들은 주어진 채널 대역폭에서 높은 데이터율을 가능하게 하지만 더 많은 시스템과 처리의 복잡성을 수반한다.

이상적인 상황에서 수신기는 전송된 것과 같은 이진수를 탐지하지만 통신 채널에서 잡음의 존재는 오차들이 탐지 과정에서 발생할 가능성을 야기한다. 단일 비트의 탐지에서 오차의 가능성은 **비트 오차율**(BER)로 알려진 **비트 오차 확률** P_b에 의해 정량화된다. 오차의 확률은 비트 에너지와 잡음 전력 밀도의 비 E_b/n_0에 의존적이다. E_b는 각각 비트 간격 동안에 수신되는 에너지이고 n_0는 채널에서 잡음의 전력 스펙트럼 밀도이다. 오차의 확률은 비트 에너지가 증가함에 따라 또는 잡음 밀도가 감소함에 따라 감소한다. 만약 S가 수신된 신호 (반송파)전력(Watts)이라면 비트 주기(seconds)인 T_b와 비트율(bits per second)인 R_b와 함께 비트 에너지는

$$E_b = ST_b = S/R_b, \quad \text{(W-sec)} \tag{14.35}$$

가 된다.

그러면 비 E_b/n_0는

$$\frac{E_b}{n_0} = \frac{ST_b}{n_0} = \frac{S}{n_0 R_b}. \tag{14.36}$$

이다.

잡음 전력이 $N = n_0B$(B = 수신기의 대역폭)이기 때문에 비트 에너지와 잡음 전력 밀도의 비는 SNR에 관하여 표현될 수 있다.

$$\frac{E_b}{n_0} = \frac{S}{N}BT_b = \frac{S}{N}\frac{B}{R_b}. \tag{14.37}$$

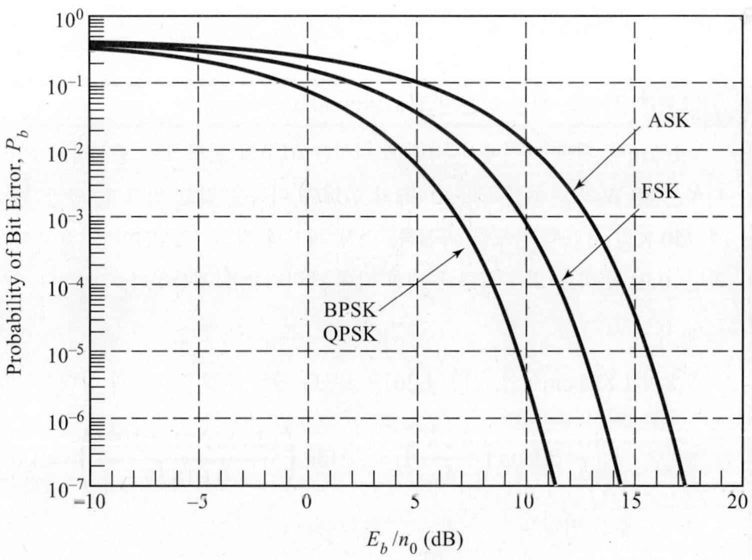

그림 14.16 E_b/n_0 대 ASK, FSK, BPSK, 그리고 QPSK변조 방식에 대한 비트 오차율들의 비교. (QPSK에 대한 그레이 코드를 가진 코히런트 복조가 가정됨)

표 14.1 다양한 디지털 변조 방식들의 성능 개요

Modulation Type	E_b/n_0(dB) for $P_b = 10^{-5}$	Bandwidth Efficiency
Binary ASK	15.6	1
Binary FSK	12.6	1
Binary PSK	9.6	1
QPSK	9.6	2
8-PSK	13.0	3
16-PSK	18.7	4
16-QAM	13.4	4
64-QAM	17.8	6

이 결과는 주어진 SNR에 대해서 비트율이 증가함에 따라 비트 에너지와 잡음 전력 밀도의 비는 감소될 것 (그리고 BER은 증가될 것)이라는 것을 나타낸다. 변조의 형태에 따라 요구되는 수신기 대역폭은 1로부터 두서너 배의 비트율까지의 범위일 것이다.

그림 14.16은 디지털 변조의 네 형태(ASK, FSK, BPSK, 그리고 QPSK)에 대한 E_b/n_0 비 대 비트 오차 확률을 보여준다. QPSK의 비트 오차율은 BPSK와 같지만, QPSK는 BPSK에 의해 보내진 모든 단일 비트에 대한 두 비트의 전송과 관련된다.

각 이진 변조 방식들은 각 비트 주기 동안 한 비트를 전송하므로 1 bps/Hz의 **대역폭 효율**을 가진다. 높은 레벨의 변조 방식들은 높은 대역폭 효율을 달성할 수 있다. 예를 들어 OPSK는 주기 당 두 비트를 전송하므로 2 bps/Hz의 대역폭 효율을 가진다. 표 14.1은 다양한 디지털 변조 방식들에 대해서 10^{-5}의 비트 오차율에 대한 요구되는 E_b/n_0 비와 대역폭 효율을 보여준다.

예제 14.6 저궤도 위성 다운링크에 대한 링크 분석

940 km의 궤도 거리에서 저궤도 위성은 지구의 단말기와 통신하기 위해 QPSK를 사용한다. 위성은 80 W의 전송전력과 20 dB의 안테나 이득을 갖고 있으며, 단말기는 1 dB의 안테나 이득과 750 K의 시스템 온도를 가진다. 만약 대기의 감쇠가 2 dB이고, 요구되는 링크 마진이 10 dB라면, 0.01의 비트 오차 확률에 대한 최대 데이터율을 계산하라.

☞ 풀이

파장이 1.875 cm이면, 식 (14.26)으로부터 경로 손실은 다음과 같다.

$$L_0 = 20\log\left(\frac{4\pi R}{\lambda}\right) = 20\log\left(\frac{(4\pi)(940\times 10^3)}{0.01875}\right) = 176.0\text{ dB}$$

그리고 수신 전력은

$$P_r = P_t + G_t - L_0 - L_A + G_r = 49 + 20 - 176 - 2 + 1 = -108\text{ dBm}.$$

이다.

10 dB의 링크 마진에 대해서 수신되는 전력 레벨은 한계 레벨 이상인 10 dB이어야 한다. 그러므로 한계 수신되는 신호 레벨은 다음과 같다.

$$S_{\min} = P_r - \mathrm{LM} = -108 - 10 = -118\ \mathrm{dBm} = 1.58 \times 10^{-15}\ \mathrm{W}.$$

그림 14.16으로부터 QPSK에 대한 0.01의 비트 오차율에 대해서 요구되는 E_b/n_0는 대략 5 dB = 3.16이다. 최대 비트율을 구하기 위해 식 (14.36)을 풀면 다음과 같다.

$$R_b = \left(\frac{E_b}{n_0}\right)^{-1} \frac{S_{\min}}{n_0} = \left(\frac{E_b}{n_0}\right)^{-1} \frac{S_{\min}}{kT_{sys}} = \left(\frac{1}{3.16}\right) \frac{1.58 \times 10^{-15}}{\left(1.38 \times 10^{-23}\right)(750)} = 48\ \mathrm{kbps}$$

◀

무선 시스템

마지막으로, 현재 사용되고 있는 무선 시스템에 대한 설명을 함으로써 이 절을 정리한다. 표 14.2은 무선 시스템에서 일반적으로 사용되고 있는 주파수 대역의 리스트이다.

셀룰러 전화 시스템. 셀룰러 음성과 네트워킹 시스템들은 일정한 진화에 있으며, 구와 신기술의 사용, 존재하거나 새로 이용 가능한 반송파 주파수, 정교한 다중 접속 기술들, 국제협정, 상업적인 서비스 제공자들, 국가들, 그리고 관리 기관들의 특별한 관심과 관련이 있다. 목적은 이동통신 사용자들에게 높은 데이터율과 음성과 데이터 서비스(인터넷 접속과 영상을 포함함)를 제공하는 것이다. 진보가 더 되었지만, 여전히 기술적 그리고 조직적 도전들이 남아있다. 셀룰러 전화 시스템은 도심지역의 다수 가입자에게 이동 무선 서비스를 제공하는 문제에 대한 해결방안으로서 1970년대에 제안되었다. 초기 이동 무선 시스템은 전파스펙트럼 이용의 비효율성과 사용자 간의 간섭에 의해 매우 제한된 수의 가입자만을 수용할 수 있었다. 셀룰러 전파 개념은 지리적 영역을 겹치지 않는 셀로 분할함으로써 문제를 해결했다, 이 각각의 셀은 셀 내의 이동 가입자와 통신하기 위한 송신기와 수신기(기지국)를 갖는다. 각 셀의 기지국은 수백 명의 가입자가 동시에 음성 또는 데이터 채널과 통신할 수 있다. 주파수 대역들은 개별 셀에서 사용된 대역이 비 근접 셀에서 다시 사용되도록 허용되어 있다.

최초의 셀룰러 전화 시스템은 일본과 유럽에서 1979년과 1981년에, 미국에서는[the advanced mobile phone system(AMPS)] 1983년에 구성되었다. 이 시스템들은 아날로그 FM 변조법을 이용하고 할당된 주파수 대역을 수백 개의 채널로 분할하여, 각 채널들이 개개의 전화통화를 지원한다. 이와 같은 초기 서비스는 처음에는 느리게 성장하였다. 그 이유는, 기반시설인 기지국을 건설하는 초기 비용이 많고, 초기 단말기 값이 비싸기 때문이었다, 하지만 1990년대에 들어서면서 괄목할 만한 성장을 하였다.

무선전화 서비스에 대한 기업과 소비자 요구가 급격하게 증가하고 무선기술이 발달함에 따라 몇 가지 제 2세대 기술표준이 미국, 유럽, 및 아시아에서 실행되었다. 이 기술표준안

표 14.2 무선 시스템 주파수

무선 시스템(국가)	작동주파수
Advanced Mobile Phone System (AMPS, United States; obsolete)	U: 824–849 MHz D: 869–894 MHz
GSM 850 (Americas)	U: 824–849 MHz D: 869–894 MHz
GSM 900 (worldwide)	U: 890–915 MHz D: 935–960 MHz
GSM 1800 (worldwide)	U: 1710–1785 MHz D: 1805–1880 MHz
GSM 1900 (Americas)	U: 1850–1910 MHz D: 1930–1990 MHz
Universal Mobile Telecommunications System (UMTS), band 1 (most countries)	U: 1920–1980 MHz D: 2110–2170 MHz
UMTS, band 2 (most countries)	U: 1850–1910 MHz D: 1930–1990 MHz
UMTS, band 8 (most countries)	U: 880–916 MHz D: 925–960 MHz
Wireless local area networks (WiFi)	902–928 MHz 2.400–2.484 GHz 5.725–5.850 GHz
Global Positioning System (GPS)	L1: 1575.42 MHz L2: 1227.60 MHz
Direct Broadcast Satellite (DBS) (Europe, Russia)	10.7–12.75 GHz
(Americas)	12.2–12.7 GHz
(Asia, Australia)	11.7–12.2 GHz
Industrial, medical, and scientific bands (most countries)	902–928 MHz 2.400–2.484 GHz 5.725–5.850 GHz

U, uplink (mobile-to-base); D, downlink (base-to-mobile).

들은 양질의 서비스, 전파 스펙트럼의 보다 효율적인 사용 뿐만 아니라 다중 접속 방식을 제공하기 위해 디지털 변조방식들을 사용한다. 다중 접속 방식은 **시간분할 다중접속**(TDMA)과 **코드분할 다중접속**(CDMA)로 분류될 수 있다. 그때부터 VHF30방송 텔레비전에 의해 사용된 주파수 대역들을 풀어줌으로써 많은 국가들이 더 많은 전파 스펙트럼을 사용할 수 있게 되었다.

오늘날 많은 무선 셀룰러와 스마트폰 시스템들은 제 3세대 (3G)기술표준으로 이동했거나, 3G 기술표준으로 업그레이드되는 과정에 있다. 국제전기통신연합(ITU)의 International mobile telecommunication(IMT)-2000과제는 3G 기술표준들을 위한 기반을 마련했다. 대부분 3G 기술표준들은 CDMA, W-CDMA, 및 CDMA2000에 의존한다. 현재는 IMT-2000은 고정 사용자에게 2 Mbps, 이동통신 사용자에게 144 kbps의 데이터율을 지원한다. 관련된 노력으로 3rd Generation Partnership Project(3GPP)가 있는데, 이는 존재하는 2세대 사회 기반 시설로부터 3세대로의 이동경로를 형성하기 위해, 텔레커뮤니케이션 집단들의 협력에 기반을 두고 있다. 그리고 더 나아가, 2010-2011년에는 고정 사용자에게 100 Mbps, 이동통신 사용자에게 50 Mbps의 데이터율을 지원하는 Long-Term Evolution(LTE) 기술이 개발되었다. 많은 국가들은 3GPP에 바탕을 둔 Universal Mobile Telecommunication System 기술표준을 채택하였다. 다른 변화는 3GPP2 기술표준인데, 이는 높은 데이터율을 제공하기 위해 존재하는 CDMA 기술들(W-CDMA와 CDMA2000을 포함)로부터 동작한다. 현재, 존재하는 사회 기반 시설의 활용 뿐만 아니라 4세대 시스템들로 진화하게 될 새로운 기술표준들의 잠재적 사용을 위한 제안된 많은 기술표준들이 있다.

무선 음성 및 데이터를 위한 위성 시스템. 위성 시스템의 핵심적인 장점은 비교적 적은 수의 위성으로 무선통신 서비스가 곤란한 해양, 사막, 산악지대와 같은 곳을 포함한 어떠한 가입자 위치에도 무선통신 서비스를 제공할 수 있다는 것이다. 원칙적으로 세 개의 정지위성만으로 모든 지상부분을 커버할 수 있으나, 매우 높은 정지위성 궤도의 고도는 매우 적은 신호세기를 유발하는 큰 경로손실을 야기하므로 휴대용 단말기와의 통신을 어렵게한다. 저궤도 위성은 통신 가능한 세기의 신호를 제공하나, 모든 지상부분을 커버하기 위하여 여러 개의 위성이 필요하다.

Motorola를 대표로하는 회사들의 콘써시엄에 의한 Iridium 계획은 휴대용 무선전화 서비스를 제공한 최초의 상용 위성 시스템이다. 이는 남극과 북극 근방의 66개 LEO 위성으로 구성되어지며, 위성간 연결링크와 지상의 판문국을 연결하여 이동전화 가입자와 페이징 가입자를 공중 전화망에 접속시켰다. 그림 14.17은 Iridium 위상배열 안테나의 사진이다.

Iridium 시스템은 약 50억 달러가 투자되어 1998년 11월에 서비스를 개시하였고 1999년 8월에 파산 했다. Iridium은 2001년에 미국 국방부에 의해 인수되었고, 현재가지 여전히 가동 중이다. 위성 전화서비스의 단점은, 약한 신호로 휴대용 단말기를 갖고 있는 가입자와 위성을 가시선상에서 접속해야 한다는 점이다. 이것은 건물 내에서나 자동차 내, 심지어 나무가 많은 지역이나 도심지역에서는 사용할 수 없음을 뜻한다. 따라서 위성전화 서비스는 지상의 셀룰러 전화에 비해서 상대적으로 성능이 나쁘다. Globalstar와 같은 다른 상업적 LEO위성 통신시스템들은 재정적 실패로 종료 되었다.

많은 성공적인 인공위성 통신 시스템들은 정지 위성들에 의존하고 있다. 이 정지위성들은 원래 해양 운송 뿐만 아니라 외딴 지역에서 사용되는 INMARSAT시스템들을 포함한다. 많은 재정적 서비스들과 사업들은 **초소형 지구국들**(VSATs)을 사용하는데, 이는 12-18인치 안테나들을 가진 정지 위성에 비해서 상대적으로 적은 데이터율을 제공한다. 정지

그림 14.17 모토롤라 IRIDIUM 통신 위성에 사용할 L 대역 배열 안테나 사진. IRIDIUM은 음성, fax, paging을 포함한 TDMA 방식의 통신서비스로 66개의 저궤도 위성으로 구성되어 있다.

제공: Raytheon Company

위성의 예로, 전화 서비스는 아프리카, 유럽, 인도, 및 중동과 통신하기 위한 투라야 시스템이다. 가입자 링크는 소형의 단말기와 함께 L대역에서 동작한다. 위성과의 전파 시간 때문에 투라야 시스템에는 분명한 대화의 지연이 존재한다.

GPS 시스템. GPS(global positioning satellite system)는 지상, 공중 및 해상에 있는 가입자에게 정확한 위치정보(위도, 경도 및 고도)를 제공하기 위하여 중저궤도에 24개의 위성을 이용한다. 원래는 NAVSTAR 시스템으로 미군에 의하여 약 120억 달러를 들여 개발되었다, GPS는 빠른 속도로 전세계를 통하여 개인 가입자와 업무용으로 가장 널리 보급되는 무선기술의 응용분야로 자리잡고 있다. GPS 수신기는 비행기, 선박, 트럭, 기차 및 자동차에서도 볼 수 있다. 기술 발전에 의해 크기와 가격이 크게 절감되었고, 따라서 소형 GPS 수신기는 등산객이나 운동선수에 의해 사용되는 셀룰러폰, 스마트폰 및 휴대용 GPS 기기와 통합될 수 있다. 정밀 위성위치확인 시스템(differential GPS)은 1 cm 정도의 정밀도를 갖는다. 이는 감시산업(surveying industry)에 혁신을 가져올 만한 것이다. **지리 정보 시스템**(GIS)으로 알려진 완전히 새로운 연구 분야는 GPS와 접합에서 얻어진 데이터와 위치와의 관계에 바탕을 두고 있다.

GPS 위치탐색 시스템은 최소 네 개의 위성으로 삼각측정법(triangulation)을 사용하여 운영된다. GPS 위성은 궤도주기가 12시간인 20,200 km 상공에 떠 있다. 가입자로부터 이 위성까지의 거리는 위성과 GPS 수신기 간의 전파 지연시간으로 파악된다. 위성들의 궤도 위치(천체력)는 매우 정확하다고 알려져 있으며, 각 위성은 독특한 타이밍 펄스의 집합을 제공하기 위해 극도로 정확한 클럭을 포함한다. GPS 수신기는 수신된 시간정보를 해독하여 수신기의 위치와 속도를 구하기 위한 계산을 수행한다. GPS 수신기는 최소 4개의 GPS 위성의 가시선(line-of-sight)에 위치해야 하고, 해상에 떠 있는 선박과 같이 해발고도가 알려져 있는 경우는 세 개의 위성신호로도 위치계산이 가능하다. 이득이 낮은 안테나가 사용되기 때문에 GPS 위성으로부터 수신되는 신호레벨은 매우 낮다 −0 dB 안테나로 수신할 때 보통 −130 dBm 정도이다. 이 신호레벨은 일상적으로 수신기에 들어오는 잡음 전력보다 낮으나 신호대 잡음비를 개선하기 위해 확산 스펙트럼(spread spectrum) 기술을 이용한다.

GPS는 두 주파수 대역에서 동작한다: BPSK(binary phase shift keying) 변조로써 확산 스펙트럼 신호를 전송하는 L1 주파수는 1575.42 MHz, L2 주파수는 1227.60 MHz이다. L1 주파수는 각 위성의 천체위치정보 데이터와 시간정보를 전송하며, 이 주파수는 모든 상용 또는 공적 사용자들이 사용 가능하다. 이러한 동작모드를 C/A(*course*/*acquisition*) 코드라 한다. 대조적으로 L2 주파수는 군사적 용도로 사용되고, 시간정보가 암호화되어 있어 P(protected)코드라 한다(L1 주파수로 전송되는 *P*코드 신호도 있다). P코드는 C/A 코드보다 훨씬 더 정확하다. L1 GPS 수신기의 표준적인 정확도는 약 100 ft이다. 정확도는 위성과 수신기에 있는 시계의 시간오차와 GPS 위성 위치에 대한 오차로 그 한계가 정해진다. 가장 큰 오차는 대기 및 전리층의 영향으로 위성과 수신기 사이에 신호가 오고갈 때 생기는 지연시간의 차이이다.

무선 근거리 통신망. WLAN(wireless local area networks)은 가까운 거리에 있는 컴퓨터들의 접속을 제공한다. 실제의 옥내 응용은 사용범위가 수백 피트 이내인 병원, 사무용 빌딩 및 공장 등이다. 옥외 응용은 장애물이 없고 고이득 안테나를 사용하는 경우에, 사용범위가 수마일까지 넓어질 수 있다. 무선망은 빌딩 내부나 빌딩 사이의 통신선로 배선이 불가능하거나 비용이 많이 드는 경우에 유용하고, 일시적으로 컴퓨터를 접속할 필요가 있는 경우에 유용하다. 물론 이동형 컴퓨터 사용자들은 무선접속에 의해서만 컴퓨터 접속이 가능하다.

대부분의 상용 WLAN 제품들은 IEEE 802.11 표준들 (Wi-Fi)에 바탕을 두고 있다. 이 제품들은 2.4 또는 5.7 GHz (industrial, scientific, and medical frequency bands)에서 동작하고, 주파수 호핑 또는 직접 시퀀스 확산 스펙트럼 기술들을 사용한다. 802.11a, 802.11b, 그리고 802.11g 표준들은 54 Mbps의 데이터율을 달성할 수 있고, 다중 안테나들을 사용하는 802.11n은 150 Mbps의 데이터율을 달성할 수 있다. 실질적인 데이터율들

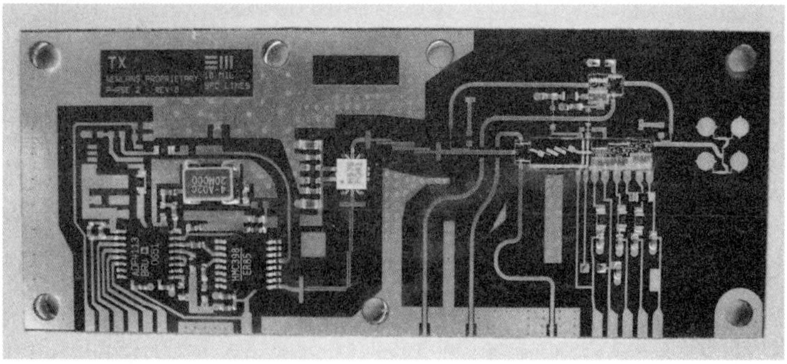

그림 14.18 고속 60 GHz 무선 근거리 통신 송신기의 사진. 이 WLAN은 2.8 Gbps의 데이터율로 59-62 GHz레서 동작한다. 이것은 GaAs 칩들, 내장된 네 가지 구성요소, 그리고 원형 편파 마이크로스트립 안테나를 사용한다.

제공: Courtesy of Newlans, Inc., Action, Maass.

은 비이상적인 전파 환경들과 다른 사용자로부터의 로딩 때문에 종종 매우 작다.

다른 무선 네트워킹 표준은 카메라, 프린터, 헤드셋, 게임기, 가전제품, 컴퓨터, 라우터들과 같은 휴대용 기기의 근거리 네트워킹을 위해 만들어진 **블루투스**(bluetooth)이다. 블루투스 기기들은 1-100 mW의 RF 전력과 1-100 m의 동작거리와 함께 2.4 GHz에서 동작한다. 데이터율은 1에서 24 Mbps이다.

밀리미터 파 주파수들은 사용가능한 넓은 대역폭 때문에 고속 근거리 통신을 위해 점점 더 고려되고 있다. 그림 14.18은 고속 60 GHz 무선 네트워킹 송신기의 개발 모델을 보여준다.

직접 위성방송. DBS(direct broadcast satellite) 시스템은 정지궤도 위성들로부터 가정으로 직경 18″ 안테나를 사용하여 TV 방송을 수신하게 한다. DBS 기술에 앞서서, 위성 TV 서비스는 필요 SNR을 달성하기 위해 직경이 6 ft 이상인 접시형 안테나가 필요한 아날로그 신호에 의존하였다. 작은 DBS 안테나는 아날로그 시스템에 비해서 요구되는 수신 신호 레벨이 작은 디지털 변조 기술들의 사용을 통해 가능하게 되었다. DBS 시스템들은 10-12 GHz의 반송파 주파수 범위(표 14.2)에서 동작하고, QPSK(quadrature phase shift keying) 변조로 디지털 다중화와 오류정정을 거치면서 40 Mbps의 데이터를 전송한다. 몇몇 DBS 위성들은 가입자 텔레비전 서비스를 세계적으로 제공하기 위해 사용되고, 때때로 사용범위당 1개 이상의 위성들이 사용된다. 북아메리카에서는 각각 경도 101.2°와 100.8°에 위치하는 두 개의 위성 DBS-1과 DBS-2는 채널당 복사전력 120 W로 16채널을 제공한다. 이 위성은 반대방향의 원편파를 이용하여 폭우에 의한 손실을 최소화하고 상호 간섭을 막는다(polarization duplexing).

점대점 전파. 점대점 전파(point-to-point radios) 시스템은 두 지점 사이의 공용 데이터를 제공하기 위해 사용된다. 전력공급 회사는 발전소와 변전소 사이의 발전량, 송전전력 및 배전전력에 관한 원격정보 전송을 위하여 점대점 전파 시스템을 사용한다. 점대점 전파 시스템은 또한 셀룰러 기지국과 전화 교환망을 접속하기 위해서 사용된다. 지하에 광대역 동축선이나 광케이블을 매설하는 것보다 훨씬 경제적이다. 이 시스템은 18, 24, 38 GHz 대역에서 동작하고, 50 Mbps의 데이터 전송속도를 제공하기 위하여 여러 가지 디지털 변조방식을 이용한다. 고이득 안테나를 사용하여 소요전력을 낮추고 사용자 간의 간섭을 막는다.

기타 무선시스템. 다른 많은 무선 기술들의 응용들은 개발되고 있고, 몇 가지들을 간단하게 언급하도록 한다. 매우 만연하고 있는 것들 중에서 **전파식별**(RFID)가 있다. RFID는 RF 신호를 수신하고 미리 프로그램된 데이터를 포함하는 신호로 응답하는 작고 저렴한 태그들에 의존한다. RFID 태그들은 소매용 제품, 재고 관리, 산업재, 보안 응용, 또는 인식과 추적을 요구하는 다른 응용을 위해 사용된다. RFID 태그들의 흥미로운 특징은 태그들은 수동으로 전력을 공급받지만 작은 캐패시터에 충전하거나 수신된 신호를 정류함으로써 신호를 보낼 때 필요한 전력을 저장한다는 것이다. 이는 데이터를 수신기로 전송하기 위한 매우 저전력인 CMOS 회로를 구동시키기 위해 사용된다.

무선 기술이 성장하기 시작하는 다른 분야는 자동차와 고속도로 응용들이다. 이는 통행료 지불, 지능적 순항 제어, 충돌방지 레이더, 사각지대 레이더, 교통 정보, 긴급 메시지 전송, 그리고 차번호를 포함한다. 자동 통행료 지불은 이미 미국과 유럽에서 시행되고 있다. 많은 자동차 모델들은 광학 기기로써 사각지대와 충돌 센서가 가능하다.

14.3 레이더 시스템

레이더 또는 **무선 검출 및 거리측정**(radio detection and ranging)은 세계 2차 대전까지 거슬러 올라가는 가장 오래된 마이크로파 기술분야이다. 레이더의 기본적인 동작원리는, 송신기가 원거리 표적물에 의해 부분적으로 반사될 신호를 송출하고, 민감한 수신기가 반사된 신호를 검출하는 것이다. 빔 폭이 좁은 안테나를 사용하면, 표적을 정밀하게 탐지할 수 있다. 표적까지의 거리는 신호의 왕복 전송시간에 의해 구해지며, 표적으로부터 반사된 방사상의 속도는 복귀 신호의 도플러 천이에 의해 구할 수 있다. 이러한 레이더 원리를 사용한 대표적인 응용분야를 아래에 열거하였다.

민간 분야

- 공항 감시
- 해상 운항
- 기상 레이더

그림 14.19 PATRIOT 위상배열 레이더. 목표를 감시 위치추적 및 미사일 발사제어 등을 포함한 전략적 공중 방위를 제공하기 위한 C 대역 다기능 레이더, 위상배열 안테나는 5,000개의 페라이트를 사용하여 전기적으로 안테나의 빔을 주사한다.

제공: Raytheon Company

- 고도 측정
- 비행체 착륙 유도
- 보안 경보
- 속도 측정(경찰 레이더)
- 지도 제작

군사 분야

- 항공기 및 선박 운항
- 비행기, 미사일, 우주선의 탐지 및 추적
- 미사일 유도
- 미사일과 대포의 발사 통제
- 무기 도화선
- 정찰

과학 분야

- 천문학
- 지도 및 영상

• 정밀 거리측정
• 환경 원격 감지

미국과 영국에서의 초기 레이더 연구는 VHF(very high frequency) 신호원을 이용하여 1930년대에 시작되었다. 1940년대에 영국에서, 고출력 마이크로파 신호원으로 매그너트론관(magnetron tube)이 발명됨으로써 비약적 발전을 하였다. 높은 주파수를 이용함으로써, 고이득이면서 알맞은 크기의 안테나를 사용할 수 있게 되어, 기계적 방식을 통해 양호한 방위 분해능(angular resolution)으로 표적을 추적할 수 있게 되었다. 레이더는 영국과 미국에서 개발이 급진전되어, 2차대전에서 중요한 역할을 하게 되었다. 그림 14.19는 패트리어트(PATRIOT) 미사일 시스템을 위한 위상배열 안테나의 사진이다.

우리는 레이더 동작의 기본이 되는 레이더 방정식을 유도하고, 레이더 시스템의 보다 일반적인 몇 가지 형태에 대해 설명하도록 하겠다.

레이더 방정식

두 개의 기본적인 레이더 시스템을 그림 14.20에 나타내었다. **모노스태틱**(monostatic) 시스템에서는 송 · 수신에 한 개의 안테나를 사용하며, **바이스태틱**(bistatic) 시스템에서는 두 개의 안테나를 각각 송 · 수신용으로 나누어 사용한다. 대부분의 레이더 시스템은 모노

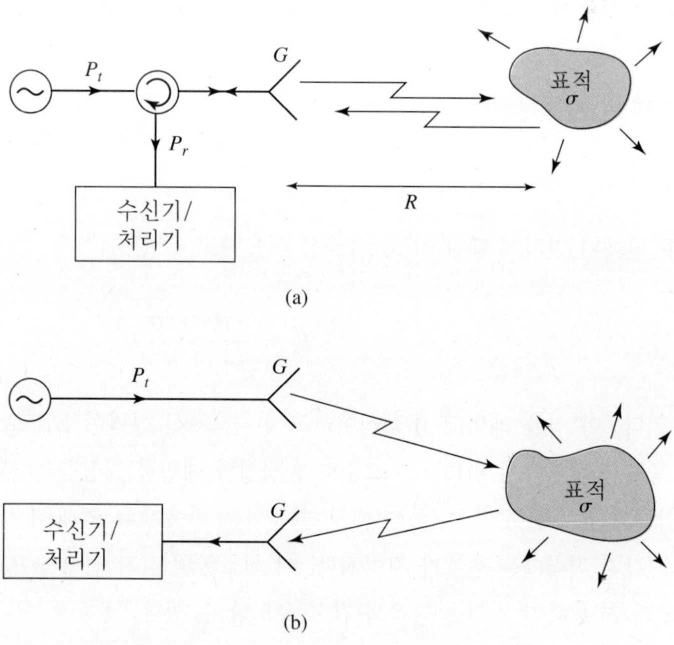

그림 14.20 기본적인 모노스태틱(monostatic), 바이스태틱(bistatic) 레이더 시스템. (a) 모노스태틱(monostatic) 레이더 시스템, (b) 바이스태틱(bistatic) 레이더 시스템

스태틱(monostatic) 형태이나, 어떤 경우(미사일 발사 통제와 같은)에는 별도의 송신 안테나로 표적을 추적할 수 있다. 또한, 송신기와 수신기 사이에 요구되는 분리도를 얻기 위해서 별개의 안테나들이 이용되기도 한다.

여기서는 모노스태틱(monostatic)에 대해 다루겠지만, 바이스태틱(bistatic)의 경우도 매우 유사하다. 송신기에서 복사전력 P_t를 이득이 G인 안테나를 통해서 송출하면, 표적에서의 입사파 전력밀도는, 식 (14.23)으로부터

$$S_t = \frac{P_t G}{4\pi R^2}. \tag{14.38}$$

여기서 R은 표적이 안테나의 주빔 상에 있다고 가정한 경우의 표적까지의 거리이다. 표적은 입사 전력을 여러 방향으로 산란시킬 것이며, 이 중에서 안테나 방향으로 다시 전파된 산란파의 전력밀도에 대하여 주어진 방향으로의 송출 전력과의 비를 표적의 **레이더 단면적**(radar cross section, σ)이라고 한다. 수식적으로는

$$\sigma = \frac{P_s}{S_t}\ \text{m}^2, \tag{14.39}$$

로 표현되는데, 여기서 P_s는 표적에서 산란된 총 전력을 의미하고, S_t는 표적에 입사 된 전력밀도를 의미한다. 이처럼 레이더 단면적은 면적의 단위를 가지며, 표적 자체의 성질이다. 또, 입사파의 편파뿐만 아니라 입사파와 반사파의 각도에 따라서도 달라진다.

표적 산란체가 유한 크기의 신호원으로 작용하기 때문에 되돌아오는 전력은 표적에서 멀어질수록 $1/4\pi R^2$으로 감소하게 된다. 수신 안테나까지 되돌아온 산란파의 전력밀도는 다음과 같이 될 것이다.

$$S_r = \frac{P_t G \sigma}{(4\pi R^2)^2}. \tag{14.40}$$

유효 안테나 면적에 대한 식 (14.15)를 이용하면, 수신 전력은

$$P_r = \frac{P_t G^2 \lambda^2 \sigma}{(4\pi)^3 R^4} \tag{14.41}$$

가 된다. 이 식을 **레이더 방정식**이라고 한다. 수신 전력이 $1/R^4$로 감소되기 때문에, 원거리 목표를 감지하기 위해서는 고출력 송신기와 예민한 저잡음 수신기가 요구된다.

안테나가 수신하거나 수신기에서 발생되는 잡음으로 인해 수신기에서 판별할 수 있는 최소 감지 전력에는 한계가 지어진다. 이 최소한의 감지 전력을 $P_{\min}$이라 하면, 식 (14.41)로부터 최대 탐지 거리를 다음과 같이 유도할 수 있다.

$$R_{\max} = \left[\frac{P_t G^2 \sigma \lambda^2}{(4\pi)^3 P_{\min}}\right]^{1/4}. \tag{14.42}$$

신호처리 기술을 이용하면 수신 신호 감지 레벨을 효과적으로 저감시키고, 따라서 탐지 거리를 어느 정도 증대시킬 수 있다. 펄스 레이더에서 이용되는 매우 일반적인 기술 중의 하나로, N개의 수신 펄스열을 시간에 따라 적분하는 펄스 적분법이 있다. 이 방법은 돌아오는 펄스의 크기에 비해, 영의 평균(zero mean)을 갖는 잡음의 크기를 줄여줌으로써, 대략 N의 개선율을 갖는다[6].

물론 위의 레이더 방정식으로 실제 레이더 시스템의 성능을 완전하게 나타낼 수 있는 것은 아니다. 전파 효과들이나, 탐지 과정의 확률적 문제 및 외부 간섭 등과 같은 요인으로 인하여 레이더 시스템의 가용 거리가 감소하게 된다.

예제 14.7 레이더 거리 방정식의 적용

10 GHz에서 동작하는 펄스 레이더 시스템의 이득이 28 dB인 안테나를 사용하여, 2 kW의 펄스 전력으로 송신했다. 이때 표적의 레이더 단면적이 12 m^2, 최소 감지 전력이 $P_{\min} = -90$ dBm일 때, 이 레이더 시스템의 최대 감지 거리 $R_{\max}$는 얼마인가?

☞ 풀이

필요한 수치값은

$$G = 10^{28/10} = 631$$
$$P_{\min} = 10^{-90/10}\ \text{mW} = 10^{-12}\ \text{W}$$
$$\lambda = 0.03\ \text{m}$$

이다. 위의 값을 식 (14.42)에 대입하면, 최대 감지 거리를 다음과 같이 구할 수 있다.

$$R_{\max} = \left[\frac{(2\times 10^3)(631)^2(12)(.03)^2}{(4\pi)^3(10^{-12})}\right]^{1/4} = 8114\ \text{m}. \blacktriangleleft$$

펄스 레이더(puls radar)

펄스 레이더는 펄스화된 마이크로파의 신호 왕복 시간을 측정하여 표적까지의 거리를 판정한다. 그림 14.21은 대표적인 펄스 레이더 시스템의 블록 다이어그램이다. 송신 부분은 마이크로파 발진기 주파수 f_0를 IF 주파수만큼 천이시키기 위한 단측파대 혼합기로 이루어져 있다. 전력 증폭된 후, 신호펄스는 안테나에 의해 송신된다. 송신/수신 스위치는 송신 펄스 폭이 τ인 펄스 발생기에 의하여 펄스 반복 주파수(PRF: pluse repetition frequency). $f_r = 1/T_r$로써 제어된다. 송신 펄스는 주파수 $f_0 + f_{\text{IF}}$인 마이크로파 신호의 짧은 다발로(short burst) 구성되어 있다. 일반적으로 펄스의 폭은 100 ms~50 ns인데, 짧은 펄스일수록 거리 해상도는 좋으나, 긴 펄스를 사용하면 수신 처리 후의 신호대 잡음비가 더 좋아진다. 펄스의 반복 주파수는 100 Hz~100 kHz를 사용하며, PRF가 높을수록 단위

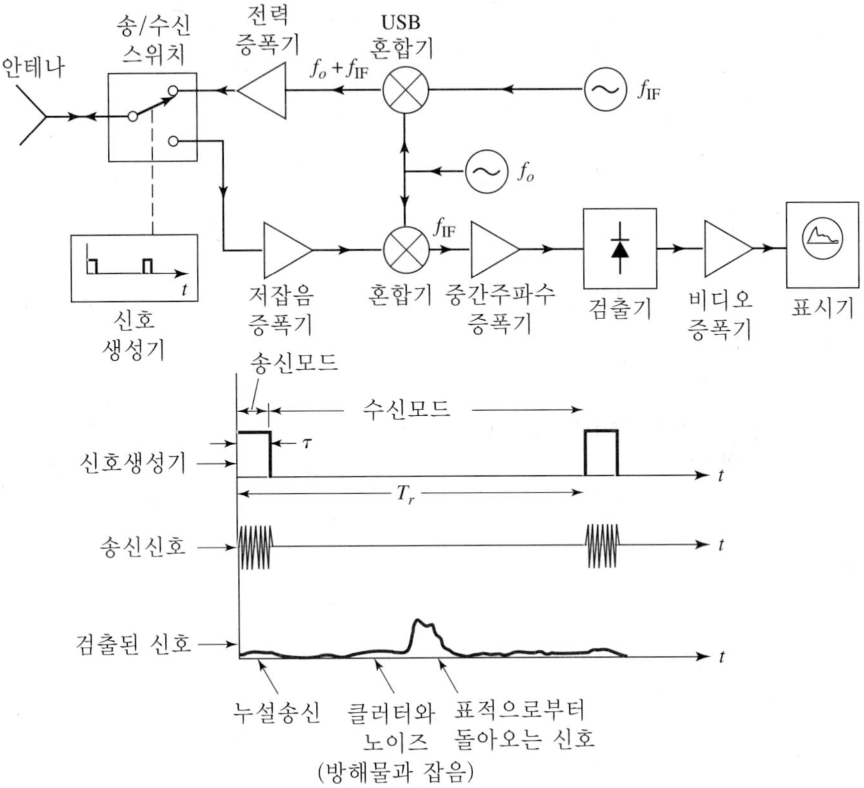

그림 14.21 펄스 레이더 시스템과 타이밍 다이어그램

시간당 돌아오는 펄스의 수가 많아 성능은 향상시킬 수 있지만, PRF를 낮추면 $R > cT_r/2$ 일 때 일어날 수 있는 거리의 모호성을 피할 수 있다.

수신 모드에서는 되돌아오는 신호를 증폭하고, 국부 발진기에서 주파수 f_0와 혼합하여 원하는 IF 신호를 얻는다. 위에서 언급했듯이 국부 발진기는 송신기에서 상향변환(up-conversion)할 때와 수신기에서 하향변환(down-conversion)할 때 모두 사용된다. 이러한 방식은 시스템을 간소화하고, 개별적으로 국부 발진기를 사용할 때 발생하는 주파수 표동을 피할 수 있다. IF 신호는 다시 증폭과 검출 과정을 거쳐 비디오 증폭기/표시기 단자에 입력된다. 탐지 레이더는 대개 360° 회전하는 안테나를 사용하여 360° 방위각을 감지하는데, 이런 경우 표시기는 표적과의 거리 대 각도의 극좌표 그림으로 표시해 준다. 현재 사용되는 레이더는 컴퓨터를 사용하여 검출된 신호의 처리와 표적 정보의 표시를 행한다.

펄스 레이더에서 송신/수신(T/R) 스위치는 실제로 두 가지 기능을 수행한다. 첫째는 송신 펄스열을 형성하고, 둘째는 송 · 수신기 사이의 안테나를 스위칭하는 기능이다. 후자의 기능을 **듀플렉싱**(duplexing)이라고 한다. 듀플렉싱은 일반적으로 서큘레이터로 구성할 수 있지만, 송신기에서 수신기로의 누설로 인하여 표적으로부터 돌아오는 신호가 묻혀버릴 수(혹은 수신기에 손상을 줄 수)도 있기 때문에, 이를 피하기 위하여 매우 높은 분리도(약

80~100 dB)가 요구된다. 써큘레이터는 보통 분리도가 20~30 dB 정도이므로 높은 분리도를 갖는 스위치가 필요하게 된다. 필요하다면, 송신기 회로를 따라 부가적인 스위치를 추가함으로써, 더 높은 분리도를 얻을 수 있다.

도플러 레이더

표적이 레이더 가시선(line-of-sight)를 따라 어떤 속도로 움직인다면, 되돌아온 신호는 도플러 효과(doppler effect)에 의해 송신 주파수와 비교하여 주파수가 천이된 상태일 것이다. 송신 주파수를 f_o, 방사상 표적의 속도를 v라고 하면, 주파수 천이 혹은 **도플러 주파수**는

$$f_d = \frac{2vf_o}{c} \tag{14.43}$$

인데, 여기서 c는 광속을 나타낸다. 따라서 수신된 주파수는 $f_o \pm f_d$가 된다. 여기서 '+' 부호는 다가오는 표적에 대한 주파수 편이를, '−' 는 멀어져가는 신호의 주파수 편이를 뜻한다.

그림 14.22는 일반적인 도플러 레이더 시스템을 나타낸 것이다. 연속파(continuous wave) 신호를 사용하므로 펄스 레이더보다 훨씬 간단하며, 수신 신호가 도플러 주파수에 의한 주파수 편이이기 때문에 송신용 발진기를 수신 혼합기용 국부 발진기로도 사용할 수 있다. 혼합기 다음 단의 여파기는 예상되는 표적의 최대, 최저 속도에 대응할 수 있는 주파수 대역을 다룰 수 있어야 한다. 이때 주파수가 f_0인 누설 송신(transmission leakage) 신호 및 대기 중의 반사 신호들은 영 주파수(zero-frequency)로 하향 변환되기 때문에, 이들에 의한 영향을 최소화시키기 위해 여파기는 영 주파수에서 감쇠가 큰 여파 특성을 가져야 한다. 송신기와 수신기 사이에 높은 분리도가 요구되지 않으므로, 서큘레이터를 사용할 수 있다. 이러한 여파기는 $1/f$ 잡음의 영향을 저감시키는 데도 도움이 된다.

위에 언급한 레이더는 검출과정에서 f_d의 부호를 잃어버리기 때문에 접근하는 물체와 멀

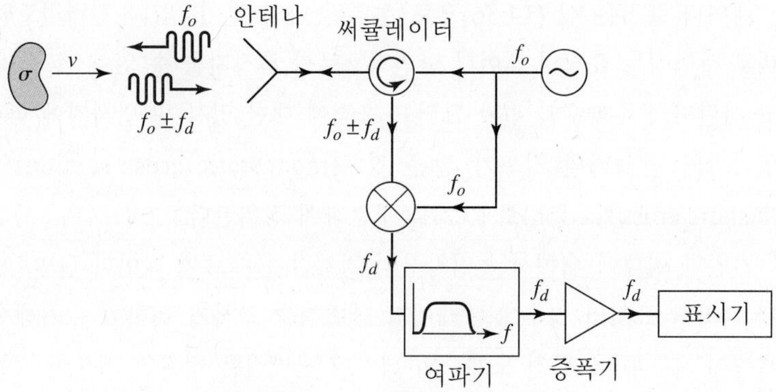

그림 14.22 도플러 레이더 시스템

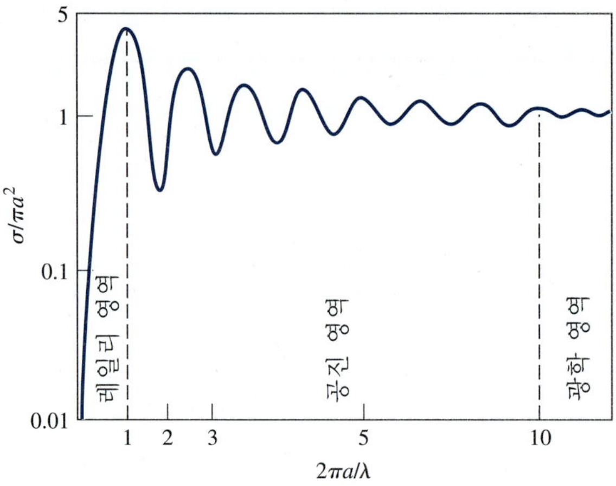

그림 14.23 도체구의 모노스태틱(monostatic) 레이더 단면적

어져가는 물체를 구별하지 못하나 이러한 정보는 상측과 하측 대역을 따로따로 발생시키는 혼합기를 사용함으로써 복구할 수 있다.

이동 물체로부터 되돌아온 펄스 레이더의 복귀 신호는 도플러 천이를 포함하게 될 것이므로, 한 개의 레이더로 표적의 거리와 속도를 동시에 측정하는 것이 가능하다(만약 빔폭이 좁은 안테나가 사용된다면 위치도 측정 가능하다). 이러한 레이더를 **펄스 도플러 레이더**라고 하는데, 펄스 레이더 혹은 도플러 레이더보다 몇 가지 장점을 제공하고 있다. 펄스 레이더의 문제점 중 하나는 진짜 표적과 대지, 나무, 빌딩 등과 같은 것으로부터 반사되어 오는 방해물(clutter) 사이의 구분이 매우 어렵다는 것이다. 또한 이러한 방해물 반사파는 안테나 부엽(side lobe)으로부터도 들어올 수 있다. 그러나 표적이 움직이면(예를 들어, 항공 관제 레이더에 응용되는 경우에), 도플러 천이는 방해물로부터의 반사파(레이더보다 상대적으로 주파수의 변동이 없는 복귀신호)와 쉽게 구분될 수 있다.

레이더 단면적(RCS)

레이더 표적은 식 (14.36)으로 정의된 바와 같이, 입력 전력밀도와 산란한 전력밀도의 비로 주어지는 표적의 레이더 단면적으로써 특징지울 수 있다. 표적의 단면적은 입사 그리고 산란파의 주파수와 편파 그리고 표적에 대한 입사 및 반사각에 따라 달라진다. 따라서, 입사파와 반사파의 각도가 같은 경우(monostatic cross section)와 그렇지 않은 경우(bistatic cross section)로 RCS를 구분하여 정의한다.

간단한 형태에 대해서는 전자장의 경계값 문제로써 레이더 단면적을 계산할 수 있지만, 더 복잡한 표적의 경우에는 레이더 단면적을 구하기 위하여 수치해석법이나 실험에 의한 관측이 요구된다. 완전 도체구의 레이더 단면적은 정확한 계산이 가능하며, 그림 14.23이 구의 실제 단면적 πa^2으로 정규화한 모노스태틱(monostatic) 결과이다. 전기적으로 작은

표 14.3 대표적인 레이더 단면적

표적	σ (m²)
Bird	0.01
Missile	0.5
Person	1.
Small plane	1–2
Bicyle	2
Small boat	2
Fighter plane	3–8
Bomber	30–40
Large airliner	100
Truck	200

구($a \ll \lambda$)인 경우, 단면적은 크기에 따라 급격하게 증가한다. 이 영역을 **레일리 영역**(Rayleigh region)이라고 하며, 이 영역에서 σ는 $(a/\lambda)^4$으로 변화한다(이러한 현상은 하늘의 색깔이 파란 이유를 설명하는 데도 이용되는데, 공기 중에서 태양광선의 청색영역이 태양광선의 낮은 주파수 성분을 적색영역보다 많은 산란을 일으킨다).

전기적으로 큰 구의 경우, 즉 $a \gg \lambda$인 경우에는 레이더 단면적이 실제 구의 단면적 πa^2과 거의 같다. 이러한 경우를 **광학(optical) 영역**이라고 하며, 기하 광학(geometrical optics) 해석이 유효하다. 수직으로 입사되는 평판과 같은 많은 다른 형태의 것도 전기적으로 큰 경우, 실제 물리적인 면적에 근접하는 레이더 단면적을 갖는다.

레일리 영역과 광학영역 사이를 **공진(resonance) 영역**이라고 하는데, 이 영역은 구의 전기적 크기가 한 파장 정도일 때이다. 이 영역에서의 레이더 단면적은, 여러 산란파의 위상이 서로 더해지거나 상쇄됨으로써, 주파수에 따라 변화한다. 이 영역에서는 단면적이 매우 높은 값이 될 수도 있다는 사실에 특히 유의하여야 한다.

항공기나 배와 같이 일반적으로 복잡한 표적의 레이더 단면적은 주파수 및 각도에 따라 매우 심하게 변한다. 군사용 목적으로 탐지될 가능성을 줄이기 위하여, 이동체의 레이더 단면적을 최소화시키는 것이 바람직하다. 이러한 방법 중에는 이동체를 만들 때, 레이더 흡수 물질(손실이 있는 유전체)을 사용하는 것도 있다. 표 14.3은 여러 가지 표적에 대한 근사적인 레이더 단면적을 보인 것이다.

14.4 복사계 시스템

레이더는 목표물에 신호를 전송하고 그로부터 반사된 신호를 수신함으로써 정보를 얻는 시스템이다. 따라서 레이더는 능동적인 원거리 센싱 시스템(active remote sensing system)으로 묘사될 수 있다. 그러나 복사선측정(radiometry)이란 마이크로파 대역의 흑체(blackbody) 복사 잡음 일부로부터 목표물에 대한 정보를 발생시키는 수동적인 기법이다. 이때, 흑체복사 잡음은 흑체가 직접 발산하거나 주위의 물체들로부터 반사된 것들이다. **복사계** 시스템은 이런 잡음전력을 측정하기 위해 특별히 고안된 감도 높은 수신기이다.

복사선측정의 이론과 응용

10.1절에서 논의한데로, 온도 T에서 열역학적으로 평형 상태인 물체는 플랑크의 복사법칙에 따라서 에너지를 발산한다. 마이크로파 영역에서 이 결과는 $P = kTB$로 표현되는데, 여기서, k는 볼츠만 상수(Boltzmann's constant), B는 시스템 대역폭, P는 복사된 전력을 의미한다. 엄밀히 말하면, 이 식은 반사가 없이 모든 입사 에너지를 흡수하는 이상적인 **흑체**(blackbody)에만 적용이 되는데, 흑체는 흡수된 에너지만큼 다시 반사시켜 열적 평형상태를 이룬다. 이상적인 흑체가 아닌 물체에서는 입사된 에너지 일부를 반사시키므로 동일한 온도에서의 흑체에서와 같은 복사 전력을 갖지 않는다. 동일 온도에서 이상적인 흑체가 복사하는 전력에 대한 어떤 물체로부터의 방사 전력의 비를 **복사율**(emissivity), e라고 하고

$$e = \frac{P}{kTB} \tag{14.44}$$

로 정의하는데, 여기서 P는 비이상적 물체에 의해 복사된 전력, kTB는 완전 흑체에 의해 복사된 전력이다. 따라서 $0 \le e \le 1$, 그리고 완전 흑체에 관해서는 $e = 1$이 성립한다.

10.1절에서와 같이, 잡음전력은 등가 온도로서 정량화할 수 있다. 따라서 복사선 측정을 위해서 휘도 온도(brightness temperature) T_B를

$$T_B = eT \tag{14.45}$$

로 정의할 수 있는데, 여기서 T는 물체의 실제 온도를 나타낸다. 이는 $0 \le e \le 1$이므로, 복사 측정의 측면에서 보면 물체는 항상 실제 온도보다 더 낮게 나타남을 보이고 있다.

그림 14.24은 여러 신호원으로부터의 잡음전력을 수신하는 복사 측정기의 안테나를 보인 것이다. 안테나는 휘도 온도가 T_B인 지구의 어떤 부분을 향해 있다. 대기층은 모든 방향으로 복사하는데, 안테나를 향해 직접 복사되는 부분은 T_{AD}, 지구에서 반사되는 안테나로 향하는 전력은 T_{AR}이다. 또 안테나의 부엽으로 들어오는 태양 및 다른 신호원으로부터의 잡음전력도 있을 수 있다. 따라서 복사선 측정기로 보는 총 휘도 온도는 관측면뿐만 아니라 관측 각도, 주파수, 편파, 대기층 감쇠 그리고 안테나 방사 패턴들의 함수임을 알 수 있다. 복사선 측정의 목적은 이러한 휘도 온도를 측정하여 관측면에서의 정보를 유추하고, 휘도 온도와 실제 관측면의 상태를 연관짓는 복사선측정 기법을 분석하는 것이다. 예를 들면 지표상에 균일한 높이로 쌓여 있는 눈으로부터 반사된 전력은 다층 유전체 영역으로부

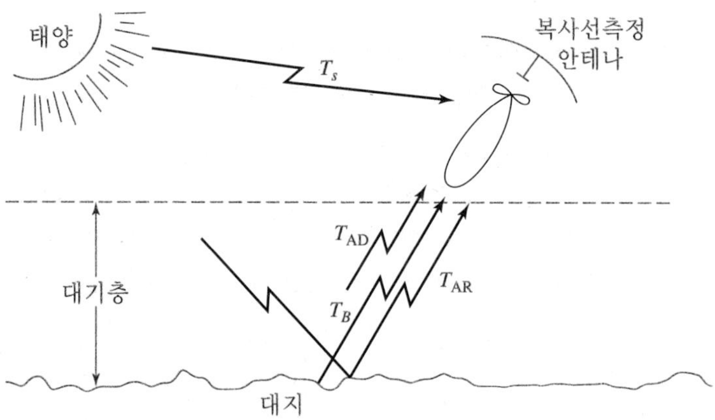

그림 14.24 대표적인 복사 측정기 응용에서의 잡음 전력원

터의 평면파 반사로 생각할 수 있으므로, 여러 주파수에서의 측정된 반사 전력으로부터 눈의 두께를 구하는 알고리즘을 개발할 수 있다. 그림 14.25는 날씨 어플리케이션을 위한 상용화된 다중주파수 복사측정기이다.

마이크로파 복사 측정기는 근 20년 동안 발전한 기술분야로서, 학문의 연계성이 상당히 강한 것으로 몇 가지만 거론하자면, 전기공학, 해양 지질학, 지구과학, 대기층 및 우주 과학 분야에 널리 이용되고 있다. 다음에 열거하는 것은 마이크로파 복사 측정에 대한 대표적인

그림 14.25 4.7 GHz ~ 7.2GHz대역에서 동작하는 동작하는 스텝주파수 마이크로파 복사측정기의 사진. 이 기구는 비행기에 싣고 휘도 온도를 측정할 때 쓰인다. 또한 허리케인의 해수면 위의 바람 세기나 강우량을 측정할 때 쓰인다.

Courtesy of prosensing, Inc., Amherst. Mass.

응용 분야이다.

환경 분야

- 토양 습도 측정
- 조류 및 해류 지도 작성
- 눈 및 얼음 측량
- 해양 표면의 풍속
- 대기층의 온도 분포
- 대기층의 습도 분포

군사 분야

- 목표물 탐지
- 목표물 인식
- 정찰
- 지도 제작

천문학 분야

- 행성 지도
- 태양광 방출 분포도
- 은하계 지도
- 우주 방사선 측량

총 전력 복사측정기

복사 측정 분야에서 마이크로파 엔지니어들이 가장 관심을 갖는 부분은 측정기 자체를 설계하는 것이다. 그 중에서 가장 기본이 되는 문제는, 보통 복사선 측정 전력이 수신기 잡음전력보다 더 작지만, 원하는 복사 측정을 위한 잡음과 수신기 고유의 잡음을 분별할 수 있는 수신기를 만드는 것이다. 비록 총 전력 복사선 측정기가 현실성이 없더라도, 문제에 대한 간단하고 직접적인 접근 방법과 측정기 설계에 수반되는 난점을 파악할 수 있으므로, 우선 총 전력 복사선 측정기에 관하여 논의하기로 하자.

그림 14.26은 대표적인 총 전력 복사측정기의 구성도를 보여주고 있다. 수신기의 전단부는 RF 증폭기, 혼합기/국부 발진기 그리고 IF단으로 구성된 표준 슈퍼헤테로다인 회로이다. 시스템의 대역폭 B는 IF 여파기로 결정된다. 검출기는 일반적으로 제곱법칙(square law) 소자이므로 출력전압은 입력전압에 비례한다. 적분기는 기본적으로 차단주파수 $1/\tau$인 저역통과 여과기이므로, 잡음 신호의 단기간 변화(short term variation)를 제거해 주는 역할을 한다. 식 (14.18)과 같이 실제로 안테나 손실은 안테나의 온도 특성에 영향을 미치지만, 논의를 간단히 하기 위해, 안테나는 손실이 없다고 가정하기로 한다.

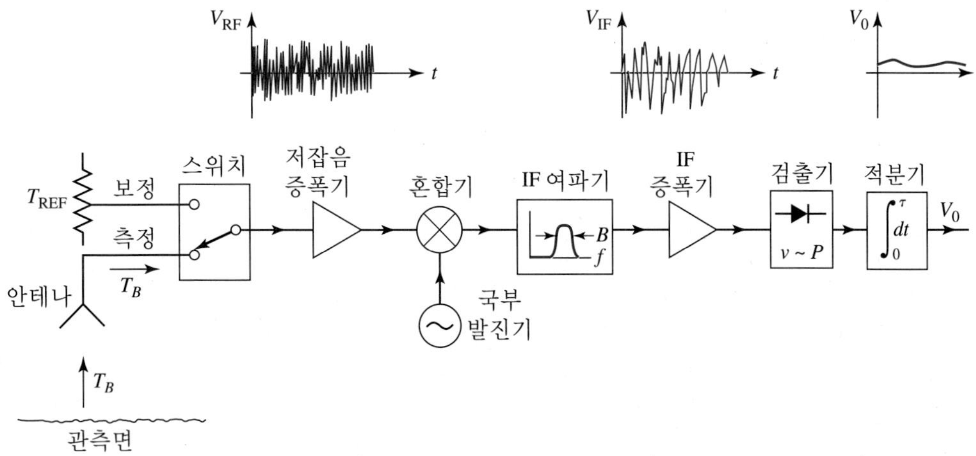

그림 14.26 총 전력 복사측정기 구성도

안테나가 휘도 온도 T_B를 갖는 배경면을 향하고 있다면, 안테나 전력은 $P_A = kT_BB$로 이것이 원하는 신호이다. T_R을 수신기 전체 잡음온도라고 하면, 수신기 입력단에서의 전력 $P_R = kT_RB$인 잡음이 수신기에서 더해진다. 따라서, 복사측정기의 출력 전압은

$$V_o = G(T_B + T_R)kB \tag{14.46}$$

로 나타낼 수 있다. 여기서 G는 복사측정기 전체의 이득이다. 개념적으로 안테나 입력을 두 규준화된 잡음원으로 대치함으로써 시스템을 규준화할 수 있고, 이로부터 시스템 상수 GkB와 GT_RkB를 결정할 수 있다(이 방법은 잡음 온도를 측정하기 위해 사용하는 Y-요소법과 유사하다). 그 다음 이 시스템으로 원하는 휘도 온도 T_B를 측정할 수 있다.

이 복사측정기에서는 두 유형의 오차원이 발생되는데, 첫째는 ΔT_N으로, 잡음 변동에 의한 측정된 휘도 온도의 오차이다. 잡음은 랜덤한 특성을 가지고 있으므로, 측정 잡음전력은 적분 주기마다 변할 수 있다. 그러나 적분기(혹은 저역 여파기)를 사용하여 $1/\tau$보다 큰 주파수 성분을 갖는 V_o의 맥동을 제거하여 평탄하게 한다. 잔류 오차는[7]

$$\Delta T_N = \frac{T_B + T_R}{\sqrt{B\tau}} \tag{14.47}$$

이 된다. 결과는 더 긴 측정시간(τ)이 허용된다면, 잡음 변동에 의한 오차는 무시할 수 있을 정도로 감소됨을 알 수 있다.

더욱 심각한 오차원으로는 불규칙한 시스템 이득 G의 변화이다. 이러한 변화는 일반적으로 1초 혹은 그보다 긴 주기에 걸쳐 RF 증폭기, 혼합기 혹은 IF 증폭기에서 발생된다. 시스템이 어떤 값 G로 교정되었다면, 이 값은 측정이 이루어지는 동안 변하게 되고, 이때 오차가 발생하게 되는데, 참고문헌 [7]에 주어진 바와 같이

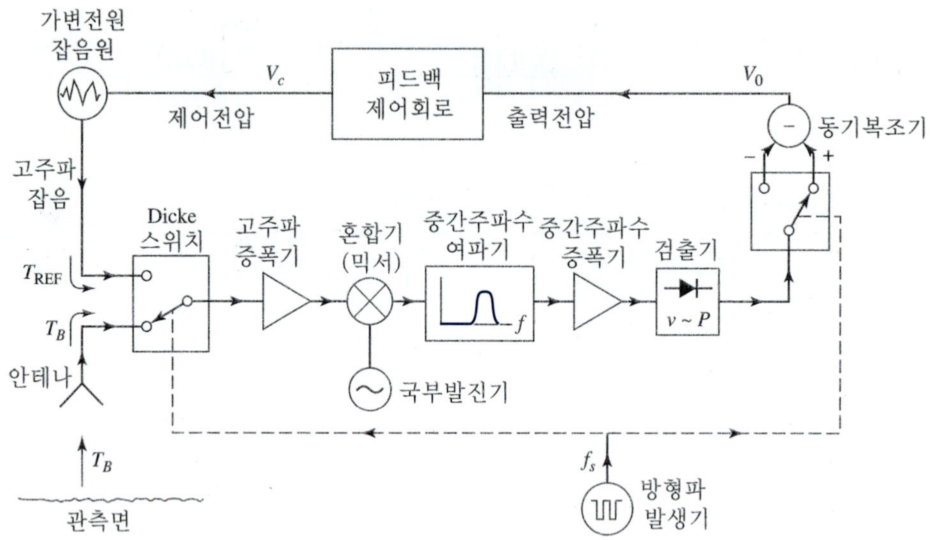

그림 14.27 평형 Dicke 복사측정기 블록 다이어그램

$$\Delta T_G = (T_B + T_R)\frac{\Delta G}{G} \tag{14.48}$$

가 된다. 여기서 ΔG는 시스템 이득 G의 실효(rms) 변화량을 나타낸다.

여기서 어떤 특성 값으로서 생각해 보기로 하자. 예를 들면, 100 MHz의 대역폭과 수신기 온도 $T_R = 500\,\text{K}$, 적분기의 시정수 $\tau = 0.01\,\text{sec}$ 그리고 시스템 이득 변화량 $\Delta G/G = 0.01$인 10 GHz 총 전력 복사측정기가 있다고 하자, 안테나 온도가 $T_B = 300\,\text{K}$이면 식 (14.47)에 의해 잡음 변동에 의한 오차는 $\Delta T_N = 0.8\,\text{K}$이고, 식 (14.48)에 의해 이득 변동에 의한 오차는 $\Delta T_G = 8\,\text{K}$가 된다. 현실성이 있는 데이터를 근거로 얻은 이러한 결과로부터, 이득 변화가 총 전력 복사측정기의 정확도에 영향을 미치는 가장 결정적인 요인이 된다는 것을 알 수 있다.

Dicke 복사측정기

위에서 우리는 총 전력 복사측정기의 정밀도에 영향을 주는 지배적인 요인이 전체 시스템의 이득 변화임을 보았다. 이러한 이득 변화는 상대적으로 긴 시정수(>1 sec)를 갖기 때문에, 측정기를 자주 교정하여 제거할 수도 있을 것이다. 이러한 원리를 이용한 것이 Dicke null-balancing 복사측정기이다.

그림 14.27는 시스템의 구성도를 나타낸 것이다. 슈퍼헤테로다인 수신기는 총 전력 복사측정기에서와 같지만, 입력은 안테나와 가변 전력 잡음원 간을 주기적으로 스위칭하게 되는데, 이때 사용되는 스위치를 *Dicke* 스위치라 한다. 제곱법칙 소자인 검파기의 출력은

스위치와 동기되어 동작하므로, 감산기의 출력은 안테나로부터의 잡음전력 T_B와 기준 잡음원의 T_{REF}와의 차에 비례한다. 이러한 감산기의 출력은 궤환 조절회로의 오차 신호로 사용되어, V_o가 0에 접근하도록 기준 잡음원의 전력 레벨을 조절해 준다. 평형상태에서는 $T_B = T_{REF}$이며, T_B는 제어전압 V_c로부터 구할 수 있다. 이때 이득 변동의 효과를 제거할 수 있도록, 구형파 표본 주파수 f_s는 시스템 이득의 변동 시간보다 훨씬 빠르게 설정한다. 일반적으로 사용되는 표본 주파수는 10~1,000 Hz이다.

전형적인 복사측정기는 대략 50~300 K 범위의 휘도 온도 T_B를 측정할 수 있는데, 이것은 기준 잡음원도 같은 범위를 포함해야 한다는 것을 의미하나 현실적으로 어렵다. 따라서, 기준 잡음원을 제어하거나 시스템에 부가하는 방법을 달리하는 몇 가지 설계 방법이 연구되고 있다. 그 중 한 가지 가능한 방법으로는, 측정할 수 있는 최대 T_B보다 얼마간 더 높은 일정한 T_{REF}를 사용하는 방법이다. 표본파형의 펄스폭을 변화시킴으로써 시스템에 유입되는 기준 잡음전력의 양을 조절한다. 또 다른 방법으로는 일정한 기준 잡음전력을 사용하는 것으로, 기준 표본시간 동안 IF 단의 이득을 변화시켜 출력이 영이 되도록 하는 방식이다. Dicke 복사측정기의 변형들을 포함하여 다른 가능한 방법은 참고문헌[7]에 소개되어 있다.

14.5 마이크로파 전파

감쇠나 다른 장애가되는 영향이 없다면 자유공간 내에서 전자파는 직진한다. 그러나 자유공간이라는 것은, 대기권으로 혹은 지구가 존재하는 공간 내에서 마이크로파 에너지가 전파할 경우에는 단지 근사적인 것으로 이상화한 것이다. 실제로 통신, 레이더, 혹은 복사측정기의 성능은 반사, 회절, 감쇠, 또는 굴절 등의 전파 효과에 의하여 심각한 영향을 받는다. 그러므로 이 절에서는 마이크로파 시스템에 영향을 주는 주요 전파 현상을 다루고자 한다. 일반적으로 전파 효과들은 정확하게 정량화할 수 없기 때문에, 단지 그것의 통계적인 특성으로 설명할 수밖에 없는 것을 주지하여야 한다.

대기 효과(atmospheric effects)

대기의 비유전율은 거의 1이나 실제로는 대기압, 온도 및 습도의 함수이다. 실험적 결과에 의하면, 마이크로파 대역에서의 비유전율은 아래의 식처럼 표현된다[6].

$$\epsilon_r = \left[1 + 10^{-6}\left(\frac{79P}{T} - \frac{11V}{T} + \frac{3.8 \times 10^5 V}{T^2}\right)\right]^2. \tag{14.49}$$

여기서 P는 기압을 나타내며 단위는 밀리바이고, T는 캘빈 단위의 온도, V는 수증기 압력으로 밀리바로 표현된다. 위의 결과로부터 고도가 올라감에 따라 온도보다 더 빠르게 압력과

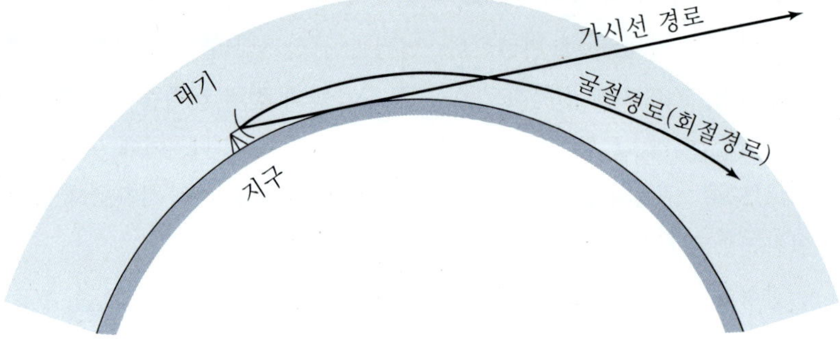

그림 14.28 대기권에 의한 라디오파의 굴절

습도가 내려가서, 유전율은 점차 감소한다(1에 접근). 이와 같은 고도에 따른 유전율 변화로, 전파가 그림 14.28처럼 지구 쪽으로 휘게 된다. 이와 같은 전파의 굴절 특성을 이용하여, 지(수)평선에 의해 주어지는 한계 너머까지 레이더 및 통신 시스템의 영역을 확장할 수 있다.

안테나가 지표상의 높이 h에 있다면, 간단한 기하학적 구조로부터 지(수)평선까지의 가시선(line-of-sight) 거리 d는 다음과 같이 구할 수 있다.

$$d = \sqrt{2Rh}. \tag{14.50}$$

여기서 R은 지구의 반지름이다. 그림 14.28로부터 유효 지구 반지름 kR을 이용하여 영역에 대한 굴절의 효과를 쉽게 설명할 수 있다(여기서 $k > 1$이다). 일반적으로 $k = 4/3$의 값을 사용하는데[6], 이 값은 단지 기후 조건에 따른 변화의 평균값이다. 레이더 시스템에서는 이러한 전파의 굴절 효과로 인하여, 지평선에 가까운 목표물의 고도 측정을 할 때 오차가 발생할 수도 있다.

기후 조건은 고도에 따라 온도가 높아지는 온도의 반전 현상을 발생시킬 수도 있다. 식 (14.49)에서 알 수 있듯이 이때의 대기 유전율은 고도가 높아짐에 따라 보통 때보다 훨씬 빠르게 감소함을 알 수 있다. 이러한 조건은 ducting 현상(trapping 또는 비정상 전파라고도 함)을 유발할 수가 있는데, 이때 전파가 온도 반전에 따라 형성된 공기층을 따라 지표면에 평행하게 원거리를 전파할 수 있다. 그 현상은 유전체 도파관을 전파가 진행하는 것과 흡사하다. 이러한 duct는 높이가 50~500피트에 이르며, 지표면 가까이 혹은 더 높은 고도에서 형성될 수 있다.

또 다른 대기 효과는, 물방울이나 산소 분자에 의한 전파 흡수로 인하여 주로 발생하는 감쇠현상이다. 주파수가 물이나 산소분자의 공진주파수와 같을 때 최대 흡수가 일어나며, 대기 감쇠는 이 주파수들에서 확연한 첨두값을 보인다. 그림 14.29은 주파수에 따른 대기 감쇠의 변화를 보인 것이다. 10 GHz 이하의 주파수에서는 신호의 세기에 대한 대기의 효과는 거의 없지만, 22.2와 183.3 GHz에서는 수증기 공진에 의한 공진 첨두가 나타나고, 60과 120 GHz에서는 산소분자의 공진에 의한 첨두가 발생함을 알 수 있다. 따라서 35,

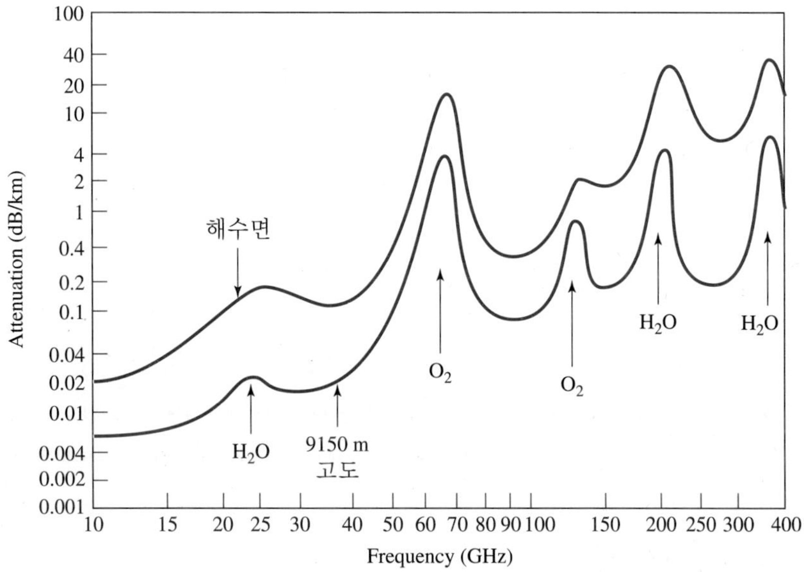

그림 14.29 주파수에 대한 대기중의 평균 감쇠(수평 편파)

94 그리고 135 GHz 부근의 밀리미터파 대역에, 최저 손실로 레이더와 통신 시스템을 운용할 수 있는 창(window)이 존재한다. 그리고 비, 눈 또는 안개에 의해서도 특히 높은 주파수에서 감쇠가 증가한다. 대기 감쇠 효과를 Friis 전달 방정식이나 레이더 방정식을 사용할 때 시스템 설계에 포함할 수 있다.

어떤 경우에는 대기 감쇠가 최대인 점으로 시스템 주파수를 선택하기도 한다. 대기의 원격 감지(온도, 물방울, 강우량)에는 대기 조건의 감지력을 최대로 하기 위하여, 20이나 55 GHz대 부근에서 동작하는 복사선 측정기를 사용한다. 또다른 예를 들면 60 GHz 대역을 사용한 우주선과 우주선 사이의 통신이다. 이와 같은 밀리미터파 주파수는 광대역의 작은 안테나로 높은 이득을 얻을 수 있다는 장점이 있고, 또 이 주파수에서는 대기가 손실이 매우 많기 때문에 간섭, 재밍(jamming) 그리고 지구로부터의 감청 가능성을 상당히 감소시킬 수 있다.

지상 효과(ground effects)

마이크로파 전파에 대한 지상 효과 중 가장 큰 것으로는 지구 표면(땅 또는 바다)에 의한 반사 현상이다. 그림 14.30에서 볼 수 있듯이 레이더의 표적(또는 수신 안테나)에 도달하는 전파는 송신기로부터의 직접파와 지상으로부터 반사된 간접파가 동시에 존재한다. 이때 반사파는 대개 송신 안테나의 부엽으로부터 방사되며, 직접파에 비해 먼 거리를 전파하게 되고, 또한 지표면이 완전 반사판이 아니므로 진폭이 일반적으로 직접파보다 작다. 그럼에도 불구하고 표적이나 수신기에서의 수신 신호는 두 전파 성분의 벡터 합으로, 두 전파의 상대

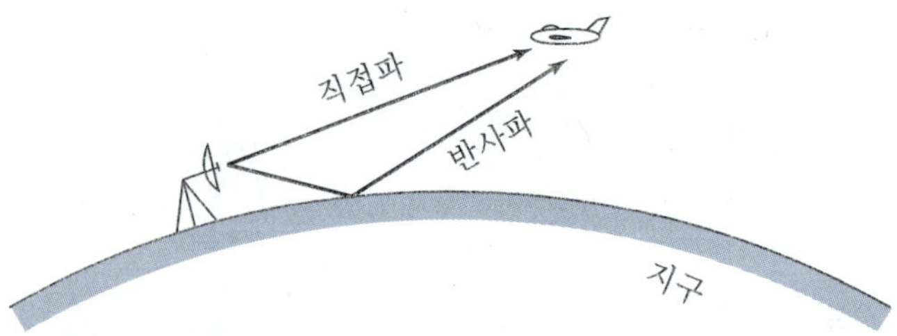

그림 14.30 지표상에서의 직접파와 반사파

적인 위상에 따라 직접파만 수신했을 때보다 크거나 작아질 수 있다. 파장에 비해서 전송 거리는 매우 길기 때문에 대기 유전율의 작은 변화에 의해서도 신호 크기의 변동이 **페이딩**(fading, 장기간 변동)이나 **신틸레이션**(scintillation, 단기간 변동)이 발생할 수 있다.

통신 시스템에서 주파수, 편파 또는 물리적인 위치가 서로 다른 두 통신 채널의 페이딩은 서로 독립이라는 점을 이용하여, 이와 같은 페이딩을 감소시킬 수 있다. 따라서 이와 같은 두(또는 그 이상의) 채널의 출력을 조합함으로써 페이딩을 감소시킬 수 있는데, 이러한 통신 링크를 **다이버시티**(diversity) **시스템**이라고 한다.

또다른 지상 효과로는 **회절**이 있는데, 회절에 의해 지평선 가시거리 경계의 부근에서 전파의 에너지가 산란되고, 지평선 너머에까지 도달할 수 있다. 일반적으로 마이크로파 주파수에서는 이러한 회절 효과는 매우 적다. 물론, 언덕이나, 산 또는 빌딩과 같은 장애물이 전파경로 상에 있다면 회절 효과는 더 커질 수 있다.

레이더 시스템에서 지표나 작물, 나무, 건물 그리고 해수면에 의하여 원하지 않는 반사가 일어날 수 있다. 이러한 장애물(clutter)로부터 나오는 원하지 않는 반사파로 인하여 실제 표적으로부터의 복귀 신호가 훼손되거나 묻혀버릴 수 있고, 또는 감시 혹은 추적 레이더의 경우 잘못된 표적으로 나타낼 수도 있다. 그러나 원격 감지 시스템 및 지형지도(mapping) 시스템에서는 이러한 장애물 반사파가 바로 원하는 신호가 된다.

플라스마 효과

플라스마(plasma)란 이온화된 입자들로 구성된 가스를 말한다. 전리층은 태양복사에 의하여 이온화된 구형의 대기층으로, 플라스마 영역을 이루고 있다. 매우 밀도가 높은 플라스마는 우주선이 대기권에 진입할 때, 공기와의 마찰에 의한 높은 온도로 인하여 우주선 주위에 형성된다. 또는 운석, 번개 및 핵폭발에 의해서도 형성된다.

플라스마는 단위 부피당 이온의 수로써 특징지을 수 있는데, 이 밀도와 주파수에 따라 플라스마 매질에서 전파가 반사되거나, 흡수되거나 혹은 투과된다. 이때 균일 플라스마 영역에서 유효 유전율은

$$\epsilon_e = \epsilon_o \left(1 - \frac{\omega_p^2}{\omega^2}\right) \tag{14.51}$$

으로 정의할 수 있는데, 여기서 ω_p는

$$\omega_p = \sqrt{\frac{Nq^2}{m\epsilon_0}} \tag{14.52}$$

으로 플라스마 주파수이다. 식 (14.52)에서 q는 전자의 전하량, m은 전자의 질량 그리고 N은 단위 부피당 이온화된 입자 개수이다. 이와 같은 매질 내에서의 평면파 전파에 대한 Maxwell 방적식의 해를 구해 보면, 플라스마를 통한 전파의 전파는 $\omega > \omega_p$일 때만 가능하다는 것을 알 수 있다. 자기장이 존재하는 경우에는 플라스마가 비등방성으로 되어 해석은 더욱 복잡해진다. 지구 자계는 이러한 비등방성을 유발하기에 충분한 크기일 때도 있다. 전리층은 이온의 밀도 변화에 따라 몇 개의 서로 다른 층으로 구성되는데, 이온 밀도가 증가하는 순서로 이들 층을 D, E, F_1, F_2로 부른다. 이들 각 층에 대한 특성은 계절의 기후와 태양 주기에 따라 다르지만, 평균 플라스마 주파수는 약 8 MHz이다. 따라서 8 MHz보다 낮은 주파수의 신호는 전리층에서 반사되어 지평선 너머의 거리까지 진행할 수 있다. 그러나 이보다 높은 주파수의 신호는 전리층을 통과해버린다.

이와 비슷한 효과가 우주선이 대기권에 진입할 때 발생한다. 우주선의 높은 속력으로 인한 우주선 주위에는 매우 밀도가 높은 플라스마가 형성된다. 이때 전자의 밀도가 매우 높아서, 식 (14.52)처럼 플라스마 주파수는 매우 높아지므로, 우주선 속력이 줄어들 때까지 우주선과의 통신이 불가능하게 된다. 이러한 통신두절 효과 외에도 플라스마 층으로 인하여 안테나와 급전선 사이에 매우 큰 임피던스 부정합이 일어날 수도 있다.

14.6 기타 응용 분야

마이크로파 가열 장치

보통의 소비자들에게 마이크로파라는 용어는, 많은 가정에서 음식을 데우는 데 사용하고 있는 마이크로파 오븐을 의미하게 되는데, 산업과 의학에서도 마이크로파 가열이 응용되고 있다. 그림 14.31과 같이 마이크로파 오븐은 고출력 신호원, 도파관 급전선, 오븐 공진기로 구성된 비교적 간단한 시스템이다. 신호원으로는, 더 큰 침투가 요구되는 경우에는 915 MHz가 사용되기도 하지만, 일반적으로 2.45 GHz로 동작하는 매그너트론이 사용된다. 출력은 보통 500~1,500 W이다. 오븐 공진기는 금속벽으로 구성되며 전기적으로 매우 크다. 오븐 내의 정재파에 이한 비균일 가열을 피하기 위하여, 금속부채실로 된 모드 교반기(mode stirrer)를 이용하여 오븐 내의 전자계 분포를 섭동시킨다. 모터가 달린 쟁반으로 음식물도 회전시킨다.

재래식 오븐에서는 가스나 석유 또는 전기적인 가열기가 가열하고자 하는 물체의 외부

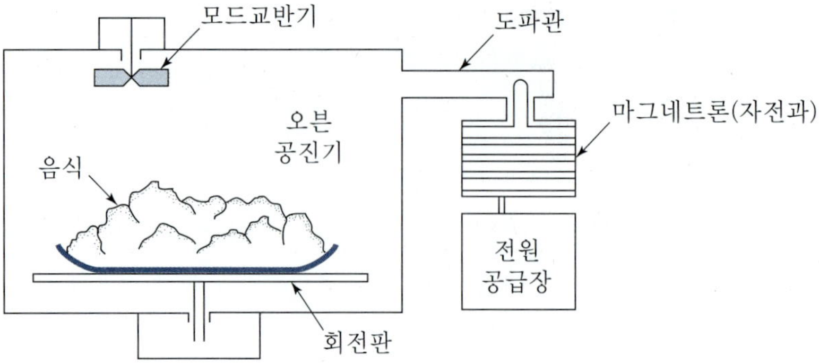

그림 14.31 전자레인지

에서 열을 발생시켰다. 물체의 외부는 열복사에 의해, 내부는 열전도에 의해 가열된다. 이와 대조적으로, 마이크로파 가열에서는 물체의 내부가 가열된다. 이 현상이 일어나는 과정은 손실률이 큰 물체 내부의 도체손실에 기인하는 것이다[8], [9]. 흥미로운 사실로는, 많은 음식물의 손실률이 온도에 따라 감소함으로써, 마이크로파 가열이 어느 정도 자체 조절이 이루어진다는 점이다. 이러한 이유로 마이크로파를 이용한 요리가 재래식의 경우보다 더 빠르면서 더 골고루 음식물을 가열시킬 수 있다. 마이크로파 오븐의 효율은 오븐에 공급되는 전력대 열로 변환되는 전력(음식물에서)의 비로 정의한다면, 일반적으로 50% 이하이지만 재래식 오븐의 요리효율에 비하면 더 크다.

마이크로파 오븐을 설계할 때, 가장 중요한 문제는 안전성이다. 매우 큰 전력원을 사용하기 때문에, 누설 레벨이 사용자에게 해가 될 정도가 되지 않아야 한다. 따라서, 매그너트론, 급전 도파관, 오븐 공진기는 모두 주의 깊게 차폐시켜야 한다. 오븐의 문은 매우 엄격한 주의를 요한다. 즉, 기계적인 공차 이외에도 문 주위의 접합부에는 대개 RF 흡수물질과 $\lambda/4$ 초크 플랜지를 사용하여, 누설되는 양을 허용값 이하로 줄여야 한다.

에너지 전달

전력전송선은 상대적으로 손실과 초기투자가 적고 설치가 쉽기 때문에, 에너지를 한 지점에서 다른 지점으로 전달하는 데 편리한 방법이다. 그러나 전력선을 이용하기 어렵거나 불가능한 경우가 있다. 이러한 경우에는 마이크로파 빔을 접속하여 전력을 전달하는 방법도 생각할 수 있다.

위성 태양력 발전소가 그 한 예로, 우주공간에서 큰 규모로 배열된 태양전지들에 의해 발생된 전기를, 마이크로파 빔에 실어 지구상의 수신 발전소에서 전달하는 방법이 제안되었었다. 그렇게 되면 우리는 고갈되지 않는 전기자원을 제공받게 될 것이다. 우주에 태양전지 배열을 설치함으로써, 지구상에서 태양전지의 문제점인 밤과 낮, 구름 등에 의한 태양광 차단의 경우가 생기지 않는다는 장점을 갖고 있다.

이러한 방법이 전기를 발생시키는 다른 방법과 비교될 만한 경제성을 갖추기 위해서는, 매우 큰 우주 태양 전기발전소가 있어야 한다. 참고문헌[10]에서 계산된 우주발전소는 태양 전지 배열의 크기가, 직경 1 Km의 위상배열 안테나를 급전하는 5×10 Km이어야 한다는 결과가 산출되었다. 이때 지구로 도달하는 전력은 5 GW대이다. 이것은 비용과 복잡도의 면에서 너무 방대한 계획이다. 시스템의 오동작으로 인한 위험성뿐만 아니라, 설계대로 동작할 때 시스템에서 야기되는 복사의 위험성 측면에서, 이 기법의 운용상의 안전성 또한 당연한 관심사이다. 이러한 점을 고려해 볼 때, 위성 태양력 발전소의 미래는 불분명하다.

비슷한 개념이나 훨씬 적은 규모의 것으로 지상에서 연료가 다 된 헬리콥터나 비행기에 전력을 전달하는 것이 있다. 그 이점으로 최소한 한정된 영역 내에서는 비행체가 한없이, 그리고 매우 편안하게 비행을 계속할 수 있다는 것이다. 가능한 응용 예로는 전장(battle field) 감시나 기후 예측 등을 들 수 있다. 소규모 무인 비행체에 관련한 몇몇 과제들로써 이 개념이 입증되고 있다. 또한 큰 전력의 마이크로파 펄스 방생원과 고이득 안테나를 이용하여, 강열한 에너지를 표적에 맞추는 무기로 응용할 수가 있다. 펄스는 표적에 물리적인 피해를 줄 정도로 강력하거나, 혹은 과부하로 작용하여 민감한 전자시스템을 파괴할 수도 있을 것이다.

인체에 미치는 영향 및 안전성

마이크로파 방사의 노출로 인해 입증된 위험은 열 효과에 의한 것이다. 인체에 흡수되는 RF 및 마이크로파 에너지는 열로 변환된다. 마이크로파 오븐에서와 같이, 이 열은 인체 내부에서 발생되며 레벨이 낮아서 느끼지 못할 수도 있다. 이러한 열은 뇌, 눈, 내장 생식기 및 위 등에 매우 위험하다. 또한 과도한 방사는 백내장이나, 불임, 암 등을 일으킬 수도 있다. 따라서 마이크로파 장비를 사용하는 사람들이 해를 입을 정도의 전력에 노출되지 않도록, 안전한 방사 레벨을 표준으로 정하는 것이 중요하다.

이 글을 쓰는 시점에서, 전자파의 인체 노출에 대한 최근 IEEE 안전 표준안은 IEEE C95.1-2005 표준안이다. 100 MHz~100 GHz의 RF-마이크로파 주파수 범위에서는, 노출 한계가 그림 14.32에서처럼 주파수에 따른 전력밀도(W/m^2)로 주어진다. 이 그래프는 일반인과 제어환경에 노출된 직업을 가진 사람들에 대한 권장 허용치를 나타낸다. 이러한 허용치들은 6분(근로자의 경우)이나 30분(일반인)의 평균노출에 적용된다. 저주파에서 전계가 우리 몸을 더 깊이 관통하기 때문에, 일반적으로 저주파에서의 권장 안전전력밀도가 더 낮다. 반면 고주파에서는 피부표면에서 대부분의 전력흡수가 발생하므로 안전 허용치가 더 높아질 수 있다. 100 MHz 이하의 주파수에서는 전기장과 자기장이, 더 높은 주파수의 전자장과는 다르게 인체에 영향을 미치므로, 전자장 성분들에 대한 별도의 한계를 설정한다.

(미국 FCC에서는 핸드폰이나 PDA와 같은 소형 기기들에 대해 별도의 전자파 노출 제

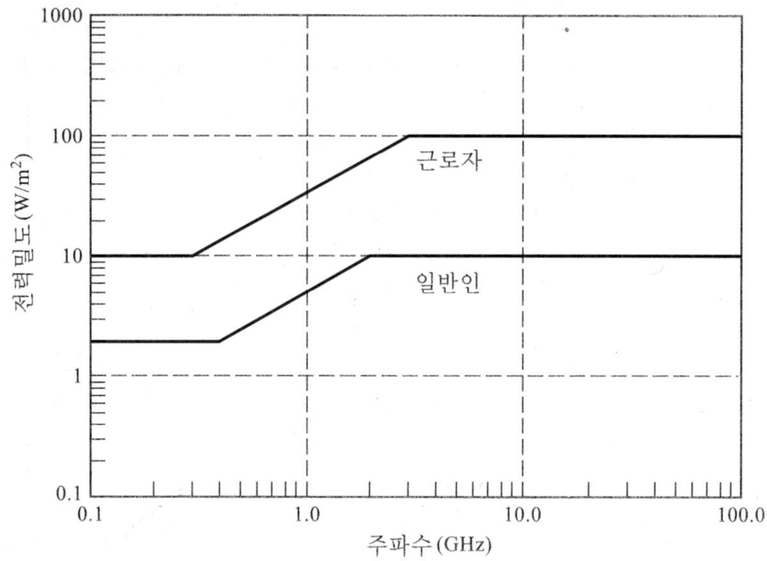

그림 14.32 IEEE 표준 C95.1-2005 권고에 따른 RF 및 마이크로파 전자기장의 인체 노출에 대한 전력밀도 한계(근로자의 경우 평균노출 6분, 일반인의 경우 평균노출 30분)

한을 설정했다. 이러한 노출량 허용치를 **전자파 인체 흡수율**(SAR)이라고 부르는데, 이 값은 얼마나 많은 전력이 인체 조직의 단위 질량에 열로써 소멸되는지를 측정하는 것이다. 전자파 인체 흡수율은 식 14.53이고, σ는 인체 조직의 도전율을 나타내며(S/m), ρ는 인체 조직의 밀도를 나타내고(kg/m^3), 그리고 $\bar{E}$는 표본 조직에서의 전계이다. 인체 부분 노출(머리나 손)에 대한 FCC의 평균 1g 조직당 SAR 허용치는 1.6W/kg이다. 미국에서 판매되는 모든 무선 기기들은 이 기준들을 충족시켜야 한다. 다른 나라들의 기준도 비슷하다. 예를 들면 유럽 연합에서는 소형 무선 기기의 평균 10g 조직당 SAR노출량은 2W/kg이하이다.)

미국에서는 마이크로파 오븐에 대해서는 별도의 기준을 적용하여, 모든 오븐은 5cm 떨어진 곳에서의 전력 레벨이 1 mW/cm^{2}가 넘지 않는 시험을 거치도록 하는 규정을 시행하고 있다.

대부분의 전문가들은 위의 한계값들이 충분히 안전한 레벨이라고 생각하고 있다. 하지만 낮은 레벨의 마이크로파 방사일지라도 장시간 노출된다면 비열적 효과에 의해서 건강을 해칠 수 있을 것으로 생각하는 연구자들도 있다.

예제 14.8 마이크로파 무선 링크 부근의 전력밀도

18 GHz 동일 반송파 마이크로파 통신 링크 시스템이 철탑에 설치된 36 dB 이득인 안테나를 사용하고, 송신 출력은 10 W이다. 이 시스템의 위험 방사 전력을 구하라. 이것을 안테나에서 20 m 떨어진 곳에서의 전력밀도를 구하라. 안테나 주빔 방향과 부엽 방향에서 각각 계산하라. 최악의 부

엽레벨은 −10 dB로 가정한다.

☞ 풀이

안테나 이득은

$$G_t = 10^{36/10} = 4000.$$

이다. 식 (14.23)으로부터 주빔에서의 전력밀도는 $R = 20\,\text{m}$의 거리에서

$$S_{\text{avg}} = \frac{P_t G_t}{4\pi R^2} = \frac{(10)\,(4000)}{4\pi (20)^2} = 8\ \text{W/m}^2.$$

이다. 부엽에서는 최악의 경우 전력밀도가 이것보다 10 dB 낮으므로 $0.8\,\text{W/m}^2$가 된다. 따라서 주빔에서 20 m 떨어진 곳에서의 방사밀도는 미국 표준값 이하임을 알 수 있다. 이 전력 밀도는 $1/r^2$의 관계로 거리가 증가할수록 급속히 감소하게 된다. ◀

참고문헌

[1] C. A. Balanis, *Antenna Theory: Analysis and Design*, 3nd edition, Jhon Wiley & Sons, N.Y., 2005.

[2] W. L. Stutzman and G. A. Thiele, A*ntenna Theory and Design*, 2nd edition, Jhon Wiley & Sons, N.Y., 1998.

[3] L. J. Ippolito, R. D. Kaul, and R. G. Wallace, *Propagation Effects Handbook for Satellite Systems Design*, 3rd edition, NASA, Washingtone, D.C., 1983.

[4] D. M. Pozar, *Microwave and RF Design of Wireless Systems*, John Wiley & Sons, New York, 2001.

[5] E. Lutz, M. Werner, and A. Jahn, *Satellite Systems for Personal and Broadband Communications*, Springer-Verlag, Berlin, 2000.

[6] M. I. Skolnik, *Introduction to Radar System*, McGraw-Hill, N. Y., 1962.

[7] F. T. Ulaby, R. K.Moore, and A. K. Fung, *Microwave Remote Sensing: Active and Passive, Volume I, Microwave Remote Sensing, Fundamentals and Radiometry*. Addison-Wesley, Reading, Mass., 1981.

[8] F. E. Gardiol, *Introduction to Microwaves*, Artech House, Dedham, Mass., 1984.

[9] E. C. Okreess, *Microwave Power Engineering*, Academic Press, N. Y., 1968.

[10] W. C. Brown, "The History of Power Transmission by Radio Waves," *IEEE Trans. Microwave Theory and Techniques*, vol. MTT-32, pp. 1230-1242, September 1984.

연습문제

14.1 이리듐 위성 통신 시스템은 16 dB의 링크 마진과 함께 설계되었다, 그리고 원래 차량, 건물, 도시 지역에서 휴대폰을 가진 사용자에게 서비스를 제공 할 수 있는 것으로 광고했다. 오늘날, 회사의 파산 및 구조 조정 후에는 이리듐 전화는 위성의 가시선과 함께, 야외에서 사용하는 것이 좋다.

차량과 건물에서의 L-대역 통신에 필요한 페이딩에 의한 링크 마진의 일부 추정치를 찾을 수 있다. 이리듐 시스템은 이러한 환경에서 안정적으로 작동했을 것이라 생각하는가? 그렇지 않다면, 왜 설계시스템이 16 dB의 링크 마진을 가지고 설계 되었나?

14.2 안테나의 복사패턴 함수가 $F_\theta(\theta, \phi) = A \sin^2\theta \cos\phi$로 주어졌을때, 주빔의 위치, 수평면에서 3dB빔폭, 지향성, 그리고 이 안테나의 편파를 구하라

14.3 큰 면적의 접지면 위의 모노폴 안테나의 복사 패턴 함수는 $F_\theta(\theta, \phi) = A \sin\theta (0 \le \theta \le 90°)$이다. 복사 전자계는 $90° \le \theta \le 180°$에서 0이다. 이 안테나의 지향성(directivity)을 구하라.

14.4 12.4 GHz에서 사용하는 DBS 반사 안테나의 지름은 18″이다. 개구의 효율이 65%일 때, 안테나의 지향성을 구하라.

14.5 기지국에서 backhaul link로 사용되어지는 반사 안테나는 38 GHz에서 동작한다. 그리고 그 이득은 39 dB, 효율은 90%, 그리고 지름은 12″이다. **(a)** 이 안테나의 개구 효율을 구하고, **(b)** 빔폭이 이상적으로 두 개의 주평면에 위치할 때, 반전력 빔폭을 구하라.

14.6 2.4 GHz에서 동작하는 고이득 배열 안테나가 주위 온도가 5K인 하늘을 향하고 있다. 안테나 온도가 105 K로 측정되었다. 안테나의 물리적 온도가 290 K일 때, 안테나의 방사효율을 구하라.

14.7 직결된 두 네트워크의 등가 잡음온도가 식 (14.18)과 (10.15)로 주어졌을 때, 식 (14.20)을 유도하라.

14.8 DBS 반사 안테나를 마이크로스트립 배열 안테나로의 대체를 고려하라. 마이크로스트립의 배열은 만족할 만한 평단면을 제공하나, 높은 잡음온도에서 기인하는 급전 네트워크에 고손실을 지니고 있다. 주위 잡음온도가 $T_B = 50\,K$, 안테나의 이득이 33.5 dB, 수신기의 저잡음 증폭기의 잡음지수가 1.1 dB일 때, 마이크로스트립 배열 안테나와 LNB에 대한 전체 G/T를 찾아라(배열의 총 손실은 2.5 dB이다). 안테나의 물리적 온도는 290 K로 가정하라.

14.9 5.8 GHz에서 동작하는 안테나의 300 m 떨어진 지점에서의 방사 전력은 $7.5 \times 10^{-3} W/m^2$으로 측정되었다. 안테나에 입력되는 전력이 85 W일 때, 안테나의 이득을 구하라.

14.10 휴대폰 기지국이 5 km 떨어져 있는 Mobile Telephone Switching Office(MTSO)와 연결되어 있다. 두 가지 가능성이 예상된다. 1) $G_t = G_r = 25\,dB$를 갖는 28 GHz에서 동작하는 무선링크, 2) 라인을 따라 4개의 30 dB 리피터 증폭기와 0.05 dB/m의 감쇠를 갖고 있는 동축라인을 사용한 유선링크 만약 두 경우에 최소로 요구되는 수신 전력레벨이 같다면, 어떤 경우에 가장 작은 수신전력이 요구되는가?

14.11 GSM 휴대폰 시스템은 200 kHz의 채널 대역폭과 935−960 MHz의 다운링크 주파수에서 동작하고, 전송 기지국의 전송파워가 20W의 EIRP를 갖는다. 모바일 수신기는 0 dBi의 이득과 450k의 잡음 온도, 그리고 수신기는 8dB의 노이즈 형태를 가진다. 만약 수신기의 출력에서 필요한 최소한의 SNR은 10 dB이고 차량, 건물, 도시지역으로 전파하는데 필요로 하는 링크 마진이 30dB일때의 최대 작동 범위를 찾아라.

14.12 아래의 그림은 GPS 수신단 시스템을 보여주고 있다. 0dBi의 이득을 가지는 지표면상에서 안테나에 의해 수신된 최소한의 L1(1575MHz) 반송파의 전력 $S_i = -160$ dBW이다. GPS 수신기는 1Hz의 대역폭에 관하여 요구되어지는 최소한의 C/N 비로서 (carrier to noise ratio) 조건이 정의되어진다. 수신 안테나가 이득 G_A와 잡음온도 T_A를 가지고 있고 최대 수용 가능한 증폭기의 잡음지수를 F, 이득을 G, 연결 전송로 손실을 L이라 했을 때 $C/N = 32$ dB−Hz, $G_A = 5$ dB, $T_A = 300$ K, $G = 10$ dB, $L = 25$ dB이기 위한 표현을 완성하라.

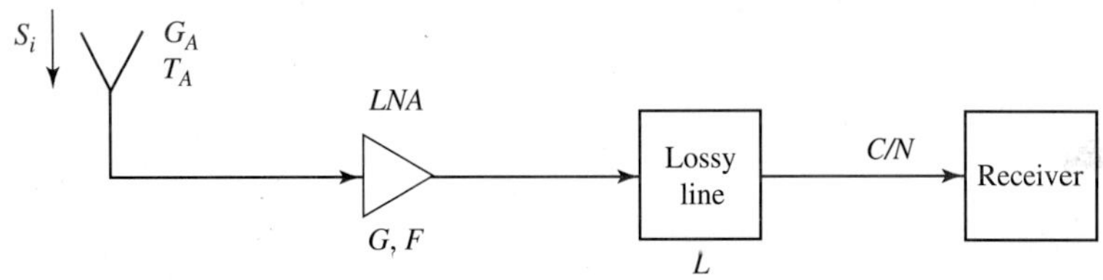

14.13 우리는 많은 공상과학 소설에서 지구로부터의 라디오와 TV 신호가 우주를 통해 전파하고 다른 은하계의 누군가에게 감지된다는 가정을 접하게 된다. 0dB의 신호 대 잡음비를 가진 신호를 수신할 수 있는 지구로부터의 가장 먼 거리를 계산하므로써, 앞선 가정이 틀린 것을 증명하라. 구체적으로, TV 채널 4번이 67MHz를 통해 방송되며 4MHz의 대역폭과 1000W의 송신전력을 가진다. 송/수신 안테나의 이득은 4dB이며 우주배경복사의 잡음온도는 4K이며, 수신기에는 어떠한 잡음도 존재하지 않는다.

수신기에서 요구하는 신호 대 잡음비가 30dB이라면 앞서 구한 거리는 얼마나 줄어들겠는가?(30dB은 아날로그 비디오 시그널의 수신을 위한 전형적인 값이다) 구해 낸 거리들을 우리의 태양계에 연관시켜 보라.

14.14 1974년에 수성을 탐구한 마리너 10 우주선은 지구(거리 약 1.6×10^8 km)로 이미지 데이터를 전송하기 위해 $P_b = 0.05$의 BPSK를 사용했다. 우주선 송신기는 27.6dB의 안테나 이득과 16.8W의 반송파 전력과 함께 2.295GHz에서 작동했다. 지상 수신국은 61.3dB의 이득을 갖는 안테나와 전체 시스템 잡음 온도는 13.5K를 가질때, 최대 데이터 전송율을 찾아라.

14.15 송신과 수신 안테나의 이득이 각각 G_t와 G_r이고 목표지점으로부터 각각 R_t와 R_r만큼 떨어져 있는 bistatic인 경우에 레이더 방정식을 유도하라

14.16 레이더의 펄스는 $f_r = 1/T_r$의 주파수를 갖는다. 이때 레이더의 정확한 최대의 동작범위를 조사해라. (되돌아오는 펄스의 왕복시간이 펄스의 반복시간보다 클 때 정확한 범위를 구할 수 없다. 이때 주어진 되돌아오는 펄스가 마지막으로 전송된 신호의 펄스인지, 아니면 그 전에

보내진 신호의 펄스인지 불명확해진다.)

14.17 12 GHz에서 작동하는 도플러 레이더는 1 m/sec에서 20 m/sec인 속도로 날으는 목표물을 탐지하기 위해 만들어졌다. 도플러 필터에서 요구되는 대역폭을 구하라.

14.18 펄스당 1 kW의 전력을 가진 펄스 레이더가 2 GHz에서 동작하고 있다. 만약 이 레이더가 10 km 떨어진 곳에 $\sigma = 20\,\mathrm{m}^2$의 크기인 목표물을 감지하기 위해 사용한다면, 송신기로부터 누설 신호전력이 수신된 신호보다 최소 10 dB 이하가 되기 위한 송/수신기 최소의 분리도 값은 얼마인가? 안테나의 이득은 30 dB이라고 가정하라.

14.19 이득 G를 갖는 안테나의 종단이 단락되어 있다. 주빔 방향에서 최소의 단방향 레이더 단면적은 무엇인가?

14.20 방사하는 안테나는 안테나의 물리적 온도 T_p, 그리고 방사 효율 η_{rad}, 종단면에서의 임피던스 부정합 Γ를 고려해야한다. 만약 방사계에 의해 T_s라는 온도가 나타나면, $T_B = T_P$와 $T_B = T_2 \neq T_P$라는 두 가지의 이론을 적용함으로서 제품들의 방사효율과 부정합 손실로 표현되는 같다는 것을 보여라.

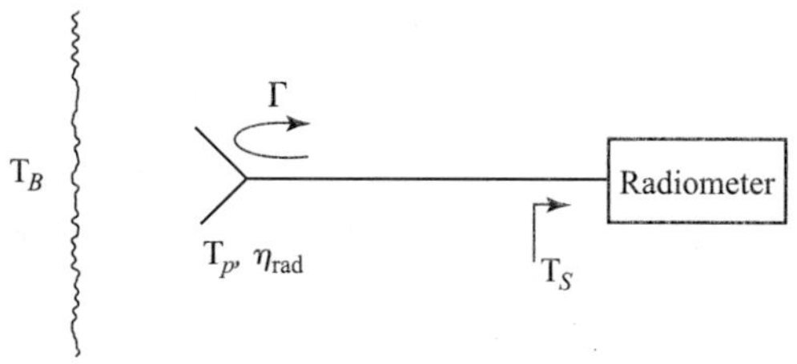

14.21 대기는 한정된 두께를 가지고 있지 않으므로 고도에 따라 대기의 두께가 얇아지며, 이에 대기의 손실은 고도에 따라 감소한다. 우리가 간략화된 "orange peel" 모델을 사용하고, 대기가 일정한 두께의 균일층으로 근사한다고 가정하면, 우리는 대기를 통해 보이는 주위 잡음온도를 측정할 수 있다. 대기의 두께를 4000 m라 하고, 아래 그림(지구의 반경은 6400 km이다)에 보이는 수평선을 따라 대기의 끝까지 최장거리 ℓ을 구하라. 주위 잡음온도가 4 K인 대기가 0.005 dB/km의 대기권 전송손실을 갖을 때, 대기 손실과 주위 잡음의 종속형으로 다루어지는 잡음온도를 구하라. 이상적인 안테나는 천정과 수평선을 향한다.

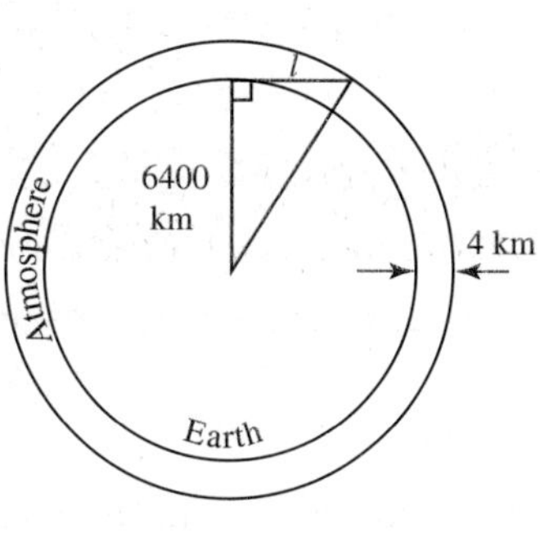

14.22 28 GHz 무선링크는 5 W의 송신기 파워와 32 dB의 이득을 갖는 반사 안테나와 연결된 타워를 사용한다. **(a)** 10 mW/cm^{2}의 안전 전력밀도 제한이 초과되지 않도록 요구되어진 미국의 안테나 주엽에서 최소거리를 구하여라. **(b)** 가장 나쁜 경우인 주엽보다 10 dB가 낮은 부엽이 있다고 가정하면, 안테나의 부엽 영역에서 이 거리는 어떻게 변하겠는가? **(c)** 이러한 거리들은 안테나의 원계(far field) 영역에 있는가?(개구 효율이 60%인 원형 반사기로 가정한다.)

14.23 태양이 머리 위로 직접 내리쬐는 화창한 날에 태양 빛으로부터 수신되어진 전력은 약 1300 W/m^{2}이다. 이 전력이 단일 주파수 평면파에 의해서 송신되어졌다고 가정할 때, 입사 전기장과 자기장의 진폭을 구하여라.

부 록

부록 A: 접두어

부록 B: 벡터 해석

부록 C: BESSEL 함수

부록 D: 기타 수학 공식

부록 E: 물리 상수

부록 F: 몇 가지 물질에 대한 도전율

부록 G: 몇 가지 물질에 대한 유전상수와 손실 탄젠트

부록 H: 몇 가지 마이크로파 훼라이트 물질의 특성

부록 I: 표준 직사각형 도파관 데이터

부록 J: 표준 동축 케이블 데이터

부록 A 접두어

곱셈 인자	접두어	기호
10^{12}	tera	T
10^{9}	giga	G
10^{6}	mega	M
10^{3}	kilo	k
10^{2}	hecto	h
10^{1}	deka	da
10^{-1}	deci	d
10^{-2}	centi	c
10^{-3}	milli	m
10^{-6}	micro	μ
10^{-9}	nano	n
10^{-12}	pico	p
10^{-15}	femto	f

부록 B 벡터 해석

좌표 변환

직각 좌표에서 원통형 좌표계로:

	$\hat{x}$	$\hat{y}$	$\hat{z}$
$\hat{\rho}$	$\cos\phi$	$\sin\phi$	0
$\hat{\phi}$	$-\sin\phi$	$\cos\phi$	0
$\hat{z}$	0	0	1

직각 좌표에서 구형 좌표계로:

	$\hat{x}$	$\hat{y}$	$\hat{z}$
$\hat{r}$	$\sin\theta\cos\phi$	$\sin\theta\sin\phi$	$\cos\theta$
$\hat{\theta}$	$\cos\theta\cos\phi$	$\cos\theta\sin\phi$	$-\sin\theta$
$\hat{\phi}$	$-\sin\phi$	$\cos\phi$	0

원통형 좌표에서 구형 좌표계로:

	$\hat{x}$	$\hat{y}$	$\hat{z}$
$\hat{r}$	$\sin\theta\cos\phi$	$\sin\theta\sin\phi$	$\cos\theta$
$\hat{\theta}$	$\cos\theta\cos\phi$	$\cos\theta\sin\phi$	$-\sin\theta$
$\hat{\phi}$	$-\sin\phi$	$\cos\phi$	0

위의 표들은 단위 벡터뿐만 아니라 벡터 성분을 변환하는 데도 사용된다. 예를 들면,

$$\hat{\rho} = \hat{x}\cos\phi + \hat{y}\sin\phi$$
$$A_\rho = A_x\cos\phi + A_y\sin\phi.$$

벡터의 미분연산자

직각 좌표계:

$$\nabla f = \hat{x}\frac{\partial f}{\partial x} + \hat{y}\frac{\partial f}{\partial y} + \hat{z}\frac{\partial f}{\partial z}$$
$$\nabla \cdot \bar{A} = \frac{\partial A_x}{\partial x} + \frac{\partial A_y}{\partial y} + \frac{\partial A_z}{\partial z}$$
$$\nabla \times \bar{A} = \hat{x}\left(\frac{\partial A_z}{\partial y} - \frac{\partial A_y}{\partial z}\right) + \hat{y}\left(\frac{\partial A_x}{\partial z} - \frac{\partial A_z}{\partial x}\right) + \hat{z}\left(\frac{\partial A_y}{\partial x} - \frac{\partial A_x}{\partial y}\right)$$
$$\nabla^2 f = \frac{\partial^2 f}{\partial x^2} + \frac{\partial^2 f}{\partial y^2} + \frac{\partial^2 f}{\partial z^2}$$
$$\nabla^2 \bar{A} = \hat{x}\nabla^2 A_x + \hat{y}\nabla^2 A_y + \hat{z}\nabla^2 A_z$$

원통형 좌표계:

$$\nabla f = \hat{\rho}\frac{\partial f}{\partial \rho} + \hat{\phi}\frac{1}{\rho}\frac{\partial f}{\partial \phi} + \hat{z}\frac{\partial f}{\partial z}$$
$$\nabla \cdot \bar{A} = \frac{1}{\rho}\frac{\partial}{\partial \rho}(\rho A_\rho) + \frac{1}{\rho}\frac{\partial A_\phi}{\partial \phi} + \frac{\partial A_z}{\partial z}$$
$$\nabla \times \bar{A} = \hat{\rho}\left(\frac{1}{\rho}\frac{\partial A_z}{\partial \phi} - \frac{\partial A_\phi}{\partial z}\right) + \hat{\phi}\left(\frac{\partial A_\rho}{\partial z} - \frac{\partial A_z}{\partial \rho}\right) + \hat{z}\frac{1}{\rho}\left[\frac{\partial(\rho A_\phi)}{\partial \rho} - \frac{\partial A_\rho}{\partial \phi}\right]$$
$$\nabla^2 f = \frac{1}{\rho}\frac{\partial}{\partial \rho}\left(\rho\frac{\partial f}{\partial \rho}\right) + \frac{1}{\rho^2}\frac{\partial^2 f}{\partial \phi^2} + \frac{\partial^2 f}{\partial z^2}$$
$$\nabla^2 \bar{A} = \nabla(\nabla \cdot \bar{A}) - \nabla \times \nabla \times \bar{A}$$

구형 좌표계:

$$\nabla f = \hat{r}\frac{\partial f}{\partial r} + \hat{\theta}\frac{1}{r}\frac{\partial f}{\partial \theta} + \frac{\hat{\phi}}{r\sin\theta}\frac{\partial f}{\partial \phi}$$
$$\nabla \cdot \bar{A} = \frac{1}{r^2}\frac{\partial}{\partial r}(r^2 A_r) + \frac{1}{r\sin\theta}\frac{\partial}{\partial \theta}(\sin\theta A_\theta) + \frac{1}{r\sin\theta}\frac{\partial A_\phi}{\partial \phi}$$
$$\nabla \times \bar{A} = \frac{\hat{r}}{r\sin\theta}\left[\frac{\partial}{\partial \theta}(A_\phi\sin\theta) - \frac{\partial A_\theta}{\partial \phi}\right] + \frac{\hat{\theta}}{r}\left[\frac{1}{\sin\theta}\frac{\partial A_r}{\partial \phi} - \frac{\partial}{\partial r}(rA_\phi)\right]$$
$$+ \frac{\hat{\phi}}{r}\left[\frac{\partial}{\partial r}(rA_\theta) - \frac{\partial A_r}{\partial \theta}\right]$$

$$\nabla^2 f = \frac{1}{r^2}\frac{\partial}{\partial r}\left(r^2\frac{\partial f}{\partial r}\right) + \frac{1}{r^2\sin\theta}\frac{\partial}{\partial\theta}\left(\sin\theta\frac{\partial f}{\partial\theta}\right) + \frac{1}{r^2\sin^2\theta}\frac{\partial^2 f}{\partial\phi^2}$$

$$\nabla^2\bar{A} = \nabla\nabla\cdot\bar{A} - \nabla\times\nabla\times\bar{A}$$

벡터 항등식:

$$\bar{A}\cdot\bar{B} = |A||B|\cos\theta, \quad \text{여기서 } \theta\text{는 } \bar{A}\text{와 } \bar{B} \text{ 사이의 각이다.} \tag{B.1}$$

$$|\bar{A}\times\bar{B}| = |A||B|\sin\theta, \quad \text{여기서 } \theta\text{는 } \bar{A}\text{와 } \bar{B} \text{ 사이의 각이다.} \tag{B.2}$$

$$\bar{A}\cdot\bar{B}\times\bar{C} = \bar{A}\times\bar{B}\cdot\bar{C} = \bar{C}\times\bar{A}\cdot\bar{B} \tag{B.3}$$

$$\bar{A}\times\bar{B} = -\bar{B}\times\bar{A} \tag{B.4}$$

$$\bar{A}\times(\bar{B}\times\bar{C}) = (\bar{A}\cdot\bar{C})\bar{B} - (\bar{A}\cdot\bar{B})\bar{C} \tag{B.5}$$

$$\nabla(fg) = g\nabla f + f\nabla g \tag{B.6}$$

$$\nabla\cdot(f\bar{A}) = \bar{A}\cdot\nabla f + f\nabla\cdot\bar{A} \tag{B.7}$$

$$\nabla\cdot(\bar{A}\times\bar{B}) = (\nabla\times\bar{A})\cdot\bar{B} - (\nabla\times\bar{B})\cdot\bar{A} \tag{B.8}$$

$$\nabla\times(f\bar{A}) = (\nabla f)\times\bar{A} + f\nabla\times\bar{A} \tag{B.9}$$

$$\nabla\times(\bar{A}\times\bar{B}) = \bar{A}\nabla\cdot\bar{B} - \bar{B}\nabla\cdot\bar{A} + (\bar{B}\cdot\nabla)\bar{A} - (\bar{A}\cdot\nabla)\bar{B} \tag{B.10}$$

$$\nabla\cdot(\bar{A}\cdot\bar{B}) = (\bar{A}\cdot\nabla)\bar{B} + (\bar{B}\cdot\nabla)\bar{A} + A\times(\nabla\times\bar{B}) + \bar{B}\times(\nabla\times\bar{A}) \tag{B.11}$$

$$\nabla\cdot\nabla\times\bar{A} = 0 \tag{B.12}$$

$$\nabla\times(\nabla f) = 0 \tag{B.13}$$

$$\nabla\times\nabla\times\bar{A} = \nabla\nabla\cdot\bar{A} - \nabla^2\bar{A} \tag{B.14}$$

주의: $\nabla^2\bar{A}$항은 $\bar{A}$의 직각 좌표 성분에 대해서만 의미가 있다.

$$\int_V \nabla\cdot\bar{A}\,dv = \oint_S \bar{A}\cdot d\bar{s} \quad \text{(발산 정리)} \tag{B.15}$$

$$\int_S (\nabla\times\bar{A})\cdot d\bar{s} = \oint_C \bar{A}\cdot d\bar{\ell} \quad \text{(Stokes의 정리)} \tag{B.16}$$

부록 C BESSEL 함수

Bessel 함수는 다음 미분방정식의 풀이이다.

$$\frac{1}{\rho}\frac{d}{d\rho}\left(\rho\frac{df}{d\rho}\right) + \left(k^2 - \frac{n^2}{\rho^2}\right)f = 0. \tag{C.1}$$

여기서 k^2은 실수이고 n은 정수이다. 이 방정식에 대한 두 개의 독립해는 1종 및 2종의 Bessel 함수라 하고, $J_n(k\rho)$와 $Y_n(k\rho)$로 쓰며 식 (C.1)에 대한 일반해는

$$f(\rho) = AJ_n(k\rho) + BY_n(k\rho) \tag{C.2}$$

이다. 여기서 A와 B는 경계조건으로부터 결정되는 임의의 상수이다.

이러한 함수는 다음과 같은 급수 형태로 쓸 수 있다.

$$J_n(x) = \sum_{m=0}^{\infty} \frac{(-1)^m (x/2)^{n+2m}}{m!(n+m)!} \tag{C.3}$$

$$\begin{aligned} Y_n(x) = \frac{2}{\pi}\left(\gamma + \ln\frac{x}{2}\right) J_n(x) - \frac{1}{\pi}\sum_{m=0}^{n-1} \frac{(n-m-1)!}{m!}\left(\frac{2}{x}\right)^{n-2m} - \frac{1}{\pi}\sum_{m=0}^{\infty}\frac{(-1)^m (x/2)^{n+2m}}{m!(n+m)!} \\ \times\left(1 + \frac{1}{2} + \frac{1}{3} + \cdots + \frac{1}{m} + 1 + \frac{1}{2} + \cdots + \frac{1}{n+m}\right). \end{aligned} \tag{C.4}$$

여기서 $\gamma = 0.5772\ldots$은 Euler 상수이고 $x = k\rho$이다. Y_n은 자연로그 함수이므로 $x = 0$에서 무한대이다. 이러한 수열의 표현으로부터, x가 작을 때는

$$J_n(x) \sim \frac{1}{n!}\left(\frac{x}{2}\right)^n \tag{C.5}$$

$$Y_0(x) \sim \frac{2}{\pi}\ln x \tag{C.6}$$

$$Y_n(x) \sim \frac{-1}{\pi}(n-1)!\left(\frac{x}{2}\right)^n, \qquad n > 0 \tag{C.7}$$

과 같은 공식을 얻을 수 있고, x가 클 때는 다음과 같은 공식을 유도할 수 있다.

$$J_n(x) \sim \sqrt{\frac{2}{\pi x}}\cos\left(x - \frac{\pi}{4} - \frac{n\pi}{2}\right) \tag{C.8}$$

$$Y_n(x) \sim \sqrt{\frac{2}{\pi x}}\sin\left(x - \frac{\pi}{4} - \frac{n\pi}{2}\right). \tag{C.9}$$

그림 C.1은 각 형태의 가장 낮은 차수의 Bessel 함수 몇 개를 그래프로 나타낸 것이다.

다른 차수의 Bessel 함수는 다음과 같은 순환공식으로 연결되어 있다.

$$Z_{n+1}(x) = \frac{2n}{x}Z_n(x) - Z_{n-1}(x) \tag{C.10}$$

$$Z_n'(x) = \frac{-n}{x}Z_n(x) + Z_{n-1}(x) \tag{C.11}$$

$$Z_n'(x) = \frac{n}{x}Z_n(x) - Z_{n+1}(x) \tag{C.12}$$

$$Z_n'(x) = \frac{1}{2}[Z_{n-1}(x) - Z_{n+1}(x)]. \tag{C.13}$$

여기서 $Z_n = J_n$ 혹은 Y_n이다. Bessel 함수를 포함하는 다음의 적분 관계식이 유용하다.

$$\int_0^x Z_m^2(kx)x\,dx = \frac{x^2}{2}\left[Z_n'^2(kx) + \left(1 - \frac{n^2}{k^2x^2}\right)Z_n^2(kx)\right] \tag{C.14}$$

$$\int_0^x Z_n(kx)Z_n(\ell x)x\,dx = \frac{x}{k^2 - \ell^2}[kZ_n(\ell x)Z_{n+1}(kx) - \ell Z_n(kx)Z_{n+1}(\ell x)] \tag{C.15}$$

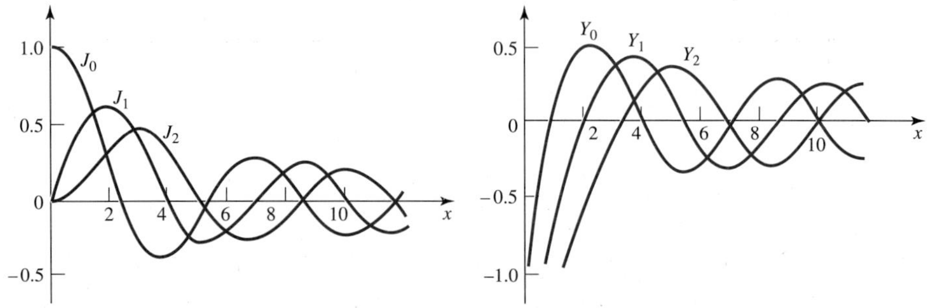

그림 C.1 제 1종 및 2종의 Bessel 함수

$$\int_0^{p_{nm}} \left[J_n'^2(x) + \frac{n^2}{x^2} J_n^2(x) \right] x\, dx = \frac{p_{nm}^2}{2} J_n'^2(p_{nm}) \tag{C.16}$$

$$\int_0^{p'_{nm}} \left[J_n'^2(x) + \frac{n^2}{x^2} J_n^2(x) \right] x\, dx = \frac{(p'_{nm})^2}{2} \left(1 - \frac{n^2}{(p'_{nm})^2} \right) J_n^2(p'_{nm})\,. \tag{C.17}$$

여기서 $J_n(p_{nm}) = 0$이고 $J_n'(p'_{nm}) = 0$이다. $J_n(x)$와 $J_n'(x)$가 0이 되는 x의 값은 다음 표와 같다.

표 제1종 Bessel 함수가 0이 되는 값: $0 < x < 12$일 때 $J_n(x) = 0$

n	1	2	3	4
0	2.4048	5.5200	8.6537	11.7951
1	3.8317	7.0155	10.1743	
2	5.1356	8.4172	11.6198	
3	6.3801	9.7610		
4	7.5883	11.0647		
5	8.7714			
6	9.9361			
7	11.0863			

표 제1종 Bessel 함수의 극값: $0 < x < 12$일 때 $dJ_n(x)/dx = 0$

n	1	2	3	4
0	3.8317	7.0156	10.1735	13.3237
1	1.8412	5.3314	8.5363	11.7060
2	3.0542	6.7061	9.9695	
3	4.2012	8.0152	11.3459	
4	5.3175	9.2824		
5	6.4156	10.5199		
6	7.5013	11.7349		
7	8.5778			
8	9.6474			
9	10.7114			
10	11.7709			

부록 D 기타 수학 공식

유용하게 쓸 수 있는 적분식

$$\int_0^a \cos^2 \frac{n\pi x}{a} dx = \int_0^a \sin^2 \frac{n\pi x}{a} dx = \frac{a}{2}, \qquad (n \geq 1) \tag{D.1}$$

$$\int_0^a \cos \frac{m\pi x}{a} \cos \frac{n\pi x}{a} dx = \int_0^a \sin \frac{m\pi x}{a} \sin \frac{n\pi x}{a} dx = 0, \qquad (m \neq n) \tag{D.2}$$

$$\int_0^a \cos \frac{m\pi x}{a} \sin \frac{n\pi x}{a} dx = 0 \tag{D.3}$$

$$\int_0^\pi \sin^3 \theta d\theta = \frac{4}{3} \tag{D.4}$$

Taylor 급수

$$f(x) = f(x_0) + (x - x_0) \left.\frac{df}{dx}\right|_{x=x_0} + \frac{(x-x_0)^2}{2!} \left.\frac{d^2 f}{dx^2}\right|_{x=x_0} + \cdots \tag{D.5}$$

$$e^x = 1 + x + \frac{x^2}{2!} + \frac{x^3}{3!} + \cdots \tag{D.6}$$

$$\frac{1}{1-x} = 1 + x + x^2 + x^3 + \cdots, \qquad (|x| < 1) \tag{D.7}$$

$$\sqrt{1+x} = 1 + \frac{x}{2} - \frac{x^2}{8} + \cdots, \qquad (|x| < 1) \tag{D.8}$$

$$\ln x = 2\left(\frac{x-1}{x+1}\right) + \frac{2}{3}\left(\frac{x-1}{x+1}\right)^3 + \cdots, \qquad (x > 0) \tag{D.9}$$

$$\sin x = x - \frac{x^3}{3!} + \frac{x^5}{5!} + \cdots \tag{D.10}$$

$$\cos x = 1 - \frac{x^2}{2!} + \frac{x^4}{4!} + \cdots \tag{D.11}$$

부록 E 물리 상수

- 자유공간의 유전율: $\epsilon_0 = 8.854 \times 10^{-12}$ F/m
- 자유공간의 투자율: $\mu_0 = 4\pi \times 10^{-7}$ H/m
- 자유공간의 임피던스: $\eta_0 = 376.7\,\Omega$
- 자유공간에서의 빛의 속도: $c = 2.998 \times 10^8$ m/s
- 전자의 전하: $q = 1.602 \times 10^{-19}\, C$
- 전자의 질량: $m = 9.107 \times 10^{-31}$ kg
- Boltzmann 상수: $k = 1.380 \times 10^{-23}$ J/°K
- Planck 상수: $h = 1.054 \times 10^{-34}$ $\text{J}_{\text{-sec}}$
- 자이로매그너틱 비율:
  $\gamma = 1.759 \times 10^{11}$ C/Kg $\quad (g = 2)$

부록 F 몇 가지 물질에 대한 도전율

Material	Conductivity S/m (20°C)	Material	Conductivity S/m (20°C)
Aluminum	3.816×10^7	Nichrome	1.0×10^6
Brass	2.564×10^7	Nickel	1.449×10^7
Bronze	1.00×10^7	Platinum	9.52×10^6
Chromium	3.846×10^7	Sea water	3–5
Copper	5.813×10^7	Silicon	4.4×10^{-4}
Distilled water	2×10^{-4}	Silver	6.173×10^7
Germanium	2.2×10^6	Steel (silicon)	2×10^6
Gold	4.098×10^7	Steel (stainless)	1.1×10^6
Graphite	7.0×10^4	Solder	7.0×10^6
Iron	1.03×10^7	Tungsten	1.825×10^7
Mercury	1.04×10^6	Zinc	1.67×10^7
Lead	4.56×10^6		

부록 G 몇 가지 물질에 대한 유전상수와 손실 탄젠트

Material	Frequency	ϵ_r	$\tan\delta$ (25°C)
Alumina (99.5%)	10 GHz	9.5–10.	0.0003
Barium tetratitanate	6 GHz	37 ± 5%	0.0005
Beeswax	10 GHz	2.35	0.005
Beryllia	10 GHz	6.4	0.0003
Ceramic (A-35)	3 GHz	5.60	0.0041
Fused quartz	10 GHz	3.78	0.0001
Gallium arsenide	10 GHz	13.	0.006
Glass (pyrex)	3 GHz	4.82	0.0054
Glazed ceramic	10 GHz	7.2	0.008
Lucite	10 GHz	2.56	0.005
Nylon (610)	3 GHz	2.84	0.012
Parafin	10 GHz	2.24	0.0002
Plexiglass	3 GHz	2.60	0.0057
Polyethylene	10 GHz	2.25	0.0004
Polystyrene	10 GHz	2.54	0.00033
Porcelain (dry process)	100 MHz	5.04	0.0078
Rexolite (1422)	3 GHz	2.54	0.00048
Silicon	10 GHz	11.9	0.004
Styrofoam (103.7)	3 GHz	1.03	0.0001
Teflon	10 GHz	2.08	0.0004
Titania (D-100)	6 GHz	96 ± 5%	0.001
Vaseline	10 GHz	2.16	0.001
Water (distilled)	3 GHz	76.7	0.157

부록 H 몇 가지 마이크로파 훼라이트 물질의 특성

Material	Trans-Tech Number	$4\pi Ms$ G	ΔH Oe	ϵ_r	$\tan\delta$	T_c °C	$4\pi Mr$ G
Magnesium ferrite	TT1-105	1750	225	12.2	0.00025	225	1220
Magnesium ferrite	TT1-390	2150	540	12.7	0.00025	320	1288
Magnesium ferrite	TT1-3000	3000	190	12.9	0.0005	240	2000
Nickel ferrite	TT2-101	3000	350	12.8	0.0025	585	1853
Nickel ferrite	TT2-113	500	150	9.0	0.0008	120	140
Nickel ferrite	TT2-125	2100	460	12.6	0.001	560	1426
Lithium ferrite	TT73-1700	1700	<400	16.1	0.0025	460	1139
Lithium ferrite	TT73-2200	2200	<450	15.8	0.0025	520	1474
Yttrium garnet	G-113	1780	45	15.0	0.0002	280	1277
Aluminum garnet	G-610	680	40	14.5	0.0002	185	515

부록 I 표준 직사각형 도파관 데이터

Band*	Recommended Frequency Range (GHz)	TE_{10}Cutoff Frequency (GHz)	EIA Designation WR-XX	Inside Dimensions Inches (cm)	Outside Dimensions Inches (cm)
L	1.12–1.70	0.908	WR-650	6.500 × 3.250 (16.51 × 8.255)	6.660 × 3.410 (16.916 × 8.661)
R	1.70–2.60	1.372	WR-430	4.300 × 2.150 (10.922 × 5.461)	4.460 × 2.310 (11.328 × 5.867)
S	2.60–3.95	2.078	WR-284	2.840 × 1.340 (7.214 × 3.404)	3.000 × 1.500 (7.620 × 3.810)
H (G)	3.95–5.85	3.152	WR-187	1.872 × 0.872 (4.755 × 2.215)	2.000 × 1.000 (5.080 × 2.540)
C (J)	5.85–8.20	4.301	WR-137	1.372 × 0.622 (3.485 × 1.580)	1.500 × 0.750 (3.810 × 1.905)
W (H)	7.05–10.0	5.259	WR-112	1.122 × 0.497 (2.850 × 1.262)	1.250 × 0.625 (3.175 × 1.587)
X	8.20–12.4	6.557	WR-90	0.900 × 0.400 (2.286 × 1.016)	1.000 × 0.500 (2.540 × 1.270)
Ku (P)	12.4–18.0	9.486	WR-62	0.622 × 0.311 (1.580 × 0.790)	0.702 × 0.391 (1.783 × 0.993)
K	18.0–26.5	14.047	WR-42	0.420 × 0.170 (1.07 × 0.43)	0.500 × 0.250 (1.27 × 0.635)
Ka (R)	26.5–40.0	21.081	WR-28	0.280 × 0.140 (0.711 × 0.356)	0.360 × 0.220 (0.914 × 0.559)
Q	33.0–50.5	26.342	WR-22	0.224 × 0.112 (0.57 × 0.28)	0.304 × 0.192 (0.772 × 0.488)
U	40.0–60.0	31.357	WR-19	0.188 × 0.094 (0.48 × 0.24)	0.268 × 0.174 (0.681 × 0.442)
V	50.0–75.0	39.863	WR-15	0.148 × 0.074 (0.38 × 0.19)	0.228 × 0.154 (0.579 × 0.391)
E	60.0–90.0	48.350	WR-12	0.122 × 0.061 (0.31 × 0.015)	0.202 × 0.141 (0.513 × 0.356)
W	75.0–110.0	59.010	WR-10	0.100 × 0.050 (0.254 × 0.127)	0.180 × 0.130 (0.458 × 0.330)
F	90.0–140.0	73.840	WR-8	0.080 × 0.040 (0.203 × 0.102)	0.160 × 0.120 (0.406 × 0.305)
D	110.0–170.0	90.854	WR-6	0.065 × 0.0325 (0.170 × 0.083)	0.145 × 0.1125 (0.368 × 0.2858)
G	140.0–220.0	115.750	WR-5	0.051 × 0.0255 (0.130 × 0.0648)	0.131 × 0.1055 (0.333 × .2680)

* 괄호 안의 문자는 또다른 기호를 나타낸 것이다.

부록 J 표준 동축 케이블 데이터

RG/U type	Impedance (Ω)	Inner cond. diam. (In.)	Dielectric material	Dielectric diam. (In.)	Cable type	Overall diam. (In.)	Capacitance (pF/ft)	Max. Oper. voltage	Loss at 1 GHz (dB/100 ft)
RG-8A/U	52	0.0855	P	0.285	braided	0.405	29.5	5000	9.0
RG-9B/U	50	0.0855	P	0.280	braided	0.420	30.8	5000	9.0
RG-55B/U	54	0.0320	P	0.116	braided	0.200	28.5	1900	16.5
RG-58B/U	54	0.0320	P	0.116	braided	0.195	28.5	1900	17.5
RG-59B/U	75	0.0230	P	0.146	braided	0.242	20.6	2300	11.5
RG-141A/U	50	0.0390	T	0.116	braided	0.190	29.4	1900	13.0
RG-142A/U	50	0.0390	T	0.116	braided	0.195	29.4	1900	13.0
RG-174/U	50	0.0189	P	0.060	braided	0.100	30.8	1500	31.0
RG-178B/U	50	0.0120	T	0.034	braided	0.072	29.4	1000	45.0
RG-179B/U	75	0.0120	T	0.063	braided	0.100	19.5	1200	25.0
RG-180B/U	95	0.0120	T	0.102	braided	0.140	15.4	1500	16.5
RG-187/U	75	0.0120	T	0.060	braided	0.105	19.5	1200	25.0
RG-188/U	50	0.0201	T	0.060	braided	0.105	29.4	1200	30.0
RG-195/U	95	0.0120	T	0.102	braided	0.145	15.4	1500	16.5
RG-213/U	50	0.0888	P	0.285	braided	0.405	30.8	5000	9.0
RG-214/U	50	0.0888	P	0.285	braided	0.425	30.8	5000	9.0
RG-223/U	50	0.0350	P	0.116	braided	0.211	30.8	1900	16.5
RG-316/U	50	0.0201	T	0.060	braided	0.102	29.4	1200	30.0
RG-401/U	50	0.0645	T	0.215	semi-rigid	0.250	29.3	3000	—
RG-402/U	50	0.0360	T	0.119	semi-rigid	0.141	29.3	2500	13.0
RG-405/U	50	0.0201	T	0.066	semi-rigid	0.0865	29.4	1500	—

선택된 연습문제에 대한 해답

1.2 **(a)** $\eta = 236\ \Omega$, **(b)** $v_p = 1.88 \times 10^8$ m/sec, **(c)** $\lambda = 0.0784$ m, **(d)** $\Delta\phi = 229.5°$
1.8 **(b)** $t \simeq 0.017$ mm
1.9 **(a)** $S_i = 46.0\ \text{W/m}^2$, $S_r = 0.595\ \text{W/m}^2$, **(b)** $S_{\text{in}} = 45.6\ \text{W/m}^2$

2.1 **(a)** $f = 600$ MHz, **(b)** $v_p = 2.08 \times 10^8$ m/sec, **(c)** $\lambda = 0.346$ m, **(d)** $\varepsilon_r = 2.08$, **(e)** $I(z) = 1.8e^{-j\beta z}$, **(f)** $v(t, z) = 0.135 \cos(\omega t - \beta z)$
2.3 $\alpha = 0.38$ dB/m
2.8 $Z_{\text{in}} = 203. - j5.2\ \Omega$
2.9 $Z_{\text{in}} = 19.0 - j20.6\ \Omega$, $\Gamma_L = 0.62\angle 83°$
2.11 $\ell = 2.147$ cm, $\ell = 3.324$ cm
2.12 $Z_0 = 66.7\ \Omega$ or $150.0\ \Omega$
2.16 $P_L = 0.681$ W
2.18 $P_{\text{inc}} = 0.250$ W, $P_{\text{ref}} = 0.010$ W, $P_{\text{trans}} = 0.240$ W
2.20 **(d)** $Z_{\text{in}} = 24.5 + j20.3\ \Omega$, **(e)** $\ell_{\min} = 0.325\lambda$, **(f)** $\ell_{\max} = 0.075\lambda$
2.23 $Z_L = 99 - j46\ \Omega$
2.29 $P_s = 0.600$ W, $P_{\text{loss}} = 0.0631$ W, $P_L = 0.1706$ W

3.5 loss = 0.45dB, $\Delta\phi = 2331°$
3.6 $\ell \simeq 10.3$ cm
3.9 $f_c = 5.06$ GHz
3.13 $f_c(\text{TE}_{11}) = 17.94$ GHz, $f_c(\text{TE}_{01}) = 37.35$ GHz
3.15 $k_c a = 3.12$
3.19 $W = 0.217$ mm, $\lambda_g = 4.045$ cm
3.20 $W = 0.457$ mm, $\lambda_g = 4.525$ cm
3.21 $\ell = 2.0754$ cm, $Z_{\text{in}} = 0.27 - j12.82\ \Omega$
3.27 $v_p = 2.37 \times 10^8$ m/sec, $v_g = 1.83 \times 10^8$ m/sec

4.4 $V_1^+ = 10\angle 90°$, $V_1^- = 0$, $Z_{\text{in}}^{(2)} = 50\angle 90°$
4.14 **(d)** IL = 10.5 dB, delay = 45°, **(e)** $\Gamma = 0.018\angle 90°$
4.18 IL = 8.0 dB, delay = 90°
4.20 $P_L = 1.0$ W
4.24 $V_L = 1\angle -90°$
4.30 $\Delta = 0.082$ cm

5.1 **(a)** $C = 0.0568$ pF, $L = 9.44$ nH or $L = 7.10$ nH, $C = 0.298$ pF
5.3 $d = 0.2276\lambda$, $\ell = 0.3776\lambda$ or $d = 0.4059\lambda$, $\ell = 0.1224\lambda$
5.6 $d = 0.174\lambda$, $\ell = 0.353\lambda$ or $d = 0.481\lambda$, $\ell = 0.147\lambda$

5.9 $\ell_1 = 0.086\lambda$, $\ell_2 = 0.198\lambda$ or $\ell_1 = 0.375\lambda$, $\ell_2 = 0.375\lambda$

5.14 error = 4%

5.17 $Z_1 = 1.1067Z_0$, $Z_2 = 1.3554Z_0$

5.21 $Z_1 = 1.095Z_0$, $Z_2 = 1.363Z_0$

5.24 RL $<$ 6.4 dB

6.1 $f_0 = 800$ MHz, $Q_0 = 100$, $Q_L = 50$

6.5 $Q_0 = 138$

6.9 $f_{101} = 9.965$ GHz, $Q_{101} = 6349$

6.14 $a = 2.107$ cm, $d = 2.479$ cm, $Q_0 = 1692$

6.18 $f_0 = 7.11$ GHz

6.21 **(c)** $f_0 = 93.8$ GHz, $Q_c = 92,500$

7.3 RL = 20 dB, $C = 15$ dB, $D = 30$ dB, L = 0.5 dB

7.8 change = 1.2 dB

7.13 $s = 5.28$ mm, $r_0 = 3.77$ mm

7.19 $s = 0.20$ mm, $w = 0.6$ mm

7.22 $s = 1.15$ mm, $w = 1.92$ mm, $\ell = 6.32$ mm

7.32 $V_1^- = V_3^- = V_4^- = 0$, $V_2^- = V_5^- = -j0.707$

8.6 $R = 2.66$, $C = 0.685$, $L = 1.822$

8.7 $N = 5$

8.8 $L_1 = L_5 = 1.143$ nH, $C_2 = C_4 = 0.928$ pF, $L_3 = 0.877$ nH

8.10 attenuation = 11 dB

8.16 $\beta\ell_1 = \beta\ell_5 = 29.3°$, $\beta\ell_2 = \beta\ell_4 = 29.4°$, $\beta\ell_3 = 43.7°$

8.18 attenuation = 30 dB

8.19 bandwidth about 1.9:1

8.23 $N = 3$

9.1 (b) $\mu = 6.55\mu_0$, $\kappa = 4.95\mu_0$

9.4 $H_a = 500$ Oe

9.6 $L = 1.403$ cm

9.8 229 Oe $< H_0 <$ 950 Oe

9.12 **(a)** $H_0 = 2204$ Oe, **(b)** $H_0 = 2857$ Oe

9.15 $L = 23.5$ mm

9.17 $L = 44.5$ cm

9.18 $L = 9.2$ cm

10.1 $F = 7.0$ dB

10.4 $F_{cas} = 4.3$ dB

10.7 **(a)** $F = 6$ dB, **(b)** $F = 1.76$ dB, **(c)** $F = 3$ dB

0.14 ratio = 6 dB

0.15 $OIP_3 = 20.8$ dBm (coherent)

0.17 LDR = 74.5 dB

0.18 LDR = 86.7 dB, SFDR = 57.8 dB

11.2 ON: IL = 0.42 dB, OFF: IL = 11.4 dB

11.3 ON: IL = 0.044 dB, OFF: IL= 18.6 dB

11.7 $R_i = 12.2\ \Omega$, $C_{gs} = 0.84$ pF, $R_{ds} = 213\ \Omega$, $C_{ds} = 0.51$ pF, $g_m = 54$ mS

12.1 **(b)** $G_A = 0.5$, $G_T = 0.444$, $G = 0.457$

12.4 $C_L = 4.00\angle 96°$, $R_L = 3.60$, $K = 0.275$

12.6 A and C are unconditionally stable

12.9 $G_T = 10.5$ dB
12.13 -2.9 dB $< G_T - G_{TU} <$ 4.3 dB
12.15 $G_T = 19.4$ dB
12.21 $N_{\mathrm{opt}} = 8.4$

13.3 $Q_{\min} = 14$
13.8 $L = 2.5$ nH results in $\mu = -0.931$
13.9 **(a)** $\mathscr{L} = -181$ dBc/Hz, **(b)** $\mathscr{L} = -153$ dBc/Hz
13.12 $\mathscr{L} = -121$ dBc/Hz
13.17 $f_{\mathrm{IM}} = 1974$ MHz or 1626 MHz

14.2 $D = 5.7$ dB
14.4 $D = 33.6$ dB
14.6 $\eta_{\mathrm{rad}} = 65\%$
14.8 $G/T = 9.7$ dB/K
14.11 $R = 15.2$ km
14.13 $R = 1.9 \times 10^9$ m (for SNR = 0 dB)
14.17 80–1600 Hz
14.23 $|E| = 990$ V/m

찾아보기

ㅅ

ㅇ

ㅈ

ㅊ·ㅋ

역자 소개

고지환 금오공과대학교

김영식 고려대학교

박준석 국민대학교

이홍민 경기대학교

최재훈 한양대학교

마이크로파 공학 개정 4판

발 행 일 2014년 8월 15일 1쇄 발행
2016년 2월 26일 2쇄 발행
2017년 3월 31일 3쇄 발행
2020년 2월 10일 4쇄 발행
2022년 2월 10일 5쇄 발행
저 자 David M. Pozar
역 자 고지환 김영식 박준석 이홍민 최재훈
펴 낸 이 김준호
펴 낸 곳 (주)한티에듀 | 서울시 마포구 동교로 23길 67 Y빌딩 3층
등 록 제2018-000145호 2018년 5월 15일
전 화 02) 332-7993~4 | **팩 스** 02) 332-7995
ISBN 979-11-90017-01-5 (93560)
가 격 37,000원

마 케 팅 노호근 박재인 최상욱 김원국 김택성
편 집 김은수 유채원
관 리 김지영 문지희

이 책에 대한 의견이나 잘못된 내용에 대한 수정정보는 아래의 홈페이지나 이메일로 알려주십시오.
독자님의 의견을 충분히 반영하도록 늘 노력하겠습니다.

홈페이지 www.hanteemedia.co.kr | **이메일** hantee@hanteemedia.co.kr

---

VECTOR ANALYSIS

Coordinate Transformations

Rectangular to cylindrical:

	$\hat{x}$	$\hat{y}$	$\hat{z}$
$\hat{\rho}$	$\cos\phi$	$\sin\phi$	0
$\hat{\phi}$	$-\sin\phi$	$\cos\phi$	0
$\hat{z}$	0	0	1

Rectangular to spherical:

	$\hat{x}$	$\hat{y}$	$\hat{z}$
$\hat{r}$	$\sin\theta\cos\phi$	$\sin\theta\sin\phi$	$\cos\theta$
$\hat{\theta}$	$\cos\theta\cos\phi$	$\cos\theta\sin\phi$	$-\sin\theta$
$\hat{\phi}$	$-\sin\phi$	$\cos\phi$	0

Cylindrical to spherical:

	$\hat{\rho}$	$\hat{\phi}$	$\hat{z}$
$\hat{r}$	$\sin\theta$	0	$\cos\theta$
$\hat{\theta}$	$\cos\theta$	0	$-\sin\theta$
$\hat{\phi}$	0	1	0

These tables can be used to transform unit vectors as well as vector components; e.g.,

$$\hat{\rho} = \hat{x}\cos\phi + \hat{y}\sin\phi$$

$$A_\rho = A_x\cos\phi + A_y\sin\phi$$

Vector Differential Operators

Rectangular coordinates:

$$\nabla f = \hat{x}\frac{\partial f}{\partial x} + \hat{y}\frac{\partial f}{\partial y} + \hat{z}\frac{\partial f}{\partial z}$$

$$\nabla \cdot \bar{A} = \frac{\partial A_x}{\partial x} + \frac{\partial A_y}{\partial y} + \frac{\partial A_z}{\partial z}$$

$$\nabla \times \bar{A} = \hat{x}\left(\frac{\partial A_z}{\partial y} - \frac{\partial A_y}{\partial z}\right) + \hat{y}\left(\frac{\partial A_x}{\partial z} - \frac{\partial A_z}{\partial x}\right) + \hat{z}\left(\frac{\partial A_y}{\partial x} - \frac{\partial A_x}{\partial y}\right)$$

$$\nabla^2 f = \frac{\partial^2 f}{\partial x^2} + \frac{\partial^2 f}{\partial y^2} + \frac{\partial^2 f}{\partial z^2}$$

$$\nabla^2 \bar{A} = \hat{x}\nabla^2 A_x + \hat{y}\nabla^2 A_y + \hat{z}\nabla^2 A_z$$

Cylindrical coordinates:

$$\nabla f = \hat{\rho}\frac{\partial f}{\partial \rho} + \hat{\phi}\frac{1}{\rho}\frac{\partial f}{\partial \phi} + \hat{z}\frac{\partial f}{\partial z}$$

$$\nabla \cdot \bar{A} = \frac{1}{\rho}\frac{\partial}{\partial \rho}(\rho A_\rho) + \frac{1}{\rho}\frac{\partial A_\phi}{\partial \phi} + \frac{\partial A_z}{\partial z}$$

$$\nabla \times \bar{A} = \hat{\rho}\left(\frac{1}{\rho}\frac{\partial A_z}{\partial \phi} - \frac{\partial A_\phi}{\partial z}\right) + \hat{\phi}\left(\frac{\partial A_\rho}{\partial z} - \frac{\partial A_z}{\partial \rho}\right) + \hat{z}\frac{1}{\rho}\left[\frac{\partial(\rho A_\phi)}{\partial \rho} - \frac{\partial A_\rho}{\partial \phi}\right]$$

$$\nabla^2 f = \frac{1}{\rho}\frac{\partial}{\partial \rho}\left(\rho\frac{\partial f}{\partial \rho}\right) + \frac{1}{\rho^2}\frac{\partial^2 f}{\partial \phi^2} + \frac{\partial^2 f}{\partial z^2}$$

$$\nabla^2 \bar{A} = \nabla(\nabla \cdot \bar{A}) - \nabla \times \nabla \times \bar{A}$$

Spherical coordinates:

$$\nabla f = \hat{r}\frac{\partial f}{\partial r} + \hat{\theta}\frac{1}{r}\frac{\partial f}{\partial \theta} + \frac{\hat{\phi}}{r\sin\theta}\frac{\partial f}{\partial \phi}$$

$$\nabla \cdot \bar{A} = \frac{1}{r^2}\frac{\partial}{\partial r}(r^2 A_r) + \frac{1}{r\sin\theta}\frac{\partial}{\partial \theta}(\sin\theta\, A_\theta) + \frac{1}{r\sin\theta}\frac{\partial A_\phi}{\partial \phi}$$

$$\nabla \times \bar{A} = \frac{\hat{r}}{r\sin\theta}\left[\frac{\partial}{\partial \theta}(A_\phi \sin\theta) - \frac{\partial A_\theta}{\partial \phi}\right] + \frac{\hat{\theta}}{r}\left[\frac{1}{\sin\theta}\frac{\partial A_r}{\partial \phi} - \frac{\partial}{\partial r}(r A_\theta)\right] + \frac{\hat{\phi}}{r}\left[\frac{\partial}{\partial r}(r A_\theta) - \frac{\partial A_r}{\partial \hat{\theta}}\right]$$

$$\nabla^2 f = \frac{1}{r^2}\frac{\partial}{\partial r}\left(r^2\frac{\partial f}{\partial r}\right) + \frac{1}{r^2\sin\theta}\frac{\partial}{\partial \theta}\left(\sin\theta\frac{\partial f}{\partial \theta}\right) + \frac{1}{r^2\sin^2\theta}\frac{\partial^2 f}{\partial \phi^2}$$

$$\nabla^2 \bar{A} = \nabla\nabla \cdot \bar{A} - \nabla \times \nabla \times \bar{A}$$